3rd Edition

Natural Hazards and Disasters

Donald Hyndman, David Hyndman

인간과 자연재해

-전조현상과 대비책-

Natural Hazards and Disasters

3rd Edition

Donald Hyndman
David Hyndman

Original edition © 2011 Brooks Cole, a part of Cengage Learning.
Natural Hazards and Disasters, 3e, International Edition by Donald Hyndman, David Hyndman. ISBN: 978-0-538-73754-8

This edition is translated by license from Brooks Cole, a part of Cengage Learning, for sale in Korea only.

ISBN-13: 978-89-5526-792-1

Cengage Learning Korea Ltd.
Suite 1801 Seokyo Tower Building
133 Yanghwa-Ro, Mapo-Gu
Seoul 121-837 Korea
Tel: (82) 2 322 4926
Fax: (82) 2 322 4927

Cengage Learning is a leading provider of customized learning solutions with office locations around the globe, including Singapore, the United Kingdom, Australia, Mexico, Brazil, and Japan. Locate your local office at:
www.cengage.com/global

Cengage Learning products are represented in Canada by Nelson Education, Ltd.

For product information, visit **www.cengageasia.com**

Printed in Korea
1 2 3 4 17 16 15 14

3rd Edition

Natural Hazards and Disasters

Donald Hyndman, David Hyndman

인간과 자연재해

−전조현상과 대비책−

대표역자 윤성효

길영우 · 김교원 · 김규한 · 김영석 · 김지수
김진규 · 백인성 · 윤순옥 · 이철우 · 장은숙
(가나다 순)

Andover • Melbourne • Mexico City • Stamford, CT • Toronto • Hong Kong • New Delhi • Seoul • Singapore • Tokyo

역자 서문

"태초에 하나님이 천지를 창조하시니라(창세기 1:1)."

지구는 태초에 탄생 이래로 끊임없이 변화를 경험하여 왔다. 자연현상의 모든 결과가 지구계(Earth System)라는 하나의 큰 틀 속에서 인간에게 영향을 미치는 경계면임을 감안할 때, 우리는 고체 지구의 지표면과 지표면을 구성하는 물질의 물리적 성질과 특성을 알고 있어야 자연현상으로 인한 피해의 원인을 규명하고 결과를 예측할 수 있을 것이다. 이러한 측면에서 볼 때 자연재해에 있어서 지구과학의 위치는 주도적인 학문이 될 수밖에 없다. 미국지구물리학연합회(AGU)와 미국지질조사소(USGS)의 자연재해와 관련된 예산 규모가 다른 학회의 예산 규모를 능가한다는 점만 보아도 자연재해 분야에서의 지구과학의 위치를 쉽게 알 수 있다.

자연재해를 예측하고 원인을 분석하는 가장 중요한 학문이 지구과학임에도 불구하고, 우리나라에서 자연재해와 관련된 사건은 인접한 일본이나 중국에 비하여 발생 확률이 매우 낮다는 것과 비교적 안정된 유라시아판의 내부에 위치한 한반도가 자연재해로부터 비교적 안정한 나라였다는 인식으로부터 지구과학에서의 연구 활동 내용은 주도적이지 못했을 뿐만 아니라 활동 범위 역시 매우 미약하여 역자는 이를 매우 아쉬워해 왔다.

방재가 무엇이고, 재난은 어떻고, 재해란 무엇이다 등의 자연재해와 관련된 용어가 원래의 뜻과 달리 잘못 사용되거나 혼용되고 있지만, 우리에게는 이를 교정하기 위한 정확한 개념과 해설을 제시하는 연구는 물론이고 관련 서적 한 권조차 거의 없는 실정이었다. 다행스럽게 2005년 당시 공주 대학교 이동우 교수와 뜻을 같이 한 교수들과 전문가들이 *Natural Hazards and Disasters, 1st edition*을 번역하여 낸 『자연재해와 재난』은 원서에서 언급하는 내용과 다양한 사례연구 및 재해의 발생과정이 체계적으로 제시되었으며, 이 책은 지구과학 관련 대학 강의용 교과서뿐만 아니라 일반 학생, 행정 관련 공무원, 재해위험지구 거주민을 포함한 재해에 관련된 모든 이들에게 꼭 필요한 우수도서로 평가되었다.

*Natural Hazards and Disasters, 3rd edition*이 2011년 출판되었는데 초판에 비하여 많은 내용이 개정되었다. 초판 번역본에 대한 내용의 개정이 필요함을 절실히 느끼고, 다양한 분야의 전문가들이 다시 참가하여 번역을 하였다. 전반적인 번역 지침과 총괄 그리고 6장과 7장은 윤성효 교수, 1장과 5장은 김지수 교수, 2장은 길영우 교수, 3장과 4장은 김영석 교수, 8장은 김진규 교수, 9장과 16장은 김교원 교수, 10장과 15장은 장은숙 교수, 11장과 12장은 이철우 교수, 13장과 14장은 윤순옥 교수, 17장과 18장은 백인성 교수가 담당하였고, 부록은 김규한 교수가 수고를 해 주셨다. 한 가지 아쉬운 점은 초판 번역을 주도해 주신 이동우 교수가 유명을 달리하여 함께하지 못하였다는 것이다.

자연재해로부터 안전을 지키기 위해서는 예방에 만전을 기하는 방법이 최선이다. 재앙으로 불리는 피해 확산은 대형 인명 피해와 함께 막대한 재산상의 손실을 가져온다는 점에서 그 동안 인류에게 경각심을 주어 왔다. 특히 태풍이나 폭우 등은 우리 일상에서 가장 흔하게 접하는 재해 가운데 하나이다. 하지만 재난으로 불릴 만큼 큰 파괴력에 대응하면서 이 부문의 피해를 줄이는 데 성공해 오고 있다.

알려진 바에 의하면, 앞으로 50년 후면 한반도 한강 이남이 모두 아열대 기후로 바뀌는 등 지구온난화가 가져오는 폐해를 입게 될 것이다. 근년에 들어 정부가 저탄소운동과 오염 배출원 줄이기 등을 국가적 시책으로 장려하는 등 대대적 추진을 하는 것도 이와 무관하지 않다. 이 같은 기후변화 대응은 곧 우리 인류를 위협할 이상기온과 지구생태계의 변화로 인한 더 큰 재앙에 대비하려는 것이다.

이런 가운데 정부가 여름철에 다가올 태풍, 드물지만 파괴력이 거대한 지진, 백두산 화산의 폭발적 분화, 집중호우에 의한 산사태 발생 등에 대비해 선제적 비상대비 및 재해 대응기술 개발 등을 추진하고 있어 매우 고무적이다. 자연재해로부터 피해를 최소화하기 위해서는 이에 대한 인식과 사전 예방만이 최상의 방책이다. 이는 막을 수 없는 재앙에 대피할 수 있는 시스템이 필요하다는 것이다. 최근 들어 여름철은 집중호우·태풍 등의 발생 가능성이 높고 지구온난화에 의한 이상기후 등으로 일 최대 강수량 및 게릴라성 집중호우 일수가 증가하고, 피해규모도 대형화 추세라는 점을 감안하면 중앙부처와 지자체 등이 유기적인 대응시스템을 구축하는 것은 당연하다. 말 그대로 정부가 모든 관련기관들과 함께 총력 대응을 한다는 것이다. 더욱이 최근 여름은 예년에 비해 태풍이 대형화되고 나아가 강우량도 집중호우로 늘어날 것이 예측되는 만큼 국민의 재산과 안전을 위한다면 정부가 사전교육, 홍보를 늘리고 다가올 재난에 대한 방어시스템 구축에 더욱 힘을 쏟아야 한다는 점을 잊지 말기를 바란다.

역자는 대학 재학시절 도널드 하인드먼 교수의 화성암석학 및 변성암석학 책을 읽고 배웠으며, 2005년 고 이동우 교수의 소개로 자연재해 관련 전문서적이 발간됨을 알게 되었고 이를 한국어로 번역하자는 의견의 일치를 보았었다. 2006년 초판 번역서가 출판되어 우리나라 방재 관련 전문서적이 처음으로 소개되었다. 우리말에 있어서 자연재해와 현상에 대한 어휘가 외국보다 적고 용어의 쓰임새가 세련되지 못한 것은 우리나라가 재해 경험이 적어 이에 대한 문화의 발전이 없었다는 것이라고 한다. 이제는 위험(risk), 재난(disaster), 재해(hazard), 재앙(catastrophe), 완화(mitigation), 자연재해(natural hazard) 등의 용어가 재해예방 및 방재의 차원에서 우리생활에서 익숙해지기를 희망한다.

우리 역자 일동은 작년부터 새롭게 번역한 이 한 권의 책이 우리나라 자연재해 대응 정책에 조그마한 도움이 된다면 더없는 기쁨으로 생각할 것이다. 더불어 소박한 바람이 있다면, 현재 우리나라에 자연재해와 재난을 전공하는 학과가 절대적으로 부족한 실정이므로 각 대학에서 이에 관련된 강좌가 개설되어 학생들에게 자연재해에 대한 관심과 학문적 의욕을 불처럼 일으켜 장래 지구의 자연재해에 관련된 분야를 전공하는 학자의 길로 들어서게 되는 계기를 마련해 주는 도서가 되었으면 하는 점이다.

끝으로 원고의 편집과 교정작업을 해 주신 이공사 최명진님과 센게이지러닝 출판 담당 김미선 차장, 권오영 주임에게 감사드립니다.

2013년 7월

역자를 대표하여

부산 금정산 자락 효원캠퍼스 지구관에서 윤성효 씀

저자 서문

"당신이 가장 마지막 재해를 당한 지 오래되었을수록, 다시 재해를 입을 가능성이 가까이 와 있다."

왜 이 책을 서술하였는가?

수년 동안 주로 환경지질학 및 일반지질학 서론 과목을, 특히 최근에는 자연재해 과목들을 가르치면서 자연재해를 포함하는 주제들이 학생들에게는 가장 흥미롭다는 것이 명백해졌다. 그러므로 이런 주제와 관련된 초점은 학생들로 하여금 기본적인 과학적 내용을 배우고, 과학이 그들의 일상에 어떤 식으로 연결이 되는지를 이해하고, 그런 지식이 신체적 및 재정적 피해를 완화하는 데 도움을 주기 위해 어떤 식으로 사용될 수 있는지를 알아볼 수 있도록 자극할 것이다. 이 모든 연유에서, 자연재해와 재난에 관한 과목들은 전통적인 환경 또는 일반지질학 틀 속에서 가르치는 과목들보다도 더 높은 수강률을 달성하고, 더 많은 관심을 가진 학생들을 데려오며 더 흥미 있고 매력적이어야 한다.

보편적인 경향은 일반 및 환경 지질학 교과서에서 재해 부분을 강조하면서 학생들의 관심을 끌지 않는 주제에는 시간을 덜 할애하는 것이다. 이전에 과학에 거의 관심이 없었던 학생들은 지구와 그것을 극적으로 변화시키는 과정에 대한 새로운 호기심에 눈을 뜰 수 있다. 과학 전공자들은 자연적 과정들에 대한 확장되고 명확해진 이해와 더불어 더욱 높아진 관심을 경험한다. 수년간 학생들의 피드백과 동료들과의 토론에 대응하여, 우리는 자연재해에 초점을 맞춘 과정들을 개정했다.

자연재해 과목을 수강하는 학생들은 그들의 인생 전체를 통해 그들에게 영향을 미치게 될 역동적인 지구 프로세스들에 관한 지식을 크게 향상시킨다. 그들은 어디에서 살고 어디에서 일해야 하는지에 관해 교육을 받은 후 선택을 할 수 있어야 한다. 아마도 이 과정을 수강하는 일부 학생들은 자연재해로부터 주요 손실에 일조하는 현재 문화의 일부를 바꿀 수 있는 정부 공무원 또는 정책 입안자들이 될 것이다.

비과학 전공자들을 포함한 학부생들은 이 책의 글이 명확하고 흥미를 자극하는 것임을 알아야 한다. 우리가 강조하는 것은 그들에게 중요한 재해 관련 프로세스들과 내용들을 이해할 수 있는 기초를 제공하는 것이다. 이 책은 학생들이 기초지식을 습득할 수 있도록 장려하는 한편 여전히 대부분의 이슈들은 과학적 지식의 현재 상태를 벗어나고 과학의 테두리를 벗어나는 사회적 측면을 포함하는 복잡성을 가지고 있는 것임을 인정한다. 지구과학을 전공하지 않는 학생들은 관련 영역에서의 학문을 계속하고 그들의 경험을 다른 사람들과 나누고 싶은 동기를 찾을 수 있다.

자연재해와 재난은 그것을 공부하는 사람들에게 대단히 흥미로운 것이며 심지어 흥분되는 일일 수도 있다. 그저 단순히 수동적으로 지식을 받는 입장이 되지는 말라!

자연과 더불어 사는 삶

자연재해 및 많은 자연재해를 동반하는 재난들은 현재도 진행 중인 사회적 문제이다. 우리는 어렴풋이 보이는 재해가 다른 사람들에게나 영향을 미치지 우리와는 상관없을 것이라는 무지나 순진한 믿음을 통해 우리 자신을 계속 위험에 처하게 만든다. 우리는 본질적으로 안전하지 않은 장소들에서 살기를 선택한다.

우리가 기술적 변화를 통해서 자연을 통제할 수 있다는 기대는 자연적 과정이 궁극적으로는 우세할 것이라는 사실과 대조가 된다. 우리는 자연과 함께 더불어 살기를 선택할 수도 있고 자연과 싸우려고 할 수도 있다. 불행히도 위험한 장소에 사는 것을 선택하는 사람들은 '광란의 자연'을 탓하거나 그들이 그곳에 살도록 허가해 준 데 대해 다른 이들을 탓하는 경향이 있다. 사람들이 그런 형편없는 선택을 일부러 하는 경우가 그다지 많지는 않다. 하지만 자연적 과정에 대한 인식 부족을 통해 그런 선택을 하곤 한다. 심지어 그들은 그 밖에 다른 누군가에게 이미 영향을 미친 놀라운 사건에 대해 알고 있을 때조차, 어쨌든 "그 일은 내겐 일어나지 않을 것"이라는 믿음을 가지고 있다. 이러한 주제들이 이 책 전체에 걸쳐 다시 논의되는데, 이는 우리가 이론들을 사회적 거동 및 태도들에 연관시키기 때문이다.

사람들은 종종 그들의 거주지나 사업장 위치를 정할 때 그들 주변의 재해에 대해 이해하지 못한 채 경치가 멋진 환경에서 살거나 일하고 싶은 욕망에 토대를 두고 결정한다. 그들이 일단 위험을 인식한다면, 종종 환경을 수정하려고 시도함으로써 재해를 악화시킨다. 이 책을 읽는 학생들은 그런 결정을 피할 수 있어야 한다. 이 과목이 끝날 무렵, 우리 학생들은 가끔 이런 질문을 한다. "그래서 살기 안전한 곳이 어디예요?" 우리는 종종 당신이 기꺼이 대처하기를 원하는 재해를 선택하여 당신이 알기에 그 재해의 충격을 최소화할 수 있는 특정 지역이나 건물에 살 수 있다고 대답해 준다.

학생들이 이 책을 마칠 즈음에는 그들이 처한 위험과 유권자, 주택 소유주 및 세계 시민으로서 그들이 내리는 결정을 비판적으로 평가할 수 있는 기초지식을 갖추기를 희망한다.

우리의 접근 방법

이 책은 우리가 살고 있는 역동적인 환경 및 자연의 과정의 다양함에 대한 개략적 설명으로 시작하며, 가장 일상적인 사건들은 작고 일반적으로 하찮은 것이라는 사실을 강조한다. 더 큰 사건들은 비록 대부분의 사람들이 그것들이 발생할 수 있다는 사실을 이해하고 있지만, 덜 빈번하다. 다행히 거대한 사건들은 드물다. 유감스럽게도 대부분의 사람들은 그러한 사건들이 일어날 수 있다는 사실조차 인식하지 못한다. 여기서 우리의 초점은 신속하게 나타나고, 종종 중요한 경고도 없는 지구와 대기 재해에 있다.

이 책에서 다뤄진 주요 자연재해는 지진과 화산 분화; 허리케인을 포함한 극한의 기후; 홍수, 산사태, 쓰나미, 산불 및 소행성 충돌이다. 각각에 대해 우리는 재해의 본질, 그것에 영향을 주는 요인들, 재해와 연관된 위험들 및 그런 사건들을 미리 예측하는 방법들을 검토한다. 이 책 전체에 걸쳐, 예를 들면 강에 댐을 건설하면 더 큰 해안 침식을 초래한다는 사실과 같은 재해들 사이의 상호관계를 강조한다. 이와 유사하게 산불은 일반적으로 경사면이 홍수, 산사태 및 이류에 더욱 취약하다.

이 책은 지진, 쓰나미 및 화산 분화를 포함하여, 내부적으로 발생되는 위험들에 관한 장들로 구성되어 있다. 사회는 그러한 사건들의 발생에 관해 거의 통제하지 못하지만, 더욱 계몽된 선택을 가능하게 하는 더욱 깊은 이해를 통해 충격을 완화할 수는 있다. 산사태에 관한 절에서는 그 다음에 나오는 많은 장들의 기초를 형성하는 주제인 지중 요소들과 기상의 조합에 의해 영향을 받는 재해들을 언급한다. 싱크홀(함락공), 지반침하 및 팽창성 흙에 관한 장에서는 우리가 어느 정도까지는 완화시킬 수 있고 종종 미묘하지만 꽤 파괴적인 기타 지중 재해들에 관해 언급한다.

다음의 재해 주제들은 기후와 기상에 있어 역동적인 변화에 대한 이해에 의존하므로, 우선 배경지식을 제공할 수 있는 장 및 지구온난화에 대한 개요로 시작한다. 하천과 홍수에 관한 장들은 하천의 특성과 거동 및 인간의 상호작용이 하천과 그 주변 사람들에게 어떻게 영향을 미치는지에 관한 내용으로 시작한다. 그 다음 장들은 파도와 해안 프로세스, 허리케인 및 노리스터의 큰 바람, 뇌우와 토네이도, 그리고 산불에 관해 다룬다. 마지막 장들은 소행성 충돌 및 자연재해에 관련된 미래의 관심사들에 대해 논의한다. 부록은 주로 물리적 재해 일부에 대한 배경으로서 지질학적 시간 연대 및 암석과 광물의 본질에 대해 간략하게 논의한다.

이 책은 최신의 것으로 명확히 정렬되어 있으며, 현재의 과학 문헌 및 우리 자신의 개인적 경험으로부터 도출된 내용의 대부분을 담고 있다. 이 책에는 자연재해에 관한 상대적 내용, 자연재해를 통제하는 프로세스, 그리고 대참사를 막는 수단에 관한 내용으로 가득하다. 수많은 멋지고 유익한 컬러 사진들 대부분은 우리 자신이 직접 찍은 것으로 자연재해와 관련된 과학적 내용들을 그림으로 설명해 줄 것이다. 다이어그램들은 명확하고 간결하며 유익하다.

광범위한 삽화와 사례연구들의 예들은 원리와 과정에 대한 토의에 현실성을 불어넣는다. 이런 사례들은 프로세스를 토대로 한 토의에 개인적인 사례들을 묶어 그들 사이의 관계를 통합한다. 그것들은 재난 결과에 영향을 주는 자연의 과정과 인간 요인들을 강조한다. 삽화 예제들은 제시된 대로 주제들과 뒤섞여 있다. 북미 전역과 세계의 나머지 지역들에 걸쳐 자연재해의 균형 잡힌 범위를 다루려고 시도하였다. 우리의 글로벌 사례들이 설명해 주듯, 비록 동일한 근본적 프로세스들이 전 세계에 자연재해를 초래할지라도, 자연 재난의 충격은 경제적 환경, 안전 및 재난 대비와 같은 요인들에 따라 엄청나게 달라질 수 있다.

각 장의 말미에는 짝지어진 질문들에 대한 고찰, 요점, 중요 단어, 복습 문제 및 토의 문제 목록이 수록되어 있다.

3판에 추가된 새로운 내용

아주 빠르게 변화하고 진화하는 자연재해 주제로 인하여, 우리는 책의 내용을 광범위하게 수정하고 첨가하였으며, 최근의 사건들뿐만 아니라 중요한 이슈를 가장 잘 도식화하여 설명하는 사건들에도 강조점을 두었다. 새로운 사례연구들과 사람들과 재해 환경에 영향을 주는 정부 정책 변화에 있어서 가능한 한 가장 최신 자료들을 담으려고 노력하였다. 새로운 재해 지도는 독자로 하여금 사례연구들에 나타난 사건들을 포함한 중요한 사건들의 장소를 재빨리 결정짓도록 도와준다.

강사들로부터 얻은 피드백에 응하여, 이 책의 주요 교육학적 특징을 강화하기 위해 전반적으로 다음과 같이 변화를 주었다.

- "고찰" 부분은 사진들이 좀 더 커지고 각 사진은 설명이 들어 있는 캡션과 사진과 관련하여 특정한 질문을 포함하도록 수정되었다. 이 중요한 특징은 비판적 사고와 시각적 학습 모두를 증진한다.
- 아트 프로그램은 시각적 학습을 증가시키기 위해 상당히 개정되었다. 새로운 그림 제목은 학생들에게 각 그림의 관련성을 바로 보여 준다. 주요 특징들을 표시하기 위해 사진에 더 많은 라벨을 붙였다. 학생들이 현실 세계와 과학적 견해를 연관시키도록 장려하기 위해 사진과 다이어그램을 더 빈번하게 배치하였다. 더 많은 다중 수치들을 통해 관련 그림들 사이의 건설적인 비교를 하도록 하였다. 본문 전체에 걸쳐, 본문과 삽화 사이의 세밀하고 명확한 관계를 분명히 하기 위해 삽화와 캡션이 수정되었다.
- 훨씬 향상된 음영 고저 지도는 대부분 초창기 지도를 대체하여 더 잘 설명하고 관심 있는 환경 인식을 허용한다.
- 각 장의 말미에 있는 자료는 "토의 문제"의 새로운 범주를 포함한다. 이 질문들은 학생들이 각 장으로부터의 내용을 지역설정과 개발, 개인의 자유와 정부 보호 간 균형, 또는 재해 완화의 비용과 혜택 같은 어려운 실생활 상황에 적용하도록 도와줄 것이다.
- "중요 단어"와 "복습 문제"는 각 장으로부터 더 많은 주요 정보들을 포함하기 위해 확장되었다.
- 주요 프로세스에 대한 설명은 명확성을 향상시키기 위해 면밀하게 편집되었다.

이러한 전반적 변화 이외에도, 각 장들마다 몇 가지 중요한 내용이 첨가되었다.

- **1장, 자연재해와 재난**은 더위와 가뭄이 놀랍게도 가장 큰 수를 차지한다는 것을 강조하면서, 각각의 주요 자연재해로부터 치사율 퍼센트를 새롭게 검토한 것을 포함한다.
- **2장, 판구조론과 물리적 재해**는 이론 자체의 발전을 초래하는 지구 특징과 프로세스를 검토하기 전에 판구조론의 필수적인 부분을 제시하기 위해서 재구성되었다. 학생들은 주요 측면에 대한 그림을 그릴 수 있을 때 무엇이 이러한 근본적인 이론을 초래했는지에 대해 더 잘 이해할 수 있다.
- **3장과 4장, 지진과 그 원인 및 지진예측과 완화**는 관련 주요 인물 및 수천의 인명을 살린 경고를 초래한 정부기관들에 의한 결정들을 포함한 중국 하이청 현 지진의 놀라운 예측에 관해 훨씬 증강된 논의를 포함한다. 3장은 23만 명 이상을 죽음으로 몰아간 비극적인 2010년 아이티(Haiti) 지진에 대한 상세한 논의로 시작한다. 새로운 "사례"는 2009년 이탈리아의 라퀼라(L'Aquila) 지진 및 거의 9만 명을 죽음으로 몰아넣은 2008년 원촨(汶川) 지진을 포함한다.
- **5장, 쓰나미**는 2009년 사모아 쓰나미, 2010년 칠레 쓰나미 및 2010년 사모아 지진 및 쓰나미에 대해 다룬 부분을 포함한다. 푸에르토리코 트렌치로부터의 잠재적 쓰나미와 그것이 미국 동부 해안에 미칠 영향은, 임박한 캐스케이디아 지진과 쓰나미와 그것의 해안지역에 미칠 영향에 관한 새로운 정보들과 더불어 추가되었다. 또한 오리건 해안에 있는 도시들과 그들의 쓰나미에 대한 취약성 및 특정 재해에 대해 그들이 하고 있는 일과 할 수 있는 일에 대한 새로운 논의가 추가되었다.
- **6장과 7장, 화산들: 지체구조적 환경과 분화 및 화산: 재해와 완화**는 아이슬란드에 있는 화산의 2010년 중부대서양열곡 분화 및 그것이 유럽 항공 운항에 미친 극적인 영향을 포함하며, 또한 옐로스톤 화산의 새로운 분화에 대해 가능성 있는 경고들에 대한 새로운 논의도 포함되었다.
- **8장, 산사태와 사면붕괴**는 사태와 그에 의해 영향을 받는 증가된 숫자의 사람들 및 증가 이유에 대해 증강된 논의를 포함한다. 2009년 유타에서 발생한 끔찍한 산사태를 추가로 다루는데, 많은 생명들이 이미 알려진 재해로부터 생명을 잃은 그 사건으로부터 배운 교훈들을 다룬다.
- **9장, 싱크홀, 지반침하 및 팽창성 흙**은 멕시코시티가 급수 및 폐수 문제를 처리하려는 노력을 함에 있어 가옥에 영향을 미친 일부 새로운 싱크홀에 대한 논의 및 가라앉은 지면에 대한 증가된 범위 및 건물 피해를 포함한다. 해수면이 상승하는 시대에 있어 저지대 인구가 많은 지역들을 위협하는 잠식하는 바닷물에 대해 주요 이동 가능한 장벽에 대한 논의를 추가하였다.
- **10장, 재해와 관련 있는 기후변화와 날씨**는 광범위하게 개정되었다. 첨가된 주요 부분은 북대서양진동(NAO), 가뭄과 나무에 널리 퍼진 나무좀의 만연, 그리고 겨울 폭풍, 중서부의 대규모 착빙성 악천후에 관한 추가 정보이다. 기후변화는 탄소 순환, 이산화탄소 증가 수준 및 그 결과에 대한 장기적 이슈들 및 그 증가를 최소화하는 가능한 수단, 배출권 거래제, 탄소 격리, 풍력발전용 터빈 및 기타 비화석 전력원에 대해 새로이 언급한다.

- **11장과 12장, 하천과 홍수발생 과정 및 홍수와 인간의 대응**은 재구성되었고 2008년 상류 미시시피 밸리 홍수와 노스다코타에 있는 레드 강 유역 겨울 추위와 봄의 해빙에 의해 시작된 새로운 2009년 홍수 사건을 새롭고 광범위하게 다룬 것을 포함한다.
- **13장, 파도, 해빈, 그리고 해안침식**은 이런 중요한 프로세스를 증강하고 명확하게 하는 사진과 삽화 작업을 보완했다.
- **14장, 허리케인과 노리스터**는 폭풍 해일 외연퇴적물 침식 분석; 2009년 타이완의 태풍 모라콧에 관한 설명; 미얀마에서 수만 명의 목숨을 앗아간 2008년 태풍 나르기스 분석; 카트리나 이후 3년 만에 뉴올리언스에 추가적 파괴를 가져온 허리케인 구스타브에 의한 2008년 피해; 텍사스 갤버스턴 부근 지역을 황폐하게 만든 2008년 허리케인 이케에 대한 광범위하고 배타적인 개인적 보상을 포함한다. 새로운 사례연구는 노스캐롤라이나 아우터뱅크스의 연안 보초도들에 대한 재해 및 미래 전망에 대해 언급한다.
- **15장, 뇌우와 토네이도**는 갱신된 범위와 새로운 사진들을 포함한다.
- **16장, 산불**은 남부 캘리포니아의 산불에 취약한 해안 지역들을 검게 태워 버린 2009년 산불을 포함한다. 새로운 사례연구는 1991년 오클랜드-버클리힐에서 폭풍처럼 번진 불에 대해 다루는데, 그것이 어떻게 진전되었는지와 기타 도시-황무지 인터페이스 지역들에 적용될 수 있는 학습된 교훈들에 대해 제시한다. 북부 캘리포니아를 황폐화한 2008년 낙뢰로 인해 시작된 산불은 그 사건에 대해 선명하게 회상시켜 주며, 아울러 2007년에서 2009년까지 남부 캘리포니아에서 발생된 산불에 대한 갱신도 제공한다.
- **17장, 소행성과 혜성의 충돌**은 광범위하게 갱신되고 개선되었다.
- **18장, 미래: 우리들은 어디로 갈 것인가?**는 끊임없는 자연재해와 재난 문제들에 대한 토의를 상당히 증강시켰다.
- **부록 2, 암석**은 대표적인 암석 사진을 새롭게 향상해서 수록했다.

저자 소개

도널드 하인드먼(Donald Hyndman)은 몬태나 대학 지질학과에서 자연재해와 재난, 광역지질학, 화성암석학과 변성암석학, 화산학 및 화성암석학 특론을 강의하였으며, 퇴임 후 현재는 명예교수로 재직 중이다. 지금도 자연재해에 대하여 강의를 계속하고 있다. 도널드는 도로변 지질학에 관한 저서 6권의 공동저자 및 공동창시자이며, 태평양 연안 북서부 미국 지질에 대한 책의 공동저자이다. 그는 또한 화성암석학 및 변성암석학 교과서의 저자이다. 그는 브리티시컬럼비아 대학에서 지질공학을 학부과정에서 공부하였으며, 버클리에 있는 캘리포니아 대학에서 지질학 박사학위를 취득하였다. 몬태나 대학에서 수여하는 우수강의 교수상과 우수연구 교수상을 받았으며, 미국 지질학회의 특별회원이다.

데이비드 하인드먼(David Hyndman)은 미시간 대학 지질과학과에서 자연재해와 재난, 지구동역학, 수리지질학 특론을 강의하는 교수이며 학과장이다. 그는 애리조나 대학에서 수리학과 수자원을 학부과정에서 공부하였으며, 스탠퍼드 대학에서 응용지구과학으로 석사, 지질학 및 환경과학으로 박사 학위를 취득하였다. 데이비드는 Lilly Teaching Fellow에 선정되었으며, Ronald Wilson Teaching 상을 받았다. 그는 미국국립지하수협회로부터 2002년 Darcy 우수강의상을 수상하였으며, 미국지질학회의 특별회원이다.

요약 차례

차례

자연재해와 재난

1

Hyndman.

텍사스 주 갤버스턴의 한 보초도(방파제 역할)에 세워진 집을 지탱하는 큰 기둥들이 2008년 허리케인 아이크에 의한 범람으로 약화되어 파도 속으로 쓰러졌다.

과거를 쉽게 망각하는 사람들은 또다시 똑같은 실수를 반복하기 마련이다.
—조지 산타야나(George Santayana, 스페인 철학자), 1905

위험지대에 산다

우리는 하필 인명과 재산 피해가 예상되는 위험한 곳에 사는 것일까? 실제로 전 세계에 걸쳐 매우 위험한 지역에 사는 사람들이 대단히 많다. 즉 화산지대 인근, 범람지대 안, 활성단층 위에 사는 사람들이 그렇다. 재앙이 닥쳐오리라고 생각조차 못하는 사람도 있고 심지어는 지난 번 재해에서 파괴된 집을 다시 리모델링해서 사는 사람들도 있다. 문화시설이나 경제적인 이유 때문에 위험지대에 살기도 한다. 화산재는 점차 비옥한 토양으로 되기 때문에 화산지대 인근 지역은 좋은 경작지가 된다. 큰 범람원도 농경지에 적합한 비옥한 땅, 값싼 땅, 천연의 교통 요지라는 이유로 사람들에게 인기가 있다. 또한 직장 때문에 또는 그 지역이 단지 맘에 들어 재해유발 지역에 살기도 한다. 이러한 사람들은 모두 나름대로 이유가 있어서 잘못된 지역에 살고 있는 셈이다. 따라서 이 사람들이 재해 지역에 살고 있다는 것을 제대로 인식하고 재해 과정들을 충분히 이해하여 그 위험도를 최소화하는 것이 중요하다.

또한 많은 사람들은 하찮은 이유로 위험한 지대에 모여든다. 경관을 위한답시고 절벽이 산사태나 낙석의 원인이 된다는 점은 인식하지 못한 채 큰 절벽의 위아래에 집을 짓는다(**그림 1-1**). 해안가 경치가 좋아 깎아지른 듯한 바다 절벽을 따라 살기를 갈망하며, 또 해안가에 가까이 접하기 위해 해변에 모여 살기를 원한다. 또 어떤 사람들은 풍경이 좋고 조용하다며 강가 옆에 자리 잡고 또 일부는 경치가 좋다며 인가에서 멀리 떨어진 숲 속에 집을 짓는다.

그림 1-1 **예기치 않은 재해**

유타 주 자이온 국립공원 급경사 암석면 위에 세워진 집. 이 집 주인은 2001년 10월 4.5 m 크기의 큰 바위가 거실과 안방으로 굴러 내려와 하마터면 머리를 다칠 뻔하였다.

자연재해에 관심 있는 전문가의 견해로는 그러한 사람들은 '바보 같은 지역'에 자리 잡았다고 말할 수 있다. 그러나 일반 사람들 대다수는 재해를 이해하거나 인식하지 못한 채 그냥 위험한 지역에 살아간다. 그러한 지역을 거주지로 택한 사람들은 마치 거의 사용하지 않는 철로에 자동차를 주차한 꼴이다. 명심할 것은 자주 운행되지 않는 열차이지만 언젠가는 꼭 온다는 점이다.

재앙 같은 자연재해는 화물 열차가 다가오는 것보다 피하기가 더 어렵다. 왜냐하면 재앙은 이따금씩 찾아오기 때문에 그것이 임박했다는 신호를 감지할 수 없다. 화산만 해도 발생 간격이 몇십 년 또는 몇백 년이 되기 때문에 그것이 활화산이라는 점을 대부분 망각하고 산다. 또 큰 범람을 보지 않고 계곡 바닥에 오랫동안 살고 있는 사람들은 자기들의 주거지가 범람원이라는 사실을 잊고 산다. 1세기 전에 일어난 큰 재앙 이후 오랫동안 잊고 살아온 사람들은 장차 앞으로 닥칠 재앙의 길목에 서 있는 셈이다. 즉 당장 오늘이나 내일은 아니지만 재해가 일어나는 것은 시간문제이다.

대규모 자연재앙

침식과 같이 일상적인 지질작용이 하나하나 진행되면서 지구 전체 역사에 걸쳐 큰 영향을 미친다. 예를 들어 장기간에 걸쳐 계곡이 만들어지기도 하고 해안선의 모습이 바뀌기도 한다. 어떤 지질작용들은 천천히 점진적으로 진행되는 반면에 간혹 발생하는 재앙은 갑자기 들이닥쳐 큰 영향을 미친다. 예를 들어 1년 내내 깨끗하게 유지되는 하천들이 물이 불어나는 수일 또는 수주일 동안에는 연중 퇴적물의 대부분을 운반시켜 진흙탕이 될 수 있다. 이러한 퇴적물은 단기간에 강렬한 침식이 수반되어 만들어진다.

10년 또는 20년마다 발생한 한차례의 큰 홍수에 의한 물질 운반 및 그 피해 효과는 그 기간에 일어난 모든 홍수들로 인한 피해를 합산한 것보다 훨씬 크다고 말할 수 있다. 토양은 포행에 의해 서서히 아래로 이동하지만 가끔은 매우 큰 경사면이 되어 한꺼번에 미끄러질 수 있다. 산맥도 서서히 높아지지만 대부분의 경우에는 지구 내부의 갑작스런 움직임으로 만들어진다. 예를 들어 지진이 일어날 때 인근 계곡이 갑자기 수 m

그림 1-2 다가오는 재앙

Donald Hyndman.

레이니어 산의 빼어난 경관을 가진 워싱턴 주의 오팅은 크고 오래된 화산 이류 위에 건설되었다. 예전에 이류가 있었으므로 다음에도 확실히 발생할 것이다.

그림 1-3 재난은 큰 피해를 입힌다

UN Development Program.

2010년 1월 12일에 일어난 아이티 지진으로 222,000명 이상이 죽었는데 사망자 대부분은 철근 보강이 안 된 콘크리트 블록 구조물에서 나왔다. 구조대원들이 땅을 파서 생존자들을 찾고 있다.

높아지며 산이 만들어질 수 있다.

어떤 자연사건들은 반대로 작용하는 힘들의 평형이나 균형이 일시적으로 파괴되어 일어난다. 예를 들어 불안정한 경사면은 수천 년 동안 비탈면에 작용하는 마찰력에 의해 간신히 유지되어 오다가 집중호우로 침수된 물로 인해 느슨해진다. 마찬가지로 양쪽 면이 붙어 있던 단층은 응력을 지속적으로 받아 일정한 강도를 넘어서면 파열되면서 지진을 일으킨다. 화산은 녹아 있던 마그마가 천천히 상승하면서 팽창되어 분출과 함께 함몰된다. 이와 같이 자연 시스템은 마치 온전한 천 조각이나 비닐 랩이 힘을 받아 계속 늘어지다가 갑자기 찢어지는 것과 같은 거동을 한다.

지구의 변화를 일상적이고 무덤덤한 속도로 보아 온 사람들은 그렇게 느린 환경에서 대형 사건이 돌발했을 때 과연 무슨 일이 있었던 것인가를 상상하기 어렵다. 어느 날 오후 조용한 호숫가에서 송어 낚시를 즐기는 사람이 100년 전 한바탕의 홍수가 이 호숫가 전경을 확 뒤집어 놓았다는 것을 상상하기는 어렵다. 적막하고 눈으로 덮인 산을 응시하는 사람들은 후에 그 산에서 뜨거운 화산재를 폭발하면서 분출하여 치명적인 이류가 발생하리라고는 상상하기 어렵다(**그림 1-2**). 이보다 훨씬 큰 대규모 사건들도 자연의 한 부분으로서 갑자기 일어나면 사람들에게 더 큰 재앙을 안겨다 줄 수 있다.

자연재해가 인간에게 끼치는 영향

어떤 자연사건이 재산이나 인명에 위협이 될 때 **자연재해**(natural hazard)라 한다. 많은 지질작용은 잠재적으로 재해적인 성격이 강하다. 예를 들어 하천 홍수는 자연과정의 하나이면서 그 인근에 사는 사람들에게 재해가 될 수 있다. 재해는 그 사건이 인명이나 재산에 심각한 피해를 일으켰을 때 **자연재난**(natural disaster)이 된다. 수년에 한 번씩 범람원 위로 넘치는 소규모의 홍수는 보통 지역을 황폐화하지 않지만 큰 홍수가 몰아칠 때는 많은 사람들을 희생시키고 휩쓸리게 한다. 자연사건이 수많은 사람들을 희생시키거나 부상 입혔을 때, 또한 광범위한 재산피해를 일으켰을 때 **재앙**(catastrophe)으로 여긴다.

자연재난의 충격 효과는 사건 자체의 강도뿐만 아니라 일반 사람들에 대한 피해 효과와 관련된다. 사람들이 얼마 살지 않는 지역에서의 자연사건은 큰 재해가 될 수 없다. 예를 들어 2009년 7월 15일 뉴질랜드의 남서쪽에서 발생한 규모 7.6의 지진은 그 크기는 대단했지만 사람과 건물이 드문 지역이었기 때문에 그 피해는 크지 않았다. 그러나 히말라야 남부의 인구조밀 지역의 계곡에서 발생한 규모 7.6의 카슈미르 지진으로 80,000명이 희생되었으며 2010년 1월 12일 아이티에서는 이보다 훨씬 작은 7.0 규모의 지진으로 무려 222,000명 이상이 죽었다(**그림 1-3**). 2008년 5월 2일 미얀마에서는 사이클론으로 인해 주로 시골지역에서 약 138,000명이 사망하였다. 이와 반대로 2009년 9월 15일 일본 남쪽에 있는 북마리아나 섬에 들이닥친 등급 5의 매우 강한 태풍은 사람이 거의 살지 않은 관계로 희생자를 전혀 내지 않았다. 1980년 세인트헬렌스 화산의 분출도 인근 지역에 사람이 거의 살지 않았던 관계로

그림 1-4 재해별 사망자 비율

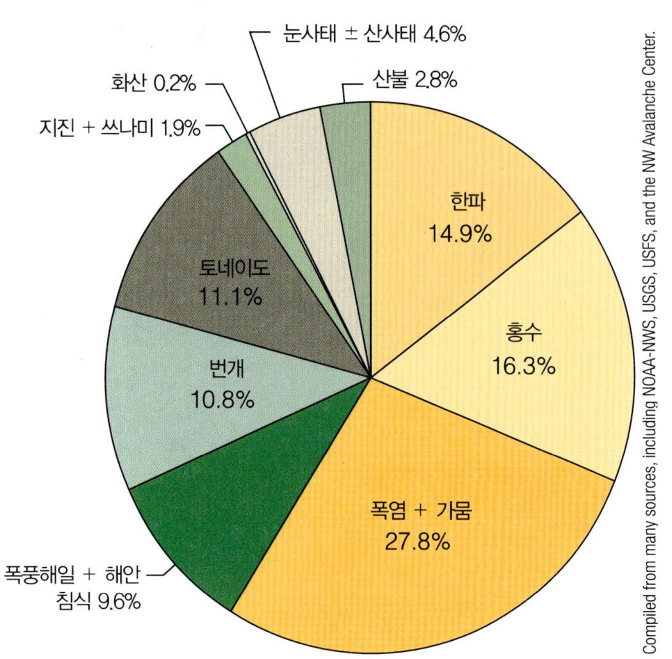

1986~2008년 기간 동안 재해별로 본 미국의 사망자 비율. 지진, 쓰나미, 화산 분출, 허리케인과 같은 재해는 드물게 일어나고 또 해마다 매우 달라지기 때문에 1940~2008년까지의 69년 동안의 자료를 사용하였다.

사상자도 적었고 재산피해도 극히 적었다. 반면에 이와 유사한 분출이 이탈리아 나폴리 외곽에 있는 베수비오 화산에서 일어난다면 수십만 명의 희생자와 이루 추정할 수 없을 정도의 막대한 재산피해가 있을 것이다.

사람들은 보통 자연재해로 인한 인명손실을 큰 지진, 화산분출, 홍수, 허리케인, 토네이도와 같은 극적인 사건들과 연관시킨다. 그러나 가장 극적인 자연재해 중의 일부는 가끔씩 그리고 제한된 지역에서 일어나기 때문에 일반적인 재해보다 오히려 희생자가 적을 때가 있다. **그림 1-4**는 미국에서 발생하는 대표적인 자연재해들로 인한 사망자의 비율을 보여 준다.

미국에서는 더위와 가뭄이 가장 많은 사망의 이유가 된다. 실제로 1997~2008년에 다른 재해보다도 폭염으로 인한 사망이 가장 많았다. 여름철의 폭염 사상자는 열압박뿐만 아니라 탈수나 다른 요인들에 기인한다. 주로 어린이, 노약자, 빈곤층 사람들이 크게 영향을 받는다. 이 사람들은 겨울철 날씨에도 취약한데 겨울 날씨는 미국에서 세 번째로 피해를 많이 주는 재해로 나타났다. 겨울철 사망은 주로 저체온증에 기인하지만 도로가 결빙되어 발생하는 자동차 사고도 포함된다는 통계조사가 있다.

미국에서 홍수는 두 번째로 많은 사망자를 내는 재해로서 1986~2008년에 16%를 차지한다. 홍수로 인한 사망자는 홍수가 수반하는 허리케인에 의해서도 발생하는데 어떤 자료에서는 홍수보다 허리케인을 조사 항목에 넣기도 한다.

큰 재해는 드물게 일어나기 때문에 같은 유형의 재해도 해마다 그 사망자수가 많이 달라질 수 있다. 예를 들어 카트리나 허리케인이 내리쳤던 2005년에는 약 1,800명의 희생자가 나온 반면 다른 해에는 이로 인한 피해가 한 명도 없었다. 사망자 비율은 또한 안전대책이나 여가활동의 경향에 따라 해마다 변할 수 있다. 예를 들면 번개로 인한 사망은 한때 재해와 관련된 사망 중에서 가장 흔한 것이었지만 1989~2009년의 사망자수는 1940-1959년에 비해 1/5로 줄었는데 그 이유 중의 하나는 위성 레이더의 발달에 따라 기상예보 기술이 좋아졌기 때문이다. 반대로 1989~2008년 기간에 산사태로 인한 사망은 산악지역에서 스노모빌의 사용과 스키인들의 증가로 1952~1971년에 비해 5배로 증가하였다.

몇몇 자연재해들은 토지나 인공 구조물에 물리적으로 심각한 피해를 입히는 반면 또 어떤 것들은 주로 사람들을 희생시킨다. 또 다른 것들은 둘 모두에 피해를 준다. 또한 자연재난의 결과로 입은 피해의 형태는 그것이 발생한 지역의 경제적 발전 상황에 따라 달라진다. 자연재해로 인해 개발도상국에서는 사망자수가 많은 반면에 선진국에서는 경제적 손실이 많다. 개발도상국에서는 가파른 경사지의 위험한 경계나 강 근처에 모여 사는 사람들이 급격히 증가하여 재해가 오게 되면 좀처럼 피할 수 없다. 반면에 선진국에서는 인구증가가 많지 않고 예보가 발달되어 손쉽게 대피할 수 있다.

지난 수십 년 동안 소요된 연간 자연재해 비용은 급등하였다(**그림 1-5**). 세계 인구가 전체적으로 증가한 이유도 있지만 사람들이 점점 더 위험한 지역으로 이동한 것도 관계가 있다. 전반적으로 손실비용은 인구팽창보다 훨씬 빠르게 증가하였다. 세계적으로 인구가 도시 및 해안가로 밀집되는 관계로 위험성의 관점에서 보면 점차 자연재해에 노출되는 지역에 인구가 증가하고 있는 셈이다. 사람들은 멋있고 별난 곳으로 간 것이지만 실제로는 재해가 도사리고 있는 곳으로 간 셈이다. 각종 경제 관련 기관들이 앞다투어 도심지 안으로 들어오면서 예전에는 쓸모없고 자연재해에 크게 노출된 지역까지 도심지로 확대되었다.

재해 예측

자연재해 사건은 막을 수 없으므로 피할 수 있는 최선의 방법은 그 발생을 예측하여 다른 곳으로 대피하는 것이다. 그러나 불행하게도 정해진 날짜에 자연재해가 발생할 것이라고 예측

그림 1-5 자연재해 비용의 증가

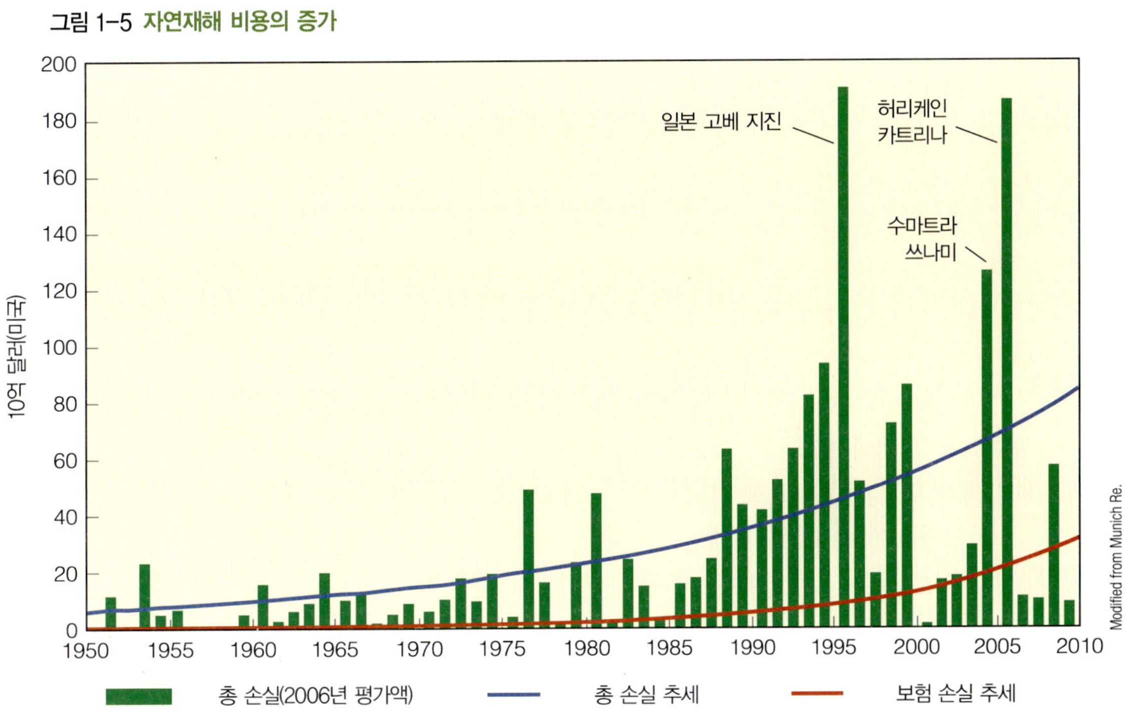

세계인구가 1959~1999년까지 40년 동안 30억에서 60억으로 배로 증가하였기 때문에 자연재해 비용 또한 전 세계적으로 증가 추세에 있다. 인구는 2009년까지 68억에 도달하였다.

한 사람들에게 그 결과는 실망스럽게도 대부분 맞지 않았다. 지금까지 예측이 잘 맞아떨어진 경우도 몇 번 있었지만 그것들도 운이 따랐을 뿐이다. 비슷한 상황에서 똑같은 예측기법을 사용했지만 잘못되어 실패한 적이 많았다.

그 동안 많은 사람들이 자연사건의 예측 가능한 주기를 찾아내려고 노력해 왔다. 예측 가능한 시간간격으로 발생하는 자연사건을 **주기적인 사건**(cyclic event)이라 한다. 그러나 자연사건의 거동에 너무 많은 변수들이 관련되어 있기 때문에 가장 빈번하게 일어나는 사건도 실상은 주기적이지 않다. 주기적인 사건들조차도 각각의 주기가 중첩되면 전혀 다른 비주기적인 성격을 띠는데 이 점이 어떤 사건의 예측을 어렵게 만든다. 그래서 누구나 말할 수 있는 것은 거의 모든 사건들은 규모가 크건 작건 불규칙하게 보이고 기본적으로 예측 불가능한 시간간격으로 발생한다는 점이다.

그럼에도 불구하고 자연재해와 관련된 분야에 전문적으로 종사하는 과학자들은 위험에 처해 있는 사람들에게 어떤 지침을 제공할 수 있는 충분한 능력이 있다. 사건이 언제 닥쳐올지는 정확히 예측할 수 없지만 과거의 기록을 보고 다음 수십 년 또는 수백 년 안에 어떤 지역에서 어떤 재해가 발생할 것 같다고 근사적인 확률을 제시하며 수시로 **예보**(forecast)할 수 있다. 즉 다음 수십 년 안에 샌프란시스코 만 지역에서 대규모의 지진이 발생하고 섀스타 산은 수년 안에 화산 분출이 있으리라고 예보할 수 있다. 많은 경우에 그들의 충고는 인명과 재산 피해를 크게 격감시킬 수 있다.

주식 브로커에게 주식시장이 어떻게 흘러갈 것인지 물어보라. 그러면 최근 몇 주 동안 오던 대로 계속 갈 것이라는 말을 들을 것이다. 이번에는 과학자에게 어떤 사건을 물어보라. 그러면 그 과학자는 지질학적으로 보면 최근이지만 과거에 무엇이 일어났는지를 살펴보고 그 사건에 대해 보다 많이 예측할 것이다. 즉 과거는 미래의 열쇠이다. 어떤 유형의 예측도 대부분 과거의 경험을 투영한 것이지만 미래를 보다 정확히 예측하기 위해서는 충분히 긴 기간에 걸친 자료를 조사해야 한다. 마치 주식시장에서 미래를 예측하는 데 단기간의 경험이 좋은 지시자가 아니기 때문에 많은 사람들이 돈을 잃는 것과 같다.

통계예측은 단순히 과거에 기록된 자료들을 좀 더 세련되게 처리하는 작업이다. 그것들은 일반적으로 특정 사건이 특정 기간 동안에 일어날 수 있는 확률과 관계되는 **반복주기**(recurrence interval)로 표현된다. 단층을 놓고 보면 어떤 규모의 지진이 100년마다 한 번씩 발생한다는 것은 평균적으로 그렇게 일어난다는 의미이다.

그러나 반복주기는 사건이 정확히 그 주기마다 일어난다는 의미는 아니다. 50년 전에 일어난 홍수는 딱 50년의 간격이 아니라 다음 수십 년 안에 일어날 수 있다는 의미이다. 많은 사람들은 급작스러운 자연사건이 가지는 위험성을 깨닫지 못하고 또한 그러한 사건들이 극히 드물게 발생하기 때문에 자신이 살아가는 데 큰 영향이 없다고 믿어 버린다. 따라서 큰 사건 이후 상당한 기간 동안 다른 큰 사건이 일어날 확률이 훨씬 작아진다는 잘못된 추론이 나올 수 있다. 실제로 50년 주기의 홍수가 작년에 일어났다고 해서 올해, 내년, 또는 수년 안에 또다시 홍수가 일어나지 않는다는 보장이 없다.

왜 그런지 잠시 확률을 가지고 설명해 보자. 동전을 뒤집을 때 앞면이 나올 기회는 50%이다. 다시 뒤집어 보자. 기회는 다시 50%이다. 5번 연속으로 앞면이 나왔을 때 다음번에도 앞면이 나올 확률은 여전히 50%이다. 홍수와 기타 수많은 종류의 자연재해도 마찬가지이다. 낚시가 잘 되는 어떤 하천이 올해 또는 해마다 50년 주기의 홍수를 맞을 확률은 지난 몇 년 동안 무엇이 있었든지 간에 1/50이다.

반복주기의 중요성과 한계성에 대한 예를 도쿄의 경우에서 살펴보자. 이 거대한 도시는 500년 이상 동안 약 70년 주기로 발생하여 도시를 황폐화했던 지진으로 애를 먹고 있다. 도쿄에서의 격렬한 큰 지진이 1923년에 마지막으로 일어난 바 있어 주민들은 1993년을 매우 걱정스럽게 보냈다. 그 동안 인구가 더 증가하고 단층대의 변형률도 축적되어 그만큼 위험성은 계속 커졌다. 그로부터 15년이 지났어도 지진은 발생하지 않았다. 지난 500년 동안 지진의 발생주기가 일정하였지만 최근에는 잘 들어맞지 않았다는 것을 알 수 있다. 그럼에도 불구하고 이 지역 지진의 발생 유형을 알고 있는 과학자들은 그 위험도를 평가하여 주민들에게 장차 발생할 지진에 대비시켰다. 2009년 8월 9일 도쿄에서 남쪽으로 325 km 떨어진 곳에서 규모 7.1의 지진이 발생하였다. 전문가들은 앞으로 30년 안에 그 지역에서 큰 지진이 일어날 확률이 70%라고 추정한다.

자연사건의 반복주기를 파악하기 위해서는 일반적으로 각 사건의 발생간격과 규모의 관계를 일대일 대응으로 그래프로 표시한다. 그래프는 일반적으로 곡선 모양을 띠게 되어 앞으로 발생할 대규모의 사건은 그래프 상에 쉽게 나타낼 수 없다(**그림 1-6**). 그러나 같은 자료에 상용로그를 취하면 직선으로 나타나 지금까지 일어난 사건들보다 더 큰 값으로도 표현 가능하다. 추정된 자료가 합리적인가 하는 것은 별개의 문제이다.

어떤 사건이 일어날 확률은 그 사건의 규모와 관계 있다. 우리에게 작은 사건은 수없이, 큰 사건은 보통으로, 거대한 사건은 드문드문하게 발생한다(**해설 1-1:** 사건의 빈도와 크기의 관계). 거대한 사건은 가끔 일어나기 때문에 이들에 대한 연구는 어렵다. 반면에 우리는 작은 사건들을 공부할 가치가 있다. 왜냐하면 이것은 앞으로 간혹 발생할 수 있는 더 큰 사건의 스케일 모델이 될 수 있기 때문이다.

그림 1-6 반복주기

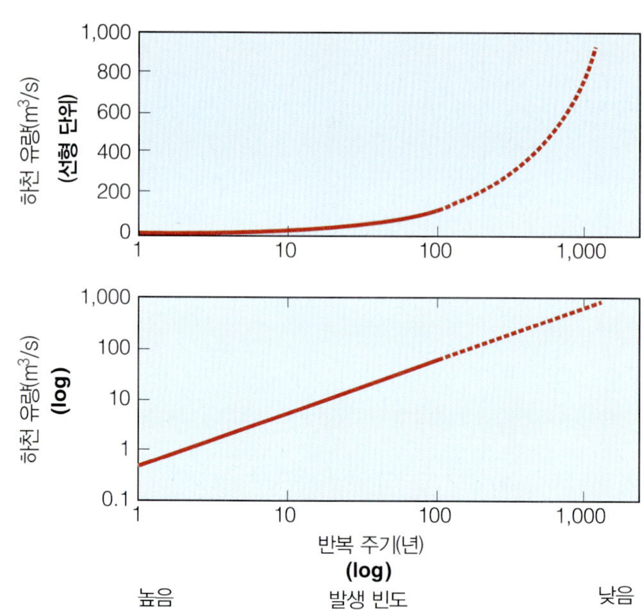

직선 스케일로 표시하면(위 그래프, 수직축) 그래프는 곡선모양을 띠게 되어 앞으로 발생할 더 큰 사건은 그래프 상에 나타낼 수 없다. 같은 사건들을 상용로그 스케일(아래 그래프)로 나타내면 직선 형태를 띠어 더 큰 사건도 표현할 수 있다.

많은 지질학적인 형상들은 형상의 크기와 관계없이 같게 보인다. 따라서 지질학적인 형상들을 **프랙털**(fractal)로 접근할 수 있다. 미국의 전역이 표현된 일반지도를 보면 미시시피 강은 오하이오나 미주리 강의 크기보다 작은 지류가 없는 것처럼 보인다. 보다 상세한 지도에서는 작은 지류들이 많이 보인다. 더욱 상세한 지도에서는 더 많은 지류들을 볼 수 있다. 지도상에 나타난 지류의 수는 지도의 축척과 관계되지만 일반적인 형태는 모든 스케일에서 모두 비슷하게 보인다(**그림 1-7**). 작은

해설 1-1

사건의 빈도와 크기의 관계

$$M \propto 1/f$$

한 사건의 규모 M은 발생빈도 f에 반비례한다.

그림 1-7 하천의 지류는 프랙털이다

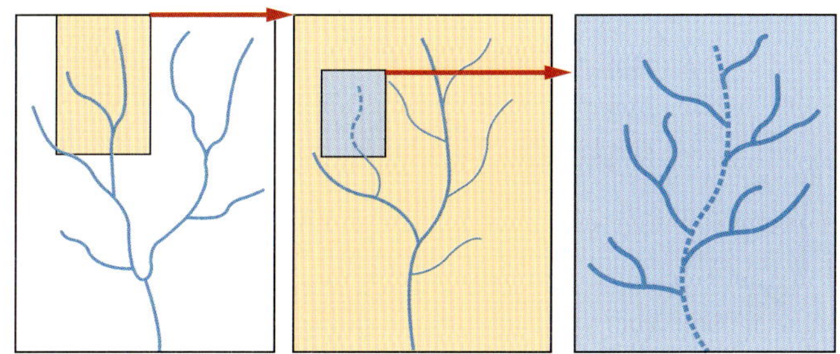

일반적인 지류의 형태는 왼쪽의 개략 지도, 오른쪽의 정밀 지도에서 보는 바와 같이 스케일에 관계없이 유사하다.

스케일에 나타난 구조는 훨씬 큰 스케일에서 보이는 구조와 비슷하여 서로 구분하기가 쉽지 않다. 또한 작은 사건은 아주 오래 전에 일어났지만 최근 역사기간에는 발생하지 않았던 대형 사건의 연구에 도움을 줄 수 있다. 찾아보면 이 대형 사건의 증거를 발견할 수 있을 것이다. 지구상에 큰 피해를 끼쳤고 또다시 같은 피해를 입히는 어떤 자연재해들의 규모는 짐작하지도 못할 정도로 너무 크다. 해양화산의 측면붕괴나 큰 소행성의 충돌을 그 예로 들 수 있다. 이 경우 공상과학 소설보다 현실은 더 끔찍하다. 그러나 이 사건들은 지질기록에 잘 남겨져 있으므로 앞으로 그렇게 끔찍한 사건들이 일어날 수 있다는 것을 알고 있어야 한다.

우리가 설령 일반적으로 무엇이 자연재해를 유발하는가를 충분히 이해한다 하더라도 현재의 지식으로는 자연재해를 예측하기가 불가능하다. 자연재난을 피하는 문제는 마치 운전자가 열차와의 충돌을 피하는 문제와 같다. 열차를 피하기 위한 다른 방법이 없으므로 무엇보다도 사방을 잘 보고 귀를 기울이는 것이 중요하다. 산사태, 단층, 화산에 대한 억제력이 어느 정도 견고한가를 알 방법이 없다. 또한 지하 심부에서 어떤 변화가 일어나고 있는지를 알 수 없다. 그러나 산사태나 단층작용이 언젠가는 일어나고 화산이 분출된다고 확신할 수 있다. 또 마침내 그것들이 발생할 때 어떤 사건들이 수반되는가는 충분히 알 수 있다.

자연재해들의 상호관계

재해를 예측하는 데 있어서 모든 자연사건이 홍수나 동전 뒤집기와 같이 완전히 불규칙하게 발생한다고 가정하는 것은 아니다. 어떤 경우에는 지난 사건들이 미래 사건의 발생에 영향을 끼친다. 다시 말해 하나의 사건은 다른 사건의 직접적인 결과로 만들어진다(**그림 1-8**). 예를 들어 지구의 판이 다른 판과 만나 서로 충돌하거나 미끄러져 지나가면 화산이나 지진을 발생시킨다는 점은 확실하다. 또 폭우나 지속되는 강우는 홍수나 산사태를 유발한다. 여러 다른 사건들은 서로 관련이 없는 것인가? 그림 1-8에서 화살표를 거꾸로 연결할 수 있는가? 모두 연결될 수 있다는 가능성, 변수, 불확실성을 고려할 때 이 그림은 자연재해의 '혼돈 그물(chaos net)'이라 할 수 있다.

그림 1-8 자연재해들 사이의 상호작용

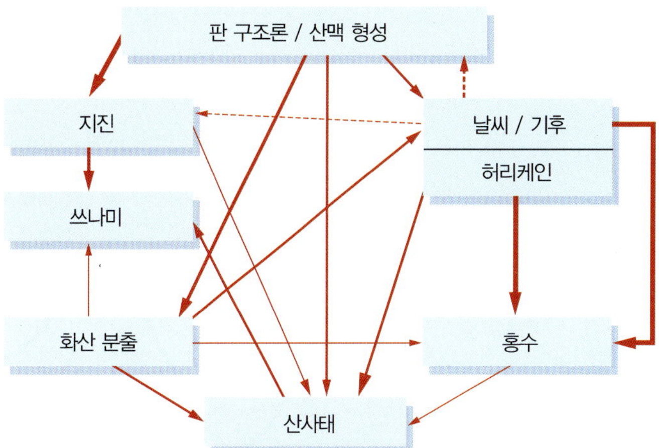

화살표가 굵어질수록 영향력은 강해진다. 이 외에 다른 사건들도 생각해 보라.

지나간 사건은 또한 미래의 사건에 영향을 미치는 단서를 만들어 낸다. 예를 들면 단층의 갑작스러운 움직임이 지진발생의 원인이 되는 것은 명확하다. 그러나 똑같은 운동이라도 단층의 다른 쪽이나 또 다른 단층의 응력을 변화시켜 다음에 일어나는 지진은 지난번과 확연히 다른 양상으로 나타날 수 있다. 이와 같은 복잡한 현상들은 지진 말고 다른 파괴적인 자연재해에서도 나타난다.

어떤 과정은 훨씬 더 빠른 변화를 수반하는 캐스케이딩(cascading) 또는 도미노 효과(domino effect)를 보인다. 예를 들어 지구온난화로 인해 북극바다 빙하는 훨씬 빠르게 녹아들며 드러나는 어두운 색깔의 해수는 흰색의 얼음보다 더 많은 태양열을 흡수하여 결과적으로 빙하를 더 빨리 녹인다. 그린란드와 남극의 대륙빙하도 마찬가지로 지구온난화로 인해 보다 빠르게 녹는다. 이렇게 녹은 물이 빙하 틈새를 통해 빙하 바닥으로 흘러 들어와 윤활 역할을 하여 바다 쪽으로 빙하의 표류를 가속화한다. 이러한 이유로 빙하 발부리(toe)가 매우 급속하게 주름져서 바다에 녹아 있는 빙산을 이룬다.

이와 다른 경우로서 어떤 인자가 증가하면 수반되는 결과는 실제로 감소할 수 있다. 제품이나 서비스 비용이 올라감에 따

그림 1-9 중첩효과의 증폭

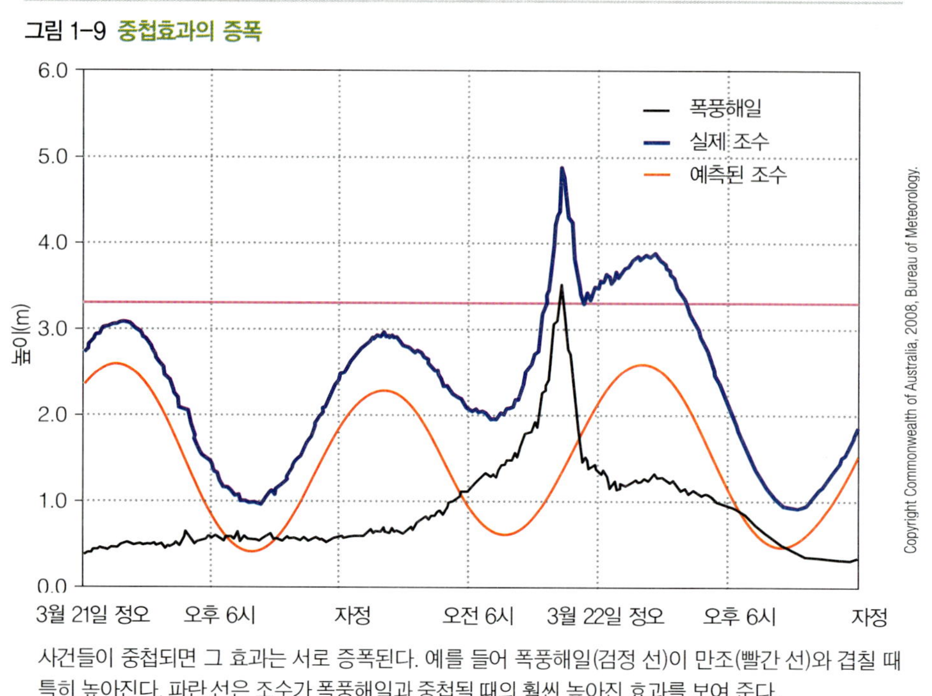

사건들이 중첩되면 그 효과는 서로 증폭된다. 예를 들어 폭풍해일(검정 선)이 만조(빨간 선)와 겹칠 때 특히 높아진다. 파란 선은 조수가 폭풍해일과 중첩될 때의 훨씬 높아진 효과를 보여 준다.

라 소비량이 줄어드는 경우가 다반사이다. 석유 제품 비용이 인상되면 사람들은 아껴 쓰게 되고 덜 사용한다. 2008년 휘발유 값이 갑자기 뛰었을 때 많은 사람들이 차량 운전을 자제하고 대형 SUV와 트럭을 경차로 바꾸었다. 어떤 곳에서는 통근 열차, 버스, 자전거의 이용이 극적으로 증가하였다. 전기료의 인상으로 전등을 작은 형광등으로 바꾸고 에어컨 사용도 줄였다. 이러한 변화들로 인해 온실가스와 기후변화에 대한 뚜렷한 효과가 있었다(10장 참조).

큰 자연사건은 발생하기 전에 재해가 임박했다는 작은 **전조사건**(precursor event)을 연속적으로 보여 주기도 한다. 1980년 재앙 같은 분출 전 워싱턴 주의 세인트헬렌스 산의 움직임을 연구하던 지질학자들은 여러 개의 지진기록들을 모니터링한 결과 화산을 확장시키며 위로 쭉 상승하는 마그마의 움직임을 감지했다. 전조현상은 과학자들에게 훨씬 큰 사건이 올 수 있다는 것을 경고하지만 큰 재해에 앞서 항상 전조사건이 보이는 것은 아니다.

각 사건들 사이의 관계가 항상 명확한 것은 아니다. 예를 들어 보자. 세인트헬렌스 화산이 폭발했던 순간에 지진이 일어났고, 그에 따라 상승하는 마그마 위에 팽창한 부분은 대규모의 산사태로 함몰되었다. 확실한 것은 산사태나 지진이 용융 마그마 형성의 원인이 아니었다는 점이다. 그러나 그것들이 최종 분출을 유발하지 않았을까? 그렇다면 지진, 산사태, 분출 중에서 어느 것이 어느 것을 유발했을까? 각 사건들은 서로 관련되어 있는가? 이러한 가능성들 중의 한두 개 이상은 다른 경우에서도 적용될 수 있다.

사건들이 서로 중첩되면 그 효과가 증폭된다. 대부분의 재해는 상관없는 변수들이 서로 강화되는 방향으로 나타날 때 발생한다. 예를 들어 허리케인 폭풍해일의 높은 물줄기가 때맞춰서 만조 때 해안가에 도달하면 두 개의 변수들은 서로를 강화시켜 훨씬 높은 폭풍해일을 만들어 낸다(**그림 1-9**). 만일 이것이 인구 밀집 지역의 해안가에서 발생하는 경우에는 상황이 더 악화된다. 이와 똑같은 경우로 1900년 텍사스 주 갤버스턴에서 8,000명의 사망자를 낸 재앙 같은 허리케인을 들 수 있다. 운이 억세게도 안 좋았던 경우이다.

재해 완화

자연재해는 쉽게 예측할 수 없기 때문에 정부나 개인들이 그 위험도를 평가하여 재난에 대비하고 피해 효과를 줄이는 것이 중요하다. **완화**(mitigation)는 재난에 대비하고 그 피해를 줄이는 노력을 일컫는 것으로서 정부정책, 공교육과 제방과 같은 토목계획 등이 이에 포함된다. 이 책에서는 각종 재해에 해당되는 완화대책을 함께 설명할 것이다.

토지이용 계획

자연재해로 인한 피해를 줄이는 하나의 방법은 재해가 발생하기 쉬운 지역을 알아내어 그곳에 대한 **토지이용 계획**(land-use planning)을 잘하여 그 발생을 제한하는 것이다. 이론적으로 주요한 활단층 주변은 개발을 제한하여 공원과 자연 지역으로 지정해야 한다. 또한 홍수 피해를 최대한 줄이고 해안가에서 허리케인과 해안침식의 피해를 줄이기 위해서는 범람원에 주택이나 산업시설을 제한시켜야 한다. 활화산 지역과 분출을 빨아들이는 강 계곡 부근에서는 건축활동을 규제하여 분출로 인한 재해를 줄이는 것도 하나의 방법이다.

그러나 이미 많은 위험한 지역에 사람들이 들어차고 심지어는 넘쳐서 지금 와서 많은 지역에서 토지사용을 억제하는 것은 어렵고 너무 늦었다. 대부분의 사람들이 될 수 있으면 해안가나 강가 근처에 살기 원하기 때문에 그러한 계획에 감정이 폭발하며, 사유재산권 침해로도 간주하여 극구 반대할 것이다. 토지사용을 공공의 관심사라는 이유로 법으로 규제하는 어떠한 시도도 정치 및 법적인 대립을 초래할 것이다.

개발업자, 기업, 심지어 정부까지도 사람들이 재해위험 지역으로 이동하는 것을 허용하고 부추기어 재해를 종종 악화시킨다. 많은 개발업자와 개인들은 개발제한 정책이 그들의 재산권 행사에 반한다고 주장한다. 개발업자, 부동산회사, 기업들은 관심 지역이 가치가 떨어지고 잠재적인 고객들이 끊어질까 봐 걱정하여 재해에 노출되어 있다고 좀처럼 인정하지 않는다(**그림 1-10**). 정부도 재해 관련 뉴스를 성장과 사업 활동에 나쁜 영향을 미친다고 여긴다. 그들은 세금 수입에 막대한 지장이 있을까 봐 개발제한의 설정을 피하거나 그 범위를 최소화한다. 민원이 발생한 많은 지역은 각기 다른 단체마다 다른 목적을 가지고 있기 때문이다. 즉 어떤 단체는 경제, 다른 단체는 안전, 또 다른 단체는 환경문제가 관심사일 수 있다.

그림 1-10 위험한 개발

David Hyndman.

몇몇 개발업자들은 그들이 처분하는 재산이 자연재해와 관련될 수 있다는 점은 생각하지 않는다. 온천수의 과잉 유출은 개발계획 지역(몬태나 주 미줄러)을 범람시킨다.

보험

재난이 일어난 후 복구하는 데 도움이 되는 완화 대책들이 있다. **보험**(insurance)은 사건 발생 후 재난의 경제적인 충격을 완화시키는 하나의 방법이다. 사람들은 그들이 감당할 수 없는 큰 손해를 막기 위해 재산보험을 든다. 보험회사들은 위험 공식을 사용하여 보험의 프리미엄률을 결정한다. **위험**(risk)은 본질적으로 재해를 그 발생 주기와 예상 비용 측면에서 본 개념이다. 재해가 클수록, 발생 주기가 짧을수록 그 위험은 커진다(**해설 1-2:** 위험 산정).

보험회사는 대부분의 경우 재해 비용은 현실적으로 어느 정도 정확히 산정할 수 있으나 반복주기는 직관에 따라 추측으로 결정하기도 한다. 자연재해는 일반적으로 200년 이하의 주기를 쓰고 있는데 대규모의 사건은 평균 잡아 불과 수십 년 또는 수백 년마다 찾아오거나 훨씬 드문드문하게 찾아온다. 보험회사 입장에서 보면 이러한 사건들에 대한 위험을 산정할 때 많은 돈을 한꺼번에 날릴 우려가 있다. 특히 홍수와 같은 경우에는 재해와 그 발생 주기 모두가 잘 알려져 재해의 위험을 어느 정도 믿을 만하게 산정할 수 있다. 그러나 한 건의 재앙으로 인해 회사가 부담하는 비용은 그 규모가 매우 커서 회사를 망하게 할 수 있다. 이러한 이유로 민간 보험회사들은 재해 보험을 선뜻 제공하려 하지 않는다.

위험을 산정하는 데 따르는 불확실성 때문에 민간 보험회사가 앞장서서 각종 자연재해 보험들을 제공하기는 불가능하다. 따라서 주로 제공되는 보험은 반복주기가 다소 길어 상대적으로 위험성이 작은 재해에 국한된다. 민간회사가 떠맡을 수 없는 성격의 특정 재해에 대한 보험은 정부가 제공하는 것이 합리적이다. 텍사스와 같이 지진 발생 가능성이 희박한 지역에서

해설 1-2

위험 산정

보험 비용은 통계적이다. 즉 과거의 경험 자료에 바탕을 둔다. 보험에서 '재해'는 손해의 빈도와 규모를 증가시킨다.

위험 $\propto$ [발생 확률] $\times$ [예상 손해비용]

는 지진보험을 들 수 있다. 위험과 예상 비용이 훨씬 큰 캘리포니아에서는 보험회사들이 고객들에게 항상 지진 보험도 함께 제공해야 하는 의무사항을 두고 있다. 결과적으로 회사들은 자기들끼리 만든 컨소시엄인 캘리포니아 지진청을 통해서 보험을 들 수 있게 하였다. 마찬가지로 허리케인이 빈번한 미국 동남부의 주에서는 각 민간 회사들이 연합하여 보험 풀(pool)을 만들어 재산보험을 제공하고 있다.

보험을 쉽게 들 수 없는 자연재해도 있다. 산사태, 이류, 지반 침사, 지반 융기는 민간 회사들이 참여하기에는 너무 위험하다. 위험에는 수많은 변수가 들어가 있으므로 그 산정이 불확실하고 또한 비교적 좁은 지역에 대하여 여러 가지의 위험들을 평가하기에는 너무 돈이 많이 든다.

산사태로 집을 잃고 아직 주택 융자금을 내야 하는 경우의 문제를 보자. 그들은 그 동안 융자금을 부어 왔던 집을 잃었지만 더 이상 존재하지 않는 집에 대한 나머지 융자금을 계속하여 납부해야만 한다. 그러나 캘리포니아에서는 '부족금 판결(deficiency judgement)'을 통해 파괴된 집을 떠나면 은행이 나머지 부담금을 청구할 수 없게 하였다. 그러나 연방정부법이 주정부 법보다 상위에 있으므로 이것도 명확하지 않다.

정부의 역할

미국 정부에서는 자연재해와 관련된 여러 가지 일을 수행한다. 여러 종류의 자연재해가 갖는 특성과 거동에 대한 연구를 수행하고 보조한다. 주로 재해 사건들을 예측하고 그것들이 야기하는 재산피해와 인명피해를 완화시키는 방법을 파악하고자 하는데 현재 시행되는 프로그램들은 여러 개의 관청에서 분할 관리한다.

미국과 캐나다의 지질조사소는 하천유동 및 거동도 연구하지만 주로 지진과 화산 연구에 주력한다. 국립기상청은 강수량을 기록하고 이 자료와 지질조사소의 자료를 사용하여 폭풍과 홍수를 예측한다.

재난관리청은 1979년에 설립되어 주로 재앙 후에 반드시 대두되는 각종 구조 활동을 지시하고 관리한다. 1993년 미국 중서부를 크게 휩쓸고 간 홍수 이후로 재난관리청은 재해를 경감시키는 데 더 중점을 두고 있다. 예를 들어 범람원과 같은 근원적으로 불안한 지역을 복구하는 것보다는 피해자들을 다른 곳에 이주시키는 데 더 집중한다. 2000년에 통과된 재해완화법령은 재해가 닥치기 전에 위험성을 파악, 산정하고 예상되는 피해를 최소화하는 데 더 중점을 두겠다는 신호이다. 이 법령으로 재난관리청, 산림청, 국토청을 통한 재해 완화, 재해 구조를 위한 각종 프로그램에 기금이 제공된다.

지진 위험성을 결정하고 그에 대한 피해를 산정하는 데 재난관리청과 같은 정부기관은 해저스(HAZUS: Hazard United States)로 불리는 컴퓨터 시스템을 사용한다. 이 시스템은 재해의 가능성, 기존 재해기록, 직접 피해, 유발 피해, 직접 경제/사회 손실, 간접 손실을 포함하는 상호 모듈로 구성된 총괄 전산 시스템으로서 이것은 지진 외에 다른 재해에도 잘 활용될 수 있다.

안타까운 점은 정치가 또 하나의 변수가 된다는 점이다. 재해보조는 주와 지방단체로부터의 큰 지원 없이 제공되어 오고 있다. 따라서 주정부는 의회에 로비를 하여 피해를 메울 지원금을 요구하지만 재해의 근본 원인에 대처하는 데 사용되는 인센티브는 시행하지 않고 있다. 재난 후 지원금은 재난관리청이 관리하고 있다. 주로 지진, 홍수, 허리케인의 희생자들에 대한 지원금을 제공한다. 그러나 현재까지도 재난관리청은 재앙이 일어난 후에 대처하는 데 초점을 두고 있지, 앞으로 닥칠 재난의 원인을 제거하는 예방차원에서는 초보단계에 있다. 의회는 계속하여 공병단에게 수백만 달러를 주어 강을 따라 제방을 건설하고 해안가에 모래를 공급하게 하고 있다. 중소기업청은 지금도 재해 노출 지역에 재건설하는 데 융자 보조를 하고 있다. 연방정부도 세금혜택을 주어 안전한 지역과 불안한 지역에 모두 집을 짓는 데 일조를 하고 있다. 부동산 개발업자는 세제감면 해택을 받고 모기지(담보) 이자와 세금과 같은 소유권 비용은 소득세에서 감면을 받는다. 보험에 들지 않은 '사상자 피해'의 일부는 재해 희생자의 소득세에서 여전히 감면혜택을 받을 수 있다. 이러한 정책들은 미래의 자연재해로 인한 피해를 더욱 부추기는 요소가 될 것이다.

공교육의 역할

지금까지 우리는 자연재해가 무엇이며 또 그것이 인명과 재산에 막대한 피해를 끼친다는 것을 충분히 알게 되었다. 우리 모두 조금만 생각하면 앞으로 입을지도 모르는 피해를 충분히 피할 수 있고, 설령 피하지 못한다 하더라도 그들이 행동이나 재산을 알맞게 관리한다면 그 피해를 최소화할 수 있다고 본다. 그러나 대부분의 사람들은 재해에 대한 지식도 없고 항상 이성적이지도 않다. 자신이 겪어 보지 않았거나 주위에 겪은 사람이 없다면 우리는 대개 무의식적으로 이것은 여기서 결코 일어나지 않는다, 나에게는 절대 이런 일이 없다고 믿어 버린다. 재해와 그 피해 효과 및 소요 비용을 잘 알고 있는 과학자들조차도 항상 합리적으로 대처하는 것은 아니다. 문제를 더 복잡하게 만드는 것은 재해의 발생 시간과 장소를 믿을 만하게 예측할 수 있는 도구가 없다는 점이다.

불행하게도 큰 고통을 겪어 보지 못한 사람들은 앞으로 발생할 수 있는 재해의 피해를 줄이기 위한 별다른 조치를 하지 않는다. 미국에서의 인구 이동은 20세기 후반에 멕시코 만과 대서양 해안으로 집중되었고 지금까지도 그렇다. 개발업자와 건설업자들을 포함한 그곳 사람들은 대부분 해안 폭풍을 접해 본 적이 없다. 재해가 닥치는데도 그들은 느리게 대처한다. 재해가 일어나지 않을까? 큰 피해를 입지 않을까? 피해를 줄이기 위해 무엇을 할 수 있을까? 시간이 얼마나 걸리고 거기에 드는 비용은 얼마나 될까? 누가 이러한 재해를 경험했을까?

정부 관청들은 일반인을 대상으로 한 재해에 관한 홍보와 교육을 촉진시키기 위한 프로그램을 가지고 있다. 재난관리연구소는 재난관리청, 해양대기국, 지질조사소 등과 합동으로 일반인과 정부관리들을 교육시키기 위한 강좌와 워크숍을 제공하고 있다. 또한 몇 개의 주정부 재난관리청은 국가 재난관리청과 다른 국가기관과 연계하여 특정 자연재해와 관련된 워크숍, 보고서, 정보를 제공하기도 한다.

정부는 자연재해가 관할구역과 관련될 수 있다는 점을 공표하기 꺼리므로 그 지역에 사는 사람들은 스스로 공부해야 한다. 과거에 있어났던 기록들을 찾아보면 해당 지역에서 발생한 재해의 형태를 알 수 있을 것이다. 즉 관련 문헌을 찾아보고 관계 기관에 관심 있는 사항을 문의하면 된다.

우리 스스로 자연재해를 예방할 수 있는 가장 좋은 방법 중의 하나는 주변 환경과 암석을 잘 판별하고 그것들이 어떻게 만들어졌는가를 이해하는 것이다. 화산은 용암류뿐만 아니라 화산재 및 이류를 내뿜는다. 이들은 화산 주변에서 잘 관찰된다. 산사태가 일어나면 지표가 울퉁불퉁해지고, 싱크홀은 닫혀지고 물이 남아 함몰된다. 하천은 평탄한 범람원을 가로질러 구불구불하게 흘러가면서 둑을 침식시켜 수로를 변형시킨다. 연안의 보초도(방파제 구실)는 육지 쪽으로 모래를 퇴적시키고 보초도를 육지 쪽으로 이동시키며 바다 쪽에서 침식된다. 도시 주변의 집은 지면의 메마른 나뭇잎으로 번지는 들불로 자주 탄다. 이에 반해 주변의 나무들은 불에 견딘다. 앞으로 설명할 각 장에서 주변 환경과 자연 현상이 어떻게 관련되는가를 공부할 것이다.

사람들 중에는 앞으로 닥칠지도 모르는 재해에 맞서 적극적으로 대처할 준비가 된 사람도 있고 그렇지 않은 사람도 있다. 그 구분은 보통 그 사람의 재해에 대한 지식, 경험, 심각성의 인식 등에 따라 결정된다. 1989년 로마프리에타 지진으로 가옥이 크게 피해입었던 중년층들은 지진발생이 적은 지역으로 이주했거나 내진설계가 잘된 집에서 살고 있다. 마찬가지로 산사태로 집을 잃은 사람들은 급경사 지대와 멀리 떨어진 집에서 살고 있다. 역설적이지만 재해를 효과적으로 줄이는 가장 좋은 학습은 재해를 겪은 후 같은 형태의 재해를 대략 2~3개월 이내에 연달아 경험하는 것이다.

대중 교육 프로그램이 성공하기 위해서는 미국 지질조사소에서 만든 캘리포니아 지진재해에 관한 프로그램에서 보았듯이 신뢰성 있는 여러 기관에서 자료가 나와야 하고 일반인들도 이해할 수 있도록 비전문용어를 써야 한다. 방송 메시지도 도움이 되는데 사람들이 인용할 수 있도록 문헌 교재도 있어야 한다. 서로에게 도움이 될 만한 사람들로 구성되는 그룹 간의 토의도 서로 재해를 이해하고 실천하는 데 도움이 된다. 사람들이 생각하기에 위험성이 보이면 그들이 그 동안 들어 왔던 내용들을 검증하기 위해 믿을 만한 자료들을 추가적으로 얻게 된다. 추가 자료의 범위는 다른 그룹들이 믿을 만한 것들이어야 한다. 어떤 사람들은 과학자들을 믿는 반면에 다른 사람들은 오직 건축공학자의 말만 믿는다. 어떤 사람들은 온라인으로 정보를 얻는다. 성공적인 교육 프로그램은 전문가들을 포함시켜야 하며 교재도 집주인, 전세 입주자, 회사와 같은 서로 다른 그룹의 서로 다른 관심사에 맞추어 만들어져야 한다. 요약하면, 자연재해 교육의 성공 여부는 비전문가 용어로 서로 다른 그룹의 청중들에게 메시지를 얼마나 명확하게 전달하는가에 달려 있다. 재해의 성격은 물론 비교적 간단하고 돈이 얼마 안 드는 대처로 피해를 상당히 줄일 수 있다는 점을 전달해 주어야 한다.

자연과 함께 살자

재앙 같은 사건은 자연적이고 항상 발생할 수 있다. 그러나 현재 또는 앞으로의 재해에 대한 인간들의 가장 일반적인 반응은 피해를 줄이기 위해 자연 시스템을 변화시키는 것이다. 현대 사회에서 과학기술자들은 자연재해를 예측하고 재해에 견딜 수 있는 구조물을 세울 수 있다는 점은 충분히 인정한다. 그러나 그들의 이해와 능력에 한계가 있는 것 또한 사실이다. 과학기술자들이 자연에 대한 조예가 깊다고 하지만 실제로는 우리가 상상하는 것만큼 잘 이해하지 못한다.

불행하게도 우리는 자연의 법칙을 변화시킬 수 없기 때문에 자연 시스템의 과정도 변화시킬 수 없다. 재해를 줄이는 데 있어 우리는 흔히 자연적인 시스템을 가로막아 다른 곳으로 피해를 전가시키는 시도를 한다. 이 경우 피해 에너지가 누적되어 차후에 더 큰 피해로 나타나는 경우가 많다.

사전에 아무 생각도 안 하다가 자신이 재해 지역에 있다면 어떻게 행동할 것인가? 아마 자신의 땅을 지키기 위해 강 제방을 쌓을 것이다. 또는 밀려오는 파도에 의해 모래가 씻겨 내려가 집터가 내려앉지 않도록 돌벽을 쌓을 수도 있다.

그러나 이것들 중의 어느 것을 취하든 문제를 다른 장소, 다른 사람, 또는 나중으로 전가시킬 뿐이다. 예를 들어 강이 범람원으로 퍼지는 것을 막아 재산을 보호하고자 제방을 쌓는다면 제방건설 후 홍수의 수위는 제방이 없을 때의 수위보다 높을 것이다. 제방으로 강줄기가 잘록해져서 홍수를 역류시켜 상류에 사는 이웃들의 재산이 침수되는 피해를 줄 수 있다. 또한 더 깊어진 물은 제방을 쌓은 후 속도가 더 빨라져 하류에 사는 이웃들의 강둑은 더 많이 침식될 수 있다. 마치 주식시장에서 한 사람이 가지고 있는 주식의 가격이 올라가면 반대로 주식이 내려간 사람이 어딘가에 있다는 원리와 똑같다. 시세가 내려갔을 때 사서 올라갔을 때 매도해서 돈을 벌었다면 반대로 돈을 잃었던 누군가로부터 그 당시에 잘 샀다는 이야기이다. 비교적 단기간의 주식시장에서 이기적인 관점에서 할 수 있는 최선의 방법은 재해(손해)를 내 이웃으로 전가시키는 것이다. 자연을 변경시키겠다는 것은 이와 똑같다. 우리는 그 결과를 알아야 한다.

개인적으로나 사회적으로나 우리는 자연을 지배하려고 노력하기보다는 자연과 함께 살아가는 방법을 배워야 한다. 완화 노력은 주로 공학적인 기법을 써서 재해를 피하거나 제거하는 방법을 추구하는 것이다. 이러한 방법을 쓰기 위해서는 정부 또는 재해에 노출되어 있는 주민과 단체로부터의 자금 지원이 필수적이다. 그러나 완화 노력에는 사람들의 대처 방식에 대한 변화가 있어야 한다는 말은 다소 생소하게 들릴지 모르지만 맞는 말이다. 행동 방식을 변화시키는 데는 공학적인 작업에 비해 비용이 많이 들지도 않고 한번 변하면 오래 간다. 최근 들어서야 미국 정부는 몇 번의 시행착오를 거치면서 이 교훈을 알아채기 시작하고 있다. 예를 들어 미시시피 강과 새크라멘토 강의 부근에서 일어날 홍수를 대비하여 물이 범람원으로 쭉 퍼지도록 제방을 강으로부터 멀리 뒤로 이동시키고 있다.

자연재해는 전 세계에서 일어난다. 재해는 기후, 지형, 지구조 환경, 강이나 해안의 근접성과 관련된다. 즉 한 나라에서 일어나는 재해는 다른 나라에서도 같은 과정으로 일어난다. 즉 이 책에 실린 여러 사례와 사진들은 다른 지역에 대한 것이지만 각자가 살고 있는 지역을 나타낸다고 생각할 수 있다. 단지 우리 주변에서 일어날 수 있는 재해를 강조하기 위해 다른 곳의 자료를 이용한다고 보면 된다. 사진을 통해 자연재해를 잘 이해하고 쉽게 배울 수 있도록 많은 사진들을 이 책에 싣고 있다. 여러 장의 마지막에 있는 '고찰' 연습을 통해 우리 주위의 재해를 관찰하고 해석하는 훈련을 하게 될 것이다.

실제로 자연재해가 전혀 없는 지역들도 있다. 주어진 건강, 교육, 생활 조건에서 우리는 위험 지역의 요소들을 최소화해야 한다. 특정 재해를 피하기 위해 상대적으로 피해가 적은 재해를 감수할 수도 있다. 무엇보다도 우리 스스로 재해를 잘 이해하고 재난으로 어떻게 이어지는지 자연재해 및 그 조절방법을 공부해야 한다. 예측이 확실히 들어맞지는 않지만 어떤 종류의 재해가 발생하여 우리의 재산과 안전을 위협하는지 충분히 예측할 수 있다. 이 책은 자연재해에 대해 우리들이 알아야 할 사항들을 제시하고 있다.

1장 복습

요점

대규모 자연재앙

- 우리가 보는 많은 자연 현상은 느리고 큰 변화가 없지만 가끔씩 일어나는 극적인 사건들은 사람들에게 큰 피해를 줄 수 있다.
- 재해는 사람과 재산에 피해를 입히는 자연 현상이다.
- 큰 사건은 사람과 재산에 피해를 줄 때만 재난이나 재앙이 될 수 있고, 대규모의 재해는 항상 일어나지만 사람들이 그 영향권에 살지 않았을 때는 재난이 되지 않는다.

- 사망자수의 관점에서 볼 때 폭염, 한파, 홍수와 같이 흔하고 일반적인 재해는 지진이나 화산과 같이 드물고 극적인 재해보다 더 많은 사망자를 낸다. **그림 1-4**.
- 선진국은 재해로 많은 돈을 잃는 반면에 후진국은 많은 생명을 잃는다.

재해 예측

- 사건들은 대체로 주기적이지 않지만 완전히 불규칙한 것도 아니다.
- 재해의 발생 장소와 시간은 정확히 예측할 수 없지만 재해를 일으키는 자연 현상을 이해하는 과학자들은 어떤 재해가 어느 지역에 발생할 것인가 예측할 수 있다.
- 통계 예측과 반복주기는 지난 경험 자료에 의거한 평균 기대값이다.
- 자연사건을 크기와 발생빈도로 구분하면 수많은 작은 사건, 몇 번 일어나는 보통 규모의 사건, 한 번 일어나는 대규모 사건이 있다. 우리는 일반적인 작은 사건에 익숙해 있지만 커다란 재앙을 일으키는 대규모 사건은 거의 안 일어나기 때문에 예상하지 못한다. **그림 1-6, 해설 1-1**.
- 많은 자연 현상은 프랙털이다. 즉 넓은 범위에서 볼 때 큰 것과 작은 것의 유사성이 있는데 큰 사건들은 작은 사건들과 비슷한 특성을 갖는 성질이 있다. **그림 1-7**.

자연재해들의 상호관계

- 서로 다른 형태의 자연재해들은 관련이 없을 수도 있고 서로에게 영향을 미칠 수도 있다. **그림 1-8**.
- 자연 현상은 한 사건이 다른 과정을 유발하거나 또는 훨씬 더 빠른 변화를 수반하는 캐스케이딩 또는 도미노 효과를 보인다.
- 증폭 효과와 다중 변수들은 재난을 발생시키는 큰 사건을 유발한다. **그림 1-9**.

재해 완화

- 완화는 단지 재해로 입은 손실을 복구하는 차원보다 재해를 피하는 노력이 우선되어야 한다.
- 위험은 사건의 발생 확률과 손해비용에 비례한다. **해설 1-2**.
- 우리는 자연 현상을 이해하고, 자연재해와 함께 더불어 살면서 그 재해를 피하는 방법을 배워야 한다.

자연과 함께 살자

- 어떤 재해를 막으려고 장벽을 쌓는 것은 재해를 또 다른 장소나 나중으로 전가할 뿐이다.
- 사람들은 자연을 통제하기보다는 자연사건과 함께 살아가는 법을 배워야 한다.

중요 단어

반복주기(recurrence interval)
보험(insurance)
완화(mitigation)
예보(forecast)
위험(risk)
자연재난(natural disaster)
자연재해(natural hazard)
재앙(catastrophe)
전조사건(precursor event)
주기적인 사건(cyclic event)
토지사용 계획(land-use planning)
프랙털(fractal)

복습 문제

1. 왜 사람들은 지질학적으로 위험한 지역에 모여드는가?

2. 지질 경관은 천천히 꾸준한 작용으로 만들어지는지 혹은 중간에 아무 활동이 없다가 간헐적으로 발생하는 큰 사건으로 만들어지는지 보기를 들어 설명하라.

3. 자연재해는 한 시스템의 평형이 깨질 때 일어난다. 보기를 몇 개 들어 설명하라.

4. 재해로 인한 사망자수에 영향을 미치는 요소들은 무엇인가?

5. 미국에서 가장 치명적인 재해 세 가지를 들어 보라.

6. 재난 관리에 드는 비용이 항상 증가하는 주된 이유는 무엇인가 ?

7. 왜 대부분의 자연사건들은 완전히 주기적이지 않은가?

8. 예측과 예보의 차이점은 무엇인가?

9. 자연 현상에서 도미노 효과의 한 가지 예를 들어 보라.

10. 프랙털 시스템의 한 가지 예를 들어 보라.

11. 사건의 빈도와 크기 사이의 일반적인 관계를 설명하라.

12. 반복 주기가 50년으로 평가된 홍수가 작년에 일어났다면 올해 다시 일어날 확률은 어떻게 되는가?

13. 보험회사가 자연재해에 대한 보험비용을 산정할 때 참고하는 두 가지의 기본적인 요소는 무엇인가?

14. 사람들이나 정부 관청이 자연의 활동을 제한하거나 통제하려고 할 때 일반적으로 어떤 결과가 나오는가?

토의 문제

1. 만일 사람들이 특별히 위험한 지역에 살아서는 안 된다면 그 지역들은 어떤 용도로 쓰면 좋겠는가? 몇 가지 예를 들어 보라.
2. 자연재해로부터 주민들을 안전하게 하려면 정부는 무엇을 해야 하는가? 반대로 각자가 살기 원하는 곳을 선택할 자유는 무엇인가?
3. 공장이 문을 닫아 경제적 손실을 겪고 있는 작은 도시가 새로운 주택개발 정책을 수립하고 있다. 이 지역은 홍수가 드물게 발생하고 있다는 점을 고려하여 찬성과 반대편에 서서 의견을 개진하라. 개발에 찬성하는 경우 재해를 최소화하기 위한 대책들을 설명하라.
4. 재해 취약 지역에 집을 짓는데 허가를 받아야 하는가? 재해가 발생할 경우 정부의 도움을 기대할 수 있는가? 재해 비용을 각자가 모두 지불해야 하는가?
5. 선진국과 후진국의 재난 손실의 성격을 비교 설명하라. 왜 차이가 있는가?

판구조론과 물리적 재해 2

Donald Hyndman.

태평양판과 남아메리카판이 충돌하는 경계를 따라 발달한 페루 안데스 산맥.

들어가며

화산으로 구성된 산맥들이 해안선을 따라 왜 발달하고, 이들 해안선을 따라 큰 지진으로 인한 쓰나미가 왜 발생하는지 의문을 가지게 된다. 또한 대서양을 사이에 두고 어떻게 남아메리카와 아프리카 지형이 퍼즐처럼 잘 일치하는지에 대한 궁금증도 생기게 된다(**그림 2-1**).

여러 개의 판으로 구성되어 있는 지구는 판들이 충돌하여 하나의 판이 다른 판 아래로 섭입되기도 한다. 판이 충돌하는 곳에서 쉽게 맨틀이 용융되어 마그마가 만들어지고 이 마그마가 분출하여 화산을 만들게 된다. 이러한 과정으로 남아메리카의 안데스 산맥이 화산으로 이루어져 있다. 높이 솟은 산맥은 산사태나 홍수에 의한 재난에 쉽게 노출되어 있다. 이 지역의 재난을 이해하기 위해서는 판들을 이동시키는 힘의 원인이 무엇인지를 알아야 한다. 만약 판의 이동이 없다면 기후나 날씨에 영향을 주는 큰 산맥들이 형성되지 않았을 뿐만 아니라 산사태나 홍수에 의한 재난도 없었을 것이다.

그림 2-1 **지구 지형**

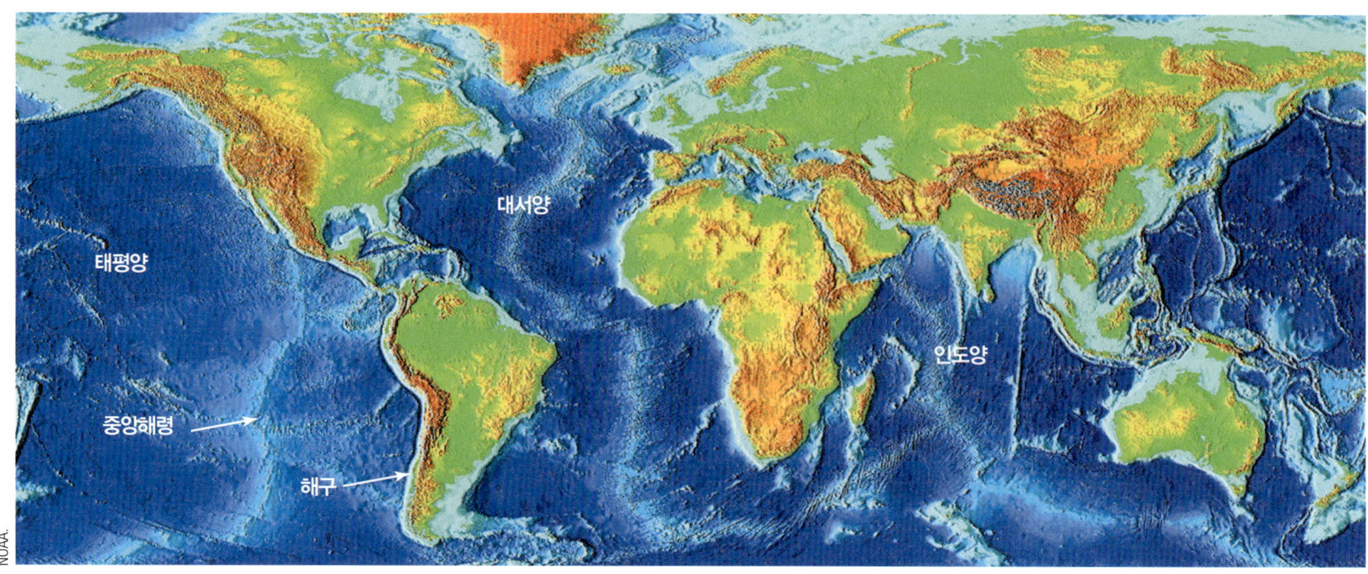

지형의 기복이 잘 나타난 그림으로 대륙 연변부의 붉은색은 산맥이고 해양의 옅은 파란색은 해양저의 해령이다.

지구 구조

과학자들에 의해서 지구는 중심으로부터 핵, 맨틀, 그리고 얇은 지각으로 존재한다는 것을 알게 되었다(**그림 2-2**). 또 다른 분류로 지구는 지각과 상부맨틀을 합한 딱딱하고 단단한 **암석권**(lithosphere)과 암석권 하부에 뜨겁고 변형되기 쉬운 **연약권**(asthenosphere)으로 나누어지기도 한다. 암석권은 여러 개의 크고 작은 **지구조 판**(tectonic plate)으로 구성되어 있다. 평균 약 200 km 두께의 대륙 암석권은 30~50 km 두께의 화강암질 성분을 가지는 대륙지각과 상부 **맨틀**(mantle)로 이루어져 있다. 평균 약 60 km 두께의 해양 암석권은 약 7 km 두께의 현무암질 성분을 가지는 해양지각과 상부 맨틀로

그림 2-2 **지구 구조**

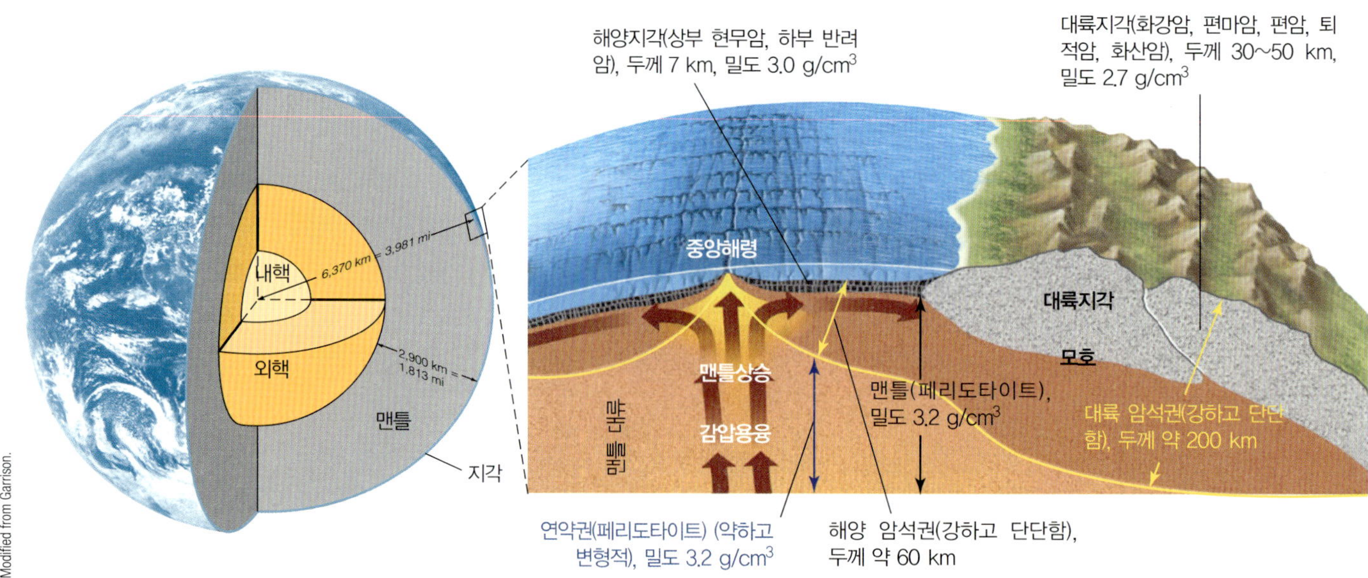

지구 중심에 철과 니켈로 구성된 고체상태의 내핵과 액체상태의 외핵이 존재한다. 페리도타이트라는 암석으로 구성된 맨틀은 지구에서 가장 많은 부피를 차지하고 있다. 우리가 살고 있는 지각은 매우 얇다. 오른쪽 그림에서 암석권은 노란색으로 표시되어 있다.

구성되어 있다(암석 성분은 부록 2 참조). 대륙지각에 규소 함량이 높은 이유는 대륙지각을 구성하는 암석이 규소를 많이 포함하고 있는 광물로 구성되어 있기 때문이다. 대륙지각의 밀도는 지구상에서 가장 낮은 2.7 g/cm^{3}이다. 이에 비하여 해양지각을 구성하는 암석은 상대적으로 철과 마그네슘이 많고 규소 함량이 적은 광물로 구성되어 있어 해양지각의 밀도는 3.0 g/cm^{3}이다.

그림 2-2 오른쪽 그림에서와 같이 낮은 밀도의 대륙지각은 상대적으로 밀도가 높은 해양지각에 비하여 두껍고 높게 솟아올라 있고 대륙지각 하부는 깊게 박혀 있다. 그 이유를 **지각평형설**(isostacy)로 설명할 수 있다(해설 2-1: 떠 있는 물질의 높이). 밀도차이에 의해 물에 빙하가 떠 있는 것 같이 지각도 천천히 움직이는 고온의 맨틀 위에 떠 있다. 액체인 물 위에 고체인 빙하가 얼마나 잠겨 있는지는 고체인 빙하의 밀도를 액체인 물의 밀도로 단순히 나누어 계산한다. 만약 많은 양의 빙하가 대륙에 얹혀 있게 되면 대륙 암석권은 맨틀에 더 많이 잠겨 있게 된다. 이 현상이 마지막 빙하기에 캐나다와 미국 북부에서 일어났다. 빙하가 녹은 후에 대륙 암석권은 다시 원래 위치로 돌아오게 되었다.

히말라야 산맥 지역에서 작은 진자를 당기는 힘이 생각 외로 강하게 나타난 것을 약 150년 전에 알게 되었다. 이를 통해 조지 에어리(George Airy)는 히말라야 산맥이 해수면 위에 올라와 있는 것보다 해수면 아래에 깊이 잠겨 있는 부분이 많아 히말라야 산맥이 매우 두껍다고 추측했었다. 그 후 과학자들은 지각을 통과하는 지진파의 속도와 밀도를 측정하여 히말라야 산맥 하부에 있는 지각이 매우 두껍다는 것을 정확히 알아냈다. 산맥이 높아질수록 산맥 하부의 지각은 두껍다.

지각의 온도는 해수면 위에 올라와 있는 지각의 높이와 관계가 있다. 마그마 활동이 많아 지각의 온도가 높은 캐나다 서부와 미국 북서부에 있는 산맥은 동쪽에 오래되고 밀도가 높은 산맥보다 해수면 위에 높이 올라와 있다. 그 이유는 지각의 온도가 높을수록 상대적으로 지각 밀도가 낮아지기 때문이다(그림 2-2 참조).

과학자들은 물체 사이의 중력 끌림 정도를 측정하거나, 지진파의 속도와 시간을 분석하여 지각의 두께를 간접적으로 측정하였다. 지진파를 통해 진앙지 하부의 지구 내부 물질의 두께, 지진파 속도, 밀도에 대한 정보를 간접적으로 알 수 있다. 지진파를 통해 지각과 맨틀의 밀도 차이와 지각과 맨틀의 경계인 모호면(Moho)을 알게 되었다(그림 2-2 참조).

지표에서 맨틀 하부로 내려갈수록 단단한 암석권과 약하고 쉽게 변형될 수 있는 연약권은 뚜렷한 물성 차이를 보인다. 지구 내부로 내려갈수록 증가하던 지진파의 속도가 암석권과 연

해설 2-1

떠 있는 물질의 높이

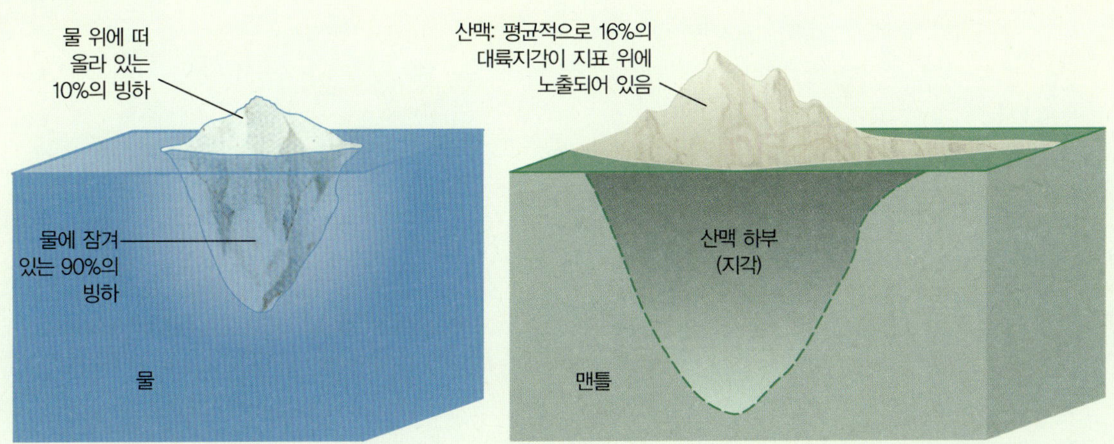

물 위에 떠 있는 빙하의 높이는 빙하의 밀도와 물의 밀도에 의해 좌우된다. 예를 들어 액체 상태의 물의 밀도는 1.0 g/cm^{3}이나 물이 빙하가 되면 빙하의 밀도는 0.9 g/cm^{3}으로 줄어들게 된다. 밀도 차이에 의해 90%의 빙하가 물에 잠겨 있게 된다. 오른쪽 그림에서는 84%의 산맥이 맨틀에 잠겨 있다. 그 이유는 맨틀 밀도가 3.2 g/cm^{3}이나 산맥을 형성한 대륙암석 밀도가 2.7 g/cm^{3}으로 낮기 때문이다.

약권의 경계에서 갑자기 낮아진다. 지진파의 속도가 낮아지는 곳을 저속도층(low-velocity zone)이라고 하며 이 저속도층을 경계로 암석권과 연약권이 나누어진다. 암석권은 일 년에 센티미터 단위로 연약권 위에서 이동한다.

판의 이동

암석권은 여러 개의 판으로 이루어져 있다(**그림 2-3**). 이 판들은 불규칙한 모양과 크기를 가지고 있지만 퍼즐과 같이 모양이 서로 잘 일치한다. 남아메리카판의 절반은 대서양에 위치하고 있고 나머지 절반은 남아메리카에 위치한다. 태평양판은 대부분이 해양 지역에 위치하나 태평양판 일부는 미국 서부 캘리포니아와 뉴질랜드를 포함하기도 한다. 이와 같이 해양과 대륙의 경계와 판이 만나는 경계는 같지는 않다. 인공위성 GPS를 이용하여 보면 판은 매년 약 11 cm(4.2인치) 정도 이동한다. **판구조론**(plate tectonics)은 지구 판들이 이동한다는 이론이다.

판들은 분리되기도 하고 충돌하기도 하며 때로는 위, 아래, 혹은 비스듬히 비껴가기도 한다(**그림 2-4**). **발산형 경계**(divergent boundary)는 판이 갈라져 분리되는 대표적인 판 경계이다. **수렴형 경계**(convergent boundary)는 두 개의 판이 충돌하는 판의 경계이다. 두 개의 판이 충돌하면 해양판과 같이 밀도가 높은 판이 다른 하나의 판 하부의 연약권으로 가라앉게 되어 **섭입대**(subduction zone)를 형성한다. 만약 밀도가 낮은 두 개의 대륙판이 만나게 되면 서로 섭입되지 않으려고 하여 히말라야 산맥과 같은 두꺼운 대륙 암석권을 형성하게 된다. **변환단층 경계**(transform boundary)는 두 개의 판이 측면으로 비껴지나가는 판의 경계로서 미국 캘리포니아 주에 위치한 샌앤드레이어스 단층이 대륙에서의 대표적인 변환단층 경계이다.

중앙해령에서 새롭게 만들어진 해양지각은 중앙해령에서 두 개의 판으로 분리된다. **해양저 확장**(seafloor spreading)에 의해 분리된 판들은 이동하다가 섭입대의 **해구**(trench)로 가라앉아 지구 내부로 사라지게 된다(**그림 2-5**). 대서양 중앙해령에서는 해양저 확장에 의해 북아메리카와 유럽이 점점 멀어지는 현상이 관찰된다. 태평양에서도 중앙해령에서 분리된 판이 서부 태평양에 위치한 해구로 가라앉아 사라지는 현상이

그림 2-3 지구의 주요 판

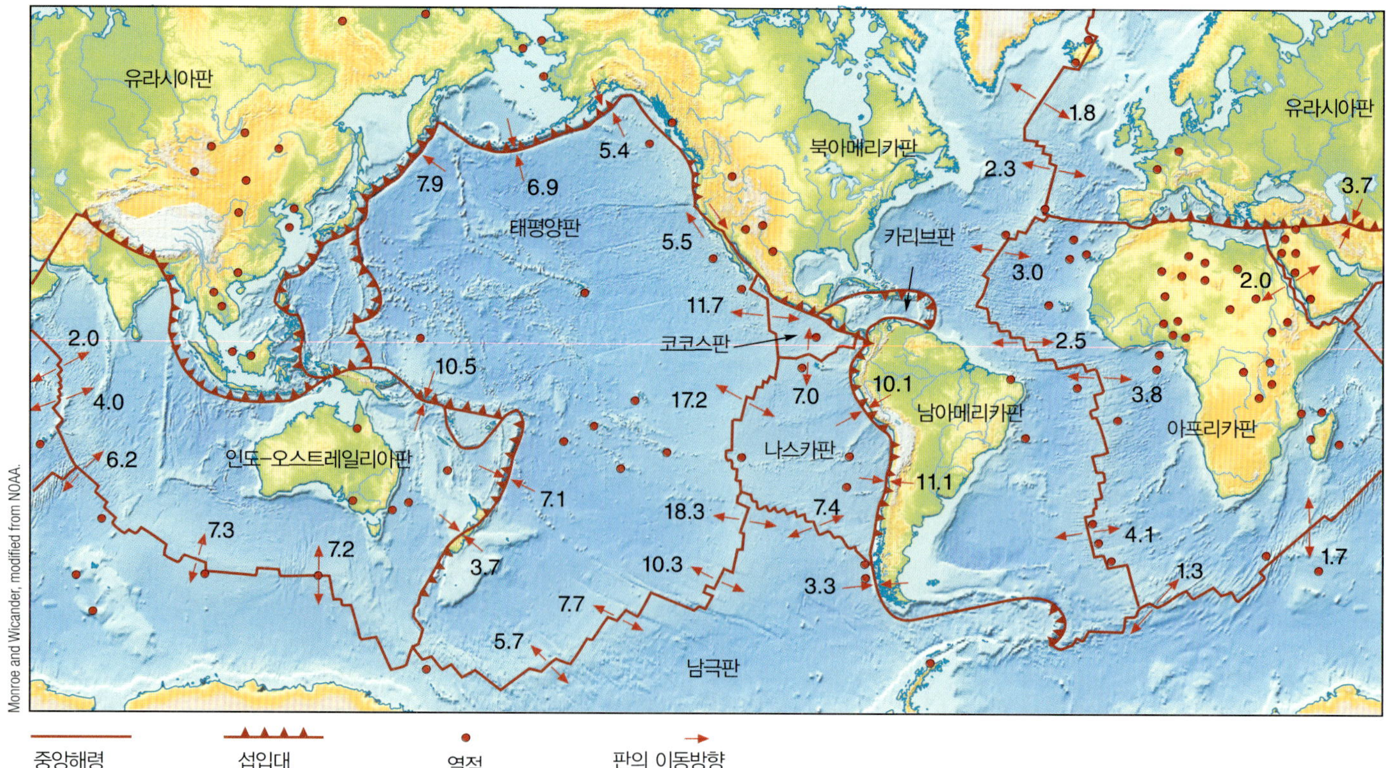

지구를 구성하는 주요 판. 태평양판이 해양에서는 가장 큰 판이다. 태평양판은 미국 캘리포니아와 뉴질랜드도 포함한다. 고정된 위치에서 화산이 폭발한 열점형 화산을 이용하여 판의 움직이는 방향(붉은색 화살표)과 속도(연간 센티미터 단위)가 계산된다.

그림 2-4 판의 경계

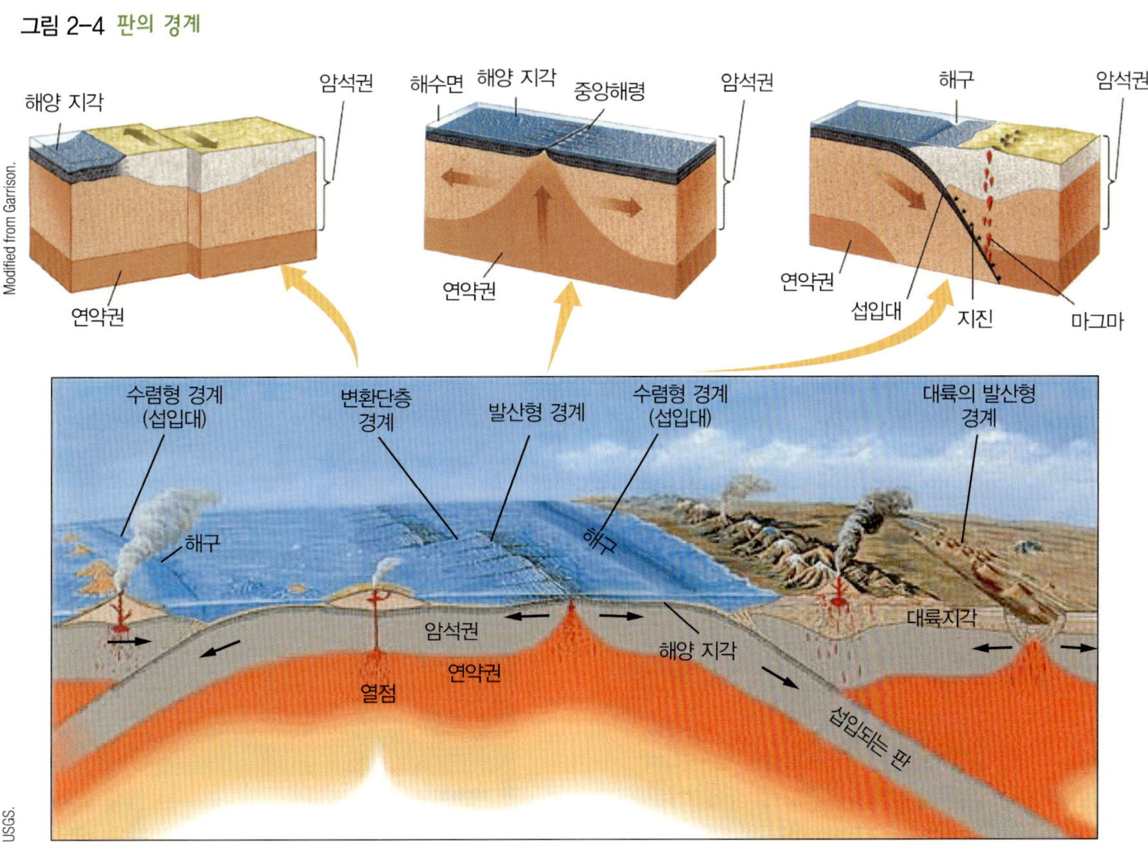

발산형 경계, 수렴형 경계, 변환단층 경계와 같은 서로 다른 형태의 판 경계를 나타낸 그림.

관찰된다.

변환단층은 중앙해령이나 섭입대를 만나 충돌하기도 한다. 두 개 이상의 판들이 서로 만나는 장소가 지구에 간혹 존재한다. 특히 북아메리카 서쪽 해안에 위치한 멘도시노 변환단층대에는 세 개의 판이 접하는 경계가 있어 삼중점(triple junction)이라고 한다. 멘도시노 변환단층대는 북아메리카 해안을 따라 발달한 캐스케이디아 섭입대와 캘리포니아 주 샌앤드레이어스 단층과 접하고 있다(**그림 2-6**). 캐나다 밴쿠버 섬 인근 해안에서도 퀸샬로테 변환단층과 후안데푸카 해령, 그리고 캐스케이디아 섭입대가 만나는 삼중점이 있다.

자연재해와 판의 경계

대부분의 지진과 화산활동은 판의 경계에서 발생한다(**그림 2-7, 2-8**). 대륙판과 해양판이 충돌하는 수렴형 경계는 대부분 섭입대를 형성한다. 해양판과 대륙판이 충돌하여 형성된 섭입대는 태평양 주변을 따라 북아메리카, 남아메리카, 아시아, 인도네시아, 뉴질랜드 등에서 발견된다. 대륙판 간의 충돌 지역은 높은 산맥이 형성된 유럽남부와 아시아에 분포한다. 발산형 경계는 판이 갈라지는 지역이다. 해양에 위치한 중앙해령에서는 상대적으로 갈라지는 판이 빠르게 이동하나 동아프리카 열곡대는 대륙에 위치하여 갈라지는 판이 상대적으로 늦게 이동한다. 서로 다른 형태의 판 경계에서는 다른 종류의 자연현상들이 일어난다.

발산형 경계

중앙해령은 하나의 판이 두 개로 갈라지는 해양에서의 발산형 경계이다. 중앙해령은 해수면 수천 미터 아래에 위치하고 있다. 그러나 유일하게 아이슬란드에서만은 중앙해령이 해수면 위에 올라와 해령 형태의 계곡을 이루고 있다. 해령 형태의 이 계곡은 폭이 크고 남북방향으로 굽어 있다. 이 계곡을 경계로 우측에는 유라시아판이, 좌측에는 북아메리카판이 위치하고 있다. 수십 년간의 연구결과 이 계곡은 매년 몇 센티미터씩 이동하고 있다. 결과적으로 유라시아판과 북아메리카판은 중앙해령을 중심으로 갈라지게 되고 대서양은 계속 넓어지게 될 것이다.

그림 2-5 해양저 확장

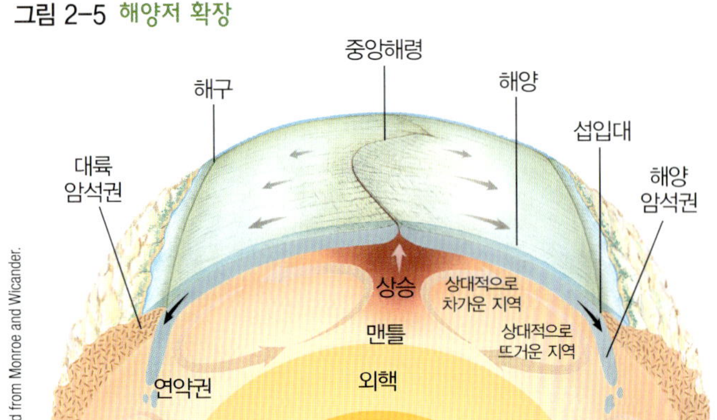

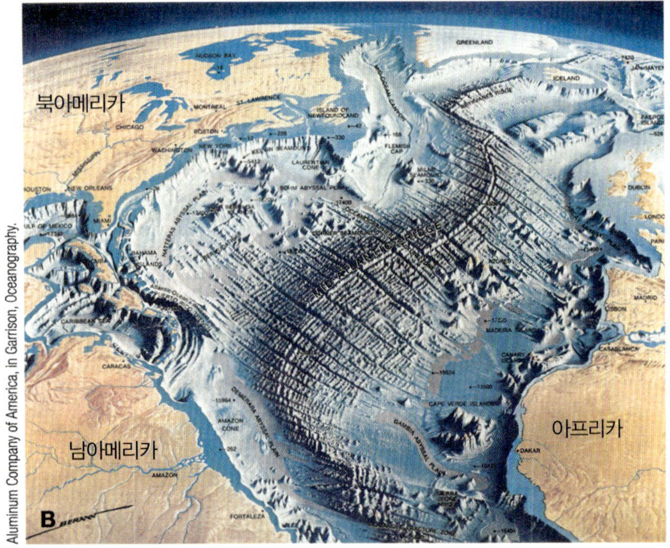

A. 지구 단면과 지구의 주요 층들을 보여 주는 그림. 단단한 암석권은 상대적으로 단단하지 않고 느리게 대류하는 연약권 위에서 움직인다. 암석권은 중앙해령에서 갈라지고 섭입대인 해구에서 사라진다.
B. 해양의 중앙해령, 파쇄대, 변환단층들이 뚜렷하게 보여 주는 대서양 일대의 해저지형.

그림 2-6 북아메리카 해안의 판의 경계

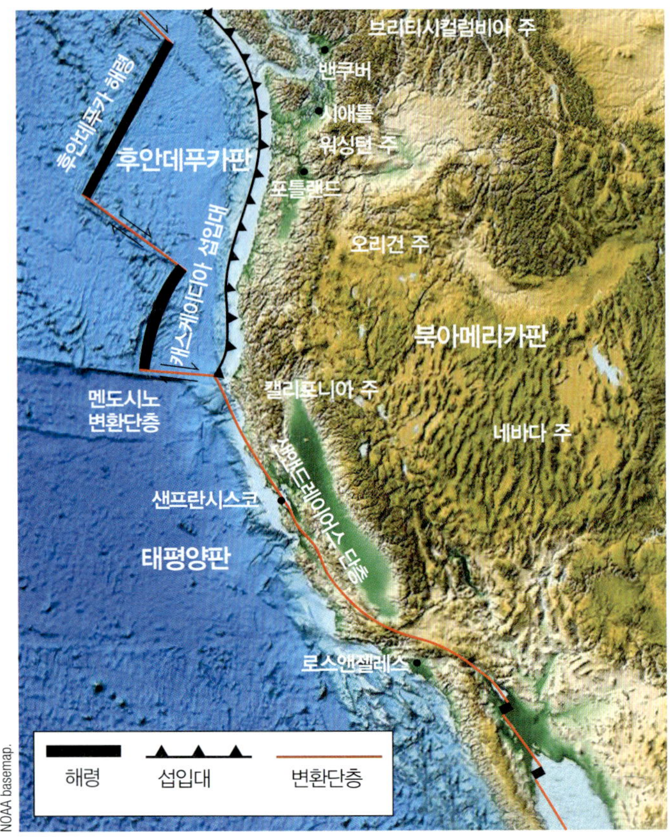

북아메리카 해안에서는 캘리포니아 주 서부를 따라 발달한 샌앤드레이어스 단층과 오리건 주, 워싱턴 주, 브리티시컬럼비아 주 남부 해안에 평행하게 발달한 캐스케이디아 섭입대, 그리고 해안에서 조금 떨어져 위치한 후안데푸카 해령이 존재한다. 후안데푸카 해령에서 형성된 후안데푸카 해저는 캐스케이디아 섭입대에서 가라앉아 사라진다.

아이슬란드의 계곡을 열극이라고도 한다. 역사적으로 아이슬란드는 200~300년 주기로 열극을 중심으로 수천 km^2에 달하는 면적에 현무암질 마그마가 분출하였다. 2010년에는 열곡대를 따라 현무암질 마그마가 대량 분출하였다. 이때 뜨거운 마그마가 빙하를 녹이고 홍수를 일으켰다. 또한 많은 양의 화산재 구름이 북유럽 전역을 덮어 며칠간 항공기 운항이 중단되기도 하였다. 이러한 현상은 언제든 발생할 수 있다. 다행히 이 지역에 거주하는 사람들의 수가 적어 이 지역에 화산활동으로 인한 자연재해가 적게 발생한다.

아이슬란드와 유사한 형태의 화산 분출은 해양의 중앙해령에서도 발생한다. 중앙해령에서 분출한 현무암질 마그마는 해저면에 넓게 흘러 지구 지표의 3분의 2에 해당하는 지역을 현무암으로 덮이게 하였다. 중앙해령에서 현무암질 마그마가 분출하면 해수와 접하게 된다. 이로 인하여 빠른 속도로 마그마가 급랭하게 되고 용암의 겉 표면은 급랭으로 베개모양을 이룬다. 중앙해령에서 갈라져 나온 판은 중앙해령에서 멀어질수록 냉각, 수축되어 밀도가 증가하게 된다. 이러한 이유에서 상대적으로 뜨겁고 밀도가 낮은 중앙해령은 해저면 바닥에서 높이 솟아올라 있다. 중앙해령에서 분출한 현무암질 마그마에 의하여 해양은 매년 수 cm 크기로 넓어지고 있다(**그림 2-9**). 중앙해령에서는 지진과 화산이 자주 발생한다. 아이슬란드에서와 같이 중앙해령이 계곡 형태로 지표에 노출되어 있는 경우를 제외하고는 대부분의 중앙해령이 해양에 위치하고 있어 이 지역에서 발생하는 지진과 화산은 인간에 위협적이지는 않다.

해양의 중앙해령과 같이 대륙에서도 열곡대와 같은 확장대

그림 2-7 지진 분포도

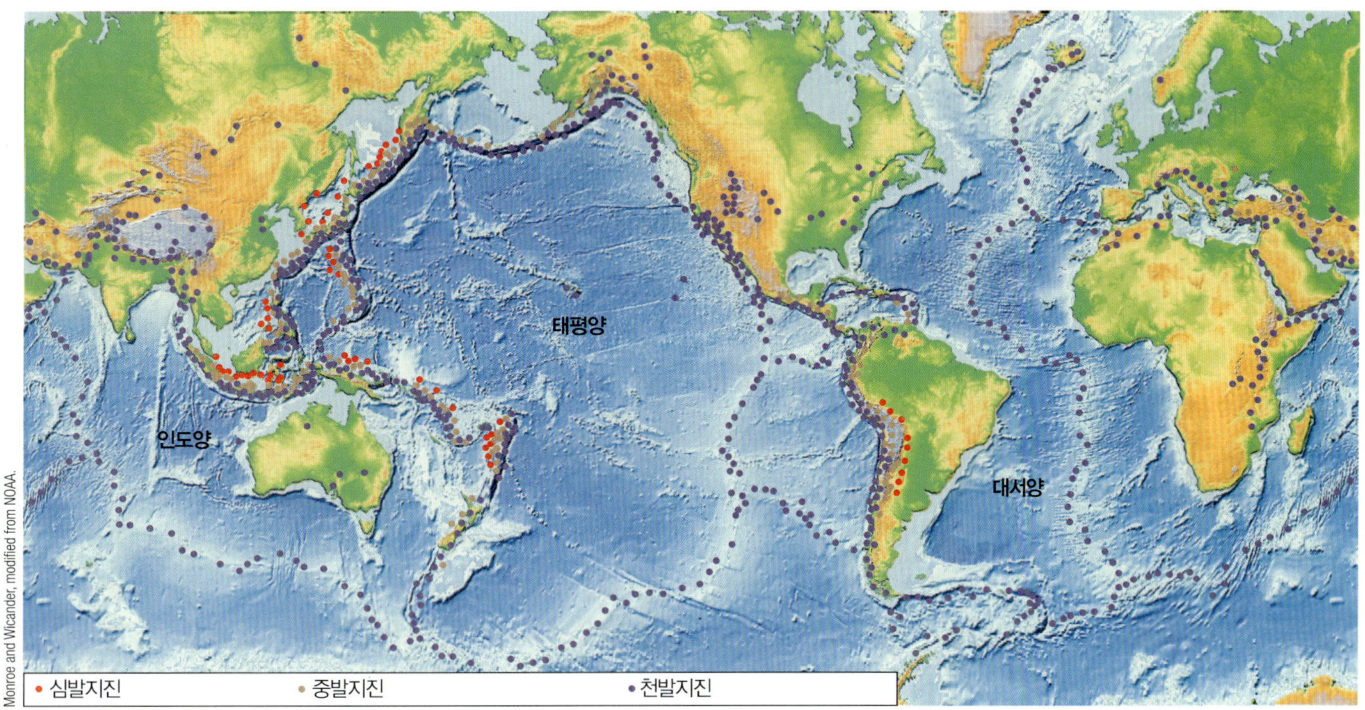

대부분의 지진이 발생하는 장소는 판의 경계이다. 지진은 주로 섭입대와 변환단층 지역에서 발생하나 중앙해령에서도 간혹 발생한다.

그림 2-8 화산 분포도

대부분의 화산활동은 판의 경계에서 발생한다. 화산분출은 섭입대를 따라 수렴형 경계인 섭입대 인근 대륙에서 발생하고 발산형 경계인 대륙의 열곡대와 해양의 중앙해령에서도 발생한다.

그림 2-9 확장 중심의 진화

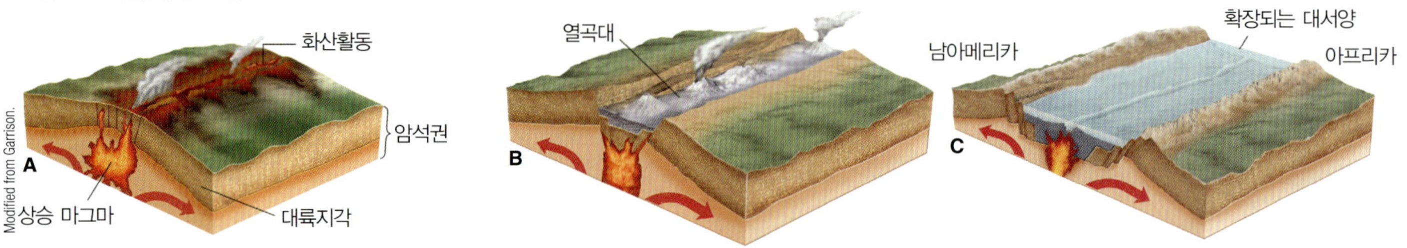

대륙의 확장 중심부가 벌어져 새로운 해양 암석권이 만들어진다. 판게아 초대륙 판이 벌어지며 확장 중심부가 진화되어 남아메리카와 아프리카를 분리시키고 대서양을 만들었다.

가 존재한다. 대륙의 확장대는 해양의 중앙해령과 같이 두 판의 경계를 이루고 있지는 않는다. 대표적인 대륙 확장대는 미국 뉴멕시코 주에 위치한 리오그란데 열곡대와 네바다 주와 유타 주에 위치한 분지 및 산맥지역이다(**그림 2-10**). 동아프리카 열곡대는 위에서 언급한 미국의 리오그란데 열곡대에 비하여 동서방향으로 확장이 더 진전되어 초기 해양지각이 형성될 수 있는 환경에 놓여 있다(**그림 2-11**). 이들 열곡대에서는 단층면을 기준으로 상반이 하반보다 상대적으로 아래에 있는 정단층이 발달해 있고 크고 작은 지진과 마그마 분출이 일어나기도 하였다. 미국 캘리포니아 주 남동부의 분지 및 산맥 지역에 있는 롱밸리 칼데라와 뉴멕시코 주 리오그란데 열곡대에 있는 발레스 칼데라에서는 큰 규모의 유문암질 마그마 분출과 작은 규모의 현무암질 마그마 분출이 일어났다. 아프리카 동북부 끝자락에 위치한 홍해 열곡은 두 판의 경계에 위치하고 있다. 리오그란데 열곡과 같은 대륙 열곡은 대부분 천천히 열곡이 열리어서 대륙판을 두 개로 쪼개지만 새로운 해양지각을 형성하지는 못하고 있다.

대륙 **열곡대**(rift zone)에서 분출한 마그마는 대부분 유문암질이며 소량 현무암질도 있다. 그러나 중간 단계의 안산암질 마그마는 존재하지 않는다(부록 2 참조). 특히 동부 아프리카

그림 2-10 대륙의 확장

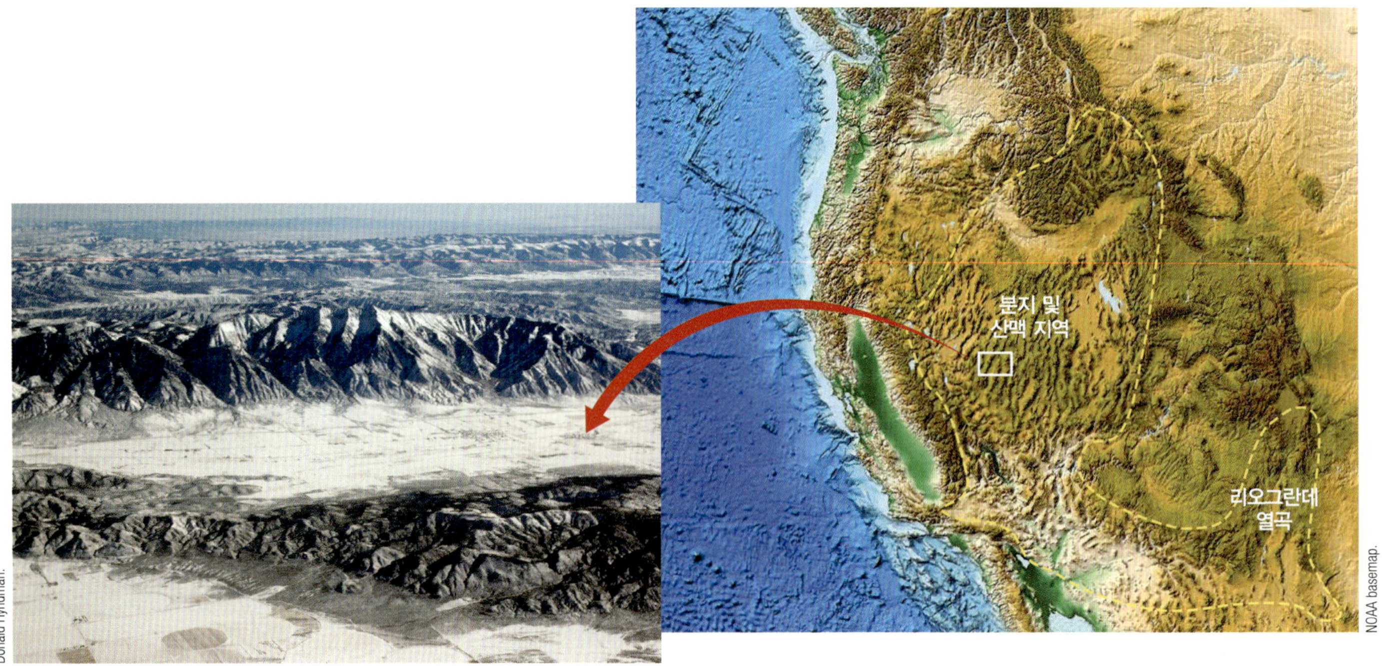

미국 서부지역에 위치한 분지 및 산맥 지역 중 미국 유타 주 솔트레이크 시 남서부 일대. 미국 네바다 주와 유타 주가 분지 및 산맥 확장지의 중심이 되고, 북쪽 스네이크리버 평원으로 갈수록 확장이 줄어든다. 분지 및 산맥 지역 왼편 경계는 유타 주 시에라네바다 산맥과 워새치 산맥과 연결되고, 오른쪽은 뉴멕시코 주 리오그란데 열곡과 연결된다.

그림 2.11 초기 해양

해양 열곡에 비해 동부 아프리카 열곡은 100배 정도 늦은 속도로 대륙을 분리하고 있다. 동부 아프리카 열곡은 홍해와 아덴 만과 함께 삼중 교차점을 이룬다. 홍해와 아덴 만은 동부 아프리카 열곡에 비해 확장 속도가 빠르다.

에서는 나트륨과 칼슘 함량이 높은 마그마가 존재하기도 한다. 리오그란데 열곡과 분지 및 산맥 지역에서는 폭발적인 유문암질 마그마의 분출로 많은 양의 유문암질 화산재가 지표에 쌓이기도 하였다. 이들 마그마의 분출은 주기적이지도 못하고 마그마 분출이 인구밀도가 낮은 지역에서 발생하여 대부분 자연재해로 발전되는 경우는 드물다.

수렴형 경계

섭입대 해양지각은 판이 갈라지는 발산형 경계에서 형성되어 수렴형 경계인 섭입대에서 사라진다(**그림 2-12**). 섭입대에서 하나의 판이 지구 내부 속으로 미끄러지면서 지진이 발생한다. 해양판과 대륙판이 섭입대에서 만날 경우 상대적으로 밀도가 높은 해양판이 뜨거운 지구 내부로 내려가면서 지진을 발생시킨다.

중앙해령에서 형성된 새로운 해양지각의 갈라진 틈을 따라 해수가 쉽게 침입한다. 해양지각의 현무암과 상부맨틀의 페리도타이트 암석은 침입된 해수와 접촉하여 쉽게 녹색을 띠는 사문암으로 변질된다. 이렇게 사문암으로 일부 변질된 해양 암석권은 섭입대인 해구에서 다른 판과 충돌하여 섭입되기 시작한다. 사문암은 물을 함유한 광물을 포함하고 있다. 변질된 사문암은 섭입되면서 탈수된다. 탈수된 물은 맨틀로 유입되고, 맨틀은 물을 함유하면서 상대적으로 낮은 온도에서 현무암질 마그마를 형성시킨다. 이 현무암질 마그마는 분출하여 화산을 형성하게 된다. 만약 현무암질 마그마가 상승하다가 지각을 용융시키면 유문암질 마그마도 지각에서 형성된다. 현무암질 마그마와 유문암질 마그마가 혼합되면 성층화산을 만들어 안산암도 형성된다. 이러한 과정을 거쳐 섭입대에서 상대적으로 밀도가 높은 해양판이 밀도가 낮은 대륙판 아래로 가라앉으면서 해구와 평행하게 대륙 쪽에 직선상의 화산을 형성한다. 미국 서부에 있는 캐스케이드 화산들은 이러한 과정을 거쳐 섭입대 인근 대륙에서 형성된 화산들로 구성된 화산호이다(**그림 2-13**).

섭입대 인근 대륙 쪽에 높이 솟아오른 산맥들은 화산들로 구성되어 있다(그림 2-12 참조). 해양판과 또 다른 해양판이 충돌할 때도 위와 동일한 과정에 의해 마그마가 형성되어 해양판 위에 화산들이 선상으로 배열된다. 그러나 이 지역에서는 대륙판이 존재하지 않으므로 유문암질 마그마는 형성되지 않는다. 이들 해양판 위에 형성된 선상의 화산들을 도호(호상열도)라고 한다.

이러한 활화산들이 인간이 거주하는 인근 지역에 있다면 큰 자연재해가 될 수 있다. 활화산이 아름다운 경관을 가지고 있고, 분출한 화산암이 풍화되어 질 좋은 토양을 만들기 때문에 이들 활화산 인근에 다수의 주민들이 거주한다. 태평양판과 북아메리카판이 만나는 미국 서부와 아프리카판과 유라시아판이 만나는 그리스와 이탈리아에 거주하는 주민들은 이러한 활화산에 의한 자연재해에 노출되어 있다.

섭입대에서는 판들이 충돌하여 하나의 판이 가라앉으면서 지구상의 가장 큰 지진들이 발생한다. 선상으로 배열된 화산호와 해구 사이에서도 작은 지진들이 자주 발생한다. 이와 같이 섭입대 지역에서는 지진과 같은 자연재해가 자주 발생한다.

섭입대에서는 지진과 함께 대륙판 끝 부분이 갑자기 올라오면서 해양판 위 해수가 빠르게 수직으로 상승된다. 이로 인하여 매우 큰 규모의 쓰나미가 발생하게 된다. 쓰나미로 발생된 파도는 인근 해안지역뿐만 아니라 해양을 가로질러 다른 지역의 해안선에 도달하기도 한다.

그림 2-12 섭입대의 자연재해

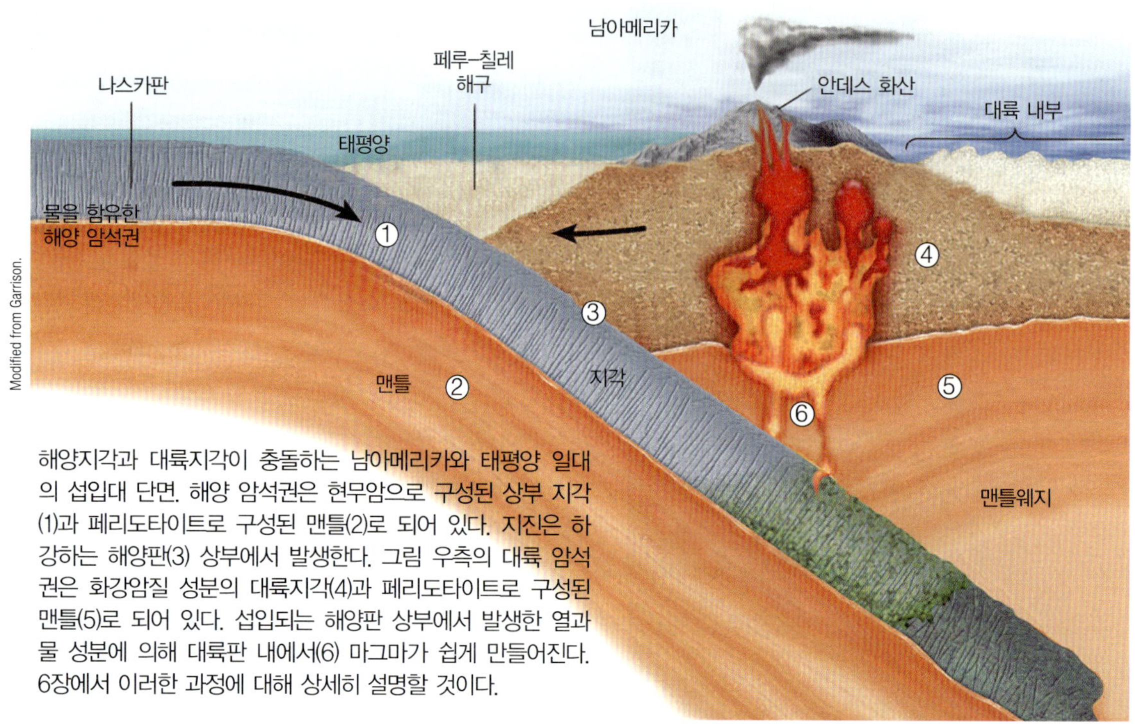

해양지각과 대륙지각이 충돌하는 남아메리카와 태평양 일대의 섭입대 단면. 해양 암석권은 현무암으로 구성된 상부 지각(1)과 페리도타이트로 구성된 맨틀(2)로 되어 있다. 지진은 하강하는 해양판(3) 상부에서 발생한다. 그림 우측의 대륙 암석권은 화강암질 성분의 대륙지각(4)과 페리도타이트로 구성된 맨틀(5)로 되어 있다. 섭입되는 해양판 상부에서 발생한 열과 물 성분에 의해 대륙판 내에서(6) 마그마가 쉽게 만들어진다. 6장에서 이러한 과정에 대해 상세히 설명할 것이다.

해양 암석권이 대륙 주연부로 하강하면서 안데스 화산과 같은 대륙 화산호를 형성한다. 지진은 섭입대에서 하강하는 해양 암석권이 상부 대륙 암석권 밑으로 순간적으로 미끄러지면서 발생한다.

그림 2-13 섭입대 인근 화산

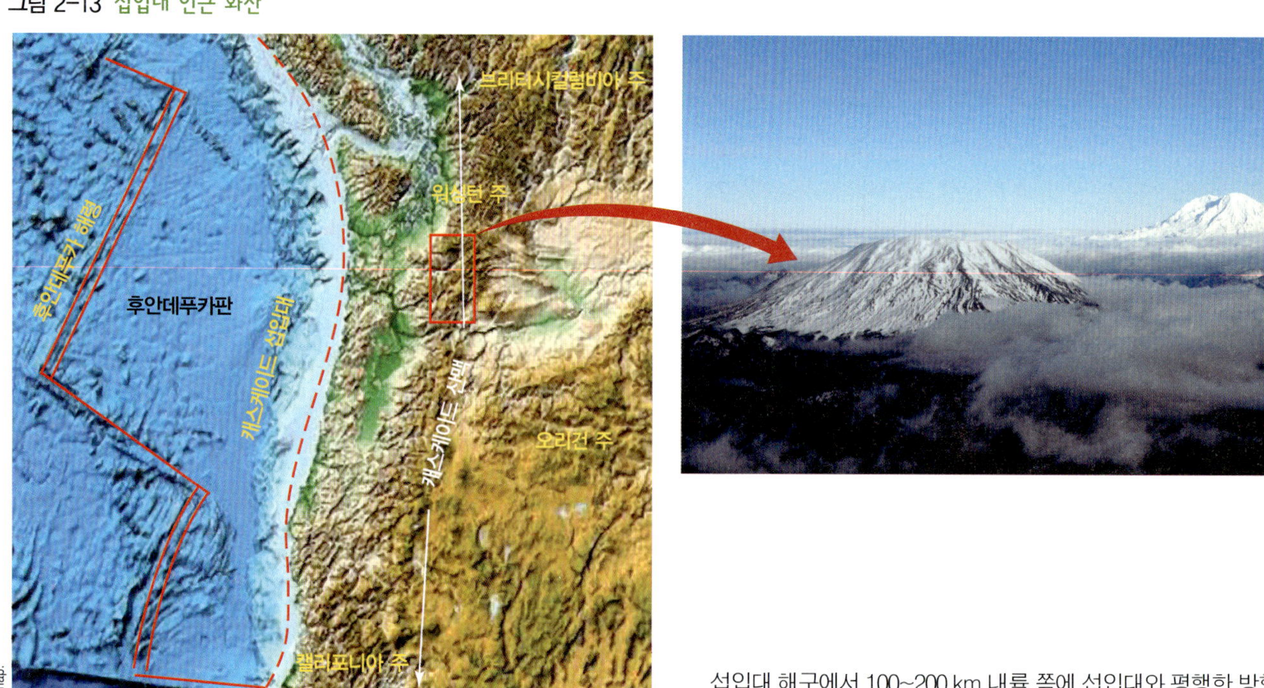

섭입대 해구에서 100~200 km 내륙 쪽에 섭입대와 평행한 방향으로 발달한 캐스케이드 화산들. 사진 속의 앞쪽 화산은 세인트헬렌스 활화산이며 뒤쪽에 보이는 화산은 레이니어 활화산이다.

대륙 충돌대

두 개의 대륙판이 충돌하는 지역을 대륙 **충돌대**(collision zone)라고 한다. 고도가 높은 히말라야 산맥은 인도판과 유라시아판이 충돌하여 인도판이 유라시아판 아래로 밀리면서 형성되었다. 이 지역에서는 큰 규모의 지진이 자주 발생한다(**그림 2-14**). 또 다른 예로 아라비아판과 유라시아판이 충돌하면서 카프카스 산맥을 형성하였다. 카프카스 산맥에서 발생된 지진으로 수천 명의 인간이 죽기도 하였다. 이들 산맥을 이루는 두껍고 딱딱한 지각 때문에 대륙 충돌대에서는 넓은 지역에서 지진이 자주 발생한다.

변환단층 경계

수렴형 경계와 발산형 경계 외에도 두 개의 판들이 옆으로 스치며 지나가는 판 경계가 있다. 이 판 경계를 변환단층 경계 혹은 변환단층이라 한다. 변환단층은 그림 2-15A에서처럼 중앙해령에서 시작한다. 변환단층은 중앙해령을 주로 직각으로 자르면서 또 다른 중앙해령과 이어지는 단층이다. 변환단층을 경계로 양쪽은 서로 다른 방향으로 이동한다(**그림 2-15A**). 그림 2-15A에서 붉은색 별로 표시된 부분은 지진이 발생하는 지역이다. 변환단층의 이동은 일정한 방향성과 이동 속도를 가지지 않는다.

해양의 변환단층 지역에서 지진이 빈번히 발생하지만 인간이 거주하고 있지 않아 재해는 발생하지 않는다. 그러나 대륙에 존재하는 캘리포니아 주 샌앤드레이어스 단층은 인간이 많이 거주하는 지역에 위치하고 있다(**그림 2-15B**). 샌앤드레이어스 단층과 같이 터키 북아나톨리안 단층에서도 지진이 발생하여 수많은 인명 손실이 있었다.

단층의 이동으로 큰 규모의 지진이 변환단층 경계에서 자주 발생한다. 이로 인한 재해는 매우 심각하였다. 1906년 샌앤드레이어스 단층의 이동으로 발생한 샌프란시스코 지진은 많은 재산과 인명의 손실을 입혔다. 샌앤드레이어스 단층은 수백만의 인간이 거주하는 샌프란시스코 남부 도시지역과 로스앤젤레스 동부를 지나간다. 이 두 지역은 지진 경보 시스템을 발효

그림 2-14 대륙 충돌대

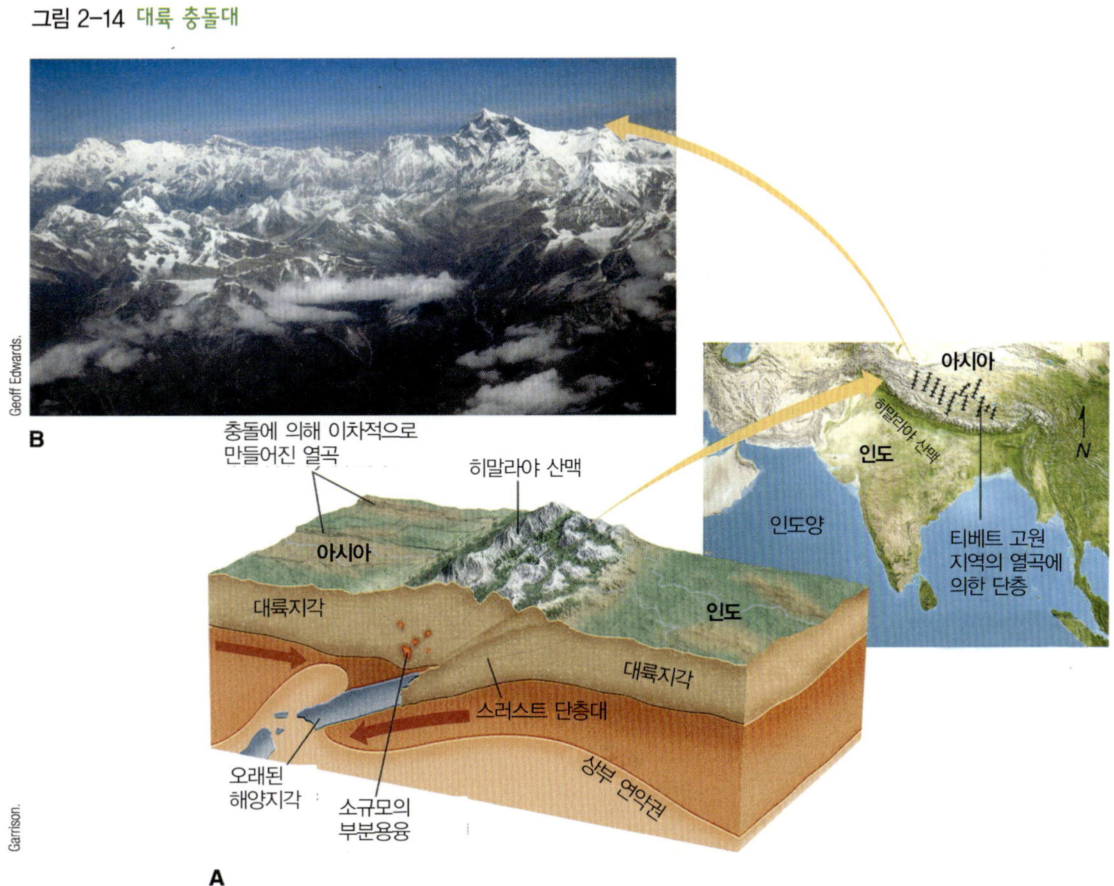

A. 인도와 유라시아 대륙판의 충돌. 두 대륙이 충돌하면 상대적으로 오래되고 차가우며 밀도가 높은 대륙판이 섭입되기도 하지만 두 대륙판이 구겨져 두꺼워지기도 한다. 두 대륙판의 충돌로 암석판은 두꺼워지고 산맥은 더욱더 높아진다. **B.** 인도판과 유라시아판이 충돌하여 만들어진 지구상에서 가장 높은 히말라야.

그림 2-15 변환단층

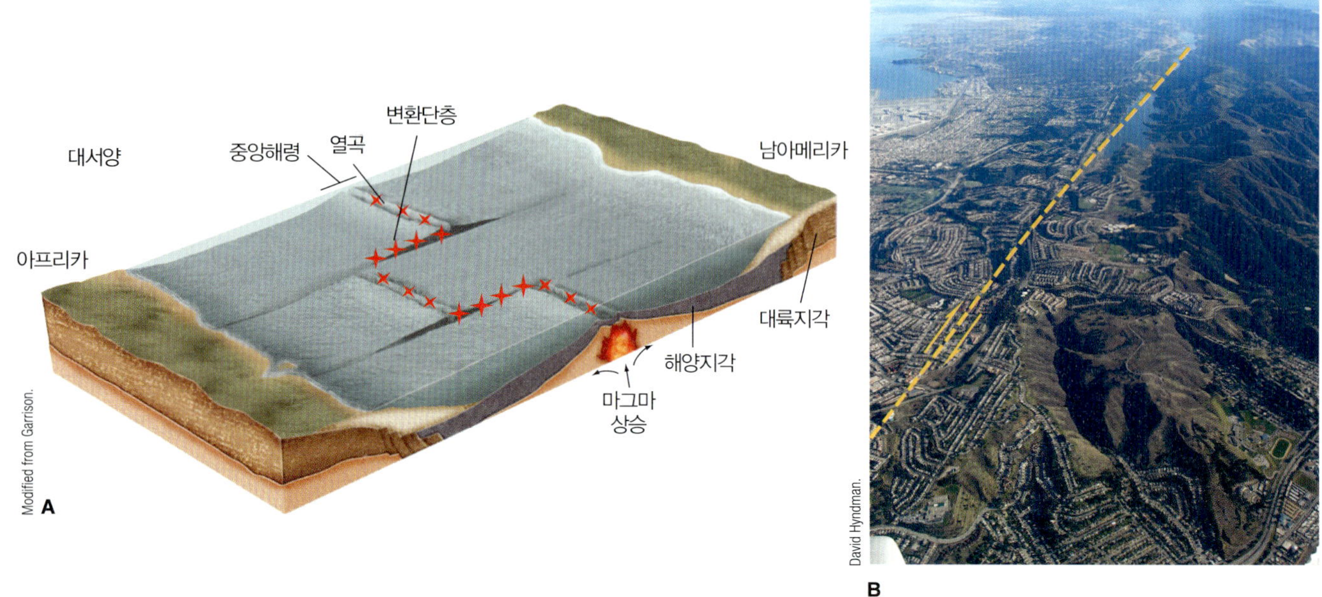

A. 해양저 확장 중심부의 전경. 중앙해령에서 시작된 변환단층대와 중앙해령을 따라 발생한 지진(별 표시). B. 노란색 점선으로 표시된 대륙 내의 변환단층인 샌앤드레이어스 단층. 이 사진은 인구밀도가 높은 샌프란시스코 남쪽 지역을 보여 준다. 멀리 샌앤드레이어스 호수와 크리스털 스프링스 저수지가 보인다.

하기도 전에 지진에 의한 대재앙이 발생할 수 있는 지역이다. 중간 규모의 지진은 1971년과 1994년에 로스앤젤레스, 1989년에는 샌프란시스코, 2003년에는 파소로블레스 인근에 발생하여 200명의 인명손실이 있었다. 지진으로 인한 인명손실 때문에 과학자들은 인간 거주지에서 발생할 수 있는 지진 예측 연구를 많이 하고 있다.

변환단층 지역에서 화산활동이 발생할 수도 있다. 샌앤드레이어스 단층을 따라 1,600백만 년 전 화산활동의 증거가 발견되기도 하였다. 대표적인 화산활동 지역은 샌앤드레이어스 단층계 북쪽에 위치한 클리어레이크 화산지대이다. 이 화산지대 화산은 지금도 분출할 가능성이 있다.

열점형 화산

판 경계부에서 멀리 떨어진 판 내부에서도 화산들이 만들어진다. 대부분의 이런 화산들을 **열점형 화산**(hotspot volcano)이라 한다. 열점형 화산을 통해 암석판의 이동에 대한 정보를 알 수 있다. 맨틀에서 올라와 열점형 화산을 만든 마그마는 일정한 위치에서 올라오지만 상부의 암석판들은 계속적으로 이동한다. 정설은 아니지만 대부분의 과학자들은 열점이 맨틀과 외핵 사이에서 기원한다고 믿고 있다. 맨틀과 외핵 사이에서 상대적으로 주변보다 온도가 높은 플룸(plume)이 형성된다. 플룸은 고체 상태로 상승하다가 압력이 점점 낮아져 맨틀물질이 부분용융하게 된다. 맨틀이 부분용융하면 현무암질 마그마가 만들어지고 현무암질 마그마가 분출하여 열점형 화산을 만든다. 해양에서의 열점형 마그마는 현무암질 마그마를 만든다. 대륙에서는 현무암질 마그마가 상승하면서 대륙지각을 용융시켜 유문암질 마그마도 만들어진다. 유문암질 마그마가 지표에 분출하면 화산재를 폭발적으로 분출한다.

유문암질 마그마는 현무암질 마그마보다 약 300°C 낮은 온도에서 형성되어 적은 양의 현무암질 마그마로도 대륙지각에 열을 가해 많은 양의 유문암질 마그마를 형성시킬 수 있다. 폭발적으로 분출하는 유문암질 마그마는 분출하여 유문암으로 구성된 칼데라를 형성한다. 대표적인 칼데라가 미국 아이다호 주와 와이오밍 주에 위치한 옐로스톤 국립공원의 옐로스톤 칼데라이다. 또 다른 유문암질 마그마가 분출하여 만든 칼데라로는 캘리포니아 주 동부에 위치한 롱밸리 칼데라와 뉴질랜드 타우포 칼데라가 있다.

암석판들이 이동하는 동안 고정된 위치에서 플룸이 맨틀에서부터 상승하여 일직선 상의 열점형 화산을 만든다. 일직선 상의 열점형 화산의 한쪽에서는 새로운 화산들이 계속적으로 만들어

그림 2-16 해양의 열점형 화산

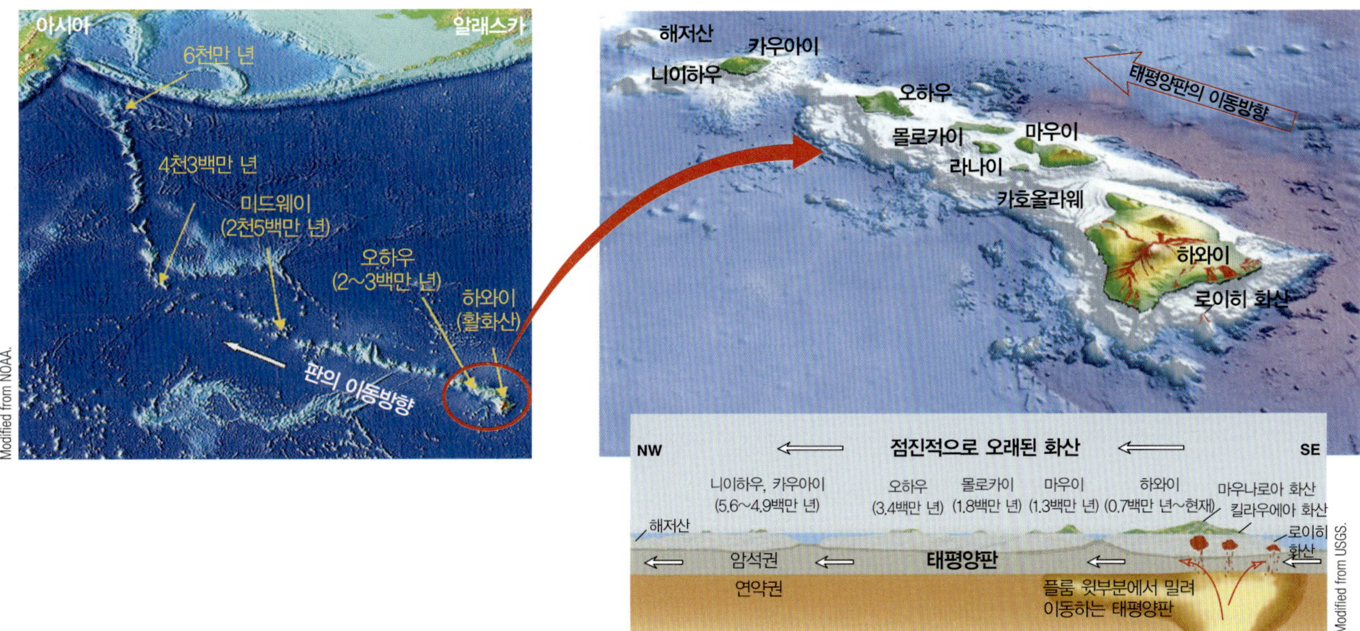

하와이-엠퍼러 연쇄 화산지역의 해저 지형도. 하와이 빅아일랜드 섬 하부에 위치한 고정된 열점 위로 태평양판이 확연하게 이동하는 것을 볼 수 있다. 2~3백만 년 전에는 오하우 섬 아래에 열점이 있었다. 암석판의 이동방향과 속도는 열점형 화산을 통해 대략 계산될 수 있다. 두 화산 사이의 거리를 두 화산의 연대 차이로 나누어 주면 매년 약 9 cm 속도로 태평양판이 이동한 것을 알 수 있다. 그림에서와 같이 항상 열점 위에는 활화산이 존재하고 열점으로부터 거리가 멀수록 오래된 화산이 존재한다. 그림 왼쪽으로 갈수록 오래된 화산들이 존재한다.

지나 반대편의 오래된 화산은 바닷속으로 계속 가라앉고 있다. 하와이 군도에서 가장 동쪽에 위치한 킬라우에아 화산과 마우나로아 화산은 새로이 만들어지는 화산들이며 미드웨이 섬 서쪽에 위치한 화산들은 오래되어 소멸되는 화산들이다(**그림 2-16**).

하와이-엠퍼러 연쇄 화산들은 서북쪽으로 휘어져 알래스카 알류샨 열도 서쪽까지 이어져 있다. 서북쪽으로 갈수록 화산들이 오래되어 해수면 아래에 잠기면서 사라진다. 아주 오래된 열점형 화산들은 오랜 시간이 지난 후에 섭입대에서 완전히 사라질지도 모른다.

열점형 화산을 통해 암석판의 이동방향과 이동속도를 계산할 수 있다. 암석판의 이동방향은 오래된 화산이 있는 위치를 통해 알 수 있고 암석판의 이동속도는 두 화산의 거리를 두 화산의 연대 차이로 나누어 쉽게 계산할 수 있다. 그러나 이러한 단순 계산으로 판의 이동속도를 정확히 알 수는 없다.

미국 오리건 주와 아이다호 주가 접한 지역에서부터 와이오밍 주 북서쪽에 위치한 옐로스톤 칼데라 지역까지 분포하는 화산들은 대륙의 열점형 화산들이다(**그림 2-17**). 이 열점형 화산 지대의 남서쪽에는 약 1,400백만 년 전에 분출한 오래된

그림 2-17 대륙의 열점형 화산

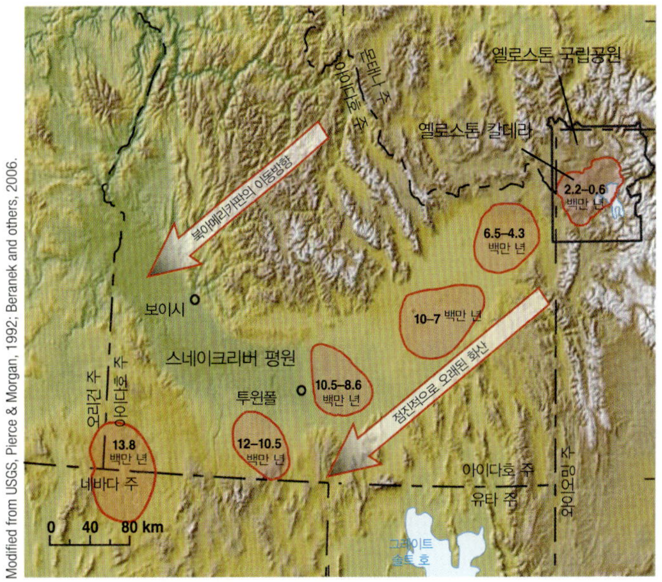

스네이크리버 평원 지대의 지형 사진. 오래된 칼데라의 윤곽을 통해 북동쪽으로 갈수록 열점형 화산이 젊어진다는 것을 알 수 있다. 이 지역에서 가장 젊은 열점형 화산은 옐로스톤 칼데라이다. 사진 속의 연령 단위는 백만 년이다.

열점형 화산들이 있으며 북동방향으로 갈수록 점진적으로 젊은 열점형 화산들이 존재한다. 이것은 고정된 열점 위에 북아메리카판이 남서방향으로 점진적으로 이동하였다는 것을 의미한다(그림 2-17).

열점형 화산은 지구상의 암석판이 이동하였다는 하나의 증거가 된다. 판의 이동에 대한 가설은 많은 과학자들의 다양한 연구를 통해 학설로 정립되었다. 단순한 **가설**(hypothesis)이 사실(fact)인 **학설**(theory)로 만들어지기까지는 많은 연구가 뒷받침해 주어야 한다.

판구조론의 변천사

세계 지도를 보면 남아메리카와 아프리카 지형은 퍼즐처럼 잘 맞추어진다. 아브라함 오르텔리우스(Abraham Ortelius)는 1596년 남아메리카와 아프리카가 하나였다가 분리되었다고 하였다. 1912년 알프레드 베게너(Alfred Wegener)는 **판게아**(Pangaea)라는 초대륙으로부터 두 대륙이 분리되었다는 증거를 제시하였다(**그림 2-18A**). 베게너는 두 대륙 인근 바닷속 대륙붕까지 포함하여 연결하면 두 대륙이 더 잘 일치된다고 하였다.

베게너는 대서양을 가운데에 두고 두 대륙의 암석, 화석, 그리고 산맥 모양에 대한 많은 연구를 하였다. 그는 아프리카와 유럽으로부터 북아메리카와 남아메리카가 분리되어 대서양이 형성되었다는 **대륙표이**(continental drift) 가설을 만들었다(**그림 2-18B**). 1960년대까지 대륙표이에 대한 가설은 과학계에 많은 논란을 가져왔다.

과학자들의 연구가 계속될수록 대륙표이 가설을 뒷받침하는 추가적인 과학적 증거들이 나오기 시작했다. 오스트레일리아, 남아메리카, 인도, 아프리카에서 발견된 오래된 암석의 표면에는 빙하에 의해 홈이 파인 자국들이 선명하게 나타나 있다(**그림 2-19**). 이 암석 표면의 홈은 남극에서부터 인도, 남아메리카, 오스트레일리아 방향으로 나 있다. 지금은 이 지역이 열대지방에 위치하고 있으나 빙하에 의해 홈이 파인 자국을 통해 예전에는 이 지역이 빙하 아래에 있었다는 것을 알 수 있다. 이 홈은 대륙표이의 증거가 될 수 있다. 대륙표이의 또 다른 증거로 열대지방에서만 만들어지는 화석들이 남극과 북극에서도 발견된다. 특히 열대성 식물의 잎이 들어 있는 석탄, 양치식물인 글로소프테리스라는 화석, 산호초 등이 남극과 북극에서 발견된다.

이러한 증거에도 불구하고 현실적으로 대륙표이가 불가능

그림 2-18 수백만 년 전의 초대륙 판게아

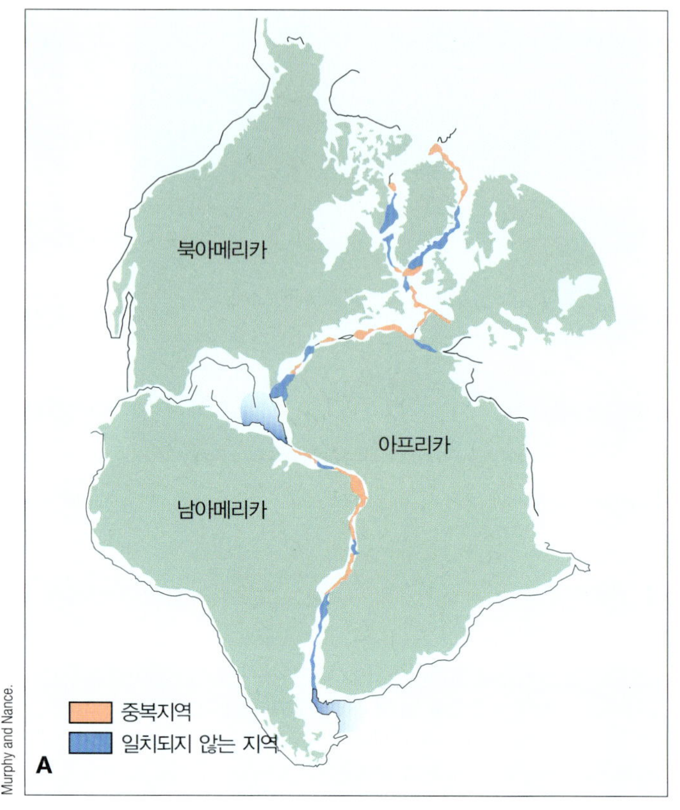

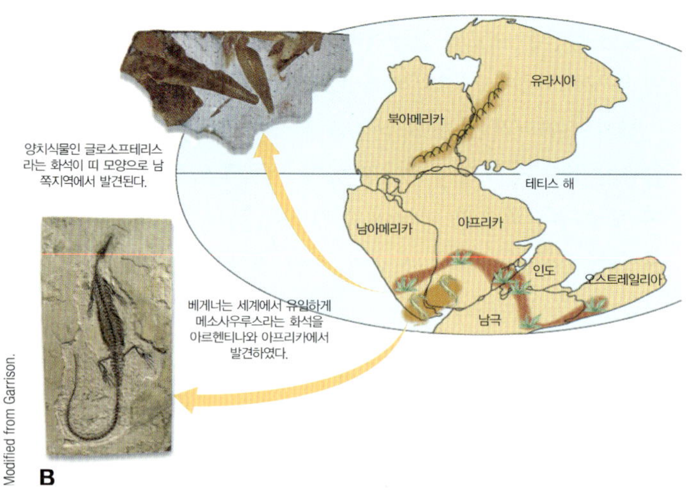

A. 수백만 년 전 대륙이 이동하다가 하나의 초대륙인 판게아가 형성되었다. 이 시기에 대서양은 아직 만들어지지 않았다. 두 대륙을 연결하였을 때 일치하지 않는 약간의 지역은 붉은색과 짙은 파란색으로 표시되어 있다. **B.** 초대륙 판게아를 따라 화석 발견 지역과 산맥 모양이 잘 일치한다.

그림 2-19 빙하의 작용

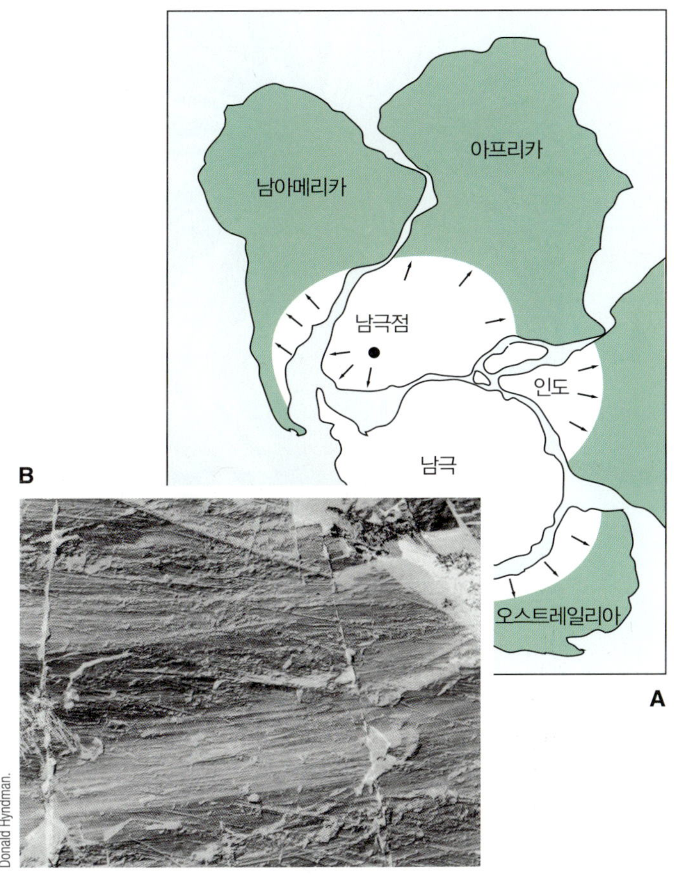

A. 3억 년 전 초대륙 판게아 남반부 대륙 지역. 대륙 빙하가 남극으로부터 남아메리카, 아프리카, 인도, 오스트레일리아로 이동하여 빙하 아래에 있는 암석 표면에 파인 홈을 만들었다. B. 분리된 대륙에서 발견된 빙하에 의한 홈.

그림 2-20 해저지형도

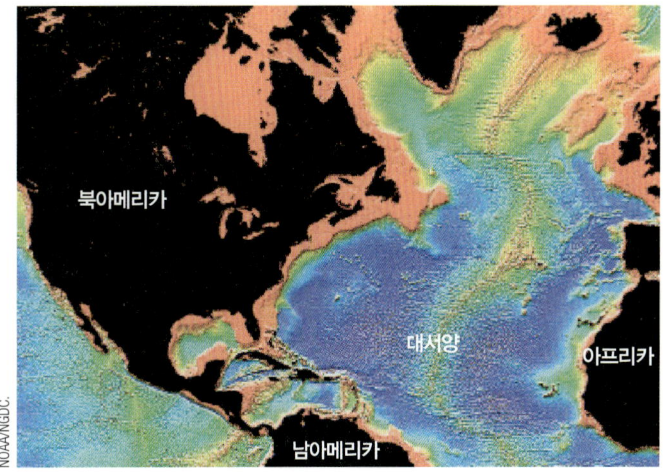

수심이 얕은 지역은 오렌지색에서 노란색으로, 수심이 깊은 지역은 파란색으로 표시되어 있다. 대서양 중앙의 중앙해령은 상대적으로 수심이 얕은 노란색으로 표시되어 있다.

하다는 이유로 많은 과학자들은 베게너의 가설을 부정하였다. 특히 영국의 지구물리학자 해럴드 제프리스(Harold Jeffreys)는 해저 암석이 너무 딱딱한 고체여서 대륙이 이동하지 못한다고 강력히 주장하였다. 그러나 현재 다른 여러 과학자들의 많은 연구를 통해 베게너의 대륙표이 가설은 옳은 학설로 받아들여지고 있다.

1940년대 후반부터 1950년대까지 미국 매사추세츠 주 우즈홀 해양연구소(Woods Hole Oceanographic Institute)의 해양학자들은 대서양 수심을 측정하였다. 수심을 측량하여 그들은 해양 중심부를 따라 큰 산맥 형태의 **해령**(mid-oceanic ridge)이 존재한다는 것을 알아냈다(**그림 2-20**). 시간이 흐른 후에 과학자들은 대서양에서 발생하는 대부분의 지진이 중앙해령이라고도 하는 이 해령을 중심으로 발생한다는 것을 알았다.

1960년 프린스턴 대학의 해리 헤스(Harry Hess)는 컨베이어 벨트(conveyor belt)와 같이 해양지각이 이동한다고 주장했다. 헤스는 대서양 중앙해령의 해양지각이 매년 약 2.5 cm 정도 이동한다고 주장했다. 만약 그의 계산이 정확하다면 대서양 해저는 약 1억8천만 년 동안 확장되어 형성된 것이다.

1960년대 중반 해저 암석의 자기 특징을 규명하면서 대륙표이설은 확실한 학설이 되었다. 나침반의 바늘이 자북(north magnetic pole)을 가리키는 것은 지구에 **자장**(magnetic field)이 있기 때문이다. 이 자장은 니켈-철로 구성된 지구 내부의 용융된 외핵이 천천히 대류하여 발생한다(**그림 2-21**). 1만~수백만 년(평균 600,000년)을 주기로 지구자장은 남-북으로 역전되기를 반복하였다.

용융된 마그마가 중앙해령에서 분출하여 고화되어 현무암을 만든다. 해저는 이들 현무암으로 이루어져 있다. 이 현무암 속 철 원소는 나침반의 바늘과 같이 고화된 시기의 자북극의 방향으로 방향성을 가지며 자력을 띠게 된다. 만약 자장이 역전되어 있는 시기에 현무암이 형성되었다면 현무암 속 철 원소는 자장이 역전된 자남극의 방향성을 가지게 된다.

1960년대 초 영국 해양학자 프레더릭 바인(Frederick Vine)과 드러먼드 매튜스(Drummond Matthews)는 해저 자기를 연구하여 자기 무늬가 중앙해령으로부터 멀어지면서 반복해서 나타나고, 중앙해령과 나란하게 뻗어 있는 것을 발견했다(**그림 2-22**). 만약 현무암이 마그마에서 고화된 시기가 지금의 자북극 방향과 같은 시기일 때는 현무암이 강하게 자화

그림 2-21 지구자장

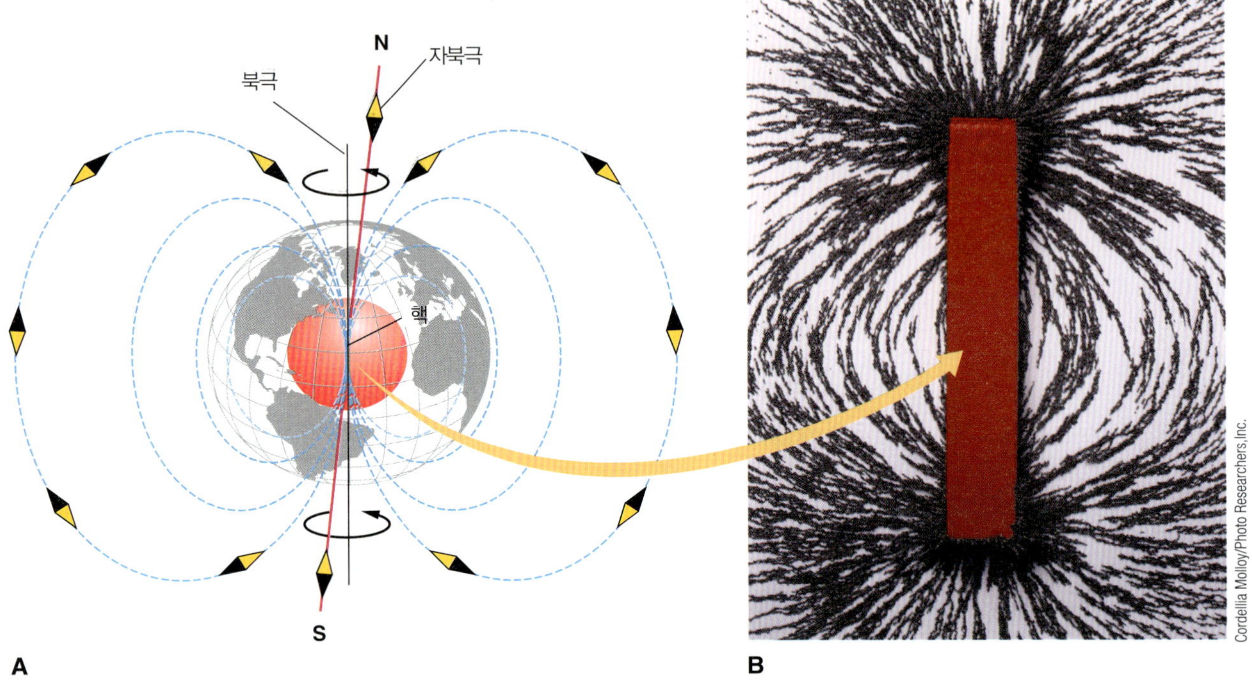

A. 지구 핵 속에 거대한 막대자석이 있는 것과 같이 자장이 형성된 지구의 모습. 지구 회전으로 액체 외핵이 대류하면서 지구자장은 형성된다. B. 막대자석 주위의 자장의 방향

그림 2-22 해저의 자기 무늬

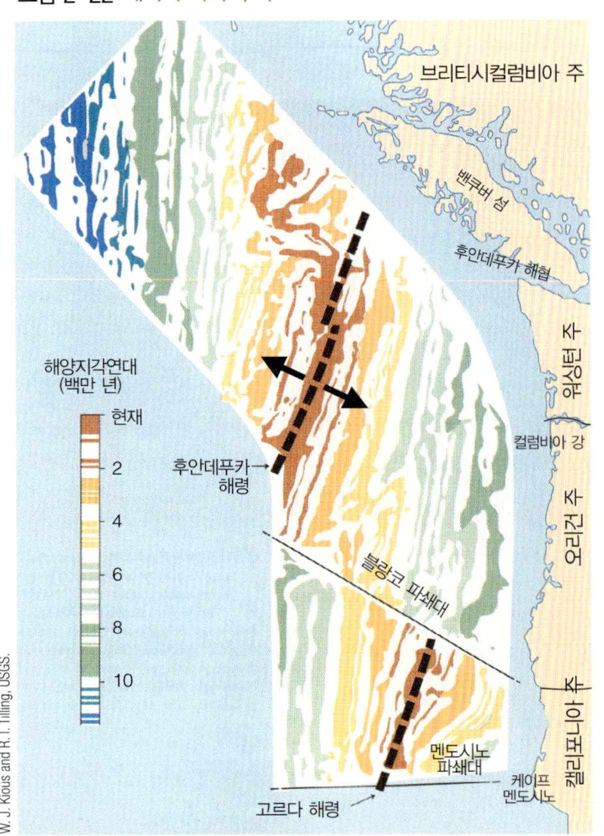

태평양 후안데푸카 해령 인근 현무암에서 나타난 규칙적인 자기 무늬. 후안데푸카 해령을 중심으로 자극 변화가 대칭적으로 띠를 형성하며 나타남. 현재 분출 중인 현무암은 자북극 방향으로 자화되어 있으나 약 백만 년 전에 분출한 현무암은 자남극 방향으로 역전되어 있다. 자성은 자북극 방향일 때 강하게 나타나나 자남극 방향일 때는 약하게 나타난다.

된다. 그러나 현무암이 마그마에서 고화된 시기가 자남극 방향과 같은 시기일 때는 현재의 지구자장과 반대이기 때문에 현무암의 자화는 약하게 된다. 이러한 이유에서 해저에는 강하게 자화된 현무암도 있지만 지역에 따라 약하게 자화된 현무암도 있다.

위에서 언급한 것같이 중앙해령에서 고화된 현무암은 고화 당시의 지구 자장 방향으로 자화되고, 이 지구자장은 역전을 반복하였다. 오래전에 자화된 현무암은 해양저 확장으로 중앙해령에서부터 점점 멀어진다. 해양저 확장으로 해저의 자기 무늬는 반복적으로 나타난다. 중앙해령을 기점으로 양쪽 방향은 같은 형태의 자기 무늬 패턴을 가지고 있다(그림 2-22 참조).

자기 무늬를 통해 해양저 연대를 상대적으로 알 수 있다. 미국의 JOIDES(Joint Oceanographic Institute for Deep Earth Sampling) 연구선은 해양 심해저를 시추하여 암석의

그림 2-23 해저지각의 연대

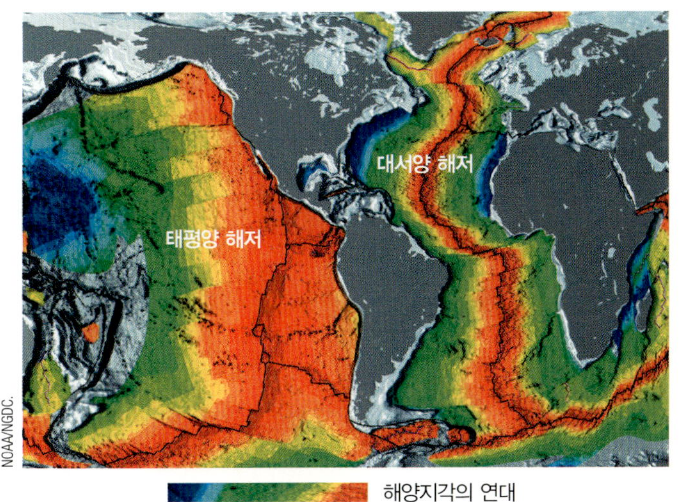

해저의 자기 무늬를 이용하여 만들어진 해저지각의 연대. 최근 해양저 확장이 시작되는 중앙해령 인근 지역은 붉은색, 4천8백만 년 전 해양지각은 노란색, 6천8백만 년 전 해양지각은 녹색, 1억5천5백만 년 전 해양지각은 짙은 파란색으로 표시됨.

연대를 측정하였다. 중앙해령 인근 지역에서 시추하여 얻은 현무암과 현무암 위의 퇴적물 연대는 백만 년보다 젊었다. 이 결과는 기존에 생각했던 연대보다도 매우 젊은 것이다. 중앙해령에서 멀리 떨어진 곳의 현무암은 최대 1억8천만 년까지 오래된 연대가 나왔다(**그림 2-23**).

판구조론에 대한 많은 증거들을 통해 판구조론은 확고한 현대 이론이 되었다. 2억2천5백만 년 전 지구는 판게아라는 하나의 대륙으로 구성되어 있었다. 해양저 확장에 의하여 판게아는 현재 여러 개의 작은 대륙판으로 나누어졌다(**그림 2-24**).

베게너의 대륙표이 가설이 많은 과학적인 증거를 통해 학설이 되기까지의 과정은 다른 과학 분야에도 많은 영향을 주었다. 과학자들은 자연계가 어떻게 변화하는지 이해하려고 노력해 왔다. 이 문제를 해결하기 위해 자료를 논리적으로 분석하는 것이 **과학적 방법론**(scientific method)이다. 과학자들은 관찰을 통해 가설을 세운다. 여러 번의 관찰과 실험을 통해 이 가설은 계속 검증되면서 학설로 진보하게 된다. 만약 가설이 관찰과 실험을 통해 입증되지 못한다면 이 가설은 버려지게 되지만 오랜 기간 동안 관찰과 실험 자료들이 가설을 뒷받침해 준다면 가설은 학설로 입증된다.

베게너의 대륙표이 가설이 판구조론이라는 학설이 되기까지 한 세기 동안 많은 실험 데이터를 통해 수정과 보완이 필요하였다. 중앙해령에서 새로운 해양판이 형성되어 이동하고 해구에서 해양판이 사라진다는 판구조론은 많은 실험 데이터를 통해 입증되었다. 판구조론은 지진, 화산분출과 같은 다양한 자연재해가 어디서 왜 일어나는지 이해하는 데 매우 중요한 학설로 사용되고 있다.

그림 2-24 대륙 분리

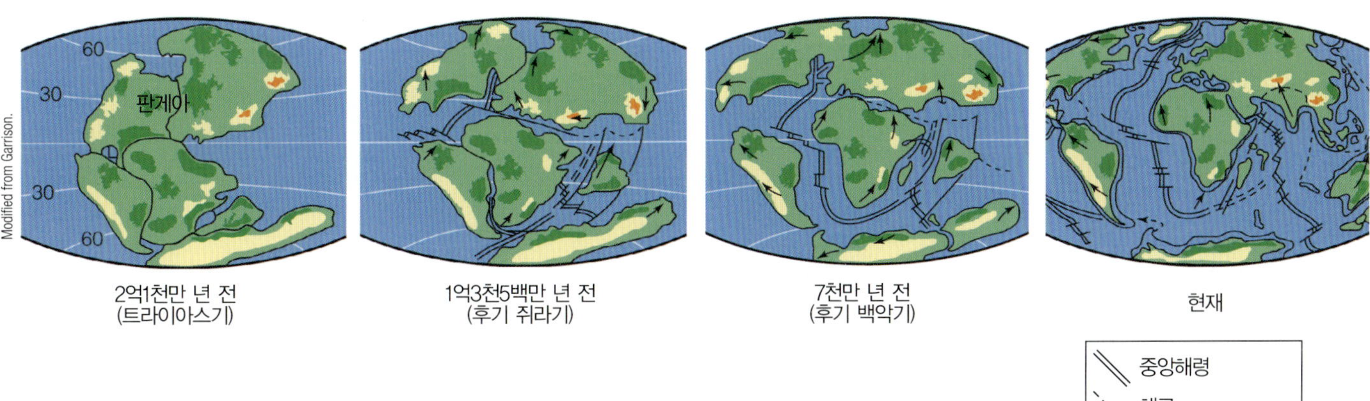

약 2억2천5백만 년 전에 초대륙 판게아는 쪼개져 지금의 대륙으로 분리되었다.

2장 복습

요점

지구 구조 및 지구판

- 밀도가 낮은 대륙암석이 밀도가 높은 해양암석보다 높이 솟아올라 있고 맨틀에 깊이 박혀 있는 것은 지각평형설로 설명할 수 있다. 이것은 밀도가 낮은 얼음이 밀도가 높은 물 위에 떠 있는 것과 같은 원리이다. **그림 2-1**, 해설 2-1.
- 지표에서부터 지하 60~200 km까지를 암석권이라고 하며 이 암석권은 수많은 작은 판들로 쪼개져 있다. 이 판들은 옆으로 비껴가기도 하지만 충돌하거나 분리되기도 한다. **그림 2-5, 2-6**.
- 두 판이 옆으로 비껴가는 변환단층 경계에서는 지진이 발생한다. 대륙에 위치한 대표적인 변환단층은 캘리포니아주 샌앤드레이어스 단층이며 이 지역에서는 매우 큰 지진이 자주 발생한다. **그림 2-15**.
- 판 내의 열점은 화산을 선상으로 배열하게 만든다. 연약권에는 고정된 열점이 있는데 이 열점 위로 암석권이 이동하게 되어 열점형 화산이 형성된다. 오래된 열점형 화산은 시간이 지나면서 사라지고 새로운 화산들이 열점 상부에서 계속 형성된다. **그림 2-16, 2-17**.

자연재해와 판의 경계

- 수많은 판 운동으로 지진과 화산분출이 판 경계에서 발생한다. **그림 2-9, 2-10**.
- 발산형 경계는 하나의 판이 분리되는 경계이다. 대륙에서의 발산형 경계로는 대륙 열곡대가 있고 해양에서의 발산형 경계로는 현무암질 마그마가 분출하고 있는 중앙해령이 있다. **그림 2-9, 2-11**.
- 해양판이 대륙판과 충돌하거나 해양판이 또 다른 해양판과 충돌하여 하나의 해양판이 사라지는 곳을 섭입대라고 한다. 섭입대에서는 지진과 화산분출이 빈번히 일어난다. 두 판이 충돌하면 상부에 놓인 판 위에는 섭입대와 같은 방향으로 화산들이 많이 존재한다. **그림 2-12, 2-13**.
- 대륙판과 대륙판이 충돌하는 충돌대에는 지진이 많이 발생하며 지구상에서 가장 큰 산맥들이 형성된다. **그림 2-14**.

학설의 전개

- 대서양을 사이에 두고 양쪽 대륙의 모양, 암석 종류, 변형 형태, 화석, 빙하 패턴 등이 잘 일치되면서 대륙표이설이 제시되었다. **그림 2-18, 2-19**.
- 해양에 길게 늘어져 있는 중앙해령 양쪽 면 자기 무늬가 대칭적으로 잘 일치하고 중앙해령 주변에서부터 멀어질수록 해양 지각 암석 연대가 점진적으로 오래되었다는 증거들은 판 이동에 대한 확신을 가지게 하였다. **그림 2-20, 2-24**. 대륙표이설이 판구조론이라는 현대 학설로 정립되기까지는 이와 같은 많은 과학적 자료가 뒷받침하여 주었기 때문이다.
- 새로운 관찰과 실험을 통해 가설이 부정되거나 입증되기도 한다. 가설이 입증되는 과정 속에서 가설이 진보하는 것이 과학적 방법론이다.

중요 단어

가설(hypothesis)
과학적 방법론(scientific method)
대륙표이(continental drift)
맨틀(mantle)
모호로비치치 불연속면(Mohoroviçic Discontinuity)
발산형 경계(divergent boundary)
변환단층 경계(transform boundary)
섭입대(subduction zone)
수렴형 경계(divergent boundary)
암석권(lithosphere)
연약권(asthenosphere)
열곡대(rift zone)
열점형 화산(hotspot volcano)
자장(magnetic field)
지각평형설(isostacy)
지구조 판(tectonic plate)
중앙해령(mid-oceanic ridge)
충돌대(collision zone)
판게아(Pangaea)
판구조론(plate tectonics)
학설(theory)
해구(trench)
해양저 확장(seafloor spreading)

복습 문제

1. 지각, 맨틀, 암석권, 연약권을 구분하여 설명하라.
2. 해양 암석권의 두께는 어느 정도이며 해양 암석권은 무엇으로 구성되어 있는가?
3. 판 경계의 종류를 기술하고, 각각의 판 경계 종류의 대표적 지역을 나열하라.
4. 수렴형 경계에서 해양판이 항상 대륙판 아래로 섭입되는 이유는 무엇인가?
5. 어떤 종류의 판 경계부에서 큰 지진이 발생하는가? 그 이유는 무엇인가?
6. 어떤 종류의 판 경계부에서 큰 규모의 화산들이 존재하는가? 예를 들어 설명하라.
7. 그림 2-16을 참조하여 현재 태평양판이 이동하는 방향과 속도를 기술하라.
8. 판구조론이 학설로 정립되기 이전에 어떠한 증거를 가지고 과학자들은 대륙이 이동하였다고 믿었는가?
9. 대서양 중앙에 위치한 중앙해령 지역이 주변에 비하여 상대적으로 수심이 깊지 않은 이유는 무엇인가?
10. 해양저 확장을 확신할 수 있는 증거로는 어떠한 것이 있는가?
11. 캐스케이드 화산과 같은 큰 규모의 화산이 섭입대를 따라 평행하게 대륙 쪽에서 발견되는 이유는 무엇인가?

토의 문제

1. 어떠한 과정을 통해 대륙표이설이라는 가설이 판구조론이라는 학설로 입증되었는지 토의하라.
2. 전체 빙산의 몇 퍼센트가 물 위에 떠 있는지 생각하고, 이와 동일하게 맨틀 위에 떠 있는 산맥의 하부 부분과 지표에 노출된 부분이 각각 산맥 전체의 몇 퍼센트를 차지하는지 토의하라.
3. 지구를 구성하는 물질(대륙 산맥, 해저 중앙해령 등)들의 밀도를 고려하여 현무암은 대부분 해수면 아래에 존재하고 화강암은 대부분 해수면 위에 존재하는 이유에 대하여 토의하라.
4. 미국 네바다 주와 유타 주 지역의 분지 및 산맥지역은 대륙이 열개하는 열곡대 지역이다. 열곡대가 발달하면서 분지 및 산맥지역이 앞으로 어떠한 지형으로 변하게 될 것인지 토의하라.

지진과 그 원인

3

2010년 1월 12일에 일어난 아이티 지진이 수도 포르토프랭스와 그 주변지역을 파괴시켰고, 230,000명 이상이 사망하였다.

부실공사의 치명적 결과

2010년 1월 12일 오후 4시 53분, 아이티의 수도 포르토프랭스 외곽지역이 규모 7.0 지진에 의해 격렬하게 흔들려 120만 명의 인구 중에 25만 명이 사망한 것으로 추정된다. 이 지진은 1860년에 대규모 지진이 마지막으로 발생한 동서방향의 엔리키요-플레인테인 가든 단층 상에서 발생했다. 1751년, 큰 지진이 아이티 섬을 흔들었다. 한 달 뒤, 또 하나가 포르토프랭스를 파괴시켰다. 이 좌수향 주향이동단층은 남쪽에서 동으로 이동하는 카리브판과 북아메리카판 사이에서 발생하는 운동의 절반 이하만을 흡수한다. 단층의 양측부는 1년에 약 7 mm씩 스쳐 지나간다. 1946년, 아이티의 동쪽 도미니카 공화국에서는 규모 8.1 지진으로 야기된 지진해일로 1,790명이 사망하였다. 새로운 파괴가 단지 지표 아래 6 km 정도에서 발생하였기 때문에, 지진동은 거리에 따라 많이 약화되지 않았다. 약 185만 명의 사람들이 메르칼리 진도 9의 격렬한 흔들림을 경험했다. 생존자들의 증언에 따르면 그 지진은 제트엔진 또는 화물열차 소리를 내면서 왔고, 즉각적으로 약 35초 동안 계속해서 격렬하게 흔들리고 갑자기 덜컥거리는 움직임이 뒤따랐다. 빌딩이 붕괴되면서 먼지구름이 솟아 올랐으며 하늘이 먼지로 뒤덮여 잿빛으로 변했다. 도시에 전기가 끊겨 해가 지고 난 뒤, 도시의 대부분이 암흑으로 변했고, 통신도 대부분 두절되었다.

아이티는 사실상 건축기준이 없었다. 서반구 중에서 최악이었던 이곳의 만연한 부패와 빈곤으로, 심지어 지진이 일어나기 전에조차도 안전하지 못했던 부실건축이 행해지고 있었다. 수천 명의 사람들은 빌딩이 무너지면서 깔렸다. 벽은 일반적으로 최소한의 시멘트나 보강철근도 없이 가벼운 재를 이용해 손으로 만들어진 저품질 벽돌이었다. 질이 떨어지는 얇은 콘크리트 바닥은 대부분 적은 양의 가벼운 철근만이 들어갈 뿐이었다. 무너진 건물에 갇힌 사람들은 바닥이 아래에서 무너지고, 벽과 천장이 주변으로 떨어졌다고 설명했다. 칠흑 같은 어두움 속에 갇혔던 생존자들은 콘크리트로 둘러싸여 탈출할 수 있는 가능성이 없는 붕괴물 아래에서 접히거나 으스러진 팔과 다리, 부서진 뼈 등으로 인해 완전한 무력감을 느꼈다고 말했다. 보행로 위에 있던 사람들은 빌딩의 일부가 떨어져 사망했다. 도시의 최고급 호텔인 중앙성당과 그 지역의 유엔개발계획(UNDP) 본사는 붕괴됐고, 대통령궁은 심하게 훼손되었다. 심하게 부상을 입은 사람들이 의료지원을 애원하며 거리에 앉아 있었지만 대부분의 병원들은 붕괴되었거나 심각한 손상을 입었고, 많은 의사와 간호사들이 사망했다. 최소한 150만 명의 지역 주민들은 노숙자로 전락했으며, 손해액은 72억~132억 달러에 달했다. 의복공장들도 무너졌고, 많은 인부들이 사망하였으며, 수천 군데의 일자리가 사라졌다. 한 셔츠공장의 사장은 최소한의 피해를 입은 공장의 일부를 다시 일으켜 세우려고 애썼고, 며칠 만에 수백 명을 다시 일자리로 복직시켰는데, 이들은 겨우 하루 7달러의 돈을 벌지만, 이는 대부분의 사람들보다 더 많은 수입이다. 대부분의 사람들은 소유재산이 거의 없고 재정적 자본이 없이 하루에 2달러만으로 살아간다. 그 지진은 2010년 2월 27일 천 명이 더 적게 사망한 규모 8.8(약 500배나 더 강한)의 칠레 지진과 눈에 띄게 뚜렷한 차이를 보인다. 칠레는 건설기준이 적용되고 있었고, 더 부유한 국가였다.

먼지가 내려앉았을 때, 도시는 혼란에 빠졌다. 온통 사방의 건물들이 파괴되어 있었고, 시체들이 길에 널려 있거나 붕괴잔해 더미로부터 삐져나와 있었다. 사람들은 즉시 친척이나 동료, 이웃들을 찾기 시작했다. 많은 아이들은 그들의 부모를 잃거나 고아가 됐다. 구호요원들은 찾고 구조하는 일에 집중했고, 대부분의 거리는 붕괴잔해에 의해 막혀 있었으며, 다수의 건물잔해들은 무더기로 잔뜩 쌓인 채로 있었다. 무능한 정부는 적절한 매장장소 없이 수만 구의 시신을 불도저와 트럭으로 치우고 도시 변두리에 위치한 늪지대에 집단으로 매장하였다. 대부분 신원 미상인 15만 명 이상의 사람들이 그곳에서 최후를 맞았다. 사람들이 모든 희망을 포기했을 때, 당국자들이 친지들의 부패하고 있는 시체를 처리할 수 있었고, 일부는 나무상자, 나무토막, 낡은 타이어 등을 이용하여 즉석에서 장례 화장용 장작에 시체를 불태웠다.

규모 5.9~6.0의 여진은 며칠 동안 계속됐다. 사람들은 여진이 이미 피해를 입은 건물을 붕괴시킬 것을 두려워했다. 그들은 노상에서 천막생활을 하거나 방수포, 판자조각, 합판, 철판 아래에서 지내야 했다. 1월 말에서 2월 초에 여진과 폭우로 인해 학교가 무너지면서 3명의 아이들이 사망했다. 손상되어 있던 슈퍼마켓이 여진에 의해 무너지고 건물이 무너지는 등 여러 사건들로 인해 4명이 갇혔다. 며칠 뒤, 더 많은 수색에도 불구하고, 생존자는 점점 적게 발견되어 일주일 이상 지나자 수색대는 포기하기 시작했다. 하지만 심하게 탈수 증세를 보이고 쇼크를 일으킨 84세 할머니가 지진이 일어난 지 10일 뒤 납작해진 그녀의 집에서 살아서 빠져나왔다. 한 남자는 무너진 호텔 식료품 매장에서 11일 동안 묻혀 있다가 살아 나왔다.

지원은 느리게 도착했다. UN 국가들과 자선단체들, 종교단체들로부터 온 지원팀들은 이미 현장에서 그들이 할 수 있는 한 최선을 다하여 최초 수색을 시작했지만 그들 역시 지진에 의해서 많은 팀원들을 잃을 수밖에 없었다. 물이 오염되면서 물의 공급이 차단되고, 식량보급 경로가 교란됐다. 음식을 수입하는 주된 운송기관인 포르토프랭스의 항구도 지진에 의해

UN Development Program.

아이티 지진은 많은 건물들을 붕괴시켰다. 대부분 보강철근이 없거나 적은 콘크리트 블록으로 지어진 건물들이었다. 구조팀들이 붕괴된 건물들 아래에서 접근 가능한 공간을 찾고 있다.

파괴됐다. 이 지진은 단일 활주로의 국제공항도 손상시켰으며, 처음부터 부실했던 주 고속도로도 훼손과 잔해에 의해 추가로 피해를 받았다. 많은 차들과 트럭들도 피해를 입거나 파괴됐다. 공항은 빠르게 수리되었지만 단일 활주로, 제한된 항공기 주차, 그리고 제한된 항공기 연료공급으로 인해 구호 병목현상을 일으켰다. 부상자들을 위한 의료지원을 제외하고는 깨끗한 물이 가장 시급했다. 사람들은 물이 없는 것보다 음식이 없을 때 더 오래 살아남을 수 있었다. 구호를 위한 항공기는 물병들을 실어 날랐고, 해안선 밖에 정박한 미국 항공모함의 담수처리시설에서 하루에 75만 리터 이상의 깨끗한 물을 빠르게 제공했다.

1월 말 무렵에, 산발적으로 70만 명이 혼돈상태로 비위생적인 텐트촌에서 살고 있었다. 몇몇의 텐트촌은 2,000명에 이동식 화장실 하나가 있었다! 대부분은 인근의 개울가를 사용할 수밖에 없었다. 지진 구호팀은 누추한 텐트촌 주민들의 절반 정도를 텐트들과 화장실도 지을 수 있고 음식과 깨끗한 물을 더 쉽게 제공할 수 있는 더 안전한 지역인 시외로 옮기기 위해서 땅고르기를 했다.

비록 5월에 장마철이 시작됨에도 불구하고, 2월 중순에 때이른 폭우가 저지대를 침수시켰고, 텐트촌 아래 바닥과 거리가 진흙으로 변해 버렸다. 많은 사람들은 심지어 지붕을 덮을 천막조차 없는 상태로 버려져 있었다. 열악한 위생시설과 광범위하게 오염된 물 때문에, 높은 여름 온도와 우기에 증가하는 설사와 장티푸스, 콜레라, 그리고 말라리아에 관심이 집중되었다. 말라리아와 뎅기열은 아이티의 고질적인 풍토병이다. 몇몇 병원에서는 아이들의 절반이 말라리아로 인한 치료를 받고 있다고 보고했다.

지진이 일어나고 2주 후, 약 20만 명의 사람들이 대개는 친지들과 같이 머무르거나, 다른 마을이나 시골로 가기 위해서 깨끗한 물이나 음식 또는 피할 곳도 거의 없이 도시를 버리고 떠났다. 그들은 버스나 페리에 억지로 끼여 타고, 심지어는 걸어서 갔다. 나중에, 일이 없어지자, 그들 중 많은 사람들이 포르토프랭스로 되돌아왔고, 최소한 콩 요리나 밀반죽 튀김이라도 길거리에서 판매할 수 있기를 희망했다. 몇몇 사람들은 구호단체에 의해 붕괴잔해들을 치우는 막노동자로 고용됐다. 더 나은 건물을 지을 수 있다는 희망을 가지고 이루어진 청소와 재건은 엄청난 대외적인 구호활동에도 불구하고, 몇 달 또는 몇 년의 시간이 걸릴 것이다. 비록 아이티가 대부분의 음식을 수입하지만, 농업 분야는 대체로 피해에서 벗어났다. 불행하게도 수입하는 대부분의 음식들은 미국으로부터 보조금을 지원받는 쌀이었고, 이는 지역 쌀생산 가격을 떨어뜨리고, 의욕을 잃게 했다.

단층과 지진

지진이 왜 발생하는지를 이해하기 위해서는 지각 판들이 움직이고, 새로운 지각이 형성되고, 오래된 지각이 섭입대로 가라앉는다는 것을 기억하라. 이러한 운동들이 지진을 발생시키고, 이들은 지각에서의 **단층**(fault) 또는 파열을 따라 형성된다. 단층은 그것을 따라 깨어진 한쪽에 있는 암석들이 다른 쪽의 암석에 대해 이동하는 지각에서의 단열들이다. 단층은 단열을 따른 변위량에 따라 평가된다. 수백만 년에 걸쳐, 예를 들어 캘리포니아 샌앤드레이어스 단층의 서쪽 암석들은 그들이 시작된 곳으로부터 북쪽으로 적어도 450 km를 이동했다. 같은 시간 동안에 수천의 다른 단층들은 1 km 이하로 이동했다.

어떤 단층들은 그들이 움직일 때 지진을 발생시키지만 일부는 거의 발생시키지 않는다. 어떤 단층들은 오랜 시간 동안 움직이지 않아서 비활성으로 간주되지만, 다른 것들은 명백히 여전히 활성적이고 잠재적으로 지진을 일으킬 가능성이 있다. 미국 중서부와 캐나다 중앙부 같은 지역들에서는 활성단층이 드물고, 대륙지각이 수백만 년 동안 안정하게 있어 왔다. 그러한 안정된 지역들은 지질학자들이 아직 알아내지 못한 많은 단층들을 포함하고 있다. 이러한 것들의 몇몇은 그들이 지진을 일으킬 때 그들의 존재를 처음으로 알린다; 다른 것들은 산 아래의 신선한 파열의 선으로 나타난다(**그림 3-1**). 북아메리카의

그림 3-1 단층애

A. 몬태나의 웨스트옐로스톤 근처에 있는 이 단층애는 1959년 몬태나의 헵겐 호수 지진에 의해 형성되었다. 이런 선들은 활성단층을 나타낸다. B. 몬태나 남서쪽에 있는 베이신앤드레인지 활성 정단층 단층애에 대한 항공전경. 오른쪽 하단부의 계곡이 낮아지면서 왼쪽 윗부분의 산맥이 상승했다.

서부 산악지대에는 지진이 흔하며, 여기의 암석들은 복잡한 단층과 습곡의 양상으로 변형되었다.

단층은 단층의 양쪽에 있는 암석들이 서로 움직이는 방식에 따라 분류될 수 있다(**그림 3-2**). **정단층**(normal fault)은 고각의 경사면 위에서 움직인다. 단층면 위의 암석은 단층 아래의 암석에 대해서 아래로 미끄러진다. 정단층은 지각의 확장 시기 동안 지각이 당겨질 때 움직인다. **역단층**(reverse fault)은 단층면의 아래에 있는 암석에 대해 위에 놓인 암석을 위로 이동시킨다. **충상단층**(thrust fault)은 역단층과 유사하지만, 단층면이 더욱 완만하게 경사진다(그림 3-2A 참조). 역단층과 충상단층

그림 3-2 단층 운동

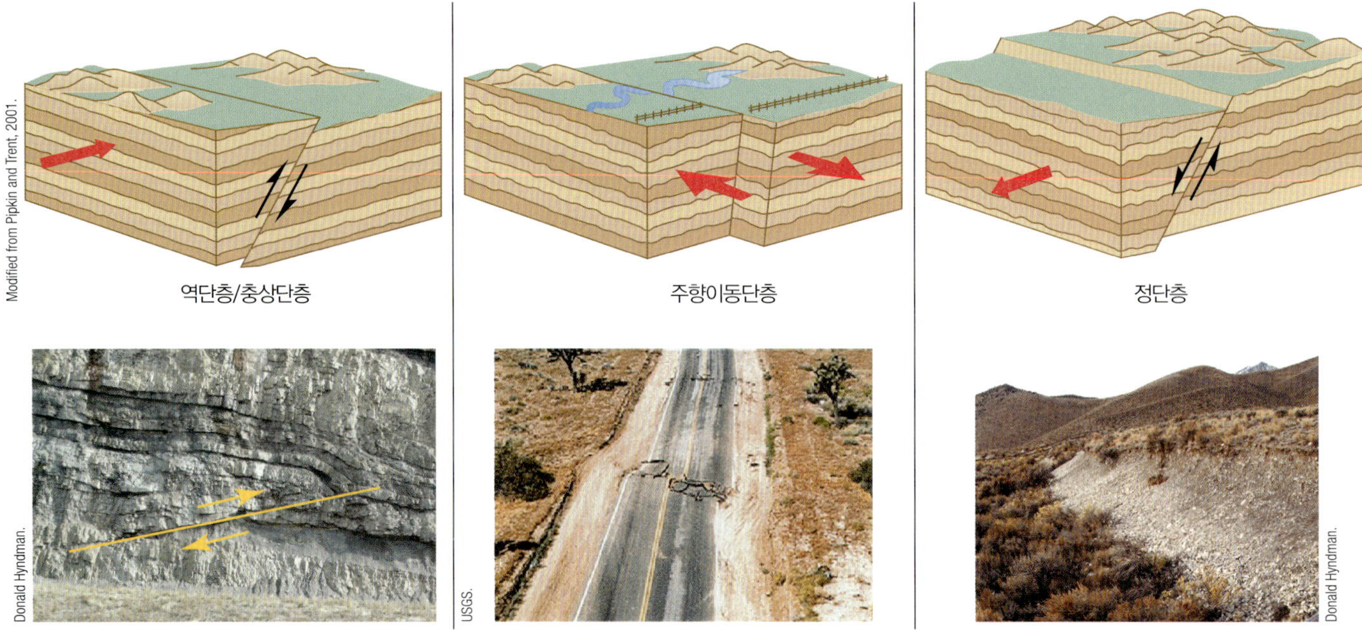

A. 콜로라도 주 베일 동부의 충상단층(화살표 참조). B. 캘리포니아 주의 랜더스 지진 이후에 도로에 남은 주향이동단층의 변위. C. 1983년 지진에 의해 움직인 아이다호 주 샬리 근처에 있는 정단층.

그림 3-3 주향과 경사

주향은 수평선(수위가 지층과 교차)의 방향이다. 경사는 수평으로부터 아래로 측정된 지층의 기울기이다.

은 지각 압축 시 지각이 밀릴 때 움직인다. **주향이동단층**(strike-slip fault)은 단층 한쪽의 암석이 다른 쪽의 암석에 대해 횡적으로 미끄러질 때 이동한다. 만약 그림 3-2B와 같이 단층의 멀리 있는 쪽 암석이 오른쪽으로 움직이면 우수향 단층이다. 만약 그들이 반대방향으로 움직이면 좌수향 단층이 될 것이다.

암층과 단층의 방향들은 주향(strike)과 경사(dip)에 의하여 기술된다. 주향은 암석면에 물이 채워졌을 때의 선으로 도시되는 암석면에서의 수평선 방향이다. 경사는 수평으로부터 암석의 면까지 내려가는 경사각이다(주향방향은 경사방향에 직각)(**그림 3-3**).

지진의 원인

1906년 샌프란시스코 대지진(사례: 지진에 의해 발생한 파괴적인 화재—1906년 캘리포니아 샌프란시스코 참조) 당시, 지진의 원인은 완전한 미스테리였다. 당시 캘리포니아의 주지사는 지진의 원인을 찾기 위하여 위원회를 구성하였다. 이 위원회의 위원장, 앤드류 로손(Andrew C. Lawson)은 뛰어난 지질학자였고, 캘리포니아 역사에서 가장 화려한 경력을 가진 명사 중의 한 사람이었다. UC 버클리 대학의 로손과 그의 학생들은 샌앤드레이어스 단층을 이미 인지하였고, 그것의 많은 부분을 도시하였지만, 1906년의 사건 때까지 그것이 지진을 일으킬 수 있는지에 대한 아이디어를 갖고 있지 못했었다. 그들의 조사 중, 위원회의 위원들은 샌앤드레이어스 단층을 가로지르는 많은 장소들에서 도로, 담장, 그리고 다른 구조물들이 1906년의 지진에 의해 파괴된 것을 발견했다. 모든 경우에서 단층의 서측이 7 m가량 북으로 이동하였다. 이것이 어떻게 단층운동이 지진을 발생시키는지에 대한 이론을 이끌어 냈다.

그 지진위원회는 지구의 지각이 움직임에 따라서 단층의 반대쪽에 있는 암석들은 수년 동안 미끄러지는 대신 휘어지거나 변형된다고 가정했다. 단층의 반대쪽에 있는 암석들이 휘어짐에 따라 그들은 에너지를 누적한다. 단층의 고정된 분절이 최종적으로 미끄러질 때, 휘어진 암석들이 갑작스럽게 끊기면서 펴지고 지진의 형태로 에너지를 방출한다(**그림 3-4**). 원래 모양으로부터 휘면서 팽팽하게 당겼다가 놓는 활을 상상해 보라. 이는 화살을 날려 보낼 수 있는 에너지의 갑작스런 발산과 함께 그것의 원래 모양으로 되돌아가게 할 것이다. **탄성반발이론**(elastic rebound theory)이라 불리는 지진에 대한 이 설명은 엄격한 검증에 의해 확인되어 왔다.

왜 단층이 고정되거나 미끄러지는지를 설명하기 위한 응력에 반응하는 암석의 거동에 대해 우리는 이제 충분히 알고 있다. 우리는 암석들을 취성의 고체로 생각하지만, 암석들은 스프링처럼 탄성적이고, 힘이 가해질 때 휠 수 있다. 우리는 암석에 가해진 힘을 언급하기 위하여 **응력**(stress)이라는 용어를 사용하고 가해진 응력에 반응하여 암석의 모양이 바뀌는 것을

그림 3-4 탄성반발이론

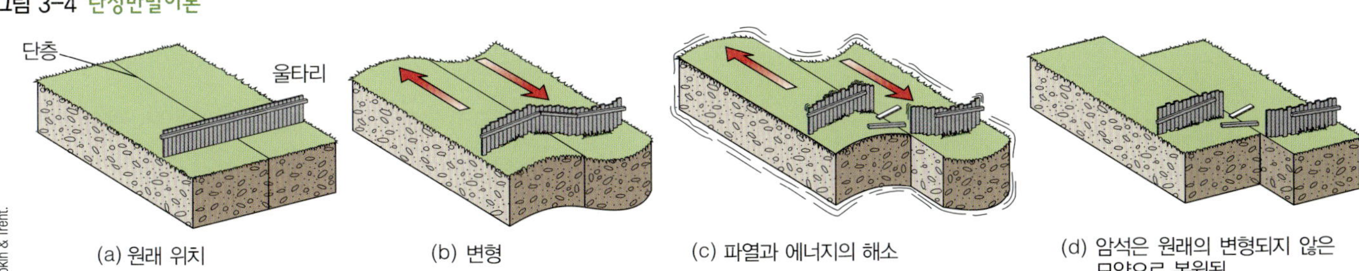

암석의 양쪽 편이 서로 미끄러지면서 응력이 해소될 때, 즉 지진에 의해 단층이 깨지기(c) 전까지, 단층 주변의 암석들은 탄성적으로 서서히 휜다(b).

언급하기 위하여 **응력변형**(strain)이라는 용어를 사용한다. 가해진 응력이 크면 클수록 응력변형은 더 커진다.

넓게 보면 암석은 응력에 반응하여 일관되게 휘거나 변형(deform)된다. 전형적인 암석들은 낮은 응력하에서는 탄성적으로(elastically) 변형될 것이고, 이는 힘이 완화될 때 그들의 이전 모양으로 되돌아간다는 것을 의미한다. 더 높은 응력에서는 이러한 암석들이 소성적으로(plastically) 변형될 것이고, 이는 힘이 가해질 때 이들이 완전히 모양을 바꾸거나 유동한다는 것을 의미한다. 변형 실험들은 지표 근처의 차갑고 상부 암석으로부터 많은 압력을 받지 않는 대부분의 암석들이 작은 힘에 의해 영향을 받으면 탄성적으로 변형된다는 것을 보여준다. 뜨겁고 위에 놓인 암석의 하중에 의해 높은 압력이 가해지는 지구의 깊은 곳과 같은 다른 조건들 아래에서는 암석들이 소성적으로 변형될 것이다.

암석들은 휘어질 수 있지만, 너무 많이 늘려지면 그들은 또한 깨어진다. 작은 응력에 대해서는 암석들이 단지 휘어지는 반면, 더 큰 응력에 의해서는 파쇄되거나 깨어진다. 응력의 정도가 증가함에 따라, 암석들은 단층이동이나 지진을 일으키면서 궁극적으로 취성파괴(brittle failure)에 굴복하게 된다(**그림 3-5** 그리고 해설 3-1: 압축력과 암석전단). 이러한 조건들 아래에서, 단층은 **전진**(foreshock)이라 불리는, 주 지진 전의 더 작은 미끄러짐과 함께 깨어지기 시작할 수 있다. 이는 본진 이후의 **여진**(aftershock)이라 불리는 작은 변위로 조정될 때까지 계속될 것이다.

해설 3-1

압축력과 암석전단

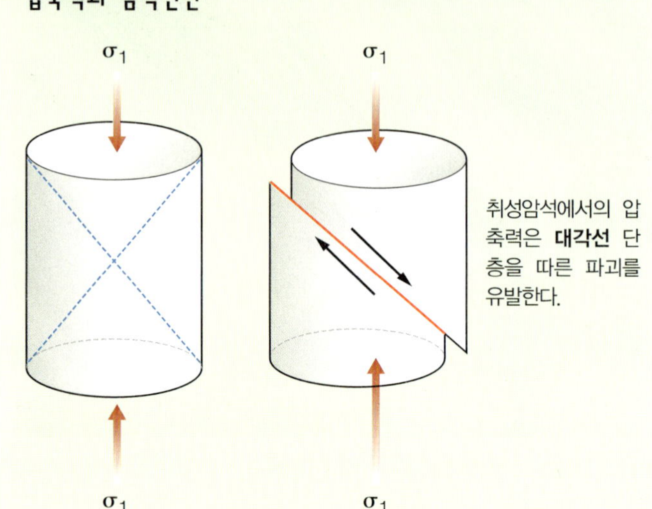

압축력에 의한 암석의 변형은 일반적으로 압축력 방향에 대각선인 미끄럼을 야기한다.

위에서부터 아래까지 원통형으로 생긴 암석의 압축실험을 통한 연구는 대각선 전단면과 비슷하게 암석을 깨뜨린다. 그림 3-2C를 예로 들면, 지구 중력은 똑바로 아래로 누르지만, 암석은 경사이동단층을 따라 깨어진다.

전단은 일반적으로 빨간 선으로 표시된 것과 같이 하나의 면만 가진다.

σ_1은 최대주응력이다.

단층을 따른 차별적인 판의 운동들이 계속적으로 응력을 가한다. 그러한 판의 운동들은 멈추지 않기 때문에, 단층으로부터 수 m에서 수 km까지 탄성변형이 소성변형으로 발전하여 결국 단층이 지진으로 파열된다. 큰 지진이 발생하는 동안 단층의 한 면에서 미끄럼에 의해 응력이 해소될 때 그 응력의 일부가 종종 미끄러진 구간 밖의 단층 일부 또는 이웃한 단층들에 증가된 응력으로 전달된다. 이는 이웃한 지역을 이전보다 더욱 움직이기 쉬운 지역으로 바꾼다.

지진의 크기는 단층에서의 운동량과 관계된다. **변위** 또는 **어긋남**(displacement or offset)은 단층을 가로지른 이동거리이고, **지표파열길이**(surface rupture length)는 깨어진 전체길이이다(**그림 3-6**). 특정한 단층에 대해 기대되는 가장 큰 지진은 일반적으로 전체 단층길이(total fault length) 또는 전형적으로 파열되는 단층의 가장 긴 분절에 의존한다. 오리건과 워싱턴의

그림 3-5 응력과 변형

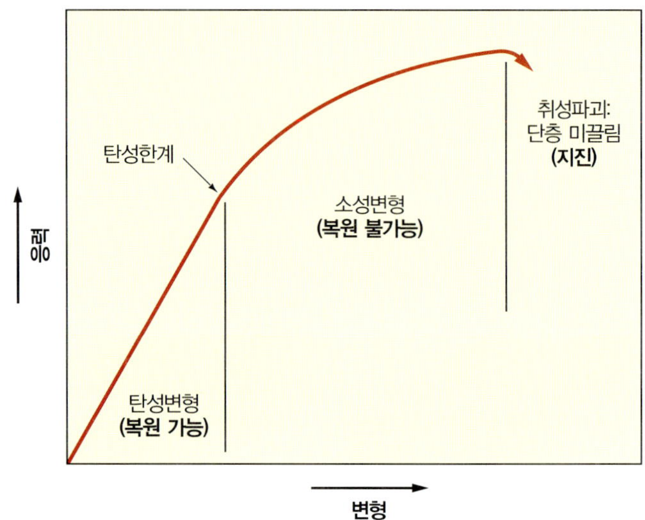

응력의 증가에 따라, 궁극적인 파괴 또는 지진으로의 깨어짐 이전에 암석은 탄성적으로, 그 이후 소성적으로 변형된다. 완전한 취성암석은 탄성한계에서 파괴된다.

그림 3-6 변위

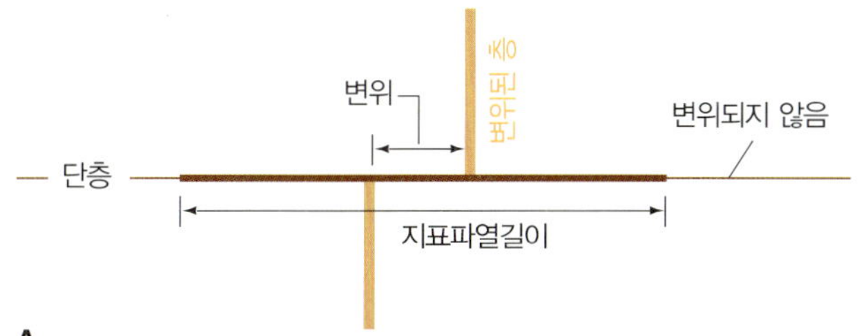

G. K. Gilbert.

A. 이 모식도는 단층에서의 변위와 지표파열길이를 보여 준다. B. 캘리포니아 북쪽 포인트러예스 주변의 한 울타리가 1906년에 샌앤드레이어스 단층에서 일어난 샌프란시스코 지진에 의해 약 2.6 m 변위되었다.

그림 3-7 연석 포행

Sue Hirschfeld.

Hyndman.

캘리포니아 헤이워드에 있는 이 연석은 헤이워드 단층을 따르는 포행에 의해 변위되었다. 오른쪽 사진은 2년 뒤 같은 연석의 더 큰 변위를 보여 준다.

해안 밖에 있는 1,000 km 길이의 섭입대 또는 캘리포니아 샌앤드레이어스 단층과 같은 1,200 km 길이의 변환단층이 만약 한 번의 운동에 의해 전체길이가 파열된다면 거대한 지진을 생성할 것이다. 비록 그러한 단층들의 전체길이가 한 번의 지진에 의해 종종 깨어지지만, 일반적으로 더 짧은 분절들이 다른 시기들에 깨어진다. 유타의 워새치 프론트를 따른 것과 같은 정단층들은 일반적으로 더 짧은 분절들로 깨어져서 그러한 지역에서는 어느 정도 더 작은 지진들이 기대된다(그림 4.11과 비교하라).

단층의 분절길이와 지진의 크기 사이의 상관관계는 주어진 단층에서의 지진규모에 대한 이론적인 한계를 제공한다. 단지 수 km의 짧은 단층은 여러 작은 지진들을 가질 수 있지만 전체 단층의 길이가 넓은 지역의 암석을 깨뜨리기에 충분히 길지 않기 때문에 특별히 큰 지진은 발생시킬 수 없다. 그러나 약 1,000 km 길이의 샌앤드레이어스 단층은 인구가 밀집된 지역에 거대한 지진과 대재앙을 일으키면서 그 전체길이가 한 번에 동시에 깨어질 수 있다.

때로 단층은 갑자기 움직이기보다는 거의 연속적으로 움직인다. 홀리스터 남쪽의 샌앤드레이어스 단층 중심부 분절은 현저한 지진을 일으키지 않고 천천히 거의 계속적으로 이동한다. 이러한 구간에서, 단층에서의 응력변형은 **포행**(creep)에 의해 해소되어 큰 지진을 일으킬 수 있게 누적되지 않는다. 왜 단층의 그 분절은 큰 지진을 일으키지 않고 움직이는 반면, 다른 분절들은 지진에 의해 암석이 깨어질 때까지 고정되어 있는지에 대한 이유는 완전히 명쾌하지는 않다. 아마도 깊은 곳의 암석이 셰일이나 사문석의 경우와 같이 매우 약해서이거나, 또는 매우 깊은 곳까지 물이 단층대를 통과하여 그것을 약하게 만들지 모른다. 헤이워드 단층 또한 포행을 하지만 큰 지진을 발생시킬 수 있다(**그림 3-7**). 거의 샌프란시스코와 로스앤젤레스 사이의 절반 정도인 단층의 연속적인 포행구간은 현저한 응력을 쌓을 수 없는 연약한 암석들의 구간인 것으로 보인다. 아마도 이것은 단층길이의 절반 이상이 갑작스런 한 번의 운동에 의해 깨어질 것 같지 않다는 것을 의미한다. 단지 전체 단층길이 절반의 이동도 여전히 대재앙이 될 지진을 발생시킬 수 있다.

단층의 지체구조적 환경

지진이 지각의 운동에 의하여 유발되기 때문에, 지진은 판의 경계들과 관련되어 있다. 발생할 지진의 운동감각은 판경계를 가로지른 상대적인 운동에 의해 결정된다—주향이동단층은 변환경계를 따라 움직이고, 충상단층은 전형적으로 섭입대와 대륙충돌 경계들과 관련되며, 정단층은 확장대에서 움직인다.

이 절은 판의 경계로부터 고립된 단층계뿐만 아니라 이러한 주요 지체구조적 환경들에서의 단층들의 예를 다룬다. 4장은 이런 몇몇 지진대에서 일어나는 지진활동이 인간에게 미치는 영향을 탐구할 것이다.

변환단층

미국의 변환단층 중 가장 중요한 예는 멕시코 경계 남쪽부터 북 캘리포니아의 케이프 멘도시노까지 1,200 km 연장으로 서 캘리포니아를 절단하며 통과하는 샌앤드레이어스 단층이다(**그림 3-8**). 샌앤드레이어스 단층의 궤적은 하늘에서도 볼 수 있고 지형도에서는 작은 계곡들의 선들로 나타나며, 몇 곳은 단층을 따른 그것의 운동에 의해 암석들이 파쇄되기 때문에 침식을 받은 긴 호수와 습지들을 갖고 있다(그림 2-15B, 3-9B 참조).

그림 3-8 지구의 거대한 균열

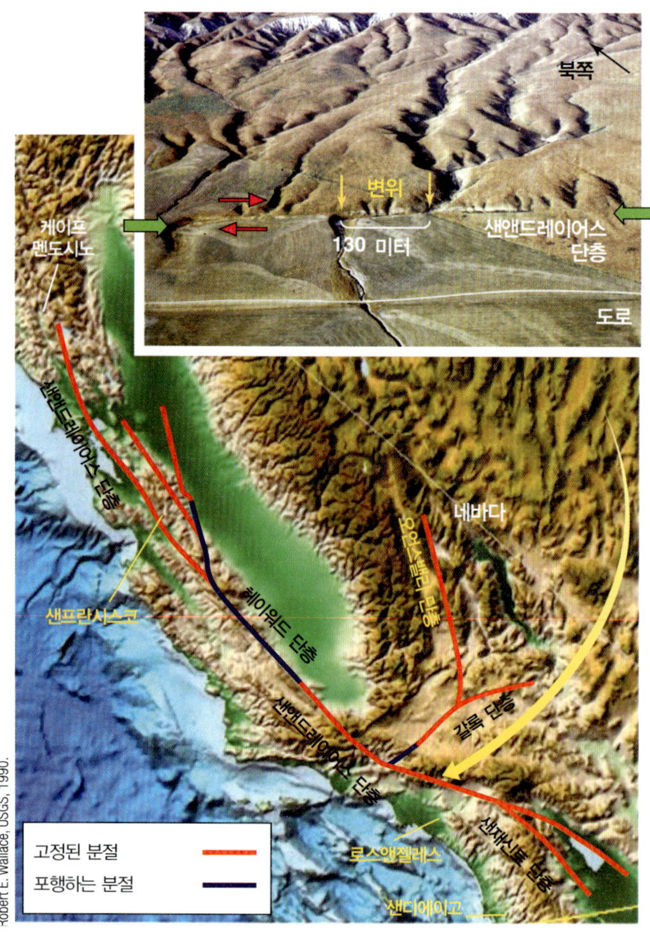

샌앤드레이어스 단층과 다른 주요한 단층들은 캘리포니아 음영기복도에서 해안산맥을 통과하면서 절단된 일련의 일직선 계곡들로 나타난다. 하늘에서 내려다보면, 로스앤젤레스의 북쪽 카리조 평원에 있는 샌앤드레이어스 단층을 가로지르는 곳에서 개천들은 갑자기 꺾인다(노란 화살표). 1857년 포트테혼 지진은 9.5 m의 이동을 야기했다.

샌앤드레이어스 단층은 대륙 변환단층이고 여기서 주요 운동경계는 북서로 움직이는 태평양판과 서쪽보다 약간 남쪽으로 움직이는 북아메리카판 사이의 상대적인 운동을 나타낸다. **그림 3-9**에 나와 있는 바와 같이 캘리포니아 서쪽 부분의 전체 운동은 대륙 내부 쪽에 더 가까운 것들보다 더 많이 움직인다. 단층을 가로지르는 운동속도를 나타내는 화살표 사이에서의 가장 큰 차(difference)가 있는 지역들은 가장 큰 새로운 단층운동이나 지진의 발생 가능성을 갖고 있다.

그 북서방향 단층의 서쪽은 동쪽에 대해 북서쪽으로 1년에 평균 3.5 cm, 또는 100년에 3.5 m의 속도로 이동한다. 3.5 m 변위에 해당하는 규모 7 지진에 대한 지표파열길이는 50 km이고, 100년 동안 누적된 모든 변형의 방출은 그 단층의 길이를 따른 여러 개의 그러한 지진을 필요로 할 것이다. 그러나 지진은 종종 상대적으로 비활성적인 기간으로 분리되는 군집 형태로 발생한다.

샌앤드레이어스 단층은 샌프란시스코 만 지역으로부터 남으로 로스앤젤레스까지 뻗어 있다. 태평양판의 대륙에 대한 북쪽으로의 끌림은 천천히 거의 일 년에 7 mm로 전체 판 운동의 일부로 북쪽으로 로스앤젤레스 분지를 깨뜨린다. 퇴적층들은 습곡으로 휘어지고 충상단층을 따라 깨어지며, 이 둘은 모두 그들이 움직임에 따라 분지를 축소시킨다(**그림 3-10, 3-11**). 이러한 충상단층들은 지표를 깨뜨리지 않기 때문에 **잠두 충상단층**(blind thrust)이라 불린다. 지표에서의 조임습곡은 단층의 천부 끝 부분을 표시한다(그림 3-2A 참조). 마찬가지로 그림 3-11 노란 화살표의 왼쪽 끝 부분에 배사구조가 보인다. 잠두 충상단층은 그들이 지진을 일으킬 때까지 대부분 알려지지 않은 채로 있기 때문에 위험하다(사례: 잠두 충상단층에서의 주요 지진-1994년 캘리포니아 노스리지 지진).

1920년과 1994년 사이에 로스앤젤레스 지역에 규모 4.8 이상의 지진이 총 17회 발생했다. 특히 위험한 단층들은 산페르난도와 산가브리엘 계곡의 북쪽 끝 100 km를 따르는 시에라마드레-쿠카몬가 단층계를 포함한다. 이 잠두 충상단층은 단층 서쪽 끝의 19 km를 따라 1971년 산페르난도 계곡 지진을 일으키면서 움직였다. 로스앤젤레스 시가 하부의 단층계들은 북동으로 경사지는 충상단층들을 포함한다. 로스앤젤레스 시가지 근처 산타모니카 산맥 단층대는 말리부 연안을 따라 90 km가량 연장된다. 그것은 지표를 파열하지 않는 충상단층들과 파열하는 주향이동단층들을 포함한다. 말리부 연안 북쪽의 오크리지 단층계가 1994년의 노스리지 지진을 발생시켰다. 로

그림 3-9 도시를 통과하는 조각들

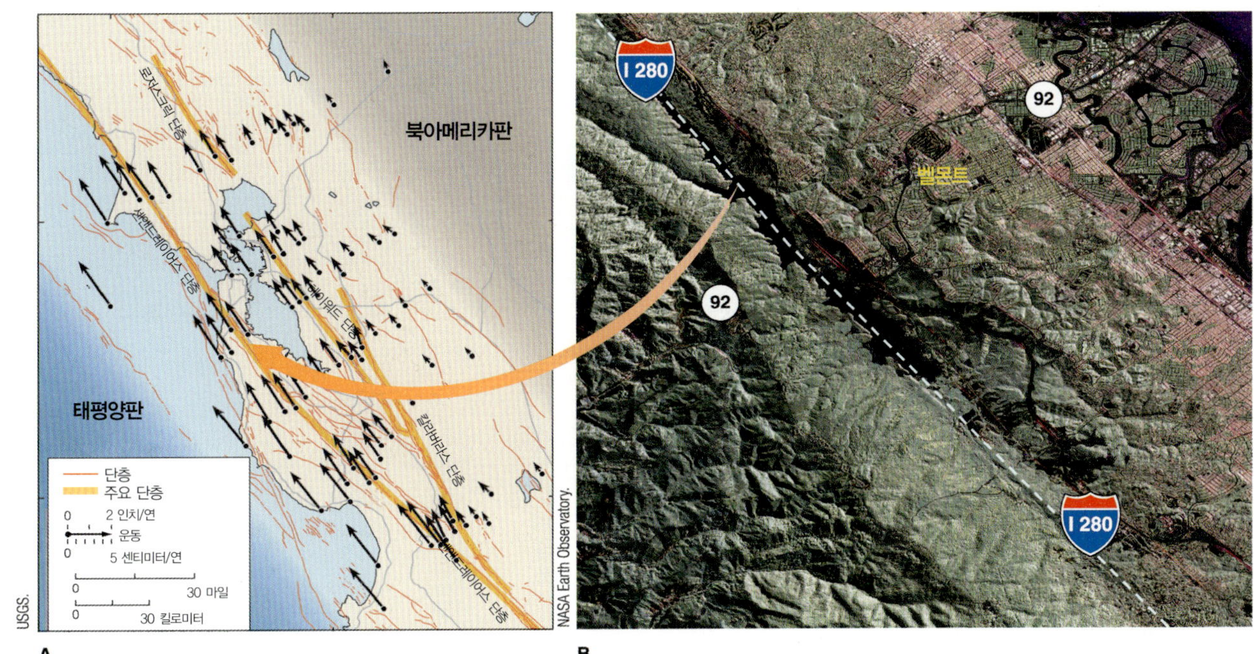

A. 샌앤드레이어스 단층계는 샌프란시스코 만 지역 대부분을 포함하는 넓은 지대이다. 위성위치확인시스템(GPS) 측정에 의한 검은색 화살표들은 안정한 대륙 내부에 대한 지층의 이동속도에 비례한다. 주황색으로 표시된 주요한 각 단층들을 가로질러 보여 주는 것처럼, 에너지는 이동격차가 있을 때 쌓인다. B. 샌앤드레이어스 단층은 샌프란시스코의 남동쪽에 있는 크리스털스프링스 저수지를 관통하는 북동 방향의 뚜렷한 직선 계곡을 따른다. 단층의 거의 정확한 위치는 흰색의 점선으로 나타냈다.

그림 3-10 다음의 큰 것은?

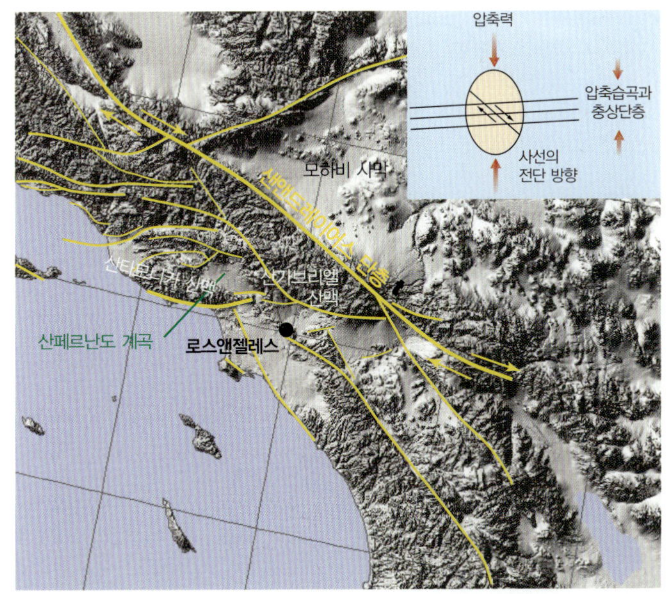

로스앤젤레스 지역의 주요 단층들. **(삽화)** 이 지역 잠두 충상단층의 운동을 야기하는 응력을 보여 주는 모식도. 샌앤드레이어스 단층은 사선의 전단 방향에 평행하고, 잠두 충상단층은 압축력 방향에 수직으로 발달한다는 것에 주목하라.

스앤젤레스 시가의 남쪽 해안을 따른 팔로스베르데스 충상단층은 1년에 약 3 mm 이동한다. 이러한 점진적인 이동은 언젠가는 이웃한 단층의 분절에 지진을 일으킬 수 있는 누적되는 변형을 방출한다.

샌앤드레이어스 단층은 그것이 이동을 시작한 이후 약 1천6백만 년 동안 235 km의 전체 변위를 누적했다는 것을 보여 준다. 이 단층은 1857년의 포트테혼 지진 이래로 파크필드 남쪽의 큰 굴곡을 따라 부딪친다. 샌앤드레이어스 단층 남부 근처에서 발생한 최근의 여러 지진들은 잠두 충상단층들과 연관되고, 이는 몇몇의 지각 운동이 주 단층 자체를 따라서 이동하는 대신 주 단층 근처의 습곡작용과 충상단층에 의해 흡수된다는 것을 의미한다(그림 3-11). 해설 3-1에 제시한 바와 같이, 전체적인 수평압축에 대한 반응은 사교하는 경사단층이라는 것에 주목하라.

섭입대

섭입대는 지진이 발생하는 또 다른 지체구조적 환경으로, 1960년에 칠레의 해안을 강타한 규모 9.5의 기록상 가장 큰 지진과 2010년 2월의 또 다른 규모 8.8 지진을 포함한다.

그림 3-11 잠두 충상단층

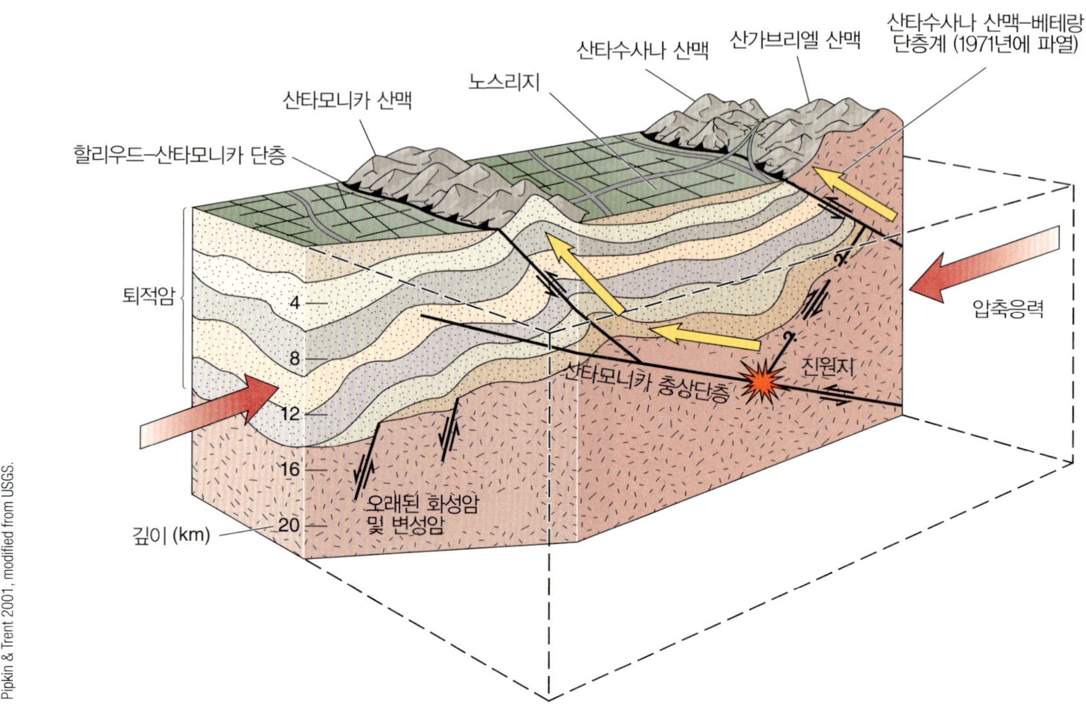

Pipkin & Trent 2001, modified from USGS.

이 내부가 드러나도록 만든 모식도는 1994년 노스리지 지진에 의해 야기된 잠두 충상단층의 움직임을 보여 준다. 노란색 화살표는 상대적인 이동방향을 나타낸다.

1868년 페루(현재 북부 칠레)에서 발생한 규모 9의 지진으로 수천 명이 사망했다. 2001년, 같은 섭입대에서의 규모 8.4의 지진은 경계 근처 부분에 응력을 증가시켰을 것이다. 그것은 페루의 해안을 강타하여 510명 이상이 사망한 2007년 8월 15일의 규모 8.0 지진으로 이어졌고, 많은 피해가 어도비 벽돌집의 붕괴로부터 나왔다.

미국 섭입대 단층들의 가장 중요한 예는 미국 북서부의 태평양 쪽이다. 우리는 여러 가지 증거들로부터 활성 섭입대가 북 캘리포니아의 케이프 멘도시노와 남부 브리티시컬럼비아 사이의 1,200 km 연장 해안 바깥에 위치한다는 것을 알고 있다(**그림 3-12**). 후안데푸카 해령에 평행한 자기띠들은 동쪽에 있는 판이 남동쪽으로 이동하는 것을 보여 준다. 대조적으로 옐로스톤 열점의 궤적은 북아메리카판이 남서쪽으로 이동한다는 것을 보여 준다. 해양저와 대륙 사이의 충돌은 캐스케이디아 섭입대를 따라 존재한다. 이에 더하여, 약 100 km 내륙의 활성 캐스케이드 화산배열은 심부에서의 활성 섭입대를 지시한다. 우리는 또한 섭입대는 종종 거대한 지진을 생성해서 그러한 갑작스런 해저의 이동이 쓰나미라 불리는 거대한 해양파를 생성할 수 있다는 것을 안다. 수마트라의 유사한 구간에

그림 3-12 북서쪽의 거대한 지진

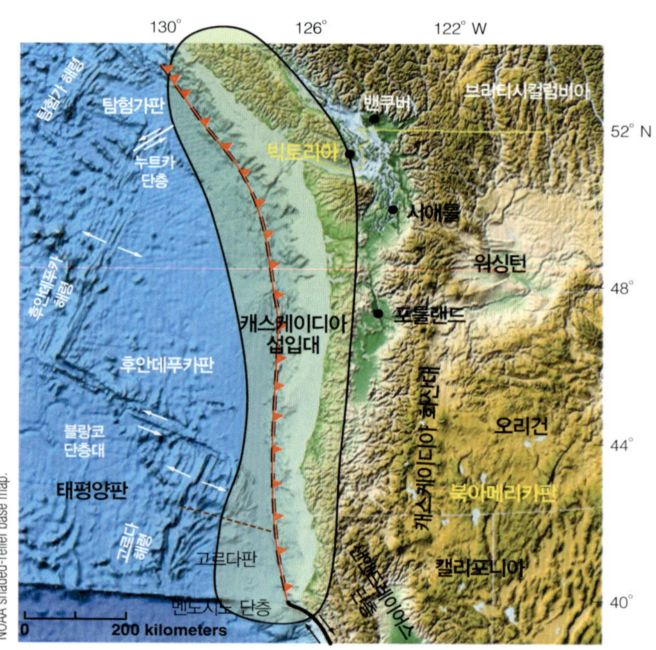

NOAA shaded-relief base map.

캐스케이디아 해구는 워싱턴 주, 오리건 주, 남부 브리티시컬럼비아주의 태평양 쪽 대륙연변부에 발달한다. (노란색 음영으로 표시된) 2004년 12월, 규모 9.15의 지진파열은 잠재적인 캐스케이디아 섭입대 미끄러짐의 크기와 비교할 만하다.

표 3-1	1700년 이후에 발생된 세계에서 가장 강한 지진들	
지진	날짜	규모
칠레	1960. 05. 22	9.5
앵커리지, 알래스카	1964. 03. 28	9.2
수마트라 북부	2004. 12. 26	9.15
캄차카	1952. 11. 04	9.0
캐스케이디아	1700. 01. 26	9.0
아리카, 칠레	1868. 08. 13	9.0
에콰도르	1906 01. 13	8.8
마울레, 칠레	2010 02. 27	8.8

서 2004년에 거대한 지진과 쓰나미가 발생하여 약 220,000명이 사망했다(상세 내용은 5장을 보라). 2007년 3월 6일에 규모 6.3의 지진이 2004년 지진의 남동쪽을 강타하여 70명이 사망했다. 그 다음 2007년 9월 12일 규모 8.4의 지진이 같은 섭입대의 더 남동쪽 페낭 근처에서 발생하여 상당한 피해와 3 m의 쓰나미를 일으켰다. 이러한 사건들은 2004년 이후의 사건들이 여전히 더 큰 지진의 전조현상들이 될 수 있다는 관심을 촉발시켰다. 2006년 5월에 같은 판경계를 따른 더 남동쪽, 자바에서 규모 6.3의 지진으로 6,000명이 사망하고 650,000의 이주민이 발생했다. 그리고 2009년 9월 규모 7.0의 지진이 자바의 자카르타 남쪽 동일한 해안경계를 강타하였다. 그것은 상당한 피해를 일으켰으며 광범위한 공황상태를 만들었다.

기원후 1700년 이래로 기록된 가장 큰 지진들은 모두 섭입대에서 발생했다(표 3-1).

섭입대 경계에서의 해구를 통한 해양판의 침몰은 전형적으로 수백 km 깊이로부터의 지진을 발생시켜서 미국 북서 태평양 쪽에서의 그러한 심부지진의 명백한 부재는 지질학자들을 수년 동안 걱정시켰다. 이제 여러 증거들을 통해 주요한 지진들이 정말 발생하지만 그러한 긴 주기 때문에 300년 또는 기록된 미국 북서부 역사 기간 내에 강타한 적이 없다는 것을 알게 되었다.

거대 선사 지진. 미국 북서 태평양 쪽에서의 토탄과 매몰된 나무에 대한 방사성 탄소 연대측정은 그 지역에서 일어난 가장 최근의 주요한 지진이 1700년에서 10~20년 이내에 일어났음을 알아내는 데 도움을 주었다. 한 다른 분석에서, 죽거나 손상을 입은 나무들로부터 나이테를 주의 깊게 계산한 결과 그 사건이 1699년의 성장기 이후에 바로 발생했다는 것을 알아냈다.

한 영리한 추적조사에서 일본 지질조사소의 지질학자들이 1700년 1월 27일 자정에 일본 해안을 휩쓴 높이 2 m의 큰 파도에 대한 기록을 발견하였다. 다른 태평양의 섭입대 경계인 일본, 캄차카, 알래스카, 또는 남아메리카에서 그 시기에 큰 지진을 말해 주는 역사적 기록은 없다. 이는 미국 북서 해안을 유일한 가능성의 기원지로 남겨 두었다. 국제날짜선의 날짜를 변경하고 파도가 태평양을 건너는 시간을 보정하면, 그 지진은 1700년 1월 26일 대략 오후 9시에 발생했을 것이다.

미국 북서 태평양에서의 연안 인디언들은 추운 겨울밤에 마을을 휩쓸고 간 거대한 파를 얘기하는 구전을 갖고 있다. 고고학자들은 범람하여 매몰된 토사로 뒤덮인 인디언 마을을 발견하게 되었다. 이러한 많은 자료들은 이 지역에서의 마지막 거대 지진의 시기를 확인하는 데 도움을 준다.

그러한 분석들은 케이프 멘도시노와 남부 브리티시컬럼비아 사이의 해안을 따라 모두는 아니지만 대부분의 장소들에서 유사한 시기들을 지시한다. 그것은 아마도 그 단층이 일반적으로 1,200 km 전체길이의 해안을 따라 동시에 깨어졌다는 것을 의미할 것이며, 이는 2004년 12월의 지진과 유사한 약 규모 9의 지진에 해당되는 매우 긴 지표파열이다(그림 3-12 참조). 그러한 거대한 바다에서의 지진은 태평양 주위 모두에 상당한 피해를 일으키기에 충분히 큰 파도를 생성할 것이다. 적어도 1 **g**의 가속도를 갖는 그러한 거대한 지진에서의 진동은 서 있기조차 힘들게 만들 것이다. 강한 진동이 몇 분 동안 계속될 것이다. 쓰나미는 대피할 시간을 거의 주지 않고 지진으로부터 15분 이내에 연안에 도착할 것이다.

거대 미래 지진. 미국 북서 태평양의 여러 만에서 수행한 해변에서 유도된 모래에 의해 덮여진 토탄과 매몰된 나무들의 방사성 탄소 연대측정은 미래 사건들에 대한 전례가 될 수 있는 지역에서의 주요한 지진기록을 수립하는 데 도움을 주었다. 미국 북서 해안 밖의 해구를 통한 해양판의 침몰은 위에 놓인 대륙판과 부딪친다. 그 대륙판은 정확한 탐사에 의하여 드러난 바와 같이 위로 솟아오른다(**그림 3-13**). 그 고정된 구간은 오리건, 워싱턴, 그리고 남부 브리티시컬럼비아 해안 밖의 50~120 km 구간이다. 바로 내륙 쪽에서는 그 가장자리가 1년에 1~4 mm의 속도로 상승하고, 1년마다 3 cm 정도 수평적으로 수축한다.

워싱턴 윌라파 만의 매몰된 토양에서의 잎, 잔가지, 그리고 다른 유기물에 대한 방사성 탄소 연대측정은 평균 500년에 한 번, 과거 3,500년 동안 7번의 심부지진을 지시한다. 해안을 따른 다른 곳에서는, 평균 재발주기 580년으로 해저에 화산재층들을 퇴적시킨 오리건의 마자마 산의 분출로부터의 연대측정

그림 3-13 대륙 가장자리의 굴곡

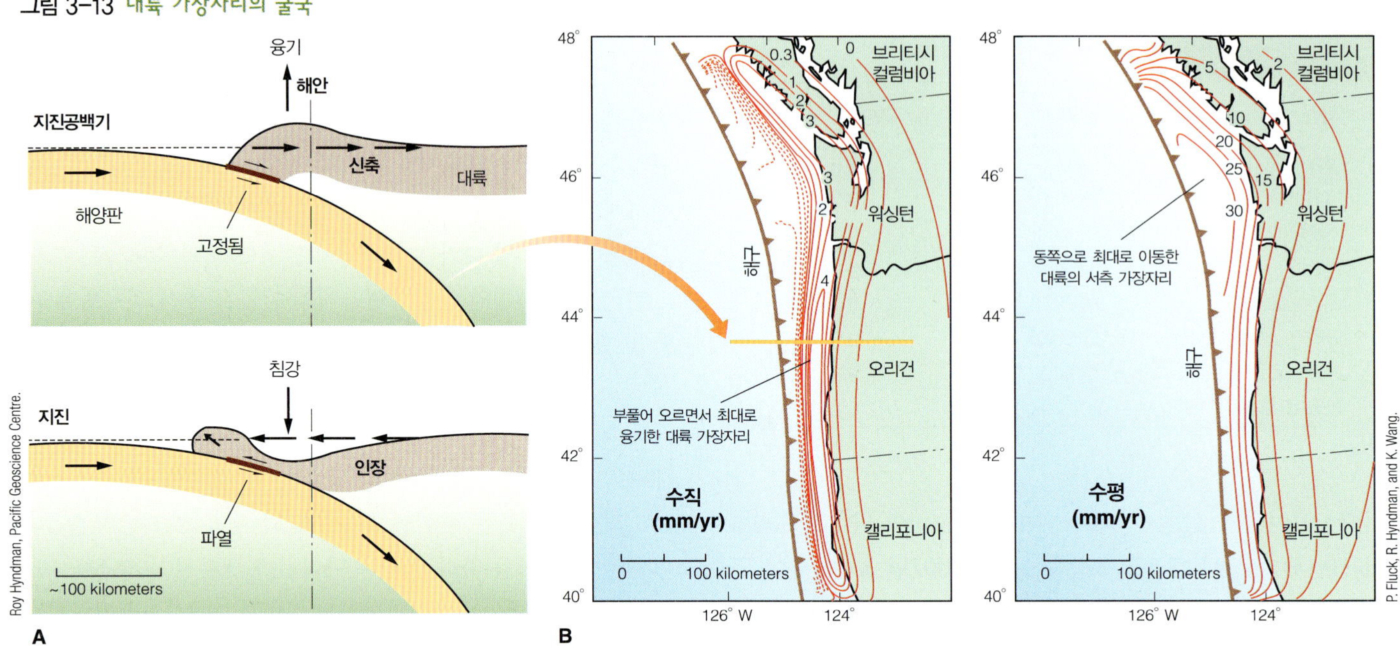

A. 섭입대에서 밀도가 높은 해양판은 하강한다. 변형이 축적되면서, 어떠한 지역이 육지 쪽으로 하강하는 동안 가라앉는 판 위로 돌출부가 올라온다. 이러한 수직적인 변위는 지진을 야기하는 단층이 미끄러질 때 역전된다. B. 이 섭입대는 해안가 근처 지역에서 해구 동쪽에 고정된다.

기록들이 과거 7,000년에 12번이 발생했다는 것을 보여 준다. 그들 사이의 재발주기는 300~900년이다. 마지막 지진이 300년 조금 더 이전에 발생했고, 따라서 다음 지진은 언제든지 올 수 있다.

이제 우리는 섭입대 남부에서의 거대한 지진들이 250년의 짧은 재발주기에 의해 발생한다는 것을 알았다—1700년 지진으로부터의 시간보다 더 짧다! 주요한 단층들에서의 지진들은 이웃한 단층들에서의 지진을 촉발시킬 수 있다는 것이 또한 명백해졌다. 더욱 불길한 것은 2010년에 보고된 오리건 주립대학과 미국 지질조사소로부터의 최근 연구는 앞으로 50년 이내에 남부 오리건과 북 캘리포니아 밖의 단층 남부를 따라 거대한 섭입대 지진의 80% 발생확률을 지시하고 있다! 북부 샌앤드레이어스에서의 주요한 지진은 남부 캐스케이디아 섭입대에서의 또 다른 지진을 촉발할 수 있다—그 반대의 상황도 충격적이다.

섭입대 위에서의 지진. 대조적으로 북서 워싱턴 주의 퓨젓사운드 지역에서의 대부분의 지진들은 해구 충돌경계에서의 미끄러짐을 포함하지 않는다. 대신에 그들은 서쪽 또는 북서쪽으로 퓨젓사운드에 퍼져 있는 단층들에서의 천부운동을 수반한다(**그림 3-14A**). 3~4년마다 퓨젓사운드 지역은 리히터 규모 5~7까지를 갖는 중규모에서 대규모 지진까지의 흔들림을 느낀다.

시애틀 단층은 가장 잘 알려진 그리고 아마 가장 위험한 이 지역의 내륙단층일 것이다. 이는 시애틀 시가지의 남부 끝을 관통하여 동으로 뻗어 있고, 거의 주간 고속도로 5번과 90번의 교차로를 관통한다(**그림 3-14B**). 단층의 70 km가 조사되어 있으며, 지표에 도달하는 부분은 남쪽으로 고각으로 경사진다. 연구들은 단층 남부의 암석들이 약 기원후 900~930년에 큰 지진에 의해 15.6 m가 상승하였다는 것을 보여 준다. 그 운동은 퓨젓사운드 바다에서 큰 쓰나미를 생성하였으며 시애틀 시가지의 동쪽 끝에 있는 워싱턴 호에서 산사태를 일으켰다(5장에서도 다룬다). 2001년 니스퀄리 지진의 발생으로 연관된 단층에서 24억5천만 달러* 이상의 재산피해를 발생시켰다(사례: 진원의 깊이에 의해 완화되는 손상—2001년 워싱턴 니스퀄리 지진).

대륙 확장대

북아메리카의 서부에서 가장 잘 알려진 대륙 확장 그리고 이에 수반된 정단층 지역은 네바다, 유타, 그리고 이웃한 지역에 걸친 베이신앤드레인지이다(**그림 3-15**, 2장의 그림 2-10 참조). 이 넓은 지역은 융기된 산맥지역을 떨어진 계곡들로부터

* 지진 피해액은 2010년 달러가치로 환산했다.

그림 3-14 도시 아래의 지진

워싱턴 북부에 대한 이 지도는 시애틀 단층과 관련된 시애틀 지역에 있는 주요한 최근의 활성단층대를 보여 준다. 시애틀 단층은 시애틀 남쪽 가장자리에서 I-90 도로(전면)와 I-5 도로(중앙에서 오른쪽)의 교차로를 동-서로 관통하며 연장된다.

그림 3-15 대륙의 확장

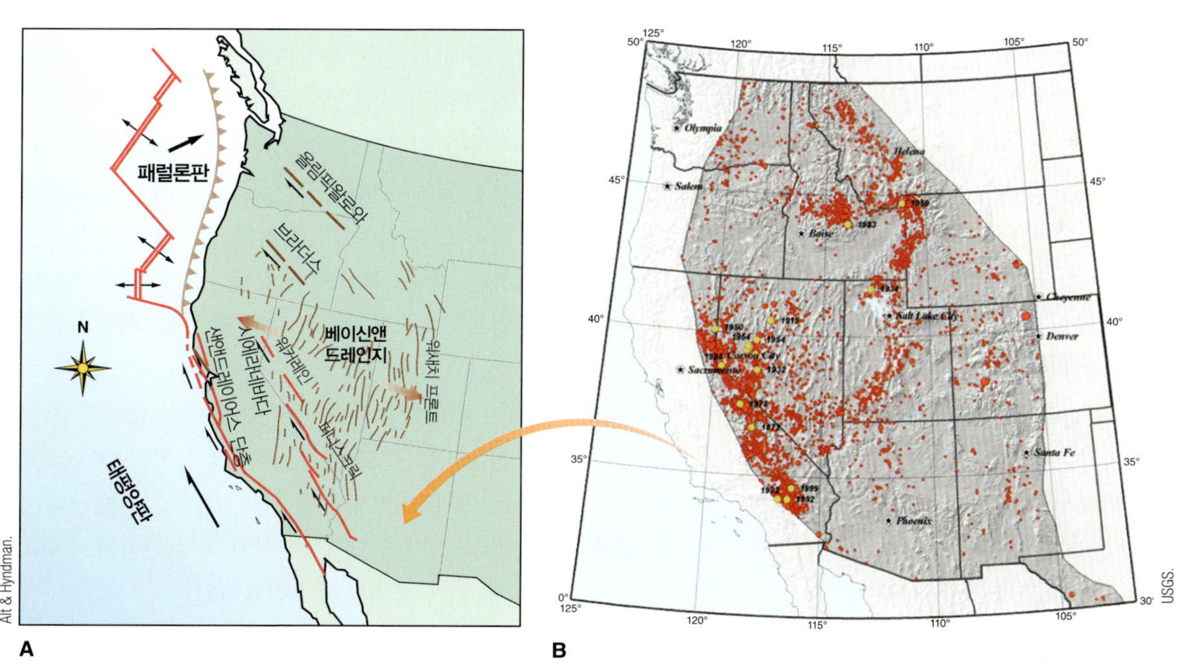

A. 네바다의 베이신앤드레인지, 서 유타, 그리고 이웃한 지역의 남-북 단층들은 태평양 해저의 북서쪽 끌림에 수반되는 확장대를 차지한다. 그 끌림은 또한 샌앤드레이어스 단층을 만들기 위한 전단을 야기한다. 베이신앤드레인지의 서쪽 가장자리는 시에라네바다의 가파른 동쪽 가장자리에 의해 표시된다. 동쪽 가장자리는 유사한 솔트레이크 시에 있는 가파른 워새치프론트이다. B. 베이신앤드레인지에 있는 대부분의 활성단층은 시에라네바다의 동측면과 워새치프론트를 따라 집중되어 있다.

그림 3-16 분지를 향하고 있는 산들

A B

A. 동쪽의 워새치프론트. B. 서쪽의 시에라네바다프론트는 지체구조적으로 활성이며 지진이 빈번한 베이신앤드레인지의 가장자리를 표시한다.

분리시키는 북쪽 방향으로의 여러 단층들로 연결되어 있다.

유타 중앙부 워새치 산맥의 동쪽 면인 워새치프론트는 솔트레이크 분지를 가로질러 서쪽을 바라보고 베이신앤드레인지의 동쪽 가장자리를 정의하는 높은 단층애이다(**그림 3-16**). 이는 캘리포니아의 시에라네바다 전면에 대한 동쪽 대응부이다. 워새치프론트는 시에라네바다가 네바다의 사막들을 내려다보는 것과 같이 유타의 사막들을 내려다보고 있다. 많은 작은 지진들이 워새치프론트를 흔들었지만, 브리검 영(Brigham Young) 일행이 1847년에 솔트레이크 시를 건설한 이후에 어떤 중요한 사건도 감지되지 않았다.

워새치프론트의 기저 계곡 입구에 있는 많은 중규모 크기의 하천 모래와 자갈 퇴적층에 대한 한 해석은 단층운동이 아마도 수만 년 이내의 최근에 워새치 산맥에 대해 계곡을 떨어뜨렸다는 것을 제안한다. 그것은 시에라네바다의 최후 융기와 시기적으로 대략 일치한다. 사실상 그 산맥들이 융기함에 따라서 두 단층은 활성으로 남아 있다. 활성단층대는 중앙 유타에서 남동 아이다호까지 이어진다. 웨버, 솔트레이크 시, 프로보 근처의 중앙부분과 니파이가 가장 활성적인 지역이지만, 끝 부분의 분절들도 규모 6.9의 지진을 일으킬 수 있다.

판내부 지진

지진은 종종 판의 경계로부터 멀고 최근의 지진활동 기록이 없는 곳들에서 경고 없이 발생한다. 이러한 판내부 또는 대륙 내의 지진들은 특히 대부분의 지역주민들이 이러한 위협을 알지 못하기 때문에 치명적일 수 있다. 몇몇의 이러한 고립된 지진들은 거대하고, 쉽게 주요한 자연재앙을 일으킬 수 있다. 비록 많은 지질학자들이 이러한 지진들에 대한 잠정적인 설명들을 제시하기는 했지만, 그들의 원인은 일반적으로 여전히 모호하다.

1811년과 1812년에 미주리 남동부를 강타한 판내부 지진들은 기록된 역사 기간 동안 북아메리카를 강타한 가장 심각한 것들에 해당한다. 뉴마드리드, 미주리 인근을 강타한 1811년 12월, 1812년 1월, 그리고 1812년 2월의 3개 큰 지진들은 미국 동부까지 감지되었고, 오하이오, 앨라배마, 그리고 루이지애나에서는 굴뚝이 넘어지고, 보스턴에서는 교회의 벨이 울렸다.

비록 그 이래로 이 지역에 또 다른 큰 지진은 없었지만, 이 지역은 지진학적으로 충분히 활성적이어서 주변의 대도시인 세인트루이스와 멤피스같이 떨어진 곳에 사는 사람들도 접시와 창문이 덜컹거리면서 종종 땅이 우르릉거리는 소리를 듣는다(**그림 3-17**). 이러한 규모 범위의 반복된 지진은 오래된 석조건물들을 갖고 있는 멤피스, 세인트루이스, 리틀록, 그리고 많은 작은 도시들에서 막대한 생명과 재산의 손실을 가져올 것이다. 그러한 도시들에서의 몇몇 건물들은 현저한 지진에 견딜 수 있게 설계되거나 건설되었다.

1886년 사우스캐롤라이나의 찰스턴을 강타한 또 다른 고립된 지진은 많은 인명과 심각한 재산피해를 일으켰다. 미국 동부해안 근처에서의 찰스턴 사건은 '끌리는 대륙연변'이라 불리는 것을 따라 일어났다. 이것은 현재 판의 가장자리가 아니지만 북아메리카 대륙과 대서양 해양분지 사이의 가장자리이다. 그것은 원래 1억5천만 년 이전에 대서양 해저가 확장되기

그림 3-17 불안한 대륙의 중앙부

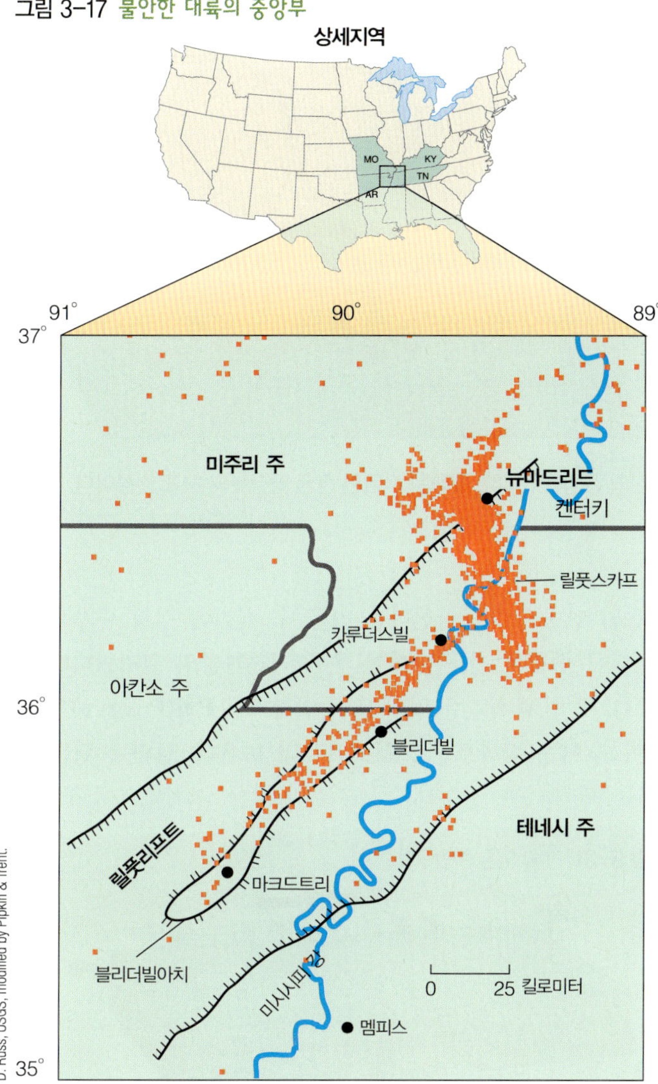

뉴마드리드 지역의 최근 미소지진 진앙들은 1811년과 1812년 지진을 야기한 세 개의 단층대들이 있음을 보여 준다. 북동 방향의 두 주향이동단층들은 북동부 위로 남서부를 밀어 올리는 짧은 단층에 의해 어긋났다.

그림 3-18 이스트코스트 단층계

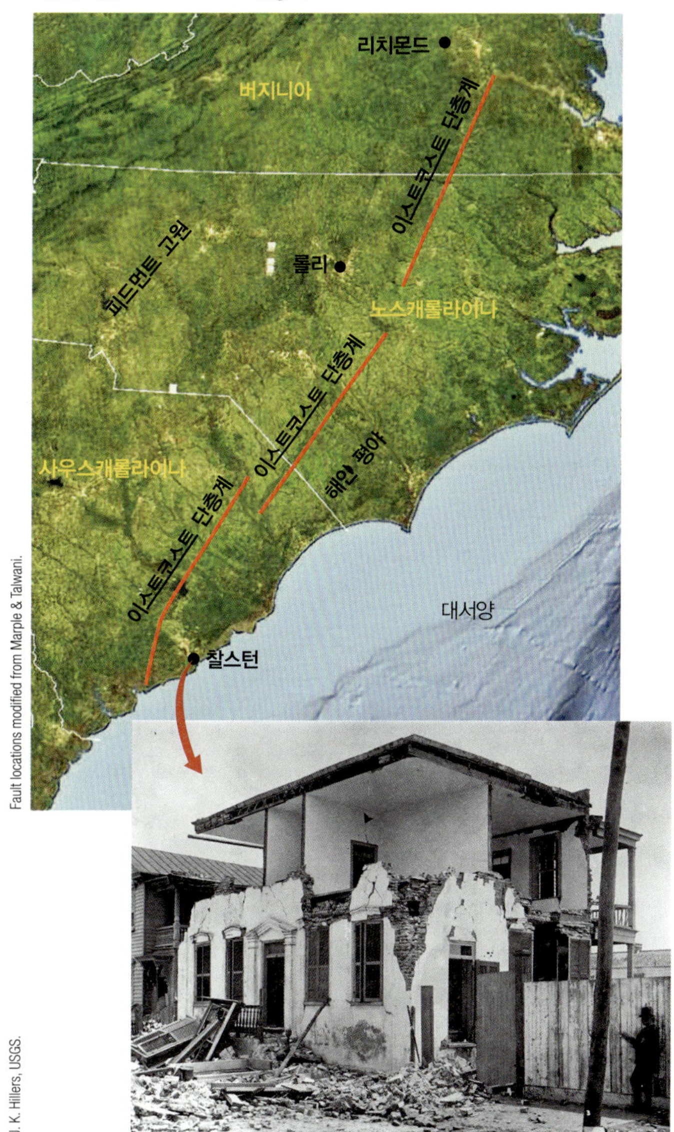

찰스턴 트래드길 157번지에 있는 이 주택의 벽돌구조 벽은 1886년 지진에 의해 붕괴됐다. 사우스캐롤라이나와 버지니아 사이에 있는 이스트코스트 단층계에 대한 지도는 어떻게 단층대가 놓여 있고, 단층대가 피드몬트 고원지대의 대륙지각과 대서양 지각 사이에 묻힌 경계부와 얼마나 가까이 놓여 있는지를 보여 준다. 피드몬트 고원지대는 상승하고 있다.

시작할 때 판의 가장자리 근처에 있었다.

한 지진이 1886년 8월 31일 찰스턴의 북서쪽 20 km 지점을 강타하여 수백 명의 사람을 거리로 내몰았고 800 km 떨어져 있는 랭커스터, 오하이오에서 여러 개의 굴뚝을 넘어뜨렸다. 1,200 km 떨어져 있는 시카고 한 건물의 4층 벽의 횟가루가 날렸다. 14,000개의 굴뚝이 넘어졌으며 강하고 연약한 지반에 있는 많은 건물들이 파괴되었다. 100명이 사망하였는데 대부분 토양이 액상화된 지역에 있었다.

찰스턴 지진과 많은 다른 것들은, 일반적으로 북동방향을 갖고(**그림 3-18**) 현재 이스트코스트 근처에 배열된 분절군집인, 이스트코스트 단층계의 분절들을 따른 운동의 결과일 것이다. 그들은 처음 사우스캐롤라이나와 버지니아 사이에서 인지되었지만 훨씬 더 멀리까지 확장될 것이다. 그 단층대는 피드몬트의 대륙지각과 대서양 해양지각 사이의 매몰된 경계 근처에 있으며, 해안평야가 떨어지고 있다. 단층에서의 새로운 운동은 1억5천만 년 이전에 대서양 해안이 열리는 단계와 관계되었을 것이다.

그림 3-19 지역별 진동과 피해

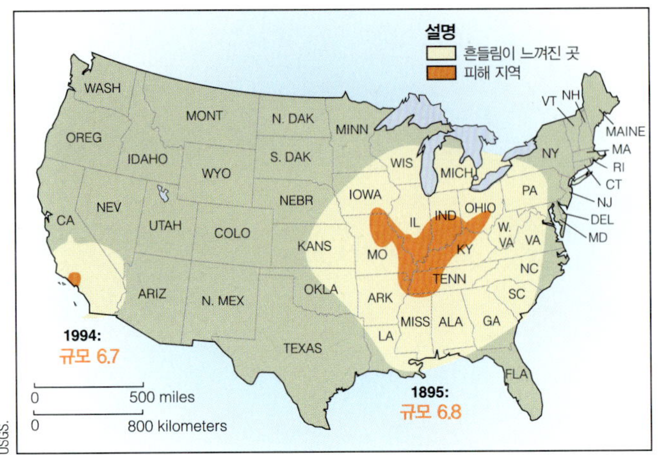

비슷한 규모의 지진들에 대한 비교는 산악지대인 서부 지역보다 중서부 지역에서 지진에 의한 피해가 훨씬 더 클 수 있음을 보여 준다.

지진재해는 과거 지진의 기억이나 관심을 거의 남기지 않은 미국 동부의 적어도 몇몇 지역에서는 중요할 것이다. 비록 서부에서 큰 지진들이 더욱 자주 발생하지만, 북아메리카 동부의 지각이, 더 뜨겁고 단층을 따라 더 많이 파괴된 서부보다, 더 적은 에너지 손실로 지진파를 더욱 효과적으로 전달하기 때문에 북아메리카 동부에서 발생한 몇몇 큰 지진들이 훨씬 많은 피해를 입혀 왔다. 이는 주어진 크기의 지진에 대한 심각한 재해지역이 서부보다 동부에서 더 큰 이유를 설명한다(**그림 3-19**). 훌륭한 토지이용 계획과 새로운 구조물에 대한 건설규정이 비용을 줄이고, 현재 위험하게 살고 있다는 것을 의심하지 않는 도시에서의 막대한 인명손실 및 재산 피해를 언젠가 막을 수 있다.

지진파

단층이 움직일 때, 방출된 에너지는 지진의 **진원**(focus 또는 hypocenter)이라 불리는 단층이 처음 움직인 위치로부터 **지진파**(seismic wave)에 의해 전파된다. **진앙**(epicenter)은 진원 직상부의 지도 상의 위치이다(**그림 3-20**). 지진파의 거동은 어떻게 우리가 지진을 경험하는가와 그들이 일으키는 피해의 종류를 설명한다.

지진파의 종류

주의 깊은 사람들은 많은 지진들이 다르게 느껴지는 뚜렷한 진동의 연속으로 도착한다는 것을 수 세기에 걸쳐 주목해 왔다. 다른 종류의 진동은 다른 종류 지진파들의 결과이다(**그림 3-21**). 첫 번째 사건은 일차 또는 압축파인 **P파**(P wave)의 도착이고, 이는 갑작스런 요동으로부터 나온다. 실내에 있는 사

그림 3-20 진앙과 진원

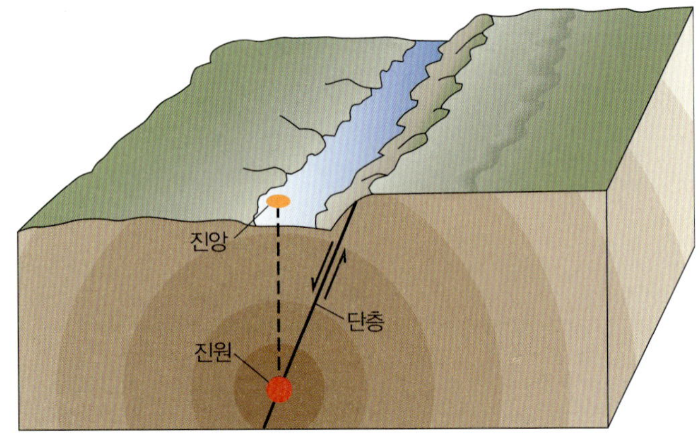

지진의 진앙은 지진이 발생된 지점인 진원 직상부의 지표 지점이다.

그림 3-21 서로 다른 지진파들

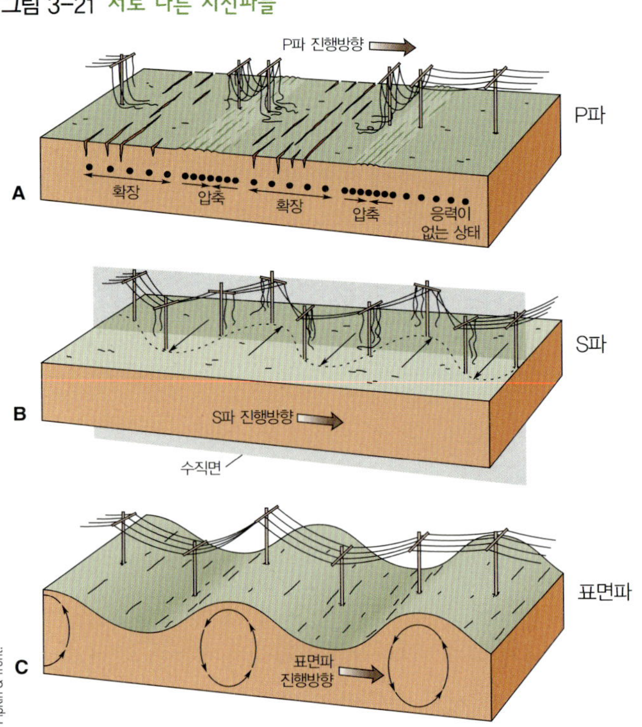

A. 압축성 P파의 전파(모식도의 앞면을 보라): 확장과 교호하는 압축파가 암석을 통과하여 이동한다. **B.** 전단(S)파의 전파: S파는 파의 진행방향과 수직으로 진동하며 전파된다(여기서는 단지 수평방향만 보인다). **C.** 표면파의 구르는 움직임에서, 지표면의 각 입자들은 수평면 및 수직면 둘 다에서 원운동(진행방향의 역방향으로)을 하며 움직인다: 모식도의 앞면을 보라.

람들은 잠깐 동안 트럭이 집을 들이받지 않았는지 의심할 것이다. P파는 압축과 팽창의 연속으로 구성되어 있다. P파는 밀도가 낮은 대륙지각에서 초당 대략 5~6 km로 전파되고 상부 맨틀의 밀도가 높고 덜 압축적인 암석들에서는 초당 8 km의 속도로 전파한다. 사람들은 때때로 P파의 낮은 울림소리를 듣는다. 음파도 또한 압축파이고 P파와 매우 유사하지만, 그것은 공기를 통해 초당 약 0.34 km로 전파된다.

고양이가 침대 밑으로 도망가는 동안 P파가 짧은 공백기를 가진 후에 천장의 균열로부터 횟가루가 날린다. 이때 주기적으로 움직이는 로프와 같이 파동운동을 하는 **S파**(S wave, 이차 또는 전단파)가 서 있기 힘들게 한다. 굴뚝들이 넘어져서 바닥에 떨어질 것이다. 거리와 보도가 뒤틀리고 돌아간다. 이전의 P파에 의하여 흔들렸던 건물들은 뒤틀리고 붕괴될 것이다. S파는 P파보다 더 느리고 지각에서는 초당 3.5 km의 속도로 그리고 상부 맨틀에서는 초당 4.5 km의 속도로 전파한다. 그들의 파동운동이 그들을 P파보다 더욱 파괴적으로 만든다. 이러한 전단파는 액상을 통과하여 전파되지 못한다. P파와 S파는 그들이 지구의 몸통을 통해 전파되기 때문에 **몸체파**(body wave)라고 불린다.

몸체파 이후 **표면파**(surface wave)가 도착한다—긴 회전운동의 연속. 표면파는 지구의 표면을 따라 전파하고 아래로 갈수록 사라진다. 표면파는 러브파와 레일리파를 포함하고, 이들은 수직의 면에서 움직인다. 러브파는 옆에서 옆으로 움직이고, 레일리파는 바다의 물결을 닮은 상하의 운동을 한다.

표면파는 일반적으로 가장 큰 지반운동을 포함해서, 모든 지진재해의 가장 많은 부분을 일으킨다. 표면파는 이전의 몸체파에 의해 약해져 있는 건물들을 만나서 최종적인 타격에 쉽게 부서질 수 있다. 관성이 사람들과 느슨해진 건물들을 제자리에 잡아 두려고 해서 그 아래의 땅이 움직이면서 건물을 앞뒤로 잡아당긴다. 천장으로부터 횟가루가 떨어지면서 깨어진 창문이 날카로운 유리조각을 흩뿌린다. 만약 건물이 약하거나 지반이 느슨하면 붕괴가 일어날 것이다. 비록 그들이 다른 지층들을 통과할 때 더욱 복잡한 내부 굴절들이 있지만, 직접파들이 워낙 강하기 때문에 그러한 복합성들은 지진이 가하는 손상에 크게 영향을 미치지 않는다.

이러한 지진파들이 연속되는 동안 사람들이 느끼는 차이점들은 그러한 파들의 다른 특성에 의하여 설명될 수 있다. 지진파들의 진동을 기술하기 위하여 우리는 다양한 용어들을 사용한다(**그림 3-22**). 연속적으로 통과하는 파의 극점 사이의 한 완전한 순환의 시간이 **주기**(period), 파의 관부 사이의 거리

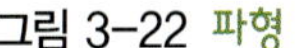

그림 3-22 파형

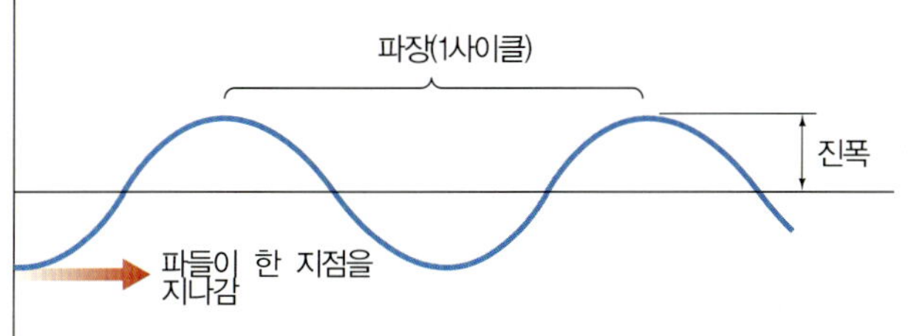

지진파에서 파장과 진폭의 정의.

는 **파장**(wavelength), 그리고 음이나 양으로의 파동운동량은 **진폭**(amplitude)이다. 초당 통과하는 극점의 수는 **진동수**(frequency)로 초당 회전수 또는 헤르츠(Hz)로 표현한다.

막대기를 부러질 때까지 휘면, '툭' 하는 소리를 듣게 되고 손에 진동을 느낀다. 지구가 단층을 따라 깨어질 때, 비록 지진파의 주파수가 일반적으로 사람의 귀로 듣기에는 너무 낮지만, 낮은 울림의 주파수로 앞뒤로 진동한다. P파와 S파는 일반적으로 초당 1~30사이클(1~30 Hz) 사이의 주파수 범위에서 진동을 일으킨다. 표면파들은 일반적으로 훨씬 더 낮은 주파수로 진동을 일으키고, 이들은 몸체파와 관련된 것들보다 덜 빠르게 흩뿌려진다. 이것이 일반적으로 진앙에서부터 100 km까지 멀리 떨어진 높은 건물들에 이들이 손상을 주는 이유이다.

지진계

지진계(seismograph)는 **지진동도**(seismogram)라 불리는 기록지에 지진파의 진동을 기록한다. 20세기 초반에 지진계를 마침내 사용하여 기록하게 되었을 때, 예측 가능한 순서로 도착하는 구분되는 진동들의 연속으로 다른 진동운동을 보는 것이 가능해졌다(**그림 3-23**). 지진계를, 심부로부터의 소음을 일정하게 듣는, 땅에 고정시킨 매우 민감한 역학적 귀로 상상하라. 그것은 근본적으로 지질학자의 청진기이다.

그림 3-23 진동의 초기기록

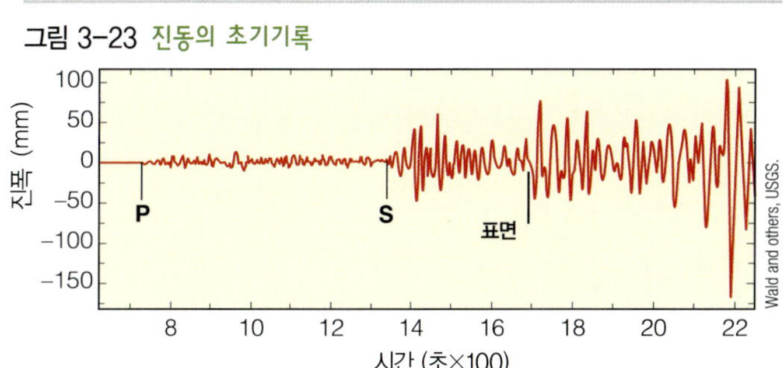

1906년 샌프란시스코 지진의 미동기록은 P, S, 표면파의 순서로 주요 지진파들의 도착을 보여 준다.

그림 3-24 진동의 기록

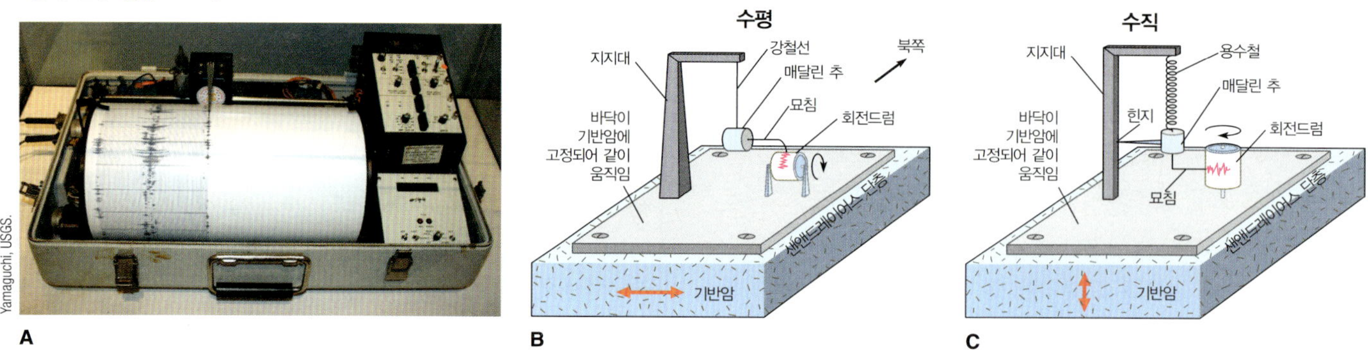

A. 비록 많은 지진관측소들이 현재는 지진파를 디지털로 기록하지만, 이 그림과 같은 기록드럼 지진계는 특히 지진파의 특성을 가시화하는 데 유용하다: 지진의 진폭이나 파장, 진동의 주파수. 예를 들어 B. 수평에 대한 C. 수직 운동, 그리고 소규모와 대규모 지진과 같이 다른 지진계들이 측정에 사용된다.

우리는 보통 어떤 것이 움직이는 것을 관찰하기 위하여 단단한 땅에 확실히 고정시키지만, 어떻게 우리가 서서 지구가 움직이는 것을 관찰할 수 있는가? 지진계는 땅에 확실히 고정된 딱딱한 기둥에 달려 있는 무거운 추로 구성되어 있다. 그 전체 시스템은 그것의 관성 때문에 상대적으로 고정되어 있는 매달린 추를 제외하고는 지구의 운동과 같이 움직인다. 수평운동을 측정하기 위하여 고안된 지진계는 추가 철사에 의해 매달려 있고, 반면에 수직운동을 위해 고안된 것은 약한 스프링에 매달려 있다(**그림 3-24**).

미국에서 최초의 지진계는 1887년 UC 버클리에서 사용됐다. 그것은 움직이는 땅에 고정시켜 놓은 종이에 기록하기 위해 매달린 추에 고정된 펜을 사용했다. 대부분의 현대적인 지진계는 동일한 기본 원리에 의해 작동하지만 지반의 운동을 전자식으로 감지하고 기록한다.

지진동도는 어디에서 움직이고 얼마나 움직였는지뿐만 아니라 어떻게 단층이 이동하였는지에 대해 과학자들이 더 많이 이해할 수 있도록 도와줄 수 있다. 다른 방위와 운동방향을 갖는 단층들은 다양한 패턴의 운동을 만든다. 특별히 고안된 지진계들은 지진동의 다양한 방향들을 측정하고자 설계되었다—남북, 동서, 그리고 수직 운동. 지반의 운동방향을 아는 것은 지진계 기록으로부터 단층운동의 방향을 유추하는 것을 가능하게 만든다.

지진의 위치결정

지진계에 의해 기록된 P파와 S파 도착 사이의 시간차가 또한 과학자들이 지진의 진앙을 찾는 데 도움을 줄 수 있다. P파와 S파를, 한 대는 시속 100 km로 다른 것은 시속 90 km로 가는, 같은 장소에서 동시에 출발하는 2대의 차로 상상하라. 더 빠른 차는 시간에 따라 더 앞서 갈 것이다. 두 차의 속도를 아는 관찰자는 간단히 그들의 통과 사이의 간격을 시간으로 계산함으로써 출발점으로부터 얼마나 멀리 있는지 결정할 수 있다. 정확하게 같은 방법으로, 우리가 파의 속도를 알기 때문에 P파와 S파 도착 사이의 시간 간격은 지진이 발생한 장소와 지진계 사이의 대략적인 거리를 나타낸다(**그림 3-25**). 이 계산은 해설 3-2: 지진파 속도에 더욱 상세히 설명되어 있다.

하나의 지진계에 P파와 S파가 도착하는 시간들은 지진이 지진계로부터 얼마나 멀리에서 시작되었는지를 지시하지만, 그것은 어느 방향에서 그 지진이 발생했는지를 지시하지는 않는다. 이것은 지진계를 중심에 두고 지진까지의 거리를 반지름으로 하는 원의 주변 어딘가에서 지진이 발생했으리라는 것을 의미한다. 지진의 위치를 더욱 정확하게 정하기 위하여, 적어도 3개의 서로 다른 지진관측소로부터의 같은 종류의 자료가 필요하다. 3개의 원은 하나의 위치에서 교차할 것이고, 이것이 지진이 발생한 위치이다(그림 3-25B 참조). 사실상 지진파들은 지진계까지의 경로가 다른 암석을 통과하여 약간 다른 속도로 전파하기 때문에, 그들의 외견상의 거리는 약간 달라서, 그 원들은 오차의 작은 삼각형으로 교차한다.

실제적으로 지진관측소들은 지진의 위치를 정하고, 그것의 규모를 평가하며, 언제 어디서 그것이 발생했는지를 보고하기 위한 회보를 발행하는 중앙관제소로 기본 자료를 전송한다. 그 고시가 종종 그 사건의 첫 번째 뉴스이다. 그것이 우리가 지진 자체의 현장으로부터 도착하는 어떤 정보 이전에 지진을 보고하는 뉴스매체를 매우 자주 발견하게 되는 이유이다.

그림 3-25 지진의 위치결정

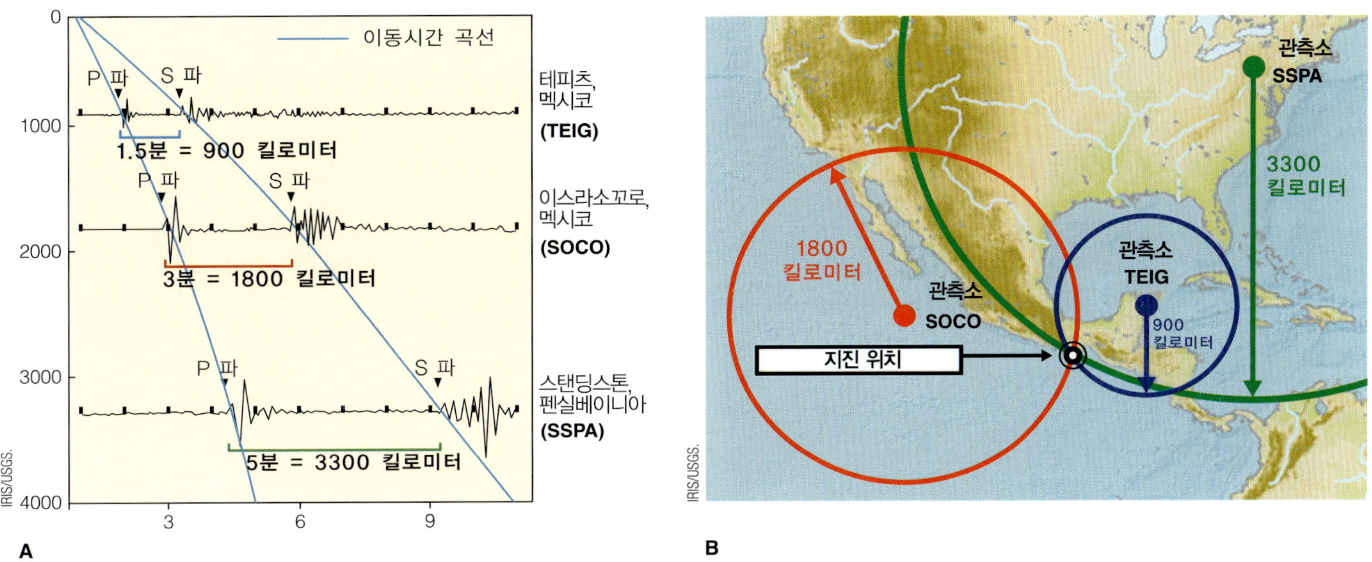

A. P파와 S파 간 도착시간의 차이는 지진으로부터 지진계까지의 거리를 나타낸다. 이 좌표는 단일 지진으로부터 다른 거리에 있는 지진계들로부터의 기록을 보여 준다. B. 이 경우는 멕시코 해구로 최소한 세 군데의 지진관측소로부터 지진이 일어난 곳까지 거리의 원을 그림으로써 지도에서 지진의 정확한 위치를 찾아낸다.

해설 3-2

지진파 속도

얕은 암석에서는 파가 거의 일정한 속도로 진행하기 때문에, 표면파의 도착시간은 지진으로부터의 거리에 비례하여 증가한다. 그에 반해서, P파는 대륙지각에서는 5~6 km/sec로, 맨틀의 밀도가 높은 암석에서는 8 km/sec로 진행한다. S파는 지각에서는 3.5 km/sec로, 맨틀에서는 4.5 km/sec로 진행한다. P파와 S파는 지구 깊은 곳에서는 더 빠르게 진행하기 때문에, 더욱 깊은 곳에서는 이러한 곡선경로(그림 3-25A 참조)를 따라서 지진계에 더 빨리 도달할 수 있다.

지진의 크기와 특성

사람이 지진을 느끼거나 지반운동을 기록한 지진계의 거친 기록을 보았을 때 마음속에 떠오르는 하나의 질문은 "그것이 얼마나 큰가?"이다. 이 질문에 대한 답(그 규모)은 그것의 감지된 효과를 기술함으로써, 즉 그것의 진도 또는 방출된 에너지의 양을 측정함으로써 구할 수 있다.

지진의 진도

1755년의 리스본 대지진 이후 포르투갈의 대주교는 그 나라의 모든 교구 신부들에게 그들 교구에서의 피해의 종류와 심각성을 보고할 것을 요청하는 편지를 보냈다. 이때 그 대주교는 그 답장들을 모아서 그 나라에서의 피해양상을 명확히 보여 줄 수 있는 지도로 만들었다. 이때부터 예수회 신부들이 지진연구에 있어 유명해지게 되었다.

이탈리아의 과학자 주세페 메르칼리(Giuseppe Mercalli)는 1902년 그의 메르칼리 진도단위의 개발로 보고 시스템을 정형화하였다. 그것은 사람들이 진동과 그것이 일으킨 피해의 심각성을 얼마나 강하게 느끼느냐에 기초한다. 원래의 메르칼리 단위는 나중에 미국에서 건설현장에 적용하기 위하여 수정되었다.

수정된 메르칼리 진도(Modified Mercalli Intensity) 단위는 여전히 사용되고 있다. 미국 지질조사소는 사람들에게 설문지를 보내 지진지역에 살고 있는 관찰자를 정량화하고 회신을 모아 진도도로 만들었는데, 여기서 큰 로마숫자는 더 큰 진도를 기록한다(표 3-2).

메르칼리 진도 단위 지도들은 지진을 느낀 사람들의 주관적인 관찰과 피해정도의 객관적인 기술을 둘 다 포함한다. 그들은 전형적으로 진앙 근처와 지반의 조건들이 가장 강한 진동을 일으킬 수 있는 지역에서 가장 강한 진도를 보여 준다. 그

그림 3-26 진동도

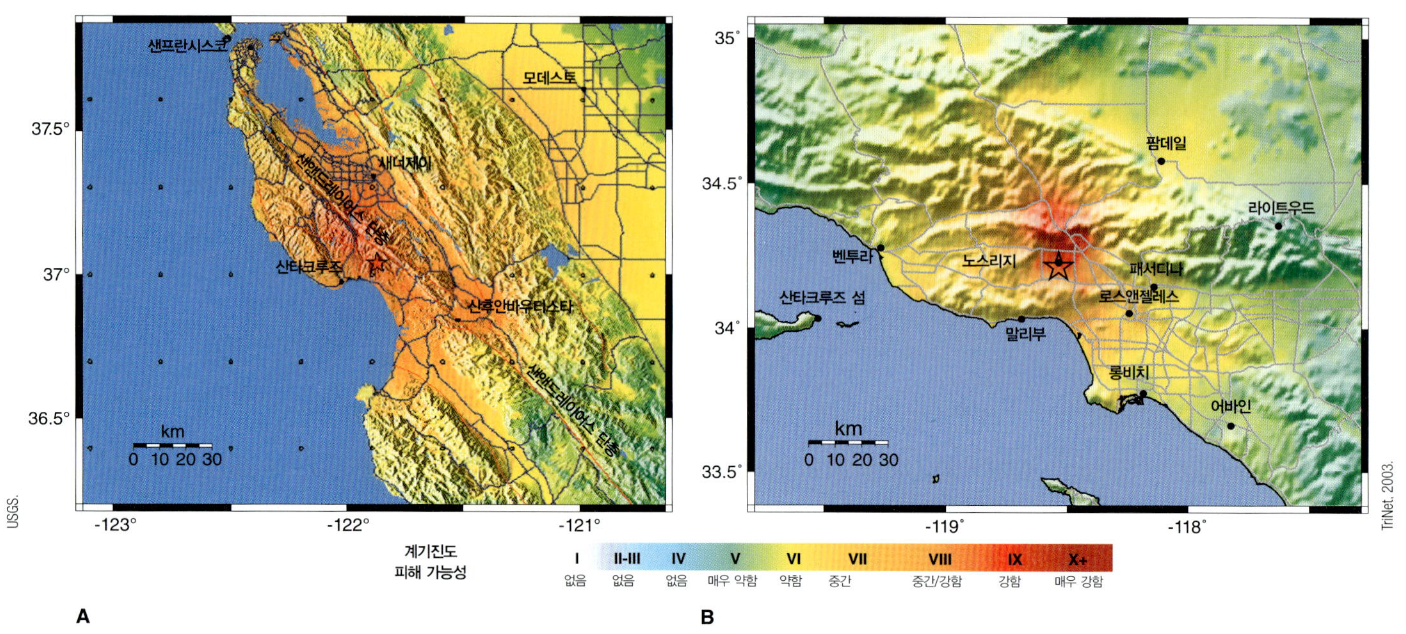

A. 1989년 캘리포니아 주 산타크루즈 인근 로마프리에타 지진의 진도에 대한 이 '진동도'는 산타크루즈 북동쪽 진앙에서 메르칼리 진도 VIII을 보여 준다. B. 이 TriNet ShakeMap은 1994년 노스리지 지진이 발생한 동안의 진동분포를 보여 준다. 그 당시에는 이 시스템이 없었기 때문에 이 지도는 지진이 일어난 이후에 만들어졌다. 이 체계는 이제 캘리포니아에서 사용할 준비가 갖춰져 있다.

표 3-2 메르칼리 진도 단위

진앙에서의 메르칼리 진도(근사치)	사람들과 건물들에 미치는 영향
I–II	대부분의 사람들이 느끼지 못함.
III	몇몇 사람들은 실내에서 느낌.
IV–V	접시가 달그락거리고 깨지기도 하면서, 대부분의 사람들이 느낌.
VI–VII	많은 창문들과 석조 건축물이 깨지거나 넘어져, 모든 사람들이 느낌.
VIII–IX	대부분의 굴뚝이 무너지고, 부실한 건물들은 큰 피해를 입어, 사람들이 겁을 먹음.
X– XI	대부분의 석조건물과 다리가 파괴되어, 사람들이 공황상태에 빠짐.
XII	다리, 댐들이 크게 손상됐고, 기찻길이 부서지는 등 석조 건물들은 거의 모두 피해를 입음.
>XII	공기 중으로 물체가 날라 다니고, 사람들이 지진파에 의해 움직인 지표면을 볼 수 있으며, 거의 모든 것이 파괴됨.

림 3-26A에 나와 있는 바와 같이, 로마프리에타 지진에 대해 만들어진 지도의 경우, 기대했던 바와 같이 샌앤드레이어스 단층에 평행하게 길쭉하다. 샌프란시스코 만을 따라 보이는 큰 진도들은 느슨하고 젖은 점토가 진동을 증폭시켰다는 사실에 의해 설명될 수 있다. 1994년의 노스리지 지진은 로스앤젤레스 북서쪽의 넓은 지역에 현저한 피해를 일으켰다(**그림 3-26B**). 그러한 지도들은 같은 단층을 따르는 미래 지진에서의 진동패턴을 예측하기 때문에 토지이용계획을 수립하는 데 특히 유용하다.

그림 3-26에 나와 있는 지도들은 **진동도**(ShakeMap)라 불리는 최근에 개발된 컴퓨터를 이용한 지반진동 지도들로, 여러 잠재 지진들에 대한 최대 가속도와 최대 지반속도의 분포를 보여 준다. 그들은 피해의 가능한 수준을 유추하는 데 사용될 수 있다. 그러한 실시간 지도는 가장 큰 피해로 고통받을 것 같은 지역에 응급대응팀을 신속히 파견하는 데 도움을 줄 수 있다. 샌프란시스코 근처에서 가장 큰 진동대는, 지진이 단층을 따라 발생하고 샌프란시스코 만의 연약한 점토가 그곳의 진동을 증폭시키기 때문에, 샌앤드레이어스 단층과 평행하다. 로스앤젤레스 근처에서, 최근의 지진들은 샌앤드레이어스 단층에 평행하지 않은 잠두 충상단층 주위로 넓은 패치를 형성한다.

지진 규모

당신이 완전히 잔잔한 저녁 호숫가에 서서 반대쪽 연안 산이 완전하게 반사되는 모습에 감탄하고 있었다고 가정하라. 이때 순간적으로 그림자를 훼손시키며 한 물결이 도착하였다. 피라미가 근처에서 뛰어올랐는가, 아니면 어지러운 코끼리가 반대편 연안으로부터 호수로 뛰어들었는가? 이 질문에 대한 답을 그 물결에서는 찾아볼 수가 없다. 파의 크기가 거리에 따라 감소하기 때문에, 당신이 그것을 보기 이전에 그것이 얼마나 멀리 전파되고 퍼져 왔는지 또한 알 필요가 있다. 그것 자체로서 유용하긴 하지만, 메르칼리 진도 단위는 몇몇의 그러한 기초적인 질문들에 대답하는 데 도움이 되지 않는다. 이것이 Caltech의 찰스 리히터(Charles Richter)가 1935년 새로운 지진규모 단위를 처음으로 고안했을 때 언급한 문제점이다.

리히터는 특별한 지진계인 우드-앤드슨 지진계에서 측정된 지진파의 최대 진폭에 기초하여 **리히터 규모**(Richter Magnitude) 단위라고 불리는 한 경험적인 단위를 개발했다. 비록 파의 진폭은 거리에 따라 감소하지만, 리히터는 지진계가 진앙으로부터 100 km 떨어져 있는 것으로 가정하여 규모 단위를 고안하였다.

지진기록은 다른 크기의 지진에 대해 진폭이 매우 다양하다. 그러한 다양성을 더욱 다루기 쉽게 하기 위하여, 리히터는 다른 크기의 지진을 비교하는 데 로그 단위를 사용하도록 선택했다. 지진으로부터 주어진 거리에서, 지진계에서 10배 크기의 진폭은 규모 1의 차이를 지시한다—규모 6의 지진은 규모 5 높이의 10배에 해당하는 지진계 바늘의 흔들림을 보낸다(**그림 3-27**).

리히터 규모 단위는 원리가 단순하고 사용하기 쉽지만, 실질적인 적용은 많은 종류의 복잡성을 갖고 있어서 많은 수정을 가해 왔다. 지진계는 건물이나 사람처럼 다른 주파수에서의 진동을 감지한다. 예를 들어 높은 건물들은 낮은 건물들보다 더욱 느리게 앞뒤로 흔들린다—그들은 더 긴 진동주기를 갖는다. P파, S파, 그리고 표면파는 다른 진폭과 다른 주기를 갖는다. 이런 지진파의 다양성으로 인해 리히터는 0.1~3.0초의 왕복시간 또는 주기를 갖는 파를 그의 **지역적 규모**(local magnitude) M_L을 위한 표준으로 사용할 것을 선택하였다. 그 리히터 규모는 이제 M_L로 알려져 있다.

지진을 연구하는 과학자인 지진학자들은 특별히 표면파, P파, 또는 S파에 기초한 다른 규모 단위들 또는 모멘트 규모 M_W를 사용한다(아래를 보라). 더 큰 지진들은 더 긴 주기를 갖고 있고, 그래서 짧은 주기 및 긴 주기의 운동을 측정하기 위해서는 다른 지진계들이 사용된다.

먼 지진들은 높은 속도와 주파수로 지구의 내부를 통과하여 전파한다. 먼 지진에 대해 연구하기 위하여, 베노 구텐베르크(Beno Gutenberg)와 찰스 리히터는 1954년에 두 개의 더욱 특별한 규모 단위들을 개발했다. 표면파 규모 M_S는 M_L을 계산하는 것과 유사한 방법으로 계산되었다. 뉴스매체에서 언급되는 숫자는 특별한 언급이 없는 한 보통 이 책에서와 같이 표면파 규모이다. 20초 정도의 주기를 갖는 표면파들은 일반적으로 지진기록에서 가장 큰 진폭을 제공한다. 특별한 지진계들은 그러한 긴 주기를 가진 지진파들을 기록한다. 몸체파 규모 M_B는 P파의 진폭으로부터 측정된다.

지진의 규모를 추정하기 위해서는 진폭이 필요하다(S파나 표면파로부터). 진동의 진폭이 거리에 따라 감소하기 때문에, 진앙으로부터의 거리 또한 필요하다(P−S 시간으로부터). 이러한 계산들은 도식적 방법인 계산도표를 이용하여 행해질 수 있고, 여기서 직선이 P−S 시간과 S파 진폭 사이에 도시된다(**그림 3-28**). 이 선은 그 지진의 대략적인 규모인 중심선을 교차한다.

M_L이 6.5 이상인 낮은 주파수를 갖는 가장 강한 지진동들은 지진계의 주파수 범위 아래에 놓일 것이다. 이는 지진기록의 포화를 일으킬 것이고, 이로써 지진계 아래의 지반이 여전히 한 방향으로 움직이는 동안 높은 주파수로 움직이는 지진계의 추가 반대쪽으로 움직이기 시작한다. 이때 지진계는 최대 진폭을 기록하지 않는다. 그래서 리히터 규모는 M_L 6.5 이상에서는 점점 덜 정확해지고, M_W와 같은 다른 단위들이 더욱 적절해진다.

지진규모 6의 지진은 규모 5의 지진보다 지반운동 또는 지

그림 3-27 리히터 규모

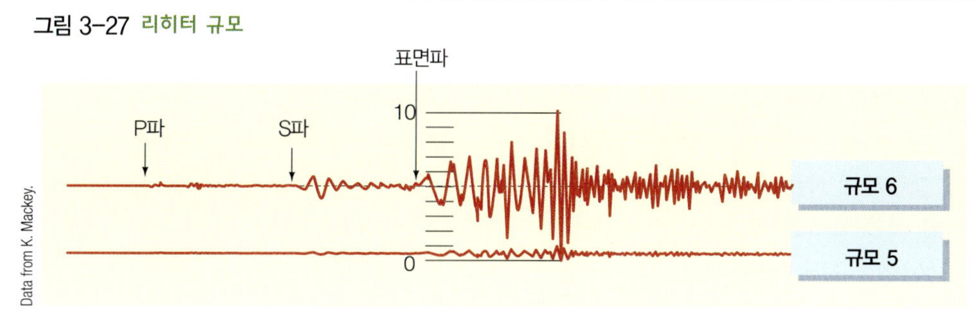

규모 6의 지진은 같은 위치와 같은 지진계로부터의 규모 5 지진의 10배에 해당하는 진폭을 기록한다. 그 차이는 리히터 규모 1의 증가이다. 이 지진계에서의 수평축은 시간이고, 수직축은 기록된 지진동이다.

그림 3-28 지진규모의 평가

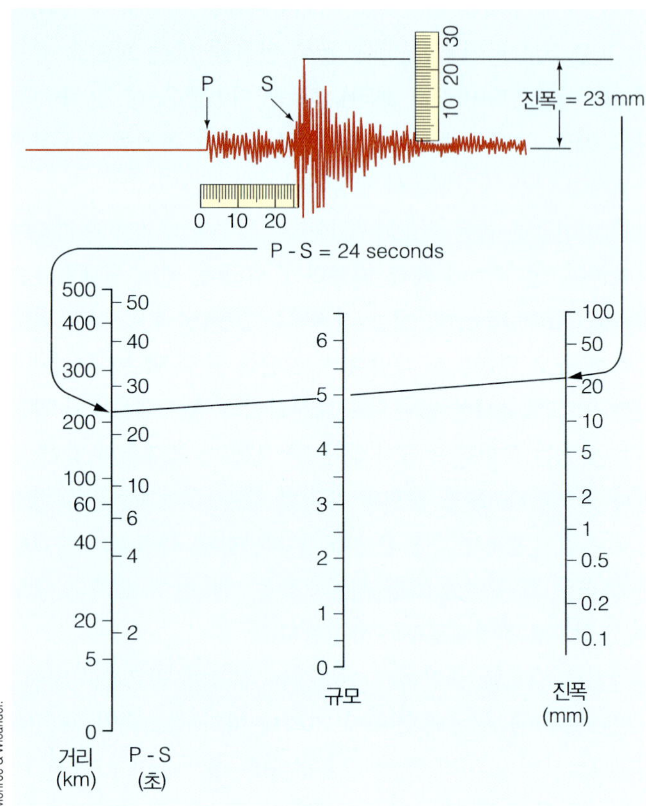

이 모노그래프 도표는 지진규모를 평가하기 위해 지진으로부터의 거리(초 단위의 P–S 시간)와 S파 진폭(mm 단위)을 사용한다.

진계의 진동이 10배만큼 크다는 것을 지시하지만, 지진들에서 방출되는 에너지의 양은 약 32배 차이가 난다(해설 3-3: 다른 지진의 에너지). M_L 6 또는 6.5 이하에서는 규모의 다양한 측정이 거의 차이가 없지만, 그 위에서는 규모에 따라 차이가 증가한다. 더 큰 지진에 대해서는 방출된 에너지가 지반운동보다 지진규모의 더 좋은 지시자이다.

모멘트 규모(moment magnitude) M_W는 기본적으로 지진 중에 방출되는 전체 에너지로 측정한다. 그것은 암석을 파괴시킬 때 방출되는 에너지에 영향을 미치는 3개의 주요 인자에 의해 제어되는 광대역 지진기록으로부터 얻어진 장주기파들로부터 결정된다. M_W의 계산은 지진 모멘트에 의존하고, 이는 지진파열 면적과 단층의 평균변위가 곱해진 변위된 암석의 전단강도에 의해 결정된다. 이러한 변수들에서 가장 크고 가장 쉽게 측정되는 것이 변위이다.

단층의 작은 변위는 적은 양의 에너지를 방출하고 작은 지진을 발생시킨다. 만약 단층의 길이와 깨어진 지각 암석의 면적이 크면, 큰 지진을 일으킬 것이다. 그 상관관계가 일관되기

해설 3-3

다른 지진의 에너지

다른 지진들 사이의 에너지를 비교하기 위한 리히터 규모의 차이:

0.2는 2배의 에너지
0.4는 4배의 에너지
0.6은 8배의 에너지
1.0은 32배의 에너지
2.0은 1,000배 이상의 에너지(32×32=1,024)
4.0은 1,000,000배 이상의 에너지(32^4~1,148,576)

때문에, 전체 파열길이로부터 과거 지진의 규모를 추정하는 것이 가능하다(**그림 3-29**). 전형적인 파열들에 대하여, 1 m의 단층변위는 대략 M_W 6.5의 지진을 생성할 것이고, 변위 13 m의 단층은 대략 M_W 9의 지진을 발생시킬 것이다. 만약 한 번의 지진으로 발생한 측정할 만한 변위를 갖는 단층을 찾았다면, 그것이 발생시킨 대략적인 지진의 규모를 유추할 수 있다.

1954년에 구텐베르크와 리히터는 특정 크기 지진의 발생횟수와 그 규모 사이의 상관관계를 연구하였다. 1장에서 보았듯이, 많은 작은 지진들이 있고, 큰 것들은 더욱 드물며, 거대한 사건은 아주 드물게 발생한다. 정량적으로 그것은 멱함수(power law)로 해석한다. 지진빈도에 대해 규모가 그래프에 도시되면, 멱함수는 로그 단위로 도시될 수 있다.

구텐베르크-리히터의 빈도-규모 상관관계는 만약 우리가 어떤 규모의 알려진 모든 지진들을 그들의 발생빈도에 대해 도시한다면(로그 축에), 어느 정도 직선을 얻을 수 있어서 기록된 것들보다 더 큰 사건들을 외삽법에 의해 추론할 수 있다는 것을 말해 준다(**그림 3-30**). 작은 지진들은 큰 지진들보다 훨씬 많고, 거대한 지진들은 매우 드문데, 이것이 역사적 기록에 많이 없는 이유이다.

한 단층에 대한 전체 방출 에너지의 대부분은 몇 안 되는 큰 지진에 의해 발생한다(**그림 3-31**). 규모에서 한 숫자의 증가는 에너지 방출량에서 거의 32배의 증가에 해당한다. 따라서 규모 7 지진 1개의 전체 에너지와 같은 방출을 위해 규모 6 지진 32개가 필요하다. 그리고 규모 6의 지진 1,000개 이상이 규모 8의 지진 1개와 같은 에너지를 방출할 것이다(32×32=1,024).

그림 3-29 얼마나 큰 것이었나?

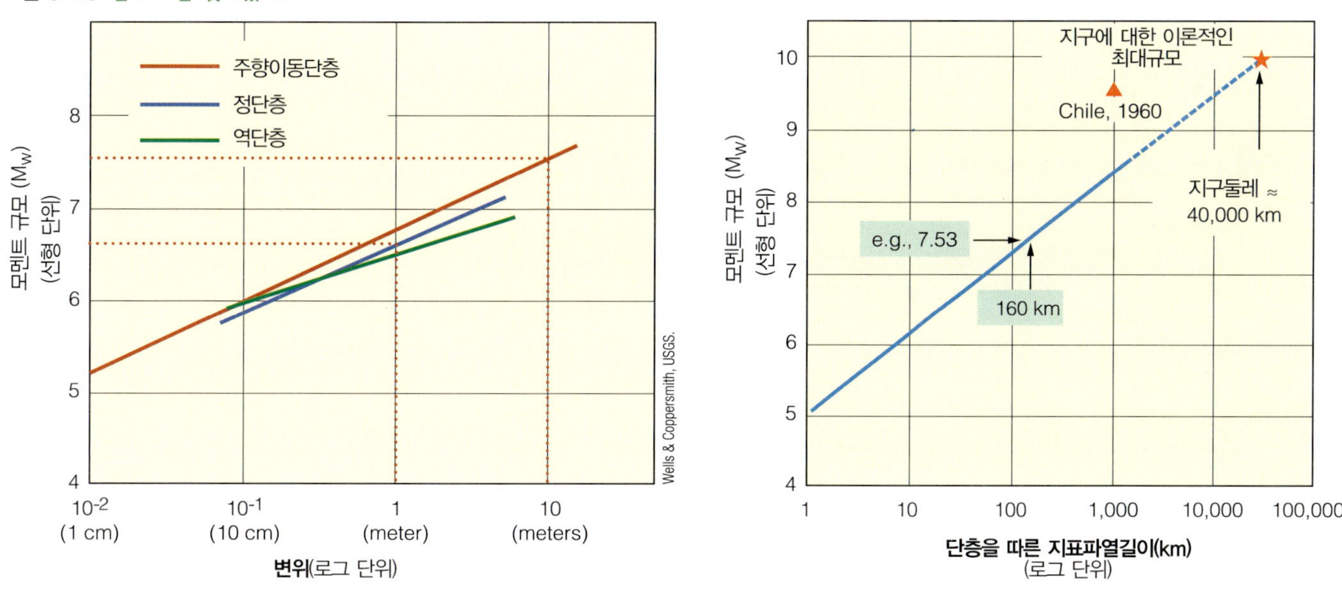

이러한 그래프들은 지진규모와 최대단층변위(모든 종류의 단층들에서의 지진) 및 지표파열길이 사이의 상관관계를 보여 준다.

그림 3-30 큰 지진의 발생빈도

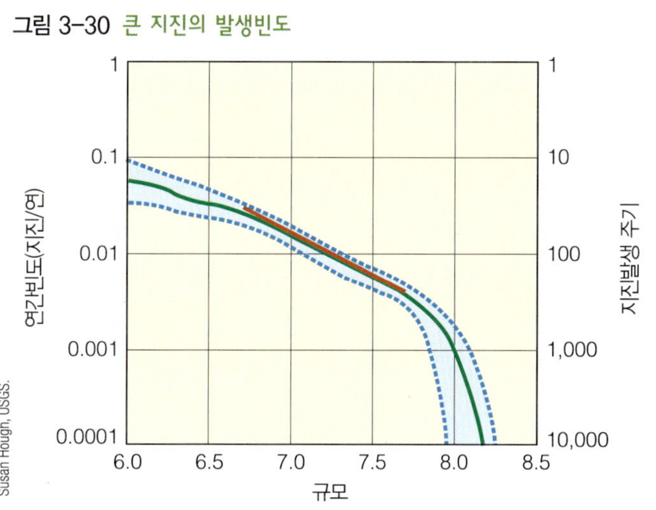

이 그래프는 샌프란시스코 만 지역에 대한 구텐베르크–리히터 빈도–규모 관계를 도시한다. 리히터 규모에 대해 표시된 연간 지진빈도의 로그는 일반적으로 직선이나 거의 직선상(빨간 선)으로 도시된다. 곡선(녹색)은 파란 점선 사이에 대부분 도시된 자료의 최적화를 제공한다. 다른 단층들은 약간 다른 선으로 도시될 수 있다.

지진발생 중의 지반운동과 파괴

지진이 발생하는 동안 얼마나 많이 그리고 얼마나 오래 지반이 흔들리는가는 얼마나 많이 그리고 어디에서 단층이 움직이는가와 관계된다. 표 3-3은 지진의 규모와 지반운동 사이의 관계를 요약했다. 지역적인 조건들 또한 진동을 증폭시키고 피해를 증가시킬 수 있다.

지반 가속도와 진동시간

때때로 지진 중의 지반운동을 가속도로, 즉 진동의 강도로 생각하는 것이 도움이 된다. **가속도(acceleration)**는 보통 중력가속도(g)에 대한 비율로 나타낸다. 1 g는 당신이 다이빙 보드에서 뛰어내릴 때 느끼는 것과 같이 자유낙하 물체에 의해 느껴지는 가속도이다. 대부분의 지진 가속도는 1 g보다 작으며 몇몇만이 더 크다. 1906년의 샌프란시스코 지진 이후에 찍힌 한 유명한 사진은 저명한 19세기의 과학자 루이스 아가시(Louis Agassiz)의 동상이 스탠퍼드 대학 캠퍼스의 안마당에 다리를 하늘로 하고 머리는 땅에 박혀 꽂혀 있는 것을 보여 준다(**그림 3-32**). 아마도 이 동상은 수직 지반 가속도가 1 g보다 큰 순간 바닥부분이 흔들려 떨어졌을 것이다. 강한 지진 이후에 수 m 이상 내던져진 돌덩이들을 발견하는 것은 흔한 일이다.

지진에서 강한 진동의 지속시간은 지진의 크기에 의존한다. 지진발생 중 진동이 반대방향으로 되돌아오기 이전에 지반이 한 방향으로 움직이는 시간은 한 방향으로의 초기 단층이동 시간과 유사하다. 운동의 전체 지속시간은 지반진동이 앞뒤로 반복되기 때문에 더 길다.

6 이상에서의 규모의 증가는 더 강한 진동을 일으키지 않는다. 차라리 그것은 진동의 지역과 전체 시간을 증가시킨다. 규모 5의 지진은 일반적으로 단지 2~5초간 지속되고, 규모 7은

그림 3-31 지진들이 얼마나 큰가?

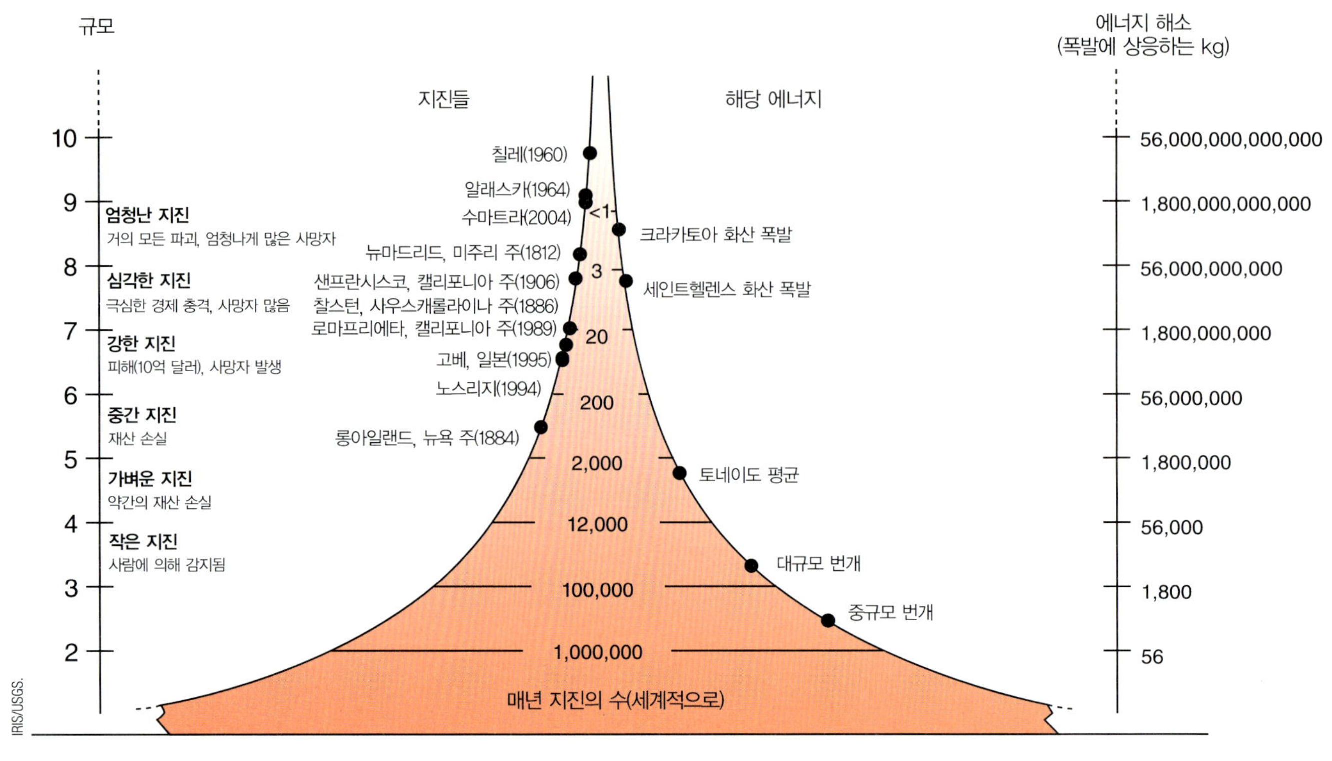

전 세계 연간 지진의 평균 횟수와 이들이 소비하는 에너지 양의 비교.

표 3-3 다른 규모 지진들의 특징

리히터 규모 (M_L)	최대 가속도 (g의 근사치)[a]	앞 뒤로 흔들리는 최대 속도[a]	진원 가까이에서 흔들리는 근사치 속도(초)	변위	지표파열길이 (km)
<2	0.1–0.2				
~3	<1.4	<1	0–2		
~4	1.4–9	1–8	0–2		
~5	9–34	8–31	2–5	~1 cm	1
~6	34–124	31–116	10–15	60–140 cm	~8
~7	>124	>116	20–30	~2 m	50–80
~8	>124	>150	~50	~4 m	200–400
~9+	>124		>80	>13 m	>1,200
M_W = 9.7–9.8					지구 둘레

[a] $g = 9.8\ m/sec^2$

20~30초, 그리고 규모 8은 거의 50초간 지속된다(표 3-3 참조). 단지 10~15초 간 흔들리는 규모 6의 지진은 대피하기 위한 짧은 시간만 제공한다. 규모 7의 지진은 더 많은 시간을 제공하지만 가속도가 1 g에 가깝기 때문에 대피하기가 더 어렵다. 진동이 오래 지속되면 될수록 더 많은 피해가 발생하고, 지진의 초기 몇 초 동안에 약해지거나 균열이 생긴 구조들은 연속적인 진동에 의해 보통 파괴된다. 대피할 시간이 거의 없기 때문에, 그리고 밖으로 달려 나가는 것은 떨어지는 파편에 의

그림 3-32 뒤집힘

W. C. Mendenhall, USGS.

1906년 샌프란시스코 지진 이후, 루이스 아가시의 동상머리 부분이 스탠퍼드 대학교의 인도에 단단히 박혔다.

해 희생될 수도 있기 때문에, 튼튼한 책상 아래로 피신하거나 막아 줄 수 있는 매우 튼튼한 가구 옆에 자세를 낮추고 있는 것이 일반적으로 더 낫다.

진동의 양은 또한 진원으로부터의 거리와 관계된다. 진원으로부터 퍼져 나가는 파들은 특히 기반암과 단단한 토양에서 거리에 따라 진동 강도의 현저한 감소를 보여 준다. 이러한 이유 때문에 심부에서 발생한 지진들이 천부 근처에서 발생한 더 작은 지진들보다 재산피해를 적게 일으키는 경향이 있다(사례: 진원의 깊이에 의해 완화되는 손상—2001년 워싱턴 니스퀄리 지진). 더 깊은 곳의 암석들은 소성적으로 거동하고 연속적으로 미끄러지기 때문에, 대부분의 지진에서 진원은 일반적으로 100 km 이하이다.

진동의 격렬함은 또한 파가 통과하는 물질의 종류에 영향을 받는다. 예를 들어 만 가장자리의 오랜 호수층 점토나 매립지와 같이 느슨하고 물로 포화된 토양의 지역에 도달할 때, 지진파는 근처 기반암에서의 파들보다 몇 배 더 큰 가속도로 강하게 증폭된다(사례: 느슨한 퇴적물 위에서의 증폭된 진동—1985년 멕시코시티 지진). 진동의 격렬함은 지반진동의 주파수와 비교되는 지진파의 주파수에 의존한다. 표면파의 낮은 주파수 진동은 종종 느슨하고 물로 포화된 지반의 자연진동 주파수와 동조한다.

2차적인 지반 효과

지진은 종종 산사태를 유발한다(8장 참조). 만약 느슨하고 건조한 모래더미를 책상 위에 놓고 책상의 한쪽을 빠르게 탁 때리면, 모래의 일부가 즉시 미끄러져 내려갈 것이다. 자연 상태에서 만약 땅에서의 모래나 점토가 물로 포화되면, 지진으로부터의 빠른 진동가속도는 입자들 사이의 물에 펌프효과를 가져온다. 물은 지진의 각 펄스에 따라 입자들 사이의 공간으로 압력을 가하게 된다. 이러한 공극에서의 갑작스런 수압의 증가는 입자들을 효과적으로 밀어내고 흙더미를 미끄러져 내려가게 한다.

지진은 또한 **액상화**(liquefaction)를 일으킬 수 있다—원래 완전하게 안전한 것처럼 보이는 토양은 흔들리면 거의 액체상태가 되고 진동이 멈추면 다시 고화된다. 많은 연약한 퇴적물은 그들 사이에 물로 포화된 공극을 갖고 있는 매우 느슨한 모래 또는 실트 입자로 구성되어 있다. 지진은 이러한 퇴적물들을 흔들어 공극으로부터 물을 방출하면서 더욱더 압착된 입자더미로 가라앉게 한다. 빠져나가는 물은 지표로 빠르게 흐르면서, 전형적으로 수 m 지름과 수 cm의 높이를 갖는 모래분출과 점토화산을 만들면서, 그것을 따라 물을 분출한다.

액상화는 연약한 퇴적물 위에 있는 건물과 도로에 심각한 피해를 일으킨다. 1964년에 알래스카 지진이 발생했을 때, 진앙으로부터 100 km 떨어진 앵커리지의 지반이 흔들리기 시작하여 72초 동안 지속되었다. 턴어게인 하이트 지구에서 해안선의 2.8 km를 따라 22 m 높이의 붕괴절벽을 만들면서 점토가 액상화되었다. 빠른 액체점토의 유동이 300 m까지 내륙에 있는 많은 현대적 구조의 가옥들을 휩쓸고 갔다. 38억 달러(2010년 달러)의 재산피해는 도로, 다리, 기찻길, 그리고 부두 시설까지 피해를 입혔다.

1971년 로스앤젤레스 근처 산페르난도 계곡 지진의 진동은 수만 명이 사는 마을의 상류를 파괴시키고 일으키며 반노만 댐 상부의 액상화를 유발하였다. 1964년 6월 16일 일본 니가타에서의 규모 7.4 지진은 도시의 거의 1/3에 액상화와 침하를 일으켰다. 일부 지역의 강하게 건설된 아파트 건물들은 파괴되지 않고 남아 있었지만 옆으로 기울어졌다(**그림 3-33A**). 터키 이즈미트의 규모 7.4 지진도 유사한 효과를 냈다(**그림 3-33B**).

유타 솔트레이크에서의 두껍게 채운 연약퇴적물과 높은 지하수위는 지진에 의한 심각한 액상화의 발생 가능성을 갖고 있다. 또한 이러한 요소들은 지반운동을 10배 이상 증폭시킬 수 있다. 솔트레이크 시의 지반은 단지 지표 아래 수 m에서 물로 포화되어 있다. 젖은 점토의 액상화는 견디는 수용력의 손실을 가져와서 쉽게 흘러내린다(**그림 3-34**).

다음 장에서 우리는 지진을 예보하고 예측의 가능성을 고려하기 위하여 3장에서 배운 원리와 관련된 내용을 토대로, 우리

그림 3-33 액상화

National Geographic Data Center, NOAA.

Mehmet Celebi, USGS.

A. 일본 니가타 현의 이 강한 건물들은 1964년 지진에 온전하게 남아 있었지만, 건물 아래에 있던 퇴적물들이 액상화될 때 기울어졌다. B. 1997년 8월 17일 터키의 이즈미트 지진에서, 이 건물의 왼쪽 아래 지반의 액상화는 왼쪽부분의 함몰과 중간부분의 파괴를 일으켰다.

그림 3-34 푹 꺼진 평지

Donald Hyndman.

유타 주 오그던 부근 파밍턴의 서쪽 워새치프론트로부터 내리막인 거의 편평한 지역 내 넓고 낮은 언덕은, 그레이트솔트레이크의 원형인 보네빌 빙하호에 가라앉은 부드러운 점토의 액상화를 보여 준다.

가 어떻게 지진으로부터 발생하는 재해를 피하거나 최소화할 수 있는지를 토론할 것이다. 몇몇의 현저한 예들이 그러한 효과들의 일부 결과를 보여 준다.

사례

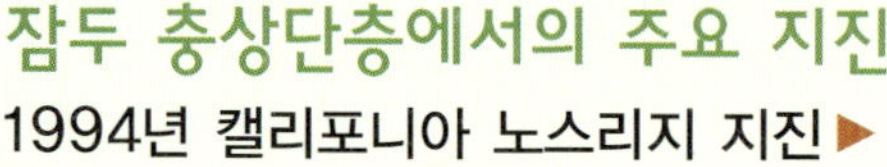

잠두 충상단층에서의 주요 지진

1994년 캘리포니아 노스리지 지진 ▶

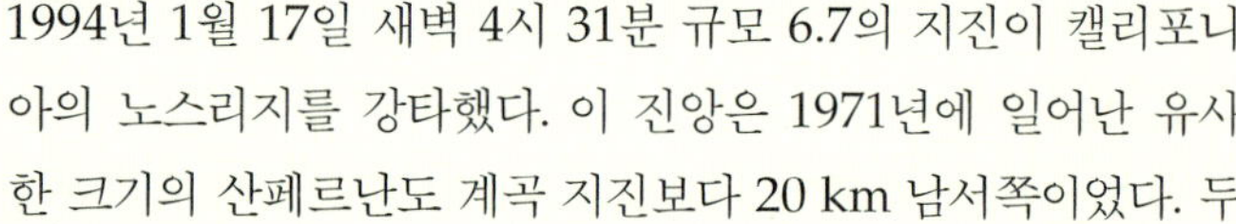

1994년 1월 17일 새벽 4시 31분 규모 6.7의 지진이 캘리포니아의 노스리지를 강타했다. 이 진앙은 1971년에 일어난 유사한 크기의 산페르난도 계곡 지진보다 20 km 남서쪽이었다. 두 지진 모두 로스앤젤레스의 북쪽에 있는 산페르난도 계곡에 있는 단층의 이동을 수반했다. 이 지진은 충상단층이 10 km 깊이에서 미끄러졌을 때 야기됐다. 변위가 지표의 5 km 이내까

▶ 오래된 벽돌 건물들은 1994년 노스리지 지진으로 심하게 손상됐다.

▶ 아파트 건물 아래의 많은 1층 차고들이 버티지 못하여, 건물들이 아래의 차량 위로 붕괴됐다.

지 도달했지만 지표를 깨뜨리지 않아서, 이 단층은 잠두 충상단층이다(그림 3-11 참조). 지진이 일어나기 전에는 알려지지 않았던 이 단층은 현재 피코 충상단층으로 알려졌다. 이 단층 운동은 노스리지를 20 cm 들어 올렸다. 산페르난도 계곡의 북쪽에 있는 산타수사나 산맥은 40 cm를 상승하였다.

지반 가속도는 거의 대부분의 지역에서 1 **g**였고, 타자나의 한 지역에서는 거의 2 **g**에 달했으며, 지반속도는 지역적으로 1초당 1 m를 초과했다. 진앙에서 300~400 km 정도 떨어져 있는 지역의 몇몇 사람들도 땅의 움직임을 느꼈다. 지역적 지형과 기반암의 구조는 아마 땅의 진동을 증폭시켰을 것이다. 이례적으로 강한 진동이 산정상부 및 국지적 분지의 기반암 가장자리에서 발생했다.

노스리지 지진이 일어나는 동안 발생한 피해는 메르칼리 진도 9에 달했다. 진도 5의 효과는 북쪽으로 120 km, 서쪽으로 180 km, 남동쪽으로 200 km까지 감지됐다.

피해의 심각성은 진앙으로부터의 거리, 구조물 아래의 지반 유형 및 건축설계에 따라 달라진다. 벽돌로 건설된 낡은 건물로부터는 벽이 떨어졌다. 많은 건물들은 1층이 약했기 때문에, 차고 위에 건설된 아파트가 가장 흔하게 붕괴됐다. 고가도로와 차고의 보강용 철근을 둘러싼 콘크리트는 산산이 부서지고, 보강용 철근은 찌그러지고 붕괴되었다. 이러한 파괴는 만약 콘크리트가 철근을 잘 감싸고만 있었다면 막을 수 있었다. 조심스럽게 설계된, 강한 지진을 견뎌 내기 위해 신축성 있는 재료로 건설된 거의 새로 지은 차고조차 파괴됐다. 세로 기둥에 가로보를 용접한 부분에서 많은 용접이 끊어져 보가 떨어졌다. 이동주택들은 기초에서 어긋났고, 부서진 가스관에는 불이 붙었다.

노스리지 지진은 585억 달러(2010년 달러 기준)의 재산피해를 가져왔다. 약 3,000개의 건물들은 재가동을 전면 중단했고, 다른 7,000개의 건물들은 일자리를 폐쇄했다. 61명이 사망

▶ 거의 새 건물인 노스리지 경기장 주차장 구조물은 강한 지진을 견뎌 내기 위하여 신축성 있는 소재로 설계되었음에도 불구하고 1994년 지진에 의해 붕괴됐다.

▶ 이 운전기사는 노스리지 지진 중 이른 아침의 어둠 속에서 붕괴된 고속도로에서 탈선하는 불행을 겪었다.

했다. 사실상 지진 발생 후 하루 안에 발생한 사상자 수는 아마도 수천 명에 달했을 것이다. 붕괴된 대부분의 건물과 주차장들은 원래 비어 있었다. 고속도로 붕괴는 7군데에서 일어났고, 170개의 교량이 손상됐으며, 몇몇의 불운한 사람들이 도로에 있었다.

많은 캘리포니아 단층들은 1971년의 산페르난도 계곡 및 1994년 노스리지 지진보다 10배나 큰 지진을 야기할 가능성을 가지고 있다. 미래 지진들은 이런 이전의 캘리포니아 지진들보다 더 오래 지속되고, 넓은 지역에 확대되는 더 강한 진동을 일으킬 수 있다. 인구밀도가 높은 지역은 비극적일 것이다.

진원의 깊이에 의해 완화되는 손상

2001년 워싱턴 니스퀄리 지진▶

2001년 2월 28일 니스퀄리 지진이 시애틀-터코마 지역을 리히터 규모 6.8로 강타했는데, 이는 1949년 4월에 발생한 규모 7.1의 올림피아 지진과 1965년 규모 6.5의 시애틀 지진 이후로 가장 큰 지진이었다. 니스퀄리 지진은 광범위한 작은 피해를 일으켰다: 창문이 깨지고 처마가 내려앉았으며 선반에서 물건들이 덜컹거리며 떨어졌다. 대부분 부실하게 다져진 간석지와 매립된 땅 위의 오래된 건물들에서 재산피해는 24억5천만 달러(2010년 달러)에 달했다. 1명이 사망했고, 250명 이상이 부상을 입었다. 비록 시애틀 지역은 피해를 심하게 입지 않았지만, 과학자들은 특히 시애틀의 해안가 주위에 있는 알래스카로 가는 2층으로 된 고가도로의 안전을 염려했다. 피해와 진도의 수준에 대한 지질공학적인 연구는 만약 지진이 10초 이상 더 지속되었다면, 알래스카로 가는 길의 남쪽 끝 부분 근처의 만 지역 바닥이 무너졌거나 고속도로가 붕괴되었을 것이라고 보고했다. 2009년 새로운 도로 표면과 터널을 이용해 고속도로를 교체할 계획들이 개발되기 시작하여 2010년부터 건설되기 시작했다.

그렇다면 무엇이 니스퀄리 지진을 일으켰는가? 그것은 분명하지 않지만, 한 가지 가능성은 대양저가 대륙연변부 아래로 하강하면서 구부러졌기 때문인 것으로 보인다. 또 다른 가능성은 수렴하는 판이 서로 다른 속도나 서로 다른 경사로, 주위 지역보다 북쪽이나 남쪽으로 경사져서 하강하였고 또 그러한 응력이 판을 부러뜨렸기 때문일 것이다. 그렇지 않으면 대양저의 북쪽 끌림이 대륙연변부를 변형시켰을 것이다.

비록 니스퀄리 지진의 규모가 1993년 로스앤젤레스를 강타한 노스리지 지진과 일치했지만, 여러 요소 때문에 더 적은 사상자와 더 적은 피해를 주었다. 먼저 단층의 움직임은 니스퀄리 지진이 50 km 깊이에서 발생했고, 따라서 지표의 건물들은

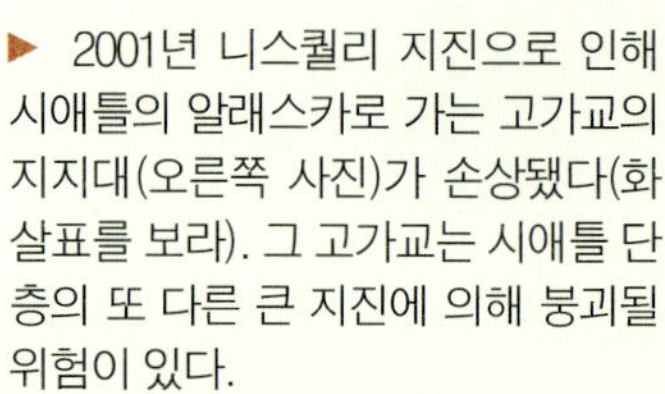
▶ 2001년 니스퀄리 지진으로 인해 시애틀의 알래스카로 가는 고가교의 지지대(오른쪽 사진)가 손상됐다(화살표를 보라). 그 고가교는 시애틀 단층의 또 다른 큰 지진에 의해 붕괴될 위험이 있다.

진원에 아주 가깝지 않았다. 둘째로 심발지진은 일반적으로 강하지만, 대부분의 피해를 주는 표면파운동을 발생시키지 않는다. 셋째로 건물들과 다리를 더 잘 견디게 하기 위한 최근의 보강작업은 지진을 견디는 데 매우 큰 도움이 됐다.

부실 시공된 건물의 붕괴

2005년 파키스탄의 카슈미르 지진 ▶

2005년 10월 8일 아침 8시 51분, 규모 7.6 지진이 파키스탄 이슬라마바드에서 북북동 방향으로 105 km에 있는 서부 히말라야를 강타했을 때, 파키스탄의 카슈미르 지역에서는 땅이 움직이고, 흔들림이 격렬하게 지속됐다. 거주자들을 매몰시키면서 많은 주택들, 상점들, 그리고 학교들이 붕괴됐다. 거대한 바위들과 산사태가 가파른 산비탈로부터 많은 주택들에 쏟아져 내렸다. 산사태와 낙석들 때문에 많은 고속도로와 산길이 며칠 동안(어떤 곳은 몇 달 동안) 폐쇄됐고, 부상을 입고 파묻힌 사람들에게 접근하는 것을 차단했다. 지속적인 사태와 폭우로 다른 길들은 하루에 한두 시간 동안만 개방되어 있었다. 수천 명이 해발고도가 더 낮은 곳의 은신처로 이동했으나, 다른 사람들이 집을 차지하고 일부 소유물을 가져갈까 우려하여 많은 사람들은 그들의 집을 떠나는 것을 거부했다.

11월 말에 기온이 영하로 떨어졌고 눈이 왔다. 수백 내지 수천 명의 사람들이 텐트, 따뜻한 옷가지, 담요, 충분한 난방 없이, 여전히 외진 산골짜기 마을에 남아 있었고, 추위로 2,000명이 사망했다. 사람들은 따뜻함을 유지하기 위해서 가구를 태웠다. 겨울 몇 달 동안을 위해 저장해 놓은 음식은 무너진 집에 묻혀 접근할 수 없었다. 양철판들이 붕괴되는 가벼운 텐트로부터 눈을 막기 위해서 필요했다.

헬리콥터는 음식, 약, 구호물자를 날랐지만, 날씨와 착륙할 평평한 지역이 없는 가파른 지형 때문에 방해를 받았다. 많은 보급품 상자들을 그저 미끄러져 내려가도록 사면에 떨어뜨렸는데, 가끔은 1,000 m 아래 강물 속으로 사라졌다. 트럭들은 다시 개방된 도로를 통해 물품을 옮겼고, 단지 산사태를 가로지른 임시 오솔길만이 이용 가능할 때는 노새가 끄는 짐수레에 만족해야 했다. 병원들은 독감, 폐렴, 저체온증, 홍역, 그리고 파상풍에 걸린 많은 사람들을 치료했다.

지진 구호를 위해 5억8천만 달러가 미국과 캐나다를 포함한 수십 군데의 나라로부터 약속되었지만, 단지 1,580만 달러만이 즉시 이용 가능했고, 많은 도구들을 아우를 수 있는 돈보다는 대부분이 물품과 서비스의 형태로 국가에 의해 직접 제공

Rebecca Bendick.

▶ 질 낮은 석조 벽과 지주가 무너졌을 때, 파키스탄 무자파라바드의 무거운 콘크리트 지붕은 사람들 위로 붕괴됐다.

Asif Hassan/AFP/Getty Images.

▶ 이슬라마바드의 10층짜리 마르갈라 타워의 돌무더기에 희생자가 파묻힌 채로 누워 있다.

Ulrich Camp.

▶ 암석파편, 흘러내린 바위들, 으스러지고 묻힌 집들, 그리고 때로는 단지 양철지붕만이 앙상하게 드러나 있다.

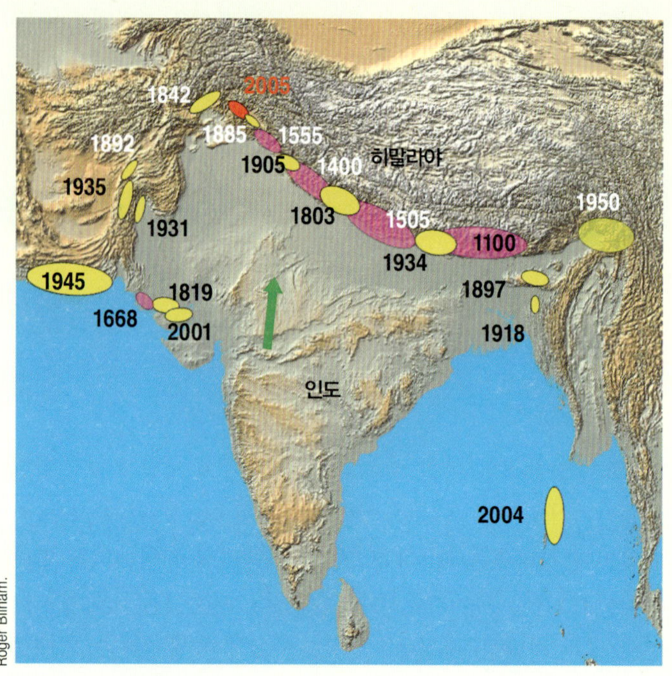

Roger Bilham.

▶ 인도판과 유라시아판 사이의 히말라야 충돌대에서의 역사적인 대규모 지진. 2005년 카슈미르 지진은 빨간색으로 표시되어 있다.

됐다. 불행하게도 약속된 많은 지원들은 지켜지지 않았고, 구호자금 중 100만 달러는 용도와 관계가 없는 다른 곳이나 고위 관리의 주머니로 빼돌려져 가끔 그냥 사라지기도 했다.

모두 약 87,000명이 사망했고, 지진에 의해 발생한 산사태나 이슬라마바드의 10층짜리 건물을 포함한 무거운 석조 건축물의 붕괴로부터 수천 명이 부상당했다. 대부분의 치명적인 지진은 인도와 파키스탄, 그리고 그 주변에서 기록됐다. 약 350만의 사람들이 그들의 집을 잃었다. 약한 벽들이 무거운 콘크리트 층을 지지하는 건물들은 붕괴됐고, 건물 안에 있던 사람들도 압사당했다. 몇몇의 잘 지어진 구조물들은 진원 근처에서 살아남았지만, 많은 사상자들은 부실하게 지어진 학교와 병원, 경찰서에서 발생했다. 많은 경우, 이런 것들은 조잡한 건축물의 관행 또는 질 낮은 재료의 증거를 보여 준다. 하천의 범람원 위 몇몇 건물들은 보강철근이 없거나 적은 저질의 시멘트와 강자갈로 지어졌다. 모든 피해는 50억 달러로 추산되고, 대부분 보험이 적용되지 않았다. 같은 지역을 따라 발생한 1935년의 지진으로는 30,000명이 사망했다.

이 지역 사람들의 막대한 재해는 산악성의 히말라야 가장 서쪽 작은 언덕에서의 흔들림 강도와 막대한 인구, 질 낮은 건축자재 및 공사의 조합된 결과로 생겼다. 콘크리트 골조의 80% 이상과 몇몇 큰 도시의 석조구조물이 파괴됐다. 몇몇은 규모 6을 넘는 수백 회의 여진들이 몇 달 동안 이 지역을 계속 흔들었다. 계속해서 건물들이 붕괴되고, 더 많은 산사태가 발생해서 그들의 구출작업을 위한 노력이 방해받았다.

이 지진은 28 km의 깊이에서 일어났다. 이 지진은 차갑고 더욱 강성인 인도판의 남부와 더 뜨겁고 부드러운 유라시아판 동쪽 끝 부분의 북쪽 사이에 있는 주요한 대륙-대륙 충돌경계부의 일부인 북서 방향의 무자파라바드 단층을 따라 발생했다. 변형되고 두꺼워진 지구의 지각이 히말라야의 형성에 영향을 미친 거대한 충돌대인 인도판은 아시아 아래로 완만한 각도로 내려간다. 대륙의 수렴은 1년에 약 2 cm 정도이지만, 히말라야는 1년에 약 1 cm씩 상승한다. 계속 진행 중인 변형은 지질학적으로 빈번한 매우 크고 파괴적인 많은 지진에 수반된다. 이 10월의 지진은 70~80 km 길이의 단층을 따라 3~4 m의 미끄러짐을 수반했지만, 1555년 9월, 규모 8.0의 마지막 거대한 지진 이후 그 지역에 누적된 탄성 에너지의 단지 10분의 1만이 발산됐을 것이다. 이것은 거대한 지진이 지체된 지역이자 1885년 파열의 서쪽 끝 부분과 중복되는, 이전 지진들의 선상에 있는 지진공백을 부분적으로 메꿨다.

느슨한 퇴적물 위에서의 증폭된 진동

1985년 멕시코시티 지진▶

1985년 9월 19일, 멕시코의 서쪽해안에 있는 해구를 통해 가라앉고 있는 해양 암석권이 멕시코시티로부터 350 km 떨어진 지역에서 갑자기 미끄러졌다. 그 결과로 규모 7.9의 지진이 발생했다. 거의 200 km의 단층을 따른 미끄러짐은 10년 이상 동안 연구자들을 걱정시켜 왔던 지진공백(그림 4-6과 비교하라)을 채웠다. 주 지진이 일어난 2일과 5일 뒤에 발생한 큰 여진들은 각각 규모 7.5와 규모 7.3으로 기록됐다.

해안가 근처에서 **g**의 16%였던 가속도가 거리에 따라 감소하여 멕시코시티에서는 **g**의 4%까지 감소했다. 대부분의 멕시코시티 구 도시 지역은 오래된 텍스코코 호수의 바닥에 퇴적된 점토와 모래 위에 건설됐다. 이러한 물질들은 진동을 증폭시켜 진앙으로부터의 거리에도 불구하고 500채의 건물에 심하게 피해를 입혔다. 그 동안 멕시코 국립대학교의 건물은 오래된 호수층 주변의 기반암 언덕 위에 있어서 피해 없이 견뎠다.

손상된 많은 건물들이 6~16층이었고, 이 높이는 지진동의 주파수가 1~2초로 공명하면서 진동한다. 더 낮은 건물들은 일반적으로 구조적으로 손상되지 않았고, 1950년대에 지어진 37층의 라틴아메리칸 타워 또한 무너지지 않았다. 그것의 진동주기는 3.7초로 지반의 진동과 공명하지 않았다.

손상된 많은 건물들은 부실하게 설계됐다. 몇몇 건물들은 1층이 연약해서 붕괴됐다. 다른 높이의 인접한 건물들은 하나 또는 둘 다 붕괴될 때까지 서로 쾅 부딪쳤고, 다른 주파수에서 흔들렸다. 건물들의 상층이 하층보다 들어가게 짓는 세트백들은 위와 아래의 다른 흔들림 빈도를 갖기 때문에, 일반적으로 세트백에서 파괴됐다. 총 재산피해는 80억 달러(2010년 달러 기준)였다. 멕시코시티에서 건물의 붕괴로 대략 9,000명이 사망했고, 30,000명이 부상당했다. 멕시코시티와 지진이 일어나기 쉬운 다른 많은 지역의 경우, 확인된 많은 문제점들은 건축 법규와 실제 건축물 사이의 차이로 발생됐다.

▶ 이 15층짜리 보강된 콘크리트 건물은 1985년 멕시코시티 지진에 의해 붕괴됐다. 문제는 각 층마다 너무 많은 창문들이 있었거나 부실공사, 또는 지진발생 중 땅의 움직임과 건물의 흔들림이 같은 주파수였다는 것이다.

고찰

지진과 관련된 다음 장면들을 이해하는 데 있어 당신의 관찰능력을 시험하라. 쟁점들을 자세하게 논하라—어떤 일이 일어났고, 그 원인은 무엇인가?

A 이 중앙 아이다호 주 관개 배수로는 1980년대 지진에 의해 변위됐다(화살표를 보라).

G. Reagor, USGS.

1. 어떤 유형의 단층운동을 보여 주고 있는가?
2. 이곳은 어떤 지체구조적 지역에 속하는가?
3. 어떤 지역적인 움직임이 이 유형의 단층을 야기하는가?

B 캘리포니아 동부의 시에라네바다 산맥의 동쪽 기저에 있는 빙하 능선을 가로지르는 이 단층애는 단층애의 왼쪽과 비교하여 오른쪽이 떨어져 있음을 보여 준다.

C.D. Miller, USGS.

1. 어떤 유형의 단층운동을 보여 주고 있는가?
2. 이곳은 어떤 지체구조적 지역에 속하는가?
3. 어떤 지역적인 움직임이 이 유형의 단층을 야기하는가?

C 이 연석은 샌프란시스코 만 지역에 있다.

Kious & Tilling, USGS.

1. 어떤 유형의 단층운동을 보여 주고 있는가?
2. 어느 방향으로의 미끄러짐이 설명되는가? 원인을 설명하라.
3. 어떤 특정한 단층 또는 단층대가 이와 같이 될 것 같은가?

D 몬태나 주 남서쪽의 이 전경은 삼각형으로 깎인 세 개의 능선을 보여 준다(한 능선이 점선으로, 그 끝은 빨간색으로 윤곽이 표시되어 있다).

Donald Hyndman.

1. 어떤 유형의 단층운동을 보여 주고 있는가?
2. 동일한 운동이 산맥이 높게 올라간 이유를 설명하는가? 원인은 무엇인가?

E 위에서 본 남부 캘리포니아의 전경은 단층(화살표 사이)의 최근 운동을 보여 준다.

USGS.

1. 어떤 유형의 단층운동을 보여 주고 있는가?
2. 어느 방향으로의 미끄러짐이 설명되는가? 원인을 설명하라.
3. 자동차로부터 남은 타이어 자국으로 추정해 보면, 이 지진에 의해 약 얼마의 변위가 발생했는가?
4. 변위를 야기한 지진의 크기를 어떻게 알아내는가?

F 샌프란시스코 만 점토 위의 산업시설

NOAA/NGDC and University of Colorado.

1. 이 산업 지역은 샌프란시스코 만의 끝자락이고, 공항 근처이다. 어떤 단층이 이 근처에서 지진을 발생시키는가?
2. 큰 지진이 일어나는 경우, 어떤 과정이 건물들에 영향을 미치는가?
3. 단층에 좀 더 가까운 위치와 비교하면, 이곳의 피해는 더 큰가? 작은가? 원인은 무엇인가?

G 이 모래분출 더미의 꼭대기는 폭이 1 m이다. 이것은 물이 쏟아져 나와 모래더미 옆으로 흘러내렸음을 보여 준다.

J.R. Tinsley, USGS.

1. 무엇이 모래더미를 형성시켰는가?
2. 모래는 어디서부터 왔는가?
3. 모래는 왜 움직였는가? 어떤 과정이었는지 설명해 보라.

H 캘리포니아 샌프란시스코 남쪽의 이 단층(화살표 사이)은 지층을 구부린 움직임을 보여 준다.

Hyndman.

1. 어떤 방향으로 단층이 움직였는가(오른쪽 부분이 어느 방향으로 움직였는가)?
2. 어떤 유형의 단층운동으로 불리는가?
3. 어느 방향의 힘(미는 방향)이 이런 움직임을 야기하는 데 요구되는가?

3장 복습

요점

단층과 지진

- 단층은 다른 방향의 지구 응력에 의해 제어되어 상하와 좌우로 움직인다. **그림 3-2.**
- 지진은 지구 내부의 응력이 암석을 최종적으로 끊어질 때까지 변형시켰을 때 일어난다. 작은 응력은 응력이 제거되면 원래의 상태로 돌아가서 **탄성**을 보이며, 형태의 변화가 영구적인 **소성**, 또는 지진에서 암석이 깨지는 **취성**을 보인다. **그림 3-4, 3-5.**

단층의 구조적인 환경

- 지진은 전형적으로 판 경계부를 따라 발생한다. 주향이동단층은 변환단층의 경계를 따라, 충상단층은 전형적으로 수렴경계와 관련되거나 대륙-대륙 충돌대의 경계를 따라, 그리고 정단층은 확장대를 따라서 움직인다.
- 1811~1812년에 발생한 미주리 주 뉴마드리드의 경우와 같이 판의 내부에서 발생하는 지진은 빈도가 낮기는 하지만 상당히 큰 지진을 일으킬 수 있다.
- 북아메리카의 동쪽 주변부를 따라서 큰 지진이 낮은 빈도로 발생하지만, 매우 큰 피해를 주고 중요하게 여겨질 수 있다. **그림 3-18.**

지진파

- 지진은 파의 연속으로 감지된다: 처음의 종파인 P파, 더 높은 진폭의 횡운동을 하는 S파, 그리고 최종적으로 더 느린 표면파. **그림 3-21.**
- 지진은 지진계를 이용하여 측정된다. 그것은 지구가 추 아래에서 움직일 때 상대적으로 움직임이 없이 남아 있는 근본적으로는 떠 있는 추이다. **그림 3-24.**
- 우리는 지진까지의 거리를 S파와 P파의 지진계까지의 도착시간 차를 이용하여 구할 수 있고, 다른 위치에 있는 적어도 3개의 지진계로부터 거리를 도시하여 지진의 위치를 구할 수 있다. **그림 3-25.**

지진의 크기와 특징

- 진앙으로부터의 다양한 거리에 있는 피해 정도로부터 평가되는 지진의 크기는 메르칼리 진도로 기록된다. 지진의 세기는 리히터 규모와 같이 특정한 형태의 지진계에 기록된 진폭으로부터 결정될 수 있다. 리히터 규모에서 1의 증가는 지반 진동에서는 10배, 그리고 에너지에서는 약 32배의 증가에 해당된다. **그림 3-27,** 해설 3-3.
- 작고 자주 일어나는 지진은 작은 단층변위와 짧은 파열에 의해 발생한다. 큰 지진은 더 큰 변위와 파열길이를 갖고 덜 자주 발생하고, 거대 지진은 매우 드물고 매우 큰 변위와 긴 파열에 의해 발생한다. **그림 3-29, 3-30.**

지진이 일어나는 동안의 지층의 움직임과 파괴

- 지반의 굳기는 건물의 피해에 큰 영향을 미친다. 공극이 물로 채워진 연약한 퇴적물은 단단한 암석보다 더 심하게 흔들린다. 지반은 액상화, 점토편의 붕괴, 또는 산사태에 의해 무너질 수 있다. **그림 3-33, 3-34.**

중요 단어

가속도(acceleration)
단층(fault)
리히터 규모(Richter Magnitude)
모멘트 규모(moment magnitude)
몸체파(body wave)
변위(offset)
수정된 메르칼리 진도(Modified Mercalli Intensity)
여진(aftershock)
역단층(reverse fault)
액상화(liquefaction)
응력(stress)
응력변형(stress strain)
잠두 충상단층(blind thrust)
정단층(normal fault)
전진(foreshock)
주기(period)
주파수(frequency)
주향이동단층(strike-slip faults)
지역적 규모(local magnitude)
지진계(seismograph)
지진동도(seismogram)
지진파(seismic wave)
지표파열길이(surface rupture length)

진동도(ShakeMap)
진앙(epicenter)
진원(focus)
진폭(amplitude)
충상단층(thrust fault)
파장(wavelength)
포행(creep)
표면파(surface wave)
탄성반발이론(elastic rebound theory)
P파(P wave)
S파(S wave)

복습 문제

1. 지진이 탄성반발이론과 관련하여 어떻게 발생하는지 설명하라. 당신의 설명을 도와줄 그림도 그려 보라.
2. 북아메리카의 활성단층대와 4가지 중요한 곳의 예를 들어 보라. 어떤 유형의 단층이 각 지역을 특징짓고, 각 지역에서 어떤 종류의 지진활동이 일반적인지 말하라.
3. 왜 주요한 수렴경계에서 일어나는 지진에 해안가 근처의 지반이 극적으로 떨어지는가? 모식도를 그려 보라.
4. 어떤 순서로 다른 종류의 지진파가 발생하는가?
5. 어떤 형태(들)의 지진파들이 지구의 맨틀을 통과하여 움직이는가?
6. 어떤 형태의 지진파가 가장 큰 진폭으로 흔들리는가(가장 큰 운동범위)?
7. 지진에서 가장 높은 진동(왕복 진동의) 주파수는 대략 얼마인가?
8. 진원과 진앙의 차이점은 무엇인가?
9. 어떻게 지진의 진앙까지의 거리가 결정되는가?
10. 리히터 규모 단위는 무엇으로 측정하는가?
11. 지진동도에서 지진규모 7의 지진은 지진규모 6의 지진보다 얼마나 더 높은 지진동을 갖는가?
12. 지진이 일어나는 동안 흔들림의 강도를 결정짓는 세 가지 요소를 말해 보라. 어떤 요소들의 조합이 가장 강한 흔들림을 일으키는가?
13. 지진발생 중 지반을 파괴시키는 물의 역할에 대해 설명하라.

지진에 관한 토의 문제는 4장 마지막에 있다.

지진예측과 완화

4

Chinastock.

1976년 7월 27일의 탕산 지진은 도시를 파괴시키고 최소 250,000명의 사망자를 발생시켰다. 많은 지역에서 피해가 매우 심각했다.

예측된 지진이 예정대로 도착하다

중국 하이청 부근 지역에서 소규모 지진들이 종종 발생했지만, 1974년 후반에는 더욱 빈번하게 일어났다. 1975년 2월 4일 이른 아침, 하이청 부근의 당국자들은 사람들에게 곧 일어날 것 같은 큰 지진을 경고했고, 집이 붕괴되면 사망 및 부상당할 수 있기 때문에 이를 피하기 위해 집 밖에 머무르라고 전달했다. 이미 잦은 소규모 지진들에 두려워하던 대부분의 사람들은 겨울추위에도 불구하고 지시를 잘 따랐다. 경고와 철수 명령은 철저한 과학적 연구를 기초로 한 것이 아니었고 중앙정부로부터의 지시도 아니었다. 그것들은 보기 드문 징후와 정황을 토대로 이루어졌다.

이러한 보기 드문 해석과 예측에는 어떤 배경이 있었다. 비록 지진이 드물지는 않지만, 지난 3세기 동안 중국의 북동부 지역에는 소수의 큰 진동들이 있어 왔다. 그리고 1966년, 1967년, 1969년에 하이청의 남동부 400~800 km 사이에 규모 6.3~7.4의 지진이 네 차례 발생했다. 이와 관련해서 중국 정부는 지진 및 이와 관련된 이상 징후들에 대한 모니터링을 늘렸다. 지방의 지진 사무국은 대중들을 위해 규모, 진도, 전진, 변형 및 지구 지각의 전류 등을 포함한 지진 개념을 설명하는 그림으로 된 소책자를 출간하였다. 그들은 토양과 지표의 비정상적 변화, 우물의 수위와 색 및 동물의 반응 등 지진예측에 도움이 될 만한 관찰사항들을 설명하였다.

1974년 6월, 북중국의 지진에 대한 한 과학회는 향후 1~2년 내의 지진 잠재성을 결정하는 데 초점을 맞췄다. 참석한 다수의 학자들은 규모 5~6의 지진이 1~2년 내에 이 지역에서 발생할 가능성이 있다고 판단했다. 중국 과학원(The Chinese Academy of Sciences) 학회로부터의 보고에서 "일반 대중에게 공황상태와 소동을 일으키고, 생산과 국민의 삶을 혼란시키므로 이러한 가정을 막아야 한다."는 내용을 추가하였다. 진저우 단층 근처 지역의 2.7 mm 지표고도 변화에 대한 주의 깊은 연구를 기초로, 지방 지진 사무국의 고지진학자는 인근 단층들 중 하나에서 1975년 초반에, 아마도 1월 내지 2월에 규모 6의 지진이 발생할 가능성을 추정했다.

12월의 지진군집이 큰 저수지가 채워져 유발되었다는 것을 인식하기 전까지는 지진학자 사이에서 관심의 대상이었다. 그러나 12월의 마지막 주에서 1월 중순까지 우물의 이례적인 수위 하강, 진흙과 쓴맛으로 바뀐 물, 특이한 동물의 행동(분명한 이유가 없는 말과 소들의 울음소리, 나무로 날아오르는 요란스런 닭들, 지표 밖으로 나온 뱀과 개구리들의 동면 및 동사) 등에 대한 보고들이 나왔다.

지진 사무국은 주변지역의 모든 지방자치 단체에 만들어졌다. 구조대, 식량 및 동복이 비축되었다. 1월 셋째 주, 또 다른 일련의 지진이 발생하였고, 그 후 활동은 2월 1일에서 4일까지 최고 높은 수준을 기록했다. 2월 3일 저녁, 횟수와 크기 모두를 포함한 지진활동의 급상승은 하이청 25 km 남서쪽의 지방 지진 사무국에 경보를 울리게 했다. 그 후 12시간에 걸쳐, 이 사무국의 Zhu 씨는 지진정보에 대한 보고서를 3회 작성하였고, 다음 주 내로 큰 지진이 발생할 수 있다는 그의 우려를 지방의 '혁명위원회' 부회장인 Hua 씨에게 알렸다. 위급함을 느낀 Hua 씨는 하이청에서 12개 정부 당국의 긴급회의를 소집한다고 사무국의 작은 부서로 지시했다. 그들은 모든 공식 행사와 스포츠 경기, 기업 활동 및 생산활동의 취소를 지시했다. 2월 4일 오전 10시 30분, 이 단체는 조직된 유선 연락망을 통해 지진 정보를 배부하였다. 그들은 지진의 규모가 커지고 있다는 일반적인 경고를 강조하였고, 모든 인근 지역들에 높은 경계태세를 갖추라고 통지하였다. 가장 큰 우려는 국가 지진 사무국의 Cao 씨로부터 나왔다. 비록 학자는 아니었으나, 그는 몇 달 전 국가 지진 사무국을 만들기 위해 위임되었으며, 지진에 대해 매우 열정적으로 배웠다. 2월 4일, 큰 지진이 이날 발생할 것이라 반복적으로 강조하였다. 동시에 소규모의 전진에 의해 발생한 작은 피해들에 대한 보고가 드문드문 시작되었다. 이 지역 사령관은 다음과 같은 지시를 전달하였다: 불안전한 집에 사는 사람들은 다른 곳에서 자야 한다. 공장, 광산 구조물, 저수지, 교량 등과 고압 전력선의 보호에 책임이 있는 사람들은 높은 경계태세를 유지해야 하고, [모든] 긴급한 상황을 보고하라." 오후 들어 전진들은 굴뚝과 돌출된 지붕에 상당한 피해를 야기했다.

그 상황에서 작성된 보고서는 오후 2시에 지방 정부에 배급되었다. 그 안에 작성된 속보와 피해상황들 때문에 더 높은 단계의 명령을 기다릴 수 없어, 일부 지방자치단체는 사람들이 밖에 머물러야 한다는 결정을 명백하게 내렸다. 오후 1시 이후, 전진의 활동은 크기와 발생빈도에서 모두 갑자기 줄어들었다. 1966년, 전진이 주 지진의 바로 전에 조용해졌음이 교육자료에 나와 있어서 많은 사람들을 불안하게 했다. 대부분의 사람들은 2월 3일과 4일 모두 외부에서 자는 것을 선택했다. 안에 남아 있기로 결심한 많은 사람들은 만일의 경우에 지진이 그들을 밖으로 내몰 수 있어 취침 시 동복을 입었지만, 일부는 그들의 집이 붕괴되었을 때 사망하였다. 그러나 경보와 시민들의 협력은 매우 고르지 못했다. 지진 발생 후 저체온으로 사망한 수백 명의 사람들로 인해 추위에 대처하는 어려움이 역설되었다.

2월 4일 오후 7시 36분, 규모 7.3의 지진이 하이청의 약 20 km 남서부에서 발생했다. 도시 건물의 90%가 파괴되거나 심각한 피해를 입었다. 사무실 건물, 공장, 게스트 하우스 및 학교를 포함해 벽돌과 보강되지 않은 시멘트로 지어진 상대적으로 현대적인 2층 및 3층 건물은 매우 붕괴되기 쉬웠다. 지진이 일과시간 이후에 발생하였기 때문에, 이러한 건물의 대부분이 비어 있었다는 것이 다행이었다. 심각한 파괴에도 불구하고, 100만 명의 사람들 중 단지 2,014명의 사망자와 심각한 부상자 4,292명이 발생했다.

하이청 예측은 우리에게 잘 알려져 있는 가장 주목할 만한 성공적인 예측이다. 그것은 일차적으로 지진의 초기 미동뿐만 아니라 지진에 대한 일반적인 장기간의 지식 및 경험, 대중교육의 효과, 일반인들에 의한 자료 수집의 조직화와 성실한 업무, 직관적인 판단 및 비전문 과학자에 의한 단순한 행운이 기초가 되었다. 일부의 과거 경험은 고대의 중국 문헌에 기록되어 왔다. 심지어 그들은 외부에 머무르라는 경고도 받지 못했지만 지진동에 견딜 수 있는 목재 골조의 주택구조를 가진 지역들에서는 상대적으로 희생자가 적었다.

지진 예측과 관련된 또 다른 예로 1976년 초 규모 5~7의 지진이 그해 7월 또는 8월에 탕산 지역 부근에서 발생할 수 있음을 제안한 예보가 있었다. 7월 26일, 지진 사무국과 함께 한 과학자는 지표균열의 확장을 지시하는 큰 지표의 전기적 특

그림 4-1 가볍게 보강된 콘크리트 붕괴

부실하게 지어진 석조 건물들이 붕괴되었다. 많은 건물들은 벽돌로 벽을 메운 가볍게 보강된 콘크리트 골조였다.

성 변화를 알렸고, 규모 7.3 이상의 지진이 임박했다는 경고를 내렸다. 탕산의 생수회사로부터 나오는 수증기가 불규칙해지기 시작했다. 그러나 당시의 뒤틀어진 정치적 풍토로 인해, 지방 사무국은 이 정보(예측 정보의 공개는 그 무렵 범죄행위였다)를 1976년 7월 28일 오전 3시 43분, 도시를 파괴시킨 북동방향 단층의 갑작스런 우수향 주향이동 운동 전에 탕산 거주자들에게 내려보내는 것을 거부했다(**그림 4-1**). 불행하게도 규모 7.8의 지진은 초기미동을 제공하지 않았다. 하이청에서 남서쪽으로 약 400 km 떨어진 이 지진으로 100만 명의 인구 중 242,769명이 사망하였고 거의 165,000명이 부상당했다.

지체구조적으로 하이청 및 탕산 지진 둘 모두 일본 근처 태평양판의 섭입과 히말라야 산맥을 형성시킨 아시아와 인도의 대륙충돌에 의한 동서 방향의 압축응력(2008년 쓰촨 성 지진의 경우 히말라야 산맥의 동쪽으로의 확장)에 의해 발생하였다.

지진 예측하기

규모 단위를 개발한 찰스 리히터는 한때 "단지 바보, 협잡꾼, 그리고 거짓말쟁이만이 지진을 예측할 수 있다."라고 말했다. 사실상 심령술사, 점성가, 이상한 사람, 다양한 괴짜들, 그리고 잡다한 예언자들이 규칙적으로 지진을 예측했지만, 성공한 적이 없다. 1811~1812년에 3개의 주요한 지진으로 고통을 받았던 뉴마드리드 단층 위 세인트루이스와 멤피스 사이에서, 1990년에 새로운 큰 지진이 발생하리라 예측되어 상당한 관심과 구조인력의 동원을 가져왔지만 실제로 지진은 없었다. 예측했던 자칭 지진전문가는 실질적으로 지진연구에 대한 기본지식이 전혀 없었다.

비록 어느 지역이 지진을 경험할 가능성이 높은지는 이해하지만, 과학자들조차도 지진이 발생할 날짜와 시간을 효과적으로 예측할 수는 없다(사례: 강한 지진이 아프리카와 유럽 사이의 충돌대를 뒤흔들다—2009년 4월 6일, 이탈리아 라퀼라). 지진이 노스다코타보다는 캘리포니아를 강타할 가능성이 더 많다고 얘기하는 것은 완전히 타당하다. 그러나 7월에 노스다코타에서 다음 겨울의 심한 눈보라 날짜를 아는 것과 같이 정확하게 언제 지진이 캘리포니아를 강타할 것인지를 아는 것은 여전히 불가능하다.

지진연구의 하나의 주요한 목적은 임박한 사건에 대한 어떤 타당하고 신뢰할 만한 경보를 사람들에게 제공하는 것이었다. 과학자들은 어떤 단기적인 지진 징후들을 인지할 수 있었고, 그것에 대한 단기적인 예측시스템의 개발 가능성이 있다. 그러나 예측이 더욱 신뢰할 수 있을 때까지는 다수의 복잡한 윤리적, 그리고 정부에 대한 정치적 이슈를 만들 수 있다. 이제 대부분의 노력은, 지진이 시작된 이후 그러나 진동이 그 지역에 도달하기 이전에 경보하기 위하여 진앙으로부터 떨어진 지역에 대한 새로운 경보시스템의 개발로 모아지고 있다(“조기경보시스템” 참조).

지진의 전조

지진 예측에서 하나의 중요한 연구방법은 임박한 지진을 알려주는 현상을 탐구하는 것이었다. 비록 그러한 노력들의 일부는 현재까지 유용한 것으로 증명되었지만, 그것은 바뀔 것이다.

몇몇 연구자들은 단층의 운동을 추적하는 것은 단층이 언제 깨어질지를 예상하게 할 수 있을 것이라고 희망한다. 이제 수평 1~2 mm, 수직 1.5 cm의 정밀도로 샌앤드레이어스 단층을 따른 변형을 관측하는 세심한 조사가 GPS에 의해 행해진다. 활성단층을 가로질러 측량된 직선들이 다음 지진과 단층운동 이전에 점진적으로 휘어진다(**그림 4-2**). 예를 들어 전체 250개의 영구 GPS 관측소가 로스앤젤레스 분지와 주변 지역에 현재의 지반운동을 관측하기 위하여 설치되었다.

지체구조적 판들은 일정한 속도로 움직이는 것으로 보이며, 주요 단층대에서의 암석강도가 시간에 따라 거의 일정할 것이라고 가정하는 것은 타당해 보인다. 만약 그러면, 응력은 정체된 단층을 깨뜨리기에 충분하게 누적되어 특정한 시간에 풀릴 것이다. 불행하게도 일정한 속도로 작용하는 응력이 일정한 속도로 결과를 만들어 내지 않는다는 것을 발견하는 것은 매우 일반적이다. 폭넓게 얘기하면, 이것은 자연적인 상황이 우리가 상상하는 것보다 더욱 복잡하기 때문이다. 더 구체적으로 말하면, 예를 들어 단층이 움직이는 각 시간에 그들은 다른 강도의 다른 암석과 접해 있어서 그것이 다시 이동할 때를 예측하는 문제의 조건들이 바뀐다. 큰 단층운동은 다른 단층들을 따른 응력의 패턴을 변화시킬 것이고, 이는 획기적으로 미래 운동에 대한 그들의 기회를 바꿀 것이다.

작은 지진 또는 **전진**(foreshock)의 무리들이 단층운동의 시작을 알리는 것이라면, 큰 지진의 경고일 수 있다는 약간의 희망이 존재한다. 전진은 모든 지진의 1/3에서 1/2 앞부분을 차지한다. 그러나 종종 큰 지진들이 전진 없이 발생한다. 전진이 큰 지진에 앞서 나타날 때에도, 현재 진행 중인 일반적인 작은 지진들의 바탕 값으로부터 구분하는 것이 어렵다.

최근에 많은 수의 작은 지진들 또는 미소지진(microearthquake)의 진원을 정확히 결정하는 것이 가능해졌다. 이것은 미주리 주의 뉴마드리드에서와 같이, 이전에 알려지지 않았던 단층계의 존재를 드러낼 수 있다. 단층을 따른 작은 깨어짐 운동의 시간에 따른 자세한 분포의 변화는 궁극적으로 어떤 종류의 예측으로 이끌 수 있다. 불행하게도 앞서 가는 작은 지진들이 전진인지 또는 주요 사건인지를 그 사건 이후까지는 아무도 알지 못한다.

방사성 가스 라돈의 수준 변화는 또 다른 가능한 지진 전조이다. 라돈은 최종적으로 납을 형성하는 긴 우라늄 원자 붕괴 사슬의 한 단계이다. 라돈은 드문 가스 중의 하나이다. 그것은

그림 4-2 파괴 이전에 휘어지는 땅

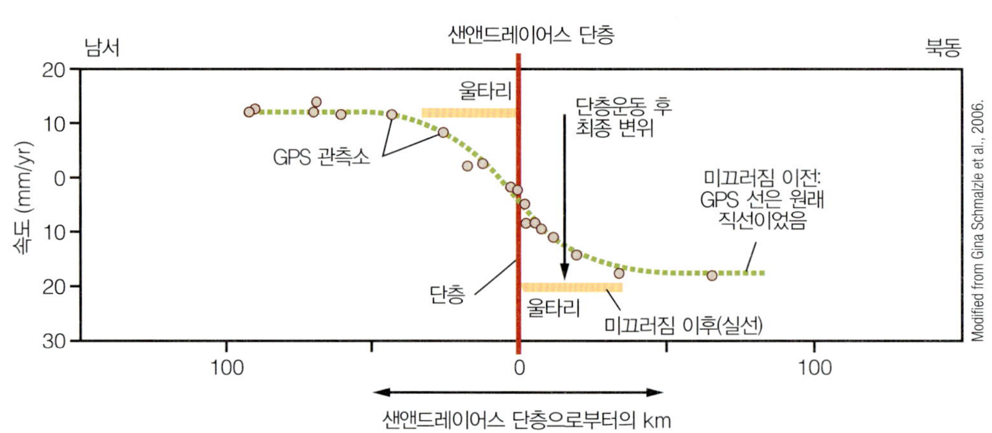

샌앤드레이어스 단층을 가로지르는 하나의 직선 상에 설치된 전지구 위치추적시스템(GPS) 관측소는 한쪽의 지구 지각이 다른 쪽의 지각에 대해 탄성으로 휘어짐에 따라 구부러진다. 로스앤젤레스 북부의 카리조 평원.

단지 역학적으로 암석 내에 잡혀 있기 때문에 화합물을 형성하지 않고 암석에 남아 있다. 우라늄은 널리 분포하는 미량원소이므로 대부분의 암석들이 작은 양의 라돈을 갖고 있고 이들이 단열들을 따라 빠져나온다. 라돈은 우물물의 모든 배경 방사능에 책임이 있고 오랜 노출은 세계의 많은 곳들에서 재해가 된다.

소련의 지질학자들은 1970년대에 지진발생 며칠 전에 이상한 현상들을 관찰했다고 보고했다. 이들은 단층 상부의 지표고도에서의 수 cm의 상승, 수위의 하강, 그리고 관정에서의 배경 방사능 값의 상승을 포함했다. 명백히 단층을 따른 암석들이 깨어지기 시작했다. 물이 새로운 단열들로 흘러 들어갔기 때문에 수위가 떨어졌고, 라돈은 단열들을 통해 빠져나갔다. 그 모든 것들은 전조 사건들의 한 묶음으로서 의미를 갖는 것으로 보였다.

소련에서 관찰된 것과 같은 지반고도의 변화는 임박한 지진의 또 다른 가능한 징후이다. 1975년 미국 지질조사소의 지질학자들은 로스앤젤레스 근처 캘리포니아의 팜데일 주변 지역에서 지표고도가 상승한 것에 주목했다. 또한 배경 방사능 값이 상승한 반면 지하수위가 떨어졌다. 더욱이 팜데일은 최근의 큰 지진을 보여 주지 않은 단층의 한 부분에 위치해 있다. 많은 지질단체들의 구성원들이 숨을 죽이고 큰 지진을 기다리기 시작했지만, 적어도 아직까지 큰 지진은 없었다.

단층대에서 유압이 높은 곳들은 단층운동을 집중시킬 것이다. 샌프란시스코와 로스앤젤레스의 거의 중간 정도에 있는 샌앤드레이어스 단층의 파크필드 지역에 대한 자세한 연구는 이곳에서 유압이 하나의 중요한 요소라는 것을 제안한다. 사실상 지하에 물을 주입하는 것이 의도하지 않게 지진들을 촉발하게 된 경우들이 있었다. 1960년대 초에 미군은 콜로라도의 오랜 비활성 단층대에 유체 폐기물을 주입하였는데, 이것이 지진에 의해 주목받지 않았던 지역에 명백히 일련의 지진을 촉발하였다. 군이 유체의 주입을 멈추었을 때, 지진의 횟수가 월 20회에서 5회 이하로 떨어졌다. 스위스의 바젤에서 2회의 규모 3 이상을 포함하는 100회가 넘는 작은 지진들이, 2006년 12월에서 2007년 1월 사이에 지열 생산을 위해 깊고 뜨거운 암석에 물을 주입한 후 발생했다(**그림 4-3**). 그 사건 이후, 물을 주입한 회사가 피해보상을 해야 할지를 결정하기 위하여 한 지역 검사가 조사를 시작했다.

이러한 유압과 지진과의 상관관계로부터, 지질학자들은 암석이 지진으로 깨어질 때까지 유체의 증가는 광물입자들 사이의 압력을 증가시킬 것이라고 추정한다. 그 상황은 물의 증가가 산사태의 운동을 촉발할 수 있다는 것과 유사하다(8장 참조). 어떤 사람들은 단층운동을 일으켜 적당한 규모의 지진들을 발생시키기 위하여 의도적으로 단층에 물을 주입하는 것을 제안했다. 이것은 단층에서의 응력을 해소할 수 있고 거대한 지진의 발생을 회피할 수 있을 것이다. 불행하게도 그러한 행동을 취하기 이전에 주의 깊게 고려해야 할 공적인 안전과 책임에 대한 사회적 문제들이 있다.

조기경보시스템

취약한 구조로부터 100 km 이상 떨어진 곳에서의 큰 지진이 유익한 경보를 제공할 만한 시간 내에 감지될 수 있다고 희망하는 것은 타당하다. 큰 지진의 진원으로부터 초당 4 km로 전

그림 4-3 지진은 유체의 주입과 관련이 있다

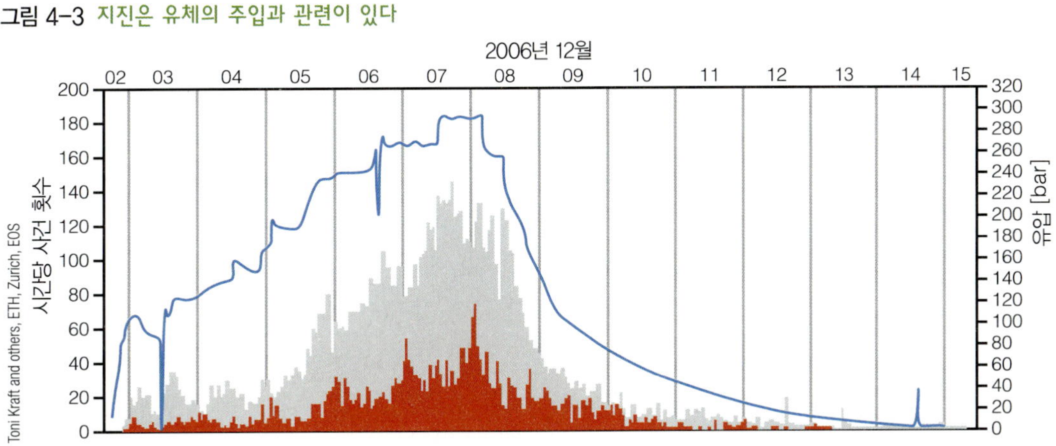

2006년 12월, 스위스 바젤에서 지열 전력생산을 위한 유체 주입이 일련의 지진을 유발시켰다. 빨간색은 대규모 지진, 회색은 소규모 지진(왼쪽 단위). 파란색은 주입된 유압(오른쪽 단위, bar=대기압). 물이 채워짐에 따라 지진의 발생빈도가 증가했다.

파되는 지진파는 100 km 떨어진 지점에 도달하기까지 25초가 걸릴 것이다. 그러므로 진앙에 가까운 조기경보센터는 지진에 앞서 25초까지 경보를 제공할 수 있을 것이다. 이것은 발전소, 주유소, 그리고 기차와 같은 민감한 시설들의 자동차단을 위해 충분한 시간일 것이다. 이것은 또한 사람들이 어떤 건물의 지상층으로 대피하기에도 충분한 시간일 것이다.

1997년 남부 캘리포니아에서 연방, 주, 대학, 그리고 사기업들의 연합으로 TriNet라고 불리는 그러한 시스템의 건설이 시작되었다. 2002년까지 600개의 지진계가 그 지역의 지진을 관측하기 위하여 설치되었다. 진동시작 몇 분 내에 이러한 지진계들로부터의 정보가 지진지역에서의 지진동의 심각성을 나타내는 진동도를 만드는 데 사용된다. 2009년까지 유사한 특성의 고급국가지진시스템(ANSS)이 국가적으로 중간 수준에서 높은 수준까지의 지진 위험지역들에 설치되었다.

비록 조기경보시스템이 조금 더 앞선 지진동의 경보를 제공하지만 사람들에게 건물로부터 대피할 수 있는 충분한 시간을 제공하지는 않을 것이다. 구조적 피해, 건물의 개보수, 그리고 지진 대비에 대한 중요한 전략들이 아래 절에 개략적으로 언급되어 있다.

예측 결과

비록 단기예보나 조기경보는 생명과 재산을 보호할 수 있는 좋은 기회를 제공하지만, 그들은 또한 복잡한 정치적인 문제를 발생시킨다. 대부분의 지진예측은 비싸고 파괴적인 잘못된 경보들이다. 비록 이 장의 초반에 기술된 하이청 지진의 성공적인 예측이 많은 생명을 구했지만, 중국 정부는 산업과 사업 운영을 심하게 축소시키는 30번의 잘못된 경보이후 1990년대 후반에 비공식적인 예측을 못하게 하였다.

당신이 캘리포니아의 주지사라고 상상해 보라. 이제 당신 주의 지질조사소가 규모 7.3의 지진이 다음 주 화요일 오후 큰 도시를 강타할 것이라는 완전히 신뢰할 만한 예측을 제공하였다고 상상해 보라. 당신은 뭘 할 것인가?

만약 당신이 그 예측을 발표하기 위해 텔레비전에 나타난다면, 예측된 날짜 이전에 이성을 잃은 대중들의 반응으로 주요한 물리적 그리고 경제적 피해를 입게 될 수 있다. 만약 당신이 경보를 알렸는데 지진이 일어나지 않을 경우 그 결과를 상상해 보라. 만약 그 예측을 공개하지 않는다면, 여론으로부터 중요한 정보를 쥐고 있다는 비난에 직면할 것이다. 그 문제는 정치적이고 도덕적인 지뢰밭이다.

그러나 구해진 생명과 최소화된 경제적 피해에 대한 잠재적 이익은 갈망하는 목표인 단기예보를 하게 한다. 예를 들어 만약 임박한 지진의 경보가 큰 사건의 몇 분 전에 주어질 수 있다면, 사람들은 건물을 빠져나갈 수 있고, 교량과 터널은 차단될 수 있으며, 기차가 정지되고, 주요 시설은 정지될 것이며, 구급대원들이 배치될 것이다.

현재의 지식수준에서 지진은 주식시장의 변동과 같이 단기적으로는 원래 예측이 불가능한 것같이 보인다. 예측방법들이 더욱 명확해질 때까지, 정부는 행동을 취하기 이전에 잘못된 예측의 결과에 무게를 두어야 할 것이다.

지진 가능성

비록 과학자들이 언제 어디에서 지진이 발생할 것인지에 대해 구체적으로 예측할 수는 없지만, 그들은 어디에서 얼마나 자주 다른 크기의 사건들이 발생할 것 같은지에 대해 어느 정도 신뢰할 만한 예보를 할 수 있다. 지진을 제어하는 지체구조적 환경을 아는 것은 과학자들이 다른 지역들에 대한 위험을 정량화하고 그러한 지역들에서 어떤 지진들이 일어날 것인지를 일반적으로 예측하는 데 도움을 준다. 과거 사건들의 기록을 정리하는 것은 미래 사건들의 발생빈도를 결정하는 데 도움을 준다.

어디에서 단층이 움직일 것인지를 예보

지진을 제어하는 판구조운동을 이해하는 것은 과학자가 미래의 지진에 대한 가능한 위치들을 인지하는 것을 가능하게 한다. 3장에서 배운 것처럼 지진을 발생시키는 단층작용은 보통 판의 경계에서 발생하고, 다른 종류의 판 경계들은 다른 종류의 단층들을 유도한다는 것을 기억하라. 특별한 단층에서의 운동패턴을 설정함으로써, 과학자들은 어디에서 다음 지진이 발생할 것인지에 대한 더 좋은 생각을 얻는다.

역사 이전의 단층운동을 연구하는 **고지진학**(paleoseismology)을 통해 지진학자들은 역사기록 이전의 단층운동 경향을 수립할 수 있다. 북아메리카 서부의 몇몇 분지와 산맥들은 아래 측면을 따라 두드러진 하얀 줄무늬들을 보여 준다(그림 3-1A 참조). 이러한 많은 줄무늬들은 과거의 지진 발생 동안 분지가 떨어지고 산맥이 상승한 단층애를 나타낸다. 이들은 식생이 단층애를 지우지 않는 건조한 남서부에서 가장 명확하다.

활성단층의 분절을 가로질러 굴착된 트렌치들은 일반적으로 그것을 가로질러 퇴적된 퇴적물을 갖는 단층을 노출시킨다 (**그림 4-4**). 지진은 퇴적층을 변위시켜서, 그들이 중복적인 단

그림 4-4 트렌치 굴착면에 노출된 지진 역사

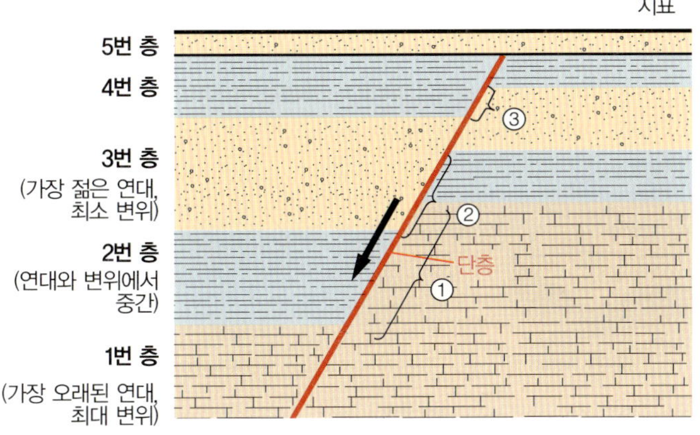

지진단층을 가로지른 트렌치 굴착에 대한 도식적 그림은 서로 다른 시기의 운동에 의해 절단된 층들의 상대적인 변위를 보여 준다. (1) 첫 번째 지진에 의한 변위(벽돌무늬층의 최상부), (2) 두 번째 지진에 의한 변위(회색층의 최상부), (3) 마지막 지진에 의한 변위(주황색층의 최상부). 단층을 중심으로 아래로 떨어지는 쪽에서 각 시기에 더욱 많은 퇴적물이 퇴적됨과 처음의 변위(1)는 각각의 다음 변위 동안 점진적으로 커지는 것에 주목하라.

층운동을 경험하기 때문에 더 오래된 퇴적층은 더 많이 변위된다. 단층운동 중의 변위량은 일반적으로 지진규모에 비례한다(**그림 3-29, 4-5**). 이 상관관계는 트렌치가 또한 선사 지진의 규모에 대한 기록을 제공한다는 것을 의미한다. 과거 지진의 증거는 또한 토양 액상화, 모래분출(8장 참조), 그리고 퇴적압밀을 지시하는 현상들에서 발견될 수 있다.

주 단층들은 주 단층에 수직으로 달리는 교차단층(cross fault)이라 불리는 작은 단층들에 의해 분절된다(그림 4-5A 참조). 단층의 다른 분절들을 따른 활동성을 연구함으로써, 지질학자들은 어느 분절들이 다음에 움직일 것인지, 그리고 발생할 지진이 얼마나 클 것인지를 이해할 수 있다. 교차단층은 전형적으로 단층의 한 분절이 한 번에 깨어지기 때문에 주 단층에서 발생할 수 있는 지진의 크기를 제한한다. 3장에서 배운 것처럼, 지진의 규모는 지표파열길이에 의존한다는 것을 기억하라(그림 3-29B 참조).

단층분절들을 따른 지진의 패턴은 또한 미래 지진활동에 대한 단서를 제공한다. 이웃한 분절들보다 적은 지진활동성을 갖는 주요 단층의 분절들은 **지진공백**(seismic gap)을 나타낸다. 경험상 이러한 지진공백들은 같은 단층의 더욱 활동적인 분절들보다 더 큰 지진들의 위치가 될 가능성이 있다는 것을 보여준다. 1989년의 로마프리에타 지진은 지질학자들이 통계적으로 수십 년 이내에 큰 지진을 발생시킬 가능성이 있는 것으로 인지했던 샌앤드레이어스 단층에서의 지진공백을 채웠다(**그림 4-6**, 사례: 지진이 지진공백을 메우다—1989년 캘리포니아 로마프리에타 지진). 지진공백의 길이는 미래 파열의 최대 가능길이를 암시한다. 하나의 지진기간 동안 단층파열 길이는 수반된 지진의 규모에 비례하기 때문에, 단층파열의 최대 가능길이는 그 분절에서의 지진규모를 암시한다.

지진들은 어떤 주요한 단층들을 따라 이주하는 것으로 알려져 있으며, 이는 과학자들이 미래의 운동을 예견하는 데 도움을 줄 수 있다. **이동성 지진**(migrating earthquake)의 가장 잘 알려진 예들 중의 하나가 터키의 노스아나톨리아 단층을

그림 4-5 단층이 움직일 때

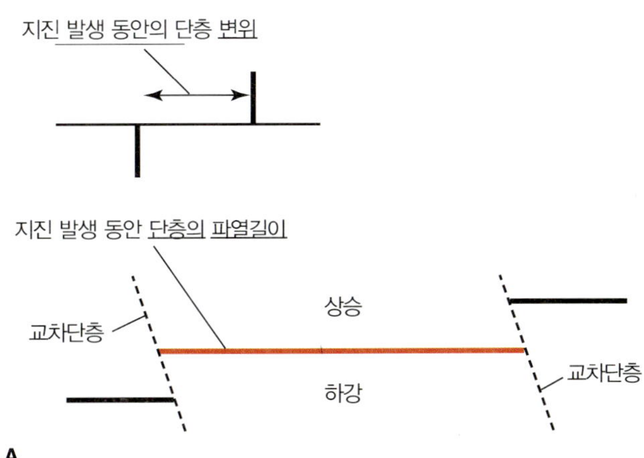

A. 지진 발생 동안의 단층을 따른 변위와 단층의 파열길이는 지진의 규모에 비례한다(큰 변위는 큰 지진에 의해 발생한다). 교차단층은 주 단층의 길이를 제한한다. B. 1992년 캘리포니아 랜더스 부근 고속도로의 주향이동단층성 변위.

그림 4-6 샌앤드레이어스에서의 지진공백

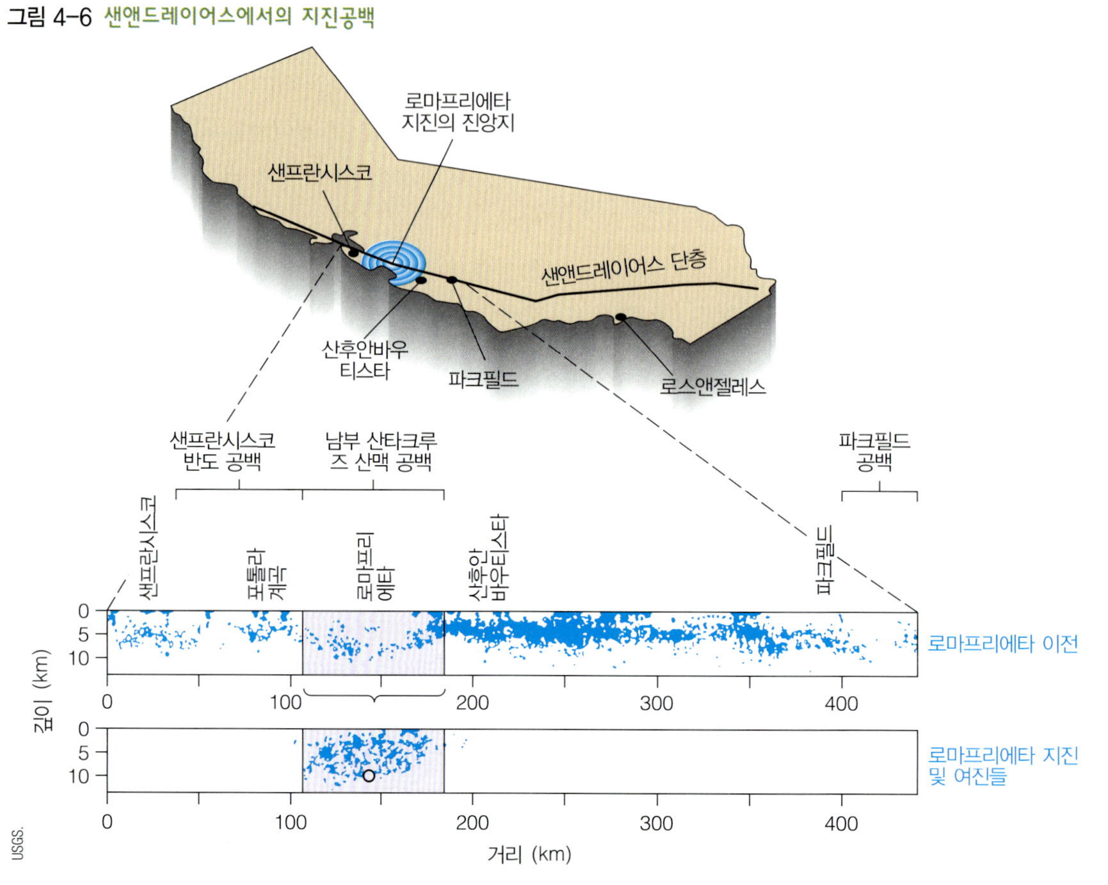

샌프란시스코 남부의 샌앤드레이어스 단층을 따른 역사 지진 패턴에서의 지진공백(두 개의 보라색 직사각형)은 1989년 로마프리에타 지진(작은 검은색 원) 및 여진(파란색 점)에 의해 채워졌다.

따른 것인데, 이는 동으로 900 km 이상 뻗어 있다. 이것은 캘리포니아의 샌앤드레이어스 단층과 매우 닮아 있고, 길이와 이동속도에서 비교할 만하다. 노스아나톨리아 단층을 따른 지진은 매년 1.8~2.5 cm의 속도로 아라비아판과 아프리카판이 유럽에 대해 북으로 달라붙어서 일어난다. 1999년 아즈미트를 황폐화한 지진을 포함하여, 1939년과 1999년 사이에 지진은 노스아나톨리아 단층을 따라 서쪽으로 순차적으로 이동했다(**그림 4-7**). 만약 그러한 지진의 패턴이 계속된다면, 다음 것은

그림 4-7 단층을 따른 지진의 이동

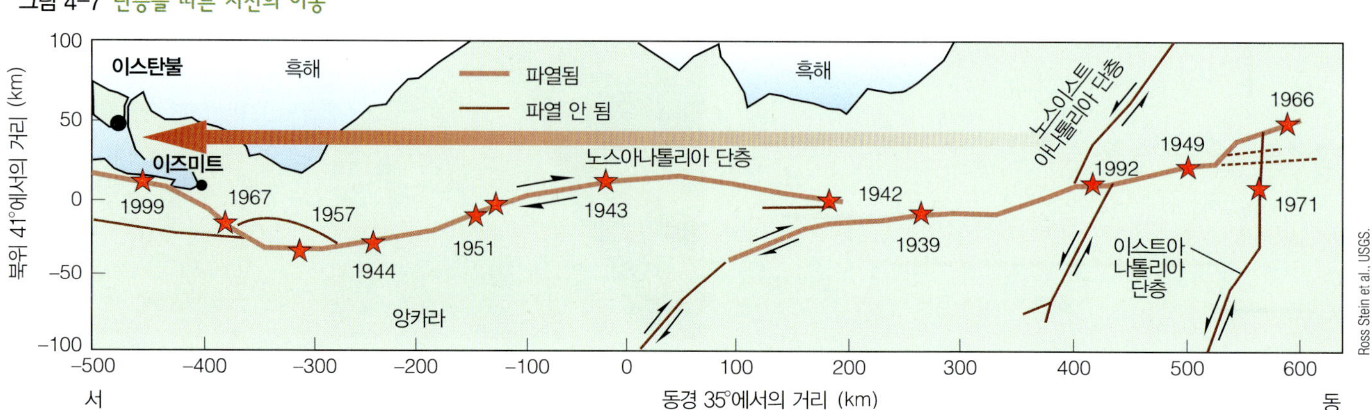

터키의 노스아나톨리아 단층은 시간에 따른 지진이동을 보여 준다. 지도 상부의 빨간색 화살표는 1939년부터 1999년까지의 지진이동을 나타낸다. 이스탄불이 다음 차례일까?

약간 더 서쪽에 있을 것이다(사례: 일련의 이동성 지진 중 하나—1999년 터키의 이즈미트 지진). 다음 차례는 이스탄불인가?

언제 단층이 움직일 것인지에 대한 예보 비록 과학자들이 지진이 발생할 날짜를 예측할 수는 없지만, 그들은 주어진 기간 동안, 예를 들어 수십 년에 걸쳐 지진이 발생할 가능성을 예보할 수 있다. 지진의 발생빈도에 대해 예보하는 것은 일반적으로 단층을 따른 과거 지진에 대한 지식을 요구한다. 그것은 다양한 크기의 지진들에 대한 **재발주기**(recurrence interval)를 추정하는 것을 가능하게 한다. 일단 과학자들이 특정 지역에 대한 재발주기를 구하면, 그들은 통계적으로 주어진 규모 이상의 지진이 미래의 주어진 기간 이내에 발생할 가능성을 추정할 수 있다.

비록 몇몇의 단층들은 어느 정도 규칙적인 간격으로 움직이지만, 이런 종류의 거동이 매우 일반적이지 않고, 시계열은 매우 신뢰할 수 없어서, 지진예측의 유용한 방법으로 사용되지 않았다. 가장 신뢰할 만한 동일 간격 지진들 중의 하나는 로스앤젤레스 북쪽 파크필드 근처의 샌앤드레이어스 단층이었다. 최근까지 중간 크기의 6번의 연속된 지진들이 평균 매 22년마다 발생했다. 그 이후, 2004년 9월 28일의 가장 최근 지진까지 38년의 공백이 있었다.

500년 이상 거의 70년의 간격으로 강진이 일본의 도쿄를 초토화했고, 가장 최근 1923년에는 105,000명이 사망했다(**그림 4-8**). 많은 사람들, 특히 보험업계에 종사하는 사람들이 엄청난 관심을 갖고 1993년의 접근을 지켜보았다. 지진은 아직 발생하지 않았지만, 아마 그것은 예상보다 좀 더 늦게 올 것이다. 미국 지질조사소의 지질학자들은 2035년 이전에 도쿄의 75 km 이내에서 규모 6.7 이상의 지진이 발생할 가능성을 70%로 추정하였다. 일본 정부는 그러한 지진으로부터의 손실이 1조 달러를 능가할 것으로 추정하였다.

최근에 인지된 또 다른 패턴은 지진이 군집으로 발생한다는 것이다. 주요한 단층은 수십 년 동안 매우 활동적이고, 그 다음 그것이 다시 활성이 되기 이전에 훨씬 오랜 동안 조용한 상태로 유지된다. 북아메리카에서는 기록된 역사가 그러한 패턴을 명백하게 설명하기에는 너무 짧지만, 터키에서의 역사적 기록은 훨씬 길다. 기원후 967년을 시작으로 노스아나톨리아 단층은 7~40년의 주기로 지진이 발생하며 움직였고, 204년 동안 비활성기가 뒤따랐다. 그 단층은 1254년부터 1784년까지 더 많은 지진들과 또 다른 긴 공백을 보였다. 그 다음 다시 1939년에 1~21년의 주기로 활동성이 시작되어 현재에 이르고 있다.

북부 캘리포니아, 오리건, 워싱턴, 그리고 남부 브리티시컬럼비아의 해안은 강한 지진의 기록을 갖고 있지만, 현재 그러한 지진의 긴 공백을 경험하고 있다(**그림 4-9**). 이곳에서 일어난 마지막 주요 지진은 300년이 넘었다. 다른 섭입대에서와 같이, 예상되는 규모 8~9의 지진은 그렇게 긴 간격을 유지할 것이다.

과학자들은 기록된 역사 이전에 발생한 지진들에 대한 시기를 정하기 위한 단서들을 찾는다. 유기물에 대한 방사성탄소 연대측정을 해 보면, 가장 일반적으로 단층을 따라 절단된 퇴적층에서의 목탄이 단층운동의 최후기 연대를 나타낼 수 있다. 테네시의 릴풋 단층애를 가로지른 트렌치에서 노출된 변위된 퇴적물에서의 방사성탄소 연대는 뉴마드리드 단층계가 지난 2,400년 이내에 3번 움직였다는 것을 나타내고, 비록 불확실

그림 4-8 1923년에 파괴된 도쿄

USGS.

Siber Hegner.

1923년 규모 8.2의 지진은 진앙으로부터 90 km 떨어진 도쿄를 파괴시켰다.

그림 4-9 큰 지진들은 해안선 주위에 집중한다

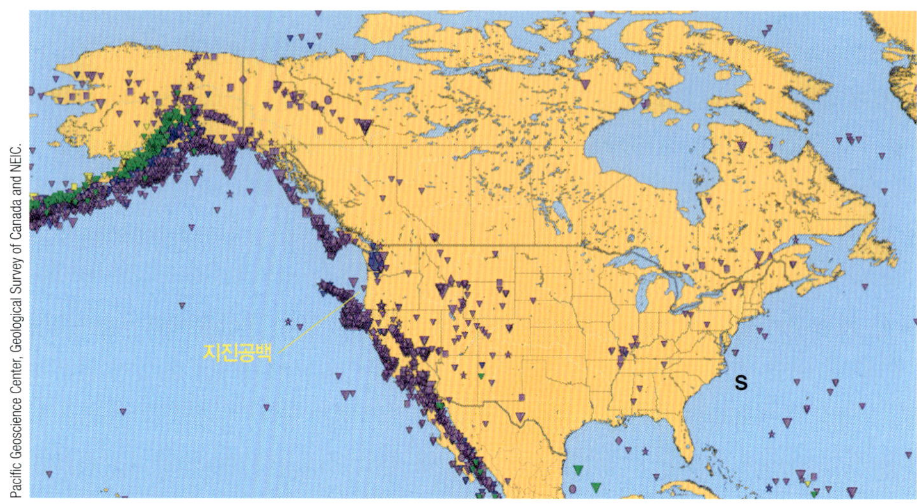

Pacific Geoscience Center, Geological Survey of Canada and NEIC.

캐나다와 미국에 대한 1899년부터 1990년까지의 지진 진앙 지도. 지진공백이 서부 해안선을 따라 남아 있다. 큰 기호는 큰 지진을 나타낸다. 얕은 진원지는 보라색이고, 초록색은 더욱 깊은 것이며, 주로 알래스카 남서부의 알류샨 섭입대를 따른 노란색은 가장 깊은 것이다.

성이 크지만 다른 자료와 결합하면 뉴마드리드 지역에서의 지진의 재발주기는 500~1,000년임을 보여 준다. 방사성탄소 연대측정의 한계는 단지 지난 40,000년 이내에 발생한 사건들에 대한 연대측정에만 사용될 수 있다는 것이다.

그러한 단서들의 결합은 유타가 주요한 지진들에 대해 준비되어야 한다는 것을 지시한다. 중앙 유타, 옐로스톤 공원, 그리고 서부 몬태나를 통과하는 산간 지진대는 어떤 다른 곳에 비해 판 경계까지 주어진 현저한 거리에서 기대할 수 있는 것보다 더 많은 지진들을 느낀다(그림 3-15B 참조). 적어도 지난 1,300년 동안 솔트레이크 시 북쪽의 브리검 시 근처의 주요 단층에서 운동이 발생하지 않았다. 그러나 그것이 솔트레이크 지역 사람들을 안심시키지는 않는다. 또한 워새치프론트의 매우 신선한 노출도 그렇지 않다. 워새치프론트의 기저에서 침식된 물질들의 퇴적이 부족하다는 것은 아마도 지진에 수반되어 산맥이 빠르게 상승하고 있다는 것을 제안한다. 솔트레이크 지역의 사람들은 그들 스스로 큰 지진에 대한 높은 위험을 고려해야 한다.

하나의 명백한 단층애는 솔트레이크 시의 남동쪽 리틀코튼우드 협곡에서의 큰 지진 증거를 보여 준다(**그림 4-10A**). 단

그림 4-10 단층애 및 개발

Donald Hyndman.

Craig Nelson, USGS.

A. 워새치프론트 단층애는 솔트레이크 부근의 코튼우드 협곡에서 19,000년 연대의 빙퇴석을 절단한다. 단층애(화살표 사이)는 당시의 큰 지진 동안에 형성되었다. **B.** 유타 지질조사소의 실질적인 위험표시와 교육활동에도 불구하고, 단층애 자체를 따라서조차 개발은 계속된다. 단층애는 화살표로 표시되어 있다.

그림 4-11 분절된 단층에서의 지진활동

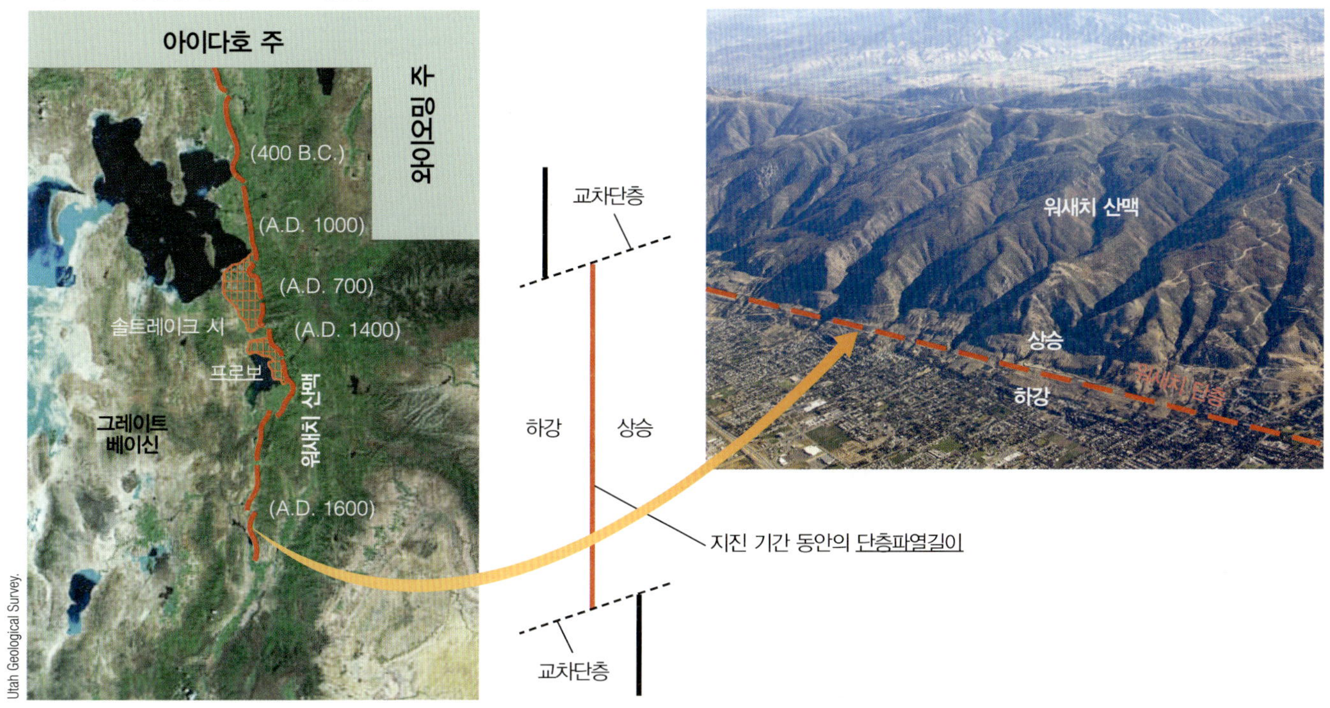

솔트레이크 시 인근에 있는 남북 방향의 워새치 단층을 따른 지진활동에 대한 역사기록은 평균적으로 350년마다 규모 6.5 이상의 지진을 제시한다. 단층은 동서 방향의 단층들에 의해 분절들로 나눠진다(지도에는 보이지 않음). 각각의 단층분절은 대체적으로 한 번에 하나가 깨진다. 더욱 긴 분절들은 더 큰 지진을 발생시킬 수 있다.

층애에서의 목탄에 대한 방사성탄소 연대측정은 그 단층애가 거의 9,000년 전에 상승하였다는 것을 보여 준다. 단층을 가로질러 절단된 트렌치에서 노출된 변위된 퇴적층들에서의 더 많은 방사성탄소 연대들은 5,300, 4,000, 2,500, 그리고 1,300년 전의 운동 증거를 나타낸다. 사건당 평균 변위 2 m를 갖고 평균 재발주기는 약 1,350년이다. 개발업자들이 단층 옆에 집을 건설하도록 계속 부추기는 것을 보는 것은 고무적이지 않다(**그림 4-10B**).

워새치 단층애에서의 운동은 분절들에서 발생하는 것으로 보인다(**그림 4-11**). 6,000년의 기록 이내에, 트렌치에서 노출된 17개의 단층변위는 평균 350년마다 6.5 이상의 지진을 제시한다. 어떤 트렌치들에서 발견되는 최대 분절길이와 변위들은 지진규모 7.5까지의 지진을 제시한다. 이러한 경고 신호에도 불구하고 개발은 단층대의 근처와 내부에서 계속된다(그림 4-10B 참조).

위험에 처한 인구

"우리가 사는 이곳에는 단지 몇몇 작은 지진들만 있어서 걱정할 것이 없다. 샌프란시스코와 로스앤젤레스 근처의 사람들은 매우 큰 지진들을 갖지만, 우리는 그런 것들을 갖지 않는다." 우리는 샌프란시스코에서 북으로 70 km 정도 떨어진 산타로사에서 최근에 이러한 표현을 들었다. 불운하게도 그렇게 말한 사람은 미래 지진들의 가능한 위치와 규모에 대한 어떤 결정적인 정보가 부족했다. 비록 샌앤드레이어스 단층이 40 km 서쪽에 위치하지만, 그 단층에서의 주요한 지진은 1906년 샌프란시스코 지진이 그랬던 것처럼 산타로사를 황폐화할 수 있다. 이에 더하여, 산타로사는 샌프란시스코 만 지역에서 샌앤드레이어스 주 단층보다 현재 더욱 위험한 것으로 간주되고 있는 전체 샌앤드레이어스 시스템의 한 주 가지인 헤이워드-로저스 크리크 단층 위에 있다. 결국 그 사람은 비록 그들이 종종 지진이 일어나기 쉬운 지역에서 작은 지진들을 느끼지만, 더 큰 것들이 가능하고, 매우 큰 지진도 꽤 가능하다는 것을 명백히 알지 못한다.

지진학자들은 **위험지도**(risk map)(**그림 4-12, 4-13**)에 주어진 지역에 대한 위험을 추정하기 위하여 어디에 언제 지진이 발생할지의 가능성에 대해 그들이 배웠던 것을 사용한다. 이러한 지도들은 빈도와 규모에서의 과거 활동성에 기초하고,

그림 4-12 세계 지진 위험도

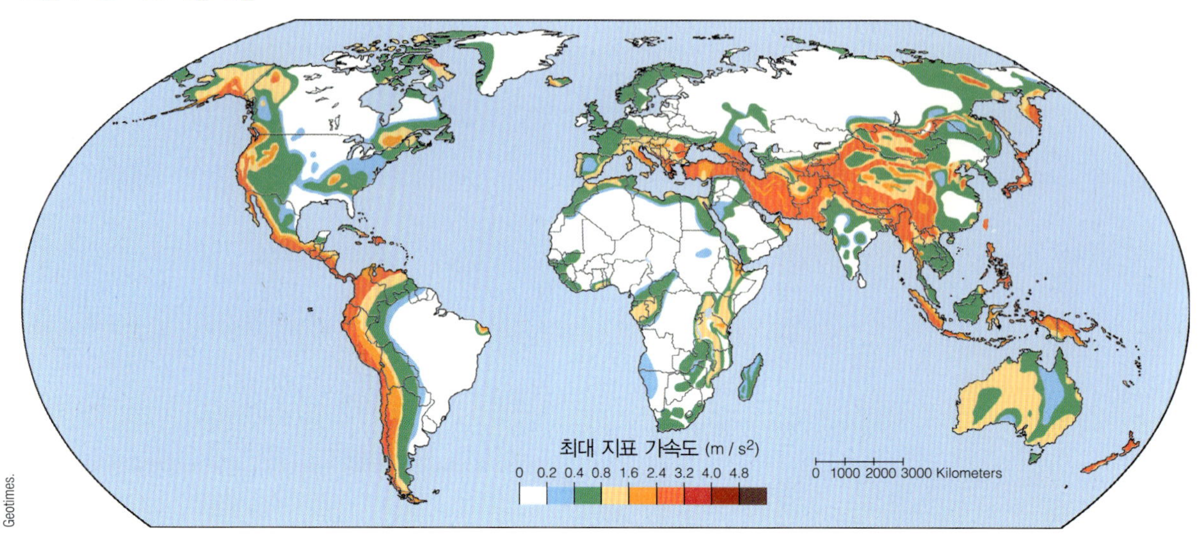

최대 가속도(어두운 빨간색)는 대체적으로 서부 및 남부 아메리카의 서쪽 해안과 같은 섭입대와 남부 유럽과 아시아와 같은 대륙 충돌대를 따라 강한 지진을 보이는 지역과 일치한다.

그림 4-13 미국 및 캐나다의 지진 위험도

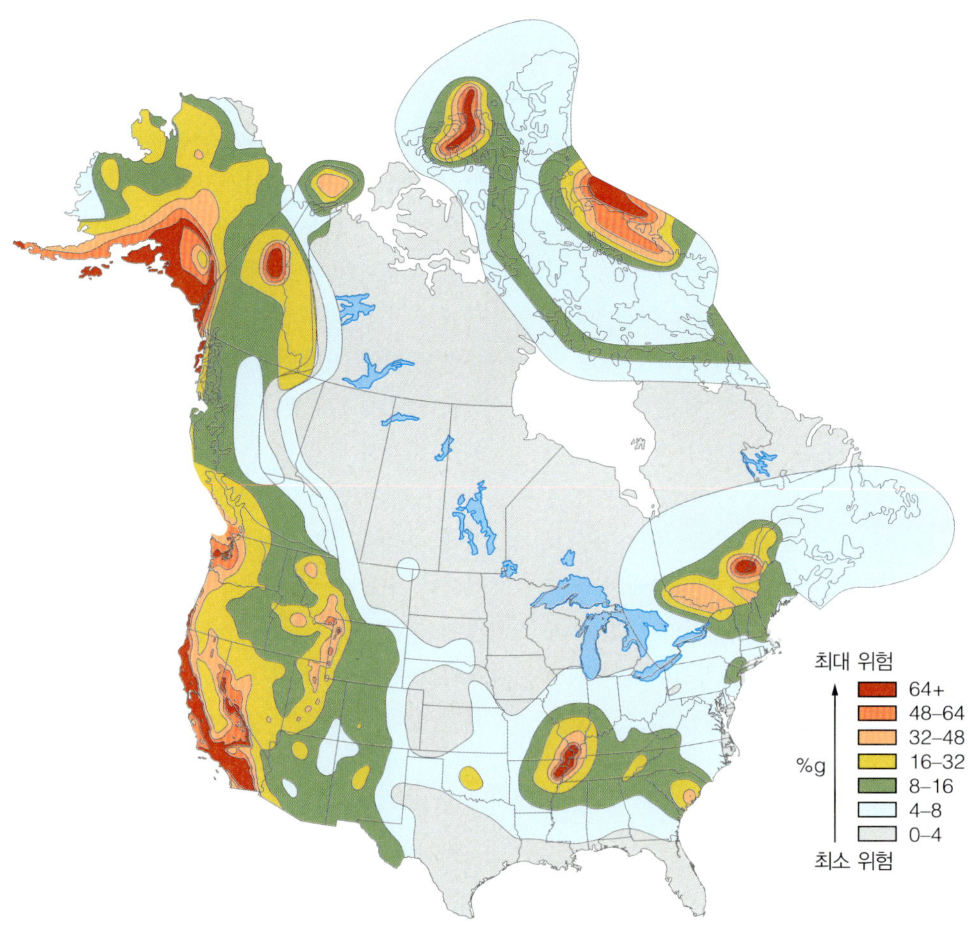

캐나다와 미국의 지진대는 섭입대와 변환단층이 판 경계부에서 우세한 서쪽 해안선을 따라 가장 큰 위험도를 보여 준다.

주요 구조물—댐, 발전소, 공공건물, 그리고 교량—에 대한 부지선정을 할 때는 그 가치를 헤아릴 수 없고, 보험의 목적을 위해서도 중요하다.

그림 4-13의 지도에서 미국에서 가장 높은 위험지역 중의 하나는 인구밀도가 높은 캘리포니아 해안이라는 것에 주목하라. 캘리포니아는 태평양판과 북아메리카판 사이의 경계를 따르는 그들의 위치 때문에 북아메리카의 평균보다 훨씬 많다. 그 판 경계의 일부는 지구에서 가장 크고 가장 활동적인 변환단층의 하나인 샌앤드레이어스 단층으로 나타난다. 이러한 잘 연구된 지진대는 어떻게 예보가 과학자들로부터 지진의 가능성과 그들의 가능한 피해수준을 평가하는 것을 허락하는지에 대한 하나의 훌륭한 예를 제공한다.

캘리포니아 미래 지진재해의 대략 1/3이 로스앤젤레스 지역의 몇몇 큰 사건들의 결과로부터 나올 것이다. 나머지의 많은 부분이 주로 샌프란시스코 만 지역에서 발생할 것이다. 1989년의 로마프리에타 사건 이전에는 미국 지진의 연간 비용이 2억3천만 달러였다. 더 많은 사람들이 위험한 지역으로 이사하고 부동산 값이 올라가면서 비용이 상승한다. 어떤 공무원들은 이제 미래의 손실을 연간 평균 44억 달러 이상으로 예상하고 있고, 그것의 75%가 캘리포니아에서 예상된다. 사실상 미국 지질조사소는 캘리포니아에서 앞으로 30년 내에 규모 6.7 이상의 큰 지진이 발생할 확률을 99% 이상이라고 예측했다. 이에 더하여 그들은 향후 30년 이내에 그 주의 어딘가에서 규모 7.5 이상의 사건이 발생할 확률을 46%로 내다봤다(**그림 4-14**).

그림 4-14 다음에 일어날 큰 캘리포니아 지진에 대한 가능성

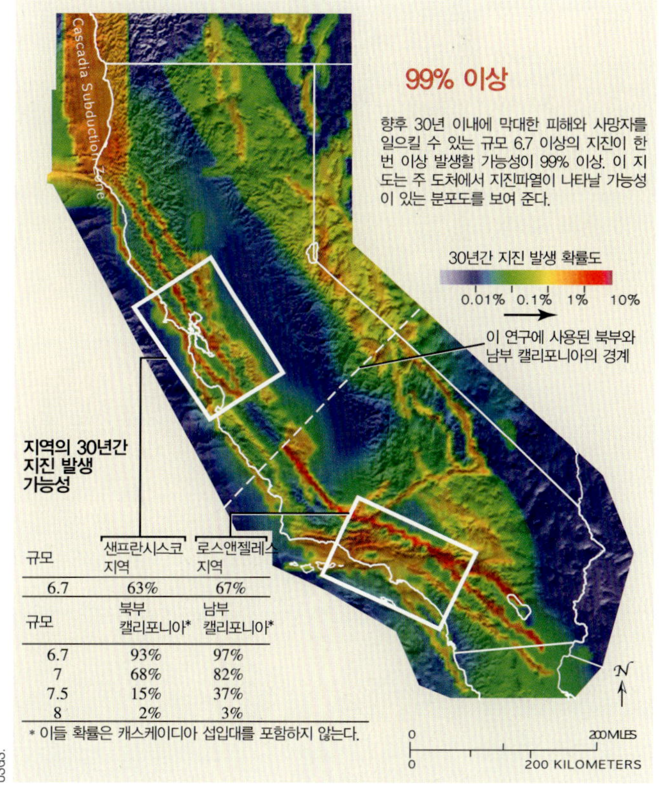

규모	샌프란시스코 지역	로스앤젤레스 지역
6.7	63%	67%
규모	북부 캘리포니아*	남부 캘리포니아*
6.7	93%	97%
7	68%	82%
7.5	15%	37%
8	2%	3%

* 이들 확률은 캐스케이디아 섭입대를 포함하지 않는다.

캘리포니아는 30년 이내에 주요한 지진이 발생할 것이 거의 확실(99% 이상의 확률)하다. 로스앤젤레스와 샌프란시스코는 그때까지 주요한 지진으로 피해를 입을 가능성이 각각 63% 및 67%이다.

샌프란시스코 만 지역

샌앤드레이어스 단층계는 전체 샌프란시스코 만 지역을 거의 포함하는 넓은 구역이다. 이 단층은 약 1천6백만 년 전에 그것의 대부분을 따라 움직이기 시작했고 이 기간 동안 샌프란시스코 만 지역에 수천 개의 지진들을 발생시켰다. 현대사에서 가장 심각하고 파괴적이었던 1906년의 샌프란시스코 지진은 그 도시를 몰락시켜 폐허로 만들었다(사례: 지진에 의해 발생한 파괴적인 화재—1906년 캘리포니아 샌프란시스코). 만 지역에 살고 있는 사람들은 다음에 나타날 재앙 같은 지진, 즉 '큰 것'을 두려워하고 있다. 그것은 태양이 내일 떠오르듯이 확실히 일어날 것이지만, 그것이 언제 일어날지 또는 그것이 얼마나 클지는 아무도 모른다.

구텐베르크-리히터 빈도-규모 상관관계식은 샌앤드레이어스 단층의 어떤 100 km 길이의 분절은 8년마다 규모 6의 지진, 평균 60년마다 규모 7의 지진, 그리고 평균 약 700년마다 규모 8의 지진 하나씩과 동일한 에너지를 방출해야 한다는 것을 제시한다(그림 3-31 참조). 만약 이것이 맞다면, 여러 단층 분절들은 때가 다 되었다. 에너지는 지진이 발생할 때까지 단층을 가로질러 누적되어서, 마지막 큰 지진 이래로 시간이 지남에 따라서 주요한 사건의 기회는 증가한다.

연구자들은 다른 종류의 자료들을 사용하여 단층에서의 다른 전체 이동속도를 계산하였다. 1년에 2 cm의 상대적으로 낮은 이동속도를 사용하면, 120~170년마다 모멘트 규모(M_W) 7.5의 지진을 일으킬 수 있는 비율로 잠긴 단층에 변형이 누적되어야 한다. 아니면, 같은 기간에 규모 6.6의 지진 6개가 있을 수 있다. 실질적인 숫자는 훨씬 적기 때문에, 이것은 다시 그 지역이 때를 넘겼다는 것을 지시한다.

비록 샌앤드레이어스가 주 단층이지만, 그 단층계에 있는 다른 것들도 그 지역에 있는 주민들에게 위험을 제기할 수 있다. 헤이워드 단층은 샌앤드레이어스로부터 북으로 퍼져 나가고 샌프란시스코 만 동부 근처의 언덕 아래를 따라 헤이워드, 오

그림 4-15 샌프란시스코 지역의 지진

샌프란시스코 만 지역의 단층들은 2036년 이전, 주 단층들을 따른 규모 6.7 이상의 지진 가능성을 보여 준다. 로마프리에타 지진의 진앙은 큰 주황색 점으로 표시되어 있다. 1906년 지진은 로마프리에타 지진발생 지점으로부터 이 지도의 북쪽 끝까지의 단층을 깨뜨렸다.

클랜드, 버클리, 그리고 리치몬드를 포함하는 연속된 도시들을 통과하여 달린다. 헤이워드 단층은 1868년 이래로 주요한 지진을 일으키지 않았지만, 많은 지질학자들은 그것이 캘리포니아에서 가장 위험한 단층 중의 하나이고 움직일 준비가 되었다고 믿고 있다(**그림 4-15**). 비록 그것이 재해를 상기시키는 역할을 했지만, 중규모의 지진(규모 5.6)이 2007년 10월 30일 새너제이의 북동쪽 헤이워드 단층에서 많은 피해를 주지 않고 발생했다. 헤이워드 단층에서의 3 m에 달하는 변위는 아마도 20~25초간 흔들리는 규모 7의 지진을 발생시킬 것이다. 미국 지질조사소는 수천 명의 사망자와 1989년의 로마프리에타 지진보다 11배가 많은 적어도 57,000동의 건물들이 피해를 입을 것이라고 추정했다. 1995년 1월에 일본의 고베를 강타한 규모 6.8의 지진은 유사한 지반에 세워진 같은 현대적인 도시에서 6,000명 이상의 사망자를 발생시켰다.

로저스크리크 단층은 샌프란시스코 만의 북쪽 끝으로부터 북으로 산타로사까지 헤이워드 단층 방향으로 계속된다. 샌앤드레이어스 단층과 이들 둘, 그리고 그들의 남쪽 연장인 칼라베라스 단층을 따라, 부분적으로는 그들이 빠르게 성장하는 인구를 가진 큰 도시지역들을 가로지르기 때문에, 이 지역에서의 가장 큰 재해의 가능성을 갖고 있다. 위험은 샌프란시스코 만 점토 지역 저지대에서뿐만 아니라, 단층 위의 가파른 언덕에서도 존재한다. 그러한 언덕들은 스카이라인 드라이브를 따른 산맥의 정상부들을 포함하며 값비싼 집들로 뒤덮여 있는데 이들은 바깥쪽 가장자리가 가늘어 보이는 지주들에 받쳐져 있다.

1906년 샌프란시스코 사건 이전 70년 내에 규모 6~7의 지진들이 10~15년마다 발생했다. 1911년과 1979년 사이에 샌프란시스코 만 지역을 강타한 규모 6 이상의 지진은 없었다. 1989년 로마프리에타 사건을 포함한 규모 6~7의 4개 지진이 1979년과 1989년 사이에 이 지역을 강타했다. 우리는 아마도 또 다른 강진들의 군집 가운데에 들어와 있는 것 같다. 향후 30년에 만 지역에서의 지진발생 가능성에 대한 미국 지질조사소의 최근 평가는 샌앤드레이어스 단층에서 규모 6.7 이상의 지진 가능성을 21%, 헤이워드-로저스 크리크 단층에서 31%, 그리고 칼라베라스 단층에서 7%로 제안한다. 샌프란시스코 만 지역 어딘가에서 향후 30년 이내에 적어도 규모 6.7 이상 지진에 대한 전체 가능성은 63%이다(그림 4-15 참조). 같은 크기의 지진이 1994년 로스앤젤레스에서 심각한 피해를 일으켰다.

지진이 없이 더 많은 시간이 흘러갈수록 큰 지진의 위험이 증가하는 것과 같이, 그러한 지진이 일으킬 잠재 피해도 그러하다. 사람들은 단층 근처 또는 심지어 단층 위, 미래의 진앙들 위에 건물을 짓는다. 샌프란시스코 바로 남쪽의 어떤 지역에서는, 단층에 의해 만들어진 낮은 지형을 매립하고 단층의 자취를 가로질러 구획을 분할하여 건설하였다(**그림 4-16**). 샌프란시스코 내에서는 구역화로 단층에 가까운 일부 지역에서의 건설을 막는다. 이러한 사람들과 개발은 지난 최종 주요 지진보다 다음번의 큰 지진이 훨씬 더 파괴적일 것이라는 것을 확신하게 한다. 올스테이트 보험사에 의한 2005년 11월의 조사에 따르면, 샌프란시스코가 1906년과 같은 지진을 겪을 경우 그 도시를 다시 건설하는 데 4,000억 달러의 비용이 들 것이다. 2004년 그 주의 총 예산이 1,640억 달러였던 점과 비교해 보면 어느 정도인지 알 수 있을 것이다. 이것은 캘리포니아의 모든 남자, 여자, 그리고 아이들도 샌프란시스코를 재건하기 위해서는 11,000달러 이상의 비용을 부담해야 함을 의미한다.

그림 4-16 위험한 주택

샌프란시스코 바로 남쪽인 데일리시티와 패시피카의 샌앤드레이어스 단층대를 따라 남쪽방향으로 바라본 위성사진은 주택건설이 미국 지질조사소의 지질도 제작에 의해 파악된 단층에 걸쳐 있음을 보여 준다. 샌앤드레이어스 단층은 정확하게 샌프란시스코 바로 남쪽에 있는 이 학교의 모퉁이를 지나간다.

로스앤젤레스 지역

샌앤드레이어스 단층은 로스앤젤레스에서 50 km 북동쪽에 놓여 있다. 그 단층의 그러한 부분에서의 큰 지진은 의심할 바 없이 현저한 인명과 재산의 손실을 일으킬 것이지만, 로스앤젤레스 분지를 가로지르는 관련된 많은 어떤 단층들에서의 더 작은 지진들의 가능성이 인구밀집지역에 대한 그들의 근접성 때문에 더욱더 임박한 관심사이다(그림 3-10 참조).

여러 중규모의 지진들이 로스앤젤레스와 트랜스버스 산맥 지역을 지난 150년간 뒤흔들었다. 그러한 역사가 우리에게 더 많은 것을 예상할 수 있게 한다. 규모 6.7의 1994년 노스리지 사건과 유사한 중규모의 지진들은 10년 이하의 평균 재발주기로 로스앤젤레스 분지를 흔들 것이다.

그 지역에서의 전체 이동속도가 주어졌을 때, 관찰된 중간 규모 지진들의 숫자가 추정되는 것보다 적다는 것은 우리에게 뭔가를 예상하게 한다. 대략 파열길이 160 km를 요구하는 M_W 7.5 이상의 지진은 평균 300년마다 한 번 정도 발생해야 한다. 1857년과 2007년 사이에 샌앤드레이어스 단층을 가로질러 관찰된 누적 변형량을 해소하기 위해 로스앤젤레스 지역에서 발생했던 중규모 지진은 너무 적었다. 누적된 변형의 해소는 17개의 중규모 지진들을 필요로 했지만, 단지 2개만이 규모 6.7 이상이었다(1971년과 1994년). 이 부족에 대한 이유는 명백하지 않다. 세계의 다른 지역에서, 파괴적인 지진들의 군집이 수십 년의 주기로 발생했다. 아마도 역학적으로 연결된 여러 개의 단층들이 큰 지진을 생성하기 위하여 거의 같은 시기에 파열되었을 것이다. 그러한 결합된 파열들이 과거 로스앤젤레스 지역에서 발생했던 것으로 보인다.

1857년의 포트테혼 운동의 남쪽에서 거의 멕시코 경계까지의 샌앤드레이어스 단층의 분절을 따라서는 지진활동이 눈에 띄게 없었다. 그러한 지진공백을 갖는 단층분절들은 최근에 움직인 단층분절들보다 지진을 경험할 가능성이 더욱 크다.

로스앤젤레스의 북동쪽에서 샌앤드레이어스 단층을 가로질러 굴착한 트렌치들은 1857년의 포트테혼 지진 이전 1,300년 동안 9회의 큰 지진들에 의해 퇴적물 액상화를 기록한 모래분출을 발생시켰다. 그들은 55~275년 사이의 주기로 발생했고, 이 사건들 사이의 평균 주기는 160년이다. 이 역사에 기초하면, 이 지역은 큰 지진이 도착할 시기가 된 것으로 보인다.

규모 7.4의 지진은 1994년에 노스리지 지진이 했던 것보다 더 오랜 시간 동안 훨씬 더 넓은 지역에 걸쳐 지반의 진동을 일으킬 것이고, 더 큰 지역과 더 긴 진동은 더 많은 사망자와 재산피해를 가져올 것이다. 2006년의 단층연구는 그것이 규모 7의 지진으로 깨어질 만큼 충분히 응력을 받았지만 미래에 규모 8을 볼 수 있을 것이라는 것을 보여 주었다(노스리지와 산페르난도 계곡 지진들은 둘 다 규모 6.7이었다). 근처의 더욱 적게 알려진, 샌버너디노와 리버사이드를 통해 북서로 달리는 샌재신토 단층은 이전에 생각했던 것의 약 2배에 가까운 응력을 받고 있다. 그것은 규모 7의 지진을 생성할 수 있다.

지진재해의 최소화

역사를 통해 지진은 도시를 파괴시키고 많은 사망자를 발생시키면서 황폐화하는 결과를 가져왔다(표 4-1). 도시 지역에서 파괴적 지진의 높은 가능성이 주어지면, 그러한 지진으로부터의 잠재적 재해는 무엇이고, 어떻게 이러한 재해들이 완화될 수 있을까?

지진에서의 사망과 피해의 일차적인 원인은 건물과 다른 구조물들의 붕괴이고, 우리는 이를 아래에서 좀 더 자세히 살펴본다. 그러나 지진 중의 진동은 또한 다른 피해를 촉발할 수 있다. 지진의 여파인 화재는 심각한 재해가 된다. 1906년 샌프

표 4-1	사상자를 기준으로 가장 비극적인 지진들*		
지진	일시	규모(M_S)	사상자
아이티, 포르토프랭스	2010년 1월 12일, 오후 4:53	7.0	222,000명 이상—뒤떨어진 건축기술
중국, 쓰촨 성	2008년 5월 12일, 오후 2:28	7.9	87,587명—최근 부실하게 지어진 학교와 아파트의 붕괴
카슈미르	2005년 10월 8일, 오전 8:50	7.6	80,361명—대부분 학교와 아파트 건물들의 붕괴
수마트라	2004년 12월 26일, 오전 7:59	9.15	230,000명—지진에 의해 발생한 해일로부터의 사상자 포함
이란, 밤	2003년 12월 26일, 오전 5:26	6.7	약 26,000명—대부분 진흙과 벽돌로 된 건물들
인도, 부찌	2001년 1월 26일	7.7	약 30,000명—대부분 진흙과 벽돌로 된 건물들
이란	1990년 6월 20일	7.7	약 50,000명—산사태 및 어도비 벽돌 집, 보강이 안 된 석조건축물
아르메니아	1988년 12월 7일	7.0	25,000명—대부분 미리, 부실하게 구성된 콘크리트로 된 건물들
중국, 탕산	1976년 7월 27일	7.6	250,000명—대부분 붕괴된 어도비 벽돌 주택
페루	1970년 5월 31일	7.8	66,000명—융가이를 파괴시킨 낙석
인도, 쿠에타	1935년 5월 31일	7.5	60,000명
일본, 관토	1923년 9월 1일	8.2	143,000명—지진에 의해 시작된 도쿄 대화재에서의 사망자를 포함
중국, 간쑤	1920년 12월 16일	8.5	180,000명
이탈리아, 시칠리아, 메시나	1908년 12월 28일	7.5	120,000명
에콰도르 및 컬럼비아	1868년 8월 16일	?	총 70,000명: 에콰도르 40,000명, 컬럼비아 30,000명
에콰도르, 키토	1797년 2월 4일		40,000명
이탈리아, 칼라브리아	1783년 2월 4일		50,000명
포르투갈, 리스본	1755년 11월 1일		70,000명—지진에 의해 발생한 해일로부터의 사상자 포함
인도, 캘커타	1737년 10월 11일		300,000명
이탈리아, 카타니아	1693년 1월 11일		60,000명
코카서스, 셰마카	1667년 11월		80,000명
중국, 산시 성	1556년 1월 23일		830,000명—대부분 실트를 파서 만든 집들의 붕괴
포르투갈, 리스본	1531년 1월 26일		30,000명

* 여러 문헌에서 수집한 자료. M5=표면파 규모.

란시스코 지진에서 점화된 화재는 초기 진동보다 더 많은 피해를 일으켰다(사례: 1906년 캘리포니아 샌프란시스코 참조). 지진 중에 전기선들이 떨어져 화재를 발생시킬 수 있는 큰 발화를 수반하였다. 로스앤젤레스와 같은 항구지역에서의 가스나 다른 석유제품의 누출은 화재폭풍을 점화시킬 수 있다. 뒤틀린 거리, 떨어진 잡석더미, 깨어진 수도관은 소방관들의 노력을 방해할 것이다.

즉각적인 외부로부터의 도움 없이, 큰 지진 이후 며칠이 지나면, 깨어진 하수관이 오염균들을 깨어진 수도관으로 유입시키기 때문에 보통 오염된 물에 의해 발생하는 전염병이 유입된다. 잡석에 매몰된 부패하는 시체들 또한 질병의 확산에 기여한다. 특히 가난한 나라와 따뜻한 기후에서, 큰 지진에 이은 질병으로 많은 사람들이 사망하는 것은 흔하다. 그 동안 화재가 계속되고 비용은 증가한다.

과학자들은 지진피해를 완화할 수 있는 많은 방법들을 알고 있지만, 이러한 완화노력은 비싸고 강요하기 어렵다. 그 비용은 만약 이러한 금전이 개선된 의료보호 또는 다른 재해들의 완화에 쓰인다면 구해질 수도 있는 많은 생명에 대비하여 평가되어야 한다.

구조적 재해와 갱신

지진 자체가 사람을 죽이지는 않는다—넘어지는 건물들과 고속도로 구조물들이 그렇게 한다. 지진 중의 몇 초 동안의 진동에 의한 심한 상처로 고통받는 사람은 없다. 주요한 위험은 머리 위에 있다.

모든 종류의 하중을 지탱하는 석벽은 지진 중에 실내에 있는 사람들에게 무거운 지붕을 떨어뜨리며 붕괴하기 쉽다. 어떤 주차장의 교량 갑판과 바닥은 그들이 팽창하고 온도변화에 적응하여야 하기 때문에 그들의 끝 부분이 강하게 고정되어 있지 않다. 강한 지진은 이들을 뒤흔들어 그들의 지지를 벗어나

그림 4-17 이음매와 들보는 부러질 수 있다

A. 3년 된 노스리지 패션센터 주차장 건물의 지지대 선반에 받쳐졌던 미리 제작된 바닥은 1994년 캘리포니아 노스리지 지진 동안에 부러졌다. B. 1994년 노스리지 지진으로 붕괴된 레세다 공동체 건물 골조에 외벽 정면부분이 느슨하게 걸려 있다. 방향성을 갖는 진동은 직교하는 벽은 온전히 남긴 반면 한쪽 벽은 분리시켰다.

게 할 수 있다(**그림 4-17A**). 많은 외벽들은 건물의 골격에 느슨하게 붙여져 있다. 그들은 지진에 의해 깨어져 나가서 아래의 거리로 떨어질 것이다(**그림 4-17B**).

보강된 콘크리트도 포함되었던 보강철재의 조임을 풀리게 하고 끊어지게 하여 종종 큰 지진에 의해 깨진다(**그림 4-18**). 눈에 띄는 최근의 예로는 1971년 산페르난도 계곡 지진, 1989년 로마프리에타 지진, 1994년 노스리지 지진, 그리고 1995년 일본 고베 지진 중의 고가 고속도로 붕괴가 있다. 보강된 콘크리트는 만약 붕괴를 막기 위하여 철근으로 감싸진다면 더 나을 것이다. 1990년대에 캘리포니아에서는 고가 고속도로를 보강할 때 보강된 콘크리트 기둥 주위에 칼집형 철근을 씌웠고, 새로이 건설할 때에는 종종 콘크리트 지지대에서 수직의 보강막대 주위로 강철가지들을 감싸기도 했다.

건물의 어떤 높이에서의 약한 층들은 지진에서 주요한 문제이다. 상부 층들은 진동에서 앞뒤로 움직여, 각 층이나 건물 전체의 붕괴를 가져온다(**그림 4-19**). 차고와 가게 앞들은 보통, 어떤 층에 너무 많은 느슨한 창문들을 갖고 있는 상업용 건물들과 같이, 주요한 횡적인 이동에 저항하는 강도가 약하다. 대각선 방향 빔의 추가는 횡적운동에 저항하는 데 필요한 지지를 제공할 수 있다(**그림 4-20**). 무거운 보강된 콘크리트 바닥과 보강되지 않은 벽돌로 채운 벽을 갖는 모서리 지지대는 개발도상국들에서 매우 일반적이다. 벽돌들은 지진에 대한 강도가 없기 때문에 그들은 횡적인 강도를 제공하지 못하여 그러한 구조물들은 종종 붕괴된다.

유리는 큰 지진 동안 잘 견디기에는 너무 딱딱하다. 파손된 유리는 지진에서 손상을 일으키는 가장 일반적인 원인 중의 하나이다. 1989년 로마프리에타 지진 중에 샌프란시스코 도심의 큰 백화점 창문들로부터 깨어진 유리가 거리에 비처럼 쏟아졌다. 안전유리는 상업용 건물들의 지상층에 요구되지만 상부층들은 아니다. 현대적인 고층건물에서의 유리시스템들은 바람에 의한 일반적인 흔들림을 흡수할 수 있도록 설계되어서, 그들은 또한 지진 중에 매우 잘 작동한다. 자동차에 사용되는 것과 유사한 안전유리는 폴리에스테르 필름이 유리에 붙어 있어서 도움이 된다.

1935년 이전에 건설된 많은 집들의 벽은 콘크리트 기초 위에만 놓여 있었다. 집을 제자리에 지탱하고 있는 유일한 것은 그것의 무게이다. 큰 지진들은 종종 오래된 집들을 흔들어 기초로부터 벗어나게 하여 그것들을 파괴시킨다(**그림 4-21A**).

그림 4-18 무너지는 콘크리트 기둥

A. 고속도로 지지기둥의 단단한 콘크리트가 1994년 노스리지 지진에 의해 부서질 때, 강철로 보강된 철재가 주저앉았다. B. 5번 주간 고속도로/캘리포니아 고속도로 14번 분기점의 일부는 1971년 산페르난도 계곡 지진으로 건설 중에 붕괴되었다. 그것들은 개선되지 않은 채 같은 기준으로 복구되었고, 여기에 나와 있는 바와 같이 1994년 노스리지 지진으로 다시 붕괴되었다.

그림 4-19 약한 바닥

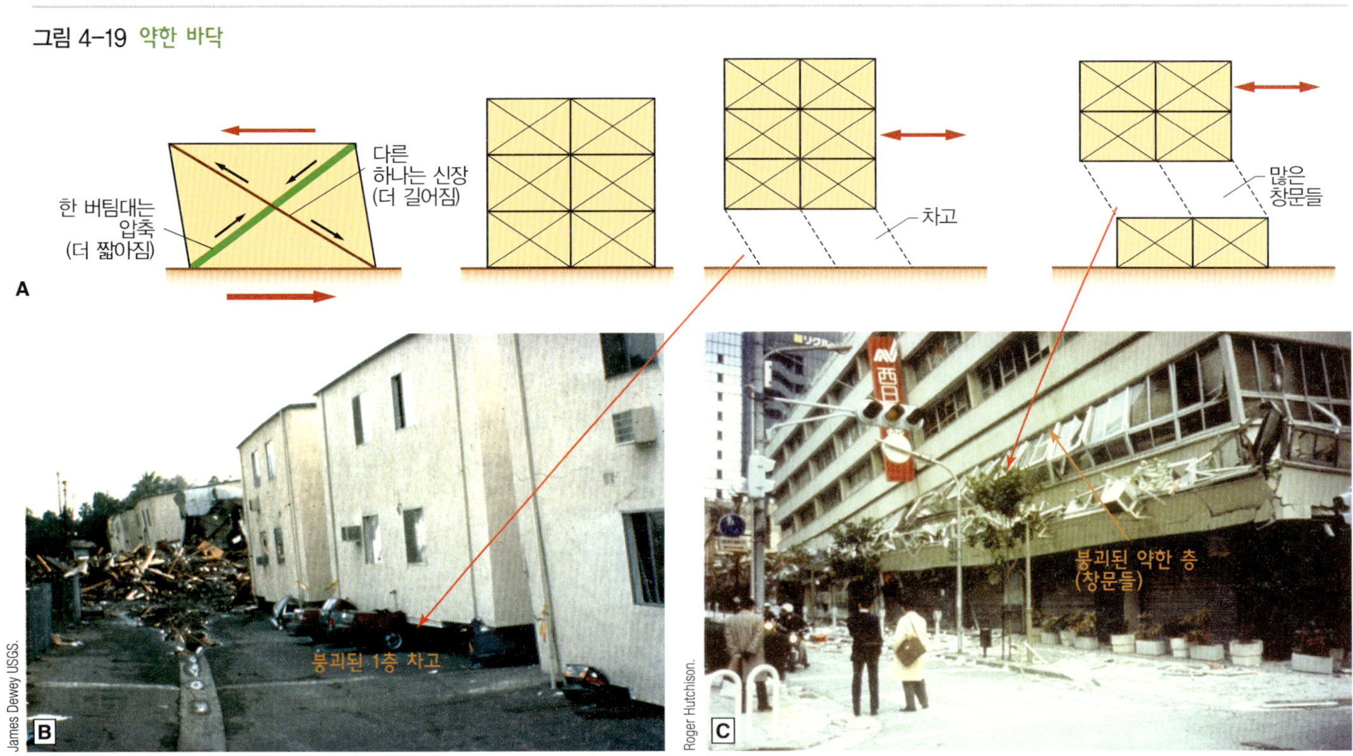

A. 대각선의 버팀대가 없는 약한 1층 바닥은 측면 파괴의 원인이다. B. 캘리포니아 레세다에 있는 한 아파트 건물의 보강되지 않은 1층 차고가 1994년 노스리지 지진으로 차 위에 붕괴되었다. C. 일본의 고베에 있는 이 건물의 2층이 그러했던 것과 같이, 한 층에서의 많은 창문들이 붕괴를 이끌 수 있다.

그림 4-20 대각선 버팀목 효과

Donald Hyndman.

샌앤드레이어스 단층 부근, 캘리포니아 멘로파크의 미국 지질조사소 건물은 지진동에 잘 견디기 위해 돌출된 대각선 버팀대를 갖추고 있다. 미리 제작된 콘크리트 바닥과 강철 골조에 놓인 지붕 판이 시공되고, 대각선 버팀대가 나중에 추가되었다.

오래된 건물들은 지진 동안에 특히 위험할 수 있다. 100년 이상 된 많은 구조물들은 벽돌이나 돌로 된 벽 위에 느슨하게 얹어 놓은 목재 바닥보들을 갖고 있다(**그림 4-21B**). 지진의 진동은 이러한 보들을 벽으로부터 잡아 당겨서 건물의 붕괴를 일으킨다. 약한 기초는 대각선 방향의 버팀대나 벽의 간주에 박은 합판으로 보강될 수 있다(**그림 4-22**).

위에 달려 있는 난간은 오랜 벽돌과 석조 건물들에서 일반적이다. 지진은 보통 외벽과 지붕선이 만나는 곳에서 그것들을 깨뜨린다(**그림 4-23**). 비록 건물이 서 있다고 하더라도, 떨어지는 벽의 일부가 거리나 차 안의 사람을 다치게 할 것이다.

다행스럽게도 건물들은 내부에 있는 사람들의 위험을 최소화하기 위하여 심한 지진에 충분히 잘 견딜 수 있게 지어질 수 있다. 목재 골조의 집들은 일반적으로 깨어지지 않고 휠 수 있는 충분한 유연성을 갖고 있다. 이런 집은 지진으로 기초로부터 튀어 나가 부서질 수 있지만 함몰되어 사람을 죽게 하지는 않는다. 용접하거나 볼트로 고정한 철재 빔으로 만든 골조를 갖는 상업용 건물들 또한 일반적으로 붕괴에 견딜 만큼 유연성이 충분하다. 대부분의 건설 법규들은 이제 건축업자가 골조를 기초에 고정하도록 요구한다—지진에 견디는 집의 능력을 엄청나게 개선할 수 있는 비싸지 않은 변화의 한 뛰어난 예이다(그림 4-22 참조).

강한 지진운동 동안 피해를 최소화하기 위하여 존재하는 건물들을 개조 또는 **개량**(retrofitting)하는 것은 추가적인 안전을 제공할 수 있다. 큰 지진들은 낮은 발생 가능성을 갖지만, 50~150년으로 고려되는 건물의 평균 수명 동안 발생할 수 있다. 드물지만 이러한 큰 사건들에 살아남게 하기 위하여 존재하는 건물들을 개조하는 데는 비용이 많이 든다. 더 높은 수준의 새로운 건물들을 건설하는 것이 훨씬 저렴하다. 이것은 과학자들과 정책입안자들이 새로운 또는 개조된 건물들에 대한 법규를 개발할 때 최선의 전략을 확신하지 못하게 한다.

높은 건물들은 건물의 흔들림에 의해 발생하는 특별한 범위의 지진재해를 경험한다. 약한 바닥이 없는 건물들조차도 만약 지반이 반대 방향으로 되돌아갈 때 그들의 상부 바닥들이 한 방향으로 움직인다면 붕괴될 것이다. 1994년 노스리지 지진에 대한 반응연구는 로스앤젤레스에 대한 최근의 지진법규를 사

그림 4-21 약한 층 연결부

Carl W. Stover, USGS.

Donald Hyndman.

A. 심지어 단층 주택도 문제가 될 수 있다. 캘리포니아의 남동부 산타크루즈, 왓슨빌의 이 목재 골조의 주택은 1989년 로마프리에타 지진 동안에 그것의 기초로부터 떨어져 흔들렸다. B. 몬태나 주 미줄라의 100년 된 건물의 바닥 들보가 이 구조물의 벽돌 벽에 놓여 있다. 강한 진동은 바닥 들보를 벽에서 빠져나오게 당길 수 있으며, 이는 건물의 붕괴를 일으킬 수 있다.

그림 4-22 주택보강

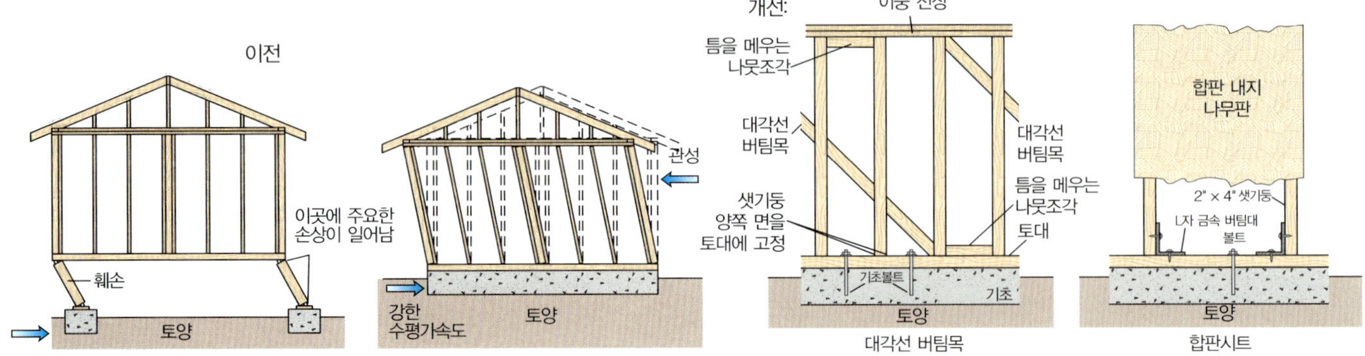

주택은 대각선 버팀목 내지 합판으로 쉽게 보강될 수 있다(오른쪽 두 개의 그림).

그림 4-23 건축용 벽돌과 돌출부

샌프란시스코에 있는 보강되지 않은 건물의 4층 벽과 돌출된 벽돌 난간은 1989년 로마프리에타 지진 동안 길거리로 무너졌다. 이는 차량 내부의 사람 5명을 덮쳤다.

용하여 I빔을 사용한 20층 건물에 대한 M_W 7 지진 효과의 수치 모델링을 시도하였다. 1,000 km^{2}의 지반 면적에서 그 모형은 1층이 심각하다고 고려되었던 것보다 3배가 많은 35 cm가 중심에서 벗어난다는 것을 예측했다. 건물의 꼭대기에서 예측되는 횡적변위는 7초 내에 3.5 m에 달하고, 2.5초의 주기로 1.5 m의 흔들림이 계속 뒤따른다. 이러한 모델들에서 가장 크게 손상을 주는 운동은 채찍효과를 만들면서, 지반의 후진운동 때 앞으로 나아가 건물을 때리는 것이다.

또 다른 모의실험은 그들 하중의 단지 25%만을 전달하는 수직 기둥들 사이의 접합들에서 균열이 열리는 것을 보여 주었다. 어떤 위치들에서는 후진운동 동안에 깨어지는 외부기둥이 1층에서의 횡적 운동을 더 이상 막을 수 없기 때문에 건물이 붕괴된다. 비록 건물이 붕괴되지 않을 때라도 그것의 진동은 심각한 피해를 일으킬 것이다. 높은 건물들은 이웃한 낮은 건물들보다 더 느리게 흔들린다. 이웃한 높고 낮은 건물들은 서로 부딪치는 경향이 있다. 이것은 보통 이웃한 낮은 건물의 꼭대기 높이에서 높은 건물을 파괴시킨다(**그림 4-24**). 건물들은 확실히 붙어 있거나 충분히 떨어져 있어야 지진 중에 서로 부딪치지 않는다.

건물들에 대한 진동의 양은 지진파의 주파수와 관계 있다. 지진은 초당 0.1~30 진동의 주파수로 지반을 흔든다. 작은 지진들은 일반적으로 더 많은 비율의 높은 주파수 진동을 생성한다. 만약 건물의 자연 진동 주파수가 지반의 진동 주파수와 유사하다면, 그네에 있는 어린이를 그네의 진동수와 동조하여 잡아당기는 것과 같이 동조할 것이다. 두 경우에 있어, 동조는 운동을 크게 증폭시킬 것이다. 일반적으로 부드러운 점토는 낮은 주파수로 진동하는 반면 딱딱한 암석은 높은 주파수로 진동한다. 점토로 매립된 만을 가로질러 건설된 어떤 고가 고속도로와 같이 높고 무거운 구조물들은 그들의 지지대가 깊게 박혀 있지 않거나 낮은 주파수 진동을 최소화할 수 있게 설계되지 않았다면 빈번하게 붕괴된다(**그림 4-25**). 건물들과 다른 구조물들은 그들의 자연 진동 주파수와 아래 지반 진동 주파수가 조화되는 것을 피하도록 설계될 필요가 있다.

높은 건물들은 대부분 낮은 주파수 진동에 취약하다. 이유를 이해하기 위하여, 실의 한쪽에 추를 매달아서 실을 잡은 손을 움직임으로써 높은 건물의 진동을 실험해 볼 수 있다. 예를 들어 손을 앞뒤로 1초당 30 cm씩 움직이면, 30 cm 길이의 실 끝의 추는 큰 앞뒤 진동을 일으킬 것이다. 이 진동은 추의 진

그림 4-24 동시에 발생한 흔들림

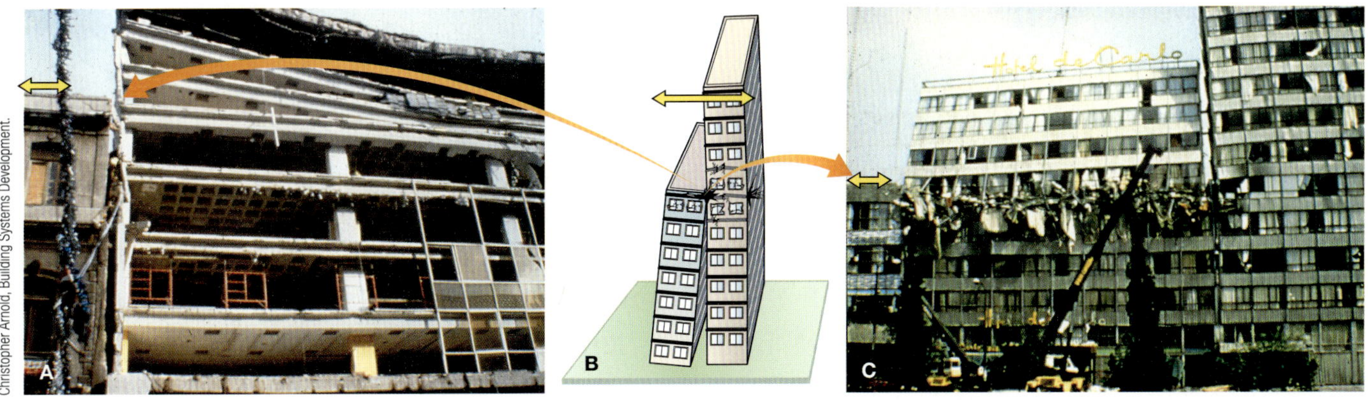

A.

A. 이 휘어지기 쉬운 주차전용 건물은 두 개의 더 낮고 휘지 않는 건물들 사이에 위치해 있었다. 자유롭게 흔들리는 이 건물의 상부 층들은 1985년 멕시코시티 지진으로 붕괴되었다. B. 서로 다른 높이의 인접한 건물들은 다른 진동수로 흔들릴 것이고, 따라서 지진 동안에 충돌한다. C. 1985년 멕시코시티 지진 동안에, 왼쪽 건물은 더 높은 옆 건물을 때렸고 한 층이 붕괴되었다.

동주기와 동조한다(해설 4-1: 추의 운동). 한편 당신의 손을 앞뒤로 초당 3번 정도 움직이면, 그 추는 거의 움직이지 않을 것이다. 마찬가지로 초당 3번에서, 만약 실이 30 cm보다 훨씬 길다면 그 추는 거의 움직이지 않을 것이다. 높은 건물은 낮은 건물보다 앞뒤로 더욱 천천히 흔들려서, 낮은 주파수 지진동들은 높은 건물에 더욱 피해를 입히기 쉽다(해설 4-2: 건물 진동

그림 4-25 취약한 고속도로 지지대

A. 일본 고베의 낮은 해안지대에 있는 주요 간선 고가도로는 1995년 지진 동안 옆쪽으로 넘어졌다. B. 볼트 및 용접을 함께 갖춘 간선 고가도로조차 고베 지진에 온전하지 않았다. 이 버스는 낙하된 도로의 연장부(왼쪽 하단부)로 떨어지기 바로 전에 가까스로 멈췄다.

해설 4-1

추의 운동

추의 전후진동은 오직 흔드는 물체의 길이에 의존한다. 특히 추의 주기(P) 또는 전후운동에 대한 총 시간은 추 길이(L)의 제곱근과 같다.

$$P \approx \sqrt{L}$$

또한 지진파 주기와 파장의 곱이 파의 속도와 같음에 주목하라. 예를 들어 2주기/초의 파 주기와 3 km의 파장의 곱은 6 km/sec의 속도와 같다. 이것은 대륙지각에서의 일반적인 P파 속도와 유사하다.

의 주파수). 단 몇 층 높이까지의 낮은 건물들은 높은 주파수로 진동해서 많이 흔들리지 않는다.

지반은 또한 퇴적물의 종류에 따라 다른 주파수로 진동한다. 연약한 퇴적물은 낮은 주파수로 진동한다. 그것은 망치로 때렸을 때 무딘 소리를 낸다. 대조적으로 기반암은 높은 주파수로 진동해서, 망치로 때렸을 때 울린다. 건물들은 그들이 지반과 유사한 진동 주파수로 진동할 때 대부분의 손상을 입는다. 낮고 딱딱한 건물들은 높은 주파수를 갖기 때문에, 연약한 퇴적물 위에 건설될 때 높은 건물보다 지진에 더 잘 살아남는다(액상화나 산사태 등 2차적인 지반효과들은 고려하지 않음). 높고 유연한 건물은 낮은 주파수로 진동하여 종종 높은 주파수의 기반암 위에서 지진을 잘 견뎌 낸다.

새로운 건설뿐만 아니라 오래된 건물의 개조에 대한 지침들은 지진의 건물에 대한 피해를 줄일 수 있다. 연방위기관리위원회(FEMA)는 2001년에 지진취약 지역에서 철재건설에 대한 새로운 지침을 내놓았다. 지난 30년 동안 건설된 대부분의 높은 건물들은 지진운동에 저항하기 위하여 철강구조로 용접하였다. 최근에 지진공학자들은 **바닥분리**(base isolation)라 불리는 과정을 통해 지반의 진동으로부터 건물을 분리시킴으로써 진동, 즉 그 피해를 최소화하기 위한 시도를 하였다(**그림 4-26**). 그들은 건물을 두꺼운 고무패드 위에 올려놓았는데, 이는 도로에 있는 많은 범퍼들로부터 우리를 분리시켜 충격을 흡수하게 하는 자동차의 스프링과 같이 작용한다.

바닥분리 패드는 일반적으로 초기 건설단계에 설치될 수 있다. 그러나 역사적인 건물들은 그것을 이용하여 개조할 수 있다. 1989년에 솔트레이크 시의 역사적인 5층짜리 석조건물인 시와 주 건물은 그것의 기초로부터 분리되어 보강되었고 바닥분리 패드로 보수되었다. 그 건물은 이제 리히터 규모 5나 6에 맞게 설계되었다. 지진위험지도는 50년 내에 그러한 지진의 10% 가능성을 지시한다. 2000년대 중반의 더 큰 프로젝트에서 솔트레이크 시에 있는 유타 주 의사당 건물이 들어 올려져서 약 50 cm 두께의 고무패드가 놓여졌다(그림 4-26B 참조).

지진대비

지진에 대해 집을 준비하는 것 그리고 지진이 발생할 때 무엇을 할 것인지 아는 것은 피해를 줄일 수 있고 생명을 구할 수 있다. 집에서의 구조적 약점을 평가하고 개조하는 것이 첫 번

해설 4-2

건물 진동의 주파수

다음 그림과 같이 서로 다른 높이의 건물들은 거꾸로 매달린 추와 같이 다른 주파수로 흔들린다.

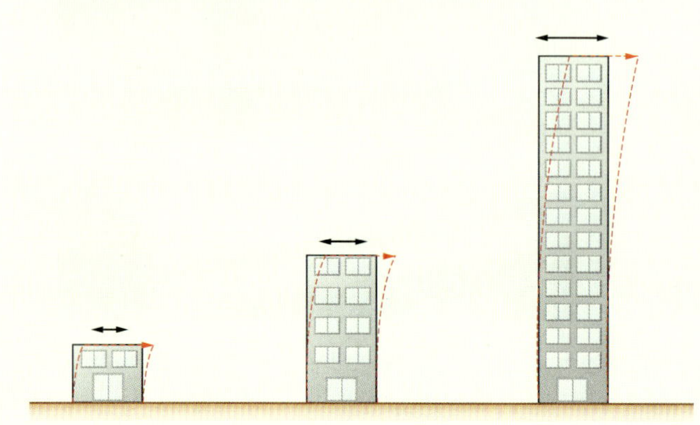

낮은 건물	중간 높이의 건물	높은 건물
• 단단한 1~2층 건물은 5~10 Hz*로 진동한다.	• 5~10층 건물은 0.5~3.0 Hz로 진동한다.	• 휘기 쉬운 20층 건물은 ~0.2 Hz로 진동한다.
• 앞뒤로 빠르게 흔들린다 (높은 주기).	• 앞뒤로 덜 빠르게 흔들린다 (중간 정도의 주기).	• 앞뒤로 천천히 흔들린다 (낮은 주기).
• 따라서 주기는 1/5~1/10=0.2~0.1초이다.	• 따라서 주기는 1/0.5~1/3=2.0~0.3초이다.	• 따라서 주기는 1/0.2 또는 5초이다.

*Hz=헤르츠=1초당 앞뒤 운동의 주기.

그림 4-26 건물을 위한 진동 흡수재

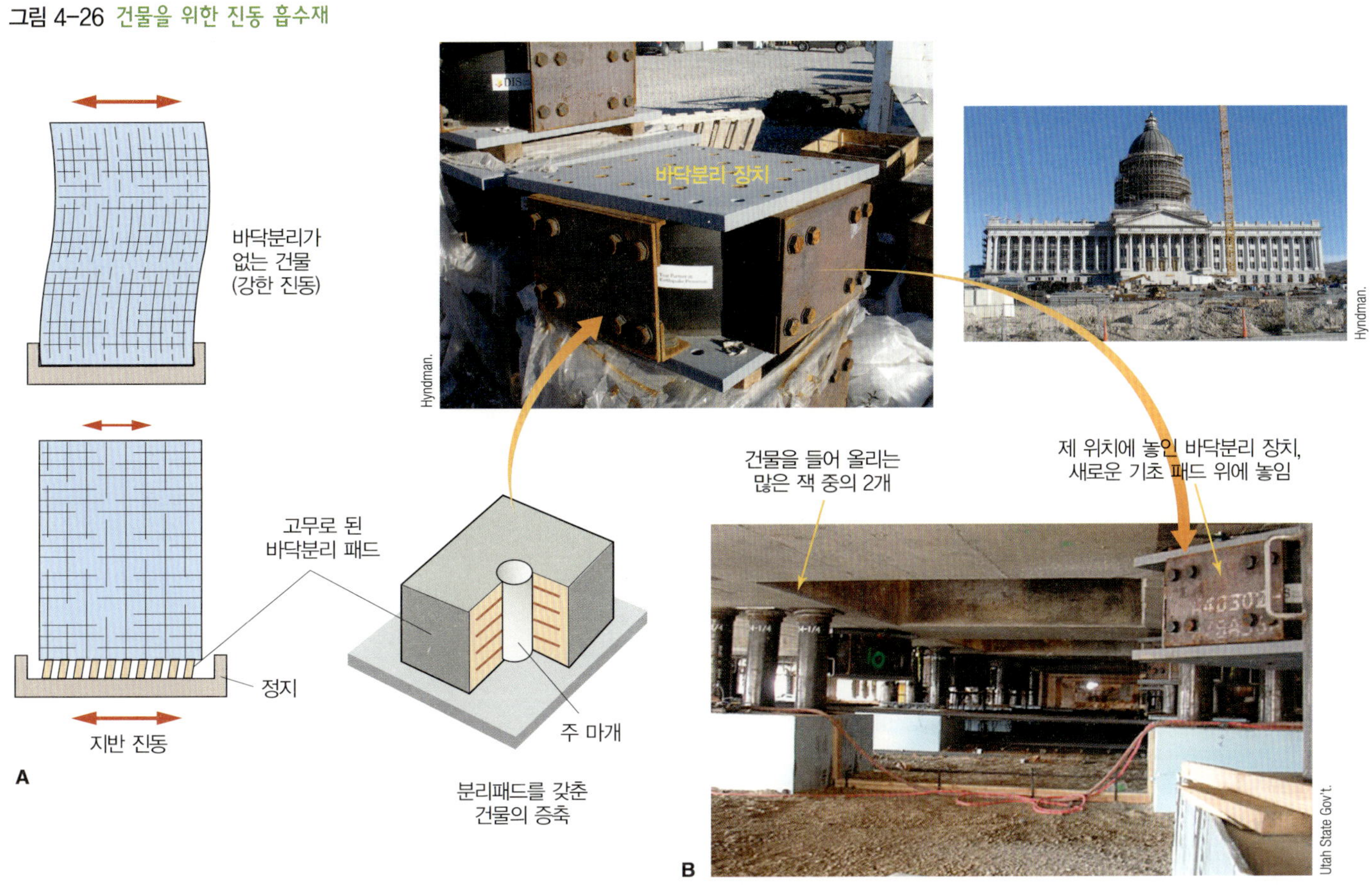

A. 바닥분리 패드는 지반의 격렬한 진동보다 건물이 더 적게 흔들리게끔 한다. 그것들은 종종 경질고무로 된 층과 약 50 cm 높이의 강철로 구성된다. 중간 부분의 주 마개는 진동을 무디게끔 돕는다. 유타 주 청사 건물 아래에 설치를 위해 준비된 바닥분리 장치. **B.** 대규모 개조사업에서, 2006년 들어 올려진 유타 주 청사 건물(삽입 그림) 아래에 바닥분리 패드가 설치되었다.

째 단계이다(**그림 4-27**). 일반적으로 모든 종류의 벽들은 바닥과 기초에 잘 고정되어 있어야 한다. 이 외에도 책장과 보일러를 벽에 잘 고정하고 굴뚝과 연통을 꺾쇠로 안전하게 고정해야 한다. 지진은 흔히 가스관과 전기선들을 절단하고, 만약 수도관까지 깨어지면 소방관들이 쉽게 진화할 수 없는 화재를 촉발할 수 있다(**그림 4-28**). 성냥이나 촛불은 공기 중에서도 쉽게 가스에 불을 붙일 수 있다. 그것은 만약 수도와 가스관들이 유연하고 스토브, 냉장고, 그리고 텔레비전들이 바닥이나 벽에 잘 고정되어 있다면 도움이 된다.

만약 당신이 현저한 지진 위험지대에 살고 있다면, 지진보험을 구입하는 것을 고려해야 한다. 비록 대부분의 잘 지어진 나무 골조 가옥들은 지진에 의해 붕괴되지 않을 것이지만, 손상은 사람을 살지 못하게 하는 가치 없는 가옥으로 만든다. 집은 전형적으로 대부분의 사람들에게 가장 큰 투자대상이기 때문에, 그 가치의 전체적 손실은 경제적으로 치명적이다. 지진에 취약한 지역들에서, 지진보험은 비록 그것이 매우 비쌀 수 있지만, 기본적인 주택보험이 그러한 피해를 보상하지 않기 때문에 구입할 가치가 있다. 그러나 지진보험은 서부 캘리포니아의 비싼 부동산 때문에 집을 교체하는 비용만을 보상하고 땅은 보상하지 않는 것이 큰 차이일 수 있다.

지진이 발생했을 때 무엇을 할 것인지 미리 계획하라. 대부분의 지진들은 1분 이하로 지속된다. 지진 중에 건물 안에 있는 사람은 지진이 아마도 그들이 밖으로 나가기 이전에 끝날 것이기 때문에 그곳에 머물러 있는 편이 낫다. 표 3-3에서 보여 주는 바와 같이 규모 6 이하의 진동시간이 매우 짧아서 안전한 곳으로 이동할 시간이 거의 없다는 것을 기억하라. 더 큰 규모들에 대해서는 충분한 시간이 있을 것이지만, 가속도가 너무 높아서 서 있기조차 힘들다. 만약 건물을 벗어나고자 한다면, 엘리베이터는 피해라. 밖이나 건물로부터 멀리 떨어져 있는 사람들은 그들 머리 위에 붕괴될 지붕이 없기 때문에 실내

그림 4-27 지진을 견디는 주택

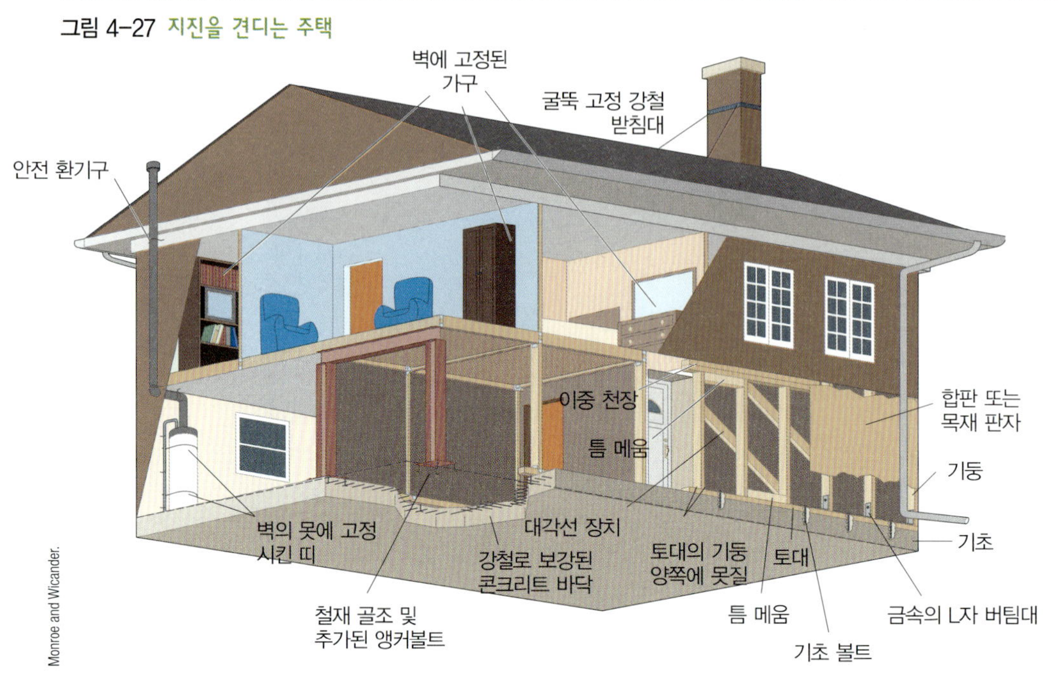

지진에 대비한 주택보강의 몇 가지 유용한 방법에 대한 그림.

그림 4-28 취약한 공익배관

노스리지 지진은 가스관을 절단하여 화재의 원인이 되었다.

에 있는 사람들보다 훨씬 안전하다. 건물 옆에 주차된 차는 떨어지는 파편들로부터 거의 안전을 제공받지 못한다(**그림 4-29**). 근처의 건물들로부터 떨어지는 유리와 다른 파편들을 피해 공터로 달려갈 것을 권한다.

지진에 의한 건물의 붕괴로부터 살아남을 기회를 증가시키기 위한 최근의 지침은 만약 시간이 있으면 탈출하여 건물로부터 멀리 벗어나라고 조언한다. 만약 그렇지 않다면, 건물이 붕괴되었을 때 완전히 평편해지지 않을 튼튼한 대상 옆에 몸을 낮춰라. 비록 콘크리트가 떨어진다 하더라도 무겁고 튼튼한 대상 옆에는 삼각형의 공간이 남아 있을 수 있다. 중간 크기의 지진에서는 책상 아래나 문 쪽으로 몸을 피하는 것이 작은 물건들이 떨어지는 것으로부터 당신을 보호할 수 있을 것이다.

토지이용계획과 건축법규

정부 또한 지진에 대비하고 그 피해를 줄이는 역할을 갖고 있다. 토지이용계획과 건축법규는 지진에서의 사망, 부상, 그리고 재산피해에 대한 최선의 방어이다.

지진재해가 발생할 수 있는 지역에서의 건축법규는 목재, 강철, 또는 적절하게 보강된 콘크리트로 골조를 한 구조물들을 요구해야 한다. 그들은 지붕을 지지하는 벽돌, 콘크리트 블록, 돌, 또는 점토로 만든 석벽들을 피해야 한다. 통일건축법규는 건물 내의 사람들에 대한 안전성을 제공하기 위해 필요한 건설기준의 수준을 지시하는 미국의 지진구역도를 제공한다(그림 4-13과 비교하라).

건축법규 시행은 가장 큰 지진이 반드시 가장 많은 사람들을 죽이는 경우가 아닌 이유 중 하나이다. 전형적으로 현대적인 건축법규를 가진 선진국들에서의 큰 지진들은(그리고 이러

그림 4-29 주차하기 위험한 장소

Kevin Galvin FEMA.

이 차들은 2001년 3월 4일, 워싱턴 주 올림피아의 중규모 지진 동안에 떨어지는 벽돌에 의해 파괴되었다.

한 규정의 강한 시행은)심각한 피해를 일으키지만 더 적은 사망자를 낸다. 건설수준이 낮거나 건축법규의 집행력이 약한 가난한 나라들에서는 그러한 지진들이 높은 사망자들을 낸다(**3장 개관**: 부실공사의 치명적 결과—2010년 아이티, 3장 사례: 부실 시공된 건물의 붕괴—2005년 파키스탄의 카슈미르 지진, 4장 사례: 건축법규를 따르지 않고 취약하게 건설된 건물들의 붕괴—2008년 5월 12일, 중국 쓰촨 성 지진). 이러한 사망자수(수만 명)와는 대조적으로, 매우 강한 지진 건축법규를 갖고 있는 칠레에서 기록된 7 또는 8번째 큰 지진인 2010년 2월의 규모 8.8 지진에 의한 사망자는 486명이었다.

지진에 의한 대부분의 높은 사망자수는 빈약한 건축 또는 부적절한 부지들로 알려진 국가들로부터 온다(표 4-1 참조). 산살바도르에서의 2001년 1월 지진으로부터 발생한 높은 사망자수는 수도의 부유한 지역에서의 거대한 산사태와 가난한 지역에서 빈약하게 지어진 어도비 벽돌집들 둘 다의 결과이다(**그림 4-30**). 인도 부찌에서의 2001년 1월 지진에서 발생한 수만 명의 사망자는 무거운 물질로 빈약하게 지어진 가옥들의 붕괴 때문이었다.

표 4-1의 피상적인 검토는 또한 지진으로부터의 사망자수가 시간에 따라 현저하게 감소하지 않는다는 것을 보여 준다. 200년 전, 그리고 과거 50년 전에조차도 수만 명의 사람들 그리고 종종 수십만 명이 주요 지진으로 사망했다. 불행하게도 훨씬 더 많은 사람들이 밀집된 조건들과 빈약하게 건설된 건물들에서 살고 있다(**그림 4-31**). 선진국은 이런 면에서는 좀 더 나은 경향이 있지만 여전히 지진에서 치명적인 희생을 경험할 수 있다.

구역화는 활성단층을 따르는 지역들, 산사태 취약지역, 또는 연약한 점토나 매립지 위에서의 개발을 엄격하게 제한할 것이다. 공원과 골프장은 그러한 지역에 대한 좋은 이용이다. 만약 사람들이 단층 근처에서 살지 않는다면, 그러한 갑작스런 이동이 문제를 만들지 않을 것이지만, 지구의 움직임을 어떻게 할 수 없다는 이유 때문에 그러한 지역으로 도시들과 시가지들이 성장한다. 이제 재해환경에 살고 있는 수백만의 사람들과 사회단체들이 개인과 문명 전체에 대해 더 악화되는 문제를 갖고 있다는 것을 인식하기 시작했다. 재해를 다루기 위해서는 무엇이 각 위험을 발생시키는지에 대해 더 많이 알 필요가 있다.

그림 4-30 어도비 벽돌 구조

Don Hyndman.

A

B

개발도상국 빈곤한 지역에서는 건설에 종종 부드러운 진흙벽돌, 또는 가마에서 구운 것이 아닌 단지 볕에 말린 '어도비'를 사용한다. 작은 지진조차도 이러한 재료들로 건설된 건물을 위태롭게 한다. A. 이집트의 카이로, B. 페루의 쿠스코 인근

그림 4-31 벽토 뒤에 숨어 있는 결함

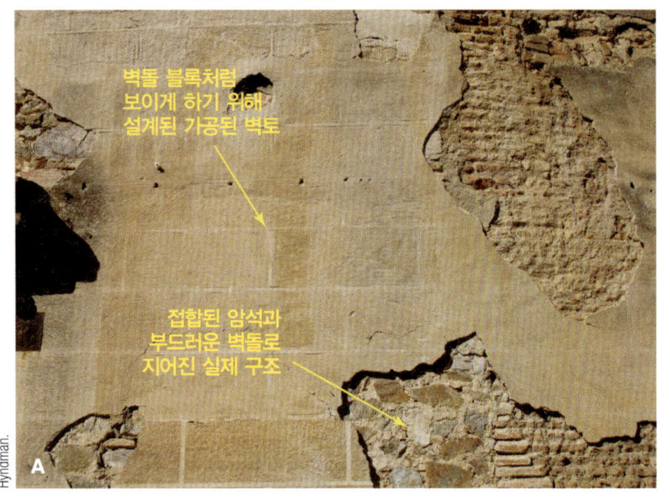

A. 깔끔하고 강하게 보이는 돌담은 취약한 석벽 위에 가공된 벽토일지 모른다. 스페인의 남부 마드리드. B. 그리스의 아테네 구시가에서 1999년 9월 규모 5.9의 지진으로 붕괴된 주택들은 서로 약하게 결합된 그 지방의 암석들로 값싸게 건설되었다. 붕괴된 주택들은 143명의 사망자를 발생시켰다. 당신은 이렇게 건설된 호텔에서 머무를 것인가? 벽면이 벽토로 덮여 있다면, 이러한 건축양식을 뭐라고 말할 수 있는가? 지진 이후에 '다시 들어가지 말 것'을 가리키는 빨간색의 'X'가 표시되어 있다.

사례

지진이 지진공백을 메우다

1989년 캘리포니아 로마프리에타 지진▶

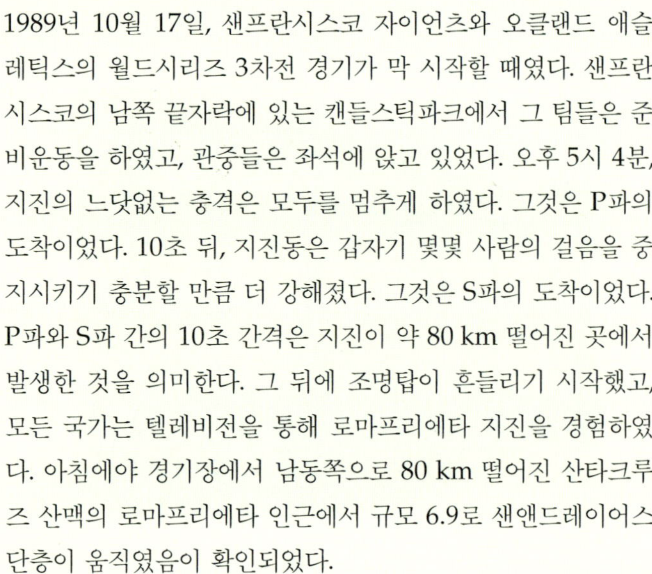

1989년 10월 17일, 샌프란시스코 자이언츠와 오클랜드 애슬레틱스의 월드시리즈 3차전 경기가 막 시작할 때였다. 샌프란시스코의 남쪽 끝자락에 있는 캔들스틱파크에서 그 팀들은 준비운동을 하였고, 관중들은 좌석에 앉고 있었다. 오후 5시 4분, 지진의 느닷없는 충격은 모두를 멈추게 하였다. 그것은 P파의 도착이었다. 10초 뒤, 지진동은 갑자기 몇몇 사람의 걸음을 중지시키기 충분할 만큼 더 강해졌다. 그것은 S파의 도착이었다. P파와 S파 간의 10초 간격은 지진이 약 80 km 떨어진 곳에서 발생한 것을 의미한다. 그 뒤에 조명탑이 흔들리기 시작했고, 모든 국가는 텔레비전을 통해 로마프리에타 지진을 경험하였다. 아침에야 경기장에서 남동쪽으로 80 km 떨어진 산타크루즈 산맥의 로마프리에타 인근에서 규모 6.9로 샌앤드레이어스 단층이 움직였음이 확인되었다.

그 동안에 오클랜드의 만을 가로지르는 2층으로 된 880번 주간 고속도로의 2와 1/4마일지점에서 차량들이 이탈하고 교통이 제한되었다. 처음에 일부 운전자들은 타이어에 바람이 빠졌다고 생각하였다. 상부도로가 붕괴되면서 하부도로의 차량으로 지지대로부터 콘크리트가 튀어나올 때, 최초의 동요는 하부도로의 사람들에게 공포로 변하였다. 불과 42명의 운전자가 사망한 것은 구조자들에게는 기적으로 생각된다. 전체적으로, 샌프란시스코에서 월드시리즈가 시작될 때 지진이 발생한 것이 가장 행운이었다. 경기장에 있지 않은 샌프란시스코 만의 대부분의 사람들은 텔레비전으로 경기를 보기 위해 집에 있었다. 대개 퇴근 혼잡시간의 차량들로 빽빽한 고속도로는 거의 비어 있었다. 이것이 아니었으면, 더 많은 사람들이 사망했을 수 있다.

샌프란시스코 만의 끝자락을 따르는 부드러운 진흙은 진앙으로부터 90 km 거리에도 불구하고, 고속도로 아래의 지진동을 5배에서 8배로 증폭시켰다. 고가 고속도로의 진동주기(1초당

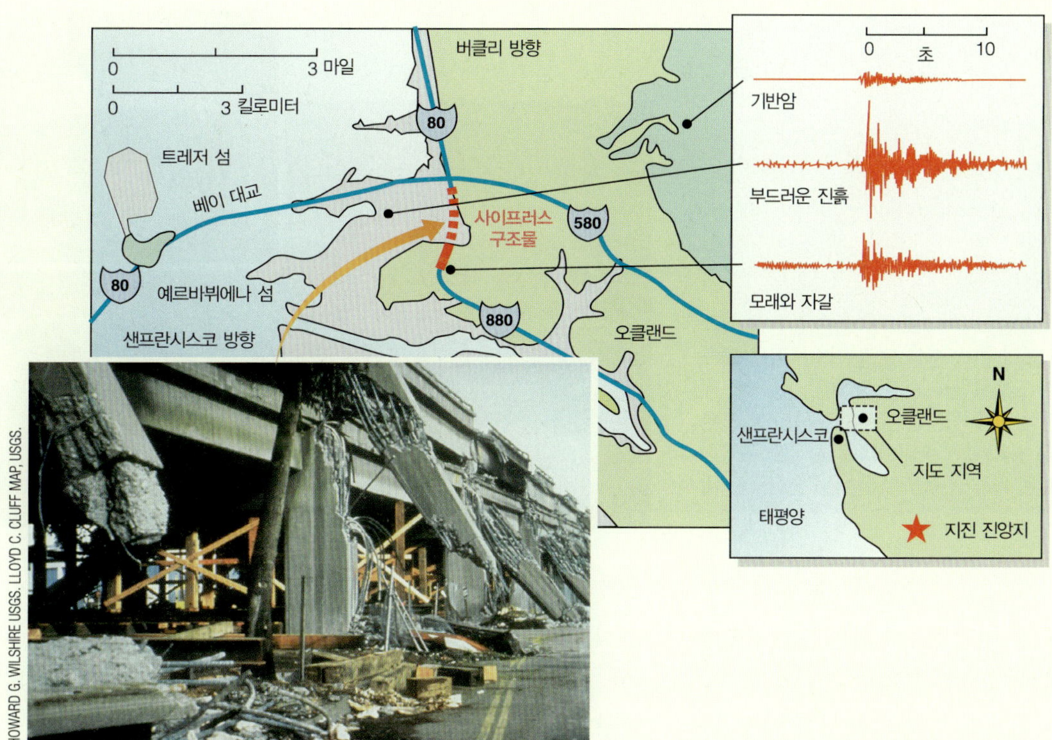

▶ 오클랜드의 2층으로 된 880번 주간 고속도로의 격렬한 진동은 두껍게 보강된 콘크리트 지지대를 절단하고, 상부 도로의 대부분은 하부도로 위로 붕괴되었다. 예를 들어 중간 그림의 강한 기둥은 건설 중 두 부분이 합쳐진 하부도로로 떨어졌다. 880 주간 고속도로의 사이프러스 구간은 1989년 로마프리에타 지진 동안에 붕괴되었다. 지진계는 진동이 기반암보다는 점토에서 훨씬 더 강했음을 보여 준다.

▶ 1989년 로마프리에타 지진은 산타크루즈 내 퍼시픽가든몰의 보강되지 않은 석조건축을 심하게 파괴시켰다.

▶ 샌프란시스코 마리나 지구의 인공 매립지에 건설된 이 아파트 건물은 1989년 로마프리에타 지진 동안 붕괴되었다. 건물 옆에 주차된 차량은 살아남지 못했으나, 건물 내부와 1층에 있던 사람들은 십중팔구 살아남았다. 차량 뒤쪽에 있는 2층 발코니가 현재 지상높이에 있음에 주목하라.

2~4의 측면 주기)에 영향을 받은 퇴적물은 피해를 매우 증폭시켰기 때문에 특히 불운이었다.

진앙에서 서쪽으로 16 km 이내의 인근 도시인 산타크루즈는 크게 피해를 입었다. 산사태는 산타크루즈 북부의 코스트 산맥 고속도로를 덮쳤다. 특히 마리나 지구의 건물들은 많은 건축물이 샌프란시스코 만의 끝자락을 따라 지진동을 증폭시키는 매립지에 놓여 있어 파괴되기 쉬웠다. 매립지의 물이 스며든 퇴적물은 무른 유체로 바뀌었고, 이는 가스관을 부서지게 하고, 화재의 원인이 되었다. 이는 또한 소방관에게 만으로부

▶ 샌프란시스코-오클랜드 만 대교의 격렬한 진동은 서쪽으로 향하는 상부도로의 한 부분을 연결하는 무거운 볼트의 배열을 끊어 하부도로로 떨어지게 하였다. 상세사진은 교량의 동쪽 끝 부분에서 서쪽을 향한 것이다. 하단부 오른쪽의 도로 상에 보이는 타이어가 미끄러진 자국에 주목하라. 완충장치로 설계된 교량의 서측부 절반은 손상되지 않았다.

터 해수를 퍼 올리는 연결호스가 되는 수도 본관을 깨뜨렸다.

비록 로마프리에타 지진이 결코 '큰 것'은 아니었지만, 만 지역의 사람들은 붕괴된 건물이 62명의 사망자와 3,757명의 부상자를 발생시켰다는 것을 크게 두려워하였다. 약 12,000명의 사람들은 그들의 집에서 이주하였다. 이 지진은 963개의 가옥을 파괴하였고, 60억 달러(2010년 달러 기준으로 105억 달러)의 재산피해를 일으켰다. 샌프란시스코-오클랜드 만 대교의 피해는 4개월 동안 그것을 통제시켰다. 붕괴된 I-880 고속도로는 하나의 층으로 된 도로가 무너진 다층 구조를 대체하는 것이 끝날 때까지 수년 동안 이스트 만 고속도로를 따른 교통침체를 일으켰다.

로마프리에타 지진을 유발한 단층의 미끄러짐은 단층 서측부 암석이 북쪽으로 1.9 m(6.2피트) 움직이고 위로 1.3 m 상승한 18 km 깊이에서 시작되었다. 변위는 지표 또는 지각 상부 6 km까지는 깨뜨리지 않았다.

미국 지질조사소는 캘리포니아 지진 가능성에 대한 실무자 회의를 소집하였다. 로마프리에타 지진을 유발한 단층분절은 1988년 이후 30년 내에 6.5 내지 그 이상 규모의 지진이 발생할 가능성이 있는 것 중 하나로 이미 확인된 것이었다. 다른 많은 지진들과 마찬가지로 단층의 산타크루즈 산맥 분절에서의 이 지진은 단층을 따라 최근 지진이 보이지 않는 구역인 지진공백을 채웠다. 지진계는 일촉즉발의 지진을 경고할 수 있는 어떠한 전조현상도 탐지하지 못했다.

강한 지진이 아프리카와 유럽 사이의 충돌대를 뒤흔들다

2009년 4월 6일, 이탈리아 라퀼라 ▶

2009년 1월 중순, 이탈리아의 등뼈를 따라 내려가고, 북동쪽으로는 섭입대의 상부이자 남서쪽으로는 해양이 확장되는 지역인 중앙 아펜니노 산맥에서 작은 지진들이 활동하기 시작했다. 지진이 이탈리아에서 흔하지 않은 것은 아니지만 강하거나 치명적인 것은 드물다. 지난 700년 동안 7회의 큰 지진이 불규칙한 간격으로 이 지역에 피해를 주었다.

4월 6일 새벽 3시 32분, 이탈리아의 로마에서 북동쪽으로 약 120 km 떨어진 라퀼라 부근에서 모멘트 규모 6.3의 지진이 발생했다. 주민들은 약 20초 정도 진동이 지속되었다고 말했다. 10 km 깊이에서 발생한 이 지진은 북동-남서 방향의 정단층을 따른 확장운동에 의해 일어났다. 한 전문가가 지진이 발생할 것임을 예측한 바 있으나, 이는 일주일 차이가 났고 북서쪽으로

60 km 떨어진 것이었다. 이것은 타당한 예측이었는가?

라퀼라는 1,200년대로 거슬러 올라가는 건물들을 갖고 70,000명의 사람들이 사는 중세도시이다. 이곳은 지진동을 증폭할 수 있는 오래된 호수 층 내에 놓여 있다. 297명이 사망했고, 약 1,500명이 부상을 입었다. 근처의 한 마을은 350명의 주민 중에 38명을 잃었다. 12,000명의 난민을 수용하기 위해 텐트가 설치되었다. 교회들과 역사적으로 중요한 의미가 있는 궁전들을 포함해 많은 건물들이 붕괴되고, 수천 개가 손상을 입었다. 주차된 차량들은 좁은 거리를 채운 파편들에 눌려 부서졌다. 주 지진에 이어진 규모 5.3을 포함한 여진들은 구조자들의 안전모에 더욱 많은 파편이 떨어지게 뒤흔들었다. 많은 중세 건물과 같이 이 건물들은 대부분 보강되지 않은 석조건축물이었다—돌, 혹은 고대 목재 건축물.

발표된 예보가 타당했는지 아닌지는 결론을 지을 수 없는 문제이다. 앞에서 언급된 것처럼, 1970년대 소련의 지질학자들은 지진에 앞서 며칠 전 우물의 라돈으로부터 방사능이 증가함을 알아냈다. 1981년에 보고된 다른 연구는 지하수의 라돈 변화와 아이슬란드의 지진 간의 어느 정도 상관관계를 제시했다. 규모 1~4.3의 57회 지진에 대한 비교(모두 라퀼라 사건에 비해 약 1,000배 정도 약함)에서, 48회는 아무 상관이 없음을 보여 준다. 그러나 9회는 지진 전에 라돈변화를 보여 주며, 높은 유수량을 보이는 7회는 허위경보를 나타냈다. 비록 라돈의 상관성이 잘 입증된 것은 아니지만, 1월부터 3월까지 지진발생에 따른 그것의 변화는 염려스러울 수 있었다. 현재로서 이것 내지 다른 이례적인 현상을 기초로 지진의 특정한 일시를 예측하기 위해서는 자료가 불충분하다(이 장의 처음에 소개된 중국의 하이청 지진 예측과 비교해 보라).

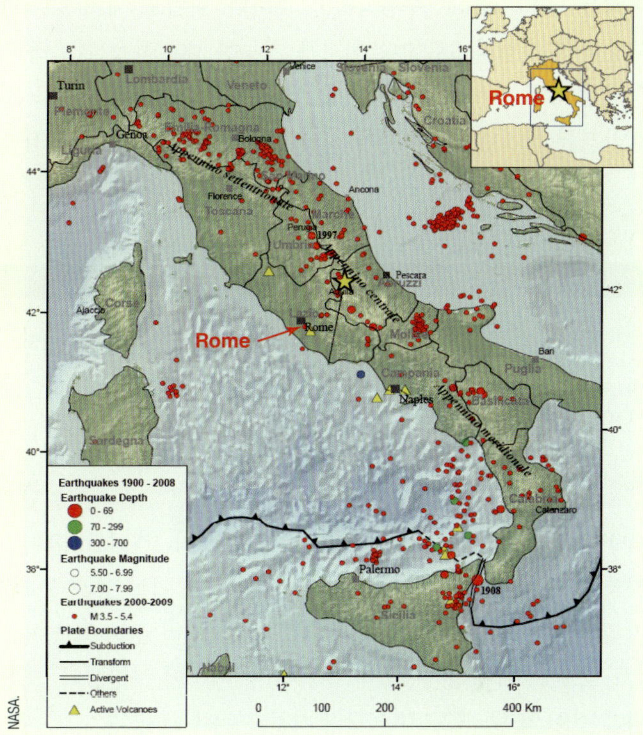

▶ 1900년부터 이탈리아에 발생한 대규모 지진 분포. 2009년 아퀼라 지진은 노란색 별로 표시되어 있다(미국 지질조사소). 중앙이탈리아의 셔틀 레이더 영상.

만약 술모나의 줄리아니 대피가 유도되었다면, 많은 대피자들은 아마도 라퀼라의 큰 마을, 즉 지진으로 사실상 가장 큰

▶ A. 라퀼라의 붕괴된 목조 및 석조 건물들. B. 프랑스 동부의 이 건물은 구조물들이 붕괴되기 전 어땠는지를 보여 준다.

Vincenzo Pinto, Agence France-Presse-Getty.

A

Hyndman.

B

피해를 입은 곳으로 수용되었을 것이다. 아마도 위기에 처한 대중에게 직접적으로 전조현상과 가능한 대비책을 설명하고, 정직한 방법으로 개개인들에게 그들이 하고자 하는 행동을 결정하게끔 하기 위한 한 사례가 만들어질 수 있다. 아마도 잠재적인 징조는 특정한 기간 내에 특정한 크기의 지진사건 발생 가능성으로 표현될 수 있다—이것은 미국 기상청에 의해 수행된 폭풍에 대한 것과 거의 같다.

일련의 이동성 지진 중 하나

1999년 터키의 이즈미트 지진▶

1999년 8월 17일, 이스탄불에서 동쪽으로 약 100 km 떨어진 지역에서 노스아나톨리아 단층이 움직였고, 이는 규모 7.4의 지진을 일으켰다. 140 km의 지표파열을 따른 지표변위는 1.5~2.7 m로 수평적이었다. 30,000명 이상이 사망했다. 재산피해는 91억 달러(2010년 달러 기준으로)에 달했다.

이 단층은 지난 100년 동안 11차례에 걸친 규모 6.7 이상의 큰 지진들을 유발했다. 연속된 6회의 큰 지진들은 1939년과 1957년 사이에 꾸준히 서쪽으로 이동하였다. 1939년과 1944년 사이에, 이 단층은 600 km의 엄청난 연속된 길이로 파열되었다(그림 4-7 참조). 한편으로, 6회의 연속 뒤에, 3차례의 다른 지진이 단층의 양쪽 끝 부분에서 발생했다. 1999년 8월 17일 지진은 지진공백을 채웠다. 3달이 지나지 않은 뒤에, 이전 운동이 발생한 곳 바로 동쪽의 43 km 구간이 움직였고, 이는 듀즈 지역에서 850명의 사망자를 발생시킨 규모 7.1의 지진을 유발했다. 2003년 5월 1일, 규모 6.4의 지진은 노스아나톨리아 단층의 동쪽 끝 부분 바로 남쪽에서 발생했다. 만약 이러한 경향이 지속된다면, 서쪽으로 가까운 거리에 있고 노스아타톨리아 단층에서 북쪽으로 불과 20 km 떨어진 이스탄불이 다음 차례이다. 1,260만 명의 시민이 있는 아주 오래된 도시에서의 이러한 사건은 대참사가 될 수 있다.

비록 지진 안전성에 대한 터키의 건축법규가 미국의 것과 유사하기는 하나, 집행이 미약하고 많은 건설이 겉치레이다. 3층 건물은 지역 내 세금이 부과되기 때문에 개발자들은 거리로 툭 튀어나온 2층으로 된 건물을 선호한다. 이러한 많은 건물은 지진 중에 붕괴되었고, 액상화는 건물이 기울어지거나 쓰러지는 원인이 된다. 이에 더하여 최고층은 가끔 건축업자들이 정치가들과 조사관들이 업무를 소홀히 할 수 있는 선거기간 동안 불법적으로 추가된다.

Mehmet Celebi USGS.

Mehmet Celebi USGS.

▶ A. 이즈미트 지진 당시 건설이 마무리되지 않았던 이 건물은 거리 위로 튀어나온 상층을 가졌다. 이 무거운 구조물은 토대와 콘크리트 바닥에 약하게 연결된 콘크리트 기둥에 놓여 있다. 바닥과 토대는 또한 대각선 버팀대가 없다. B. 이즈미트의 이 현대식 다층 아파트 건물은 오른쪽으로 포개져 있다. 누구도 이런 유형의 붕괴에서 살아남을 수 있을 것같지 않다.

▶ 취약하게 받쳐진 낮은 층으로 인해 대부분이 붕괴된 오래된 아파트 단지가 황폐한 거리에 노출되어 있다. 질 낮은 건설이 원인이었다. 대각선 버팀대와 내진벽이 측면 이동을 방지할 수 있었을 것이다.

▶ 지반의 액상화와 상층이 거리로 삐져나오는 무거운 건물로 인해 일부 건물들이 침하 또는 기울어졌다.

지진에 의해 발생한 파괴적인 화재

1906년 캘리포니아 샌프란시스코 ▶

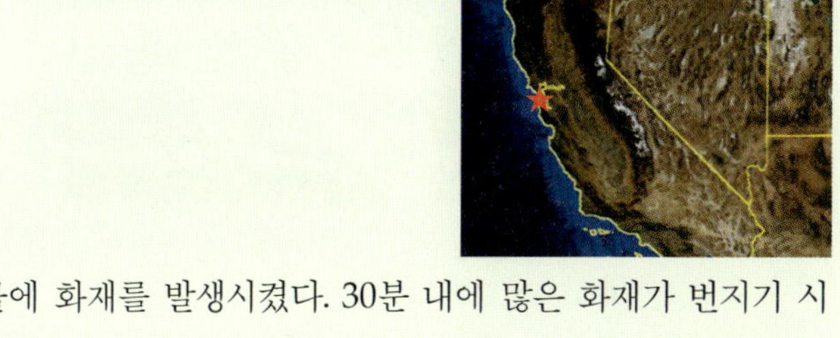

1906년 4월 18일, 샌프란시스코 지진은 동틀 녘 아침 5시 12분에 발생했다. 이것은 거의 모든 사람들을 새벽잠에서 깨우는 전진으로 시작되었다. 주 지진은 그 다음 20~25초 후에 약 7.8의 규모로 발생했다. 한 생존자는 낡은 대포와 같은 요란한 소리와 굉음을 회상했다. 다른 사람들에게는 고함소리 또는 무딘 굉음으로 들렸다. 거리의 사람들은 지진이 다가옴에 따라 땅이 파도처럼 출렁거렸다고 회상했다.

강한 진동은 45~60초 동안 지속되었다—그것은 절대 멈추지 않을 것 같았다. 수천 개의 굴뚝이 부러지고, 집으로부터 바닥으로 떨어졌다. 많은 벽돌 내지 석조 건물들이 파편더미로 붕괴되었다. 대부분의 목재골조 건물들처럼, 상가의 철재골조로 된 새로운 고층빌딩은 경미한 손상으로 살아남았다. 건축설계와 재료는 그것들이 살아남는 데 큰 역할을 했다. 불행하게도 샌프란시스코 만의 끝자락을 따른 매립지의 목조골재 건물 다수는 붕괴되었다. 다른 건물들은 아래의 진흙이 압밀되면서 가라앉았다. 여진들은 주 지진에 약해진 더 많은 건물들을 파괴시켰다. 기반암 언덕의 건물들은 상대적으로 잘 살아남았다.

가정용 난방기구 및 부러진 가스관과 전기선은 많은 목재 건물에 화재를 발생시켰다. 30분 내에 많은 화재가 번지기 시작했고, 그 뒤 도시 전역에 번진 하나는 상가의 북쪽, 다른 하나는 상가의 남쪽으로 번져 두 개의 큰 화재로 합쳐졌다. 부서진 수도관은 방화선을 차단하기 위해 다이너마이트에 의존하는 상황에서 소방관들을 방해했다. 3일간의 화재는 차이나타운, 지진에 살아남은 상가의 고층빌딩들을 파괴시켰고, 샌스란시스코 만의 끝자락을 따라 부두에까지 도달했다. 10.6 km^2의

▶ 벽돌과 벽이 떨어져 내려 사람들이 사망했고, 말들도 희생되었다. 건물 사이의 거리조차 안전하지 않았다.

W. C. Mendenhall USGS.

▶ 샌프란시스코의 하이버니어 은행이 1906년 지진에 의해 파괴되었다.

Courtesy Bancroft Library, University of California, Berkeley.

▶ 상가 거리를 내려다본 이 샌프란시스코 전경은 1906년 지진과 화재에 의한 피해를 보여 준다.

28,000개 이상의 건물이 파괴되었다.

샌프란시스코의 북쪽으로 지진은 거의 오리건 주의 경계부까지 건물들을 손상시키고, 남쪽으로는 피해가 로스앤젤레스까지의 1/3 지점까지 이르렀다. 사망자수는 샌프란시스코에서 어림잡아 700명이었고, 이어진 유행병은 더 많은 목숨을 앗아갔다. 그러나 명백히 지역경제에 예상되는 부정적 영향으로 인해 사망자수는 적게 산출된 것으로 보인다. 사실상 아마도 3,000명 이상이 지진의 영향과 그 여파로 인해 사망하였다. 피해는 지진으로부터 5억 7,800만 달러와 화재로부터 84억 달러(2010년 달러)였다. 400,000명의 인구 중 약 225,000명이 집을 잃었다. 산타로사, 힐스버그, 그리고 새너제이는 심하게 피해를 입었다.

Donald Hyndman.

▶ 샌프란시스코, 마리나 지구의 가옥들은 1906년 지진 동안에 샌프란시스코 만의 끝자락에 있는 인공 매립지로 내려앉았다. 그것들은 현재 지상보다 낮은 곳에 있다.

California Historical Society.

▶ 부서진 수도관은 소화전 사용을 방해했다.

지표변위는 산타크루즈의 동쪽부에서부터 케이프 멘도시노까지 430 km 연장되었다. 최대수평변위는 샌프란시스코에서 북쪽으로 50 km 떨어진 포인트러예스 부근에서 2.6 m(그림 3-6의 부서진 울타리를 보라)였다. 지진규모에 대한 개념과 규모를 측정하기 위한 적당한 지진계도 1906년에는 존재하지 않았다. 메르칼리 진도 7 내지 그 이상으로 피해를 입은 지역의 면적은 약 7.8의 모멘트 규모를 추정하게 한다.

건축법규를 따르지 않고 취약하게 건설된 건물들의 붕괴

2008년 5월 12일, 중국 원촨(쓰촨 성) 지진▶

2008년 5월 12일 새벽 2시 28분, 거의 300 km에 달하는 북동 방향의 용문산 역단층대를 따른 갑작스런 이동이 높은 동부 티베트 고원을 동쪽에 있는 쓰촨 분지를 향해 북동쪽 및 위쪽으로 이동시켰다. 서쪽의 상부지각은 동쪽으로 4.9 m, 위쪽으로 6.5 m, 그리고 총 변위 8 m 이상 이동하였다. 그 규모 7.9의 지진은 지하 19 km 그리고 약 1,000만 명의 인구가 있는 중국 남서부의 도시 청두에서 서북서 방향으로 약 75 km 떨어진 지점에서 시작되었다.

갑작스런 충격과 격렬한 수평진동은 제자리에 서 있기 힘들게 하였다. 그것은 아래보다는 옆으로 넘어진 것을 제외하고는 자유낙하처럼 느껴졌다. 사람들의 발 아래 바닥은 처음에는 한 방향으로 다시 다른 방향으로 빠르게 움직였기 때문에 사람들은 어리둥절했고 달릴 수도 없었다. 건물들은 2분 동안 전후운동에 흔들리면서, 대부분의 딱딱한 석조 구조물들은 깨지고 완전히 붕괴되었다. 지질의 강성도, 진원지의 얕은 깊이, 그리고 높은 인구밀집 지역과의 가까운 거리 등이 피해와 사망자를 증폭시켰다.

도시 및 시골 마을들은 1950년대부터 지어진 다층의 콘크리트 및 벽돌 대형아파트 또는 벽돌과 콘크리트 블록으로 지어진 작은 1층 및 2층 집으로 좁으면서 측면 경사가 급한 계곡에 위치하고 있었다. 오래된 주택에는 목조 들보와 나무 판으로 된 약한 골조가 무거운 기와지붕을 받치고 있었다.

지진이 진앙에 가까운 대부분의 건물들을 무너뜨릴 때 많은 아이들은 학교에 있었고, 이는 학생과 선생님 수천 명을 사망시켰다. 1998년에 지어진 한 중학교에서는 1,300명이 사망하였다. 진앙에서 160 km 떨어진 곳의 다른 7층 높이 학교 건물이 2 m 높이의 흙더미로 붕괴되어 최소 1,000명이 묻혔다. 붕괴된 건물에 대한 신속한 검토는 질 낮은 건설 재료가 상당수 학교에 사용된 것을 보여 줬다. 대부분의 학교들은 불충분한 버팀목을 가진 큰 공간을 갖고 있었다. 약한 바닥과 큰 창문이 있는 벽, 대각선 버팀대의 부재가 전형적이었다. 학부모들은 곧 학교의 건설기준과 타락하고 무능한 공무원들에 의해 촉진된 부실공사에 대해 격분하여 항의했다. 중국의 인구조절 정책은 가구당 한 자녀를 허용하기 때문에, 대부분의 가족들은 그들의 하나뿐인 아이를 잃었다. 많은 중국인들은 노령의 시기에

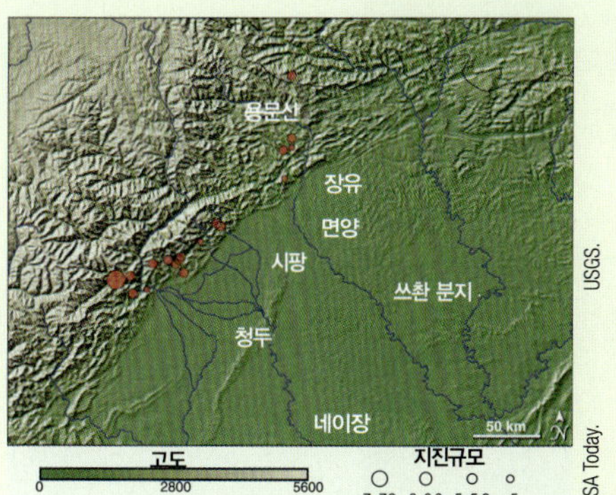

▶ 쓰촨 성 지진은 히말라야 산맥의 동쪽 끝자락에서 발생했다.

연금이 거의 존재하지 않기 때문에 생계를 그들의 자녀에 의지하는 처지였다.

중국은 1976년 파괴적인 탕산지진 때까지는 적절한 내진설계법규가 없었기 때문에 많은 건물들이 내진설계 기준에 부합되지 않았다. 이 지역의 많은 새로운 건물들은 지진기준에 따라 엄격하게 설계되었으나 보강기준은 특히 작은 마을의 경우 분명하지 않았다. 급속도로 성장하는 도심으로의 많은 사람들의 이주는 조급하게 질 낮은 구조물의 건설과 소홀한 정부감시를 이끌었다. 다층의 석조건물은 불충분한 모르타르와 극히 드문 보강철재를 사용했다.

토목공사 보고서는 시골 지역의 학교 건설문제가 부족한 재원과 정부 및 학교부처의 약탈로 인해 더욱더 악화되었음을 지적했다. 북경과 쓰촨 성의 공무원들은 시골지역의 건설법규가 취약하다는 것에 동의했고, 붕괴에 대한 조사와 건설기준의 변경에 대한 밑그림을 그리고 있음을 발표했다. 집이 파괴된 사람들은 3년 이내에 영구적인 주택건설을 약속받았다. 그러나 그들은 학부모들에게 돈으로의 교환 및 항의하지 않는다는 동의에 서명할 것을 압박했고, 학부모들은 거부할 수 없었다. 당국자들은 언론매체에 학교 붕괴와 저항을 단절하는 경찰기동대에 대한 보도를 멈추도록 지시했고, 일부 저항하는 학부모들은 구류 및 위협을 당했다.

이 지역으로의 고속도로와 철도는 산사태에 의해 묻히거나 붕괴되었고, 따라서 구조대 또한 지연되었다. 교량, 전력선, 휴대전화 타워가 파괴되어 특히 험한 계곡 내 시골로의 통신을 막았다. 지진 바로 뒤에, 구조대는 즉시 절박하게 도움이 필요

한 사람들이 있는 작은 마을 지역을 지나치고 도움이 필요한 많은 사람들이 있는 큰 도시로 달려갔다. 그들은 은신처, 따뜻한 옷가지, 담요, 식량 및 깨끗한 물이 부족했다. 쌀쌀한 봄비는 그들의 고통을 가중시켰다. 빗물은 더욱 많은 산사태를 유발했다. 손상된 건물들이 그들에게 일부 은신처를 제공할 수 있었지만, 수백 번의 여진들이 그것들을 붕괴할 조짐이 있어 많은 생존자들은 건물 밖에 대피해 있었다. 외부의 도움이 없어, 단지 구조는 도로를 덮은 파편을 치울 수밖에 없는 지역주민들에 의해 실시되었다. 최초의 외부 도움은 무거운 텐트배낭, 발전기 및 약품을 갖춘 군대가 도보로 진흙을 뚫고 힘겹게 걸어오고 100명의 낙하산병이 물품들을 가져다 준 5월 14일에 진앙지에 도달했다. 고도 4,000 m 내지 그 상부 티베트인 마을의 극도로 험준한 지형은 헬리콥터의 착륙을 방해했다.

비록 처음 4일간 정부는 대외적 도움을 거부하였으나, 곧 의료, 구조팀, 그리고 텐트의 지원을 요청했다. 5월 16일까지 135,000명의 중국 군대는 대한민국, 일본, 대만, 싱가포르 및 러시아의 구조원들과 함께 구조에 참여했다. 미국은 화물 수송기로 물품을 제공했고, 파괴된 지역에 대한 고해상도 위성 영상을 제공했다.

일부 외딴 지역들은 식량과 식수가 의사와 간호사들을 위해서도 부족했다. 의료의 필요성은 절대적이었다. 간호사들이 의료물품 상자들을 지켰다. 심지어 일부 병원들은 건물이 불안정해서 환자들을 밖으로 이동시켰다. 건물들의 1층에 있는 많은 상점들은 가게 앞 전체 너비가 버팀목 내지 대각선 받침대를 갖추지 않았기 때문에 붕괴되었다. 규모 6~6.1의 여진이 7월 23일과 8월 1일, 6일, 그리고 주 지진이 발생한 뒤 3개월 정도까지 지속되었고 또 다른 지진이 쓰촨 성의 남서부를 흔들었다. 건물들이 흔들렸고, 사람들은 공황상태로 거리로 뛰쳐나왔다. 8월 30일, 규모 5.7의 지진이 관련된 단층대의 500 km 남쪽, 10 km의 깊이에서 발생했고, 이는 최소 40명의 사망자를 발생시켰고 다른 258,000의 주택들을 파괴했다.

비록 많은 사람들이 즉시 파편으로부터 구조되었으나, 지진 발생 뒤 8일이 지나면서 그 수는 단지 1명 내지 2명으로 점점 먹을 것이 없이는 60일까지는 살아남을 수 있지만 물이 없이는 5일에서 7일 이상까지 견딜 수 있는 사람이 거의 없다. 몇몇은 그들의 소변을 마시면서 생존하였다. 의사들은 자연적으로 살균된 것이라 이것이 안전하다고 말한다. 건물에 묻힌 사람들 중 일부만이 가족들이나 동료로부터 도움을 받았다. 많은 경우에 콘크리트 판이 손으로 옮기기 너무 무겁고 블록들이 강화된 강철봉으로 연결되어 있어, 그들은 피해자들에게 손을 뻗칠 수 없었다. 동쪽의 산업도시로 일을 하기 위해 떠났던 과거 거주자들은 가족들을 찾기 위해 돌아왔다. 그들은 친구들에게 수소문하고 가까운 피난처로 찾아다녔지만 많은 경우에 실패로 돌아갔다. 많은 생존자들은 수 마일 떨어진 큰 피난처로 옮겨졌다.

3개월 후, 수천 명의 실종자와 함께 최종적으로 확인된 사망자수는 89,000명 이상으로 집계되었다. 500만 명 이상이 이재민으로 남아 있었다. 5월 25일과 27일, 무수한 주택들이 3회의 여진에 붕괴되었다. 비록 건물들이 처음 지진에는 살아남았으나, 그것들은 금이 가고 약화되어 있었다.

지진의 몇 주 뒤에, 전문가들은 건물들을 보강할 것인지 철거해야 하는지 결정하기 위해 지진지역의 건물들을 평가하고자 서둘렀다. 동시에 사람들은 주택재건이 필요한 가족들에게 다시 팔려고 녹슬고 얽힌 낡은 강철봉을 펴고 있었다. 기술자들은 이렇게 재사용된 보강용 강철봉은 새로운 것만큼 강하지 않지만, 1,000 kg에 약 100달러 이하로 팔린다고

취약한 1층 차고와 상점들은 붕괴되었음

A

B

말한다.

지진 및 여진에 의해 계속 무너져 내린 대규모 산사태는 35개의 강줄기를 막았고, 이는 강물을 정체시켰고 지진 생존자들의 피난처인 텐트캠프가 있는 곳을 포함한 좁은 계곡에 홍수를 일으켰다. 강한 폭풍우는 문제를 촉진시켰다. 큰 하천이 대규모 산사태에 의해 막힌 뒤 형성된 탕지아산 호수의 수위는 하루에 수 미터가 상승했다. 지진의 2주 후에 물의 깊이는 725 m에 도달했다. 기술자들은 물을 흘려 보내기 위해 산사태 댐으로 공수된 연료와 중장비를 사용해 배수로를 파냈다. 구조부서는 댐이 무너질 경우 휩쓸릴 수 있는 100만 명 이상의 사람들이 있는 마을의 철수를 지시했다.

Kelin Wang, Pacific Geoscience Center, Canada.

▶ 보강용 강철봉이 적거나 없는 석조건물들은 쉽게 부서졌다. 1층의 상점과 아파트 및 차고는 대각선 받침대를 갖추지 않았었다. '약한 층'을 가진 건물들은 지진 동안에 붕괴되었다. 중국 쓰촨 성.

많은 신문, 라디오 및 텔레비전 기자들은 정부의 지시를 무시하고 재난지역으로 이동하여 외국 기자들에게 전달했다. 그러나 다른 공무원과 반대로 지질과학자로 교육받은 원자바오 중국총리는 구조를 장려하고 구호활동을 하기 위해 그 지역으로 즉시 비행기로 이동했다. 그의 신속하고 적극적인 행동은 그를 국가의 영웅으로 비춰지게 했다. 정부로부터 신속한 구조에의 응답은 10일 전 미얀마의 나르기스 사이클론 재난에 대한 비공개 반응과 미국 정부가 대외 및 다른 주의 도움과 자원봉사를 외면한 2005년 카트리나 허리케인에 대한 매우 느린 반응과 대조적이었다. 정식 국제기구 이외에도, 구호활동은 비공식 및 임시 단체와 개인지원자로부터 이루어졌다. 인터넷 게시판, 블로그, 전자우편 및 문자메시지는 빠르고 광범위한 구조의 확산을 이끌었다. 지진으로부터의 총 재건비용은 1,240억 달러로 확인되었다.

2010년 4월 14일, 티베트 지진▶

2010년 4월 14일 수요일, 오전 7시 49분(현지시간), 규모 6.9의 지진은 중국 서부의 칭하이성 남쪽, 17 km의 깊이에서 발생했다. 높은 티베트 고원의 동쪽 내부에 있는 위수 현에서 최소 2,183명이 사망했다. 이 지역의 가장 큰 마을인 지에구에 있는 85%의 주택이 파괴되었다. 수업시간은 시작되지 않았었고, 많은 학생들은 완전히 붕괴되기 전 기숙사로부터 대피할 수 있었다. 2008년 5월의 훨씬 크고 더욱 처참했던 쓰촨 성 지진은 남동쪽으로 약 650 km 떨어진 고원의 동쪽 끝자락에서 일어났다. 두 지진 모두 동쪽과 북쪽으로 뻗은 히말라야 산맥을 형성하는 인도판과 아시아판의 충돌을 반영한다. 최대 1.7 m의 좌수향 주향이동성 이동이 지하의 남동 방향에서 일어났으나, 움직임은 지표면을 깨뜨리지 않았다. 같은 단층대에서의 역사지진은 1904년 규모 7.0, 1973년 규모 7.6 및 1981년 규모 6.9를 포함한다.

거의 4,000 m(13,000피트) 고도의 인구밀도가 낮은 산악지역으로 양, 야크 및 말들을 기르는 가난한 유목민들이 살고 있다. 약 97%가 티베트 민족이다. 구호물품들은 가장 가까운 공항으로 신속히 비행기로 옮겨졌으나, 가장 큰 도시이자 지방공항이 있는 시닝으로부터 심하게 파손된 고속도로를 따라 차로 12시간이나 걸리는 860 km에 달하는 거리 때문에 늦게야 전달되었다. 중국의 최고 지도자들이 그 지역을 방문했고, 새로운 주택 및 학교와 800년 된 소중한 불교사원을 재건하겠다고 약속했다. 낮은 고도에서 살던 구조원들의 구호활동은 여진 및 영하로 쉽게 떨어지는 온도와 눈이 있는 높은 고도에서의 작업에 의해 방해를 받았다. 다른 건물들에 비해 상대적으로 많은 학교가 붕괴된 쓰촨 성 지진과는 대조적으로, 위수에 있는 건물들은 주로 목재와 진흙으로 지어졌는데 대부분이 붕괴되었다.

고찰

지진과 관련된 다음 장면들을 이해하는 데 있어 당신의 관찰능력을 시험하라. 쟁점들을 자세하게 논하라—어떤 일이 일어났고, 그 원인은 무엇인가?

A 중국 서부의 이 건물은 2009년 쓰촨 성 지진 동안에 파괴되었다.

1. 어떠한 지체구조적 환경이 이 지진의 위치를 제어하였는가?
2. 이 건물 시공의 어떤 면이 지진 동안에 피해로 이어지게 하였는가? 그 원인은 무엇인가?
3. 대규모 지진 동안, 건물의 어떤 면들이 건물 내 사람들에게 위험을 가할 것 같은가?
4. 어떤 위험들이 건물 밖의 사람들에게 영향을 미칠 수 있고, 그 원인은 무엇인가?

B 페루, 마추픽추 마을의 이 건물들은 남아메리카 섭입대의 동쪽에 놓여 있다. 대부분은 서로 접합된 화산재 벽돌로 건설되었고, 이따금 상위층들이 1층 위에 삐져나와 있다. 회반죽은 부실시공을 덮기 위해 일부 외부 벽면을 가린다.

1. 이 건물 시공의 어떤 면이 지진 동안의 건물피해로 이어질 수 있는가?
2. 대규모 지진 동안, 건물의 어떤 면들이 건물 내 사람들에게 위험을 가할 것 같은가?
3. 어떤 위험들이 건물 밖의 사람들에게 영향을 미칠 수 있고, 그 원인은 무엇인가?

C 이 건물은 캐스케이디아 섭입대로부터 약 200 km 떨어진 오리건 주 포틀랜드 시가지에 있다. 아주 튼튼한 대각선의 강철 I자형 버팀대에 주목하라. 1층의 정면 진열창 또한 주목하라.

Hyndman.

1. 이러한 I자형 버팀대의 어떠한 역할이 지진 동안에 건물의 안정화에 작용하는지 설명하라.
2. I자형 대들보는 건물이 완공된 이후에 추가된 것으로 보이는가? 그 이유는 무엇인가?
3. 대규모 지진 중 건물의 어떤 면들이 내부 위험을 가할 것 같은가?
4. 어떤 위험들이 건물 밖의 사람들에게 영향을 미칠 수 있고, 그 원인은 무엇인가?

D 펜실베이니아 주 필라델피아 시가지의 이 현대식 고가도로는 무거운 교차받침대에 놓여 있는 바닥받침 대들보를 갖추고 있다.

Donald Hyndman.

1. 이 도시에 위험한 어떠한 지진이 있는가? 그리고 만약 그렇다면 원인은 무엇인가?
2. 이 유형의 구조물은 이곳보다 미주리 주의 세인트루이스에서 더욱 위험할 것인가? 그 원인은 무엇인가?
3. 중규모 지진의 경우에 있어, 구조물에 어떤 일이 일어날 수 있는지와 그 원인에 대해 서술하라.

E 칠레, 탈카의 이 건물은 2010년 2월 27일, 규모 8.8의 지진으로 파괴되었다.

Donald Hyndman.

1. 어떤 지체구조적 환경이 이 지진을 일으킬 수 있는가?
2. 식별 가능한 건축자재와 어떠한 구조적 보강여부를 서술하라. 만약 있다면 그것은 무엇인가?
3. 이 자재는 본질적으로 강한가 아니면 약한가? 무엇이 그것을 강하거나 약하게 만드는가?
4. 어떤 구조적 특징이 구조물을 더욱 약하게 아니면 더욱 강하게 하는가?
5. 지진 이전에, 이런 유형의 손상을 최소화하기 위해 이 구조물에 어떠한 보강이 있을 수 있었는가?

4장 복습

요점

지진 예측

- 일촉즉발의 지진을 암시하는 전조는 초기미동, 지표고도의 변화, 라돈가스 누출 및 지하수 수위변화를 포함한다.
- 조기경보시스템은 단층이 움직일 때 반응하여 1분 안에 지진의 도착을 준비할 수 있다.
- 단기적인 지진예보와 조기경보로 생명을 구할 수 있는 잠재성은 허위경보에 대한 정치적이고 경제적인 비용부담과 비교하여 신중히 평가되어야 한다.

지진 가능성

- 현재 꽤 신뢰할 수 있는 지진예보들은 수십 년과 같은 긴 시간에 걸쳐 한 지역 내에서 특정 규모 범위의 지진이 발생할 가능성을 정한다.
- 역사시대 이전의 단층운동을 연구하는 고지진학은 미래의 단층 거동을 이해하는 데 도움을 준다. **그림 4-4**.
- 과거 단층운동의 경향을 조사하는 것은 과학자들이 어디에서 미래의 지진이 발생할 것 같은가를 결정하는 데 도움을 준다. 하나의 단층분절에서 움직임이 발생하지 않은 지진공백은 미래의 단층운동이 일어날 수 있는 지역이다. 지진은 또한 시간에 걸쳐 단층을 따라 이동할 수 있다.
- 지진의 재발주기를 규명하는 것은 과학자들이 언제 지진이 발생할 것 같은가를 결정하는 데 도움을 준다. 일부 단층들은 규칙적인 주기로 운동한다. 다른 것들은 매우 활성적이다가 지진 활동의 공백을 경험할 수 있다.
- 미래의 지진 규모는 깨어질 것 같은 단층 분절들의 길이를 바탕으로 평가될 수 있다.

위험에 처한 인구

- 대부분의 캘리포니아 연안을 따라 발달하고 있는 샌앤드레이어스 변환단층은 북아메리카의 주요 지진단층이다. 이것의 가장 위험한 지역은 샌프란시스코 만과 로스앤젤레스 주변의 인구밀집 지역이다. 지표에 노출되지 않은 잠두 충상단층들은 주 단층과 떨어져 발생한다.
- 샌프란시스코 만 또는 로스앤젤레스 지역에 대한 샌앤드레이어스 단층을 따르는 주요 지진의 가능성은 발생빈도와 규모 간의 상관관계 내지 단층의 전체적인 이동속도에 기초한 누적된 변형량으로 평가될 수 있다. **그림 4-14**.

지진피해의 최소화

- 지진피해는 붕괴된 건물이나 다른 구조물뿐만 아니라 장기간에 걸친 화재, 질병을 포함한다.
- 사람들은 일반적으로 흔들림 자체에 의해서가 아니라, 그들에게 떨어지는 물체에 의해 사망한다. 따라서 약하고 휘지 않는 건물과 고가도로가 가장 위험하다. 휘기 쉬운 잘 지어진 목재 골조의 주택은 손상될 수 있으나, 사람들에게 무너지지는 않을 것이다.
- 약한 건물바닥은 측면 받침대가 없어서 붕괴될 가능성이 있다. 바닥과 지붕에 고정되지 않은 벽은 분리되어 떨어진다. **그림 4-19, 4-22**.
- 진동주파수 또는 앞뒤 진동주기가 건물 아래 지반과 건물이 같은 곳에서 흔들림은 심하게 증폭되고 건물들은 더욱 더 무너질 가능성이 크다. **해설 4-2**.
- 지진피해는 지진대비에 관한 공공교육뿐만 아니라 건축법규, 개량 및 토지이용계획을 통해 줄일 수 있다.

중요 단어

개량(retrofitting)
고지진학(paleoseismology)
바닥분리(base isolation)
위험지도(risk map)
이동성 지진(migrating earthquake)
전진(초기미동, foreshock)
재발주기(recurrence interval)
지진공백(seismic gap)

복습 문제

1. 어느 정도까지 지진이 예측될 수 있는가?
2. 지진이 오는 것일 수도 있다는 것을 지시하는 몇 가지 전조현상을 기재하라.
3. 활성단층을 가로지른 트렌치 굴착은 과거 단층운동에 대해 어떤 것을 보여 줄 수 있는가?
4. 지진공백은 무엇이며, 미래의 단층활동을 결정하는 데 있어 이것의 중요성은 무엇인가?
5. 어떤 정보가 특정한 단층분절을 따른 미래의 지진에 대해 가능한 규모를 지시하는가?
6. 1999년 터키의 노스아나톨리아 단층을 따른 지진은 30,000명 이상의 사망자를 발생시켰다. 어느 북아메리카 단층이 이와 유사하며, 어떤 방식에서 그러한가?
7. 어떤 이유로 노스아나톨리아 단층은 북아메리카와 비교해서 더욱 많은 사상자를 내는가?
8. 어떤 유형의 건축자재가 지진 동안에 벽을 위험할 정도로 약하게 하는가?
9. 일반적으로 어떤 유형의 벽 보강이 지진 동안의 측면붕괴로부터 건물을 보호하는 데 사용되는가?
10. 주차전용 건물과 교량의 바닥 내지 갑판보가 지진 동안에 이따금 부서지고 떨어지는 원인은 무엇인가?
11. 높은 건물이 낮은 건물 옆에 있을 때, 높은 건물이 지진 동안에 종종 손상되는 이유는 무엇인가? 높은 건물의 어느 부분에 손상이 발생하는가?
12. 어떤 특징이 이따금 지진 동안의 매우 강한 진동으로부터 건물을 예방하기 위해 사용되는가?
13. 지진에 대비해 집안에 준비해야 하는 것 세 가지를 말하라.
14. 지진발생 시 당신이 건물 내에 있다면 당신은 어떻게 해야 하는가?

토의 문제

1. 스위스에서 지열발전을 하기 위해 물이 심부의 뜨거운 암석으로 주입되었을 때, 이것이 많은 소규모 지진들의 원인이 되었다—누가 책임을 져야 하는가(그림 4-3과 관련된 토론을 보라)? 지열전력회사, 시추업체, 시추허가를 제공한 정부기관 중 하나인가, 아니면 그 밖의 누구인가?
2. 만약 단층대 안으로의 유체주입이 지진을 유발할 수 있다면, '큰 것'을 기다리는 대신 왜 작은 지진들을 유발시키지 않는가? 주어진 크기의 지진 횟수, 대중 안전의 중요성, 무엇이 잘못될 수 있는지, 그리고 누구에게 법적 책임이 있는지를 고려하라.
3. 예측의 결과에 대한 부분은 예측을 하는 것에 대한 찬성론자와 반대론자에 대해 논한다. 만약 당신이 로스앤젤레스의 시장이고, 미국 지질조사소의 지진 전문가가 당신에게 규모 7.5의 지진이 모레 도시를 강타할 것이라고 조언하면, 당신을 어떻게 할 것인가? 대중에게 알릴 경우 그 결과는 어떠한가? 당신은 그들에게 어떻게 하라고 말할 것인가? 정보를 알려 주지 않을 경우 그 결과는 어떠한가?
4. 여러 낡은 건물들은 지진에 대해 안전하게 설계되지 않았다. 만약 당신이 캘리포니아와 같은 지진이 일어나기 쉬운 지역의 정책가라면, 당신은 비용이 많이 드는 보강을 주장하는 법안을 마련하겠는가, 아니면 건물들을 철거하고 안전한 기준으로 다시 건설할 것을 지시하는 법을 입안할 것인가? 그 이유는 무엇인가? 왜 일부 단체는 그러한 법에 대해 반대할 수 있는가?

쓰나미

5

태국 카오락에 엄청난 쓰나미가 밀어닥쳐 물이 처마까지 차올랐다. 허우적대는 사람과 함께 파도에 휩쓸려 온 모래, 쓰레기들이 보인다.

휩쓸리다

2004년 12월 26일 아침 8시 두 친구는 태국 서부의 해안 도시 푸켓에 있는 2층짜리 숙소의 1층에서 평온한 아침식사를 위해 막 앉을 때였다. 갑자기 땅이 흔들리고 컵과 접시가 덜거덕거려서 둘은 서로 놀라 쳐다보았다. 지진을 직감했지만 큰 피해가 없어 그들은 다시 식탁으로 돌아갔다. 두 시간이 채 지나지 않아 근처 해변으로부터 사람들의 외침과 비명소리가 들렸다(**그림 5-1**). 바로 이어 대형 파도가 갑자기 해변에 들이닥쳤고 사람들은 파도에 휩쓸려 온 모래, 나무, 플라스틱 의자들과 함께 허우적댔다. 둘은 2층으로 뛰어올라가 마지막 계단에 이르렀을 때 갑자기 불어난 물줄기에 휩쓸렸다. 둘 다 수영을 잘 했으나 그 순간에 그들이 할 수 있는 것은 오로지 물에 떠다니는 잔해를 이리저리 피하고 건물, 나무, 까닥거리는 자동차와 부딪치지 않고 헤엄쳐 겨우 빠져나가는 것이었다. 한 사람은 내륙으로 1 km 이상 떠내려갔다. 나중에 둘은 모두 구조되었지만 한 사람은 큰 부상을 입었다. 그날 아침 태국 해안에서만 5,000명 이상이 죽었고, 인도양 주위에서 모두 230,000명 이상이 생명을 잃었다(사례: 경보체계와 지식이 없어 톡톡히 값을 치른 희생—2004년 수마트라 쓰나미).

그림 5-1 연안에서의 쓰나미 범람

A. 수마트라의 저지대 해안지역에 있는 모든 것들을 파괴시킨 쓰나미 파도의 위력. **B.** 태국 코라야 해변을 강타한 쓰나미를 보고 화들짝 놀라 대피하는 사람들.

쓰나미 발생

쓰나미(tsunami)라는 용어는 일본어에서 유래한 것으로서 항구파도(harbor wave)를 의미하는데 이것은 파도가 항구나 만에 들이닥칠 때 가장 높아지기 때문이다. 쓰나미는 가끔 조석파(tidal wave, 조석해일)라 불리는데 이들은 전혀 관계가 없기 때문에 틀린 말이다.

쓰나미 하면 주로 지진으로 발생하는 것으로 알고 있지만 다른 사건들도 많은 양의 물을 갑자기 이동시킬 수만 있다면 쓰나미를 만들 수 있다. 화산분출, 산사태, 낙석(암석낙하), 화산의 측면붕괴, 소행성 충돌이 그 예이다.

지진으로 발생하는 쓰나미

대부분의 쓰나미는 천발지진에 의하여 해저가 수직으로 움직일 때 많은 양의 물을 갑자기 이동시키기 때문에 발생한다. 지진으로 인한 쓰나미(이하 지진 쓰나미)는 섭입대에서 주로 역단층이나 충상단층 작용으로 발생하고 간혹 정단층 작용으로도 발생하지만 주향이동단층 작용은 많은 양의 물을 이동시키지 못하므로 쓰나미를 거의 만들지 못한다.

섭입대에서 일반적으로 해양 지각이 대륙 지각 밑으로 미끄러진다는 것을 상기하자. 두 판이 거의 같은 속도로 이동하지만 속도가 느려 판들의 경계는 수년 동안 접합되어 있는 셈이다. 이곳에서 섭입판이 밑으로 들어감에 따라 위에 있는 대륙판의 앞부분은 밑으로 잡아당겨지면서 위로 구부러져 해양 쪽에서 부풀게 된다(**해안 팽창**, coastal bulge). 마치 종잇조각의 먼 부분을 자신을 향해 앞으로 잡아당기면 종이가 위로 구부러져 부푸는 것과 같다(**그림 5-2,** 3장 그림 3-13 참조). 주로 해안선과 평행으로 긴 거리에 걸쳐 있는 막힘대가 파괴되면서

그림 5-2 쓰나미 발생

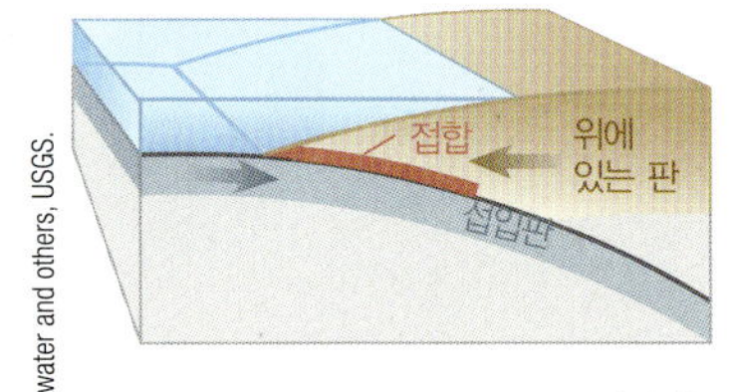

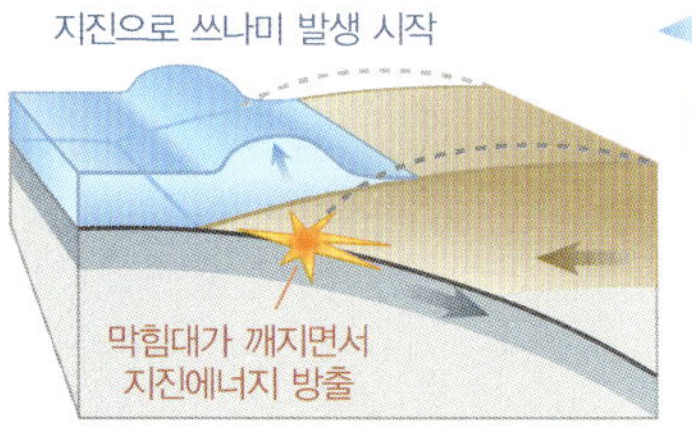

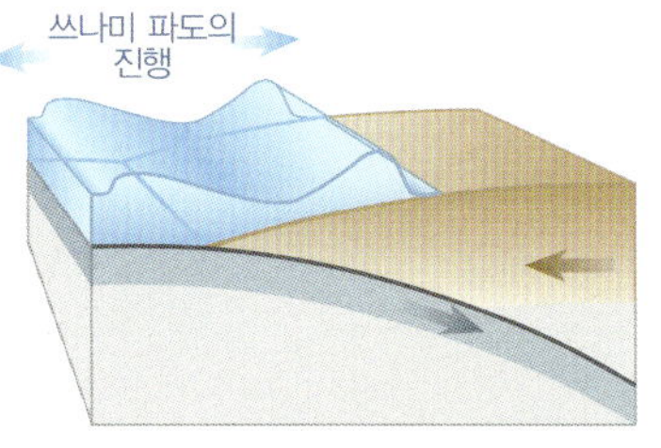

지진과 지진 사이 — 지진 진행 중 — 지진 발생 후 수분 경과

섭입대 지진은 대륙의 경계부를 위와 앞으로 팽창시켜 결과적으로 많은 양의 물을 이동시켜 쓰나미를 발생시킨다.

그림 5-3 쓰나미의 생성 및 전파

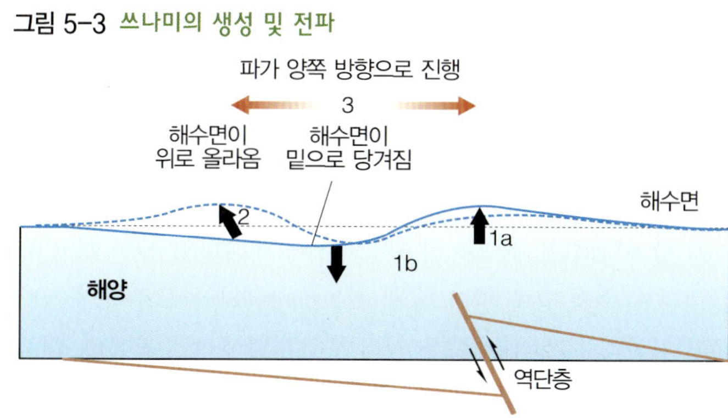

해저에서 역단층과 충상단층에 의한 쓰나미 발생의 연속 과정: (1a) 해저가 위로 재빨리 올라가면서 동시에 물을 밀어 올린다. (1b) 해수면이 내려가면서 골을 형성한다. (2) 이동했던 물은 되돌아와 파의 마루를 만든다. (3) 중력은 양쪽 방향으로 파도를 보내면서 수위를 평형상태로 되돌려 놓는다.

지진이 발생하는데 이때 구부러진 대륙판의 끝은 바다 쪽에서 위로 튕겨진다. 이와 같은 튕김 작용으로 상부의 엄청난 물이 대륙과 해양의 양쪽 방향으로 갑자기 이동하면서 쓰나미가 만들어진다(**그림 5-3**).

쓰나미의 높이는 천발지진의 규모, 지진 균열대의 넓이, 물의 이동 속도와 양, 해저 운동 방향, 균열대 위에 있는 물의 깊이에 따라 결정된다. 섭입대 지진에서 단층의 수직 운동은 많은 양의 물을 이동시킴에 비해 주향이동 단층 운동은 그렇지 않다.

지진 쓰나미의 크기는 공해에서 단층의 최대 변위(오프셋)로 제한된다. 변위와 단층 규모 사이의 관계식(그림 3-29 참조)에서 정단층의 수직 변위를 기준으로 한 모멘트 규모(M_W) 8의 지진은 상당한 양의 물을 이동시킬 수 있고 최대 15 m의 수직 변위를 보일 수 있다. 충상단층의 작용은 이보다 더 큰 오프셋을 보일 수 있지만 완만한 경사로 인해 물의 수직 변위는 더 작아질 것이다. 쓰나미 파고는 단층의 수직 변위와 비슷하므로 지진으로 인한 쓰나미의 최대 파고는 약 15 m이며 이 높이는 파도가 얕은 만으로 밀려 들어갈수록 증가한다. 미국과 캐나다에서 쓰나미 피해에 가장 취약한 지역은 하와이, 태평양 해안(캘리포니아 주, 오리건 주, 워싱턴 주, 브리티시컬럼비아 주, 알래스카 주) 지역이다. 태평양 주변에서 큰 쓰나미는 10년마다 한 번씩, 파고가 30 m 되는 대형 쓰나미는 20년 주기로 발생하고 있다. 쓰나미는 주로 일본, 캄차카, 알류샨 열도와 알래스카 만, 멕시코, 페루와 칠레의 섭입대에서 발생하는 지진으로 생겨난다. 워싱턴 주와 오리건 주의 해안 섭입대는 팽팽하게 당겨져 있어 마치 언제라도 쏠 수 있는 활과 같이 항상 긴장감이 도는 지역이다(3장 그림 3-13 참조).

캘리포니아 남부에서도 캐스케이디아 섭입대에서 일어나는 지진은 큰 문제가 될 수 있다. 로스앤젤레스 연안의 산타카탈리나 단층에서 일어나는 지진은 로스앤젤레스 공항 바로 북쪽에 있는 마리나델레이까지 불과 8분 안에 도달하는데 이 지역은 인구가 많고 지대가 해수면 고도와 거의 같아 막대한 피해를 입을 수 있다.

화산분출로 발생하는 쓰나미

화산활동으로 물 이동이 많아지면 이때도 쓰나미(이하 화산 쓰나미)가 발생한다. 빠르게 이동하는 화산재류나 해저 화산폭발도 많은 양의 물을 상승시켜 쓰나미를 만든다. 다음에 설명하겠지만 화산은 또한 대형 산사태로 인해 붕괴될 수 있다. 하나의 화산에서도 이러한 복합적인 현상들이 중복되어 나타날 수 있다. 화산분출로 발생하는 쓰나미는 가끔 큰 재앙을 불러오지만 최대 규모는 잘 파악되지 않고 있다. 수중 분출로 인한 물 이동의 메커니즘도 의외로 잘 알려지지 않고 있다.

2003년 7월 몬트세라트 섬의 수프리에르힐 화산이 붕괴되면서 화산 물질들이 바닷속으로 쏟아져 쓰나미가 발생하여 가까운 섬에서 그 높이가 21 m까지 올라갔다. 화산 쓰나미 중에서 가장 격렬했지만 그 동안 잘 알려지지 않은 대표적인 곳이 1883년 크라카타우 화산이다. 그해 8월 27일 산은 거대한 분출과 함께 폭발하였다. 이 분출은 몇 달 동안 계속되어 오던 지질활동 중 절정을 이루었다. 35분 후에 높이 30 m 정도의 파도가 연속적으로 일어나 자바와 수마트라 사이에 있는 순다 해협의 해안을 야자나무와 주택들을 포함하여 모두 쓸어버렸다. 우연히 바깥을 바라보고 있던 몇몇 사람들만이 밀어닥치는 파도를 보고 안전을 위해 높은 지대로 대피할 수 있었다. 결국 이 파도로 35,000명 이상이 사망하였다. 크라카타우와 자바와 수마트라 섬들 사이에 있는 순다 해협의 화쇄류 퇴적물과 해저 물질의 분포에 관한 연구 결과 화산 안으로 스며든 바닷물이 용융 마그마와 상호작용하여 대규모의 수중폭발을 일으켜 결과적으로 많은 양의 바닷물을 위로 이동시켰다는 주장이 설득력을 가진다.

이보다 앞서 지중해 동쪽 섬인 산토리니 화산의 봉우리가 기원전 1630~1550년에 분출 마그마방 안으로 붕괴되었다. 이 붕괴로 쓰나미들이 연달아 발생하여 남쪽으로 크레타 섬 근해, 동쪽으로 터키 남서부, 지중해 동쪽 끝 이스라엘까지 물에 잠겼다. 몇몇 연구자들은 이 사건을 바다 밑으로 사라졌던 아틀란티스의 전설과 연관시켰다.

고속 산사태 및 낙석으로 발생하는 쓰나미

빠른 속도의 큰 낙석이나 산사태가 물속으로 진행하면 많은 양의 물을 이동시켜 대형 쓰나미가 발생한다. 쓰나미의 높이가 주로 이동된 물의 양에 좌우된다고 생각하지만 더욱더 중요한 것이 낙하 높이이다. 1958년의 알래스카 리투야 만 쓰나미가 좋은 사례이다. 큰 절벽 덩어리가 바다 협곡으로 떨어지면서 지금까지 역사상 가장 높은 쓰나미가 발생하였다(사례: 산사태로 발생한 강력한 쓰나미—1958년 알래스카 리투야 만). 이 사건은 단 두 사람의 희생자만 냈지만 역사적으로 대표적인 산사태 쓰나미이다. 2007년 4월 21일 칠레 남부에서도 비슷한 사건이 규모 6.2의 지진으로 유발되었다. 큰 산사태가 좁은 피오르 해안으로 진행하면서 7.6 m의 파고를 일으켜 10명이 실종되고 배들이 난파되었다.

물속에서 일어나는 수중 산사태(submarine landslide) 또한 쓰나미를 만든다. 8,100년 전 노르웨이 연안에서 일어난 스토리가 수중 산사태는 스코틀랜드 동부와 노르웨이 해안에 11 m 높이의 쓰나미를 만들었다(**그림 5-4**). 산사태는 800 km 미끄러지며 심부 해저로 들어가 95,000 km^{2}의 범위에 영향을 끼쳤다. 이 넓이는 스코틀랜드보다 크고 버지니아 주의 면적과 맞먹는다. 이 사태는 빙하시대 말기에 지진으로 유발되어 대륙붕 퇴적물 안의 결빙 메탄(얼음층)을 해빙시켰다(10장 참조).

미국과 캐나다 동부의 대륙붕 외곽에서 일어난 수중 산사태 또한 쓰나미를 발생시킬 수 있다. 1929년 11월 18일 모멘트 규모(M_W) 7.2의 그랜드뱅크 지진으로 발생한 쓰나미로 인해 뉴펀들랜드 주 남쪽 해안에서 27명이 죽었다. 진앙이 뉴펀들랜드 주의 남쪽 250 km, 노바스코샤 주 핼리팩스 동쪽 610 km에서 일어난 지진으로 말미암아 대륙붕 가장자리에서 수중 산사태가 발생하여 해저에 깔린 전송 케이블 12개가 망가졌다. 각각 3~8 m의 높이로 세 차례의 연속된 파도가 105 km/hr의 속도로 해안가에 도착하여 작은 만 입구에서 그 높이가 13 m까지 증폭되었다. 파도는 약 6시간 후에 캐나다의 동부 해안 뉴펀들랜드 주와 남쪽 멀리 미국 사우스캐롤라이나 주의 찰스턴에서 잡혔다. 파는 대서양을 건너 포르투갈에서도 잡혔다. 대서양 대륙붕 경계를 따라서 일어난 이와 비슷한 수중 사태들은 해저 기록에 정리되어 있다. 뉴잉글랜드 해안에서 발생하는 규모 7 지진의 재발주기는 600~3,000년이다. 이 정도의 지진은 모두 대규모 사면붕괴와 큰 쓰나미를 유발할 수 있다. 최근 버지니아 주와 노스캐롤라이나 주로부터 160 km 떨어진 대륙붕에서 발견된 40 km 길이의 단열은 앞으로 해저 산사태가 일어날 가능성이 있음을 제시한다. 이러한 사태는 18,000년 전 이 단열들의 바로 남쪽에서 발생한 것과 유사한 쓰나미를 발생시킬 수 있다.

카리브 해의 큰 섭입대(예: 푸에르토리코 북부) 지진은 큰 쓰나미를 발생시켜 진앙에서 상당히 멀리 떨어진 멕시코 만과 대서양 연안의 저지대를 잠기게 할 수 있다(**그림 5-5**). 쓰나미에 의해 퇴적된 모래층들은 노르웨이의 서쪽 섬들의 여러 지역에서도 종종 관찰되어 왔다. 최근에는 1998년 소규모의 해저 산사태로 발생한 쓰나미로 파푸아뉴기니에서 2,200명의 희생자가 나왔다.

쓰나미는 크고 깊은 호수에서도 일어날 수 있다. 마지막 빙하

그림 5-4 대륙붕 붕괴

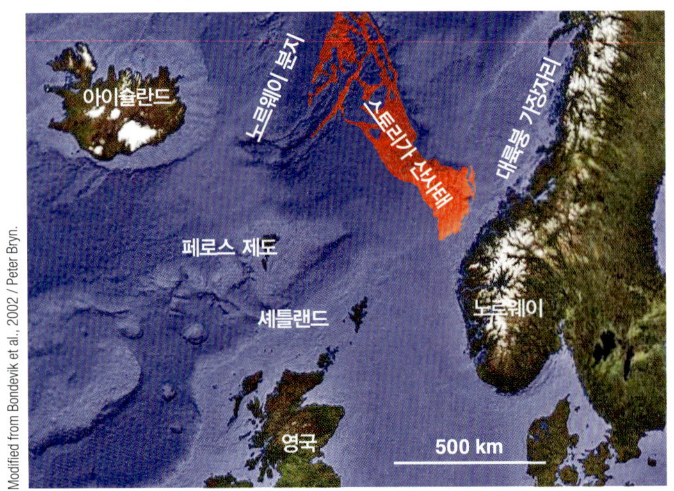

스토리가 산사태로 노르웨이 해안의 대륙붕이 붕괴되어 쓰나미가 발생하여 인근 해안들을 범람시켰다.

그림 5-5 푸에르토리코에서 일어날 쓰나미

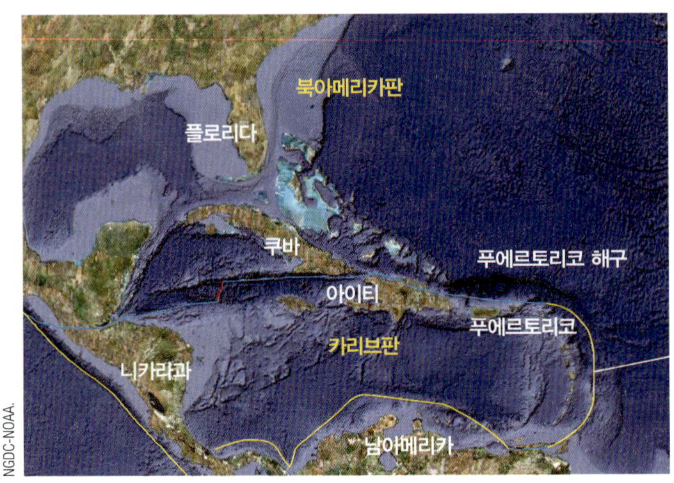

동서 방향의 푸에르토리코 해구에서 큰 섭입대 지진과 쓰나미가 일어나면 미국과 캐나다의 동부 해안 대부분이 물에 잠길 것이다.

기의 빙하가 녹은 후 캘리포니아 주와 네바다 주의 경계에 있는 타호 호수 서쪽의 광범위한 호저 퇴적층이 붕괴되어(**그림 5-6**) 대형 산사태와 쓰나미가 발생하였다. 가로세로 0.5~1 km 크기의 큰 덩어리들이 0.5 km 낙하하여 호수 바닥을 10~15 km 쓸고 갔다. 타호 도시 대부분이 포함된 퇴적층의 북쪽 절반은 붕괴되지 않았지만 앞으로는 붕괴 과정을 겪을 수 있다. 호저 퇴적물에 대한 연구 결과 2,000~3,000년마다 일어나는 규모 7의 지진은 호수면 아래에서 슬럼프를 유발할 수 있다.

태평양 남동부에 있는 통가에서는 7,000년 전 이후에 부근에서 발생한 대규모 수중 산사태로 쓰나미가 일어나 가로세로 9 m 크기의 산호석회암 바위들이 육지 쪽으로 휩쓸려 들어왔다. 바위들은 내륙으로 100~400 m 떨어진 거리에서 해수면보다 10~20 m 높은 곳까지 분포한다.

그림 5-6 타호 호수의 산사태와 쓰나미

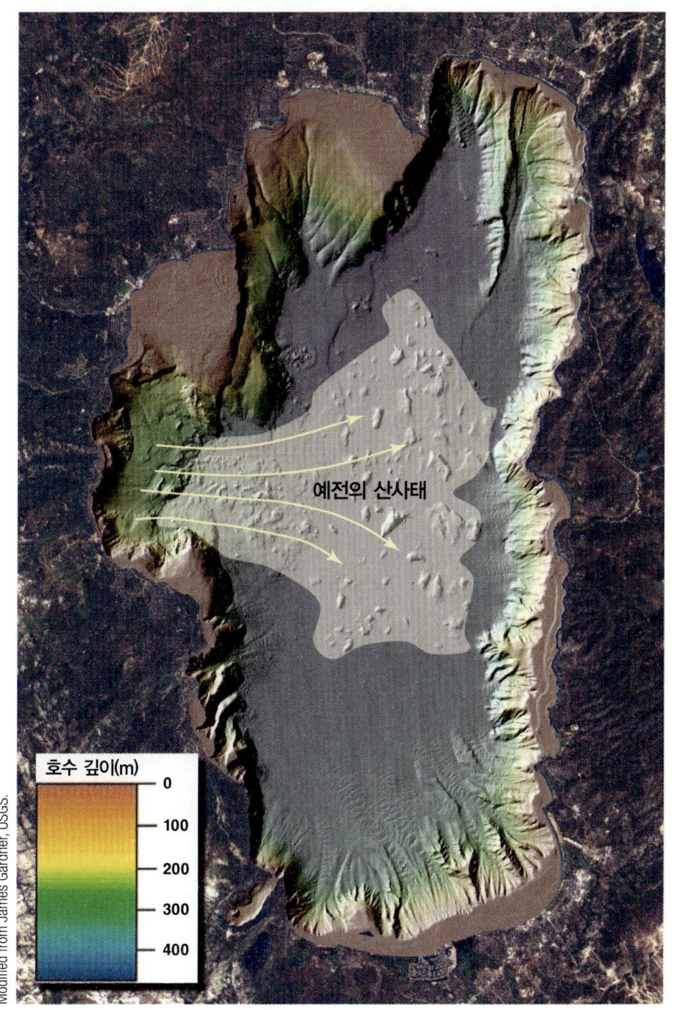

타호 호수의 바닥을 자세히 조사해 보면 호수 쓰나미의 원인이 되었던 예전의 큰 산사태 지형을 확실히 볼 수 있다.

화산 측면붕괴로 발생하는 쓰나미

태평양의 하와이 섬들과 대서양의 카나리아 섬들을 비롯한 주요 해양 화산들의 측면은 어떤 원인으로 붕괴되어 바닷속으로 미끄러진 것처럼 보인다. 이 경우 갑자기 수천 km^3의 물이 이동하여 결과적으로 수백 m 높이의 쓰나미가 발생할 수 있다.

하와이 섬을 이루고 있는 화산들은 20만~30만 년 동안 해저에서 성장한 후에 해수면 위에 모습을 드러내고 그 후 거의 같은 기간만큼 해수면 위에 매우 단단한 용암 순상지를 만든다. 거대한 산사태는 순상지가 만들어지는 마지막 단계에서 발생하는데 이때 순상지는 성장 속도가 가장 빠르고, 순상지 상부에 있는 현무암의 하중이 가장 크고 경사도 또한 가장 심하여 가장 불안정한 상태에 있다. 해수면 아래에 있는 화산의 밑부분에는 분출 현무암이 바닷물로 냉각되어 파편으로 깨져서 형성된 푸석푸석한 화산잡석이 주로 분포한다. 이것은 역학적 강도가 약하다.

화산 꼭대기에서 방사상으로 분포하는 세 개의 큰 산등성이는 자체의 큰 하중 때문에 봉우리를 따라 열곡을 만들며 서서히 옆으로 퍼진다. 결국 이 화산은 마치 파이(pie)가 거의 같은 크기로 세 조각 난 것처럼 지도 상에 나타난다. 세 개의 화산 조각 중 한 개 이상이 바다 쪽으로 서서히 움직이기 시작한다.

퇴적물 사이에 발달한 열곡들은 용해된 마그마가 지표까지 쉽게 상승할 수 있는 좋은 통로가 된다. 또한 분출 장소의 대부분을 차지하는 이러한 열곡들은 화산 내에서 상대적으로 연약한 수직 구조가 된다. 한두 개 이상의 화산 조각들이 깨지고 느슨해져서 해양으로 미끄러지는데 이 미끄러짐은 서서히 일어나기도 하고 어떤 경우에는 재앙을 일으킬 정도로 아주 갑작스럽게 일어나기도 한다. 측면주사 레이더(side-scanning radar)를 이용한 하와이 열도 주변의 해저 연구에서 각각의 길이가 20 km 이상 되는 68개의 거대한 **암설사태**(debris avalanche) 퇴적물들을 발견하였다(**그림 5-7**). 어떤 암설사태는 근원지로부터 230 km까지 멀리 분포하고 수천 km^3 부피의 화산암설을 포함하고 있다. 이들 퇴적물의 일부는 하와이 열도 해안가로 높이 밀고 온 대규모 쓰나미 파도를 일으킨 암설사태의 잔유물이다.

이와 비슷한 환경을 카리브 해의 레서앤틸리스 열도, 지중해의 에트나 산, 태평양의 마르키즈 열도에서 찾을 수 있다. 카리브 해에 있는 도미니카의 한 화산의 북쪽 끝 부분이 무너져서 쓰나미가 발생하면 과들루프 섬의 관광지 해변과 주민 30,000명이 잠길 수 있다. 인도양에 있는 리유니온 섬의 측면붕괴로 쓰나미가 방글라데시에 들이닥치면 인구밀도가 높은 많은 해

그림 5-7 하와이 측면붕괴

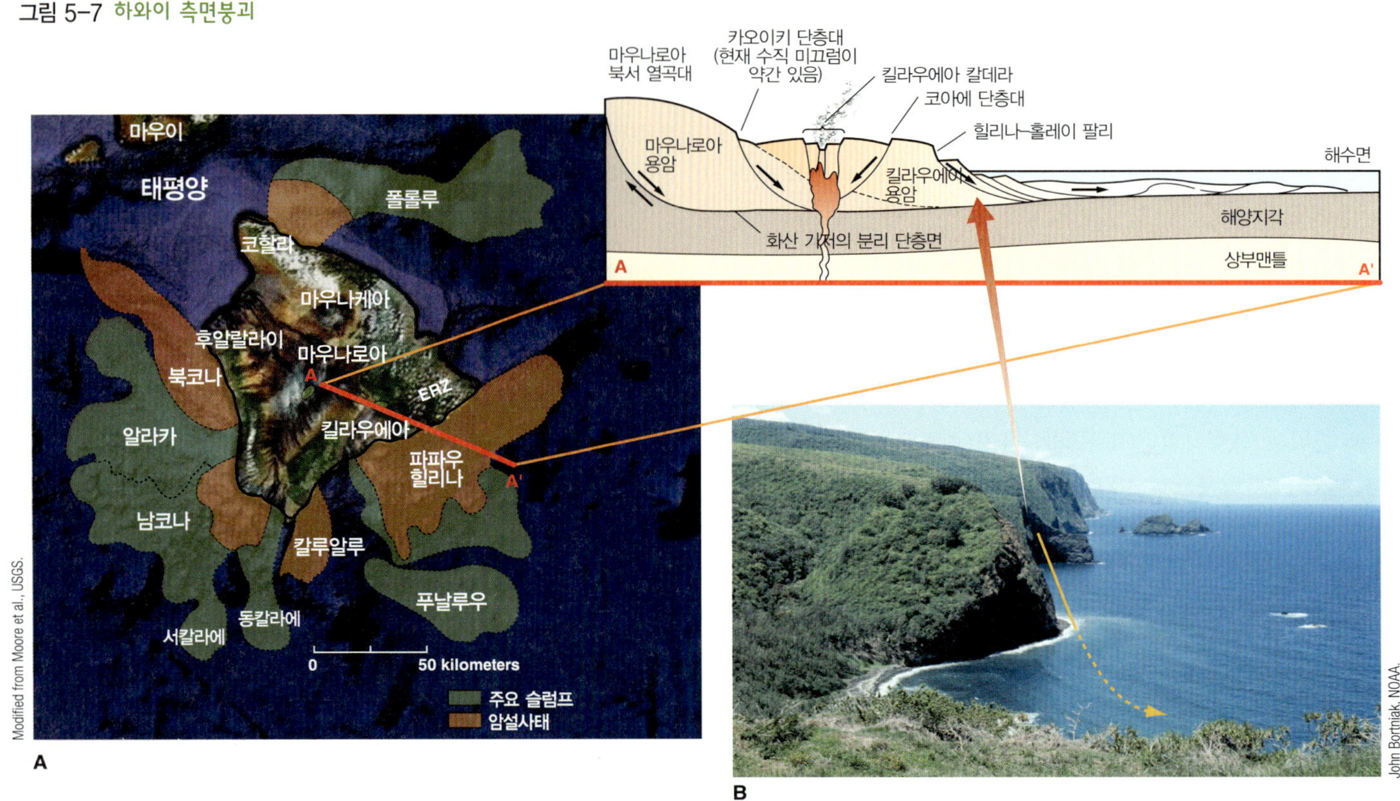

A. 하와이 섬의 측면붕괴에 의해 생긴 주요 슬럼프와 암설사태를 보여 주는 하와이 섬의 지도. 킬라우에아 화산의 북서-남동 단면도로서 측면붕괴를 일으킬 가능성이 있는 파괴면을 보여 준다. 단면도의 위치는 지도에 표시된 측선 A-A'이다. B. 거대한 절벽, 즉 팔리(pali)는 하와이의 낮은 경사지를 절단하고 있다.

안 도시들이 파괴될 것이다. 아프리카 북서쪽 해안에 있는 카나리아 열도의 측면붕괴로 인해 발생하는 대형 쓰나미는 대서양을 건너 북아메리카의 동부 해안 도시들과 서유럽 해안 도시들을 말살할 것이다(그림 5-25 참조).

쓰나미는 일반적으로 지진으로 발생하지만 지진 쓰나미는 크기 면에서 볼 때 제한이 있다. 즉 지금까지 일어난 것보다 몇 배가 큰 재앙 같은 쓰나미는 지진보다 해저 화산의 측면 붕괴로부터 유발될 가능성이 크다. 지질학적인 기록에서 볼 때 이러한 붕괴들은 계속 있어 왔고 또 앞으로도 틀림없이 일어날 것이다.

소행성 충돌로부터 발생하는 쓰나미

다른 기원의 쓰나미도 마찬가지이지만 큰 소행성이 해양으로 떨어지면 그 충격으로 충돌 지점에서 방사상으로 전파되는 큰 쓰나미가 발생할 것이다(17장의 소행성 충돌과 관련된 토의 참조). 큰 부피의 물을 갑자기 이동시키면 큰 파도가 발생한다. 사건들의 평균 발생빈도는 매우 낮지만 1 km 직경의 소행성이 깊이 5 km의 해양에 떨어지면 순간적으로 3 km 깊이의 큰 공동이 생긴다. 그 다음에 바로 공동을 메우기 위해 해양 공동벽이 붕괴되면서 물기둥이 대기를 향해 초음파 속도로 진행한다. 처음에 km 단위의 높이를 가진 파도들은 물마루가 되었다가 무너지고 또 다른 파들과 서로 간섭한다. 파들은 각각 폭넓은 주파수 범위를 가지고 방사상으로 퍼져 나간다. 충돌 지점에서 멀어질수록 진폭이 상당히 빠르게 감소하지만 해안가에서는 서로 다른 주파수들의 간섭효과로 중첩되어 큰 파고가 만들어진다.

크기가 1 km인 소행성이 지구에 충돌하면 큰 재앙을 일으키지만 발생할 가능성은 수백만 년에 한 번 꼴로 일어나 한 사람의 일생에서 큰 문제가 되지 않는다. 예를 들어 소행성 충돌로 인하여 쓰나미가 발생할 확률은 하와이 열도와 카나리아 열도에서 10만 년에 한 번씩 일어나는 화산의 측면붕괴로 인한 경우의 1/10도 안 된다.

그림 5-8 파의 특성

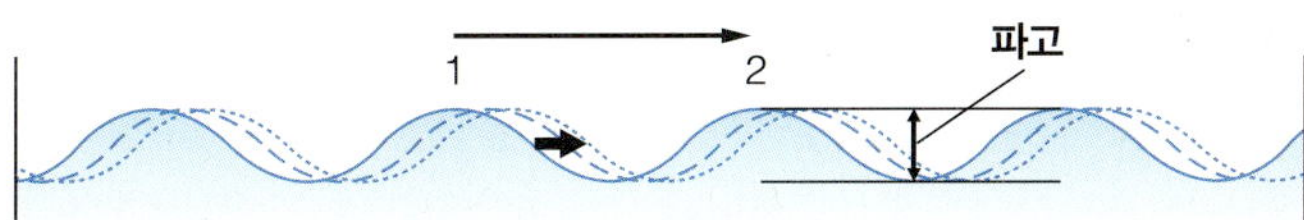

파장은 연속적인 두 파의 마루 사이의 거리이고 **주기**는 마루 사이를 통과하는 데 걸리는 시간이다(예: 파 1과 파 2 사이). **파의 높이**는 파 계곡에서부터 파 마루까지 잰 값이다.

쓰나미 이동

파는 파장, 높이, 주기로 표현할 수 있다(**그림 5-8**). 쓰나미 파고는 공해에서는 작다. 해양 지진으로 유발된 쓰나미의 높이는 일반적으로 먼 공해 상에서는 1~2 m 이하이고 진앙 부근에서는 최대 약 15 m를 보인다. 쓰나미의 평균 **파장**(wavelength)은 360 km이고 따라서 파의 측면은 매우 완만하다. **주기**(period)는 두 파들 사이의 간격으로서 30분이 된다. 예를 들어 30분의 주기를 갖는 파도를 타고 가는 배가 파의 골을 지나 마루를 통과하여 다시 골까지 항해하는 데 30분이 걸린다는 의미이다. 이 경우 승선한 사람들은 이렇게 완만한 파를 인지하지 못할 것이다.

파도 속 물 입자는 원운동을 한다. 이러한 원운동은 아래로 갈수록 약해진다. 파도는 파장의 약 1/2보다 얕은 깊이에서 바닥에 닿기 때문에 이 원운동은 바닥까지 스쳐 간다고 볼 수 있다. 파가 얕은 바닥에 닿을 때는 속도가 현저하게 느려지고 파장은 약 1/6로 매우 짧아진다. 파의 부피는 일정하므로 결과적으로 높이는 공해에서보다 약 6배까지 갑자기 상승한다(**그림 5-9A**). 다시 말해 깊은 바다에서 높이 3 m의 파도가 얕은 곳에 오면 18 m까지 높이가 상승할 수 있다는 것이다.

쓰나미 파도를 만들어 내는 원리는 바람에 의해 만들어지는 일반적인 파도와 다르다. 바람 파도는 파장이 짧아 해안가에서만 바닥을 스치고 앞으로 구부러져 부서진다(13장 참조). 이에 반해 쓰나미 파도는 파장이 매우 길어 공해 어디에서나 바닥을 훑으며 지나간다. 따라서 파도가 대륙붕을 타거나 육지에 근접하면 진폭이 중첩되어 사실상 높은 물 벽이 되어 갑자기 불어난 홍수처럼 앞으로 계속 돌진한다(**그림 5-9B**).

이와 같은 파장과 깊이의 관계는 파의 속도에 영향을 미친다. 공해에서 쓰나미 파도의 속도는 870 km/hr으로 높은 값을 갖지만 심해에서의 원운동이 수심이 얕은 해양 바닥을 스치게 되면서 속도가 줄어든다. 따라서 수심은 파의 속도에 영향을 미친다(**그림 5-10,** 해설 5-1: 쓰나미 파도의 속도). 공해에서 1 m 높이의 쓰나미 속도는 대륙붕에서 150~300 km/hr까지 느려진다. 그러나 이 속도도 쓰나미가 오는 것을 보고 옆에 바로 언덕이 없으면 다른 곳으로 피할 수 없을 정도로 큰 값임에 틀림없다.

연안 쓰나미

어떤 면에서 쓰나미 파도는 그 속도가 매우 빠르며 규모도 매

그림 5-9 쓰나미 진폭

A. 쓰나미 파도는 파장이 작아지고 진폭이 커지면서 연안으로 돌진한다. **B.** 말레이시아 패낭에 도착한 쓰나미 파도가 몰고 온 모래와 각종 잔해.

그림 5-10 파의 속도와 수심

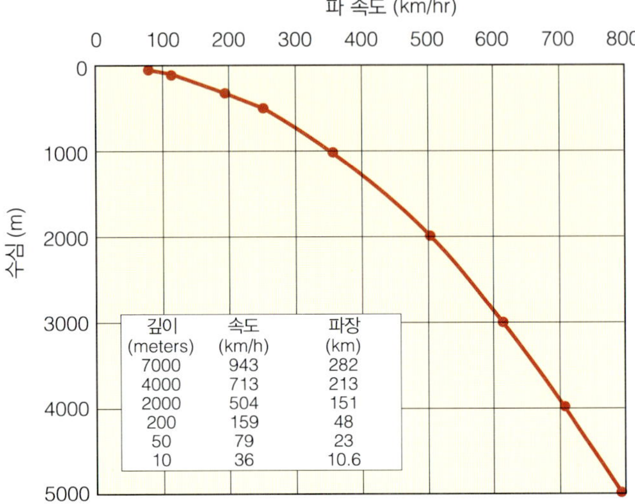

깊이 (meters)	속도 (km/h)	파장 (km)
7000	943	282
4000	713	213
2000	504	151
200	159	48
50	79	23
10	36	10.6

파의 속도는 수심이 깊어질수록 빨라지고 얕아질수록 느려진다.

해설 5-1

쓰나미 파도의 속도

쓰나미 파도의 속도는 물의 깊이와 중력과 관련된다.

$$C = \sqrt{gD}$$

여기서

C=속도(m/sec)
D=깊이(m)
g=중력가속도(9.8 m/sec^2)
이다. 따라서 C=3.13$\sqrt{D}$이다.

예를 들어
D=4,600 m(심해)이면
C=3.13$\sqrt{4600}$=3.13×67.8 m/sec=763 km/hr(제트기의 속도)
D=100 m(해안가 부근)이면
C=3.13$\sqrt{100}$=3.13×10 m/sec=31.3 m/sec=112.7 km/hr(고속도로의 주행 속도)

우 크다는 것 외에는 평상시 해안가에서 부서지는 파도와 똑같다. 쓰나미는 때로 높게 부서지는 파도로서 그 경로에 있는 모든 것들을 휩쓸어 버리는 높은 물 벽으로 닥쳐오고, 또 한편으로는 해수면이 갑자기 상승하고, 소용돌이치며 빨리 흐르고

그림 5-11 쓰나미 파도가 후퇴한 이후

JSTR/AFP/Getty Images.

2004년 수마트라 쓰나미 파도가 후퇴하면서 인도 센네이(마드라스) 해안에 쏟아 놓은 부서진 각종 잔해들.

수위가 갑자기 불어나는 '강'으로 다가온다.

더욱이 쓰나미는 사람이 달리는 속도보다 훨씬 빠르게 다가오기 때문에 매우 위험하다. 파도가 퇴각할 때 급물살에 갇히면 아무리 아주 힘센 수영 선수라도 바다나 육지 쪽으로 휩쓸려 가서 살아남기 힘들 것이다(**그림 5-11**). 들이닥친 파도로 느슨해진 암설들은 마치 큰 망치처럼 사람과 구조물을 타격하면서 해안지역을 초토화할 수 있다(**그림 5-12**).

해안 영향

쓰나미가 연안으로 접근함에 따라 강과 좁은 만의 입구는 파도를 한쪽으로 유인하여 그 파고가 극적으로 높아진다. 쓰나미가 만조 때 도착하면 그 높이는 더욱 증폭된다. 만의 한쪽에서 다른 쪽으로 물이 왔다 갔다 하면서 출렁거리면 서로 진폭이 강화되는 방향으로 간섭하여 더 높은 파도를 만들어 낸다. 또한 바닥을 스치고 오면서 연안을 향해 섬의 한쪽을 감싸고 돌아오는 쓰나미 파도는 섬의 반대쪽을 돌아오는 파도와 합해져 더욱 큰 파도를 만든다.

대부분의 해안 도시와 항구들은 만에 위치하므로 파도에 의한 피해는 커진다. 1960년 쓰나미의 발생지가 남동쪽으로 멀리 떨어진 칠레였고 힐로가 북동쪽 방향이었음에도 불구하고 섬을 둘러싸고 일어난 파의 굴절은 해수면 위로 높이 4 m의 파도를 만들어 만의 입구를 내리쳤다(사례: 대형 지진으로 발생한 대양 쓰나미—1960년 칠레). 쓰나미의 진행 방향과 반대쪽 해안에 사는 사람들도 결코 안심할 수 없다. 1992년 12월 12일 인도네시아에서 발생한 규모 M_S 7.5의 지진은 플로레스

그림 5-12 쓰나미 파괴

David Hyndman.

Tyler Clements, U.S. Navy.

A. 2004년 12월 쓰나미로 인해 스리랑카의 동쪽 해안 마을의 모든 건물들이 파괴되었다. B. 수마트라 반다아체의 거의 모든 건물들이 파괴되었으며 길은 통행을 위해 정리되었다.

해안에 쓰나미를 일으켰다. 파도의 진행 방향과 반대쪽에 있는 작은 섬 배비의 남쪽 해안은 북쪽 해안보다 2배가 넘는 26 m 높이의 쓰나미 파도가 덮쳤다. 이와 같은 현상은 북쪽 해안에 도달한 파들이 분리되고 섬 둘레 주위로 서로 굴절되어 반대쪽 해안에서 그 크기가 훨씬 커지는 방향으로 파들이 간섭하여 중첩되었기 때문이다. 이 사건으로 1,000명이 넘는 사람들이 목숨을 잃었다.

해안 지리환경도 쓰나미로부터 우리를 보호해 줄 수 있다. 태평양 저지대와 카리브 섬들은 깊은 물속으로 가파르게 분포하는 근해 산호암초에 의해 둘러싸여 있다. 그러므로 쓰나미 파도들은 암초에 부딪치면 부서질 수밖에 없어 섬 자체로 보면 암초들이 쓰나미에 대한 하나의 보호벽 역할을 하고 있는 셈이다.

파고

연안에 돌진할 때의 파도의 높이를 **파고**(run-up)라 한다. 이것은 평상시에 연안에 도달하는 파도의 높이보다 크며 일반적으로 단층 균열대로부터의 거리, 파도가 앞이 훤히 트인 해안에 부딪치는지 또는 좁은 만에 부딪치는지에 따라 달라진다. 1964년 알래스카의 섭입대 지진, 1960년의 칠레 지진과 같은 대규모의 지진으로 만들어진 파고는 평소 파도보다 5~10 m 정도 높았다. 칠레에서는 지역에 따라 30 m까지 상승한 곳도 있었다.

수면은 불과 몇 분 안에 수 m만큼 빠르게 변화할 수 있다. 뗏목과 나무, 보트, 집, 차의 잔해는 일반적으로 쓰나미 파고의 최고 높이를 알려 주는 흔적이 된다. 오랜 시간이 지났어도 지나간 쓰나미의 증거는 **트림라인**(trimline), 즉 산자락의 오르막에 있는 큰 나무와 내리막의 작은 나무의 분포를 가르는 선에서 찾을 수 있다(사례: 산사태로 발생한 강력한 쓰나미 참조).

주기

하나의 큰 사건으로 말미암아 갑자기 바다 수면에 나타나는 물 언덕은 태평양 전체를 횡단할 수 있는 연속적인 파도를 발생시킨다. 처음 생긴 물 언덕은 완전히 사라질 때까지 얼마 동안 위아래로 운동을 하기 때문에 마치 돌을 연못에 던졌을 때와 같이 파가 연속적으로 발생한다. 따라서 첫 번째 파도에 이어 다른 파도들이 뒤따른다. 일반적으로 나중에 오는 파도가 처음 것보다 더 크다. 다시 말하면 속도가 느려진 파는 뒤따라오는 파들에 의해 잡혀 파들이 연달아 도착하게 된다. 속도가 760 km/hr, 파장이 200 km일 때 파도는 15분마다 임의 지점 또는 연안에 도착한다.

따라서 파도가 후퇴했거나 바다가 잔잔하다면 다음 쓰나미가 오기 전이라 생각해야 한다(**그림 5-13**). 쓰나미로부터 살아남은 자들은 종종 바다가 처음 후퇴할 때 쉿 하는 거품 소리와 포효하는 소리를 낸다고 말한다. 많은 경우 호기심 많은 사람들은 맨 처음 큰 파도가 오기 전이나 그 다음 파도들이 들어오기 전 바다가 움츠러들 때 구경삼아 해안으로 내려갔다가 익사한다(**그림 5-14**). 1946년 힐로에서 위험이 모두 지나갔다고 판단하여 사람들은 바다 생물과 좌초된 보트들로 널려진 넓은 해변을 보기 위해 밖으로 나갔다. 구경꾼들은 거기서 두 번째로 밀

그림 5-13 위성에서 본 파도

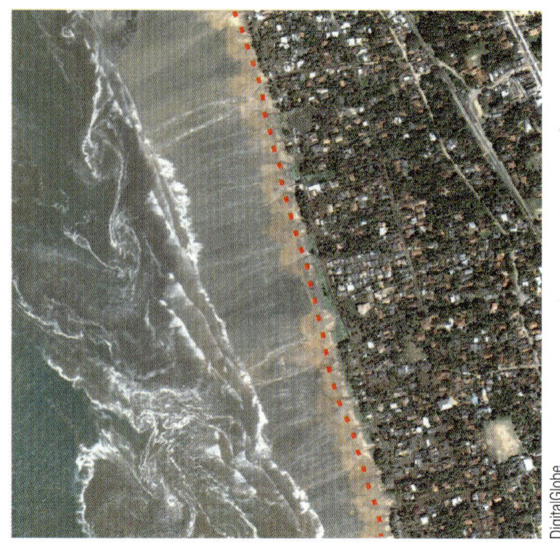

Digital Globe. DigitalGlobe.

A. 위성사진으로 본 2004년 12월 26일의 스리랑카 칼루타라 해안. 모든 집들을 감싸고 있던 첫 번째 쓰나미 파도가 바다로 후퇴하고 있다. **B.** 확대한 사진에서 첫 쓰나미 파도가 바다로 후퇴한 후 드러난 해변이 보인다. 빨간 점선은 평상시의 해변 끝선이다.

그림 5-14 충격에서 공포로

AFP/AFP/Getty Images.

태국 크라비 해변에 있던 사람들이 수평선에 돌진하는 거대한 파도를 보고 놀라면서 제 갈 길을 가고 있다. 불과 몇 초 후에 쓰나미가 그들을 덮쳤다.

려온 더 큰 규모의 파도에 갇혔다.

다음 2차 쓰나미 파도가 도달하기 전 1차 해일이 후퇴하면서 많은 잡동사니들도 동시에 해변으로 휩쓸려 가는데 이때도 속도가 빨라서 1차 해일이 밀려올 때 못지않게 매우 위험하다. 1차와 2차 해일 사이의 시간 간격은 보통 30분 이상이 되어 그 동안 사람과 쓰레기 등이 먼 바다까지 쓸려 나간다.

쓰나미는 몇 시간 동안 지속되며 더 위험한 것은 나중에 오는 파의 높이가 더 클 수 있다는 사실이다(**그림 5-15**). 항구에서 쓰나미는 10~35분의 주기를 가지며 6시간 동안까지 지속될 수 있다. 1960년 하와이에서 몇 시간 동안 쓰나미 경보를 내렸음에도 불구하고 사람들은 멋진 장관의 파도를 보기 위해 해변으로 내려갔다가 곧바로 그 파도에 의해 휩쓸렸다.

그림 5-15 쓰나미 조수 측정

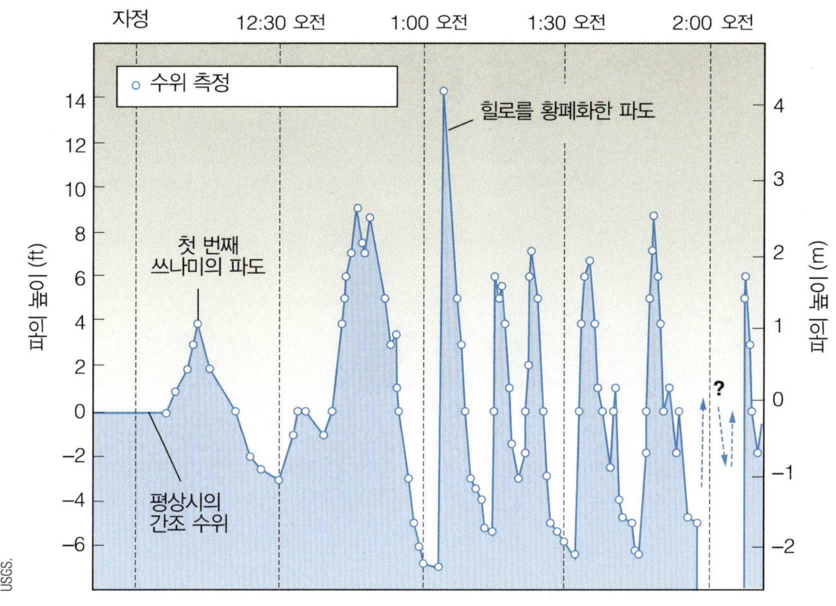

칠레 지진에 이어 발생한 1960년 5월 23일 하와이 힐로의 쓰나미 파도의 효과를 보여 준다. 첫 번째 파도는 비교적 낮은 반면 쓰나미 이전의 간조 수위보다 4 m 이상 높은 파도들이 계속해서 오고 있다. 처음 몇 개의 파도 후에는 파장과 주파수가 증가한다.

쓰나미 재해 완화

쓰나미 재해는 개발제한 지역을 설정하여 침수위험 지역의 높이 이상으로 건물을 세우지 못하게 하여 그 피해를 경감할 수 있다. 1946년과 1960년 재앙 같은 쓰나미로 최악의 피해가 발생했던 하와이 힐로에서는 만 입구의 물가에 가까운 지역을 공원으로 만들어 앞으로의 피해를 최소화하고 있다.

저지대를 개발할 때는 계획 단계에서 쓰나미로 인한 충격을 충분히 고려해야 한다. 해안을 개발할 때 건물과 도로를 파도에 수직 방향으로 건설하는 것이 해안과 평행으로 개발하는 것보다 더 오래 지탱한다. 왜냐하면 파도가 확 트인 도로로 이동하면서 더 멀리 통과하여 분산되어 암설 충격이 최소화되기 때문이다. 구조물도 공법을 잘 써서 침식과 마모에 잘 견딜 수 있도록 하여야 한다. 나무들이 파를 통과시키되 그 속도를 느리게 할 수 있기 때문에 식물을 재배하여 파도로 인한 침식과 마모작용에 잘 견디도록 한다. 그러나 나무들의 뿌리가 땅에 단단히 고착되어야 하지 그렇지 않으면 나무 자체가 스스로가 미사일이 되어 공중에 날아다닐 수 있다. 집 앞의 큰 도랑이나 콘크리트 벽은 첫 번째 밀려오는 파도의 파고를 낮추어 주는 역할을 하여 조금이라도 대피할 수 있는 시간여유를 준다. 두 가지 방법 모두 일본에서 대표적으로 사용되고 있다(**그림 5-16**).

그림 5-16 쓰나미 장벽

일본에 구축된 쓰나미 보호벽.

쓰나미 경보

쓰나미는 해저의 수직운동에 따른 지진이 발생한 후 진앙거리에 따라 몇 분에서 몇 시간 안에 발생할 것이다. 지금까지 쓰나미 경보가 모든 지역에 설치된 것은 아니지만 먼거리 쓰나미(far-field tsunami), 즉 파의 발생지로부터 멀리 떨어진 지점까지의 경보는 완벽하게 해 오고 있다(사례: 2004년 수마트라 쓰나미).

그림 5-17 서로 다른 지진대에 대한 쓰나미 주행시간

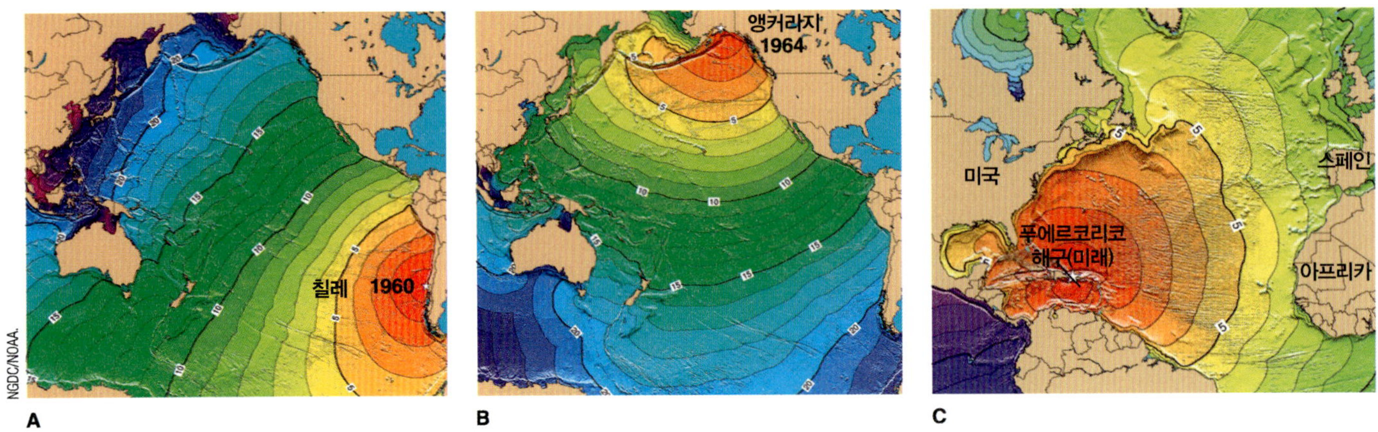

진앙의 위치에 따른 태평양과 대서양 일원에 대한 쓰나미 도달 시간. **A.** 1960년 칠레 지진. **B.** 1964년 알래스카 지진. **C.** 앞으로 발생 가능한 푸에르토리코 섭입대 지진. 시간 등고선의 단위는 지진 발생 후 시간이다. 예를 들어 알래스카 지진으로 인한 첫 쓰나미는 하와이에 6시간 30분 걸려 도달하며 7시간 후에 일본의 북쪽 섬에 다다른다.

태평양 지역 쓰나미 경보 시스템은 태평양에서 발생하는 지진을 감시하고, 쓰나미 발생과 도달의 예상 시간을 26개 참여 국가에 통고한다. 세계 지진계 망은 주요 지진의 진앙을 정확히 알려 주고 태평양의 해저 지형도 또한 잘 알려져 있어 해안 지역으로 접근하는 쓰나미의 주행시간을 정확하게 계산할 수 있다(**그림 5-17**). 게다가 환경감시 인공위성은 해안을 따라 설치된 조수감지 센서로부터 기록을 얻고 해저에 깔린 센서들은 파도가 태평양 전역에 걸쳐 방사상으로 퍼져 나갈 때 해양 표면의 높이를 감지하게 된다(**그림 5-18**). 이러한 정보를 활용하면 태평양 주변의 해안 어느 곳에서도 쓰나미의 도착시간을 5분 안에 예측할 수 있다. 태평양 쓰나미 경보센터는 하와이 호놀룰루와 알래스카 팔머에 있다. 하와이의 일부 저지대에서는 위험한 해안지역에 사는 사람들에게 경보를 발령하기 위해 높은 기둥 위에 사이렌을 설치하고 있다.

태평양 쓰나미 경보 시스템(Pacific Tsunami Warning System)은 **쓰나미 주의보**(tsunami watch)와 **쓰나미 경보**(tsunami warning)의 두 단계를 갖는다. 주의보는 태평양 주변에서 규모 7 이상의 지진이 감지될 때 내려진다. 쓰나미가 뚜렷하게 인지되면 주의보에서 경보로 한 단계 올라가고 위태로운 저지대 사람들에게 대피 명령을 내린다.

쓰나미 파도를 탐지하는 새로운 경보 시스템은 위성을 이용하는 것이다. 쓰나미는 파장이 매우 길고 속도가 매우 빠르므로 해수면에서의 다른 파와 근본적으로 다르다. 이와 같은 차이는 위성으로 탐지될 수 있다. 다만 실시간 자료들을 과학자들에게 제공하여 그들이 경보를 재해위험 지역의 주민 센터에 지체 없이 알리는 것이 관건이다.

쓰나미 경보 시스템이 먼거리 쓰나미에 매우 효과적이지만 가끔은 근거리 지진에 의해 발생한 쓰나미도 충분히 경보를 내릴 수 있다. 하와이와 오스트레일리아의 중앙 지점에 있는 사모아 근처의 통가 섭입대에서 2009년 9월 29일 아침 6시 48분에 큰 지진이 일어나 태평양 쓰나미 경보 시스템이 시험 가동되었다(**그림 5-19**). 2~3분간 지속된 진동으로 18 km 깊이의 심해에서 쓰나미가 발생하여 사모아, 아메리카 사모아와 근처 섬들이 모두 잠겼다.

진동이 멈추고 10분 내에 거대한 파도가 산악 섬의 저지대 해안을 휩쓸고 만으로 가면서 그 높이가 증폭되었다. 어떤 파도는 내륙으로 1.5 km 이상 돌진하였다. 파도의 높이는 아메리카 사모아의 파고파고에서 3.14 m, 사모아에서 1.4 m, 라로통가 섬에서 0.5 m만큼 치솟았다. 해안가 집들과 관광 리조트는 완전히 뭉개지고 토대부터 뽑혀져 무너졌다. 자동차들이 들리면서 건물과 충돌하기도 하고 어떤 차들은 사람이 탄 채로 바다로 내동댕이쳐졌다(**그림 5-20**). 많은 사람들이 익사하고 불어난 물에 떠다니는 암설과 부딪혔다. 수영을 못하는 사람들은 깊은 물속에 갇혀 사모아에서 149명, 아메리카 사모아에서 34명, 진앙으로부터 약 200 km 떨어진 통가에서 9명이 죽었다.

하와이의 태평양 쓰나미 경보 센터는 지진이 발생했을 때 경보를 내렸으나 그 지역 주민들은 첫 번째 쓰나미의 도달에 대비할 시간이 불과 10분밖에 없었고 또 대다수 사람들은 상

그림 5-18 부표 경보 시스템

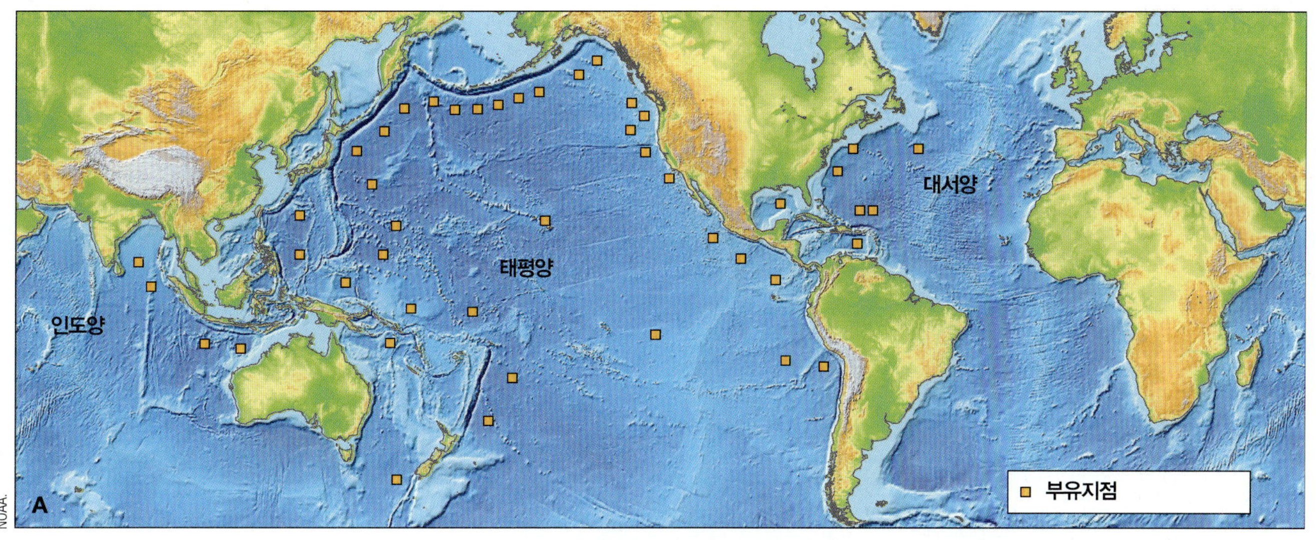

A. 재앙 같은 2004년 12월 쓰나미 이후 확대 설치된 '2007년도 쓰나미의 심해평가 보고(DART) 부유 시스템'. B. 해저에 설치된 압력 센서에 작용하는 압력은 파의 높이가 클수록 커지므로 센서는 파의 높이 변화를 측정할 수 있다. 압력 센서에서 얻은 신호는 수면에 떠 있는 부표로 전송되고 위성을 통해 경보센터에 보내진다.

황이 얼마나 급하게 돌아가는지 인식하지 못했다. 몇몇 라디오 방송국들은 경보조차 알리지 않고 음악 방송을 계속한 것으로 알려져 있다. 사모아에서는 주민들에게 경보를 내리는 문자 메시지 시스템이 있었지만 휴대전화 서비스가 원거리 지역에 분산되어 있어서 전화가 잘 터지지 않았다. 이와 같이 대피시간이 실제로 짧은 점을 생각할 때 지역 주민들을 상대로 경보 대처 방법에 대한 교육과 아울러 지역 관청의 경보전달 체계가 생명을 구하는 데 얼마나 중요한지 알 수 있다.

쓰나미에서 살아남기

2009년 사모아의 경우와 같이 가까이서 지진이 일어나면 공식적인 쓰나미 경보를 내릴 여유가 거의 없다. 따라서 해안 주민들은 지진을 느낄 때마다 즉시 높은 지형으로 이동해야 한다. 오리건 주 해안가의 쓰나미 경보 표시는 지진을 느끼면 더 높은 지대로 대피하도록 안내하고 있다(**그림 5-21**). 섭입대 지진에서는 첫 번째 파도가 도착할 때까지 불과 15~30분 동안의 시간이 있다. 이 경우 즉시 높은 지대나 내륙으로 충분히

그림 5-19 사모아 지진

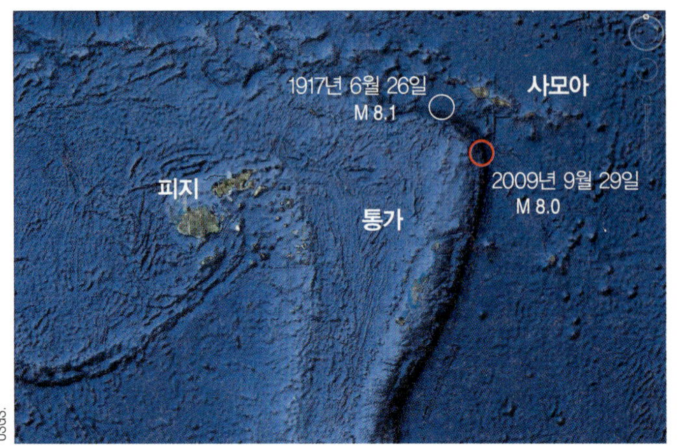

2009년 뉴질랜드 북동부의 통가 해구에서 발생한 지진과 쓰나미.

이동해야 한다. 내륙으로 직통하는 도로가 대피 경로가 되지만 십중팔구 도로가 폐쇄되거나 심한 교통체증 현상이 나타날 것이다. 가까운 언덕으로 대피하고 가능하면 30 m 이상 높이 올라가라.

근처에 언덕이 없으면 파의 에너지, 높이, 속도는 육지에서 급속히 감소하기 때문에 내륙 방향으로 신속하게 대피하면 큰

그림 5-20 사모아 쓰나미

A. 파고파고 항구에 밀려온 2차 파도에 의해 떠내려온 자동차들과 산산조각 난 집들. B. 생존자들이 부서진 자기들 집에서 물건들을 찾고 있다.

그림 5-21 쓰나미 지대 표시판

오리건 주 해안선을 따라 있는 쓰나미 위험지역의 경고표지판.

도움이 될 것이다. 해안에서 멀리 떨어지고 보강이 잘된 건물의 위층으로 올라가는 것도 도움이 될 것이다. 얼마나 멀리 대피할 것인가는 해안으로 돌진하는 파가 해변에서 부서지는지 또는 가파른 파면으로 돌진하는지를 판단하여 결정해야 한다. 큰 쓰나미는 내륙 저지대로 1 km 이상 통과할 수 있다.

쓰나미 위험은 돌진하는 파도에 익사하는 것 말고도 딱딱한 물체와 파편에 맞고 빠른 속도로 지면에 끌려가면서 입은 심한 찰과상으로 죽거나 부상당하는 것을 포함한다. 또한 파도가 퇴각할 때 바다에 휩쓸리기도 한다. 널빤지와 건물의 다른 잔해, 나무, 차량과 같은 파편은 치명적이 될 수 있다. 얕은 심도에서 가령 55 km/hr로 느려지는 파도도 우리에게는 너무 빨라서 달아날 수 없다.

우리가 비록 쓰나미에 취약한 해안지역에 살고 있지 않지만 2004년 수마트라 쓰나미 때 휴가철을 이용하여 태국을 찾은 많은 관광객들처럼 위험지역을 방문할 수 있다. 살아남기 위해 우리가 알아 둘 주요 사항들을 정리해 보자.

- 지진이 일어나는 동안 낙하 물체로부터 자신을 보호하라.
- 비록 경보가 내려지지 않았더라도 예기치 않게 해수면이 상승하거나 하강하면 쓰나미가 앞으로 다가온다는 신호이므로 이럴 때는 높은 지대와 내륙으로 즉시 이동하라. 가까운 언덕으로 가능하면 30 m 이상 높이 올라가라.
- 쓰나미를 구경하기 위해 해안에 절대 내려가지 말라. 쓰나미는 매우 빠르게 이동하므로 도로의 양쪽 차선에서 모두 교통체증이 일어나면 내키지 않지만 차를 버려두고 와야 한다.

- 첫 파도가 지나간 후 바로 해안가에 다시 가지 말라. 첫 파도가 지나간 후 바닷물이 1 km 이상까지 후퇴했지만 다음 몇 시간 동안 파도들이 종종 더욱 큰 높이로 들이닥친다. 공식적인 경보 해제가 있을 때까지 기다리라.
- 라디오나 TV에 귀를 기울이고 있으라.

앞으로 발생 가능한 대형 쓰나미

사람들에게 충격을 줄 수 있는 가장 큰 쓰나미는 섭입대에서 일어나는 대형 지진에 기인하며 이보다 덜 빈번하지만 섬에 있는 순상 화산의 측면붕괴도 대형 쓰나미의 원인이 된다. 앞으로 북아메리카에 큰 타격을 줄 만한 잘 알려진 재해들은 다음과 같다.

1. 태평양 북서부 섭입대에서 일어난 큰 지진으로 발생하는 대형 쓰나미
2. 하와이 큰 섬의 순상 화산에서 일어나는 재앙 같은 측면붕괴
3. 대서양 카나리아 열도의 순상 화산에서 일어나는 재앙 같은 측면붕괴

태평양 북서부 쓰나미: 역사적인 대형 쓰나미

캘리포니아 주 북부에서 태평양 북서 해안을 따라 오리건 주와 워싱턴 주를 경유하여 브리티시컬럼비아 주 남부에 걸쳐 최근 지진이 없었다는 것은 위안보다 오히려 다소 걱정이 된다. 4장에서 보았듯이 이 지역에서 가장 최근에 일어난 큰 지진이 1700년 1월에 있었지만 그 전까지는 많은 대형 지진이 수백 년의 주기를 가지고 일어난 바 있다. 섭입대가 분명히 존재하고 또 대부분의 섭입대에서 대형 지진이 일어난 것이 확실하지만 지진의 직접적인 흔적들은 찾기 어려웠다.

마침내 1980년대에 미국 지질조사소의 브라이언 앳워터(Brian Atwater)는 해안 좁은 만의 상류에 있는 습지에서 대형 지진이 일어났다는 단서가 될 만한 지질학적인 기록을 찾아냈다. 일관적이고 뚜렷한 순서의 퇴적층을 지진으로 인한 대형 쓰나미의 증거로 들었다. 토탄(peat)층이 가장 바닥에 있는데 이 층에는 해수면 바로 위에서 성장하고 부분적으로 부패된 습지 식물들이 들어 있다(**그림 5-22A**). 토탄 위에 모래층이 있는데 이 층은 보통 모래 퇴적물에 들어 있는 내부 층들이 전혀 없는 것이 특징이다. 모래 위에는 바다 식물들의 잔해를 포함하는 진흙층이 있다. 이러한 층서는 해수면 바로 위의 바다 늪지에 쌓인 토탄층에서부터 설명을 시작하면 간단히 이해할 수 있다. 먼저 대규모 지진으로 발생한 거대한 쓰나미가 해안가로 돌진하고 대륙붕으로부터 휩쓸려 내려온 모래를 운반하면서 조수 입구로 들어왔을 것이다. 그 모래들은 바다 늪지가 갑작스럽게 해수면 아래로 2 m 정도 함몰될 때 내륙 방향의 저지대에 있는 기존의 토탄층을 덮는다. 그 후 해초 화석을 포함하는 진흙층이 모래 위에 쌓인다(**그림 5-22B**). 토탄, 모래, 진흙의 순서는 수차례 반복된다. 이러한 상황에서 삼림들은 염수 침투로 쓰러지거나 거대한 파도에 의해 부러진다(**그림 5-22C**). 저지대 해안가의 좁은 만에서 대형 쓰나미에 쓰러졌던 삼림들은 북쪽의 브리티시컬럼비아 주에서부터 남쪽의 오리건 주까지의 태평양 해안가에서 쭉 발견된다. 쓰러진 그루터기는 1700년 지진이 발생하는 동안 해안팽창이 함몰했기 때문에 지금은 해수면 아래에 있다.

모래시트(sand sheet)는 해수면 위 18 m 고도까지 퇴적된다. 주변의 해안 도시들은 이 정도의 쓰나미에 매우 취약하다. 전체 길이가 1,100 km인 섭입대를 흔든 지진이 일어날 경우 수치모델링 결과 밴쿠버 섬의 남단에 있는 빅토리아 항구는 지진발생 80분 후에 4 m 높이의 파도가 예측된다. 시애틀 지역에서는 3시간이 지나면 1 m, 6시간이 지나면 2 m 높이의 파도가 예상된다. 시애틀 단층에서 일어나는 지진으로 인한 쓰나미는 시애틀에 더 큰 위협이 될 것이다. 규모 7.6의 지진은 시애틀 항구에 6 m까지 되는 파도를 만들 수 있다. 모델링 결과 오리건 주의 포틀랜드는 이와 같은 섭입대 지진으로부터 발생하는 쓰나미의 피해가 그다지 심각하지 않은 것으로 나타났다. 도시 앞에 얕은 컬럼비아 강이 자리잡고 있어 파가 도심지에 도달하기 전에 거의 소멸해 버릴 것으로 기대되기 때문이다.

그러나 훤히 트인 해안이나 작은 만에 있는 도시들은 실제로 매우 위험하다. 해안 근처에서 일어난 지진은 20분 안으로 해안에 도착 가능한 쓰나미 파도를 발생시키므로 그 짧은 시간 안에 위험에 처한 사람들에게 경보를 알리거나 그들을 대피시키는 것은 매우 어렵다. 예를 들어 오리건 주의 포틀랜드 서쪽에 있는 작은 해안 도시 시사이드는 여름철에는 40,000여 명의 주민과 방문객들로 넘치는데 대다수는 재해를 알지도 못하고, 또 막상 재해가 닥칠 때 무엇을 해야 할지 모른다. 해안에서 지진이 느껴질 때 사람들은 즉시 내륙의 높은 지대로 즉시 이동해야 한다. 오리건 주, 워싱턴 주, 브리티시컬럼비아 주의 해안에서 해수면이 갑자기 상승하거나 하강할 경우에는 지진이 곧 발생한다는 징조로 보면 된다. 섭입대에 위에 있는 대륙판의 압축 팽창부가 해안 수중에 있다면(그림 3-13 참조, 오

그림 5-22 물에 잠긴 채 서 있는 나무들

A. 브리티시컬럼비아 주의 해안가 습지에 1700년에 발생한 충상단층 지진으로 진한 갈색의 토탄층 위에 쓰나미 모래가 퇴적되었다. 스케일: 1/10 m. **B.** 오리건 주의 네스코윈 만에 있는 오래된 시트카 전나무 숲은 1700년 1월 대규모 섭입대 지진으로 발생한 대형 쓰나미로 넘어졌다. 이 큰 나무들의 그루터기들은 링컨 시의 북쪽 25 km 지점에 있는 이곳 해변에 썰물을 차단시켰다. 2,000년 된 나무의 숲은 대규모 충상단층에 의한 지진이 일어나는 동안 파도 속으로 떨어지고 다시 뒤에 수반된 거대한 쓰나미로 넘어졌다. **C.** 섭입대 지진의 발생 직후 조수 늪지가 갑자기 해수면 아래로 내려갈 때 쓰나미 모래가 퇴적되는 과정.

리건 주 해안) 팽창부는 물을 밑으로 끌어당기며 하강한다. 따라서 해안에서 나타나는 쓰나미의 첫 신호는 물이 해안 쪽으로 끌어당겨 되돌아가면서 나타나는 수면 하강이다. 만일 압축 팽창부가 육지 쪽에 있다면(예: 워싱턴 주) 팽창부는 내려가지만 수중에 있는 판의 끝 부분은 밀치고 올라온다. 따라서 워싱턴 주 해안에서는 급격한 수면 상승이 쓰나미의 첫 신호가 된다. 나중에 오는 파도는 첫 번째 파도보다 훨씬 커질 수 있다. 일반적으로 팽창부는 해안 수중에 있으므로 첫 번째 파도는 사라진다.

지난 사건들을 비추어 볼 때 그 다음 50년 동안에 대형 지진과 쓰나미가 또 일어날 확률은 약 1/10이라는 것이다. 그 확률은 낮게 보이지만 날씨변화와 마찬가지로 언제라도 사건이 발생할 수 있다. 오리건 주립대학의 최근 연구 결과 4,600~2,800년 전 사이에 서너 차례의 대형 쓰나미가 1,000년마다 일어났다. 1,000~1,200년의 공백 후에 다음 1,000년 동안 네 차례 발생했고 670~750년의 또 다른 공백 이후 마침내 서기 1700년에 대형 지진과 쓰나미가 발생했다. 가장 불안한 것은 단층 북부 지역의 지진 반복주기는 525년인 반면 남부 지역은 불과 278년이라는 점이다. 따라서 지진과 쓰나미의 예상 발생 시점이 이미 경과했다는 점이다.

해안지역이 갑자기 하강하면 내륙에 비해 해수면이 상대적으로 상승한다. 따라서 쓰나미는 예상한 것보다 훨씬 큰 높이로 해안에 밀어닥친다. 이곳 섭입대의 길이가 2004년 수마트라에서 재앙 같은 지진과 쓰나미를 발생시킨 섭입대의 길이와 맞먹으므로(그림 3-12 참조) 이곳에서 일어나는 사건은 어마어마한 재앙을 일으킬 것이다. 계산 결과 몇 개의 연안 만에 16 m 높이의 쓰나미가 밀어닥칠 것으로 예상된다. 실제로 지난 쓰나미 기록에서 몇몇 좁은 만의 입구로 들어온 파들의 높이는 20 m나 되었다. 컴퓨터 수치 모델링 결과 연안에서의 파고는 대략 10 m로 계산되었다. 이 높이는 만이나 좁은 입구에서 2~3배만큼 증폭될 것이다. 브리티시컬럼비아 주 밴쿠버 섬의 길쭉한 서쪽 해안만의 상류인 포트앨버니에서는 1964년 알래스카 지진으로 파고가 공해 상의 파고보다 3배 증폭되어 나타났다. 내륙으로 언덕을 타고 튀어 올라온 파고는 25~30 m에 다다랐다. 이 높이는 내륙 피해에 대한 연구를 통해서도 비슷하게 나왔다. 지면 운동의 일반적인 형태를 직접 볼 수 있었던 1964년에 발생한 알래스카 지진(사례: 섭입대 지진으로 발생한 대형 쓰나미—1964년 알래스카 앵커리지)과 같은 엄청난 지진이 태평양에서 다시 일어날 수 있다.

지진대에 포함되는 해안 도시들은 위험하다. 오리건 주의 북부에 있는 캐논비치와 시사이드는 이 문제들을 잘 인식하고 그 해법을 찾아가고 있다(**그림 5-23**).

하와이 킬라우에아: 재앙 같은 화산측면의 붕괴

하와이 지질학자들은 내륙으로 6 km 이상 떨어진 섬의 완만한 사면에 산호 덩어리와 해안물질이 해수면보다 400 m 이상의 고도까지 분포하는 점에 수년 동안 궁금해 왔다. 어떤 섬에서는 이 높이까지의 토양은 대부분 또는 완전히 유실된 상태이다. 이동된 산호와 유실된 사면은 활화산의 큰 파이(pie) 파편이 바다로 들어갈 때 섬 주위에 큰 파도가 밀어닥쳤다는 증거가 된다. 이와 같이 붕괴된 퇴적물의 상부 급경사면의 일부는 높이 2,000 m 이상의 거대한 해안절벽을 이룬다(그림 5-7C 참조).

그림 5-23 쓰나미 대피 지도

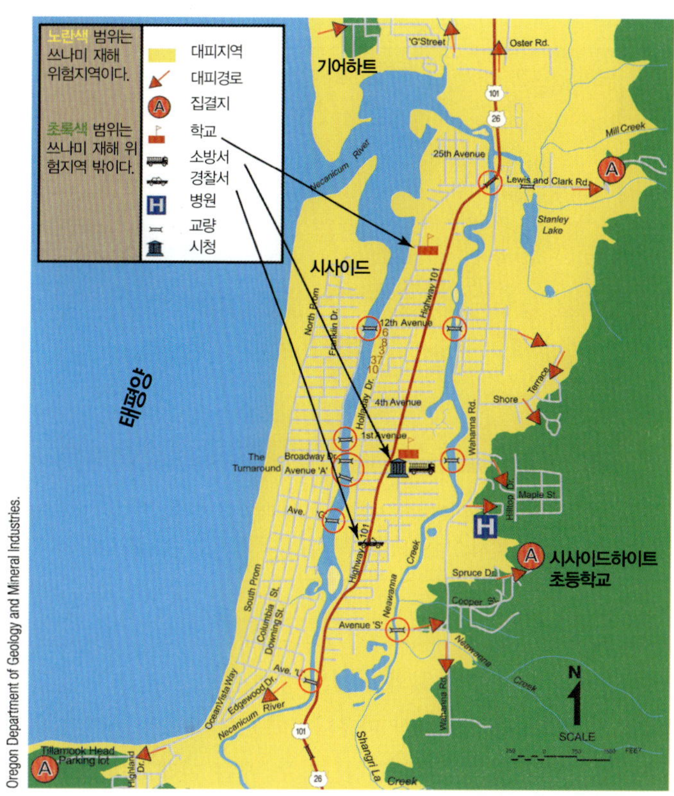

오리건 주 시사이드의 쓰나미 재해 지도. 노란색은 범람 가능한 범위를 나타내며 원으로 표시된 교량은 규모 8.5 이상의 지진으로 파괴될 수 있다. 학교의 대피시간은 너무 짧고 소방서와 경찰서의 비상대응은 둘 다 재해지역에 있는 관계로 위태롭다. 교량이 무너질 경우 남북 방향의 하천 서쪽에 있는 보호벽이 수많은 사람들을 대피시켜야 하기 때문에 특히 위태롭다.

섬의 측면붕괴에 의해 발생한 쓰나미는 해수면보다 수십 m 이상 높은 지역에 있는 퇴적층에 잘 기록되어 있다. 즉 쓰나미는 몰로카이에서 해수면 위 70 m 되는 곳에 석회암 산호와 현무암으로 굳어진 흔적들을 남겼고 라나이에서는 해수면 위 326 m까지 산호 덩어리를 남겼다. 이러한 사건들은 반복되기 마련인데 안타까운 것은 하와이 섬의 많은 사람들은 이보다 아래에 산다는 점이다.

산사태는 대규모 분출이 일어나는 동안에 발생하며 그 반복주기는 약 10만 년이다. 산사태의 상부 급경사면은 하와이 열도의 한쪽 면 이상에서 발달하고 있는 거대한 팔리(pali) 또는 절벽이다. 이와 같이 어떤 사건들의 결과는 눈으로 직접 확인할 수 있지만 그 발생 주기는 아직도 확실히 알 수 없다. 여러 개의 화산으로 밀려온 산호 파편의 나이로부터 판단할 때 가장 최근의 사태는 105,000년 전에 하와이 섬의 큰 부분이 분리된 사건이다. 이 사태는 라나이 섬에 326 m 정도로 높은 쓰

그림 5-24 바다 쪽으로 함몰되는 킬라우에아 화산

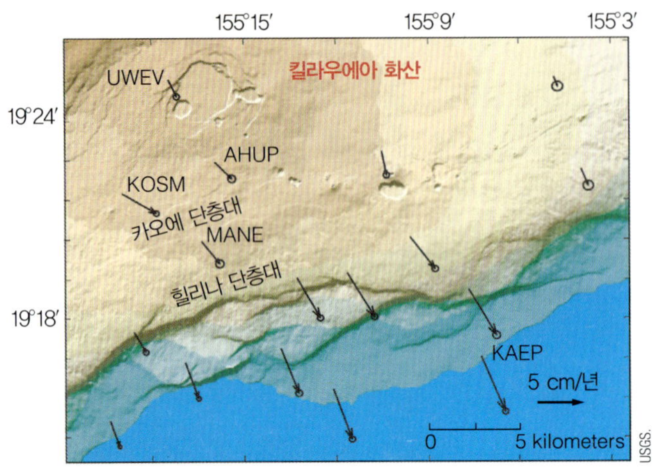

킬라우에아 화산의 남쪽 측면은 서서히 바다 쪽으로 함몰되고 있다. 화살표들은 위성위치추적시스템 GPS로 측정된 운동 방향과 속도를 나타낸다.

나미 파도를 일으켰다. 하와이 열도 중에서 가장 젊고 큰 섬인 하와이에 있는 거대한 화산 마우나로아는 서쪽으로 붕괴가 되풀이되고 있다. 붕괴 형태로 볼 때 두 개는 아래로 함몰되는 슬럼프이며 다른 두 개는 암설사태이다. 북코나 슬럼프의 상부 급경사면은 하와이의 서쪽 해안으로 향하지만 대부분의 붕괴는 바다 밑에서 일어나는 해저 붕괴의 형태를 띤다.

하와이에서 가장 젊고 가장 활발한 화산인 킬라우에아는 현재 슬럼프 상태에 있다. 폭이 100 km이고 길이가 약 80 km인 킬라우에아의 남쪽 측면의 힐리나 슬럼프는 1년에 10~15 cm씩(가끔은 갑작스럽게) 바다 쪽으로 이동하고 있다(**그림 5-24**). 1975년 11월 19일 킬라우에아 화산 남쪽 측면은 규모 7.2인 지진이 일어난 동안 바다 쪽으로 7 m 이상 이동하였고 3 m 이상 내려앉았다. 이로 인해 발생한 쓰나미는 그 규모가 비교적 작았음에도 두 사람이 근처에서 익사하고 해안가 집들이 파괴되고 섬의 북동쪽에 위치한 힐로 만에서 배들이 침몰하였다. 앞으로 이것이 더 진행할 것인가 아닌가는 확실하지 않다. 화산의 측면이 예측 불가능한 주기로 계속 미끄러져 내려갈 것인가 또는 멈출 것인가?

만약 이 거대한 지역이 큰 지진이나 마그마의 중요한 관입 활동 등으로 인해 바닷속으로 갑자기 붕괴한다면 높이 100 m 이상 되는 쓰나미가 발생할 것이다. 이 경우 하와이의 많은 해안 도시들은 경보가 가동될 틈도 없이 파괴될 것이다. 그러나 이와 같은 사건으로 10만 년마다 10만 명이 죽는다 해도 숫자상으로 보면 1년에 평균 1명씩 사망하는 꼴이다. 이러한 사건이 만약 일어나면 상상할 수 없을 정도의 재앙이 되지만 평균적으로 보면 사람이 살아가는 동안 이보다 더 큰 다른 위험들은 수없이 많다.

위험은 하와이에 국한되지 않는다. 만약 지금도 바다 쪽으로 움직이고 있는 킬라우에아가 갑작스럽게 붕괴된다면 그것은 대규모의 쓰나미를 발생시켜 태평양 주위의 모든 해안가 주민들을 황폐화하기에 충분하다. 하와이에 사는 사람들은 경보를 받을 틈도 없지만 이에 비해 북아메리카 및 남아메리카의 태평양 해안은 몇 시간의 여유가 있다. 물론 얼마나 많은 사람들에게 경보를 주며 그들 중의 얼마나 많은 사람들이 경보에 주의를 기울이고 있는가는 더 두고 볼 문제이다. 샌프란시스코와 로스앤젤레스 같은 큰 도시에서는 교통 때문에 주어진 시간 안에 완벽하게 대피하지는 못할 것이다. 우리는 마음속으로 다음 사건이 곧 찾아오지 않았으면 하고 바랄 뿐이지 그것이 언제 올지 알 방법이 없다.

카나리아 열도: 대서양 해안 도시들의 재앙

아프리카 북서쪽 해안에 있는 카나리아 열도의 테네리페 화산은 다른 현무암질 섬의 화산들같이 화산의 측면붕괴가 여러 번 있었다는 증거를 확실히 보여 주고 있다. 테네리페 화산은 고도가 3,718 m로서 마우나로아만큼 높다. 화산 측면은 대규모의 해저 암설퇴적물로 이루어져 넓은 계곡들이 발달하고 있다. 계곡을 채우고 있는 용암들은 두께가 590 m이며 그 밑에 화산잡석들이 바다 쪽으로 약 9° 경사진 분리면을 따라 분포한다.

처음 붕괴는 폭 11~14 km의 꼭대기 칼데라가 활성 마그마방 속으로 침강함에 따라 발생되었을 것이다. 가장 최근의 칼데라와 섬의 측면붕괴는 17만 년 전에 일어났는데 이 과정에서 거대한 암설사태가 테네리페 북서쪽 해안으로부터 해저로 운반되었다. 약 1,000 km^{3}의 암설이 운반되었는데 그중 일부는 바다 쪽으로 100 km 이동하였다. 이보다 훨씬 큰 엘골포 암설사태는 15,000년 전에 엘히에로 섬의 북서쪽 측면에서 분리되었다. 이것은 암설 400 km^{3}를 바다 쪽으로 600 km 만큼 멀리 운반하였다.

카나리아 열도에서의 붕괴 사건의 평균 주기는 10만 년으로서 꽤 길지만 한번 사건이 일어나면 그 결과는 큰 재앙이 될 것이다. 여기서 발생 주기는 단지 평균에 불과하다. 즉 다음 붕괴는 언제든지 찾아올 수 있고 붕괴로 발생하는 거대한 쓰나미는 북대서양 주변의 인구가 많은 해안 지역을 침수시킬 뿐만 아니라 2시간 만에 포르투갈의 해안에, 3시간을 약간 경과하면 영국에, 6~9시간 안에 캐나다와 미국의 해안에 도달할

그림 5-25 대서양 해안에서 쓰나미가 발생하면?

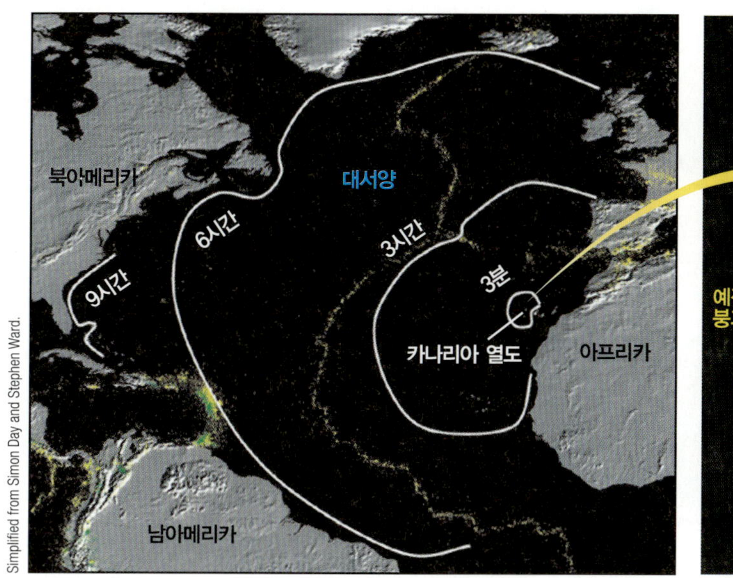

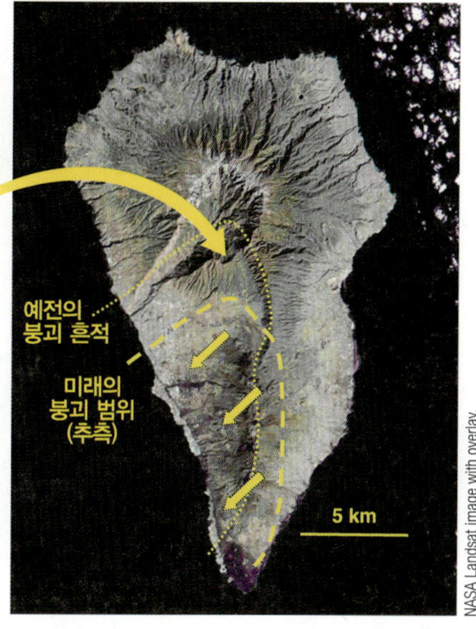

A. 카나리아 열도의 라팔마로부터 대형 산사태가 일어나면 강한 쓰나미가 발생하여 대서양으로 퍼져 나갈 것이다. 컴퓨터 모의실험 결과 이 큰 파도는 6~7시간 안에 북아메리카의 동쪽 해안에 도달할 것으로 예상된다. **B.** 카나리아 열도의 라팔마를 확대한 것으로서 이전에 강하게 일어났던 붕괴 흔적과 장차 붕괴될 지역을 보여 준다.

것이다(**그림 5-25**). 대다수의 사람들은 저지대의 해안가 도시와 아무런 보호벽이 없는 섬의 해안을 따라 살고 있기 때문에 수백만 명이 한꺼번에 위험에 처할 수 있다. 예를 들어 플로리다에서 예측되는 파고는 20~25 m로서 5~7층 건물보다 높다! 비록 경보가 첫 파도가 밀려오기 6시간 전에 위험 지역에 발령된다 하더라도 우리가 이미 허리케인의 경험으로부터 알 수 있듯이 실제로 대피하는 데는 그보다 훨씬 더 오래 걸린다. 10만 명의 사람들이 평상시에 교통이 붐비는 상황에서 무질서하게 대피하려고 허둥대는 모습을 상상해 보라. 섬과 육지를 연결하는 2차선 도로의 다리에서 겪을 교통 혼잡을 상상해보라. 위험 수준을 인식하지 못하고 경보체계를 무시한 결과가 얼마나 많은 사상자를 내는지 알면 망연자실할 것이다.

사례

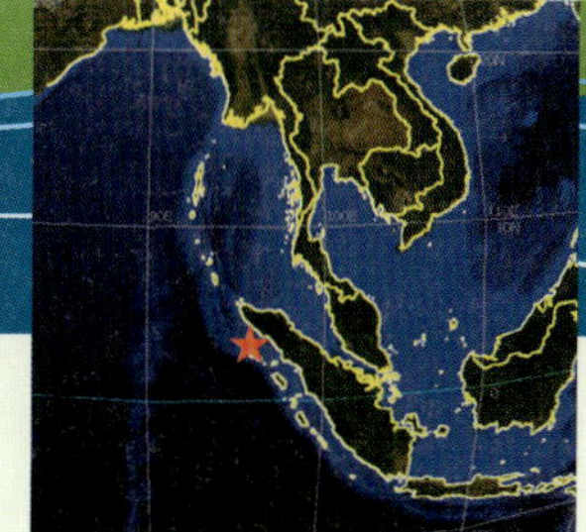

경보체계와 지식이 없어 톡톡히 값을 치른 희생

2004년 12월, 2005년 3월, 2006년 7월 수마트라 쓰나미 ▶

인도판은 버마판으로부터 6 cm/year의 속도로 북동방향으로 이동한다. 이번 쓰나미가 발생하기 전 10년 동안 이 지역에는 규모가 5.5보다 큰 지진이 40여 차례 발생했으나 쓰나미는 발생하지 않았다. 한편 지난 200년 동안을 돌아보면 규모 8 이상의 큰 지진들로 말미암아 쓰나미가 수차례 발생하여 수백 명이 목숨을 잃은 바 있고 그 이전의 지진자료까지 참고할 때 이 지역에는 평균 230년마다 큰 사건이 발생한 것으로 나타났다.

이곳은 수백 년 동안 섭입대가 막혀서 위에 있는 버마판이 나무처럼 천천히 휘어졌고 휘어진 판이 원래대로 펴지면서 2004년 12월 26일 규모 9.15의 지진이 발생하였다. 규모로 보

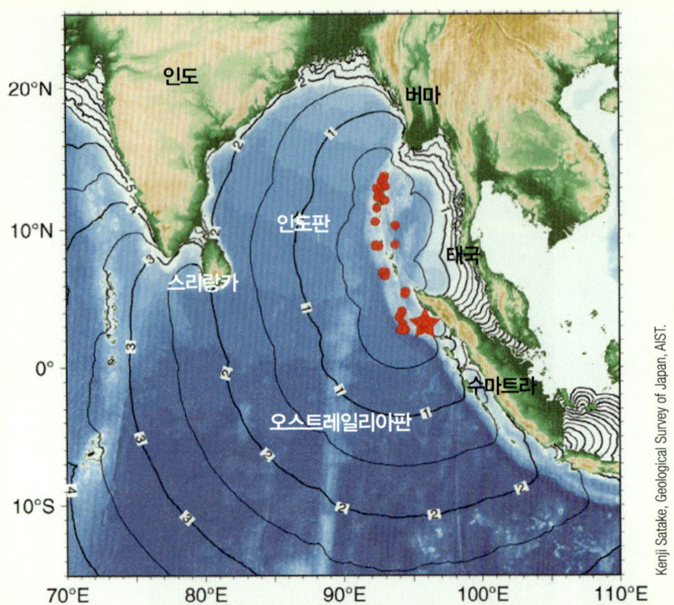

▶ 쓰나미 파도의 주행시간(단위: 시간) 등고선은 진앙(빨간 별)에서 여진(빨간 점) 지역까지 걸쳐 있는 균열대로부터 파가 퍼져 나가는 것을 보여준다.

아 판이 펴짐과 동시에 다른 판 밑으로 15 m 미끄러져 들어가면서 해저바닥을 수 m 상승시켰을 것이다. 그 결과 인도판과 버마판의 남북 경계의 전체 길이에 해당하는 1,200 km의 섭입대가 갑자기 파괴되어 8분 동안이나 격렬하게 흔들어 댔다.

인도네시아 수마트라에서는 앞뒤로 흔들리고 동시에 엘리베이터의 하강 가속도보다 훨씬 빠른 상하진동 때문에 서 있기조차 어려웠고, 무너지는 주변 건물로부터 피하기는 도저히 불가능했다. 수마트라 북부에서 보고된 첫 번째 지진피해는 교량, 전신주, 통신시설이 심하게 파손된 것이다. 건물도 심하게 파손되고, 사람들은 공포에 질려 도로로 내달렸다. 설상가상으로 작은 규모의 지진들이 섭입대를 따라 북쪽으로 연달아 발생했다.

해저가 갑자기 상승해서 생긴 큰 파도는 시속 700 km 이상으로 이동하여 15분 만에 주변 해안에 도달했다. 잠시 후 5 m 파도가 수마트라 북부 반다아체 25 km^2를 덮쳤다. 24 m 높이의 파도가 내륙으로 1 km 거리까지 피해를 주었고 일부 지역은 8 km 거리까지 피해를 입었다.

급경사 산악 지방에 있는 사람들은 대부분 강어귀의 해안 저지대에서 살기 때문에 주민들은 해일 경보를 거의 듣지 못했다. 대부분이 지진에 대해서는 알고 있었지만 쓰나미가 발생하리라고는 것은 예상조차 못했다. 그 당시 바다를 주시하지 않았던 사람들은 밀려오는 쓰나미를 마치 그저 자동차가 빠르게 다가오면서 내는 큰 소리 정도로 이해했다. 왜냐하면 해수면이 상승할 때 그 주위에 아무 소리도 나지 않았기 때문이다.

두 시간도 채 안 되어 첫 번째 쓰나미 파도가 태국의 서부, 스리랑카의 동쪽해안, 인도의 동쪽해안까지 돌진하였고 그 다음 7시간 후에는 아프리카 해안의 소말리아까지 도달했다. 스리랑카에서는 1,000여 명의 승객을 태운 열차가 탈선하여 늪지에 빠져 그중 800여 명 이상이 구조되었다. 1월 13일까지 추정된 사망자는 230,000명 이상, 실종자는 수만 명으로 집계되었다. 소말리아에서는 지진 발생 후 쓰나미까지 꽤 많은 시간이 있었음에도 불구하고 수백 명이 사망했다.

최소한 스리랑카에서는 31,000명, 인도에서는 10,750명, 태국에서는 5,400명이 사망했다. 인도네시아에서는 최소 168,000명 이상이 죽거나 실종되었다. 반다아체에서는 건물이 모두 파괴된 지역에 시신만 30,000구가 널려 있었다. 총 11개 나라에 걸쳐 발생한 어마어마한 규모의 피해를 보고 구호기관들도 모

▶ **A.** 2004년 6월 23일, 쓰나미 발생 이전 수마트라의 반다아체 북부지역. **B.** 2004년 12월 28일, 쓰나미 발생 이후의 모습. 사실상 모든 건물들은 처참하게 휩쓸려 내려갔다. 쓰나미 이전에 북쪽 해변을 따라 있던 단단한 사석(riprap)들은 발생 후에는 산산조각이 나 몇 군데만 남아 있다. 그 남쪽에 있는 섬의 넓은 지역은 사라졌고 또한 건물들이 빽빽하게 서 있던 두 다리 사이의 섬의 남쪽 끝 지역도 사라졌다.

▶ A. 쓰나미 이전의 인도네시아 물라보 해안지역. B. 쓰나미 이후 집들이 대부분 없어졌고 그림의 오른쪽 상단에 있는 건물만이 잘 대비된다.

두 입이 벌어질 수밖에 없었다. 5백만 명이 집을 잃었고 수십만 명이 대피소에 수용되었다. 이번에 발생한 쓰나미는 지금까지의 기록 중 역사상 가장 큰 재앙을 몰고 온 자연재해였다.

이번 지진은 아주 큰 규모로서 세계 지진관측망에 기록되었지만 막상 그 지역 주민들은 대형 해일 주의보를 듣지 못했다. 불행하게도 인도양은 쓰나미 경보체계가 없었기 때문이다. 하와이에 있는 태평양 쓰나미 경보센터는 회원국에게만 경보를 전달하고 인도양 지역은 쓰나미 발생이 가능한 국가에만 접촉하려고 했다. 인도양에는 쓰나미 발생이 뜸하여 국가나 국가간 쓰나미 경보의 신속한 전달체계가 없었고 2006년 여름에야 경보체계의 설치가 완료되어 현재 가동 중이다.

안타까운 점은 또 있었다. 서 수마트라의 한 관리가 지진을 확인하고 자카르타에 있는 국가기관에 연락을 취하고자 한 시간 이상을 노력하였으나 실패했다. 그 후 자카르타에서도 한 관리가 다른 기관에 전자메일을 보냈지만 반응이 없었다. 오스트레일리아에서도 한 지진학자가 국가비상센터와 해외주재 오스트레일리아 대사관에 경보를 보냈으나 다른 외국 정부에는 외교적인 문제가 생길까 봐 보내지 못했다. 태국의 관리들은 한 시간 전에 경보를 받았으나 주민에게 전달하지 못했다. 주민들 대부분은 쓰나미에 대한 지식이 없었고 또 지진으로 쓰나미가 발생한다는 것을 알지 못했다. 지나간 이야기지만 그 당시 퇴임했던 국가 기상대장도 재임 시 조만간 대형 쓰나미가 발생할 가능성이 있다고 이미 1998년 여름에 경고했지만 정부각료들은 관광객이 감소한다는 우려 때문에 그를 정신 나간 위험한 사람으로 몰아세웠다. 그는 쓰나미 발생 후 영웅이 되었다.

과학자들이 인도양 부근에 해일 경보체계가 미흡하다고 몇 차례 경고했으나 태국과 말레이시아 관리들은 쓰나미를 태평양에만 관련된 문제로 취급하고 수천만 달러가 소요되는 네트워크는 예산문제로 정책을 세우는 데 뒷전에 두었다. 그러나 그들은 앞으로 닥칠 쓰나미를 탐지할 목적으로 해저 센서를 2009년까지 설치하였다.

설사 경보체계가 2004년 당시에 인도양에 설치되었더라도 수마트라의 가장 피해가 많았던 지역의 주민들을 대부분 구조하지는 못했을 것이다. 왜냐하면 지진이 일어나고 곧바로 쓰나미가 도착했기 때문이다. 문제의 핵심은 지진의 크기를 결정하는 데 시간이 걸린다는 것이다. 지진의 발생 위치(진원, 진앙)는 여러 관측소에서 입수한 지진파의 도달시간으로부터 자동으로 신속하게 결정된다. 처음 인도네시아 정부가 산정한 규모는 6.6으로서 대형 쓰나미를 만들 수 없는 크기였다. 그러나 대형 지진의 크기는 표면파의 진폭으로 결정되고 큰 지진은 저주파수 특성을 띠기 때문에 그 크기를 결정하는 데 1시간 이상이 걸린다. 이 시간이면 수마트라에 해일이 강타했을 시간이며 이미 때는 늦은 것이다.

모든 재해에서 그렇듯이 쓰나미에 대한 공교육을 잘 받았다면 더 많은 생명을 구했을 것이다. 정부 관리 사이에서도 대형

▶ 인도네시아 북부의 저지대 해안은 초토화되었다. 단지 일부 주택부지, 대형 시멘트 바지선과 그 예인선만이 남아 있다.

▶ 쓰나미로 인해 육지에 쌓여진 집과 보트의 잔해와 사람들의 시신.

지진이 대형 쓰나미를 발생시킬 수 있다는 지식이 없었다. 이와 반대로 10살 된 한 소녀가 이전에 학교에서 배운 쓰나미에 대한 간단한 지식을 가지고 첫 번째 파도가 오기 전에 바닷물이 퇴각하는 것을 보고 주위 사람들에게 언덕으로 올라가라고 외쳐댔다. 또한 이전에 쓰나미 TV 다큐멘터리를 시청했던 인도양의 외딴섬에서 근무하던 한 부두 노동자는 지진을 감지하고 뛰쳐나가 주위 사람들에게 거대한 파도가 오고 있다는 것을 알렸다. 재해 과정을 이해하고 있던 이 두 사람이 결과적으로 1,500명 이상의 생명을 구한 셈이다.

같은 섭입대를 따라 지진이 조만간 또 일어날 수 있을까? 2004년의 재앙 같은 지진에서 단층의 한 곳에서 방출된 응력의 일부는 부근의 다른 단층에도 작용하였다. 이와 같은 추가 응력으로 인해 부근의 단층에서 더 빨리 지진이 유발되었다. 2005년 3월 28일 모멘트 규모(M_W) 8.7의 지진이 바로 남동쪽의 단층대를 흔들었다. 1 km보다 작은 수심에서 일어난 지진으로 소형 쓰나미가 발생하여 1,313명이 죽었다.

2006년 7월 17일 모멘트 규모 7.7의 지진이 남동 방향의 약 2,000 km에 걸친 같은 단층대의 자바의 남쪽 해안을 따라 일어나 5~7 m 높이의 파도가 도달했다. 일본과 하와이로부터 경보가 제공되었지만 당국의 대피 조치가 늦어 자바에서 730명이 죽었다. 인도네시아 정부는 쓰나미 발생을 알고서도 주민들에게 '불필요한 경고신호'가 될까 봐 경보를 내리지 않았다. 마지막으로 내린 조치는 쓰나미 도착 7분 전에 보낸 문자 메시지이었지만 이미 때가 늦었다. 다시 2007년 9월 12일 규모 8.5의 지진과 쓰나미가 수마트라 남부를 내리쳐서 25명의 사망자가 나왔다. 주민들은 큰 쓰나미가 일어날 수 있다고 걱정을 했지만 파고는 3 m밖에 안 되었다. 아마도 파도가 해안이 아닌 먼 바다 쪽으로 향했고 또한 지진이 얕은 수중에서 일어났기 때문이었을 것이다.

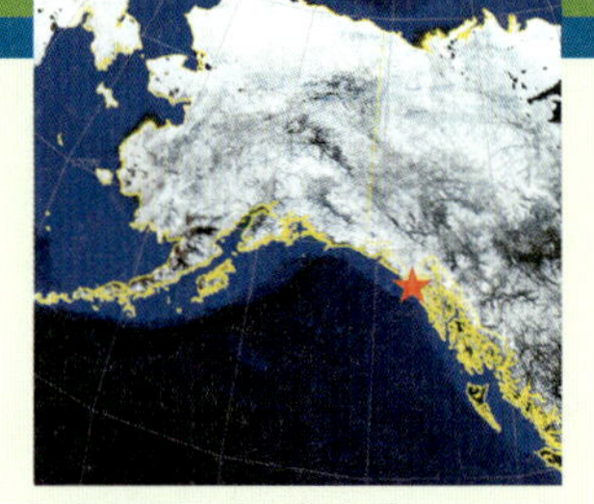

산사태로 발생한 강력한 쓰나미

1958년 알래스카 리투야 만 ▶

해안에 인접한 내륙에서 낙석으로 발생한 대표적인 쓰나미는 1958년 7월 9일 알래스카 리투야 만에서 있었다. 형태가 피오르(fjord)로 되어 있고 서쪽에 글레이셔 만 국립공원(Glacier Bay National Park)이 위치한 리투야 만은 역사상 가장 높은 쓰나미가 발생한 곳이다. 1958년 7월 9일 페어웨더 단층에서 발생한 규모 7.5의 지진으로 6천만 m^3의 암석과 빙하가 리투야 만의 상류로 밀려 들어갔다. 그 결과 50층에 해당하는 높이 150 m의 파도가 발생했고 이것은 믿기지 않게 524 m까지 치고 올라가 인근의 산등성이를 넘어 33 m 높이까지 산림을 황폐화하였다. 일부는 152 m 높이까지 피해를 입은 곳도 있었다. 이것은 10~15 m 높이의 일반적인 쓰나미에 비교되는 대형 쓰나미로서 시속 50~210 km로 이동하면서 리투야 만 전

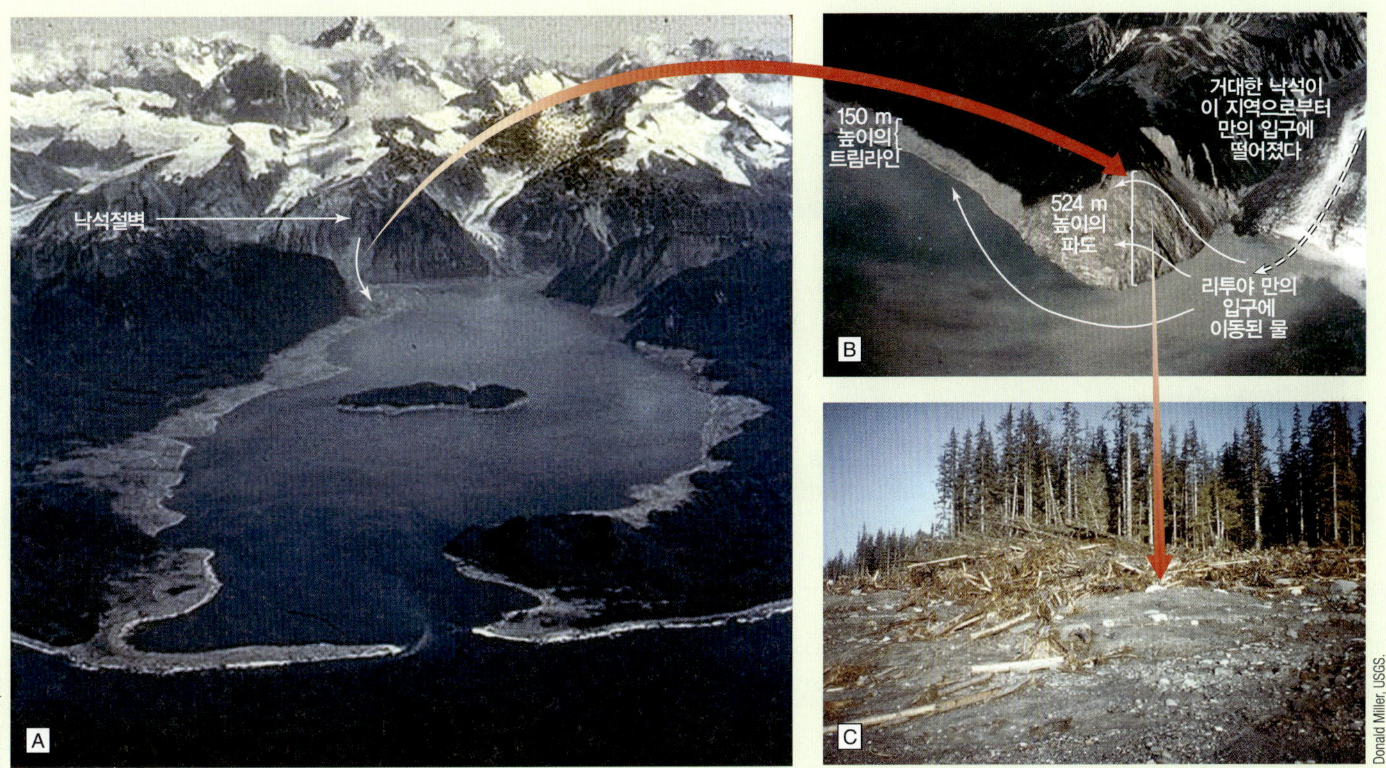

▶ A. 알래스카 리투야 만의 상류로 무너져 내린 거대한 낙석은 대형 쓰나미 파도를 만들어 산등성이의 삼림과 토양을 밀어 버렸다. 만의 주변에서부터 쓰나미가 휩쓸었던 넓은 삼림 지역이 보이고 낙석으로 쓸려 내려간 절벽이 만의 상류에 확실히 보인다(화살표). B. 낙석이 만의 입구에 떨어져서 524 m 높이로 치솟았던 물줄기가 산등성이를 넘어 만으로 되돌아갔다. C. 산등성이에서 바라본 삼림 피해 전경.

체를 휩쓸어 버렸다.

그 당시 리투야 만에는 각각 두 사람이 타고 있던 고기잡이배 3척이 있었고 배들이 암석절벽으로 쓸려 왔을 때 한 배가 침몰하여 두 사람이 죽었다. 이 두 사람이 리투야 만 쓰나미의 전체 희생자였다. 만의 한 가운데 섬의 남쪽에 있던 또 다른 배에 타고 있던 호워드 율리치와 그의 7살 난 아들은 배에 매달려서 침수된 땅을 넘어 만의 또 다른 지역으로 떠내려갔다. 다음날 그들은 무사히 만에서 빠져나올 수 있었다. 만의 북쪽에 정박된 채 또 다른 배에서 잠을 자고 있던 윌리엄 스완슨과 그 부인은 거센 파도가 뱃머리를 들어 올리고 닻줄을 휘감았을 때 잠에서 깼다. 그 배는 가장 높은 나무보다 25 m 더 높게 모래톱을 넘어 바다 한 가운데로 떠내려갔다. 배는 가라앉았지만 버려진 작은 보트로 겨우 올라탈 수 있었고 두 시간 후 다른 고기잡이배에 의해 구조되었다.

산림 경계선인 리투야 만의 해안선을 관찰할 때 1958년 사건으로 만들어진 트림라인 위에 그 이전 쓰나미들로 만들어진 매우 높은 2개의 트림라인이 보였다. 미국 지질조사소 학자들은 이 높은 트림라인에 걸쳐 있는 나무들을 조사하여 그것들이 이전 쓰나미들로 심하게 손상되었다는 것을 알아냈다. 그들은 사건이 발생한 이후 만들어진 나이테를 계산함으로써 쓰나미가 1936년, 1874년, 1854년, 1853년에도 각각 발생하였다고 결론지었다.

리투야 만에서 동쪽으로 50 km 떨어진 곳에 있는 글레이셔

▶ 리투야 만의 트림라인. 1874년과 1936년의 쓰나미는 1958년 것보다 훨씬 컸다. 좁은 절벽으로 된 만은 어디에서나 비슷한 트림라인을 보이는가? 트림라인들은 장차 낙석 쓰나미가 발생할 때 재해 정보를 줄 수 있는가?

▶ 조수만이 잘 내려다보이는 사면의 정상에서 찍은 전경. 사진 중앙에 두 척의 배가 보인다. 알래스카 글레이셔 만 옆에 있는 조수만의 산사태로 인해 최근에 생긴 높은 절벽에서부터 물까지 암석면들이 보인다.

만은 가파른 암석절벽과 빙하로 둘러싸인 깊은 피오르로서 리투야 만 못지않게 경관이 빼어나다. 이곳에서도 앞으로 산사태로 인한 대형 쓰나미가 발생할 수 있을까? 그 위치는 서로 50~60 km 떨어진 2개의 주향이동단층(페어웨더 단층, 데날리 단층) 사이에 있는데 2개 단층은 모두 규모 7 이상의 지진이 발생할 수 있는 큰 활성단층이다. 글레이셔 만은 시애틀이나 밴쿠버에서 알래스카까지 이어지는 유람선 여행에서 빼놓을 수 없는 유명한 관광지이기 때문에 이곳에서 대규모 산사태로 일어날 수 있는 쓰나미는 큰 관심사이다. 미국 지질조사소 지질학자들은 글레이셔 만의 좁은 입구에 분포하는 불안정한 암반사태 덩어리로 말미암아 산사태 발생지 부근에서는 100 m 이상, 만 안에서는 수십 m의 높이를 갖는 파도가 일어날 수 있다고 말한다.

글레이셔 만 서쪽의 심해 해협에서 파도의 높이는 만의 안쪽에서부터의 거리에 따라 감소한다. 좁은 만의 입구 가까이에 있는 배들은 산사태 후 불과 4분 만에 10 m의 파도와 마주치고 20분이 지나면 파도의 높이는 20 m까지 상승할 것이다. 왼쪽 사진에 나와 있는 것처럼 파도는 뱃전을 강타할 것이다. 만약 배가 해협 가운데 있다면 그때 만나는 파도의 최대 높이는 고작 4 m 정도일 것이다. 좁은 만의 입구 부근에 있는 배의 이동은 파도의 높이, 배의 흔들림 주파수(rocking frequency)에 대한 파도의 상대 주파수, 배 바닥의 높이에 따라 달라진다. 그러나 배를 조종하는 사람은 이미 그 위험성들을 잘 알고 있기 때문에 만 부근에 나타나는 큰 파도를 피할 수 있다.

대형 지진으로 발생한 대양 쓰나미

1960년 칠레 ▶

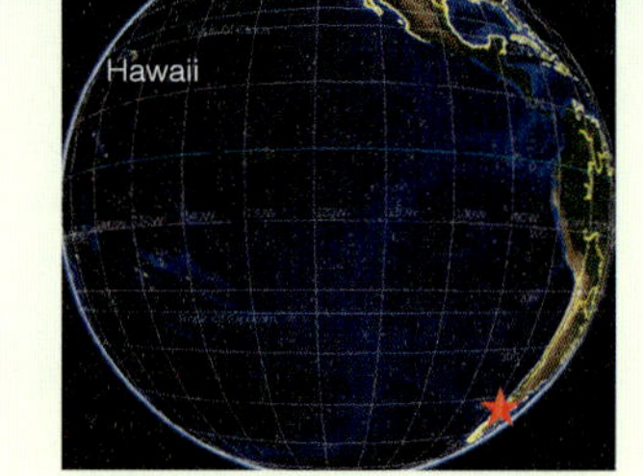

역사상 가장 큰 지진(규모 9.5)은 1960년 5월 22일 칠레 섭입대에서 발생했다. 지진 발생 15분 후 해수면이 4.5 m 상승했다. 52분 후 높이 8 m의 두 번째 쓰나미가 시속 200 km로 칠레 해안에 도달하여 선박과 건물을 파괴시켰다. 세 번째 도달한 쓰나미는 높이가 10.7 m 이었으며 이로 인해 2,000명 이상이 사망했다.

칠레 마울린에서는 저지대에 있는 집을 통째로 1 km 이상 내륙으로 이동시켰다. 또 몇몇 집들은 그 자리에서 파괴되거나 바다로 휩쓸려 내려갔다. 많은 사람들이 높은 곳으로 대피하였고, 물건을 챙기려 뒤처진 사람들은 거의 사망했다. 몇몇은 헛

▶ 쓰나미 파도는 1960년 칠레의 마울린 부근의 해변물질들을 휩쓸었다. 그 결과 한 농장의 토양층 준 위에 모래층이 분포하고 있다.

▶ 일본 오나가와의 조수측정기록: 칠레 쓰나미가 도달한 1960년 5월 23~24일 해수면이 급격히 떨어졌다가 다시 극적으로 높아지는 현상은 쓰나미가 온다는 경고 신호가 된다.

간 이층으로 올라가 살았고, 일부는 나무 위로 올라갔는데 그 중에는 물이 허리까지 차오른 사람도 있었다. 강변 저지대에서 살던 한 농부는 집이 무너지는 것을 보았고 뒤이어 자기 밭에 모래가 10 cm 쌓이는 과정을 직접 목격하기도 했다. 저지대에 있던 나무들은 해일이 끝나고 지반이 해수면 아래로 갑자기 내려앉음에 따라 바다로부터 침투된 염수로 거의 죽었다.

예측한 대로 쓰나미는 15분 뒤에 하와이에 도달했다. 저녁 8시 30분에 경고 사이렌이 울렸고 타히티 저녁 9시 뉴스에서 파고가 1 m 정도로 보도되어 주민들은 안심하고 있었다. 타히티 섬들의 산호가 쓰나미 피해를 줄여 준다는 것을 알고 있는 하와이 주민은 거의 없었다. 한 시간 전에 방송과 사이렌으로 경고를 들은 힐로 저지대 주민의 2/3는 이미 대피를 했고 나머지는 방송에서 파고가 높지 않다는 보도를 믿고 대피하지 않았다. 첫 번째 쓰나미는 자정이 지나서 발생했으며 파고는 1 m 정도였다.

따라서 대다수 주민은 위험이 지나갔다고 보고 집으로 돌아갔다. 새벽 1시 4분 멀리서 기차 소리 같은 것이 점차 크게 들려오면서 담장 같은 4 m 높이의 파도가 건물이 무너지는 형태로 다가왔다. 이 파도로 힐로에서 282명이 중상을 입고 61명이 사망하였다. 사상자 중에는 쓰나미를 구경하려고 해변에 갔던 사람도 있었다. 해일은 하천, 하수도 시설, 주거지역 및 상가를 파괴했다. 그러나 충분히 희생은 피할 수 있었다. 사상자가 속출할 수밖에 없었던 것은 사람들이 쓰나미 경보를 들었으나 그 심각성을 대수롭게 생각하지 않았기 때문이다.

힐로는 하와이에서도 재해에 가장 취약한 지역이다. 항구 시설은 훌륭하나 만의 구조상 피해는 커질 수밖에 없다. 해일이 남동쪽에서 접근할 때도 수심이 낮아지는 관계로 해일이 방향을 바꾸어 힐로 항구로 향하면서 파도의 높이와 에너지가 남동쪽에서 최대가 된다. 또한 항구 구조가 해일에 취약한데, 즉 첫 번째 해일 파도가 바다로 퇴각할 때쯤 30분 뒤에 오는 두 번째 파도를 만나 거기에 힘을 보태 주어 보다 강력해진 두 번째 파도가 해안을 덮치게 된다.

쓰나미가 하와이에 도달한 지 9시간 후에 일본 혼슈에 도달했다. 비록 파도의 높이는 4.5 m까지 누그러졌으나 총 185명이 사망했고 이들 중 122명은 혼슈에서 사망했다. 해수면이 이례적으로 1 m 정도 상승했다가 다시 갑자기 1.5 m 하강하면서 해일이 곧 닥쳐올 조짐을 보였다(그림 5-15 참조). 곧바로 전보다 4 m나 높은 해일이 다가왔다. 쓰나미는 물이 빠진 직후 다가왔기 때문에 사람들은 그 동안 경계심을 풀어 익사하는 경우가 많았다. 6시간 동안 5 m가 넘는 큰 쓰나미가 5개 발생하여 조석관측 기계가 고장 났기 때문에 더 이상 쓰나미를 측정하지 못했다. 주목할 것은 가장 높은 파도는 처음에 발생한 것이 아니고 한 시간 정도 늦게 발생했다는 점이다.

▶ 힐로 만 상류에 있는 도심지의 저지대 물가 지역은 1960년 칠레 쓰나미에 의해 파괴되었다.

섭입대 지진으로 발생한 대형 쓰나미

1964년 알래스카 앵커리지 ▶

1964년 3월 27일 알래스카 앵커리지에서 규모 8.6(M_W=9.2)의 대형 지진이 발생했다. 규모로 보아 이 지진은 섭입대에서 판의 수직방향의 미끄러짐이 상당히 커서 발생한 것으로 해석된다. 판이 알류샨 해구 밑으로 들어가면서 길이 1,000 km에 걸쳐서 300 km 이상의 폭으로 미끄러졌다. 그중에서 매우 얕은 해저에 있던 길이 500 km, 폭 150 km의 조각판이 19.5 m 바다 쪽으로 파고 들어가면서 해저를 10 m 이상 들어 올렸다. 부근의 다른 해안은 같은 길이(500 km)와 폭 100 km에 걸쳐 2.3 m 내려갔다. 실제로 해안 저지대는 해수면보다 낮아졌고 27년이 경과한 1991년 이 지역은 다시 원래 높이로 올라왔다.

해저 고도의 갑작스런 변동으로 위에 있던 물이 이동함으로써 큰 쓰나미가 발생하여 케나이 반도는 19분 만에, 코디악 섬은 34분 만에 쓸어버렸다. 가장 큰 쓰나미 파고는 지진으로 수중 산사태가 발생한 케나이 반도의 바로 서쪽 밸디즈 만에 집중되었다. 131명이 지진으로 사망했는데 그중에서 122명이 밸디즈와 수어드에 집중적으로 몰린 61 m 높이의 쓰나미로 사망했다. 작은 쓰나미들도 사방으로 퍼져 나가 북부 캘리포니아 크레센트의 해안지역을 거의 파괴시켰다.

앵커리지 지진 발생 8분 후, 호놀룰루 관측소에 비상벨이 울렸다. 지진의 크기와 진앙은 지진자료로부터 보통 한 시간 이내에 찾아낸다. 캘리포니아 주정부 재난청은 지진 발생 두 시간 후에 '조석해일' 경보를 접수했다. 북 캘리포니아의 크레센트 경찰은 이로부터 한 시간 반이 지난 후 경보를 받고 저지대 주민에게 대피하라고 알렸다. 그로부터 한 시간 후 해안에 근접할수록 수심이 얕아지고 좁아지는 항구 구조의 영향으로 파고는 증폭되어 높이 1.5 m의 파도가 크레센트 도심지로 밀려왔다. 델노르트 역사학회 자료에 의하면 그날은 달이 밝아서 해일이 도시로 다가오는 것을 등대지기도 확실하게 볼 수 있었다고 한다. 첫 번째 파도는 통나무, 나무뿌리, 쓰레기 등을 몰고 와 자동차와 건물을 파괴했다. 각종 쓰레기로 가득 찬 파도는 다시 바다로 빠져나갈 때 부서진 자동차, 집, 보트, 통나무 등을 남겨 두고 들어올 때와 같이 빠른 속도로 나갔다. 바

▶ **A.** 1964년 알래스카 지진 발생 직후 해안팽창이 붕괴되면서 해안지역이 범람했다. **B.** 다시 팽창하여 상승하기 시작한 지 27년 후의 모습.

▶ 1964년 3월 알래스카 프린스윌리엄사운드 쓰나미로 인해 만의 상류에 있는 주차장에 가득 찬 차들이 장난감처럼 내팽개쳐져 있다. 큰 고기잡이 배들도 육지 쪽으로 떠밀려와 있다.

▶ 해발 10 m의 나무 주위로 휘감긴 트럭.

다는 1 km 이상 후퇴했다.

두 번째 파도가 지나간 후 사람들은 쓰레기를 치우러 항구로 왔다. 두 번째보다 큰 세 번째 파도가 500 m 이상 육지로 들어오면서 5명이 사망했고 정전과 화재가 발생했다. 높이가 6.3 m 되는 가장 큰 네 번째 파도가 또다시 발생하여 집을 보러 시내로 들어온 10명의 목숨을 앗아갔다. 도시에서 유명한 시민도크(Citizen's Dock)는 파괴, 침수되고 그 위에 운반된 나무 바지선이 깔아뭉개졌다. 텍사코 사의 한 원유탱크가 파괴되어 불이 붙고 차례차례 다른 탱크들도 폭발했다. 파도는 빠지면서 온갖 종류의 물건들이 해변에 쌓였다. 다섯 번째 해일은 크지 않았다. 결국 이 쓰나미로 도시의 56개 구역이 파괴되었다.

고찰

쓰나미에 관한 다음 장면 사진을 보고 자신의 관찰력을 평가해 보자. 무엇이 일어났고 왜 일어났는지 자세히 토의하라.

A 이 피해 장면은 지진과 쓰나미 직후 사모아 해안지역을 보여 준다.

Casey Deshong, FEMA.

1. 이 피해를 입힌 것은 지진과 쓰나미 중에서 어느 것인가? 그 이유는 무엇인가?
2. 쓰나미에 휩쓸릴 때 부상과 사망의 직접적인 원인은 무엇인가?
3. 자동차 안에 있는 것이 더 좋은가? 밖으로 나가는 것이 나은가? 그 이유는 무엇인가?
4. 단지 5분 동안의 경보를 준다면 어떻게 행동해야 더 안전해지는가?

C 이 피해 장면은 2004년 12월 지진발생 후 스리랑카 해안지역을 보여 준다.

USGS.

1. 푸석푸석한 모래와 흩어진 벽돌들은 어디에서 또 어떻게 여기까지 도달한 것인가?
2. 이 사건에서 부상이나 사망의 직접적인 원인은 무엇인가?
3. 파도가 다가올 때 시간적인 여유가 2~3분밖에 없다면 안전을 위해 어떤 행동이 가장 바람직한가?

B 이 피해 장면은 쓰나미 직후 사모아 해안지역을 보여 준다.

Gordon Yamasaki, USGS.

1. 사진 A와 비교할 때 자동차 안에 있는 것과 밖으로 나가는 것 중 어느 쪽이 더 나은가? 그 이유를 설명하라.
2. 언덕이나 해안가에서 멀리 떨어진 곳으로 대피할 시간이 없을 때 취할 수 있는 다른 선택은 무엇인가?

D 이 피해 장면은 2004년 12월 지진발생 후 스리랑카 해안지역을 보여 준다.

Bruce Jaffe, USGS.

1. 이러한 많은 집들은 튼튼한 벽돌로 지어진 것으로 보인다. 벽돌집 대부분이 들이닥친 파도로 뭉개진 이유는 무엇인가?
2. 사진의 전경에 보이는 심각한 피해를 볼 때 해변은 어느 방향인가?
3. 이 지역 대부분의 집들이 튼튼하지 않고, 도로가 모두 해변에 나란하고, 근처에 언덕이 없을 때 가장 안전한 행동 수칙은 무엇인가?

5장 복습

요점

쓰나미 발생

- 쓰나미는 지진 단층의 이격, 해저 화산분출, 산사태, 물속으로의 소행성 충돌 등의 원인으로 물이 대규모로 갑자기 이동할 때 발생한다.
- 해양 섭입대에서 대륙판의 앞부분은 천천히 위로 팽창하다가 지진 동안에 갑자기 하강한다. 이와 같은 파열로 인한 물의 이동이 쓰나미의 일반적인 발생원이다. **그림 5-2, 5-3.**
- 지진 쓰나미의 파고는 지진의 규모와 관계되므로 결국 단열의 길이 및 수중 오프셋의 수직 변위와 관련된다.
- 수중 분출, 해저로 들어가는 용암류, 화산의 측면붕괴와 같은 화산작용 모두가 쓰나미를 유발할 수 있다.
- 해저에서 일어나는 산사태뿐만 아니라 바다로 떨어지는 산사태도 쓰나미를 유발한다. 발생되는 파도의 높이는 주로 낙하 높이와 관계된다.
- 큰 소행성이 바다에 충돌하면 많은 양의 물이 이동하여 대형 쓰나미가 발생할 수 있다.

쓰나미 이동

- 쓰나미는 파장이 매우 길어 항상 해저바닥을 훑고 지나간다. 얕은 물의 바닥을 스치고 지나가면 속도가 작아져서 파도의 높이는 증가한다.
- 속도는 수심과 관련된다. 공해에서의 쓰나미 파도들은 진폭이 낮고 파장이 길지만 수백 km/hr의 속도로 움직인다. 이들은 수심이 낮은 해안 근처 특히 항만에서는 속도가 느려지고 파고는 매우 높게 형성된다. **그림 5-9, 5-10.**

연안 쓰나미

- 쓰나미의 효과는 해안 만, 강어귀, 조석으로 증폭된다.
- 쓰나미 파고는 물이 연안으로 올라올 때 도달하는 높이이다.
- 쓰나미는 보통 수십 분 간격으로 도달하는 연속적인 파도로 다가오는데 가장 큰 파도는 일반적으로 세 번째 또는 그 후에 도착한다. **그림 5-15.**

쓰나미 재해 완화

- 쓰나미 피해는 토지사용 계획과 적절한 개발 대책으로 완화될 수 있다. 구조물과 식생도 쓰나미 충격을 줄일 수 있다.
- 경보체계는 진앙과 멀리 떨어진 해안에서도 쓰나미 주행시간을 꽤 정확히 예측할 수 있다.
- 해안 주민들은 쓰나미에 대한 위험신호를 충분히 알고 있어야 한다. 지진이 발생하고 해수면이 갑자기 상승하거나 하강하면 쓰나미가 온다는 위험신호이다. 지진을 느끼면 즉시 높은 지대로 뛰어가거나 내륙 쪽으로 즉시 이동해야 한다. 쓰나미로부터 가장 안전한 지역은 해안으로부터 1 km 이상 떨어진 내륙으로서 해수면보다 수십 m 높은 곳이다.

앞으로 발생 가능한 대형 쓰나미

- 태평양 해안의 섭입대 지진으로부터 발생하는 쓰나미는 수백 년마다 찾아오고 지진 발생 후 20분 안에 연안에 접근하여 해안 도시 특히 만이나 좁은 만의 입구지역을 강타한다.
- 섭입대 쓰나미의 기록은 해안 만에서 쓰러진 산림과 습지 식물 위에 있는 모래시트에서 찾아볼 수 있다. **그림 5-22.**
- 많은 양의 물을 갑자기 이동시키는 화산의 측면붕괴는 거대한 쓰나미를 발생시켜 북아메리카의 동쪽 해안 대부분 특히 저지대의 해안 도시들에 큰 재앙이 될 수 있다. **그림 5-25.**

중요 단어

쓰나미(tsunami)
쓰나미 경보(tsunami warning)
쓰나미 주의보(tsunami watch)
암설사태(debris avalanche)
주기(period)
파고(run-up)
파장(wavelength)
트림라인(trimline)
해안팽창(coastal bulge)
해저 산사태(submarine landslide)

복습 문제

1. 쓰나미의 주요 원인 3가지는 무엇인가?
2. 단층 운동의 3가지 주요 형태인 주향이동단층, 정단층, 충상단층 중에서 어느 것이 쓰나미를 유발할 수 있고 또 어떤 것이 유발할 수 없는가? 그 이유는 무엇인가?
3. 대형 지진으로 발생하는 쓰나미 파도가 연안에 도착할 때와 공해 상의 높이를 비교하라.
4. 쓰나미가 연안에 도착할 때와 깊은 바다에서 쓰나미의 이동 속도를 비교하라.
5. 해안에서 쓰나미 속도는 빨라지는가? 느려지는가? 그 이유는 무엇인가?
6. 쓰나미 파도가 만에 진입하면 파도의 높이는 어떻게 변하는가? 간단한 스케치와 함께 설명하라.
7. 쓰나미가 후퇴한 후에도 왜 해변에서 멀리 떨어져 있어야 하는가? 얼마나 오랫동안 떨어져 있어야 하는가?
8. 지진 발생지로부터 떨어진 섬의 먼 쪽 해안지역도 쓰나미로부터 안전하지 못한 이유는 무엇인가?
9. 쓰나미 피해를 완화시키는 3가지 방법은 무엇인가?
10. 쓰나미 경보체계가 위험에 처한 사람들을 대피시키는 데 효과적이지 못한 상황은 언제인가?
11. 쓰나미가 임박했다는 3가지 신호는 무엇인가?
12. 해안지역에 있을 때 쓰나미에서 살아남기 위한 기회를 많이 잡기 위해 무엇을 해야 하는가?
13. 오리건 주 또는 워싱턴 주의 해안 섭입대에서 지진이 발생할 때 이들 해안에 쓰나미가 처음 도달하는 데 얼마나 걸리는가?
14. 오리건 주와 워싱턴 주의 만을 덮쳤던 복합적인 쓰나미 사건을 설명해 주는 독특한 증거는 무엇인가?
15. 대서양에서는 큰 지진이 거의 발생하지 않는다. 그렇다면 북아메리카의 대서양 해안을 강타하는 대형 쓰나미는 주로 어떤 사건으로 발생할 수 있는가?

토의 문제

1. 태평양 해안(캘리포니아 주의 북부, 오리건 주, 워싱턴 주, 브리티시컬럼비아 주)을 따라 일어난 주요 지진과 쓰나미의 지난 기록들을 참고할 때 특히 다음과 같은 위험지역에 현재 살고 있는 주민들에게 어떤 대책이 필요한가?
   a. 오리건 주의 시사이드, 뉴포트와 같이 해안지역의 좁은 만에 살고 있는 사람들
   b. 워싱턴 주의 남서부에 있는 웨스트포트, 롱비치와 같이 해안지역의 만구 사주에 살고 있는 사람들

   쓰나미에 대처하는 방법들은 다양하다. 즉 위험한 집이나 도시 전체에서 탈출하고, 주요 보호벽을 쌓아 쓰나미의 진입을 느리게 하며, 안전한 대피용 구조물을 세우고, 해안으로부터 시작하는 안전한 대피경로를 구축하거나, 또는 아무 대책을 수립하지 않는 것도 이에 포함된다.
2. 문제 1에서 언급된 위험에 대해 많은 사람들이 위험지역으로 이동하지 않도록 무엇을 해야 하는가?
3. 수천 명의 관광객들이 해안 지역을 방문하여 주민과 관광객 모두가 위험지역에 있기 때문에 재해피해를 없애거나 완화시키기 위한 비용은 누가 지불해야 하는가?

화산: 지체구조적 환경과 분화 6

Willie Scott, USGS

2004년부터 2006년까지의 세인트헬렌스 분화구에서 새롭게 출현한 화산활동은 지하 깊은 곳에 있는 마그마가 1980년 격변적인 분화 후에 화도에서 고화된 암석의 용암돔을 천천히 밀어 올리고 있는 것을 보여 준다. 이 화산은 활화산으로 남아 있다.

캐스케이드 산맥의 화산들은 활동적이다

1970년대까지 캐스케이드 산지의 화산은 대부분이 거의 모든 사람들에게 사화산이나 적어도 휴화산으로 인식되었다. 경험의 법칙에 의하면, 마지막 분화 후에 지워지지 않은 중요한 빙하 침식지형을 가지고 있는 화산체는 아마도 1만 년 전의 마지막 분화기 이후에는 분화하지 않았을 것이다. 그렇게 오랜 기간 동안 분화하지 않았다는 이유 때문에 이것이 다시는 분화할 것 같지 않다는 추론을 한다. 우리 인간들의 시간 틀을 가지고 화산 시간 틀에 있는 것을 우리의 관점에서 생각하는 것이다. 북부 캘리포니아에 있는 래슨 산은 1914년에 일련의 분화가 시작되었고 간헐적인 활동을 계속해 나가다가 1921년 전까지 급격하게 줄어들었다. 그러나 대부분의 지질학자들은 이것을 비정상적인 사건으로 생각하고 있다. 이 분화는 캐스케이드 고원이 활화산 지대라는 것을 설득하지 못한다. 판 구조론에 대한 새로운 인식과 활동적인 섭입대가 지진활동과 그 위의 활동적인 화산들과 연관되어 있다는 새로운 인식으로 지질학자들은 캐스케이드 산지의 화산들이 실제로 활동적으로 될 수 있을지에 대해서 의문을 가지기 시작했다. 만약 섭입대가 활성화된다면 두 개의 판이 수렴하는 것과 주된 지진활동이 일어나는 것에 근거해서 그것 위의 화산고리는 역시 활동적이게 될 것이다. 화산학자들에 의해서 새롭게 사용되는 용어에 따르면 활화산은 또다시 분화할 수 있는 화산체이다. 그러한 활동의 증거는 일반적으로 과거 분화에 대한 문헌이나 그들의 평균적인 주기에 의해 제공된다. 비전공자나 뉴스 매체에서 수천 년이나 수백 년 동안 분화하지 않았던 화산을 휴화산으로 언급하기도 하지만, 어떤 화산들은 분화와 분화 사이 기간이 매우 길다. 우리는 캐스케이드 산지의 몇몇 화산들이 아마도 활동적이라는 것을 알고 있다. 글레이셔피크, 레이니어 산, 세인트헬렌스 산, 애덤스 산, 후드 산, 스리시스터스, 섀스타 산, 래슨 산, 이들은 지난 200년 동안 모두 분화하였다. 베이커 산과 크레이터레이크 화산은 이들보다 조금 앞서 분화했었다.

화산에 대한 서론: 마그마의 생성

화산(volcano)은 **마그마**(magma)라고 부르는 녹아 있는 암석이나 마그마성 기체들이 지표에 도달하여 분화하는 화구에서 만들어진, 전형적인 원뿔형의 언덕이나 산이다. 일단 마그마가 지표에 도달하면, 이것을 **용암**(lava)이라고 부른다. 지표면 아래 지구의 대부분은 용융상태가 아니므로, 화산들은 마그마가 지하 깊은 곳에서 생성되고 지표면에서 분화하기 위해 상승할 수 있는 지체구조적 위치에서 제한된 개수만이 분화한다.

마그마의 발생을 이해하기 위하여, 물질의 상태에 따라 그 입자들의 운동과 관련하여 고체, 액체, 그리고 기체 사이의 기본적인 차이점을 이해하는 것이 중요하다. 고체상태에서 분자들은 딱딱한 형태로 서로 단단히 묶여 있어서 거의 움직이지 않는다. 액체상태에서 분자들은 유동적으로 움직일 수 있는 유연한 결합에 의해 서로 느슨하게 붙어 있다. 기체상태에서의 분자들은 서로 떨어져 있어서 움직임이 자유롭고, 필요한 공간을 채울 수 있다. 매우 적은 예외와 함께 고체는 매우 치밀하고 밀도가 크며, 액체는 덜 치밀하고, 기체는 매우 적은 밀도를 가진다(**그림 6-1**).

온도와 압력이 변화하면, 물질은 하나의 상태에서 다른 상태로 변화를 진행한다. 예를 들어 가스에 압력을 가하게 되면 이것은 먼저 액체로 바뀌고 그 다음에는 고체가 된다. 이와 반대의 것도 성립한다. 뜨거운 고체 암석에 압력이 감소하게 되면, 이것은 팽창하여 액체로 녹게 되고 그 다음에는 더욱더 팽창하여 가스상태로 기화될 수 있다. 이러한 원리는 암석으로부터 마그마로 전이되는 것과 마그마로부터 가스가 방출되는 것을 지배한다. 매우 뜨거운 암석은 압력이 감소하면 용융될 것이다. 액체에 용해되어 있는 가스들은 압력이 감소함에 따라 팽창하고 분리된다. 암석이 마그마로 되는 과정을 조절하는 **용융 온도**(melting temperature)는 압력과 물의 함량에 의존한다. 지구 내부의 깊은 곳에 있는 뜨거운 암석은 온도가 상승하거나 압력이 감소하거나 물이 첨가되면 용융될 수 있다. 물의 첨가는 용융곡선을 낮은 온도 쪽으로 변화시킨다(해설 6-1: 암석의 용융온도).

그림 6-1 분자들의 확산 정도

고체상태

액체상태

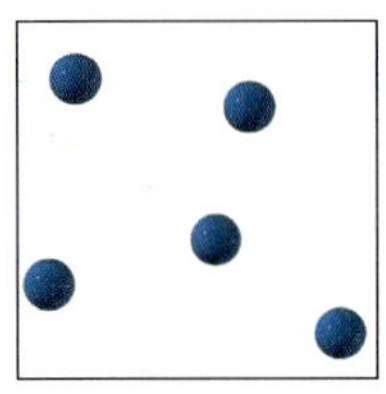
기체상태

고체 내부의 분자들은 단단히 꽉 묶여 있는 반면에 액체 내부의 분자들은 느슨하게 서로 붙어 있으며, 기체속의 분자들은 용기를 채우기 위해 퍼져 나갈 수 있다.

마그마의 덩어리는 주변 암석에 비하여 밀도가 낮기 때문에 지각을 통하여 상승한다. 이는 마치 빙산을 둘러싸는 물보다 얼음의 밀도가 낮기 때문에 빙산이 공기 중으로 솟아오르는 것과 같은 현상이다(2장의 **해설 2-1** 참조). 마그마의 기둥은 주변 암석보다도 밀도가 낮기 때문에 마그마는 기둥 위로 떠오른다. 마그마는 때때로 주변 암석의 불안전한 조각들이나 깨어진 부분에 있는 틈새를 따라 상승한다. **마그마 방**(magma chamber)은 지구의 지각을 통하여 상승하는 용융된 마그마의 큰 덩어리이다. 이는 종종 지표로 분화하여 화산을 만든다. 지진파의 거동, 지구 중력의 끌림에서 미세한 불규칙성 또는 지표면의 미약한 융기나 경사의 변화는 팽창하는 마그마 방을 나타낼 수 있다. 침식작용은 오래된 화산체를 절단하여 마그마로부터 고화된 고체 **화성암**(igneous rock)의 덩어리로 결정화되어 있는 화산의 마그마 방을 노출시킨다.

마그마 구성물질과 화산의 거동

어떤 화산이라도 똑같은 화산은 없다. 같은 화산에서 시작된 두 개의 분화라 할지라도 그 성질은 같지 않다. 분화 시 어떤 일이 일어나는지는 주로 마그마의 유동성(점성), 포함하고 있는 수증기의 양이나 휘발성 화산 가스의 양, 그리고 분출되는 마그마의 유형이나 양에 따라 결정된다.

점성 화산분화의 본성은 부분적으로 물과 다른 가스들을 포함하고 있는 마그마의 구성물질과 그것의 온도에 의존하고, 두 가지 모두 점성에 영향을 준다. **점성**(viscosity)은 마그마가 어떻게 흐르는지와 연관이 있다. 높은 점성의 마그마는 두꺼우면서 반죽 같은 형태를 띠고 있다. 마그마의 점성은 그것의 화학적 성분, 예를 들면 원자와 분자들의 내부적인 배열에 따라 다르다. 마그마에서 가장 많은 원자는 산소(oxygen)이고, 적은 것은 실리콘(silicon)과 알루미늄(aluminum)이다. 자연적 상태에서 거의 모든 실리콘 원자는 사면체(tetrahedron) 형태로 정렬된 4개의 산소원자로 둘러싸여 있다(**그림 6-2**). 대표적인 화산암을 포함한, 모든 규산염 암석과 광물들은 일반적으로 알루미늄, 철, 마그네슘, 칼슘, 포타슘, 소듐, 그리고 다른 구성물질들의 원자들과 연결되어 있는, 극미소의 실리카 사면체의 배열로 구성된다. 실리카와 산소원자 간의 화학적 결합은 너무 강하여 쉽

해설 6-1

암석의 용융온도

암석의 용융온도는 지각 내에서의 깊이와 첨가될 수 있는 물의 함량에 의존한다. 아래 그림에 보이는 바와 같이(녹색 화살을 참조) 지각 내의 깊은 곳에 있는 뜨거운 암석은 온도가 증가하거나 압력이 감소하거나 혹은 용융 곡선을 낮은 온도 쪽으로 이동시킬 수 있는 물의 첨가의 결과로 녹을 수 있다(A는 섭입대 위의 암석).

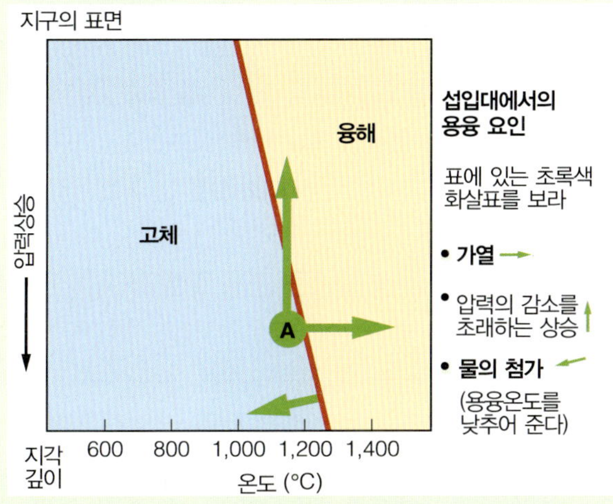

지표를 향하여 상승하는 새로 형성된 마그마는 항상 지표에 도달하는 것은 아니다. 마그마는 물을 잃어버리거나 냉각에 의해서 결정으로 바뀔 수 있다. 물을 많이 가진 마그마는 낮은 압력에 도달하는 결정화 작용을 시작하고 물을 잃어버린다.

예: 대부분의 현무암질 마그마(거의 건조한 상태)는 맨틀 내의 깊은 곳에서 만들어진다. 중앙해령에서 뜨거운 맨틀 감람암이 융기하면 새로운 낮은 압력이 그것을 용융시켜 현무암질 마그마를 만든다.

섭입대의 깊은 곳에서는 물이 섭입하는 판의 조각으로부터 증발하여 그 상부의 뜨거운 맨틀 감람암의 용융온도를 낮추어 준다. 새로 형성된 현무암질 마그마는 대륙지각 속으로 상승하여 그것을 가열하고 부분적으로 소량의 물을 가지면서 대륙지각을 용융하여 화강암질(유문암질) 마그마를 만든다. 현무암질 마그마와 유문암질 마그마가 캐스케이드 산지의 많은 화산들과 같이 거대하고 급한 화산추의 경사면을 가진 성층화산체들에서 분화하기 위하여 상승한다.

게 굽어지거나 부서지지 않는다. 그래서 규산염 구조는 팅커토이(Tinkertoy, 미국식 조립장난감)의 배치처럼 단단하다.

주된 마그마 종류들(현무암질, 안산암질, 유문암질) 사이에 점성이 다른 이유는 주로 실리카의 함량 비율이 다르기 때문이다. 보통, 실리카의 농도가 높으면, 점성이 큰 마그마이다. 표 6-1과 같이 스펙트럼의 구성은 대략 50%의 실리카 농도인 낮은 농도(유체)의 현무암질 마그마부터 실리카 농도가 대략 70%인 높은 농도의 유문암질 마그마까지 다양하다. 안산암질 마그마는 대략 60%의 실리카 농도로, 이 두 가지 극한의 농도 사이에 정렬되어 있다(부록 2 온라인 참조).

더 유동적인 스펙트럼의 끝에서 **현무암**(basalt)은 검정 또는 갈색을 띠는 검정이고, 그것의 마그마는 차가운 당밀같이 유동성이 있다. 어두운 마그마는 실리카 사면체를 조금 포함하고 있고, 이들은 다른 사면체들과 직접 연결되어 있지 않고, 사면체의 긴 사슬과 두 개의 산소원자를 공유하고 있다. 사면체의 체인들은 전기적 성질을 띠고 있는 칼슘, 마그네슘, 또는 철 원자가 제공하는 약한 결합으로 연결되어 있다. 그들은 마그마 안에서 캔 속의 애벌레처럼 움직일 수 있다. 이 예는 어두운 마그마가 아주 유동적이라는 것을 설명해 준다.

유문암(rhyolite)은 흰색 또는 옅은 회색, 노란색, 분홍색, 초록색, 그리고 보라색을 띤다. 유문암질 마그마는 극히 높은 점성으로, 빽빽하게 흐른다. 유문암질 유리(rhyolite glass), 즉 흑요석(obsidian)의 흐름은 극히 드물다. 존재하는 것들 중 몇몇은 점성이 매우 커서 매우 두꺼운 흐름으로 이동하고, 45도 경사각을 가지면서 50~100미터 높이의 흐름 전단면을 가지면서 고화된다. 유문암과 같은 밝은 색의 마그마는 산소원자에 부착되는 더 많은 규소원자를 함유한다. 실리카 사면체의 대부분은 산소원자를 공유하고 있는데 이는 모든 방향으로 연결되어 있는 사면체에 예외적으로 매우 견고한 틀을 만들기 위함이다. 알루미늄, 소듐, 포타슘과 같은 다른 원자들은 자유롭게 움직일 수 없기 때문에 결국 밝은 색의 마그마는 점성이 매우 높아진다.

안산암(andesite)질 마그마의 점성은 낮은 점성의 현무암질 마그마와 높은 점성의 유문암질 마그마의 중간 정도이다. 안산암질 마그마는 캐스케이드 산지의 화산들처럼 섭입지역의 화산에서의 분화에서 흔히 볼 수 있는 마그마이다. 이 마그마는 점성을 갖기에 적당한 실리카를 포함하고 있고, 매우 느리게 흐른다. 그래서 빽빽하게 흘러가며 굳는다. 이것의 높은 점성 때문에 안산암질 용암은 높은 화산의 가파른 경사면 위에서 굳는다. 화산재 그리고 부서진 안산암은 같은 경사면에서

그림 6-2 분자들의 결합파괴

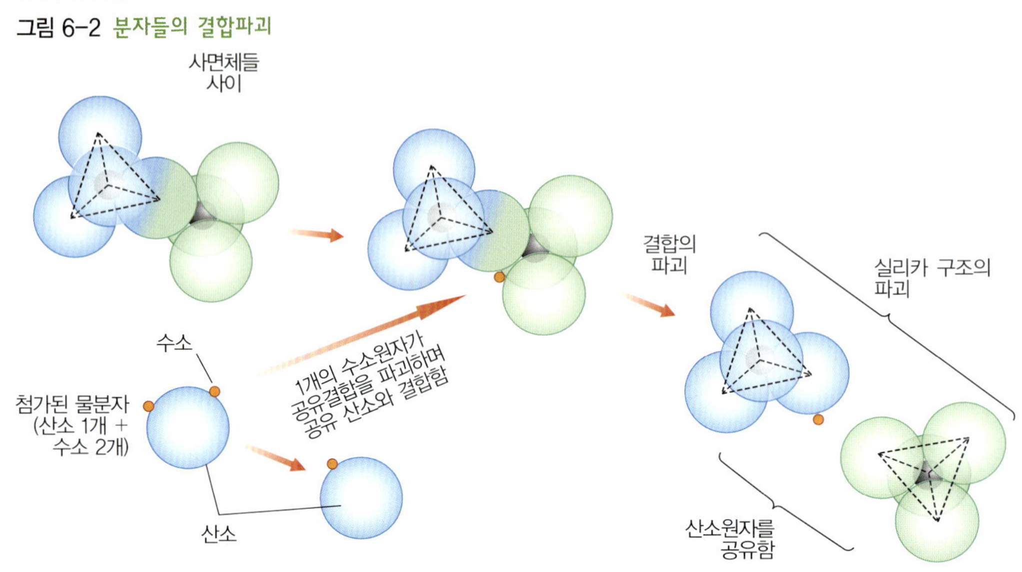

4개의 산소원자(파란색)는 실리카 사면체(점선으로 윤곽이 그려진)를 만들기 위해 각각의 실리콘원자(회색)를 둘러싼다. 다른 실리콘원자는 광물질 분자를 만들기 위해 산소원자(파란색-초록색 공유된 원자)를 공유한다. 물분자는 실리카 사면체와 반응하고 그것은 강한 결합의 일부를 파괴한 산소원자를 공유한다.

표 6-1 1마그마 또는 용암의 성질*

마그마	현무암 →	안산암~석영안산암 →	유문암
점성	유동적(낮은 점성)	중간 정도의 점성	걸쭉하고 반죽 같은(높은 점성)
색	검정색	어두운 회색, 녹색, 그리고 다른 중간 색깔들	흰색을 포함한 밝은 색, 분홍색, 노란색
성분	마그네슘, 철, 그리고 풍부한 칼슘	→	포타슘과 풍부한 실리카
실리카 함량	50%(45~52%)	60%(52~63%)	70%(63% 이상)
온도	1,100~1,200℃(노란색~붉은색)	→	800~900℃(흐릿한 빨간색)
휘발성 성분	마그마가 지하수와 만나지 않는다면 물이 거의 없음 이산화탄소를 많이 포함하기도 함	→	일반적으로 물을 더 많이 포함함
분출된 물질**	대부분 용암류	용암류, 화산재, 부서진 조각들(잔해)	대부분 화산재

* 암석의 모든 형태는 점이적임. ** 이 장의 뒷부분에서 다룸.

굴러떨어져 내려오고 30도 가까이 되는 각도에서는 멈춘다. 어두운 안산암질 마그마의 가스 함량은 보통 꽤 적고 이 마그마는 보통 현무암질 마그마보다 많이 빽빽하고 천천히 흐르며 분화되거나 고체성의 용암과 재 덩어리를 뿜어낸다. 현무암과 유문암 사이 구성물질인 석영안산암(dacite)은 더욱 힘찬 화산재 구름과 부서진 돌무더기 지역을 형성하는 분화에 의존한다.

온도 또한 점성에 관여하는데, 마그마가 차가워지면 원자와 분자 사이에 결합이 더욱 견고해지고, 마그마는 점성이 더욱더 커진다. 온도가 1,100~1,200℃에 도달하면, 빨갛고 뜨거운 현무암질 용암은 하천 계곡에 흐르거나 프라이팬 안의 팬케이크 반죽처럼 비교적 얇게 흐르는데 이는 보통 수십만 평방킬로미터의 넓이로 납작하게 펼쳐진다(**그림 6-3**). 반대로 점성이 더욱 큰 유문암질 마그마는 800℃와 900℃ 사이에서 약간 흐릿한 붉은 열을 내면서 분화한다.

휘발성 화산의 **휘발성**(volatile) 성분은 화산이 가지고 있는 용해된 가스를 의미한다. 거의 모든 화산은 가스를 방출한다. 대부분 조용하지만 가끔씩 격렬하게 방출되기도 한다. 화산 가

그림 6-3 빨갛고 뜨거운 용암

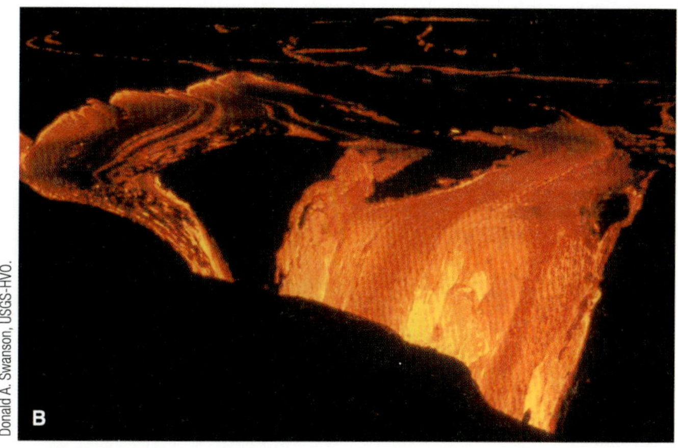

A. 하와이 열곡지대로부터 분화하는 밝은 빨간색의 용암. **B.** 불타는 듯한 줄기처럼 아래로 흐르는 용암류.

스는 겉보기에 화산 위쪽의 무작위 지역에서 발생하거나 화산 화도에서 가끔씩은 분화하는 동안, 가끔씩은 분화 후 긴 시간이 지나서 발생한다. 수증기는 가장 흔한 화산 가스로, 마그마가 분화할 때 발생하는 역학적으로 가장 중요한 기체이다. 화산이 활동하는 상황에서, 마그마 안의 물은 거의 대부분 수증기(친숙하지 않은 찻주전자 증기), 즉 충분히 빨갛게 빛날 정도로 뜨거울 수 있고 즉시 불이 붙을 수 있는 가연성 물질로 존재한다. 이산화탄소는 화산 가스에서 물과 버금가게 빈번한 물질이지만, 그것은 화산분화의 폭발적인 현상에는 적은 영향을 준다. 그것은 비교적 유문암질 구성에 가까운 것보다 현무암질 구성에서 더 빈번하다.

물 함량은 정말 중요하다. 왜냐하면 이것은 화산을 격렬하게 만들어 주는 주된 이유이기 때문이다. 높은 온도의 마그마에서 물은 지표면 근처의 낮은 압력의 증기에서부터 팽창된다. 용해된 물은 압력을 가지기 때문에 마그마가 함유할 수 있는 물의 양은 암석의 압력이 낮아지는 레벨로 상승하면 극적으로 감소될 수 있다. 20 km 깊이에서 2%의 물을 포함하고 있는 유문암질 마그마는 2~3 km의 깊이에서 단지 그 양의 반만을 가질 수 있다. 마그마가 지표면의 압력이 낮은 지역에 도달할 때까지, 마그마는 사실상 물이 아니거나 다른 기체들을 녹일 수 있다. 깊은 곳에서 용해된 어떤 가스들은 반드시 마그마와 분리되어 넘쳐 나온다(**그림 6-4**). 이러한 분리된 가스들은 폭발적인 화산분화를 야기한다. 마그마의 상승이 멈췄음에도 불구하고 수증기는 분리되고 압력이 높아져서 분화를 유발한다. 마그마 내에서 만들어지는 대부분의 새로운 결정체는 물을 극소량 포함하거나 거의 포함하지 않는다. 새로운 결정들이 성장함

그림 6-4 압력 방출

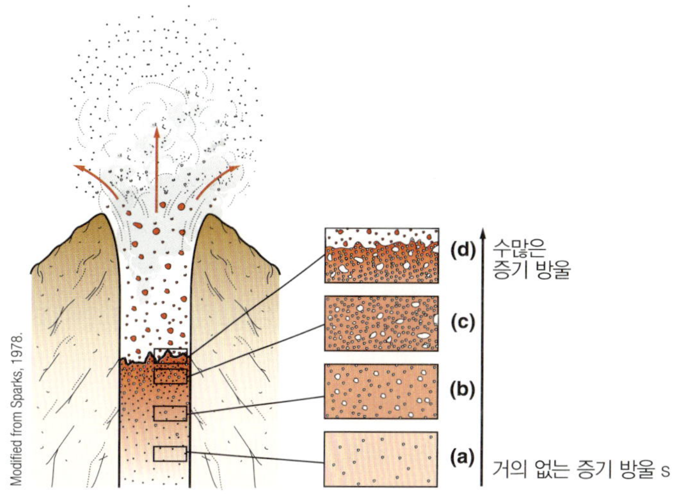

(a)와 **(b)**는 열린 증기 방울에서 마그마로부터 분리된 수증기를 보여 준다. **(c)**와 **(d)**는 증기 방울의 성장과 마그마가 거품을 일으키고, 확장되고, 솟아오르기 시작하는 것을 보여 준다. 그것은 마그마를 위로 밀고 압력은 감소한다. 이는 급속한 증기 방울 형성의 연쇄적 반응이 시작됨에 따라 폭발적인 분화의 유도를 야기한다.

에 따라, 이러한 결정들은 물 또는 수증기를 마그마 내의 아주 작은 공간 내로 치환시킨다. 이것은 결국 화산분화를 야기할 것이다.

극소량의 물을 포함한 마그마는 용암처럼 빠르게 분화한다. 예를 들어 현무암질 마그마는 그들의 소량의 물과 이산화탄소가 어떠한 큰 소동을 일으키지 않고 빠져나가며 흐르게 된다. 그러나 많은 양의 물을 포함한 마그마는 그들이 비록 증기가 빨리 빠져나갈 정도로 충분히 흐를지라도 폭발하는 것같이 흐

른다. 유문암질 마그마는 무게당 0~10퍼센트의 물을 포함하고 부피당 더 많은 양의 물을 포함한다. 유문암질 마그마가 물이 없는 표면 가까이 도달하면, 작은 산 크기만큼 자랄 수 있는 돔처럼 빨리 분화한다. 물이 많이 고여 있는 지표에 도달하면, 유문암질 마그마는 거품형태의 부석과 흰 유문암 화산재로 가득 찬 수증기의 구름으로 폭발한다.

섭입대 위의 화산에서 공급된 현무암질 마그마는 지구의 맨틀 깊이에서부터 증기를 내기 때문에 그들은 물이 많이 포함된 유문암질 마그마 방으로 상승한다. 매우 뜨거워진 현무암은 유문암을 가열한다. 왜냐하면 현무암이 유문암 안에 있는 물을 끓여 수증기로 만들기 때문이다. 지표 근처에서의 이러한 증기의 급속한 폭발은 유문암질 마그마의 폭발적인 분화를 일으킨다. 밝은 유문암에서 종종 발견되는 현무암의 짙은 함유물은 이러한 과정을 증명하는 데 도움을 준다. 이 증기의 표면 근처에서의 급속한 폭발은 유문암의 폭발적인 분출의 이유가 된다. 그러한 마그마의 상호작용은 폭발적인 분화를 종종 야기할 수 있다. 이러한 과정은 분화의 유형과 시기를 예측하는 데 복잡성을 더한다.

부피 마그마의 점성과 휘발성은 분화의 본질을 결정하는 특성이다. 그리고 부피는 크기나 규모를 결정하는 특성이다. 한 분화에서 배출하는 마그마의 부피는 위험한 정도를 나타내는 커다란 영향력을 가지고 있다. 그것은 용암류의 크기, 게다가 용량, 지역적 범위, 그리고 화산재 분화의 시간간격에까지 영향을 준다. 화산의 경사면 크기와 기울기에서의 다양한 유형을 알면 먼 거리에서도 화산의 행동을 이해할 수 있다.

안산암에서 유문암에 이르는 성분의 가스에 의한 폭발적인 분화이기 때문에, 분화된 쇄설물질의 용량은 마그마가 지구 표면에까지 닿는 부피, 마그마의 점성, 그리고 그것을 포함하고 있는 용해 되어 버린 가스 부분에 따라 결정된다. 용해되어 버린 가스가 마그마 방 위에 바로 상승하는 것과 팽창하는 가스들이 분화를 만들도록 밀려가는 경향 때문에, 위에 있는 가스들은 마그마의 부분(3분의 1 지점쯤이나 마그마 방)에 닿아 폭발적으로 분화한다. 남아 있는 마그마들은 지하에 남아 있거나 분화 과정에서 용암류로 조금씩 분화하기도 한다. 마그마들의 강도 높은 끈적임(점성) 때문에, 화산 분화로 몰려가는 마그마 방의 윗부분에서 더 많은 가스를 모으는 데는 대략 10~100년 정도 걸릴 것이다.

섭입대의 화산 밑에서 올라오는 마그마의 성분들과 총 용량은 침강되는 비율, 하향 판의 온도와 물 함량, 덮여 있는 지각의 물 함량과 성분과 온도, 마그마가 딱딱한 지각을 통해 상승할 수 있는 편이성, 그리고 뭐라고 말할 수 없는 다른 요인들에 의존한다. 각각의 화산들에 비해, 이 요인들의 대부분은 예상 밖으로 계속 바뀌곤 한다. 그러므로 각각의 화산들의 움직임은 많게 혹은 적게 예상할 수 있다.

화산의 지체구조적 환경

지구의 구조적 판이 멀어지거나 가까워지는(그림 2-4 참조) 판의 지체구조적 환경은 보통 온도, 압력, 혹은 물의 함량이 달라지는 지역이다. 세계의 화산 대부분은 판의 경계부위를 따라 형성되어 있다. 판이 갈라지는 부분인 확장대와 판이 소멸하는 섭입대는 화산분화가 흔한 지역이다. 열점지역은 그것이 판 경계에 있지 않을지라도 큰 화산을 제공한다. 몇몇 화산은 예를 들면 히말라야에서처럼, 대륙 충돌지역에서 발생한다. 변환단층경계(측방으로 하나의 판이 다른 판에 미끄러지면서 이동하는 단층)에서는 아주 드물게 화산분화가 일어난다.

화산분화의 성질은 그것이 형성된 지체구조적 환경에 영향을 받는다. 비교적 평화로운 화산분화는 확장지역의 성격을 띠는 반면에 폭발적인 화산분화는 섭입대지역의 특성을 띤다.

확장대

태평양 또는 대서양처럼 해양저 열곡대 혹은 확장대에서는 인접한 해양저 쪽으로 퍼져 나가는 현무암질 용암이 분화한다. 이는 대서양 중앙해령에서 해수면 위로 성장해 있는 아이슬란드를 제외하고는 인간에게 많은 재해를 입히지는 않는다. 해령의 산마루지형은 섬을 가로지르는 지그재그형의 경로 형태의 넓은 계곡으로 이루어져 있다. 이것의 반대쪽 벽은 일 년마다 수 센티미터가 서로 멀어지는 움직임을 보인다. 각각 수백 년 동안, 계곡의 바닥에 긴 **열극**(fissure) 또는 균열이 열리고 많은 양의 현무암류가 분화된다. 2010년 전까지 가장 최근의 그러한 경우는 1783년 라키(Laki) 열극에서 완만한 경사를 따라 88킬로미터에 펼쳐진 12입방킬로미터의 현무암 용암이 분화된 것이다. 지난 천년 동안 아이슬란드의 역사에 기록된 사건에서 보면, 확장대에서 분화가 재개되어 유럽 대부분의 지역으로 화산재가 이동하고 현무암 용암을 뿜어낸 것은 결코 놀라운 일이 아니다. 그러한 경우, 화산재 분화를 유도한 물은 현무암질 마그마에 의해 녹은 상부의 빙하로부터 만들어진 것이다.

아이슬란드에는 해령계를 따라 있는 어느 지역이든 지구 맨틀의 고온의 어두운 암석인 감람암(peridotite)이 해령이 분리되는 암석권 판 사이의 틈새를 메우기 위해서 심부로부터 올라온다. 건조한 맨틀 암석이 서서히 상승함에 따라, 상부 암석의 하중의 감소는 현무암질 마그마를 만드는 부분용융이 가능하도록 점진적으로 압력이 낮아지게 한다(해설 6-1 참조). 마그마의 낮은 밀도는 해령 위로 분화하기 위하여 상승한다. 이것의 낮은 점성과 높은 유동성은 엷은 현무암 용암류로서 퍼져 나갈 수 있도록 한다. 유사한 용암류가 해령계의 전체 길이를 따라 산마루에서 분화하고 전체 해양저를 구성하는 현무암을 만든다.

양초에서 왁스가 떨어지는 것을 보고 해저에서 용융된 현무암 용암이 분화되는 것을 떠올려 보라. 떨어지는 왁스가 식기 위해서는 거의 고체와 같은 왁스의 얇은 막이 필요하다. 그러고 나서 그 얇은 막이 파열되면서 안에 있는 용융된 왁스가 그 물모양으로 떨어진다. 이와 같은 현상이 계속해서 일어나면, 처음에 떨어진 왁스는 그물모양을 형성한다. 물 쪽으로 분화되는 현무암질 용암은 동일한 움직임을 보인다. 고체 현무암의 차가운 막이 파열되고 새로운 방향으로 현무암 용암이 움직인다. 그 결과 현무암 실린더 더미를 형성하는데, 작은 통 크기의 실린더를 **침상현무암**(pillow basalt, 또는 **베개현무암**)이라 부른다. 절벽이나 길이 잘린 곳에 노출되면 그들은 흐린 녹갈색 내지 흑갈색의 정말 큰 베개 더미처럼 보인다(**그림 6-5**).

대륙 위에서 가장 큰 홍수 현무암 용암류는 단순히 수백만 입방킬로미터의 부피를 가지고 보통 현무암 용암이 흐르는 것보다 부피가 100배 더 큰 용암의 흐름이다. 개별적인 흐름은 아마 수만 평방킬로미터를 깊이 30~40미터까지 덮을 것이다.

그림 6-5 침상현무암

David Hyndman.

오만에 있는 상승한 해양판의 두꺼운 침상현무암 더미.

워싱턴의 태평양 연안 북부와 오리건, 그리고 아이다호에 있는 몇몇 용암은 거의 바다 크기만 한 넓이를 덮었다.

네바다와 그 주변의 분지와 산맥 지역, 그리고 뉴멕시코의 리오그란데, 동아프리카 열곡과 같은 대륙열곡대나 확장대는 대양저에서보다 꽤 서서히 멀어진다. 분지와 산맥 지역과 리오그란데 열곡 밑에 있는 맨틀 암석들은 더 천천히 상승한다. 그래서 그들의 압력 감소는 더 느리고, 그들은 낮은 속도로 용융되고 더 적은 마그마를 생산한다. 마그마의 대부분은 지난 100만 년 동안 대륙을 통해서 분화하거나 열곡대 단층을 따라 상승한다. 그중 몇몇은 **분석구**(cinder cone)라 불리는데, 이는 용암의 흐름을 따라 수십 또는 수백 미터 높이의 원추 모양을 한 현무암 분석더미를 형성한다. 그들은 특별히 위험하지는 않다. 드물지만 더 크고 더 폭발적인 화산분화는 넓은 지역 위를 유문암이 불태우면서 흘러가며 퍼지는 것이다. 이것은 사람들 근처 어디에서는 대재앙이 될 수 있다.

섭입대

섭입대는 해양판이 해양판 혹은 대륙판 밑으로 미끄러져 내려가는 지역으로, 넓게 퍼져 있으며 가장 활동적인 화산이 생기게 한다(그림 2-10 참조). 이러한 환경에서 형성된 화산들은 지구상에서 가장 극적이고 가장 위험한 화산이다. 차가운 해양저 암석권(현무암질 지각과 수화된 상부 맨틀)은 낮은 밀도의 해양저 혹은 대륙의 암석과 충돌하거나 따뜻한 하부로 가라앉는다. 차가운 해양저 암석들은 수천만 년 전에 해양 열곡대에서 형성되었다. 균열 사이에 깊게 침투한 바닷물이 따뜻해지며 폭넓게 순환된다. 그리고 수백 년 넘게 지각에 있는 현무암과 맨틀의 감람암에 있는 광물들과 결합한다. 이 변질된 암석들이 해구로 가라앉을 때까지 암석들은 다른 방법으로 마그마가 생성될 수 있는 충분한 물을 가진다.

서서히 하강하는 해양판 또는 천천히 가열되는 판은 100 km 깊이 정도에서 물을 가열시키기 시작한다. 그 물은 대륙지각 밑에 있는 뜨거운 맨틀 암석으로 상승한다(그림 2-12 참조). 그 환경에서, 뜨거운 맨틀 암석으로 녹는 경계온도는 물이 첨가되었기 때문에 점점 낮아진다.

맨틀 감람석이 녹을 때마다, 그것은 현무암질 마그마를 형성한다. 이 새로운 낮은 밀도의 마그마는 위에 가로로 놓인 지각 암석, 즉 가장 흔한 대륙지각으로 상승한다. 현무암질 마그마는 유문암질 마그마에서부터 만들어진 대륙지각의 화강암질의 구성 암석을 녹이기에 충분히 뜨겁다. 그렇기 때문에 현무암질 마그마와 유문암질 마그마는 섞이게 된다. 어느 하나 또는 두 가지 모두는 화산에서 분화하기 위해 지구의 표면으로 상승할 수 있다. 만약 두 가지 마그마가 섞이게 되면, 그들은 동일한 화산에서 분화되기 위해 상승할 수 있는 중간 구성물질인 안산암질 마그마를 형성하게 된다. 그러므로 북서부 아메리카의 캐스케이드 산맥을 포함한 섭입대 지역의 화산은 해구의 대륙방향에 위치해 있고 현무암, 안산암, 그리고 유문암질 성분으로 되어 있다. 이 암석들의 비율은 대륙지각의 구성요소와 두께 등 여러 가지 요소들에 의존한다. 마그마는 보통 섭입되는 경향이 있는 판의 100킬로미터 깊이 근처에서 생성된다. 만약 더 완만한 경사의 판이라면, 그 지역 위에 있는 화산은 내륙에서 더 멀리에 있을 것이고 만약 급한 경사의 판이라면 그 화산은 해구 근처에 위치할 것이다.

섭입 지역 환경에 있는 마그마는 섭입되는 판으로부터 물이 방출되기 때문에 생성되는 것이어서 그 마그마는 자연스레 조금의 물을 포함한 상태로 생성된다. 그 물은 마그마의 분화 양상에 공헌한다. 용암처럼 조용히 흘러나오는 것 대신에 표면 주위의 마그마에 있는 물은 낮은 압력에서 급속하게 확장되어 가스 방울로 분리된다. 그 확장된 방울들은 폭발적인 분화의 일부분으로 마그마를 폭발시킨다.

열점

열점 화산은 개수는 매우 적지만(그림 2-3 참조) 보통 마그마의 큰 부피를 제공한다. 판 경계면에서 보이는 것 대신에 그들은 무작위로 보이는 지체구조적 판 내에서 생성된다. 활동적인 열점화산이 오래된 비활동적인 화산들의 끝에 위치해 있기 때문에 마그마의 근원은 2장에서 논의한 것같이 움직이는 암석권에 있기보다는 2 아래의 비교적 정체된 연약권에 있어야 한다. 해양분지 밑에서 맨틀 감람암이 녹는 것은 오직 감람암과 현무암질 구성의 암석을 통해 상승하는 건조한 현무암질 마그마를 생성한다. 그러므로 그것은 현무암질 용암처럼 분화하기 위한 표면을 유지시킨다. 깊숙한 곳에서 제공된 현무암질 마그마, 건조한 맨틀 감람암은 물을 가지고 있지 않기 때문에 본질적으로 폭발적이지 않다. 그러므로 하와이와 같은 해양분지의 열점화산은 일반적으로 파편으로 폭발 하는 것 없이 조용하게 흘러나오는 현무암질 용암을 분화한다. 만약 마그마가 몇몇 지하수 통로를 고른다면, 그 물은 수증기로 될 수 있고 분화하는 동안 파편으로 폭발할 수 있다.

비록 몇몇 열점화산이 대륙에서 보이더라도, 옐로스톤은 중요한 예이다. 해저 열점화산처럼 현무암질 마그마의 근원은 맨틀에 있지만 이 마그마는 두꺼운 대륙지각을 통해 상승한다. 현무암질 마그마가 항상 대륙지각의 표면에 나오도록 하는 것은 드물다. 하지만 그것의 강한 열은 용융온도가 낮고 실리카가 많은 대륙지각을 녹인다. 새로운 마그마는 밝은 색의 유문암질 용암처럼 표면에서 분화하기 위해 상승한다. 마그마에 용해된 물은 폭발적인 분화를 야기한다.

화산분화와 그 분출물

화산의 특성은 분화의 성질을 조절하는 것과 같은 요소들에 의존한다. 마그마의 부피, 점성, 그리고 휘발성 물질들은 화산의 크기, 경사면의 가파름, 그리고 그것의 분출물을 조절한다. 분화의 유형에 의존해서 화산은 용암, 화성쇄설물(공기 중의 재, 부석, 화쇄류 퇴적물), 그리고 라하르(화산이류) 등을 생산할 수 있다(**그림 6-6**). 표 6-2는 화산분출물의 개요를 보여 주고 있다.

폭발적이지 않은 분화: 용암류

대부분의 현무암질 마그마는 폭발적이지 않다. 왜냐하면 그들은 유체이고 용융된 상태에서 무해하게 빠져나오는 공기방울로 적당한 양의 가스, 주로 물과 이산화탄소를 가지고 있기 때문이다. 대신에 현무암질 마그마는 화산으로부터 흘러나오는 경향이 있고 용암의 형태로 화산의 경사면으로 흘러 내려온다. 숨겨진 마그마 방에서부터 시작된 **용암류**(lava flow)는 중앙

그림 6-6 용암, 화산재, 그리고 진흙

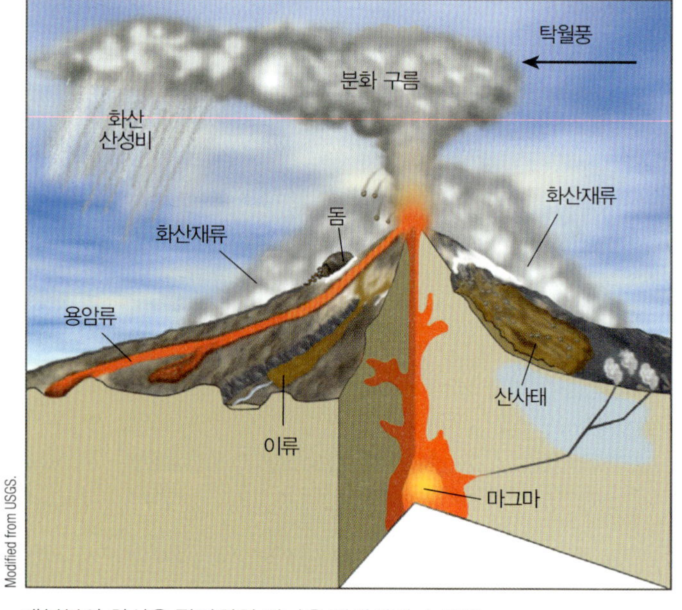

대부분의 화산은 광범위한 재난을 발생시킬 수 있다.

표 6-2	화산으로 생성된 물질들		
	용암	화성쇄설물 (화산재, 부석, 그 외 파편들)	라하르
정의	용융된 마그마가 지표 위로 나와 흐르는 것	고화된 마그마의 조각이 화산으로부터 뿜어져 나온 것. 공기 중에서 떨어지는 화산재 또는 화쇄류에 의해서 퇴적됨	화산재와 다른 파편이 물과 함께 하류로 이동한 것(이류)
일반적인 특성	용융된 마그마는 화산암의 밀착된 판상이나 부서져서 뒤범벅이 된 것으로 고화된다.	적어도 2 mm~수십 cm에 해당하는 파편. 화도 주변의 오래된 화산암으로부터 나온 큰 조각	각이 둥글둥글해짐. 진흙에서 둥근 돌까지 분류되지 않은 입자들

분화구(crater, 화산재가 폭발할 때처럼 움푹 파이게 만들어진 곳)에서부터 흘러져 나오거나 화산추의 경사면의 균열부분이나 벌어지는 틈새로부터 흘러나오는 것이다.

유동적인 현무암 용암의 흐름이 분화의 특징이 될 때 용암의 흐름은 때때로 **하와이식 용암**(Hawaiian-type lava)이라 불린다. 이 현무암질 용암의 흐름 중 몇몇은 파-호이-호이(pah-hoy-hoy)라 발음되는 하와이 단어인 **파호이호이**(pahoehoe)라 불리는 매끈하고 새끼줄 모양의 물결이 구비치는 모양의 표면을 가진다(**그림 6-7A**). 파호이호이의 표면은 수증기와 다른 화산 가스가 많은 용암에서 발달된다. 새끼줄 모양은 유동적인 용암이 얇고 차가운 표면을 작고 주름진 곳으로 끌고 갈 때 발달한다. 이러한 흐름은 용융된 용암이 고체가 된 수 센티미터

그림 6-7 용암 종류

A 파호이호이

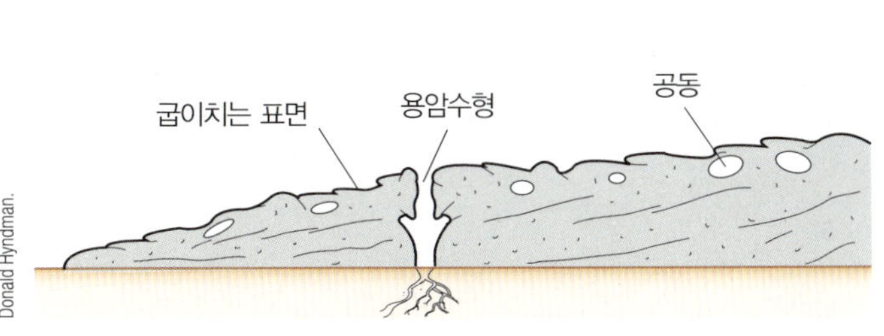

B 아아용암

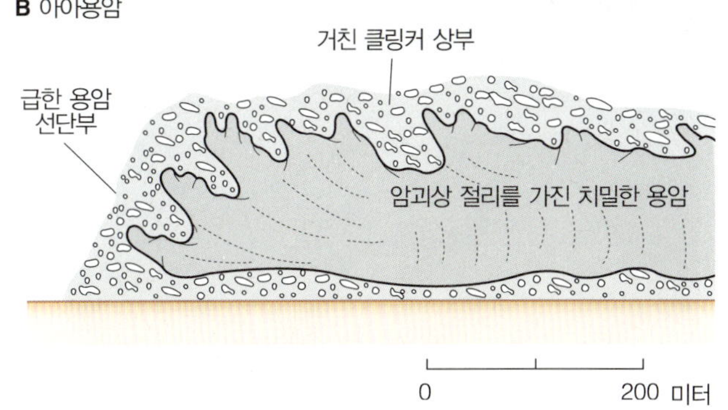

A. 매끈한 표면을 가진 파호이호이 용암의 단면(하부)과 킬라우에아에서의 흐름(상부). B. 너덜너덜한 덩어리 형태를 띠는 아아용암의 단면(하부)과 하와이 와이콜로아의 마우나로아 화산에서의 흐름(상부).

내지 1~2미터 정도 두꺼운 껍질 밑에서 탈출할 때처럼 보통 열린 통로로 발달한다. 이 껍질은 그것이 용암이 많이 식지 않고 수 킬로미터를 흐를 수 있게 자연스럽게 절연처리가 된 파이프로 만들어졌기 때문에 중요하다. 용융된 용암은 내리막을 파괴할 수 있고 표면으로 다시 흐를 수 있다. 최근에 분화된 고화되지 않은 용암류 위를 걷는 사람은 얇은 껍질이 파괴되어 용융된 용암 속으로 떨어질 위험이 있다. 이들의 낮은 점성 때문에 현무암질 흐름은 쉽게 퍼져 나가고 완만한 경사에서 고체가 된다.

비교적 적은 양의 수증기나 다른 가스들을 가지거나 결정작용이 많이 진행된 현무암 용암에는 심하게 부서진 돌로 되거나 클링커로 된 표면이 발달하는데 이것을 **아아용암**(aa)이라고 부른다. 아아용암은 아아(ah-ah)라고 발음되는 하와이 단어에서 유래되었다. 아아용암의 표면(**그림 6-7B**)은 날카롭고 거칠거칠한 암석 위의 짧은 거리를 걷는 동안 새 구두가 쉽게 훼손될 수 있다. 불도저가 돌들을 내려놓고 밀고 나가는 것처럼, 깨어진 돌들은 용암류의 전진하는 선단부의 아래로 천천히 굴러가면서 이동한다. 아아용암은 더 천천히 흐르고 파호이호이보다 더 두꺼운 흐름을 형성한다.

폭발적인 분화: 화성쇄설물

폭발적인 분화는 보통 **화성쇄설물**(pyroclastic material)로 잘 알려진 고체가 된 마그마 파편을 생성한다. 마그마의 점성이 높으면 높을수록, 기체의 함량이 더 많을수록 더 폭발적이다. 팽창하는 유문암 또는 밝은 안산암 마그마로부터 분리된 증기 기포들은 거품을 일으켜 얇은 유리질 기포, 부석을 만든다. 기포들은 마그마가 계속하여 상승해서 터져서 화산재를 만들 때까지 팽창한다. 이 화산재는 대부분 이전에 거품의 벽이었던 비눗방울과 비슷하게 생긴 곡선의 유리질 파편(shard)들이다. 부석이 파열되어 화산재로 될 때 증기는 빠져나오고, 전체질량은 부유하는 화산재와 화산가스 구름으로 폭발한다(**그림 6-8**).

화성쇄설물들의 가는 입자들—화산재—은 분화 구름에서부터 비가 내리거나 바람에 떨어지는 화산재처럼 비탈길에서 날려 내려간다. 분화 구름에서 무거운 부분은 화산의 경사면으로 화쇄류처럼 붕괴할지도 모른다. **화쇄류**(pyroclastic flow)는 또한 화구륜에서부터 직접 비탈길로 흐를 수도 있다. 화쇄류는 가끔씩 20킬로미터의 거리를 지나가는 길에 있는 것을 모두 파괴하면서 이동한다.—어떤 경우에는 더 멀리 이동하기도 한

그림 6-8 세인트헬렌스 폭풍

A

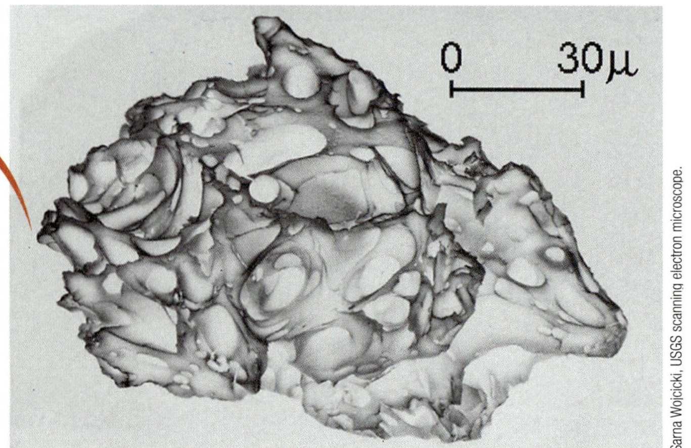

B

A. 1980년 7월 22일 세인트헬렌스 화산의 이 폭발적인 분화는 오른쪽 아래에 보이는 것과 같이 키 작은 화산에서 14킬로미터 높이의 화산재 구름을 뿜어내었다. B. 1980년 세인트헬렌스 화산의 주 분화에서 나온 화산재의 파편을 3,000배 확대하였다.

그림 6-9 뜨거운 화산재로 탄화된 나무

약 2,000년 전에 뉴질랜드에서의 타우포 화산재류 분화에 의해서 매몰된 숲의 잔류물인 탄화된 나무조각들. 이러한 화쇄류는 나무조각들을 태울 수 있을 만큼 뜨거워져야만 한다.

다(**그림 6-9**). 지속적인 수증기의 팽창과 배출, 그리고 화산재 구름 밑에 포획된 공기의 가열과 팽창은 내부 화쇄류의 교란 운동과 빠른 속력을 유지시킨다. 만약 화산 경사면의 화산재와 암편 퇴적물이 비나 녹은 눈에서부터 표면의 물을 흡수하면, 혼합물들은 이류(mudflow) 또는 화산재 이류, **라하르**(lahar)처럼 사면을 따라 흐를 수 있다(사례: 치명적인 라하르—1991년 필리핀의 피나투보 화산).

2007년 3월 18일 뉴질랜드의 북섬에서 루아페후(Ruapehu) 산의 화륜구의 일부분이 무너지면서 큰 라하르가 발생되었다. 며칠 동안 폭우가 지속되면서 화륜구를 통한 비의 침투로, 7킬로미터의 골짜기를 따라 하류로 130만 톤의 물이 초속 2,500톤의 속도로 방출되어 붕괴의 원인이 되었다. 그 지역에 적은 인구가 살았기 때문에 그 피해는 적었다.

화산재 분화의 규모는 많은 요소들에 의해 좌우되는데, 그 요소는 마그마의 양, 마그마 점성도, 그리고 수증기 함량이다. **화산폭발지수**(VEI: volcanic explosivity index)는 분화의 크기, 부피, 그리고 얼마나 폭발적인가를 정량화한다. 증기 폭발은 증기의 양과 압력에 의해 좌우되는 속도로 마그마 입자들을 뿜어낸다. 이 요소들은 증기가 팽창할 수 있는 비율을 결정한다. 기체는 팽창하고 냉각함에 따라 속력이 떨어진다. 분화하는 증기는 종종 400~700 km/hr의 속도 범위로 움직이지만 음속(1,200 km/hr)을 넘어서기도 한다. 증기폭발은 화산탄(bomb)이라 불리는 큰 덩어리의 마그마와 마그마 기포를 5~10 km까지 분출한다. 더 작은 입자들은 바람을 타고 더 멀리 날아간다.

폭발적인 분화 형식

폭발적인 분화 양상은 자주 일어나면서 화산폭발지수(VEI, **표 6-3**)에서 분류된 것처럼 부드러운 분화에서부터 아주 드물지만 격렬한 분화까지 다양하며 그 이름에 따라 화산의 특징이 나타난다. 대부분은 그들의 이름이 유래한 이탈리아 화산에 의해 특징지어진다.

수증기 및 수증기 마그마 분화 **수증기 분화**(phreatic eruption)는 지표, 비화산성 호수, 성층화산의 분화구 호수, 또는 얕은 바다에 있는 얕은 물의 증발에 의해 만들어진 증기로 인한 격렬한 폭발을 가리킨다. 그 결과로 종종 주변 지역에 비해 약간 높은 지형을 나타내는 낮은 가장자리로 둘러싸인 넓은 사발 모양의 분화구인 마르(maar)를 만든다. 수증기가 지배적이면, 마그마는 분화하지 않는다. 만약 마그마가 지하수와 만나면, 그것은 수증기 마그마 분화를 일으킨다. 두 가지 경우에서 물이 풍부한 분화는 특히 위험할 수 있다. 증기와 화산재의 분연주는 붕괴되어 바깥쪽으로 급속하게 휩쓸며 나아가는 기저 서지(base surge)를 만들 수 있다. 서지는 뜨거운 모래와 암편들을 운반하기 때문에 나무를 뿌리째 뽑을 수 있고 위에서 덮쳐 사람들은 죽일 수 있다.

스트롬볼리식 분화 이탈리아의 서쪽 해안에 떨어져 있는 스트롬볼리는 지하수 또는 해수와 상호작용을 하는 마그마에 의해 공급된다. 마그마 내에서 급격하게 팽창한 증기거품은 화구의 근처에 떨어지거나 급경사를 굴러 내려가는 화산탄 크기의 암괴와 화산재 쪽으로 분석구를 형성하기 위해 날려 보내진다. 이런 유형을 **스트롬볼리식 분화**(Strombolian eruption)라고 한다(그림 6-17 참조). 이 마그마의 유동성은 일반적으로 조용한 분화와 연관이 있다.

불칸식 분화 시칠리아의 북쪽 해안에서 떨어져 있는 불칸 섬은 점성이 높고 기체가 풍부한 안산암질 마그마가 공급된다. 어두운 분화 구름은 화산암 덩어리들을 화산재, 완두콩 크기의 라필리(lapilli) 그리고 화산탄과 함께 날려 보낸다. **불칸식 분화**(Vulcanian eruption)는 떨어지는 화산재 분화가 우세하지만, 떨어지는 분화와 동시에 또는 그 후에 화산재류와 측방 폭발 분화(lateral-blast eruption)가 발달할 수 있다.

표 6-3 각각의 분화에 대한 다양한 유형의 화산폭발지수(VEI)

화산폭발지수	분출물의 양 (km^3)	분연주 높이 (km)	분화 유형	연속적인 폭발의 지속 (시간)	분화빈도 (대략)	분화 예
0	<0.0001	<0.1 (100 m)	하와이식	<1		하와이, 킬라우에아
1	0.0001–0.001	0.1–1	하와이식 스트롬볼리식	<1	100회/연	하와이, 킬라우에아 스트롬볼리, 1996
2	0.001–0.01	1–5	스트롬볼리식 불칸식	<1	15회/년	일본, 운젠, 1994
3	0.01–0.1	3–15	불칸식	1–6	2–3회/연	콜롬비아, 네바도델루이스, 1985
4	0.1–1	10–25		6–12	1회/2연	아이슬란드, 2010 엘치촌, 1982 파푸아뉴기니, 1994
5	1–10	>25	플리니식	>12	1회/10연	세인트헬렌스, 1980
6	10–100	>25	플리니식	>12	1회/40연	크라카타우, 1883 피나투보, 1991 산토리니(테라), 기원전 1600
7	100–1,000	>25	플리니식	>12	1회/200연	인도네시아, 탐보라 1815 백두산, 10세기
8	>1,000	>25	옐로스톤식	척도를 벗어남	1회/2,000년 내지 1회/100만 년	옐로스톤, 기원전 60만 년 전 캘리포니아 롱밸리, 기원전 73만 년 전 뉴질랜드 타우포, 기원전 186년 전

(↓ 분화량의 증가, ↓ 분연주 높이의 증가, ↓ 지속시간의 증가, ↓ 빈도의 감소)

플레식 분화 서인도 제도의 마르티니크에 있는 플레 산은 1902년에 분화하여 생피에르 시와 28,000명의 주민들을 사망하게 하였다(7장 참조, 사례: 서인도 제도 마르티니크의 플레 산). 그것의 유문암, 석영안산암, 또는 안산암 분화는 특히 높은 기둥이 뿜어져 나오는 분화 초기에 폭발적일 수 있다. **플레식 분화**(Peléan eruption)는 큰 화산재 기둥을 만드는 특징이 있다. 그러나 1902년 분화의 가장 명확한 특징은 마그마가 화도로부터 밀려 올라와 고화된 마그마가 만든 플레(Pelée)의 거대하고 급한 경사를 가지는 암탑의 성장이다. 그 간격들에서, 팽창되는 돔의 가장자리는 붕괴되어 뜨거운 암괴들과 화쇄류를 발생시킨다. 가끔씩 마그마는 용암돔의 표면으로부터 바깥쪽으로 점성이 있는 용암 암탑을 아래쪽에서 천천히 밀어낸다. 때때로 300미터 정도로 높게 된다.

플리니식 분화 서기 79년에 베수비오의 거대한 화산분화와 1980년 세인트헬렌스의 분화는 강력하고 끊임없는 기체의 폭발을 통해 엄청난 양의 부석을 대기 중으로 올려 보냈다. 플레식 분화보다 훨씬 큰 **플리니식 분화**(Plinian eruption)는 근처의 모든 사람들에게 비극적일 수 있다. 실리카가 풍부한 화산재의 낙하는 부석류의 대부분을 포함하고 있는 태워서 재를 만들어 버리는 화쇄류에 동반하여 떨어진다. 7,700년 전 오리건 주의 마자마 산(크레이터 레이크)과 1883년 인도네시아의 크라카타우 그리고 대략 기원전 1620년의 그리스 산토리니(사례: 칼데라 분화와 함몰 사이의 장주기—그리스 산토리니)의 경우처럼, 엄청난 부피의 마그마가 빠져나가면 마그마 방의 붕괴를 야기해서 **칼데라**(caldera)를 만든다(**그림 6-10**).

작은 분화는 전형적으로 분화화도(eruptive vent)에 분화구를 형성한다. 화도가 만들어지는 움푹한 땅이나 분화구는 폭발적인 분화에 의해 붕괴된다. 칼데라와 분화구 사이의 구분은 그 규모가 아니라 함몰에 대한 메커니즘의 차이이다. 분석구는 화

그림 6-10 치명적인 타는 듯한 화산재

A

B

A. 인도네시아 탐보라 화산에서 나온 화쇄류는 1815년 큰 분화로 10,000명이 넘는 사람을 사망하게 했다. B. 1815년 분화의 화산재로부터 발굴된 유물. 사람들과 지역사회들은 분화에 의해서 묻혀 있었다.

구물질을 날려 보내서 분화구를 형성한다. 7,700년 전 오리건 크레이터 레이크를 형성한 것과 같은 거대한 플리니식 분화는 비어 있는 마그마 방 안으로 붕괴가 일어나 칼데라를 형성한다. 더 엄밀히 말하면 크레이터 레이크는 칼데라 호수라 불러야 한다. 마찬가지로 비숍 응회암(Bishop tuff)의 분화와 760,000년 이전 롱밸리 칼데라의 붕괴는 큰 플리니식 분화였다.

화산의 종류

화산의 형태에 대한 지식을 통하여 화산체를 만든 마그마의 성분과 휘발성 성분의 함량을 추정할 수 있다. 두 가지 모두 화산분화의 양상과 재해와 위험과 관련되어 있는 종류를 반영한다(표 6-4). 이번 절에서는 행동양상과 재해 범위의 설명을 예를 들어 화산의 종류 사이의 큰 차이점에 대해서 알아보고자 한다.

순상화산

좁은 지역에서 매우 유동적인 현무암질 용암의 끊임없는 현무암 분화는 결과적으로 얇은 용암류의 완만한 경사를 가진 더미를 만든다. 수 세기 전에 지질학자들은 이러한 더미들의 모양이 고대 로마의 방패를 닮았기 때문에 **순상화산**(shield volcano)이라고 부르기로 결정했다(**그림 6-11**). 그 현무암류는 낮은 점성도, 낮은 휘발성분 함량, 넓고 완만한 경사면, 그리고 크고 거대한 부피가 특징이다.

순상화산에서 분화된 대부분의 용암은 산꼭대기에서 흘러나오는 것이 아니라 오히려 화산의 정상부로부터 바깥쪽으로 방사상으로 뻗은 산등성이, 같은 간격을 가진 세 갈래의 넓은 정상부 열곡으로부터 나오는 것이다(**그림 6-12**). 각 해령의 경사면에서 중력이 잡아당기는 힘은 산등성이 정상부의 열곡을 만드는 약한 벌어짐을 야기한다. 용암의 거의 대부분은 널리 퍼지고 산등성이의 경사면으로 흘러 내려간다(**그림 6-13**). 순상화산은 표면의 암석들이 마그마 방 밑으로 가라앉는 위치인 정상부 안에 칼데라를 가지기도 한다. 그들은 산 정상부로부터 사방으로 뻗은 3개의 주요 **분화열곡**(eruptive rift)을 따라 분석구 또는 용암구를 가지기도 하는데 때때로 사람이 살고 있는 지역으로 흘러 내려가기도 한다. 지구상에서 가장 큰 화산인 하와이 마우나로아는 태평양 해저부로부터 9,450미터(31,000피트), 해수면 위 4,270미터(14,000피트) 높이로 솟아 있다. 중부 오리건주의 뉴베리 화산과 북부 캘리포니아의 메디슨 호수 화산은 다소 작은 현무암질 순상화산이며, 둘 다 캐스케이드 산지의 동쪽에 위치한다. 작은 순상화산들은 10~15평방킬로미터의 면적을 가지며 주변 지역보다 100미터 정도 솟아 있기도 한다.

마우나로아와 킬라우에아: 해양 열점 위의 거대한 현무암체 하와이의 가장 큰 화산인 마우나로아는 1843년까지 33번 분화했다. 최근에는 1926년, 1940~1942년, 1949~1950년, 그리고 1975년에 분화가 있었다. 1984년의 한 번의 분화를 포함해서 7번의 용암류는 힐로에서 6.5킬로미터 이내까지 접근했다.

표 6-4	화산들의 일반적인 특징					
화산 형태	**지체구조적 환경**	**점성**	**경사면의 기울기**	**휘발 성분**	**부피(크기)**	**분화형태**
순상화산 (현무암) 그림 6-11, 12	해양의 열점, 몇몇 화산고리	낮음	완만함	낮음	큼~거대	조용한 용암
분석구 (현무암) 그림 6-11, 17, 18, 19	순상화산의 경사면, 대륙열곡	낮음	급함	중간	작음	폭발적이지만 매우 위험하지 않음
성층화산 (안산암) 그림 6-10, 11, 20	활동적인 섭입대 위	중간	중간	중간~많음	중간	폭발적, 위험한 화쇄류와 공기 중으로 떨어지는 화산재
용암돔 (유문암)	활동적인 섭입대 위	높음	급함	적음~중간	작음~중간	위험한 돔 붕괴 그리고 화쇄류
대륙의 재생 칼데라 (유문암) 그림 6-22	대륙의 열점, 몇몇 대륙의 열곡대	높음	매우 완만함	중간	거대	폭발적, 위험한 화쇄류와 화산재

그림 6-11 모든 크기의 화산

다른 형태의 화산들은 극적으로 다른 크기(또는 체적)를 가지고 있다. 하와이의 거대한 순상화산인 마우나로아는 대략 220 km의 직경을 가지고 있고 해양저에서부터 9,450 m 솟아 있다. 해발 4,169 m는 그 화산의 총 높이의 절반보다 작다. 마우나로아의 완만한 경사면은 거대한 순상화산의 전형적인 모습이다. 레이니어 산과 같은 전형적인 해수면 근처의 섭입지역의 화산은 높이가 단지 2,000~3,000 m이다. 분석구는 더 작다.

그림 6-12 화산이 줄어들고 분열된다

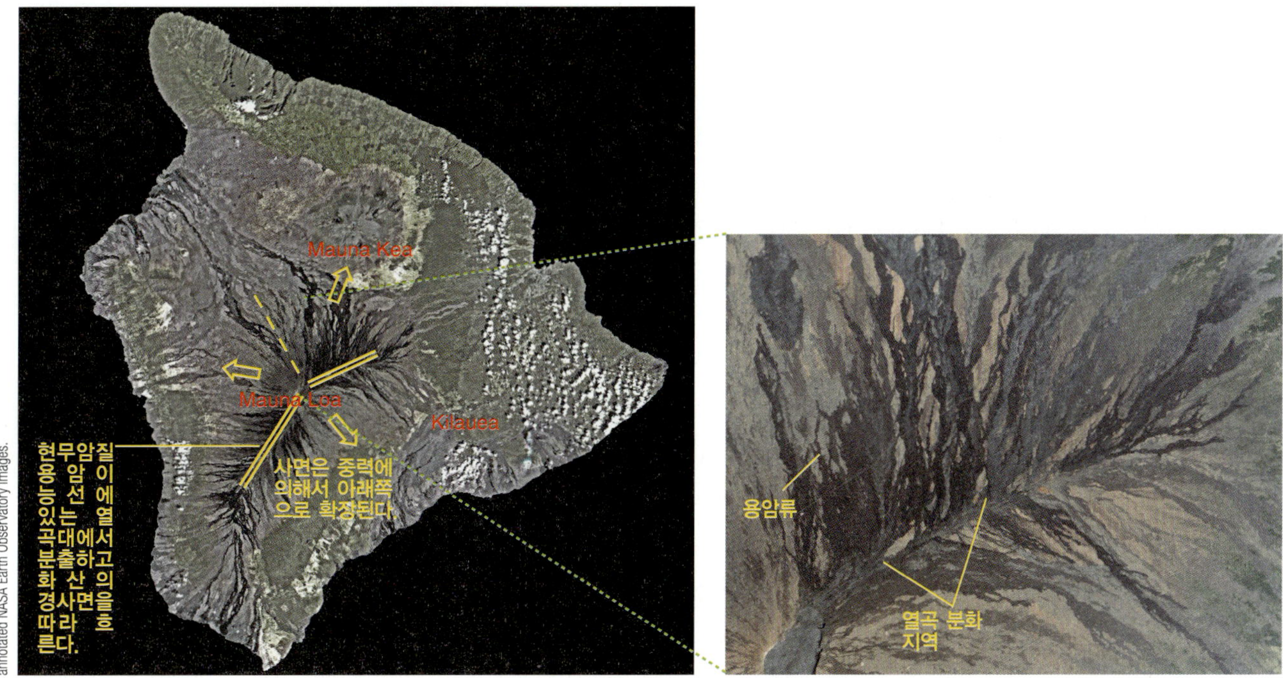

하와이 빅아일랜드에 우뚝 솟은 화산인 마우나로아는 세 개의 발산 열곡을 따라서 분출했다. 어두운 손가락들처럼 현무암 용암이 분화되고 흘러가도록 만드는 세 개의 열곡대에서 대략 세 방향의 화산체가 가라앉는 사면(세 개의 화살표)은 능선의 열곡으로부터 아래쪽으로 움직인다.

그림 6-13 빈번한 분화

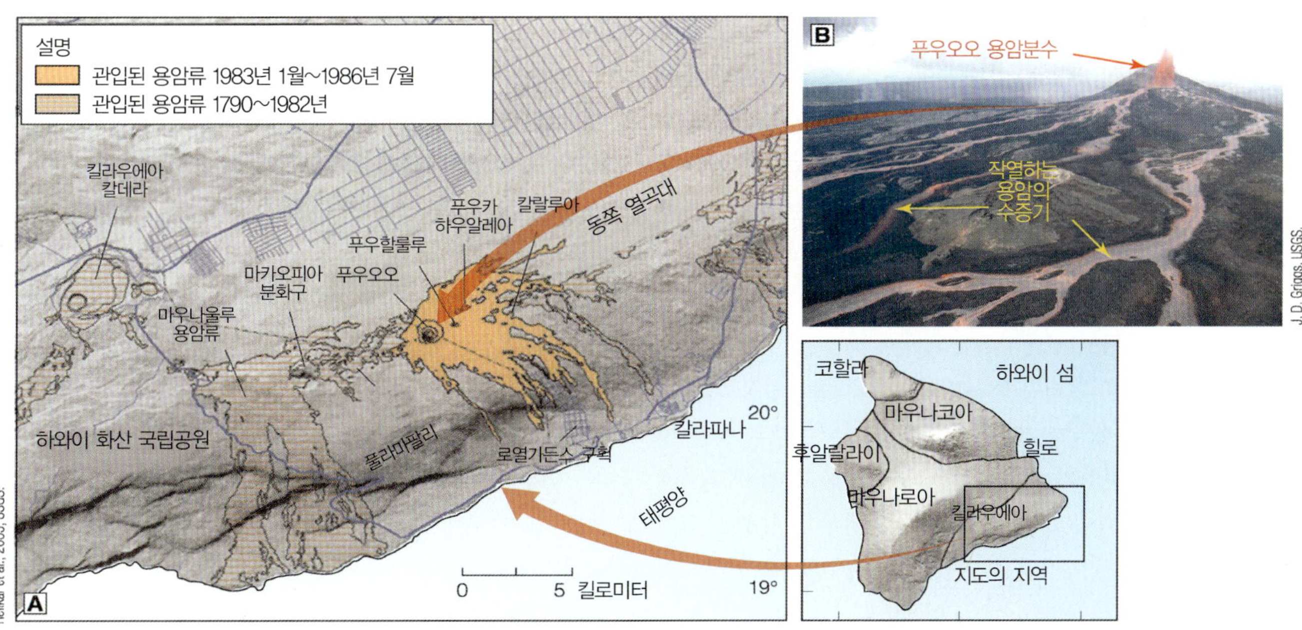

킬라우에아의 지도는 용암류의 대부분을 분출한 남서부와 동부 열곡대와 남쪽 면이 해양 쪽으로 미끄러지는 큰 단층지역의 칼데라의 정상부를 보여 준다. 거의 모든 분출은 주요 능선을 따라 생성된 열곡을 따라 용암류가 그들의 경사면으로 흘러 내려가면서 일어나는 것을 주목하라. 1986년의 용암은 로열가든스(Royal Gardens)의 구획들을 파괴시켰다. 하와이의 동쪽열곡 화산추에 있는 푸우오오 분화구의 분화인 킬라우에아 화산은 현무암질 용암류를 비탈길로 흘려 보냈다.

마우나로아와 킬라우에아는 화산폭발지수(VEI)가 0~1 정도의 가장 부드러운 분화를 보여 준다.

해양 열점 화산은 세 단계의 활동을 거친다. 첫 번째 단계는 거의 기계적인 견고성이 없는 화산암 부스러기들의 거대한 더미로 구성된 화산체의 넓은 기저부를 만드는 해수면 아래에서의 분화의 매우 긴 연속이다. 두 번째 단계는 주 단계로서, 분화는 화산의 주요 부분을 이루는 가시적인 몸체를 만드는 현무암질 용암류를 생성한다. 활동의 마지막 단계는 화산이 열점으로부터 떨어져 나가는 단계이다. 이 단계에서는 분화량이 줄어들고 빈도도 줄어든다. 큰 분화가 있기 전에, 화산은 마그마 방의 팽창하는 압력과 함께 일 년에 수 센티미터 정도 천천히 부푼다.

킬라우에아는 마우나로아 뒤를 잇는 열점 트랙의 마지막 지역에서 활동하고 있는 새로운 화산이다. 그것은 마우나로아보다 더 젊고, 크기가 작으며 분화의 양이 적다. 킬라우에아는 마우나로아의 남동부 경사면에 튀어나온 돌출부와 같다. 킬라우에아는 지금 주 성장단계에 있다. 킬라우에아 화산의 해발 높이의 대략 95퍼센트는 지난 1,500년 동안 성장을 계속하고 있다. 그것은 1832년까지 60번이 넘게 분화했다. 최근 분화의 대부분은 1995년, 1961~1974년, 1997년에 있었는데 주된 활동은 동쪽 열곡의 푸우오오에 있으면서 1983년에서 2010년까지는 거의 연속적으로 분화가 일어났다. 분출되는 대부분의 물질은 용암이지만 내리막으로 굴러 떨어지는 현무암 방울 덩어리들이 분석구에서 분출되어 나온다.

킬라우에아는 여전히 젊기는 하지만 한쪽 면이 마우나로아를 향해서 버팀목이 되고 있기 때문에 그 구조가 이미 오직 두 개로 전개되어 오고 있는 파이 모양의 조각으로 나누어져 벌어지고 있다. 분화의 대부분은 정상부에서부터 방사형으로 뻗쳐 있는 **열곡대**(rift zone)를 따라 나타나 조각으로 분리되고 있다. 킬라우에아의 남쪽 경사면은 500미터 높이보다 더 큰 경사인 힐리나팔리(Hilina Pali)를 따라 붕괴되고 해양 쪽으로 천천히 미끄러지고 있다.

많은 화산들처럼, 킬라우에아는 마그마의 움직임을 기록하는 조화진동과 함께 얕은 깊이에서 발생하는 수많은 작은 지진들의 군집으로 분화가 임박했음을 알려 준다. 민감한 경사계들은 마그마의 압력이 증가할 때 화산 정상부의 팽창을 감지한다. 어떤 경우에는 이러한 증상으로 잘못된 경보를 발생시키기도 한다.

킬라우에아의 분화는 전형적으로 오직 현무암만을 생산한다. 비록 용암류가 도로를 지나가면서 불을 내고(**그림 6-14**) 건물들을 방화하지만 용암류는 인명피해나 부상을 거의 가지고 오지는 않는다. 그러나 수증기, 이산화황, 그리고 이산화탄소로 추정되는 뜨거운 가스는 킬라우에아의 높은 급경사 지역을 가로질러가는 케오우아 왕의 군대에서 80명의 군인을 사망하게 한 1790년의 서지를 만들었다. 2007년 2월에 북서부 아프리카의 카나리아 군도의 순상화산체 내에 발달한 지하터널을 탐험하던 30명의 과학자와 박물학자는 동굴의 미로 안에서 길을 잃었다. 6명의 사람들이 이산화탄소 흡입으로 추정되는 질식사를 하였고 6명은 병원치료를 하였다. 2008년 3월에 킬라우에아 화산의 정상부 근처 용암 호수인 할레마우마우(Halema`uma`u) 분화구의 벽 위의 가스 화도는 활성화되고 폭발했으며, 수증기와 화산재를 분출했다(**그림 6-15**). '보그(vog, 화산 가스와 안개)'에서 위험한 이산화황 가스는 가까운 지역사회가 대피할 것을 요구한다. 2009년 12월, 할레마우마우 분화구 바닥에 있는 화도로부터 용암이 요동치는 현상을 보였다.

그림 6-14 뜨거운 현무암질 마그마는 길을 불태운다

USGS

2009년 칼라파나 도로 위로 흐른 킬라우에아에서 유출된 천천히 나아가는 파호이호이 용암. 용암의 표면은 검고 평탄한 껍질을 가진 현무암으로 붉고 뜨거운 용융된 현무암을 덮고 있다.

시칠리아의 에트나 화산 거대한 체적의 에트나 산은 카타니아와 동부 시칠리아의 다른 도시들을 포함한다. 높이는 3,315미터이고, 지구에서 가장 큰 대륙의 화산이다. 또한 스트롬볼리섬을 제외하고 유럽에서 가장 활동적인 화산이며, 전형적으로 현무암질 용암류와 분석구를 분화한다(**그림 6-16**). 에트나는 해양지각 위에 해수로부터 퇴적된 부드러운 진흙의 불안정한 기저 위에 자리 잡고 있다.

세 개의 큰 파이 조각모양으로 나뉘는 열곡에서의 경사면

그림 6-15 킬라우에아에 있는 새로운 화도

2009년 6월 30일에 킬라우에아 할레마우마우 분화구의 바닥에 있는 딱딱한 껍질로 된 용암연못에서 생긴 새로운 화도로부터 회색 화산재와 수증기를 분화했다. 흰색의 증기는 화산재를 거의 함유하지 않는다.

K. Wooten, USGS.

USGS.

분화(flank eruption)는 하와이 화산과 유사한 세 개의 방사형 능선을 만들었다. 빠져나온 기체는 이러한 해령에 있는 화도로부터 분석을 바람에 날리게 하여, 화산추의 기저로부터 터져 나온 용암류를 조용하게 생성하는 현무암질 분석구를 형성시킨다. 사람들은 이 용암류를 쉽게 피하지만 그들의 집은 그럴 수 없다. 폐허가 된 집들은 화산의 경사면에 어질러져 있다(그림 6-16A).

에트나의 거의 연속적인(때로는 불규칙한) 분화는 때때로 폭발적인 증상을 보이고 있다. 예를 들면 1998년 7월 22일 분화구 중 한 곳은 동쪽으로 넓은 지역을 화산재로 다 덮은 10킬로미터 높이의 분연주(또는 분화기둥: eruption column)를 형성하였다. 과거 13,000년 동안 적어도 24번의 서브플리니식 분화(sub-Plinian eruption)가 있었다. 현무암질 화산의 플리니식 분화들은 거의 드물지만 위험하다. 특별히 에트나 화산의 경사면에서의 고지대 가까이 있는 도시들에서 위험하다. 기원전 122년의 플리니식 분화는 에트나의 남쪽 25킬로미터에

그림 6-16 에트나 산

Donald Hyndman.

International Space Station, NASA Earth Observatory.

시칠리아 니콜로시의 북부에서 1983년 에트나 산 용암류의 길목에 있던 집의 잔해. 에트나 산은 2002년 10월 30일에 눈에 띄는 검은 화산재의 기둥을 분화하였고 북쪽 사면으로 용암이 쏟아져 내려가면서 화재가 발생하였다. 밝은 색의 기둥은 정상부로부터 뻗쳐 있는 열곡대를 따라 줄지어 있는 화도로부터의 가스 방출에 의한 것이다. 화산의 사면에 있는 도로와 마을들은 사진의 아래쪽을 가로지르는 부분과 오른쪽 윗부분에서 희미하게 볼 수 있다.

있는 로마시대 카타니아 시까지를 파괴했다. 주된 플리니식 퇴적물은 20 cm 두께의 조립 화산재이다. 이 조립 화산재는 불붙기 시작해서 지붕들을 붕괴시켰다. 분화 비율이 떨어지면 마그마는 지하수를 가열하여 수증기를 만들고, 그것은 화산재 구름을 하늘 높이 수송하였다.

현무암질 용암의 낮은 점성과 낮은 물 함량은 보통 부피가 큰 화산재로 지배적인 플리니식 분화를 막는다. 에트나 화산은 마그마가 매우 빠른 속도로 상승하여 가스들이 평소처럼 천천히 탈출할 수 없을 때 성장한다. 대신에 수증기 거품이 매우 빠르게 압력이 줄어드는 현무암질 마그마 내에서 폭발한다.

분석구

분석구(cinder cone)는 또한 현무암질이지만 그들은 작은 크기, 낮은 점성, 가파른 경사면, 그리고 중간 정도의 휘발성기체 함량으로 특징지어진다(**그림 6-17**). 분석구는 상승하는 현무암질 마그마가 지표 근처의 지하수와 만나는 곳에서 분화하고 빠져나온 증기는 정상부 분화구나 화도 근처에서 기포형태의 용융된 용암의 분석들을 날려 보낸다(**그림 6-18, 6-19**). 이러한 분석들은 화도 주위에 떨어지고 느슨하고 급한 경사의 덩어리를 만든다. 가장 작은 파편들은 검은 구름에서 바람이 부는 쪽으로 이용하고 현무암질 화산재로 떨어진다. 땅이 건조해질 때, 한 덩어리의 현무암질 용암류가 기저부로부터 밀려 빠져나온다.

남부 아이다호에 있는 달의 분화구(Craters of the Moon) 지역에서 현무암이 대열곡(Great Rift)과 같은 인장단층(extensional fault)을 따라 용암류를 공급하기 위해 상승한다. 현무암 마그마가 물을 만나게 되면 물은 재빠르게 증기로 변하여 분석구를 만든다.

대부분의 분석구는 단 한 번의 짧은 기간, 수개월 내지 수년 동안 분화한다. 그것들은 전형적으로 100 내지 200미터 높이의 분석들의 더미를 만든다. 증기의 공급이 중단될 때, 현무암질 용암류는 보통 화산추의 기저부로부터 분화한다. 용암류는 자갈더미 꼭대기에서 물을 쏟아 부었을 때 더미의 아랫부분으로부터 물이 나올 때와 같은 방법으로 기저부로부터 스며 나온다. 그 지역에서 다음 분화는 아마도 오래된 분석구가 활성화되는 것보다는 물이 존재하는 지역에서 새로운 분석구를 형성할 것이다. 하와이 마우이의 할레아칼라, 북부 캘리포니아의 래슨, 오리건 주의 뉴베리와 같은 많은 화산지역에서는 한눈에 볼 수 있는 분석구들이 많이 존재한다.

분석구들은 작열하는 '화산탄'과 분석이 공기 중으로 호를

그림 6-17 분석구 화산

애리조나 플래그스태프 근처에 있는 전형적인 분석구인 선셋크레이터는 중심 분화구에 의해서 덮여 있는 완만한 측면의 화산추를 보여 준다.

그림 6-18 분석구 분화

A. 화도로부터 뿜어져 나온 붉고 뜨거운 분석들이 멕시코에 있는 파리쿠틴 화산의 화산추에 떨어지면서 사면을 따라 아래쪽으로 굴러가는 모습. B. 스트롬볼리 분화구로부터 날려 나온 작열하는 분석들의 근접 광경.

그림 6-19 분석의 오래된 단면

Donald Hyndman.

사면에 나란한 층리와 흩어진 많은 화산탄을 보여 주는 분석구의 노출단면. 북부 캘리포니아 분석구의 화산탄들은 용융된 마그마가 공기 중으로 날면서 비틀리고 끝으로 갈수록 점점 가늘어졌다. 삽입된 그림에서 부서져 개방된 것과 대부분이 채워진 두 개의 큰 화산탄은 가장자리를 통하여 탈출하지 않은 가스기포들을 둘러싸고 있는 냉각된 가장자리를 보여 준다. 붉은색은 화산 가스가 다공질의 덩어리를 통하여 침투되어 후기에 만들어진다. 왼쪽 아래에 있는 주머니용 칼은 길이가 8 cm이다.

그리며 날아간 뒤 화산추의 경사면을 불타면서 굴러 내려가는 신나는 불꽃놀이의 모습을 제공한다(그림 6-18). 용암류의 상부는 경사면을 굴러 내려오는 불타는 붉은 증기같이 보이고 하부는 용암류가 식어서 어둡게 보인다.

대부분의 사람들은 성장하는 분석구에서 나오는 불타는 분석이 비처럼 떨어지는 것을 피할 만큼 현명하고 그것의 용암류로부터 소각되는 것을 피할 만큼 민첩하다. 결론적으로 이러한 분화는 오직 재산에만 피해를 입힌다.

분화하는 분석구로부터 바람을 따라 이동하는 어두운 현무암질 화산재는 최후에는 영양이 있고 풍부한 농작물이 생산되는 비옥한 토양으로 풍화된다. 이러한 지역은 보통 큰 농업 지역을 제공한다.

성층화산

대부분의 사람들이 화산을 떠올릴 때 그들은 섭입대에 있는 크고 가파른 경사면을 가지고 있는 화산추인 **성층화산**(stratovolcano)을 떠올린다(**그림 6-20**). 또한 복합화산(composite volcano)으로도 불리는 성층화산은 보통의 체적과 크기, 중간 정도의 점성과 기울기, 그리고 중간 내지 높은 정도의 휘발성 성분 함량으로 특징지어진다. 높은 캐스케이드의 화산들과 같은 큰 성층화산들은 안산암질 구성으로 이루어져 있지만 어두운 종류는 현무암질 안산암까지의 범위를 가지고, 밝은 종류는 석영안산암과 유문암까지의 범위를 가진다. 성층화산과 복합화산이라는 이름 모두 그들이 전형적으로 용암류, 쇄설물, 그리고 화산재의 여러 층으로 구성되어 있다는 사실을 전달해 준다. 성층화산의 경사면의 기울기는 두 가지 요소에 의존한다.

1. 그들의 마그마는 중간 정도의 점성을 가지기 때문에 용암은 특별히 유동적이지 않다. 그들은 냉각되고 고화되기 전에 중간 정도 가파른 기울기로 흘러간다.
2. 점성이 있는 마그마로부터 용해된 휘발성 성분들의 탈출은 전형적으로 화도 근처에서 굴러가면서 약 30도의 경사면을 이루며 쌓이는 화산재나 부서진 용암 덩어리의 거대한 분화를 야기한다. 이것은 화도 근처에서 높은 화산추를 형성한다.

용암류는 마그마의 내부 기둥을 붙잡을 수 있는 충분한 크기의 기계적인 견고성을 가진 성층화산의 화산추를 만든다. 그것은 화산이 꼭대기의 분화구로부터 반복적으로 분화하고 키가 큰 화산추의 성장을 가능하게 한다.

성층화산의 예는 일본의 후지산과 이탈리아의 베수비오(7장의 '베수비오와 그 주변 지역 절 참조), 그리고 미국 서부와

그림 6-20 성층화산

Alaska Volcano Observatory, USGS.

알래스카의 알류샨 산맥에 있는 그리그 산은 성층화산체이다.

캐나다의 높은 캐스케이드 등이다. 대부분의 성층화산은 지구 내부로 섭입되는 해양판 슬래브 위의 긴 고리 내에서 성장한다. 보통 해안에서부터 75킬로미터와 20킬로미터 사이에 있는 화산고리는 해양판이 사라지는 해구와 나란한 경향이 있다.

큰 성층화산 중에 많은 것들은 거대한 현무암 순상체를 만든 뒤, 그것을 기반으로 키가 큰 안산암질 화산추를 형성한다. 마지막으로 석영안산암 또는 유문암을 분화한다. 이것은 안산암질 화산추를 파괴하는 대폭발로 끝나기도 한다. 그러한 경우의 몇몇에서 다시 새로워진 활동은 오래된 잔해 안에서 새로운 안산암 화산추를 만든다. 분화양상과 분화간격은 매우 다양하다. 세인트헬렌스 화산은 지난 4,000년 동안 적어도 14번을 분화했다. 북부 캘리포니아의 래슨 화산은 1,000년 전 분화와 1914년에 다시 분화하기 전에 2,700년 동안 휴지상태로 있었다. 수만 년 동안 활동하지 않았다고 해서 화산이 더 이상 활동적이지 않다는 것은 아니다.

용암돔

용암돔(lava dome)은 유문암질 화산으로 작거나 중간 정도의 크기, 높은 마그마 점성도, 가파른 경사면, 그리고 낮거나 적당한 정도의 휘발성 성분 함량을 특징으로 들 수 있다. 유문암 또는 석영안산암질 마그마는 가끔씩 적은 수증기로 분화한다. 그들은 작은 산을 만들기 위해 마치 엄청 큰 봄 버섯처럼 몇 달 또는 몇 년에 걸쳐서 조용하고 천천히 나온다. 분화가 진행됨에 따라, 돔의 바깥쪽에 있는 용암은 고화가 되는 반면에 여전히 말랑말랑하지만 극히 점성이 높은 용암이 연속적으로 솟아오른다. 바깥쪽에 있는 딱딱한 암석은 균열이 생겨 조각조각 떨어져 성장하고 있는 돔의 측면으로 굴러 내려가 각진 돌멩이들이 급경사의 테일러스(talus) 사면을 만든다. 전형적인 결과는 고화된 암석이 산꼭대기에만 노출되어 있고 미끄러지는 암석 조각들로 가려져 있는 급경사의 산을 형성하는 것이다.

단일 용암돔은 단 한 번 분화하지만, 아래에서 연속적으로 올라오는 마그마 때문에 다른 용암돔에 의해 대체되기도 한다. 1980년 세인트헬렌스 화산의 사면에서 성장하던 큰 용암돔의 붕괴는 아래에 놓인 마그마를 누르던 압력을 제거시켰다. 그것은 비극적인 분화의 방아쇠 역할을 했다. 때때로 성층화산의 목 부위에서 고화되고 있는 마그마는 아래에 있는 마그마가 계속 상승하기 때문에 천천히 밀려난다. 그 마그마는 끓어 넘치고 화산재류를 따라 화산의 경사면으로 흘러내려 보내지기도 한다. 많은 화쇄류들은 화산 돔 확장이 붕괴할 때 발달한다(**그림 6-21**). 돔이 붕괴해서 화산재류를 형성할 때, 그 경로에 있는 모든 것은 아주 위험하다.

거대한 대륙의 칼데라들

거대한 **대륙의 칼데라**(continental caldera)들은 유문암질 화산으로, 높은 점성도와 높은 휘발성 성분 함량을 가지지만 압도적으로 우세한 양의 화산재가 넓은 지역에 걸쳐 퍼져 있기 때문에 완만한 경사면을 보이는 특징을 나타낸다. 옐로스톤 국립공원을 방문한 수백만 명의 사람 중 자신들이 세계에서 가장 큰 화산 위에 있다고 깨닫는 사람은 거의 없다. 옐로스톤 국립공원 화산은 전형적인 거대한 유문암 화산이다(사례: 거대한 칼데라 화산의 미래에 나타날 분화—와이오밍 주의 옐로스톤 화산).

이들 거대한 화산들은 전형적으로 엄청난 양과 폭발적인 유문암을 분화한다. 그들의 화쇄류는 수만 평방킬로미터를 덮고

그림 6-21 타는 듯한 화산재의 근원들

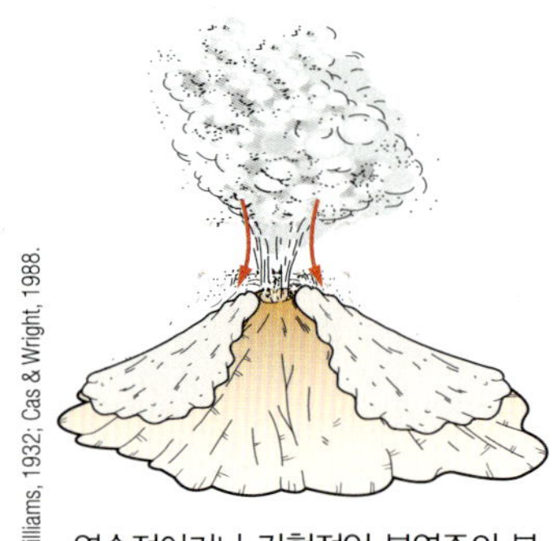
연속적이거나 간헐적인 분연주의 붕괴에 수반된 연속적인 분화 (예: 세인트헬렌스 화산의 1980년 초기 폭발 후의 분화)

마그마가 화산재 구름의 연속적인 붕괴와 함께 화도로부터 상승

가스 폭발이 있을 때와 없을 때의 용암돔의 붕괴 (예: 1902년 플레 화산, 1993년 일본 운젠 화산)

팽창구의 산사태에 의해서 마그마로부터 압력이 해방되어 분화를 유발 (예: 1980년 세인트헬렌스 화산)

Modified from Williams, 1932; Cas & Wright, 1988.

이 네 가지 그림은 화쇄류의 일반적인 생성과정을 보여 준다.

그림 6-22 마그마 방으로의 함몰

A. 분화하는 유문암질 마그마 방의 상부지면은 거대한 화쇄류가 분화하는 동안 칼데라를 만들기 위해서 침강한다. 그리고 새로운 마그마가 마그마 방이 재충전됨에 따라 반구형으로 융기하거나 소생한다. B. 알래스카 카트마이 국립공원에 있는 카구야크 화산 내의 작은(직경 2.5 km) 칼데라. 눈에 띄는 용암돔이 함몰 후 칼데라 내에서 솟아올랐다. C. 가장자리에서 가장자리까지 보이는 캘리포니아 남동부의 직경 32 km의 롱밸리 칼데라. 나무로 덮인 재생돔은 오른쪽에 보이는 나무의 뒤편에 있다.

공중에서 만들어진 화산재는 수백만 평방킬로미터를 덮는다. 포함된 마그마의 체적들은 전형적으로 수백 내지 수천 입방킬로미터 이상이다.

비어 가는 마그마 방은 지면으로 공급한 물질들을 회수하게 됨에 따라 지표는 넓은 칼데라를 열기 위해 붕괴된다(**그림 6-22**). 석영안산암질 마그마 방으로부터 나오는 매우 많은 분화들은 직경 25킬로미터에 해당하는 칼데라를 만든다. 보통 거대한 유문암 마그마 방으로부터 나오는 분화는 직경이 50킬로미터 또는 그 이상의 칼데라를 만든다. 일반적으로 이러한 분화들은 지형경관에서 가라앉은 함몰지로 인식될 수 있게 충분한 유문암질 화산재로 가라앉은 칼데라를 채운다.

채워진 칼데라의 아래에서 마그마가 계속 상승함에 따라 지표면에서는 **재생돔**(resurgent dome)이 천천히 솟아오른다. 이러한 돔은 작은 산처럼 크게 성장할 수 있으며 아마도 수십만 년 후에 새로운 분화로 연결될 수도 아닐 수도 있다. 몇몇 오래된 유문암 칼데라는 여전히 명백한 재생돔을 보여 주고 있다. 롱밸리 칼데라 안의 재생돔은 지난 33년 동안 75센티미터의 융기를 보여 주고 있으며, 1982년부터 1999년까지의 팽창은 마그마의 주입에 기인하는 것으로 알려져 있다. 새로운 분화를 예견해 주는 것인지 아닌지는 현재로서는 알려져 있지 않다.

몇몇 거대한 유문암 칼데라는 수십만 년의 간격으로 수차례 분화한다. 그들의 분화가 매우 드물게 발생한다는 것은 참으로 다행이다. 왜냐하면 이들의 분화로 발생하는 화쇄류는 칼데라로부터 100킬로미터 또는 그 이상의 거리에 있는 계곡의 모든 것을 불태워 버리기 때문이다. 그들은 또한 분화 후 수년 동안 넓은 지역에 엄청난 기후변화를 일으키는, 상층대기 속으로 거의 확실하게 엄청난 양의 화산재를 주입할 수 있다.

사례

치명적인 라하르

1991년 필리핀의 피나투보 화산 ▶

피나투보 산은 마닐라 북서쪽 90 km 떨어진 곳에 있는, 루손의 필리핀 섬 위에 있는 높이 1,745 m의 안산암질 화산이다. 1991년 4월 2일, 갑작스러운 증기 폭발로 화산재가 피나투보의 상부 경사면을 덮었다. 이 폭발로 산 사면에 살고 있던 사람들, 그 아래 평지에서 쌀농사를 짓던 사람들, 그리고 분화구로부터 25 km 떨어진 앤젤레스 시에 살던 30만 명의 사람들은 놀라고 공포에 떨었다. 피나투보는 지난 400년 이상 동안 분화하지 않았고, 그 산이 활동적인 화산이란 것을 깨닫고 있는 사람들은 거의 없었다(수천 년을 주기로 반복적으로 분화했다는 측면에서 또다시 분화할 것은 의심할 여지가 없을 것이다).

필리핀 화산학자들은 미국 지질조사소 과학자들의 도움을 받아 지진활동을 관측하기 위해 피나투보 화산의 주위에 간이 지진계를 설치했다. 정밀지질조사(geologic mapping)를 통해 600년 전의 분화로 뜨거운 이류가 정상의 남쪽과 동쪽에 있는 인구밀집 지역을 지나 클라크 공군기지까지 덮쳤다는 것을 알았다. 그 화쇄류는 분화구의 동쪽 20 km까지 도달했다. 화산재의 두꺼운 퇴적물과 넓게 퍼진 이류는 더 멀리까지 도달했다.

첫 번째로 증기와 화산재의 폭발은 지질학자들에게 확실히 해가 없는 것처럼 보였다. 왜냐하면 오래된 암석의 파편만을 포함할 뿐 새로운 마그마로부터 고화된 신선한 화산재가 없었기 때문이다. 그러나 지진의 발생빈도가 증가하였고, 진원은 화산체의 북쪽 면의 깊은 곳으로부터 정상부 근처의 얕은 곳으로 이동하는 것을 보였다. 6월 5일까지 발생하는 소규모 지진의 숫자와 방출되는 이산화황의 양이 극적으로 증가하였다. 때때로 화쇄류가 계곡을 휩쓸었다. 화산학자들은 2주 내에 주요 분화가 일어날 것이라고 생각했다. 그래서 정상으로부터 10 km 내 지역에 있는 모든 사람들에게 대피 명령을 내렸다. 화산학자들은 공무원들과 함께 가까이 가서 일하면서 무시무시하게 보이는 위험을 조심스럽게 설명했다. 그 뒤 공무원들은

▶ A. 산지와 이를 둘러싼 주변 지역을 폐허로 만든 피나투보 화산의 최고조의 분화. B. 이 화산재 기둥으로부터 붕괴된 무서운 화산재가 타서 재가 될 수 있는 많은 양의 뜨거운 화쇄류로 흐른다.

▶ 아래의 피나투보 화산의 위성사진에서 분화 후 몇 개월 동안 퇴적된 화산 이류의 분포를 볼 수 있다. 1 cm 이상의 두께를 가진 화산의 범위가 노란 점선으로 나타나 있다. 피나투보 화산의 지도에서 1991년 6월 12일과 15일 사이에 내린 화산재의 깊이와 분화 후 2달 동안 쌓인 화산이류를 cm 단위로 보여 준다.

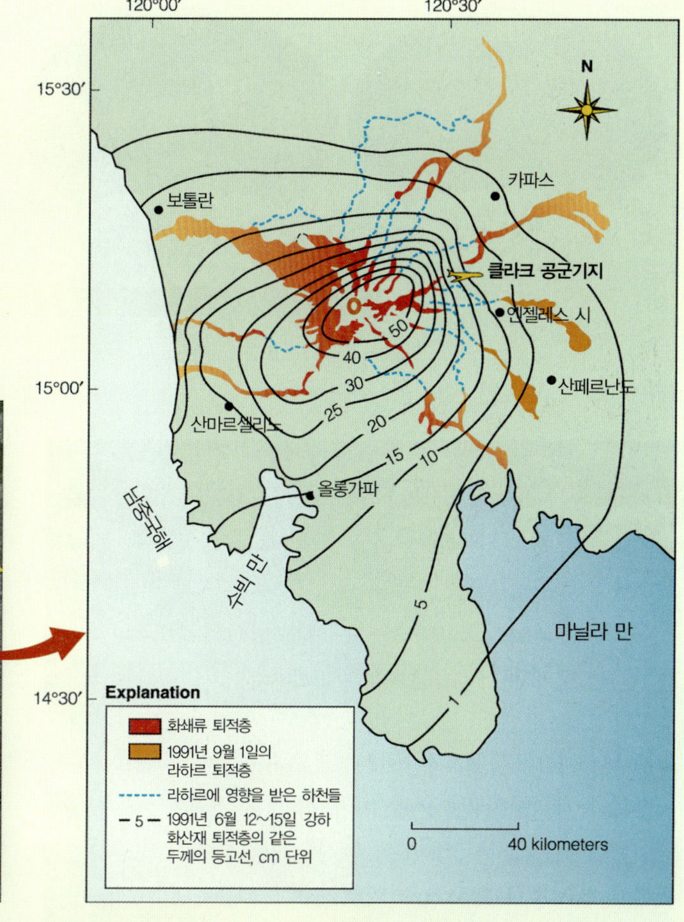

주민들을 교육시켰다.

점성이 큰 용암돔이 자라기 시작하고, 많은 소규모 지진과 조화진동은 마그마가 아래에서 움직이고 있다는 것을 암시했다. 연속되는 화산재 분화는 분화구에서 두꺼운 용암돔의 팽창을 수반하였다. 6월 12일, 관계자들은 분화구로부터 반경 30 km 바깥으로 사람들을 대피시켰다.

전형적인 플리니식 분화(화산폭발지수: 6)인 분화의 절정은 마침내 이른 오후에 시작되었다. 그것은 6월 15일 분화 구름이 35~40 km까지 치솟았을 때 절정에 달했다. 화쇄류는 구정상으로부터 16 km 떨어진 곳까지 도달했다.

화산재는 화산으로부터 40 km 거리에 30 cm의 두께만큼 쌓였다. 그런 다음 불행하게도 그 절정의 플리니식 분화가 강한 비를 동반한 태풍 윤야(Yunya)의 경로에 있었다. 습기를 머금은 화산재의 무거운 하중은 많은 지붕을 붕괴시켰고 라하르는 각 지역의 계곡으로 흘러 들어갔다. 6월 16일까지 나머지 20만 명이 이류를 피했다. 태풍에 의한 비는 수일 동안 매일 이류를 발생시켰다. 1991년 12월까지 30 km 이내의 거의 모든 다리가 파괴되었다.

피나투보가 4~5 km^{3}의 용암을 분화한 후, 정상의 분화구가 폭 2 km로 더 벌어졌다. 2천만 톤의 이산화황 기체가 대기 중에서 물과 결합하여 황산의 빗물방울을 만들었다. 그것들은 공중에 떠 있으면서 들어오는 자외선 복사의 2~4%를 반사시켰다. 평균온도는 북반구의 일부가 1°C, 전 지구적으로 대략 0.5°C 떨어졌다. 초록의 넓은 광선을 가지는 웅장한 일몰이 2

▶ 1991년 피나투보 산의 분화 후 화산이류에 의해 매몰된 마을. 강하 화산재는 여전히 오른쪽 지붕 위를 덮고 있다.

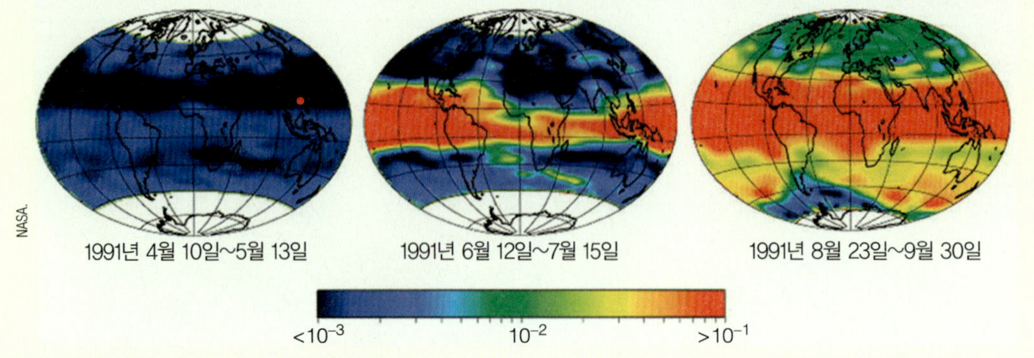

▶ 피나투보 화산 분화에 의해서 생성된 먼지와 이산화황이 지구를 둘러싸서 지구로 들어오는 태양복사를 산란하여 지구의 온도를 감소시킨다. 피나투보 화산은 왼편 그림에서 붉은 점으로 표시되어 있다.

년 동안 계속되었다.

일반적으로 거대한 분화의 위험을 예측하고 피해를 줄이고자 하는 노력은 놀라운 성과를 거두었다. 화산은 충분한 경고를 했고, 지질학자들은 정확하게 주요 화산분화를 예측했으며, 지역 공무원들은 효과적으로 탈출을 지원했다. 그리고 지역 주민들은 이에 협조했다.

모든 사람을 교육하고 58,000명의 사람들을 피난시키는 주요 프로그램에도 불구하고 약 350명의 사람이 죽고 무거운 화산재에 거의 모든 건물이 붕괴되었다. 이후 질병으로 932명이 사망하였다. 사망자 수가 많지만 때에 알맞은 경고와 전반적인 대피가 수만의 생명을 구한 것은 틀림없다.

▶ 클라크 공군기지 근처 필리핀의 앤젤레스 시의 화산이류에 의해서 8월 12일에 붕괴된 다리를 보여 주는 아바칸 강의 항공사진. 왼쪽 하단부에 사람들이 일시적인 널다리를 통해서 강을 건너고 있다.

칼데라 분화와 함몰 사이의 장주기

그리스 산토리니 ▶

산토리니는 그리스 남쪽, 지중해 동부에 있는 화산섬이다. 지금은 물속에 잠긴 칼데라의 주변을 따라 높은 지대가 남아 있는 고리모양의 섬이다. 산토리니는 오리건 주에 있는 크레이터 레이크와 기원과 규모가 유사한 지구상에서 가장 웅장한 칼데

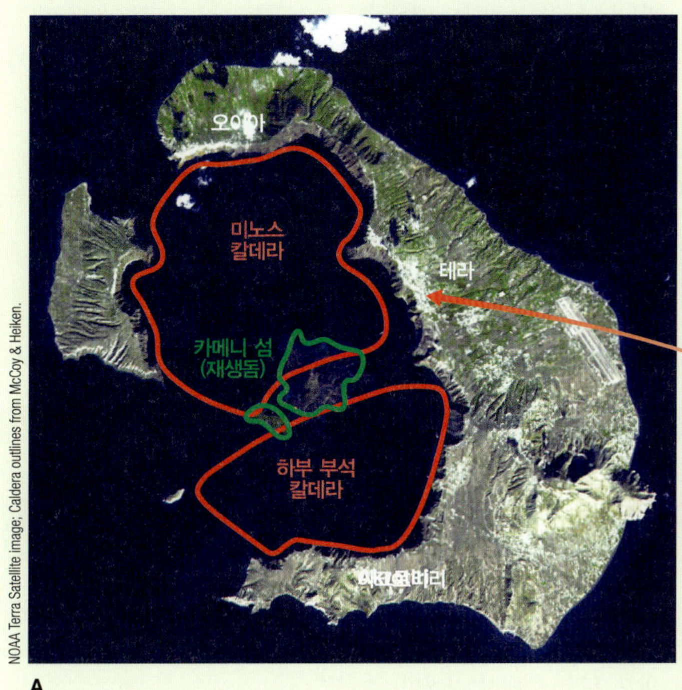

A

B

▶ **A.** 기원전 1620년, 거대한 분화 동안에 함몰된 칼데라를 둘러싸는 산토리니의 본 섬. 이 분화는 미노스 문명의 종말을 고하였다. **B.** 산토리니 칼데라의 내측 벽의 오른쪽 윗부분에 흰색 미노스 부석이 노출되어 있다. 칼데라 외륜의 낮은 부분을 따라 줄지어 있는 흰색 집들은 기원전 1620년에 분화된 같은 부석층 위에 대부분 세워져 있다.

라 화산이다.

산토리니는 지난 360,000년 동안 12번의 폭발적인 분화가 있었고 평균적으로 3만 년마다 한 번씩 분화하였다. 각 칼데라가 붕괴할 때, 새로운 안산암 화산이 오래된 칼데라 내에서 다음의 대재앙 분화에 의해 새로운 칼데라 안으로 가라앉을 때까지 성장하였다. 칼데라 분화는 18만 년 전, 7만 년 전, 21,000년 전, 그리고 3,600년 전에 일어났다. 분화간격은 시간이 지남에 따라 앞선 간격의 절반보다 더 작게 점차적으로 짧아지고 있다.

대략 기원전 1620년경에, 격변적으로 54.5 km^3의 화산재와 부석을 뿜어낸 일련의 플리니식 분화활동으로 거대한 마그마 방을 비웠고, 가장 최근의 칼데라 붕괴에 있어서 그 정점을 이루었다. 이 분화물의 양은 역사 시대에 가장 큰 분화 활동인 인도네시아 탐보라 화산의 1815년 분화에 버금가는 것이었다. 그 화산의 남아 있는 사면은 칼데라와 접해 있는 급경사의 절벽으로부터는 완만한 경사를 이룬다. 주요 도시인 테라는 칼데라의 외륜산의 급경사 절벽 위에 위치한다. 많은 집과 관광호텔들은 기원전 1620년에 떨어진 두꺼운 화산재를 파서 만든 방을 가지고 있다.

칼데라 함몰 붕괴의 첫 단계 동안에 있었던 사건은 수 미터의 백색 유문암 부석의 분화가 일어난 것을 포함한다. 흰색의 아랫부분은 위로 갈수록 차츰 암회색의 안산암재로 변하는 분급이 되어 있는데, 아마도 분화된 마그마 방에서 점차적으로 깊은 부분으로 가면서 분화했기 때문일 것이다. 오리건 주의 크레이터레이크 주변에도 같은 이유로 유사하게 분급이 되어 있는 화쇄류가 존재한다(7장의 그림 7-32 참조).

많은 유문암질 화산재 퇴적물들은 급랭한 현무암 마그마의 함유물과 성분상 나누어져 띠 모양을 하는 부석을 포함하고 있다. 이것은 현무암질 마그마가 아래에서 급하게 유문암 마그마 방으로 주입되었다는 것과 물을 포함하고 있는 좀 더 차가운 유문암 마그마 방으로 주입되었다는 것을 알려 주고 있다. 이것은 급속도로 가열과 격렬한 최근 분화(7장의 그림 7-10B 참조), 그리고 플리니식 분화를 초래하였다.

기원전 1620년 분화를 했던 때에, 화산의 남쪽 사면 아래에 있는 부유한 도시였던 아크로티리는 포장된 도로, 돌로 만들어진 지하의 하수도, 아름다운 벽화, 장식된 도자기, 그리고 매력적인 보석들이 있었다. 사람들은 양과 돼지를 키우고, 놀라울 정도로 현대화된 기술을 이용해서 경작을 하고, 빵과 와인을 만들었으며 양봉을 하고 올리브와 땅콩을 수출하였다.

화산이 분화하였을 때, 붕괴된 칼데라 내부로 쏟아져 들어간 해수는 아마도 엄청난 증기 폭발을 일으켰을 것이다. 몇몇 평가에서 이 분화로 인하여 화산재의 기둥이 대기 중으로 약 36 km 높이까지 치솟았다고 추정한다. 그리고 이것은 수주 동안 지속되었을지도 모른다. 아크로티리의 대부분의 인구는 주요 분화가 일어나기 전에 충분히 깜짝 놀라 그들의 재산을 가지고 탈출했음에 틀림없다. 남아 있던 사람들은 플리니식 분화주로부터 떨어진 수 m의 퇴적물과 칼데라가 붕괴하는 동안에 분화된 56 m 두께의 부석과 화산재에 의해 파묻혔다. 지진, 떨어진 부석과 화산재, 이류, 그리고 토석류는 건물들을 완전하게 파괴시켰다. 한 가지 유명한 이론이 제기되는데 이는 분화가 아틀란티스 전설의 기본이고, 지진과 엄청난 홍수 때문에 제국이 사라진 것으로 설명했다.

기원전 197년에 화산활동이 재개되어 1950년까지 산발적으로 계속되었다. 안산암과 석영안산암의 재생돔이 칼데라의 바닥에서 솟아올랐다. 1570년과 1672년에는 지진이 더 빈번하게 일어났다. 1956년에는 규모 7.8의 지진이 테라 시를 파괴하고 25~40 m 높이에 이르는 거대한 쓰나미가 발생했다. 이 이후로 산토리니의 경우 재해 경감을 위해 칼데라 벽에 있는 고결이 덜 이루어진 부석의 급한 경사면 위에 건물을 짓는 것을 규제하고 소규모 지진과 화산 기체를 감시하고 있다.

거대한 칼데라 화산의 미래에 나타날 분화

와이오밍 주의 옐로스톤 화산 ▶

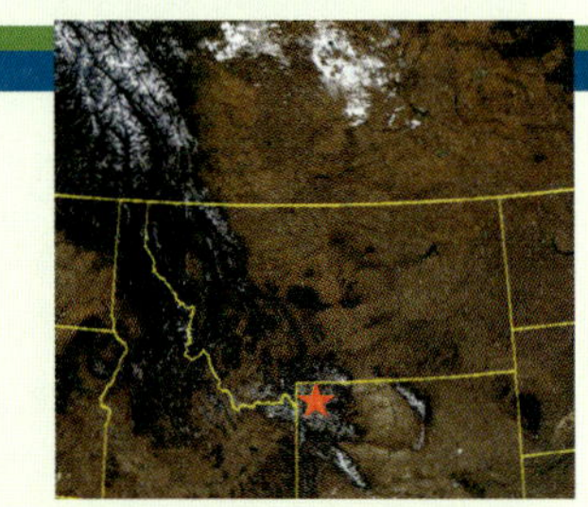

대륙 열점 위의 거대한 유문암체인 옐로스톤은 거의 편편한 정상부와 매우 완만한 경사면을 가지는 전형적인 큰 재생 칼데라(resurgent caldera)이고 그것은 지구상의 가장 큰 대륙의 화산이며 때때로 슈퍼화산이라고도 불린다. 우리가 오늘날 방문하는 옐로스톤 화산은 200만 년 전, 130만 년 전, 642,000년 전에 일어난 세 번의 엄청난 분화의 흔적으로 그 분화간격은 대략 70만 년이다. 작은 분화들은 큰 분화 사이에 일어났다. 세 개의 남아있는 칼데라는 직경이 대략 50 km이다. 칼데라가 그 마그마 방 아래로 붕괴했기 때문에 마그마 몸체는 직경이 대략 50 km이다.

재생 칼데라 분화는 지금까지의 화산활동 중 가장 큰 것이었고 종종 슈퍼화산이라고 불리는 모든 종류의 화산분화 중에서 가장 파괴적인 것이다. 역사시대에 일어난 분화 중에서 옐로스톤 재생 칼데라의 분화와 비교할 만한 분화는 없다. 아마도 인류가 시작될 때까지도 없을 것이다. 이 거대한 분화의 처음은 1980년 세인트헬렌스 분화에서 나온 용암 부피의 2,500배나 된다.

화산재의 대부분은 엄청난 유문암질 화쇄류로 방출되어 인근 계곡 아래로 100 km까지 도달해서 그 가장자리까지 모두 채웠다. 그들은 충분히 뜨거워서 가라앉아 용결되어 수십 m 두께의 암석층이 되었다. 공중으로 올라간 화산재는 바람을 타고 동쪽과 남쪽으로 실려가 고원 평원에 안착했다. 마지막 분화로부터 나온 화산재는 동쪽으로 캔자스 주, 남쪽으로는 적어도 멕시코 국경까지 날아가 고원 평원을 거의 덮었다. 북아메리카 밀가루 경작의 상당한 부분은 옐로스톤 유문암 화산재가 만든 토양 위에서 자란다.

만약 그런 분화가 지금 일어난다면, 인류가 경험한 가장 큰 재난적인 자연재해가 될 것이다. 미국 서부와 중부의 교통, 통신, 에너지 체계의 파괴나 교란은 가장 주된 재해가 될 것이다. 추정에 의하면 와이오밍 주 서부와 남동부 아이다호 주에는 화산재가 1 m 이상 쌓일 것이고 동부 와이오밍 주와 북서부 콜로라도 주 그리고 유타 주의 대부분은 화산재가 30 cm 이상 쌓일 것이다. 샌프란시스코에서 피닉스를 거쳐 네브라스카와 캔자스까지 서부 지역에 3 cm 이상 화산재가 쌓일 것이다. 그 충격은 상층대기로 주입될 엄청난 양의 유문암 화산재로 인하여 심각한 결과를 초래할 것이다. 1815년 인도네시아 탐보라 화산의 분화 후에 일어난 일과 유사할 것이며 그 규모는 훨씬 클 것이다. 화산재는 태양복사를 차단해서 수주 동안 기후를 차갑게 해서 전 세계적으로 농작물의 재해와 기아를 초래할 것이다.

옐로스톤은 다시 분화할 것인가? 반드시, 그러나 언제일지는 불명확하다. 옐로스톤 국립공원에 있는 모든 증기와 끓는 물은 얕은 깊이에 엄청난 양의 열이 있음을 보여 주는 명백한 증거이다. 죽은 나무들이 열이 있는 지역의 대부분을 넓게 둘러싸고 있다는 것은 불길한 징조이다. 이것은 몇 년 전까지 나무들이 울창했던 지역까지 열이 있는 지역이 더 커졌다는 것을 의미하거나 나무의 뿌리까지 이산화탄소의 거대한 순환이 있음을 의미할 수 있다. 1870년 이후에 측정된 온도는 열이 있는 지역이 더 뜨거웠음을 보여 준다.

지진계 기록을 이용한 자세한 연구는 옐로스톤 재생 칼데라 아래를 통과한 지진의 전단파가 다른 지역보다 더 늦게, 더 약하게 도달했음을 보여 준다. 이것은 칼데라 아래 8~16 km 깊이에 용융된 마그마가 존재함을 확실하게 보여 준다. 재생 칼데라에 있는 작은 지열을 종종 들썩거리게 하는 일련의 소규모 지진은 조화 진동을 포함한다. 칼데라 바닥의 두 개의 재생 팽창부는 마그마가 팽창부 아래에서 상승하고 있기 때문에 시간에 따라 융기하다가 하강을 하고 있다. 1923년과 1984년 사이에, 그것은 대략 101 cm 상승하였고, 그러고 난 다음 1995년까지 20 cm 하강하였다. 정밀한 GPS 연구는 2004년과 2007년 사이에 칼데라의 바닥이 더욱더 빠른 속도로 21 cm 상승했다는 것을 보여 준다. 이러한 표시들은 화산이 분화할 준비를 하고 있다는 전형적인 징후이다. 하지만 그것들이 슈퍼 화산 같은 분화를 예고하는지에 대해서는 아무도 모른다.

어떠한 경고가 우리에게 주어질 것인가? 역사시대 동안에 이러한 유형과 이러한 크기의 다른 분화가 없었기 때문에 우리는 실체를 잘 알 수 없다. 그러나 일반적으로 이보다 작은 화산들이 마그마의 이동으로부터 분명한 '조화' 지진을 보여 주고 지진이 점점 더 빈번하게 발생하고, 지표 가까이로 다가옴에 따라 마그마가 그 상부의 암석을 가열하여 지표의 온도가 상승하는 것을 보여 준다. 그리고 마그마가 위로 올라옴에 따라 지구의 표면은 넓은 범위에 걸쳐 융기되는 것을 보여 준다. 이러한 융기에 의한 팽창은 지표면 근처의 지각을 수평으로 늘이면서 틈새를 만들어 황이 풍부한 가스와 이산화탄소, 수증기 등을 쉽게 방출할 수 있다. 이러한 것들과 다른 전조현상들은 7장의 분화 경고 부분에 기술하였다. 가스가 마그마로부터 방출됨에 따라 마그마의 압력은 떨어지고 더 많은 가스들이 방출된다. 이러한 변화들의 폭주 반응이 가속화되기 때문에 유문암질 마그마에 녹아 있는 가스가 충분히 빠르게 확산될 수 없다. 그들은 마그마 내에서 격렬하게 팽창하여 마그마 자체가 폭발적으로 거품처럼 내뿜는다. 유문암질 마그마는 점성이 매우 크기 때문에 이러한 변화 중 어떤 것도 빨리는 일어날 것 같지 않다. 불행히도 우리는 이러한 것이 얼마나 빨리

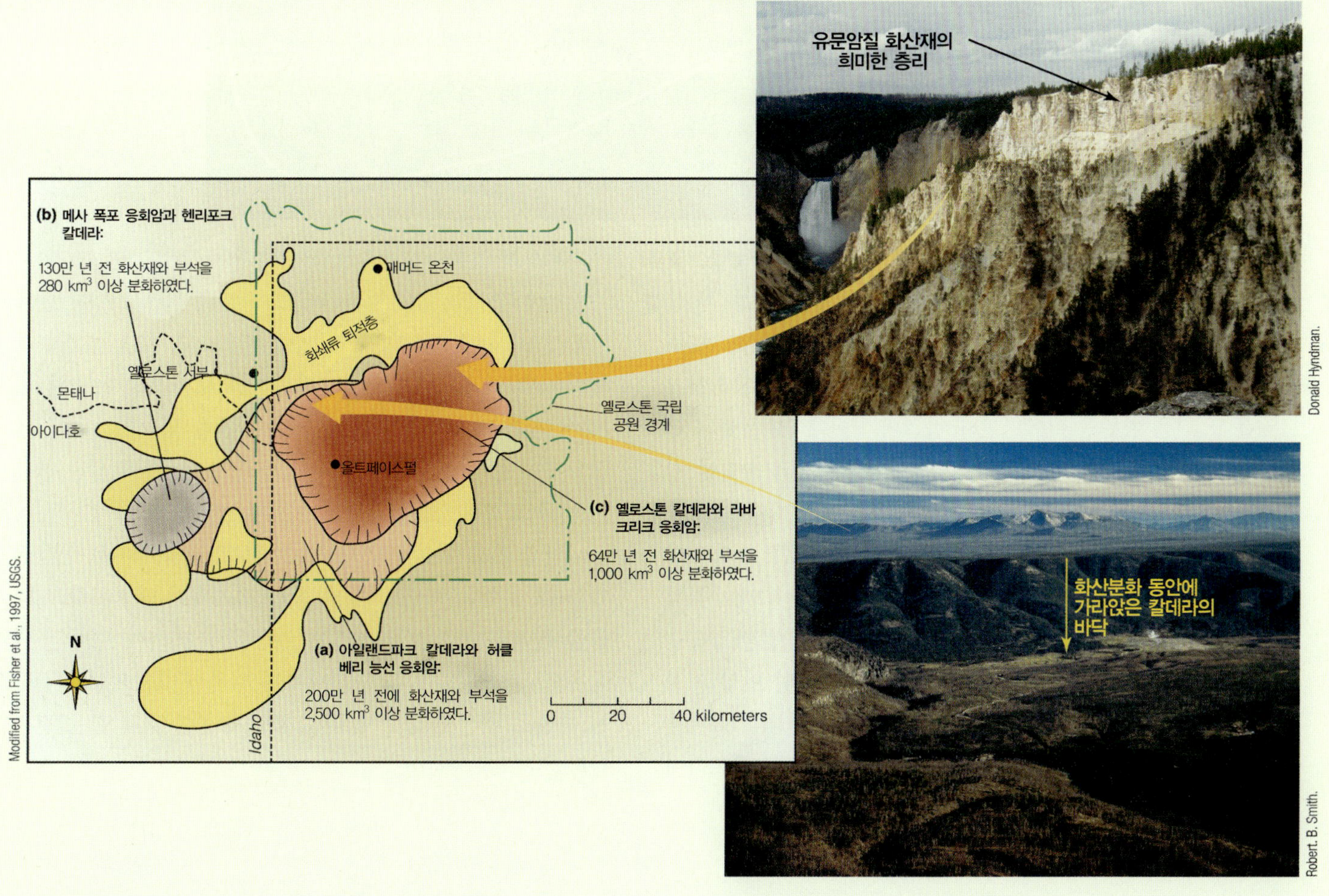

▶ 거대한 옐로스톤 칼데라를 붕괴시킨 642,000년 전에 분화된 라바크리크 화산재. 칼데라 붕괴 동안에 형성된 옐로스톤 칼데라의 북서쪽 경계부. 옐로스톤 협곡은 옐로스톤 칼데라에서 분화하여 칼데라를 채운 유문암질 화산재를 1,200피트 정도 두께로 침식하여 낮아지게 하였다.

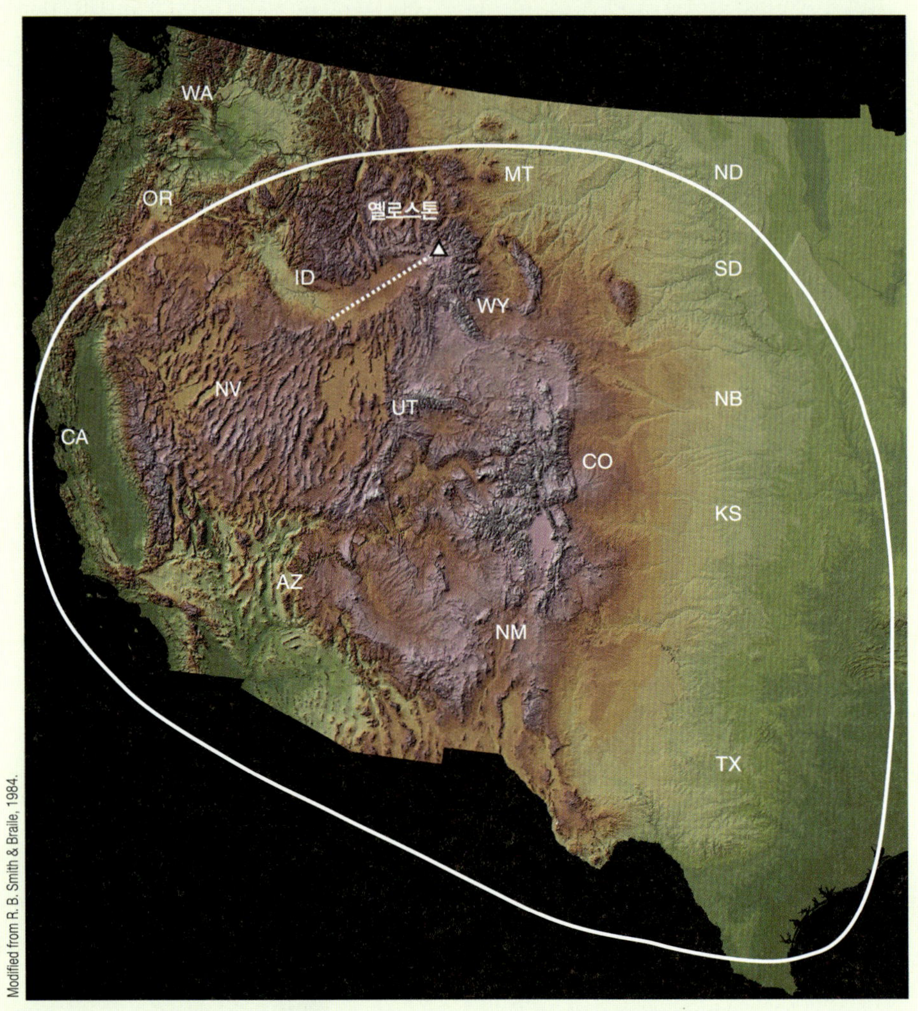

▶ 스네이크리버 평원의 북동쪽 끝에 있는 옐로스톤 칼데라로부터 나온 라바크리크 화산재는 미국의 중부 평원의 대부분을 덮었다. 열점 화산의 흔적은 흰색 점선으로 표시되어 있다.

일어날지를 예견할 수 없다. 화산의 엄청난 규모는 알려지지 않은 또 다른 차원을 이야기한다. 마그마가 아래쪽에서부터 상승함에 따라 표면의 암석들은 그들이 남겨진 공간 속에서 자리를 잡는다(**그림 6-22**).

지난 200만 년의 분화 중 어느 하나라도 상업제트 비행기의 비행고도의 3배에 해당하는 거의 30 km 이상까지 상승하지 않은 것은 없다. 수증기와 혼합되는 황을 방출하여 태양빛을 방출하는 다량의 황화물 에어로졸을 형성하고 1년 이상 지구의 대기를 극적으로 냉각시키는 많은 작은 화산들의 효과를 축소시키고, 넓은 지역에 기근을 야기하였다. 북부 수마트라에서 74,000년 전에 분화한 슈퍼화산인 토바 화산은 6년 내지 10년 이상 지속되는 소위 화산성 겨울을 만들어 지구상에서 많은 인류를 전멸시켰다. 이러한 분화는 642,000년 전 옐로스톤 분화 크기의 3배에 해당되는 것이었다.

화산성 겨울을 야기할 수 있는 옐로스톤에서의 유사한 크기의 미래 분화는 아마도 수년 동안 지속되어 광범위하게 농작물을 황폐화하고 지구 전체의 기근을 초래하여 수백만 년의 죽음으로 몰 수도 있다. 연구결과에 의하면 해양으로부터 감소된 증발로 인해서 강수가 50% 정도 감소한 것과 같은 결과를 나타낸다.

6장 복습

요점

화산에 대한 서론: 마그마의 생성

- 지구에 깊이 파묻힌 뜨거운 암석은 온도를 높이거나, 압력을 감소시키거나 물을 첨가한다면 녹을 것이다. **해설 6-1.**
- 화산분화의 파괴력은 마그마의 점성, 휘발성 성분, 그리고 체적에 따라 변한다.
- 마그마의 점성은 실리카 함량으로 크게 좌우되는데, 높은 실리카 함량 마그마(유문암)는 낮은 실리카 함량 마그마(현무암)보다 점성도가 더 크다.
- 화산분화는 점성이 높을수록 그리고 특히 물 같은 휘발성 성분의 양이 클수록 마그마의 폭발성이 더 크다.

화산의 지체구조적 환경

- 지체구조적 환경은 화산의 분포, 종류, 구성성분, 그리고 형태를 말해 준다.
- 가장 위험한 화산은 섭입대 근처에 있다. 그리고 나머지 화산의 대부분은 발산지역에서 일어난다.
- 판 경계에 있지 않는 화산은 보통 열점 위에 위치하고 있다.

화산분화와 그 부산물

- 현무암질 용암류는 보통 용암의 형태로 흘러나오는 비폭발적인 분화를 생성한다. 용암의 형태는 새끼줄 무늬의 표면을 가진 파호이호이와 표면이 깨어진 덩어리 형태의 아아를 포함한다.
- 폭발적인 분화는 화쇄류, 화산재 모양의 고체 마그마를 생성한다. 화산재는 아마도 비로 내리거나 바람에 의해 날리거나, 혹은 화쇄류의 형태로 화산 경사면을 따라 흘러 내려간다. 뜨거운 화산재는 라하르 또는 이류를 형성하기 위해 비 또는 녹은 눈과 결합한다.
- 폭발적인 분화의 크기는 마그마의 양, 마그마의 점성, 그리고 포함된 물의 함량에 따라 변한다.

화산의 종류

- 순상화산은 완만한 경사면의 특징이 있고, 그것은 전형적으로 분화열곡으로부터 분열되었다.
- 성층화산은 일반적인 화산 형태를 띠며 중간 정도에서 높은 정도의 휘발성 성분을 함유한다.
- 분석구는 작은 크기의 가파른 옆면의 특징이 있다. 분출하는 분석구는 극심한 상해를 야기하는 작열하는 화산추의 파편을 생성한다.
- 화산돔이 솟아오르고 확장하기 때문에, 용융된 용암이 계속해서 돔 안에서 솟아오를 때, 용암의 조각들은 그 경사면으로 굴러 내려한다. 만약 돔이 붕괴된다면, 그것은 극히 위험할 수 있는 화쇄류를 방출할 수도 있다.
- 대륙의 칼데라들은 거대한 마그마 방의 지붕이 붕괴될 때 형성된다. 그들의 희귀한 분화는 거대한 체적의 화성쇄설물을 생성하고, 그들은 아주 파괴적이다.

중요 단어

대륙의 칼데라(continental caldera)
라하르(lahar)
마그마(magma)
마그마 방(magma chamber)
분석구(cinder cone)
분화구(crater)
분화열곡(eruptive rift)
분화화도(eruptive vent)
불칸식 분화(Vulcanian eruption)
성층화산(stratovolcano)
순상화산(shield volcano)
스트롬볼리식 분화(Strombolian eruption)
아아용암(aa)
안산암(andesite)
열곡대(rift zone)
용암(lava)
용암돔(lava dome)
용암류(lava flow)
용융온도(melting temperature)
열극(fissure)
유문암(rhyolite)
점성(viscosity)
재생돔(resurgent dome)
침상현무암(pillow basalt)
칼데라(caldera)
파호이호이(pahoehoe)
플레식 분화(Peléan eruption)
플리니식 분화(Plinian eruption)
하와이식 용암(Hawaiian-type lava)

화산(volcano)
화산폭발지수(VEI: volcanic explosivity index)
화성쇄설물(pyroclastic material)
화성암(igneous rock)
화쇄류(pyroclastic flow)
현무암(basalt)
휘발성(volatile)

복습 문제

1. 암석을 녹이고 마그마를 만드는 데 있어 열, 압력, 그리고 물 함량이 할 수 있는 일은 무엇인가?
2. 분화의 격렬함 또는 방식을 좌우하는 요소는 무엇인가?
3. 현무암질 마그마의 분화 양식을 조절하는 특징은 무엇인가?
4. 유문암질 마그마의 분화 양식을 조절하는 특징은 무엇인가?
5. 무엇이 폭발적인 분화를 이끄는가?
6. 파호이호이 용암은 아아용암과 어떻게 다른가?
7. 마우나로아 같은 거대한 순상화산에서 분화하는 지역의 주요 형태는 무엇인가? 그러한 지역은 화산에서 어디인가?
8. 옐로스톤 공원은 두 개의 거대한 칼데라를 가지고 있고, 각각은 직경이 20 km에 이른다. 그런 칼데라가 어떻게 형성되는가?
9. 칼데라와 분화구의 다른 점은 무엇인가?
10. 왜 순상화산은 성층화산과 다른 모양을 하고 있는가?
11. 분석구의 폭발적인 활동을 이끄는 힘은 무엇인가? 어디에서부터 나오는가?
12. 캐스케이드 같은 도호화산호의 지역에서 어떻게 석영안산암이나 유문암질 마그마가 형성되는가?
13. 하와이 섬은 어떻게 화산고리를 형성하는가?
14. 어떤 종류의 지각 경계면에서 전형적으로 화산을 찾을 수 있는가? 이들의 지체구조적 환경이 어떻게 화산을 솟아오르게 하는지 설명하라.

토의 문제

1. 만약 옐로스톤 화산이 확장분화의 전조현상을 보여 주고 당신은 피난시킬 책임이 있다면, 가장 중요한 재해는 어떤 것이 되겠는가? 그리고 당신을 무엇을 하겠는가?
2. 오리건의 벤드 서부에 있는 안산암질 화산의 가파른 화산면의 스리시스터스 클러스터는 몇 년 전에 부풂현상의 전조를 보여 주었다. 만약 그 부품이 가속되고 다른 임박한 활동들이 따라오고 당신이 피난시킬 책임이 있다면, 가장 중요한 재해는 어떤 것이 되겠는가? 그리고 당신은 무엇을 하겠는가?
3. 남동부 캘리포니아 주에 있는 롱밸리 칼데라는 수년 전에 칼데라의 내 재생돔의 느린 융기, 지진 활동, 그리고 주변의 나무들을 고사시키는 이산화탄소 농도 등의 증가와 같은 상승하는 마그마와 관련된 일반적인 활동을 보여 주었다. 주변의 재해 지역을 새로운 분류법으로 새로이 지정할 필요가 있는가? 그 이유는 무엇인가?

화산: 재해와 완화

7

Keith and Dorothy Stoffel.

세인트헬렌스 화산이 분화함에 따라 마그마 방 상부에서 성장하던 팽창부가 산사태를 일으키며 붕괴되었다. 이 붕괴로 인하여 압력이 감소하여 마그마 방의 가스가 폭발적으로 팽창하는 것이 가능하도록 하였다. 산 정상부 가까이를 우연히 비행하던 비행기의 날개를 그림의 오른쪽 상단부 모서리 부근에서 볼 수 있다.

세인트헬렌스 화산 분화

1980년 5월 18일, 북아메리카의 북서쪽 태평양 연안에서는 매우 찬란한 늦은 봄날이었다. 그날 이른 아침에 워싱턴 주 남서부에 있는 세인트헬렌스 산의 북부와 서부의 제한구역 내에 있는 숲 속에서 몇몇 사람들이 야영을 하거나 벌목을 하고 있었다. 이들 중의 몇몇은 지난 두 달 동안에 소규모 분화들이 발생한 것에 대한 대응으로 설치된 공식적인 안전 장벽 주변에 몰래 숨어들었었다. 침입자들의 일부는 가까이에서 세인트헬렌스 산을 보기를 원했다. 그들은 세인트헬렌스 화산의 주 분화를 몹시도 보고 싶어 했다. 화산체의 북쪽 사면 위의 부풀어 오른 고지는 산의 지하에서 솟아오르는 마그마의 큰 덩어리를 보여주는 듯 지난 몇 주 동안 계속 성장하고 있었다(사례: 화산의 전조현상들—1980년 워싱턴 주 세인트헬렌스 산의 분화). 아침 8시 32분, 그 시간에 화산을 바라보는 높은 산등성이에 주둔해 있던 미국 지질소사소(USGS)에서 파견된 외로운 화산학자였던 데이비드 존스톤 박사는 워싱턴 주 밴쿠버에 있는 캐스케이드 화산관측소에 무선으로 "밴쿠버, 밴쿠버—드디어 시작되었다!"라고 보고하였다. 그는 이 분화와 함께 사망했다. 그 전날, 그는 그 장소에서 다른 사람을 대신하여 교대 근무하는 것에 마지못해 동의했었다. 얄궂게도 그는 곧 일어날 듯한 임박한 분화에 의한 재해에 특별한 관심을 가지고 있었으며, 반복적으로 세인트헬렌스 화산을 "점화된 도화선을 가진 다이너마이트 통"으로 언급하였었다.

P. 힉슨과 C. 힉슨은 그들이 화산체의 북쪽 사면이 갑자기 흐릿하게 보이는 것을 목격하였을 때, 분화구의 북동쪽 약 17킬로미터 지점에 있었다. 북쪽 사면이 미끄러지기 시작하였고 아래쪽은 더욱 빨리 미끄러졌다. 산 정상부로부터 짙은 검은 구름이 피어올랐고, 북쪽 사면이 폭발한 것처럼 보였다. 근처의 다른 사람들은 구름을 앞서 달리는 충격파와 수평으로 퍼지는 폭발을

보았다. 그들이 본 것은 마치 핵폭발의 사진과 흡사하였다.

북쪽으로 75킬로미터 떨어진 지점의 레이니어 산 사면에 있었던 J. 다우닝은 300~600미터 두께의 두 개의 분명한 흐름이 땅에 바싹 들러붙어 지나가면서 계곡 속으로 사라지고 다시 산등성이를 뛰어넘는 것을 목격하였다. 이것들은 화쇄류, 즉 밀도가 매우 높아 땅 위에서 머물면서 이동하는 부유하는 화산재의 거무스름한 증기 덩어리였다.

C. 맥너니는 그가 화산체 북쪽 사면이 붕괴되는 것을 바라보았을 때, 곧 폐허가 될 운명에 처해 있는 지역 내인 분화구의 북서쪽 13킬로미터 지점에 있었다. 검은 구름의 선두 벽이 능선 위로 기어오르고, 뜨거운 바람이 화산체로부터 불기 시작하였다. 분화가 시작된 후 2분 동안 그는 시속 120킬로미터로 서쪽으로 차를 몰아 달아났지만, 검은 구름이 그에게 도달하는 것 같아 속력을 시속 140킬로미터로 높여야 했다. 검은 화쇄류의 기저부는 검은 분필 먼지의 덩어리가 밀려오는 것처럼 잇따라 앞으로 나아갔다.

G. 베이커와 K. 베이커도 역시 폐허가 전개될 운명에 처해 있는 지역 내인 분화구의 북서쪽 17킬로미터 지점에 있었다. 그들은 계곡을 따라 수 마일에 걸쳐 '거대하고, 검은, 더러워진 폭포'를 보았으며, 50번 고속도로를 따라 시속 160킬로미터로 차를 몰았다. 그렇다 하더라도 검은 구름은 4분 이내에 그들에게 거의 다가왔었고, 구름은 마치 직경이 2미터에 이르는 기포를 가진 끓어오르는 기름인 것처럼 보였다. 이것은 화산체의 북서쪽 다른 지역을 질주하던 것과 같은 화쇄류였다.

B. 콜과 다른 세 사람은 화쇄류가 그들에게 도달할 때 분화구의 북서쪽 20킬로미터 이내에서 벌목을 하고 있었다. '무서울 정도로 맹렬하게 돌진하는, 부수면서 빻는 소리'가 동쪽에서 들려왔다. 그들 주위의 공기는 완전히 어두워졌고 강력하게 뜨거워졌다. 콜과 그의 동료들은 숨을 헐떡였다. 그들의 입과 목구멍은 화상을 입었으며, 나무들과 함께 따라 쓰러졌다. 모든 것이 30센티미터 이상의 회색 재에 의하여 피복되었다. 열이 그들 몸의 많은 부분에 화상을 입혔지만, 옷에는 그러지 못하였다. 콜의 세 동료는 후에 죽었다.

D. 데이비스와 L. 데이비스, 그리고 A. 브룩스는 분화구의 북쪽 19킬로미터 지점에 있었다. 그들은 화쇄류의 검고 끓어오르는 구름이 그들을 덮치기 위하여 다가오는 것을 목격하였다. 그것의 첨단부는 땅에서 나무를 잡아채어 공중으로 던지고 있었다. 그리고 나무들은 검은 구름에 빨려 들어갔고 모든 것이 칠흑같이 캄캄하고 타는 듯이 뜨거웠다. 후에 물리학자는 이들이 타는 것이 마치 마이크로파에 의하여 타는 것과 같다고 말하였다.

케이스와 도로시 스토펠은 세인트헬렌스의 남동부에 있는 야키마에서 개최되는 지구과학 학회에 참가한 후 집으로 가기 위하여 운전을 시작하려던 중이었다. 이때 그들은 세인트헬렌스 산을 재빨리 둘러보기 위하여 비행할 조종사를 고용하기로 결정하였다. 비행기가 화산의 북쪽 사면 위를 돌 때, 그들은 눈이 부풀어 오른 부분에서 밤새도록 녹아 떨어지는 것을 보았다. 그리고 그들은 부풀어 오른 부분이 거대한 산사태로 떨어져 나가는 것을 목격하였으며, 순간 미끄러진 면의 뒷부분에서 검은 화산재와 엄청난 증기의 구름이 뿜어져 나왔고, 하늘을 채우기 위하여 피어났다. 조종사는 그 지역에서 벗어나 스포캔으로 기수를 돌렸다.

화산재해

6장에서 우리는 분화의 산물과 화산을 만드는 지질학적 과정을 알아보았다. 여기에서는 '화산이 어떻게 사람에게 영향을 끼치는가', '화산재해를 완화하기 위하여 어떤 방안을 취할 수 있을까' 등에 대하여 기술한다. 전 세계에서 수백만 명이 화산재해의 위험 속에서 살고 있다. 화산활동의 역사는 어떤 장소에서 농업에 이상적인 풍부하고 비옥한 토양을 제공하였다. 높이 솟은 장엄한 산봉우리들은 멀리 내다보는 전망과 함께 집 대신에 관광명소를 제공한다. 결과적으로 전 세계의 인구밀도가 높은 도시 지역의 많은 수가 활동적인 화산 가까이에 위치한다. 미국의 주요 화산재해 지역을 **그림 7-1**에서 보여 준다.

그림 7-1 미국 내의 화산재해 지역

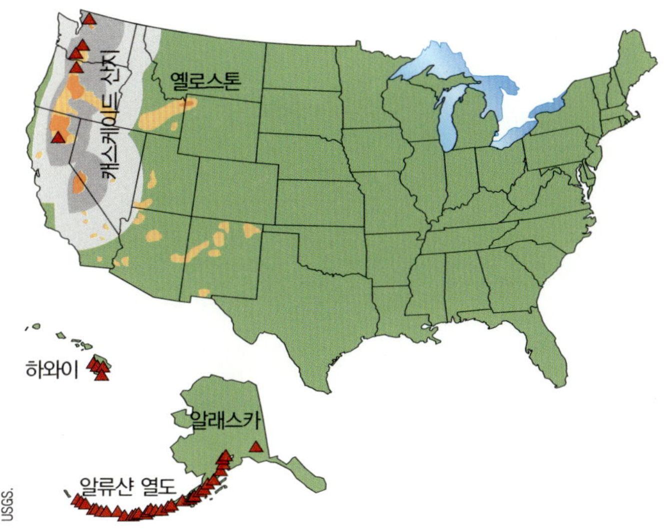

붉은 삼각형은 화산들을 나타낸다. 짙은 주황색은 높은 재해지역, 옅은 주황색은 낮은 재해지역이다. 짙은 회색지역은 높은 강하화산재 재해지역이며, 옅은 회색지역은 낮은 강하화산재 재해지역이다.

그림 7-2 뜨거운 용암에서 발화된 화재

1989년 6월 22일 와하울라 방문객 센터를 불태운 킬라우에아에서 나온 검은, 그러나 여전히 뜨거운 파호이호이 현무암 용암.

비록 소수의 화산분화가 수백 명 이상의 사람을 살상하지만, 그러한 몇몇은 어마어마한 사상자를 낼 수 있다. 분화로부터의 사망은 분화 산물이나 화산에 가까운 지역에 살고 있는 인구 수에 주로 의존한다. 전 세계의 치명적인 화산활동에 대한 미국 지질조사소(USGS)의 평가에 의하면, 화쇄류에 의하여 발생한 1631년 이후 19건의 주요 분화로 인해 약 70,800명이 사망하였으며, 그들의 41%는 1902년 플레 화산에서 발생하였다. 같은 기간 동안 라하르에 의하여 11개 화산으로부터 51,300명이 사망하였으며, 이들의 44%는 1985년 네바도델루이스 화산에서 발생하였다. 강하화산재는 1991년 피나투보 화산에서 300명을 포함하여 비교적 소수의 사람을 사망하게 하였다. 화산분화로부터 발생된 쓰나미는 50,900명의 목숨을 빼앗았는 데, 이들 중 62%는 1883년 인도네시아 크라카타우 화산에서 발생하였다. 때로는 정부에 의한 정치적 동기가 있는 결정이나 오판의 결과로 수많은 희생자들이 발생하였다.

용암류

분화하는 화산은 흐르거나 뿜어져 나오는 용융된 암석, 즉 용암을 보낼 수 있다. 분화구로부터 잘 발달된 내리막에서조차 용암의 내부는 더 이상 붉은색이 아니며, 나무 구조를 태우기에 충분할 만큼 여전히 뜨거운 상태이다(**그림 7-2**). 비록 물질이 타지 않을지라도, 이것은 여전히 용암류에 의하여 종종 덮여 버리거나 매몰될 수 있다. 푸른 나무들을 둘러싸는 현무암질 용암류는 그것의 열로 인하여 나무둥치의 수분을 끓여서 증발시키고 다음 나무로 가면서 용암을 점차 냉각시킨다. 나무 조직은 나무둥치의 외형을 남기고 숯이 되거나 뒤에 떨어져 나가게 된다. 그러한 외형의 훌륭한 예가 킬라우에아 화산과 오리건 주 벤드 남부의 라바캐스트 포리스트 지역에서 발견된다.

비록 용암류는 그들 경로 상의 모든 것을 믿을 수 없을 만큼 파괴하지만, 그들은 매우 천천히 움직이고, 인간 생활에 작은 위협을 일반적으로 가할 수 있는 좁은 지역을 덮어 버린다. 일반적으로 현무암질 용암류는 분화구 근처에서는 1초에 1미터의 속도로 전진하며 용암이 냉각되면 10분의 1 이하로 속도가 떨어진다. 대부분 분화구로부터 약 25킬로미터까지 이동하며, 때로는 50킬로미터 이상까지도 도달한다. 안산암질 용암류는

그림 7-3 화쇄류들

A

B

A. 필리핀 마욘 화산의 1984년 분화 동안에 산 사면을 따라 쏟아져 흘러내리는 여러 개의 화쇄류들. B. 피나투보 화산으로부터 발생된 몹시 뜨거운 화쇄류가 질주하는 자동차를 덮치기 위하여 접근하고 있다.

점성이 더욱 커서 더 짧은 거리를 이동한다. 그러나 몇몇 경우에 용암은 매우 빨리 이동할 수 있다. 베수비오 화산에서의 특별히 유동성이 있는 알칼리가 풍부한 용암은 1631년에 3,000명의 사람을 사망하게 하였다. 더욱 극적인 경우는 1805년에 베수비오로부터 분화된 용암이다. 이 용암은 4분여 만에 분화구로부터 산의 기저부에까지 도달하였으며, 이 속도는 올림픽 단거리 주자의 두 배에 해당하는 속도였다. 현무암질 마그마는 전형적으로 용암류를 형성한다. 때때로 마그마가 충분히 많은 가스를 함유하면 뜨거운 마그마 조각들을 뿜어내는 플리니식 분화를 하기도 한다. 남부 이탈리아의 에트나 화산은 이러한 유형으로 종종 분화한다.

화쇄류와 화쇄난류

화쇄류(pyroclastic flow)는 밀도가 너무 높아서 대기 중으로 상승하지 못하고 산 사면을 따라 흘러내리는 뜨거운 화산재와 증기의 혼합물이다(**그림 7-3**). 또한 화쇄류는 회류(ash flow), 열운(nuée ardente), 작열하는 사태(glowing avalanche), 혹은 이그님브라이트(ignimbrite) 퇴적층이라고 불리기도 한다. 순식간에 분화하는 증기가 화산 위로 높게 솟아오르는 다량의 화산재를 동반할 때 많은 흐름들이 생성된다. 증기의 움직임 속도가 느려질 때, 기둥의 일부가 붕괴되고 화산재 덩이가 구름처럼 화산 측면을 따라 쏟아져 내린다. 주된 흐름은 바짝 땅에 붙어 있고, 느슨한 화산재의 형태로 위로 격렬하게 솟구치는, 밀도가 덜 높은 부분은 난류의 공기를 일으킨다. 빨리 움직이는 흐름들은 골짜기를 따라 나타나는 경향이 있지만, 흐름의 빠른 속도로 인해 중간 언덕이나 산등성이(산마루)에서 나타나기도 한다.

작열하는 뜨거운 화쇄류들은 그것의 이동 경로에 있는 숲과 사람을 포함한 모든 가연성 물체들을 소각하면서, 화산의 측면을 시속 50~200킬로미터 이상으로 흘러내릴 수 있다(**그림 7-4**, 사례: 화쇄류는 치명적일 수 있다—서인도 제도 마르티니크의 플레 산, 사례: 화쇄류의 격변적인 성질—이탈리아의 베수비오 화산). 화쇄류에 휩싸인 사람들은 화쇄류의 바깥쪽 가장자리나 빌딩이나 차량 내에 있지 않는 이상 확실하게 죽음을 맞이할

그림 7-4 화쇄류에 맞선 상대

세인트헬렌스 산의 분화구로부터 북쪽으로 11킬로미터 떨어진 지점에서 화쇄류에 의해 구겨지고 벗겨지고 징표가 남겨진 승용차.

그림 7-5 숲을 쓰러뜨린 화쇄난류

세인트헬렌스 화산의 1980년 5월 분화의 한 방향으로 향하는 폭발이 언덕의 바람이 불어 가는 쪽의 나무들을 가느다란 조각으로 나누고 때려서 눕혔다. 멀리 언덕 위의 화산으로부터 보호받은 나무들이 있는 곳은 나무들이 서 있는 상태로 남아 있다. 그러나 나무의 상단부에는 가지들이 부러져 나갔다.

그림 7-6 얼마나 멀리까지 폭발하여 퍼져 나갈 수 있을까?

분화에 의한 밀도가 높은 화산재 기둥(분연주)의 꼭대기로부터 기울어지는 에너지선은 성층화산체 분화로부터 화쇄류가 타고 넘어갈 수 있는 언덕들의 높이를 추정할 수 있게 한다. 큰 규모의 많은 화산재를 가진 분화들에서는 에너지선이 낮은 경사를 가지고 그들의 화쇄류는 분화구로부터 먼 거리까지 도달한다. 에너지선 경사는 분연주 내에서 가스추진 영역의 화산재 밀도와 같은 여러 요인들에 의존하여 다양하게 변화한다.

수 있다. 심지어 화산의 기저부에서 수십 킬로미터가 떨어진 장소들도 결코 안전하지 않을 수 있다.

경우에 따라서는, **화쇄난류**(surge, **서지**)라고 불리는 고속으로 이동하면서 다량의 화산재를 가진 충격파가 화쇄류보다 먼저 앞서 지표면 위를 달린다. 그것들은 보통 화산재류 분화의 첫 번째 단계에 화산재와 증기의 측방 폭발에 의해 비롯된다. 증기의 비율이 더 크기 때문에, 보통의 화쇄류보다 일반적으로 밀도가 더 낮다. 어떤 화쇄난류들은 지표면에 바싹 붙어서 시속 600킬로미터로 이동하면서 수백 평방킬로미터의 지역을 덮어 버린다. 그 화쇄난류는 열, 마모, 충격으로 숲을 납작하게 넘어뜨리고 만나는 거의 모든 살아 있는 것들을 죽인다(**그림 7-5**). 일반적으로 화쇄난류는 땅에 붙어 있는 암석들을 떼어 내어 이동시키며, 암석과 화산재가 혼합된 퇴적층을 남긴다. 화쇄난류는 사막의 모래 언덕에서와 같이 사층리를 가진 화산재 사구 형태를 남긴다(그림 7-20B 참조).

가장 뜨거운 화쇄류의 증기와 화산재는 어둠 속에서도 빛을 낼 만큼 충분히 뜨거운 온도인 800°C와 850°C 사이에서 흐릿한 붉은 열기를 드러내 보인다. 그러한 화쇄류 내의 화산재와 부석 입자들은 여전히 매우 뜨겁고 가소성이 좋다. 이들 흐름이 휴식기에 들어가고 냉각되기 시작하면, 화쇄류들은 단단한 암석의 고체 덩어리로 융합될 것이다. 단단히 굳어진 흐름들은 여러 매의 용결화산재(welded ash)의 층을 형성하는데, 이들은 단일분화 동안 수시간 안에 모두 퇴적되어 수백 평방킬로미터의 면적을 덮을 수도 있다. 화산재류는 흘러가는 경로에 있는 사람뿐만 아니라 동물과 식물들의 생명을 앗아 갈 수 있다. 수개월 안에, 다른 지역에서 몇몇의 동물들이 이주해 오고 새로운 식물들이 자라기 시작한다.

화쇄류의 이동 거리는 특별한 분화에서 만들어진 화성쇄설물의 양과 밀도에 관련이 있다. 분화하는 화산재 기둥의 밀도가 높은 부분으로부터 무거운 화산재의 낙하는 중력 때문에 화산 측방 쪽으로 집중되어 근처의 언덕 너머까지 이동되도록 가속화된다. 밀도가 높은 화산재 기둥의 꼭대기로부터 아래쪽으로 주변의 지표면으로 뻗쳐 나가는 에너지선(energy line)을 이미지화하여 화쇄류가 어느 언덕까지 흘러갈지를 예측할 수 있다(**그림 7-6**). 작은 규모의 화산재 분화의 경우, 에너지선 경사각은 30° 정도로 비교적 가파르다. 큰 규모의 플리니식 분화의 경우에는 경사가 12° 정도로 비교적 평평하기 때문에 화산으로부터 훨씬 더 넓은 지역으로 위험지대가 확대된다. 그러나 1980년도에 세인트헬렌스 산의 숲을 베어 넘어뜨린 것과 같이, 만약 화산재가 측방 폭발에 의해 발생한 것이라면, 실제 재해 위험 거리는 훨씬 더 클 것이다. 화쇄류가 경사의 아래쪽으로 쏟아져 내려가기 때문에, 화산분화 시에 가장 위험한 장소는 계곡의 바닥 쪽이다. 화쇄류가 생성될 때 가장 안전한 장

그림 7-7 물을 건너는 화쇄류

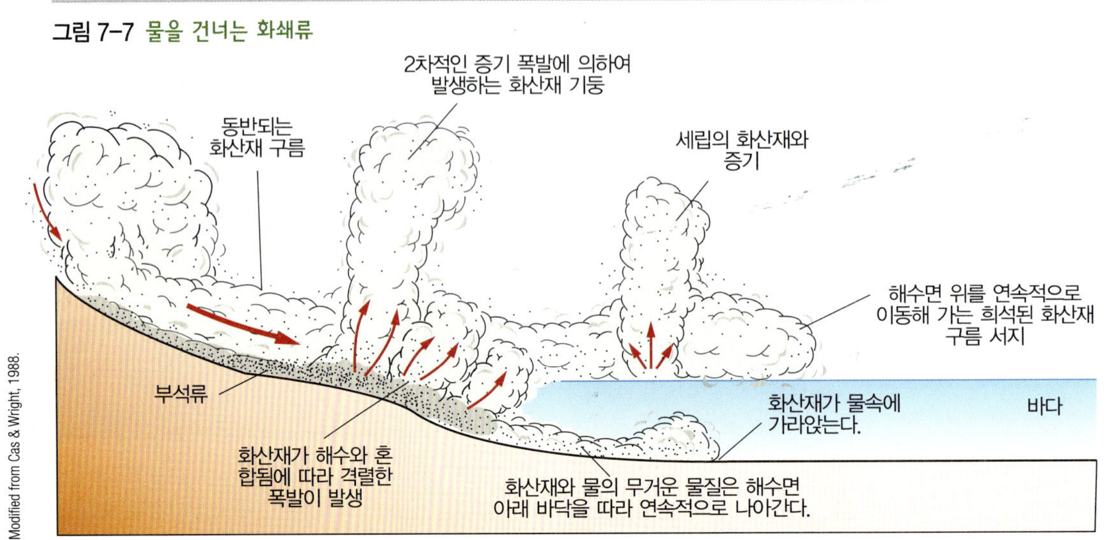

물 위로 뜨거운 화쇄류가 이동하는 것을 설명하는 그림(여전히 작열하는 밀도가 가벼운 부분이 수면 위를 질주하면서 나아감에 따라 부석류의 밀도가 큰 무거운 부분은 물속으로 가라앉는다).

소는 그것으로부터 아주 멀리 떨어진 어딘가일 것이다.

만약 당신이 물줄기 바깥쪽에서 화쇄류를 바라보고 있다면, 당신은 자신이 화쇄류로부터 안전하다고 생각할지도 모른다. 하지만 당신은 틀렸다! 화쇄류는 실제로 강이나 만, 또는 호수를 가로질러 건널 수 있다. 흐름의 아랫부분이 바로 핵심 부분이다. 밀도가 낮은 화산재는 내려가는 흐름 위로 높이 하늘로 피어오른다(**그림 7-7**). 비록 화쇄류는 밀도가 너무 높아 공기 중으로 상승할 수 없지만, 주된 흐름의 일부분만이 바다에 가라앉을 만큼의 충분히 밀도가 높고 큰 입자들을 가지고 있다. 이들이 흐름 경로 상에 있는 느슨한 퇴적물들과 혼합될 수 있으며 또 미끄러지게 할 수도 있다. 이들 위의 밀도가 작은 화산재 구름은 물 위를 미끄러지듯 가로질러 건너가며, 심지어 어떤 것은 수십 킬로미터를 건넌다. 서기 79년 베수비오 화산 분화 동안에는 작열하는 화쇄류가 이탈리아 나폴리 만을 30킬로미터 정도 가로질렀다. 비슷하게, 1883년 인도네시아 크라카타우 화산이 분화하는 동안 남동쪽 수마트라 지역에서 뜨거운 화산재류가 40킬로미터 이상의 공해를 가로질러 건너가 2,000명의 사람들을 죽였다. 1902년에는 서인도 제도의 마르티니크에 있는 플레 산의 산비탈 경사를 따라 화쇄류가 흘러 내려가 앞바다의 항구에 닻을 내린 보트들을 뒤집고 불태워 버렸다. 물줄기는 명백히 분화하는 화산으로부터 실질적으로 안전한 장벽이 되지 못하는 것 같다.

강하화산재와 부석

화산재(volcanic ash)는 직경 2 밀리미터 미만의 작은 조각의 부석으로 구성되며, 바람에 실려 상당한 거리까지 이동할 수 있을 만큼 충분히 가볍다(그림 6-8 참조). 화산재는 공중에 6~20 킬로미터 정도까지 솟아오를 수 있는 기둥의 형태로 분화한다. 때때로 화산은 거의 하얀 기둥으로 솟아오르는 증기만을 날려 버릴 수도 있다. 반면에 만약 새로운 마그마가 지표에 도달하면 새로운 분화를 암시하며, 솟아오르는 분화 기둥은 새로운 화산재와 함께 뒤섞여 어두컴컴할 것이다(**그림 7-8**). 화산재 입자들은 팽창하고 차가워지면서 작은 물방울들로 응결된 증기의 구름 속에서 부유한다. 많은 양의 물이 화산재 입자들을 막처럼 덮고 둘러싸서 분화구로부터 바람이 불어 가는 풍하측 방향으로 마치 눈과 같이 떨어진다. 가장 크고 무거운 입자들은 위험한 발사체와 같이 분화구 가까이에 떨어진다. 더 가는 입자들은 바람이 부는 방향으로 옮겨지며, 특히 입자가 매우 미세한 화산재는 높이 대기 중에 옮겨지며 전 세계로 퍼진다.

어떤 화산재는 태양으로부터 오는 복사를 차단하며, 상층대기 속에서 수년을 떠 있는다. 6장에서 언급된 유명한 사례인, 1815년 4월 인도네시아의 거대한 탐보라 화산의 분화는 엄청난 양의 화산재를 대기 상층으로 내뿜었다. 여러 해 동안 화산재는 기상현상을 일으키는 대류권 위를 부유하면서 남아 있었고, 분화로부터 나오는 이산화황 가스와 화산재가 지구로 들어오는 태양 에너지를 효율적으로 반사시켜서 행성 주위의 온도

그림 7-8 어두운 화산재는 새로운 마그마다

아시아 동쪽 바다의 쿠릴 열도의 사리체프 봉우리로부터 2009년 6월 12일 분화의 초기 단계에 터져 나온 새로운 화산재의 어두운 색의 구름. 어두운 화산재의 꼭대기에 위치한 흰색 고리와 모자는 아마도 분화 구름 내 수증기의 급속한 팽창, 냉각, 응결에 의하여 형성되었을 것이다.

를 좀 더 서늘하게 만들었다. 다음 해는 '여름이 없는 해' 로 알려졌다. 동부 캐나다, 뉴잉글랜드, 영국과 그 외의 지역에서는 농작물 수확에 실패했고, 수만 명의 사람들이 기아로 죽었다. 강하화산재의 파괴적인 영향에 관한 또 다른 예시로, 1783년 6월 아이슬란드의 라키크레이터의 홍수현무암 분화는 8개월 동안이나 지속되었으며 그 동안 1억2천2백만 톤의 이산화황 가스와 이보다 적은 양의 다른 화산가스들을 방출하였다. 이 홍수현무암 분화는 북반구의 온도를 1℃씩이나 낮추었으며, 그렇게 낮춰진 기온은 1816년 5월과 6월의 식물을 시들게 하는 치명적인 서리를 야기했으며, 식물이 자라나는 시기를 단축시켰고, 광범위한 기근의 원인이 되었다. 파괴적인 2010년의 화산재는 같은 열곡대 지대에서 분화하였다.

비록 개개의 화산재 조각들은 작고 가볍지만, 때때로 분화 시 생성된 거대한 양의 화산재는 극도로 파괴적일 수 있다. 20센티미터 두께의 화산재는 대부분의 집 지붕을 붕괴시키기에 충분하다. 만약 지붕에 눈이 쌓일 때 그 무게를 지탱하도록 설계되지 아니한 따뜻한 지역에서는 그보다 작은 두께의 화산재도 조심해야 한다. 젖은 화산재는 마른 화산재보다 훨씬 무겁다. 화산재 분화 동안에 비가 내리는 것은 매우 흔하기 때문에 화산재 분화는 고유한 **화산성 기후**(volcanic weather)를 초래한다. 솟아오른 뜨거운 화산재는 주변의 공기를 가열하여 끌어올리고, 끌어올려진 공기는 팽창하고 차가워지면서, 용존 수증기가 응결되어 비로 땅에 떨어지게 한다. 지붕 위에 쌓인 무거운 화산재는 특히 만약 빗물로 포화되었다면 사람을 부상당하게 하거나 생명을 앗아 갈 수 있는 붕괴를 초래할 수 있다(**그림 7-9**). 분화가 시작될 때 사람들이 숭배 장소로 모이는 지역들은 특히 더 심각한 위험에 처해질 수 있다.

많은 양의 강하화산재는 인간에게 미세한 입자의 흡입을 포함한 몇몇의 심각한 위협을 초래한다. 분화 시 사람들은 바람이 부는 방향으로부터 직각방향으로 향하면서, 짙은 화산재 기둥으로부터 벗어나야 한다. 심지어 무거운 화산재가 내리는 지역 밖에서도 공기 중 혹은 땅 위의 화산재가 심각한 건강상의 문제를 야기할 수 있다. 눈과 인후 염증을 흔히 볼 수 있다. 호흡기 질환을 가지고 있거나 기관지염, 폐기종, 천식, 또는 담배를 많이 피워서 호흡기가 손상된 사람들은 위험에 가장 심하게 노출된다. 비록 규폐증은 꾸준히 염려되어 왔지만, 질병관리본부는 건강한 사람들도 단기간 동안 화산재에 노출되면 심각한 위험에 이를 수 있다는 것을 믿지 않고 있다. 화산재에 장기간 동안 또는 집중적으로 노출되는 사람들은 공인된 고효율 방진 마스크를 써야 한다. 만약 공인된 마스크를 착용할 수 없다면, 물을 적신 천을 사용하여 호흡하는 것도 매우 좋은 방법이다. 미세한 먼지가 많은 지역에서는 콘택트렌즈보다는 고글이나 안경을 쓰는 것이 훨씬 더 좋은 방법일 것이다.

또한 강하화산재는 잠재적으로 대피와 피난을 복잡하게 만들어 교통수단에도 문제를 가져온다. 분화에 의한 강하화산재는 비와 결합되어 운전하기에 위험한 상황에 이르게 할 수 있다. 심지어 도로 위의 1밀리미터의 미세한 화산재조차도 도로의 차선 표시나 도로 갓길이 잘 보이지 않게 할 수 있다. 화산재는 특히 습기가 있을 때에 도로를 더 미끄러운 상태로 만든다. 분화할 때 비가 내리는 것은 흔히 있는 일이다. 차량의 조정장치와 제동장치 모두 약화될 것이다. 많은 양의 강하화산재가 내리면 특히 밤에 자동차의 시정을 악화시킬 수 있다. 이렇게 시야 확보가 힘들게 되면 화산재로부터의 대피를 어렵게 만들거나 불가능하게 한다. 자동차 헤드라이트도 떨어지는 화산재를 관통하지 못하기 때문에, 도로나 친숙한 도로표시도 잘 보이지 않는다. 자동차 와이퍼 날에 있는 화산재는 창유리에

그림 7-9 무거운 화산재

A. 필리핀의 피나투보 화산에서 분화된 화산재가 많은 지붕을 붕괴시켰다. B. 1994년 9월에 분화된 라바울 칼데라로부터 나온 무거운 화산재가 왼쪽의 지붕을 붕괴시켰고, 오른쪽 지붕 위에 두껍게 쌓였다.

긁힌 자국을 남기고 시야를 점점 더 가린다. 시야 확보가 어렵기 때문에 차의 뒷부분을 들이받는 추돌사고가 흔히 일어난다.

공기 중의 화산재 역시 자동차에 피해를 입힐 수 있다. 냉각장치를 막히게 하고 공기 여과기를 통해서 엔진으로 들어가 작동을 멈추게 한다. 암석 알갱이의 작은 파편과 거품조각과 같은 유리는 작동하는 엔진과 변속장치, 그리고 브레이크의 표면을 마모시킨다. 그러한 입자들이 공기 여과기를 막히게 하고 엔진이 과열되게 하거나 심지어 엔진고장을 초래한다. 화산재의 양이 매우 적은 상태들을 제외하고는, 자동차들은 오직 정말로 필요할 때만 운행되어야 한다. 오일과 공기 여과기는 100에~1,000킬로미터마다 교체되어야 한다.

화산재와 항공기 또한 항공기가 화산재 구름 속으로 들어가면 제트엔진이 꺼지게 되고 속도가 급격하게 떨어지게 되어 항공기에 심각한 문제를 일으킬 수 있다. 하루에 약 2만 명의 사람들과 1년에 수만 대의 비행기가 운항되는 북아메리카와 유럽에서 동아시아에로의 복잡한 항공교통은 태평양판의 북쪽 가장자리에 위치한 활동적인 섭입대 위의 화산들 때문에 특히 걱정거리이다.

1980년과 2004년 사이에 100번 이상 항공기들이 우연히도 상당히 짙은 화산재의 구름 속으로 비행하였다. 1982년 6월, 263명의 승객과 승무원들을 태우고 말레이시아에서 오스트레일리아로 향하던 보잉 747 비행기가 자바 섬에 위치한 화산으로부터 분화된 화산재구름 속으로 날고 있었다. 4개의 엔진이 모두 작동을 멈췄다. 승무원들이 엔진을 재가동시키기 전까지 항공기가 고도 11,470미터에서 4,030미터까지 하강했다. 1989년 12월 14일, 245명의 승객들과 승무원들을 태우고 네덜란드에서 일본으로 향하던 새로운 보잉 747-400 비행기가 알래스카 앵커리지에서 남서쪽으로 160킬로미터 떨어진 리다우트 화산으로부터 나온 화산재 구름을 통과해서 날게 되었다. 그 항공기는 모든 엔진들이 동력을 잃었고, 조종사들이 엔진을 재가동시키기 전까지의 12분 동안에 고도 7,500미터에서 3,500미터로 하강하였다. 발전기가 잘못 작동되어 항공기 비행속도계기가 멈추고 다른 조종실 기계가 배터리로부터 전력을 공급받지 못했다. 그 항공기는 다행히 앵커리지로 항로를 바꾸어 착륙할 수 있었지만 약 910억 원의 수리비용이 들었다. 이런저런 경우에도, 화산재가 제트기 흡입구에 들어가 용융되어 연료 분사기와 터빈 조정면을 뒤덮었다. 화산재들은 조종실 창문을 포함한 모든 전면을 향해 있는 항공기 표면들을 마모시켜 조종사들이 착륙하는 동안 활주로를 보는 것을 힘들게 만들었다.

2009년 3월 22일, 리다우트 산이 다시 분화하였을 때, 공중으로 20,000미터 이상 화산재 기둥을 내뿜었다. 3월 29일, 앵커리지 시내와 매일 1,500대의 비행기가 이착륙하고 비행하여 매우 붐비는 앵커리지 국제공항에 화산재가 비처럼 내렸다. 그날은 항공기 운행을 전면 중단해야 했다.

비록 알류샨 열도 화산의 대부분은 여전히 감시 관찰을 하지 못하지만, 몇몇 활화산에 설치된 감시시스템들은 이제 잠재적인 위험성에 대해 경고의 신호를 보내고 있다. 9개의 항공로 화산재 정보센터들은 함께 화산분화 정보를 수집하고, 항공교통관제센터와 비행 중인 항공기에 분화 정보를 전달한다. 하지만 경고시간은 짧아질 수 있다. 1980년 세인트헬렌스 산의 경우에서와 같이, 새로운 분화로부터 발생한 화산재는 5분 안에 항공기가 운행되는 고도까지 도달할 수 있었다. 지속적인 위성 모니터링과 조종사들의 보고서는 도움이 되지만, 구름이 종종 시야를 가리곤 한다. 조종실 레이더는 미세한 입자의 화산재를 감지하지 못하기 때문에, 항공기들은 여전히 화산재 구름 속으로 비행하고 있다. 조종사들을 위한 경고 신호들에는 조종실과 객실 안의 화산성 먼지, 코를 찌르는 듯한 냄새 혹은 유황 냄새, 앞방풍유리 주위의 강력한 정전기의 방전, 엔진 배기관 속의 밝은 백색 흐름, 엔진의 흔들림 또는 연소정지 등등 1분 이내에 발생하는 이 모든 상황이 포함된다. 조종사들은 예기치 않게 화산재 기둥 속으로 비행하게 될 경우에는 화산재의 녹는점 아래로 엔진 작동온도를 낮추기 위해서 항공기 엔진의 속도를 줄이고 나서 화산재 기둥에서 벗어날 수 있도록 교육받는다.

2010년 4월 중순, 아이슬란드에 있는 북부 대서양 중앙해령을 따라 발생한 분화가 유럽 항공 여행에 심각하게 지장을 주었다. 남부 아이슬란드에 위치한 에이야프얄라요쿨(Eyjafjallajökull) 빙하 아래에 있는 현무암질 마그마로부터 진화한 안산암 용암이 3월 20일 빙하의 바깥 가장자리 부분에서 분화하기 시작했다. 하지만 곧 4월 14일에 분화지역이 화구로부터 남북으로 2킬로미터 길이를 따라 연장되고 확장되었다. 곧 빙하 아래의 얼음을 녹이기 시작했고 순식간에 마그마를 냉각시켰다. 용암분천은 지표수와 반응하여 미세한 화산재를 공기 중으로 폭발시키는 증기분화로 확장되었다. 4월 16일까지, 활동하는 분화구 내 얼음의 4분의 1 정도가 녹았다. 모든 얼음이 녹았을 때 증기 발생이 약해졌고, 계속되는 분화는 대부분 안산암 용암이었다. 그러나 과거에 같은 화산지대를 따라서 심지어 더 큰 분화가 그 과정을 반복했기 때문에 당국은 경계를 늦추지 않고 있다. 그 화산은 거의 200년 동안 활동을 쉬고 있었다. 1821년 12월에 마지막 분화가 간헐적으로 1년 동안 계속되었다.

제트 기류를 따라, 6~9킬로미터의 고도로 피어오른 화산재 구름이 시속 40킬로미터로 유럽을 가로질러 동쪽과 남동쪽으로 퍼졌다. 6일 동안 심각하게 항공교통에 지장을 주었고, 시정뿐만이 아니라 화산재가 제트엔진의 뜨거운 터빈 내에 들어가면서 마모를 유발하고 엔진 부분을 멈추게 할 수 있다. 7~12킬로미터의 고도에서 날고 있는 제트 비행기는 전력이 없어지면 몇 분 안에 5킬로미터나 그 이하의 고도로 떨어질 수 있으며 또한 추락할 가능성도 있다.

화산재 기둥은 남부 이탈리아와 같이 남쪽 멀리까지, 거의 모든 유럽에 걸쳐서 퍼졌다(**그림 7-10**). 4월 16일 금요일에 예정된 유럽의 28,000건의 비행 스케줄 중에 16,000건의 비행기들이 이륙을 하지 못하면서 2,000,000명 승객들의 발을 묶

그림 7-10 아이슬란드에서 분화된 화산재가 유럽의 대부분 지역으로 퍼져 나갔다

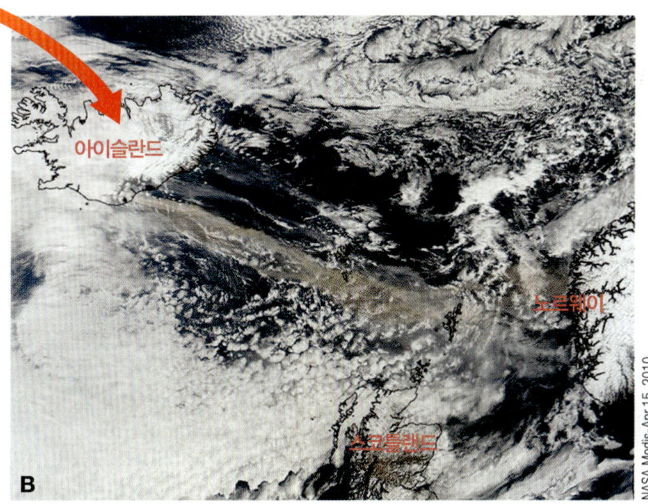

A. 4월 17일의 화산재 분포. **B.** 아이슬란드 동남부에서 퍼져 나가는 짙은 화산재 기둥.

었다. 항공사들은 운행하지 못한 항로에 있어서 하루에 대략 2,300억 원 이상의 손실비용을 지불해야만 했다.

화산(성) 이류

화산(성) **이류**(mudflow)는 주로 성층화산체들에서 화산재가 물과 결합될 때 만들어지며, 습기가 매우 많은 콘크리트와 같이 일관성 있게 고속으로 화산체의 사면을 따라 아래로 쏟아져 내려온다. 홍수로 불어난 물 같은 속도로 계곡 아래로 흘러내리면서, 이류는 사람들이 살고 있는 낮은 계곡지역을 침수시키고 범람하게 하며, 그 지역을 가득 메운다(**그림 7-11, 7-12**). 진흙은 사면 아래쪽으로 흘러가기 때문에, 모든 크기의 암석들이 모여서 같이 운반되는데, 그때 함께 이동하면서 가속된다. 많은 이류들은 자동차 크기와 같은 암석들을 운반한다. 빠르게 움직이는 흐름에 들어 있는 거석들에 의해 사람들은 종종 생명을 잃는 피해를 입는다.

뜨거운 화산재에 의해서 재빨리 용융되거나 유동하게 될 수 있는 얼음이나 눈으로 덮인 화산의 분화에 의해서 이류들은 유발될 수 있다(사례: 작은 분화조차도 큰 암설사태를 일으킬 수 있다—1985년 콜롬비아의 네바도델루이스). 많은 화산학자들은 어떤 화산성 이류나 암설류에 모두 **라하르**(lahar)라는 용어를 사용하지만, 원래 뜨거운 화산이류를 라하르라고 불렀다. 라하르 안에 묻힌 유문암질 마그마로부터 만들어진 용암의 큰 암괴들은 완전히 식기 전에 수개월 동안 증기를 내뿜는다.

느슨한 화산재에 비가 내릴 경우, 비가 화산재를 경사면 아래로 마치 큰 규모의 슬러리와 같이 씻겨 내려 보내기 때문에 날씨 또한 하나의 요인이 될 수 있다. 심지어 날씨가 맑은 날의 경우에도, 분화 구름이 급속히 솟아오르는 열 기둥 때문에 심한 뇌우나 호우를 야기할 수 있다. 화산이 분화하든 안 하든, 성층화산체의 경사면을 따라 흐르는 물은 이류로 발달할 수 있다. 따라서 이류들은 어는점에서 끓는점까지의 온도 범위를 갖는다.

성층화산체들은 본질적으로 용암과 암석 덩어리들의 불안정한 집합체이기 때문에 특별히 거대한 이류가 발생할 위험을 가지고 있다. 많은 성층화산들은 정상부 근처에서 조용히 암석으로부터 빠져나오는 증기를 내뿜는다. 대부분의 경우에 그 증기는 눈으로부터 녹은 물, 혹은 경사면 높은 곳에 내린 비가 아래쪽의 뜨거운 암석 속으로 스며들어가 끓어서 나오는 것이다. 비록 증기가 분화의 징조를 보이는 것은 아니지만, 증기가 나오는 것은 화산의 내부가 극도로 뜨거운 것을 말해 준다. 그

그림 7-12 튼튼한 집의 매몰

일본에 있는 운젠 화산으로부터의 화산이류에 의하여 많은 집들의 1층이 매몰되었다.

그림 7-11 계곡을 채운 화산이류들

A

B

A. 나무줄기들의 높은 부분에 기록된 이류 선은 1980년 5월 18일에 터틀 강을 따라 흐른 이류의 깊이를 나타낸다. 오른쪽에 노란 옷을 입은 사람의 키는 대략 180 cm이다. B. 터틀 강 계곡의 하류에서는 이류에 의해 강변에 위치한 집들이 침수되었다.

그림 7-13 화산이류의 위험 속에서의 개발

D. Wieprecht, USGS.

N. J. Wood & C. E. Soulard, USGS.

A. 눈과 얼음으로 두껍게 뒤덮여 있는 레이니어 산. 하류 쪽 계곡에는 암설사태와 화산이류가 최대의 위협이다. **B.** 그림에 보이는 오팅 시는 오래된 이류 위에 세워진 몇몇의 마을 중 하나이다. 심각한 화산이류의 재해지역이 될 수 있는 계곡의 바닥은 1995년과 2009년 사이에 광범위하게 개발되었다.

곳에 있는 암석들은 갈라진 틈새를 메우는 뜨거운 물과 증기 속에서 끓여지고 있는 것이다.

한 예로 워싱턴 주에 있는 레이니어 산은 급속히 발달하고 있는 시애틀과 터코마 지역 공동체를 심각한 이류 위험에 노출시켰다(**그림 7-13**). 여러 큰 성층화산체들과 같이, 레이니어 산은 약한 물질들로 구성되어 있다. 뜨거운 화산 가스들과 지하수들은 암석 틈새의 모서리들을 깎아내렸고, 성층화산체의 안산암질 화산재와 암석 덩어리의 많은 부분이 풍화작용을 받아 물에 의해 쉽게 약해질 수 있는 연한 점토로 되었다. 심지어 산의 경사면 높은 곳에 거대한 눈과 얼음이 쌓여 있는 것도 그것들을 불안정하게 만든다. 비정상적으로 급하게 눈을 녹이는 계절이나 주된 섭입대의 지진에 의해 흔들리는 분화는 어마어마한 체적의 화산재와 암석 덩어리들을 쉽게 유동시켜 거대한 이류를 발생시킬 수 있다.

이 지역에 대한 역사적 기록이 미래의 재해위험에 대한 지시물을 제공해 준다. 평균적으로 500년마다 큰 이류들이 레이니어 산에서 퓨젓사운드 저지대의 많은 부분을 덮을 만큼 100킬로미터 이상 멀리까지 도달하였다(**그림 7-14**). 500년 전에 일렉트론 이류는 퓨알럽 강 계곡 아래로 약 48킬로미터를 이동하여 현재 오팅 시가 세워져 있는 지역을 포함한 퓨젓사운드 저지대로 퍼졌다(그림 1-2, 7-13 참조). 곳곳에서 이류의 흐름들이 화산의 발생지로부터 60킬로미터 거리에 30미터 두께로 퇴적되어 있다(**그림 7-15**). 2001년 8월 14일에 발생한 하나를 포함하여, 한 주간의 뜨거운 날씨가 산에 있는 얼음을 가속적으로 녹인 후, 진흙과 암설의 작은 이류들이 때때로 레이니어로부터 계곡으로 밀려 내려왔다. 여전히 큰 사건이라고 할

그림 7-14 화산이류의 역사

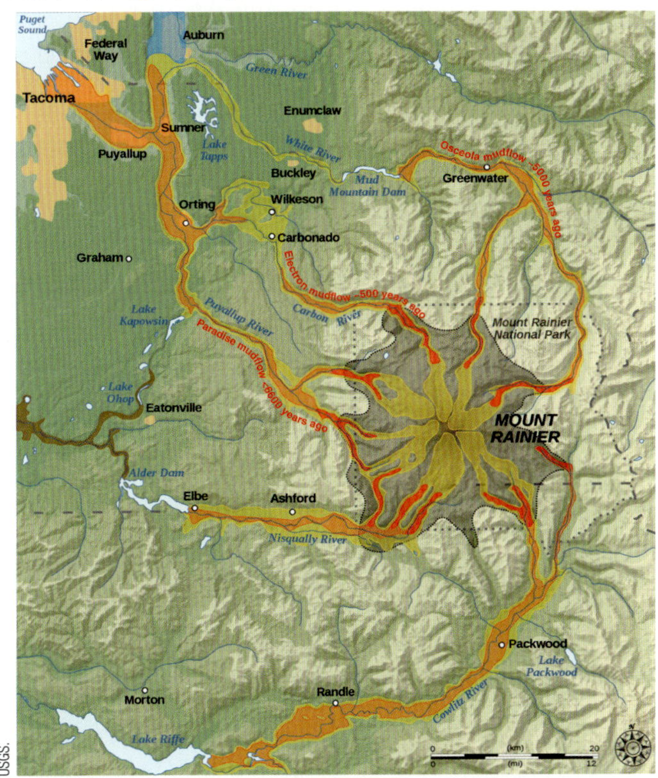

USGS.

오세올라 이류가 범람한 지역은 지금 수백만 명의 사람들이 점유하고 있다. 현재 오팅 시가 있는 위치는 일렉트론 이류가 계곡의 바닥을 채운 지역이다.

그림 7-15 거대한 화산이류의 증거

P. Pringle, Washington Department of Natural Resources.

5 m 두께의 일렉트론 이류에 의해 매몰된 이 거대한 미송 그루터기는 워싱턴 주 오팅 부근의 이류 표면에 세워진 새로운 분양지에서 발굴되었다. 화산이류의 기원지로 60 km 떨어져 있는 레이니어 산이 배경에 나타나 있다.

수 있는 것은 빙하 밑의 녹아 있는 물로 인하여 빙하에서 터져 나온 홍수가 산으로부터 계곡을 질주하면서 내려왔던 일이다. 지난 세기 동안 35건 이상의 빙하로 인해 그러한 홍수가 발생했었다. 대부분 다리와 도로를 파괴했다.

오세올라 이류는 20미터 이상 두께의 진흙 밑에 넓은 계곡 바닥을 묻어 버리면서, 5000년 전에 화이트 강을 따라 73킬로미터까지 쏟아져 내렸다. 수만 명의 사람들이 살고 있는 이넘클로와 버클리 마을들은 그 퇴적물 위에 위치해 있다. 5,800년과 6,600년 전 사이 어느 시기에, 파라다이스 이류는 산의 남쪽과 서쪽에 해당하는 니스퀄리 강 상류를 채웠다. 미래에는 분명히 그러한 오래된 경로를 따라 흐르며 그 경로들을 따라 있는 모든 것들을 덮어 버리며 흐르는 더 많은 이류들을 볼 수 있을 것이다. 그러한 이류의 경로들을 따라 있는 모든 새로운 개발은 레이니어 산에 의해 생기는 재해위험을 더 증가시킨다. 불행하게도 레이니어 산으로부터 흘려보내지는 편평한 계곡 바닥은 시애틀-터코마 지역의 급증하는 인구를 충족시키기 위한 대규모의 주택 개발을 불러일으킨다. 오늘날 수만 명의 사람들이 현재 지질학적으로 가장 최근의 이류퇴적층의 표면에 살고 있다.

이류를 피하는 가장 좋은 방법은 화산으로부터 흘려보내지는 하천 계곡의 바닥을 피하는 것이다. 불행하게도 대부분의 마을들은 계곡의 바닥부분에 개발된다. 그러한 계곡 바닥부분은 이류가 경사 아랫부분으로 이동하면서, 이류가 지나가는 바로 그 장소이다. 이류를 앞질러 빨리 달리려고 하는 것은 거의 항상 자살행위이다. 계곡 측면 위로 빨리 오르거나, 가령 숲으로 다시 되돌아 달려가는 것, 수로에서 멀리 달아나는 것이 훨씬 더 좋은 생각이다. 계곡 측면이 훨씬 더 멀리 있기 때문에 넓은 범람원은 특히 위험하다. 많은 화산을 가지고 있는 나라인 인도네시아는 사람들이 이류들 위로 오를 수 있도록 하기 위해 몇 미터 높이의 안전한 언덕들을 세워 왔다.(암설류와 이류의 진행과정에 관한 더 자세한 세부사항들은 11장에 나와 있다.)

유독가스

분화가 발생하지 않더라도, 화산으로부터 방출되는 가스들은 사람들, 동물들, 그리고 나무들에 위험을 초래할 수 있다. 수 킬로미터 이상의 깊이에서, 마그마에 용존된 가스들은 엄청나게 센 압력을 받고 있다. 이 마그마가 지표 부근으로 상승하면, 가스가 용액으로부터 분리되거나 독립하여 빠져나오는 것이 가능하게 압력이 낮아진다. 따라서 일반적으로 빠져나가는 가스들의 체적이 증가하는 것이 임박한 분화보다 먼저 발생되거나, 또는 곧 일어날 분화를 미리 경고해 줄 수 있다. 이러한 가스들은 햇빛, 수분, 공기 중의 산소와 반응하여 에어로졸, 즉 작은 입자들과 작은 물방울들을 생성한다. 화산 가스들과 에어로졸들은 사람들의 삶과 건강을 위협하는 산성 화산 스모그나 **보그**(vog)를 생성한다(**그림 7-16**).

비록 이산화탄소는 우리가 숨을 쉬는 공기 중의 친숙한 가스이지만, 고농도의 상태일 경우 치명적이다. 몇몇 화산으로부터 방출된 이산화탄소는 공기보다도 무거워 사면 아래쪽으로 쏟아져 내려갈 수도 있고 낮은 저지에 집중될 수도 있다. 이산화탄소는 무색무취이기 때문에, 아무런 경고 없이 사람들이나 다른 동물들을 질식시킬 수 있다.

그림 7-16 위험한 화산가스

J. D. Griggs, USGS.

하와이 쿠파이아나하 용암호수로부터 바람과 같은 방향으로 흘러가는 청색의 보그. 호수의 움푹한 곳은 직경이 약 100 m이다.

1986년 서아프리카 카메룬에서의 비극적인 사건은 약 200미터 깊이의 분화구 호수인 니오스 호로부터 끓어넘쳐 나온 이산화탄소와 관련이 있다. 그 가스는 수년에 걸쳐서 호수의 깊은 곳의 물에 스며들어 녹아 들어갔다. 1986년 8월 21일 저녁에 이산화탄소가 포화된 호수 깊은 곳의 물은 우르르 쾅쾅 큰 소리를 내며 막대한 양의 가스를 트림하듯 내뿜었다. 장마철 호수 속으로 밀려 들어온 산사태는 호수 깊은 곳의 물을 위쪽으로 밀어 올리면서 호수의 물을 뒤엎어 버렸다. 깊은 곳의 물에 용존된 이산화탄소의 압력이 순간적으로 낮아진 것이 용액으로부터 이산화탄소 가스를 순식간에 방출되게 하였다.

공기보다 무거운 이산화탄소 가스는 길이 16킬로미터, 깊이 50미터의 강을 따라 서 있는 여러 개의 마을들을 매우 빠른 속도로 통과하면서 쓸고 내려갔다. 1,700명 이상의 사람들과 대략 3,000마리의 가축들, 그리고 무수한 작은 동물들이 질식하여 죽었다(**그림 7-17**). 10퍼센트의 이산화탄소가 공기에 혼합되면 사람들의 생명을 앗아 갈 수 있다. 이 사건의 경우, 이산화탄소는 거의 100퍼센트였다.

콩고의 동쪽 국경의, 동아프리카 열곡대에 위치한 키부 호에서는 심지어 더 비극적인 사건의 위험이 있었다. 니오스 호수보다 훨씬 큰 키부 호수는 48킬로미터×89킬로미터(또는 2,700제곱킬로미터)의 면적을 가지고 있다. 약 300미터 깊이 아래에는 350배의 이산화탄소와 메탄가스를 가지고 있는데, 이것은 호수 근처에 사는 2백만 명 이상의 사람들에게 잠재적으로 치명적인 죽음을 가져올 수 있는 양이다.

또 다른 예로, 이산화탄소가 캘리포니아, 비숍 북부의 롱밸리 칼데라의 내부로부터 새어 나왔다. 이산화탄소가 농축되었다는 증거로 칼데라의 가장자리에 해당하는 매머드 산 주위의 몇몇 지역에서 나무들이 고사해 죽어 갔다(**그림 7-18**). 1990년 3월 11일, 삼림감시관인 프레드 리히터는 심한 눈보라를 피해 휘몰아쳐 쌓인 눈더미에 둘러싸인 오래된 오두막집을 피난처로 발견하였다. 해치를 통해서 그 오두막집에 들어갔을 때, 그는 거의 질식할 것만 같아서 신선한 공기를 마시기 위해 사다리를 타고 다시 나오기 위해 고군분투하였다. 그는 거의 질식사할 뻔했다. 이산화탄소는 공기보다 밀도가 높아서 거의 밀봉된 오두막집에 집중 농축되어 있었다. 사람들이 이산화탄소가 농축된 지역을 걸어 지나가는 것은 아마도 위험하지 않겠지만, 사람들이 바람이 없는 움푹한 땅에서 캠핑을 하거나 땅 밑의 좁은 지역에 들어간다면 아마도 질식사할 것이다. 심지어 칼데라 단층 근처에 위치한 나무들은 뿌리 주위의 이산화탄소 농축으로 인해 종종 죽는다.

이산화탄소 이외에도, 또 다른 위험한 화산성 가스는 강렬한 신맛을 가지며 질식할 것같이 숨 막히게 하는 유독가스인 이산화황이다. 어떠한 분화는 다량의 이산화황을 만들어 낸다(**그림 7-19**). 이산화황은 동물들에게 해로우며 식물에게는 심지어 소량의 농도만으로도 극단적으로 유독하다. 이산화황은 대기 중에서 산소와 반응하여 황산의 미세한 작은 방울들을 만들어 낸다. 산소와 반응하여 삼산화황을 만들고 이것은 수증기와 반응하여 지구로 들어오는 햇빛을 부분적으로 막아 가며 지구의 기후를 서늘하게 하면서, 수개월 동안 대기 중에서 부유한다.

어떤 화산들은 또한 유독한 황화수소, 다양한 염소 혼합물, 불소, 그리고 소량의 다른 가스들을 방출한다. 비록 불소가 마그마의 화학결합을 끊어 마그마의 점성을 줄일 수 있지만, 대

그림 7-17 치명적인 가스가 아래에 숨어 있다

J. P. Lockwood, USGS.

카메룬에 있는 물로 채워진 화산분화구인 니오스 호수의 이산화탄소가 갑자기 끓어오르면서 넘쳐 나와 사진의 오른쪽 바로 위에 있는 폭포를 따라 하류 쪽으로 흘러갔다. 가축과 사람들을 질식사시켰다.

그림 7-18 치명적인 이산화탄소

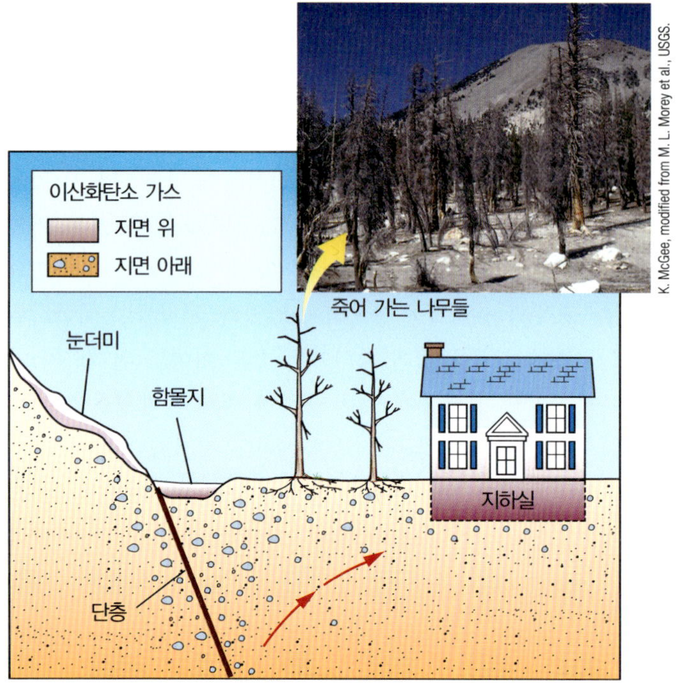

지하 심부에서 용융된 마그마로부터 단층을 따라 상승한 이산화탄소 가스는 움푹한 함몰지나 집의 지하실과 같은 좁고 사방이 막혀 있는 장소에 모일 수 있다. 1996년 9월에 캘리포니아 매머드 산의 남쪽 사면에 있는 이 나무들은 이산화탄소 가스에 의해 고사하였다.

그림 7-19 화산 방출물의 모니터링

A. 화산학자가 세인트헬렌스에서 화산가스들을 채집하고 있다. 이들은 마스크를 쓰지 않고 있는데 그 이유는 그들은 가스가 진행되는 방향의 반대쪽인 맞바람 지역에 있기 때문이다. B. 하와이 킬라우에아의 틈새를 따라 나오는 화산가스들. 밝은 노란색으로 피복된 것은 황의 침전물이다.

부분의 이러한 방출물질들은 분화 동안 사건과는 거의 관련이 없다. 황화수소는 움푹한 저지로 이동하여 순식간에 사람들이나 동물들의 생명을 앗아 갈 수 있다. 아이슬란드에서 1783년 6월에 몇 개월에 걸친 거대한 라키 홍수현무암 분화 동안 방출된 신경독인 불소는 아이슬란드 인구의 20퍼센트 이상인 약 10,000명의 사람들을, 그리고 유럽에서는 더 많은 사람들을 사망에 이르게 한 것으로 나타났다. 그들의 기형적인 뼈들을 분석한 결과, 불소가 공급된 식료품과 식수를 오염시켰음을 알게 되었다. 화산성 안개 속의 불소 혼합물은 목초지에 응결 침전되어 그곳의 양, 소, 말들의 약 75퍼센트를 죽음에 이르게 하였다.

다른 종류의 연무나 스모그와 같이, 보그 방울들은 폐의 기능을 저하시키고 면역체계를 약화시키면서 폐 속에서 계속 머무를 수 있을 만큼 충분히 작다. 아이들, 천식이 있는 사람, 또는 다른 호흡기 질환을 가진 사람들이 특히 위험하다. 다른 영향에 대한 이해, 특히 장기간에 걸친 영향에 대한 이해는 제한되어 있지만, 가능하다면 화산성 스모그를 호흡하는 것을 피해야 하며, 만약 피할 수 없다면 실내에 그대로 머무르면서 호흡하는 것이 좋을 것이다. 만약 예기치 않게 두터운 화산성 스모그 구름을 만나는 상황이 되면, 축축한 손수건을 통해 호흡하는 것이 도움이 될 것이다.

보그 또한 산성비를 야기한다. 하와이에서 거주자들은 씻고 마시기 위해 지붕에서 빗물을 모으면서 본의 아니게 그들 자신을 유독 금속에 노출시켰다. 보그로 인한 산성비는 지붕으로부터 곧 식수 속에 함유될 수 있는 금속을 녹아 나오게 할 수 있다. 이것은 몇몇 화산 분화구로부터 바람이 불어 가는 쪽에 사는 사람들이 본의 아니게, 때때로 뇌손상과 다른 결함을 야기하는 납을 포함하는 상당한 양의 금속을 섭취한다는 것을 의미한다.

화산분화 예측하기

대부분의 재해들과 같이, 화산재해로부터 가장 좋은 보호책은 시민들을 피난시키거나 다른 예방조치들을 취하기 위해서 미리 화산재해의 발생을 잘 예측하는 것이다. 미래의 사건에 대해 예측하기를 부탁받는다면, 과학자들은 흔히 어떠한 지역에서의 화산활동에 대한 장기적인 전망을 평가하기 위해서 분화에 대한 역사 기록을 이용한다. 과학자들은 또한 곧 일어날 임박한 분화를 경고하기 위해서 단기적 징조들에 의존한다.

옛날 분화들에 대한 조사

현재의 지식으로, 많은 경우에 정확히 언제 화산이 분화할지, 적어도 그 화산이 분화할지 안 할지 예측하는 것은 가능하지 않다. 그러나 지질학자들은 여러 화산들의 역사에 대해 많이 배워 왔다. 그러한 역사를 통해 배운 지식이 화산의 미래에 있을 법한 거동에 대한 평가를 가능하게 하고 생명과 재산에 가할 위험성을 완화시키는 것을 가능하게 한다.

화산의 역사 기록은 지구과학자들이 분화의 재발 패턴을 이해할 수 있도록 도울 수 있다. 지난 100년 또는 심지어 1,000년 이내에 일어난 많은 분화들은 이탈리아나 일본과 같이 화산에 대한 긴 역사적 기록들을 가지고 많은 사람들이 붐비는 지역에서 기록으로 남겨졌을 것이다. 미국 서부지역과 같은 곳에서는 아마도 지난 세기 정도만 기록되어 있을 것이다. 만약 화산이 10,000년 안에 한 번 혹은 두 번 정도 분화했다면, 이러한 기록들은 거의 의미하는 것이 없다. 그러한 경우에, 정보는 역사시대 이전의 분화로부터 만들어진 퇴적층을 해석하는 것과 지난 분화로 검게 타 버린 식물의 탄화물에 대해 연령측정 방법을 사용하거나 혹은 화산암의 연령측정 자료들을 사용해서 기록을 복원하는 것을 포함하고 있는 **고화산학**(paleovolcanology)을 통해 제공된다(그림 6-9 참조). 옛 기록들은 문자로 쓰여진 기록뿐만 아니라 암석 내에도 있다.

분화 산물로부터 용암, 화쇄류, 강하화산재 퇴적층, 그리고 화산이류뿐만 아니라 분화 사건의 규모와 측방 영향 범위까지도 인식할 수 있을 것이다. 퇴적작용을 거친 화산재는 **응회암**(tuff)이라고 불리는 암석이 된다. 강하화산재 물질은 강화응회암이 된다. 화쇄류 물질은 회류응회암이라고 불리는 화쇄류응회암이 된다. 강하응회암 퇴적물은 전반적으로 지형 위의 퇴적작용과 특성에 의해 화쇄류응회암과 구별될 수 있다(**그림 7-20**). 가장 분명한 구분은 강하응회암은 일반적으로 눈에 띄게 층을 이루고 있는 반면에 화쇄류응회암은 적어도 분화구 근처에는 층을 이루고 있지 않다는 점이다. 어느 한쪽은 일반적으로 물 위에서 뜨기에 충분할 만큼 가벼운 거품과 같은 암석인 부석의 조각들을 포함하고 있을 것이다. 또한 언덕과 계곡 여기저기에 쌓인 퇴적물의 분포는 어떤 유형의 흐름이 발생했는지에 대해 지시해 준다. 화산재가 눈과 같이 위에서 아래로 떨어지기 때문에 강하화산재 퇴적층은 언덕과 계곡에 걸쳐 거의 비슷한 두께로 고르게 펼쳐져 있다. 화쇄난류 퇴적층은 그 두께가 계곡에서는 두껍고 언덕에서는 비교적 얇다. 반면에 화쇄류퇴적층은 계곡에서 두껍고 언덕에서는 사실상 거의 존재하지 않는다. 또한 화쇄난류 퇴적층은 종종 사층리 구조를 보여 준다. 어떤 지역의 화산 분출물의 종류와 분포 범위를 평가함으로써, 지질학

그림 7-20 화산 퇴적층의 동정

화성쇄설 강하층, 화쇄난류 퇴적층, 그리고 화성쇄설류는 언덕 위에서의 그들의 분포로부터 구분할 수 있다. **A.** 터키 중부의 카파도키아 지역의 강하화산재와 부석의 얇은 층들. **B.** 그리스 산토리니의 기원전 1600년 분화로부터 퇴적된, 사층리를 보여 주는 화쇄난류 퇴적층. **C.** 마렐라 강의 계곡 바닥을 채운 1991년 피나투보 분화에 의한 화쇄류 퇴적층. 전경의 식생들은 같은 화쇄류의 상단부로부터 고온의 화산재에 의해 껍질이 벗겨졌다. 전경에서 화산재로 피복된 표면은 화쇄류의 크게 굽이치던 상단 부분으로부터 또는 강하화산재에 의하여 쌓인 것이다.

자들은 과거에 발생한 분화의 규모, 순서, 그리고 시기를 추정할 수 있다. 과거에 발생한 거동은 화산이 미래에 어떤 일을 발생시킬지에 대한 지시물이 될 수 있다.

하지만 암석에 있는 기록은 주의 깊은 해석을 필요로 한다. 화산에서 노출되어 있는 암석들은 분화 사건들 사이의 침식 때문에 이전의 분화에 대한 완전한 정보를 제공하는 것이 드물다. 퇴적물이 노출된 곳이라도, 각각의 화산재 또는 강하부석, 화쇄류 퇴적층, 또는 용암류가 각각의 분화를 기록하고 있는가? 또는 며칠 동안 혹은 몇 주 동안 지속되어 온 하나의 분화 순서에 대한 에피소드를 기록하고 있는가? 만약 이러한 의문들이 해결되지 않았다면, 장기간에 걸친 재발 간격 또는 위험들에 대한 통계학상의 평가에 대해 의심쩍은 근거를 만들어 준다.

화산이 과거에 어떻게 거동을 해 왔는지를 결정한 다음에도 과학자들은 여전히 중요한 질문과 마주한다: 이 화산은 여전히 활동적인가? 그런 간단한 질문은 간단한 대답을 요구한다. 몇십 년 전을 기억해 보면, 약 10,000년 전의 마지막 빙하시대의 빙하의 활동에 대한 증거들을 만약 분화가 덮어 버렸다면, 캐스케이드 화산에 대한 대답은 '그 화산은 활동적이었다'가 된다. 우리는 몇몇 화산들이 재분화하기 전에 훨씬 더 오랜 기간 동안 휴면상태에 놓여 있었다는 것을 알고 있다. 북부 캘리포니아에 있는 래슨 산은 1915년에 다시 분화하기 전에 약 27,000년 동안 잠시 휴식기를 지내고 있었다. 동지중해에 있는 산토리니는 주요한 분화들 사이에 평균 30,000년 동안 휴식기를 가졌다. 하지만 그 간격들이 점점 짧아지고 있다(6장 참조, 사례: 칼데라 분화와 함몰 사이의 장주기—그리스 산토리니). 그리고 와이오밍 북서쪽에 있는 거대한 화산인 옐로스톤은 단지 600,000년~700,000년마다 분화한다(6장 참조, 사례: 거대한 칼데라 화산의 미래에 나타날 분화—와이오밍 주의 옐로스톤 화산). 옐로스톤의 거대한 분화들이 마지막으로 640,000년 전에 발생했었고, 지진에 대한 연구 또한 용융된 마그마가 지표면 바로 아래 수 킬로미터 위치에 놓여 있다는 것을 보여 주고 있기 때문에, 옐로스톤 화산은 면밀히 관찰되고 감시되어 왔다. 옐로스톤 칼데라 내부에 대한 면밀한 조사는 수십~수백 년에 걸쳐 주기적으로 상승했다 가라앉았다 하는 재생돔이 명백하게 지하의 마그마 움직임과 관련이 있다는 것을 보여 준다. 2002년에 오랫동안 분화하지 않았던 간헐천이 꽤 활동적으로 되었다. 분명히 화산이 현재 활동 중인지 아닌지에 대한 간단한 대답은 없다. 비록 화산이 수만 년 동안 분화하지 않았다 하더라도, 과학자들은 곧 일어날 것 같은 분화에 대한 비교적 단기간의 징조들에 대한 경계를 해야 한다.

분화 경고: 화산 전조현상

장기간에 걸쳐 화산의 거동에 대해 예보하는 것이 한 가지 방법일 것이다. 다음 며칠 안에 혹은 몇 주 안에 화산이 어떤 일을 할 것인가에 대해 예측하는 것은 전혀 다른 문제이다. 정확한 분화를 예측하는 것은 많은 인구들이 성층화산의 산자락 가까이에 살고 있는 지역들에서는 특히 중요하다. 이탈리아 나폴리 근처에 위치한 베수비오 산이 그러한 경우에 해당한다.

화산성 지진의 지진계 기록들은 지하의 마그마 움직임을 추론하고 분화의 가능성을 어림잡는 데에 이용되어 왔다. 조화진동(harmonic tremor)은 많은 분화들보다 앞서 일어나는 저주파의 놀치는 지표 이동이다. 미국 지질조사소의 화산학자들은 1959년 하와이, 킬라우에아 화산 밑에서 비롯된 일련의 작은 지진들을 기록했다. 2개월의 기간이 지나면서, 지진들이 더 자주 일어났으며, 60킬로미터의 깊이로부터 상승하여 마침내 지표면에 도달하여 결국 화산이 분화하였다. 비슷한 지진들이 많은 화산들 아래에서 기록되어 왔다. 이러한 지진들은 빈도와 규모가 급속히 증가하고, 어떠한 경우에는 분화 전에 화산의 산꼭대기 쪽으로 이동한다. 그러한 현상이 1950년대와 1960년대 동안 뉴헤브리디스 제도에서, 그리고 1991년에 피나투보 산에서 발생했다(6장 참조, 사례: 치명적인 라하르—1991년 필리핀의 피나투보 화산). 그러나 지진들이 항상 신뢰할 수 있는 지시자가 되는 것은 아니다. 1980년 첫 번째 활동과 5월 18일 절정의 분화 사이 두 달 동안 세인트헬렌스 산에서는 지진의 빈도와 규모가 크게 변하지 않았다.

화산들의 지표면 온도와 화산이 분화하는 증기들의 변화는 곧 일어날 임박한 분화의 또 다른 징조가 될 수 있다. 보통의 광학 접안렌즈 대신 온도계가 장착된 망원경들은 멀리 있는 물체들의 온도를 관찰할 수 있다. 그러나 관측된 온도변화가 화산활동의 결과 때문인지 아니면 암석을 냉각시키는 강우와 같은 외부로부터의 요인 때문인지 때때로 알기 힘들기 때문에 분화를 예측하는 데 있어서 그러한 망원경의 유용성은 매우 제한되어 있다.

분화와 연관되어 화산 꼭대기의 높이와 경사면 기울기에 있어서 작은 변화들은 일본의 몇몇 화산들과 하와이의 킬라우에아에서 관찰되었다. 화산의 경사면 기울기 변화를 측정하는 기계인 경사계는 1920년도에 킬라우에아에서 처음 설치되었다. 최초의 장치들은 1킬로미터 안에서 1밀리미터만큼 매우 완만한 경사를 감지하는 25미터 길이의 수관들로 만들어진 단순한 수준기였다. 더욱 정밀한 현대의 기계들은 고도와 거리 둘 다의 변화를 측정하는 데 레이저를 사용한다. 화산학자들은 이제

그림 7-21 화산의 전조현상들

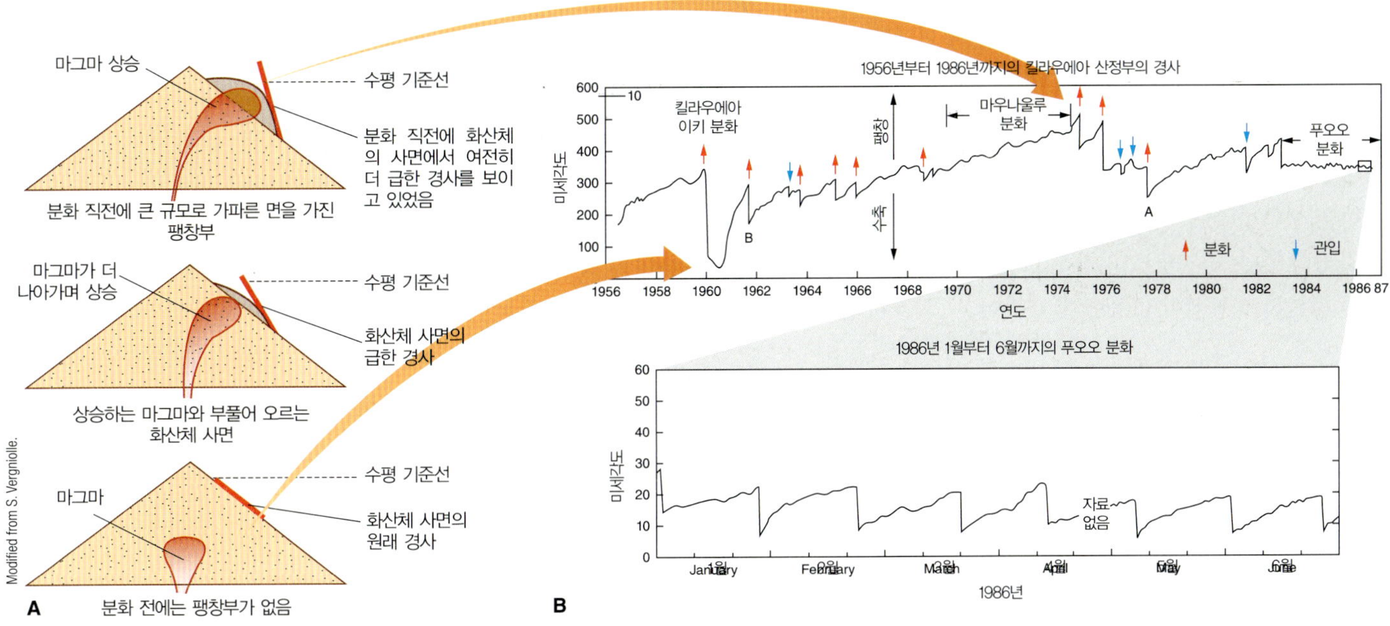

A. 상승하는 마그마가 지표면에 충분히 가까이 갔을 때, 때때로 그 상부의 암석을 밀어 올려 화산체 사면이 부풀어 오른 팽창부를 만들기도 한다. B. 경사계는 팽창부가 성장함에 따라 화산체의 사면에서 경사가 변화하면서 증가하는 것을 측정한다.

적절한 장소에서 정확하게 변화들을 측정하기 위해서 인공위성을 바탕으로 한 전지구 위성 위치확인시스템(GPS) 장치들을 적용한다. GPS 장치들은 마그마가 화산 꼭대기로 솟아오르면서 화산 꼭대기들이 부풀어 오르다가 화산이 분화하면서 수축하는 것을 보여 준다(**그림 7-21**).

또한 화산으로부터 방출되는 가스들의 변화도 분화들과 연관이 있다. 마그마가 지표면을 향해 솟아오를 때, 증기와 다른 가스들도 방출된다. 그리고 몇몇 화산들의 경우, 황이나 염소에 대한 황의 비율에 갑작스러운 증가가 있다. 지질학자들은 이러한 불길한 징조들을 경계하기 위해서 분기공 가스들을 모으고 분석 검토한다(그림 7-19 참조).

비록 이러한 전조현상들 중 어떤 것도 분화에 대한 확실한 신호가 아니지만, 그러한 전조들은 화산으로 인해 야기되는 위협의 증가에 대한 증거를 제공한다. 그러나 과학자들이 분화가 일어날 것이라고 꽤 합리적인 이유로 확신하더라도, 예측은 단지 책임감 있는 결정권자 또는 당국이 거기에 대해 결정을 내리는 범위까지만 유용하다. 미국 지질조사소는 1980년 주요 사건인 세인트헬렌스 산의 분화를 꽤 성공적으로 예측하였었다(사례: 1980년 워싱턴 주 세인트헬렌스 산의 분화). 그러나 많은 사람들이 그들의 개인적인 자유를 제한하는 그러한 예측의 영향에 대해 몹시 불쾌하게 생각했다. 지역사회 벌목꾼들과 목재 회사들은 수익 손실이 두려워 가까운 숲의 폐쇄에 대해 맞서 싸웠다. 행정당국은 벌목꾼들의 계속된 접근을 거부하다가 마침내 허락했다. 그 결과 벌목꾼들은 숨졌으며, 벌목장비들과 수백만 그루의 나무들이 5월 18일에 일어난 분화와 동반된 화쇄류와 화산이류에 의해 파괴되었다. 벌목꾼들을 그 지역에서 작업하도록 행정당국이 허락한 것과 그러한 접근을 압박받은 벌목꾼들이 지질학적인 위험들의 범위에 대해, 그리고 그러한 위험들을 무시할 때 맞이하는 결과를 알아차리지 못했다는 것이 참으로 유감스럽다. 이번 장의 앞부분에서 논의된 것과 같이, 마찬가지로 지역 관광객들은 실제 위험에 대해 잘 몰랐으며, 어떤 이들은 그러한 위험에 대해 매우 큰 대가를 지불해야 했다.

피해 경감

화산들을 예측하는 것이 항상 가능한 것은 아니기 때문에, 화산으로 인한 피해를 경감시키기 위한 다양한 방책들이 여러 가지 단계의 성공을 거두면서 시도되어 왔다.

용암류 통제하기

용암류의 속도를 늦추거나 방향을 전환시키는 시도들은 단지 부분적인 성공을 가져왔다. 아마도 소방 호스로부터 뿜어낸 엄청난 양의 물로 용암류의 전면을 식히고 굳히는 것이 가장 효과적인 방법일 것이다. 1973년에 이러한 방법으로 아이슬란드, 헤이메이 마을과 항구로 전진하던 대형의 현무암 용암류가 식혀지고, 속도가 점차 느려졌으며 부분적으로 방향을 돌렸다. 1935년과 1942년에는 가장자리를 따라 냉각된 용암의 딱딱한 제방을 깨부수기 위하여 마우나로아로부터 분화한 용암류들에 폭탄을 투하하였다. 이런 식으로 용암류들의 경로를 다른 데로 돌리게 되었다. 하지만 그러한 시도들은 표준 절차로서 채택될 만큼 충분히 성공적이지 못했다. 하와이 서쪽 끝 부분의 카포호 근처에서 마우나로아로부터 분화한 용암의 방향을 바꾸기 위하여 1960년에는 9일 동안 비상 우회 장애물이 세워졌었다. 그 용암을 해안의 재산이나 등대로부터 멀리 떨어뜨려 우회시키는 데 있어서는 어느 정도 성공적이었다. 추측컨대 제방의 부서진 암석들은 흘러가는 용암보다는 덜 촘촘하기 때문일 것이다. 현무암 용암류의 경로 상에 부서진 현무암 용암을 불도저로 밀어 만든 제방은 성공적이지 못하다는 것이 입증되었다.

화산이류에 대한 경고

빠른 속도로 이동하는 화산이류는 화산들의 낮은 경사면에 있는 계곡들에서 살고 있는 수천 명의 생명을 앗아 간다. 자동탐지시스템들은 많은 사람들이 계곡 바닥에서 더 높은 지형 위로 대피하도록 충분한 경고를 제공할 수 있다. 활화산들의 측면의 높은 계곡에 설치되어 있는 경고시스템들은 온도 센서가 뜨거운 화산이류의 통과를 탐지했을 때 경고를 제공해 줄 수 있다. 예를 들면 뉴질랜드는 활화산인 루아페후의 측면에 위치한 스키장 경사면에서 그러한 경고시스템을 다년간 사용했다. 두 개의 진동 센서가 레이니어 산의 각 주요 계곡들의 높은 위치에 설치되었다. 그 센서들은 오직 0.6 Hz와 20 Hz 사이의 화산이류가 이동하면서 지면을 진동시키는 진동수만을 탐지하며, 지진 진동들이나 화산분화들에 의한 낮은 주파수의 것들은 제외한다.

그러나 긴박한 위협을 식별하는 모든 경고시스템들을 동원하여 사람들의 생명을 살리는 것은 겨우 첫걸음에 지나지 않는다. 큰 화산이류가 레이니어 산에서 워싱턴 주 오팅에 살고 있는 4,000명 이상의 거주자들에게 도달하는 데 걸리는 이동시간은 한 시간 미만일 것이다. 이류가 경사 아랫면의 탐지장치에 도달할 때까지, 사건의 크기가 분석되었고, 그럴싸한 잘못된 가짜 경보는 제거되고, 확실한 경보 신호가 울렸고, 거주자들에게는 도피할 수 있도록 오직 30분이 주어진다. 성공적인 대피 철수는 명백하게 적절한 시기에 발령된 경고, 위험에 대한 사람들의 이해, 그리고 즉각적인 반응에 달려 있다.

위험에 처한 인구들

비록 종종 제공될 수 있는 임박한 분화에 대한 경보와 화산의 거동에 대한 많은 것을 배웠지만, 잘못된 경보는 모든 신뢰성을 파괴할 수 있다. 수십만 명의 사람들의 불필요한 대피에 의한 사회적 그리고 경제적 결과는 망연자실할 만큼 충격적일 수 있다. 설령 그렇게 하는 것이 가능한 것이었을지라도, 북아메리카 북서부의 캐스케이드 산맥 지역이나 베수비오 산을 둘러싼 이탈리아 지역들은 어떻게 과학자들이 화산활동뿐만 아니라 화산 전조현상의 역사적 기록들을 바탕으로 위험을 가늠하는지에 대한 예시들을 제공한다. 그들은 또한 이러한 지역들에서의 재난 계획과 대비에 대한 중요한 질문들을 제기했다.

베수비오와 그 주변 지역

북아메리카 지역이나 이탈리아의 활화산들 바로 가까이에 살고 있는 많은 수의 사람들은 그들 지역 모두에서 증가하고 있는 화산재해들에 대하여 어렴풋이 알아채고 있다. 사람들은 여기저기 다른 지역에 살아도 크게 다르지 않다. 서기 79년에 일어난 베수비오 분화 동안의 사람들의 행동은 분화하는 화산 근처 마을에서 지금 살고 있는 사람들이 반응하는 방식과 아마 비슷했을 것이다.

베수비오 부근의 70만 명의 사람들은 평소 정상적인 날들의 수용력을 넘어서는 무거운 짐을 지는 도로들과 철도 위에 어떠한 상태로 남겨질 것인가? 그리고 매우 많은 사람들이 알맞은 편리한 피난처를 급히 어디서 찾을 수 있을까?

아프리카판의 북동쪽 부분은 알프스 산맥을 융기시킨 짧은 충돌 경계부를 따라 남유럽 아래로 침강하며 이탈리아와 동지중해 지역의 화산들의 고리를 움직이고 있다. 이러한 화산들은 수많은 사람들을 유린해 왔으며, 수천 년 동안 어마어마한 재산의 손해를 야기해 왔다. 몇몇은 완전히 고대 문명을 파괴시키기까지 했다. 이곳은 지구에서 가장 위험한 화산이 있는 환경 중의 하나이다.

베수비오 산 370만 명의 인구를 가진 현대 도시 나폴리는 두 개의 화산, 즉 13킬로미터 동쪽으로 베수비오 산(**그림 7-22**)과 13킬로미터 서쪽으로 중앙에 위치해 있는 캄피플레그레이 사이에 위치해 있다. 베수비오는 화쇄류들이 오늘날 나폴리 지역의 많은 부분을 덮어 버리고 수많은 사람들의 생명을 앗아 갔던 기원전 약 3580년경에 발생한 분화와 기원전 1800년경의 분화를 포함하는 주요 분화들에 대한 오랜 역사를 가지고 있

그림 7-22 불안한 미래

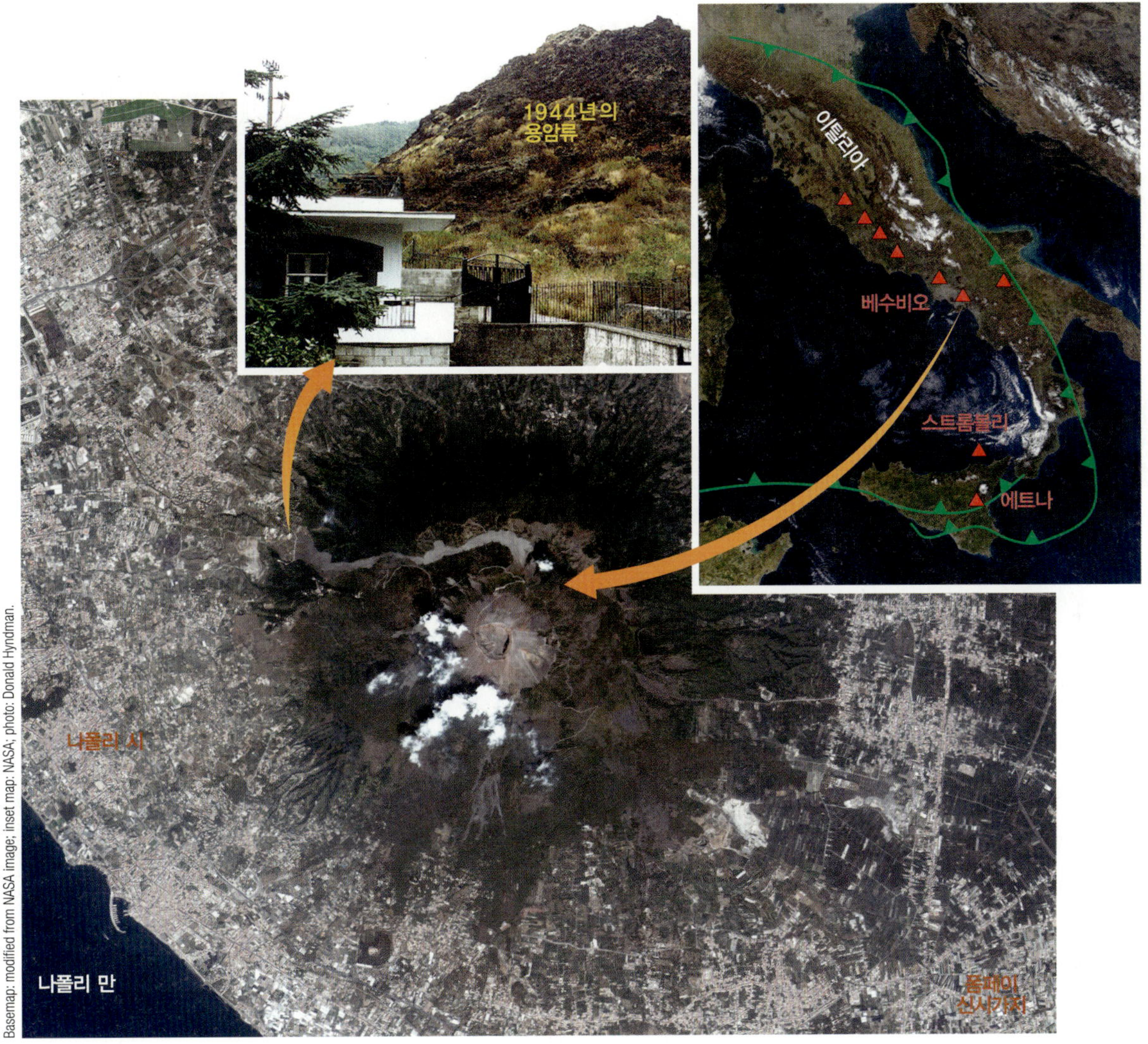

베수비오와 에트나 화산을 포함하는 활화산의 체인이 이탈리아 서부 아래쪽으로 연결되어 있다. 섭입대는 미끄러져 내려가는 방향을 나타내는 지시 기호와 함께 녹색으로 나타냈다. 베수비오 산자락에는 많은 도로와 집들이 밀집하여 있다. 몇몇 새로운 집들이 역사기록을 가진 용암류 바로 옆 골짜기에 건축되었다.

다(**표 7-1**). 서기 79년 네로의 통치기간 동안, 베수비오는 비극적으로 분화하였고, 폼페이와 헤르쿨라네움 시를 묻어 버리고 거기에 살던 20,000명의 사람들 중 5분의 1의 목숨을 앗아 가 버렸다(사례: 이탈리아의 베수비오 화산).

베수비오의 분화역사를 통하여 베수비오 주변 지역은 화산에 의한 파괴와 재건의 여러 순환을 거쳐 왔다. 최근에는 큰 활동이 없다는 점이 이렇게 위험성이 높은 지역에서의 개발을 통하여 또다시 자기만족에 이르게 되었다(**그림 7-24**). 오늘날 70만 명의 사람들이 베수비오의 다음 주 분화가 일어날 때 잠재적으로 치명적인 지역 내에서 무단으로 차용한 시간 내에서

표 7-1	베수비오 화산의 주목할 만한 분화역사들
연대	**사건**
기원전 3580년	화쇄류가 현재의 나폴리 지역을 덮었다.
기원전 1800년	화쇄류가 폼페이 시의 많은 사람을 죽게 하였으며, 오늘날 나폴리 시의 많은 부분을 덮었다.
서기 79년	폼페이와 헤르쿨라네움 시의 파괴로 약 4천 명을 죽게 하였다.
서기 1631년	심각한 화쇄류와 강하화산재로 4천 명을 죽게 하였다.
서기 1906년	5백 명 이상을 죽게 하였다.
서기 1944년	용암류가 흘러 부분적으로 두 지역사회를 파괴하였다.

그림 7-23 과거는 신호

A. 3,800년 전 베수비오 초기의 큰 분화를 피해 사람들이 달렸음을 보여 주는 발자국이 화산재에 보존되어 있다. **B.** 몇몇 해골들이 발견되었었다.

살고 있다.

누구나 알고 있는 것같이, 베수비오는 언제든지 분화할 수 있다. 만약 과거의 경험이 어떤 지침이 된다면, 대략 0.5 km^3의 마그마가 60년 이상의 휴지상태 이후 베수비오 아래에서 서서히 축적되어 왔을 것이다. 지진 그리고 경사계 연구들이 용융된 마그마가 지금 베수비오 분화구 지하 약 5~10킬로미터 밑에 존재한다고 제시하였다. 수많은 작은 지진들이 증가하면서, 경사계들은 1982년에서 1984년까지 50센티미터의 팽창을 탐지했다. 그러나 그러한 경우 대략 절반 정도는 분화가 뒤따르지 않는다. 이런 큰 불확실성은 화산학자들이 행정당국자들에게 어떻게 조언을 할지 생각하도록 만든다.

그림 7-24 나폴리 뒤로 어렴풋이 보이는 베수비오

나폴리와 나폴리 만은 베수비오 산(배경에 보이는)에 근접하여 위치한다.

전문가들은 지난 주 분화 이후로의 오랜 휴지기간을 보면, 다음 분화가 1631년 이후로 가장 큰 것이 되리라고 말했다. 몇몇 화산학자들은 다음 베수비오 분화는 나폴리에 있는 지붕들의 무려 20퍼센트 정도를 붕괴할 수 있으며 모든 교통과 활동을 멈출 수 있는 용암류들과 강한 화산재를 동반하는, 아마도 1906년과 1944년에 일어난 것과 비슷할 것이라고 생각한다. 내리막길을 1,000°C의 온도로 시속 100킬로미터 이상으로 달리는 화쇄류들은 분연주가 붕괴된 후 5분과 7분 사이에 사람들이 거주하고 있는 지역에 도달할 것이다. 각각 수천 명의 사람들이 살고 있는 현대 폼페이 시와 12개의 다른 마을들은 분화구로부터 거의 6킬로미터 이내에서 베수비오의 산자락을 둘러싸고 있다. 서기 79년에 발생한 분화와 비슷한 새로운 분화가 발생한다면 수천 명이 아니라 수십만 명의 생명을 앗아 갈 수 있다.

현재의 지식 상태에서, 재해 방지는 작은 지진들이 무리를 지어 떼로 나타나거나(군발지진) 또는 방출되는 가스들의 성분들과 같은 화산의 경고에 대한 조기 반응장치에 주로 의존한다. 1996년에 특별 위원회는, 분화가 발생하기 적어도 2주 전에 발표될 수 있고 60만 명의 사람들을 일주일 안에 피난시킬 수 있는 경고를 할 수 있는, 분화 시 비상대책을 공식화했다. 이제 당국은 완벽한 대피를 하는 데 약 3일이 걸릴 것이라고 주장한다. 나폴리에서 운전을 했거나 이탈리아 거의 모든 곳에서 기차나 버스를 이용했던 사람들은 그러한 목표를 가망 없는 낙관적인 것이라고 생각할 것이다. 마음대로 지껄이는 비평가들은 몇 시간 혹은 며칠 이상 앞서 사전에 분화를 예측하는 것은 불가능하다고 주장한다. 그런 비평가들은, 이용 가능한 최고의 감시 장비를 사용해도 대피 경보가 거의 틀림없이 늦게 들려 올 수 있다고 말한다. 이미 수십만의 사람들이 거주하고 있는 어떤 지역에서의 주요 도시계획에 대한 대안은 거의 상상하는 것 이상의 규모로 정말로 무자비한 이주가 필요할 것이다! 당신이 만약 책임자라면, 당신은 무엇을 하겠는가?

캄피플레그레이 캄피플레그레이는 나폴리 서부 교외 지역들 내에 있는 의심할 여지 없는 활동적인 재생 칼데라이다. 가장 활동적인 지역에 거주하는 40만 명을 포함하여, 200만 명의 사람들이 칼데라 바닥에서 살고 있어, 캄피플레그레이를 세계에서 가장 위험한 화산지역들 중의 하나로 만들었다. 남동쪽으로 불타는 듯한 부석들을 퍼뜨리는 거대한 유문암질 화쇄류 분화들은 파편들이 단단한 덩어리를 형성하면서 평평해지고 용융될 수 있을 만큼 충분히 뜨겁다. 이러한 결과들은 39,000년 전에는 지름이 16킬로미터인 칼데라를 남겼고, 같은 위치에서 15,000년 전에 또 다른 것은 지름이 21킬로미터였다. 칼데라의 가장자리 윤곽을 드러내는 단층들을 따라서 나타나는 강력한 폭발적인 활동들이 지난 12,000년 동안 반복적으로 발생해 왔다. 12,000년 전에서 9,500년 전까지, 8,600년 전에서 8,200년 전까지, 그리고 4,800년 전에서 3,800년 전까지 대략 50~70년의 간격을 두고 분화들이 일어났었다. 그것은 거대한 유문암질 칼데라 화산과 같은 어떤 화산에서와 같이 극도로 높은 수준의 활동이었다.

옐로스톤 화산과 같이, 이 지역 아래에서의 팽창하고 침강하는 마그마의 패턴은 지속적인 화산활동을 암시한다. 캄피플레그레이의 중심부 근처인, 나폴리의 서쪽 변두리에 83,000명의 사람들이 살고 있는 도시인 포추올리는 지난 1,360년 동안에 3번이나 융기하고 침강한 기록을 가지고 있다. 기원전 2세기부터 존재해 온 포추올리 내의 고대 로마 시장터인 주피터세라피스 사원은 역사의 일부를 해수면 아래에서 보냈다. 그 시장이 건축된 이후 약 12미터 가라앉아 있었고 결국 해수면 아래로 가라앉게 되었다는 것을 보여 주듯, 주피터세라피스 사원 기둥의 아랫부분에 바닷물에서 사는 홍합들의 천공구멍들이 보인다(**그림 7-25**). 서기 5세기 동안에, 그리고 칼데라 내부의 몬테누오보의 1538년 분화 직전에, 이 기둥들은 칼데라 밑에서 솟아오르는 마그마가 해수면 위로 밀쳐 내서 총 7미터의 상대적 융기를 보였다. 그 시장터는 1538년 이후 대체로 가라

그림 7-25 마그마방이 재충전되면

포추올리에 있는 로마시대의 시장인 주피터 세라피스 사원에는 기둥에 회색으로 구덩이가 패인 부분이 나타나는데, 이는 이 기둥의 일부가 바닷속으로 가라앉았을 때 해양 연체동물들(조개류)에 의하여 천공구조가 만들어진 것이다.

앉았다. 그러나 1969년부터 1972년까지 그리고 1982년부터 1984년까지 총 3.5미터 솟아올랐다. 1983년과 1984년도에는 1년에 1미터 이상 솟아올랐다. 1985년부터 2004년까지 급하게 침강한 뒤에, 2006년이 끝날 무렵 두 달 동안에 재빠른 2센티미터의 융기가 뒤따랐다. 만약 이 시장터의 융기가 또 다른 분화가 올 것이라는 것을 암시한다면, 오늘날 이 지역에 어떤 영향을 미치겠는가?

과거의 분화들은 나폴리 지역에 화산재를 1미터 또는 그 이상 쏟아 놓았다. 그런 분화가 지금 일어난다면, 수천 아마도 수십만 명에 이르는 수많은 사람들의 목숨을 앗아 갈 수 있을 것이다. 1미터 두께의 화산재는 특히 비까지 내린다면 거의 어떤 지붕이든 붕괴시킬 수 있을 만큼 충분하게 무겁다는 것과 화산분화들에서 일반적으로 그들 고유의 날씨를 만들어 낸다는 것을 생각하라. 캄피플레그레이에서, 재생 칼데라 분화로 인해 일어날 수 있는 잠재적인 사망자 수와 재산상 손해는 두려워할 만하다. 어떠한 실행 가능한 피난 계획을 상상해 보는 것조차 매우 어렵다.

북아메리카 서부의 캐스케이드 화산체들

북아메리카 서부의 캐스케이드 산맥을 이루고 있는 성층화산체들은 활동적인 섭입대 지역과 (비록 그 해구는 퇴적물로 채워져서 첫눈에 확실하게 보이는 곳에 있지는 않지만) 해양 해

그림 7-26 활동적인 캐스케이드 화산들

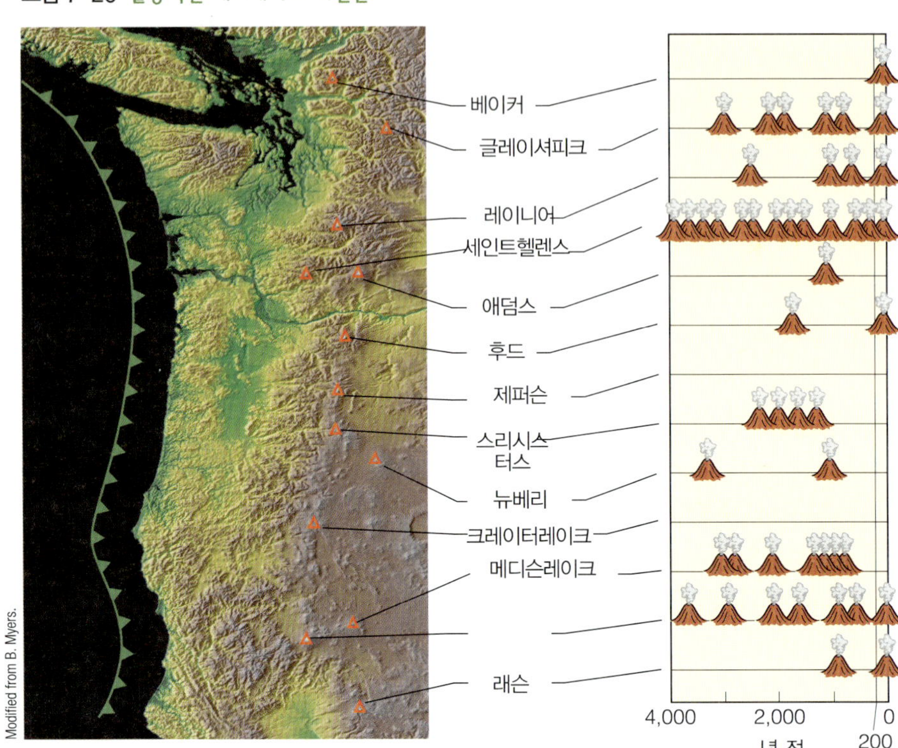

이 그림은 주요한 캐스케이드 산맥의 화산들과 그들의 분화시기들을 보여 준다. 활화산들의 체인은 침강하는 쪽으로 기호가 표시된 녹색 선으로 나타나는 활동적인 섭입대 위에 놓인다.

구로부터 대륙 쪽 위에 놓여 있다. 화산들은 섭입대 지역으로부터 내륙에 있는 거의 일정한 거리의 연속적인 선을 따라서 분화한다(**그림 7-26**). 화산재해를 평가하는 노력에서 미국 지질조사소(USGS)는 각 화산이 마지막으로 언제 분화하였으며, 얼마나 자주 그리고 어떤 유형의 활동으로 분화하였는가를 측정하기 위하여 캐스케이드 고원에서의 활발한 조직적인 연구 활동을 하는 데에 투자하였다. 그러한 조사들은 대부분의 지질학자들이 추측한 것보다도 그 화산 산맥이 훨씬 더 활동적이라는 것을 밝혀냈다. 1980년도에 발생한 세인트헬렌스 화산의 분화가 그러한 발견들을 입증했다. 캐스케이드 고원에서 발생하는 미래의 큰 분화들에 대해 어느 누구도 놀라지 말아야 한다.

비록 캐스케이드 산지에서의 화산 과정들과 분화 산물들이 이탈리아에서의 것과 비슷하지만, 각각의 지역은 그 지역과 관련된 독특한 재해요소들을 가지고 있다. 비록 화산들 근처에 몇몇의 큰 도시들이 있지만, 그 도시들은 어느 정도의 경고 시간을 제공하기에도 그리고 대피되어야 하는 사람들의 수를 최소화하는 데 있어서 충분히 멀리 있다는 점에서, 캐스케이드 산지에서의 인명과 재산에 대한 위험은 어느 정도 제한되어 있다. 어느 정도 예외를 제외하고는, 국립공원, 국가지정 기념물, 국유림, 또는 자연환경 보전지역으로서 화산지역이라고 지정된 곳은 대부분의 크고 활동적인 화산들 주변 지역으로 정착하여 거주하는 것을 제한하고 있다. 그러나 캐스케이드 지역에서 재해를 만들어 내는 하나의 요인은 바로 이러한 화산들이 편서풍 지대에 위치해 있고 북아메리카 서부 해안 가까이에 있다는 것이다. 그러한 편서풍 바람들은 태평양에서부터 다량의 수분을 동반하여, 그 수분들을 산에 비나 눈의 형태로 쏟아 놓는다. 그리하여 화산이류 재해를 증가시킨다. 우리는 매우 위험한 캐스케이드 산지의 화산들 몇 개를 아래에서 논의한다.

레이니어 산 레이니어 산은 해수면으로부터 4,393미터의 높이로, 서부 워싱턴 주 대부분의 지역에서 지평선을 꽉 채우는, 캐스케이드 고원의 주능선에서 가장 크고, 가장 높고, 그리고 가장 장관인 화산이다(**그림 7-27**). 레이니어 산의 기저부 근처에 많은 인구가 밀집되어 있다는 이유만으로, 레이니어 산은 거의 틀림없이 캐스케이드 고원의 화산체들 중에 가장 위험한 화산이다. 국립공원으로서의 레이니어 산의 지위가 심지어 더

그림 7-27 공중에 떠 있는 레이니어 산

Cascades Volcano Observatory.

워싱턴 주의 터코마 시 위로 어렴풋이 보이는 레이니어 산. 사면에서 발생한 화산이류들은 시애틀과 터코마 시를 포함하는 퓨젓사운드에 모든 방향에서 도달한다.

그림 7-28 큰 폭발

D. Swanson, USGS.

1980년 5월 세인트헬렌스 화산의 격렬한 분화에서 뜨거운 화산재를 가진 가스들이 화구로부터 끓어올라 서늘한 주변의 공기 중으로 팽창해 나갔다. 짙은 화산재가 풍부한 구름의 상층부와 외측부는 냉각되어 하강하기 시작한다.

많은 사람들을 너무 가까이에 붐비도록 끌어당길 수 있는, 대부분의 개발을 저지하고 있다.

비록 레이니어 산이 1840년대에 마지막으로 분화했지만, 연구는 10,000년 안에 혹은 빙하시대 이후로 11번의 분화가 있었다고 말한다. 어떠한 것도 레이니어가 활동을 멈추었다고 말하지 않는다. 엄청난 분화는 아마도 주로 바람이 불어 가는 쪽인 동쪽으로나 북동쪽 또는 남동쪽으로 오래된 화산재 위에 세워진 도시들 위로 많은 양의 화산재를 쏟아부을 것이다. 몇몇의 더 작은 도시들은 큰 낙석이나 화쇄류들의 영향 범위 안에 있다. 레이니어 산의 가장 큰 위험은 아마도 넓은 계곡의 북쪽과 서쪽으로 1시간에 100킬로미터의 속력으로 쏟아붓게 될 이류이다. 그러한 이류들은 화산분화 없이도 발생할 수 있다.

세인트헬렌스 화산 1980년도에 세인트헬렌스 산은 캐스케이드 산맥에서 가장 활동적인 화산으로 곧 분화할 것으로 알려져 있었다. 세인트헬렌스 산의 매끄럽고 대칭적인 모습은, 마지막 빙하기 동안 사면을 깎았던 산록빙하가 만든 깊은 계곡을 세인트헬렌스가 최근 분화하여 채웠다는 것을 보여 준다. 1980년 5월 18일에 세인트헬렌스 산이 분화했을 때(**그림 7-28**), 그것은 자세하게 관찰되었고 그 당시의 어떤 화산 사건 못지않게 철저하게 연구되었다. 세인트헬렌스 산은 1843년에 석영안산암(대략 안산암과 유문암의 중간 성분으로 구성된) 돔을 출현시키고, 1857년에 안산암 용암류를 분화한 이후로 지금까지 휴화산으로 조용하게 쉬고 있었다. 예전의 분화들로부터 만들어진 화쇄류들은 화산 주위의 계곡들 아래로 적어도 20킬로미터까지 이르렀고, 이류들은 적어도 75킬로미터에까지 나아갔다.

이전의 분화로 숯이 되어 매몰되었던 탄화목의 방사성 탄소 연대로부터 1980년 이전에, 지난 2,500년 동안 화산추체의 대부분이 성장하였음을 보여 주는 것을 알 수 있다. 지질학적으로 최근에 있었던 그러한 활동의 속도를 보며 많은 지질학자들은 캐스케이드의 세인트헬렌스 화산이 필시 분화할 것 같다고 이미 확신하고 있었다.

미국 지질조사소는 세인트헬렌스가 1980년에 분화하기 2년 전부터 재해 예보를 발표하였다. 그 예보들은 비록 다가올 분화의 예상 크기와 격렬성을 과소평가하였지만, 일반적으로 정확한 것으로 확인되었다. 그 기관은 존재하는 위험들을 대중에게 알렸고 가상적인 위험들을 떨쳐 버리려고 시도했다. 비록 많은 사람들이 세인트헬렌스가 분화할 수 있고 분화했었을 것이라고 믿었을지라도, 그 기관은 구체적인 분화시기를 예측하려고 시도하지는 않았다. 미국 지질조사소는 정보를 제공했지만, 그러한 공공정책 결정들은 그들의 권한 밖의 일이기 때문에 어떤 지역들이 폐쇄되어야 하는지에 대해서는 명시하지 않았다. 사건 전부가 화산분화에 대한 예측과 공공정책 둘 다에 대한 학습경험을 제공하였다.

후드 산 오리건 주, 포틀랜드의 동쪽 75킬로미터 지점에 있는 웅장한 화산인 후드 산은 1790년대 이후로 분화하지 않았다 (**그림 7-29**). 그것은 큰 안산암 화산에 있어서 결코 의미 있는 중요한 간격은 아니다. 화산성 퇴적물 내에 보존되어 있는 목탄에서 얻은 방사성 탄소 연령은 지난 2,000년 동안 두 개의 주요 분화가 있었음을 나타낸다. 크레이터록 근처의 화산돔들은 화산의 일생 동안 수많은 뜨거운 화쇄류들을 남서쪽 측면 아래로 내뿜기 위해 끊임없이 붕괴되었었다. 몇몇은 산꼭대기로부터 11킬로미터까지 멀리 도달했다.

후드 산은 아마도 지난 2,000년 동안의 분화들과 같이 더 많은 분화를 만들어 낼 것이다. 그러나 현재는 언제 분화가 일어날지 예측하는 것이 가능하지 않다는 점은 의심할 여지가 없다. 가장 최근에 발생한 분화들의 특징을 밝혀내는 퇴적물들에 대한 면밀한 연구는 다음 분화가 일어날 동안 어떤 일이 벌어질지에 대해 최고의 지침을 제공한다.

또 다른 분화는 아마도 화쇄류들을 화산추의 남쪽과 서쪽 측면 아래로 10킬로미터까지 멀리 보낼 수 있다. 후드 산은 보통 산에서 아래쪽으로 바람이 가는 쪽으로 이동하는 구름 속에 대량의 화산재를 분화하지 않는다. 눈과 얼음으로부터 녹은 물은 화산 표면으로부터 화산재와 돌무더기들을 끌어올릴 수 있고, 포틀랜드의 동쪽 변두리와 아마도 후드 강의 마을을 향해 북쪽으로, 샌디 강과 그 지류들로 이류들을 내려보낼 수 있다(**그림 7-30**). 그 이류들은 30분 안에 샌디 강의 서쪽 근처의 마을들에 도달할 것이며, 더 큰 마을들인 샌디와 트롯데일에는 각각 2시간 안에 그리고 3.5시간 안에 도달할 것이다.

십중팔구 후드 산은 다수의 작은 지진들이나 화산재로 인해 어두워진 증기 구름을 통하여 다음에 일어날 분화에 대한 약간의 경고를 할 것이다. 불행하게도 후드 산의 빈번히 일어나는 작은 지진들이 분화를 예측하는 데 있어서의 지진활동의 유용성을 감소시킨다. 화산의 경사면에는 거의 사람이 살고 있지 않다. 따라서 재산피해가 제한될 것이다. 그러나 포틀랜드 혹은 후드 강 쪽의 하곡으로 쏟아져 나오는 이류와 암설류들은 막대한 물적 손해를 가할 수 있다. 만약 경고가 분화 발생 며칠 전에 도착하지 않으면, 이류는 많은 사람들의 목숨을 앗아 갈 수 있다.

그림 7-29 포틀랜드 뒤로 보이는 후드 산

David E. Wieprecht, USGS.

오리건 주의 포틀랜드는 후드 산의 서쪽에 놓여 있지만, 때때로 폭풍이 동쪽으로부터 바람을 불게 하면 도시는 많은 양의 화산재로 뒤덮일 것이다.

그림 7-30 암설류의 신호

Donald Hyndman.

후드 산의 동쪽 기저부에 있는 암설류는 컬럼비아 강 위의 후드 강의 도시들을 향하여 북쪽으로 질주하였으며, 한 시간 이내에 이곳에 도착하였다. 커다란 거력들이 흐름의 상단부를 따라 이동되었다.

스리시스터스 화산 캐스케이드 산맥의 화산들 중에서 좀 덜 알려진 것 중의 하나가 오리건 주의 벤드 서쪽에서 웅장한 세 개의 화산추인 스리시스터스 화산이다. 비록 캐스케이드의 화산들 중 어떤 화산이든지 다시 되살아날 수 있지만, 스리시스터스 화산은 언제든지 금방 분화할 것 같은 산들의 목록에서 높은 순위를 차지하고 있지 않았다. 2001년 3월에 미국 지질조사소의 과학자들이 인공위성 레이더 간섭계를 사용하여 낮지만 넓은 볼록한 팽창부와 이것이 1997년 초반 이후 꾸준히 융기하고 있다는 사실을 알았을 때, 모든 것이 바뀌었다. 2002

그림 7-31 칼데라 호수로 마땅히 명명되어야 한다

Mike Doukas, USGS.

크레이터레이크는 마자마 산이 7,700년 전에 분화하였을 때 만들어진 칼데라 함몰지이다. 이때의 분화 사건은 세인트헬렌스 화산의 1980년 분화 규모의 수배에 이른다.

년 봄까지, 폭이 16킬로미터인 팽창부가 1년에 3.3센티미터씩 약 16센티미터가 솟아올랐다. 팽창부의 정상은 사우스시스터의 서쪽으로 5킬로미터에 위치해 있다. 그 모양은 5~6킬로미터 지표면 아래에 마그마 방이 있다는 것을 암시한다. 사우스시스터의 동쪽 측면에서의 큰 분화는 60,000명의 사람들이 거주하는 벤드 시에는 치명적이다. 최근의 지진들은 화산활동의 재개에 대한 걱정을 증가시켰다.

마자마 산(크레이터레이크) 마자마 산은 엄청난 안산암 화산으로, 거대한 유문암질 분화로 화산체가 파괴될 때인 약 7,700년 전까지는 남서부 오리건의 넓은 지역의 하늘에 떠 있었다. 크레이터레이크는 지금 마자마가 한때 서 있었던 곳이 열리어 만들어진 칼데라에 물에 잠긴 것이다(**그림 7-31**). 마자마 분화의 지질학적 기록들은 그러한 사건들에 대하여 현재 우리가 이해할 수 있도록 많은 것을 제공해 준다. 크레이터레이크의 가장자리는 마자마 산이 파괴되고 잘리어 남은 그루터기에 해당한다. 화구호 연변부의 바깥쪽 경사면을 따라 위쪽으로 일반적인 안산암 화산체의 경사면을 투영시킨 뒤 분화구의 상단부를 적당하게 잘라 내면 마자마를 대략적으로 쉽게 복원할 수 있다. 그 결과는 완전히 섀스타 산과 같은 크기의 화산이 된다. 엄청난 양의 유문암 부석과 화산재가 크레이터레이크 주변 수십 킬로미터까지를 둘러싸고 있다. 북부 로키 산맥과 태평양 연안의 미국 북서부 일대의 넓은 지역에 퍼진 적어도 40센티미터의 유문암 화산재는 엄청난 크기와 격렬했던 분화의 증거를 제공한다. 그 분화에 의하여 까맣게 숯이 되어 버린 식물의 잔해에 대한 탄소동위원소 연대는 그러한 사건이 7,700년 전에 일어났음을 지시한다. 많은 측정에 의하면, 적어도 1980년 세인트헬렌스 화산의 주 분화에 의해 형성된 마그마의 35배에 해당하는 마그마가 마자마 산 분화에 의해 생산되었다. 마자마는 북부 로키 산맥의 넓은 지역을 가로질러 적어도 40센티미터의 화산재를 퍼부었다. 오늘날 그 정도 규모의 화산분화는 심각한 자연재해가 될 것이다.

마자마 분화로부터 나온 절정의 화쇄류가 깊이 쌓인 퇴적물은 밝은 색을 띠지만, 위쪽으로 갈수록 더 어두운 색의 암석으로 변화한다(**그림 7-32**). 많은 지질학자들은 색깔의 단계적 차이는 마그마 방의 위쪽이 아래쪽에 비하여 실리카 함량이 더

그림 7-32 두터운 화산재 퇴적층

Willie Scott, USGS / Cascades Volcano Observatory.

A

Donald Hyndman.

B

A. 마자마로부터 유래된 두터운 회백색을 띤 화쇄류 퇴적층은 상부로 감에 따라 짙은 색으로 변하는데, 이는 성분을 달리하는 마그마방의 상부로부터 시작하여 점진적으로 깊어지면서 마그마가 분화하였다는 증거로 해석된다. **B.** 크레이터레이크의 동쪽 채석장에 노출된 부석층으로 7,700년 전에 마자마 산이 분화할 때 퇴적된 것이다. 부석덩어리의 크기는 다양하다. 노출된 노두의 높이는 대략 2 m이다.

풍부한 두 부분의 성분으로 분리되었던 마그마 방으로부터 터져 나와 분화되었음을 나타내는 증거로 해석한다. 밝은 위쪽의 마그마가 먼저 분화하여 화쇄류 퇴적층의 아래쪽 부분을 만들었고, 마그마 방의 깊은 부분이 비워짐에 따라 더 어두운 화산재가 나중에 분화되었다.

수년 동안, 지질학자들은 마자마 산이 거대한 증기폭발을 통해 자기 스스로 산산조각 내고 날려 보내어 직경 10킬로미터의 분화구를 만들었다는 것에 일반적으로 동의하고 있었다. 그리고 비와 지하수가 칼데라를 채워서 화구호를 만들었다. 그러나 보다 자세한 연구를 통하여 크레이터레이크 주변의 암설층 내에는 오래되거나 변질된 화산암이 없다는 것을 알아냈다. 모든 암석의 조각들은 새롭게 분화된 화산재와 부석들이다. 그 발견은 지질학자들이 마자마 산의 꼭대기가 단순하게 화산체 아래에 비어 있는 마그마 방 속으로 가라앉았다고 결론짓게 하였다. 크레이터레이크가 가지고 있는 분지는 폭발에 의해 터져 나간 분화구가 아니고, 붕괴에 의하여 형성된 칼데라이다. 명백하게, 마자마 산의 봉우리를 파괴한 분화는 그 장소에서의 화산 활동의 끝이 아니었다. 마자마의 새로운 버전이 아마 옛 마자마의 폐허로부터 아직 나오지 않았을지도 모른다.

1천 년 전, 작은 화산이 크레이터레이크의 표면 위로 간신히 모습을 나타내어 위저드 섬이 되기까지 칼데라의 바닥에서 성장하였다. 크레이터레이크는 평화롭고 고요한 그림이 되었다. 이 지역에는 사람이 거의 살지 않고 쉽게 대피할 수 있는 도로가 충분하기에 어떤 큰 재해를 받지 않을 것이다. 그러나 우리는 이 지역이 예외적으로 크고 강력한 화산분화의 장소였다는 것을 너무 쉽게 잊어서는 안 된다.

섀스타 산 1786년에 프랑스 해군 제독 장프랑소와 드 라페루즈와 그의 선원들은 해안가의 안개로 인하여 금문교와 그 뒤의 웅장한 만은 보지 못하고, 잠시 캘리포니아 연안을 따라 북쪽으로 항해를 했다. 그러나 그들은 내륙으로 약간의 거리를 두고 섀스타 산이 있는 위도에서 분화하는 화산을 보았다고 보고했다. 실제로 그것은 과거 3,400년 동안 11개 중 마지막으로 가장 최근에 분화하였던 섀스타였다.

섀스타 산은 해발고도 4,318미터로, 캐스케이드 고원의 화산들 중에서 두 번째로 높다(**그림 7-33**). 섀스타는 수천 명의 사람들이 계속 자리를 잡고 살고 있는 북부 캘리포니아의 넓은 지역에 걸쳐 솟아 있다.

몇몇의 지질학자들은 섀스타가 마자마 산이 붕괴에 의하여 크레이터레이크를 형성하기 전과 대략 같은 크기라고 말한다. 그리고 섀스타가 가장 최근의 분화 동안에 대부분의 화산을 이루는 안산암을 분화하지 않고 대신에 적은 양의 유문암을 만들어 냈다는 것은 주목할 만하다. 마지막으로 섀스타 밑을 지나가는 지진파들의 기록들은 약한 S파를 보이거나 또는 지진파가 없음을 보여 준다. 이것은 지진파들이 지진계로 가는 길에 액체, 짐작하건대 얕은 마그마 방에 있는 용융된 마그마를 통과하여 지나간다는 것을 암시한다. 몇몇 지질학자들은 이러한 관측들이 섀스타가 엄청난 양의 유문암질 화산재나 용암을 분화할 준비가 되었다는 증거라고 해석한다. 물론 아무도 언제 혹은 그런 분화가 일어날지 안 일어날지는 모른다.

그럼에도 불구하고 섀스타는 서 있는 그 상태 자체가 주요한 재해요인이다. 본질적으로 섀스타는 고화가 잘 되지 않는 안산암 화산재와 암설들이 약간의 용암류에 의해 붙잡혀 있으면서

그림 7-33 눈 덮인 두 봉우리

Hyndman.

Doukas, USGS.

섀스타 산은 북부 캘리포니아의 스카이라인을 돋보이게 한다. 섀스티나는 양쪽 사진의 앞쪽에서 젊은, 덜 침식된 원추형의 화산체이다.

3,000미터 높이의 가파른 경사면에 쌓여 있는 거대한 더미이다. 섀스타는 약간의 예외도 없이 많은 양의 돌멩이들을 쉽게 흘려 내려 버린다. 30만 년 전, 섀스타에서 거대한 암석 조각들이 흘러가는 암석사태가 북쪽 사면에서 있었다. 그 잔해는 정상으로부터 51킬로미터나 떨어진 섀스타 계곡의 바닥 중 적어도 350제곱킬로미터의 면적을 덮었다. 더 최근의 분화에 의해 섀스타는 그 붕괴된 흔적을 다시 복구하였다. 마운트섀스타 시와 위드 시는 섀스타의 계곡으로부터 아래쪽으로 직접 쌓인 오래된 암설사태 위에 서 있다. 그 두 도시는 엄청난 화쇄류가 쉽게 도달할 수 있는 거리에 있다.

북아메리카에서 가장 높은 화산인 시탈랄테페틀은 섀스타와 비슷하고, 트랜스멕시칸 화산 지대의 동쪽 끝에 위치하며, 두 번의 대규모 측면 붕괴를 보여 줬고 다시 그러할 수 있다. 이것의 젊은 정상부 화산추는 산성 화산가스와 오랫동안 접촉을 통하여 심하게 균열되어 있고, 점토로 많이 변질되어 있다. 0.5입방킬로미터의 부피를 가진 산사태가 12분 안에 20킬로미터의 거리를 달려 나갔다. 붕괴는 무려 백만 명의 사람들을 위험에 빠뜨릴 수 있다.

래슨 산 오늘날 래슨 산의 방문객들은 잠재적으로 분화가 가능하다는 어떠한 지시도 나타내지 않는 너무 조용한 산으로 인식한다. 래슨은 화산의 격렬함이라는 유구한 전통을 이어 오고 있는 굉장히 큰 규모의 석영안산암 용암돔이다. 래슨은 35만 년 전의 격변적인 대변동의 분화 동안 칼데라 속으로 가라앉은 하나의 큰 안산암질 성층화산체인 테하마의 잔해 내부에서 솟아오른다. 브로크오프 화산은 그것의 측면들 중 한 개의 남은 잔존물이다. 테하마 화산은 일찍이 45만 년 전에 유사하게 스스로를 파괴시킨 훨씬 더 큰 화산의 칼데라에서 솟아올랐었다. 이 인근에서 더 많은 분화들을 보는 것에 대하여 우리는 놀라지 말아야 한다. 연대 측정 결과들은 카오스크래그라고 부르는 6개의 용암돔이 1,100년 전에 래슨 근처에서 솟아올랐다는 것을 보여 줬다. 그것은 그 전의 큰 분화가 있은 뒤 27,000년이 흐른 뒤였다. 분명히 지난 마지막 분화 이후 지금까지의 시간은 얼마나 오래되었는가와 관계없이, 이는 화산이 다시는 분화하지 않으리라는 것을 나타내는 것은 아니다.

1914년에 북부 캘리포니아에서 살았던 대부분의 사람들은 래슨 산이 완전히 죽었다고 생각했다. 그 뒤 5월 30일에 아무런 뚜렷한 경고도 없이 래슨 산이 광하고 울리는 큰 소리들과 함께 거대한 증기의 구름을 갑자기 만들어 냈다. 신문 기사에서는 레딩과 새크라멘토의 거리와 그 중간의 장소들에서 느낀 그대로의 공포를 전했다. 몇몇 적은 분화들이 있은 직후에 화산의 사면을 따라 아래쪽으로 굴러 떨어지는 암괴들로 깨어지는, 점성이 굉장히 큰 열은 석영안산암 마그마가 산 정상부 분화구로부터 넘쳐흘렀다. 1915년 5월 19일에 북쪽 경사면이 붕괴되어 많은 양의 뜨거운 암괴들이 쏟아져 내려와 산 하부 쪽 10평방킬로미터에 이르는 넓은 지역을 덮었다. 분화는 5월 22일에 8킬로미터의 높이에 도달하는 증기와 화산재의 검은 버섯구름으로 인해 절정에 이르렀다. 눈이 녹아 만들어진 엄청난 양의 물은 엄청난 뜨거운 이류를 동쪽 경사면 아래로 보내어 하룻밤 사이에 해트크리크 계곡의 50킬로미터를 가득 채웠다. 진흙 속에 묻힌 뜨거운 용암의 암괴들의 일부는 수개월간 증기를 내뿜었다. 래슨은 1921년까지 산발적인 증기구름을 계속해서 만들어 냈다.

래슨 근처의 지역은 인구밀도가 희박하고, 미래의 어떤 분화들이 발생해도 최소한의 재산 피해와 인명 손실을 초래할 것이다. 레딩, 레드블러프, 그리고 서쪽으로 위치해 있는 다른 도시들은 산 사면으로부터 50~75킬로미터의 거리에 위치하며, 가장 가능성이 있는 재해요소인 강하화산재로 인해 재앙을 일으키는 탁월풍의 진행방향과 반대방향에 위치한다. 이류들은 어쩌면 그렇게 멀리까지도 도달할 수 있을 것이다. 동쪽으로 같은 거리에 있는 수잔빌은 주된 화산재 분화에 의해 심각한 영향을 받을 것으로 예상된다.

내다보기

화산재해들에 대한 우리의 지식과 화산활동을 감시 관찰할 수 있는 우리의 능력에도 불구하고, 사람들과 재산을 향한 화산성 대재앙의 기회들이 오늘날 그 어느 때보다도 크다. 인구증가와 화산성 토양들의 비옥함이 사람들로 하여금 활화산들 근처에 정착하도록 부추긴다. 분화에 의해 생명을 잃을 가능성은 대부분의 사람들이 위험을 무시할 만큼 충분히 낮다.

그러나 그러한 위험들은 실제로 존재한다. 과거에도 여러 번, 이류들과 화쇄류들은 캐스케이드 화산들의 측면을 따라 흘러가는 계곡들을 따라 급속히 내려와 넓고 광활한 장소 너머로 돌진했다. 구체적인 화산성 재해들과 캐스케이드 고원의 화산들 주위의 화산성 재해들의 분포에 대한 분석은 예전 1987년에 예측한 것보다 훨씬 더 위험하다는 것을 증명했다.

대부분의 큰 화산분화들은 모두 위험하고 파괴적이다. 몇몇은 수만 명의 목숨을 앗아 가고 수십억 달러의 가치가 있는 재산들을 파괴하는 대재앙이다. 비록 화산으로 인한 죽음과 대대적인 파괴의 총 손실이 지진, 산사태, 그리고 홍수로 인한 것과 비교해 볼 때 미약하지만, 정말로 대재앙의 화산 사건에 대한 가능성은 충분히 남아 있다.

사례

화산의 전조현상들

1980년 워싱턴 주 세인트헬렌스 산의 분화▶

미국 지질조사소는 세인트헬렌스 산에 대한 지질도를 다시 작성하고 최근 분화 퇴적물의 연령을 다시 측정한 뒤, 언젠가 다시 분화할 것이라고 결론을 내렸다. 그런 다음 1980년 3월에 세인트헬렌스가 작은 지진들의 연속적인 발생과 증기와 화산재의 폭발과 같은 징조를 통해 살아 있음을 보여 주었고 5월 중순에 격렬한 분화로 최고점에 이르렀다. 1980년 3월 23일 오후에 지진계에는 하나의 큰 지진에 뒤따르는 작은 지진들의 군집이 기록되면서 예비적인 분화활동이 갑자기 시작되었다. 분화예측은 이미 하나의 연구주제가 되어 있었고 여러 연구집단들은 화산재 주변에 신속하게 휴대용 지진계배열을 설치하였다. 그리고 3월 27일 정오를 지나면서 세인트헬렌스는 크게 우루루 쾅 하는 소리와 함께 하얀 수증기의 큰 구름을 만들었다. 산 정상부에 새로운 분화구가 열리기 시작하는 동안 화산재 위로 600 m 이상의 높이로 수증기가 상승하였다. 관측자들은 1,500 m에 달하는 틈새가 화산의 북쪽 사면을 가로지르는 고지에서 열리는 것을 보았으며 반면에 작은 틈새들은 열렸다가 닫혔다.

이들 첫 번째 수증기 구름들은 충분히 뜨겁거나 또는 부유하는 화산재로 인해 충분히 어두운 것이 아니라서 지질학자들이 진짜 분화의 첫 번째 분화상으로 확신하지는 않았다. 많은 화산들이 늦은 봄이나 초여름에 눈이 녹은 물이 지하에 있는 암석 쪽으로 침투함에 따라 많은 양의 수증기 구름을 뿜어낸다. 세인트헬렌스는 3월 28일 이른 시간에 시작하여 17시간 동안 한 시간에 한 번씩 반복하여 수증기 구름을 뿜어내기 시작하였다. 이들 수증기 폭발은 첫 번째 분화구의 서쪽 가장자리에 두 번째 분화구를 만들었다. 3월 29일 밤에 화염이 분화구에서 비치기 시작하였다. 화염이 옅은 청색을 나타내는 것은 메탄가스가 타고 있다는 것을 지시하였다. 분화된 수증기 구름은 점점 더 뜨거워지고 화산재와 함께 더욱더 검어지고 있었다. 지진기록에 대한 집중적인 연구로부터 조화진동으로 알려져 있는 장주기의 파동의 형태가 나타났다. 이것들은 4월 1일에 시작되었고 간헐적으로 계속되었으며 12일 동안 강도가 증가하였다. 비록 수증기 분화의 빈도는 4월 12일과 4월 22일 사이에 나날이 감소하였지만 분화되는 화산재는 점차 많아져 갔다. 분화조건이 매우 심각해지기 시작하였다.

4월 말경에는 두 개의 분화구가 직경 300 m×500 m 크기의 하나의 타원형 분화구로 합쳐졌다. 지진계에는 매일 지진규모 3보다도 큰 지진이 30개 이상 발생하였다. 화산체의 산 사면에 배열 설치된 지진계는 이들 움직임이 화산체의 북쪽 사면 아래에서 기원하고 날마다 얕아진다는 것을 보여 주었다. 새로 분화한 화산재의 현미경 관찰연구로부터 분화는 여전히 화산체 내부에서 수증기에 의해 변질된 오래된 화산암의 파편들로부터 만들어지고 있다는 것을 나타내었다. 새로 분화된 마그마는 없었다.

5월 초에 화산체의 북쪽 사면에서 팽창부가 서서히 성장하기 시작하였다. 이것은 종국에 화산의 원래 사면으로부터 1,067 m에 걸쳐 바깥쪽으로 106 m나 높게 부풀어 올랐다. 큰 부피의 마그마가 화산체의 북쪽 사면으로 분명하게 상승하고 있었다.

▶ 세인트헬렌스 산사면의 팽창부는 1980년 5월 격정적인 분화 직전까지 몇 주 동안 성장하였다. 아래 그림의 우산 아래에 관측 장비가 있다.

그러는 사이에 하부로부터 상승하는 새로운 마그마로부터 분명하게 유래된 화산재가 수증기 구름으로부터 떨어지기 시작하였다. 화산재는 석영안산암의 성분과 색깔을 가지고 있었다.

이 순간에 세인트헬렌스는 분화하기 시작하였다는 것이 명백해졌다. 그러나 분화의 유형은 많은 토론의 여지를 가지고 미해결로 남아 있다. 많은 지질학자들은 수개월 또는 수년 동안 화산의 북쪽 사면으로 조용하게 상승한 극도로 점성이 높은 마그마의 돔분화를 예상하였다. 그들은 화산체의 사면이 부풀어 오른 팽창부를 지적하였다. 다른 지질학자들은 석영안산암 마그마가 지하심부에서 물을 흡수하고 수증기와 화산재의 거대한 구름으로 급속하게 분화하는 것이 완벽하게 가능하다고 누구에게나 설명한다. 그들은 화산체 주변의 넓은 지역을 온통 뒤덮은 화산재를 주목하였다. 논쟁은 물에 대한 질문과 마그마에 물이 없었는지 또는 수증기와 함께 심하게 포화되어 있었는지에 따라 정해진다. 어느 누구도 장담할 수 없다.

돔분화를 예견하는 사람들은 만약 마그마가 폭발적인 분화를 할 수 있도록 충분한 수증기를 가지고 있었다면, 아직은 팽창부가 백색인 부풀어 오르는 화산체 사면의 팽창부로부터 눈을 녹일 수 있도록 충분한 수증기가 뿜어져 나올 출구를 가지고 있어야 한다고 주장한다. 그리고 많은 사람들은 하루에 1 m 정도씩 돔이 성장하는 것이 급박한 산사태의 징조를 나타내기에 충분할 수 있다는 것에 동의한다.

5월 18일 오전 8시 32분에 규모 5.1의 지진이 산체의 북쪽 사면 위쪽의 거대한 산사태를 촉발하였다.

산사태는 땅속의 마그마로부터 수증기압의 방출을 수월하게 하였고 마치 샴페인 병의 마개를 따는 것과 같은 것이었다. 다량의 수증기를 가진 마그마가 압력이 해방됨에 따라 부석으로 팽창하면서 화산재를 많이 가진 수증기의 검은 구름으로 폭발하였다. 측방폭발은 북쪽으로 내뿜어졌으며 분화구름은 화산체 상부로 24 km까지 솟아올랐다(그림 참조). 이 사건은 미국 지질조사소의 화산학자들이 예견한 것보다 훨씬 큰 것이었다. 화산재의 거대한 수직기둥이 거의 온종일 분화구로부터 뿜어져 나왔다.

측방으로 폭발한 구름은 350°C 전후의 온도를 가지고 초속 150 m의 속도로 북쪽으로 이동하여 약 13 km의 거리에까지 도달하였다. 고온의 화쇄류(700°C 이상)는 초속 36 m 이상의 속도로 이동하여 분화구의 북쪽 8 km까지 도달하였다. 측방으로 폭발한 수증기와 화산재는 북쪽으로 약 20 km까지 동쪽에서 서쪽으로 30 km 이내의 숲을 쓰러뜨렸다. 나무들은 뿌리째 뽑히고 부러지고 나무껍질이 벗겨졌고 타서 숯으로 변했다. 땅 위의 대부분의 나무들은 폭발한 방향으로부터 먼 쪽으로 넘어져 배열하고 있다. 폭발지역 내에서 노출되어 있었던 사람들은 심하게 화상을 당했거나 죽었다.

화산의 북쪽 사면의 팽창부는 붕괴하여 2.8 km^{3}의 체적을 가진 거대한 암설사태와 화산이류를 발생시켰다. 대부분의 암설들은 터틀 강을 따라 컬럼비아 강의 하류 쪽으로 이동하였으며 그로부터 몇 주 후 강의 하상을 준설하기 전까지 하천을 따라 항해를 못하게 되었다.

그 다음 9시간 동안 화구로부터 뿜어져 나오는 수증기와 이산화탄소는 20 km 이상 높이의 화산재의 기둥, 즉 분연주를 만들어서 플리니식 분화를 보여 주었다. 강렬하게 분화된 화산재는 때때로 분연주의 일부분이 붕괴하여 화산체의 북쪽 사면을 따라 화쇄류로 내려갔다.

붕괴하는 팽창부와 암설사태는 화산체의 기저부에 분포하는 스피릿 호수로부터 물을 옮겨 북쪽 능선 윗부분까지 이동

▶ 1980년 분화 후 세인트헬렌스의 지도에서 북쪽으로 열린 분화구와 화쇄류, 측방 폭발, 화산이류(화산이류와 암설류) 퇴적층을 볼 수 있다.

▶ 이 숲들은 1980년 세인트헬렌스 화산 분화 때의 측방 폭발에 의해 쓰러진 것들이다. 오른쪽 하단부의 동그라미 안에 서 있는 사람들로부터 이 거대한 나무들의 크기를 알 수 있다.

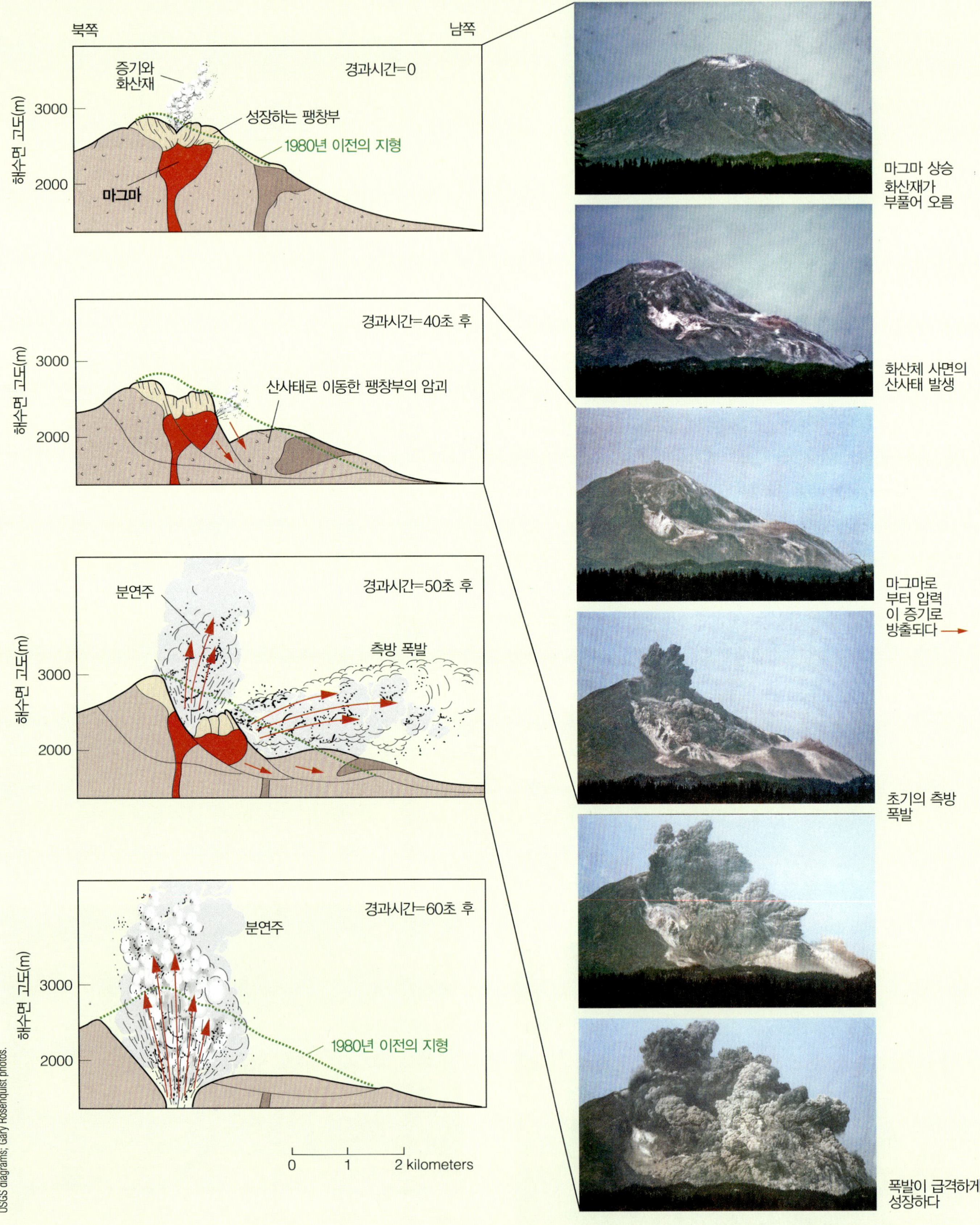

▶ 1980년 5월 18일 세인트헬렌스 산의 분화 순서: **A.** 마그마가 지표 가까이로 접근함에 따라 마그마방 상부 꼭대기의 돔이 약해진다. **B.** 거대한 산사태로 돔이 붕괴된다. **C.** 마그마에서 해방된 압력으로 화산가스들이 급격하게 터져 나온다. 측방 폭발이 북쪽 사면을 날려 버린다. **D.** 완전한 플리니식 분화가 잇따라 일어난다. S. L. 해수면.

▶ 1980년 5월 18일의 격변적인 세인트헬렌스의 분화 전과 후의 모습. 분화는 그 산 정상부 봉우리를 파괴하였다.

시켰다. 이것들은 시속 110~240 km로 터틀 강의 북쪽 지류를 따라 흘러 내려갔다. 계곡을 따라 22 km 이상 내려가면서 두께 45 m의 언덕형태의 퇴적층을 남겼다.

새로운 분화구가 산사태와 분화에 의해서 원래의 정상부로부터 400 m 아래로 처져 만들어졌다. 그것은 직경 1.5 km×3 km의 타원형으로 북쪽으로 터진 형태이다. 화산재로 퍼져 나가기 전의 새로 분화된 마그마의 전체 체적은 대략적으로 고체 암석 0.2 km^3와 비슷하다. 비록 1980년 세인트헬렌스의 분화는 하나의 화산표준에 의한 적당한 활동이었지만, 오리건 주의 크레이트레이크로 둘러싸인 마자마 산은 체적으로 35배 이상이었다.

5월 18일 분화의 뉴스는 천천히 퍼져 나갔다. 동부 워싱턴 주의 많은 사람들은 분화구름이 갑자기 머리 위로 나타나고 일요일 오후 소풍장소에 화산재가 털썩 떨어지기 전까지 무슨 일이 일어났는지를 어렴풋이 알고 있지도 않았다. 그러는 사이에 분화구름은 동쪽으로 바로 이동하기 시작하였고 몬태나 주 서부 800 km까지 심각한 양의 화산재를 떨어뜨리고 일부는 남동쪽으로 더 나아가 콜로라도 주까지 나아갔다. 강하화산재는 4일 후에 폭우가 쏟아져 대기가 깨끗해질 때까지 수송수단과 공공시스템, 그리고 문밖의 활동들을 방해했다.

워싱턴 주 동부와 북부 로키 산맥에 사는 몇몇 사람들은 화산분화를 경험하였다. 많은 사람들이 강하화산재의 공포를 발

▶ A. 터틀 강까지 질주한 5월 18일 암설류와 화산이류에 의해 남겨진 거대한 산체들. B. 화산이류가 수계를 따라 하류로 이동한 후에 나무에 남겨둔 터틀 강 이류 이동 높이 선.

A

B

견하였다. 미주리 주와 몬태나 주와 같은 동쪽에서는 늦은 오후에 미세한 백색의 화산재가 끊임없이 눈과 같이 떨어지기 전에 서쪽 하늘이 창백한 녹흑색으로 변하였다. 다른 상태의 바람 한 점 없는 푸른 하늘에서는 미세한 입자들이 며칠 동안 대기 중에 부유하면서 드리워져 있었다. 사람들은 문을 닫은 채 실내에 머물렀으며 많은 사람들은 일을 하거나 식료잡화를 사기 위해 간단한 이동을 할 때에는 마스크를 착용하였다.

눈이 급속하게 녹은 물은 5월 18일 스피릿 호수와 터틀 강에 이류를 발생시켰으며 시속 16~40 km로 북쪽 지류로 쏟아졌다. 이들은 수많은 잘라진 통나무를 하류 쪽으로 쏟아 냈으며 31개의 다리 중 27개를 파괴하였으며 오리건 주 포틀랜드 부분의 컬럼비아 강의 배의 항로를 포함하는 운항항로에 퇴적되었다. 이류는 하천으로 들어가 계곡 바닥을 3 m 이상 높이고 수로에서는 5 m 이상 높였다. 대기 중에 방출된 화산재는 주간고속도로 90번과 다른 고속도로를 봉쇄하였다. 하강기류가 있는 400 km 이상 떨어진 공항은 일주일 동안 폐쇄되었으며 승무원들은 6~10 cm의 화산재를 청소하였다.

화쇄류는 치명적일 수 있다

서인도 제도 마르티니크의 플레 산 ▶

서인도 제도에서 큰 섬들 중의 하나인 마르티니크 섬의 북쪽 끝 근처에 대략 1,400 m 높이로 솟아 있는 플레 산은 전형적인 안산암 화산이다. 생피에르 시는 10 km 북쪽으로 어렴풋하게 보이는 플레 산의 대칭적인 화산추를 지니고 있는 작은 만의 움푹 들어간 돌출부를 따라 그림처럼 아름답게 위치해 있었다.

1900년대에 생피에르는 인구 28,000명의 아름답고 작은 도시였으며 설탕과 럼주를 제조하고 수송하는 중심지였다. 또한 어선들과 유럽과 북아메리카 관광객들을 위한 항구로서의 역할을 하였다. 생피에르의 시민들은 역사적 기록에 의하면, 주된 분화나 위험한 활동에 대한 암시는 없었지만, 플레 산이 1762년과 1851년에 작은 분화에 대한 간결한 보고들을 포함하고 있는 화산이라는 것을 꽤 인지하고 있었다.

1902년 이른 봄에 작은 지진의 군집이 플레 산을 흔들기 시작했다. 마그마가 정상으로 솟았을 때 플레 산은 때때로 빨갛게 달아오른 안산암 화쇄류를 뿜어내어 생피에르의 일반적인 방향인 남서 사면으로 내려보내기 시작했다. 그러나 그리 멀리 도달하지는 않았다. 화산활동의 수준이 증가함에 따라 플레 산 산 사면에 살고 있던 많은 사람들은 죽을 위험에 처해 있다는 것을 깨달았다. 생피에르는 아직 거의 상처를 입지 않았으므로 많은 피난민들은 그곳에 멈추었다. 다른 많은 사람들은 해안을 따라 남쪽으로 마르티니크의 수도인 포르드프랑스를 향하여 피난하였다.

우려가 증폭되어 프랑스 식민정부는 공무와 과학의 다양한 측면에 있어서 박식한 다섯 명의 탁월한 시민들로 이루어진 자문위원회를 소집했다. 그들 중 오직 두 명만이 그 상황이 약간 위험하다고 여겼다.

5월 5일 정오에 뜨거운 화산이류가 얕은 호수의 바깥으로 끓어넘쳐 분화구가 범람하여 브란체 강 아래로 내려가 생피에르의 북쪽 가장자리 입구에 있던 설탕공장들을 파괴하고 묻어버렸다. 그 뜨거운 화산이류는 40명의 목숨을 앗아 갔으며 강어귀를 가로질러 깊이가 50 m이고 너비가 1,500 m 이상인 넓은 지역에 큰 바위들이 여기저기 박혀 있는 광활한 검은 진흙을 남겼다.

5월 8일 목요일은 그리스도가 승천한 날로 마르티니크에서는 국경일이었다. 플레 산의 정상분화구로부터 서쪽으로 흘러가는 화산재와 화산가스의 기둥을 제외하고 화산재의 기둥이 뒤덮어 회색으로 어두워지기 전까지 하늘은 푸르게 맑았다. 사람들은 생피에르의 거리에서 무리를 지어 다녔다. 오전 8시에 해안으로부터 16 km 떨어진 배의 갑판위에 있던 사람들과 생피에르로 들어가던 사람들은 검은 구름이 플레 산의 분화구로부터 분화하는 것과 그 내부가 빨갛게 불타는 것을 보았다. 그들은 마치 대포소리 같은 날카로운 굉음을 들었다. 분화구름이 산 아래로 치달아 내릴 때 밀도가 좀 더 낮은 부분은 하늘로 솟아올라 화산재를 가지는 어두운 수증기 기둥이 되었고 밀도가 좀 더 높은 부분은 화쇄류를 형성하여 화산의 남서 사면을 따라 쏟아져 내려가 시속 190 km로 생피에르로 곧바로 향했

▶ A. 서인도제도 마르티니크 섬에 있는 생피에르의 현재 도시 뒤로 플레 산이 보인다. 화산재류(화쇄류)의 이동 경로는 붉은색으로 표시되어 있다. B. 플레로부터 나온 화쇄류가 1902년 생피에르 북쪽 바다로 들어갔다. 이것이 활동적인 화쇄류에 대한 첫 번째 기록이다. C. 플레로부터 나온 화쇄류는 벽을 편평하게 파괴하였고 1902년 생피에르를 완전히 파괴하였다.

다. 이것은 2분 만에 마을을 집어삼켰고 화쇄류가 흐르는 방향에 직각으로 서 있는 벽들을 넘어뜨릴 정도의 충분한 힘을 가지고 도착했다.

빠르게 움직이는 작열하는 화쇄류가 도착했을 때 도로에 있었던 사람들은 화장을 당해 약간의 뼈와 잿더미가 남겨졌다. 화쇄류가 덮쳤을 때 건물 안에 있던 사람들은 화쇄류의 강풍으로부터 살아남았을지도 모른다. 하지만 질식시키는 화산가스들과 증기의 강한 열기는 그 경로에 있는 모든 것을 순간적으로 태워 버렸다. 수천 개의 불들이 순간적으로 합쳐져서 괴물 같은 불기둥이 되어 높이 활활 타올라 생피에르에 남아 있는 것을 파괴시키고 공기 중으로부터 산소를 다 빨아들이면서 불태워 버렸다.

그리고 화쇄류는 거대한 굉음 소리들을 만들어 내며 만을 가로질러 쏜살같이 흘러갔다. 이 부분의 구름은 공기 중으로 상승하기에는 너무 무겁고 밀도가 높은 부분은 물 아래로 흘러내린다. 배 한 척이 항구로 들어왔을 때 배 위의 사람들은 17척 또는 18척의 배와 수많은 작은 배들이 화염에 휩싸여 있는 것을 보았다. 그 배의 선원들은 부두지역으로 달려오고 있었지만 곧 치명적인 구름이 그들을 휩쓸었고 그 도시 전체가 화염에 불탔다.

생피에르에서의 정확한 사망자 집계는 알려지지 않았지만 29,000명에 달할 것으로 추정하고 있다. 그 숫자는 피난 가지 못했던 생피에르의 시민들, 화산 사면으로부터 피난 온 피난민들, 그리고 항구에 있던 보트에서 사망한 사람들을 포함된 숫자이다. 열운의 직접적인 경로에서 다 두 명만이 살아남았지만 둘 다 화산재와 증기에 심하게 화상을 입었다. 한 명은 재판을 기다리며 지하 감옥에 수감되어 있던 죄수였다. 당국은 분화에 의해서 그의 소송에 관한 모든 기록들이 다 손실되어서 그에 대한 소송을 취하하였다. 그는 유럽과 북아메리카를 돌며 그의 끔찍한 상처들을 보이면서 축제 순회행사에서 중요하지 않은 유명인사가 되었다.

생피에르를 방문했던 사람들은 곧 그 비극 이후 극히 많지 않은 양의 화산재에 대해 몹시 놀랐다. 매우 적은 양의 화산재 더미들이 여기저기에 놓여 있었다. 그러나 담요로 덮어 놓은 것과 같이 아무것도 없었다. 화쇄류는 죽음과 파괴의 주된 원인이 되어 왔다. 프랑스 지질학자 알프레드 라크르와는 대참사 몇 주 후에 생피에르를 방문하여 5월 8일 아침의 사건을 재구성하고 설명하려고 노력했다. 그는 폭발하는 용암은 점성이 너무 커서 많은 양의 수증기와 다른 화산가스들이 스스로 빠져나가지 못한다는 것을 깨달았다. 마그마로부터 자유롭게 거품이 이는 대신에 수증기가 용암 내에서 팽창하고 폭발해서 마그마를 화산재의 구름으로 잘게 부수어 버린다.

마을 전체의 재산과 항구에 있는 보트를 포함해서 재산피해를 줄일 수 있는 것은 아무것도 없었다. 그러나 생피에르로부터 탈출하려는 상당한 시도가 있었다면 사망자수를 많이 줄였을 것이다. 그런 일은 일어나지 않았는데 그런 위험에 대해 말한 유용한 충고는 탈출명령을 내리게 할 만큼 중요하지 않았기 때문이다. 1902년 생피에르를 덮어 버릴 만큼 충분한 양의 화산재를 싣고 온 화산가스의 구름이 가지고 있던 파괴적인 잠재력을 이해하는 사람이 없었다.

화쇄류의 격변적인 성질

이탈리아의 베수비오 화산 ▶

로마 황제 네로의 통치기간 동안, 폼페이와 헤르쿨라네움의 북적거리는 로마 마을들의 거주자들은 그들에게 위협하듯 다가오는 화산 베수비오로부터의 잠재적인 위험에 대해 많이 생각해 보지 않았을 것이다. 그들은 베수비오 화산이 조용했던 700년 동안 베수비오가 분화할 수 있는 능력을 가졌다는 것을 잊고 있었다. 그러나 서기 79년 여름에 지표면이 상승한다는 보고와 더불어 발생한 지진들에 의해 화산을 상기시켰다. 8월 24일 아침에 일련의 증기 폭발들이 화산 근처에 몇 센티미터 정도의 조립질 화산재를 떨어뜨렸다. 플리니우스(Pliny the Younger)는 나폴리 만 건너에 앉아 분화가 전개되는 것을 보았고 그것을 기록하였다. 그 동안에 나폴리 만에서 로마함대의 제독이었던 그의 삼촌 플리니우스(Pliny the Elder)는 노를 장착하고 있는 배로 향하고 있었다.

베수비오는 정오 이후에 곧 전체적으로 분화를 해 화산재와 부석이 뜨거운 증기 분연주에서 솟아올랐다. 높은 고도에서 부는 바람은 산 정상부의 남쪽과 동쪽으로 8 km 떨어진 곳에 위치한 폼페이시 위를 직접적으로 덮어 버리는 화산재의 기둥을 운반했다. 저녁까지 대략 한 시간에 12~15 cm의 백색 부석이 떨어져 총 1.3 m 쌓였다. 지붕들은 처음 몇 시간 후에 화산재의 무게에 눌려 틀림없이 붕괴되었을 것이다.

연속적인 분화가 있은 12시간 후에 마그마의 휘발성 성분이 감소하거나 또는 화도가 넓어지거나 둘 다가 발생했다. 수증기의 분화하는 기둥에서 화산재가 차지하는 부분이 33 km 높이까지 도달했다. 화산재의 양이 증가함에 따라 마침내 수증기가 치솟는 기둥을 만들었고 너무 밀도가 커져서 화산의 사면 위로 붕괴했다. 이것이 일련의 화쇄류가 되어 지나가는 경로에 있는 모든 사람들과 나폴리 만의 해변가로 탈출하려는 사람들을 포함하여 목숨을 앗아 갔다.

많은 생존자들은 분화활동이 잠시 쉬는 동안 부석 위를 걸

Hyndman.

▶ 폼페이의 발굴된 잔해 뒤로 어렴풋하게 보이는 베수비오 화산체.

Donald Hyndman.

▶ 이들은 화산재로 인하여 죽은 사람의 몸체에 남겨진 속이 비어 있는 캐스트이다. 이들은 강하 부석층의 상단부에 위치하는 폼페이에서 발견되었다.

▶ 헤르쿨라네움에서 선박의 내부 부분이 앞쪽에 보인다. 중간 부분의 에르콜라노의 현재 마을들은 헤르쿨라네움을 매몰한 화산재 위에 서 있다. 베수비오가 사진의 뒤쪽 배경에 보인다.

어다녔다. 그 후 다른 뜨거운 증기와 화산재의 거대한 난류가 그들을 휩쓸고 폼페이의 남아 있는 부분을 묻고 나머지 2천 명의 사람이 사망하였다. 고고학자들은 집 안에서 죽은 마지막 희생자들을 찾았는데 그들은 화산재와 부석의 초기퇴적물 위에 놓여 있었고 몇몇은 얼굴 위로 옷들을 쥐고 있었다. 아마도 그들은 집을 떠나지 못했을 것이다. 왜냐하면 공포스러운 광경이 펼쳐지는 바깥보다는 집 안이 더 안전하게 보였기 때문이다. 결과적으로 화산재와 부석의 2.5 m 아래에 매몰되었다.

8월 25일 이른 아침에 일련의 화쇄류가 헤르쿨라네움을 매몰시켰다. 그 화쇄류는 베수비오 산꼭대기로부터 4분 만에 6 km를 덮었다. 고고학자들은 5,000명의 사람들이 살고 있는 마을과 사람들이 피난처를 찾고 있었던 만을 따라 있는 보트 창고에 있던 수백 명의 다른 사람들 중에서 오직 6구의 뼈를 발견했다. 그들은 뜨거운 화산재와 증기를 흡입하자마자 바로 사망하였다.

헤르쿨라네움에서 화쇄류 퇴적층의 두께는 20 m이다. 화쇄류는 건물들을 쓰러뜨리고 다른 모든 것들을 거의 묻었다. 이 화쇄류 위에서 에르콜라노의 새로운 마을을 짓던 사람들은 고대인들이 그 아래에 묻혀 있는지 깨닫지 못했다. 1700년대 초에 우물을 파던 농부가 헤르쿨라네움의 일부를 발견했다.

8월 25일 아침 시간에, 절정에 이른 여섯 번째 화산재와 부석의 난류가 베수비오의 15 km 남쪽에 있는 한 도시를 가로질러 휩쓸어 버렸다. 이곳에는 화산재가 2 cm 쌓였다. 플리니우스는 분화구의 서쪽 28 km에 위치한 나폴리 만 건너편에서 그 광경을 기록했다. 그는 뜨거운 화산재와 증기의 무겁고 검은 구름이 수면을 가로질러 그들을 향해 질주해 올 때 다른 사람들과 함께 피했다. 그 검은 구름은 그들의 뒤를 따라왔고 불이 지면을 덮었다. 그들이 해야 할 일은 빨리 도망가는 것이었다.

분연주의 급속한 팽창은 뜨거운 증기를 재빠르게 냉각시켜 화산재 입자의 수증기가 응결되어 진흙비가 되어 베수비오의 산 사면의 푸석푸석한 암설 위로 떨어졌다. 대부분은 화산이류가 되어 사면 아래로 쏟아져 내려가서 많은 사람들을 죽였다. 보통의 플리니식 분화였기 때문에 용암류는 나타나지 않았다. 24시간 이내에 분화한 마그마의 전체 부피는 3.6 km^{3}로 1980년 세인트헬렌스 산에서 분화된 마그마 체적의 18배에 해당한다.

작은 분화조차도 큰 암설사태를 일으킬 수 있다

1985년 콜롬비아의 네바도델루이스 ▶

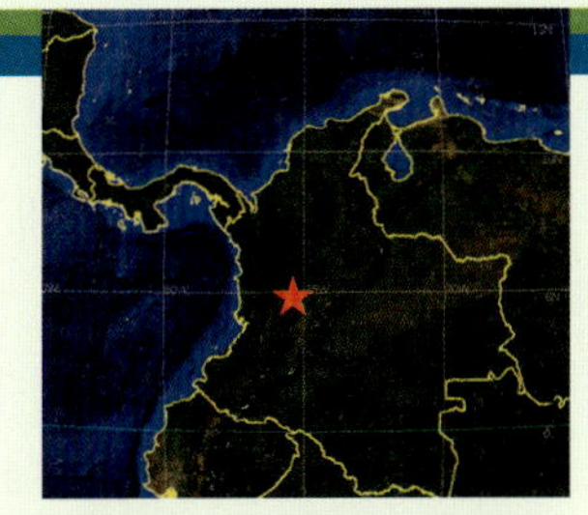

콜롬비아 서부의 남아메리카 안데스 산맥에 있는 5,389 m 높이의 성층화산인 네바도델루이스는 1500년대에 스페인의 식민지 개척자들이 도착한 이후로 활동적으로 되었다고 알려져 있었다. 최대의 위험은 분화로부터의 직접적인 산물뿐만이 아니라 화산의 급한 경사면 아래쪽과 계곡 아래로 쏟아지는 화산이류와 암설류이다. 분화는 1595년과 1845년에 사람들이 살고 있는 계곡 아랫부분에서 각각 636명과 1,000명 이상의 목숨을 앗아 간 이류를 일으켰다. 다음 140년 동안에는 거의 분화가 나타나지 않았다. 그래서 사람들이 그 위험에 대해 잊고 초기의 재난이 있었던 장소에 건물 등을 재건했다. 그들은 분화구로부터 74 km 떨어진 곳에 위치한 오래된 이류퇴적층 위에 아르메로의 현대식 도시를 건설했다.

1985년 10월에 화산 주위의 화산재해에 대한 보고서는 미국 지질조사소에서 파견된 몇몇을 포함한 그 지역과 외국의 지질학자들에 의해서 작성되었다. 그 보고는 중간 규모의 분화로부터 이류가 발생할 가능성과 아르메로와 다른 시들이 큰

▶ 콜롬비아의 네바도델루이스 화산과 아르메로 시를 파괴한 화산이류. **A.** 계곡 바닥 위쪽의 경사면에 위치한 집들은 안전하게 남았다. **B.** 화산이류는 하류 쪽으로 더 나아가 거의 평지지역 위에 있던 과거 아르메로 시의 지역을 뒤덮었다.

위험에 빠질 가능성이 높다는 것을 지적했다. 하지만 어떤 지역 관료들은 '지나치게 걱정스러운' 보고라고 간주하여 그 보고를 폐기했다. 그러고 나서 한 달이 지난 후, 11월 13일에 화산이 분화했다. 오후 3시 6분에 일어난 최초의 폭발은 화산재와 부석을 아르메로에 비처럼 내렸다. 시장과 지역 성직자는 그 분화는 별로 심각하지 않다고 말하며 사람들을 진정시켰고 실제로도 그 분화는 그러했다. 적십자는 저녁 7시에 대피를 명령했다. 하지만 화산재가 그만 떨어지자 그 명령을 철회했다.

다음번 분화는 저녁 9시 8분에 왔다. 눈 덮인 정상에 뜨거운 화산재와 암설이 눈처럼 내렸지만 폭풍 때문에 사람들이 그것을 보지 못했다. 화쇄류는 화산재와 화산성 암설과 혼합되는 얼음과 눈을 녹여서 더 많은 개울물과 느슨한 물질들을 집어 올리면서, 그리고 부피를 4배만큼이나 증가시키면서 계곡의 아래쪽으로 질주하는 화산이류를 만들었다. 그것은 시속 약 60 km로 흘러 이동하였다. 저녁 11시 35분에 사람들이 잠자리에 들고 나서 호수로부터의 차가운 물이 범람해서 상류 쪽에서 아르메로로 쏟아져 내렸다. 15분 후에 뜨거운 진흙, 자갈, 나무들과 암설들이 2~5 m의 두께로 마을을 휩쓸면서 건물을 파괴하고 사람들을 쓸어버렸다. 그것은 거기에 살고 있는 28,700명의 사람들 중 21,000명 이상의 목숨을 앗아 갔고, 증기를 뿜어내는 50 m 두께의 아래에 그들을 묻어 버렸다.

아르메로의 비극은 눈이나 얼음의 넓은 지역으로 덮여 있는 화산의 비교적 작은 분화로부터 결합적인 위험들을 강조한다. 그 위험이란 뜨거운 암석과 눈과 얼음을 동반한 암설의 기계적 혼합, 화산이류의 부피를 증가시키기 위한 부가적인 퇴적물과 물의 유입, 그리고 하류로 흘러내릴 때 100 km 이상의 빠른 속도를 유지하면서 계곡의 아래쪽으로 흘러내리는 화산이류의 격변적인 영향 등이다.

고찰

A 알래스카 리다우트 화산의 화산재 퇴적층

C. Neil, USGS.

1. 이 사진에서 두 개의 주요 층(layer)을 각각 퇴적시킨 분화 과정의 주요한 유형은 어떤 것인가? 또한 어떤 특성들이 이 과정을 지시하는가?
2. 각각의 층에서 가장 두꺼운 그리고 가장 얇은 부분은 어디라고 예상하는가?
3. 각 층의 각 유형의 공간적 범위를 비교하라.

C 뉴멕시코의 리오그란데 계곡

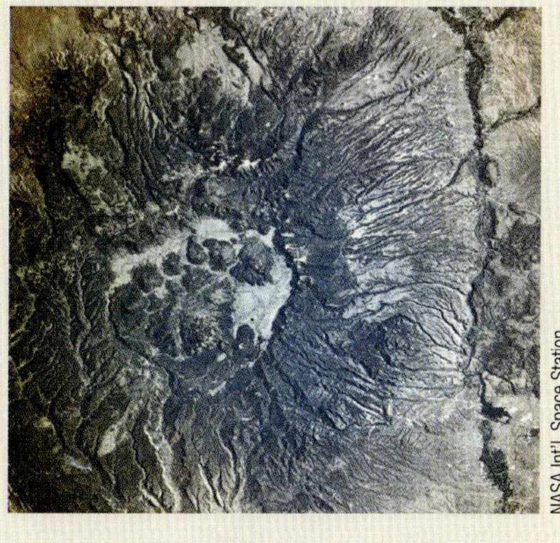

NASA Int'l. Space Station.

1. 거대한 화산 꼭대기의 항공사진에서, 아주 큰 함몰 지역의 사면에는 아래쪽으로 흐르는 물줄기 계곡들이 형성되어 있는 것을 볼 수 있다. 이러한 함몰 지역을 무엇이라고 부르며, 이것은 어떻게 형성되는가?
2. 지하에 놓여 있는 마그마 방의 최소 지름은 얼마인가?
3. 이것은 분화 전의 모습인가? 아니면 분화 후의 모습인가?
4. 이러한 화산은 다시 분화할 가능성이 있는가? 그 이유는 무엇인가?

B 하와이 용암류

Donald Hyndman.

1. 이러한 종류의 용암의 흐름을 무엇이라고 부르며, 이것은 어떤 종류의 암석을 형성하는가?
2. 어떤 용암류가 더욱 두터운 유동을 만들며, 또한 어떤 것이 경사면에서는 더욱 빨리 흐르는가? 같은 근원지에서부터 나온 용암류의 대조적인 유형에는 무엇이 있는가?

D 하와이

USGS.

1. 이 사진에 나와 있는 사람들은 너무나 여유 있어 보인다. 그 이유는 무엇인가? 위험한 상황을 만들지는 않는 것인가? 왜 그런가?
2. 무엇이 불타고 있으며 또한 불타고 있는 이유는 무엇인가?
3. 오두막집 방향으로 나 있는 지평선의 경사는 왼쪽 편의 바다 표면과 거의 평평한 것을 볼 수 있다. 그 경사를 만드는 요소는 무엇이며 또한 왜 평평한 모습을 보이는가?
4. 용암이 바다로 들어가면 어떤 성분의 암석이 형성되는가? 답을 고려해 볼 때, 이 도로 아래로 100 m 이상 떨어진 곳에 있는 현무암의 자연 상태는 어떠한가?

E 필리핀 피나투보 화산의 산자락

USGS and Raymundo Punongbayan, Philippine Inst. Volc. & Seismol.

삽입된 사진은 1991년 화산분화 이전의 어느 한 집을 보여 주고 있다.

1. 화산의 아래쪽 경사면에 있는 어떠한 물질이 사진 아래쪽의 반을 형성하고 있는가? 그리고 그 물질은 어디서부터 온 것인가?
2. 이 물질은 화산분화 이전, 분화되는 과정, 분화 바로 직후, 또는 여러 달이나 수년 중 어디에 해당되며 분화 이후 얼마나 걸려서 생긴 것인가?

F 1980년대 초반 세인트헬렌스의 산자락 근처

Hyndman.

1. 앞의 땅에 울퉁불퉁한 언덕을 만들고 있는 물질은 무엇인가?
2. 그것들은 어디에서 유래하였으며, 어떻게 거기에 있게 되었는가?
3. 이 작은 언덕들은 매우 울퉁불퉁한데 계곡에서 먼 하류 쪽 계곡 바닥은 왜 편평한가?

G 1980년대 초 세인트헬렌스의 산자락 근처

J. Rosenbaum, USGS.

찌그러진 자동차는 대부분 땅 위에 누워 있는, 가지가 없는 죽은 나무들로 둘러싸여 있다.

1. 이러한 종류의 피해를 일으킨 특이한 과정은 무엇인가?
2. 통나무와 승용차 위의 옅은 회색의 물질은 무엇인가? 어떻게 그 위에 가게 되었는가?
3. 운전자는 이 사건에서 살았겠는가? 아니면 무엇이 그를 사망하게 하였는가?

H 남부 캘리포니아의 매머드 산 근처

USGS.

1. 무엇 때문에 죽은 나무의 이러한 큰 조각들이 죽었는가?
2. 나무를 죽인 물질의 궁극적인 기원은 무엇인가?
3. 이러한 물질은 같은 장소에서 동물이나 사람도 죽일 수 있는가?
4. 당신은 이런 종류의 죽은 물질을 직접 본 경험이 있는가? 언제, 어디에서인가?

7장 복습

요점

화산재해

- 화산분화에 의해서 사망한 사람의 숫자는 분화하는 화산 근처의 인구밀도와 분화산물에 주로 의존한다.
- 용암류는 그들 경로에 있는 모든 것을 부수고 태워 버리기 때문에 재산을 파괴한다. 그러나 매우 천천히 이동하기 때문에 인류에게는 심각한 피해를 주지 않는다. **그림 7-2.**
- 화쇄류는 화산의 사면을 따라 질주하는 수증기와 화산재로 구성된다. 그들은 화산재가 풍부한 충격파의 형태로 선행될 때 화쇄난류라고 부른다. 그들은 물 위를 가로질러 갈 수 있으며 흘러갈 수 있는 거리는 주된 분연주의 높이와 분연주 내부의 화산재의 밀도와 관계된다. **그림 7-6, 7-7.**
- 강하화산재는 퇴적층이 충분히 두꺼운 경우 지붕을 붕괴시킬 수 있으며 비록 소량의 화산재라도 수송의 주요한 수단을 교란시킬 수 있다. 항공기는 특히 화산재 구름 속을 비행할 때 민감하다. 부유하는 화산재는 태양복사를 차단할 수 있으며 그로 인해 농작물을 황폐하게 할 수 있다. **그림 7-9.**
- 화산이류는 뜨거운 화산재가 눈이나 비와 결합할 때 발생할 수 있다. 뜨거운 화산이류는 라하르라고 부른다. 성층화산체에서는 특히 그들이 불안정한 경우에 화산이류를 쉽게 유발할 수 있다. 빠른 속도로 이동하는 화산이류는 종종 큰 바위를 끌어올려 함께 이동하거나 화산체의 아래쪽에 위치한 공동체에 위해를 가할 수 있다. **그림 7-11~7-15.**
- 화산은 이산화탄소, 이산화황, 수소, 황화수소를 포함하는 보그라고 부르는 독성가스를 방출한다. 보그의 높은 농도는 사람과 동물을 죽일 수 있다. 보그는 또한 음용수를 오염시킬 수 있는 산성비를 만들 수 있다. **그림 7-16~7-19.**

화산분화 예측

- 앞으로 일어날 화산분화를 잘 예측하는 것이 현재 가능한 것은 아니다. 그러나 과학자들은 장기예보를 제공하거나 하나의 분화가 발생하면 종종 임박한 분화의 경고 등을 제공한다.
- 특정 화산에 의해서 나타나는 화산재해를 이해하기 위해서는 과거분화의 주기, 암석의 성분, 분화크기, 분화유형의 분석에 의존해야 한다.
- 수천 년 동안 분화하지 아니한 화산도 여전히 활동적으로 남아 있을 수가 있다. 이것은 분화 사이의 기간이 매우 길기 때문이다.
- 분화의 전조현상에는 지구의 지표를 향해서 이동하는 조화지진의 진동, 지표면의 경사, 수준계에서의 변화, 분화하는 가스에서의 변화 등이 포함된다. **그림 7-21.**

재해완화

- 용암류는 예외적인 어떤 수단 없이 정지시키거나 방향을 전환시킬 수 없다.
- 현재 발생한 화산이류의 경보는 많은 최신기술에 의해 제공될 수 있으나 도착하기까지의 시간은 매우 짧을 수 있다.

위험지역의 인구

- 심각한 화산재해 지역은 이탈리아, 북아메리카 서부의 캐스케이드 등이다.

중요 단어

고화산학(paleovolcanology)
라하르(lahar)
보그(vog)
응회암(tuff)
이류(mudflow)
화산재(volcanic ash)
화산성 기후(volcanic weather)
화쇄난류(또는 서지, surge)
화쇄류(pyroclastic flow)

복습 문제

1. 화산으로부터 어떤 분출물이 분화가 중단된 후에도 오랜 기간 동안 사람들을 사망하게 할 수 있는가? 그 이유는 무엇인가?
2. 용암류와 화쇄류 중 어느 것이 사람들에게 더 위험한가? 그 이유는 무엇인가?
3. 활동적인 화산으로부터 상승하는 플룸에 곧 분화할 새로운 마그마가 들어 있다는 것을 어떻게 말할 수 있는가?
4. 화산분화의 어떠한 산물이 넓은 지역의 온도를 하강시키고 농작물을 황폐하게 만들 수 있는가?
5. 화산분화 동안에 어떤 이유로 종종 비가 내리는가?
6. 무엇이 일반적으로 화산이류를 발생시키는가?
7. 왜 분화하는 화산재는 제트 항공기에 위험한가?
8. 만약 당신이 세인트헬렌스 화산을 방문한다면, 모두 서로 나란하게 땅 위에 누워 있는 수천 개의 나무들을 볼 수 있다. 나무들이 한 방향으로 누워 있는 이유는 무엇일까 설명해 보라.
9. 만약 화쇄류가 1킬로미터 직경의 호수를 건너 접근한다면 안전하겠는가, 그렇지 않겠는가? 그 이유를 설명하라.
10. 오래된 강하 응회암의 어떤 특징이 오래된 화쇄류 응회암과 구별되는가?
11. 분화하는 화산의 어떤 재해가 다른 어느 것보다도 많은 사람을 사망하게 하는가? 이러한 위험을 설명하라.
12. 과학자들은 어떤 화산이 지난 10,000~12,000년 동안 분화하지 않았다면 사화산이라고 믿는다. 이것이 정확하지 않다는 사례를 하나면 들어 보라.
13. 과학자들이 화산이 분화될 가능성이 있다는 것을 결정하는 데 사용하는 증거에는 어떠한 것들이 있는가?
14. 활동적인 캐스케이드 화산의 사면에서 거대한 팽창부가 서서히 부풀어 오르는 원인은 무엇인가?

토의 문제

1. 이탈리아 나폴리 부근의 베수비오 산은 인접한 도시에 재해를 발생시키는 활동적인 화산으로 평가되고 있다. 만약 당신이 나폴리의 도시 방어를 위한 의무를 가지고 있으며, 베수비오 화산을 모니터링하는 수석 화산학자로부터 베수비오가 2주 이내에 분화될 가능성이 60%에 이른다는 조언을 듣는다면 무엇을 어떻게 할 것인가? 수많은 사람들을 이주시키는 것을 고려한다면 언제 어떻게 이것을 실행할 것인가?
2. 화산분화를 왜 단기간에 예측할 수 없는가에 대하여 토의하라. 그러한 예측을 하기 어려운 요인에는 어떠한 것들이 있는가?
3. 만약 당신이 레이니어 산의 분화 위험을 평가하는 연구를 계획한다면, 어떤 유형의 자료를 모으고, 위험을 최소화하기 위하여 그 지역에 살고 있는 사람들에게 어떻게 이러한 자료를 사용할 것인가?

산사태와 사면붕괴

8

Donald Hyndman.

2005년 엘니뇨 겨울 폭우로 인해 발생한 대규모 토사 산사태로 무너진 남부 캘리포니아 라구나 해안의 주택들.

불안정한 언덕

1978년 10월 2일 캘리포니아 로스앤젤레스 남쪽 라구나 해안 가파른 숲 언덕 위에 있는 마을에서 24호의 주택이 대규모 산사태로 무너졌다. 1950년대에 가파른 언덕 위에 많은 주택이 지어졌다. 이 지역의 암반은 지표면과 평행한 30~35도의 경사각을 이루고는 있었지만 과거에 산사태가 일어난 적은 없었다.

두께가 15~20미터에 달하는 토사가 경사면을 따라 흘러 내려왔다. 고대에 일어났던 산사태 표면을 따라 토사더미가 6미터나 이동했던 것이다. 1977~1978년 겨울 엘니뇨(10장 참조)로 인한 폭우가 지표면을 서서히 침수시켰다. 몇 달 후 이 비는 얇고 미끄러운 점토층 상부 토양 입자 사이의 미세공극에 높은 수압을 발생시켰다. 이 공극압이 대량의 토사에 부력을 유발하였고 결국은 붕괴를 발생시켰다.

그 즈음에 지진이 관측된 바는 없었다. 지하수의 조성이 빗물의 조성과는 판이하게 달랐다는 점에 비추어 볼 때 물이 새는 파이프가 산사태 원인이었던 것은 아니다. 놀랍게도 이듬해에 경사면의 보강과 가옥 재건축이 이뤄졌다. 그리고 27년이 지난 2005년 6월 1일 1978년 산사태 발생 장소 60미터 동측에서 산사태가 일어나 19채의 가옥이 파괴되었다. 몇 달 전 내린 폭우가 토사 내 수압을 증가시켰던 것과 마찬가지로 이번에도 물이 산사태를 촉발한 것이다.

경사면에서의 힘

이미 앞 장에서 논의된 여러 위험 요인과 함께 토사의 경사면 하향 이동은 지형 진화의 자연적인 일부분이다. 산은 솟아오르기도 하고 뭉그러지기도 한다. 바위나 기타 물질들은 끊임없이 사면을 따라 흘러내린다. 중력은 경사면에 있는 바위를 수직방향으로 잡아당긴다. 바위는 살금살금 움직이는 점진적 과정을 통해 서서히 이동한다. 바위는 밑을 받치고 있는 흙이나 바위가 없다면 미끄러지거나 굴러 내리게 된다. 대량의 토사가 빠른 속도로 흘러내린다면 재해로 이어질 수도 있다.

경사면이 흘러내림에 저항하는 능력은 사면 상의 물체를 하방으로 내려보내려는 추진력과 물체가 경사면에 자리 잡게 하는 저항력의 관계에 달려 있다. **추진력**(driving force)은 주로 물질의 무게에 작용하는 중력으로 구성되어 있는 반면, **저항력**(resisting force)은 물질의 강도와 그것을 제자리에 머물게 하는 마찰력으로 구성된다. 경사면의 가파름, 물질의 무게, 수분함량 등 모든 요인이 경사면이 흘러내리는 시기를 결정하는 데 기여한다.

경사와 하중

경사각(slope angle) 또는 경사면의 가파름과 경사면 상의 물질의 무게 또는 **하중**(load)의 관계는 사면붕괴에 있어 매우 중요하다. 경사가 가파를수록 경사면에 평행하게 작용하는 중력 끌림이 크기 때문에 사면이 붕괴될 가능성이 크다. **안식각**(angle of repose)은 헐거운 물질이 안정을 유지할 수 있는 최대 각도를 일컫는다. 물질에 따라 안식각이 다른데 주로 구성 입자의 크기와 모난 정도 그리고 함수량에 따라 달라진다. 건조한 구형 모래 알갱이는 30도(수평면에서부터 측정한 각도) 이상 쌓아 올릴 수 없다. 더미에 모래를 더 쌓아 올리게 되면 모래 일부가 굴러떨어지거나 안식각에 이를 때까지 모래더미가 무더기로 흘러내리게 된다. 젖은 모래를 쌓을 경우는 이와 대조적이다(**그림 8-1**).

사면 하부를 향한 추진력은 경사의 가파름과 경사면 상에 있는 물질 무게 또는 하중의 관계에 의해 결정된다. 바위에 의해 주어지는 하중은 추진력으로도 저항력으로도 작용한다. 하중은 경사면과 평행방향으로 당기는 추진력과 바위를 경사면에 붙들어 두려는 저항력의 두 가지 요소로 분리할 수 있다. 가파른 경사에서는 대부분의 토사나 바위의 하중이 경사면과 평행하게 작용한다(**그림 8-2**). 이 경우 추진력이 증가되기 때문에 사면붕괴의 가능성이 상승한다(해설 8-1: 사면붕괴). 경사면 상

그림 8-1 안식각

마른 모래의 경우 안식각에 이를 때까지 흘러내린다. 젖은 모래(좌측 검은 모래더미)는 거의 수직에 가깝게 버틸 수 있다.

해설 8-1

사면붕괴

다음과 같은 조건일 때 물체는 미끄러진다.

마찰저항+응집력 < 추진력

$$f+C < C \text{ 또는 } (N-p)\times\tan\alpha+C < F$$

저항력 < 추진력

여기서

N=경사면에 수직으로 작용하는 힘

$(N-p)\times\tan\alpha$는 '사면에 수직으로 작용하는 힘에서 물의 공극압을 뺀 값'에 '경사각의 탄젠트 값'을 곱한 것이다.

- p=공극압
- α=경사각
- C=응집력: 토양 응집력은 토양 강도와 뿌리 강도를 합한 것이다.

경사면에 물이 가해지는 것이 특히 중요한 사항이다. 지반에 물이 포화되면 부력효과가 나타나고 이 때문에 경사면에 작용하는 물체의 힘이 감소한다. 입자들의 응집력은 마치 약한 접착제와 같아서 미끄러지는 힘이 강할 때는 쉽사리 효과를 잃는다. 점토도 젖었을 때는 응집력을 잃고 만다.

그림 8–2 가파른 경사면에서의 미끄러짐

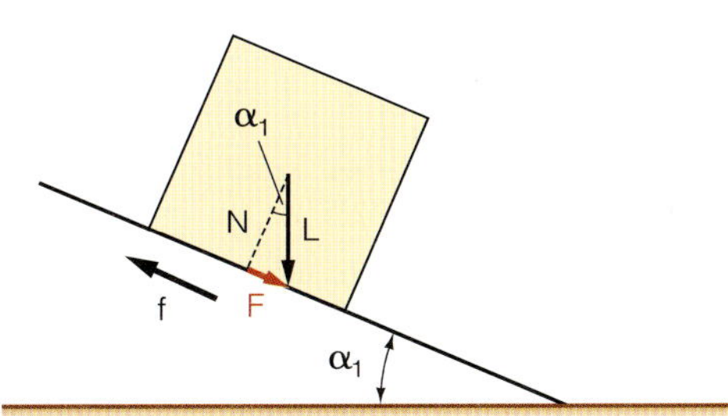

30도 완경사: 경사면에 평행한 힘=하중×sin 30°=하중×0.5 (예, 100 kg×0.5=50 kg)

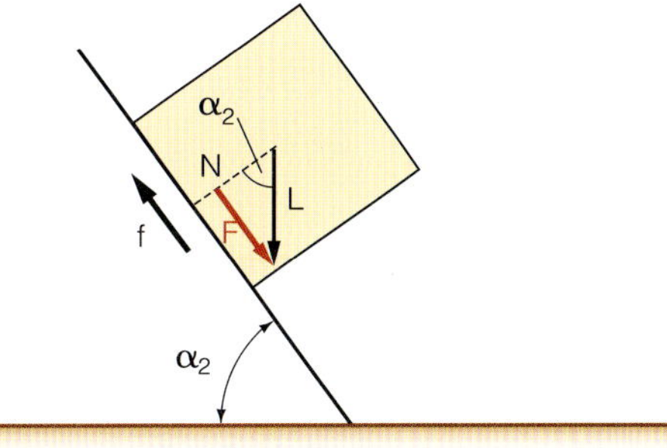

60도 급경사: 경사면에 평행한 힘=하중×sin 60°=하중×0.87 (예, 100 kg×0.87=87 kg)

α 경사각
L 무게 또는 하중
N 사면에 수직으로 작용하는 힘
F 사면에 평행하게 작용하는 힘
f 물질의 미끄러짐 저항 마찰력.

사면에 평행한 추진력(F)은 경사각에 비례한다.

경사면에 놓인 물체에 작용하는 힘을 비교하여 보여 주고 있다. 경사면이 가파를수록 사면에 평행하게 작용하는 힘이 더 크기 때문에 미끄러져 내릴 가능성이 크다(붉은 화살표). 완경사면에서는 마찰력(f)이 경사면을 따라 당기는 힘(F)보다 큰 반면, 급경사면에서는 그 반대인 점에 주목하라.

의 하중이 늘어나면 사면붕괴 가능성이 증가하는 것이다.

마찰저항 및 응집력

사면 아래로 물체를 당기는 추진력은 마찰저항과 응집력에 의한 저항력에 의하여 상쇄된다. **마찰저항**(frictional resistance)은 경사각(α)과 본체의 하중(L)에 의존한다. 물질과 하부 경사면의 접촉면적은 마찰저항에 영향을 미치지 않는데 이는 동일 물질로 구성된 물체는 크거나 작거나 같은 경사면에서 미끄러질 수 있음을 의미한다. 추진력(F)이 마찰저항(f)을 초과할 경우 물체가 미끄러져 떨어지거나 사면붕괴가 일어난다(그림 8-2). 경사면에 대한 마찰력을 감소시키면 사면붕괴의 가능성은 증가한다.

응집력(C)은 토양 입자들을 뭉치게 하는 중요한 힘이다. 일반적으로 응집력은 헐거운 입자들 사이에 있는 물 또는 시멘트의 **표면장력**(surface tension)에 의해 만들어진다. **응집력**(cohesion)은 미세한 점토입자들 간 정전하 인력, 입자 사이 물 분자 간 표면장력에 의한 인력 또는 접합 물질의 강한 화학적 결합력에 의해 형성된다. 대부분의 입자들 표면에는 미세한 정전하가 존재하고 있다. 추운 날 카펫 위를 걷고 나서 문고리를 잡는다면 카펫에서 얻은 음하전 전자가 문고리로 흐르기 때문에 약한 전기충격을 느낄 것이다. 초미세 점토 입자들(<30 μm 또는 0.03 mm)은 서로 강하게 결합하기에 충분한 하전을 띤다.

모래같이 입자가 다소 큰 경우에는 입자 사이에 형성된 얇은 수막에 의해 입자들이 뭉쳐 있게 된다. 어린 시절 모래 놀이를 통해 약간의 물을 첨가하면 쉽게 모래성을 만들 수 있다는 것을 알 수 있었다. 여기서 약간의 물이란 모래 입자 사이를 채울 만큼이 아니라 모래 입자 표면을 적실 정도의 양을 말한다(**그림 8-3**). 유리판이 젖은 다른 판 위에 있을 때 떨어지기 어려운 것처럼 두 개의 젖은 평판은 떼어 내기 힘들다. 이는 좁은 간격에 있는 물의 표면장력에 의한 당김 인력이 유리판을 잡고 있기 때문이다.

그림 8–3 젖은 입자

성긴 모래 입자 사이 공간을 물이 채우고 있는 모습(청색). 물이 공극을 완전히 채우고 있지 않을 때 물의 표면장력에 의해 입자들이 뭉쳐진다.

요약하면, 물체가 버티는 힘, 경사면에 대한 마찰력, 그리고 물질의 응집강도에 비해 추진력이 강할 때 산사태가 일어난다. 흘러내리던 사면의 상부 표면이 말려 뒤집어지면 밀려 내려오는 양은 줄어드는 반면 방해하는 물체가 증가하기 때문에 힘의 균형이 이뤄지고 이에 따라 붕괴가 늦춰지면서 결국은 중지된다. 여러 지질학적 과정이 그러하듯이 경사면 또한 힘의 균형이 유지되는 동역학적 평형상태를 이루고 있다. 시간이 흐름에 따라 경사면은 지역적 환경에 의해 조절되는 준평형 상태에 도달한다. 즉 경사면은 사면 구성물질, 기후 및 토양 함수량 등의 상태를 반영한다.

사면 구성물질

경사면을 구성하는 물질 그리고 지형과 함수량은 산사태에 있어 중요한 역할을 한다. 암반 상의 느슨한 재료는 본질적으로 약하다. 단단한 암반으로 미처 고화되지 못한 침전물이나 점토 및 혈암도 마찬가지로 약하다. 이러한 물질들은 대부분 흘러내릴 가능성이 크다.

함수량 어린 시절 모래성 쌓기 놀이에서 알 수 있듯이, 입자 사이 물의 양이 사면강도에 물이 어떠한 영향을 미칠지를 결정짓는다. 소량의 물은 입자들이 서로 응집할 수 있도록 하는 반면 과도한 물은 (수압을 증가시킴으로써) 응집력을 없애고 입자들을 흩어지게 한다.

입자들 사이의 공간을 공극(pore space)이라 한다. 헐거운 토양은 10~45%가 공극이다. 공극이 물로 포화되면 토양 내 연속적 수주가 형성되는 것을 예상할 수 있다. 각 수주 바닥의 수압은 수주의 높이, 즉 수주의 하중에 의해 결정된다. 경사면에 더 많은 물이 가해지면 토양 내 수위, 즉 지하수위(water table)가 상승하기 때문에 그 깊이에서의 공극 수압이 증가된다(**그림 8-4A**). 지하 특정 지점에서의 물 무게는 수압을 제공하여 토양 입자를 흩어지게 한다. 수압은 토양을 약화시키고 결국은 사면붕괴를 초래한다. 사면 또는 절개면이 특정 높이까지 확연히 젖어 있는 경우라면 이를 통해 지하수위를 알 수 있다(**그림 8-4B**). 땅이 물로 포화되었을 때 지표면에서는 물이 흘러나오는데 이는 사면붕괴 가능성의 조짐이다(**그림 8-5**).

내부 지층면

화강암, 현무암, 석회암과 같이 단단한 암석은 본질적으로 강하기 때문에 흘러내릴 가능성이 낮다. 그러나 암석들은 통상적으로 취약한 평면상 내부 표면을 갖고 있는데 일정한 각도로 기울어져 있다. 이러한 취약부위는 토양과 하부암반, 과거 산사태가 났던 곳의 표면, 단층 사이와 같이 강도가 다른 암석들 간의 접촉부위, 암석 파쇄대 및 퇴적암층 등이다. 이와 같은 취약부위가 경사면과 평행하게 존재한다면 이곳이 바로 사면붕괴 표면이 될 수 있다. 전술한 바위들의 취약부위가 경사면 하방을 따라 각을 이루고 있다면 특히 무너져 내릴 가능성이 높다.

내부 표면이 언덕 경사각보다 완만한 각도로 박혀 있는 것을 **노출지층**(daylighted bed)이라 하는데 하부의 경사면과 교차하기도 한다. 이러한 노출지층은 종종 도로 절개나 개울에 의해 그 하단부가 노출되는데(**그림 8-6**), 사면붕괴의 최적 지점으로 작용한다. 노출지층이 제자리에 버틸 수 있게 해 주는 저항 하중이 없기 때문에 층간 마찰력과 응집력만이 물체를 미끄러지지 않게 잡아 주는 힘으로 작용한다. 사면붕괴 지역의 표면에

그림 8-4 지하에서의 물

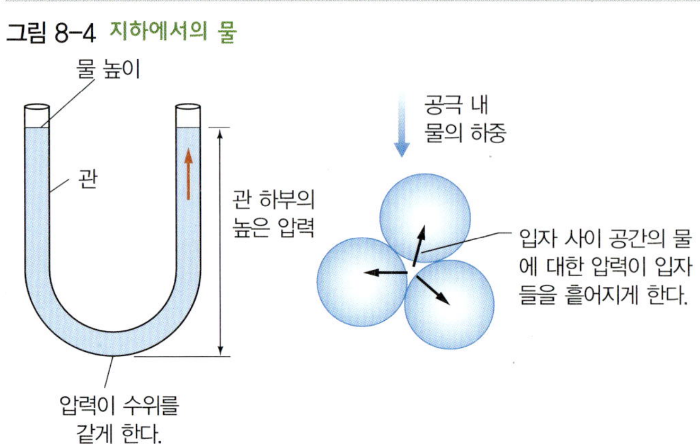

A. 특정 깊이에서의 수압은 상부에 존재하는 물의 무게 또는 하중과 동일하다. **B.** 몬태나 주 빙하 국립공원 도로 절개면에 물이 포화된 지하수위 선이 선명하게 나타나 있고 이곳 아래에서는 물(검은색)이 흘러나오고 있다.

그림 8-5 질퍽한 땅

캘리포니아 남부 멘도시노 동측에 위치한 경사면에 물이 포화되어 줄줄 흘러나오고 있다.

있는 바위는 그 앞에 더 이상 밀어 내릴 다른 바위가 없다.

점토 및 점토의 거동

어떤 토양이나 암석 재질은 물을 흡수하여 팽창하는 점토를 함유하고 있기 때문에 암석을 약화시키며 심지어는 암석을 들어 올리기까지 한다. 암석에 있어 가장 풍부한 광물의 하나인 장석은 기본적으로 알루미늄 실리케이트이며 칼슘, 나트륨이나 칼륨을 다양한 비율로 함유하기도 한다. 모든 광물질의 화학적 풍화는 일차적으로 물과의 작용으로 시작한다. 장석은 풍화가 진행됨에 따라 대부분의 칼슘, 나트륨, 칼륨을 잃는 반면, 알루미늄, 실리콘 및 산소가 재구성을 통해 네 개의 산소원자가 결합된 실리콘이나 알루미늄 원자는 미세 박판 구조를 가지는 점토를 이룬다. 두 가지 주요 점토 광물인 고령토와 녹점토는 그 구조로 인해 쉽사리 산사태에 이르게 된다(이러한 구조는 개별 분자수준에 따라 다르며 현미경으로 관찰하기 어려울 만큼 크기가 작다. 자세한 사항은 온라인 부록 2를 참조하라).

고령토(kaolinite) 조각은 전체적으로는 하전을 띠지 않지만, 한쪽 면(상부)은 약한 양전하를 띠고 있으며 다른 쪽은 약한 음전하를 띠고 있다. 약한 양과 음 전하가 서로 당기는 힘으로 판상구조를 이루게 된다. 각각의 장석 조각은 물을 흡수하지 않고 젖어 있더라도 팽창하지 않는다. 장석 조각은 덥고 습한 환경에서 풍화를 통해 형성된다. 이들은 전반적으로 부드럽고 약하며 물에 젖는 구조를 갖기 때문에 쉽사리 산사태의 요인으로 작용한다.

녹점토(smectite) 조각은 분자층 사이가 열린 구조를 가지고 있어서 물이 채워지면 급격한 팽창으로 이어지고 토양을 부풀게 한다. 물은 사실상 아무런 강도를 갖지 않기 때문에 하중이 가해지면 층상구조의 미끄러짐이 쉽게 일어난다. 화산재가 풍화되면 녹점토가 형성되므로 화산재를 함유하고 있는 토양은 극도로 미끄러울 뿐 아니라 물에 젖었을 때 산사태로 이어진다(사례: 미끄러운 녹점토가 쌓이면 산사태 조건을 만든다—사우스다코타 주의 포레스트시티 다리).

바다 만, 하구와 오래된 염호의 바닥에 있는 물을 머금은 진흙을 **퀵클레이**(quick clay)라고 부른다. 이들은 교란되면 쉽사리 무너지거나 흐르는 속성이 있다. 세사와 점토 입자는 아주 미세하기 때문에 물이 공극 사이를 지나 빨리 빠져나갈 수 없다. 점토 입자가 염수에 축적되면 미세 입자 표면의 정전 음전하가 입자들을 서로 떨어지게 한다. 점토 입자가 무작위 방

그림 8-6 위태로운 경사면

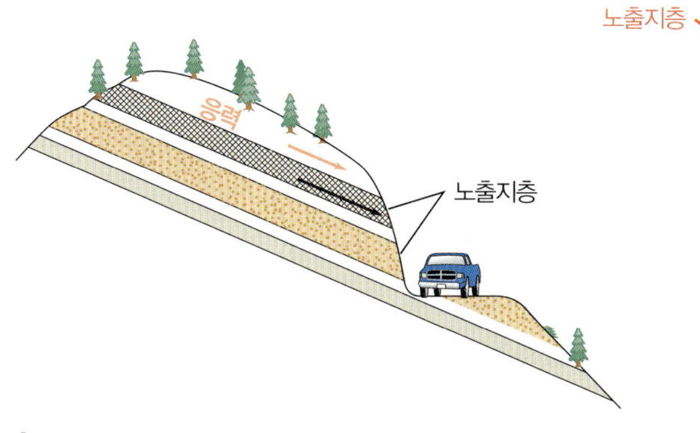

A. 암층이 사면에 평행하게 박혀 있고 끝 부분이 지표에 나와 있는 것을 '노출지층'이라 한다. B. 브리티시컬럼비아 남부의 3번 고속도로 상에 보이는 판상의 화강암 노출지층이 가파른 각도로 박혀 있다.

그림 8-7 퀵클레이의 붕괴

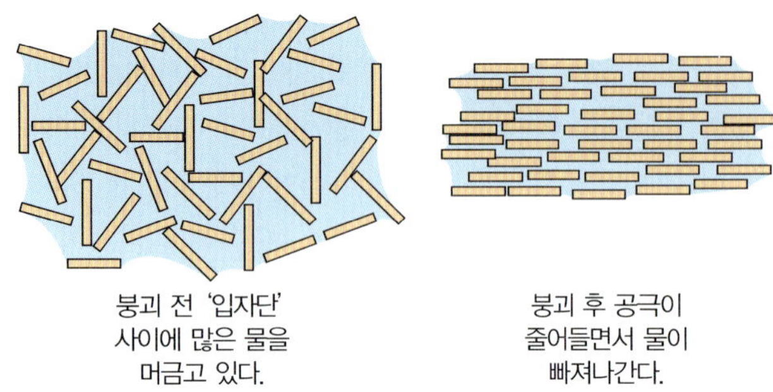

A. 무작위 방향으로 침적된 카드 모양의 점토 입자 사이에 상당히 큰 공극이 형성된다. **B.** 붕괴 이후 점토 입자가 밀집되어 공극이 작아지면서 물이 빠져나간다.

그림 8-8 흘러내리는 토사

1993년 6월 20일 온타리오 주 오타와 인근 르뮤 마을에서 세인트로렌스 강 계곡의 레다클레이 수평단구 토사가 강으로 흘러내렸다.

향으로 배열됨으로써 물체 전체의 50% 이상이 공극을 구성한다. 물과 바다 염분을 함유한 '입자단(house of cards)'은 매우 불안정하다. 물에 녹아 있는 염분은 양전하를 띤 나트륨 이온과 음전하를 띤 염소 이온으로 분리된다. 작은 점토 입자는 음전하를 띠기 때문에 물의 양전하와 조합을 이룬다. 이러한 느슨한 결합이 지진이나 상부에 가해지는 하중으로 인해 교란되면 입자 사이의 물이 빠져나가고 입자들이 부상한다(**그림 8-7**). 점토 입자가 새로운 방향으로 배열되는 몇 분 동안 점토는 액상으로 변하고 물처럼 흐른다. 그러고 나서 고화가 진행되면 안정화되어 다시 액상으로 변하지 않는다. 퀵클레이 붕괴 이전에 존재하던 공극수보다 더 많은 양의 물이 채워지기 때문이다.

퀵클레이는 캐나다, 알래스카, 북유럽 등의 북부 해안에 흔하다. 퀵클레이를 기반으로 지어진 거의 모든 건축물은 위험하다. 지각운동이 바다 또는 염호의 침전물을 수표면 위로 밀어올릴 때 점토 입자 사이에 있는 염분이 담수에 씻겨 나가고 침전물이 불안정한 상태가 된다. 침전물에서 빠져나가는 물은 결국은 음전하를 띤 점토 입자와 결합되어 있는 나트륨 양이온을 제거한다. 그러고 나면 침전물은 점토 입자를 지지해 주는 힘이 없으므로 무작위 방향으로 배열된 더미를 이루어 매우 불안정한 상태가 된다. 어느 날 퀵클레이가 붕괴되어 바닥에 종이가 흩어져 있는 것처럼 판상 입자가 평행하게 배열되면 침전물은 액상으로 변한다. 이러한 일은 사전 경고는 물론 촉발 상황 없이도 일어난다.

지진, 항타기나 중장비 진동은 퀵클레이 붕괴를 유발할 수 있다. 심지어 부하가 가해지기만 해도 액상의 진흙이 흘러내리게 하는 요인으로 작용한다. 1978년 러시아와 노르웨이의 호숫가에서 농부가 말뚝을 박을 때 가해진 부하가 퀵클레이 붕괴를 일으켜 33 ha의 농지가 덮였다. 온타리오와 퀘벡 주의 세인트로렌스 강 계곡의 광범위한 레다클레이는 민감한 해안 점토 지대이다. 1993년 6월 20일, 르뮤 마을 근처에서 280만 m^3의 하안단구 점토가 경사면을 따라 사우스네이션스 강으로 흘러내렸다(**그림 8-8**).

산사태의 원인

이 장 시작 부분에 언급된 경사면의 평형상태는 경사각과 하중 관계의 균형과 관련이 있다는 것을 상기해 보자. 외부요인에 의해 경사면에 가해진 변화, 즉 도로 개설이나 하천에 의한 사면하부 절개, 건설작업에 의한 경사면 상부 부하 증가, 여러 방법을 통한 물의 첨가, 식생제거에 의한 물 침투 등은 평형상태를 불안정하게 변화시켜 산사태를 조장한다. 함습 조건, 사면 물질의 불안정성이나 지진은 산사태를 유발할 수 있다.

과도한 가파름과 과부하

경사면을 더 가파르게 만들거나 사면 하중을 증가시키면 경사면에 작용하는 힘들의 균형이 깨질 수 있다(그림 8-2 참조). 사면 하단부의 토사를 제거하거나 사면 상부에 물질을 첨가하면 부하가 증가된다. 때로는 건축물, 성토, 강우, 또는 강설의 형태로 부하가 가해질 수 있다. 경사면 하단을 절개하거나 사면 상부에 물질을 가하면 경사각이 증가된다. 경사가 가파를수록 안정성이 떨어지기 때문에 경사면이 가파르게 변화되면 사면붕괴의 가능성이 증가한다.

사면 기저부 침식과 같은 자연적 과정 또는 인위적 굴삭이나 충전에 의해 사면의 가파름이 증가될 수 있다. 흔히 두 가지 과정이 복합적으로 문제를 일으킨다. 캘리포니아 중부 해안을 달리는 1번 고속도로가 악명 높은 사례를 제공한다. 가파른 경사면을 굴착하여 만들었기에 종종 산사태로 인한 도로 유실이나 폐쇄가 발생한다. 최근에 발생한 산사태들은 대형 파랑, 해안 침식 및 해안성 폭우가 동반된 1982~1983년과 1997~1998년 대규모 엘니뇨와 시기가 일치한다. 해안절벽 기부에 대한 파랑 작용과 폭우는 균열된 바위를 물먹게 하여 내부 공극압을 증가시킴으로써 산사태 발생 가능 조건을 제공하였다.

위치에 따른 편이성은 별개로 치더라도 사람들은 바다, 강, 호수 절경이 보이는 언덕 위에 집을 짓는다. 불행하게도 이런 경사면은 기저부 토사를 제거함으로 인해 과도하게 가파르게 변화된다. 파도나 강에 의해 절벽 하부가 세굴되고 도로 개설로 인한 경사 기저부의 절개가 이뤄진다. 일부 경사면들은 부드러운 물질로 이뤄졌고 주택이나 정원을 만들기 위해 터파기를 하기 전까지는 오랜 기간 안정을 유지해 왔다. 집을 지으면서 하부를 절단하고 상부에 부하를 증가시켜 산사태가 나기 쉽게 만들고 있다(**그림 8-9**). 또한 이러한 개발행위는 종종 수영장이나 정화조 설치를 포함하기 때문에 토양의 함수량을 증가시켜 산사태 위험을 증가시킨다.

파랑운동으로 가파르게 변화된 단구의 전면과 같은 일부 가파른 경사면의 하단부는 거의 저항체가 없는 경우도 있다. 2006년 11월 6일 오리건 주 뉴포트 북부 해안의 파랑으로 침식된 지역에 있는 20미터 절벽 위의 고가 주택에서는 6미터 이상의 택지가 소실된 사례가 있다. 이 주택은 또한 산사태 피해의 위험에도 처해 있다. 오리건 북서부에서는 전례 없던 폭우로 산사태가 발생하여 도로가 폐쇄되었고, 워싱턴 주 서부와 오리건 주 대부분의 강은 범람 위기에 이르기도 했다. 이러한 대형 파도와 폭우는 엘니뇨의 결과이다.

어떤 경우는 대규모로 무너진 토사가 서서히 이동하면서 비극적인 결과를 남긴다. 한 예로 나무와 덤불로 뒤덮인 깎아지른 절벽의 전면부가 갑자기 무너지면서 주택을 덮쳐 자고 있던 교사와 그 일가족이 사망하였다(**그림 8-10**). 그 주택은 시애틀 근처 퓨젓사운드 해안(만)의 좁은 지역에 한 줄로 지어진 집들 중 하나였다. 사망한 교사의 부모는 주택 위치에 대하여 우려하였으나 그곳에서는 70년간 아무런 문제도 생긴 적이 없었기에 안심했었다.

그림 8-9 산사태 요인들

무게나 부하(충전) 증가, 경사각 증가(굴삭 및 충전), 헐거운 재질의 건축물(충전), 함수량 증가는 모두 산사태 위험을 증가시킨다.

물의 첨가

경사면에 물을 첨가하면 사면에 대한 하중을 증가시켜서 강도를 떨어뜨리기 때문에 산사태가 잘 일어난다. 폭우 또는 장기 강우는 토양을 물로 포화시킴으로써 공극수압을 증가시키고 토양 입자를 분리시켜 산사태를 유발한다. 다른 조건이 모두 동일하다면 젖은 경사면이 더 산사태에 취약하다.

인간 활동에 의해 경사면에 물이 첨가되면 산사태 가능성이 증가한다. 정화조 배수나 관개수로와 마찬가지로 누수, 하수관거, 또는 금 간 수영장 등도 토양에 물을 제공한다(사례: 수로 누수로 인한 치명적 산사태—2009년 유타 주 로건 산사태). 지나친 농작물 관개나 장시간 잔디 물주기는 지하수위를 상승시켜 사면 안정성을 해칠 수 있다.

캘리포니아 주 라콘치타에서 물이 스며든 일로 인해 끔찍한 산사태가 일어났다(**그림 8-11**). 마을 뒤쪽의 100미터 높이에 달하는 해안단구의 전면은 거의 직벽에 가까웠으며 아직 암석화되지 않은 부드럽고 약한 다공성 침적토로 이뤄졌다. 해안단

그림 8-10 위험한 언덕

USGS.

A

B

Alex Feldman, Shannon and Wilson Inc.

A. 시애틀 근처 퓨젓사운드 끝자락의 해안절벽 일부가 무너져 내려 해안에 있던 집 한 채를 덮쳐 매몰시켰다. B. 시애틀 근교의 목련 절벽은 퓨젓사운드 만이 바라다보이는 전망 좋은 곳이지만 산사태로 인한 주택파괴의 위협을 받고 있다.

그림 8-11 재앙의 재발

Robert Schuster, USGS.

A

Donald Hyndman.

C

B

Jonathan Godt, USGS.

흠뻑 젖은 토사가 내려온 길목인 해안단구 자락에 캘리포니아 주의 라콘치타 마을이 자리 잡고 있다. A. 1995년 산사태로 주택들이 매장되었으나 사망자는 없었다. B. 2005년 예전에 산사태가 났던 곳의 토사가 또다시 붕괴되어 많은 가옥이 파괴되었으며 10명이 사망하였다. A와 B 그림 모두 경사면 상부에 아보카도 과수원이 보이며 경사면 좌측 테라스 윗부분에 과거 산사태가 났던 흔적이 보인다. C. 오른쪽에 보이는 주택의 창틀이 비뚤어진 것은 집 위층이 우측으로 밀렸음을 나타낸다.

구 상부에는 관개시설을 갖춘 아보카도 과수원이 있었는데 겨울 폭우가 이곳을 흠뻑 적셨다. 1994년 여름 경사면에 생긴 큰 균열을 통하여 내부 침적토로 물이 들어가 흠뻑 적셨고 과거 활성단면이었던 것으로 추정되는 곳에서 물이 새 나오기 시작했다. 가파른 경사 전면에 있는 비포장도로로 인하여 더 많은 물이 스며들 수 있었다. 2005년 1월 10일 거대한 토석류가 밀려 내려가면서 15채의 가옥이 두께 10미터 이상의 젖은 모래와 점토 더미에 묻혔으며 10명의 사망자를 냈다. 두 번째로 일어난 끔찍한 재앙 후에도 주민들이 그 자리에 머물러 살고 있으며 그중에는 지난 산사태로 집과 형제를 잃은 사람도 포함되어 있다.

댐 내부 저수지에 물을 채우는 것 또한 지하수위를 증가시키므로 저수지 가장자리 주변에 산사태가 일어날 수 있다(**그림 8-12**, 사례: 미끄러운 녹점토가 쌓이면 산사태 조건을 만든다—사우스다코타 주의 포레스트시티 다리). 어떤 경우에는 수위가 상승하는 저수지 물이 주변 침적층의 균열들을 채워 경사면을 저수지 방향으로 기울게 만들기 때문에 대량의 토사가 저수지 내로 흘러드는 수도 있다(사례: 저수지 담수로 인해 발생한 합착성 병진 산사태—이탈리아 바이온트).

그림 8-12 저수지 수위 상승

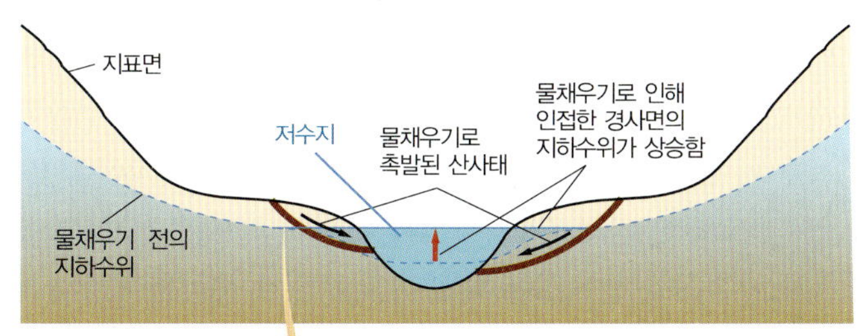

A. 댐 내부 저수지에 물채우기는 인접 경사면의 지하수위를 상승시키기 때문에 때로는 토사가 저수지 내로 쓸려 들어간다. B. (워싱턴 주) 그랜드 쿨리 댐 저수지에 물채우기로 수위가 상승하여 산사태가 촉발되었다.

발생원인의 중첩

가파른 사면, 하단부 굴착, 과부하, 과도한 물, 지진 등의 산사태 촉발 요인들은 서로 독립적으로 작용한다. 날씨는 부하의 추가, 경사각의 변화나 식생 제거 등과는 무관하다. 그러나 다중 요인이 복합적으로 작용할 때 큰 재앙이 일어난다. 1991년 필리핀 피나투보 화산의 폭발과 열대성 태풍의 동시 발생으로 토사가 흘러내려 넓은 지역이 황폐화된 적이 있다.

캐스케이드 산맥의 최고봉이자 가장 큰 화산인 레이니어 산을 예로 들어 보자. 이 산은 지금까지 2,500년 동안 폭발한 적은 없지만 활화산으로 여겨지고 있다. 눈 덮인 산 측면은 가파를 뿐 아니라 약하다. 심한 균열이 일어나고 점토로 변하고 있기 때문이다. 태평양 북서부의 겨울은 매우 습하여 고산지역에는 폭설이 내린다. (지난 1700년 1월 발생한 지진) 이후 또 다른 대지진이 겨울철에 일어나서 3분 이상 진동이 지속된다면, 산 측부에 큰 산사태가 일어날 수 있는데 이는 30만 년 전 섀스타 산에 일어났던 초대형 붕괴와 맞먹을 것이다(**그림 8-13**). 만약 레이니어 산이 북서쪽의 마을로 무너져 내린다면 끔찍한 결과가 초래될 수 있다. 붕괴가 일어날 때 화산 내부의 물을 머금은 마그마까지 생각한다면 어떠할까? 산 측부의 붕괴에 의한 갑작스런 압력감소가 1980년 세인트헬렌스 산 화산폭발 때와 같이 마그마 가스 팽창과 폭발을 일으킬 수도 있으며 그 결과는 참담할 것이다.

사면붕괴의 유형

사면붕괴의 분류는 일반적으로 사면구성 재질, 사면 이동의 종류와 이동속도 등을 기준으로 이뤄진다. 사면구성 재질은 단단한 기반암, 2 mm보다 굵은 토석, 2 mm보다 작은 토양 또는

그림 8-13 큰 구릉들

섀스타 산에서 30만~38만 년 전에 일어났던 대규모 산사태로 인해 만들어진 구릉들이다.

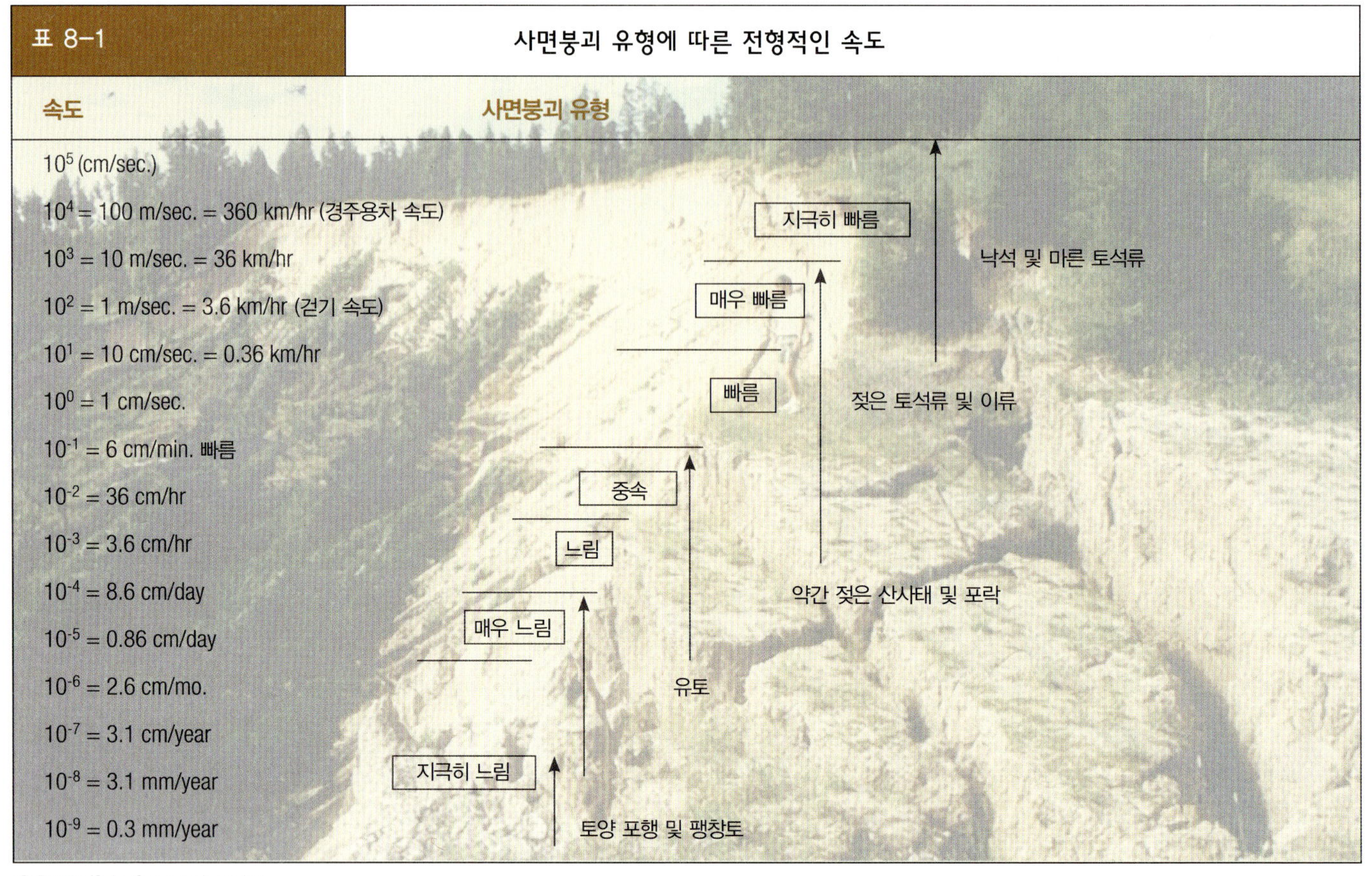

토질로 구분한다. 물은 대부분의 재질, 특히 작은 크기의 입자에 대해 매우 중요한 역할을 한다.

사면붕괴 속도는 이동 메커니즘에 따라 다양하다. 사면 경사도, 입자크기, 함수량, 이동물체의 두께, 점토 광물 종류, 점토의 양 등 다양한 요인이 속도를 결정짓는다. 표 8-1을 통해 대략적인 이동속도를 알 수 있다.

토사이동의 유형에는 절벽으로부터 낙하, 전복, 사태, 측방 확산 및 흐름 등이 있는데 이들은 모두 암석, 토석 및 토양과 관련이 있다. 재질의 종류와 토사이동 유형 간에는 일정한 특성이 존재하는데 물체가 사면을 따라 움직임에 따라 그 유형이 바뀐다. 이동하는 물체는 운동 유형과 재질에 따라 다른 이름으로 표현된다. 낙석, 암석사태, 토석사태, 토석류, 토류, 이류 및 눈사태 등이 흔히 불리는 이름이다.

낙석

낙석(rockfall)은 가파른 산의 수직 절리나 기타 연약지역에서 발생한다. 암석은 물이 얼면서 사이가 벌어지거나 작은 조각으로 파손되어 가파른 경사면 또는 절벽으로부터 떨어지게 되고 사면 아래로 쓸려 내려간다. 수직 절리나 경사각 40도 이상의 경사면은 낙석이 발생할 수 있는 요인이다. 화강암, 변성암, 사암 등과 같이 쉽게 작은 조각으로 부서지는 암석이 잘 떨어져 내린다. 강력한 지진, 기차의 진동, 경사면 하부 굴착, 탄광 발파 등이 낙석을 일으킨다(사례: 발파로 인해 발생한 낙석—앨버타 주 프랭크 산사태).

종종 절벽에서 떨어진 바위가 절벽 아래에 부채꼴로 더미를 이루고 쌓여 **애추**(talus)를 형성하기도 한다(**그림 8-14**). 커다란 표석의 경우 튀기도 하면서 잘 굴러서 사면 기부에서 멀리 가기도 한다. 이러한 표석들은 크기, 속도 및 이동거리 면에서 특히 위험하다. 대형 표석에 의해 주택이 파괴된 사례가 늘고 있다(그림 1-1 참조).

가파른 경사 윗부분에 바위 절벽이 있는 곳은 낙석 위험이 상존한다. 덴버는 고지대 평원의 가장자리에 있으며 그 서쪽 콜로라도 강 기슭에 마을이 자리 잡고 있는데 이곳은 가파르게 경사진 사암층이 구릉과 절리를 이루고 있는 지역이다. 골든의 북쪽에 있는 노스테이블 산처럼 일부 단애의 꼭대기는 삼차 화산암이 덮고 있다. 절벽 위로부터 굴러 내린 표석들이

그림 8-14 안식각

절벽에서 떨어져 나온 잡석이 굴러 내려와 더미를 이루고 쌓여 애추사면을 형성한다. 아이다호 주 새먼 강 강변에 안식각을 이루고 쌓인 애추 모습.

그림 8-15 낙석 위험

혈암이나 점토처럼 연약한 지층을 덮고 있는 사암 같은 강한 층은 낙석 문제를 야기한다(유타 주 사진). 가장 큰 바위가 굴러서 절벽 기부로부터 멀리까지 움직일 수 있다. 이러한 곳이 살기에 안전한 장소인가?

가파른 경사면 아래에 널려 있다. 현재는 주택들이 경사면 하부 지역에 들어서 있다. 미국 지질조사소(USGS)에서 낙석위험지도를 발간함에 따라 이 지역의 미개발 지대는 주택건설 금지구역으로 설정되었다. 구역 설정 후 10년도 지나지 않아 이 구역을 세분하여 개발하고자 하는 사람들이 바위를 굴리면서 안전하다는 주장을 펴는 한편 주택금지구역 설정에 대한 항의시위를 벌였다. 소구역 개발을 주장한 사람에게는 불행스럽게도 산 기부로 떨어진 큼직한 표석이 되튀면서 송전탑을 무너뜨리는 바람에 개발 주장은 받아들여지지 않았다.

종순지형이면서 퇴적층이 수평으로 위치한 지역이라도 절벽과 도로 절개면에서는 낙석 위험이 있다. 강한 사암층과 두꺼운 석회암 암반에서도 종종 수직 파단이 일어난다. 혈암과 같이 연약한 중간층이 풍화되어 돌출부를 남기는 경우 강하지만 파절이 발생한 층이 부서져 떨어질 수 있다. 과거에 큰 표암이 떨어진 적 있던 수직절리가 상부에 있는 사면의 기부에 집을 지어서는 안 된다(**그림 8-15**). 낙석은 주택과 사람에게뿐 아니라 고속도로에도 위해를 줄 수 있다. 종종 도로가 단애 절벽 기부를 따라 개설되어 있거나 높은 절개면을 만들어 경사면을 불안정하게 만들면서 도로를 개설하기도 한다. 콜로라도 서부의 글렌우드캐니언의 70번 주간 고속도로에서 반복적으로 낙석 사고가 일어나는 것이 그 예이다. 70번 고속도로는 혈암층이 박혀 있는 사암 절벽과 강 사이를 달린다.

콜로라도 주에서 산사태는 쥐라기와 백악기 시대의 해양 혈암에 다소 강질의 퇴적암이 섞여 있는 지역에서 흔히 일어난다. 이러한 암층 구성은 모리슨은 140미터 길이, 만코스와 피에르에서는 1,800 또는 2,100미터에 달한다. 피에르의 경우처럼 부푼 화산재로 구성된 점토구역은 젖었을 때 특히 취약하다. 산마루 측구와 도로 절개면에 사암층과 혈암이 혼합층을 이룬 경우 혈암이 풍화되어 뒤로 물러나면서 사암층 절벽이 거의 수직에 가깝게 남는다. 사암층을 가로지르는 파단이 일어나면 표암들이 떨어져 나와 협곡이나 고속도로를 향해 굴러 내려온다(**그림 8-16**). 2003년 11월 10일 비교적 작은 규모의 낙석 사고가 캐스케이드 산 북부의 폐쇄된 20번 고속도로에서

그림 8-16 경암과 연암

단단하지만 파단이 일어난 백악기 시대의 사암과 혈암이 이루고 있는 다코타 형성층이 콜로라도 베일 동부의 70번 고속도로 상에 낙석 위험을 안겨 주고 있다. 사진 우측 하단에 차량이 보인다.

그림 8-17 도로에 떨어진 바위들

고속도로에서 낙석은 위험하다. 파절 공간을 가진 화강암에서는 큰 조각이 떨어져 나올 수 있다. 2003년 11월 10일 캐스케이드 북쪽의 고속도로에 바위가 떨어져 있다.

오랜 기간 일어난 적이 있다(**그림 8-17**).

낙석의 이동 낙석의 **이동거리**(runout)는 바위의 질량과 함께 떨어져 나온 곳의 높이, 즉 굴러 떨어지기 전의 위치에너지와 관련되어 있다(**그림 8-18**, 해설 8-2: 경사면 위 바위의 위치에너지). 높은 곳에서 떨어질수록, 질량이 클수록 위치에너지가 크기 때문에 낙석이 멀리 이동할 수 있다. 스키점퍼나 썰매 타는 아이에게도 똑같은 이치가 적용된다: 높은 곳에서 시작할수록 먼 곳에 내려앉을 수 있다. 작은 바위가 덜 높은 곳에서 떨어질 경우 멀리 가지 못한다. 큰 표석들이 경사면 기부에 모여 있는 그림에서 원리를 이해할 수 있다(**그림 8-19**). 절벽에서 떨어진 큰 표석들이 사면 기부까지 이동하는 것은 두 가지 이유에서 이다. 첫째, 절벽 높은 곳에 있는 큰 바위가 더 큰 위치

그림 8-18 위치에너지와 운동에너지

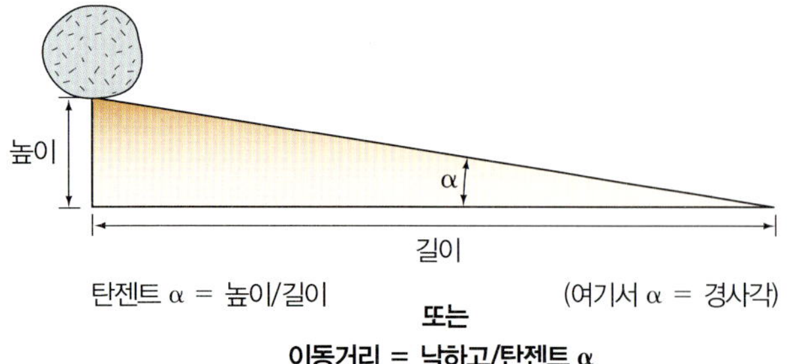

표석이나 암설사태의 이동거리는 일차적으로 위치에너지를 결정짓는 물체 낙하고에 의존한다. 가변적인 값이긴 하지만 볼드체로 표현된 수식으로 추산을 할 수 있다.

해설 8-2

경사면 위 바위의 위치에너지

경사면 바위의 위치에너지는 질량과 경사면 상의 높이에 의존한다.

$$\text{위치에너지} = m \times g \times h$$

여기서

m = 질량(kg)
g = 중력가속도(m/sec/sec)
h = 높이(m)

바위가 떨어지면서 그것의 위치에너지는 운동에너지로 전환된다. 바위의 속도는 낙하점에 이르러 가장 빠르며, 따라서 운동에너지가 최대값에 이른다.

$$\text{운동에너지} = 1/2 \times v^2$$

여기서

m = 질량(kg)
v = 속도(m/sec)

따라서 보다 높은 곳에 있는 큰 바위의 위치에너지가 크기 때문에 높은 속도로 가속될 것이며 사면기부로부터 멀리 떨어진 곳까지 이동한다.

에너지를 가지므로 작은 바위보다 더 빨리 더 멀리 굴러갈 수 있다. 둘째, 큰 바위들은 사면의 작은 재질 위를 굴러 지나갈 수 있다. 작은 돌은 보다 큰 표석들 사이에 끼이게 된다.

높이와 이동거리 관계식을 이용하여 낙석의 이동거리를 예측할 수 있다. 50만 m^3 이하(대략 80×80×80 m)의 작은 낙석인 경우, 경사각 α가 약 33도이면 100미터를 낙하하는 물체는 약 165미터를 이동할 수 있다. 1887년 스위스 엘름에서 일어났던 낙석의 체적은 1,000만 m^3이고 경사각은 17도였다. 이 크기의 물체가 100미터를 낙하하면 약 325미터를 갈 수 있다. 경사각 5도에서 부피가 10억 m^3(1 km 규모)인 대형 낙석이 발생했다. 이 물체가 100미터 낙하하면 1 km 이상의 거리를 이동할 수 있다. 여기서 사용한 관계식은 화산재 흐름과 에너지선을 다루는 데에도 동일하게 적용된다.

빠르게 움직이는 낙석은 낙하 경사면의 높이보다 먼 거리를 갈 수 있다. 이는 재질의 낙하고가 가지는 위치에너지를 운동

그림 8-19 캠핑장에 흘러내린 돌들

상부 절벽에서 흘러내려 쌓인 곳을 보면 큰 표석들이 사면 기부까지 굴러와 널려 있다. 몬태나 주의 리빙스톤 남부에 있는 캠핑장의 모습.

에너지로 전환하기 때문이다. 매우 큰 낙석의 경우 초기 낙하고의 20배 이상의 수평거리를 이동할 수 있다. 따라서 1,000미터 높이의 산자락이 붕괴되면 약 20 km까지 이동할 수 있다. 1965년 한겨울에 브리티시컬럼비아 주의 밴쿠버 동쪽 호프 시에서 일어난 산사태는 계곡을 휩쓸고 3번 고속도로를 매몰시킨 다음 반대편 사면에까지 다다랐다(**그림 8-20**).

암설사태

수많은 낙석 조각들이 빠른 속도로 서로 엉겨 유동체처럼 흘러내리는 것을 **암설사태**(debris avalanche)라고 한다. 역사에 기록적인 대형 산사태들은 암설사태로 이어진 암석사태였다. 100여 년 전 발생한 스위스 엘름의 사례는 대규모 낙석사태가 빠른 속도로 흘러내리는 암설사태로 전환된 것을 잘 보여 주고 있다(사례: 공기 부양력에 힘입은 고속의 암석사태—스위스 엘름).

암설사태는 시속 100~300 km로 쓸려 내려오는 데 때로는

그림 8-20 산사태로 매몰된 고속도로

1965년 1월 9일 브리티시컬럼비아 주의 호프 시 동쪽 18 km 지점에서 특별한 사유도 없이 갑자기 발생한 대량 산사태로 3번 고속도로가 매몰되었다. 2009년 이 사진을 촬영할 때도 사면에 산사태 흔적이 뚜렷하게 남아 있다.

집채만 한 바위가 섞여 있기도 한다. 1970년 5월 31일 페루의 융가이를 덮친 암설사태는 매우 파괴적이었다. 해안 침입대(subduction zone)를 따라 약 130 km 떨어진 곳에서 발생한 진도 7.7의 지진이 페루의 최고봉인 네바도스와스카란 산사태를 일으킨 것이다. 우르릉 소리와 먼지구름을 일으키며 시작한 산사태는 0.5~1억 m^3에 달하는 화강암, 빙하토석, 얼음 등이 뒤섞인 암설이 절벽으로부터 400~900 m를 떨어져 내려온 후 빙하면을 지나 계곡으로 흘러내렸다. 암설이 흩어짐과 동시에 땅, 얼음, 그리고 관개수로로부터 물을 흡인하여 머금은 채 시속 270 km로 경사면을 흘러내렸다(**그림 8-21**).

큰 바위를 포함한 암설이 경사면 중간쯤에서 빙하와 함께 쌓여 있던 바위와 침적토 구릉을 넘으면서 공중으로 튀어 올라 집과 사람들 위로 비처럼 떨어져 내렸다. 수 톤에 달하는 표석들은 4 km까지 이동하였는데 이때 표석이 떨어진 곳에서 500여 미터 떨어진 곳의 나무까지 영향을 받았다. 진흙이 1 km 이상을 비산하였고 강한 바람으로 인하여 사람들이 넘어지거나 살갗이 갈라지기도 하였다. 생존자 증언에 따르면, 처음에는 강한 바람이 불어오더니 바위가 날아왔고 이어서 젖은 토사가 '휘감아 몰아치면서' 닥쳐왔다. 1970년 암설사태로 융가이 전체가 매몰되었고 18,000명의 사망자가 발생했다. 1962년에는 같은 장소에서 화산성 이류에 의해 4,000명이 사망하였다.

목격자들에 따르면 지진발생 시점으로부터 암설사태가 14 km 떨어진 융가이에 도달하는 데 약 3분이 걸렸다. 평균 이동속도는 약 시속 270 km였으나, 바위가 4 km 이상을 비산한

그림 8-21 산사태로 매장된 마을

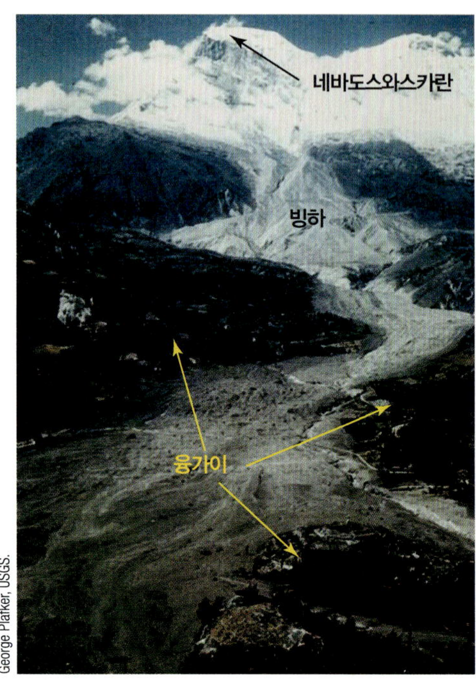

1970년 네바도스와스카란 산 정상부에서 시작한 암석사태로 계곡 아래에 있던 융가이 마을이 매몰되었다.

것으로 보아 산에서의 초기속도는 시속 750 km를 넘었음이 분명하다. 희생자들은 빠르게 이동하는 사태를 볼 수가 없었기에 피할 기회도 없었을 것이다. 직벽을 이루고 있는 정상부에는 산사태 흔적이 뚜렷하고 얼음에 덮인 절벽과 평행하게 새로운 균열이 생긴 것은 앞으로 또 다른 붕괴 위험이 있음을 나타내고 있다. 1962년 산사태와 같은 흔적이 남아 있거나 이전 산사태의 토석이 쌓여 있는 계곡 등지에 사람이 살아서는 안 된다.

떨어져 나온 바위가 작은 조각으로 부수어지지 않는다면 멀리 이동하지는 않는다. 암설사태의 빠른 속도와 긴 이동거리의 메커니즘에 대해서는 풀어야 할 논란이 있다. 일부 전문가들은 낙석들이 공기의 쿠션을 타고 이동한다고 주장한다. 그러나 스위스 엘름의 경우처럼 대부분의 암설사태는 바닥에 깊게 패인 자국을 남기는 것으로 보아 일부분은 공기의 쿠션을 타지 못했던 것으로 보인다.

낙석들이 쌓일 때의 특징과 목격담에 비추어 볼 때, 낙석은 공중에 떠 있는 돌조각들이 유체처럼 흐른다고 봐야 한다. 이러한 **유동화**(fluidization)는 지극히 짧은 이동시간 동안에 바위조각 사이의 공기가 미처 빠져나갈 틈이 없으므로 가능하다고 본다. 돌조각들이 작을수록 입자 사이 공간도 작기 때문에 액상화 작용이 더 잘 일어날 것이다. 간단히 말해 공기가 작은 돌조각들을 떠받칠 뿐 아니라 흐름을 원활하게 해 준다.

회전성 산사태 또는 땅꺼짐

회전성 산사태(rotational slide) 또는 땅꺼짐은 가장 흔한 산사태 유형이다(**그림 8-22**). 균질하고 점착력이 있으면서 사태물질의 이동 방향을 이끌 수 있는 지반면이 없는 곳에서는 위를 향해 오목한 곡면을 따라 토사가 미끄러진다. 미끄러져 내리는 지반물질의 상부에 중력이 수직 하향으로 작용하기 때문에 붕괴지면이 구부러진다. 붕괴지면의 위쪽에 있는 수직 부분을 **주 절토벽**(headscarp)이라 한다. 경사면 아래로 가면 사면물체는 바깥쪽으로 밀리면서 부하가 덜 걸리는 하늘 쪽을 향해 올라간다(**그림 8-23, 8-24A**). 지반의 하향 이동이 진행됨에 따라 지반 상단부가 원래의 사면 위치를 향해 말려 들어가며, 지반의 하단부는 오목한 곡부지형의 바깥을 향해 흘러 내려 발가락 모양의 **발부리**(toe)를 이룬다. 회전성 산사태 활동체 내에는 여러 개의 슬럼프 표면이 형성될 수 있다. 회전하는 원래의 지반 하부로는 밀려 내려온 추가 지반물질이 점착력 부족으로 흘러넘쳐 쌓임으로써 발부리를 형성한다. 2005년 라구나 해안 산사태와 같이 캘리포니아 남부 해안에서 회전성 산사태가 흔히 발생한다. 흘러내린 지반의 하단면이 뒤쪽의 경사면을 향해 뒤집어짐으로써 저항을 유발하여 결국 사태가 멈춘다.

공학적으로 경사면에서의 힘을 계산하여 회전성 사태물이 움직일 것인지 아닌지를 추정할 수 있다. 통상적으로 회전성 사태의 활동체는 둥글게 굽은 원통형 지반경사(그림 8-23의 녹색 선으로 그려진 호)를 따라 움직이므로 주 절토벽과 같이 노출 지반면에 수직으로 선을 그어 물체의 회전중심을 찾아낼 수 있다. 또한 활동체를 천공하여 땅속 깊숙이 있는 활동사면을 찾아낼 수도 있다. 사태 활강면은 완전히 부서진 암석들이 얇은 층을 이루고 있는 특징이 있다(그림 8-23 우측 아래 사진 참조).

활동체를 사면하부로 끌어내리는 힘(추진질량)의 총량을 계산하여 사면 상의 제자리에 유지시키려는 힘(저항질량)의 총량과 비교해 볼 수 있다. 만약 추진질량이 저항질량에 의한 힘, 사면 마찰력과 응집력에 비해 훨씬 크다면 사면물질은 미끄러져 내릴 것이다.

사태물체가 뒤쪽으로 회전하면서 움푹 파인 지형을 만든다면 많은 물이나 눈을 포집하여 사면을 물로 포화시킬 수 있다. 부하와 더불어 물이 공극압을 증가시킴으로써 이동을 촉진한다.

그림 8-22 **회전성 산사태**

회전성 산사태의 주요 양상. 2005년 6월 1일 로스앤젤레스 남쪽 캘리포니아 라구나 해안 위의 사면에서 발생한 산사태로 수직 절토벽 위 주택이 위태롭게 남아 있다. 이 사진은 이 장 시작 부분에 소개된 사진 상부 좌측의 갈색 주택 모습이다.

그림 8-23 **회전성 산사태 해부도**

회전성 사태의 단면도이다. 밀고 내려오는 사태 물체 상부의 원지반(수직선의 좌측)은 아래를 향해 경사져 있는 반면에 저항하는 물체의 지반면(수직선의 우측)은 배후 사면을 향해 기울어져 있다.
몬태나 주의 블랙풋의 산사태로 원래 상단부 테라스의 나무들이 회전운동의 결과로 배후면 주 절토벽 쪽으로 기울어진 것을 볼 수 있다. 사진 우측이 주 절토벽이고 그 좌측에 사람이 서 있는 것이 보인다.
오리건 주 뉴포트 산사태 지역의 붕괴사면에 부서진 돌들이 널려 있다.

그림 8-24 회전성 산사태와 병진 산사태

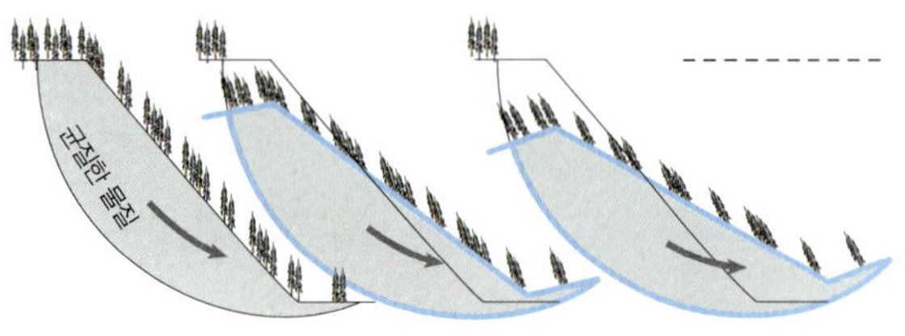

균질하고 두터운 물질은 비교적 응집력을 가진 채로 움직인다.
나무의 근계심도가 낮아 물질의 움직임을 방해하지 않는다.

A. 회전성 산사태

원래의 지표면
사면상단
토양
토양
사면기부

사태물질이 보다 강한 지반 위로 미끄러져 내린다(헐거운 토양이 기반암 위를 활강 이동할 때).
일부 나무의 뿌리가 깊이 박혀서 사태물체 이동이 방해받는다.

B. 병진 산사태

회전성 사태의 활동체는 땅 깊이 박혀 있어서 이동이 진행됨에 따라 원사면과 나무들이 비스듬히 있다. **병진 사태**의 활동체는 지표면과 평행하고 얇게 자리 잡고 있기 때문에 유출지역 발부리 부분의 원사면이 그대로 유지되기 어렵다. 따라서 경사면의 나무는 수직으로 서 있지만 발부리에 있는 나무의 방향은 이리저리 마구잡이로 뒤섞여 있다.

병진 산사태

병진 산사태(translational slide)는 사면과 어느 정도 평행하게 존재하는 연약층을 따라 발생한다. 여기서 연약층은 혈암, 이전의 단층이나 사태 활강면, 또는 파쇄대와 같이 원래 약한 부분을 망라하며 때로는 하부 기반암으로부터 밀려 떨어진 토양도 포함된다. 병진 산사태는 얕은 토심에서 이뤄지기 때문에 미끄러져 내려온 활동체 상의 나무가 수직으로 유지되는 것이 회전성 산사태와 다른 점이다(**그림 8-24B**).

병진 산사태가 특히 위험한 것은 회전성 산사태에 비해 이동속도가 빠르고 멀리 가기 때문이다. 내부에서 일어나는 과정은 범위가 아주 넓다. 어떤 경우는 합착된 물체 덩어리로 이동하기도 하고, 부서지면서 암설사태로 전환되기도 한다. 이탈리아 북부의 바이온트 산사태는 합착성 병진 산사태의 좋은 예이다(사례: 저수지 담수로 인해 발생한 합착성 병진 산사태—이탈리아 바이온트).

펜실베이니아 주 피츠버그 인근의 산사태와 워싱턴 주 남서쪽의 올더크레스트 산사태 등은 소구획 정비 및 농경을 위한 대지 정리 때문에 주택이 파괴된 사례들이다. 뉴욕 핑거 호 지역의 털리 계곡의 빙하호 점토 산사태는 장기간의 폭우와 급속히 녹아내린 눈에 의해 야기된 비응집성 병진 산사태이다. 1993년 4월 27일 완만한 경사를 가진 넓은 농지가 무너져 내렸다(**그림 8-25**). 가파른 숲 아래에 자리 잡은 넓은 완경사 농지는 10,000년 이상 녹아내린 빙하가 남긴 흙먼지 띠로 경계를 이루고 있었다. 산사태가 시작되자 묽은 이석류가 빠른 속도로 흘러내렸다. 바로 북쪽 지점에서는 200년 전에 비슷한 사태가 났던 적이 있으며, 이곳에서 최근 소규모 산사태가 여러 번 발생했다. 사태가 난 농지의 경사도는 단지 9~12도였으나 점토의 전단강도가 높은 공극압을 이기지 못해서 산사태가 발생한 것이다.

그림 8-25 완경사의 붕괴

뉴욕 서쪽의 털리 계곡에 있는 완경사의 농지가 무너져 내렸다.

필리핀 레이테 섬에서 열흘간 630 mm의 폭우가 내려 물을 흠뻑 머금은 산자락이 2006년 2월 17일 오전 9~10시에 무너져 내렸다. 산사태가 구인사우곤 마을을 덮쳐 초등학교 교사 7명과 246명의 아이들 목숨을 앗아 갔다. 또한 1,350명에 달하는 실종자들은 바위와 진흙 30미터 이상의 깊이에 묻혔을 것으로 추정되었다. 물에 젖은 걸쭉한 진흙에 묻히면 살아날 수 없다. 생존자들은 폭우도 원인이었지만 375가구가 있는 마을 위 사면에 불법 거주지가 있던 것도 한 원인이었다.

그림 8-26 지면 침하

1964년 지진당시 알래스카 앵커리지의 해안단구가 침하되고 바다쪽으로 흘러내린 모습. 가장 좌측의 목조건물은 온전하지만 나머지 건물들은 부러지거나 기울어졌다. L(엘)가에서 일어난 사면붕괴의 전단붕 지면이 침하되면서 골이 형성되었다.

측방 확산 산사태 병진 산사태의 변형이 측방 확산 산사태이다. 1964년 앵커리지의 해안단구에서 지진에 의한 산사태가 발생했다(**그림 8-26**). 만약 느슨하고 함수량이 높은 모래나 퀵클레이가 얕은 깊이에 존재한다면 액상화나 붕괴에 의해서 사면 아래쪽으로 흘러내릴 수 있다. 이동하는 사태물체의 일부가 침하하면서 다른 부분을 위로 들어 올리기도 한다. 이미 앞에 설명된 바와 같이 퀵클레이 평편상 입자의 무작위 방향성이 상실되면서 얇고 물이 풍부한 지대를 빠르게 흘러내리게 되면 매우 파괴적인 힘을 가진다. 입자들이 공극이 적은 밀집구조로 전환되면서 액상화가 일어나면 물과 모래가 뒤섞인 유동체인 퀵샌드(quick sand)로 되어 흐른다. 경사가 전혀 없는 지반에서도 액상화에 의한 건물붕괴가 일어날 수 있다.

토양 포행

지표면의 토양이나 약한 암석이 표토를 따라 서서히 흘러내리는 **토양 포행**(soil creep)은 그리 위험하지 않지만 담장, 전신주나 벽 등을 기울게 할 수는 있다. 대부분의 물질 이동 과정은 지표면 가까이에서 일어나므로 토심 깊은 곳일수록 이동속도가 느려진다. 동결과 해빙, 건조와 습윤 등의 과정은 토양의 팽창과 수축을 반복시켜서 토양 포행을 촉발한다. 토양이 팽창될 때 경사면에 수직으로 움직이지만 수축되었을 때는 중력의 당김에 따라 똑바로 움직인다.

순변화는 경사면을 따라 약간 움직이는 정도이다. 땅속을 헤집는 동물들이 파 놓은 땅속 굴은 결국 무너지는데, 이때 사람이나 동물의 발자국 소리도 큰 기여를 한다(**그림 8-27**). 밑둥은 경사를 따라 굽어 있지만 상부는 수직으로 서 있는 나무를 총목형 나무(pistol-butt tree)라 하는데 원래는 위로 곧게 자랐으나 토양 포행에 의해 하부가 휘어진 것이다.

유토(solifluction)는 물을 머금은 지반이 상당한 깊이까지 얼어 있는 극지방이나 아주 추운 산악지역에서 나타나는 또

그림 8-27 토양 포행

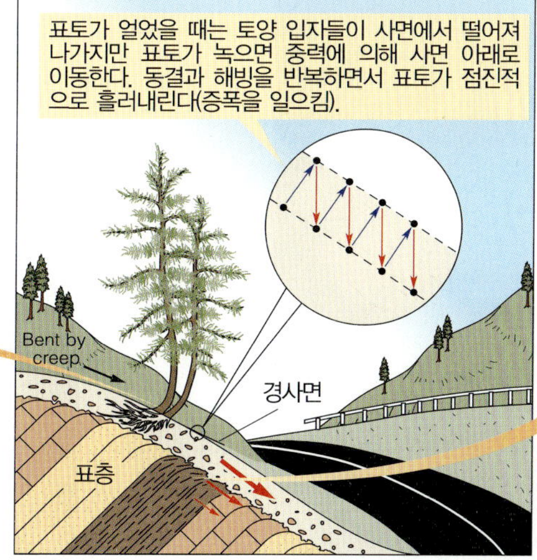

표토가 사면을 따라 서서히 흘러내리는 토양 포행에 의하여 고속도로 주변의 나무가 휘어 있다(레깃 서쪽 캘리포니아 1번 고속도로). 나무들은 원래 곧바로 자랐었으나 크리프에 의해 바깥쪽으로 기울어지고 성장을 지속함에 따라 휘어진 부분이 생겼다. 지표면에 가까운 퇴적층이 포행하면서 퇴적층의 끝 부분이 휘어져 있다(사진 우측).

다른 형태의 표토 사면이동이다. 유토는 눈 쌓인 경사면에서 흔히 일어난다. 표토가 녹아도 표토 하부의 지질이 여전히 차갑기 때문에 물이 사면을 따라 배수되지 못하면서 질척한 표층이 서서히 사면을 따라 흘러내린다.

눈사태

추운 기후에서 **눈사태**(snow avalanche)는 파괴력 있는 지반이동이다(**그림 8-28**). 두께 30 cm 정도의 눈사태가 나면 무게는 수 톤에 달하며 빠른 속도로 이동하여 모든 것을 쓸고 내려갈 수 있다. 2007~2008년 겨울에만 눈사태로 36명이 죽었다. 미국에서 2009~2010년에 눈사태로 36명이 사망하였는데 그 중 17명은 스노모빌(설상차)을 타다 죽었다. 눈사태 발생은 경사면의 가파름, 기후, 온도 및 경사 방향(남 또는 북), 풍속과 풍향, 식생 및 눈쌓임 조건 등 여러 조건에 의존한다. 눈사태가 자연적으로 발생할 수도 있지만 대부분 인적 행위에 기인한다. 스키를 타고 경사면을 지나가는 부하만으로도 쌓인 눈이 무너지기에 충분하며 스노모빌의 무게와 진동으로 인한 눈사태 발생도 가능하다.

경사각 30~45도의 가파른 사면은 눈사태가 일어날 가능성이 높다. 그러나 이보다 경사가 완만한 곳에서도 기후조건만 맞는다면 눈사태가 일어날 수 있다. 스키나 스노보드를 탈 때 경사면에서 폭 1미터 이상의 눈이 떨어져 내린다면 위험하다고 판단해야 한다. 처음에는 무너지지 않더라도 점프를 반복할 때 무너진다면 이곳 또한 안전하지 않다.

특별한 기후환경은 쌓인 눈 속에 아주 취약한 층을 형성시켜 아주 위험한 눈사태에 이르게 한다. 새로 내리는 눈은 눈사태 유발요인의 하나이다. 폭설은 사면 위에 헐겁게 쌓인 눈위에 가해지는 하중을 증가시킨다. 강설이 내린 후 24시간까지는 매우 불안정하다. 강설량 10 cm까지는 큰 문제를 일으키지 않지만 30 cm 이상은 위험하다.

며칠씩 지속되는 온도변화는 쌓인 눈의 상부에 불안정한 층을 형성하는 원인이 된다. 따뜻한 봄 날씨는 적설 표면이 녹아서 공극을 물로 포화시킨다. 녹은 물이 살살 스며들어 쌓인 눈의 바닥에 고인다. 만약 지면이 얼어 있지 않다면 물은 깊이 스며들어 지하수위를 상승시킨다. 만약 지면이 얼어 있는 경우 물이 눈 밑 지면을 따라 흘러내림으로써 눈사태를 야기할 수 있다. 단단히 다져진 눈과 그 위에 쌓인 건조한 눈 층의 사이로 물이 스며들어 사이 층을 연약대로 만든다면 이 또한 눈사태의 원인이 된다.

서리 덮인 눈 위에 새 눈이 쌓일 때도 불안정층이 만들어진다. 복사열로 더워진 지열이 소실되는 맑은 날 밤에 헐거운 편상의 얼음 결정으로 이뤄진 서리(hoar frost)가 내린다(**그림 8-29**). 그 위에 눈이 덮이면 서리가 연약층이 되어 덮인 눈이 사태를 일으킨다. 서리 연약층에 대해 인식하고 있으면 산간에서 곤경에 빠지는 일이 없을 것이다.

가을과 초겨울에 습윤한 폭설이 내리면 야간에는 기온이 더 떨어지므로 얼게 된다. 얼어서 단단해진 눈 위에 건조한 눈이

그림 8-28 얼음 결정

Richard Armstrong, National Snow and Ice Data Center.

가루를 날리며 흘러내리는 눈사태.

그림 8-29 서리

Bruce Tremper, USFS.

매우 건조한 야간에는 헐거운 편상의 얼음 결정인 서리가 내릴 수 있다. 눈 속에 존재하는 서리층은 눈사태를 일으킬 수 있는 위험요인이 된다.

그림 8-30 쌓인 눈의 부서짐

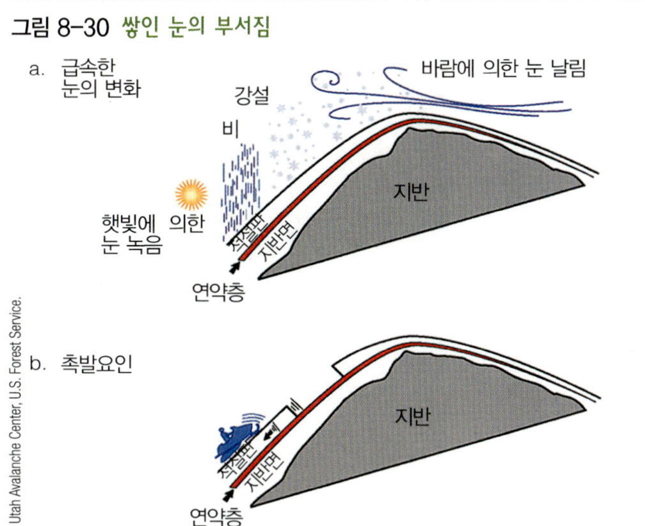

쌓인 눈 속에 존재하는 연약층과 더불어 햇빛에 의한 급속한 눈 녹음, 비, 폭설, 그리고 설상차나 스키 같은 촉발요인 등은 모두 눈사태를 일으키는 요인들이다.

새로이 쌓이면 미끄러져 눈사태가 날 수 있다(**그림 8-30**). 태평양으로부터의 습기를 머금은 겨울 폭풍은 온습한 공기를 동반하기도 하는데 이로 인해 쌓이는 눈이 더욱 다져진다. 폭풍이 차가운 공기와 새로운 눈을 몰고 와 떨굼으로써 사면의 가파름을 과도하게 만들 뿐 아니라 때로는 산마루 바람 반대 방향으로 밀려 나와 눈처마를 형성하기도 한다. 이렇게 만들어진 불안정한 눈덩이가 강한 돌풍이나 동물, 스키인들의 영향을 받으면 부서진다.

2008년 북서 태평양 주와 브리티시컬럼비아 남부에서 쌓인 눈이 비를 맞아 얼면서 빙판으로 바뀌었다. 그 후 몇 주 동안 가볍고 부드러운 눈이 내렸는데 이때 기온이 아주 낮아 눈이 다져지지도 않았으며 먼저 내린 눈에 얼어붙지도 않았다. 언덕에 쌓인 눈이 바람에 날리면서 풍하방향 아래로 다져진 눈더미가 두텁게 형성되었다. 12월 말 즈음 기온이 올라 표면의 눈이 더욱 다져지면서 무겁고 조밀한 적설판을 이뤘으나 하부의 눈은 여전히 차갑고 부드러운 상태였다. 이렇게 형성된 적설판은 지면에 고착되지 않았으므로 심각한 눈사태 가능성을 안고 있다. 눈이 더 올 경우, 이미 내린 적설 위에 과도한 부하를 줌과 동시에 빙질이된 기존 적설면을 미끄러져 눈사태를 일으킨다. 어떤 경우에는 스노모빌, 스키, 스노보드 등의 하중이 가해질 때 눈사태가 나기도 한다.

지금까지의 위험한 기상조건을 살펴보거나 쌓인 눈을 파 본다면 그 속의 불안정층을 확인할 수 있다. 눈사태 예고를 위한 감시인은 눈 내부의 연약층 파악을 위해 눈을 파헤쳐 보기도 한다.

눈사태의 위험을 평가하기 위해서는 사면의 방향도 중요하다. 미국 북서부 및 캐나다 서부 편서풍 지대에서는 바람이 서쪽으로부터 경사면을 거슬러 올라가며 불기 때문에 언덕 동측 풍하방향에 눈을 뿌린다. 이곳 풍하방향 측 사면으로는 두텁게 쌓인 눈과 봄철까지 이어지는 영하의 기온으로 인하여 사면이 매우 가파르다. 스키인들이 많이 모여드는 이곳은 눈사태가 나기 쉬운 지역이다. 겨울철 온종일 그늘이 지는 북향 사면은 눈이 부분적으로 얼었다 녹는 것을 반복하며 다져지는 일이 없기 때문에 눈사태의 위험이 크다.

경사면에 쌓인 눈이 기막힌 장관을 이루는 곳 역시 눈사태 위험이 크다. 쌓인 눈이 처마처럼 튀어나온 곳은 모험심 많은 사람들이 스키, 스노모빌, 스노보드를 타러 모여드는 곳이면서도 가장 위험한 장소이다. 눈처마 아래, 나무의 바로 아래에 있는 사면, 절벽기부처럼 바위가 튀어나와 있거나 볼록한 사면에 쌓인 눈은 얇아서 균열이 가는 경우가 많다(**그림 8-31**). 같은 방향을 향하고 있는 인접 사면에서 눈사태가 난다면 이는 위험신호이다.

스키나 스노모빌에 의한 적설붕괴는 인장균열(저밀도층이 깊게 다져지면서 만들어진 국지적 균열이나 만곡)을 통해 나타난다. 경사진 적설면에 사람, 스노모빌, 또는 추가로 내리는 눈의 무게, 바람의 힘 등이 부하로 작용할 수 있다. 눈처마로 바람에 날려 온 눈은 무겁고 단단히 다져졌기 때문에 쉽게 부서져 눈사태로 이어진다. 우리가 눈처마 위에 서 있다면 어느 곳이 지반면에 쌓인 눈이고 어느 곳이 불안정한 돌출부 위에 쌓인 눈인지를 알 수가 없기 때문에 위험하다. 큰 눈더미의 최상부는 종종 위태로운 돌출부 위에 자리 잡고 있기도 한다.

과거 눈사태가 남긴 도랑이나 활강로는 눈사태 재발이 우려되는 위험지역이다. 이는 높은 곳 표면으로부터 바람에 날려 온 눈이 패인 곳으로 모여 쌓이기 때문이다. 산마루 도랑을 따라 흘러 내려오는 눈사태로 나무나 덤불이 파괴되고 나면 '초록활강'으로 불리는 사태 흔적이 남게 된다(**그림 8-32**). 산림이 우거진 산에 나무가 없거나 작은 나무들만 있는 골진 통로가 있다면 이는 분명 눈사태 활강로이다. 스키나 스노모빌을 타고 봉우리 정상의 눈처마나 눈사태 활강로를 지날 때가 매우 위험하다. 이와 같은 눈사태 활강로에서는 토석 사태가 발생할 수 있기 때문이다.

아주 가파른 경사면의 활동성 빙하에서 떨어져 나온 얼음이 사태를 일으키기도 한다. 대형 얼음덩이가 가파른 사면에서 쪼

그림 8-31 스노모빌 자국에 의한 눈사태

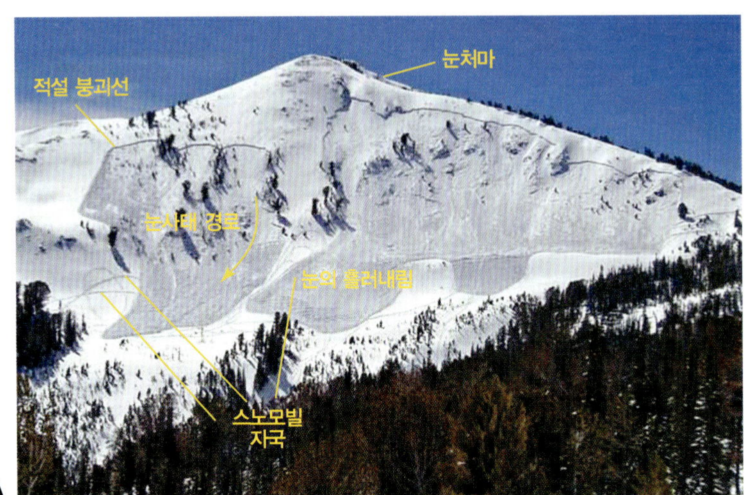

A. 베이커 봉에서의 스노모빌 자국에 의한 눈사태(좌측 사면에 스노모빌 자국이 보인다). B. 워싱턴 주의 알파인 스키 천국인 베이커 산. 눈처마 아래의 부드럽고 가파른 경사면은 재해위험 장소로 2006년에 스키인 한 명이 이곳에서 죽었다.

개져 아래로 흘러내릴 수 있다. 빙하 위에서의 활동, 기온 변화 및 지진 또는 산악등반이나 빙벽등반 등에 의한 외부 진동은 얼음 사태의 원인이 될 수 있다. 이런 일은 기온이나 시간에 무관하게 일어날 수 있다. 얼음에서 간헐적으로 균열음이나 폭발음이 들린다면 이는 위험신호이다.

그림 8-32 눈사태 활강로

미국 2번 고속도로가 지나는 워싱턴의 스티븐스패스 서측 지역에 흙 섞인 눈이 이전에 발생한 눈사태 위로 흘러내렸다. 눈사태가 철길을 가로질러 바닥에 쌓여 있다. 눈이 다 녹고 난 후에 눈사태 활강로가 나무 한 포기 없는 숲 속의 상처로 남았다.

눈사태에서 살아남기 눈사태 위험에서 벗어나기 위해서는 먼저 위험지역으로 혼자 가지 말아야 한다. 만약 위험스러운 경사면을 지나야 한다면 사면 가장자리부터 조심스럽게 점검해봐야 한다. 스키를 탈 때도 만약의 경우를 대비하여 항상 동료의 위치를 파악해야 한다. 처음 몇 명이 안전하게 지나간 경사면일지라도 다음 사람이 건널 때 눈사태가 날 수 있다. 경사면 상단 가장자리의 나무가 많은 곳이나 바위들이 무리를 이루고 있는 곳이 비교적 안전하다. 산간오지에서 스키를 타는 사람들은 삽, 탐침, 눈사태 조난신호기 등을 휴대하는 것이 바람직하다.

만약 사태가 난 눈에 깊이 갇혀 있다면 심호흡을 하여 가슴을 팽창시켜 나중에 숨 쉴 공간을 만들고 얼굴 주위의 눈을 밀어내서 공기를 확보하여야 한다. 당황하여 기력을 소진하지 말고 구조대가 바로 위까지 왔을 때만 소리를 지르도록 해야 한다. 눈은 소리를 흡수하기 때문에 멀리서는 잘 들리지 않기 때문이다.

눈사태에 조난당한 사람을 발견했을 때는 마지막으로 본 곳을 잘 기억해야 한다. 대부분 눈사태가 흘러내린 곳의 토사더미에 묻혀 있을 것이다. 옷이나 스키폴을 찾아보면 희생자가 쓸려 내려간 경로를 파악할 수 있다. 눈사태 위험이 도사리고 있는 곳을 갈 때는 만약의 희생자가 생길 경우를 대비해 경량이면서 든든한 삽을 휴대해야 한다. 최소 3미터의 접이식 탐침을 사용하면 매장된 사람의 위치를 표시할 수 있다. 매몰자를 찾는 가장 손쉬운 방법은 스키팀원 모두가 무선 송수신기를 사용하되 항상 켠 상태를 유지함으로써 다른 사람이 매장된 송수신기에서 나오는 음을 찾는 것이다. 때로는 나무나 바위로 휩쓸리면서 받은 외상으로 사망하기도 하지만 대부분의 경우는 눈 속에서 질식사한다. 매몰자 구출에는 시간이 중요한데 15분 이내에 파낼 경우 90%의 생존 가능성이 있지만 15분이 더 경과하면 가능성은 50%로 낮아지고, 이어 90분이 경과하면 살릴 수 있는 가능성은 전혀 없다.

어느 재해에서나 마찬가지지만, 가장 안전한 조치는 눈사태에 갇히지 않는 것이다. 기후와 산악조건을 잘 파악하고 적절한 주의를 기울여야 한다. 산간에서의 경험이 많은 사람은 일반적으로 장비를 잘 갖추지만 여전히 눈사태 사고를 당할 수 있다. 이전 경험을 통해 친숙해진 지형에서는 안도감과 편안함을 느낄 수 있다. 최근의 사례로, 숙달되고 강인한 스키인들이 예전 경험이 있는 지형에서 스키를 탔다. 가장 숙달된 스키로 사면을 지나가면서 소규모 눈사태가 일어나도록 유도함으로써 경사면을 안전하게 만들려고 하였다. 불행히도 두께 1미터가 넘는 눈이 갑자기 위에서 덮쳐 쓰러져 쓸려 내려가면서 머리와 몸통을 얼음과 바위에 여러 번 부딪혔으며 입은 눈으로 틀어 막혔으나 의식을 잃지는 않았다. 사태의 속도가 느려지자 눈 표면으로 헤집고 나왔고 모두들 그가 죽지 않았음에 놀랐다. 사고를 돌이키면서 그가 실수를 인정했다. 든든한 동료들과 같이 있을 뿐 아니라 전에 와 본 곳이라는 점에서 안전할 것이라는 그릇된 인식을 가지게 된 것이다. 결과적으로 눈 조건을 세밀히 평가하지 않았기에 눈사태가 나면 피할 경로를 생각해 두지도 않았던 것이다. 만약 눈에 갇힌다 해도 경사면 아래를 향해 곧바로 내려간다면 곤궁에서 빠져나올 수 있을 것이란 생각이 그를 지배하였었으나 이제는 더 이상 그리 생각하지 않는다.

산사태와 관련된 재해

산사태는 또 다른 재해와 밀접한 연관성이 있다(그림 1-8 참조). 지진, 홍수나 폭풍우 등에 의해 산사태가 유발될 수 있다. 산사태 토사가 물길을 막아서 뒤쪽으로 물이 채워진다면 홍수로 이어질 수 있다.

지진

지진이 진행되는 동안이나 지진 후 산허리에서 먼지구름이 피어오르는 것이 흔히 목격된다. 먼지구름은 지진이 사면지반을 흔들어 헐겁게 하면서 피어오른다. 만약 경사면이 불안정한 상태였다면 지진에 의해 붕괴가 일어날 것이다. 물이 없는 상황에서도 갑작스런 진동은 사면붕괴를 일으킬 수 있다.

진도 4 이하에서는 거의 산사태가 일어나지 않는다. 지진의 강도가 증가할수록 그리고 진앙지와 가까운 곳일수록 산사태가 증가된다. 또한 강한 지진은 낙석을 유발한다. 예로서 1959년에 발생한 진도 7.3의 옐로스톤 서부 지진은 몬태나 주 옐로스톤 서쪽 매디슨 강의 수로 위의 높이 340미터 절벽에서 낙석을 촉발했고 대규모 매디슨 산사태를 일으켰다. 오후 11시 37분, 빠른 속도로 이동하는 산사태 토사가 계곡바닥에 이르러서는 양방향으로 갈라졌다. 이로 인해 계곡 하부 야영장에 있던 23명이 매몰되었다. 매디슨 계곡의 산사태 발부리는 폭이 1.5 km여서 계곡 남쪽 벽의 이전 산사태 흔적의 두 배에 달하는 크기였다. 낙하하는 사태 토사에 의해 발생한 바람으로 두 사람이 날려 갔고 자동차 한 대가 뒤집어졌다. 산 측부 기반암은 계곡 벽과 평행한 층위를 가지고 있는 대형 풍화편암으로 이뤄져 있어서 낙석 가능성이 아주 큰 곳이었다. 지진으로 무너진 산의 기부는 대형 백운암이 박혀 있어서 그 상부에 위치한 약한 편암과 편마암이 쉽게 무너진 것이다. 사태 토석은 계곡바닥을 가로질러 반대편 사면을 200미터나 거슬러 올라갔다. 또한 지진은 그림과 같이 고속도로를 덮은 소규모 산사태들을 유발하였다(**그림 8-33**).

갖가지 유형의 지반이동 중에서 지진에 의해 유발된 토석사태와 토양류는 1% 미만이다. 그러나 단 몇 도의 경사각을 가진 완사면에서도 빠른 속도로 이동하기 때문에 때로는 낙석보다 더 치명적이며 낙석을 유발한 지진보다도 더 많은 사상자

그림 8-33 지진에 의해 일어난 산사태

J.B. Hadley, USGS.

1959년 옐로스톤 지진은 인근에 수많은 산사태를 일으켰다. 산사태로 도로와 가옥이 피해를 입었다.

그림 8-34 빙하 위로의 산사태

2003년 데날리 단층에서 방생한 지진으로 산 정상 블랙래피즈 빙하가 흘러내리며 파괴된 알래스카 산맥.

를 낼 수 있다. 시발점에서 수 킬로미터 떨어진 마을을 덮친 경우도 있다. 천천히 흘러내리는 토양과 암석 이동체와 측방확산형 산사태는 거의 희생자를 내지 않지만 빌딩을 무너지게 한다.

지진은 종종 본질적으로 불안정한 사면의 붕괴를 유발한다(**그림 8-34**). 가장 불안정한 사면은 최근에 융기된 해안단구로 부드럽고 젖은 점토와 퇴적물로 구성된 것을 들 수 있다. 1964년 알래스카 앵커리지에서 일어난 진도 9.2(M_W) 지진을 예로 보자. 앵커리지의 상당 부분은 해수면 위 22미터의 평지 또는 완경사면에 건설되었다. 총 72초나 지속된 지진이 해안단구 점토의 액상화를 일으켜 무너지게 만들었다(그림 8-26 참조). 건물이 토사 이동체 상부의 절토벽에 있던 것을 빼고 목조주택은 일부 다른 건물과 함께 지진을 견뎌 냈다.

여러 지진에서 지반 표면으로 모래가 솟구쳐 오르는 분사(噴砂) 현상이 나타났다고 보고되어 있다. 이 같은 현상은 3장에서 설명된 **액상화**(liquefaction)의 증거이다. 지진의 진동이 물로 포화된 토양을 지날 때 갑작스런 충격이 입자들을 밀쳐 내게 되어 입자간격이 좁아진 밀집구조를 유발한다(**그림 8-35**). 입자 사이의 공간이 머금을 수 있는 양을 초과하는 물은 어디론가 빠져나가야만 한다. 이 과정이 진행되는 동안 토양 입자들은 서로 조밀하게 압착되어 있는 것이 아니라 물에 떠 있는 상태이고 토양이 내려앉으면서 사면 아래쪽으로 흘러내리게 된다.

물 잔에 가는 모래를 채워 보면 액상화 과정을 쉽게 이해할 수 있다. 물 잔의 옆면을 반복해서 두드려 보라. 모래 입자가 재배열되며 점차 가라앉으면서 입자 사이에서 빠져나온 물이 가라앉은 모래면 위로 올라오는 것을 볼 수 있다. 약 45% 정도의 공극을 가진 모래가 재배열되어 공극이 30%로 줄어들 수 있다. 액상화된 토양 위에 건축물을 지으면 기울어지는데 바닥 토대가 가라앉으면서 건축물이 무너질 수도 있다(**그림 8-36, 8-37**).

산사태 토사로 형성된 댐의 붕괴

중간 정도 빠르기로 이동하는 산사태는 강이나 하천을 막아 댐을 형성할 수 있다(**그림 8-38**). 산사태 댐이 무너지면서 발생하는 홍수가 재해를 일으킬 수 있다. **표 8-2**에서 산사태 댐의 예를 볼 수 있다. 흔히 댐에 물이 채워져 일시적으로 호수를 이루고 결국은 댐을 무너뜨린다. 붕괴된 산사태 댐의 1/4 정도는 하루 만에, 절반은 열흘 정도 후에 무너지고 그 외 상당 기간 오래 버티는 것도 있다. 이러한 이행과정을 조절하며 하류에서는 무슨 위험이 발생할까? 댐이 붕괴되기 이전의 시간과 홍수의 유형은 다음과 같은 조건에 의존한다.

- 댐의 크기, 높이 및 기하학적 구조
- 댐을 이루는 재질
- 하천 유속과 호수의 수위상승 시간

그림 8-35 느슨한 입자 더미

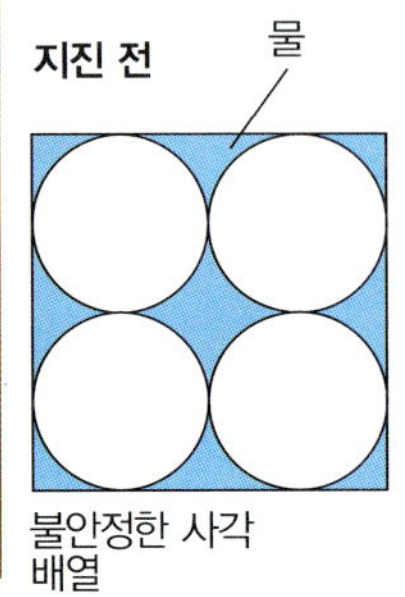

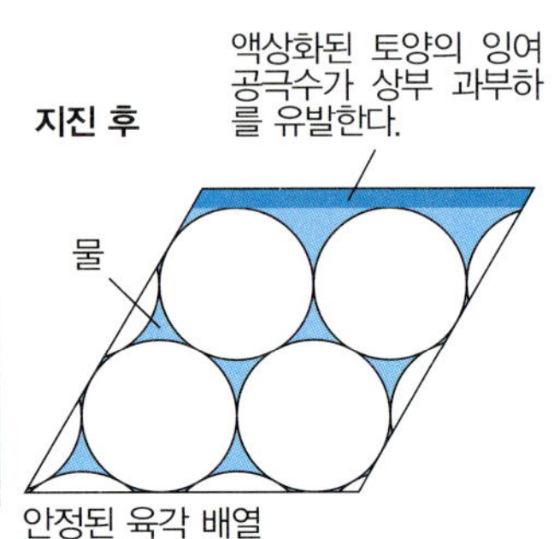

A. 느슨하게 배열된 입자들 사이에는 물이 들어갈 공간이 많다. **B.** 입자들이 밀집 배열로 전환될 때 많은 물이 빠져나오면서 액상화를 일으킨다.

그림 8-36 지반붕괴

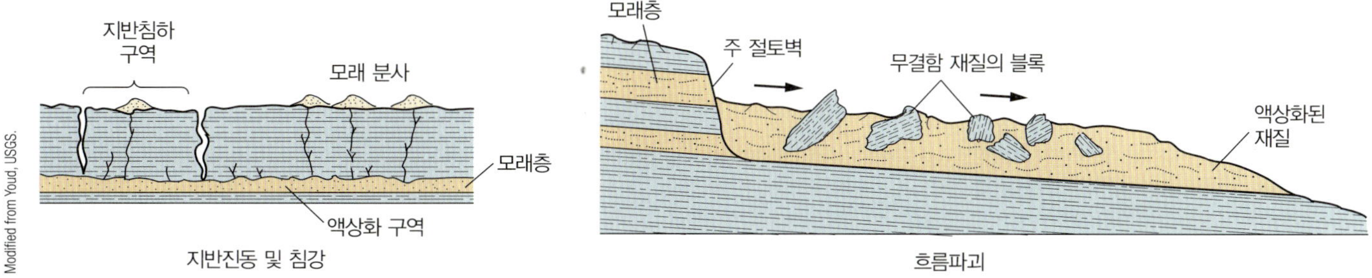

액상화는 두 종류의 전형적인 지반붕괴를 유발한다. 헐거운 입자 사이 공간에서 물이 밀려 나오면서 상부에 서 있는 물체를 기울게 만든다.

그림 8-37 지반침강

A. 토대가 액상화되면서 기울어진 주택. B. 샌프란시스코 만의 헐거운 성토지반에 축조된 주택들이 1906년 지진으로 붕괴되지는 않았지만 토대 지반 액상화로 기울어졌다. C. 샌프란시스코의 마리나 구 주택의 침하된 출입구.

그림 8-38 산의 사면 하방이동

유타 주 솔트레이크 시 남동쪽에 위치한 시슬에서의 1983년 산사태는 두껍게 쌓인 적설이 녹는 기간인 봄에 폭우가 내려 지하수위가 상승함으로써 발생한 산사태이다. 산사태 발생 이후 주요 철로와 미국 6번 고속도로가 점거되었고 스패니시포크 강에 댐이 형성되었다. 댐에 차집된 물로 시슬의 마을이 침수되었다. 미국 역사상 가장 많은 4억 달러를 상회하는 복구비용이 들었다.

- 굴착을 통한 댐 제거, 인공적 여수로나 터널 설치 등 공학적 조절

이류, 토석류 및 토류는 강 흐름을 막는 높지 않은 댐을 형성하지만 대부분 비응집성 재질로 이뤄진 것이어서 형성 이후 곧 무너진다. 때로는 오래 가는 댐이 형성될 수도 있다. 대부분의 산사태 댐은 채워진 물이 흘러넘치면서 침식되어 여수로를 형성하고 결국은 고인 물이 다 빠져나간다. 그러나 큰 암석들에 의해 댐이 형성될 경우는 투과성이 좋기 때문에 여수로를 통해 흘러넘치는 대신 물이 스며 나가서 배수가 된다. 큰 하천에 작은 산사태 댐이 만들어진다면 곧 무너진다. 투과성이 좋고 쉽게 침식되는 침적토로 만들어진 댐은 물이 스며서 빠지거나 하부 세굴이 일어나 쉽게 무너진다.

산사태 댐이 무너지면서 하류에 홍수가 나는 것을 방지하기

표 8-2 산사태 댐과 산사태의 종류 및 댐붕괴 여부

산사태 댐	종류 (구성재질)	발생연도	차단된 강	댐 높이 (m)	댐 길이 (m)	댐 너비 (m)	호수 길이 (km)	댐붕괴 여부
몬태나 주 매디슨	암석사태 (파쇄석)	1959	매디슨 강	60–70	500	1,600	10	붕괴 안 됨
페루 마윤마르카	암석사태 (파쇄석)	1974	만타로 강	170	1,000	3,800	31	붕괴됨
와이오밍 주 그로스벤처	산사태 (토양)	1925	그로스벤처 강	70	900	2,400	6.5	붕괴됨
콜로라도 주 슬럼굴리온	토류 (변성화산암, 녹점토, 토양)	1300	거니슨 강	40	500	1,700	3	붕괴 안 됨
오리건 주 폴랄리크릭	토석류 (자갈, 표석)	1980	후드 강, 이스트포크 강	11	—	230	—	붕괴됨
유타 주 시슬 (그림 8-38)	토양사태	1983	스패니시포크	60	200	600	5	붕괴 안 됨
타지키스탄 우소이	산사태 (파쇄석)	1911	무르가프 강	500–700	1,000	1,000	60	부분붕괴, 추가붕괴 가능

Costa and Schuster, 1988 photo, USGS.

위한 조치로 댐을 관통하는 수로 또는 댐 주위에 익류부를 설치하여 댐을 안정화한다. 미 공병대가 매디슨 낙석사태로 인한 댐에는 익류로를 설치, 시슬 산사태 댐에는 파이프와 터널을 설치하여 안정화한 적이 있다.

댐 내 물의 차집량과 높이, 즉 물의 위치에너지에 따라 댐붕괴에 따른 최대 홍수위가 달라진다. 댐 수위가 높을수록 물의 양이 많은 것이므로 하류의 홍수수위도 높다. 대개의 경우 댐붕괴 홍수량은 하류로 갈수록 급격히 감소한다. 그러나 홍수에 침식이 용이한 침적토사가 섞여 내려올 때는 물 자체 양의 몇 배에 달하는 토석범람으로 이어질 수 있다.

그렇다면 산사태 댐이 형성된 곳에 유용한 댐을 설치하는 것은 어떨까? 실제로 20세기 들어서 최소 167개의 댐이 이러한 곳에 건설되었다. 대부분 낙석 또는 암석사태로 인한 댐 들로 매우 안정적이기 때문에 그 위에 실제 댐이 축조된 것이다. 산사태 댐에 축조된 인공호수 사례로 뉴질랜드의 와이카레모아나 호수를 들 수 있다.

산사태 댐 위에 축조된 변형댐 중에는 붕괴되어 재해를 일으킨 것도 있다. 로스앤젤레스 북부에 세워진 궁형의 콘크리트 댐인 세인트프랜시스 댐이 1928년에 무너졌다. 이 댐은 편암 암반에서 일어난 홍적기 대규모 산사태 발부리에 축조된 것으로 담수 중에 붕괴하여 450명을 사망시켰다. 산사태 지역에 댐을 건설할 때 댐 주변의 다른 경사면에서 사태가 일어날 수 있는지를 잘 살폈어야 했다. 댐 담수로 인한 수위상승이 다른 경사면의 수압을 증가시켜 사면붕괴에 이르게 되고 이때 댐을 넘쳐흐르는 물로 홍수가 이어진다.

산사태 피해 저감

미국과 캐나다 전역에 걸쳐 산사태가 흔히 발생하며 그 피해는 막대하다(**그림 8-39**). 산사태나 지반이동에 의한 피해를 보상해 주는 보험은 거의 없다. 미국에서 산사태 피해는 20억 달러를 상회하며 매년 25~50명의 사망자가 발생한다. 지난 세기 동안 전 세계 산사태 사망자는 연평균 7,500명에 달하며 1980~2000년에 연간 피해규모는 20조 달러에 이른다. 세계 인구가 증가하면서 부적합한 곳에도 사람이 거주하기 때문에 다른 재해와 더불어 산사태로 인한 피해가 증가하고 있는데 대부분 저개발국에서 사망자가 많이 발생한다. 사람들이 조망이 좋거나 토지가용도가 좋은 곳을 선호하는 이유로 산사태 취약지역에 집을 짓는다.

사람들은 종종 경관이 좋은 지역에 살기 위해 절벽기부에 집을 짓기도 한다(그림 8-15 참조). 어떤 경우는 좋은 풍경으로 인식되는 대형 표석 사이에 집을 짓는 사람들도 있는데 이들은 표석이 어디에서 왔는지를 생각하지 않는다. 만약 생각해봤다면 표석이 절벽 위에서 떨어졌다는 걸 깨달을 것이다. 이런 곳이 바로 위험지역인 것이다.

다른 모든 재해에 대해서도 마찬가지로 사면붕괴 과정의 이해를 통해 위험을 평가하고 피해를 줄일 수 있는 전략을 마련할 수 있다.

그림 8-39 산사태 위험지역은?

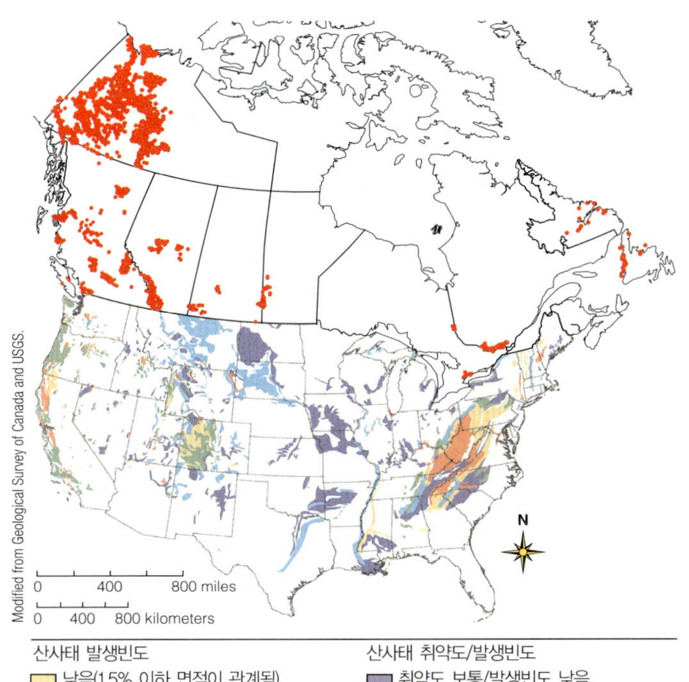

산사태 발생빈도
- 낮음(1.5% 이하 면적이 관계됨)
- 보통(1.5~15%의 면적이 관계됨)
- 높음(15% 이상의 면적이 관계됨)

산사태 취약도/발생빈도
- 취약도 보통/발생빈도 낮음
- 취약도 높음/발생빈도 낮음
- 취양도 높음/발생빈도 보통

미국과 캐나다 서부 산악지역, 애팔래치아 산맥지역 그리고 미국 및 캐나다 중부의 침강지대에서 산사태가 많이 일어난다. 캐나다의 산사태 지역은 붉은 색으로 표시되어 있다.

과거 산사태 기록

과거 산사태 기록을 통해 앞으로의 산사태 가능성을 예측할 수 있다. 산사태 없이 오랫동안 지속된 경사면이라도 산사태가 날 가능성이 없는 것은 아니다. 사실상 어떤 지역에 사태가 났다는 것은 토사가 미끄러지기 쉬운 조건을 가진 환경임을 의미한다.

언덕이 많은 지형은 과거 산사태 흔적일 수 있지만 때로 식생에 의해 잘 드러나지 않을 수도 있다. 긴 구간에 걸쳐 포장에 균열이 있거나 울룩불룩하게 굴곡져서 재포장이 필요한 도로는 이곳이 사태 지형일 수 있음을 암시하는 것이다(**그림 8-40**).

언덕이 많은 굴곡 지형에 도로 또는 건축물을 건설하거나 기부의 지반물질을 퍼내는 것은 현명한 행동이 아니다. 이러한 지형에서는 물 첨가, 사면 가파름 증가, 발부리 굴착(발부리 물질 제거), 사면 상부 부하증가, 식생제거, 지진 등의 촉발요인이 있을 경우 산사태가 재발될 수 있다. 많은 수의 과거 산사태의 발부리 토석물질은 도로, 철로, 또는 건축지역을 침범하고 있는데 이를 제거하면 산사태가 재발될 수 있다.

산사태로 경사면이 축소되면 어떤 일이 있을까? 경사면 축소로 향후 산사태가 덜 나게될까? 전부터 존재하는 붕괴면과 파단면에는 침수가 용이하므로 산사태가 재발될 수 있다. 전부터 존재하는 산사태 면에 도로나 구조물을 설치하는 것은 추가 사면붕괴를 일으킬 수 있다. 산사태에 적정한 조건이 주어지면 전부터 존재하는 사면은 붕괴할 수 있다.

산사태 위험지도

산사태 취약지역에는 집을 짓지 않는 것이 최선이다. 토석류 및 산사태 위험지역 표시 지도제작에 지리정보체계(GIS)를 활용할 수 있다. 이러한 지도를 활용하여 도로 개설, 벌목, 택지 조성 등과 같은 토지이용을 사전에 제한할 수 있다. 개발행위 제한이 필요한 산사태 고위험지역은 다음과 같다.

그림 8-40 산사태의 증거

A. 아이다호 주 보이시 북부의 가데나 근처의 언덕이 많은 산사태 지형. **B.** 유타 주의 자이온 국립공원 근처의 울퉁불퉁하게 굴곡진 도로.

- 가파른 사면 및 산악지역
- 안식각을 상회하는 경사 지역(통상 30~45도 이상)
- 사면 위에 느슨한 암설이 많은 지역
- 세립질 토양과 같이 투수율이 낮은 사면
- 대량의 강우나 눈 녹은 물이 지반으로 스며드는 지역
- 기반암과 그 위를 덮고 있는 붕적층 사이에서 얕은 산사태가 빈발하는 지역
- 과거에 어떠한 규모의 산사태라도 발생했던 지역

얕은 산사태는 식생이 빈약하고 낮은 근계심도로 인해 천층 지역을 제자리에 유지하지 못하는 사면에서 발생한다. 사태 심도가 수목의 근권보다 얕은 토석류나 병진 산사태가 여기에 해당한다.

지리정보시스템을 활용하여 관심 지역 지도를 작성하고 해당 지역을 또다시 다각형의 소구역으로 구분하여 1:20,000 지도 등에 표시할 수 있다. 동일한 내부 속성을 갖는 구역을 소구역으로 구분하는데 각각의 속성에는 사면붕괴 여부, 소구역 내 도로 길이, 기반암의 유형, 식생의 유형, 사면의 방향, 사면의 배수 용이성, 토양의 구조 및 깊이, 오목-볼록 구조 등이 포함된다. 예를 들면 경사각 15도 이하의 소구역은 산사태 가능성이 낮으므로 연구대상에서 제외할 수 있다.

공학적 해결책

경사면을 무너지지 않게 지탱하는 힘들의 관계가 정립되어 있으므로 사면 상에서의 힘의 균형을 공학적으로 복원하여 사면 안정을 유지시킬 수 있다.

사면 상부 부하가 큰 경우는 사면하부 부하를 보강하여 사면붕괴를 막을 수 있다. 고속도로변 사면붕괴를 막기 위해서 사면 발부리의 육중한 표석에 쇠말뚝을 박아 경사 지지력을 증가시키기도 한다(**그림 8-41**). 사면 상부물질을 제거하여 사면 기부의 무게를 증가시켜 사면의 경사각을 낮출 수도 있다.

바위 절벽이나 바위 사면에는 거나이트(gunite) 또는 숏크리트(shotcrete)라 불리는 시멘트 혼합물을 분사 도포하여 안정화할 수 있다. 강한 철망으로 사면을 덮어 토석이 건물이나 고속도로로 낙하하는 것을 방지하는데(**그림 8-42**), 필요에 따라서는 바위를 천공하여 록볼트(rockbolt)라는 나사를 박아서 철망을 고정시킨다(**그림 8-43**).

토양에서 물을 제거하면 강도가 증가되어 붕괴위험이 낮아진다. 가장 효과적인 물 제거는 관목과 교목을 심어 토양의 물을 흡수시켜 건조시키는 것인데 이 과정을 증발산작용(evapotranspiration)이라 한다. 뿌리에서 흡수한 물이 잎에서 증산작용에 의해 공기 중으로 발산된다. 비가 온다 해도 그 일부는 잎이나 표토에 떨어져 땅에 스며들기보다는 증발한다.

일부 수종 특히 호숫가나 하천변에서 왕성하게 자라는 수종은 다른 것들에 비해 토양으로부터 많은 물을 흡수한다. 버드나무, 미루나무, 백양나무 등이 이러한 나무이다. 남서부 건조

그림 8-41 사면하부 보강

사면붕괴를 방지하기 위해서 사면하부에 무거운 표석을 쌓는다. 이 도로는 캘리포니아 북부의 가버빌 인근의 미국 101번 고속도로가 지나는 산사태 지역으로 발부리 구역에 부하를 증가시켜 안정화를 시도하였다.

그림 8.42 철망으로 감싼 바위

워싱턴 위냇치 북부의 미국 2번 고속도로를 보호하기 위해서 도로 절개면을 철망으로 감싼 모습.

그림 8-43 드릴 천공과 나사 설치

A B

A. 캘리포니아 주 로스앤젤레스 서쪽 토팡가 협곡 입구를 지나는 1번 고속도로 바위절벽에 드릴 천공과 나사 설치가 진행되고 있다. B. 스페인 프리힐리아나 인근의 파쇄 사면을 안정화하기 위해 록볼트와 콘크리트가 설치되어 있다.

지대의 위성류는 관개수로의 물을 완전히 마를 정도로 빨아들인다. 이러한 수종들이 잘 자라는 범람원 상부 토양은 과량의 물을 함수하고 있어서 사태가 날 가능성이 있다. 다량의 물을 흡수하는 수종을 심는 것은 사면 안정화에 도움이 된다. 사람들이 사태 위험지역의 물 침투를 방지하기 위해서 플라스틱(비닐)으로 지표면을 덮기도 하는데(**그림 8-44**), 이 경우 증발산작용을 억제하여 원치 않는 결과가 나타날 수도 있다.

경사면에서 인공적으로 물을 배수하면 안정화에 도움이 된다. 토양의 공극이 매우 작거나 서로 연결되어 있지 않다면 물이 공극을 통해 쉽사리 지나갈 수 없기 때문에 불투수성이 크다. 가장 흔히 사용되는 배수법으로는 사면 내부를 향해 비스듬하게 구멍을 뚫고 다공파이프(perforated pipe)를 설치하여 파이프 내로 스며든 물이 사면 밖으로 빠져나가게 하는 것이다(**그림 8-45**). 비용이 좀 더 드는 방법으로는 굴삭기를 이용하여 경사면 깊이 도랑을 내고 연약지반용 **토목섬유천**(geotextile fabric, 물은 투수되지만 침전물은 빠져나가지 못함)을 깐 다음 도랑을 잔 자갈로 다시 덮어 주는 것이다. 장기간에 걸쳐 물이 자갈 틈을 통해 흘러나오게 된다. 만약 상황이 아주 나쁜 경우 사면에 우물을 파고 펌프로 물을 퍼내는 방법도 고려될 수 있다. 열거한 모든 방법들은 토양 내 수압을 감소시켜서 산사태 가능성을 낮추는 것이다.

그림 8-44 수영장 누수

1999년 샌디에이고 북쪽 다나포인트에서 산사태가 발생한 후 물 침투를 방지하기 위해서 지면을 검은 플라스틱으로 덮어 놓았다(사진 왼쪽 아래). 연회색의 콘크리트 수영장이 산사태로 망가져 있다. 수영장의 누수가 경사면에 물을 더해 산사태가 난 걸까?

그림 8-45 **경사면에서의 배수**

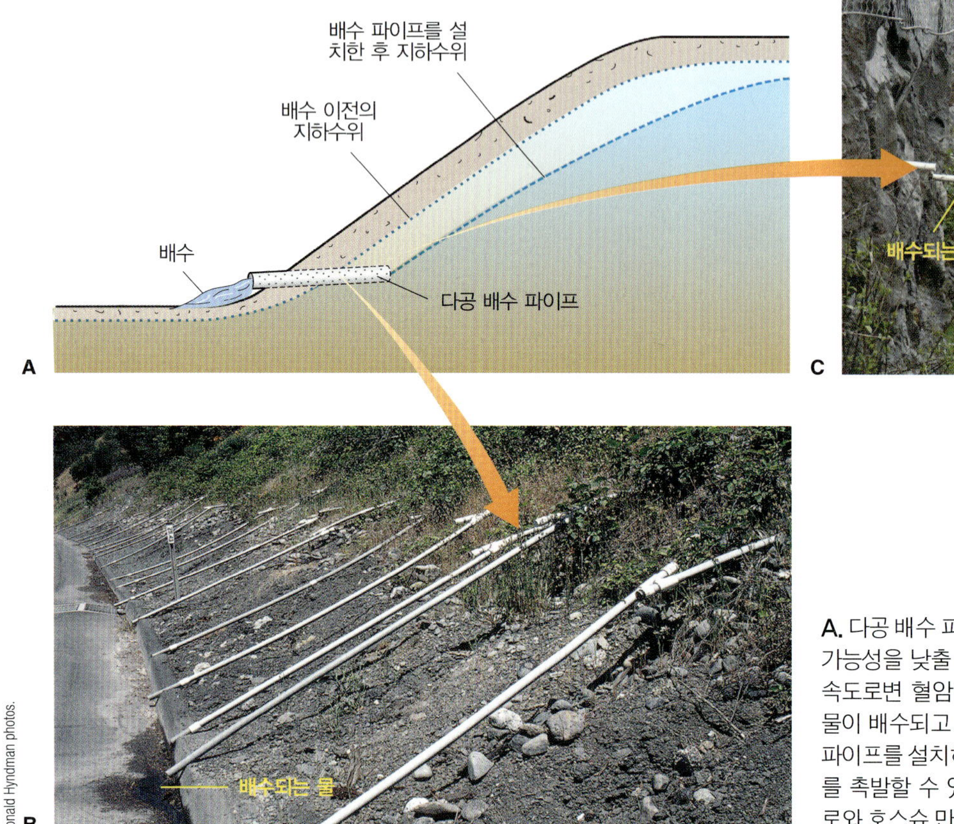

A. 다공 배수 파이프를 설치하여 지하수위를 낮추면 사면붕괴 가능성을 낮출 수 있다. B. 캘리포니아 가버빌 북쪽 101번 고속도로변 혈암 절개법면에 설치된 다공 배수 파이프를 통해 물이 배수되고 있다. 혈암의 낮은 투수성 때문에 다수의 배수 파이프를 설치하였다. C. 화강암 파쇄대에서도 물은 사면붕괴를 촉발할 수 있다. 브리티시컬럼비아 주의 스쿼미시 고속도로와 호스슈 만 사이 지역.

사례

미끄러운 녹점토가 쌓이면 산사태 조건을 만든다

사우스다코타 주의 포레스트시티 다리 ▶

차분한 대평원 지형에서도 사면붕괴는 일어날 수 있다. 1950년대 초반 미 공병대가 미주리 강을 가로질러 오아헤 댐을 건설할 때 저수지 수위가 30미터나 상승하면서 문제가 발발하였다. 악명 높은 피에르 혈암에 화산재가 침적되면서 형성된 혈암이 부풀고 매우 미끄럽게 변하면서 발생했던 고대 산사태 지역에 가파른 강둑이 형성되었다. 마지막 빙하기에 강바닥에 자갈이 침적되면서 가파른 경사면은 안정화되었으나 저수지 수위가 올라 수압이 증가하면서 다시 붕괴에 취약하게 변화하였다. 길이 1.4 km의 212번 다리는 1958년 과거의 강둑 경사면을 가로질러 건설되면서 점차 저수지 쪽을 향해 공사가 진

▶ 미주리 강을 건너는 212번 고속도로 포레스트시티 다리에서 대규모 산사태가 났는데, 이는 오아헤 댐 저수위를 상승시키는 과정에서 유발되었다.

행되었다. 드릴작업을 통해 확인한 결과 사면의 두께는 21미터에 달했다. 어떤 지점에서는 포장된 아스팔트 두께가 2.1미터나 되었다. 사면을 안정화하기 위한 노력으로 사면 윗부분의 광범위한 면적에서 토사를 파내어 경사각을 낮추고 사면 상부의 하중을 줄이는 한편 사면 발부리에 무거운 돌로 사석 공사를 하였다.

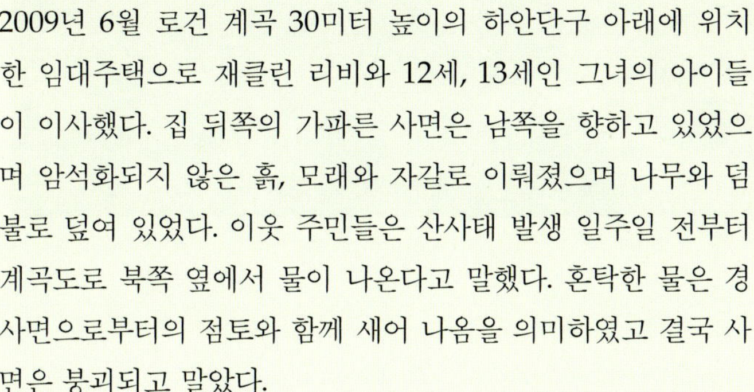

수로 누수로 인한 치명적 산사태

2009년 유타 주 로건 산사태 ▶

2009년 6월 로건 계곡 30미터 높이의 하안단구 아래에 위치한 임대주택으로 재클린 리비와 12세, 13세인 그녀의 아이들이 이사했다. 집 뒤쪽의 가파른 사면은 남쪽을 향하고 있었으며 암석화되지 않은 흙, 모래와 자갈로 이뤄졌으며 나무와 덤불로 덮여 있었다. 이웃 주민들은 산사태 발생 일주일 전부터 계곡도로 북쪽 옆에서 물이 나온다고 말했다. 혼탁한 물은 경사면으로부터의 점토와 함께 새어 나옴을 의미하였고 결국 사면은 붕괴되고 말았다.

7월 11일 아침, 리비는 여동생과 집주인을 불러 뒷방으로 물이 흘러 들어온다고 말했고 집주인은 집 뒤쪽의 작은 물도랑을 청소하였다. 그녀가 물이 상당히 빠른 속도로 들어온다고 말하자 집주인은 911에 전화를 걸어 사면에서 콸콸 물이 나온다고 보고하였다. 우르릉거리는 소리가 들리고 나뭇가지가 부러지는 소리를 듣고 밖으로 뛰쳐나와 흙탕물이 집을 향해 쏟아져 들어오는 것을 보았다. 집주인이 물길을 확인하러 언덕위로 올라가 있는 동안 그녀는 방 안을 확인하였다. 오전 11시 45분 이웃집 사람이 집에 들렀을 때는 부서지는 소리와 함께 사면의 일부가 무너지고 있었다. 거의 동시에 진흙과 토석이 집 뒤쪽으로 들이닥치면서 뒤덮더니 집을 기반으로부터 6미터나 밀고 내려갔다. 리비와 아이들은 산사태 토석에 매몰되어 죽었다. 다른 이웃들이 집 뒤로 달려와 소리를 질렀으나 듣는 이는 아무도 없었다. 그들은 전기선이 끊기고 가스 냄새가 나는 것을 느끼고 집으로 되돌아갔다. 진흙이 계속 흘러 퍼지면서 계곡도로를 가로질러 흘러서 결국은 도로를 봉쇄했다.

산사태에 이어 사면에 위치한 관개수로 중 20미터에 달하는 부분이 위와 아래의 경사면과 함께 무너졌다. 경사면의 중간쯤에 설치된 100년 묵은 콘크리트 수로는 매년 봄 옥수수 및 다른 작물 밭으로 물을 공급하였다. 수로개설을 위하여 가파른 사면을 절개하여 수로 하부에 흙으로 3미터 폭의 둑을 조성하여 관리하였다. 수로 상단의 가파른 경사면은 빈틈없이 광목을 설치하여 지지될 수 있게 하였다. 사면 하부를 향해 살금살금 밀려 내려오는 포행 토사가 수로의 콘크리트 벽을 압박함으로써 균열이 생기거나 부분 파손이 일어났고 수로 벽을 양쪽으로 받치고 있던 강관(설치 당시는 강했지만 후에 녹슴)은 휘어지게 되었다. 수로의 벽이 밀려오는 하중으로 인해 불룩하게 튀어나왔다. 또한 상당량의 물이 누수되어 공극을 가진 지반으로 스며든 것이 분명하였다. 사면이 무너진 후 붕괴지점 근처 수로 상부에서 6일 동안이나 물이 솟아 나왔다.

이웃 주민들에 따르면 수로는 균열이 생기고 바닥에 직경 15 cm가 넘는 구멍이 생기는 등 관리상태가 좋지 못했다. 관개수로는 재발되는 문제점을 안고 있었다. 솔트레이크 트리뷴은 이곳 계곡도로를 따라 수많은 산사태가 일어나 주택에 피해를 주었고 사람들을 위태롭게 하였다고 100년 이상 보도해왔다. 대부분의 경우 수로가 문제였다는 보도였다. 1980년대 중반 주택파괴를 겪은 주민이 말하길 10년 동안 수로파손이 여러 번 일어났고 한 번은 너무 많은 진흙이 뒷방으로 밀려 들어와 청소하는 데만 몇 주가 걸렸다고 하였다. 1996년 수로가 계곡도로가 아닌 다른 도로 위로 무너져 내린 적이 있으며 시에서는 도로로 몰려드는 물길을 다른 방향으로 돌려야만 했다. 2003년 시의 지원으로 수행된 한 연구에 따르면 수로는 여러 곳이 부적합하다는 결론이 내려졌다. 2년 후에는 2009년 산사태가 발생했던 곳이 다시 무너짐으로써 이 지역의 산사태 취약성이 드러났다. 이 연구보고서는 로건 시에 제출되었다. 2009년 5월 직업적 계약자인 로건 시 시장은 시의회 회의에서 다음과 같이 발언하였다. "수로벽에 있는 균열을 통하여 누수가 일어나고 있다." 그는 "물이 약간 새는 균열은 모든 수로에서 발견되고 있다."며 그러한 균열에 대해 지나치게 우려하지는 않는다고 언급하였다. 주민들이 수로의 위험성에 대해 반복

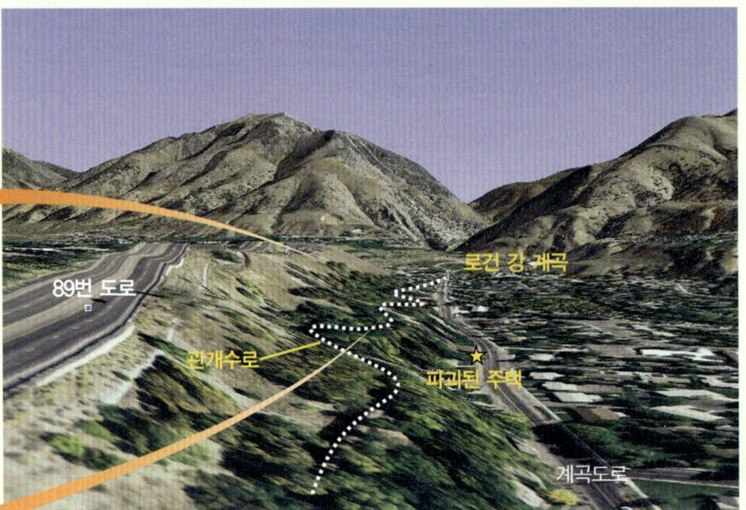

▶ **A.** 유타 주 로건의 가파른 언덕을 따라 설치된 관개수로에 수로벽을 지지하고 있는 강철 파이프와는 별개로 경사면 지지벽이 설치되어 있다. 강철 파이프가 휘어 있는 것은 경사면이 수로 내부를 향해 밀리고 있다는 것을 의미한다. **B.** 유타 주 로건의 가파른 사면을 절토하여 만든 관개수로가 흰 점선으로 표시되어 있다. 사진은 동쪽을 바라보고 찍은 것이다. 사진 좌측에 단애 상부에 건설된 89번 고속도로가 보이며, 오른쪽으로는 언덕 하부에 계곡도로가 보인다. 산사태로 매몰된 주택이 계곡도로 바로 좌측의 언덕 하부에 노란 별표로 표기되어 있다.

적으로 시에 알려 왔지만 별다른 조치가 이뤄지지 않았다. 오히려 물 이용권을 가진 800명 지분소유자들의 결정과 수로 위험성에 대해 간과하게 만드는 결과를 남겼다. 수로에 대한 감시가 '물관리자'에 위임됨으로써 그들이 문제점 확인을 위해 순찰하게 되었다. 거의 자격을 갖추지 못한 사람들이 저임금의 물관리자로 지정된 것이다. 로건 시의 공공근로 감독자는 "우리는 수로운영자가 그들의 소임을 다할 것이라 봐야 한다."고 말했다. 로건 시의 토지개발에 관한 조례는 수로의 안전에 초점을 맞추고 있는 것이 아니라 새로운 개발로부터 수로를 보호하는 것에 초점을 맞추고 있다는 느낌을 준다.

89번 도로의 경사면에 설치된 강철판은 고속도로 노변 성토 부분을 붙잡아 두는 역할을 할 뿐 아니라 사면 상부에 가해진 부하를 지지해 주는 기능을 하고 있다. 즉 철판이 국지적 성토 토사를 잡아 주고 가파름이 증가된 사면을 지지하는 역할을 한다. 산사태에 앞서 흠뻑 젖은 사면으로부터 다량의 물이 배출(흠뻑 젖은 토양은 응집력을 상실)된 점에 비추어 볼 때 사면붕괴에 있어 물이 상당한 기여를 했음을 알 수 있다. 산사태의 순서를 보면, 다량의 물이 사면에서 솟구쳐 오르면서 소규모 붕괴를 일으켰고 이어 물로 약화된 가파른 사면이 붕괴되었다. 소규모 붕괴가 물이 꽉 찬 수로를 무너져 내리게 하고 이로써 주 사면붕괴가 일어나 쓸려 내려가면서 주택을 덮친 것이다.

그렇다면 무엇이 산사태를 유발하는가? 인적 행위에 의한 자연환경 변형으로 야기된 산사태에 있어서는 자연재해로 인한 사망과 피해에 대해서도 법적 분쟁이 흔히 벌어진다. 이러한 법적 분쟁에 있어서 피고 요인이 다수가 되는데 다음과 같은 다양한 원인들이 가능하다.

- 89번 고속도로 공사로 경사면 상부 성토에 의한 부하증가가 있었는가?
- 사면붕괴에 앞서 수로에 동계 누수가 있었는가?
- 물이 수로 상부에서 솟아난 용천수에 기인한 것인가 아니면

관련이 없는가? 무엇이 용천수의 근원이었나? 유타 주립대학교가 관개수로 상부 경사면 위 평탄지역 상당 부분을 차지하고 있다. 따라서 용천수가 대학교 구내에서 온 것인가 더 북쪽으로부터 온 것인가?

- 수로를 건설하면서 이뤄진 부분적 절토 및 성토가 사면을 가파르게 만들고 사면 하방에 미치는 부하를 증가시켰는가?
- 주 당국은 적절한 통제조치를 취했는가 아니면 관개수로의 위험성을 간과했는가?
- 시 당국은 수로가 건설된 후 오랜 기간이 지나고서 위험지역에 건축행위를 허가했는가?
- 개발업자가 위험 사면 기부에 주택을 지어 소유자에게 판매했는가?
- 주택건설로 인해 경사면 하부에 굴착이 있었는가?
- 대출회사는 수로가 건설된 후 오랜 기간이 지나고서 위험지역에 있는 주택구입을 위한 대출금을 제공했는가?
- 시 당국은 수로 누수와 붕괴 사실이 있었음을 위험지역 거주민에게 경고했는가?
- 사람들은 자기 재산과 자신의 안전에 책임이 있다. 따라서 모든 주민은 산사태를 포함한 잠재위험 사실을 인지하고 있어야 한다.

만약 당신이 배심원이라면 누가 피해와 사망에 책임이 있다고 생각하는가? 이런 상황에서는 유죄사실이 있는 모든 당사자에게 유죄 정도에 비례하여 손해배상 책임이 배분된다. 이제 모든 걸 이해했다고 가정하고 위에 열거한 요인이나 당사자에게 각각 몇 퍼센트씩의 책임을 지울 것인가?

저수지 담수로 인해 발생한 합착성 병진 산사태

이탈리아 바이온트 ▶

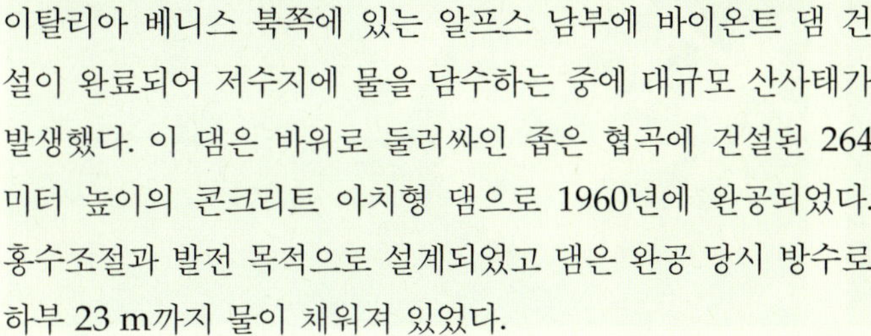

이탈리아 베니스 북쪽에 있는 알프스 남부에 바이온트 댐 건설이 완료되어 저수지에 물을 담수하는 중에 대규모 산사태가 발생했다. 이 댐은 바위로 둘러싸인 좁은 협곡에 건설된 264미터 높이의 콘크리트 아치형 댐으로 1960년에 완공되었다. 홍수조절과 발전 목적으로 설계되었고 댐은 완공 당시 방수로 하부 23 m까지 물이 채워져 있었다.

1963년 여름 폭우로 댐 방수로 하부 12 m까지 물이 차올랐다. 댐 남측의 산자락은 35~40도의 경사면과 평행한 석회암과 혈암층으로 이뤄져 있어 매우 불안정한 구조였다. 고대 사태 활강면 일부가 드러나 있었으나 이를 인지하지 못했다.*

댐 상류에서 3년간 관측이 진행되었으며 소규모의 산사태가 발생할 것으로 예상하였다. 사면이 일주일에 1~30 cm 정도를 움직이고 있었다. 1963년 9월에는 하루 25 cm 정도를 움직이더니 10월 8일에는 하루 100 cm를 움직이는 것이 확인되었다. 이 시점에 이르러 이동체의 크기를 인식하고 긴급히 방류를 시작하였으나 이미 때는 늦은 상황이었다. 지속적인 폭우로 댐 방류가 지연되고 산자락이 물로 포화되었다. 동물들은 이미 일주일 전에 위험을 인지하고 다른 곳으로 도망쳤다.

10월 9일 오후 10시 41분, 댐 바로 상류의 산자락에서 92억3천8백만 m^3에 달하는 토석이 붕괴되어 시속 90 km의 속도로 저수지를 2 km 길이로 메우면서 산자락 위 260 m 높이로 쌓였다. 산사태로 댐 높이보다 125 m나 높은 파도를 일으키며 물이 밀려 나가 댐 2 km 하류에 있는 롱가론 마을과 네 개의 작은 마을을 파괴하였다. 산사태가 발생한 지 2분 만에 마을이 파괴된 것이다. 주민들은 대피할 기회조차 없었다. 또한 파도는 저수지 상단의 마을도 덮쳤다. 이로 인해 댐 상류와 하류에서 2,533명이 사망했다.

산사태 토석이 저수지를 메웠으나 놀랍게도 댐은 잘 축조되었기에 파괴되지 않았다. 산사태로 지진과 강한 광풍이 생성되어 가옥의 창문을 박살 냈을 뿐 아니라 지붕을 날려 보냈다.

이번 재해는 공학적 실패가 큰 원인이었다. 댐 건설 이전 많은 드릴 천공작업이 이뤄졌으나 천공 구멍 되메움을 실시하지 않아서 부서진 암석 사이 공극이 훨씬 증가되었다. 댐 건설공사 중에는 강한 응력을 받고 있는 곳에 종합적 검사도 시행하

* 때로 우리가 무언가를 절실히 원할 때 상당한 부정적 측면이 있지만 무시하게 된다. 좁고 깊은 협곡은 댐을 건설하기에 이상적 장소로 보였으리라.

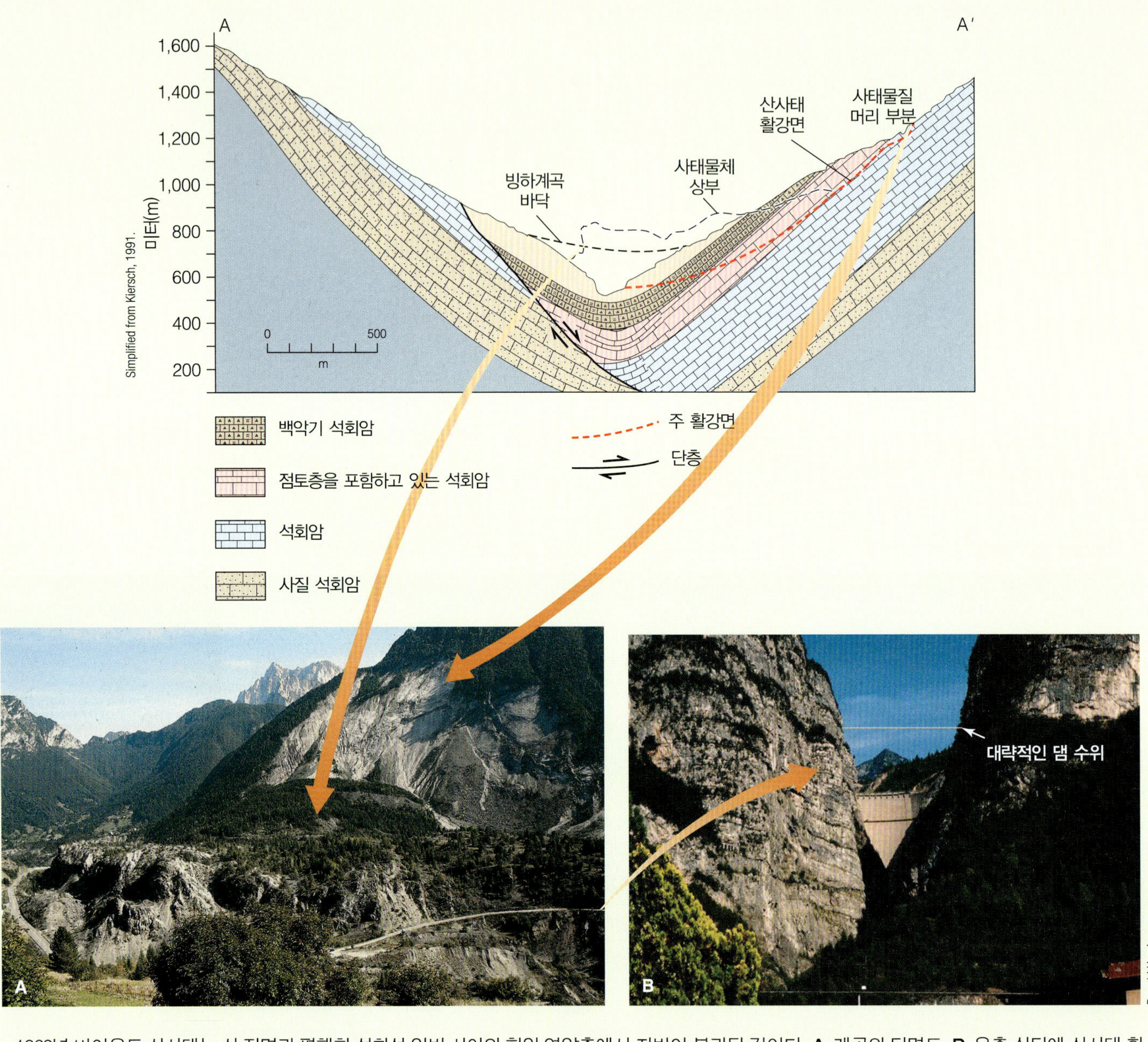

▶ 1963년 바이온트 산사태는 산 전면과 평행한 석회석 암반 사이의 혈암 연약층에서 지반이 붕괴된 것이다. **A.** 계곡의 단면도. **B.** 우측 상단에 산사태 활강면이 보인다. 사진 전경의 가운데를 메우고 있는 것이 사태물질이며 우측 하단부 밖에 댐이 위치해 있다. 사태물질의 발부리 주위를 둥글게 돌아가는 고속도로를 보면 사진 중간에 보이는 산사태의 규모를 짐작할 수 있다. **C.** 사진 중앙에 하부로부터 바라본 댐의 모습이 보인다. 125미터 높이의 물(황색 선까지) 이 빠른 속력으로 휩쓸고 지나가 2,500명의 사망자를 냈지만 댐은 부서지지 않았다.

지 않은 채 터널을 굴착하였다. 주변 지역에 대한 연구결과 경사면 상단부에서 지표면 유수가 파쇄대를 통해 지하로 유입되는 것이 확인되었다. 이렇게 흘러든 물은 저수지 상부 암반의 공극수압을 크게 증가시키는 역할을 하였다.

이 재해로부터 얻은 교훈은 서서히 움직이는 사면도 어느 시점에서는 급변동을 일으킬 수 있으며 재해를 일으키는 산사태는 반드시 전조현상이 있다는 것이다.

생명 피해와는 별개로 산사태는 막대한 경제적 손실을 유발한다. 댐과 저수지 소실로 약 4억9천만 달러의 손실이 발생했다. 또한 댐 하류의 재산상 피해도 비슷한 수준이며 인적 손상과 사망자 발생에 대한 민사소송 비용은 훨씬 더 크다.

발파로 인해 발생한 낙석

앨버타 주 프랭크 산사태 ▶

프랭크는 캐나다 로키 산 지맥의 빙하 국립공원 워터턴 북부에 있는 작은 탄광촌이다. 1903년 4월 29일 오전 4시 10분에 터틀 산 동측 762 m의 가파른 절벽에서 3,000만 m^3에 달하는 바위가 떨어져 내려 마을을 덮쳐 600명의 주민 중 70명을 사망시켰다. 거의 평행한 결정질 석회암 파쇄대와 기반면을 따라 암석이 흘러내렸는데 100초 안에 상황이 종료되었다. 처음에는 병진 산사태로 시작하였으나 속도를 더해 가면서 암석사태로 발전하였다. 암석사태는 앨버타 3번 고속도로를 가로질러 잡석 더미를 이루었고 계속 동쪽으로 흘러가 계곡바닥보다 120 m나 높게 사면에 쌓였다. 압축공기, 파쇄석, 강으로부터의 물이 뒤섞여 '유동체'로 흘러내렸다는 게 공통적인 견해이다. 산 하부(지금은 토석으로 덮여 있는)에서 경사진 퇴적층을 파내는 채탄작업이 재해의 직접적 원인이었다. 산사태면 아래에 위치한 탄광 안에서는 17명의 광부가 일하고 있었다. 구조대가 수직갱도로 파내려가 광부들을 구조하였다. 역설적이지만 산 아래 마을보다 탄광 내부가 더 안전한 곳이었다. 이 지역 전통에 따라 매몰 광부를 구하기 위해 수직갱도로 파 내려가는 여러 번의 시도 끝에 구조가 이뤄졌다.

Hyndman.

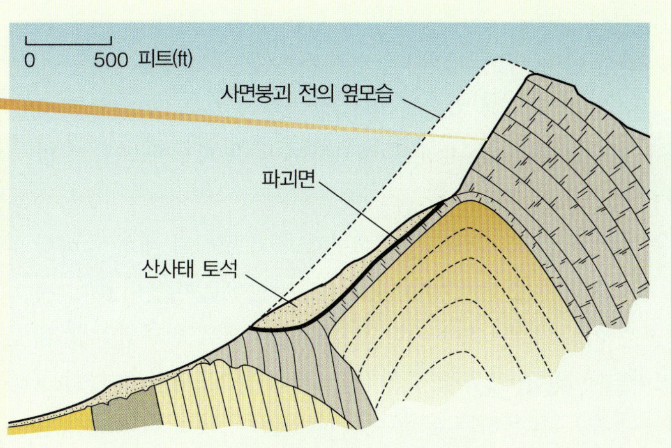

Modified from Cruden & Kahn, 1973.

▶ 프랭크 산사태로 터틀 산 전면의 지반이 모두 벗겨져 나가고, 계곡과 서쪽 사면에 이르기까지 표석들이 쌓여 있다. B. 프랭크 산사태 전후를 보여 주는 단면도. 암반의 파쇄대와 평행하게 배열되어 있는 암반면이 사태 연약대로 작용한다.

공기 부양력에 힘입은 고속의 암석사태

스위스 엘름 ▶

1881년 9월 11일 스위스 엘름을 바라보고 있는 높이 360 m의 산이 무너져 낙석이 발생하여 단시간에 암설사태로 전환되었다. 채광 경험이 전혀 없는 아마추어 채굴자가 학교 칠판용 석재를 캐내면서 문제가 발생했다. 채석장으로 인해 절벽 기부에 65 m 깊이의 골이 생겼다. 굴착심도가 50 m를 넘으면서 큰 균열이 생기고 상부 사면이 서서히 하방 이동을 시작하였다. 채석장은 작은 바위가 떨어져 작업자가 다쳤을 때에 한해 운영을 중지하였다.

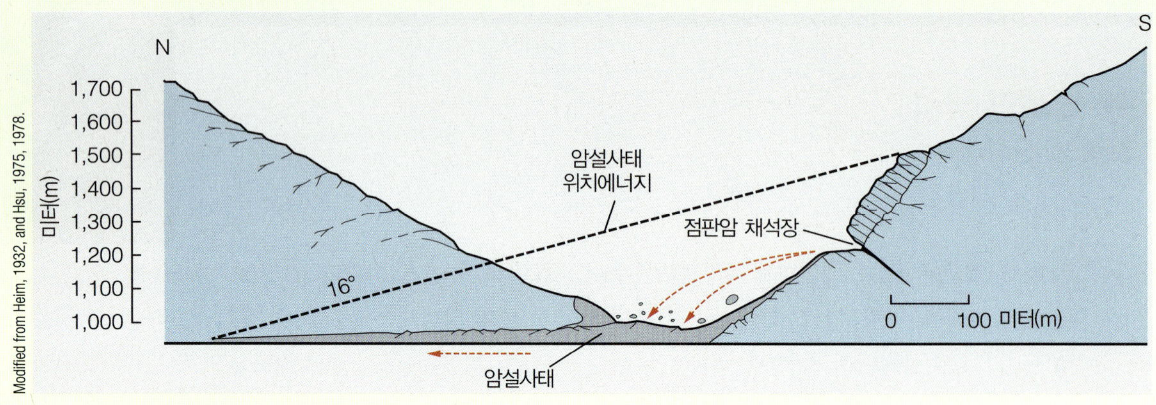

▶ 스위스 엘름의 암설사태를 보여 주는 단면도와 산사태를 유발한 점판암 채석장의 위치.

살아남은 목격자에 따르면, 모든 사람이 절벽이 떨어져 내릴 것은 예상했지만, 절벽이 산산조각 나고 암설사태로 이어져 선프 계곡으로 흐른 다음 60도를 돌아 계곡 바닥의 평지를 1.5 km나 진행할 줄은 생각지도 못했다. 60도 회전하기 전에 사태 토석의 일부는 주 계곡 사면의 위를 향해 100 m나 치고 올라가면서 언덕 위로 대피하는 사람들을 덮쳤다. 이상하게도 개나 가축들은 산사태 흐름의 옆으로 피하여 모두 살았다. 산사태에 걸린 시간은 총 40초에 불과하여 멀리 피신할 겨를도 없이 65명이 사망했다.

목격에 따르면, 절벽에서 토석이 쪼개져 떨어져 채석장 바닥에 부딪치면서 산산조각이 나고 수평방향으로 비산되었다. 지표면을 따라 흐른 것이 아니고 경사면 아래로 발사되었고 계곡 바닥에 있는 개울을 덮쳤다. 집과 나무, 도망하는 사람들, 가축이 모두 비산하는 토석 아래에 있었다. 낙석 사태의 밑면에서는 심한 되튐이 있었지만 상부에는 돌먼지 구름이 덮여 있었다. 주 계곡을 따른 토석의 이동을 불룩한 앞부분에 점차 가늘어지는 꼬리를 가진 급류성 홍수에 비유하는 목격자도 있다. 사태 토석은 마치 끓는 것처럼 격렬하게 휘돌며 움직였고 토석의 쌓인 모습은 옆면과 발부리가 잘 정리된 언덕에서 발생한 토석류가 쌓인 모습과 같았다. 이동 사태물체의 내부표면 파형은 하방으로 오목한 모습이었으며 발부리 너머로는 더 이상 사태 토석들이 흩뿌려지지 않았다.

토석의 흐름이 지나는 모든 경로에서 공기 부양력을 받지는 않았다. 만약 계속해서 공기 부양력을 받았다면 편평한 계곡 바닥면에 평행하게 패인 골을 남기지 않았을 것이다. 한 곳에서는 1 m 깊이로 매설되어 있던 수로관을 파헤쳐 1 km 아래까지 끌고 갔다. 사태물질의 머리 부분 근처에 있던 주택의 경우 집의 기초까지 통째로 이동되었다. 또 다른 주택의 경우 바위와 부서진 판자들로 꽉 채워지기도 하였다. 집 안에 서 있던 노인이 목 높이까지 매몰되었지만 다치지도 않고 살아남았다. 사태물체가 단단한 덩어리로서가 아니라 점액성 액체처럼 선회 이동했음이 분명하다.

고찰

A 몬태나 주 남서부에 있는 하천변의 도로(우측 아랫부분 도로)

1. 사진 우측 아랫부분의 도로가 꺼진 원인이 무엇인지 설명하라.
2. 도로 위의 땅꺼짐은 원인이 무엇인지 설명하라.

B 워싱턴의 연속 사태

1. 절벽으로부터 계곡하부로 이어지는 나무 없는 흔적 길이 생긴 원인은 무엇인가?
2. 어떤 과정이 사면붕괴를 촉진하였는가?

C 옐로스톤 국립공원 인근의 야영장

1. 캠핑장의 큰 표석들은 어디에서 왔는가?
2. 표석들을 이동시킨 과정을 무엇이라 부르는가?
3. 나무 뒤편에 보이는 돌이 고르게 덮여 있는 완경사면을 무엇이라 하는가?
4. 왜 큰 표석들이 경사면의 기부에 모여 있는가?

D 옐로스톤 국립공원의 북쪽 출입구 부근

1. 갈색 풀로 덮인 일정한 경사도를 가진 독특한 지형은 무슨 과정에 의해 만들어졌는가?
2. 이곳에 고속도로를 건설하여 사진 좌상부에 이르도록 한다면 이곳은 적합한 장소인가? 적합한 이유는 무엇인가? 또는 적합하지 않은 이유는 무엇인가?

E 최근의 택지 소구획정리

Donald Hyndman.

건조한 기후에서 일정한 경사각을 가진 흙 언덕에 터파기 평탄작업을 한 후 비싼 집을 새로 지었다(집 뒤로는 나무가 있다). 앞쪽으로 보이는 갈색 구역은 또 다른 집을 짓기 위해 평탄작업을 한 곳이다. 집 앞 녹색 법면은 최근에 잔디를 심은 곳이다.

1. 사진 왼쪽 고랑이 생기면서 흙이 깎여 나가는 구곡침식이 생긴 이유는 무엇인가? 특히 고랑을 패이게 한 물은 어디에서 온 것인가?
2. 고랑이 생기는 과정을 멈추려면 무엇을 해야 하는가?

G 두꺼운 사암층으로 이뤄진 유타 주 남부의 배런 절벽

Donald Hyndman.

절벽 기부의 주택들이 커다란 표석들로 둘러싸여 독특한 경관을 연출하고 있다.

1. 이 표석들은 어디에서 왔는가?
2. 이곳은 집 짓고 살기에 좋은 곳인가? 좋은 이유는 무엇인가? 또는 안 좋은 이유는 무엇인가?

F 캘리포니아 남부 벤투라 지역에 발생한 1980년 겨울 산사태

Douglas Morton, USGS.

녹색 덤불로 덮여 있는 경사면에서 최근 산사태가 발생하여 하부 사면의 대부분을 덮쳤다.

1. 이 사면들은 왜 나무가 없고 덤불로 덮여 있는가? 바른 답을 했다고 가정했을 때, 왜 그러한 과정이 산사태를 유발하는가?
2. 그 외 무슨 요인들이 산사태에 기여하는가?

H 캘리포니아 주 샌프란시스코 남부의 가파른 해안 절벽과 그 옆의 고속도로

Donald Hyndman.

1. 도로면이 평탄하게 만들어졌으나 위아래로 굴곡진 파상형이 되어 있다. 도로면 굴곡의 원인은 무엇인가?
2. 도로 절개면 기부의 콘크리트 벽에 돌출된 대형 나사가 있다. 왜 설치된 것이며 무슨 역할을 하며 어떻게 작용하는가?
3. 도로 절개면 상부는 성긴 망으로 덮여 있다. 이는 무슨 목적인가?

8장 복습

요점

경사면에서의 힘

- 추진력은 사면 위의 물체를 하방으로 끌어내리는 반면, 저항력은 물체를 제자리에 머물게 한다. 추진력이 저항력보다 클 때 산사태가 발생하면서 두 힘을 평형상태로 만든다.
- 경사각과 하중 간의 관계는 사면붕괴의 주요 인자이다. 경사가 가파를수록, 그리고 하중이 무거운 경사면일수록 추진력이 마찰력보다 커서 붕괴되기 쉽다.
- 물은 사면 안정성에 큰 영향을 미친다. 소량의 물은 입자가 서로 뭉치게 하는 응집력을 제공한다. 다량의 물이 공극을 채우면 경사면의 하중을 증가시킬 뿐 아니라 입자들을 서로 밀쳐 내게 만들기 때문에 사면이 붕괴에 취약해진다. **그림 8-4, 8-5.**

사면 구성물질

- 지표면과 동일한 방향으로 경사를 이루는 내부 지층면은 붕괴에 취약한 연약대로 작용한다. 내부 지층면 아랫단이 지표면 밖으로 드러나 노출지층을 이루거나 내부지층면이 과거의 사태 활동면이라면 특히 연약지대로 작용한다. **그림 8-6.**
- 평편상의 점토 입자가 염수에 침적되어 만들어진 퀵클레이 입자단은 불안정하다. 만약 퀵클레이가 상층으로 이동하여 물이 빠지면서 담수와 섞일 경우 붕괴에 매우 취약한 상태가 된다. **그림 8-7.**

산사태의 원인

- 토양 함수량 증가, 사면 구성물질의 불안정성, 또는 지진에 의한 진동 등은 산사태 유발원인이다.
- 하천이나 도로 건설에 의한 사면 하부 굴착 그리고 건축물에 의한 사면 상부 부하증가, 식생제거 등에 따른 토양 함수량 증가에 기인한 사면 상부 부하증가 등 외부요인이 발생시키는 사면의 변화는 사면의 평형상태를 깨뜨려서 붕괴를 촉진한다. **그림 8-9.**

사면붕괴의 유형

- 낙석은 가파른 절벽에서 발생한다. 동결과 지반진동 등에 의해 바위가 헐겁게 부서져 일어난다. 낙석이 움직이는 거리인 이동거리는 바위의 질량 및 낙하 원지점의 높이와 관련이 있다. 낙하 원지점이 높을수록, 바위가 무거울수록 멀리 이동할 수 있다. **해설 8-2.**
- 암설사태는 낙설과 유사하지만 잘게 부서진 토석 조각들이 공기 또는 물을 연행하여 마치 걸쭉한 액체처럼 되어 빠른 속도로 흐른다는 점이 다르다. 암설사태의 이동거리는 낙석의 경우에서처럼 기본적으로 낙하 원지점의 높이에 의존한다.
- 회전형 산사태와 땅꺼짐은 균질하고 약한 재질로 이뤄진 지반에서 흔히 발생한다. 사태물체가 오목한 곡면을 따라 회전한다. **그림 8-22, 8-23.**
- 병진 산사태는 지표면에 평행한 경사도를 가진 활동면에서 일어나기 쉽다. **그림 8-24B, 8-25.**
- 토양 포행은 토양과 바위가 서서히 하방으로 움직임으로써 발생한다. 동결과 해빙의 교번 반복은 포행을 촉진한다.
- 눈사태 발생 조건에는 사면의 가파름, 날씨, 기온 등이 포함된다. 이미 내린 눈 위에 새로운 눈이 쌓이거나 얼고 녹기를 반복한다면 적설 내부에 불안정층이 형성될 수 있다. 눈사태는 자연적으로 일어날 수도 있지만 스키나 설상차 타기 같은 인적 행위에 의해 촉발되기도 한다.

산사태와 관련된 재해

- 지진은 산사태 특히 낙석을 촉발한다.
- 성기게 다져진 사질토가 물로 포화되면 부피가 감소하면서 가라앉는 액상화가 일어나고 이때 지진에 의한 진동이 가해지면 확 퍼진다. **그림 8-35, 8-37.**
- 산사태는 물길을 막아 산사태 댐을 이루기도 하는데 후에 이 댐이 무너지면서 홍수로 이어지기도 한다. 산사태 댐의 붕괴는 댐의 크기, 댐 내부 저수지의 수위 상승률 등에 의존한다.

산사태 피해 저감

- 올망졸망한 언덕이 많은 지형과 굴곡진 파상형 도로면은 산사태 활동의 징후이다.
- 산사태 취약지구에서의 개발 제한을 위해 산사태 위험지도를 활용할 수 있다.

■ 공학적으로 산사태 발생을 제어할 수 있다. 물의 지반 침투를 막거나 경사면에 작용하는 힘의 균형을 유지시켜 줌으로써 사태를 방지할 수 있다.

중요 단어

경사각(slope angle)
고령토(kaolinite)
낙석(rockfall)
노출지층(daylighted bed)
녹점토(smectite)
눈사태(snow avalanche)
마찰저항(frictional resistance)
발부리(toe)
병진 산사태(translational slide)
부하(load)
안식각(angle of repose)
암설사태(debris avalanche)
애추(talus)
액상화(liquefaction)
유동화(fluidization)
응집력(cohesion)
이동거리(runout)
퀵클레이(quick clay)
토양 포행(soil creep)
표면장력(surface tension)
회전성 산사태(rotational slide)

복습 문제

1. 경사면에서 작용하는 힘을 도식을 통해 설명하라.
2. 마른 모래 더미의 측면은 완만한 경사를 이루는 데 반해 젖은 모래 더미는 거의 수직에 가깝게 유지되는 이유는 무엇인가?
3. 완만한 경사면에서의 마찰력이 가파른 경사면에서의 마찰력보다 큰 이유는 무엇인가?
4. 왜 지하수위가 상승하면 사면붕괴가 일어나는지를 설명하라.
5. 퀵클레이 형성에 이르는 순차적 과정을 설명하라.
6. 사면이 붕괴되어 산사태를 일으키는 데 영향을 주는 요인들을 열거하라.
7. 낙석이 낙하 원지점으로부터 측방으로 이동하는 거리를 결정짓는 요인은 무엇인가?
8. 낙석과 암설사태의 차이점은 무엇인가?
9. 회전성 산사태에서 사태체 상단부가 사면 쪽으로 기울어지는 이유가 무엇인가?
10. 회전성 산사태와 병진 산사태의 차이는 무엇인가?
11. 무슨 요인들이 토양 포행을 촉진하는가?
12. 어떤 조건에서 눈사태가 발생하는가?
13. 당신이 눈사태에 갇혔다면 무슨 조치를 취할 수 있는가?
14. 침적토의 액상화 요인이 무엇인지와 그 과정을 설명하라.
15. 어떤 상황하에서 산사태와 홍수가 서로 연관되는가?
16. 미국의 어떤 지역이 산사태에 가장 취약한가?
17. 과거 산사태 기록을 나타내는 경관 특성을 열거하라.
18. 왜 사람들이 산사태 취약지역에 집을 짓고자 하는가?
19. 과거에 일어났던 산사태를 재활성화하는 과정을 열거하라.
20. 회전성 산사태 움직임을 멈추거나 지연시키기 위해 무엇을 할 수 있는가?
21. 붕괴하기 시작한 젖은 사면에서 물을 제거하는 각기 다른 방법을 열거하라.

토의 문제

1. 로스앤젤레스 북서쪽 가파른 해안지역의 대규모 토지를 고급주택 건설용으로 소구획정리하겠다고 자치구에 허가를 요청한 개발업자가 있다. 이 구역의 가까운 곳에서 과거 산사태가 보고된 적 있다. 자치구는 허가를 해 줘야 하는가? 재산권 행사에 대한 개인 자유, 도로 개설, 상하수도 설치, 자치구가 거둬들이는 재산세, 법적 책임소재, 보험 등이 고려대상에 포함되어야 한다. 지반 붕괴로 인한 피해가 발생했을 때 누가 책임져야 하며 누가 보상해야 하는가?
2. 샌프란시스코 근처에서 진도 6의 중규모 지진이 대형 산사태를 유발하여 15년 된 택지 구획에 있는 많은 주택이 피해를 입었다. 주택 소유주가 가입한 보험회사에서는 주택 피해보상을 거부하고 있다. 누가 피해를 보상해야 하는가? 법적으로 공동책임이 있는가? 만약 그렇다면 누구에게 공동책임이 있으며 그 이유는 무엇인가?
3. 콜로라도 주 덴버 인근의 평탄지역의 부풀어 오른 점토층에 조성된 5년 된 택지에 있는 가옥에서 비틀림과 파단이 일어나기 시작하였다. 누구에게 책임이 있는 것이며 그 이유는 무엇인가? 만약 법적으로 공동책임이 있다면 이때 고려사항에는 어떤 것들이 있는가?

싱크홀, 지반침하 및 팽창성 흙 9

Donald Hyndman.

애리조나 피닉스 동쪽 아파치 교차로 부근의 지반수축과 침하현장. 관개용수를 위한 과도한 지하수 채취에 의한 부등침하가 생겼다. 균열은 침하 때마다 폭 2.5 cm 이내로 생겼지만 점차 확대되어 결국에는 흙덩어리가 균열 속으로 함몰되었다.

수축성 지반

과거 100년 이상 동안, 남부 애리조나 피닉스와 투손 지역에서는 관개 및 생활용수에 필요한 지하수가 항상 부족하였다. 사막성 기후로 일부 지역에서는 연 강수량이 7 cm에도 미치지 못하는 반면 증발량은 100 cm 이상을 보여서 자연적 지하수 함량이 없는 실정이다. 대도시 인구증가와 농경지의 용수 수요로 인하여 주변 지하수위는 180 m 이상 하강하였다. 피닉스에서 투손에 이르는 약 7,700평방킬로미터 지역은 부등침하로 인하여 지표균열이 최대 깊이 6 m에 가로 9 m 이상으로 발생하였다. 이 균열이 확대되어 고속도로, 하수관로, 건물 등 여러 구조물을 손상시켰다.

연방정부가 지원한 콜로라도 강물을 대량으로 끌어오는 콘크리트 수로건설사업인 중앙애리조나사업이 완성된 1985년까지 이 지역의 지하수는 거의 고갈되었다. 아이러니하게도 과도한 지하수 채취로 인한 지반균열 때문에 콘크리트 수로는 더 튼튼하게 보강되어야 했고, 끌어온 일부 강물은 지반침하 방지를 위하여 지하에 주입되어 지하수위 함양에 사용되었다.

지반변위의 형태

지반변위는 지진이나 화산분출과 같이 극적이지는 않지만 도로, 생활관로, 주택 등을 손상시키거나 파손시키기 때문에 북아메리카 지역에서 큰 피해를 주고 있다. **싱크홀**(sinkhole)은 석회암지대에서 지하공동 위의 지반이 함몰되어 생성되며, **지반침하**(land subsidence)는 지하수나 석유 등을 대량 채취하거나 지진 시 지반이 다져지면서 발생한다. **팽창성 흙**(swelling soil)은 주로 화산재가 점토로 변질되어 만들어지는데 함수하면서 부피가 늘어나는 특징이 있다.

싱크홀

미국 동부지역의 석회암 지대에서는 지표가 갑자기 함몰되면서 수십 내지 수백 미터 규모의 싱크홀이 형성되기도 한다(**그림 9-1**). 싱크홀은 주택과 도로에 손상을 줄 뿐만 아니라 하천, 호수 등의 물을 고갈시키기도 하며, 저지대에서는 오염된 하천수를 지하수에 직접적으로 유입시켜서 먹는 물을 오염시키기도 한다.

싱크홀의 형성

일부 퇴적암은 물에 **용해성**(soluble)이 있어 재해를 초래한다. 암염과 석고는 '증발잔류암' 이라고도 하는데 용해성이 아주 크다. 석회암 등의 탄산염 암석들은 산성 빗물에 서서히 용해되지만 그 영향은 넓은 지역에서 나타난다. 석회암 지대에서는 석회공동, 용천, 소멸하천, 싱크홀 등이 관찰된다. **공동**(cavern)은 지하수면 근처의 탄산염 암석이 지하수에 용해되어 형성되는데(**그림 9-2**), 공동천장은 일차적으로 수압으로 지지되기 때문에 붕괴될 가능성이 높다. 지표 근처의 용해 공동의 규모가 커지면 천장이 붕괴되어 싱크홀이 형성된다(그림 9-2B 참조).

> **해설 9-1**
>
> **탄산염의 형성**
>
> 빗물이 탄산가스와 만나서 탄산을 형성하고
>
> $$H_2O+CO_2=H_2CO_3$$
>
> 탄산수가 석회암과 반응하여 탄산염으로 용해된다.
>
> $$H_2CO_3+CaCO_3=[Ca^{++}+2HCO_3^-]$$

대기 중의 수증기는 탄산가스를 용해하여 약한 탄산을 만들고, 이 산성비가 균열을 따라서 이동하며 석회암과 서서히 반응하여 점차 균열을 확장시키며 결국에는 공동을 형성하게 된다(해설 9-1: 탄산염의 형성). 약한 산성비에 의한 석회암의 용해속도는 1,000년에 수 mm 정도이지만 고온다습한 기후에서는 용해가 빠르기 때문에 열대성기후 지역에서 공동과 싱크홀이 흔하게 나타난다. 대기오염으로 빗물의 산성도가 높아지는 경우에도 용해속도는 빨라진다. 용해된 탄산염은 균열이나 공동을 흐르는 지하수에 씻겨 버린다.

석회암은 지하수면 위나 아래에서 용해되는데 지하수면 위에서는 산성 지하수가 아래로 흐르면서 균열을 확장한다. 지하수면 바로 아래에 수평층이 있는 경우 많은 물과 접촉하여 공동이 빨리 확대될 수 있다. 이 경우 신선한 산성수가 많이 공급되어 석회암 표면을 용해시키고 부산물을 씻어 주게 되어 용해가

그림 9-1 싱크홀 붕괴

Devin Galloway, USGS.

S. Navoy, USGS.

1981년 5월 플로리다 올랜도 부근의 윈터파크에서 대규모 싱크홀이 생겨서 주택 한 채와 자동차 몇 대, 야영객 및 마을 수영장 반을 삼켰다.

그림 9–2 공동

American Institute of Professional Geologists; Wilgus B. Creath.

A

Donald Hyndman.

B

A. 미주리 주 스프링필드 근처 44번 고속도로를 따라 노출된 석회공동은 천장 암석이 처지고 휘어져 있다. B. 텍사스 주 오스틴 근처에서 관찰된 석회암의 깊은 구덩이는 지하에 숨겨진 공동이 있다는 증거인데, 붕괴 위험성 때문에 대규모 쇼핑센터 계획이 취소되었다.

빨라지는 대규모 공동을 형성하는 환경이 된다. 지하수위가 공동 천장보다 낮아지면 위에서 균열로 침투한 물이 국지적으로 수분 증발과 탄산가스의 유실로 인하여 탄산칼슘으로 침전되는데, 천장의 종유석(stalactite)과 바닥의 석순(stalagmite)으로 성장하게 된다(**그림 9-3**). 현재의 지하수위보다 높은 언덕 위에 있는 공동은 지하수위가 하강한 결과인데, 지하수위 하강은 인접 계곡의 하상침식으로 인한 경우가 많다.

지하수위 부근의 석회암 기반암은 균열을 따라 용해가 진행되어 굴곡이 심하고 깊은 구멍이 많은 표면을 만드는데 후에 이를 덮고 있는 흙이 침식되어 **카르스트**(karst)라는 석회암 특유의 지형을 만들게 된다(**그림 9-4**). 극단적인 경우 수직절리를 따라 석회암이 용해되어 남서부 중국의 곤명에서 보는 바와 같이 극히 울퉁불퉁한 그림같이 아름다운 특이한 지형을 만든다.

싱크홀의 형태

싱크홀은 일반적으로 3가지 형태로 만들어진다.

1. **용해**(dissolution). 덮개 흙이 얇고 투수성이 큰 지역에서는 산성 지하수가 균열로 침투하면서 석회암을 용해한다. 균열이 확대되어 그림 9-4와 같은 울퉁불퉁한 카르스트 지형을 만드는데 상부 흙이 점차 유실되어 싱크홀로 발전한다. 지하수위가 높은 지역이나 균열이 퇴적물로 폐쇄되면 침강지에 물이 채워져서 연못을 형성하기도 하는데 대부분 얇아서 위험하지는 않다.
2. **덮개 흙 침강**(cover subsidence). 투수성 사질 퇴적토가

그림 9–3 종유석과 석순

Donald Hyndman.

A

균열을 따라 지하수 침투

동굴

종유석

석주

탄산칼슘을 함유하는 지하수가 떨어짐

석순

$Ca^{++} + 2HCO_3^- = CaCO_3 + CO_2$ (대기로 유실) + H_2O (증발)

B

A. 멕시코 툴룸 부근 공동의 천장 종유석과 바닥의 석순인데 결국 서로 합쳐져 기둥이 된다. **B.** 탄산칼슘이 용해된 지하수가 공동으로 지속적으로 유입되어 탄산가스를 유실하고 증발되어 종유석과 석순의 형태로 다시 탄산염으로 침전된다.

그림 9-4 카르스트

A. 터키 서해안의 노출된 카르스트는 덮고 있던 흙이 침식된 석회암 용해의 전형적인 결과인데, 암석의 울퉁불퉁한 모습은 침식에 의한 지하용해를 강조한다. B. 극단적인 카르스트 풍화는 중국 곤명 남부의 높이 10 m 이상의 석림에서 잘 관찰된다.

수십 미터 두께로 석회암을 덮고 있는 지역에서 용해로 확장된 균열과 공동은 서서히 상부의 모래로 충전되고 지표면은 침강하게 된다. 침강은 점진적으로 진행된다.

3. **덮개 흙 붕괴**(cover collapse). 점토질 퇴적토가 석회암을 덮고 있는 경우, 이 덮개 흙은 점착력이 있고 투수성이 낮아서 쉽게 부서지거나 아래로 이동하여 석회암의 공동을 충전할 수 없다. 그러나 석회공동이 점차 크게 되면서 구조적으로 불안정하게 되어 갑자기 얇은 천장이 붕괴하게 된다(**그림 9-5**). 예고 없이 붕괴되어 급경사 측벽을 만드는 이런 싱크홀은 파괴적이고 위험하다.

거의 예고가 없는 덮개 흙 붕괴 싱크홀은 도로, 주차장, 자동

그림 9-5 덮개 흙 붕괴 싱크홀의 형성

퇴적물이 공동으로 유입된다.

계속되는 유입으로 점성의 덮개 흙이 구조적인 아치를 만든다.

공동이 점진적으로 위로 확장된다.

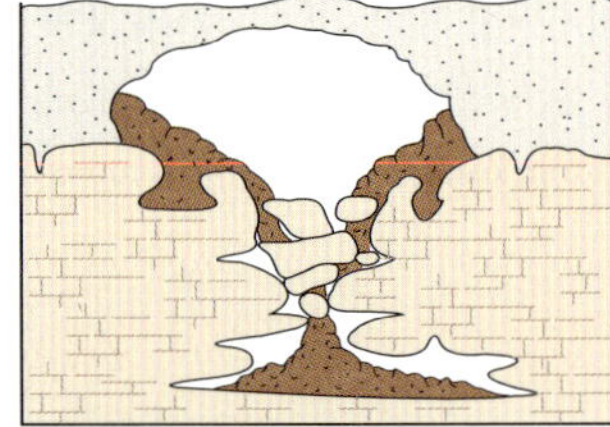

결국 공동이 지표까지 확대되고 갑작스럽게 싱크홀이 생긴다.

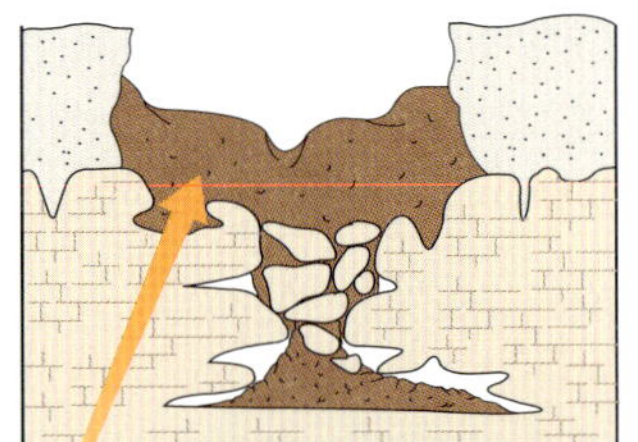

A. 덮개 흙 붕괴 싱크홀의 형성 순서. B. 2002년 2월 25일 켄터키주 워런카운티의 교차로에서 폭우가 지하 석회공동으로 유입되어 덮개 흙 붕괴 싱크홀이 생겼다.

차, 주택과 빌딩을 삼키는데, 2002년 2월 25일 켄터키 주 워런 카운티의 교차로 붕괴가 그 예이다(그림 9-5B). 이 경우에는 폭우가 교차로 모퉁이에서 지하로 유입되어 지하 석회공동을 더 용해시키고 불안정하게 한 것이 원인이었다. 도로건설 전에 지질전문가들은 지하공동의 천장이 불안정하다는 것을 알고 노선을 안전하게 우회시킬 것을 제안하였지만 받아들여지지 않았었다. 붕괴구간을 보수하는 데 백만 달러 이상의 비용이 소요되었다.

싱크홀 분포지역

서서히 용해되는 탄산염 암석은 미국 습윤 지역의 40%에 분포한다(**그림 9-6**). 켄터키 주의 약 55%는 풍화되어 카르스트 지형을 만드는 석회암 지역인데, 미국에서 가장 크고 유명한 매머드 공동 국립공원도 포함된다. 석회암이 서서히 용해되어 6만 개의 곰보자국 같은 싱크홀을 만들었는데 일부는 선상으로 배열하고 있다.

많은 해수가 대륙빙하로 존재하던 최후의 빙하기였던 2만년 전까지만 해도 전체 플로리다 탄산염암석 대지는 해수면 위에 있었고 펜실베이니아는 지금보다 두 배나 넓었으며, 지하수위는 현재보다 훨씬 낮아서 많은 공동이 지하수면 위에 있었다. 그 후 대륙빙하가 융해되어 해수면이 상승하고 지하수위가 공동의 대부분을 채우게 되었다. 모래와 점토가 최대 60 m 두께로 공동이 많은 카르스트 지형의 석회암을 덮고 있었다. 싱크홀은 중부 플로리다 지역에 많이 분포하는데(그림 9-6B 참조) 서부 및 중부 플로리다의 대다수 호수와 연못은 물로 채워진 싱크홀이다.

지하수위 변화는 싱크홀 형성에 기여한다. 우기에는 흙의 강도가 약해지고 공동이 확장되어 싱크홀 형성이 촉진된다. 또 건기나 과도한 지하수 채취로 지하수위가 낮아질 때도 많은 싱크홀이 형성된다. 한파가 지속되는 시기에 딸기 등 농작물 보온용으로 지하수를 과도하게 채수하여 대수층의 수위가 낮아진 예도 있었다.

싱크홀 발생 가능성이 가장 높은 지역은 지표수가 지하로 유입되어 대수층을 함양하는 지역이다. 지하수위가 공동 천장보다 아래에 있을 때 지하수가 천장을 지지하지 못하기 때문에 싱크홀 발생 가능성은 더 높아진다. 펜실베이니아 피츠버그 지역에 넓게 분포하는 석회암에는 많은 수직단열구조가 발달하고 있다. 산성 빗물이 이 균열을 통하여 침투하면서 주변 석회암을 용해하며 균열을 점차 확장한다. 석회암 균열의 상부 흙은 간헐적으로 붕괴되면서 공동을 점차 확대시키다가 결국에는 천장이 붕괴되고 지표면에 싱크홀이 생기게 된다. 대부분의 펜실베이니아 싱크홀은 직경이 1~6 m 정도이며, 단열구조가 확장 발달하여 지하공동을 만드는 일은 거의 없다.

싱크홀 발생 가능성이 적은 지역은 지하수가 지표로 용출하는 곳인데, 이는 지하수가 공동에 가득 차서 천장을 지지하기 때문으로 생각되며, 흐르는 지하수가 탄산염 암석을 부식시키지는 않는 것 같다.

도시지역에서는 호우 시의 우수배수나 급수관의 누수도 싱크홀 발달을 촉진시킬 수 있다. 다량의 물이 흐르면서 심한 균열의 석회암 위에 있는 덮개 흙을 씻어서 싱크홀을 형성한다.

그림 9-6 미국의 싱크홀 분포

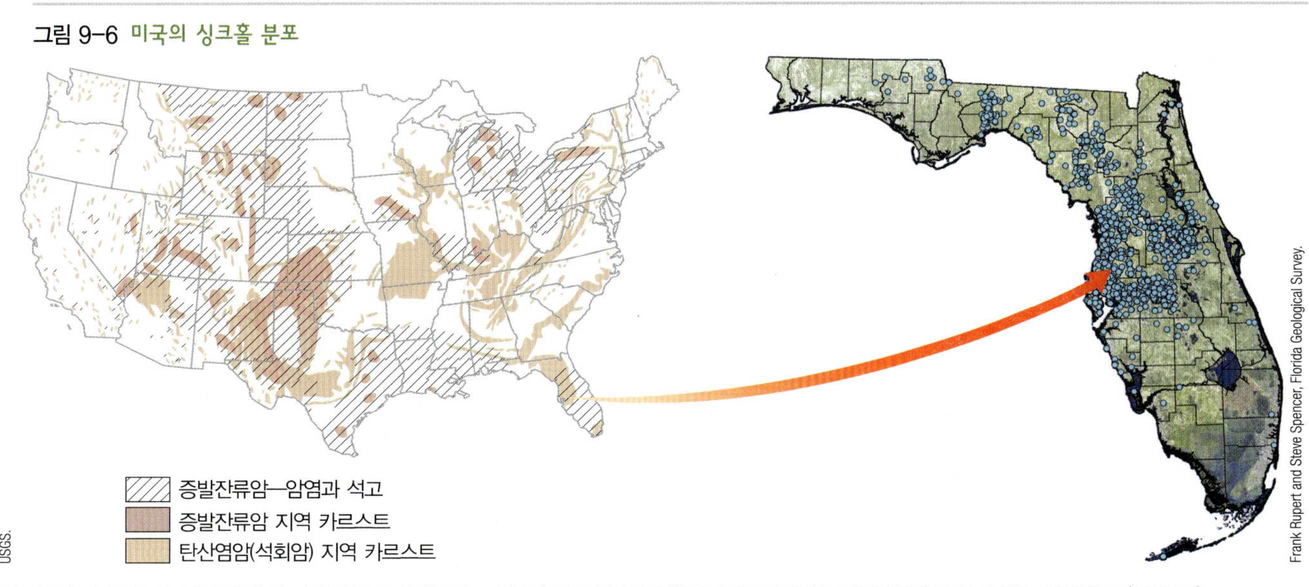

이 지도는 싱크홀과 여러 형태의 지반침강이 예상되는 지역의 분포를 보여 준다. 플로리다 중부에 밀집되어 분포하는 싱크홀들(푸른 점).

그림 9-7 싱크홀로 인한 건물손상

William Kochanov, Pennsylvania Geological Survey.

펜실베이니아 주 레바논카운티, 팔미라보로의 이 주택 하부에 싱크홀이 있다.

그림 9-8 싱크홀로 붕괴된 주택

Doug Gouzie.

2006년 미주리 닉사의 한 주택이 싱크홀로 붕괴되었다.

이런 싱크홀 위에 있는 도로나 건물은 심각한 피해에 노출된다(**그림 9-7**). 펜실베이니아 앨런타운에서는 8층의 새 사무실 건물이 기둥 하부의 싱크홀 발생으로 파괴되었는데 1,000만 달러 상당의 피해를 입었다.

2010년 5월 말, 과테말라 시의 도심지 교차로에서 3층의 건물을 삼켜 버린 깊이 60 m, 폭 16 m의 깔때기 모양의 싱크홀이 생겼다. 열대성 태풍 아가타가 몰고 온 100 cm에 달하는 호우가 지역을 휩쓸어서 대형 하수관이 파괴되었고 도로의 하부 지반이 침식되었다. 이와 유사한 형태의 더 큰 싱크홀이 2007년에도 생긴 바 있다.

2006년 8월 13일, 미주리 스프링필드 남쪽 닉사에 있는 한 가옥의 모퉁이 아래에 폭 18 m, 깊이 23 m의 싱크홀이 생겼다. 곧 두 개의 차고가 붕괴되었고 가옥도 점차 파괴되었다(**그림 9-8**). 미주리 남서부의 카르스트 평원에는 싱크홀이 많은데 대부분은 덮개 흙 붕괴형태를 보인다. 닉사 싱크홀은 단열대가 교차하는 곳에서 흔히 관찰된다. 현장조사 결과, 싱크홀 붕괴는 다음과 같은 원인으로 추정되었다: 폐기된 오수탱크와 그 배수관의 누수, 고목의 썩은 뿌리, 자갈층에 유입된 가옥의 낙수홈통 물, 균열이 발달한 기반암까지 쉽게 물을 통과시킨 배수성 좋은 흙. 가옥을 철거한 후에 1~2 m 규모의 큰 호박돌로 싱크홀을 충전하고 흙으로 덮었다. 붕괴는 배수된 물이 공동 상부의 덮개 흙으로 침투하면서 발생한 것으로 보였다. 두 차고의 콘크리트 바닥 아래에 흙 공동이 있었기 때문에 차고 밖으로 확대되어 붕괴될 때까지 그 존재를 알 수 없었다. 일반적으로 이런 공동은 작은 구멍에서 시작되어 점차 크게 확대되는 경우가 많다.

건설공사도 지표면 하중 증가, 기초 흙의 탈수, 우물굴착 등으로 싱크홀 형성을 촉진한다. 중장비와 신축 구조물은 하중을 증가시킨다(**그림 9-9**).

미국의 넓은 지역에 분포하는 염류와 석고 같은 퇴적물도 카르스트 지형을 만든다. 이들은 상대적으로 물에 쉽게 녹아서 수일 만에 공동을 만드는데, 주로 미국 남동부, 애팔래치아 및 서부 텍사스 지역에 분포한다. 어떤 경우에는 소금과 석고 지하광산으로 생긴 인공 공동이 지하수에 녹아서 확대되기도 한다. 1994년 3월 12일 이른 아침, 150×50 m 크기의 셰일 암반 천장이 뉴욕 주 제네시밸리에 있는 렛소프 소금광산 지하굴착

그림 9-9 중장비로 인한 붕괴

Florida Geological Survey.

플로리다 탬파 부근의 지하수 관정 굴착기의 큰 하중 때문에 석회공동이 붕괴되었다. 장비는 결국 폭 100 m, 깊이 100 m의 깊은 구덩이로 빠져 버렸다.

지로 붕괴되었다. 지하수가 광산으로 유입되면서 공동을 채워 미국 최대의 소금광산은 파괴되었다.

지반침하

지하 유체수위의 변화가 있을 때 지반침하가 발생한다. 침하는 넓은 지역에 걸쳐서 나타나기 때문에 싱크홀보다는 뚜렷하고 극적인 영향이 적지만, 심각한 손해의 원인이다. 인접지역보다 표면이 내려가는 작은 단층은 가옥이나 생활관로의 손상을 초래한다. 어떤 곳에서는 인접지역 간의 부등침하로 인하여 지반균열(earth fissure)이 생기기도 한다(이 장 도입부의 그림 참조). 해안지역이 해수면 가까이 침하하면 홍수에 더 취약해진다.

북아메리카에서의 지반침하는 심각한 문제인데, 이는 지하수 채취 등 다양한 인간 활동, 유기질 혹은 점토층의 배수 및 동토의 융해로 인하여 발생한다.

지하수와 석유의 채취

가장 일반적인 지반침하의 원인 중 하나는 지하수나 석유 채취이다. 우수는 지하에 침투하여 다공성 암석인 대수층(aquifer)을 통하여 강이나 하천으로 흘러가는데, 많은 곳에서 대수층의 지하수를 채수하여 생활용수로 사용하고 있다. 강수로부터 함양되는 양보다 더 많은 양을 채수하는 곳에서는 이를 **지하수 채취**(groundwater mining)라고 간주한다. 지하수나 석유의 채취로 인한 지반침하는 미국을 포함한 세계 도처에서 심각한 문제로 부각되었다(**그림 9-10**). 표 9-1에 지반침하가 심각한 지역을 정리하였다.

그림 9-10 지반침하 분포도

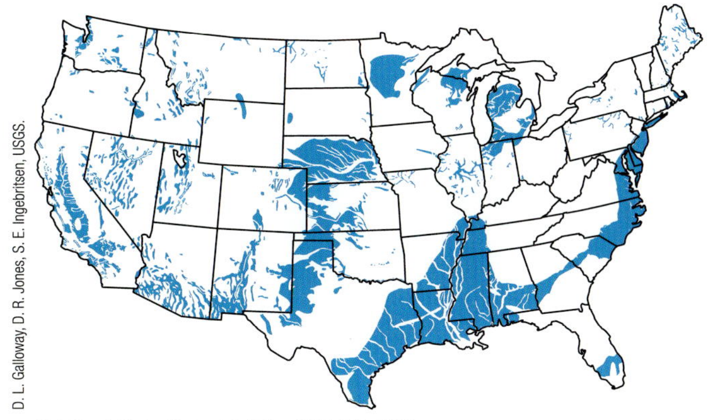

D. L. Galloway, D. R. Jones, S. E. Ingebritsen, USGS.

미국의 지하수 채수로 인한 지반침하 지역.

표 9-1 지하수나 석유 채취로 인한 지반침하 지역 사례

지역	침하량 (m)	채취내용	피해결과
캘리포니아 주, 새크라멘토-샌와킨 계곡	최대 9 m	농경용수	삼각주의 농경지가 해수면보다 낮아짐
애리조나 주, 피닉스~투손 지역	최대 5 m	농경 및 생활용수	침하와 지반균열
네바다 주, 라스베이거스	최대 2 m	생활용수	침하와 지반파괴
캘리포니아 주, 롱비치	9 m	석유 및 천연가스	파이프라인과 항만시설이 손상되고 해수 침입방지용 방조재가 필요하게 됨
캘리포니아 주의 새너제이 계곡과 산타클라라(실리콘밸리) 계곡	2~2.5 m 이상	농경, 생활 및 산업용수	샌프란시스코 만의 조류범람
텍사스 주의 휴스턴-갤버스턴 지역(직경 130 km 지역)	2 m 이상	석유 및 지역개발을 위한 생활용수	빈번한 범람과 침수
플로리다 주, 에버글레이즈	2~3.5 m	농경과 지역개발을 위한 배수	습지 50% 감소, 침하와 해수 침입
멕시코, 멕시코시티	8~10 m	산업 및 생활용수	건물경사, 상하수관 파손
이탈리아, 피사	수 m	생활용수	피사의 사탑 부등침하
이탈리아, 베니스		산업 및 생활용수	건물이 해수면 아래로 침하되고 범람 빈번
네덜란드 라인 강과 뫼즈 강 삼각주	6~6.7 m	농경지 배수	유기질 흙의 탈수와 산화현상, 추가적인 침하 예상됨

그림 9-11 지하수 채취에 의한 지반침하

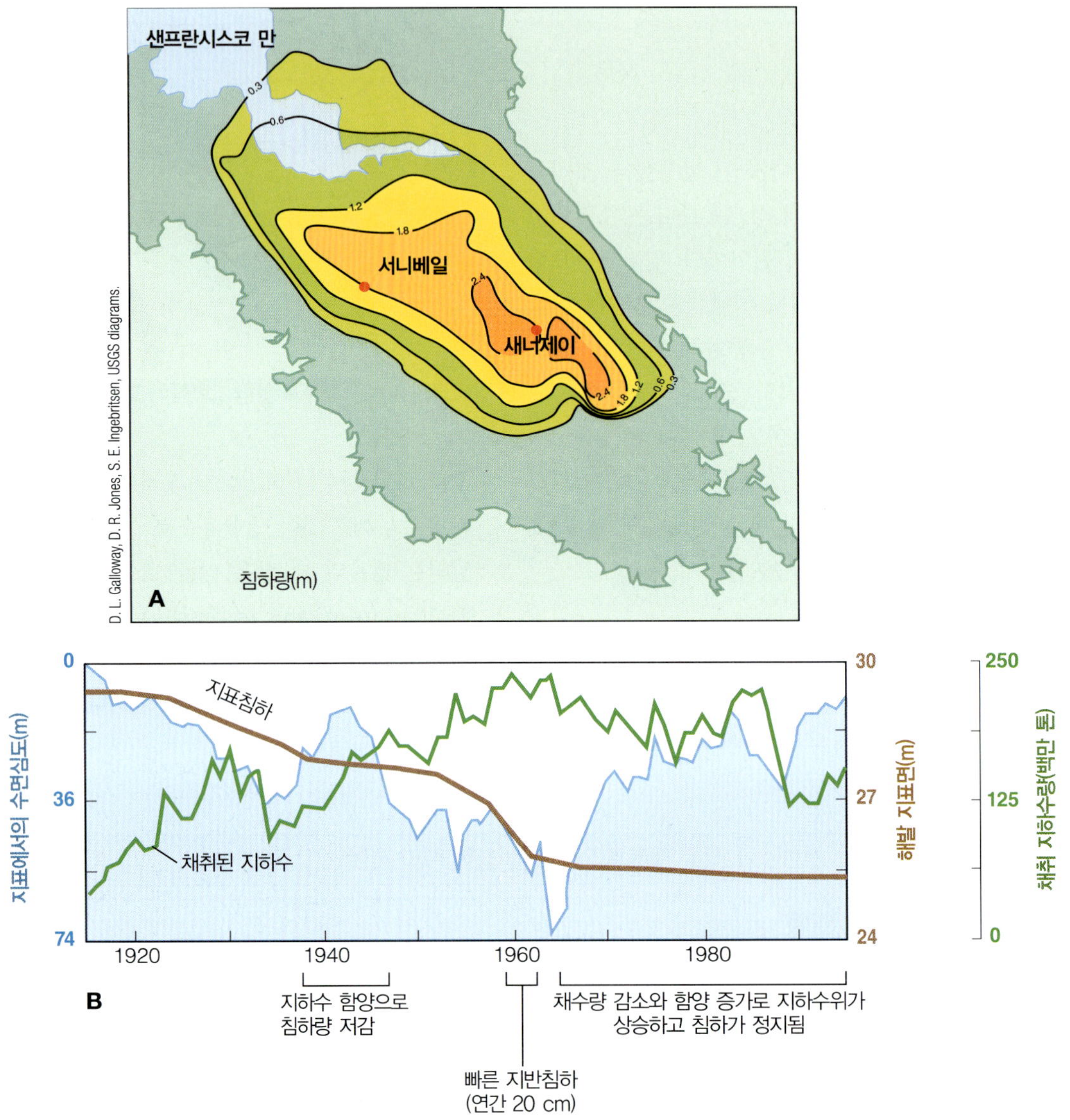

A. 지하수 채수로 인한 산타클라라 계곡의 지반침하도. 짙은 오렌지색으로 표시된 지역은 약 70년 동안 4 m의 침하가 발생하였다. B. 캘리포니아 산타클라라에서는 1915년과 1960년 사이에 지하수 채수가 급증하였다(녹색). 예상한 대로 채수량이 증가하면 지하수위가 감소(청색)하였고, 또한 침하로 인하여 1963년에 외부에서 용수를 끌어와서 함양시킬 때까지 지표면이 낮아졌다(갈색). 이러한 지하수 함양과 채수 감소로 지표침하는 정지되었다.

많은 대수층은 두꺼운 모래와 자갈층으로 구성되는데 입자 사이의 간극은 물로 채워져 있다. 간극의 물을 채취하면 입자가 더 촘촘하게 다져지고 간극이 줄어든다(그림 8-3 참조). 채수로 간극이 줄어들어 침하가 발생하면 간극구조가 붕괴되기 때문에 물을 다시 주입하더라도 원상태의 간극으로 복구되지 않는다.

대량의 채수는 영구적인 대수층의 용량감소와 지반침하를 초래한다. 장기적인 채수로 인한 지반침하 지역의 좋은 예는 다음과 같다: 샌프란시스코 남단의 실리콘밸리, 캘리포니아 센트럴밸리, 로스앤젤레스 남쪽의 롱비치, 남부 애리조나, 휴스턴 부근의 텍사스 걸프해안지역, 이탈리아 베니스(사례: 지하수 채취에 인한 침하—이탈리아 베니스).

샌프란시스코 남쪽 새너제이 만에서는 빠른 인구증가에 수반된 지하수 과다사용으로 1920년과 1995년 사이에 4 m 정도의 지반침하가 발생하였다(**그림 9-11**). 1960년부터 4년간 80 cm 정도의 침하가 빠르게 발생한 후, 1963년부터는 지하

그림 9-12 석유와 가스채취에 의한 침하

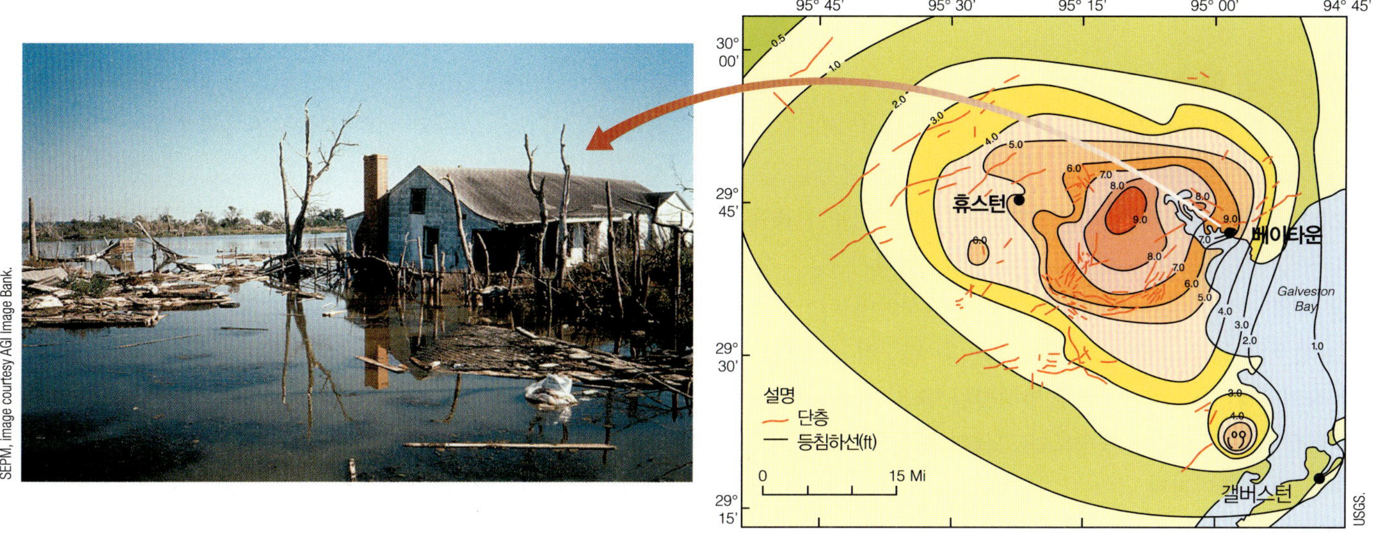

텍사스 주 베이타운 브라운우드의 침하로 인하여 가옥이 호수와 같이 물에 갇혔다. 휴스턴의 갤버스턴 지역의 침하분포도(단위: ft).

수 채수 저감을 위하여 외부에서 생활용수를 공급하기 시작하였고 지금은 침하가 거의 멈추었다.

휴스턴 지역에서는 지하수와 더불어 석유와 천연가스를 생산하고 있는데, 일부 지역에서는 지반침하가 1 m 이상 발생하였다. 그 결과 전에는 간혹 큰 태풍과 함께 연안의 홍수가 주된 문제였지만 지금은 빈번한 소규모 태풍들도 중대한 문제가 되고 있다(**그림 9-12**).

로스앤젤레스 남부 윌밍턴과 롱비치의 연안지역에서 1940년대 해군조선소에서의 지하수 채취와 후의 석유채취로 인해 시작되었다. 1958년까지 침하가 거의 52 km^3 이상의 지역에서 9 m에 달하는 침하가 일어나 철도와 생활관로가 휘고 빌딩과 유정이 피해를 입었다(**그림 9-13**).

지반침하 대책은 우선 문제의 원인인 인간 활동을 중지함으로써 시작되는데, 경우에 따라서는 정부가 지하수나 석유채취를 금지하거나 제한하거나 혹은 지하에 지하수를 함양하도록 하는 법을 제정함으로써 침하속도를 느리게 하거나 종국에는 멈추게 한다. 1958년 캘리포니아 침하법이 통과되어서, LA 지역에서는 지하수를 주입하여 지반간극을 충전하여 지반침하를 억제하였다. 그러나 대부분의 경우 지반침하나 퇴적물 압축은 원상회복이 어려우며, 또한 대수층의 간극과 투수율의 감소는 거의 영구적 현상이다.

지하수는 채취량이 평균적인 함양량보다 많지 않으면 재생가능한 자원이다. 지하수의 지속 가능한 적절한 사용을 위한 정책들이 이러한 균형적인 사용을 유지하기 위해 필요한데, 이런 정책은 기후와 수질변화 등 여러 인자를 고려하여야 한다. 우기 동안에 퇴적물 간극에 충전된 물을 건기에 이용할 때에는 지반간극 저수용량의 영구적인 감소방지를 위하여 과도한 지하수위 저하가 초래되지 않도록 세심하게 관측하여야 한다. 저수유역에서의 적절한 이용 혹은 안전산출은 자연적 혹은 인위적인 함양으로 접근 가능하지만, 이에 영향을 미치는 기후변

그림 9-13 석유채취에 의한 지반침하

LA 남동부 롱비치 지역의 침하는 퇴적분지에서의 석유와 지하수 채취가 원인이다. 사진의 흰색 유정관의 지표 노출만큼 지반이 침하하였다. 사진 왼쪽의 제방은 유정지역의 침하로 지표가 낮아져 해수의 범람을 막기 위하여 건설하였다.

화도 고려하여야 한다. 하천환경 보전을 위해서는 또한 건기에도 최소한의 하천유지 용수가 필요하다.

유기질토의 배수

침하는 또한 이탄과 같은 유기토를 배수로 발생시킨다. 자연 상태에서 유기질토는 안정 상태를 유지해 주는 혐기성 물(무산소)로 포화되어 있지만, 지하수위가 낮아지는 경우 지표에서 지하수면까지 침투하는 호기성 박테리아와 접하게 된다. 즉 퇴적물 속의 박테리아가 유기물을 산화 분해시키며 이산화탄소를 발생시키고, 이 가스는 지구온난화 등 지구적 기후변화를 유발하여 추가적인 자연재해를 발생시킬 수 있다(10장에서 언급). 이러한 유기물의 분해속도는 그들의 집적속도보다 100배 더 빠르게 이루어진다.

캘리포니아 중부의 반건조지역인 새크라멘토-샌와킨 계곡은 과수원과 포도원에서 나오는 다양한 곡물, 면화, 쌀 등 풍성한 농작물 생산으로 유명하다. 이 지역은 미국 농산물의 25%를 생산하는데, 대량의 지하수를 작물에 관개함으로써 지하수면이 낮아졌고 유기물이 분해되어 어떤 지역에서는 9 m 이상의 현저한 지반침하가 일어났다(**그림 9-14**). 이런 지반침하는 농작물 생산, 대형 송수관로 및 주요 생태계를 위협한다. 또 이 지역은 경작지보다 강 수면이 높아서 항상 범람의 위험에 직면하고 있다(**그림 9-15**).

플로리다 에버글레이즈의 광활한 지역은 25년 전에 농경작을 위하여 배수함으로써 약 2 m의 침하가 발생하였다. 침하와 환경영향 저감을 위하여 에버글레이즈 복원계획이 진행 중이며, 자연 상태로 점차 복원되고 있다.

홍수기 범람으로 인한 토사의 퇴적을 막기 위하여 설치한 제방 때문에 뉴올리언스를 포함하는 미시시피 삼각주 지역의 침하가 증가하였다. 이 침하는 또한 습지 낙엽송 등 습지 식생을 파괴하는 해수침입 때문에 가중되었으며, 추가적인 침하 요인은 유기질이 풍부한 퇴적물의 산화이다.

유럽에서는 네덜란드가 라인 강과 뫼즈 강의 삼각주에 놓여 있어서 침하에 가장 취약한데 이 나라의 25%가 해면보다 낮은 지대이다. 기원전 1800년경에 이탄층 초지의 인위적인 배수가 시작되어 침하가 발생하였고, 지금은 해면보다 1~2 m 정도 낮아졌다. 로테르담 중심부의 대형 컨테이너 야적장 주변은 해면보다 6.76 m나 낮아졌다. 대부분의 지역이 매년 1~3 cm 정도 침하하고 있으며, 지하수위가 지표면 혹은 많아야 지하 70 cm 정도에 놓여 있다. 건기에 지하수위가 하강하면 흙도 건조하고 이탄이 산화하여 침하가 진행된다.

그림 9-14 샌와킨 계곡의 침하

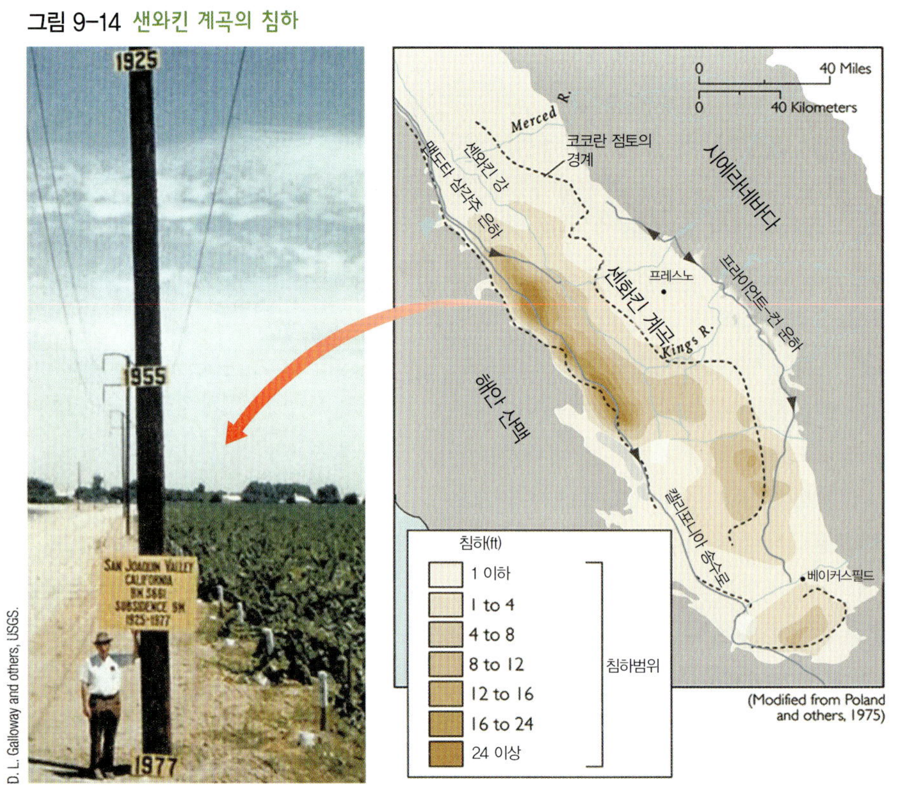

캘리포니아 샌와킨 계곡의 일부 지역은 1925년과 1977년 사이 약 50년 동안 거의 8 m 침하되었다.

그림 9-15 새크라멘토 삼각주의 침하

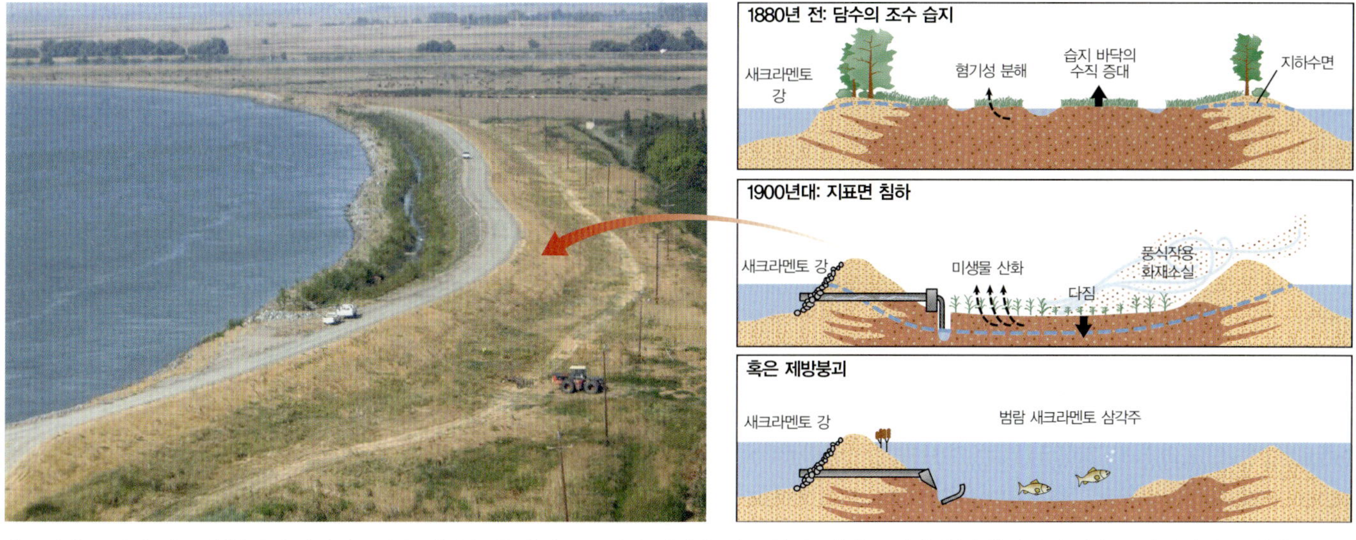

새크라멘토 강이 지금의 침하된 경작지보다 높아서 높은 제방으로 강의 범람을 막고 있다. 삼각주 경작지(갈색)에서의 채수로 지반이 침하하여 강 수면(청색)보다 경작지가 낮아졌다.

큰 파도를 동반한 거대한 북해폭풍으로 해안이 침식되고 범람하는데, 1953년 참혹한 홍수로 1,800명이 사망하고 수천의 가옥과 농경지가 파괴되었다. 당시 삼각주 재건사업으로 해수 침입 방지용 제방과 방파제가 건설되었다(**그림 9-16**).

점토의 건조

점토가 건조하면 지반이 침하한다. 특히 해성점토가 그림 8-7과 같이 면모구조이면 간극률이 높아서 이 구조가 파괴되면 침하가 빨리 발생한다. 예민점토의 경우 면모구조가 지진이나 중장비 진동으로 쉽게 붕괴되며, 또 입자 사이의 양이온이 담수로 씻어지면 이 면모구조는 쉽게 붕괴된다.

피사의 사탑은 지반침하의 유명한 사례이다. 탑 아래의 지반은 두꺼운 압축성의 팽창성 해양 점토층 위에 두께 3 m의 점토질 모래와 두께 6 m 이상의 모래층이 놓여 있어서 오늘날 기술자라면 기초지반으로 선택하지 않을 좋지 않은 지반조건이었다. 이 탑은 이탈리아 서해안 부근의 피사대성당의 종탑으

그림 9-16 폭풍해일 방지책

A

B

A. 네덜란드의 위성사진으로 노란 삼각형 표시는 폭풍해일 방파제이다. B. 폭풍해일로부터 로테르담을 방호하기 위하여 건설된 마에슬란트 방파제.

로 건설되었다. 탑은 1173년에 건설을 시작하였지만 부등침하로 기울어지기 시작하여 3층까지 축조한 상태에서 1185년도에 중단되었다가 100년 후인 1274년 공사를 다시 시작하였다. 10년 후 맨 위의 종탑을 제외한 모든 공사를 완료했지만 기우는 속도가 다시 증가되어 또다시 축조가 중단되었다. 종탑을 포함하는 전체 탑은 마침내 1372년에 완공되었지만 그때까지 전체적인 탑의 중심은 연직에서 1.5 m나 벗어나 있었다.

1975년까지 55 m 높이의 사탑은 2 m나 침하되었고, 연직에서도 4.3 m나 벗어났다. 사진(**그림 9-17**)에서 탑의 측면에 약간의 굴곡이 나타나 있는데 이것은 착각이 아니라 시공과정에서 건설업자들이 탑을 똑바로 세우려고 시도한 흔적이며 그 후에도 탑을 안정화하기 위한 다양한 시도가 있었다. 600톤의 하중을 침하되지 않은 쪽(그림 9-17의 탑 왼쪽)의 지표면에 가하여 침하를 시도하기도 하였고, 최근에는 탑을 거의 50 cm 정도 바로 세우고 새로운 기초를 설치하여 안정성과 관광객 안전을 지키려고 하고 있다.

그림 9-17 피사의 사탑

Hyndman.

피사의 사탑은 하중으로 해성점토층이 압축되어 탑이 기울었다. 사진 왼쪽의 교회건물과 탑을 연결한 케이블은 탑의 붕괴방지용이며 탑 측면이 약간 굽은 것은 건설 당시 탑을 바로 세우기 위한 노력의 흔적이다.

그림 9-18 점토층의 수축으로 변형된 주택

Hyndman.

온타리오 오타와 지역의 점토층 수축으로 인한 주택변형의 뚜렷한 증거인 벽체균열(화살표).

함수비가 높은 해성점토층은 지반침하를 일으키는데, 그 한 예는 1만~1만3천 년 전 후퇴하는 대륙빙하의 가장자리에 형성된 호수로 해수가 침입한 오타와-세인트로렌스 강 저지이다. 온타리오의 오타와 주의 대부분은 70 m 두께의 해성점토인 유명한 레다 점토 위에 지어졌다. 이 점토는 흙 내의 염류가 담수에 씻겨 버렸기 때문에 입자 사이의 인력이 약하게 되어 강도가 특히 약하다. 점토의 고체 흙 입자들은 전체 부피의 1/3보다 작으므로(역주: 간극비가 2 이상임) 오래된 집이나 빌딩 아래의 점토가 건조되고 수축하면 차별침하와 뒤틀림을 일으킨다(**그림 9-18**). 세인트로렌스 강 계곡 및 그 지류에서의 산사태는 레다 점토에서 발생한다. 1911년에 완성된 캐나다의 지질조사소 본부 건물은 40 m 이상의 두께를 가지는 레다 점토지역에 지어졌는데 이는 지질학자의 조언도 없이 지반조사가 수행되었다. 건축 후 무거운 외부 돌 벽은 즉시 점토 속으로 침하하기 시작하여 빌딩 균열이 발생하고 주 빌딩과 타워가 분리되었다. 타워는 마침내 1915년에 완전히 붕괴되었고 빌딩과 기초는 많은 비용으로 보강되었다.

레다 점토를 포함한 악명 높은 사례는 1971년 4월, 세인트장비안네에서 30 m 두께의 레다 점토지대 위에서 시작된 새로운 주택개발의 경우이다. 폭우로 인해 점토에 하중이 더해졌고 11일 후에 지반이 무너지면서 토사가 3 km의 거리를 25 km/hr의 속력으로 사게네 강의 하도를 따라 흘렀다. 이 사태는 31명의 사망자와 38채의 집을 앗아 갔다(그림 8-8과 비교하라).

융해와 지반침하

지열 증온율(geothermal gradient)은 심도가 깊어질수록 온도가 올라가는 현상을 설명하는데 지구 내부로 갈수록 암석이 뜨거워진다. 지표 가까이에서는 심도 100 m당 약 0.6°C (6°C/km) 정도로 온도가 상승한다. 대기의 연중 평균온도가 0°C 이상이면 땅속의 온도도 대체로 빙점 이상이지만, 캐나다, 알래스카, 북유럽 및 일부 아시아의 북극에서는 땅속의 온도가 연중 빙점 이하인 지역도 있다. 연중 땅속의 물이 얼어 있는 상태인 것을 **영구동토**(permafrost)라고 한다. 얼음은 흙 입자를 감싸고 있거나 입자 사이의 간극을 충전하거나 이탄 이끼를 받히는 상태로 존재한다. 지표 근처에서 얼음은 맥상, 쐐기상, 층상, 혹은 단단한 덩어리 상태로 존재한다.

평균온도가 빙점 이하인 북부 지역이나 알프스와 티베트 같은 고산지역에서는 겨울 동안 땅이 얼어 있지만 여름 두 달 동안은 지표 1~2 m 정도는 융해된다. 더 극지방의 경우에는 한 여름 동안에만 지표의 얇은 층만이 융해될 것이다. 북극의 영구동토 분포는 **그림 9-19**와 같다.

국지적인 환경여건도 지중온도에 영향을 미친다. 호수나 강의 물이 넓게 분포하는 지역은 식생이 눈을 두텁게 유지하듯이 지중온도를 따뜻하게 유지한다. 그러나 건설이나 산불로 식생이 제거되면 영구동토의 융해를 초래한다.

그림 9-19 북극의 동결지대

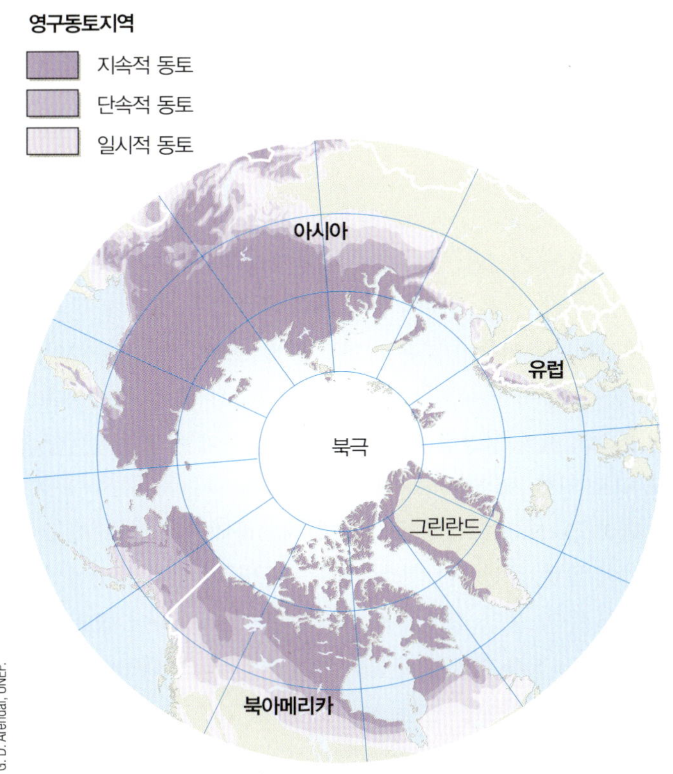

북아메리카와 아시아의 영구동토와 동토융해 지역의 분포.

그림 9-20 영구동토의 융해

캐나다 북서부 지역 툭토약툭 부근의 영구동토.

영구동토가 융해되면 동토에서 물이 빠져나와서 지반침하와 지반유동의 원인이 된다(**그림 9-20**). 흙 입자 혹은 암석 균열 사이의 단단한 얼음이 녹게 될 때 지반활동(landslide)이 빈번하게 발생하는데, 대부분은 영구동토의 융해된 껍질을 벗기듯이 얕은 심도, 즉 수 미터 이내의 두께이다.

영구동토 지역의 건물, 도로, 철도, 생활관로, 전신주 등 구조물은 영구동토 내 혹은 위에 기초를 두고 있다. 이들 구조물의 구조적 건전성은 영구동토가 융해되면 위협받게 된다(**그림 9-21, 9-22**). 얼음 위에 견고하게 고정되었던 건물이 침하하고 변형된다.

영구동토 지역의 건축공사를 하려면 지반융해와 그 피해에 대하여 충분히 검토하여야 한다. 알래스카 횡단 송유관은 관 내부에서의 유류흐름에 의한 마찰열로 동토융해의 가능성이 있어 지표에서 이격하여 설치하였다(**그림 9-23**). 관로는 열 사이펀(thermosiphon)이라는 기발한 장치를 이용하여 지반 위에 설치하였다(그림 9-23B). 송유관을 지지하는 파이프 기둥에는 대기온도가 차가워지면 액체로 응축하는 가스가 들어 있다. 이 액체가 동토에 설치된 파이프 기둥의 바닥에 가라앉아서 동토에서 열을 흡수하여 기체로 승화되어 파이프 기둥 위쪽으로 상승하면 다시 냉각되어 액체가 되어 바닥으로 내려오게 된다. 이 과정이 반복되며 지중의 열을 빼앗아서 지속적인 동토가 유지되며 구조물은 안정된다.

송유관은 또한 지지대 위에서 앞뒤로 미끄러지게 설치되어 지반변위, 관로의 열팽창 및 지진 시의 변위를 수용할 수 있도록 하고 있다. 도로와 철로 건설에서 오랫동안 사용되는 기술

그림 9-21 영구동토 융해로 인한 건물피해

Vladimir Romanovsky.

A

Alaska Department of Transportation.

B

A. 알래스카 페어뱅크스 근처 주택은 동토의 융해로 침하되고 변형되었다. B. 현대식 건물은 지표에서 이격 설치하여 건물 열에 의한 영구동토 융해를 최소화하고 있다.

그림 9-22 철도의 융해피해

L. A. Yehle, USGS.

알래스카 코퍼 강 철도는 심각한 동토융해 피해로 1960년도에 철거되었다.

의 하나는 영구 동토 위에 쇄석을 포설하여 겨울철에는 열 냉각을 돕고 여름철에는 열 가온을 최소화하는 방법이다.

동토의 융해로 인한 손상들은 지구 기후변화에 따라 증가되고 있다. 지구온난화에 따라 땅의 온도가 상승하고 영구동토가 얇아지며 동결-융해 활성대의 두께가 두꺼워지고 있다. 일부 지역에서는 이제 여름 동안 더 깊은 곳까지 융해되고 있어서 구조물 손상을 가중시키고 기후변화에도 영향을 미치고 있다(10장에서 논의).

융해되는 동토는 지표면을 엉망으로 만들 뿐만 아니라 녹은 물이 북극해로 유입되어 바다의 유빙을 녹이고 있다. 표면 식생과 융해된 토탄의 분해와 부패는 엄청난 양의 메탄가스와 이산화탄소를 방출하게 되어 지구온난화를 더욱 부추기게 된다. 이 주제에 대해서는 10장에서 상세하게 다룬다.

팽창성 흙

팽창성 흙도 싱크홀, 침하 및 동토융해와 마찬가지로 구조물에 피해를 준다. 산맥 서부의 많은 계곡과 대평원, 멕시코 만과 남동부 여러 주 연안의 넓은 해안평원 및 오하이오 강 유역의 대부분을 포함한 미국의 많은 지역에 팽창성 흙이 분포한다(**그림 9-24**). 비록 팽창성 점토와 직접적인 관계가 없는 일부에서도 이로 인한 지역적인 문제가 있다.

캘리포니아 새크라멘토 동쪽의 시에라네바다 산맥 기슭 신도시의 많은 주택들이 건축 직후 곧 균열이 가기 시작하였다. 겨울철 우기 동안 점토함유 아이온 층이 팽창하여 벽체에 균열이 가고 창과 문틀이 뒤틀어졌다. 팽창성 흙 때문에 미국에서 지불하는 비용은 연간 44억 달러를 넘는다. 이 피해의 약 50%는 고속도로와 도로에 대한 것이고 14%는 가옥과 상업 빌딩에 대한 것이다. 팽창성 흙이 분포하는 지역에서 주택을 구매할 때에는 계약 전에 전문가의 자문을 받도록 권한다.

그림 9-23 송유관 팽창

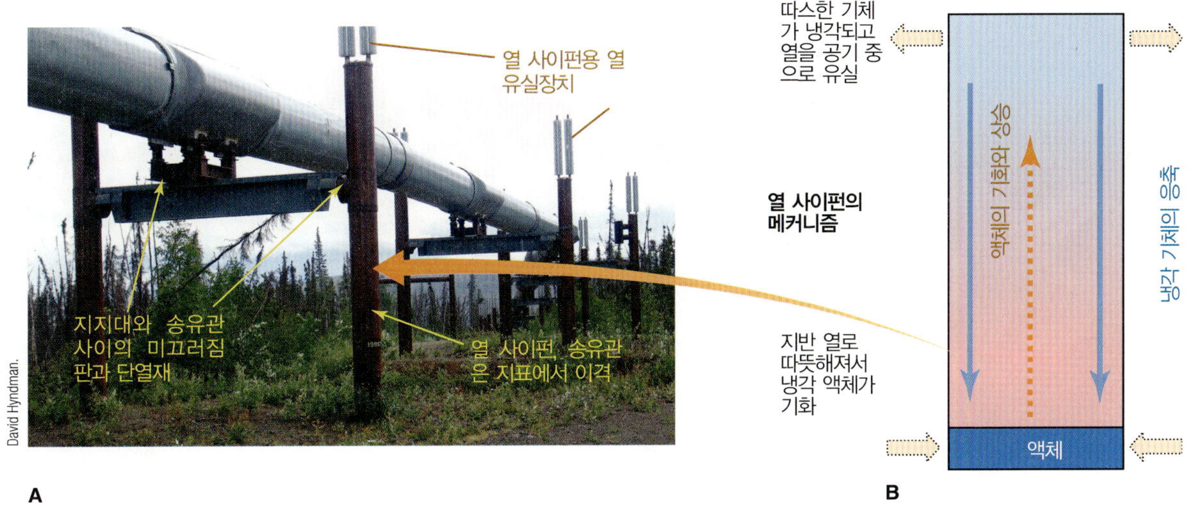

A. 알래스카 횡단 송유관은 알래스카 북단에서 부동항인 밸디즈 항까지 원유를 운반한다. 송유관의 지상부분은 지반변위와 열팽창과 수축을 충분하게 수용하도록 지그재그 형태로 미끄러짐 판 위에 설치되었다. B. 열 사이펀은 공기 중으로 열을 유실시켜서 지반의 융해를 방지한다.

그림 9-24 팽창성 흙의 분포

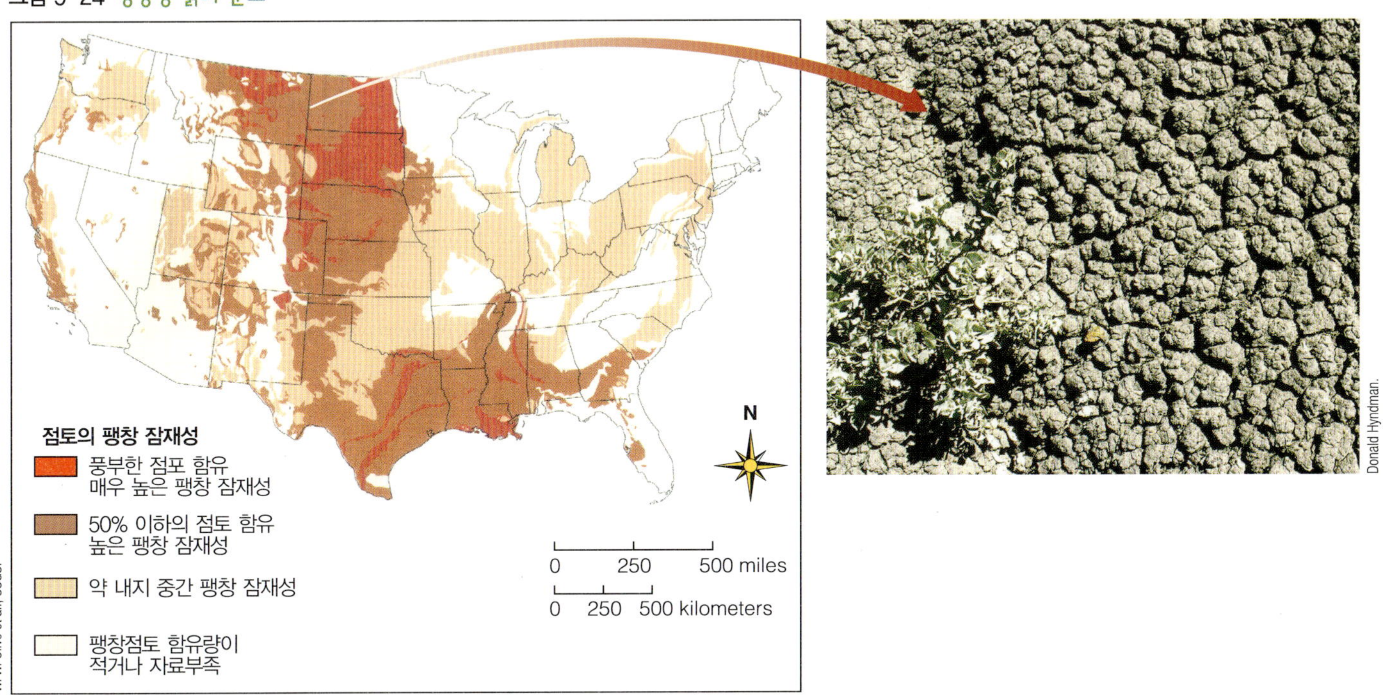

미국의 팽창성 흙의 분포지역. 몬태나 동쪽의 글렌다이브 근처의 팝콘 형상의 표면은 팽창성 점토의 분명한 증거이다. 사진의 가로 길이는 60 cm이다.

그림 9-25 검보와 팽창성 점토

U.S. Forest Service.

비포장도로에서 신발이나 바퀴에 달라붙는 찰떡흙은 스멕타이트 점토의 좋은 지시자이다.

그림 9-26 덴버 근처의 팽창 도로 파손 현상

Modified from David Noe, Colorado Geological Survey.

덴버 한 켠의 주택들이 스멕타이트를 함유한 경사진 피에르 셰일층 위에 건축되었다. 사진에 그렸듯이 셰일층이 젖어서 팽창하여 부풀어 올라 도로와 주택을 변형시켰다. 덴버 남서부 상그레데크리스토 도로는 다시 시공되어 평탄하게 되었다.

건조할 때 일부 점토가 수축하여 침하하는 과정과 같이 점토광물 입자 사이의 간극에 물이 충전되면 팽창한다. 긴 건기 동안 흙은 수축하고 그것은 다시 우기 동안에 팽창한다.

팽창성 점토나 셰일은 함수 시에 팽창하는 성질이 있는 **스멕타이트**(smectite)라는 점토광물을 함유한다. 그림 9-24와 같은 모양으로 표면이 갈라지고 팽창하는 **팝콘 점토**(popcorn clay)에서 팽창성 점토의 존재를 알 수 있다. 이 팽창성 점토는 알루미늄 실리케이트와 화산재의 유리질이 풍화되어 형성되었다(8장 참조). 이런 지역의 비포장도로 운전은 비가 오는 경우 물을 함유한 점토가 매우 미끄러워 예기치 못한 사고가 일어날 수 있다. 스멕타이트 분포지역에 사는 사람들은 찰흙이 차바퀴와 신발에 달라붙는 '찰떡흙(gumbo)'에 매우 익숙하다(**그림 9-25**).

흙의 팽창과 수축은 기초, 벽체, 굴뚝 및 진입로 균열의 원인이 된다. 인접 지역이 서로 다른 비율로 팽창하는 것도 피해를 유발한다. 퇴적암 층 사이에 교대로 끼여 있는 점토층이 팽창하면 도로나 구조물에 문제를 일으킨다. 점토층의 부등팽창은 주택과 도로를 변형시킨다. 고속도로 285번 남쪽이고 470번 동쪽에 위치하는 덴버 남서부 교외 주거단지가 1970년과 1990년대 사이에 이 지층 위에 형성되었다. 수평의 스멕타이트 함유층이 지표까지 연장된 고지대에서 주택과 도로 밑에 부등팽창을 일으켰다(**그림 9-26** 및 사례: 스멕타이트 점토층 위의 부등팽창—콜로라도 덴버). 문제는 강우, 융설, 정원 살수, 혹은 상수관 누수 등이 있을 때 발생한다. 습지로 구분된 산기슭과 평행한 긴 능선들이 서로 10~20 m 정도 거리로 솟아올랐다. 주택 아래 지반이 솟아오르면서 집을 파손시켰다. 벽체 휨과 균열, 굴뚝 파괴, 창틀 손상 및 출입문 고장 등의 문제가 발생하였다.

스멕타이트 점토 위에 건설된 주택은 차등습윤 상태로 인하여 문제가 된다. 예를 들면 주택 아래는 건조한 상태로 있는 반면, 집 주변 흙은 강우, 강설, 잔디 물주기, 우수배수, 오수탱크, 배수지 등에 노출되어 물과 접하게 된다. 또는 바람이 한쪽에서 불면서 비가 오는 경우 주택 한쪽을 젖게 하며(**그림 9-27**),

그림 9-27 차등습윤 현상에 의한 주택변형

비 / 건조 / 건조 습윤 (팽창)

강수 방향이나 식생의 영향으로 주택 아래 흙이 부분적으로 젖어서 지반이 차등팽창되고 주택이 변형된다.

집 한 편에만 식생이 있어 흙 속의 수분을 흡수하는 경우도 있다. 또는 식생 제거로 증산작용이 낮아져서 함수비가 높아지기도 한다. 어느 경우든지 흙이 수분을 많이 흡수하면 팽창하고 건조하면 수축하면서 건물을 변형시키거나 균열이 가게 한다. 팽창은 주로 지표에서 7~8미터 깊이 이내에서만 발생한다. 왜냐하면 깊이가 깊어지면 토압이 증가하여 점토광물의 구조 내로 물의 침투가 어렵고 상부에 있는 모든 것을 들어 올리기도 어렵기 때문이다. 따라서 팽창성과 건물변위의 문제는 대형 상업 건물과 큰 교량 등 크고 무거운 구조물에서는 발생하지 않는다.

팽창성 흙의 피해를 방지하는 확실한 방법은 그런 지역을 피하는 것이다. 그렇지 못하는 경우라면 물이 흙으로 스며들지 못하게 하거나, 표면 근처 팽창성 흙을 제거하거나, 기초 깊이를 깊게 하여야 한다. 소석회[$Ca(OH)_2$]를 첨가하면 점토입자 구조에 Ca^{++} 이온이 첨가되어 흙의 팽창성을 저감시킬 수 있다. 그러나 예민점토에서 이 방법을 적용하면 흙이 점성을 상실하여 붕괴되거나 활동파괴될 수 있으므로 주의하여야 한다.

사례

지하수 채취에 의한 침하

이탈리아 베니스 ▶

이탈리아 북동해안을 따라 있는 베니스는 브렌타 강 하구의 지금은 물에 잠겨 버린 삼각주 위에 해수면 높이로 건설되었다. 그 삼각주와 도시는 1,500년 동안 다양한 원인으로 침하하여 지금은 해수면보다 낮아졌는데 삼각주 퇴적물에서의 지하수 채취가 가장 큰 영향을 미쳤다. 지상의 건축물 하중이 퇴적물 내의 지하수에 과잉 간극수압을 유발하여 배수를 촉진시켰고, 많은 지하수를 채취함으로써 퇴적물 입자 사이의 간극이 감소되어 지표면이 해수면 아래로 가라앉았다.

우기인 겨울에 폭풍은 높은 조수를 수반하여 건기에는 정상인 일부 보도조차도 1미터 정도 침수시킨다. 시민들이 이용하는 수상택시 지도에는 일부 건조한 보도가 표시되어 있다. 지금은 이 도시에서 지하수 채취가 금지되었고 침하현상은 거의 멈추었다. 그러나 보통 연 2회 정도이던 도시홍수를 유발하는 겨울의 높은 조수는 근래 그 빈도가 일 년에 몇 번씩으로 증가하고 있다. 고대에 빗물 배수용으로 사용되던 배수관이 지금은 겨울의 높은 조수 기간 동안 도시지역 내의 해수 배수용으로 사용되고 있다.

삼각주가 침하하면 베니스도 가라앉는다. 일부 지역은 7~8 m 침하하였고, 마르코 폴로의 13세기에 지어진 주택 바닥은 현재 지표면보다 2 m나 더 낮다. 11세기, 8세기 및 6세기에 지어진 더 오래된 주택들은 그보다 더 낮아졌다. 베니스에서는 거리의 높이를 지속적으로 높이면서 침강에 대비한다. 건설 당시 해면 위의 도로였던 거리가 지금은 운하로 활용되고 있으며, 출입문과 아래층은 일부가 물에 잠겼다. 그랜트 장군은 많은 업적을 남겼는데 그중 하나가 베니스의 배수문제에 대한 공헌이다.

대부분의 지중해 조수는 30 cm 미만인 데 반해 지중해의 동쪽 끝 근처 아드리아 해 북쪽에서는 조수의 증가로 평균 1 m에 달한다. 해수면을 상승시키는 폭풍의 저기압과 만조가 동시에 일어나면 해수면은 더 높게 상승할 가능성이 있다. 매년 10회 정도로 조수가 평균보다 40 cm 정도 높아져서 보도를 침수시킨다. 매년 한 번 정도는 평균보다 65~70 cm 높아져서 도시 건물의 2/3가 침수되며, 3~4년마다 한 번씩은 그보다 8 cm가 더 높아져 도시의 90% 정도가 침수된다. 만약 만조와 아프리카 북쪽으로부터 부는 따뜻한 겨울풍 저기압이 동시에 일어나게 된다면 해면 상승이 더 높게 나타날 수 있다. 이러한 최악의 상황이 1966년 11월 4일에 발생했다. 사흘간의 강우로 강과 호수의 수위가 높아진 상태에서 보통보다 130 cm나 높은 조수가 밀려들어 갑작스런 홍수로 이어졌다.

단순하게 도시 주위에 해수방지 벽을 높이는 것으로 문제를 해결할 수는 없다. 지구온난화와 해수면의 상승은 불가분의 관계이다. 몇몇 역사적 주요 사건이 문제 해결을 어렵게 하는 정치적 배경을 설명하고 있다.

- **1534년** 사일 강 입구를 베니스로부터 멀리 떨어진 동쪽으

▶ 빈번한 높은 조수로 고대 배수관로를 통하여 석호 물이 역류하여 솟구치는 산마르코 광장 홍수. 위성영상에서 베니스 중앙부를 관통하는 대운하는 브렌타 강 삼각주의 일부이다.

로 우회시키기 위한 제방이 건설되었다.

- **1613년** 브렌타 강의 삼각주에 위치한 베니스는 도시 주위로 브렌타 강의 유로를 변경하였으며, 새로운 퇴적물은 더 이상 베니스가 위치한 삼각주에 퇴적될 수 없었다.
- **1744~1782년** 아드리아 해로부터 베니스 석호를 보호하기 위해 섬의 해안을 따라 방파제가 건설되었다.
- **1925년** 산업용수를 위하여 베니스 지반 아래의 지하수를 대규모로 채취하기 시작했다.
- **1966년** 보름 만조와 11월 3일의 큰 저기압 폭풍과 만조가 겹쳐서 아드리아 해의 물이 베니스 석호로 밀려들어 정상적인 평균 깊이 60 cm인 수위가 1.94 m에 달하여 해수면보다 높아졌다. 15시간 동안 도시 홍수로 인해 몇몇 건물들과 예술작품들이 피해를 입었다. 난방용 기름 탱크가 표류하며 관이 파괴되어 집과 수로 안으로 기름 유출사고가 발생했다. 대부분 빌딩의 1층은 영구 침수되었고 사람들은 지금 2층에서 살고 있다.
- **1970년** 지하수 채취와 완만한 지반침하가 시작된 지 45년이 지난 후, 정부는 베니스 지반에서의 산업적 지하수 채수를 완전히 금지하였다.
- **1981~1982년** 정부의 기술 팀과 베니스 시의회는 이와 같은 홍수로부터 얕은 석호를 보호하기 위한 주요 홍수 조절 프로젝트의 계획을 승인하였다. 이 계획은 잠재적인 만조 시기에 상승 할 수 있는 석호의 입구를 막을 수 있는 이동식 방파제를 만드는 것이다.
- **1984년** 이탈리아 의회는 도시 중앙에 구릉지와 제방을 건설하기 위해 수십억 달러의 지출을 승인했다.

1908년 이래 해수면 상승, 자연 및 인간이 복합적으로 초래한 침하는 24 cm에 달한다. 이 문제를 풀기 위하여 25년 전 이탈리아 정부가 수억 달러를 집행하는 데 동의하였지만, 최근까지도 진전이 없다.

만 입구의 섬을 연결하는 대형 이동식 수문을 건설하는 논란이 많은 모세계획(Mose project)이 2003년에 시작되었는데, 이는 특히 조수가 높을 때 홍수를 방지하는 것이 목적이다.

▶ **A.** 만조 시 일부 거리와 보도가 침수되어 수송에 문제가 발생했다. **B.** 베니스 개펄 속으로 가라앉은 빌딩은 침수되고 부식된다. 1층 출입문과 바닥층은 영구히 사용이 중지되었다.

속이 빈 상자처럼 생긴 수문이 바다 저면에 설치된 콘크리트 홈통에 놓이게 된다. 특히 큰 조수가 밀려오면 공기를 불어넣어서 한쪽 끝이 해면 위로 올라가서 벽이 되는데, 이 일은 2012년에 준공예정이다. 그러나 정치적 문제와 매년 또는 2년마다 바뀌는 정부 그리고 60억 달러에 달하는 예산으로 논쟁이 지속되고 있다. 아직도 세계의 역사, 예술 중심지 중에 하나인 베니스를 유지하는 것보다 산업적인 생산능력을 높이고, 새 직장을 장려하는 데 유용한 기금을 쓰는 것이 더 중요하다고 주장하는 사람들이 있다. 이렇게 된다면 개발계획은 마구에라 석호의 육지 쪽 호안을 제3산업단지로 포함하게 될 것이다.

홍수 동안에 오래된 건물은 대부분의 기초인 불투수성 대리석이 침수되고 다공질 벽돌로 해수가 침투하여 부서지기 시작했다. 도시에서 석호로 빗물을 배수하는 관로의 더 빈번한 침수는 더 큰 다른 문제를 초래했다. 도시 하수관으로 사용되던 이런 관로들은 화장실 폐수와 세탁오수를 포함한 정수 처리되지 않은 하수를 운하로 흘려보내고 결국에는 석호로 보내게 되었다. 물론 고만조 동안에 폐수는 도시의 도로나 운하로 되돌아온다. 제안된 석호 입구의 이동식 방파제에 대해 논란이 있는데 이는 석호를 정화하는 조수활동이 제한될 수 있기 때문이다.

1986년의 수위나 1966년의 193 cm 수위보다는 낮았지만, 2008년 12월 1일 최근 10년간 가장 높은 조수가 있었다. 이때 홍수위가 101.6 cm에 달하면 시정부가 주변보행자용 목재통로를 펼쳐서 산마르코 광장 주변의 홍수지역을 지나가게 하는데, 2008년에는 수위가 너무 빨리 상승하는 바람에 목재통로를 펼칠 시간이 없었다. 주택과 상점의 바닥층이 침수되고 시민과 여행객들이 집 안에 머물거나 장화를 착용하도록 경보가 발동하였다. 최근 들어 이런 홍수가 더 빈번하게 되었고 수위도 높아졌다. 지하수 채취를 중단하였음에도 발생하는 홍수는 기후변화 탓으로 돌리고 있다.

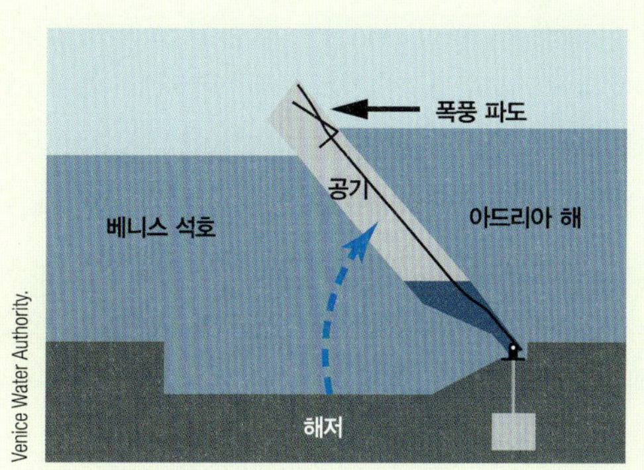

▶ 새 모세홍수방지책. 만수위 시에 공기주입으로 벽이 부양하여 조수를 막는다.

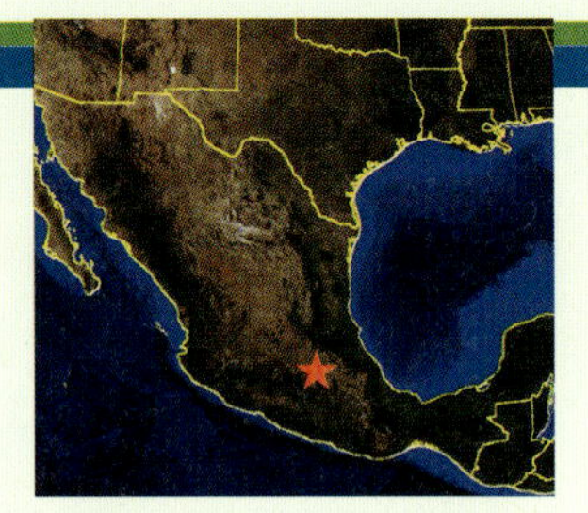

지하수 채취로 인한 침하

멕시코의 멕시코시티 ▶

멕시코시티는 스페인이 텍스코코 호수 가장자리에 터 잡고 거주하던 아즈텍 족을 침략했던 1500년대부터 침하하기 시작하였다. 수도가 성장하면서 주변 산에서 채워지는 물보다 더 많은 호수 물을 사용하고 바닥에서 지하수를 채취하여 지금은 말라 버린 호수 위에 건물들이 들어섰다. 인구 2천만 명의 멕시코시티는 해발 2,200 m의 말라 버린 과거의 호수바닥에 건설되었다. 지표수 공급이 한정되었기 때문에 여름의 강우와 주변 산맥에서 함양되는 지하수에 의존해 온 결과, 멕시코시티의 대수층은 1900년대 초에 고갈되었다.

모래 자갈층이 스멕타이트 함유 팽창성 점토층과 교대로 되거나 그 아래에 놓여 있어 지하수원으로서는 매우 좋았으나 지하수 채취로 지반이 침하하고 미끄러운 점토가 널려 있고 변형이 심하게 되었다. 1948년까지 도시용수용 지하수 채취가 침하의 분명한 원인으로 보였는데, 1973년까지 넓은 지역에서 지표침하가 5 m 이상, 일부 지역에서는 9 m에 달하였고, 일부에서는 매년 30 cm의 침하가 지속되고 있다. 그 이후 도시인구는 9백만에서 2천만으로 급증하였다. 침하는 대부분 점토층에서 발생하였지만 일부는 지하수 채취와 건물 하중으로 자갈에서도 발생하였다. 많은 건물에 균열이 가고 침하되고 또 기울어졌다. 다공성 호저 퇴적층의 붕괴로 도시 중심부에서는 최대 8.5 m가 침하되었다. 침하량의 변화가 심하여 건물경사와 상하수도관로의 균열과 파괴가 발생하였다. 하수관의 손상과 불투수 점토층의 균열로 하수와 오염된 물들이 아래의 대수층으로 침투하였다. 일부에서는 침하가 빠르게 진행되어 아이들이 키의 성장과 침하속도를 비교하기 위하여 전신주에 표시를 하기도 하였다. 도시가 전체적으로 호수바닥 아래로 가라앉아서 여름 우기에는 도시홍수를 피하기 위하여 하루 종일 배수펌프를 가동하여야 한다.

상하수도 관로가 변형되고 파손되었고, 깊이 고정시켰던 우물관정이 지표에 돌출되었고, 30~40%의 상수도물이 운반 중에 관로파손으로 유실된다.

1951년 대홍수 후에 멕시코시티 외곽에서 물을 끌어오기 위하여 저수지와 송수관이 건설되었는데, 대형 송수관으로 1,200 m 높이의 120 km 떨어진 배수유역에서 물을 우회시키는 사업이었다. 지하수위가 낮아지고 침하가 감소되었지만 여전히 침하는 지속되었고 관로파괴도 계속되어, 일부 지역은 1주일에 2시간만 급수가 이루어진다. 정수처리를 거치면 물이 안전하다고 하지만 하수와 저수조에서 오염빈도가 높다. 산업시설도 지금은 하수처리와 재활용이 요구된다. 불행하게도 강우의 거의 대부분은 재활용되지 않고 분수령 너머 분지 외부로 배수되는 하수로 흘러 버린다. 관청에서는 우수를 모아서 화장실 용수 및 세탁수로 활용하는 것을 시도하고 있다. 2009년에는 특히 가물었던 2008년의 공급부족으로 매달 한 차례씩 주말에 급수가 중단되었다.

2007년 2월 과테말라 시에서는 호우와 주간선 하수관 파괴가 겹쳐서 깊이 100 m의 깊은 싱크홀이 10여 채의 주택을 삼키는 사고도 있었다.

Dave Rudolph.

▶ **A.** 좌측이 심하게 침하하여 뒤틀린 멕시코시치의 주택. **B.** 200년 된 과달루페 성당이 왼쪽으로 기울어서, 오른쪽에 새로 신축하였다. **C.** 지반침하로 우물관정이 지상으로 8 m나 솟아올랐다.

스멕타이트 점토층 위의 부등팽창

콜로라도 덴버 ▶

덴버는 로키 산맥 동쪽에 위치하며 지표에서 거의 연직으로 굽어지는 층리를 가진 7천만~9천만 년 전에 형성된 퇴적암이 평평하게 분포하는 고원에 건설되었다. 덴버-볼더 지역의 암석 중 피에르 셰일이 있는데 이 층은 두께가 1.6~2.4 km로 아주 골치 덩어리이다. 셰일층 내에는 서쪽 멀리의 화산에서 날아온 화산재가 풍화되어 만들어진 스멕타이트라는 점토층이 포함되어 있는데, 물에 젖으면 팽창하여 위로 솟으면서 주택 일부를 들어 올려서 뒤틀리게 한다.

건설 후 몇 년 만에 0.6 m 이상의 차등팽창이 생겨서 도로가 파도처럼 굴곡지고 땅속의 생활관로가 파손되었다. 주택의 일부가 솟아서 뒤틀리고 굽어지고 기초, 벽체 및 진입로에 균열이 생겼다.

1990년까지 전문가들은 팽창성 점토가 문제라고 보고, 건물 기초나 강성의 슬래브 층 아래에 피어(역주: 깊은 기초의 일종)를 계획하여 문제를 해결하려고 하였으나 대부분 성공하지 못하였다. 최근에는 콜로라도 지질조사국과 미국 지질조사국의 연구에서 문제의 원인은 기반암인 피에르 셰일로 밝혀졌다. 이 기반암은 상당히 젊은 층이며 그 상부의 흙처럼 연약하다. 덴버 지역의 최근 공사에서 10 m 이내 심도의 점토 함유층과 비함유층을 굴착하여 골고루 섞어서 시공함으로써 균등한 팽창을 유도하여 문제를 최소화하였다. 1995년에 발효된 규정에 의하면 기초공사 전에 그 아래를 최소 3 m 굴착하여 균질한 매립토로 치환하도록 하고 있다. 결과적으로 팽창성으로 인한 피해가 획기적으로 감소하였다.

Donald Hyndman.

A

KLP Consulting Engineers.

B

▶ **A.** 덴버 남서부 교외에 지어진 이 주택은 팽창성 점토로 진입로와 차고 문이 변형되었다. 벽돌이 차고 문에서 밀려서 화살표처럼 틈이 생겼다. **B.** 남서부 덴버의 팽창성 점토는 굵은 쇠파이프로 지지했음에도 불구하고 이 주택의 지하실 기초를 변형시켰다.

고찰

A 콜로라도 덴버 남부

Donald Hyndman.

1. 뒤틀어진 차고 문에 주목하라. 차고 문이 그렇게 되었는데 이 주택에 무슨 일이 있었는가?
2. 이 손상을 최소화하기 위해서 무슨 일을 해야 하는가?
3. 이 주택을 짓기 전에 이런 피해를 없애기 위해서 무엇을 했어야 했는가?

C 애리조나

Michael C. Carpenter, USGS.

1. 이 큰 지반균열의 가능한 원인은 무엇인가?
2. 이 과정의 원인은 무엇인가?
3. 이 형태의 추가 피해를 막기 위하여 무엇을 해야 하는가?

B 펜실베이니아

William Kochanov, Pennsylvania Geological Survey.

1. 이 이상한 풍경을 무엇이라 부르는가?
2. 여기에 보이는 풍경을 만드는 암석은 어떤 종류인가?
3. 어떻게 이런 풍경이 만들어지는가?

D 남부 텍사스

Donald Hyndman

공동 천장이 무너져서 큰 구멍이 생겼다. 오른쪽 큰 암괴들은 천장에서 떨어진 암석들이다.

1. 어떻게 이런 큰 공동이 만들어지며 어떤 암석에서 만들어지는가?
2. 왼쪽의 작은 호수는 지하수위와 같다. 지하수위의 변화가 어떻게 천장붕괴와 오른쪽과 같은 암괴붕괴에 영향을 미치는지 설명하라.
3. 큰 구멍 주변에 아래로 향한 치아같이 생긴 것은 무엇인가? 어떻게 만들어지는지 설명하라.

E 텍사스 휴스턴 서부의 항공사진

Donald Hyndman.

1. 이 사진에는 직경이 수십 내지 수백 미터인 수천 개의 작은 연못이 보인다. 어떻게 이 침강지들이 만들어졌는가?
2. 어떤 형태의 기반암이 이런 침강지를 만드는 데 도움을 주는가?
3. 싱크홀이 형성되는 지역 중 붕괴형 싱크홀은 습윤지역과 건조지역 중 어디에서 쉽게 만들어지는가? 그 이유는 무엇인가?

F 뉴멕시코 칼즈배드

USGS.

1. 천장에 달린 가늘고 긴 연필모양의 층은 무엇인가?
2. 이 층은 무엇으로 만들어졌는가?
3. 이 층의 끝에서 가끔 물방울이 떨어지는데 이 물은 어디에서 온 것인가?
4. 이 층의 길이를 길게 하는 것은 물속의 어떤 성분인가?
5. 용해된 물질이 긴 층의 끝에서 침전되는 과정은 무엇인가?

G 켄터키 매머드

USGS.

1. 지하공동에서 물이 쏟아져 나온다. 이 물은 어디서 온 것인가?
2. 어떤 형태의 기반암이 이런 공동을 만드는가?
3. 어떻게 이런 공동이 만들어지는가?
4. 암석을 용해하는 데 도움을 주는 물속의 성분은 무엇이며 그것이 어떻게 물속에 존재하는가?

9장 복습

요점

지반변위의 형태

- 북아메리카에서 싱크홀, 침강 및 팽창성 흙은 다른 자연재해보다 더 장기적인 피해를 초래한다.

싱크홀

- 이산화탄소가 녹아 만들어지는 산성 빗물은 석회암을 녹여서 큰 공동을 만든다. **그림 9-2, 9-3, 해설 9-1**.
- 석회공동 위의 덮개 흙은 유실되고 붕괴되어 싱크홀을 만든다. **그림 9-5**.
- 싱크홀 붕괴는 공동천장을 지지하던 지하수위가 낮아지거나, 상부의 하중증가, 또는 하부 공동으로 흐르는 유수와 함께 흙이 빠르게 유실되면 촉발된다.

지반침하

- 느슨한 다공성 퇴적물에서 지하수나 석유를 채취하는 것이 지반을 다져서 결국 지표면 침하의 원인이 된다.
- 해수면 아래로 침하되는 지역은 홍수, 범람 및 담수 대수층의 해수 침입 등의 피해를 입는다.
- 지반침하는 또한 토탄이나 점토질 흙의 배수에 의해 일어날 수 있다. 산소 함유 지표수는 토탄으로 침투하여 산화 및 분해시킨다.
- 점토가 건조하면서 수축하여 지반침하가 생긴다.
- 추운 지방에서는 연중 혹은 일부 기간 동안 흙 속의 물이 얼어서 영구동토를 만든다.
- 영구동토가 융해되면 물이 유출되고 지반이 침하하여 균열과 사면파괴의 원인이 된다.
- 지구 기후변화는 일부 지역 동토의 융해심도를 증가시켜서 구조적 피해가 많아지고 있다.

팽창성 흙

- 화산재가 많은 흙이 변질되어 형성되는 스멕타이트 점토는 물이 점토구조 안으로 들어오면 팽창한다. 이러한 흙은 북아메리카 대륙의 중앙지역과 걸프 만 연안 주 및 서부 산간지역의 저부 계곡에 널리 분포한다. **그림 9-24**.
- 팽창성 흙은 기초, 진입로 및 벽체의 균열과 변형을 초래한다. 피해는 차등팽창 시에도 발생한다. 예를 들어 식생이나 빗물 방지 등으로 주택의 한쪽이 다른 쪽보다 함수비가 높거나 낮으면 차등팽창으로 피해를 입을 수 있다.

중요 단어

공동(cavern)	싱크홀(sinkhole)	지반침하(land subsidence)
덮개 흙 붕괴(cover collapse)	영구동토(permafrost)	지하수 채취(groundwater mining)
덮개 흙 침강(cover subsidence)	용해(dissolution)	카르스트(karst)
스멕타이트(smectite)	용해성(soluble)	팽창성 흙(swelling soil)

복습 문제

1. 무엇 때문에 싱크홀이 붕괴되는가, 즉 공동으로 붕괴되는 곳은 어디이고 어떻게 공동이 형성되는가?
2. 석회암에 공동이 어떻게 형성되는지 설명하라.
3. 미국에서 싱크홀이 가장 많은 곳은 어디인가? 그 이유는 무엇인가?
4. 카르스트 지형은 무엇이고 어떻게 형성되는가?
5. 싱크홀을 형성시키는 석회공동 상부 흙의 주된 특징은 무엇인가?
6. 싱크홀 형성을 촉진하기에 가장 알맞은 기후조건은 무엇인가? 그 이유는 무엇인가?
7. 석회암 외에 다른 종류의 용해성 암석은 무엇이고 붕괴하여 공동을 형성할 수 있는가?
8. 광범위한 지반침하를 일으키는 전형적인 인간 활동의 종류는 무엇인가?

9. 주요 침하를 보였던 미국의 세 지역을 말하고 각각의 원인이 된 것이 무엇인지 설명하라.
10. 침하가 어떻게 홍수에 영향을 미치는가?
11. 어떻게 영구동토 융해가 지반침하 원인이 되는가?
12. 영구동토 융해와 지구온난화와의 관계는 무엇인가?
13. 어떤 종류의 흙이 팽창하며 미국의 어느 지역에 이런 흙이 흔한가?
14. 팽창성 흙의 팽창원인은 무엇인가?
15. 어떻게 팽창성 흙이 구조적 피해를 초래하는가?
16. 주택이 어떻게 차등팽창하는지 예를 들고 그림으로 설명하라.

토의 문제

1. 싱크홀 지역에서 지하수위 하강은 지하공동의 천장 지지력을 상실하게 하는 원인이다. 농업용수를 위하여 지하수를 채취하는 경우 어떤 제어장치가 필요한가?
2. 만일 주택이나 상가건물이 싱크홀 붕괴로 손상되었다면 그 피해는 누가 책임져야 하는가? 그 이유는 무엇인가?
3. 만일 주택이 팽창성 점토에 지어져서 손상을 입었다면 누구의 책임인가? 그 이유는 무엇인가?
4. 팽창성 흙의 피해가 있는 지역의 건축에는 어떤 대책이 필요한가? 그 이유는 무엇인가?

재해와 관련 있는 기후변화와 날씨 10

알래스카에 위치한 글레이셔베이 국립천연기념물인 뮤어 빙하는 지난 70년간 극적인 융해의 기록을 보여 준다. 작년 여름 사진들.

북극지방의 빠른 융해

세계의 빙하들은 한 세기 넘게 녹고 있다. 알래스카 남동쪽 글레이셔베이의 대부분은 1940년대에 긴 계곡빙하였다. 빙하는 그때부터 지금까지 녹고 있으며, 현재 바다가 그 피오르를 차지하고 있다. 해수면이 계속 상승해서 유람선은 현재 수십 km의 깊은 계곡을 따라 얼음 끝 부분까지 올라간다. 몬태나의 글레이셔 국립공원에는 빙하들이 한때 많이 있었다. 이제 20년 정도 안에 공원은 명목상으로만 '빙하' 공원이 될 것이다. 빙하가 많은 스위스의 알프스 산맥부터 남쪽의 뉴질랜드, 남아메리카 남쪽의 파타고니아, 심지어 중앙아프리카의 킬리만자로 산에서도 빙하들은 빠르게 녹고 있다. 융해는 마지막 빙하기인 10,000년 전으로 거슬러 올라가며, 그때부터 다른 시간에 지구상의 다양한 지역에서 일어났다. 이른바 '소빙하시대(Little Ice Age)' 라고 불리던 1650년과 1850년 사이에 다른 지역에서 빙하들이 증가하는 것처럼 보였지만, 그 범위는 특정 지역에 한정되어 있었다. 그때부터 상황의 변화가 나타나기 시작한다. 대륙의 얼음은 전 세계적으로 감소하고 있다.

기후와 날씨에 관한 기본요소

날씨(weather)는 온도, 압력, 습도, 강수량, 기류와 같은 특정 장소와 시간의 대기 상태와 활동을 나타낸다. **기후**(climate)는 장기간 한 지역에서 나타나는 날씨의 평균이다. 두 가지 모두 다음 장에서 논의할 해안침식, 허리케인, 뇌우, 토네이도, 산불과 같은 재해에 중요한 영향을 미친다.

물의 순환

바닷물은 지구 표면의 70% 이상을 차지한다. 불행하게도 바다는 염분이 있다. 사람들은 생명을 위해 신선한 물이 필요하지만, 지구상에서 오직 3% 이하의 물만 신선하다. 신선한 물은 바닷물의 증발에서 기인하며, 그중 일부분은 대륙으로 이동하고 비나 눈으로 떨어진다. 식물로 흡수되지 않은 대부분의 빗물은 지하수가 된다. 지하수는 지표로 나와 호수와 강으로 가고, 궁극적으로 바다로 다시 흘러 들어간다. 이것을 **물의 순환**(hydrologic cycle)이라고 한다(**그림 10-1**).

공기는 수증기를 용해시킬 수 있다. 태양은 바다의 표면을 데우고, 물은 대기로 증발한다. 대부분의 환경에서, 우리는 수증기를 볼 수 없다. 왜냐하면 대부분 가스처럼 무색이라 눈에 보이지 않기 때문이다. 공기가 수용할 수 있는 수증기의 양은 온도에 영향을 받는다. 찬 공기는 적은 양의 수증기를 수용할 수 있는 반면 따뜻한 공기는 많은 양을 수용할 수 있다. 공기가 가질 수 있는 최대의 수증기를 가지고 있을 때, 수증기로 포화되고, 이때의 상대습도는 100%이다. 만약 수용할 수 있는 양의 반만 함유하고 있다면, **상대습도**(relative humidity)는 50%이다.

그림 10-1 물의 순환

물의 순환은 광대한 바다의 증발부터 대부분 다시 바다에 도달하기 전 호수, 개울, 식물, 지하수에 공급하기 위한 구름과 강수를 걸친 순환까지 물에 관한 작지만 중요한 부분을 보여 준다.

만약 공기가 상대습도 100%인 지점의 온도로 냉각된다고 해도, 포화공기는 여전히 보이지 않을 것이다. 이것이 이슬점이다. 더욱 냉각된다면, 공기는 수용할 수 있는 수증기량보다 더 많은 수증기를 가질 것이고, 이것은 물의 일부를 아주 작은 물방울로 응축시켜서, 구름이나 안개를 형성하는 원인이 될 것이다. 만약 충분한 물방울이 형성되면, 그것들은 큰 물방울로 합쳐질 것이고 결국 비 또는 눈으로 떨어질 것이다.

바다를 가로질러 미풍이 불 때 공기는 수증기를 가져간다. 공기는 많은 양의 고체를 수용할 수 없기 때문에 수증기는 공중으로 증발하지만, 염분은 바다에 남아 있다. 대기 중 수증기의 대부분은 우세한 바람과 함께 대륙에 도달할 때까지 바다 위를 표류한다. 그리고 그곳에서 일부는 비나 눈으로 떨어진다.

대륙에 떨어지는 비나 눈은 다른 길을 택한다. 일부는 나무의 잎이나 다른 식물로 떨어지고, 그중 일부는 공기 중으로 즉시 증발한다. 땅 위로 도달하는 수증기의 일부는 표면을 따라 개울이나 호수로 흘러갈지도 모르나, 상당량은 땅을 흠뻑 적시고 **지하수**(groundwater)—흙 입자나 암석의 균열 사이에 있는 물—가 된다. 나무의 뿌리와 다른 식물은 그 수분 중 일부를 끌어와서, 잎까지 양분을 운반하기 위해 가지고 올라간다. 결국 잎은 물을 다시 대기로 증발시킨다. 왜냐하면 공기는 일반적으로 100% 미만의 습도를 가지고 있기 때문이다. 식물에 의한 직접적인 증발과 증산작용은 둘 다 **증발산**(evapotranspiration)에 포함된다.

지하수는 개울, 호수, 습지대에 도달하기 위해서 천천히 지하수면 경사 방향으로 이동하며, 이것은 건조 기후를 제외하고는 개울물의 주요 원천이다. 개울은 차례대로 물을 내리막으로 운반하여 더 큰 강으로 보내고, 궁극적으로 순환을 완성하기 위해서 바다로 되돌려 보낸다. 물의 순환에서의 변화는 가뭄이나 홍수로 이어질 수도 있다.

단열냉각과 응결

단열냉각(adiabatic cooling)은 상승하는 공기가 열 함량의 변화 없이 팽창할 때 발생한다. 기단이 팽창할 때, 사용할 수 있는 열(유효열량)은 더 큰 부피로 분배되고, 따라서 공기는 더 차가워진다(**그림 10-2**). 기단의 상승에 의한 냉각 비율을 **단열감률**(adiabatic lapse rate)이라고 한다.

응결 중에 물은 원래 액체 상태인 물에서 수증기로 증발하기 위해 요구되는 열의 양과 동일한 양의 열을 방출한다. 사실 응결열은 건조공기에 대한 1,000 m당 10°C의 단열감률을 수증기로 포화된 공기에 대한 1,000 m당 5°C의 단열감률로 줄일

그림 10-2 단열냉각

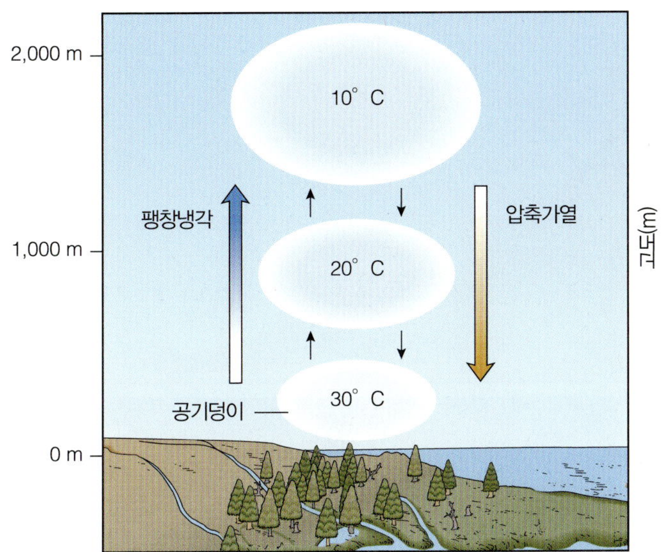

높은 고도에서는 대기압이 작기 때문에 상승하는 공기는 팽창하고 냉각되는 반면, 하강하는 공기는 압축되고 따뜻해진다. 건조한 환경에서 공기덩어리는 고도가 1,000 m 변할 때마다 10℃씩 변할 것이다.

그림 10-3 단열률에서의 포화도 감소

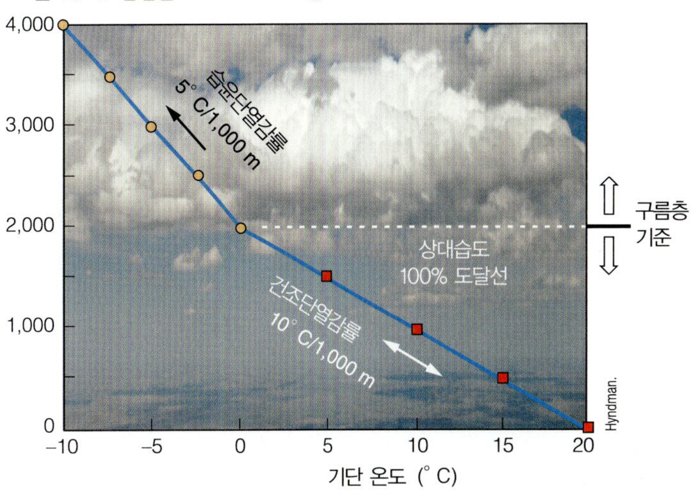

습윤단열감률은 상승하는 공기의 건조단열감률의 절반이다. 일단 상승하는 공기덩어리가 상대습도 100%에 도달하면, 응결이 일어난다. 이것은 공기덩어리로 열을 다시 방출한다. 습윤단열감률은 상승하는 화살표가 나타내듯이 오직 상승하는 공기에만 적용된다는 것을 알아 두자. 건조단열감률은 상승하거나 하강하는 공기에 적용 가능하다.

수 있을 정도로 충분히 크다(**그림 10-3**). 즉 매우 습한 공기는 상승하면서 건조공기의 반만 냉각시킨다. 공기덩어리가 하강할 때, 건조단열감률에서 그 온도는 상승한다. 왜냐하면 아직 포화되지 않았고, 따라서 더 많은 수증기를 가질 수 있기 때문이다.

습한 공기가 땅에 도달하여 산맥을 따라 상승하는 것이 불가피할 때, 그것은 단열적으로 팽창되고 냉각되는데 이것을 **산악효과**(orographic effect)라고 한다. 냉각된 공기는 더 적은 물을 용해시킬 수 있기 때문에 수증기는 물방울로 분리되어 구름을 형성하고, 결국 비, 우박, 눈이 된다(**그림 10-4**). 많은 수증기가 비 또는 눈으로 떨어진 후 공기덩어리가 다른 산사면으로 내려올 때, 공기는 일반적으로 따뜻하고 건조하다. 이러한 비그늘 효과(rain shadow effect)는 사막이 흔히 산맥의 풍하측(바람이 불어 가는 쪽)에 존재하는 이유이다.

대기압과 날씨

기압은 지표면에서부터 대기의 꼭대기까지의 공기기둥 무게와 관련 있다. 지표 근처의 공기덩어리가 데워질 때, 공기 분자들은 더 빨리 진동하고, 더 많이 충돌하면서 팽창을 일으키며, 밀도를 감소시킨다. 저밀도의 공기는 저기압 지역을 형성하기 위해서 상승한다(**그림 10-5**). 그것은 낮은 압력을 가지는데, 왜냐하면 상승하는 공기가 정지하거나 하강하는 공기보다 아래쪽의 압력을 적게 쓰기 때문이다. 지표면 근처의 공기는 상승하는 공기를 대체하기 위하여 저기압의 중심으로 밀려 들어간다. 고기압에서 반대의 작용도 발생하는데, 위쪽 대기의 찬 공기는 주위의 따뜻한 공기보다 밀도가 크며, 따라서 하강한다. 지면을 향하여 이동할 때 널리 퍼지거나 나뉘어야 한다. 따라서 공기는 지표면 근처 고기압으로부터 이동하는 것이다.

공기는 고기압 지역에서 저기압 지역으로 바람을 일으키며 이동한다. 고기압은 밖으로 밀어내고, 저기압은 안쪽으로 끌어당긴다. 이런 수평의 압력차이가 큰 곳에서 바람은 강하게 분다.

코리올리 효과

지구는 서쪽에서 동쪽으로 자전하기 때문에 대기의 큰 질량과 표면의 물은 약간 뒤처지는 경향이 있다. 지구는 북극과 남극을 관통하는 축에 맞춰 24시간에 한 번 자전한다. 따라서 적도의 한 점은 하루에 대략 40,000 km(행성의 대략적인 원주)를 이동해야 한다. 하지만 지구의 자전은 북극 또는 남극의 점을 움직이게 하지는 않는다. 이렇게 큰 지구 표면의 자전속도는 바다와 적도 근처의 공기덩어리를 동쪽에서 서쪽으로 이동하게 한다. 왜냐하면 그것들은 유동적이고 따라서 고체 지구가 그들 아래에서 자전하는 만큼 빠르게 끌려가지 않기 때문이다. 왜냐하면 물과 공기는 그것들 아래의 더 빨리 회전하는 행성 위에서 움직이기 때문에 지구의 자전에 의해 뒤처지게 된다. 따라서 북반구에서 남쪽으로 이동하는 물이나 대기의 흐름 때

그림 10-4 산악효과

A. 산악효과에 대한 도식적인 표는 따뜻한 습윤 공기가 어떻게 상승하고, 팽창하며, 냉각되고, 강수가 되는지 보여 준다. 산의 다른 면으로 하강하면서 공기는 수축하고, 따뜻해지고, 건조해진다. B. 서쪽에서 세인트헬렌스 화산을 흐르는 습윤 공기는 동쪽으로 하강하며, 따뜻해지고, 건조해져서 구름이 사라진다. C. 태평양 남쪽 캘리포니아의 몬테레이에서 상승하는 습윤 공기는 냉각되고, 응축되어 산타루치아 산맥에 구름을 형성한다.

그림 10-5 고압계와 저압계

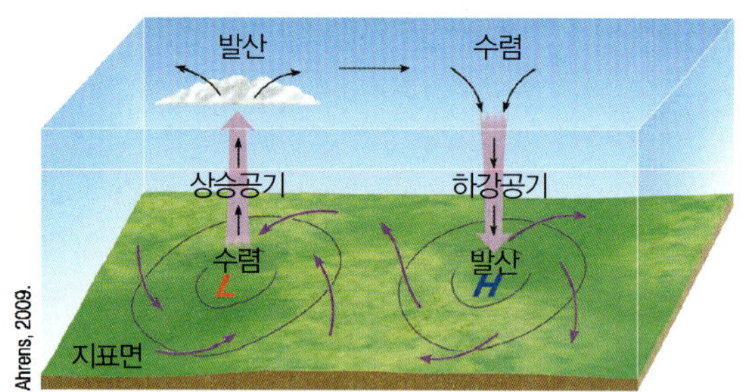

기압의 차이는 공기의 흐름과 바람을 일으킨다. 차고 건조한 공기는 고기압 지대를 형성하기 위해 하강하며, 지표면으로 가라앉을 때 공기를 밖으로 내보낸다. 이때 하늘은 맑다. 상대적으로 따뜻하고, 습한 공기는 저기압 지대를 형성하기 위해 상승한다. 지표면 근처에서 공기는 양 옆으로 끌려 상승하게 되고, 결국 응결되어 구름이나 비를 형성한다. 북반구에서 고기압의 하강 기류는 시계방향으로 회전한다(아래쪽에서 볼 수 있듯이). 저기압의 상승 기류는 시계반대방향으로 회전한다. 반대의 회전은 남반구에서 발생한다.

문에 지구는 그들 아래에서 동쪽으로 더 빨리 자전하며, 지체는 그것을 서쪽으로 전향하게 한다. 물과 대기의 흐름이 극으로 향할 때 반대의 현상도 일어난다. 이 경우에 공기와 물은 지구의 더 느린 표면 회전과 함께 이동하며, 그 결과로 초래된 지체현상은 동쪽으로 휘어지게 된다. 지구 자전에 의한 이런 강제적인 휘어짐 현상을 **코리올리 효과**(Coriolis effect)라고 한다.

따라서 북반구에서 공기와 표면의 물의 광범위한 흐름은 오른쪽으로 휘어지는 경향이 있으며, 남반구에서는 왼쪽으로 휘어진다. 해류가 적도를 향할 때는 서쪽으로 흐르며, 극을 향할 때는 동쪽으로 흐른다. 따라서 해류는 북반구에서 시계방향으로 순환하며, 남반구에서는 시계반대방향으로 순환한다. 마찬가지로 대서양을 가로질러 서쪽으로 향하는 허리케인은 북아메리카로 접근할 때 시계방향으로 휜다.

또한 상승하고 하강하는 기류는 수렴하고 발산하는 바람에 의해 회전한다(그림 10-5 참조). 공기가 **저압계**(low-pressure system)에서 상승할 때, 지표 근처의 공기는 상승하는 공기를 대체하기 위해서 저기압을 향하여 수렴한다. 코리올리 효과는 이러한 바람을 북반구에서 직선의 우측으로 이동하게 하는데, 이것이 이러한 저압계를 시계반대방향으로 회전하도록 한다. 하강하는 공기는 그것이 행성을 밀어 내릴 때 **고압계**(high-pressure system)에서 벗어난다. 코리올리 효과는 북반구의 바람을 오른쪽으로 이동시키고, 고압계에서 시계방향의 회전을 일으킨다. 반대의 경우로 남반구에서 저압계는 시계방향으로 회전하며, 고압계는 시계반대방향으로 회전한다. 이 회전을 기억하기 위한 간단한 방법은 북반구에서 **오른손 법칙**(right-hand rule)을 이용하는 것이다. 이 법칙은 만약 당신이 당신의 오른손 엄지손가락으로 상승하거나 하강하는 공기의 방향을 가리키면, 나머지 굽은 손가락들의 방향이 공기의 회전 방향을 가리키는 법칙이다. (남반구에서는 왼쪽 손을 이용하라.) 예를 들어 저기압의 공기가 상승할 때, 바람은 시계반대방향으로 회전한다(지도를 내려다 볼 때).

빠르게 상승하는 공기는 또한 빠르게 회전한다. 왜냐하면 폭풍우는 저기압대에 국지화되어 있고, 그곳에서의 빠른 상승기류는 급속히 시계반대방향으로 회전한다(북반구에서). 일기도의 기압을 보면, 등압선이 가까울수록 바람은 더욱 세다. 뇌우와 같이 원운동을 하는 폭풍우는 작은 직경의 사이클론(회오리바람)이다. 토네이도는 매우 작은 직경을 가지고 있는 빠른 속력의 바람이다. 전선을 동반하는 심한 폭풍우는 급속한 순환과 토네이도를 일으킨다. 이러한 작은 저압계 또한 흔치 않은 폭풍효과를 일으키지 않는 한 시계반대방향으로 회전한다(북반구에서).

지구 공기의 순환

대기의 가열은 특히 적도 근처에서 뚜렷한 반면, 냉각은 극에서 일어난다. 따라서 적도 근처의 저밀도의 따뜻한 공기는 상승하며, 차가운 표면에 가까운 공기는 저기압 지대를 향해 움직인다(**그림 10-6**).

열대지방 상공의 높은 대기에서, 상승기류는 북쪽과 남쪽으로 퍼져 나간다. 대략 북위 30도, 남위 30도에서 냉각된 공기는 적도로 되돌아와 순환을 끝내기 전에 침강하여 아열대고압대를 형성한다. 공기는 침강한 곳에서 단열적으로 따뜻해진다. 따뜻한 공기는 더 많은 수증기를 수용할 수 있기 때문에 이 지역의 습도는 일반적으로 낮다. 기후는 건조하며 심지어 사막 같기도 하다. 이 위도에 애리조나 남쪽과 멕시코 북쪽 사막, 사하라 사막과 아라비아 사막, 중앙 오스트레일리아, 북부 칠레

그림 10-6 지구의 공기 순환

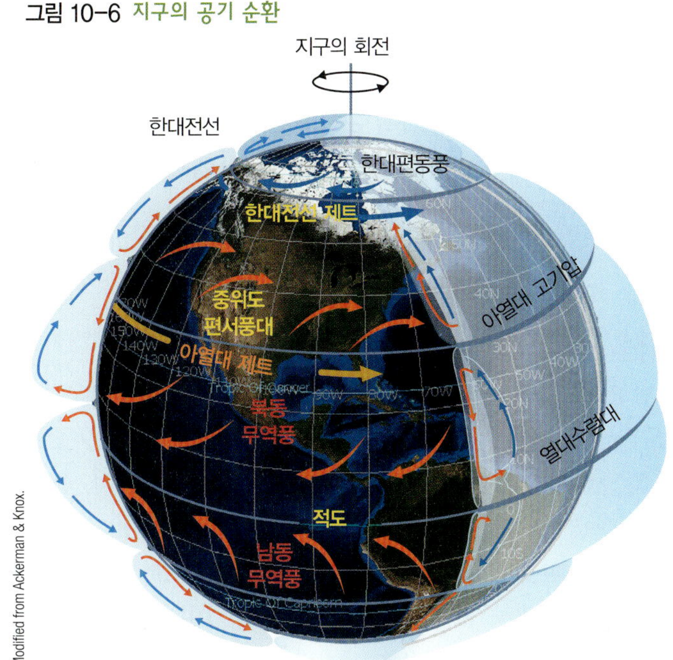

지구의 공기 순환은 북위 30도와 60도 사이의 남서쪽이나 서쪽에서 불어오는 우세한 편서풍, 적도와 북위 30도 사이의 북동쪽에서 불어오는 무역풍에 의해 지배받는다.

사막이 분포한다.

코리올리 효과와 함께 이러한 전반적인 공기의 움직임의 조합은 적도와 북위도 30도 사이에서 남서쪽으로 움직이는 **무역풍**(trade wind)을 발생시키며, 북위도 30도와 60도 사이에서는 북동쪽으로 움직이는 **편서풍**(westerly wind)을 발생시킨다(그림 10-6 참조). 북아메리카에서 편서풍은 태평양의 습한 공기를 가져와 오리건 해안, 워싱턴, 부리티시컬럼비아 남부에서 습한 해안 기후를 형성한다. 남쪽에서 무역풍은 습한 공기를 대서양에서 가져와 카리브 해의 섬, 멕시코 동부, 남아메리카 북동부를 습한 해안 기후로 만든다.

국지적인 바람은 지역적으로 중요하다. 겨울에 서쪽에서 오는 강한 편서풍은 냉각되고, 그것들이 앨버타, 몬태나, 와이오밍, 콜로라도와 뉴멕시코의 로키 산맥을 가로질러 상승할 때 습기를 잃어버린다. 동쪽으로 진행하면서 그것들은 공기가 낮은 고도의 작은 공간으로 압축될 때 단열적으로 더 따뜻해져서 하강하는 강한 바람을 형성한다. 콜로라도의 볼더에서 **치누크 바람**(Chinook wind)은 225 km/hr(140 mph)의 속도로 도달한다. 이런 따뜻하고 건조한 바람은 급속도로 들판에 뒤덮인 눈을 융해시키고, 홍수를 일으킨다(11장, 12장 참조). 캘리포니아 남부의 동쪽에서 불어오는 강한 무역풍은 가을에 건조

한 대륙의 공기가 네바다의 고압계 주위의 남서쪽으로 이동할 때 발달한다. 공기덩어리는 서쪽으로 흐르고, 산을 지나 해변가 아래쪽으로 흐른다. 그렇게 흐름으로써 공기덩어리의 온도는 단열 압축으로 인해 급속도로 상승하며, 습도는 낮아진다. 이렇게 뜨겁고 건조한 **산타아나 바람**(Santa Ana wind)은 캘리포니아 남부에서 번개가 형성될 수 있는 극히 위험한 상태로 만든다(16장에서 논의).

전선

극심한 기후는 종종 **전선**(weather front) 또는 차고 따뜻한 공기덩어리 사이의 경계와 관련된다. 뇌우는 전선과 같은 곳에서 발달한다. 뇌우는 수분과 불안정한 공기의 상승, 냉각, 응결과 강수에 의해 형성된다. **한랭전선**(cold front)에서 찬 공기는 인접한 따뜻한 공기들보다 더 빠르게 이동하고, 급속히 들어 올려져 따뜻한 공기를 이동시킨다(**그림 10-7A**). **온난전선**(warm front)에서는 따뜻한 공기덩어리는 인접한 찬 공기덩어리보다 더 빠르게 이동하며, 따라서 인접한 찬 공기덩어리 위로 상승한다(**그림 10-7B**).

진행하는 한랭전선은 신속히 따뜻한 공기를 높은 고도로 들어 올리고, 불안정 상태, 응결, 강수를 일으킨다. 진행하는 온난전선의 공기는 찬 공기의 flatter-wedge를 상승시키고, 광범위한 구름과 폭풍우를 일으킨다. 중위도에서 시계반대방향으로 부는 저기압의 바람은 제트류가 기압골을 형성하기 위해 남쪽으로 잠깐 내려갔다 올라오는 곳을 형성한다. 한랭전선과 온난전선은 때때로 저기압의 중심과 같은 곳에서 교차한다. 상승하는 저기압 중심의 공기덩어리는 냉각되고, 응결과 강우를 일으킨다. 차가운 공기가 적도를 향해 움직일 때, 따뜻한 공기와 충돌하고 상승하게 된다.

저기압 중심은 남쪽의 따뜻하고 습한 공기가 북쪽의 차고 건조한 공기보다 더 빨리 동쪽으로 이동할 때 발생될 수 있다. 그러한 공기덩어리 사이의 시계반대방향 전단은 제트류의 전선을 따라가는 것과 같이 따뜻한 공기의 일부가 북쪽으로 이동하기 시작하는 곳에서 저기압을 일으킨다(**그림 10-8**). 이 현상이 발생할 때, 공기는 전선이 합쳐지는 곳에서 발생하는 강력한 상승운동과 함께 한랭전선과 온난전선 둘 다를 따라 위쪽으로 상승하게 된다. 이러한 시스템은 계속 발생할 수 있으며, 그 결과 찬 기단과 따뜻한 기단 사이의 각은 점점 좁혀질 것이다. 저기압은 결국 오랜 기간 동안 비를 내리며 한 장소에 머물러 있을 수도 있는 분리 저기압(cutoff low)으로 파생될 수 있다(**그림 10-9**).

북아메리카 동부 애팔래치아 산맥과 같은 해안 산맥들은 대기의 대류를 증가시킨다. 해안가의 찬 공기는 따뜻한 육지의 공기를 밀어서 상승시킬 수 있으며, 팽창, 냉각, 강수를 일으킬 수 있다. 내륙으로 이동하는 폭풍우는 극을 향해서 북쪽으로 이동하는 경향이 있다. 만약 그들이 먼 바다로 이동하지 않는다면, 그것들은 수일 동안 지속될 수 있고, 해안가를 따라 큰

그림 10-7 한랭전선과 온난전선

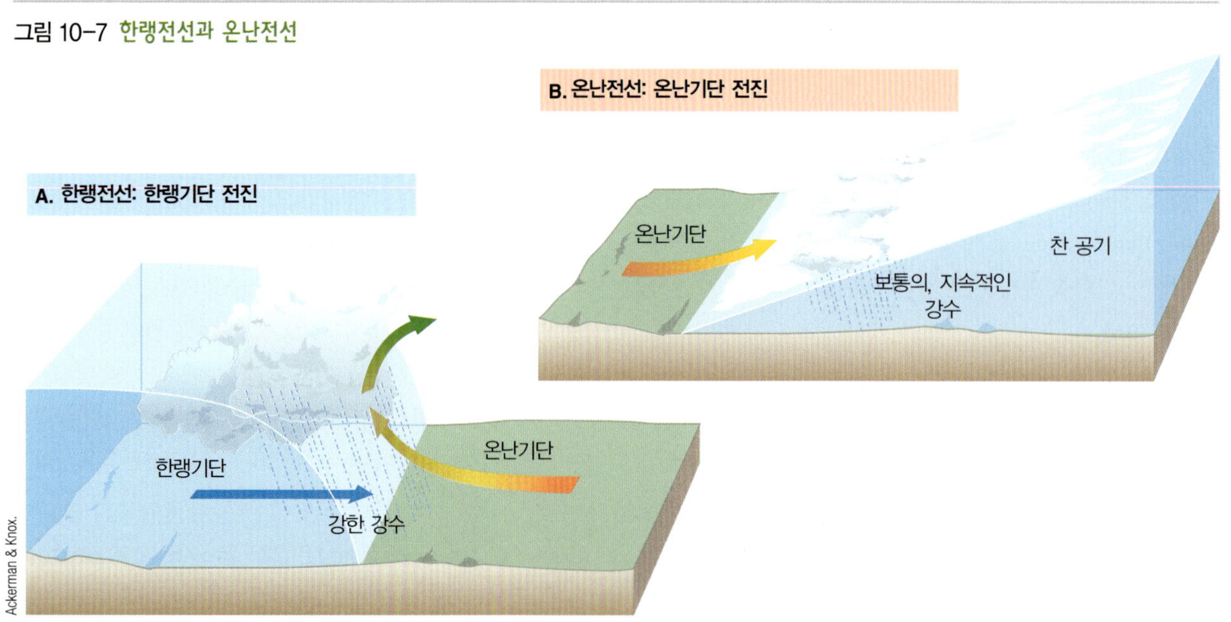

A. 한랭전선을 도식적으로 잘라 표현한 도표는 급격한 한랭기단이 어떻게 따뜻한 기단을 전진시켜 위로 밀어내는지 보여 준다. **B.** 온난전선의 단면은 따뜻한 기단이 찬 기단 위로 전진하는 것을 보여 준다.

그림 10-8 저기압의 발생

Modified from National Weather Service.

A. 저기압은 온난전선과 한랭전선 사이의 교차에 의해 발생할 수 있다. 찬 공기에 맞서 동쪽으로 이동하는 따뜻한 공기는 시계반대방향의 shear rotation을 일으킨다. B. 따뜻한 공기는 동쪽 전선을 넘어 북동쪽으로 밀고 나가, 온난전선을 발달시킨다. 서쪽 전선 아래의 남동쪽으로 이동하는 찬 공기는 한랭전선을 형성한다. C. 더 빠른 시계반대방향의 회전은 저기압을 강화시키고, 그것은 어떤 경우에 한랭전선과 온난전선의 교차점으로부터 파생될 수 있다.

그림 10-9 전선계와 관련된 기후

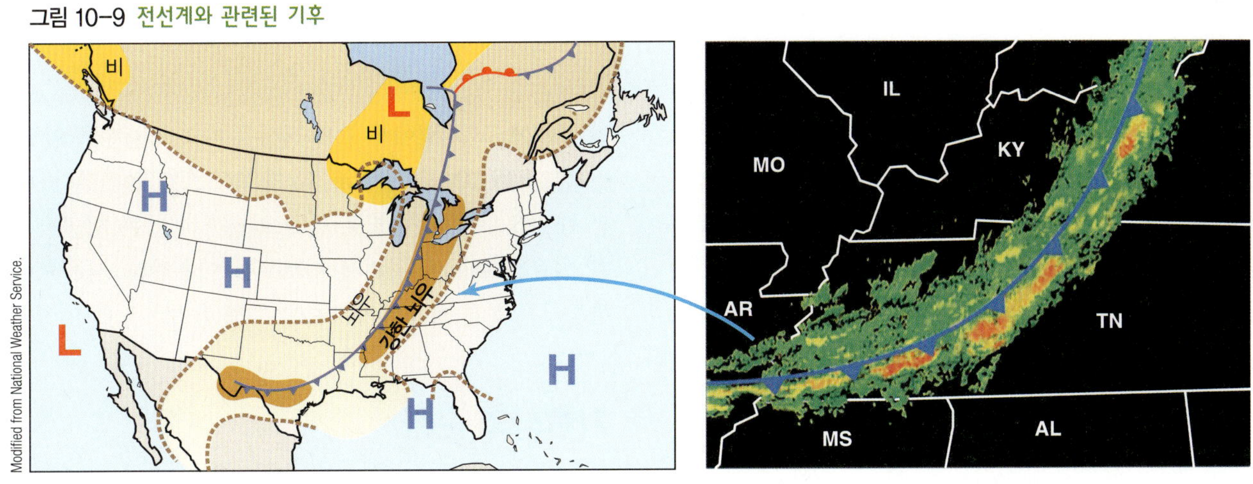

2003년 6월 26일의 일기도는 뚜렷한 한랭전선(파란색)이 온난전선(일기도의 오른쪽 상단의 빨간색)과 교차하는 것을 보여 주고, 캐나다 북쪽 슈피리어 호에서의 분리 저기압도 보여 준다.

비를 내릴 수 있으며, 상당한 폭풍해일을 일으킬 수 있다. 고기압 폭풍우 같은 것들은 열대저기압과 비슷한 바람 세기와 강우량을 가질 수 있기 때문에 파괴적이다.

제트류

기상학자들은 종종 북아메리카를 가로지르며 곡류하는 아열대성 **제트류**(jet stream)를 관측하기 위해 일기도를 사용한다(**그림 10-10**). 3~4 km 두께의 이렇게 좁은 띠 모양의 빠른 속력을 가진 바람은 북아메리카를 가로질러 서쪽에서 동쪽으로 불어오고, 고도 12 km 근처에서 머문다(그 고도에서는 제트기가 많다). 제트류는 순환하는 고기압과 저기압 사이의 접점을 따라 동쪽으로 움직인다(그림 10-10B의 **H**와 **L**). 높은 고도에서의 회전은 제트류를 나아가게 한다.

제트류의 곡류가 남쪽으로 더욱 이동할 때, 북태평양의 극저기압 지대는 종종 캐나다 서부지역에서 조금 떨어져 위치한다. 저기압에서 시계반대방향의 순환은 태평양의 따뜻하고 습한 공기를 직접 캘리포니아로 운반한다. 태평양 중간에서 일어나는 아열대성 폭풍우는 캘리포니아 쪽으로 극의 한랭전선 남쪽 가장자리를 따라가는 경향이 있다. 그것은 종종 파인애플 익스프레스(pineapple express)라고 불린다. 이러한 폭풍우는 열과 습

그림 10-10 제트류

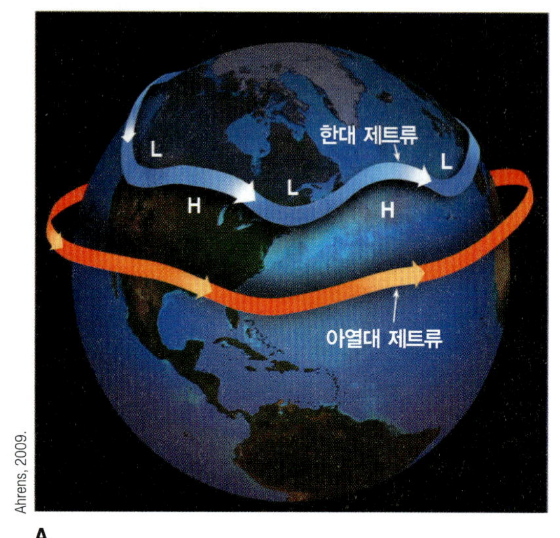

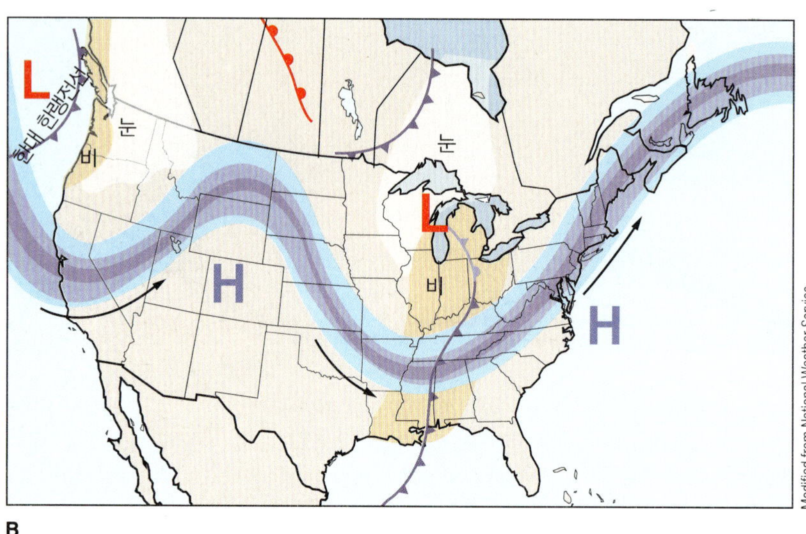

A B

A. 한대 제트류와 아열대 제트류는 북아메리카를 가로지르며, 서쪽에서 동쪽으로 구불구불 흐른다. 여기서는 연속적인 띠 모양처럼 보이지만, 실제로는 끊어져 있고 매일의 위치가 변화무쌍하다. B. 2003년 12월 16일 일기예보에서 서부 캐나다의 큰 한대 전선대를 동반한 구불거리는 제트류가 캘리포니아의 해안가 좁은 범위에 비를 내린다. 오대호의 다른 극 저기압은 오하이오 강 계곡에 비를 내린다.

기를 태평양 연안으로 운반하고, 잠시 동안 강한 비를 내린다. 어떤 경우 매일 또는 이틀에 걸친 연이은 태풍은 광범위한 지역에 폭우를 내리고, 홍수를 일으킨다. 이러한 빈번한 폭풍우는 토양을 흠뻑 적신다. 땅 위를 흐르는 빗물은 많아지고, 산사태는 자주 발생한다. 표 10-1에 심한 강수 사건들의 목록이 있다.

여름에 남쪽으로 가는 더 따뜻한 공기의 생산과 함께 제트류는 캐나다를 넘어 북쪽으로 이동한다. 겨울에는 미국을 넘어 아래쪽으로 내려온다. 제트류는 따뜻하고 습한 아열대성 공기와 차고 건조한 북쪽으로 가는 공기 사이에서의 경계를 표시하기 때문에, 이 지역에서 날씨 전선을 따라 폭풍우를 일으킨다.

제트류는 100~400 km/hr의 속력으로 움직인다. 대륙 또는 대양을 지나 동쪽으로 먼 거리를 날아가는 항공기는 시간과 연료를 줄이기 위해서 제트류를 이용한다. 서쪽으로 가는 항공기는 같은 이유로 제트류를 피해 간다.

기후상의 순환

지구 대기는 순환의 변화에 영향을 받기 쉬운데, 대부분은 날

표 10-1 몇몇 극단적인 강수들*

위치	지속기간	양	원인
1861년 인도 체라푼지	1달 1주 1일	9.3 m 3.39 m 4.13 m	Monsoon Monsoon Monsoon
1952년 레위니옹 실라오(인도양)	1일	1.87 m	
1979년 텍사스 앨빈(남부 휴스턴)	2일	1.09 m	열대폭풍
2010년 6월 중국 광동 성	6시간	60 cm	
1972년 사우스다코타 래피드시티	6시간	37 cm	
1947년 미주리 홀트	42분	99 cm	
1889년 루마니아 쿠르테아데아르제슈	12분	21 cm	
1970년 서인도제도 과들루프	1분	3.8 cm	

* 다양한 출처에서 엮음.

씨와 관련된 재해들과 관련된다.

계절에 따른 하루

낮 시간 동안 가열된 건물은 오후의 폭풍우를 발생시킬 수 있으며, 어떤 경우에는 토네이도도 발생시킬 수 있다. 지구는 하루에 한 번 남북극 축 주위로 자전하는데, 정오에 지구상의 모든 장소가 하루에 한 번 태양과 직접 마주할 수 있도록 한다. 그때 태양의 에너지는 다른 어느 곳보다 훨씬 강렬하고, 같은 방법으로 손전등의 광선은 작은 공간에서 비스듬한 표면을 비출 때보다 평평한 평면을 비출 때 더욱 밝다.

더욱 긴 순환은 **계절**(season)로 알려져 있고, 기후가 통제하는 많은 재해들은 주기적이다. 예를 들어 허리케인은 여름 중순에서 가을 사이에 나타나는 반면 토네이도는 봄의 중간과 여름 사이에 발생한다. 겨울에서 여름, 다시 겨울로의 연간 변화는 지구의 축이 태양 주위의 연간 궤도에 대해 기울어져 있기 때문에 발생한다(**그림 10-11**). 지구의 축이 춘분(봄, 보통 3월 20일경)과 추분(가을, 보통 9월 22일경)에 태양과 직각을 이룬다면, 태양은 적도의 바로 위에 있을 것이다. 이러한 때에 태양의 복사열은 지구의 적도지역을 직접 향하고, 다른 때보다 더 많이 가열시킨다. 사람들이 믿고 있는 것처럼 여름이 태양에 가장 가까운 것이 아니다. 만약 그것이 정말 계절의 이유가 된다면, 지구 전체는 동시에 여름이었을 것이다.

지구의 축은 태양 주위의 지구 궤도면에 23.5도 기울어져 있다. 따라서 하지(보통 6월 21일경)에 태양이 북위 23.5도를 정확하게 향할 때, 북반구는 태양 복사를 최대로 받고, 따라서 태양으로부터의 최대 열을 받는다. 비록 북반구는 한여름이지만, 가장 높은 온도는 하지점과 1달 이상 차이가 난다. 가스레인지를 켜고 나서 프라이팬에 계란을 익히는 데 시간이 걸리는 것처럼 육지와 물을 가열하는 데 시간이 걸린다. 축이 반대 방향으로 23.5도 기울 때, 태양이 정확하게 남위 23.5도 위에 있는데 이때가 남반구의 한여름이 된다.

다른 기간의 순환은 종종 겹쳐져 불규칙적인 주기를 나타내기 때문에, 일부 변화는 규칙적이지 않다(그림 1-4 참조). 많은 이론들이 지구의 북반구 기후에 대해 중요하게 관찰된 주기의 변화들을 설명하기 위해 제기되었고, 이러한 중복되는 과정들은 장기간의 기후 이동에 기여한다. 이것들은 해류의 변화와 태양 복사의 주기적인 변화도 포함하는데, 지구 궤도의 변화, 판 구조상의 움직임, 대기의 구성성분 변화 때문이다. 기후 순환은 광범위한 시기를 걸쳐 나타나는데, 하루부터 100,000년 이상까지 일어난다.

그림 10-11 계절

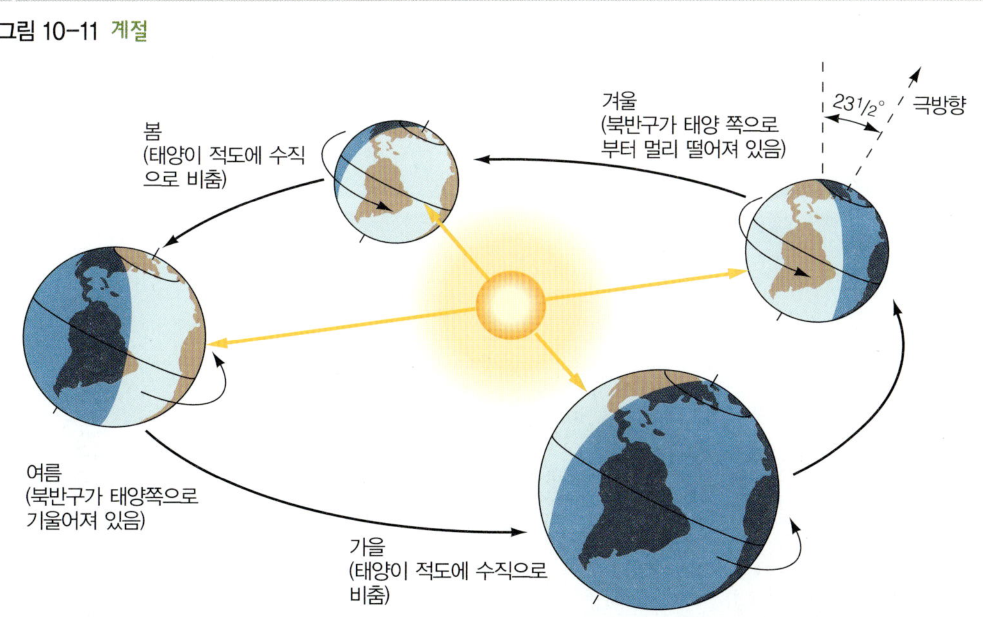

지구는 남북축 주위로 회전하고, 태양 주위의 지구 궤도에 23.58° 기울어져 있다. 지구는 1년에 한 번 태양 주위를 회전하기 때문에 북반구는 여름에 태양 쪽으로 기울어져서 하짓날(보통 6월 21일경)이 북반구에서 가장 긴 날이다. 그리고 겨울에는 태양으로부터 멀리 떨어지게 되어 동짓날이 북반구에서 가장 짧은 날이다(보통 12월 21일경). 태양으로부터의 화살표는 직접 머리 위로 받게 되는 태양에너지를 보여 준다. 예를 들면 북반구에서는 여름이다.

엘니뇨

태평양 적도에서의 해양의 순환은 보통 무역풍에 밀려 서쪽으로 흐른다(그림 10-7 참조). 고압대는 중앙태평양 타히티 위에 존재하고, 주요한 저압대는 따뜻한 인도네시아의 바다에 머무른다. 남아메리카에서 하강하는 건조한 공기(**그림 10-12A**)와 인도네시아에서 상승하는 습한 공기는 강한 무역풍을 순환시키며 따뜻한 해류를 인도네시아 쪽인 서쪽으로 민다. 더 먼 동쪽의 남아메리카의 안데스 산맥을 가로질러 서쪽에서 불어오는 무역풍은 해안가로 하강하면서, 해안 사막 환경을 따뜻하게 하고 건조시킨다.

6년마다(평균) 특히 11월부터 3월까지의 겨울 동안에 태평양 순환은 **엘니뇨**(EL Niño)라 불리는 패턴으로 뒤바뀐다. 이 이름은 스페인어로 '남자 아이' 인데, 기상현상이 몇 년마다 전형적으로 크리스마스경에 일어나기 때문에 페루 어부에게서 이 이름을 받게 되었다. 정반대의 기후 패턴은 '여자 아이' 라는 뜻의 **라니냐**(La Niña)이다.

엘니뇨 동안, 주요한 고압대는 인도네시아와 북오스트레일리아의 적도 지역에서 발생하고, 주요한 저압대는 중앙태평양의 타히티 근처에서 발생한다. 타히티에서 상승하는 습한 공기는 인도네시아와 북오스트레일리아에서 하강하는 건조한 공기와 마찬가지로 무역풍을 약화시키고, 따뜻한 해류가 에콰도르와 페루를 향해 동쪽으로 흐를 수 있게 해 준다(**그림 10-12B**). 태평양에 동반되는 온난화는 남아메리카와 태평양 중반의 날짜 변경선 사이에서 적도를 따라 발생한다.

엘니뇨는 극심한 날씨 및 기후와 관련된 재해들을 초래하지만, 전 세계적으로 다양하게 기후 패턴에 다른 영향을 미친다.

그림 10-12 엘니뇨로 인한 따뜻한 바다

정상 / La Niña

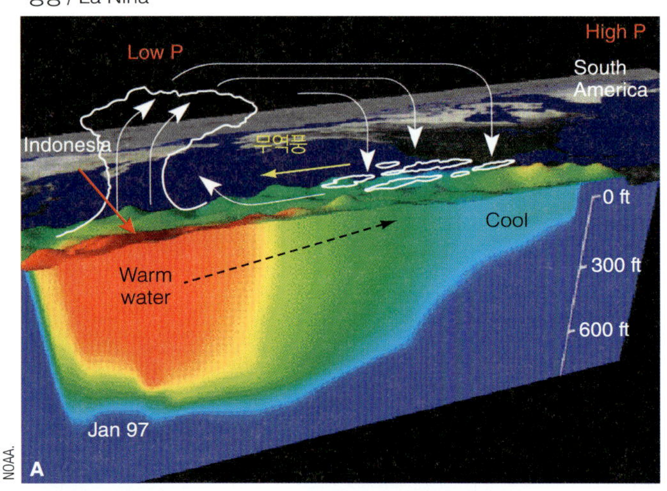

엘리뇨 현상

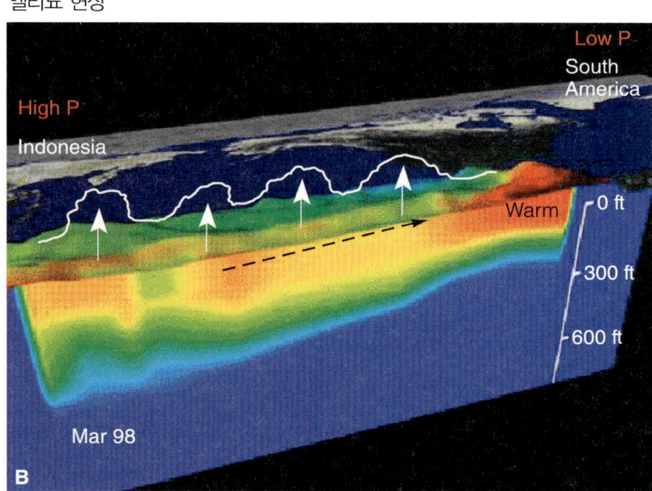

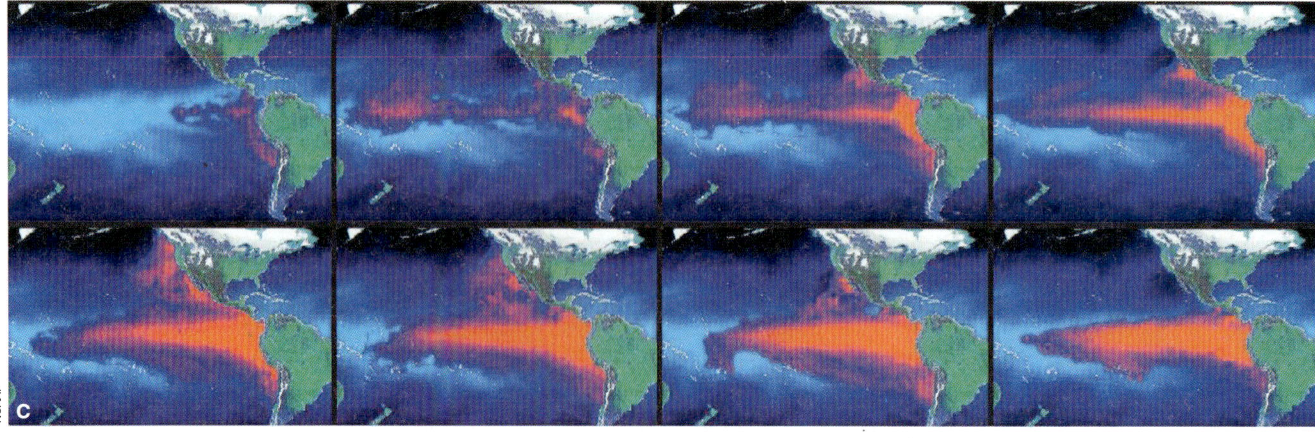

인도네시아 동쪽에서 남아메리카까지 태평양 속의 깊이 단면이다. **A.** '평상시' 상태에서 표면 근처의 무역풍은 서쪽으로 불고, 인도네시아 주변 서태평양 해수의 따뜻함을 유지한다. 그곳에서 따뜻하고 습한 공기는 상승하여 냉각되며, 강수량은 풍부하다. **B.** 엘니뇨 동안에 무역풍은 약화되고 동쪽 태평양 전체에 따뜻한 해수가 출렁인다. **C.** 매우 강한 엘니뇨 기간인 1997~1998년 동안 연속된 바다 표면 온도는 따뜻한 해수(빨간색)가 남아메리카의 서쪽해안에 기대어 쌓아 올리기 위해서 천천히 동쪽으로 출렁이는 것을 보여 준다.

그림 10-13 엘니뇨 동안의 날씨

엘리뇨 현상

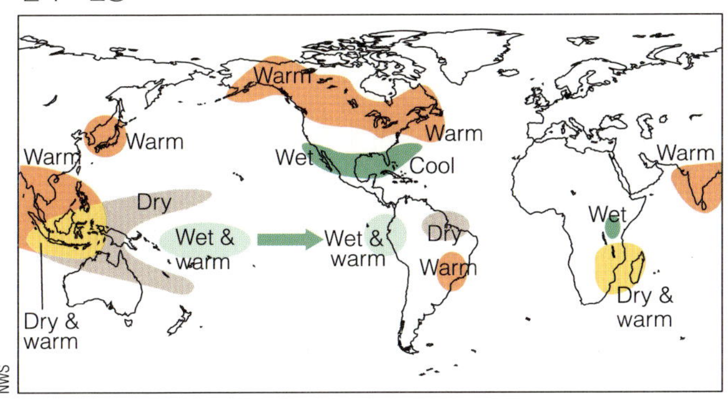

엘니뇨 현상은 태평양 적도지방에서의 따뜻한 해수가 동쪽의 페루로 이동하고 북쪽의 캘리포니아로 휩쓸리는 것을 보여 준다. 그것은 인도네시아 주변의 태평양 서부지역을 평소보다 더 건조하게 한다.

남아메리카 서쪽, 멕시코, 캘리포니아에서의 강수, 홍수와는 달리 오스트레일리아, 인도네시아, 동남아시아에서는 가뭄과 광범위한 화재가 초래된다(**그림 10-13**).

엘니뇨 해는 보통 건조한 페루 지역에 많은 강수를 가져온다. 태평양의 큰 저기압대는 북아메리카의 서쪽으로 접근하며 북쪽으로 고리모양을 만들기 전에, 고기압과 굽이쳐 흐르는 아열대 제트기류 남쪽의 바람을 민다. 따뜻한 물은 남아메리카의 서쪽 해안에 마주하여 쌓이고, 상승하고, 증발하여 페루 사막에 폭우를 일으킨다. 1997년 말과 1998년 초에 특히 강렬한 엘니뇨가 페루에서 발생했다(그림 10-12C). 끊임없이 내리는 비—하루에 12 cm 정도—는 농부에게 큰 피해를 안겨 주었다. 들판은 물에 잠겼고, 강물은 상승해서 범람했다. 반대로 라니냐 동안에는 보통 무성한 아마존의 열대 우림이 안데스 산맥의 비그늘에 있었고, 평소와는 달리 건조했으며 광범위한 산불이 발생했다.

만약 페루와 같은 일부 지역이 보통과 다르게 엘니뇨 해 동안 습하다면, 다른 지역들은 보통과 달리 건조했다. 왜냐하면 엘니뇨는 세계 평균의 변화에 관여하기보다는 단지 거대한 규모의 습기의 재분배에 관여하기 때문이다. 미국에서 따뜻한 물의 일부분은 해안을 따라서 북쪽을 휩쓸어 남서부 지역에 따뜻한 아열대성 강우를 가져온다(**그림 10-14**). 이것은 찬 북극공기를 북쪽으로 더 멀리 갈 수 있도록 해 준다. 멕시코를 벗어난 동태평양 기후 시스템은 북아메리카의 남동 지역 특히 캘리포니아와 멕시코 북쪽의 해안 등에 되풀이하여 영향을 준다. 일반적으로 건조한 남서쪽에서의 엘니뇨 해는 낮은 고도에서 더 국지적인 홍수를 일으킨다. 반대로 미국 북쪽 일부 지역에서는 평소보다 건조해지는 경향이 있다.

엘니뇨는 또한 재해와 관련된 다른 날씨 패턴을 바꿀 수 있다. 북아메리카 동부의 허리케인은 제트류가 대서양의 폭풍우 서쪽 경계 꼭대기를 잘라 냈었던 2009년과 같이 덜 빈번하고 약하다. 비록 엘니뇨는 허리케인을 최소화하지만, 플로리다 상공의 강한 제트류의 흐름은 강한 토네이도를 일으키는 경향이 있다. 1998년 2월에 토네이도는 플로리다 주 올랜도 근처에서 41명의 사망자를 발생시켰다. 2009~2010년의 또 다른 엘니뇨 기간 동안 해안침식도 활동적이었다.

비록 1930년부터 강한 엘니뇨 현상의 순환 간격은 6년이었지만, 1976년부터는 현상들이 더욱 빈번해졌다(**그림 10-15**).

그림 10-14 엘니뇨 동안의 날씨 변화

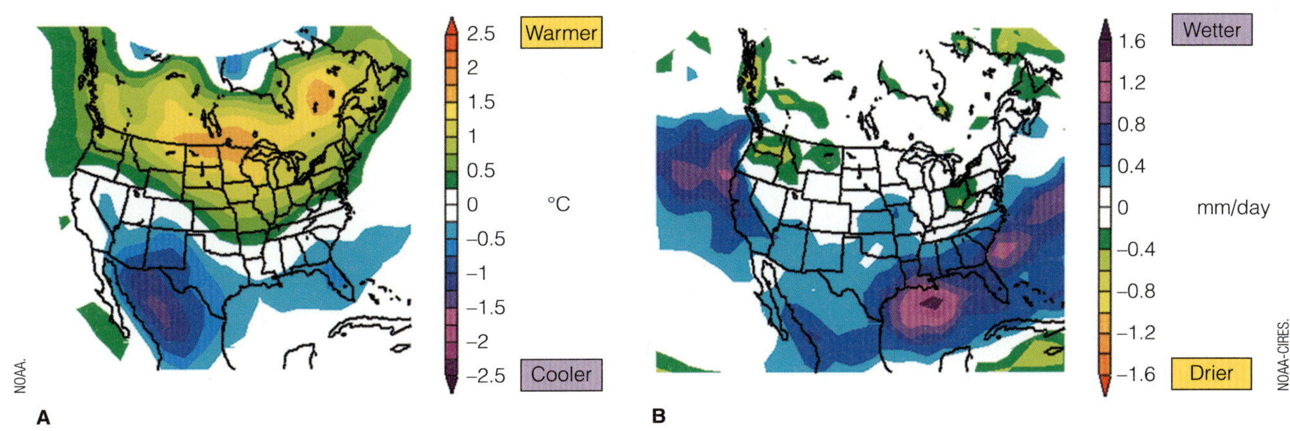

엘니뇨 동안에 미국의 남서부는 습한 반면, 남동부는 평소보다 온도가 낮다. 대부분의 캐나다는 분명히 따뜻하다. 평균적으로 평소와 비교했을 때, 북아메리카에서 1958년과 1998년 사이에 8번의 엘니뇨가 일어났다: **A.** 기온 변화와 **B.** 강수량 변화(mm/day).

그림 10-15 ENSO 지수

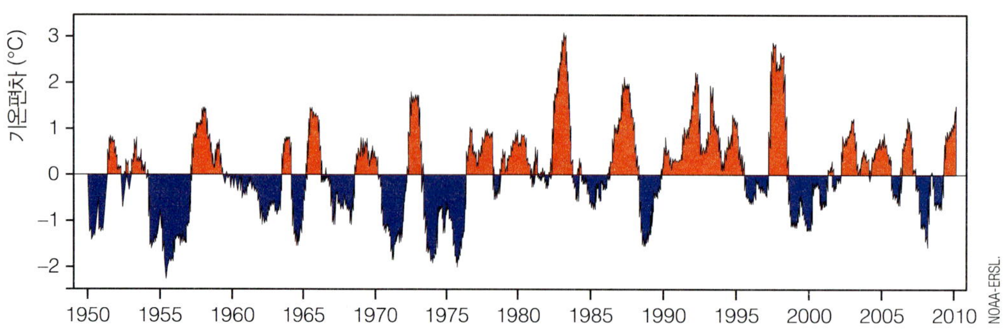

태평양 중위도 지역 바다의 표면 온도 이상은 1950년부터 2009년까지 나타난다. 엘니뇨는 비정상적으로 높은 바다의 표면 온도를 보여 준다. 0에 해당하는 수평선이 평균이다.

일부 연구자들은 기후변화가 원인이라 생각했지만, 다른 사람들은 동의하지 않았다. 1982~1983년에 발생한 엘니뇨는 전 세계적으로 2,000명의 사망자를 발생시켰고, 총 손실이 약 144억 달러였다.

엘니뇨 현상은 적도지방의 태평양에서 감지된 바다 표면의 온도(SST) 변화에 기초하여 사전에 예측될 수 있다. 이 문제는 엘니뇨 기간 동안 남부 캘리포니아의 홍수 가능성과 평소에 남동부 미국의 허리케인 활동기의 심각성을 계획하는 데 있어서 확실히 중요하다. 이것은 또한 가뭄, 수확물 손해, 난방유 사용과 비용의 지역적인 변화들을 계획하는 데 중요하다. 차이는 10억 달러에 달하며, 심지어 주식시장은 이러한 예측들에 즉각 반응한다.

열대 대기와 적도지대의 태평양에 정박하고 있는 바다 부표는 해수 표면과 심해의 상태, 대기의 온도, 습도, 바람을 측정한다. 인공위성은 엘니뇨 기간과 평상시 바다 표면의 고도, 순환패턴, 태평양이 앞뒤로 규칙적으로 순환하며 튀어 오르는 것을 측정한다. 타히티 근처 중앙태평양의 바다 표면의 고도와 기온이 상승하고 기압이 떨어지면, 페루와 남부 캘리포니아에서 더 많은 비가 내리리라는 것은 과거의 기록들이 보여 준다(새로운 엘니뇨). 어떻게 과정이 작용하는지에 관한 모델은 거대한 1997~1998년의 엘니뇨 현상이 발생하기 1년 전에 성공적으로 예측하였다.

북대서양 진동

비록 두 대양의 패턴 사이에 명백한 상호관계는 없지만, 태평양의 엘니뇨와 같이 북대서양에는 순환하는 대기의 기압 패턴이 있다. 태평양의 해수상태의 변화에 의해 감지되는 엘니뇨와 반대로, **북대서양 진동**(**NAO**: North Atlantic Oscillation)은 북대서양 부근에서 특히 12월에서 3월까지 나타나는 겨울 대기압의 변화에 의해 정의된다. 여름의 영향은 더욱 약하다. 고기압과 저기압 중심의 강도와 위치 변화는 NAO에 의해 정해진다. 물론 북대서양 대기와 바다 사이의 상호작용이 있지만, 대양에서의 변화는 그곳의 대기 변화 후 2년 이상 늦게 나타난다.

양성 NAO는 강한 고기압이 일반적으로 대서양 동부의 아조레스 제도 근처 남부 포르투갈의 서쪽에 집중되어 있는 반면, 강한 저기압은 북대서양 남동쪽 그린란드에 집중되어 있다는 것이다(**그림 10-16**). 거대한 압력 차이에 의해 운반된 우세한 서풍은 강하다. 중앙유럽의 여름은 서늘하고, 겨울은 습기가 많으며 따뜻하다. 북아메리카의 북동쪽에서는 아이슬란드 저기압 주위의 남서쪽 흐름이 차가운 북극공기가 남하하는 것을 막으므로 겨울은 더욱 습하고 온난해진다.

음성 NAO는 약한 고기압이 중앙대서양보다 더 먼 남쪽의 적도 근처에서 형성되고, 약한 저기압은 더 먼 남쪽의 뉴펀들랜드의 동쪽에 집중된다는 것이다. 서풍과 무역풍은 둘 다 약하다. 중앙유럽에서 겨울철 폭풍우는 적고 약하다. 찬 공기는 북유럽으로 불어 들어가고, 습한 대서양 공기는 지중해로 불어 들어간다. 미국의 동쪽 해안을 따라 겨울에는 많은 눈이 내리며 더욱 춥다. 주기는 규칙적이지 않지만, 양성 NAO는 3~10년마다 나타난다.

대서양 주기성 해수온변동

대서양 주기성 해수온변동(AMO: Atlantic Multidecadal Oscillation)과 같은 바다 표면 온도(SST)의 장기간의 변화는

그림 10-16 북대서양 진동

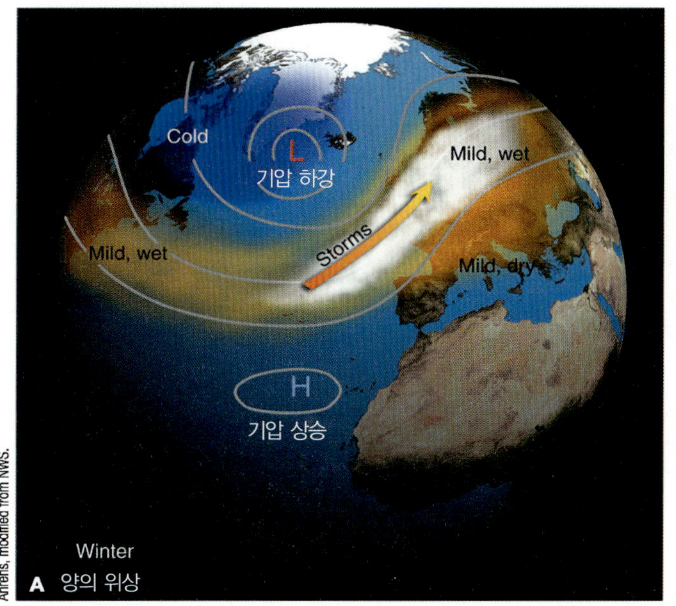

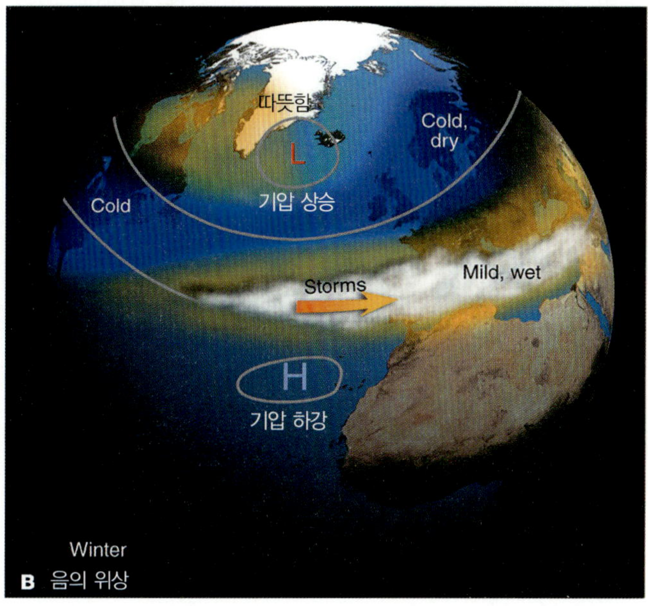

양성 NAO(+)일 때, 강한 고기압은 아조레스 제도 근처의 대서양 동부에 있는 반면 강한 저기압은 아이슬란드 근처에 있다. 편서풍과 무역풍이 강하다. 따뜻한 날씨는 대서양 서쪽과 유럽 북서쪽에서 발생한다. 음성 NAO(−)일 때, 두 개의 시스템은 약하고, 남서쪽에서 멀리 떨어져 있기 때문에 편서풍과 무역풍이 약하다. 어두운 파란색은 평소와는 다른 찬 해수를 가리킨다.

최근 뚜렷해졌다. SST는 약간 서늘한 곳에서 약간 따뜻한 곳으로 수십 년 동안(일반적으로 약 70년) 진동하는 것처럼 보였다. 전체적인 온도 변화는 겨우 약 0.8°C이다(**그림 10-17**). 하지만 높은 온도는 더욱 자주 강하게 대서양 폭풍우를 이동시키기 때문에, 따뜻한 기간은 미국 남동부에서 습한 여름 또는 강한 허리케인으로 이어질 수도 있다. 따뜻한 양상은 1860~1890년, 1930~1960년의 기간 동안에 발생했다. 새로운 따뜻한 양상은 1995년쯤에 시작되었으며, 만약 과거의 순환이 안내자였다면 수십 년간 계속될 것이다(다른 말로, 주기가 수십 년일 것이다). 이것은 허리케인의 영향을 받기 쉬운 미국의 남동부에 사는 사람들에게는 좋지 않은 소식이다.

이러한 수십 년간의 변화는 대서양에서의 큰 규모의 열염순환 강도(그림 10-55 참조)와, 미국 중서부의 가뭄(따뜻한 대서양), 플로리다 주 남부에서의 비정상적인 습한 날씨, 사헬(중앙

그림 10-17 주기성 해수온도

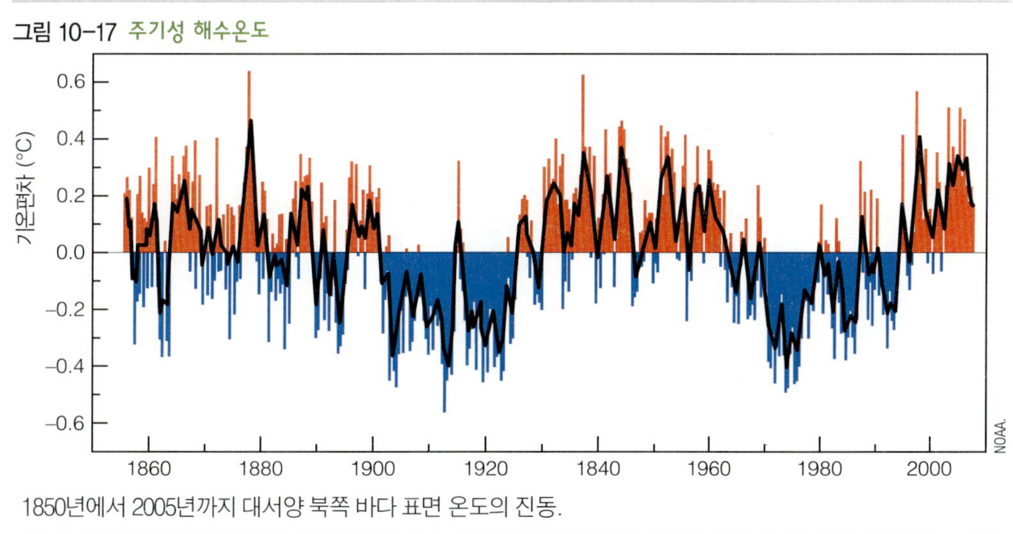

1850년에서 2005년까지 대서양 북쪽 바다 표면 온도의 진동.

아프리카 남부 사하라 사막)에서의 폭우, 그리고 대서양 허리케인의 강도와 횟수들이 상호작용하는 것처럼 보인다. 만약 AMO의 따뜻한 양상이 계속된다면, 우리는 중서부에서 계속되는 가뭄을 볼 것이고, 물의 공급과 농업, 그리고 미국 남동부의 강한 허리케인이 주요한 문제를 형성할 것이다.

장기적인 기후 주기

장기적인 기후 주기는 덜 명확하지만, 그들은 지구의 역사에서 중요한 역할을 한다. 행성 축의 26,000년 주기는 축이 흔들리며 회전하려는 경향(세차운동)과 다소 비슷하다. 이러한 주기에서, 지구의 회전축은 우주에서 다른 위치를 가리키며 지구의 부분마다 다른 양의 태양복사열을 받게 한다. 하지만 이것은 지구로 도달하는 전체 복사량에 영향을 미치지는 않는다. 41,000년의 주기를 가지며, 태양으로 향하는 지구의 축 경사는 대략 22~24.5도 범위를 가지는데(**그림 10-18**) 현재의 경사는 23.5도이다.

더욱 긴 주기는 플라이스토세의 **빙하기**(ice age)를 포함하는데, 대략 2백만 년 정도이다. 이러한 주기적인 빙하기는 평균 100,000년의 시간을 두지만, 길이에 있어서는 다양하다. 전형적인 빙하기의 시작은 최대로 얼음이 덮일 때까지 다소 불규칙한 진행으로 나타났고, 수십 년에서 수천 년 동안 최소한의 빙판으로 급속한 소멸이 뒤따랐다. 마지막 빙하기 동안에 대기는 현재보다 5~10°C 낮았다.

플라이스토세의 주기적인 자연현상에 관한 다양한 설명들은 지구 궤도와 자전의 변화를 포함한다. 1920년대 유고슬라비아인 천문학자 밀루틴 밀란코비치(Milutin Milankovitch)는 태양 주위의 지구궤도가 100,000년의 기간 동안 거의 원형에서 타원형으로 천천히 변한다는 것을 계산했다. 이것은 플라이스토세의 2백만 년 동안 기록된 20회의 빙하기와 잘 일치한다. 밀란코비치는 또한 태양이 지구를 향하는 모든 위도와 각각의 지구의 궤도변화에서 각도를 계산하였다. 그는 기후가 이러한 궤도변화에 대응하여 변한다는 것을 나타내었다. 예를 들어 빙하기는 지구가 기울어졌을 때 발생했다. 북유럽의 위도는 여름에 적은 태양빛을 받았다. 즉 봄에 눈이 조금 녹았고, 눈은 점차적으로 매년 쌓였고, 기후는 하강하여 결국 빙하기를 초래했다. 그는 빙하기가 100,000년이나 41,000년마다 일어날 수 있다고 예측하였다. 최근에 해양저 퇴적물 중심 연구에서 빙하기에 죽은 산호초 화석과 그린란드, 남극 빙하에서의 산소 동위원소 온도는 그러한 간격들을 보여 준다.

과거 지구의 기온은 종종 퇴적물(예를 들면 석영 광물—SiO_2—에 들어 있는 O)이나 동시에 형성된 빙하(H_2O의 O)에서의 산소 동위원소 비율($^{18}O : ^{16}O$) 연구로 측정된다. 냉각기간 동안 바다에서 증발된 많은 물은 대륙에 얼음이나 눈으로 저장되어 있다. 증발은 우선적으로 가벼운 ^{16}O를 공기로 보내고, 그 기간 동안 바다에는 다소 ^{18}O가 많아지기 때문이다. 왜냐하면 해양 생물들은 그들이 자라면서 해수로부터의 산소를 그들의

그림 10-18 장기간의 기후변화에 기여하는 3가지 요인

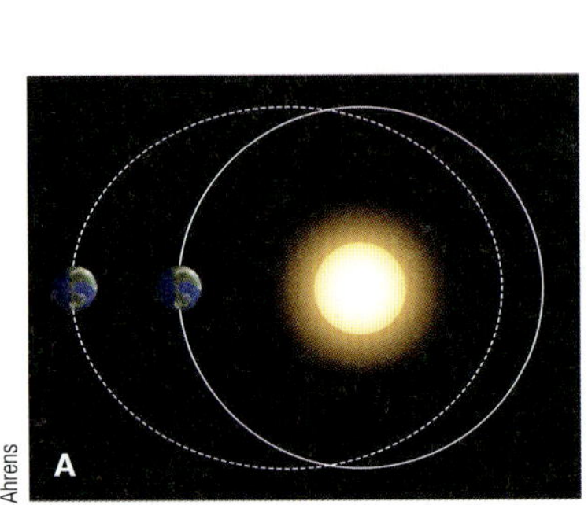

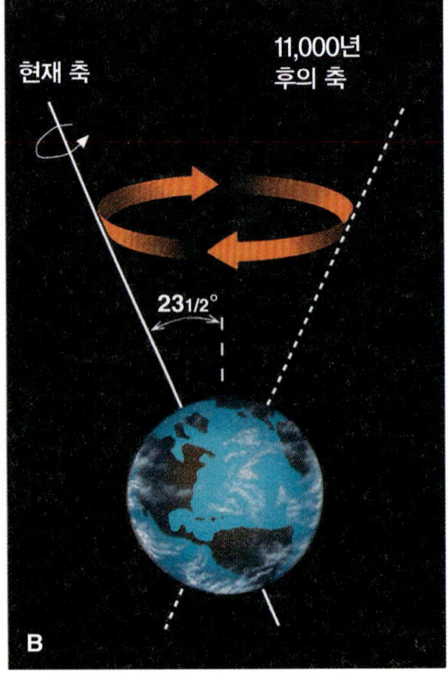

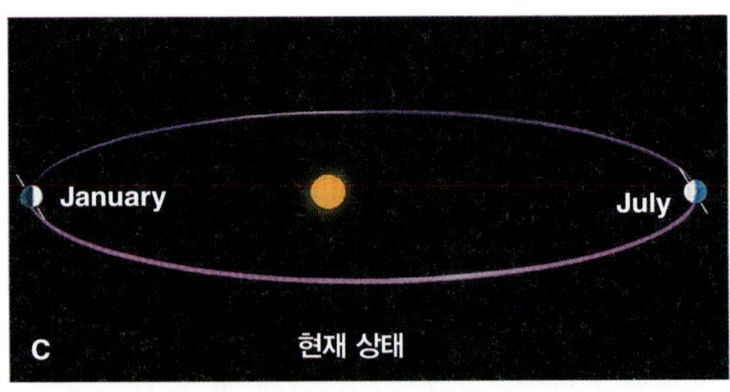

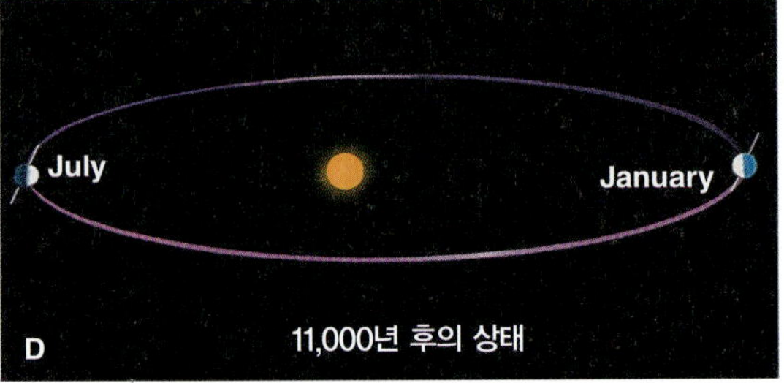

차이는 계절보다 극적임이 훨씬 덜하다. **A.** 지구의 궤도는 거의 원형에서 타원형으로 변한다. **B.** 지구 자전축은 태양 쪽으로 천천히 변화한다. C. 현재 지구는 1월에 태양과 약간 더 가깝고, 지금으로부터 11,000년 후 지구는 7월에 태양과 약간 더 가까워질 것이다.

껍질과 결합하는데, 그때 그 껍질은 해수에서의 $^{18}O : ^{16}O$ 비율을 보존하기 때문이다. 이것은 긴 기간 동안 해수 온도의 측정을 가능하게 한다. 대합조개의 높은 ^{18}O는 많은 물이 바다로부터 증발하여 대륙빙하를 형성했기 때문에 조개가 자랄 때의 북반구의 낮은 온도를 보여 준다. 또한 하강하는 눈은 언제나 해수의 산소 동위원소 비율기록을 보존하고 있으므로 얼음의 중심핵은 장기적인 기후변화 기록을 우리에게 보여 줄 수 있다.

기후에 있어서 꽤 긴 기간의 변화도 있다. 적어도 20억 년의 지질학적 시간 동안, 따뜻함과 차가움, 습함과 건조함의 순환이 있어 왔다. 따뜻함은 흔히 건조함과 동시에 일어났으며, 이들의 상호작용이 완벽하지는 않다. 주요한 순환은 수천만 년 이상 지속될 수 있다. 따뜻함과 차가움, 습함과 건조함의 순환과는 상관없이, 일부 순환은 서로 관련이 없다. 다양한 기간의 순환은 겹쳐져 극단적인 고기압이나 저기압을 나타낼 수 있지만, 잘 정의된 규칙적 간격 동안에 나타나지는 않는다. 이렇게 매우 긴 시간 동안의 기후 순환은, 비록 지구 역사에서의 방대한 기간에 있어 중요할지라도, 현재 인간에게 영향을 미치는 자연재해나 기후변화에 있어서는 중요하지 않으므로 우리는 그것들에 대해서 더 이상 논의하지 않을 것이다.

날씨, 기후와 관련된 재해

날씨와 관련된 대부분의 재해—홍수(11장, 12장), 바다와 파도(13장), 허리케인과 북동풍(14장), 뇌우와 토네이도(15장), 산불(16장)—들은 이 책의 다음 장에서 언급된다. 가뭄, 날씨와 관련된 다른 재해들, 혹서, 눈 또는 얼음들은 덜 극적일 수 있지만 그들의 효과는 치명적일 수 있다. 또한 화산과 같은 자연현상은 인간에게 재해를 부여하는 날씨 패턴의 변화를 일으킬 수 있다.

가뭄

가뭄(drought)은 지역에서 평소와는 뚜렷하게 다른 적은 양의 강수와 연관된다. 가뭄은 특정 지역의 건조한 현상의 연장인데, 주로 인간, 동물, 식물에 의해 사용되던 이용 가능한 물을 수준 이하로 낮춘다. 이것은 저수지, 지하수 저장소, 또는 강물의 흐름에서 이용 가능한 물을 감소시키는 데 관여한다(**그림 10-19**).

다른 많은 자연재해 및 재난과 달리 가뭄은 갑작스럽거나 극적인 현상은 아니다. 가뭄은 천천히 계속해서 발생하며, 그 피해가 크다. 가뭄은 광범위한 지역에 영향을 미치며, 몇 달, 몇 년, 심지어 수십 년 동안 지속된다. 또한 토양, 농작물, 인간의 삶에 끔찍한 피해를 입힌다. 사실 해마다 가뭄에 의한 미국의 피해는 평균 60억 달러 이상이며, 홍수나 허리케인에 의한 피해보다 2배 이상 많다. 광범위한 가뭄은 몇 년마다(1900년에서 2000년까지 14번 발생) 미국의 40% 이상에서 발생하며, 평균 7년마다 한 번씩 일어난다(**그림 10-20**). 2009년 7월 17%의 지역이 가뭄에 의한 피해를 겪은 것에 비하여 1998년 7월에는 미국의 3분의 1 이상이 심한 가뭄을 겪었다. 미국의

그림 10-19 가뭄

Donald Hyndman.

A

California Department of Water Resources.

B

A. 이용 가능한 물의 지속적인 감소는 우물이나 저장소를 말려 버릴 수 있으며, 단지 이 앞의 호수 바닥과 같은 건열을 남길 수 있다. **B.** 캘리포니아 주 새크라멘토 북쪽의 낮은 페터 강의 오로빌 저장소는 사실상 2009년 2월에 모두 말라 버렸다. 저장소 위의 다리는 가뭄 동안에 강을 가로질렀다.

그림 10-20 시간의 경과에 따른 미국의 가뭄

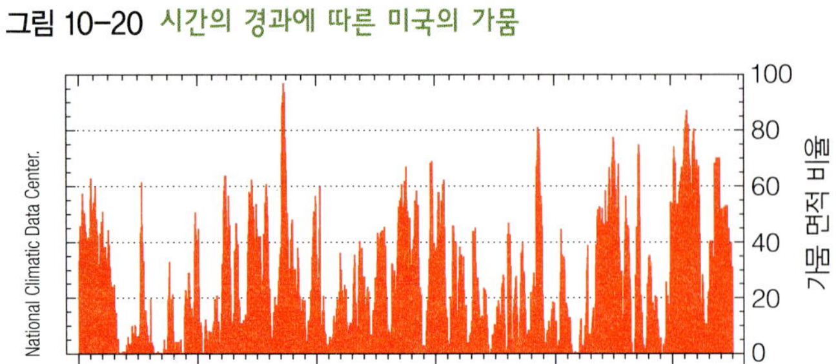

팔머 가뭄지수에 기초한 1900년 1월부터 2010년 1월까지 미국의 적당한 가뭄에서 심한 가뭄의 비율.

가뭄에 의한 1988~1989년의 피해를 합치면 약 400억 달러에 달한다.

기상학자들은 흔히 가뭄을 일정 지역에서 평소보다 강수량이 매우 적은 기간의 연장이라고 언급한다. 농부, 목장주인, 수목관리사는 특정 지역에서 식물이 자라기 위한 불충분한 습기를 가지는 연장된 기간이라고 인식한다. 지역 농작물을 유지하기 위해 요구되는 강수량은 농작물이나 사용된 농업기술의 수분 요구량에 의존한다. 예를 들어 쌀과 솜은 엄청난 양의 물을 요구하는 반면 자유로이 배회하는 소에 의해 이용되는 풀의 서식범위는 아주 적은 양의 물을 요구한다. 어떤 지역에서, 농부는 집약적인 농사를 위해 관개농업을 해야 하는데 이것은 빗물만으로는 할 수 없다. 가뭄은 종종 장기간의 자연적으로 공급되는 이용 가능한 물의 남용으로 심해진다. 대평원과 중서부지역에서, 1987년부터 1989년까지의 광범위한 가뭄은 많은 지역에서의 강한 펌프 사용과 불모지에서의 경작 등에 의한 지하수의 고갈에 의해 더욱 악화되었다.

또한 농부들은 물을 위해 주택지 사용자들과도 경쟁했고, 가뭄 상태는 물의 가치 상승을 일으켰다. 2008~2009년 가을과 겨울의 건조한 기간 동안, 캘리포니아 북부의 일부 농부들은 그들의 농작물에 물을 대기 위해 물을 사용하는 것보다 도시나 마을에 그들의 물을 파는 것이 더 이익이라는 것을 알았다.

강수 시기 또한 가뭄을 일으키는 원인이 된다. 겨울에 눈덩이로 뒤덮인 들판은 천천히 녹는 경향이 있고, 땅에 많은 물을 적시고 개울이 연중 계속 흐르게 한다. 습기가 감소하는 따뜻한 계절에는 태양과 바람에 의해 급히 달아나거나 증발하며, 지하수와 개울에 적은 양만을 남겨 둔다. 증발은 높은 온도와 바람이 가뭄 환경에 기여할 수 있도록 한다.

북아메리카에서 가뭄은 주로 따뜻한 열대 대서양으로부터 이동하며, 멕시코 만을 넘어 북아메리카의 대평원을 향해 북쪽으로 흐르는 제트류 흐름의 변화와 함께 시작된다. 북대서양에서의 주요한 고기압 주위에서 북쪽으로 가는 경향은 일반적으로 멕시코 만에서부터 대평원으로 풍부한 습기를 운반한다. 심한 가뭄 기간 동안 1930년대의 황진지대를 만든 먼지폭풍(Dust Bowl) 기간처럼, 제트류의 대부분은 대평원에서 비를 내리기 위하여 북쪽으로 굽어 흐르기보다는 멕시코를 넘어 서쪽으로 계속 흘렀다. 이러한 가뭄은 AMO의 따뜻한 양상과 상호작용하는 것처럼 나타난다.

인간들은 수천 년 동안 가뭄에 의해 고통받았다(**표 10-2**). 가뭄의 결과는 기근, 많은 인구의 이주, 사회 및 정치적 대변동, 전쟁, 그리고 심지어 문명의 전체적 붕괴를 포함한다. 개발도상국들은 특히 가뭄 중에 기근과 정치적 불안에 취약했다. 좀 더 부유한 지역에서는 가뭄의 결과, 농작물의 수확이 실패했을 때 농가와 그들에게 의존하는 기업들의 재정적인 고통이 심각하게 발생했다. 가뭄이 연장되는 경우 농부들은 어쩔 수 없이 그들의 땅을 버리고, 일을 찾기 위해 다른 곳으로 떠났다.

가뭄이 항상 평소보다 적은 양의 강수를 초래하는 것은 아니며, 또한 강에 댐을 건설하는 것이나 상류 지역에 의한 물 사용 증가와 같이 인간의 개입에 의해 발생할 수도 있다. 관개를 위한 물을 보유하기 위해 건설한 댐들은 종종 심각하게 하류의 흐름에 영향을 미치고, 농작물 수확실패, 갈증, 물의 질 하락과 하류의 오염으로 인한 질병들을 일으킨다. 상류에 위치한 나라가 댐을 건설할 때, 하류의 흐름 감소는 극단적인 국제적 갈등을 일으킬 수 있다. 이라크와 방글라데시같이 하류에 위치한 국가들은 관개에 심하게 의존하므로, 다른 나라의 상류 댐으로부터 강한 영향을 받는다. 개울의 상류 유역에서의 물의 남용, 과도한 관개나 물의 위치전환은 하류지역의 물 부족을 초래한다. 전자의 습지는 마르고, 이전에 관개된 지역은 말라 있다. 이전에 비옥했던 습지와 이라크의 티그리스 강과 유프라테스 강의 호수지역은 현재 대부분 말라 있고, 염분기가 있다. 비슷한 물 문제는 또한 미국 서부 주들에서 그들 사이로 흐르는 강물의 권리문제로 많은 협상과 소송을 일으켰다.

지속적인 가뭄은 토양의 습기, 지하수 수위, 저장소 수위에 피해를 준다. 가뭄의 결과는 가뭄 이전 수분의 양을 회복하기 위해 평균 또는 평균 이상으로 몇 달에서 몇 년까지 지속된다. 1998년에서 2002년까지 동부 콜로라도, 오와오밍, 몬태나의 대부분에서 일어난 가뭄 일부 지역에서 토양이 60 cm 아래까지 건조해졌다. 토양에서의 적은 습기는 먼지폭풍(다음 부분에서 논의), 산불(16장에서 논의)과 같이 관련된 재해들에 기여

표 10-2	심각한 가뭄들		
일시	대상	위치	영향
~ 기원전 2200년	이집트 고왕국, 아카드 제국	이집트, 북아프리카, 아라비아, 이라크	문명의 붕괴
기원전 1300~700년	청동기 시대 후기	그리스, 터키, 중동지역	문명의 붕괴
~기원후 900년	마야 문명	멕시코, 과테말라, 엘살바도르, 온두라스	문명의 붕괴
~기원후 1100년	티와나쿠 문명		문명의 붕괴
1200년대 말	아나사지 문명	애리조나-유타-콜로라도-뉴멕시코	문명의 붕괴
1362~1392년, 1415~1440년	앙코르와트	캄보디아	문명의 붕괴
1970년대에서 1980년대 초까지	다르푸르, 과잉잉구	중앙아프리카 북부	농부와 유목민의 사막화 갈등, 300,000명의 실종
2000년대		페루 쿠스코	후퇴하는 빙하의 유출감소
2006년, 2008~2009년		텍사스 중남부, 동부 멕시코, 멕시코시티	물 부족, 매우 낮은 저수지의 수위, 농작물과 가축의 10억 달러 손해
2008년		사이프러스(지중해)	가뭄
2008~2009년		오스트레일리아 남동부	가뭄, 심각한 산불
2009년		캘리포니아	가뭄, 물 부족, 2010년 초반의 엘니뇨로 인한 폭우

할 수 있다.

또한 가뭄은 식물을 질병과 병충해의 침입에 더욱 민감하게 만든다. 곡물 및 옥수수와 같은 농작물은 가뭄에 의해 약화되고, 메뚜기 떼에 의해 침략당하거나 파괴될 수 있다. 약화된 숲은 소나무좀에 의해 침략당하거나 죽을 수 있다(**그림 10-21**). 주요한 산불의 위험은 죽거나 마른 솔잎에 의해 극적으로 증가한다. 2003, 2006, 2007, 2009년 남부 캘리포니아를 포함하여 광범위한 침입면적은 산불의 주요한 대상이 될 수 있다.

우리는 1930년대에 먼지폭풍이 일어나는 동안 황폐화된 미국의 중서부 지방에서의 심한 가뭄과 같은 것을 경험할 수 있었을까? 많은 전문가들은 그렇다고 말한다. 2007년 초여름에, 가뭄은 남부 캘리포니아, 애리조나, 네바다, 서부 콜로라도에서 대부분의 남동부까지 미국에서 광범위하게 일어났다. 많은 전문가들은 남서쪽에서 그 가뭄이 기준이 될 것이라 예상했고, 특히 그들의 급속한 인구증가는 심각한 문제라고 생각했다. 텍사스와 오클라호마에서의 심각한 가뭄은 2007년 4월에 갑작

그림 10-21 숲을 황폐화하는 소나무좀

중앙 브리티시컬럼비아의 본래 푸른 수천 그루의 소나무는 가뭄에 의해 약화되어, 소나무좀에 의해 죽었다.

그림 10-22 좌초된 보트 창고

Donald Ward.

보트 창고는 2009년 8월 중앙 텍사스에서 심각한 가뭄 중에 패더낼러스 강을 따라서 높고 건조한 상태로 떠 있다.

스러운 거대한 양의 홍수로 끝났다. 그러나 2008년과 2009년 사이에 가뭄은 되돌아왔고, 악화되었다(**그림 10-22**). 남동쪽에서의 날씨 패턴은 부분적으로 대서양 동쪽 캐롤라이나의 버뮤다 고기압 배치(시계방향의 공기 순환)에 의해 야기되었고, 멕시코 만으로부터 습기를 밀어냈으며 텍사스와 평탄한 지역에 폭우를 내렸다. 이러한 거대한 고기압계는 남동부 지역을 건조하게 유지하기 위해 서쪽으로 충분히 멀리 이동했다.

먼지폭풍

토양 습기의 상당한 감소는 **먼지**(dust)가 공기에 의해 운반되도록 한다. 먼지는 바람이 푸석푸석하게 마른 먼지나 토양을 들어 올릴 때 위험해지며, **먼지폭풍**(dust storm)을 형성한다(**그림 10-23**). 이러한 폭풍은 그들이 생성된 곳에서의 토양 손실을 초래하며, 또한 시정거리를 낮추며, 태양빛을 줄이고 인간의 건강 문제를 일으킨다.

먼지폭풍은 사막에서 흔히 발생하지만, 토양 습기가 줄어든 곳에서 발생할 수 있다. 토양 습기의 감소는 먼지들을 발생하게 하는데, 이는 가뭄이나 약간 건조한 또는 반건조 상태의 토양 경작이나 과잉방목과 같은 좋지 않은 토지관리 때문이다. 많은 빈곤한 국가에서 이러한 유형의 경작은 사람들이 굶주림을 피하기 위해 고군분투하므로 피하는 것이 거의 불가능하지만, 이러한 관행은 선진국에서도 마찬가지로 나타난다. 다른 곳에서 불모지의 열대 활엽수림은 목재의 가치를 위해 벗겨지고, 장작을 위해 베어지고, 요리되며, 경작을 위해 베어지고 탄다. 1950년대에서 1990년대까지 대부분의 기간 동안 중국은 그들의 숲 대부분을 공장의 연료를 위해 베었고, 농작물을 위해 땅을 개간했다. 주변 토양의 새로운 경작지 대부분이 실패했을 때, 빈번하고 숨 막히는 먼지폭풍이 베이징(그림 10-23B)과 다른 중국 동부지역에서 동반되었고, 국가는 변화를 꾀할 수밖에 없었다. 정부는 현재 많은 농부들에게 돈을 주어 사용하지 않는 토지를 떠날 것을 강요하며, 나무를 베어 낸 넓은 구획에 나무를 심어 습기를 보유할 수 있도록 하는 거대한 캠페인에 착수했다.

먼지폭풍은 지표면과 대기에서의 시정을 감소시키며, 비행기와 자동차에 의한 수송에 영향을 미친다. 또한 사람이 먼지 입자를 들이쉴 때 인간 건강에 영향을 미친다. 최근의 연구는 상당량의 박테리아와 균류가 먼지를 통해 먼 거리를 이동한다는 것을 보여 준다. 수년 동안, 중앙 캘리포니아의 샌화킨 계곡

그림 10-23 먼지폭풍

Todd Lindley, National Weather Service.

Zev Levin, Tel Aviv University, Israel; Dept. Geophysics & Planetary Sciences.

A. 2009년 6월 18일 텍사스 주의 러벅(Lubbock)에 먼지폭풍이 침입했다. **B.** 2001년 베이징을 덮은 숨 막히는 먼지를 뚫고 지나가는 사이클 선수.

의 많은 사람들은 계곡열이라고 알려진 감기와 같은 증상에 걸렸다. 약화된 면역계를 가지고 있는 사람을 제외하고, 상태는 보통 심각하지 않았다. 토양에서 기인하는 균류의 포자는 일반적으로 건조한 계절에 휴면상태로 있다. 습한 계절에 그들은 균을 형성하여 토양이 농업이나 건설에 의해 건드려질 때 순환할 수 있도록 하며, 그것들은 일부 주민들에게 열이 나게 했다. 같은 질병은 남서부와 멕시코 북부의 대부분에서 풍토성을 가진다. 오염의 대부분은 사람들이 토양을 비옥화하기 위해 쓰레기를 태움으로써, 현재 식물과 동물로부터의 쓰레기뿐만 아니라 플라스틱과 타이어들도 포함되어 질적으로 저하된 작은 정원지에서 유래한다.

먼지폭풍은 바람이 먼지를 전 세계적으로 운반하기 때문에 세계적인 문제이다. 동부아시아에서 유래한 먼지는 태평양을 가로질러 이동하여 북아메리카에서 연무(haze)를 형성하며, 심지어 대서양까지 도달한다. 먼지 플룸(plume)은 태평양을 가로질러 단지 1주에서 2주 안에 북아메리카로 향한다. 북아프리카에서 유래하는 먼지폭풍은 종종 유럽과 심지어 카리브해까지 덮고, 사람들의 건강, 산호초, 그리고 다른 유기체들에게 영향을 미친다(**그림 10-24**). 2006년에 중국 북부 고비 사막의 모래폭풍은 베이징에 27억 kg의 모래를 뿌렸다.

먼지폭풍은 토양 입자들뿐만 아니라 오염물질도 운반할 수 있다. 봄, 여름에 서부 중국과 몽골에서 유래한 거대한 먼지 플룸은 스모그, 검은 탄소 입자, 산업매연, 가스, 황산염, 질산염을 운반한다. 플룸은 너비 500 km, 두께 10 km까지 될 수 있다. 황산염은 그들이 실제로 노출되어 있는 10% 이상의 태양빛을 반사하지만, 검은 탄소나 매연은 태양빛을 흡수하여 더욱 따뜻해진다.

그림 10-24 먼지폭풍

USGS/NASA SeaWiFS image.

2000년 2월 26일 아프리카 북서부 사하라 사막에서 온 거대한 먼지폭풍이 대서양 위를 쓸어버린다.

미국 역사에서 가장 심각한 자연재난은 가뭄, 먼지와 관련이 있다. 극도의 가뭄은 1930년대에 북아메리카를 강타했고, 미국의 평원 주들을 '황진지대(Dust Bowl)'로 만들었다(**그림 10-25**). 대공황으로 인한 경제적 붕괴와 동시에 일어나서, 넓은 대평원 지대는 서쪽으로 일을 찾아 이주하는 사람들에 의해 버려졌다. 1930년대에 황진지대를 야기한 위기는 대평원에서의 길어진 가뭄과 재난을 일으키는 농업 관행의 결합으로 일어났다. 기계적인 경작의 진보는 밀 경작을 용이하게 하는 자연 잔디의 제거를 가능하게 했다. 불행하게도 가뭄이 덮쳤을 때 비옥한 토양은 말랐고, 바람에 의해 들려 거대한 먹구름의

그림 10-25 황진지대

NOAA. A

B Sloan, USDA.

A. 거대한 먼지벽은 1935년 4월 8일 텍사스 주의 스트랫퍼드를 압도했다. **B.** 1936년 5월 13일 사우스다코타의 댈러스에서 바람에 날린 먼지가 농장과 기계들을 묻어 버렸다.

그림 10-26 **황진지대**

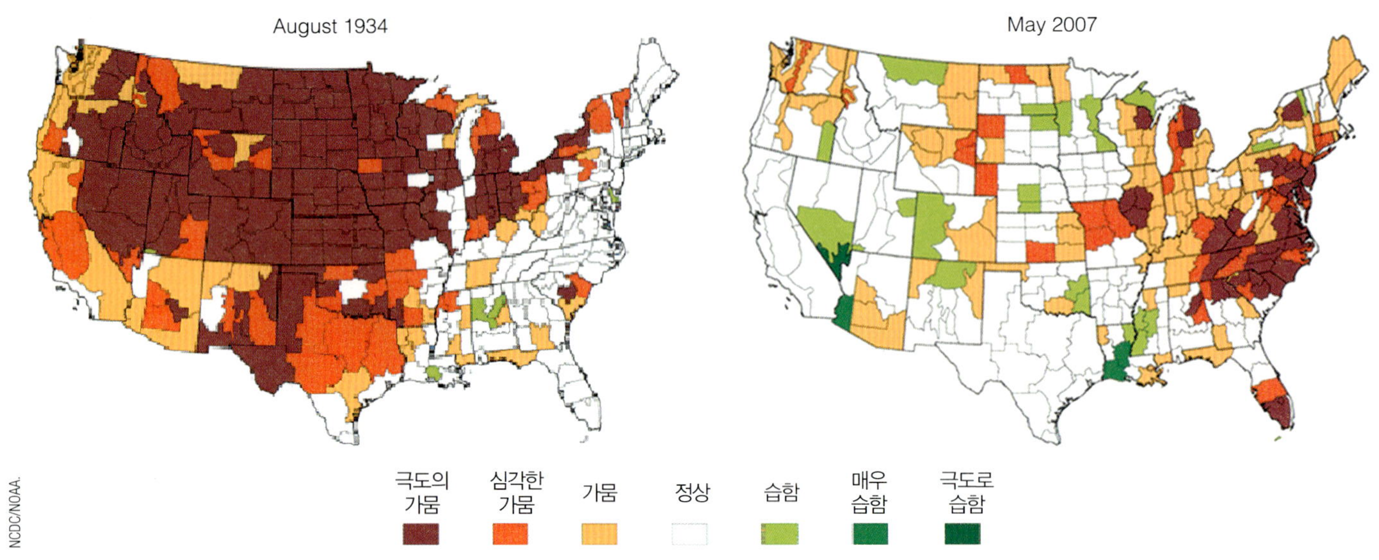

2007년 9월 미국 동부의 가뭄에 비해, 1934년 8월 먼지폭풍 동안의 극도의 가뭄은 미국 중부의 대부분 지역에 퍼졌다.

먼지로서 동쪽과 북동쪽으로 날아갔다. 정점인 1934년 7월, 가뭄은 미국 지역의 60% 이상에 영향을 미쳤다(**그림 10-26**).

1930년대 초 대공황에 의해 재정이 결핍되었고, 농부들은 어쩔 수 없이 농작물을 더 길렀으며, 그것은 농작물의 가격을 떨어뜨려 그로 인해 그들의 장비와 경작지에 지불해야 할 생산비가 더욱 증가되었다. 그들이 더 이상 농사를 지을 수 없고 빚을 갚을 수 없게 되자, 수십만의 사람들은 텍사스, 오클라호마, 아칸소, 콜로라도, 캔자스 주의 남부 평원을 떠났다. 많은 사람들이 농사짓는 것 외에는 다른 기술이 없었다. 그중 대부분의 사람들은 교육을 받지 못했고, 적은 수당을 받고 이동하면서 천한 일을 했었다. 그들은 적은 음식을 가지고 길가 텐트나 깡통 집에 살면서 가까스로 살아남았다. 황진지대가 발생한 그해에 그들은 더 나은 농사법과 이후에 발생할 가뭄의 영향을 덜 받도록 해야 한다는 교훈을 얻었다. 경작지의 많은 부분에 밀을 경작하고 심는 대신에 다시 원생 대초원 잔디를 뿌렸다.

비슷하게도 북아메리카 대평원의 많은 부분은 경작보다는 중용 방목에 더욱 적합했다. 가뭄에 의해 영향을 받은 반건조 지역은 만약 땅이 오용되지 않았다면 비가 다시 내릴 때 다시 회복할 수 있다. 심지어 북아메리카에 유럽 사람들이 도착하기 전에, 극한 가뭄과 거대한 사막이 있었던 시기가 있었다. 네브래스카 주의 모래 언덕은 1,000년 전에는 거대한 사구였지만, 현재는 풀과 덤불들이 자란다(**그림 10-27**). 분명히 비는 다시 내렸고, 식물은 저지대에서부터 싹이 트기 시작했다. 이러한 지역의 일부는 다시 경작되었다. 하지만 언덕의 얇고 손상되기 쉬운 토양은 다시 모래의 개방 지대로 전환되지 않고서는 경작을 계속할 수 없었다. 방목되는 젖소는 종종 손상되기 쉬운 표면을 파괴하며, 영구적인 흔적을 남겼다.

먼지폭풍은 또한 긍정적인 효과가 있을 수 있다. 동부 워싱턴 팰루즈와 같은 지역에서는 먼지폭풍으로 가라앉은 영양분이 풍부한 토양 입자의 침강으로 이득을 본다. 먼지는 허리케인을 줄이는 역할도 한다. NASA와 NOAA의 과학자들은 사하라 사막으로부터 대서양으로 불어 나가는 주요한 먼지폭풍의 매우 건조한 공기는 대기에서의 tropical wave가 강화되는 것을 억제해서 허리케인으로 발전할 수 있는 폭풍을 형성하지 못하도록 한다는 사실을 제안하였다. 대기의 먼지는 태양빛을 반사하고, 바닷물을 차갑게 유지한다.

사막화

아프리카 사하라 사막의 남부 가장자리를 따라 위치하는 사헬 지역과 같이 반건조의 드문드문하게 나무가 있는 초원지대의 토양을 덮고 있는 식물은 대개 1960년대 후반부터 증가하는 인구, 가장자리 지역의 집중적인 경작, 그리고 방목 때문에 풀, 관목들, 나무 지대를 잃었다. 강우는 1년에 약 20~60 cm 범위이고(8~24인치), 서쪽으로는 로키 산맥 대부분, 동쪽으로는 중앙 노스다코타의 평원 위와 텍사스 서부 아래에 상당하는 범위이다. 반건조의 사헬 지대에서 수십 년에 걸친 가뭄은 풀

그림 10-27 모래언덕

Ken Dewey, HPRCC, UNL.

A

David Loope, University of Nebraska.

B

A. 큰 사구 아래 평평한 지역의 작은 부분은 한때 작은 호수였다. 그곳은 현재 채워지고, 풀이 자랐다. B. 네브래스카 모래언덕의 항공사진은 그들 본연의 거대한 모래언덕의 형태를 명확하게 보여 주고, 마루 사이 간격은 각각 1 km 이상이다.

의 재성장을 막았고, 새로운 사막 환경의 진화 또는 **사막화**(desertification)를 촉진시켰다. 이것이 칠레, 브라질, 멕시코, 모로코, 에티오피아, 파키스탄, 아프가니스탄, 카자흐스탄, 그리고 다른 중앙아시아 국가들, 몽골, 중국 등의 지역에서의 주요한 문제이다. 중국에서는 매년 150,000 km^2의 농작지가 가뭄과 사막화에 의해 피해를 입는다. 2009년에는 1년에 420억의 피해를 남겼다. 연구 논문들은 인도양의 따뜻한 SST가 아프리카를 지나는 몬순의 움직임을 약화시켰고, 대륙을 가로지르는 지대의 가뭄을 촉진시켰음을 시사했다. 사막화에 대처하기 위한 유엔 총회에서는 그들의 우려가 "기후변화와 인간의 활동에 의해 초래된 건조 · 반건조 · 아습윤 지대의 붕괴"라고 밝혔다. 사막화는 약 70%의 건조한 지역에 영향을 미치며, 그것은 지표면의 30%에 해당한다(**그림 10-28**).

사헬 지대의 대부분의 사람들은 한때 북쪽의 습한 계절에 가축을 기르고 농사를 짓는 반유목민이었다. 그들은 그들의 환경에서 살아가는 법을 습득했다. 건조한 계절에 그들은 방목을 위해 남쪽 초원지대로 이주했다. 영구적인 정착민들이 더욱 증가하였고, 전통적인 방목 유목민들과 갈등했다. 방목과 농사를 망치게 한 1914년과 1968~1974년에 일어났던 심각한 가뭄들을 포함하여, 주기적인 가뭄은 기근을 널리 퍼뜨렸다.

과다한 방목은 때때로 울타리의 역할을 하여 동물의 이동을 막고, 토양 표면을 파괴하며, 깊은 토양의 압축을 일으켰으며, 물의 침투를 감소시켰다. 동물은 이동하지 않기 때문에 인공적인 급수구멍이나 급수탱크는 같은 효과를 지닐 수 있다. 경작은 토양을 건조하게 한다. 만약 상층토가 센 바람에 노출되어 있었다면, 먼지폭풍은 가장 생산적인 부분을 제거하고 빗방울은 충격을 주어 흩어지게 할 것이며 씻겨나가게 할 것이다. 아프리카에서의 과다한 방목과 과도한 경작으로 인한 결과는 심각했다. 특히 가장자리 지역은 기후변화에 의해서 악화되었다.

그림 10-28 사막

Donald Hyndman.

사하라 사막의 서쪽 끝에 위치한 모로코에서 양과 염소의 방목은 사막화에 기여한다. 배경은 높은 아틀라스 산맥이다.

아프리카를 가로지르는 두 개의 지대인 사헬 지대와 사하라 사막의 남쪽, 그리고 다른 적도의 남쪽지대는 가뭄이 발달되는 것을 보여 준다. 1/2~2/3의 생산적인 물을 대지 않은(관개하지 않은) 지대는 1930년대의 황진지대와 같이 적어도 사막화의 대상인 것으로 추정된다.

혹서

홍수, 허리케인, 토네이도와 같은 극적인 또는 격렬한 날씨의 재해들과 반대로 과도한 온도의 효과는 더욱 느리게 일어나지만, 더욱 치명적이며 홍수, 허리케인, 토네이도를 합한 것보다 굉장히 많은 수의 사람들을 죽인다. 혹서의 위험 중 일부에 대해 사람들은 건강의 위급상황이라고 보기보다는 불쾌하고 불편한 더운 날씨로 보는 경향이 있다. 혹서 기간 동안의 사망은 정상일 때 37°C(98.6°F)인 체온이 40~41.1°C(104~106°F)로 도달할 때 일어나며, 일사병에 의한 것이다. 도시 지역에서의 높은 여름 온도는 또한 화학적인 반응을 가속화하는데, 지표면의 오존과 스모그를 생성하고, 더 나아가 사람들의 건강상 스트레스를 증가시킨다. 경우에 따라서는 열에 약한 노인들을 심장 발작으로 사망하게 한다. 적절한 물 섭취가 특히 중요하다.

도시 지역은 **열섬효과**(heat-island effect) 때문에 고온으로 인한 위험을 증가시킨다. 주요 도시에서의 극도의 여름 기온은 인접한 시골보다 5°C(9°F) 정도 높다. 많은 빌딩이 있는 도시들, 공항들, 광대한 검은색의 포장도로 지역은 태양으로부터 열을 모으고 흡수한다. 어두운 입자들은 같은 방법으로 태양으로부터의 열을 흡수하기 때문에 자동차, 트럭, 에어컨, 공장에서 나오는 배기가스는 더욱 많은 열들을 잡아 둔다. 또한 밤에 도시 지역은 시골 지역보다 천천히 냉각된다. 왜냐하면 빌딩과 도로는 보통 해가 진 후에 3시간에서 5시간까지 오랫동안 열을 보유하기 때문이다. 비록 겨울에 따뜻한 기온은 열 요구를 줄이고, 도로의 눈과 얼음을 녹이지만, 반대로 여름의 열섬효과는 겨울의 효과보다 더욱 크다.

1995년 7월에 시카고에서는 습도가 높고 비정상적으로 높은 온도인 37.8°C(100.2°F)를 며칠간 유지했고, 7월 13일에는 41°C(106°F)에 도달했다. 600~700명이 이 혹서 기간 동안 열과 관련된 이유로 사망했다. 나이가 많고, 가난하고, 범죄 때문에 두려워서 창문 열기를 두려워하는 도심지역에 사는 사람들이었다. 문제에 기여하는 것은 열섬효과, 정전, 경고의 부족, 부적절한 구급차와 병원 시설 때문이다. 1966년에 세인트루이스에서 수백 명이 혹서로 사망했고, 1980년과 1995년에는 더욱 많은 사람들이 혹서로 사망했다. 1993년과 1995년 7월에 필라델피아에서도 많은 사람들이 혹서에 의해 사망했다.

높은 습도는 땀을 방출하여 서늘하게 하는 사람의 능력을 제한하면서 상당한 차이를 만들어 낸다. 효과는 사람 몸의 중심 온도 근처나 그 이상에서 극적이다. 예를 들어 35°C(95°F), 상대습도 80%에서, 우리는 매우 위험한 온도인 56.1°C(133°F)처럼 느끼게 된다. 태양 직사광은 이러한 온도에 15°F를 증가시킬 수 있다. 그러나 웨스트 산의 부분과 같은 매우 건조한 기후에서, 상대습도는 20~30% 정도 내려가며, 체감온도는 온도계상의 온도보다 더 낮아질 수 있다.

2003년 8월에 서부 유럽은 평소와는 달리 기온이 높았고, 많은 장소에서 38°C를 넘었으며, 일부 지역에서는 평소보다 8~10°C 올라가서 무더위에 시달렸다. 유럽에서 35,000명 이상은 열 때문에 사망했고, 그중 약 14,800명은 프랑스에서, 이탈리아와 스페인에서는 그보다 수천 명 더 많이 사망했다. 비록 세계 일부 지역에는 고온이 지속되는 기간이 있지만, 그러한 지역의 사람들은 그러한 환경에 익숙해져 있고, 수분을 유지하는 방법을 알고, 그늘이나 통풍이 잘되는 지역에 살며, 선풍기나 에어컨을 사용했다. 유럽의 대부분의 희생자는 건강이 좋지 않았으며, 혼자 살았던 나이가 많은 노인들이었고, 부모님이나 다른 친척들이 8월 휴가를 갈 때 남겨졌던 작은 아이들이었다. 프랑스의 대부분의 집들과 다른 온화한 기후지역에서는 에어컨을 가지고 있지 않았다.

2006년 여름에 또 다른 유럽에서의 혹서는 2003년보다 더 건조한 상태로 영국으로 남하했다. 서유럽 전체에 걸쳐 기록된 온도는 7월에 35°C 이상으로 올라갔다. 같은 달에 인도 여러 지역의 온도는 49.6°C(121.3°F)에 도달했으며, 최소한 884명이 사망했다. 미국 서부지역은 2006년 7월에 연장된 혹서가 있었고, 그것은 남부 캘리포니아에서 적어도 164명의 사망자를 발생시켰으며 대부분 에어컨이 없는 노인들이었다. 프레즈노에서의 온도는 6일 동안 연속으로 43.3°C(110°F)를 넘었으며, 세크라멘토에서는 11일 동안 37.8°C(100°F) 이상이었다. 문제들을 합쳐 보면, 전기와 에어컨 없이 백만 명 이상을 방치했던 전기 시스템 장애 때문이었다.

눈, 얼음, 눈보라

캐나다와 대부분의 미국을 포함한 북위도 지역에서의 겨울은 찬 기온을 나타내며 때때로 눈과 얼음을 가져온다. 우리는 특히 바람이 불 때, 따뜻해지기 위해 몸을 따뜻하게 한다. 바람에 의해 피부 수분이 증발하면 열손실을 가져오는데, 이것은 **체감온도**(wind chill)라고 알려져 있으며 우리를 더 춥게 느껴지도록 만든다. 체감온도는 중서부 또는 캐나다 대초원의 눈보라에서 −51℃(−60℉)에 도달한다. 이러한 살을 에는 추위는 **동상**(frostbite)을 일으킬 수 있으며, 그것은 코, 귀, 손가락의 신체 조직을 얼게 만든다. 동상은 영향을 받은 부위가 창백해지거나 하얗게 되거나, 감각을 잃어버리는 증상을 보인다. 피해자는 즉시 치료가 필요하고, 동상에 걸린 부분을 천천히 따뜻하게 해줘야만 한다. 어떤 사람의 몸 중심 온도가 35℃(95℉)로 정상보다 2℃ 아래에 있을 때, 그 사람은 **저체온증**(hypothermia)이 된다. 증상은 통제할 수 없는 몸떨림, 졸음, 방향감각 상실, 불명료한 언어, 탈진 등을 포함한다. 피해자는 즉시 치료가 필요하며, **천천히** 따뜻하게 해 줘야 한다. 찬 계절에서의 모자, 후드, 코트를 입는 것은 노출된 피부에서의 열손실을 최소화하기 위해서 중요하다. 손가락을 따뜻하게 하기 위해서는 미트(mitt)가 글러브보다 낫다.

주변 지역과 비교했을 때, 큰 호수의 풍하지역에서는 겨울에 종종 평소와는 다른 거대한 강설을 가지는데 이것을 **호수성 눈**(lake-effect snow)이라 부른다. 북아메리카의 서풍 지대에서 우세한 바람은 서풍이다. 따라서 오대호 대부분의 북동부, 동부, 남동부의 가장자리에서는 하나의 폭풍우에서 많은 양의 눈을 맞을 수 있다. 이것은 1년 전체 강설량의 약 1/3~1/2에 해당하는 양이다. 강설량에 영향을 미치는 요인들(**그림 10-29**)은 (증발을 위한)폭풍우 항로 아래에서의 얼지 않는 물의 팽창, 물 위에서의 강한 바람의 지속(더욱 강한 증발), 대기 중의 많은 양의 습기(강설의 원인), 그리고 물의 풍하지역에서의 지형 상승(언덕)(습기를 끌어올려, 응축과 강설을 일으킨다)이다.

그림 10-29 호수성 눈

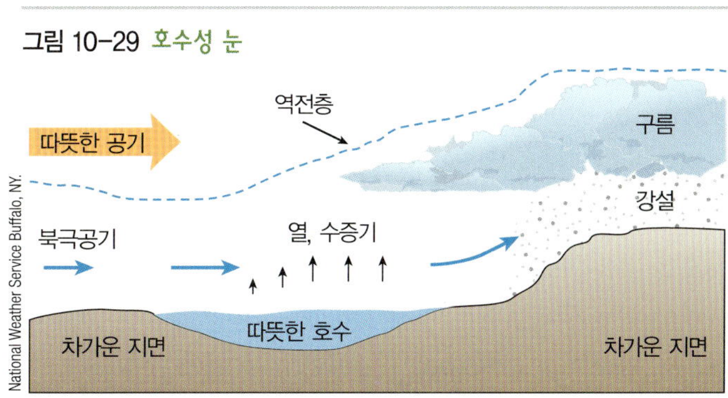

따뜻한 호수를 가로질러 이동하는 찬 북극공기는 호수로부터 증발하는 습기를 끌어올려, 상승하고, 냉각시켜, 매우 작은 얼음 결정을 형성하여 눈으로 떨어질 수 있도록 응축시킨다.

오대호 중 하나에서 넓게 퍼진 상대적으로 따뜻한 물 위의 찬 북극공기의 흐름은 호수로부터 증발하는 많은 양의 습기를 끌어올린다. 찬 공기는 수분을 얼게 한다. 땅으로 도달할 때, 수분은 상승하고 더욱 냉각되며, 매우 작은 얼음 결정, 즉 눈으로 응결된다(**그림 10-30**). 찬바람이 물을 가로질러 계속 불 때, 눈은 계속 형성되고, 바람이 부는 쪽으로 떨어진다. 강설량은 시간당 15 cm로 기록되었다. 바람이 시계반대방향으로 순환하는 곳 주위의 저기압계는 종종 북동쪽으로 떨어져 있다. 만약 저기압이 움직이지 않고 남아 있다면, 바람은 수일 동안 계속해서 불 것이고, 호수의 동부와 남동부 측면에 많은 양의 눈을 내릴 것이다. 매우 심한 영향을 받은 일부 도시를 그림 10-29B에 표시했다. 지구온난화는 오대호에서 얼음이 더욱 없는 겨울

그림 10-30 호수성 눈

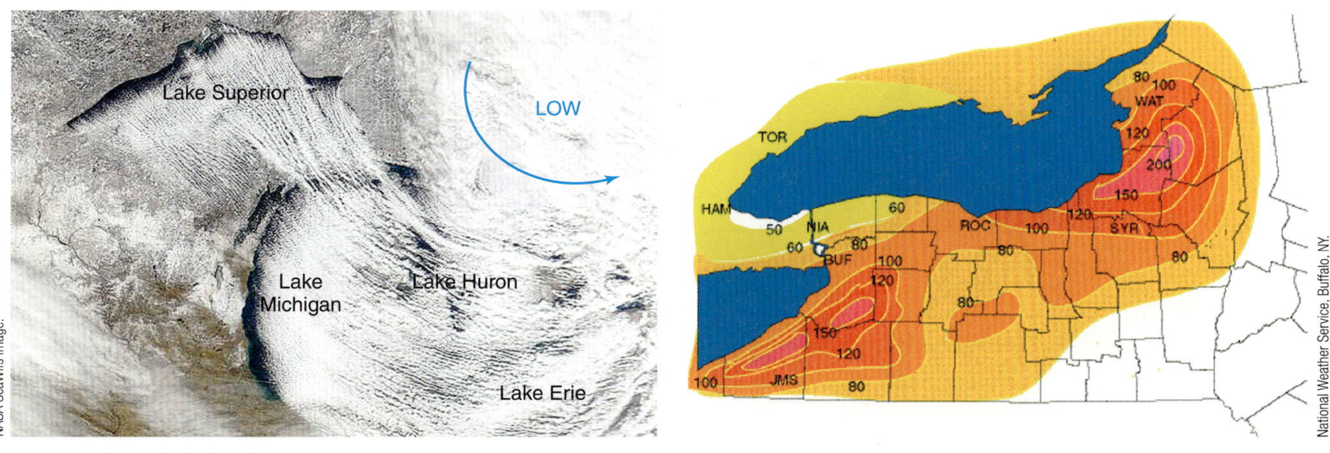

A. 오대호의 서쪽 슈피리어와 미시간 호수의 인공위성 사진은 남동쪽으로 휩쓸고, 호수로부터 습기를 끌어올려, 남동쪽에서 호수의 동쪽 측면으로 강한 눈을 떨어뜨리는 바람을 보여 준다. B. 이리와 온타리오 호수 주변의 연간 강설량은 호수 하강기류의 3~4배 정도라는 것을 보여 준다. 등고선은 눈의 인치를 나타낸다.

과 더욱 많은 호수성 눈을 일으킬 것인가? 최근 겨울에 얼음이 덜 얼었고, 더 많이 개방된 물이 더 많은 증발을 일으켰기 때문에 그 우려는 현실적이다. 2007년 2월에 온타리오 호수 끝 동쪽에서부터 오는 호수성 눈들은 뉴욕의 북부지방을 3~4 m의 눈으로 묻어 버렸다. 사람들은 건물의 붕괴를 막기 위해서 지붕의 눈을 퍼냈으며, 그들의 차양 위에 쌓아 두었다.

만약 날씨가 평소와는 달리 오랜 기간 동안 춥다면, 호수는 대부분 얼지도 모르며 따라서 표면의 물이 적게 증발한다. 그러한 환경에서 차고 건조한 바람은 건조하게 남아 있고, 눈은 내리지 않는다. 2005~2006년 겨울에 오대호는 따뜻하게 남아 있었고, 대부분 얼음이 없었다. 차가운 바람은 해안가 근처의 얼음에서 형성되었지만, 앞바다의 파동은 얇은 얼음을 깼고, 아래의 따뜻한 물을 휘저어 얼음이 퍼지는 것을 막았다. 바람은 물에서부터 수분을 형성하고, 폭설이 내리게 한다.

많은 양의 물에서 눈이 내리는 비슷한 현상은 북동풍이 부는 기간 동안 바다 연안의 저기압계에서 발생한다. 이 경우, 결과적으로 **해양성 눈**(ocean-effect snow)이 발생할 것이다. 매사추세츠의 코드 곶에서는 때때로 이러한 폭풍우를 볼 수 있다. 전형적인 북동풍은 2006년 2월 12일에 북쪽에서 동부에 위치한 주들을 향해 불었다. 그것은 쾅 하는 천둥번개와 함께 뉴욕에 도달했다. 눈은 시간당 7 cm에서 많게는 12 cm 이상 내렸고, 워싱턴 D.C. 근처의 노스캐롤라이나에서 뉴욕 시티, 코네티컷의 일부 지역에서는 30 cm~76 cm 정도가 쌓였다. 그것은 도시와 고속도로에서의 교통을 혼란시켰고, 버스, 철도, 항공기를 중단시켰다. 일부 지역에서는 정전이 일어났으며, 수십만 가정의 전력공급을 중단시켰다. 다른 주요한 북동풍은 2007년 4월 중순에 북동부의 주들을 타격했다.

그림 10-31 착빙성 폭풍우의 발생

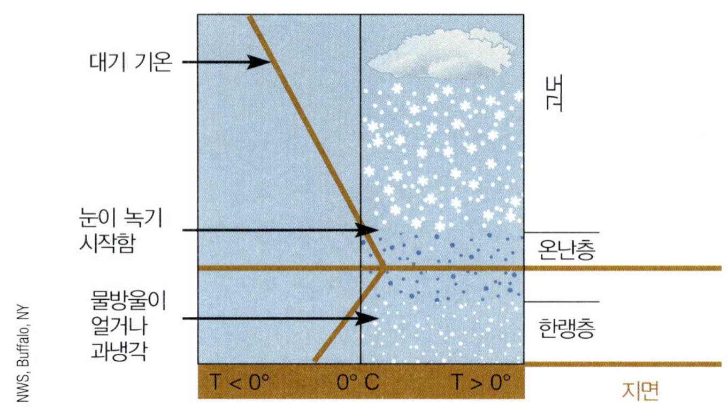

차가운 상층 대기의 눈이 땅 근처의 찬 공기층으로 계속 하강함에 따라 따뜻한 층에 떨어져서 녹은 다음 다시 얼 때 착빙성 폭풍우가 형성될 수 있다.

착빙성 폭풍우(ice storm)를 일으키는 기상현상은 차가운 지표면 공기 위의 습한 공기와 따뜻한 온도에 의존한다(**그림 10-31**). 이러한 폭풍우는 광범위한 정전을 일으키고 교통수단 운행을 중단시킨다(**그림 10-32**). 착빙성 폭풍우는 특히 습도가 상대적으로 높은 뉴잉글랜드와 캐나다 동부에서 흔하게 일어난다. 그러나 겨울의 착빙성 폭풍우는 가끔씩 텍사스와 같은 남부 지역에서도 발생한다. 2006년 12월 초에 일어난 주요한 착빙성 폭풍우는 미주리 주와 일리노이 주를 가로질러 북동쪽으로 이동했다. 폭설과 얼음은 지붕을 붕괴시키고, 전선을 처지게 하여 수십만의 사람들에게 전력 공급을 중단시켰다. 최소 16명이 사망했으며, 43명은 일산화탄소 중독으로 병원치료를

그림 10-32 모든 것을 덮어 버리는 얼음

A. 북동부의 전형적인 착빙성 폭풍우가 송전탑을 덮는다.

B. 2005년 1월 28일, 스위스 제네바의 착빙성 폭풍우는 두꺼운 층의 얼음으로 모든 것을 덮는다.

받았다. 왜냐하면 그들은 환기되지 않는 연소 히터를 틀고 있었기 때문이다. 2007년 1월 중순에 일어난 다른 착빙성 폭풍우는 텍사스에서 메인 주까지 모든 곳을 얼음으로 덮었다. 텍사스, 오클라호마, 미주리 주, 아이오와 주, 뉴욕, 메인 주의 사람들을 포함하여 적어도 39명이 사망했다. 2009년 1월에 착빙성 폭풍우는 아칸소 주와 켄터키 지역에 대혼란을 가져왔다 (사례: 미국 남부에서 일어난 거대한 착빙성 폭풍우 2009년 1월, 아칸소아 켄터키).

겨울바람은 사나울 수 있으며, 미국의 상부 중서부지역의 대평원과 로키 산맥 동부 캐나다의 대초원 지대에서의 바람은 특히 사나울 수 있다. 눈과 함께 미국에서 56 km/hr(35 mph) 또는 캐나다에서 40 km/hr보다 더한 바람이 불면 눈보라(blizzard)로 분류된다. 이렇게 빠른 바람은 종종 북서부에서 높고 남동부에서 낮은 기압경도 사이의 winter storm front로 발전할 수 있다. 어떤 경우에는 시야가 매우 제한되어있거나 심지어 사라져서, 이동을 매우 위험하게 한다(**그림 10-33**). 심지어 눈이 쌓여 굳어진 도로는 매우 미끄럽고, 시야는 제한적이다. 높은 바람은 지상 눈보라로 인해 이미 떨어진 눈을 날려 버릴 수 있다. 심각한 상태는 건조한 가루형태의 눈, 안개 또는 얼음 물방울과 함께 화이트아웃(whiteout)으로 발전될 수 있다는 것이며, 이 상태에서는 물체와 수평선이 사라지고, 사람들은 깊이에 대한 인식을 못하며, 그들의 방향 감각도 사라진다. 사람들은 심지어 높고 낮음의 감각을 잃어버릴 수 있으며 비록 그들이 땅 위에 서 있을지라도, 그들은 균형을 잃어버리고 넘어진다. 눈보라와 화이트아웃 상태는 매우 위험하며, 종종 동상, 저체온증, 사망 등에 이르게 한다. 통신이 제한된 시골지역에서 사람들은 급속한 체온 저하를 겪게 되고, 시야가 좁아져 그들의 길을 잃어버리며, 목장이나 학교에서 뛰어서 100 m 이내의 집에 가려고 시도하다가 얼어서 사망에 이르게 된다.

그림 10-33 화이트아웃

NWS.

땅에서 부는 눈보라나 화이트아웃은 심지어 농촌 건축물과 같은 근처 사물에 대해서도 지표수준의 시야를 제거한다. 1999년 2월 캔자스 주의 굿랜드.

폭설은 종종 문제를 일으킨다. 한 예로 2005년 1월 20일 중서부에서 내린 눈은 심해져서 다음날 오대호 지역을 향해 동쪽으로 이동했고, 1월 22일에 뉴잉글랜드로 계속해서 이동했다. 적은 습기를 함유한 눈은 필라델피아와 뉴욕 시에서 깊이 30~38 cm를 형성했고, 보스턴과 남동부 매사추세츠에서는 90 cm 이상을 형성했다. 이동은 매우 축소되었고, 동부지역 대부분의 학교는 2일 동안 문을 닫았다.

단기간의 대기 냉각

공중에 떠 있는 입자가 태양빛을 반사하여 우주로 되돌아가게 하여 지구 표면에 도달하는 빛의 양을 감소시킬 때 대기는 냉각되고, 그로 인해 기온이 하강한다. 대기는 입자들을 대기 중의 재, 그을음, 먼지 등의 상태로 두는 모든 것들에 의해 일시적으로 냉각될 수 있다. 자연적으로나 사람에 의해 일어난 산불과 사막에서 불어오는 먼지나, 농작지에 영향을 미치는 가뭄은 미립자의 주요한 원인이다. 대기 냉각은 또한 화산폭발이나, 지구를 향하는 소행성의 잠재적인 충돌(17장 참조)과 같이 자연재해에 의해서도 발생할 수 있다. 냉각은 산업 매연 축적과 같은 인간에 의한 오염의 결과일 수도 있다. 대기 냉각은 농작 실패와 기근을 일으킬 수 있으며, 심지어 민감한 식물들과 개체들의 멸종으로 이어질 수 있다.

화산폭발 화산폭발로 방출된 가스와 재는 지구의 표면으로 도달하는 태양빛을 막으면서 대기 냉각을 일으킬 수 있다. 왜냐하면 바람은 재와 입자들을 전 세계로 운반하며, 방출은 세계 기온에 중요한 충격을 가할 수 있다.

화산폭발은 많은 양의 재와 이산화황(SO_2)과 에어로졸을 생성하는데, 이것들은 태양빛을 반사하여 우주로 돌려보내어 지구를 냉각시킨다(**그림 10-34**). SO_2는 구름의 물방울들을 용해시켜서 빛을 반사하는 황산 물방울을 형성하고, 그것은 비에 의해 씻겨 나가기 전까지 수년 동안 대기에 머무른다. 1991년 필리핀에서의 피나투보 화산폭발은 몇 년 동안 북반구의 온도를 적어도 1°F 정도 내려가게 했다.

기상현상은 주로 고도 15 km 이내로 제한되므로, 상층 대기에서는 재를 씻어 갈 비가 내리지 않기 때문에 재는 남아 있게

그림 10-34 화산에 의한 냉각

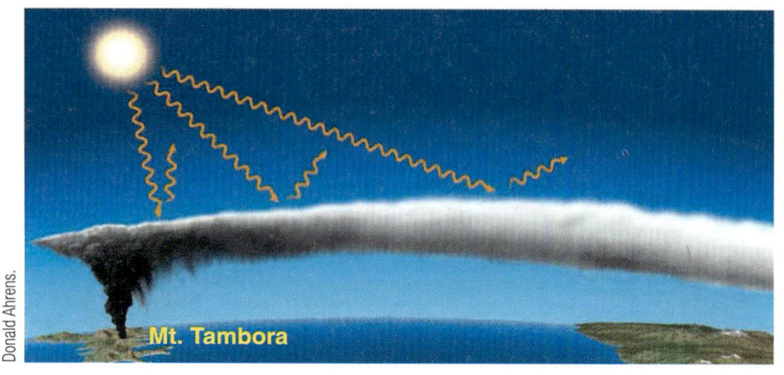

1815년 탐보라 화산의 분출로 나온 황산 물방울은 북반구 주위를 돌아다니며, 들어오는 태양복사열 일부를 반사시키고 대기온도를 하강시켜서 지역적인 흉작을 야기했다.

된다. 이것은 화려한 일몰을 일으키고, 특히 선명한 초록색 광선이 유명한데, 그 색은 보통의 일몰에서는 관찰되지 않는다. 일몰이 아름답긴 하지만 이러한 일몰은 대기 중에 입자들이 계속 존재한다는 것을 나타내고, 그것은 지구로부터 태양빛이 반사된다는 것을 말한다. 일 년 또는 그 이상의 기간에 몇 도의 대기 냉각은 작황을 좋지 않게 하고 심한 경우 기근을 일으킬 수 있다.

화산 활동으로 인한 대기 냉각의 중요한 예는 1815년 4월에 일어났는데, 인구가 조밀하게 밀집된 인도네시아의 숨바와(Sumbawa) 섬에서의 거대한 분출이 탐보라 화산 봉우리의 고도를 4,300 m에서 2,900 m로 줄였다. 그 분출(화산폭발지수 7)은 40 km^3의 재와 부석을 생산하였는데, 약 8,000년 전에 마자마 산의 화구호를 축조시킨 분출로부터 생성된 것보다 더욱 많은 양이다(7장 참조). 분출은 즉시 10,000여 명을 죽였고, 그 뒤로 80,000명이 기근과 전염병으로 죽었다. 1815년에 밝은 오렌지색과 붉은색의 일몰이 나타났다. 성층권의 황산 에어로졸 때문에 붉은 일몰과 함께 지속적인 '건조한 안개'는 1816년 여름까지 계속되었다.

환경적인 영향은 기근과 빈곤의 세계적인 재앙으로 발전되었다. 탐보라 화산이 상층 대기로 분출한 유문암질 재는 북반구 전역의 태양빛을 막아서 몇 주 내에 평균기온을 약 0.5°C(0.9°F) 떨어뜨렸다. 이것은 약간 떨어진 것처럼 보이지만, 농업을 황폐화하는 데 충분했다. 뉴잉글랜드에서 1816년 중반 '여름 없는 해'에 전반적으로 떨어진 기온은 광범위한 기근을 일으켰다. 1816년 6월 6일에 뉴욕과 메인의 일부 지역에 눈이 내렸다. 여름 서리는 남쪽의 버지니아 주까지 농작물을 파괴했는데, 일부 사람들에 의하면 토머스 제퍼슨(Thomas Jefferson)의 옥수수도 함께 파괴되었다고 한다. 한편 평소와 달리 춥고 비 오는 날씨는 유럽에서 광범위한 흉작과 기근을 일으켰다.

탐보라 화산의 예가 보여 주었듯이, 어떠한 유문암질 재의 거대한 분출은 세계적인 기후 재난으로 발전될 것 같다. 어떠한 경고나 피난 계획 없이는 이러한 종류의 위험을 완화할 수 없다. 모든 지역의 사람들은 옐로스톤 화산이나 롱밸리 칼데라와 같이 거대하며 다시 분화될 수 있는 칼데라의 주요한 분출을 두려워해야만 한다.

오염 산업혁명 이후로, 오염은 태양빛을 막고 기후 패턴에 영향을 미치는 대기 분진의 주요한 원인이 되었다. 특히 후진국에서 제조업은 분진 생성에 기여한다. 인구 백만이 넘는 베이징, 카이로, 뭄바이, 뉴델리, 서울, 상하이, 테헤란과 같은 도시에서의 매연 수치는 매우 높으며 심지어 더욱 상승하고 있고, 태양빛을 25%까지 차단할 수 있다. 중국의 석탄화력발전소로부터 동쪽으로 이동하는 오염은 심지어 강우 패턴을 바꾸어 남쪽에서 더욱 많은 비가 오게 하였고, 북쪽에서는 가뭄이 악화되게 하였다. 타는 나무, 석탄, 토탄은 가난한 나라에서 상당히 많은 양의 분진을 발생시킨다. 거무스름한 갈색 구름은 대부분의 남동부 아시아에서 형성된다.

다른 종류의 먼지들이나 세계적인 공기의 순환처럼 오염은 세계적인 기후 문제가 될 수 있다. 대략 미국 정도의 크기를 가진 3 km 두께의 연기, 매연, 먼지로 이루어진 갈색 구름이 최근에 인도양 지역에서 발견되었다. 오염의 일부는 요리할 때 값싼 연료로서 말린 소똥을 사용하는 인도의 거대한 인구 때문이다.

오염물질은 기후 상태에 복잡한 영향을 준다. 인도양을 덮는 오염물질 구름의 검은 매연은 열을 흡수하고 상층 공기를 가열한다. 그러나 그것은 또한 아래쪽 대기에서의 열을 줄이고, 바다 표면을 냉각시켜 증발을 감소시킨다. 이것은 결국 지역적인 가뭄의 강도를 증가시킨다. 왜냐하면 비로 떨어질 수 있는 수분이 적기 때문이다.

온실효과와 지구온난화

온실효과

온실효과(greenhouse effect)라고 부르는 현상에서 지구의 대기는 온실이 유리를 관통하여 비추는 태양빛을 들어오게 하고, 많은 열을 달아나지는 못하게 하는 것과 같은 방법으로 열을 가둔다(**그림 10-35**). 태양빛은 단파 복사이며, 지구의 대기

그림 10-35 온실효과

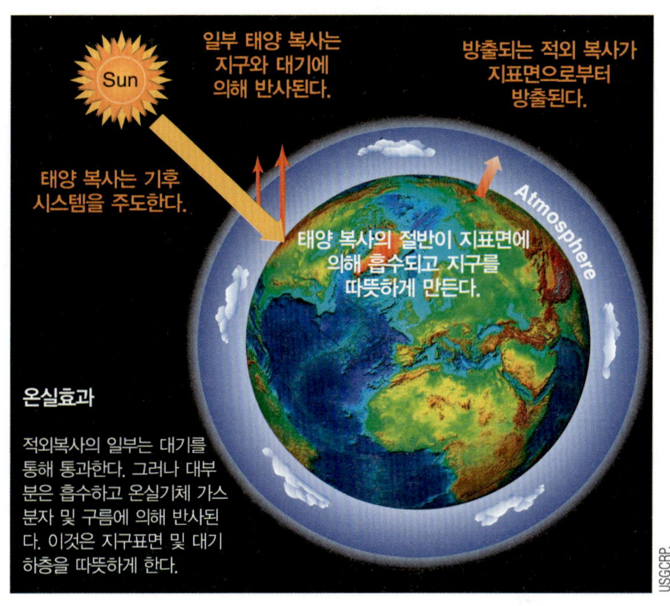

A. 온실은 내부를 가열한다. 왜냐하면 단파복사—들어오는 태양빛—는 유리를 통과하지만, 대부분의 장파는 유리를 통과할 수 없는 방사—열—로 돌아와 내부에 갇히기 때문이다. **B.** 이산화탄소와 지구 대기의 다른 온실가스들은 온실을 덮고 있는 유리와 비슷한 방식으로 작용한다.

(또는 온실의 유리)를 쉽게 관통하여 지나가며 행성의 표면을 데운다. 지구에서 밖으로 방출되는 열은 장파 복사이다. 이 방출의 일부분은 우주로 달아나지만, 일부는 대기의 가스에 흡수된다. 가스가 이 방출을 흡수할 때, 대기의 온도는 증가한다. 온실효과가 없다면, 평균 온도가 어는점 이하로 떨어져서 지구는 살기에 부적합할 것이다.

온실효과는 왜 맑은 날 밤이 흐린 날 밤보다 기온이 빨리 떨어지는지에 대해 설명해 준다. 우주 밖으로의 열 방출은 구름에 의해 방해받지 않는다. 구름의 수증기는 많은 양의 열을 흡수하고, 대기로부터의 수증기 손실을 막는다. 사실 낮 동안에 다른 종류의 구름은 상당히 다른 효과를 가진다. 사업용 항공기의 항로 위의 얇고 높은 고도의 구름은 태양이 구름에 방해받지 않고 빛을 비춰 땅을 가열할 수 있도록 해 준다. 두껍고 낮은 구름은 태양 광선을 지구와는 다른 방향으로 반사하는 white top을 가지고 있다. 그들은 태양빛이 땅에 도달할 수 없게 하기 때문에 흐린 날씨는 차갑게 유지된다(**그림 10-36**).

온실가스와 탄소순환 복사 에너지를 흡수하고, 온실효과에 기여하는 지구 대기의 가스들은 **온실가스**(greenhouse gas)라고 불린다. 수증기는 가장 중요한 온실가스이다. 다른 것들은 이산화탄소(CO_2), 메탄(CH_4), 오존(O_3), 이산화질소(NO_2)이다. 개별 가스에 의한 전체적 온실효과는 밖으로 나가는 장파복사(열)를 막는 효율성과 그들의 대기 속 풍부함에 의존한다. CO_2는 전체 효과 중 가장 우수하고, 그 다음은 CH_4이다. 하지만 다른 것들 또한 중요하다. 온도에 대한 가장 극적인 효과는 극 지역에서 나타나는데, 왜냐하면 극의 공기는 열대 공기보다 더욱 건조하여 이러한 온실가스의 농도에 더욱 민감하기

그림 10-36 구름 표면

대평원의 땅에서 흰 구름 꼭대기는 들어오는 태양빛의 대부분을 반사하고, 그림자를 남기며 냉각시킨다.

때문이다.

많은 온실가스는 자연적인 과정에서 형성된다. 대부분의 대기 중 수증기는 지구 표면의 2/3를 차지하는 바다에서 증발된 것이다. 이산화탄소와 메탄은 화산 분출, 동물, 식물의 부패, 산불에 의해 방출된다. 예를 들어 2007년 남부 캘리포니아 산불은 870만 톤의 CO_2(사실상 다른 자원에 비해 적은 양이다)를 발생시켰다. NO_2는 번개가 치는 동안에 대기에 존재하는 질소의 산화에 의해 생성된다. 온실가스는 또한 나중에 더욱 상세하게 논의할 화석연료 연소와 같은 인간 활동의 부산물이다.

대기에서의 이산화탄소 방출은 **탄소순환**(carbon cycle)이라고 불리는 주기적인 탄소 교환의 일부분이다(**그림 10-37**). 탄소는 자연적으로 바위, 바다, 그리고 대기에서 발생한다. CO_2는 대기와 해수 두 군데 모두에 비례하여 용해되어 오랜 기간 동안 그들 사이의 평형상태를 유지한다. 만약 더욱 많은 CO_2가 대기에 실린다면, 그중 일부는 바닷물에 용해된다. 만약 CO_2가 바닷물에 실리면, 그들 중 일부는 다시 대기로 용해될 것이다.

바다에서 용해된 CO_2는 미세한 식물과 동물에 의해 사용된다. 산호초의 해조류와 같은 바다의 미세한 식물은 육지에서의 식물처럼 CO_2를 흡수하고, 산소를 방출한다. 해류를 따라 떠돌아다니는 미세한 동물을 포함한 바다 동물들, 조개, 산호, 그리고 탄산염을 가지고 있는 다른 형태들은 탄산염 골격이나 보호코팅을 형성하기 위해 산소를 들이마시고 이산화탄소를 내쉰다. 표면 근처의 미세한 동물이 죽을 때, 그들의 부드러운 몸의 유기탄소 부분과 딱딱한 탄산염 부분 둘 다 해저로 가라앉고, 그것에 의해 시스템의 해양-대기 부분으로부터 탄산염이 제거된다.

육지에서 탄소는 땅 위와 토양 속의 살아 있는 식물 재료와

그림 10-37 탄소순환

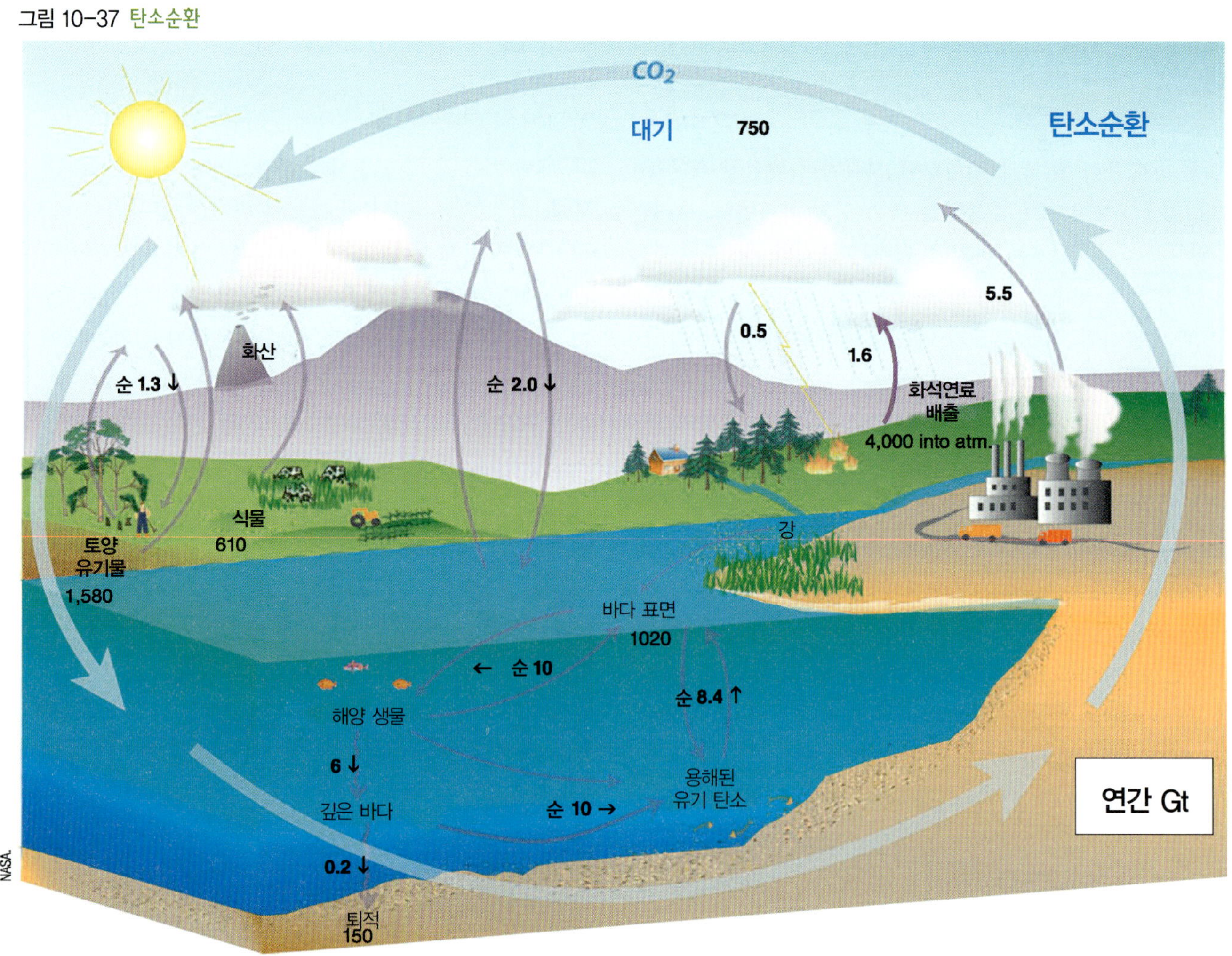

탄화수소의 연소로 인해 대기로 방출된 이산화탄소는 물과 함께 섞여 비로 내린다. 물에 용해되어 석회석으로 침전되거나, 바다에 의해 용해된다. 식물에 의해 흡수되어, 그것들이 묻혀서 최종적으로 토탄 혹은 석탄이 되거나, 다시 대기로 돌아가기 위해 산불에 탈 때까지 조직에 저장된다.

그림 10-38 방출의 원천

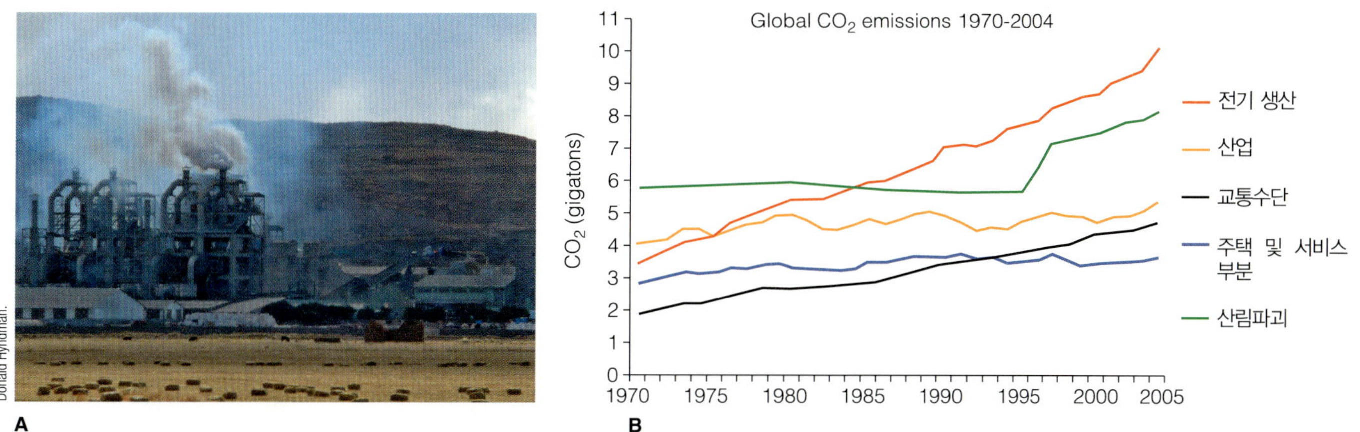

A. 페루의 시멘트 공장은 많은 양의 CO_2와 다른 오염물질들을 배출한다. 시멘트 공장은 CO_2의 주요한 기여자이다. 왜냐하면 공장에서는 석회암을 연소시켜서 시멘트인 CaO로 만들기 때문이다($CaCO_3 \rightarrow CaO + CO_2$). **B.** 세계적으로 인간에 의해 생성되는 CO_2 방출량의 사용에 따른 총계. 전기 생산은 석탄, 기름, 천연가스 연소와 관련된다는 것에 주목하라.

죽은 재료의 바이오매스로 유지된다. 광합성 과정에서 식물들은 CO_2를 대기로부터 흡수하고, 자라면서 산소를 방출한다. 이러한 연간 순환은 하와이에서 측정한 CO_2 농도에서 볼 수 있다. 여기에서 북반구의 바이오매스(지구의 대부분 식물들에게 존재하는)는 광합성을 통해 많은 양의 이 가스를 대기 밖으로 흡수하여 대기의 농도는 여름에 감소한다. 대부분의 탄소는 특히 석회암 [(Ca, Mg)CO_3]에 고정되어 있었고, 적은 양은 식물, 석탄, 그리고 석유에 저장되어 있었다. 석회암의 부식과 용해는 바다로 일부를 운반하고, 그곳에서부터 탄소는 대기 중의 이산화탄소로 바뀌게 된다.

산업혁명 이후, 인간의 활동은 대기 중 CO_2의 또 다른 중요한 기여자가 되었다. 사람이 생성한 CO_2 배출은 교통수단, 산업과 주거의 에너지 소비, 그리고 삼림 벌채와 같은 땅의 사용 변화로 인한 것이다(**그림 10-38**).

지금까지 세계 에너지 사용의 가장 큰 비율은 화석연료의 연소와 관련되며, 그것은 거대한 양의 CO_2를 생성한다. 석탄, 천연가스(메탄), 석유 등과 같은 화석연료들은 모두 탄화수소이고, 그것은 그들이 탄소(C), 수소(H), 산소(O)의 다양한 조합으로 만들어졌다는 것을 뜻한다. 그러한 연료들 가운데 CH_4는 연소될 때 CO_2를 적게 배출하는데, 왜냐하면 탄소와 수소의 비가 액체석유 1.8, 연탄 5.6, 무연탄 10.7에 비해 메탄의 비(H 4개에 C 1개)가 작기 때문이다. 연탄은 비록 다른 화석연료보다 더욱 풍부하지만, 많은 습기를 가지고 있어서 단위 무게당 열을 덜 방출한다. 같은 에너지로 CH_4를 연소시키면 탄소나 석유를 연소시키는 것보다 30~40%의 CO_2가 덜 발생한다.

석탄 화력발전소는 우리의 얇은 대기층에서 CO_2의 가장 큰 기여자이며(**그림 10-39**), 휘발유를 사용하는 차나 트럭을 합친 것보다 많다. 석탄의 연소는 또한 일반적으로 황산이나 수은과 같은 다른 오염물질을 많이 생성한다. 불행하게도 오염의 가장 큰 원인인 석탄은 중국, 인도, 그리고 다른 많은 개발도상국에서 대부분의 에너지를 생성한다. 석탄은 2005년 미국에서 사용된 전기 양의 절반을 생산했고, 뒤이어 원자력과 천연가스 19%, 수력발전 6.5%, 석유 3%이다.

그림 10-39 얇은 대기

이 사진에서 태평양 서쪽의 지구 대기는 매우 얇은 반투명 선이 지구의 표면을 덮고 있는 것처럼 보인다. 우리가 대기에 방출한 모든 이산화탄소와 다른 오염물질들은 이러한 얇은 구역에 갇혀 있다.

그림 10-40 온도와 온실가스

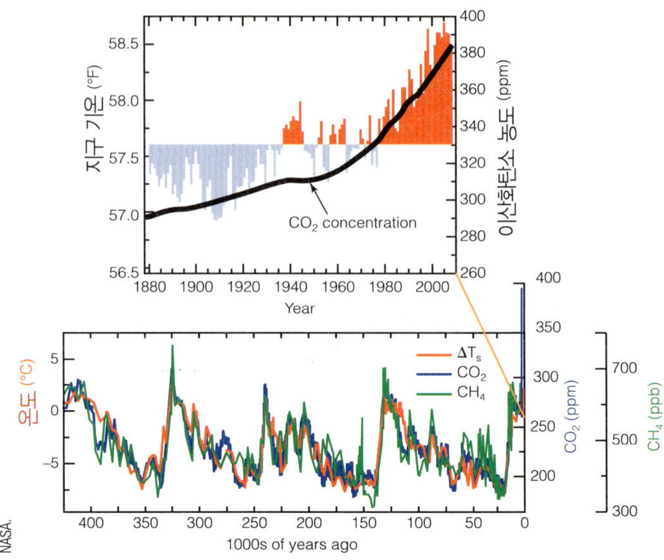

최소한 과거 400,000년 동안, 온도의 변화는 CO_2와 CH_4의 변화와 상호 관련된다.

전 세계 도로를 이동하는 수백만 대의 자동차는 거대한 양의 CO_2와 다른 온실가스들을 생성한다. 수천 대의 제트비행기는 연료를 연소시켜 상층 대기에서 거대한 양의 CO_2와 수증기를 발생시킨다. 제트기는 사람이 방출하는 CO_2 전체 양의 단지 3%만을 생성하지만, 그들이 생성하는 수증기를 고려하면 3%보다 더 많은 양을 생성한다. 메탄과 산화질소는 농장의 동물들이나 농업 물질의 부패에 의해 생성된다. 비록 그 가스의 일부분은 현재 포획되어서 깨끗해졌으며 전기를 생성되는 데 사용되지만, 매립지에서의 부패는 또한 메탄을 생성시킨다.

인간이 생성한 온실가스의 일부분은 탄소순환의 일부분인 자연적인 완충 현상에 의해 흡수된다. 그러나 이러한 완충물들은 현재 생성되고 있는 비율만큼의 CO_2를 흡수하지는 못한다. 사실 새로운 연구는 식물의 성장을 도와주는 충분한 토양 질소가 공급되었을 때, 식물은 상당량의 CO_2를 흡수한다는 것을 보여 준다. 큰 규모의 삼림벌채 또한 CO_2를 흡수할 수 있는 식물들을 감소시켰다.

CO_2의 일부는 또한 바닷물로 용해되고, 그것은 바다가 또한 우리가 방출하는 온실가스의 일부를 흡수하며 자연적인 완충물로서의 역할을 한다는 것을 뜻한다. 그러나 따뜻한 물은 찬물보다 적은 CO_2를 용해시키므로 물의 온도가 상승함에 따라, 적은 양의 CO_2가 바다에 의해 흡수된다. 국립과학원(National Academy of Sciences)에서 발표된 2007년의 연구는 예상했던 것보다 대기의 CO_2 농도가 더욱 빠른 속도로 상승한다는 것을 보여 주었다—1990년부터 35%의 증가. 이것은 석탄의 연소뿐만 아니라, 바다에 의한 CO_2 흡수 감소 때문이기도 하다.

온실가스의 증가는 축적되는 효과를 가지고 있다. 왜냐하면 대기로 방출된 거의 모든 공기가 그곳에 머물러 있기 때문이다(그림 10-38). 더욱 큰 입자들의 일부분은 비에 씻겨 나가고, 극소수는 우주 밖으로 달아난다.

과학자들은 그린란드나 남극의 얼음에 가두어져 있는 작은 양의 공기를 분석하여 400,000년 이상 지속된 온실가스의 과거 농도 기록을 입증했다(**그림 10-40**). 이러한 기록은 온실가스들의 변화가 자연적으로 발생했다는 것을 나타낸다. 먼 과거의 CO_2 수치는 주기적인 것으로 나타났고, 적어도 200~300 ppm의 변화를 보여 준다. 처음에 어떤 사람들은 현재 CO_2의 증가는 단지 자연적인 변동이며, 인간의 활동에 의한 결과가 아니라고 논쟁했다. 그러나 CO_2의 수치는 과거 650,000년 동안의 어느 때보다도 훨씬 높다. 산업화가 되기 전의 값인 280 ppm은 2010년까지 338 ppm으로 급격히 상승했고, 현재 매년 약 2 ppm씩 증가하고 있다. CH_4와 NO_2의 농도 또한 산업화 이전의 값보다 월씬 많이 상승했다. CO_2 농도는 산업혁명 이전, 적어도 300년 전부터 증가하여 약 30% 증가했다. 대다수의 과학자들이 이러한 증가는 인간 활동에 의한 것이라는 말에 동의한다.

지구온난화

온실가스들이 지구의 대기에 더욱 풍부해지면서, 그들은 더욱 많은 복사에너지를 흡수하고, 지구 표면의 온도를 증가시킨다. 지구의 평균 대기표면 온도는 산업혁명이 시작된 1700년대 후반부터 증가했다. 온도는 지난 세기 동안 약 1°C(~1.8°F) 증가했으며, 1970년 이래로 가장 극적인 증가가 일어났다(**그림 10-41**). 지구의 표면 온도는 특히 1920년부터 눈에 띄는 비율로 증가했다. 이러한 변화는 고위도 지방인 북극에서 더욱 극적이다. 지난 90년 동안 약 8°C(14°F 이상) 증가했다. 그림 10-41에 나타난 바와 같이, 기온이 상승한 기간은 대기 중의 CO_2 농도 증가, 인간 활동에 의한 탄소 배출량의 증가와 일치한다.

소수의 사람들은 최근의 대기온도의 증가가 태양에너지의 주기적인 변화라고 논쟁해 왔다. 그러한 에너지 순환은 10~11년마다 최고조에 달한다. 그러나 표면 온도에서의 태양에너지 수치 비교는 표면 온도가 태양에너지의 감소 동안에도 상승한다는 것을 보여 준다(**그림 10-42**). 사실 우리는 태양복사의 최소 10년 주기 순환에 있는 것처럼 보이며, 이는 우리가

그림 10-41 탄소 방출량과 온도

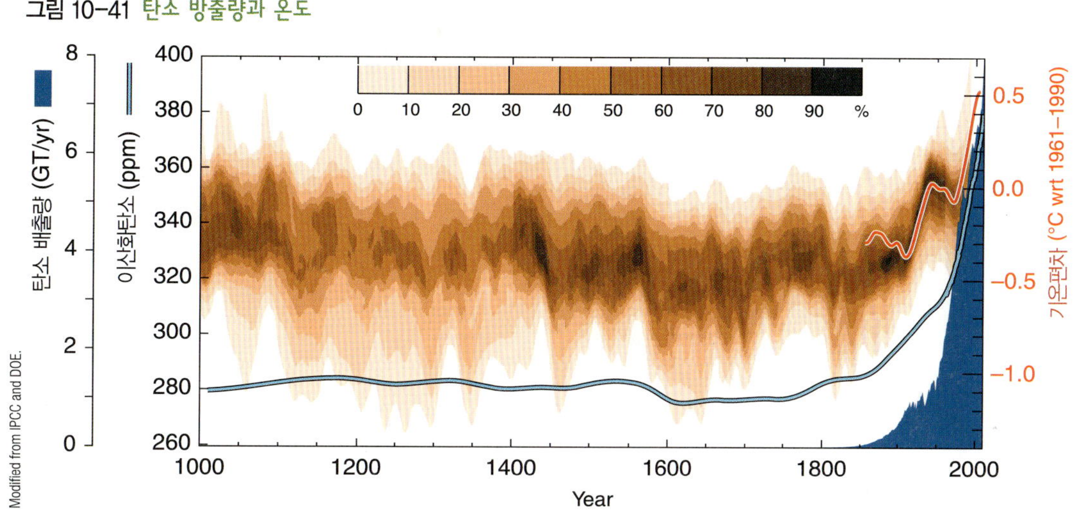

1961~1990년 기간의 평균[IPCC, 2007], 이산화탄소의 변화[ice core data from Etheridge et al., 1988], 연간 탄소배출량의 변화[Oak Ridge National Lab, Boden et al., 2009]와 비교할 때, 지난 1,000년 동안 지구의 표면 온도 이상(℃).

태양열이 증가되는 시기로 들어갈 때 기온은 곧 상승하리라는 것을 나타낸다.

과학자들은 이산화탄소 배출과 지구 기온 사이의 관계에 대한 현재의 이해를 앞으로의 **지구온난화**(global warming)를 예측하는 데 이용할 수 있다. 2007년 기후변화에 대한 정부간 패널(IPCC)은 지구의 평균 표면 온도가 다음 세기에 1.6~3.4℃까지 오를 것으로 측정했고, 일부 지역에서는 어쩌면 5℃(9°F) 이상 올라갈 것으로 측정되었다. 기후변화의 중요한 부분인 지구온난화는 20,000년 전 마지막 빙하기의 정점 이래로 4℃ 상승한 것과 비교된다. 기온의 지속적인 상승률은 얼마나 많은 CO_2를 미래에 사람이 배출할 것인가에 달려 있다. 이것은 경제 상황, 인구 성장, 대체 에너지의 사용, 그리고 다른 것들 사이에서 영향을 받을 수 있다(**그림 10-43**). 불행하게도 비록 2000년(그림 10-43의 시나리오에서 주황색 선이 가리키는 곳) 이후 대기에 추가된 온실가스들이 없다 하더라도, 가열된 바다에서 열은 천천히 방출될 것이므로 기온은 계속 증가할 것이다. 대부분의 시나리오에서 초록색 선으로 표시된 곳은 급속한 세계경제 성장으로 세계 지역 간의 경제적인 차이가 감소되며, 화석에너지와 화석이 아닌 에너지 원천의 균형이 예측되는 곳이다.

미래의 화석연료 소비량 시나리오 대부분에 기초하면, 북아메리카에서는 2080년까지 북극의 기온이 겨울에 7℃(12°F)만큼이나 상승될 것이라고 예상되고, 여름에는 3℃ 상승할 것이라 예상된다(**그림 10-44**). 오대호 지역과 동부 캐나다 지역에서의 기온은 겨울에 4℃, 여름에 6℃까지 오를 것으로 예상된다. 이미 뜨거운 남서부지역 사막을 포함하여 미국 중앙부 대부분 지역의 온도는 겨울에 3℃ 이상, 여름에 약 4℃ 이상 올

그림 10-42 태양 복사열과 표면의 온도

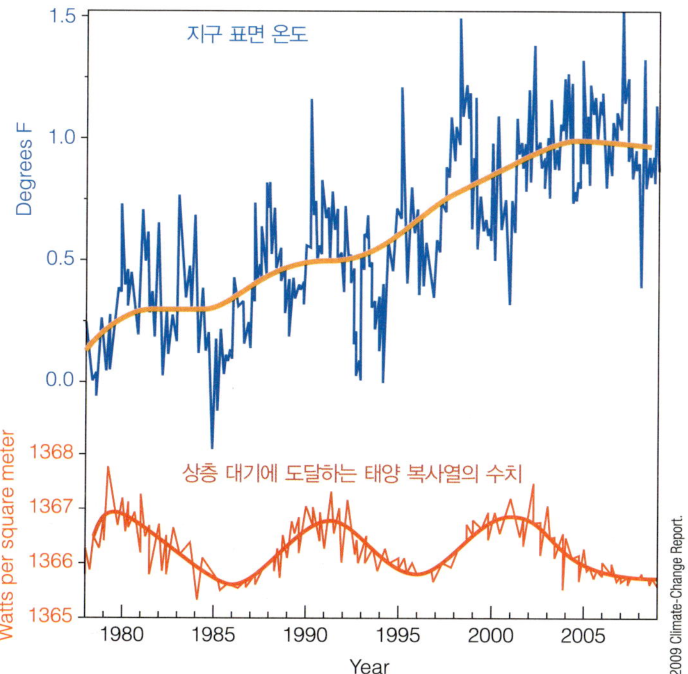

상층 대기에 도달하는 태양 복사열의 수치는 10~11년을 주기로 달라진다. 왜냐하면 지구 표면 온도의 증가는 태양 복사열의 감소 기간 중에도 계속해서 상승했기 때문이다. 지구 기온의 장기적인 상승은 태양 복사열의 변화에 기인하지 않는다.

그림 10-43 예측된 지구온난화

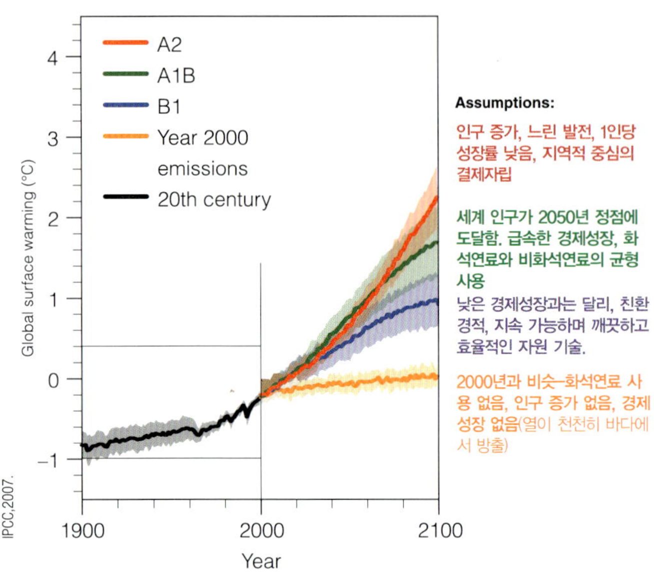

21세기 동안 예측된 온도의 증가는 화석연료 연소량의 다양한 시나리오와 다양한 피드백 메커니즘에 의존한다. 주황색 선은 2000년 이후 더 이상의 방출량이 없는 실현 불가능한 경우를 나타낸다.

라갈 것으로 예측된다. 애리조나 주 피닉스와 같은 도시들은 극단적인 여름 기온에 대해 잘 알려져 있지만, 캘리포니아 주 새크라멘토와 같은 주요 도시에서는 연간 100일의 혹서를 오래전부터 경험할 수 있었다.

해양에서의 CO_2 농도의 영향

대기에서 CO_2 농도의 증가는 해양에서도 역시 중요하다. 탄소 순환에서 대기로 빠져나간 CO_2의 상당 비율이 물에 스며들어 얕은 바닷물로 용해되었다는 것을 기억하라. 파도와 해류는 CO_2가 풍부한 물을 깊이 휘젓지만, CO_2가 풍부한 물은 표면에 밀집되어 남아 있다. 용해된 CO_2는 표면 근처의 물의 온도에 의해 통제되고, 미세한 식물과 동물에 의해서 사용된다. 찬 물은 더욱 많은 CO_2를 용해시킬 수 있고, 그래서 찬 바다 온도는 대기로부터 CO_2의 용해를 촉진시키고, 따뜻한 바닷물은 CO_2를 대기로 방출시킨다.

바다가 더 많은 CO_2를 흡수할 때, 물은 더욱 포화되고 추가적인 CO_2를 견딜 수 없게 된다. 왜냐하면 따뜻한 물은 적은 CO_2를 가질 수 있고, 지구온난화에 의한 물의 가열은 극적으로 깊은 곳까지 CO_2가 섞이는 속도를 느리게 하기 때문이다. 게다가 표면의 물이 추가적인 CO_2 흡수 능력을 줄인다. 예를 들어 1992년과 1999년 사이 해양에 의해 흡수되는 CO_2의 속도 증가는 1999년과 2007년 사이 반으로 줄어들었다.

바다에 CO_2가 추가됨에 따른 다른 결과는 CO_2가 물과 반응하여 탄산(H_2CO_3)을 생성하는 것이며, 그것은 바다를 더욱 산성화한다(해설 10-1: 바다의 산성도). 산호나 조개같이 그들의 껍질과 골격을 위해 $CaCO_3$를 사용하는 해양 생물들의 의의는 매우 중요하다. pH가 떨어질 때, $CaCO_3$는 더 이상 침전될 수 없으므로 용해될 것이다. 산호초는 또한 암초 조류와 함께 공생관계를 이루어 서로 의지하며 살아간다. 해수가 따뜻해지는 것은 산호에게 고통을 주는 경향이 있으며 공생관계인 조류가 죽으며 산호의 탈색을 촉진시킨다. 주요한 탈색 현상은 몇 년 전 입증되었다. 이러한 변화는 어느 정도의 기후변화가 바다의 생물들과 먹이 연쇄관계를 혼란스럽게 한다는 것을 반영한다.

기후변화의 결과

지표면의 온난화는 날씨의 패턴과 기후의 다른 양상들을 변화시킨다. '지구온난화' 라는 말이 지구의 모든 부분이 따뜻해진다는 것을 의미하지는 않는다. 단지 '기후변화' 의 더워지는 양상을 나타내는 것이다. 그러나 기후변화의 결과들은 복잡하고

그림 10-44 예측된 온난화

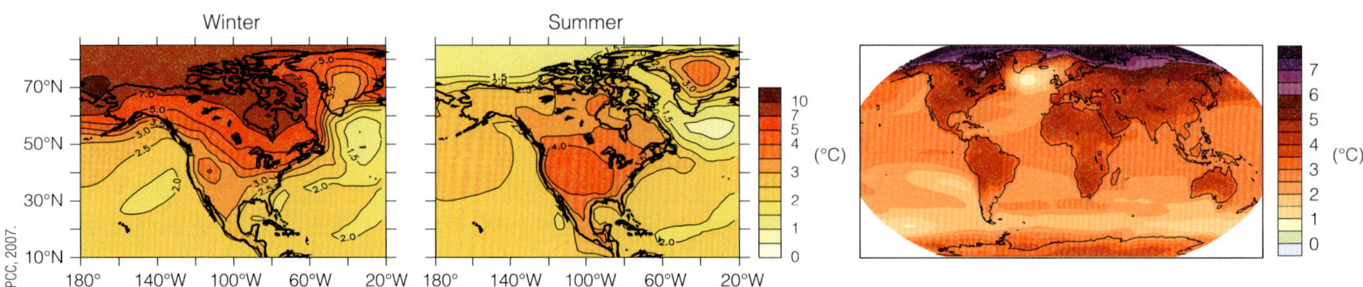

이 지도들은 다음 세기 세계의 다른 부분의 온도가 얼마나 증가할 것으로 예상되는지를 보여 준다. 온도 눈금은 1980년에서 1999년까지 온도의 평균보다 2080년에서 2099년까지의 기간 동안 평균온도가 얼마나 많이 증가할 것인지를 보여 준다. 겨울에 가장 큰 증가를 보이는 곳은 북위도라는 것을 알아 두자.

해설 10-1

바다의 산성도

바다의 산성도는 용해된 CO_2 양에 크게 의존한다.

$$CO_2 + H_2O = H_2CO_3$$

(H_2CO_3는 분해되어 산성을 띠는 대전된 이온 또는 원자가 된다.)

산성도는 pH로 표현되는데, 이것은 1(극산성)에서 14(극염기성)까지의 범위를 가지며, 7은 산성도 염기성도 아닌 중성이다. 산업혁명(1700년대) 이전의 해수는 pH 8.18이었지만, 1990년대에는 8.10까지 떨어졌다. 2050년에는 7.95로 떨어질 것으로 예측된다. 이러한 숫자들이 극적으로 보이지 않을지도 모르지만, 산성도의 증가는 예상보다 더욱 빨리 일어난다.

심지어 어떤 지역에서는 더욱 추워질 수도 있다. 온도, 바람, 강수량의 변동성이 더 다양하고 극대화될 수 있다는 중대한 사실을 포함한다.

2007년 IPCC 보고서는 일부 지역에서 앞으로 닥칠 위험에 대한 어두운 전망을 내놓았다. 지역적인 기후의 뜻밖의 변화는 냉각이든 건조이든 관계없이, 오늘의 세계 인구에 재앙적인 결과를 가져올 수 있다. 집중호우와 같은 극도의 날씨 현상은 더욱 잦아질 것으로 예상된다. 왜냐하면 대기의 가열로 폭풍우를 유발하는 힘이 더욱 강력해지기 때문이다. 강한 강수 현상은 길고 더욱 심한 가뭄 기간으로 결부된다. 넓은 지역에서 기온의 하락과 폭우는 농업 생산량을 한정시키고, 물 공급량도 심하게 감소시킨다. 식품의 유용성은 혼란을 겪게 될 것이고, 영양실조가 널리 퍼질 것이며, 공중보건은 말라리아, 콜레라, 그리고 고위도와 높은 고도에서 발생하는 뎅기열과 같은 곤충에 의한 전염병의 확산에 의해 고통받을 것이다. 경제 붕괴, 인구 이주, 정치적 변동, 그리고 자원 이상의 충돌 가능성도 존재한다.

온실가스 방출량과 오염원, 그리고 지구에서의 다양한 삶의 결과는 극적이다. 2009년 12월에 기후 과학자들은 이러한 변화들을 설명하기 위해서 '기후변화지표'를 개발했다(**그림 10-45**). 지표는 해수면, 평균기온, 대기의 이산화탄소, 그리고 남극해의 빙하와 같은 기후변화의 중요한 지표들을 통합한다. 지표에서 0 값은 변화가 없다는 것을 뜻하고, 100 값은 1980년 이래로 기록된 최대의 연간 변화를 설명한다. 매년 변화는 이전 해에 추가되어 누적된 결과를 보여 준다. 지표는 단지 1982년, 1992년, 그리고 1996년에 감소했다. 그때는 주요한 화산 분출(1982년 엘치촌, 1991~1992년 피나투보, 1996년 몬세라트와 루아페후)이 일어났던 해였고, 그 화산은 막대한 양의 화산재를 상층의 대기로 분출했다. 화산재는 태양빛을 반사하여 일시적으로 대기의 온도를 낮추고, 그러한 분출은 기온을 낮추는 데 기여했기 때문이다.

그림 10-45 기후변화지수

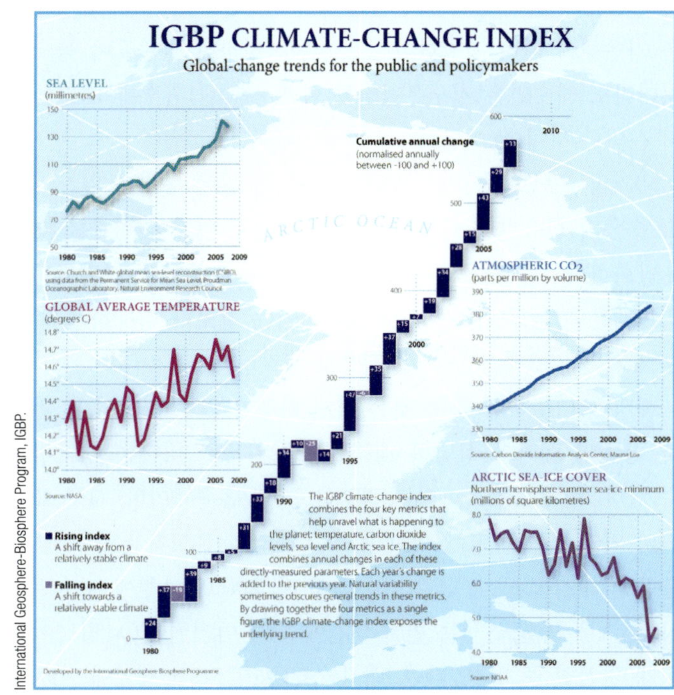

International Geosphere-Biosphere Program, IGBP.

기후변화지수와 그에 기여하는 4가지 요인들은 1980년 첫 측정 이래로 극적이고 점점 커지는 증가율을 보여 준다.

따뜻해지는 바다

기온의 증가는 우리 행성이 지구온난화의 잠재적 영향의 80% 이상을 흡수하는 바다로 덮여 있다는 사실에 의해 완화되어 왔다. 그러나 문제는 열을 흡수하는 물의 용량에 달려 있다. 난로 위의 물 한 양동이를 가열하는 데는 많은 양의 열이 필요하다. 반대로 같은 양의 공기를 가열하는 데에 사용되는 열의 양은 매우 적다. 바다는 따뜻한 대기로부터 열을 천천히 흡수한다. 지난 40년 동안 바다 온도의 평균 변화는 상단 300 m에서 0.3°C였으며, 상단 3.5 km에서는 0.06°C였다.

이러한 바다에서의 적은 온난화는 보이는 것보다 더욱 불길하다. 왜냐하면 바다의 열은 폭풍을 움직이는 에너지에 상당한 기여를 하기 때문이다. 예를 들어 허리케인은 SST가 25°C(77°F)

이상인 곳에서 형성되고 강화된다. 따뜻한 바다는 미래에 이러한 폭풍우가 더욱 강하고 빈번하게 일어나도록 한다. 게다가 물은 가온됨에 따라 팽창한다. 그 결과로 빙하나 빙판들이 녹지 않더라도 해수면은 지구온난화와 함께 상승한다(후에 13장에서 논의할 것이다).

대기의 온난화는 또한 해양으로부터의 많은 증발을 일으키고 수증기 함유량을 증가시키며, 그 결과로 여전히 지구를 더 온난화한다—불행히도 양의 피드백 효과. 수증기와 연관되는 피드백은 이산화탄소가 홀로 증가시키는 것보다 따뜻하게 하는 효과가 약 2배 정도 되는 것으로 생각된다.

해양을 따뜻하게 하는 것은 쉽게 바뀌지 않는 경향이다. 만약 상층의 대기가 상당히 냉각된다면 따뜻한 바다는 냉각될 수 있다. 불행하게도 바다는 굉장히 큰 열 흡수제이며, 지구 표면의 약 2/3를 덮고 있어서 우리는 해양의 온도를 낮출 만큼 충분한 대기를 쉽게 냉각시킬 수 없다. 2009년 1월에 보고된 NOAA에 의한 연구는 만약 인간에 의해 야기된 CO_2 방출이 현재 완전히 중지되었다면, 대기의 CO_2 양은 첫 세기에 20% 정도 감소할 것이고 그 다음부터는 변동이 없으리라는 것을 보여 주었다. 낮은 대기의 온도는 100년 이상 매우 약간 감소하였다. 왜냐하면 비록 인간에 의해 야기된 CO_2 배출이 중지되어도, 이미 바다에 추가된 거대한 양이 천천히 대기로 방출되기 때문이다. 바다에서 대기열의 느린 손실은 최소 1,000년 동안 상당한 기온의 하락을 막는다—그러므로 인간에 의해 일어난 온난화는 근본적으로 돌이킬 수 없다.

강수량 변화

지표면 기온의 상승은 또한 더욱 극심한 강우와 가뭄뿐만 아니라 폭풍우의 증가를 포함하여 강수량에 영향을 준다. 높은 대기 온도는 바다와 땅으로부터 더욱 많은 증발을 일으키며, 많은 물이 대기로 용해될 수 있도록 한다. 일반적으로 극지방 근처의 지역과 적도지방 근처의 지역은 습기가 많아지고, 따뜻해지며, 중위도 지역은 건조해진다(**그림 10-46**). 따라서 현재 건조한 많은 지역은 더욱 건조해질 것이고, 많은 습한 지역은 더욱 습해질 것이다. 2080년까지 캐나다의 대부분 지역은 겨울에 더욱 습해질 것인 반면 멕시코는 10~15% 건조해질 것이다. 여름에 미국 대부분의 강수량은 많이 변하지 않을 것이지만, 북동부 태평양 지역은 20~30% 건조해질 것이다.

무역풍 위도의 많은 지역들은 건조한 계절에 더욱 건조해질 것이다. 왜냐하면 대략 남위 30도, 북위 30도 지역에서 하강하는 건조한 공기는 북극과 남극을 향해 확장될 것이기 때문이다. 만약 대기의 CO_2 농도가 현재 수준인 약 385 ppm에서 2100년 전에 정점인 450~600 ppm까지 상승한다면, 일부 지역에서 장기간의 건기 강우는 1930년대 미국의 황진지대와 유사한 상태로 줄어들 것이다(**그림 10-47**). 아마 남부 유럽과 미국의 남서부는 더욱 건조해질 것이고, 강우의 장기간 감소는 이미 이러한 지역에서 입증되어 왔다. 반대로 미국 북부 평원

그림 10-46 예측된 강수량 변화

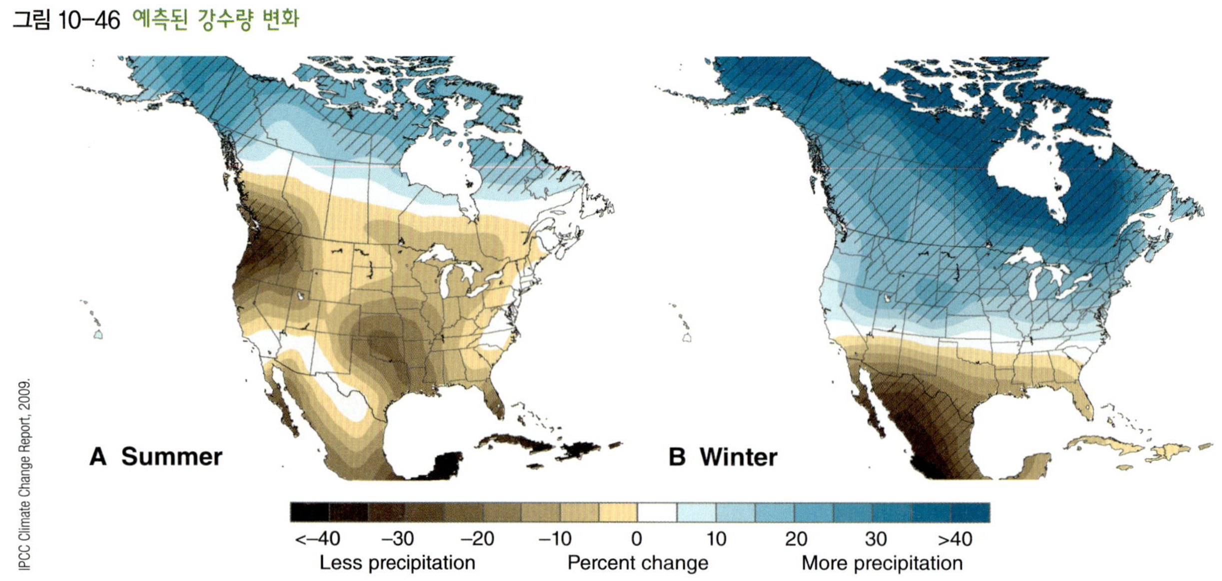

2010년과 2100년 사이의 21세기 말까지 상대적으로 예측된 강수량의 변화(높은 배출량 시나리오). **A.** 여름(6월에서 8월까지)과 **B.** 겨울(12월에서 2월까지). 변화의 절대적인 양은 실제 방출량에 의존하지만, 변화 경향은 분명하다. 북아메리카는 특히 식물이 성장하는 여름에 더욱 건조해질 것이다. 농작물의 성장, 물의 공급, 산불, 그리고 다른 자연재해에 미치는 영향은 심각한 문제이다.

그림 10-47 세계의 강수량 변화

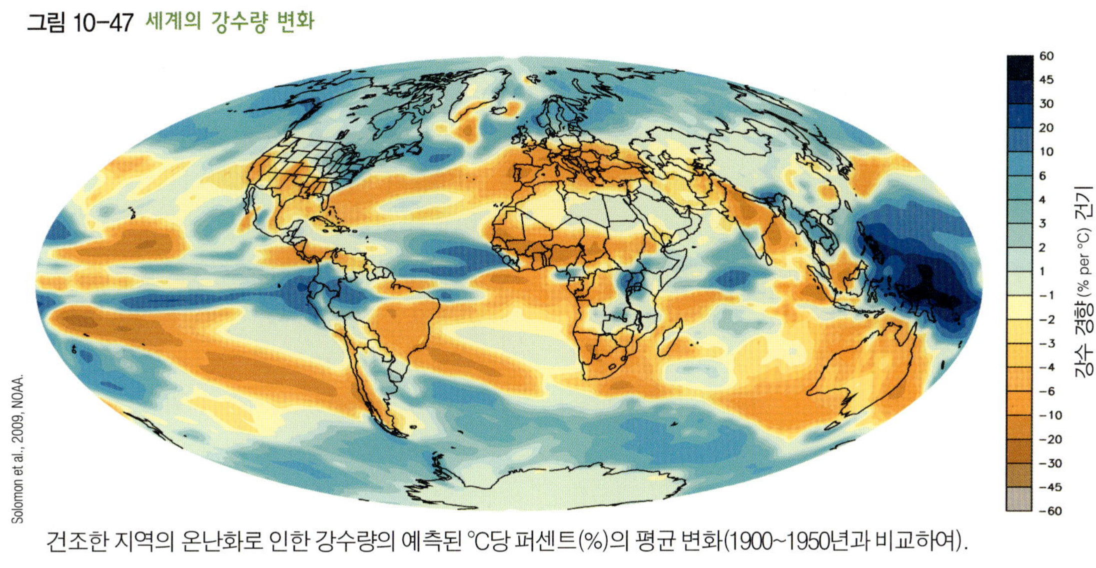

Solomon et al., 2009, NOAA.

건조한 지역의 온난화로 인한 강수량의 예측된 °C당 퍼센트(%)의 평균 변화(1900~1950년과 비교하여).

지대, 캐나다 동부의 로키 산맥, 중국의 동부 아시아 북부를 포함한 고위도 지역에서는 습해질 것으로 예측된다.

지구 근처 표면의 대부분의 열은 바다에 집중되어 있고, 따뜻한 바다는 더욱 많은 증발을 일으켜서 폭우가 많이 내리게 된다. 대기에서의 더 많은 에너지는 종종 많은 폭풍우를 일으킨다. 대기압은 고고조(higher high)와 저저조(lower low)로 나타날 것이다. 그것은 바람이 더욱 강해지는 원인이 되며, 폭풍우가 강력해지고 더욱 빈번해지는 것과도 관련이 있다. 허리케인과 토네이도 같은 자연재해는 더욱 빈번하고 강해질 것 같다. 상승된 해수온도는 특히 미국의 남서부 지역에서의 폭풍이 치는 날씨 빈도와 강도 상승에 대한 책임이 있다.

일부 북부 기후대의 사람들은 온도의 적당한 증가를 환영할 수도 있지만, 가뭄과 홍수의 해로운 영향도 포함한다. 가뭄과 함께 강수도 많이 발생한다는 말이 이상하게 들릴지도 모르지만, 가뭄은 강수량과 증발량의 균형에 의존한다. 높은 기온은 많은 증발을 일으키고, 그것은 강수량의 증가보다 더 큰 효과를 가진다.

오염의 다른 영향뿐만 아니라 기온상승은 미래에 홍수가 좀 더 빠른 시기에 더욱 강하게, 자주 일어날 것임을 의미한다. 미국과 캐나다 서부지역에서 봄에 눈으로 뒤덮인 지역은 40년 전보다 한 달이나 더 빨리 녹는다. 이것은 일부 기온상승 때문이기도 하지만, 산업매연 축적과 교통수단에 의한 그을음이 눈으로 뒤덮인 산간지역에 머무르고 어둡게 하기 때문이기도 하다. 태양에너지 대부분을 반사시키는 그들의 흰 표면 대신에, 더 많은 에너지는 어두운 표면에 의해 흡수되고 눈은 더욱 빨리 녹는다. 표면의 눈이 증발하거나 녹을 때, 그을음은 남아 있고, 표면에 쌓이며, 더 많은 열을 모아서 더 빨리 녹게 한다. 따라서 눈으로 뒤덮인 지역은 더욱 빨리, 그리고 이른 봄에 녹아서 더욱 이르고 더욱 심한 홍수를 일으킨다. 홍수로 인한 높은 물은 그 수위에서 제방을 지을 수 없도록 한다. 결과는 또한 더욱 심한 이류와 해안침식을 포함한다.

홍수의 증가에도 불구하고, 이러한 지역들은 여름에 더욱 건조해질 위험이 있다. 서부지역은 건조한 여름에 지하수의 수분을 보유하기 위해서 늦봄에 녹는 쌓인 눈에 의존한다. 높은 온도는 더욱 많은 강수가 눈보다는 비로서 떨어질 것을 의미하며, 눈이 녹을 때 천천히 땅으로 스며들기보다는 빨리 쓸어 간다. 나중에 쌓인 눈이 녹아서 나오는 저장된 습기가 없다면, 여름은 더욱 더울 것이고 더욱 많은 천둥번개와 화재를 일으킬 것이다.

눈덩이로 뒤덮인 들판의 평소보다 빠른 용해는 수력발전과 관개에 영향을 준다. 왜냐하면 그러한 목적들로 사용되는 물은 이용하기 쉽지 않으나, 봄과 여름에 종종 필요하기 때문이다. 캘리포니아의 시에라네바다 산맥 같은 곳에서는 저수지의 수위가 빨리 하락할 수 있고, 일부 저수지는 그해의 남은 기간 동안 필요한 물을 방출하는 데 충분한 저장량을 가지고 있지 않을 수 있다.

많은 급속한 용해현상은 또한 우리의 남은 빙하들이 축소되는 것을 가속화한다. 중서부의 따뜻한 겨울은 오대호의 수표면 결빙 지역을 감소시키고, 그것은 겨울철에 개방된 물의 표면에서 더욱 많은 증발이 일어나게 해서, 호수의 수면을 낮춘다. 2007년까지, 이러한 예측은 실현되었다. 슈피리어, 미시간, 휴런 호에서의 낮은 수면이 입증되었다. 눈덩이로 뒤덮인 들판은 일찍 발생하는 유출로 인해 더욱 작아질 수 있고, 따라서 여름에 개울의 흐름은 평균보다 적을 수 있다.

이미 건조한 지역에서 감소한 강우는 식수나 다른 도시, 산업에서의 사용, 농업, 그리고 생태계로의 물의 공급을 심하게 줄일 수 있다. 이미 물 부족을 겪고 있는 지역은 미래의 비슷한 시기에 절망적인 상태일 것이다. 중동과 같은 지역에서 물에 대한 접근은 더욱 심한 갈등을 일으키고, 전쟁까지 일으킨다. 이미 터키나 이란과 같은 상류지역의 국가는 관개용수를 댐으로 전환하여, 물이 끊겨 건조한 이라크나 시리아는 낮은 강의 수위로 고통받고 있다.

증가하는 휴대용 식수 부족은 해안에 가까운 지역의 해수를 담수화함으로써 완화시킬 수 있다. 하지만 비용, 에너지 지출의 증가에 따른 추가적인 온실가스의 생산 없이는 완화시킬 수 없다. 담수화는 바다 근처의 지역에서 신선한 식수를 만들 수 있지만, 바다와 먼 내륙지방에서는 만들 수 없다. 예를 들어 멕시코 바하의 남부 끝에 위치한 산호세델카보 사막 지역에 그들 소유의 담수화 발전소를 가지고 있는 거대한 호텔복합단지에서는 하루에 식수 400 m^3(약 106,000갤런)—m^3당 0.64달러(갤런당 2.4 센트)에 상당하는 양—를 생산한다(**그림 10-48**). 깨끗하고 맛 좋은 물은 마시고, 요리하고, 목욕하고, 세탁하는 데에 사용된다. 처리된 나머지 물은 관개용수로 이용된다. 해안 근처 바다의 우물에서 올려진 해수는 설치된 탱크와 여과장치로 보내져 모래와 미세한 입자를 제거한 뒤, 염분이나 그 외의 오염물질을 제거하기 위해 고압에서 반투막 장치를 통과하게 된다. 40%의 물이 반투막을 통과하고, 나머지 60%의 물은 여전히 염분기가 있으므로 해저의 관을 통해 바다로 되돌아간다.

그림 10-48 탈염작용

멕시코 북부 바하 반도의 남쪽 끝에 위치하며, 하루에 신선한 공기를 400 m^3 생산하는 작은 탈염공장.

북극의 해빙과 빙하의 융해

북극해의 표면은 기억하는 사람이 없을 정도로 오래전부터 얼어 있었으며, 배가 태평양과 대서양 사이를 지나가기 위한 여름 항로로 이용하지 못하게 하였다. 그러나 1970년대 후반부터 북극해의 빙판은 점차 감소하여 이전 지역의 50%나 축소되었다(**그림 10-49**). 북극 빙판은 1960년대에 두께가 3 m이었지만, 현재 1.5 m로 얇아졌다. 불행하게도 또한 북극해 빙판의 융해를 촉진하는 피드백 메커니즘이 있다. 흰 빙판은 90%의 태양에너지를 우주로 반사시킨다. 지표면에서 반사되어 나가는 에너지의 비율은 **알베도**(albedo)라고 한다. 그러나 일단 빙판이 녹기 시작하면, 바다의 어두운 표면은 단지 10%의 에너지를 반사시키고, 90%의 원래의 에너지를 물을 가열하는 데 쓰고 더욱 많은 얼음을 녹게 한다.

2005년 8월에 면적 66 km^2, 두께 37 m의 거대한 얼음덩어리는 북극에서 남쪽으로 800 km 떨어진 엘즈미어 섬 연안에서 부서져 빙붕이 되어 바다 위를 떠다니는 빙하로 얼기 전까지 서쪽으로 50 km 이동했다. 그 덩어리는 3,000년 전에 만들어졌으며, 30년 동안 가장 많이 손실되었다. 현재 캐나다 북부의 빙붕은 탐험가 로버트 피리어(Robert Peary)가 첫 번째로 그 지역을 조사했을 때인 1906년보다 90% 이상 작아졌다. 2005년의 강한 바람과 따뜻한 물의 온도는 아마 빙붕을 더욱 손상되기 쉽게 하였을 것이다. 만약 빙하가 남쪽으로 표류하여 보퍼트 해로 갔더라면, 활동하고 있는 배의 항로와 상당한 석유, 그리고 가스 시추 플랫폼을 위태롭게 할 수 있었다. 다른 빙붕들 또한 상당한 새로운 균열들을 보여 준다.

2005년에서 2008년까지, 다년간의 해양 얼음은 약 11,000 km^3에서 5,000 km^3까지 감소했다. 마찬가지로 그 기간 동안 오래된 해양 얼음은 평균 4.1 m에서 2.7 m까지 얇아졌다. 더욱 많은 얼음이 녹고 더욱 많은 개빙구역이 노출되어, 물의 어두운 부분은 대략 9배의 태양에너지를 흡수하며, 더욱 많은 양의 눈과 얼음을 녹인다. 이러한 명확한 피드백 메커니즘은 지구온난화에 대한 미래 영향의 징조가 되지는 않는다.

영구동토의 해빙 북부 캐나다, 중앙 알래스카, 북부아시아의 많은 부분을 덮고 있는 언 땅(영구동토)이 녹고 있다(**그림 10-50**). 일단 튼튼하게 얼음에 고정된 건물은 고정되고 변형되기 때문에 버려야만 한다. 여름에 0.5 m의 깊이에서 언 상태로 남아 있는 영구동토는 결국 1990년대 초에 녹기 시작했다. 도로와

그림 10-49 **북극의 해빙**

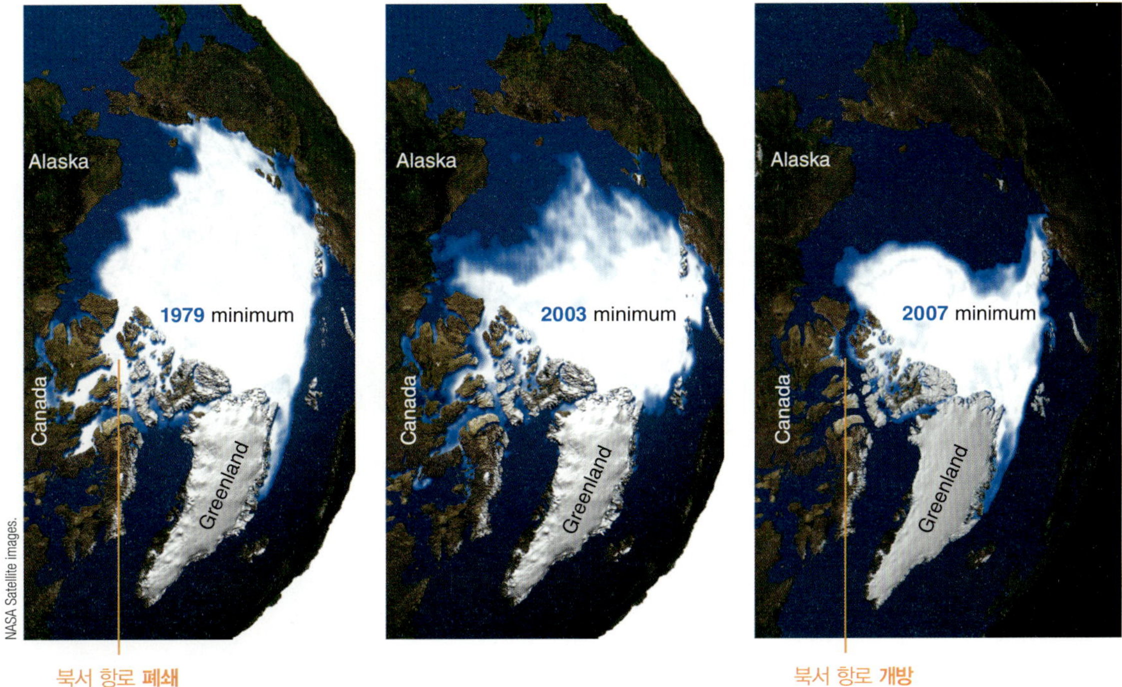

1979, 2003, 2007년의 북극해는 시간 경과에 따른 바다 표면 얼음의 심각한 감소를 보여 준다. 특히 알래스카 근처, 시베리아, 러시아와 인접한 개방된 물의 어두운 부분의 증가에 주목하라.

그림 10-50 **영구동토의 해빙**

A. 북반구의 영구동토 분포. 빨간색과 주황색은 각각 연속적이고 불연속적인 영구동토이며, 옅은 색깔은 영구동토의 산발적인 분포를 나타낸다. **B.** 페어뱅크스의 알래스카 대학교 주차장 아래에 있는 영구동토의 얼음은 녹고 있으며, 지면의 얼음과 움푹 패인 곳을 남긴다. **C.** 알래스카의 이 집은 영구동토의 해빙으로 침강되고 부서지는 중이다.

철도는 변형되었고, 쓸 수 없게 되었다(그림 9-22 참조). 숲 속의 전나무는 이상한 각도로 기울어지고, 빗물에 의해 얼음에 형성된 구멍은 지표 아래에서 녹는다(그림 10-50B 참조, 영구동토 해빙 사건). 중앙아시아 페어뱅크스 주위의 영구동토는 평균 두께가 50 m이고, 북부 알래스카에서는 200 m까지 증가하며, 남극 해안가 근처에서는 600 m 이상이다. 연구는 상위 3 m 또는 그 이상의 절반 이상은 2050년까지 녹을 것이며, 나머지는 2100년 안에 녹을 것이라고 발표했다.

이런 문제들을 종합해 보면, 영구동토의 해빙은 대기에 많은 양의 추가적인 온실가스를 배출한다. 바람에 의해 운반된 먼지나, 시베리아와 알래스카의 영구동토에서 발견된 유기물질들은 지구에서 사는 식물에 결속되어 있는 탄소의 3/4 정도를 포함한다. 영구동토가 녹을 때, 그곳의 유기물질은 부패하기 충분할 정도로 가온되며, 그것의 탄소 일부분은 CH_4와 CO_2의 형태로 대기로 되돌아간다. 영구동토층에 10,000년 이상 결속되어 있던 탄소의 대부분은 다음 세기에 대기로 방출될 것이다. 이것은 지구온난화의 거대한 상승을 가져올 것인데, 특히 동일한 양의 기체에서 CH_4가 CO_2보다 온난화 효과가 20배 이상 크기 때문이다. 대략 백만 평방킬로미터의 서부 시베리아 영구동토는 북부 캐나다와 중앙 알래스카의 거대한 지역과 함께 녹기 시작했다. 2009년의 연구는 영구동토층은 현재 우리의 대기보다 약 2배 이상의 탄소를 함유하고 있다는 것을 밝혔다.

영구동토층의 융해는 또한 더욱 많은 물을 북부로 흐르는 강과 남극해로 공급하고, 그곳에서의 가온과 융해를 가속화한다. 북부의 강은 지난 몇십 년 전보다 몇 주 빨리 녹는다.

해저의 융해 북극해 대륙붕의 얕은 수심에서 녹는 바다의 얼음은 메탄을 배출하기 시작할 것으로 나타났는데, 얕은 해저면 또한 녹고 있기 때문이다. **메탄 하이드레이트**(methane hydrate)는 얼어 버린 메탄 얼음 화합물이며, 세계 대륙사면의 많은 부분에서 깊이 0.5~3 km에 가둬져 있다(**그림 10-51**). 메탄과 이산화탄소가 영구동토의 융해에 의해 땅에서 방출되어 얼어 버린 토탄이 부식된 것처럼, 이전에 얼어 버린 부패한 식물들에게서도 똑같은 일이 해저에서 일어난다. 이러한 유기물은 오래전에 해수면이 낮고 표면이 식물로 덮여진 땅이었을 때 형성되었다.

전부는 아니지만 하이드레이트의 대부분은 부드러운 침전물이 대륙의 가장자리에 쌓인 섭입대의 퇴적층에 쌓인다. 위치상으로 이것은 메탄이 깊은 곳에서 솟아오르는 해저분기점 '굴뚝'에 위치하고 있으며, 불침투성 메탄 하이드레이트 층의 밑에 고이게 되어, 결국 메탄 하이드레이트 층의 안전한 지대에 도달한다. 일부 메탄은 가로놓인 바다로 새어 나온다. 현재 자연적으로 해저에서 나오는 세계적인 메탄 방출량은 3%로 추정된다.

메탄 하이드레이트의 안정성은 압력(매장 깊이)과 온도(하이드레이트가 녹는 온도인 0~15 또는 20°C 이상)에 의존한다. 남극해가 현재 융해되고, 온도가 천천히 오르므로, 메탄은 녹고 있는 해저에서 방출될 것이다. 현재의 연구는 150만 km^2에 달하는 북부 러시아와 시베리아 대륙층이 녹고 있는 해저에서 발생하는 가스 방울을 보인다고 밝혔다.

예측된 온도상승에 근거하여, 막대한 양의 메탄은 다가오는 수십 년 동안 방출될 것이다. 그 양은 우리가 사용 가능한 석탄과 석유 자원들을 연소시킬 때와 비슷하다. 메탄이 이산화탄소보다 밖으로 나가려는 복사열을 막는 힘이 20배나 강하기 때문에 온실효과에 미치는 메탄의 영향은 더욱 심각하다.

막대한 양의 메탄가스 분출의 가능한 계기는 하이드레이트 층을 온난화와 함께 해수면이 상승할 때 줄어들게 하는 것이다. 하지만 더욱 중요한 것은 아래에 있는 메탄이 하이드레이트의 안정성 지대가 얇아질 때, 메탄이 '고여 있는 곳'이 증가한다는 것이고 그렇게 고인 곳은 해저면에서 증가하는 메탄의 분기를 가능하게 한다. 대륙 경사면에서 산사태를 일으키는 주요 지진들, 허리케인, 해저면의 침강과 시추활동은 또한 영향

그림 10-51 메탄 하이드레이트

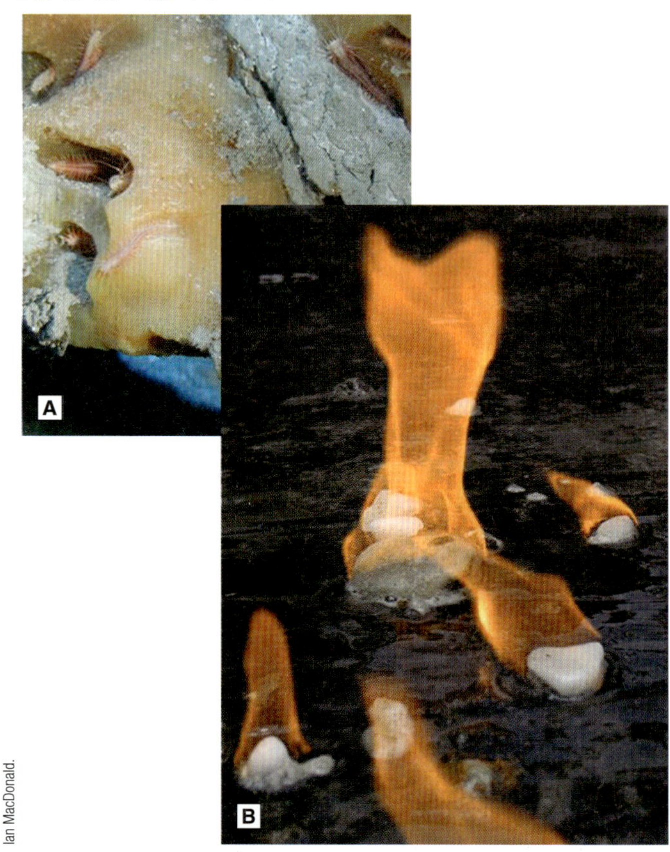

A. 해저면의 메탄 하이드레이트 층(옅은 주황색). **B.** 흰 메탄 하이드레이트의 조각들은 탐사선의 갑판에서 분해되고 연소된다.

을 받는 지대에서 메탄 하이드레이트를 불안정하게 한다. 지진에 의해 유발된 작은 산사태는 기체 하이드레이트의 더 큰 지역을 불안정하게 하며, 경사면을 약화시키고 더욱 큰 산사태를 일으킨다. 과거에 지진에 의해 일어나 메탄 하이드레이트 층을 불안정하게 했던 거대한 해저 산사태는 큰 쓰나미를 일으켜 해안 지대를 침수시켰다(5장 참조).

빙하의 융해 세계에서 가장 높은 산의 빙하는 특히 약 1930년부터 급속도로 녹고 있다. 불행하게도 빙하가 녹을 때, 그들의 좁은 지역은 더욱 가깝게 어두운 암석에 의해 둘러싸여지고, 더 많은 열을 흡수한다. 그것은 결국 더욱 빠른 속도로 융해를 일으킨다. 예를 들어 알래스카의 뮤어 빙하(이 장의 첫머리)는 브리티시컬럼비아 북부, 워싱턴의 노스캐스케이드, 몬태나의 글레이셔 국립공원에 남아 있는 작은 빙하들처럼 급속히 물러간다. 이러한 산의 빙하들과 히말라야에 있는 빙하들은 특히 건기 동안 파키스탄, 인도의 북부와 방글라데시를 포함한 하류 지역의 사람들을 위한 신선한 물을 유지하는 데 중요하다. 그러한 흐름은 도시의 물, 농작물의 관개, 수력을 제공한다. 심지어 남반구에서 아르헨티나의 남부 안데스 산맥과 남극 대륙의 거대한 빙하들은 극적으로 줄어들고 있다(**그림 10-52**). 1912년에 아프리카의 킬리만자로 산에 거대한 빙하가 있었는데, 2000년에 그들은 대부분 빙하가 덮여 있지 않은 협곡이었다.

그림 10-52 빙하의 후퇴

아르헨티나 최남단의 업살라 빙하가 1928년(위쪽)에서 2004년(아래쪽)까지 극적으로 용해되는 것을 보여 준다.

해수면 상승

과학자들은 현재 지구온난화가 2100년까지 해수면을 0.8 m와 2 m 사이로 상승시킬 것이라고 믿는다. 지구온난화는 두 가지 주요 요인으로부터 해수면 상승을 일으킨다. 대략 절반은 대륙의 얼음이 녹아서 물이 증가한 것이고, 절반은 해수의 가열과 팽창에 기인한 것이다. 북극해 얼음의 융해는 해수면을 상승시키지 않는데, 왜냐하면 떠다니는 얼음은 단지 물속에 가라앉아 있는 얼음 부분과 같은 양의 물이 치환되는 것이기 때문이다. 이것은 물로 가득 찬 유리잔의 각얼음이 녹을 때 물이 흘러넘치지 않는 이유이다.

이전에도 논의되었지만, 대륙 빙하 얼음의 융해는 계속 진행될 것이다. 남극대륙 또한 따뜻해지는 것으로 보인다. 특히 남극대륙의 서부에서, 대략 전 세계 비율의 절반이 녹는다. 남극의 빙하는 현재 더욱 빨리 흐르며, 외관상으로도(분명히) 최소한 남극대륙의 얼음판 일부는 부서진다. 2009년 4월에 갈라진 틈은 얼음판의 13,000 km^2에 달했으며, 곧 부서질 것처럼 보였다. 유동적인 빙붕은 빙하의 끝 부분이 부서지는 것을 막았다. 융해를 동반하면서, 해수면은 1990년부터 매년 평균 3.3 mm씩 상승했고, 100년 동안 33 cm(약 13인치)가 상승했다. 남극대륙에서의 온난화 속도는 점점 증가할 것 같다. 오늘날 일부 남극대륙 위의 오존구멍은 반사된 태양빛이 탈출할 수 있도록 하고, 온난화를 늦춘다. 오존구멍을 생기게 한 프레온가스의 사용이 금지되었기 때문에, 구멍은 약 2050년까지 메워질 것이다.

남극대륙의 얼음 모두가 녹으면 해수면은 약 73 m 상승할 것이다. 그린란드 전체 만년설이 다 녹게 되어 첨가되는 물은 해수면을 약 6.5 m까지 상승시킬 것이다. 그린란드의 만년설은 2006년 현재 1996년보다 3배 빨리 녹고, 쪼개지고 있다. 다행히 전 세계적인 해수면을 80 m 상승시킬 수 있는 현상인 그린란드와 남극 빙판의 대규모의 융해는 예측 가능한 미래에는 일어날 것 같지 않다.

물은 따뜻해질 때 팽창하기 때문에 수온의 증가는 해수면을 더욱 상승시킨다. 가열은 물 분자들을 더욱 빠르게 진동시켜 많은 공간을 차지하도록 하기 때문에 팽창이 발생한다. 만약 CO_2 농도가 21세기가 끝나기 전에 600 ppm을 초과한다면, 바다에서의 열팽창은 해수면을 최소한 0.4 m~1 m 정도 상승시킬 것이다.

열적 팽창과 빙하의 융해 둘 다로 인한 실제 해수면 상승은 1870년과 2000년 사이에 약 19 cm이다(매년 0.15 cm). 하지만 1993년과 2005년 사이에 속도는 2배로 증가하여 매년 0.3

그림 10-53 해수면 상승

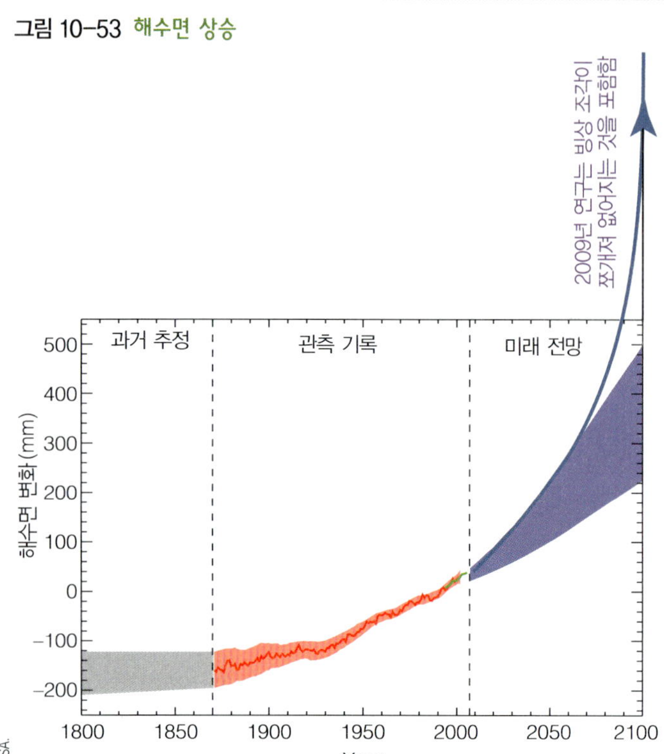

열팽창과 빙하의 융해로 인한 해수면 상승은 1800년부터 나타났다. 파란색 화살표로 표시된 예측은 대륙빙하 꼭대기에서 부서지는 얼음을 포함한다.

cm를 상승시켰다. 현재 해수면 상승 속도는 대략 100년 동안 30 cm이고, 해수면은 다음 세기에 30~50 cm 상승될 것으로 예측된다(**그림 10-53**). USGS에 의한 새로운 측정은 2100년까지 1.2 m(대략 4피트) 정도 상승할 것이라고 제시하였다.

인구의 영향 사람들은 여러 가지 이유로 해수면 근처에 살고 때때로 도시는 역사적인 이유로 그곳에서 성장한다. 부유하고, 산업화된 나라에 사는 일부 사람들은 경치와 휴양을 위해 바다 근처에 살려고 한다. 가난한 나라에 사는 다른 사람들은 해수면 근처 삼각주 같은 곳에서 산다. 왜냐하면 그곳의 비옥한 토양은 농작물을 잘 자라게 하여 많은 사람들에게 식량을 공급할 수 있기 때문이다. 해수면 상승의 결과는 낮은 지대에서 심각한데, 세계 68억 인구 중 50억 인구가 현재 낮은 지대에 살고 있기 때문이다. 이것은 세계의 거대한 도시들 상당수를 포함한다(**그림 10-54**). 예를 들어 3.5 m~12 m의 상승은 뉴욕 시, 도쿄, 그리고 인도의 뭄바이(이전의 봄베이)를 위험에 처하게 할 것이다. 심지어 웬만한 18~35 cm의 해수면 상승은 보스턴과 애틀랜틱시티 근처 해안 지역의 침식을 가속화할 것이다.

해안가의 매우 약한 경사를 따라 약간의 해수면 상승은 해안선에서 육지로의 매우 거대한 이동으로 나타난다. 미국 남동부 바다의 60 cm 상승은 육지 쪽으로 60 m 정도 이동할 것이며,

그림 10-54 삼각주에서의 해수면 상승

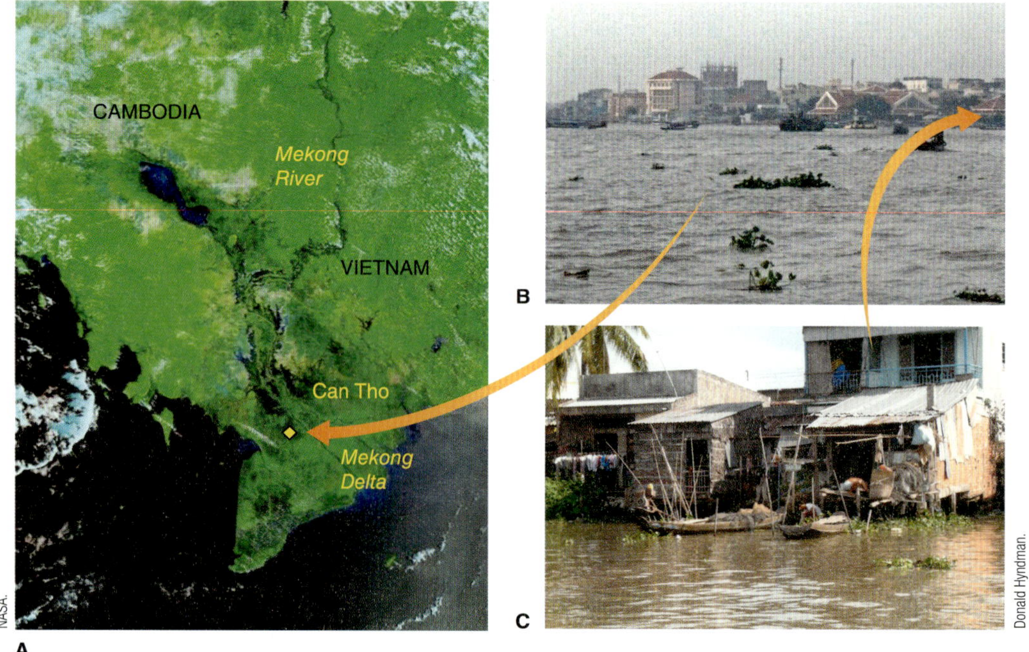

A. 베트남과 캄보디아의 메콩 강 삼각주. B. 남중국해 상류 120 km인 깐토에서 조수에 의한 메콩 강 수면의 상승과 하락. C. 제방을 따라 거주하는 수천 명의 사람들이 해수면 상승으로 위험에 처해 있다.

그림 10-55 잠재적인 해안가의 홍수

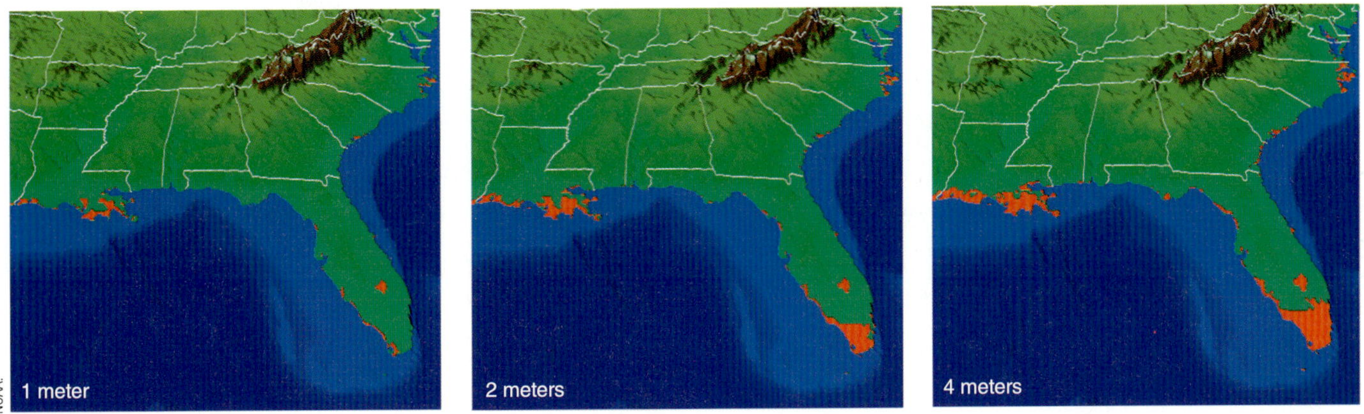

미국 남동부 연안가의 침수, 각각 1 m, 2 m, 4 m의 해수면 상승. 가장 강력한 타격은 루이지애나, 플로리다와 노스캐롤라이나의 아우터뱅크스에서 일어날 것이다.

대략 30,000 km^2 가라앉을 것이다. 해안의 제빈도는 현재보다 더욱 빠르게 해안 쪽으로 이동할 것이며, 심지어 현재보다 더욱 공격받기 쉬운(약한) 무수한 해안 공동체를 만들 것이다. 해안가의 거대한 지역인 루이지애나 주, 플로리다 주, 그리고 노스캐롤라이나의 외부 제방들은 침수될 것이다(**그림 10-55**).

저지대를 보호하기 위해 해안가 강에 제방을 설치하는 것은 비용이 많이 든다. 새크라멘토 강의 삼각주를 보호하기 위해 겨우 15 cm의 제방을 세우는 데에도 10억 달러 이상이 필요하다. 제방과 해안 폭풍 장벽에 대해 길게 언급한 네덜란드의 제안서에서는 지구온난화와 동반한 해수면 상승으로 매년 10억 유로의 돈을 장기 지출함을 시사했다.

보호 장벽을 짓고 유지할 만한 자원도 없는 가난한 국가에서 해안 인구는 쫓겨날 것이다. 현재 연구원들은 40년 뒤에, 수천 명의 사람들이 기후변화와 해수면 상승으로 쫓겨날 것이라고 예측한다. 갠지스와 그 근처 강들에 의한 해수면 부근의 거대한 삼각주들로 이루어진 방글라데시는 이미 폭풍우 동안 심각한 홍수의 표적이었다. 만약 해수면이 1 m 상승하면, 방글라데시는 17%의 육지를 잃을 것이다. 그것은 그들의 농업과, 농업에 의존하는 수백만의 사람들에게도 재앙적인 영향을 초래할 것이다. 강한 사이클론 동안에 수만 내지 수십만 명의 사망자가 발생할 수 있다(사례: 인류에게 위협을 주는 상승하는 해수면—방글라데시와 인도의 콜카타).

만약 우리가 전 세계적인 대기 중 온실가스 농도 안정화 목표에 성공했다 하더라도, 앞에서 논의되었듯이 해수면이 계속적으로 상승하는 동안 온도가 안정화되는 데는 수백 내지 수천 년이 걸린다. 불행하게도 해수면 상승은 흡수된 열이 오래 지속되기 때문에 안정해지기 위해서는 수 세기가 걸릴 것이다. 세계가 더 이상의 온난화와 동반되는 추가적인 해수면 상승을 막기 위해서 빠르고 단호하게 행동해야 하는 것은 명백하다.

전구 해수순환

염분의 변화에 기인한 해양 흐름의 변화는 일부 지역에서 급속도로 기후를 변화시킬 수 있다. 대서양에서의 큰 규모의 순환(이른바 열염분순환)은 적도로부터 북쪽으로 흐르는 따뜻하고 얕은 물의 흐름에 관여한다. 북극 가까이 갈수록 해류는 냉각되고 침강하며, 뒤에 있는 더 따뜻한 표면의 물을 끌어당긴다(**그림 10-56**). 침강한 물은 남쪽 깊은 곳으로 이동한다. 따뜻

그림 10-56 지구의 순환시스템

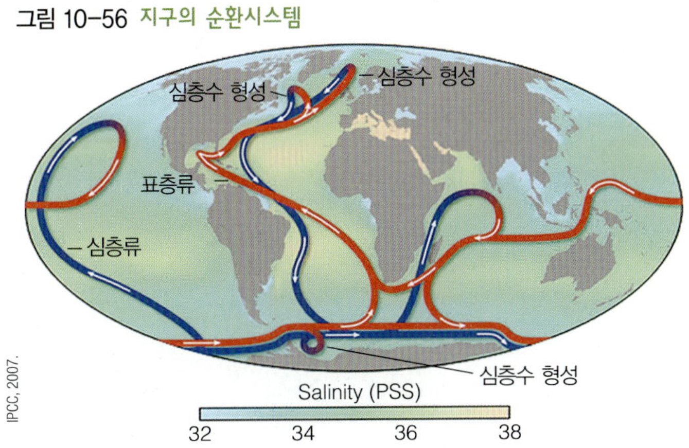

빨간색 화살표는 표면의 따뜻한 해류를 나타내며, 파란색 화살표는 깊고 찬 해류를 나타낸다.

하고 염분기가 있고, 북아메리카의 동쪽 해안선을 따라 북동쪽으로 이동하며 유럽을 향해 가로지르는 멕시코 만류는 이러한 순환의 일부분이다. 서풍은 바다로부터 열을 운반하여 북위도임에도 불구하고 겨울에 유럽을 따뜻하게 유지한다. 빙하나 얼음판의 융해와 같은 요인에 의한 바다 염분의 변화는 멕시코 만류의 방향과 강도를 바꿀 수 있다. 저밀도의 담수는 해수에 침강될 수 없으며, 따라서 해류의 순환은 느려지거나 멈춘다. 북쪽을 향하는 따뜻한 멕시코 만류의 흐름의 감소는 유럽이나 다른 일부 북반구 지역의 기후를 냉각시킬 수 있다.

지구온난화는 북극해의 얼음, 그린란드의 빙하, 북극지역의 언 땅을 더욱 빨리 녹게 하고, 북대서양에 담수가 쏟아져 들어가게 한다. 1995년에 91.7 km^3의 그린란드 얼음이 녹은 데 비하여, 2005년에는 221 km^3의 얼음이 녹았다. 빙하의 얼음이 녹을 때, 물은 얼음의 균열(크레바스)과 구멍에 흘러내리고, 일부는 다시 얼고 일부는 빙하 아래로 흘러 내려가서 거대한 빙하 아래에서 홍수와 빙하의 빠른 흐름을 일으키고, 그것은 더 많은 빙하가 깨어져 바닷속으로 들어가게 한다(**그림 10-57**).

그림 10-57 빙하의 융해

Joel Harper.

빙하의 구혈 또는 융해구멍은 많은 양의 물을 빙하 기반으로 운반하여 부력을 증가시키고, 빙하의 흐름을 미끄럽게 한다.

그린란드의 캉거들룩수아크(Kangerdlugssuaq) 빙하는 오대호 물의 4배를 함유하는데, 1996년에 연간 3.5 km 아래로 내려갔다. 그것은 2005년까지 매년 16 km로 가속화되었다.

그러나 지난 기후 연구는 따뜻한 바다의 컨베이어 벨트는 이전부터 영향을 받아 왔다는 것을 보여 줬다. 그것은 12,700년 전 영거드리아스라고 알려진 냉기에 멈췄고, 1,800년 후에 다시 시작되었다. 그러한 각각의 변화는 겨우 10년 안에 발생했다. 또 다른 덜 심한 8,200년 전 갑작스러운 냉각은 약 100년 동안만 지속되었다. 더욱 적은 온도의 변화는 계속되었다. 1300년과 1850년 사이의 '소빙하시대'는 1,000~700년 전 중세의 온난기를 뒤따랐다. 겨울은 가혹했고, 빙하는 늘어나고, 농작물은 실패로 돌아갔으며 기근과 병이 널리 퍼졌고, 많은 사람들이 북부 유럽으로부터 이주했다. 미국 남서부에서 동시에 일어난 가뭄은 약 기원전 900년경 마야문명의 붕괴와 1300년 직전의 아나사지와 관련된다. 그것은 전 세계적으로 해양의 순환에 영향을 미치기 때문에, 냉각은 또한 동남아시아의 많은 인구를 유지하는 데 결정적인 장마의 중단과 연결된다. 장마(우기)는 따뜻하며, 해안가의 산맥을 마주하여 상승하는 따뜻한 공기에 의해 바다로부터 빠져나온 습한 바람도 있다. 습기를 가진 공기가 상승하고, 냉각되고, 공기 중의 습기를 폭우로 방출한다. 찬 대륙은 산의 공기가 상승하지 못하도록 막고, 습한 공기는 바다를 벗어나지 않는다.

기후변화의 완화

대기의 CO_2는 다음 세기에 2배가 될 것으로 예측되지만, 이러한 경향을 막을 수 있는 확실한 방법이 없다. 대기의 이산화탄소 농도가 이미 바다에서 더 이상의 CO_2 흡수에 저항하는 수위에 달한다는 것을 볼 때, 또한 우리가 즉시 더 이상의 많은 배출을 중지했음에도 불구하고 대기와 바다의 CO_2가 계속해서 상승할 때, 어떻게 지구온난화를 느리게 하거나 멈출 수 있을 것인가?

화석연료의 연소에서 발생하는 에너지를 줄이는 것을 포함하는 정책의 변화는 지구온난화의 일부 영향에 대한 취약성을 줄이는 데 필수적이다. 기후변화의 완화는 에너지의 절약, 전력생산과 사용의 효율성을 향상시키고, 풍력, 태양력, 가능하면 원자력과 같은 대체 연료를 사용함에 따른 탄소방출세, 탄소 배출량 거래, 보조금과 세금공제, 그리고 온실가스의 획득과 장기간 저장과 같은 규제들에 의해 달성되어야 한다. 절약과 효율성은 거의 비용이 들지 않고, 간단하며, 오염물질을 발생시키지 않기 때문에 이상적이다.

에너지 소비량의 감소

만약 세계 인구가 10% 증가한다면, 온실가스 농도는 약 10% 증가할 것이다. 평균 1인당 온실가스 생산량은 변하지 않는다는 가정하에 온실가스의 증가를 늦추는 가장 직접적인 방법은 인구 성장을 최소화하는 것이다. 지구상의 모든 사람은 지구온난화에 기여하며, 세계 인구는 현재 약 70억 명에 달한다.

복잡한 문제로 인구성장 속도는 선진국에서보다 개발도상국에서 훨씬 빠르며, 개발도상국에서의 에너지 요구량도 가장 많이 증가한다. 개발도상국에서 화석연료로부터 연간 방출되는 CO_2 양은 현재 선진국을 능가했으며, 그들의 증가 속도도 매우 빠르다. 예를 들어 미국의 에너지 요구량 증가는 해마다 1~2%이지만, 새로이 그들만의 차를 가지려는 소비자 계층이 증가하고 있는 중국에서는 해마다 약 10% 증가하고 있다. 앞으로 25년간 화석연료의 수요는 총 40%의 증가가 예상되고, 그중 75%는 개발도상국에서 기인할 것 같다.

인구성장을 최소화하는 것은 중국에서 한 자녀 정책이 시행된 것과 같이 정부의 시행에 의해 시도될 수 있다. 그러나 이러한 종류의 정부 개입은 사람들의 종교적 신념뿐만 아니라 그들의 선택의 자유까지도 제한할 수 있다. 이것은 강제 낙태나 불임으로 만들게 하는 등 정치적으로 어려운 결정을 야기할 수 있다. 개발도상국 인구는 종종 대가족을 원한다. 왜냐하면 그들은 가계의 수입이나, 음식, 장작의 수확, 심지어 사용할 물을 떠 가기 위해서 공동 수도에 줄을 서는 것 등의 일에 기여할 많은 사람들이 필요하기 때문이다. 그들은 또한 그들이 늙어 감에 따라 노인들을 보살필 아이들도 필요하다.

인구성장을 줄이기 위해 주어진 도전들 외에 온실가스 배출을 줄이기 위한 또 다른 방법은 에너지 보존과 더욱 큰 효율성을 통한 1인당 에너지 소비량을 줄이는 것이다. 보존은 비싸지 않고, 간단하며, 많은 양의 전력을 아낄 수 있는 간단한 방법이므로, 전력 생산에 사용되어 탄소 배출을 줄인다. 빌딩은 전체 연료의 절반을 난방, 빛, 통풍에 사용한다. 건물에서의 보존 메커니즘은 열손실을 최소화하고 시원한 환경, 더욱 효율적인 불빛 발생, 공기의 순환과 여과를 유지하기 위한 절연처리를 포함한다.

더욱 에너지 효율적인 가정의 전기 디자인은 일부 소비자의 매우 작은 희생을 통해 상당히 많은 방출량을 줄일 수 있다. 미국에서 대기모드에 놓여 있는 전기장치, 즉 TV, 전화기, 컴퓨터, 알람시계, 전자레인지 등의 장치를 켜기 위해 해마다 사용되는 탄소는 약 400만 톤으로 추정된다. 미국 에너지국에서는 개개인의 전기 지불 청구서에 '대기 상태' 부분이 2010년까지 20%에 달한다고 추정했다.

더욱 효율적인 운송은 철도, 버스와 같은 대량 수송수단의 더 많은 사용을 포함한다. 자동차, 특히 한 사람 또는 두 사람이 큰 교통수단을 이용하는 것은 매우 비효율적인 연료 사용을 초래한다. 하이브리드 기름-전기를 사용하는 자동차는 점점 증가하고, 더욱 많은 큰 자동차 회사들은 2010년에 전원을 연결하는 하이브리드 생산을 계획하고 있으며, 2011년까지 몇몇 100% 전기차 모델들을 시장에 출시할 것이다.

대체 에너지

기후변화를 완화시키기 위한 현재의 노력은 대부분 적은 방출을 일으키는 대체 에너지 자원을 탐구하는 데 초점이 맞추어져 있다. 전기력, 풍력, 원자력, 태양열, 지열자원은 CO_2를 방출하지 않는다.

풍력 2008년에 바람은 단지 전체 전기 생산량의 1%를 차지했고, 풍력발전용 터빈 지대에 새로운 전송 선로를 구축해야 했기 때문에 부분적으로 둔화되었다. 그러나 새로운 전기 생산량의 35%는 바람에서 기인한다.

2008년 모든 풍력발전용 터빈은 해안가, 특히 캘리포니아와 텍사스에 위치해 있었다(**그림 10-58**). 2009년 8월 오리건 주의 포틀랜드 동부의 낮은 컬럼비아 강 계곡을 따라서 위치한 풍력발전 지역의 급속한 팽창은 오리건 주와 워싱턴에서의 풍력을 2,000메가와트까지 증가시켰고, 그 에너지는 포틀랜드와 시애틀의 모든 곳에 불을 켤 수 있을 만큼의 충분한 양이었다. 육지의 가장 큰 잠재성은 바람이 부는 로키 산맥의 동쪽 대평원, 즉 몬태나와 와이오밍의 동쪽, 다코타, 네브래스카, 아이오와, 캔자스, 서부 오클라호마, 그리고 북부 텍사스에 있다.

비록 풍력은 발달의 초창기에 있지만, 바람이 전기를 생산하는 데 드는 비용은 1990년대부터 굉장히 많은 수의 타워 건설과 새로운 기술의 효율성으로 급격하게 줄었다. 2010년에 전력을 발생시키는 새로운 풍력 비용은 이산화탄소 제거 비용을 포함하여 석탄과 천연가스를 생성하는 데 드는 비용과 거의 동일했다. 일단 기반시설이 지어지면, 바람을 통해 전력을 생산하는 데 필요한 비용은 사실상 0에 가깝다. 왜냐하면 풍력은 CO_2, 수은, 그리고 다른 오염물질들을 전혀 발생시키지 않기 때문이며, 이러한 것은 전력생산 회사에 매우 유리하다. 석탄화력 발전시설에서 발생하는 전력은 여전히 저렴하지만, 그들

그림 10-58 풍력

A. 독일의 라이프치히 근처의 풍력발전 터빈. 노란 들판의 농작물은 유채의 씨이며, 이것은 바이오연료로 사용된다. B. 워싱턴 주의 중남부에 위치한 거대한 새로운 풍력발전 지대의 일부분.

이 발생시키는 오염은 점점 이슈가 된다.

미래에 풍력은 연안지대에서도 유래할 것이다. 풍력은 미국에서 더욱 급속한 성장을 보여 주는데, 새로운 연방정부는 대륙붕 밖의 일부 지역을 임대했다. 내부 부서에 따르면 이 지역은 현재의 수요량을 충족시키기 위한 충분한 전기에너지의 잠재성이 있다고 한다. 최대의 이윤과 잠재적인 연안가 지대는 북동부 주들로부터 떨어져 대륙붕에 위치하는데, 그곳에서의 전기요금은 비싸고 수심은 얕으며 큰 해안가 도시로부터의 수요는 높다. 서부 해안가에서 떨어진 풍력발전용 터빈은 해안에 가까운 깊은 수면 때문에 불리하다.

에너지 원천으로서의 바람에 대한 논의는 보기 흉한 거대한 터빈과 새, 박쥐를 죽일 수 있다는 것이다. 비록 소음은 논의되었었지만, 현대의 풍력발전 터빈은 매우 조용하다. 다른 한계는 특히 대평원과 중서부 지역처럼 적당히 바람이 부는 지역에 주요 전송 기준망 에너지를 큰 동부 해안도시로 운반하기 위한 충분한 전송 선로를 건설하는 데 1조 달러의 비용이 든다는 것이다.

태양에너지 일부 집열기는 실리콘 판으로부터 전기를 발생시키고, 여분의 전기는 다양한 가정 내 용도를 위해 배터리를 충전시킨다. 이러한 것은 꽤 효율적이지만, 제조하는 데 비용이 많이 든다. 가정용 전기회로에 직접 연결되는 태양 전지판은 저렴하며, 현재 큰 주거개선 가게에서 이용될 수 있다.

창문이나 지붕을 코팅하는 데 사용될 수 있는 새로운 박막(thin-film) 태양열 재료는 실리콘을 거의 혹은 전혀 쓰지 않기 때문에 제조비용이 더욱 저렴하고, 상당한 비용을 줄여 준다. 몽골 내부에서 계획된 거대한 박막 태양열 프로젝트는 중국정부로부터 보조금을 지급받는다.

태양열은 남부 캘리포니아나 네바다 주와 같은 사막에 지어진 것처럼 에너지 수집수단으로, 그것은 태양빛을 거울로부터 액체로 가득 찬 관이나 에너지를 저장하는 중앙타워로 향하게 한다. 이러한 에너지는 물을 데워 증기로 만들고 전기 발생기로 이동시키며, 전송 선로는 이 전기를 도시로 운반한다. 발전소는 스페인, 이집트, 이스라엘에서 작동 중이다. 다른 태양열 전지판은 단지 태양에 의해 가열된 물이 채워진 관이며, 세척이나 가정 난방을 위한 뜨거운 물을 제공한다(**그림 10-59**).

천연가스 천연가스인 메탄은 집의 난방이나 발전소를 운영하는 데 사용되는 저렴하고 효율적인 연료이다. 비록 메탄은 온실가스이지만, 연소시킬 때 다른 화석연료보다 적은 CO_2가 발생한다. 메탄의 공급은 점점 줄어들지만, 새로운 기술은 메탄층을 뚫을 수 있게 하고, 셰일 내에 수평으로 구멍을 뚫거나,

그림 10-59 간단한 태양에너지 수집기

Donald Hyndman

가정용 물을 데우는, 간단하지만 효과적인 태양에너지 수집기는 터키와 같은 일부 지역에서 매우 흔하다.

고압의 물로 셰일을 부러뜨릴 수 있게 한다. 이것은 가스가 균열 사이로 침투될 수 있게 하여, 메울 수 있게 한다. 새롭게 발견된 천연가스의 거대한 저장지는 텍사스의 바넷셰일, 루이지애나의 헤인스빌셰일, 펜실베이니아의 마셀러스셰일, 그리고 북부 브리티시컬럼비아의 혼 강 분지를 포함한다. 천연가스 공급의 큰 증가는 가격을 낮추었고, 석탄을 연소시키는 것보다 저렴해졌다. 2008년 중반에 백만 BTU(British Thermal Unit)당 13~14달러가 올랐지만, 2009년 중반에 백만 BTU당 3.5~4달러가 떨어졌다. 이렇게 저렴한 가격의 가스는 깨끗한 에너지 프로젝트에 대한 관심을 저해시켰다.

건설 중인 대다수의 새로운 발전소는 천연가스를 사용할 수 있도록 설계되었다. 왜냐하면 그것은 저렴하고, 가솔린이나 디젤보다 깨끗하기 때문이다. 뉴욕, 애틀랜타, 로스앤젤레스와 같은 도시들은 트럭과 버스의 일부에서 천연가스를 사용하도록 전환했다. 많은 지구온난화 전문가들은 자동차 역시 천연가스를 사용해야 한다고 주장한다.

에너지 회사는 해저에 얼어 있는 방대한 양의 메탄 매장량을 이용할 수 있는 가능성에 관심이 있다. 현재 메탄 하이드레이트가 다른 모든 화석연료들—가스, 석유, 오일셰일, 석탄—을 합친 것보다 약 2배의 많은 에너지를 보유하고 있는 것으로 추정된다. 만약 1%의 메탄 하이드레이트가 발견된다면, 현재 미국에서의 메탄 매장량의 2배가 될 것이다. 미국 바다의 메탄은 현재 미국 매장량의 1,100배이고, 현재 세계의 육지 매장량의 53배이다. 불행하게도 메탄을 방출시키기 위해 하이드레이트를 가열하여 녹이는 것은 얻을 수 있는 발열량보다 많은 열량을 사용한다. 경제적으로 연안 매장량을 이용하는 기술은 현재 쓸 수 없다.

비록 메탄이 석탄보다 깨끗하고 싸더라도, 연소되지 않은 것은 온실가스로서 CO_2보다 20배나 강력하다. 미국 환경보호단체에서 보고된 바와 같이, 메탄은 CO_2만큼 온난화에 대한 75%의 책임이 있다. 비록 CO_2가 대기에서 수백 년 동안 머무르지만, CH_4는 약 10년 동안 머무른다. 따라서 대기로 방출된 메탄의 양을 줄이는 것은 거의 즉각적이고 상당한 효과를 가진다.

메탄은 매립지, 하수, 기름과 가스 구멍을 뚫는 것(시추), 탄광, 가축 사육장에서 방출된다. 수집 시스템으로 보내야 할 이들의 원천은 대기로부터 제거될 수 있다. 결국 그것은 지역의 발전소에서 상대적으로 깨끗한 에너지로 연소된다. 2009년 12월, 유엔 청정개발체제(United Nations Clean Development Mechanism)는 메탄 수집 프로젝트를 구축하기 위해 세계적인 메탄 기금을 마련해 달라고 요구했고, 이 프로젝트는 최소한의 비용으로 연간 13억 톤에 상당하는 이산화탄소 배출량을 제거할 수 있다.

청정석탄 '청정석탄'에 관한 최근의 논의는 오해의 소지가 있다. 석탄은 싸고 풍부하지만 같은 양의 전기를 발생시키는 데 천연가스보다 두 배나 많은 CO_2를 발생시킨다. 청정석탄 지지자들은 생성된 거의 모든 CO_2가 포획되고 영구적으로 격리될 것이라고 추측했다. 새로운 석탄 가스화 발전소는 현재 실험단계에 있지만 더욱 효율적이고 오염을 줄일 것이며, 적은 물을 사용하고, 지하 처리에서 발생하는 CO_2를 더욱 쉽게 모을 수 있을 것이다. 그러나 석탄의 연소는 이산화탄소, 이산화황, 수은과 함께 오염시킬 뿐만 아니라 노천 채굴은 석탄에서 떨어져 버려진 암석을 제거하고, 일반적으로 많은 지역의 풍경을 파괴한다.

핵에너지(원자력) 일본과 서부유럽 국가들은 상당량의 핵에너지를 생성할 만한 화석연료가 매우 적다—세계 에너지 공급량의 16%. 프랑스는 핵분열—우라늄 원자의 분열—로부터 그들 전력을 78%를 얻고, 대부분의 핵폐기물들을 재활용해서 추가적인 연료를 만든다. 현재 미국에서 원자력은 모두 1980년 전에 지어진 103개의 발전소로부터 전력의 약 20%를 생산한다.

원자력의 문제는 단지 50년 이상만 지속될 것으로 보고된 한정된 우라늄 매장량, 핵폐기물의 처리인데, 대부분은 낮은 방사능 수치를 가진다. 원자력은 1979년 펜실베이니아의 스리마일 섬과 1986년 소련의 체르노빌에서의 발전소 참사로 인해 나쁜 명성을 얻었다. 스리마일 섬 사건은 기계적인 결함, 많은 훈련을 받지 않은 기계조작자, 그리고 원자로 누설 비율의 변조(위조)에 의해 일어났다. 체르노빌은 부실하게 설계, 건축되고 검토된 발전소였다.

안전성과 핵폐기물의 처리 문제는 현재 인류에게 더욱 증가하는 온실가스보다 적은 위험요소를 가지는 것처럼 보이며, 전력산업은 석탄화력 발전에 대한 의존을 줄이는 것이 불가피하다. 그 결과로 새로운 핵분열 발전소는 미국에서 다시 계획되었다. 하지만 첫 번째 발전소는 2015년 전에 작동하지는 않을 것이다. 미국 의회는 위험보험과 처음 몇몇 새로운 원자로에 대해 생산세금 공제의 형태로 인센티브를 제공했다. 그 결과 몇몇 회사들은 새로운 원자력 발전소 건설에 지원했다. 그러나 원자력 발전소 건물을 짓는 데 드는 비용은 다른 전력 발전소보다 더욱 빨리 증가했고, 새로운 발전소의 미래를 불투명하게 했다. 단지 연방 대출 보증과 함께 그들은 새로운 건설을 고려할 것이다. 핵분열—태양에서 발생하는 것처럼, 1억 ℃의 온도는 원자들을 결합시킨다—은 실행할 수 있지만, 현재 매우 비효율적이며 상업적인 생산과는 50년 정도 동떨어져 있는 것 같다.

조력 시스템 조력 시스템은 오염을 발생시키지 않지만, 발전소를 짓는 데 많은 돈이 든다. 다양한 계획은 큰 조차와 함께 좁은 피오르의 수중터빈에서 움직이는 조류의 흐름 또는 만조와 간조의 높이 사이의 잠재적 에너지 차이의 포착 둘 다에 관여한다. 현존하는 대부분의 시설은 작지만, 그중 하나는 프랑스의 랑스 강에서 1967년부터 작동했고, 평균 약 68메가와트의 전력을 생성한다. 조력 지역은 메인 주와 뉴브런즈윅 사이의 펀디 만에서부터 알래스카 앵커리지 근처의 쿡 만까지 일부 가능성 있는 지대에서 고려 중이다.

수소연료 깨끗하고 오염이 없다고 알려진 수소연료는 수소와 산소를 연소시켜서 전력을 발생시킨다. 불행하게도 그것은 수소와 산소가 분리되면서 생성되어야 하는데, 이때 많은 양의 기존 에너지 자원들을 가져간다. 이 점은 CO_2가 연소됨으로써 생산되고 포획되어 지하에 격리될 수 있는 중앙집권화된 발전소에서 생성될 수 있다는 것이다.

바이오연료 바이오연료는 화학연료보다 더욱 깨끗하게 연소되어서 가솔린 보충물로 사용된다. 정부지원과 보조금은 주로 옥수수에서 생성된, 가장 유망한 바이오연료인 에탄올로 집중되어 있다. 그러나 현재 연구는 생산하는 과정에서 증가하는 방출량을 지적하며 에탄올의 연료로서의 효율성에 대해 의문을 가진다. 그들은 생성과정에서 천연가스를 사용하는 에탄올 생성자는 가솔린보다 5% 더 많이 방출하고, 석탄을 사용하는 것은 34%를 더 방출한다는 것을 보여 준다. 비록 에탄올은 가솔린보다 더욱 깨끗하게 연소하지만, 연료의 갤런당 마일(연료의 효율성)이 낮다. 만약 당신이 비료와 농작물을 생산하는 데 사용되는 기계연료 에너지를 포함한다면, 옥수수, 콩, 그리고 흔히 사용되는 다른 식물로부터 그러한 연료에 이용 가능한 것들보다 에탄올이나 바이오디젤을 얻기 위해서 최소한 25%의 더 많은 에너지가 필요하다. 에탄올은 파이프관보다는 트럭이나 철도의 레일을 통해 운송되어야만 한다. 그렇게 함으로써 더 많은 연료를 사용한다. 게다가 불과 10%의 가솔린과 연료 공급 장치를 교체하기 위해 미국 전체 농작지의 43%를 사용하는 것으로 추정된다.

에탄올은 다른 단점들이 있다. 그것의 주요 원료는 옥수수인데, 그것은 동물의 먹이나 가난한 나라들의 음식으로 수출되기 때문에 중요하다. 몇 년 안에 세계의 옥수수 값은 4배, 밀은 2배가 될 것이며, 가난한 나라 사람들에게 충분한 음식을 공급하지 못할 것이다. 게다가 에탄올을 생산하는 데 사용되는 많은 물은 세계적으로 대수층을 고갈시키고, 상수도를 오염시킨다. 또한 에탄올 생산에 대한 관심의 감소는 가격의 증가, 옥수수의 비싼 가격과 2008~2010년의 경제 침체 때문이다. 이 시기에 소비자들은 운전도 멈췄다. 운전의 감소로 연료를 적게 쓰는 데 관여하는 피드백 메커니즘은 에탄올의 비축량을 증가시켰으며 에탄올의 가격을 떨어뜨렸다.

미래에 옥수수로부터 에탄올을 생성하는 것 대신에, 바이오연료는 같은 면적의 지역에서 14배의 더 많은 연료를 생산할 수 있는 조류 양식장에서 생성될 수도 있을 것이다. 파일럿 프로젝트는 실행 가능성을 보여 줬지만, 영양분과 물의 충분한 공급지를 찾아야만 한다. 비록 아직 상업적으로 실행 가능하지는 않지만, 풀이나 벌목 잔재물과 같은 셀룰로오스의 원천은 같은 에너지 투입량으로 4배 많은 에너지를 생산한다. 그러나 셀룰로오스의 성장은 많은 토지를 필요로 한다. 바라건대, 새로운 기술은 이것을 순손실보다 순이익으로 만들기 위해 발전될 것이다.

지열 발전 지열 발전은 캘리포니아에 집중되어 있는데, 그곳에서는 북부 연안에 위치한 '가이저스(The Geysers)'에서 2,000메가와트 이상의 지열, 즉 지역 전체량의 80%를 생산한다. 전기 1메가와트는 1,000가정의 전력을 공급할 수 있다. 나머지 대부분은 남부 캘리포니아 솔턴의 지각 발산 지대에서 기인하며, 얇고 뜨거운 지각 지대의 분지와 네바다, 오리건, 유타의 확장 가능성이 있는 지역에서 기인한다.

대체 에너지 비용 대체 에너지 사용 증가의 주요한 요인은 소비자들에게 있어서 가격이다. 에너지 수요가 매우 많으므로, 대부분의 사용을 이끄는 것은 가격이다. 경제적인 고려, 시간, 편리성은 사람들이 난방, 조명, 교통수단에서 가장 저렴한 것을 이용하도록 한다.

현재 가장 저렴한 연료는 석탄, 천연가스이고, kWh당 5센트이다. 그러나 만약 대기오염이 건강에 미치는 영향의 숨겨진 비용이 포함된다면, 탄소는 약 6.3센트일 것이다. 풍력은 현재 kWh당 6센트인 반면, 원자력은 6.5센트이다. 태양 전지판으로부터 오는 태양에너지는 현재 kWh당 약 22센트이지만, 태양열 기술 향상으로 가격은 떨어질 것이라고 예상된다. 대체 에너지 기술이 향상되면 가격은 떨어질 것이고, 산업이나 소비자에게 더욱 관심을 불러일으킬 것이다. 만약 화석연료 연소의 실비용—다른 방출들과 CO_2의 격리로 인한 건강상의 문제들의 비용을 포함하여—이 포함된다면, 풍력과 다른 에너지 전력원들은 화석연료만큼 낮거나, 화석연료보다 낮은 비용이 들 수도 있다.

탄소 거래

화석연료의 가격을 높이기 위한 정부 정책의 이행은, 예를 들어 탄소 배출에 대해 세금을 부과함으로써 대체 연료의 가격이 더욱 적당하도록 만들 수 있을 것이다. 높은 가격이나 정책들은 사람들이 연료의 사용을 절약할 수 있도록 강요하기 위해서 필요하지만, 세금과 가격에서의 다른 인위적인 증가들은 불편한 정책 사건들을 초래한다. 몇몇 나라들은 탄소 사용에 기초해서 세금을 부과했다. 연구결과들은 선진국에서 CO_2 톤당 50달러의 가격이 에너지 사용의 80%에 해당하는 발전이나 난방에서의 탄소 사용을 상당히 줄인다는 것을 보여 주었다.

탄소 배출을 제한하기 위한 하나의 제안은 **배출권거래제**(cap-and-trade)를 실행하는 것이다. 이와 비슷한 시스템이 미국에서 1990년 산성비의 원인이었던 가스로 인한 오염을 줄이는 데 도움을 주었다. 공장 굴뚝의 배출에 정해진 규제들은 산업에서 배출을 줄이거나 추가적인 오염을 배출할 수 있는 권리를 거래(그리고 지불)할 수 있도록 요구했다. 이와 같은 시스템은 탄소 배출의 규제에도 쓰일 수 있을 것이다.

유럽연합 국가들의 대부분은 탄소 무역을 유치하면서 배출 규제에 노력한다. 이러한 시나리오에서 회사들은 과거의 배출 수위에 기초하여 탄소 배출의 특정 수위로 제한되어 있다. 온실가스를 감축한 한 회사는 아마 그들에게 허가된 배출권을 과거에 현재의 배출량보다 더 많이 배출하는 기업에게 팔려고 할 것이다. 이러한 생각은 성장을 저해하지 않고 회사들이 온실가스 배출을 감소할 수 있도록 도움을 준다. 하지만 불행하게도 개인적인 회사에서의 기준치는 회사가 옛날 것을 사용했는지, 오염을 심각하게 했는지, '더러운' 에너지 생산이나 새로운 최신식 저오염발전인지를 구별하지 않는다.

미국 같은 몇몇 산업화된 국가들은 경제성장을 막을까 봐 탄소 배출을 감축하는 것을 꺼려 왔다. 배출권거래제의 비용을 지적하는 논의들은 기후변화에 대한 잠재적인 비용은 거의 고려하지 않는다. 비록 측정하기는 매우 힘들지만, 기후변화에 대한 비용은 국내총생산량의 5~20%에 달하는 양이라고 지적한다. 미국을 예로 들면 2010년 GDP의 10%가 약 1조4천억 달러였다.

NOAA와 다른 기후 과학자들의 배출문제에 대한 신중한 분석은 배출권거래제가 CO_2의 증가를 더디게 할 것이라고 지적하지만, 다른 사람들은 배출에 대한 노골적인 세금 부과가 훨씬 효율적일 것이라고 주장한다. 스웨덴과 같은 몇몇 나라들은 탄소 세금(화석연료 연소에 대한 세금)을 부과하고 있고, 나머지 국가에서는 자발적인 계획을 이용한다.

국제적 협력

만약 CO_2를 발생시키는 모든 주요 산업 생산자들이 협력한다면, 온실가스 배출은 두드러지게 감소할 수 있을 것이다. 1997년에 이르러 세계 각국의 정부들은 대기 중 탄소의 증가에 대한 위험성과 지구온난화의 관계를 인식했다. 가장 산업화된 국가들을 포함한 107개국들—하지만 미국과 러시아는 제외하고—은 1997년에 6가지의 온실가스 배출 감축을 위한 **교토 의정서**(Kyoto Protocol)에 서명했다. 러시아는 2004년도에 이 의정서에 서명했다. 미국은 당시 탄소 배출에 가장 큰 영향을 미쳤음에도 불구하고, 교토 의정서에 서명하는 것을 계속해서 거절했다(**그림 10-60**). 대신에 미국은 미국의 경제성장 비율보다 온실가스 배출의 증가율이 더 적게끔 감축시킬 것이라고 말했다. 캐나다도 이 같은 정책을 따라서 시행했다.

그러나 몇몇 주들은 연방정부의 입장에도 불구하고 그들의

그림 10-60 국가별 방출량

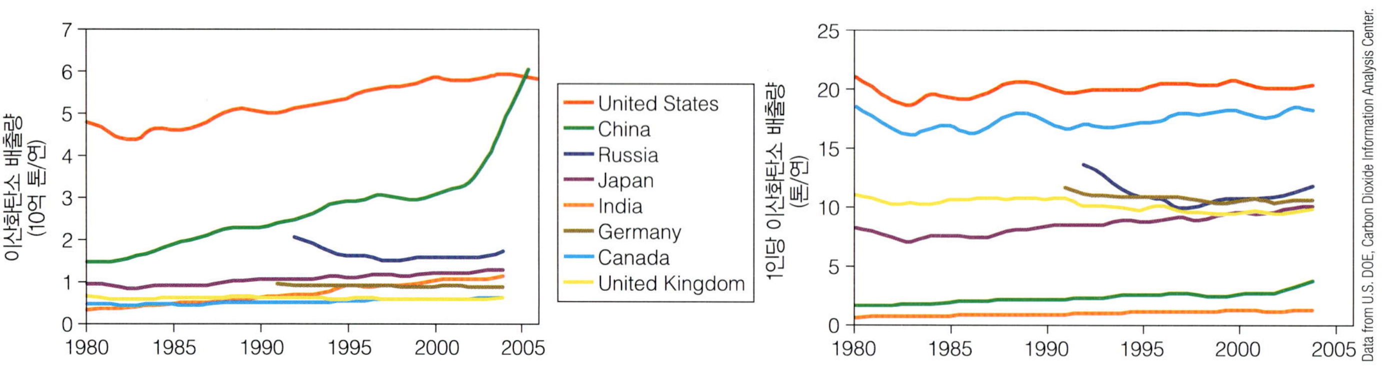

A. 방출량이 가장 높은 국가의 온실가스 총량. B. 한 국가의 1인당 평균 방출량.

역할을 하기로 했다. 2006년에 캘리포니아는 지구온난화 온실가스 배출에 대한 입장을 표했고, 2020년까지 그 수치를 줄여서 1990년의 수치로 맞추려고 의도하였다. 2007년 4월 미국 최고 법정은 자동차와 트럭에서 나오는 이산화탄소를 오염물질로 간주하는 법을 규정했다. 2009년에 EPA(환경 보호 연맹)는 새로운 오토바이에 대해서 새로운 연료 효율 규제를 제공하였다. EPA는 최근 연료 수입자들과 정유회사들에게 디젤 연료를 97%까지 줄이라고 요구했고, 그에 따라 깨끗한 디젤차와 30% 정도 증가한 연료 효율성을 갖춘 가벼운 트럭을 허가하게 되었다. 그들은 또한 이산화탄소와 다른 온실가스를 오염물질로 규정했다. 13,600곳의 화석연료 공장, 정유소, 제련소와 같이 해마다 25,000톤이 넘는 이산화탄소를 배출하는 거대한 배출 요소들은 규제될 것이다. 이러한 발전소들은 미국 산업에서 온실가스의 약 40%가량을 생산해 낸다. 새로운 공사나 변형은 배출을 최소화하기 위한 '최고로 유용한 기술'이라고 불릴 만한 허가가 요구될 것이다.

국가들은 기후변화에 대해서 누구를 비난하고 무엇을 해야 하는가에 대한 양극화가 초래되었다. 미국처럼 역사적으로 대부분의 CO_2 배출에 기여해 온 국가들은 세계에서 가장 부유한 국가로 성장하기 위한 무분별한 산업발전으로부터 굉장한 이득을 얻어 왔다. 중국, 인도와 같이 오늘날 급격한 산업발전 시기를 겪고 있는 나라들은 그들 나라가 환경규제 없이 성장될 수 있도록 허락받길 원하고 있다. 그들은 산업화된 국가들이 관련 비용에 많은 기여를 해 왔으므로 맨 처음으로 그들의 배출을 먼저 감축해야만 한다고 생각한다. 동남아시아의 많은 인구들은 너무 가난해서 더 효율적인 연료를 살 수 있는 형편이 되지 못한다. 식량을 사기에도 돈이 없는 가족에게 겨우 구입한 연료로 요리하는 것을 멈추라고 어떻게 말할 수 있겠는가?

중국, 인도와 같은 거대한 배출국가의 협력 없이는 배출 감축의 전망은 매우 어둡다. 중국은 여전히 미국보다 1인당 적은 온실가스를 배출하고 있지만, 그들의 생산력은 중국의 인구성장과 급격한 발전으로 인해 계속해서 증가하고 있는 추세이다. 중국은 2006년에 최소화된 배출 규제로 석탄화력 발전소로부터의 심한 오염, 시멘트 생산, 철 발전소 이외에도 매우 빠른 경제성장을 통해 온실가스를 가장 많이 배출하는 미국을 추월했다. 정책 변화의 초기 징후로, 몇몇 중국의 경제학자들은 2009년에 중국이 필요한 변화에 대한 비용을 충분히 감당할 수 있을 정도로 부유해진다고 전망하고 있다. 미국은 평균적으로 인도 사람이 1인당 배출하는 CO_2에 비해 16배 이상 많이 배출하고 있지만, 이 현상 역시 인도가 성장하면서 바뀌고 있다.

중국과 인도의 유일한 충분한 에너지 원천은 온실가스를 가장 많이 배출하는 비효율적인 연료인 석탄이다. 그 전망은 심상치 않다. 왜냐하면 인도의 수억 명의 개별 가족들은 너무 가난해서 대부분이 사용하는 개방된 불과 비교하여 목재의 절반도 안 되는 20달러의 조리용 난로조차 살 여유가 되지 않는다. 몇몇 비영리 단체들은 이러한 난로를 공급하는 데 노력하고 있다. 이러한 저기술 해결방안들은 보통 다른 메커니즘보다 매우 간단하고, 가격도 저렴하며, 에너지 사용을 감소시키는 데 더욱 효과적이다. 고가의 새 장비들에 연방과 주가 부과하는 세금 인센티브가 너무 높았기 때문에, 의회보다 앞서 법적인 제안서에서는 더 많은 에너지를 절약하기 위한 프로젝트에 대하여 더욱 관대한 세금 면제를 현재 제안하고 있다. 배출에 대한 강력한 규제를 수반하여 CO_2의 증가를 막는 가장 최선의 시나리오를 고려하더라도, 대기 중에 있는 전체 탄소량은

2060년(2010년의 338 ppm에 비교하여 약 475 ppm 정도의 수치)이 되어도 그 수치가 줄지 않을 것이라고 예측된다. 즉각적이고 급진적인 대응방안 없이, 중국에서의 배출 속도 증가는 가까운 미래에 온실가스를 더욱 과속화하며 위협한다. 배출량이 증가함에도 불구하고, 중국과 인도는 전기에 대한 접근성을 증가시키고, 그들의 경제를 성장시키며 가난을 줄이는 일에만 관심을 쏟고 있다. 그러나 2009년 말에 중국은 석탄화력 발전 전기보다 비싸더라도 재생 가능한 원료로부터 전기를 구매하도록 전기 회사에 요구하는 법을 통과시켰다.

2007년 9월 8일, 아시아-태평양 국가의 수장들이 2030년까지 국내총생산의 1달러만큼을 생산하는 그들의 '에너지 강도'에서 25%까지 감축을 하는 것에 동의했다. 그러므로 그들이 더욱 효율적이고 그들의 달러당 배출이 감소하는 한, 그 국가들은 그들의 배출을 증가시킬 수 있도록 허용되는 것이다. 하지만 불행하게도 배출의 증가 속도가 이 조약하에서 느리게 될지라도, 총 온실가스 배출량은 계속해서 증가할 것이다. 이 동의안은 문제를 해결하기 위한 최소한의 성과만 내고 있는 실정이다. 2009년 7월 주요 경제국가 G8의 회원들은 2050년까지 그들의 탄소 배출량을 80%까지 줄이겠다고 선언했다. 세 번째로 가장 많은 탄소를 배출하는 인도네시아는 섬을 깨끗이 조성하고 아카시아를 심는다는 이유로 삼림을 베고 불태우면서 탄소 배출에 기여를 했다. 2009년 코펜하겐 기후변화 협약에서 많은 나라들은 구속력 있는 협약에 서명하는 것을 거절했지만, 대부분의 나라들이 2020년까지 17~30%까지 탄소 배출을 감축하겠다고 서약했다. 그러나 인도와 중국 같은 몇몇 나라에서 그 감축은 배출 강도에 달려 있었다—그 말은, 그들이 총 배출량이 아닌 배출의 증가비율을 감축하겠다고 서약한 것이다. 불행하게도 그들은 단기 계획은 세우지 않았고, 그 동의안은 부결되었다.

온실가스의 격리

대기의 탄소 증가를 감소시키거나 최소화하기 위한 두 가지 확실한 방법이 있다: (1) 화석연료 연소의 급격한 감소(난방, 전기, 교통 포함) 그리고 (2) 인간에 의해 형성된 많은 양의 탄소가 생산될 때 물리적으로 제거하거나 장기적으로 저장하는 방법인 **격리**(sequestration).

CO_2를 격리시키는 첫 번째 단계는 탄소 포획이다. 이산화탄소는 화석연료로 가동되는 전기 발전소에서 포획될 수 있으며, 연료전지를 사용하여 궁극적으로 이산화탄소와 물을 생성한다. 이것은 현존하는 발전소에 처음으로 탄소와 증기를 처리하는 새로운 발전소로 재장착하거나 교체하기를 요구한다. 대기로부터 직접적인 이산화탄소 포획은 실현 가능하고, 현재 두 개의 회사는 버려진 기름 저장소에 CO_2를 저장하고 있는데, 하나는 캐나다에 있고, 나머지 하나는 알제리에 있다. 나머지는 현재 진행 중이다(사례: 지하의 CO_2 격리—웨이번 격리 프로젝트).

일단 CO_2가 포획되면, 장기 저장소에 보관되어야만 한다. 석유 분야의 퇴적암 기공 공간으로 지하의 CO_2를 끌어올리는 것은 오랫동안 표면에 잔류하는 기름을 밀어내기 위해서 사용되었다. 2008년에 약 3천만 톤의 CO_2는 해마다 미국의 오래된 유전에 주입되었다. 전 세계의 유전이 CO_2와 같이 재주입에 사용되는 경우 우리가 생산하는 새로운 CO_2의 약 절반은 지하에 보유될 수 있다.

다른 지하 지역은 장기간의 CO_2 저장에 더욱 효율적일 수 있다. 다른 퇴적암에서의 수용량은 유전보다 10배나 많다. 천연가스의 저장소를 유지하기 위해 충분히 봉인된 배사(퇴적암에서 아치모양에 해당)는 격리된 CO_2를 가둬 둘 영구적인 장소 중 하나이다. 육지의 우물 안에서 옮겨진 소금물의 처리는 큰 규모로 증명되었지만, 그것이 오랜 기간 동안 갇혀 있을 수 있다는 것은 아직 명확하지 않다. CO_2의 처리는 그 물에서 밀도를 증가시키기 위해 800 m 아래에서 처리된다.

CO_2의 지하 격리에 대한 우려는 사용할 수 있는 지하수 자원을 가지고 있는 대수층의 오염뿐만 아니라 가스의 분출에 대한 두려움을 포함한다. 또 다른 우려는 일부 지역에서 많은 양의 압축된 액체의 끌어올림(펌핑)은 지열발전을 위한 액체의 주입이 2006년 스위스 바젤 지역에서 수차례 지진을 일으켰던 것(그림 4-3 참조)과 같이 지진을 일으킬 수 있다는 것이다. 만약 상당량의 CO_2가 결함이나 균열을 따라 밖으로 분출해야만 한다면, 낮은 지대에서 사람 또는 동물을 질식하게 할 것이다. 이러한 고임 현상은 CO_2가 화산지역의 호수에서 방출되었을 때 니오스 호수에서 발생했으며, 캘리포니아의 매머드 근처에서 화산성의 CO_2가 겨울에 오두막에 모이게 되었고, 그 지역의 숲은 거의 질식사했다(그림 7-17, 7-18 참조). 잠재적으로 심각한 문제는 신선한 지하수의 산성화인데, 이것은 CO_2가 물과 함께 섞여 탄산(약한 산)을 생성하기 때문이다. 지하수 공급의 잠재적인 부작용은 지켜봐야 한다. CO_2와 동시에 이산화황(SO_2)이 주입되면 황산의 생성을 촉진시킨다.

지하에서 CO_2 저장의 법률적 측면은 2008~2009년 가장 큰 석탄 생산 주인 와이오밍에서 격리에 관한 법이 통과되었을 때 명확해졌다. 그 법은 표면의 땅 소유주가 그들 땅 아래에서 자신만의 CO_2를 저장할 권리를 가진다고 명시했다. 2009년 와이오밍에서는 지하에 가스를 주입하는 누구든지 합법적으로 영원한 책임이 있다고 정했다.

바다 밑에서의 격리는 근해 유정과 같은 심해 환경에서 가능하다. 다른 방법은 액화된 CO_2를 끌어올려 높은 밀도 때문에 가둬질 수 있는 심해 퇴적층으로 보내는 것이다. 1996년 이후로 노르웨이 회사는 북해 아래에서 처리법을 사용해 왔으며, 매년 약 100만 톤의 CO_2를 처리했다. 이러한 관점에서 보면, 하나의 큰 석탄화력 발전소는 한 해에 약 800만 톤의 CO_2를 생산한다.

만약 CO_2가 연안의 시추 플랫폼으로부터 해저까지 직접 수송되었다면, 액체 CO_2는 해저에 '호수'처럼 모일 것이다. 수백 년의 기간에 걸쳐, 그중 많은 것들은 점차적으로 바다로 용해된다. 따라서 이러한 처리 과정은 영구적이지 않지만, 대기 중의 CO_2를 천천히 증가시킬 수 있다. 환경적인 우려는 아직 평가되지 않았다.

지하의 CO_2를 끌어올려 많은 양의 현무암용암(6장에서 논의된)이 흐른 인도의 데칸트랩, 중앙아시아의 시베리아 현무암지대, 그리고 워싱턴의 컬럼비아 강의 현무암지대와 같은 물을 함유한 공극으로 보내는 것은 가스를 저장할 수 있는 기회를 제공하며, 용해되지 않는 탄산염을 형성하는 반응이 진행될 수 있도록 한다. 부피 증가에 따른 반응의 결과로, 생성물은 암석의 구멍을 막을 수 있고, 반응이 더욱 진행되는 것을 막는다. 감람석, 휘석과 반응하는 이산화탄소와 물은 $MgCO_3$(마그네사이트)와 사장석을 형성하여 $CaCO_3$(방해석)를 형성한다. 이것이 거대한 규모에서 실현 가능한지 아닌지는 반응을 지연시키고 더 많은 CO_2를 흡수하게 하기 위해 광물의 표면을 덮는 처음의 반응에 의존할 것이다. 자연 환경에서의 과정의 실험은 현재 아이슬란드에서 진행 중이다.

현무암 반응이 제안한 변화는 감람석과 감람암의 사문석이 CO_2와 함께 반응하여 $MgCO_3$를 생성하고 감람암을 채굴하는 과정에서 생긴 구멍을 강화시키는 것과 같이 마그네슘이 풍부한 광물들의 반응과 연관된다(온라인 부록 2 참조). 채굴과 파쇄에 요구되는 에너지는 상황의 일부가 되고, 어떻게 이러한 과정이 큰 규모에서 영리적으로 수행될 수 있는지는 아직 명확하지 않다.

땅 위의 탱크 속 저장은 수십 년 동안 성공할 수 있다고 증명되었지만, 아직 상업적인 규모로 시행되지는 않았다. 단 하나의 큰 석탄화력 발전소에서 방출되는 CO_2를 격리하기 위해 필요한 부피는 해마다 약 천만 m^3이고, 따라서 전체 발전소에 대해 필요한 전체 부피는 매우 크다.

격리는 추가적인 에너지 소비 없이, 추가적인 CO_2의 생산 없이 수행될 수 없고, 일반적으로 약 25%의 CO_2를 제거한다. 이산화탄소의 격리는 단지 작은 규모와 상대적으로 짧은 시간 동안 실행 가능하다. 처리법이 충분한 규모로 확장될 수 있을지, 저장은 중요한 부정적인 결과 없이 수백 또는 수천 년 이상 실현될 수 있는지의 문제가 아직 남아 있다.

지구공학 지구온난화를 막기 위한 현재의 노력들은 탄소 생산을 줄이거나 현재 생산되고 있는 탄소의 일부분을 제거하는 데에 초점을 맞추고 있다. 완전히 다른 접근법으로 지구공학을 이용하여 태양에너지의 일부분을 막는 것을 고려하고 있다. 이러한 제안들은 제트기와 풍선들로부터의 대기 중 이산화황의 유입을 포함한다. 이 접근법은 1991년의 피나투보 산의 화산 분출의 단기적인 냉각 효과를 모방하는 시도인 듯하다. 왜냐하면 이산화황은 결국 대기를 다 씻어 내 버릴 것이고, 이 유입은 거의 매년 행해져야 하기 때문이다. 아마 몇몇 식물들과 동물들에게 해를 입힐 것이며, 또한 오존층 파괴로 인한 피부암과 몇몇 지역에서의 열대성 폭우의 파괴를 불러올 것이다. 이것은 지구 온도를 낮추는 데에만 효과를 주고 심각한 가뭄 현상을 초래할 수 있다.

정치적인 우려는 법적 책임의 의문을 포함한다. 보통과 다른 기상이 어떤 나라나 기관의 공학자가 만든 변화라고 탓할 수 있겠는가? 지구공학은 어디에서나 의도하지 않은 결과를 만들어 왔다. 2009년 11월, 베이징 기상 조절 사무국은 오랫동안 지속되는 가뭄 동안 구름에 수분을 제공해 주었다. 결과적으로 거대한 눈보라가 엄청난 양의 눈을 덮쳤고, 고속도로를 마비시켰으며, 건물들을 파괴시켰고, 따라서 6억5천만 달러의 손해를 입혔다. 지구 대기에 엄청난 연간 변화를 가져오는 공학의 잠재적인 책임을 상상해 보라!

모든 전략을 조합하기 대기 중 탄소의 어떠한 증가라도 막기 위해서, 우리는 에너지 소비를 줄이고, 대체 에너지 연료의 사용을 늘리고, 대기의 온실가스를 제거하는 일을 포함하여 수많은 대응 전략을 모두 조합해야 한다. 인간이 만들어 낸 온실가스의 가장 큰 원인의 확인과 이러한 원인의 감축은 어렵지만 달성 가능하다(**그림 10-61**). 이러한 온실가스 감축의 모든 전략은 실현 가능하다. 가장 큰 문제는 정치적 문제이다. 정부는 경제 성장, 일자리, 삶의 질 향상을 요구한다. 대통령은 경제성장이 저해되는 것을 원하지 않는다. 미래의 비용과 불이행에 따

그림 10-61 우리는 어떻게 CO_2를 안정화하는가?

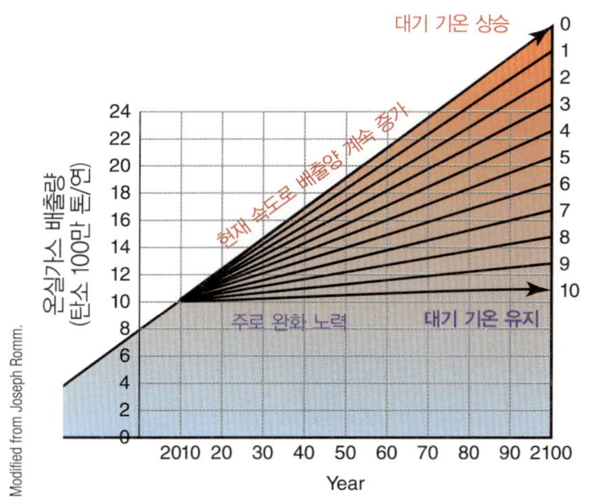

이행되어야 할 최소한의 주요 완화 정책(각각 거의 같은 이득)
[2010년에 이행정책 가정. 후에 이행 곡선이 상승함]

- 모든 대형 석탄화력발전소에서 **이산화탄소를 저장하고 가둔다.**
- **새로운 주요 핵동력 발전소에서** 700 GW의 전기 생산
- **태양으로부터** 4000 GW의 **전기** 생산
- 500만 GW/시간의 **힘을 더 효율적인 건물에 저장**
- 500만 GW/시간의 **힘을 열 회수 및 열병합 발전으로 저장**
- 100만 대의 대형 **풍력 터빈**
- **모든 차는 갤런당 평균 60마일로 이동한다**–더 많은 하이브리드와 디젤 포함.
- **세계 경작지의 6분의 1에서 셀룰로오스 기반의 바이오 연료**
- **열대산림파괴 끝**
- **트럭 대신 철도를 더 많이 이용, 보다 효율적인 트럭을 이용, 매립지에 있는 메탄가스로부터 생산된 천연가스(메탄) 연소**

["giga" = 1 billion]

We have to do all of these things to stop increasing emissions entirely!

대기의 CO_2를 안정시키기 위해 필요한 조치. 최상단의 기울기 선은 화석연료 연소의 적극적인 감소 없이, '평상시의 세계적인 사업'의 대략적으로 증가하는 CO_2를 나타낸다. 2010년부터 시작하여, 계속적인 완경사 선 각각은 화석연료를 연소하는 데 대체에너지 중 하나를 사용함으로써 증가하는 CO_2의 대략적인 감소를 보여 준다. 표는 2010년까지 우리가 이러한 추가적인 효율성을 달성할 수 있음을 보여 주지만, 그 달성은 일어나지 않았다.

르는 결과를 이해하는 사람은 거의 없다. 이러한 효율적 방안들을 실행하지 않고 매년 보낸다면, 대기 중 이산화탄소 수치는 훨씬 더 증가할 것이고 대응 방법은 더욱 어려워질 것이다. 심지어는 온실가스 배출의 감축을 위한 방안이 모두 시행되더라도, 지금의 수준으로 보면 그것들을 모두 감축할 수 없다.

인간이 만들어 낸 배출량 감소와 대기 중의 이산화탄소를 제거할 수 있는 인위적인 유형의 개입들을 실행하지 않고서 우리는 벌써 아마 돌이킬 수 없는 기후변화의 사태를 맞이한 것일지도 모른다. 이런 상황에 희망은 거의 없고, 너무 멀리 와 버렸다고 해서 이산화탄소에 대해 걱정하는 것을 멈춰야 하는 것일까? 당연히 아니다. 왜냐하면 대기 중 많은 이산화탄소 양과 함께, 온도와 그 결과가 더욱 빨리 그리고 더욱 심각하게 다가올 것이기 때문이다.

사례

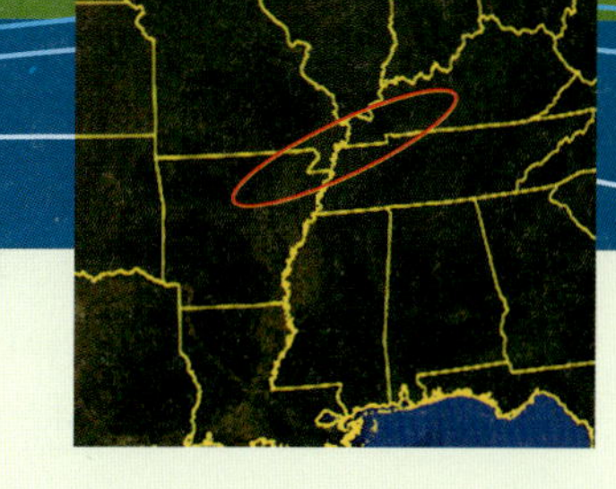

미국 남부에서 일어난 거대한 착빙성 폭풍우

2009년 1월 아칸소와 켄터키 ▶

2009년 1월 26일, 뉴멕시코와 텍사스 중부지방을 향해 가던 비구름은 아이오와 주에 있던 차가운 공기와 가벼운 눈구름을 만났다. 텍사스 북부지방과 오클라호마 주에서 수분을 가진 공기가 북쪽으로 가던 차가운 공기를 타고 올라가면서 비와 눈을 얼리고 하강하게 했다. 북서부 아칸소와 켄터키에서 초저녁쯤에 진행된 차갑고 진눈깨비가 동반되는 비와 눈은 27일 새벽 6시에 매서운 빗줄기로 바뀌었다. 얼음비, 천둥, 그리고 나뭇가지의 부러짐은 하루 종일 저녁까지 계속되었다. 많은 전선들은 적설량의 약 1.3 cm 정도만 견딜 수 있었다. 무거운 얼음 두께는 5 cm까지 달하여, 나뭇가지를 쓰러뜨리고, 도로를 덮었다. 저녁이 되어서 큰 나뭇가지와 나무들은 휩쓸렸고, 집과 전선 위로 쓰러졌다. 전기는 지역마다 초저녁이 되어서 끊기더

Larry McGriff and Mel Coleman, NWS.

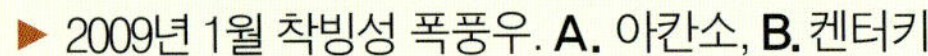
▶ 2009년 1월 착빙성 폭풍우. **A.** 아칸소, **B.** 켄터키.

니 저녁 8시에 이르러 모든 전기가 끊겼다.

5일 뒤, 켄터키 주의 경비 요원들은 여전히 나뭇가지, 나무들과 전선들을 치우고 있었다. 그들은 전기가 없는 주민들을 위해 음식과 물병을 들고 집 앞을 방문했다. 켄터키 주에서 700,000명이 넘는 집과 기업체들이 전기를 공급받지 못했으며, 긴급 피난처가 마을 곳곳에 생겼지만 라디오 방송국에서조차 전기 공급이 없어 피난처가 설치되었다고 방송하기가 힘들었다. 전력 공급의 중단은 물 공급도 중단시켰다. FEMA는 긴급 작동과 다른 중요 시설들을 위해서 300개의 전력발전소를 제공했다. 그 지역에 있는 작업 트럭의 호송대들은 시설을 재설비하는 것을 돕기 위해 도착했다. 260,000명의 사람들이 폭풍 이후 전기 없이 한 주를 버텨야만 했다.

폭풍은 42명의 사망자를 낳았다. 대부분은 적절하게 사용되지 못한 열연료의 이용으로 생긴 일산화탄소, 저체온증, 교통사고 때문이었다. 한 경찰은 눈이 쌓여 있던 나뭇가지가 그의 위로 떨어지면서 사망했다.

인류에게 위협을 주는 상승하는 해수면

방글라데시와 인도의 콜카타 ▶

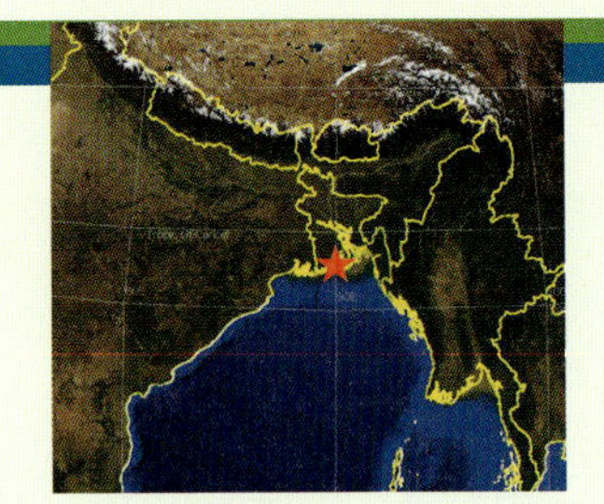

방글라데시의 가장 큰 삼각주와 콜카타 주위의 인도의 북쪽 해안가 지역은 낮은 곳에 위치하고 있으며 특히 비옥한 토지이다—그리고 지구상에서 인구밀도가 가장 높은 지역 중에 하나인데, 뉴욕보다는 적지만 한 지역에 1억3천만 명의 사람들이 생활한다. 사람들은 전부 매우 가난하다. 그들의 생계는 직접적으로 농사에 관련되어, 날씨 및 이와 관련된 재해로부터 영향을 많이 받는다. 사람들이 농사지으며 생활하고 있는 이 삼각주는 사실상 해수면에 있다. 대부분의 사람들은 도시보다 농장에 더 많이 살고, 철도 길은 단지 큰 도시에만 연결되어 있다. 도로는 좁고 무거운 트럭, 버스와 오토바이들로 붐볐다. 다리는 작은 강줄기만 따라서 연결되어 있을 뿐이다. 사람들은 자전거, 작은 보트만 탄다. 이 도시의 교통 체증은 매일 잦은 일이다. 재난 경고를 받으면 빠른 시간 내에 수십만 또는 수백만의 주민들이 이러한 교통수단을 이용해서 빠져나와야 한다는 것을 상상해 보라.

이 지역에서 사람들을 빠져나가게 하기 위한 적절한 위성 경고 시스템이 있더라도, 대부분의 사람들은 그들의 소유물을 누가 훔쳐 갈까 봐, 또 그들은 큰 사이클론도 잘 견뎌 왔기 때문에 그 지역을 떠나지 않는다. 사이클론의 평균 간격은 다음 사이클론이 '수년 안에 오지는 않을 것이다' 또는 만약에 그

▶ 갠지스 삼각주 지역의 해수면과 브라마푸트라 강에 분류 채널과 그 지류가 더해져 있다. 어두운 중앙 지역은 맹그로브 습지 보호 구역이다.

들이 죽더라도, '다음은 신이 해결할 차례' 라고 그들에게 암시한다. 문제는 매우 크다.

- 1737년 10월, 콜카타에 있는 후글리 강을 휩쓴 해일에 의해 300,000명이 죽었다.
- 1876년 매그나 강의 근처에서 발생한 또 다른 해일에 의해 100,000명이 죽었다. 1960년과 1965년에는 수천 명이상 사망했다.
- 1970년 11월, 시간당 200 km 속도의 사이클론이 갠지스와 방글라데시의 브라마푸트라 강을 휩쓴 12 m 높이의 해일과 만났다. 400,000명이 사망했고, 그들 중 대부분은 단지 20분 정도만 생명을 유지할 수 있었다. 사람, 동물과 함께 그 마을은 사라져 버렸다.
- 또다시 1990년 4월 30일, 시간당 233 km 속도의 사이클론과 6 m 높이의 해일이 방글라데시를 휩쓸어 143,000명이 익사했다. 1990년에 1억1,100만 명 정도의 방글라데시 인구는 30년 안에 두 배 증가할 것으로 예측되며, 삼각주 지역에 수백만 명이 살 것이다.
- 2001년 6월 6일, 거의 100,000명이 매서운 폭우로 인해 물속에서 꼼짝도 할 수 없었다. 마을의 홍수 방지 시스템은 붕괴되었고 홍수에 뒤덮였으며, 홍수가 작은 다리를 휩쓸었을 때 철도 서비스는 붕괴되었다.
- 2007년 11월 말, 방글라데시에서 가장 최악으로 기록되는 열대성 사이클론 시드르는 벵골 만으로부터 해안가를 강타하였다. 3백만이 넘는 사람들이 대피했다. 시간당 250 km 속도의 강풍과 5 m의 폭풍 해일과, 비로 인한 홍수는 적어도 3,500명을 죽음으로 몰아갔다. 해안가 어촌지대는 특히 피해가 심했다.

방글라데시의 이러한 재앙적인 홍수는 여러 요인들에 의해 발생되었다. 4월부터 10월까지 발생한 세찬 장맛비는 남서부로부터 불어온 따뜻하고 수분 가득한 인도양의 바람에 의해 운반되었으며, 히말라야 산맥에 마주한 공기덩어리가 상승하는 산악효과에 의해 확장된다. 비는 들이붓듯이 내렸고, 갠지스 강과 브라마푸트라 강의 배수 지역에 퍼졌으며, 그것은 방글라데시 지역의 광범위한 삼각주 지대에 모였다. 두 강은 그들의 평균 너비보다 매년 20배씩 범람했다. 이러한 배수 지역들은 광범위한 삼림 파괴와 지표에서 경작의 대상이 되었고, 그것은 강 통로의 광범위한 침식과 세찬 매몰의 원인이 되었

▶ **A.** 베트남 메콩 삼각주의 수면 지역에 들어선 집들은 폭풍해일의 아무런 영향 없이 수면보다 약간 높은 곳에 위치해 있다. **B.** 2003년 7월 8일 브라마푸트라 강의 범람 시 한 소년이 인도 가우하티 근처의 집에 접근하고 있다.

다. 경로의 수용량 감소는 강이 더 자주 범람할 수 있도록 만들었다.

방글라데시의 삼각주에서는 점차적으로 쌓인 토사의 압밀작용과 삼각주 퇴적물의 침전, 점차적인 해수면 상승과 결부되어 문제를 일으킨다. 삼각주 표면의 상승과 비교하여 상대적인 해수면의 상승은 그들의 변화도를 감소시키고 삼각주 모든 곳에서의 해수면의 상승을 일으킨다. 사이클론에 의해 운반된 폭풍 해일은 사실상 삼각주 전체—국가의 75%—를 몇 시간 안에 물에 잠기게 할 수 있다. 남동부 아시아에 있는 다른 삼각주들도 이와 비슷한 피해를 입고 있다(그림 10-54와 비교).

빈번한 홍수, 열대성 사이클론이 발생하는 삼각주의 해수면에 있는 두 개의 주요한 강에 사는 사람들을 고려한다면 그들에게는 선택권이 거의 없다. 정부는 운항을 향상시키고 제방지역에 홍수 피해자들의 집을 지어 주기 위해서 1,000 km 이상의 강바닥을 준설하고 수로를 파는 것을 계획했다. 불행하게도 이러한 추진은 안정성과 문제를 최소화하기 위한 것보다는 식량 생산을 향상하는 데 목적이 있는 것처럼 보였다. 역설적이게도 같은 홍수는 지표면에 비옥한 토양을 가져다 주었다. 준설작업은 홍수가 강의 하류로 흘러가는 기회를 증가시키고, 삼각주 강의 수로로부터 준설된 미세한 입자 재료로 건설된 새로운 제방은 수로의 분리(새로운 강줄기의 형성), 홍수의 증가, 땅의 파괴를 일으킬 수 있다. 유용한 하나의 제안은 높은 땅에 피난처를 건설하고, 홍수 경고 시스템을 제공하는 것이다.

지하의 CO_2 격리

웨이번 격리 프로젝트 ▶

영구적인 지하 저장의 가능성에 대한 연구를 하는 세계에서 가장 큰 규모의 실험은 서스캐처원의 남부지방에서 진행 중이다. 국제 에너지 단체의 웨이번 격리 프로젝트는 압축된 CO_2를 뽑아내어 1,450 m 깊이 아래의 고갈된 기름 저장고로 이산화탄소를 넣는데, 이것은 남아 있는 기름의 복구에도 좋고 대기 중 이산화탄소의 제거에도 유용한 기술이다. 최초의 시행은 2000년 9월에 행해졌다. 6천 톤의 이산화탄소가 하루에 주입되었고 2007년 9월에는 320 km 길이의 파이프 관으로 1,400만 톤의 이산화탄소가 노스다코타의 가스연료 공장에 주입되었다. 명백한 결점은 본질적인 수평 퇴적층을 자른 것이지만, 그들의 유출된 액체 통로로서의 잠재성은 알려지지 않았다. 높은 기압의 액체를 주입함으로써 일어난 지역 변형은 균열을 넓히거나, 새로운 것을 개방함으로써 상황을 복잡하게 만들었다. 결과 검토는 웨이번 방식이 장기적인 이산화탄소의 저장에 효과적일 것이라고 지적했다.

또 다른 실험적인 격리 프로젝트는 엄청난 양의 이산화탄소를 생산해 내는 석탄화력 발전소로 둘러싸인 유타 남동부지방의 콜로라도 고원과, 인접한 콜로라도, 뉴멕시코, 애리조나 주에서 실행되고 있다. 사실 이러한 발전소는 대기 중 이산화탄소 증가에 가장 큰 영향을 준다. 이 지역은 자연적으로 이산화탄소를 잡는 돔형 구조의 퇴적암으로 구성되어 있다. 일부 자연의 이산화탄소는 고체의 탄산염 광물을 형성하기 위해 광물과 반응하는데, 그렇게 함으로써 이산화탄소가 고체의 형태로 격리된다. 예비 자료와 모형화는 유망하며, 1,000년 후에는 70% 가량의 이산화탄소가 이 암석에 격리된 채 남아 있게 될 것이라고 암시한다.

세 번째 실험은 텍사스의 걸프 해안 근처에 있는 소금 돔에 사암으로 봉인되어 뽑혀 나온 CO_2이다. 이 이산화탄소는 잘 봉인되어 있지만, 광물 입자와 반응해서 철, 망간, 독성입자들을 동원하며, 원래 입자 사이의 빈 공간에 채워져 있던 염분의 물을 흩어지게 한다. 이러한 독성 입자들은 이 지역의 지하수를 오염시킬 수 있다.

생산된 이산화탄소의 양을 고려하면 깨끗하고 고효율적인 현재 지어지고 있는 석탄화력 발전소는 발생 지점에서 바로 CO_2를 포획하여, 영구적인 지하의 저장소로 보내져야 할 필요가 있다는 것은 명백한 사실이다. 이러한 곳에서 격리되는 이산화탄소의 양은 미래에 포획해야 할 양에 비하면 아무것도 아니지만 매우 적당하다. 얼마나 오래 이산화탄소가 잡혀 있을지와 수질 오염은 주요한 골칫거리이다. 또 다른 잠재적인 문제는 액체로부터의 압력에 의해 지진이 유발될 수 있다는 점이다.

10장 복습

요점

기후와 날씨에 관한 기본요소

- 지속적으로 해양과 다른 수역에서 증발되고, 비나 눈이 오면서 떨어지는 물은 식물에 의해 운반되고, 개울이나 지하수를 통하여 흘러 바다로 다시 돌아간다. **그림 10-1**.
- 상승하는 공기는 팽창하고 단열 냉각되는데, 이것은 총 열에너지의 손실 없이 이루어진다. 건조한 공기에서 고도에 따른 온도 감소 속도, 즉 단열감률은 수분이 많은 공기보다 건조한 공기에서 2배이다. **그림 10-2, 10-3**.
- 찬 공기는 수분을 적게 유지할 수 있다. 그러므로 수분이 많은 공기가 산등성이를 타고 올라가서 식으면, 종종 응결되어 구름을 형성한다. 이것은 산등성이에서 나타나는 산악효과이다. **그림 10-4**.
- 따뜻한 공기는 상승하고, 식어서 응결하여, 북반구를 시계반대방향으로 순환하는 저기압 지대를 형성한다. 차가운 공기는 가라앉고, 따뜻해지며 건조해져서 북반구를 시계방향으로 순환하는 고기압 지대를 형성한다. 공기는 고기압에서 저기압으로 움직이며 따라서 바람이 생긴다. **그림 10-5**.
- 서쪽에서 동쪽으로의 지구의 자전은 공기와 물의 덩어리가 표면에서 약간 뒤처지게 만든다. 적도에서의 자전 속도가 극지방보다 크기 때문에, 이러한 지체현상은 적도 근처에서 더욱 크다. 이것은 공기와 물의 덩어리가 북반구에서 시계방향으로 돌게끔 하며, 남반구에서 시계반대방향으로 돌게 한다. **그림 10-6**.
- 북쪽에서 우세한 바람인 편서풍은 북위 30도의 북쪽에(바람은 북동쪽으로 분다) 있고, 무역풍(남서쪽으로 분다)은 북위 30도의 남쪽에 위치한다. 따뜻한 공기는 적도 근처에서 상승하고 북위 30도, 남위 30도에서 하강한다. **그림 10-6**.
- 온난전선(따뜻한 공기덩어리가 차가운 공기덩어리를 만나는 경계)과 한랭전선(차가운 공기덩어리가 아래의 따뜻한 공기덩어리를 누르는 곳) 모두는 폭풍우를 일으킨다. 이러한 전선은 종종 저기압에서 교차한다. **그림 10-8, 10-9**.
- 아열대성 제트 기류는 북아메리카를 지나 동쪽으로 자유곡류하는데, 따뜻한 적도 공기와 북쪽의 차가운 공기 사이 그리고 고기압, 저기압 사이의 교차점을 가로지른다. **그림 10-10**.

기후상의 순환

- 지구의 기후는 날마다, 계절마다 오는 것에서부터 수천 년에 걸쳐 나타나는 것까지의 주기를 가지고 있다. **그림 10-11**.
- 적도 해양의 순환은 보통 동쪽에서 서쪽으로 이동하지만, 몇 년마다 태평양의 따뜻한 바닷물이 동쪽으로 다시 밀려들어올 때가 있다. 이것을 엘니뇨라고 하는데, 엘니뇨는 남아메리카와 북아메리카 적도 국가의 서쪽 해안가와 캘리포니아 남부지방을 포함한 곳에 겨울비를 내린다. **그림 10-12~10-15**.
- 북대서양 진동은 북대서양 지역 기후에 영향을 미치는 겨울 대기압을 이동시킨다. 이것 또한 몇 년마다 일어나는 일이지만, 엘니뇨와 겹쳐서 일어나지는 않는다. **그림 10-16, 10-17**.

날씨, 기후와 관련된 재해

- 홍수는 대기 중의 수분과 차가운 극지방의 공기보다 10배 많은 물을 포함하는 열대성 공기에 의존하고 있기 때문에, 열대성 공기덩어리는 매우 습한 폭풍을 일으킨다. 따뜻하고 습한 열대성의 공기는 여름 동안 더 높은 위도로 움직인다.
- 식물은 습한 기후에 매우 풍부해서 비가 나뭇잎에 떨어지고 땅에 천천히 스며들어 지하수나 연중 계속되는 흐름의 강줄기를 만든다. 건조 지역에서 식물의 부족은 비가 오면 땅에 바로 떨어지게 하여 땅 표면을 흐르게 한다. 특히 오래 계속되는 강우가 더 이상의 급속한 침투를 막아 주는 표면 토양을 포화시킬 수 있기 때문에, 엄청난 폭우는 홍수를 일으킬 수 있다.
- 대기는 공장의 굴뚝 매연, 산림을 불태우고 난 연기, 화산 폭발과 같은 것에서 비롯된 입자들에 의해 냉각될 수 있다.

온실효과와 지구온난화

- 이산화탄소와 메탄과 같은 온실가스는 온실에서 유리가 태양빛을 수용하는 만큼 지구대기에서의 열을 가둬 두고, 방출되지 않게 한다. **그림 10-35**.
- 특히 1970년 이래로, 대기의 이산화탄소와 기온은 증가하

고 있다. **그림 10-38, 10-41.**

기후변화의 결과

- 기후변화의 결과는 더욱 빈번하고 강한 폭풍, 눈으로 뒤덮인 지역의 감소와 예상보다 빠른 유출, 마른 식물과 더 많은 화재, 해수면을 상승시키는 온난화와 팽창 등이다. **그림 10-45, 10-52~10-54.**

기후변화의 완화

- 대기 중 온실가스 배출의 감소는 보존의 증가, 전기 생산과 사용의 향상된 효율성, 배출의 규제, 세금 부과와 보조금, 온실가스 포획과 격리, 바람, 태양열, 원자력과 같은 대체연료의 사용 등으로 달성될 수 있다.

중요 단어

가뭄(drought)
격리(sequestration)
계절(season)
고압계(high-pressure system)
교토 의정서(Kyoto Protocol)
기후(climate)
날씨(weather)
눈보라(blizzard)
단열감률(adiabatic lapse rate)
단열냉각(adiabatic cooling)
대서양 주기성 해수온변동(Atlantic multidecadal oscillation)
동상(frostbite)
라니냐(La Niña)
먼지(dust)
먼지폭풍(dust storm)
메탄 하이드레이트(methane hydrate)
무역풍(trade wind)
물의 순환(hydrologic cycle)
배출권거래제(cap-and-trade)
북대서양 진동(North Atlantic oscillation)
빙하기(ice age)
사막화(desertification)
산악효과(orographic effect)
산타아나 바람(Santa Ana wind)
상대습도(relative humidity)
알베도(albedo)
엘니뇨(El Niño)
열섬효과(heat-island effect)
오른손 법칙(right-hand rule)
온난전선(warm front)
온실가스(greenhouse gas)
온실효과(greenhouse effect)
저압계(low-pressure system)
저체온증(hypothermia)
전선(weather front)
제트류(jet stream)
증발산(evapotranspiration)
지구온난화(global warming)
지하수(groundwater)
착빙성 폭풍우(ice storm)
체감온도(wind chill)
치누크 바람(Chinook wind)
코리올리 효과(Coriolis effect)
탄소순환(carbon cycle)
편서풍(westerly wind)
한랭전선(cold front)
호수성 눈(lake-effect snow)

복습 문제

1. 만약 습한 공기덩어리의 상대습도가 100%이고 해수면에서 온도가 20°C라면, 이와 똑같은 공기가 2,000 m 높이의 산에서는 어떻게 될 것인가? 당신의 답을 설명하고, 계산과정을 보이라.
2. 날씨에 작용하는 산악효과에 대해서 설명하라.
3. 저기압의 지역은 어떤 종류의 기단에 의해 특징지어지는가?
4. 북반구에서는 바닷물이 왜 시계방향으로 움직이는가?
5. 고기압과 저기압의 중심부에서 적용되는 오른손 법칙을 설명하라.
6. 한랭전선과 온난전선의 주요한 차이점은 무엇인가?
7. 겨울, 여름과 같은 지구의 계절은 무엇이 일으키는가?
8. 엘니뇨가 나타나면 어떤 변화가 생기는가?
9. 습한 기후에서는 왜 물줄기가 1년 단위로 순환하는가? 명확하게 설명하라.
10. 지난 1,000년 동안 지구의 대기 온도는 얼마 정도 상승했는가? 언제 가장 많이 상승하기 시작했는가?
11. 대기 중에서 얼마나 많은 이산화탄소 물질이 증가되었는가? 언제 이 증가가 시작되었고, 그 이유는 무엇인가?
12. 중요한 온실가스의 주된 원천은 무엇인가?
13. 온도 상승 외에, 지구온난화로 인한 두드러진 변화에는 무엇이 있는가?
14. 다음 100년 동안 대략 얼마 정도의 해수면이 상승할 것으로 예측되는가? 이 같은 해수면 상승으로 인해 가장 많은 피해를 볼 수 있는 국가는 어떤 나라인가? 왜 그런가?
15. 세계적인 해수면 상승에 가장 큰 영향을 준 요소는 무엇인가? '지구온난화'를 제외하고 수면을 상승시키는 구체적인 요소를 써라.

토의 문제

1. 석탄 연소와 전기 발전소 같은 중공업에서 기인하는 엄청난 이산화탄소의 양으로 인해 기후변화가 초래되고 있는데, 배출 감축을 위해 공장에게 요구되는 비용의 발생은 어느 정도까지이며, 그렇게 함으로써 소비자에게 증가하는 비용은 어느 정도인가?
2. 몇몇 사람들은 단열이 잘되는 집에 살고, 난방과 에어컨 가동을 줄이고, 안 쓸 때는 전기를 끄는 이러한 방법들을 실행하면서 에너지 보존을 지지한다. 이러한 보존 방법에 대하여 이것이 얼마나 중요하고, 얼마나 쉽고, 사람들이 하기에 얼마나 괜찮은가?
3. 개인별로 방출하는 탄소량이 가장 많은 미국과 캐나다는 그들의 경제성장 비율보다 더 많은 탄소 배출을 감소하는 것을 계속해서 꺼려 왔다. 이것이 합리적인가? 그리고 그렇다면 왜 그렇고, 그렇지 않다면 왜 그렇지 않은가?
4. 우리는 어떻게 "CO_2를 안정화하는가?"(그림 10-61)에 대한 그래프는 현재 수준에서 대기 중 이산화탄소의 농도를 안정화하는 데 필요한 단계들을 말해 주고 있다. 이러한 방법들은 효과적인가? 그리고 경제적 가치가 있는 것들인가?
5. 4번 문제에 나와 있는 안정화 방법들을 다 실행한다고 하더라도, 우리는 대기 중의 총 이산화탄소의 양을 감소시킬 수가 없는데, 비용과 불편함이 따르더라도 우리는 계속 노력해야 하는가?
6. 이런 완화를 위한 노력 대신에, 기후변화가 오면 오는 대로 우리는 단지 적응해야 하는가?
7. 기후변화 문제의 가장 큰 부분이 인구 과다이기 때문에, 몇몇 사람들은 중국의 정책과 같은 1가구당 한 명 이상의 자녀를 낳지 못하게 하는 정책을 해야 한다고 주장한다—점차적으로 세계 인구를 줄이고 기후변화를 최소화하기 위해. 여러분의 의견은 어떠한가?

하천과 홍수발생 과정

11

Karl Christians, Montana DNRC.

어머나, 이 집은 원래 강의 공격면 둑(cut bank) 위에 아슬아슬하게 지어지지 않았다. 미국 몬태나 주 플레인스 인근의 클라크포크 강의 둑 위에 지어진 이 집은 건축될 당시에는 강으로부터 10여 미터 떨어져 있었다. 이 집이 강으로 떨어지기 전에 재해관리당국은 마침내 집을 불태워 버렸다.

강에 너무 가까운 것이 문제

미국 몬태나 주 플레인스의 한 시민은 클라크포크 강의 커다란 사행부(meander bend) 바깥쪽 둑의 풍광이 좋은 곳에 새 집을 지었다. 그곳은 강과 주변의 산을 바라볼 수 있는 근사한 자리였다. 집주인은 그곳이 범람원이기는 하나 강으로부터 10미터 정도 떨어져 있기 때문에 충분히 안전할 것이라고 생각했다. 그런데 1997년 5월 하순에, 봄비로 수위가 상승한 강물이 집 옆 사행부의 가파른 둑을 빠른 속도로 침식했다. 빠른 물살의 강물은 강둑을 침식하면서 점차적으로 집 쪽으로 다가와 집 가장자리를 무너뜨리기 시작했다. 집주인은 집을 통째로 옮겨 주는 회사를 불렀지만, 너무 늦었다. 강물의 침식속도가 빨라 그들이 불안정 강둑에서 이동작업을 준비하는 동안에 이동장비가 손실될 위험을 감수할 수 없었기 때문이다. 마침내 지역의 관계당국은 집이 붕괴되어 강으로 떠내려가게 내버려 두기보다는 태워 버리기로 결정했다. 어처구니없게도 이 집 소유자는 지역의 재난 구호 코디네이터였다.

유수와 퇴적물 운반과정

앞에 소개한 사건에서 주택 소유주가 고려하지 않은 것은 강이 고속도로와 같이 고정된 구조가 아니라 물줄기의 변화나 홍수와 같은 자연적인 작용에 노출된 고정되지 않은 구조라는 점이다. 홍수를 이해하기 위해서는 무엇보다도 강과 하천이 물과 퇴적물을 운반하는 자연적인 과정을 이해해야 한다.

강은 많은 작은 지류가 모여서 흐르는 몇 개의 커다란 하천이 상호 연결된 하도의 복잡한 네트워크이며, 이런 강들이 다시 하나의 큰 강을 이룬다. 그들은 수천~수백만 년 동안 침식된 계곡을 따라 흐른다. 광역적인 기후변화와 국지적인 날씨변화에 대응하여 하도로 유입되는 수량, 퇴적물의 양과 그 크기가 달라지므로 강은 시시각각 변화한다.

유수

하천과 강은 물을 모아서 지표면을 가로질러 바다까지 운반한다. 습윤지역의 하천의 물은 대부분 지하로 스며든 지표수가 다공성 토양을 통해 하천까지 도달한 지하침출수(groundwater seepage)로부터 유래한다. 유수는 일반적으로 하류로 가면서 지류와 지하수로부터의 유입량이 증가하기 때문에 하류로 갈수록 수량이 증가한다. 유수는 **분수령**(watershed, 또는 배수분지), 즉 어떤 한 하도로 흘러 들어가는 지표수가 존재하는 전체 상류 지역으로부터 나오는 지표수를 집적시켜 흐른다(**그림 11-1**).

하천의 **배수량**(discharge), 또는 시간 단위당 흐르는 물의 부피는 평균유속을 하천의 단면적에 곱한 양이다(해설 11-1: 하천의 총유수량). 하천 유수의 평균속도를 쉽게 측정할 수 없기 때문에, 하도를 가로질러 동일한 간격과 깊이에서 측정한 지점유속(point velocity)에 각 측정 지점 주위의 단면적을 곱해서 얻은 값을 평균하여 구한다(**그림 11-2A**). 음향 도플러 유속 측정기(ADCP: acoustic doppler current profiler)라는 새로운 장비가 개발되어 좀 더 정확한 유속을 측정할 수 있다. 이 장비는 유수 내 입자의 움직임에 따라 발생하는 음파의 주파수 변동에 근거하여 수백 개 지점에서 유속을 측정함으로써 좀 더 정확한 평균유속을 구하게 된다(그림 11-2B 참조).

퇴적물 운반과 하천의 평형

하천과 강은 지표면의 물을 바다로 운반하면서 한 곳에서 침식한 퇴적물을 다른 지점에 집적시킨다. 하천은 퇴적물의 유입과 유출이 균형을 이루는 **동적 평형상태**(dynamic equilibrium)를 유지하기 위해 변화한다. 이 평형상태를 유지할 수 있는 하천을 **평형하천/물매하천**(graded stream)이라 한다.

그림 11-1 하천의 분수령

David Hyndman.

미국 아이다호 주 보이시 근처 하천의 분수령이 파란색 선으로 표시되어 있다. 선으로 둘러싸인 지역은 같은 하천에 물을 공급하는 모든 사면지역을 가리키는 배수분지이다.

해설 11-1

하천의 총유수량

하천 내의 총유수량은 유수가 통과하는 지점의 단면적에 평균유속을 곱한 값이다:

$$Q = VA$$

Q = 유출량(m^3/sec)

V = 유속(m/sec)

A = 단면적(m^2) = 하천의 폭(m) × 수심(m)

하천의 단면은 하도에 공급되는 퇴적물의 부피와 입자크기는 물론 유량을 수용할 수 있도록 조절된다. 하도 단면의 형상은 유속과 유수의 퇴적물 운반능력에 의해 제어된다. 대부분의 하천은 바닥이 거의 평평하며 얕고 넓으나, 하천의 단면은 바닥과 제방의 침식 가능성과 운반되는 퇴적물의 특성에 따라 조정된다. 적은 수량에도 쉽게 침식되는 모래와 자갈층을 흐르

그림 11-2 하천의 유수 측정

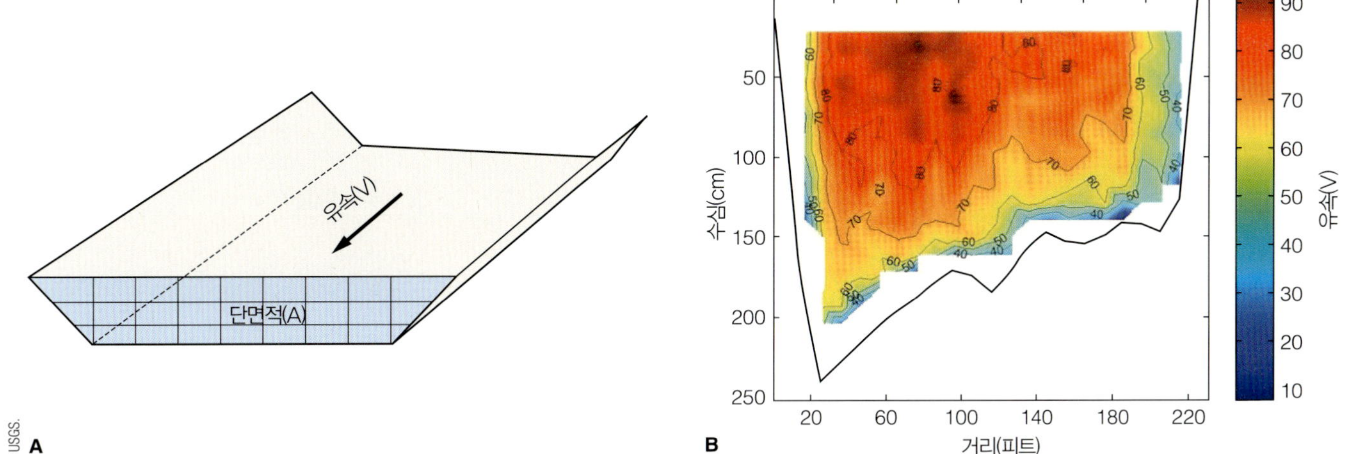

A. 바닥이 불규칙한 하천의 단면을 이와 같이 단순화하면 하천의 단면적을 여러 조각으로 나누어 계산할 수 있다. 구획된 각 구간을 대표하는 지점에서 유속을 측정하여 각 구간의 단면적을 곱한 값들을 모두 합하면 유량이 된다. 곧 $V_1 \times A_1 + V_2 \times A_2 + \cdots$ (V_i는 각 구간의 유속, A_i는 각 구간의 단면적). **B.** 미국 캘리포니아 샌와킨 강의 유속분포 단면. 이 단면은 하천을 가로질러 설정한 여러 정점에서 음향 도플러 유속 측정기(ADCP)를 사용하여 유속의 수직적 변화를 수백 번 측정한 결과를 도시한 것이다. 이 유속단면을 구획한 다음 구획된 각 단면부분에 해당하는 유속을 곱한 결과를 합하면 유출량을 계산할 수 있다.

는 하천은 일반적으로 가파른 제방과 넓고 거의 평탄한 바닥을 이룬다. 기반암 또는 개흙(silt)과 진흙(clay)층을 흐르는 하천은 하도가 좁고 깊은 경향이 있다.

하천은 유속, 퇴적물 입자 크기, 그리고 일정한 시간에 걸쳐 공급된 퇴적물을 운반 할 수 있는 총 퇴적물의 양에 따라 물줄기가 흘러가는 방향의 하천 경사(구배)를 스스로 조정한다. 하천의 **구배**(gradient) 또는 하천의 경사는 높은 지점에서 가장 낮은 지점까지의 기울기로 일반적으로 수평 거리당 고도 변화(킬로미터당 미터)로 표현한다. 대부분의 하천은 가파른 사면으로 둘러싸인, 종종 쉽게 침식되지 않는 단단한 기반암으로 둘러싸인 배수분지에서 그 경사가 크다. 이러한 산악지역의 가파른 사면에서 하천에 공급된 조립질 퇴적물 입자를 이동시키려면 가파른 기울기 또는 더 빠른 물살이 필요하다(**그림 11-3**). 거기에서 하천은 계곡 아래로 바위와 퇴적물을 이동시킨다. 하류지역에서는 더 많은 배수량과 작은 퇴적물 입자 때문에 하도의 경사가 낮아진다. 이처럼 하류로 갈수록 퇴적물은 마모되어 작아지기 때문에 일반적으로 하천의 경사는 점차 낮아지지만, 더 많은 유량으로 완만한 경사의 하도에서 퇴적물을 운반할 수 있다. 궁극적으로 하천은 호수나 바다에 도달할 것인데, 이 지점보다 낮은 곳에서는 하천이 침식을 일으킬 수 없으므로 호수나 바다의 수면을 **침식기준면**(base level)이라 한다.

지류 하천이 산속의 가파른 사면으로부터 폭넓은 계곡 바닥으로 내려오는 지점에서, 하천은 자신이 침식시킨 좁은 골짜기를 떠나 더 큰 계곡의 국지적인 침식기준면에 도달한다. 이러한 하천 경사의 급속한 감소로 하천이 운반하는 퇴적물의 상당량이 퇴적된다. 이처럼 경사가 감소하는 곳에서 하천의 작용은 퇴적물을 긁어 올리는 침식작용에서 퇴적물을 집적시키는 퇴적작용으로 변화한다. 이처럼 운반시킬 수 없는 초과 퇴적물

그림 11-3 하천의 경사 변화

왼쪽의 작은 지류(화살표)를 통해 운반된 조립질 자갈 때문에 국부적으로 하천의 경사가 급해져 물살이 빠른 여울이 만들어진 모습. 미국 워싱턴 주 위냇치 강.

은 골짜기를 빠져나오면서 부채살처럼 퍼진 퇴적체를 형성하기도 하는데 이를 **충적선상지**(alluvial fan)라 한다. 여기서 충적(alluvial)이란 용어는 뭉쳐지지 않은 퇴적물의 운반을 의미하고, 선상지(fan)는 하늘에서 본 퇴적체의 형태를 가리킨다. 마찬가지로 강은 호수나 바다에 도달하면 거의 유속을 잃어 운반하던 퇴적물의 대부분을 더 이상 운반하지 못하고 집적시켜 **삼각주**(delta)를 형성한다. 삼각주는 퇴적물이 수면 아래에 쌓인다는 점을 빼고는 충적선상지와 같다.

하천의 퇴적물 짐과 입자크기

강둑(제방)의 침식과 산사태는 진흙에서 거대한 바윗덩어리에 이르는 다양한 크기의 입자를 하천에 공급할 수 있다. 유수의 속도와 유량은 하천에 의해 운반될 수 있는 퇴적물의 크기와 양을 모두 한정시킨다. 실험자료에 기초하여 만든 그래프를 이용하면 어떤 유속에서 침식되거나 운반될 수 있는 최대 입자 크기를 추정할 수 있다(**그림 11-4**). 입자를 움직이는 데 필요한 속도가 같은 크기의 입자를 운반하는 데 필요한 유속보다 크다는 점이 두드러진다.

입자를 움직이는 데 입자가 클수록 더 빠른 유속이 필요하다는 관계는 고운 개흙과 진흙으로 된 바닥에서는 유효하지 않다. 이 경우 미세 입자는 바닥을 따라 흐르는 층류 내에 머물게 되어 침식을 일으키는 유체 난류부의 영향을 받을 만큼 돌출되지 않는다. 그리고 진흙 크기의 입자는 표면에 정전기를 띠고 있어 입자들끼리 서로 붙어 있는 만큼 침식되기 어렵다.

그림 11-4 하천의 유속과 침식

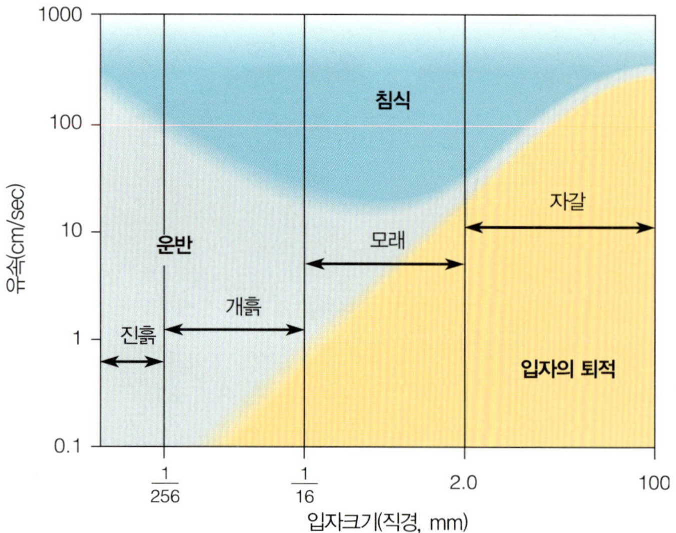

이 다이어그램은 다양한 크기의 퇴적물을 들어 올리고(침식) 운반하는 데 필요한 대략적인 유속을 보여 준다. 두 축이 로그 스케일로 그려졌으므로 그래프에서 보이는 것보다 실제 차이는 훨씬 더 크다.

해설 11-2

하도 내의 유속

하도의 저항(거칠기)과 유속을 곱한 값은 경사의 제곱근에 하도의 평균수심을 곱한 값에 비례한다.

$$Vn=1.49R^{2/3}s^{1/2}$$

여기서

R = 평균수심에 비례하는 수력학적 반지름

n = 매닝(Manning)의 거칠기 상수

≈ 0.03 곧게 흐르는 작은 하천 또는 자갈이 없는 초원의 범람원

≈ 0.05 호박돌이 깔린 사행하천 또는 관목이 흩어져 자라는 범람원

≈ 010-0.15 관목이 우거진 홍수지대 또는 나무가 자라는 범람원

s = 하도의 경사

일반적으로 하도 내의 조립질 입자가 유수에 대해 더 큰 저항(roughness, 거칠기)또는 마찰을 제공한다(해설 11-2: 하도 내의 유속). 따라서 조립질 입자는 하천의 바닥을 따라 유속을 늦출 수 있다. 이러한 이유로, 굵은 조약돌이나 호박돌이 깔린 계곡에서 유속이 빠른 듯이 보이지만 실제로는 미주리 강과 미시시피 강처럼 조용히 흐르는 커다란 강보다 대부분 더 느리게 흐른다. 유속은 수심과 경사가 증가함에 따라 빨라진다(**그림 11-5**).

하천은 특정 크기의 입자를 운반할 수 있지만, 운반시킬 수 있는 퇴절물의 양—또는 하천의 **짐**(load)—에 제한이 있을 수 있다. 빙하가 녹으면서 공급된 퇴적물 또는 쉽게 침식되는 곳에서 하천으로 유입된 많은 양의 모래는 유수의 운반능력을 초과할 수 있다. 그 경우, 초과된 퇴적물은 하도 내에 집적된다.

하천의 뜬 짐 또는 운반능력은 배수량에 따라 달라진다(해설 11-3: 하천의 운반능력). 그 결과, 하천의 짐은 홍수 동안 증가한다.

홍수는 강이 퇴적물을 이동시키고 평형을 유지하는 자연적인 과정의 일부이다. 홍수 시 최대 유속과 수심이 상당한 난류를 발달시킬 수 있을 정도로 큰 경우, 하천의 침식력은 아주 커져서 일시적으로 하천이 운반시킬 수 있는 퇴적물의 크기와 양이 모두 증가된다.

그림 11-5 하천경사와 입자크기

A B

하천의 하도 경사가 감소하면서 하류로 갈수록 하도의 입자크기가 줄어든다. **A.** 미국 아이다호 주 북동부의 산속에 있는 로크소 강은 특징적인 커다란 난류를 발생시킬 정도로 하도의 기울기가 커서 큰 입자를 운반한다. **B.** 미국 몬태나 주의 그레이트 폴스 남쪽의 스미스 강은 하도 기울기가 낮고 미세한 입자를 운반한다.

해설 11-3

하천의 운반능력

레오폴드(Leopold)와 매독(Maddock)은 운반능력이 배수량에 비례함을 실증하였다.

$$L \propto Q^n$$

여기서

L = 뜬 짐의 운반속도(cm^3/sec)
Q = 배수량(cm^3/sec)
n = 지수, 일반적으로 2.2~2.5

낮은 수위에서 하천으로 유입되는 거의 모든 퇴적물이 유입된 상태로 머물러 유수의 일부를 정체시킨다. 홍수 때처럼 유수가 불어날 때, 유수는 유속이 높아져 더 많은 퇴적물을 운반시킬 수 있어 집적된 퇴적물을 하류방향으로 내보낼 수 있다.

홍수는 또한 하천이 운반시킬 수 있는 퇴적물 입자의 크기를 증가시킨다. 홍수 동안 조립질 입자들은 하도 내에서 점차 작은 크기의 입자로 분해된 다음 하류 쪽으로 배출된다.

마찬가지로 만일 조립질 퇴적물이 경사가 급한 지류나 산사태로부터 하도에 유입된다면, 그것을 운반시킬 만한 유속을 지닌 큰 홍수가 발생하거나 하도의 경사가 증가할 때까지 하도 내에 집적된다(**그림 11-6**).

그림 11-6 하천 내 호박돌의 집적

캘리포니아 주의 시에라네바다 산맥의 페더 강에 산사태를 통해 유입된 거대한 화강암 바윗덩어리는 아주 큰 규모의 홍수에 의해서만 운반될 수 있다.

하천의 형태

하천이 퇴적물을 긁어 올리고 퇴적시키는 방법은 하도의 형태와 하도의 시간적인 변화 양상을 결정하고, 하도의 형태는 각 형태마다 독특한 홍수 특성을 결정한다.

뱀처럼 S 모양으로 이리저리 굽이치며 흐르는 **사행하천**(meandering stream)이 가장 일반적인 하천형태이다. 하도가 여러 개인 **망상하천**(braided stream)은 그보다 훨씬 적으며, 자연적으로 곧게 흐르는 하천은 드물다. 사행하천은 미세한 퇴적물이 많은 습윤기후 지역에서 잘 발달하며, 망상하천은 조립질 퇴적물이 풍부한 건조기후 지역에서 잘 발달한다. 대부분의 강의 형태는 사행하천과 망상하천 사이의 어딘가에 속한다. 하나의 강에서조차 제방의 침식 가능성과 하도에 공급되는 퇴적물의 양에 따라 일부 유역은 사행하천을 이루고 나머지 유역은 망상하천을 형성한다. **기반암하천**(bedrock stream)은 하천의 바닥이 단단한 기반암으로 이루어진 급경사 산악지역에 발달하며 유속이 빠르고 에너지가 큰 하천이다.

사행하천

하천 내의 사행고리(meander)는 거력(boulder, 호박돌)이나 나무뿌리와 같은 물체로 인해 유수가 불규칙해져 제방 쪽으로 물줄기가 흘러갈 때 형성된다. 사행하천이 하도의 양쪽 제방 사이에서 번갈아 가며 굽이치는 모양은 스키를 타는 사람이 활강을 하면서 S자 모양으로 내려오는 모습과 흡사하다. 하도에서 수심이 깊고 유속이 가장 빠른 부분을 연결한 선을 하도축(thalweg)이라 한다. 강물은 사행고리의 바깥쪽 제방을 선택적으로 침식하며, 사행고리의 안쪽 면을 따라 유속이 느려지면서 퇴적이 일어나 **둔치**(point bar, 강턱)를 형성한다. 사행고리 바깥쪽 면을 따라 침식이 일어나는 까닭은 바로 위 물목에서 흘러온 물의 운동량을 사행고리 바깥쪽 면에서 그대로 받게 되기 때문이다. 바깥쪽 면에 부딪친 물이 돌아 나오면서 측방 침식이 일어난다. 곧 강물은 물구미(pool)에서 나사처럼 휘돌아 아래 물목으로 흘러 나가면서 유속이 느려지므로 침식된 퇴적물은 사행고리의 안쪽 면에 자리 잡은 둔치에 집적된다. 이처럼 강물은 연속되는 사행고리 사이의 여울(riffle)과 사행고리 안쪽의 물구미를 번갈아 가며 통과한다**(그림 11-7)**.

오랜 시간에 걸쳐, 사행고리 바깥쪽의 침식이 계속되면 사행고리는 깊어지고 수평방향으로 위치를 바꾸게 된다. 사행고리는 경우에 따라 인접한 사행고리와 아주 가깝게 되는데, 홍수 때 한 사행고리의 상하류에 위치한 두 사행고리를 나누는 좁은 물목이 무너져 두 사행고리가 직접 이어져 버리면 그 사이에 있는 사행고리는 하천의 하도로부터 분리되는데 이것을 **우각호**(oxbow lake)라 한다**(그림 11-8)**. 자연적이든 인공적이든 하천이 사행고리를 가로질러 관통될 때 새로운 하도 유역은 고도차는 없으나 유로가 짧아진다. 따라서 하도의 경사가 급해져 유속이 증가하고 바닥을 침식하여 물살이 센 여울을 만드는 일이 흔하다. 이런 경우에 토목공학자들은 하천이 곧게 된 여울이 발달한 구간의 제방을 따라 돌부스러기 또는 **사석**(riprap)을

그림 11-7 사행하천에서의 침식과 퇴적 양상

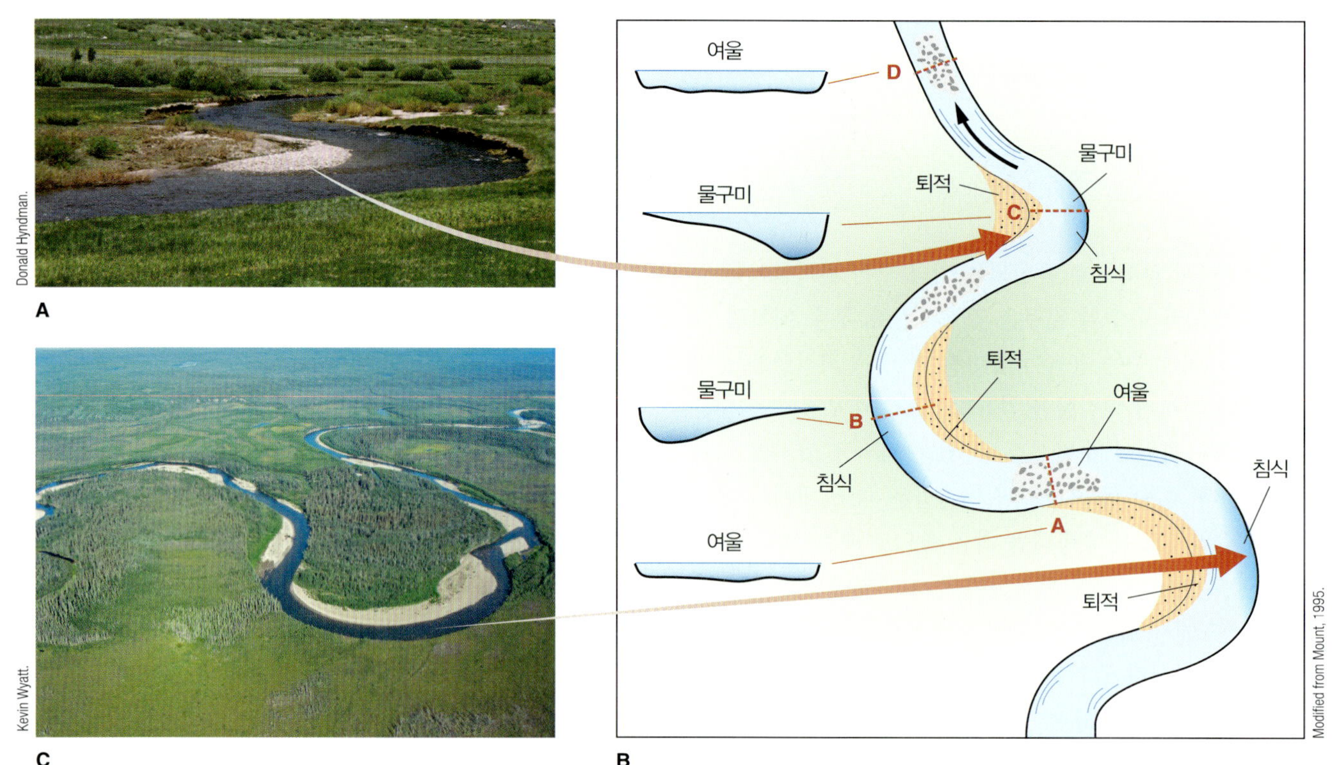

A. 미국 네바다 주 카슨 강은 사행고리(meanders) 바깥쪽의 침식되는 공격면과 안쪽의 자갈들이 집적된 둔치를 잘 보여 준다. 유수는 오른쪽 위로 흐른다. **B.** 사행하천 하도의 전형적인 여울인 A 지점의 단면. 유수는 사행고리의 물구미 B와 C를 지난 다음 여울 D를 통과한다. 강은 하도의 수심이 깊은 사행고리의 바깥쪽에서 침식을 일으키고 하도의 수심이 얕은 사행고리의 안쪽에 퇴적물을 퇴적시킨다. **C.** 미국 알래스카 주 페어뱅크스 북쪽 비버리크의 사행고리 바깥쪽에 발달한 수심이 깊은 하도와 사행고리의 안쪽에 발달한 둔치.

그림 11-8 우각호

미국 텍사스 주 휴스턴 근처에 발달한 사행하천의 상류 쪽 사행고리가 바깥쪽을 침식해서 인접한 사행고리보다 더 하류 쪽에 발달한 사행고리와 연결되어 사진의 중앙부에 우각호를 형성시킨 모습.

추가해 하천의 에너지를 분산시켜 침식을 최소화한다.

강의 사행고리의 크기와 형상은 일반적인 관계를 형성한다(해설 11-4: 사행하천의 상대적인 비율). 이러한 상대적인 비율은 사행천의 폭이 2미터에 불과한 작은 하천이든 강폭이 1,000미터에 이르는 미시시피 강 하류든 상관없이 일정하게 유지된다. 그러므로 하도를 좁히거나 곧게 만들어 하도를 변경하려는 인공적인 시도는 좀 더 자연스러운 하도의 평형상태 단면과 원래의 사행고리로 되돌아가려는 강의 자연적인 작용으로 무산되기 마련이다. 예를 들어 만일 강 옆으로 도로를 내기 위해 하도를 곧게 만들거나, 아니면 하천의 제방침식을 막기 위해 하도 제방에 사석을 추가한다면 하천은 원래의 비율을 유지하기 위해 그 유로를 바꾸게 될 것이다. 이처럼 강은 이러한 작용을 일으킨 변화를 시도했던 사람들에게 새로운 문제를 야기하는 경우가 흔하다.

사행하천이 침식과 퇴적을 일으키는 패턴 때문에, 사행하천의 홍수는 전형적인 방식으로 진행된다. 시간이 흐름에 따라, 사행고리는 바깥쪽으로 침식되면서 천천히 하류방향으로 이동한다. 수 세기에 걸쳐 그런 식으로 침식과 퇴적이 진행됨에 따라 강은 점진적으로 앞으로 뒤로 이동하면서 넓은 골짜기의 바닥을 침식시킨다. 강물의 수위가 높을 때, 하도를 벗어나 범람하는 강물은 주변의 넓은 지역, 즉 **범람원**(floodplain)을 뒤덮는다(**그림 11-9**).

그림 11-9 범람원

그레이트 플레인즈 강의 북부에 있는 짙은 색 부분의 범람원은 강의 사행하도가 횡으로 이동하면서 점차적으로 그 폭을 넓혀서 형성되었다. 커다란 홍수때는 이 범람원의 양 끝부분까지 물이 차오른다.

해설 11-4

사행하천의 상대적인 비율

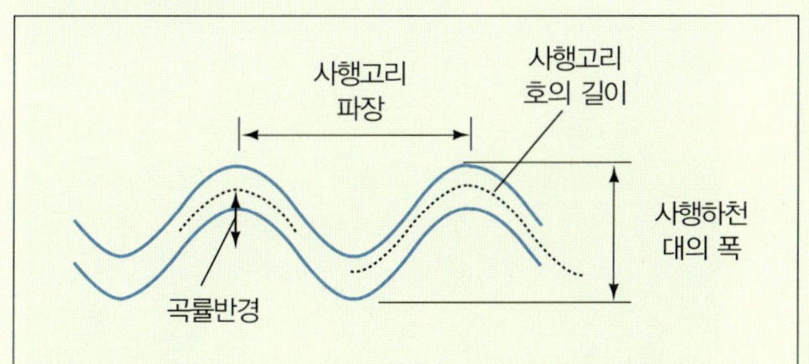

- 사행고리 파장 $\approx 12 \times$ 하도 폭
  $\approx 1.6 \times$ 사행하천대의 폭
  $\approx 4.5 \times$ 곡률반경
- 사행하천대의 폭 $\approx 2.9 \times$ 곡률반경

이 장의 첫머리에 소개한 얘기로 되돌아가 보자. 강으로부터 10미터 떨어진 곳에 집을 지었지만 어느 날 바로 문 앞에서 강물을 보고 기겁했던 집주인을 생각해 보자. 그는 사행고리의 바깥쪽에 새 집을 지을 때 사행하는 강의 변화에 대한 두 가지 핵심적인 정보를 모르고 있었다. 첫째, 그는 사행고리가 바깥쪽으로 침식하여 시간이 지남에 따라 범람원을 가로질러 이동한다는 점을 몰랐고, 둘째, 봄에 강물이 불어날 때 수위가 높아지면서 침식이 촉진된다는 점을 몰랐다.

망상하천

망상하천은 사행하지 않지만 여러 개로 이루어진 넓은 하도를 따라 흐른다. 하천의 운반능력에 비해 많은 양의 퇴적물이 유입되는 하천에는 퇴적물이 하도에 집적되어 국부적으로 강물의 흐름을 막으므로 강물은 그런 퇴적체를 우회하여 흘러가게 된다. 이런 식으로 퇴적과 강물의 우회가 계속되면 결국 새로운 하도가 자꾸 만들어진다. 이런 하천은 사행하지 않고 그물처럼 서로 갈라졌다가 합쳐지는 여러 개의 넓은 하도를 이뤄 흐른다. 망상하도는 하도 주변 경사면의 침식을 막아 주는 식생이 거의 없는 건조기후 지대에 잘 발달한다. 쉽게 침식되는 제방, 많은 밑짐(bedload) 퇴적물, 그리고 하도의 급한 구배 등이 망상하천의 특징이다. 유량이 적을 경우, 밑짐이 하도에 집적되어 그 주위로 물이 돌아서 흘러가게 되어 하도가 갈라지기 시작한다. 하천의 흐름에 따라 일부 하도들은 하도로서의 기능을 다하지 못하는 반면, 일시적으로 다른 하도들이 주하도 역할을 하기도 한다(**그림 11-10**).

망상하천은 빙하가 녹으면서 많은 퇴적물과 함께 흘러나오는 융빙수가 흐르는 지역에서 잘 발달한다. 망상하천은 건조지대 산악의 골짜기에서도 잘 발달하는데, 그런 산지하천에서는 간헐적인 폭우 시에 산록에서 많은 양의 퇴적물이 충적선상지를 가로질러 하도로 유입된다. 경사가 급한 산지의 하도가 골짜기를 벗어나 평원지대와 만나는 지점에 이르면 하도의 폭이 넓어지면서 수심이 감소하고 유속이 느려져 더 이상 운반되지 않는 퇴적물이 골짜기 끝에서부터 부채꼴 모양으로 퇴적된다(**그림 11-11**).

충적선상지는 골짜기의 하도와 일직선 상에 놓인 중앙부가 볼록하고 양 가장자리가 낮은 렌즈모양의 단면을 이룬다. 이것은 선상지의 정점(apex) 부분에 자리 잡은 골짜기의 하도를 통해 일시적으로 흘러나오는 많은 양의 퇴적물들이 주위로 퍼져 나가기 때문이다. 홍수 동안에, 골짜기로부터 흘러나오는 유수는 모두 선상지 정점에 모였다가 그 아래로 내려가면서 넓게 퍼져 수심과 유속이 감소한다(**그림 11-12**). 다른 경우에는 유수가 경사가 급한 쪽으로 흐르므로 선상지 표면의 다른 부분에 모일 수 있다.

형성 중인 충적선상지에는 틀림없이 망상하천이 발달한다. 망상하천이 발달하는 다른 환경과 마찬가지로, 대부분의 선상지는 건조기후 지역의 식생이 잘 발달하지 않은 곳에서 형성되는 경향이 있다. 충적선상지는 경사가 급한 산악 암반지대의 주변부에서 완만하고 비교적 평탄한 지형을 이루므로 사람들은 선상지 위에 건물을 짓고 살려고 한다. 그런 사람들은 대개 충적선상지의 표면에 유수가 거의 흐르지 않으므로 선상지가 하천에 의한 퇴적작용이 진행 중인 곳임을 깨닫지 못한다.

그림 11–10 망상하천

Donald Hyndman.

A

David Hyndman.

B

A. 뉴질랜드 블레넘의 남서쪽에 있는 와라우 강의 망상하도. **B.** 미국 알래스카 주 페어뱅크스 근처의 태너나 강에 잘 발달된 망상하천.

그림 11-11 선상지

Donald Hyndman.

모래의 투수성이 아무리 좋아도 폭우가 내리면 이처럼 경사가 급한 모래 더미 위로 물이 흘러 나가게 된다. 표면 유출수는 작은 골(gully)을 형성하고 퇴적물을 실어 날라 아래쪽에 선상지 모양의 퇴적체를 만든다. 침식되는 표면 위에 발달하는 골을 따라 모인 물이 퇴적되는 구역 위에서 넓게 퍼져 부채 모양을 이룬다.

그림 11-12 선상지의 위험지대

David Miller, USGS.

가장 높은 위험지역은 유수가 집중되는 선상지의 정점이다. 유수가 하류 쪽으로 퍼지면서 수심과 유속이 감소하므로 위험이 줄어든다. 그러나 유수는 경사가 급한 쪽으로 흐르기 쉽기 때문에 선상지 표면의 다른 지역으로 모여 흐를 수 있다. 사진은 데스밸리 코퍼캐니언의 모습이다.

사실 선상지는 홍수 시에 특히 위험한 곳이다. 홍수 시에 어떠한 징후도 거의 없이 골짜기로부터 급류가 쏟아져 나올 수 있다. 그런 급류는 선상지 표면의 집들을 파괴하고 묻어 버리거나 자동차를 하류로 흘려보내 버린다. 한밤중에 폭우가 내려 산골짜기를 타고 내려오는 급류의 요란스런 소리를 듣기 어려운 경우에 흔히 인명피해가 발생한다.

기반암하천

어떤 하천이 운반하기 쉬운 퇴적물을 모두 하류로 흘려보내고 침식되기 어려운 암반과 접할 때 그런 하천을 기반암하천이라 한다. 침식되기 어려운 암반지대에서 마모로 형성된 하도(암반하도)는 그 경사가 갑자기 급해지는 경향이 있다. 이처럼 하도의 완만한 경사가 급경사로 변하는 지점을 하도턱(knickpoint)이라 한다. 하도턱의 상류지역에서는 경사가 완만하고 강물의 에너지가 작아 퇴적이 일어나기 쉽다. 반면에 하도턱 하류지역에서는 하도 경사가 급해 강물의 에너지가 커서 침식이 일어나기 쉽다.

경사가 급한 암반하도는 일반적으로 깊고 좁은 단면을 갖고 있어 홍수 시에 침식력이 큰 격렬한 난류를 일으킨다(**그림 11-13**). 그런 고에너지와 난류는 하도 내의 뭉쳐지지 않은 퇴적물을 모두 하류로 운반시킨다. 이렇게 운반되는 퇴적물 가운데 거력은 운반 도중에 하도의 측면에 충격을 주어 하도벽을 닳게 할 수 있다. 암반은 여간해서 침식이 되지 않으므로 아주 큰 홍

그림 11-13 기반암하천

David Hyndman.

Donald Hyndman.

A. 미국 애리조나 주 그랜드캐니언 콜로라도 강의 격렬한 난류. B. 뉴질랜드 숏오버 강의 경사가 급한 암반하도는 홍수 때마다 뭉쳐지지 않은 퇴적물을 모두 쓸어 내려보낸다.

그림 11-14 돌개구멍

Hyndman.

원통모양의 돌개구멍은 소용돌이 안에서 회전하는 자갈에 의해 마모되어 형성된 것이다. 미국 몬태나 주 빙하 국립공원 내의 맥도널드 개울.

수 때에만 침식되거나 암석의 일부가 뜯겨 나간다.

암반하도에서의 홍수는 상당히 큰 에너지를 갖게 되는데, 하도의 요철계수 변화나 퇴적물 운반을 통해 쉽게 줄어들지 않는다. 격렬한 난류가 특징적이며 대규모 와류 또는 소용돌이가 형성되기도 한다. 이러한 물의 움직임으로 하도 바닥에 있는 자갈이 회전하면서 암반을 갈아 내어 돌개구멍(pothole)을 만들기도 한다(**그림 11-14**). 기반암하천에서 유량이 많을 때 즐기는 래프팅이나 보트여행은 재미있을지도 모르나 격렬한 난류와 와류 때문에 대단히 위험하다. 사람이 소용돌이에 빠졌을 경우 구명조끼를 입고 있어도 물에 휩쓸리지 않고 혼자 힘으로 빠져나오기란 불가능할 것이다.

지하수, 강수, 그리고 하천수

비로 내리는 대기층의 수분이 하천수의 주요 원천이다. 눈과 얼음으로 저장된 물은 부차적인 하천수의 원천이다. 비가 내린 후, 일부 빗물은 지표면과 식생 표면에서 증발되고, 일부는 식물에 흡수되고, 일부는 지하로 스며든다. 강과 하천은 토양층을 통해 지하수로 집적되는 물을 모은다.

지표면 위의 강수량은 지역과 계절에 따라 변화하며, 해마다 차이가 있을 수도 있다. 지하수와 상호작용하는 지표수는 이러한 기후 요인에 의해 결정된다. **유입하천**(gaining stream)에서는 지하수가 하천으로 유입되는 반면, **유출하천**(losing stream)은 하천수가 지하수로 유출된다(**그림 11-15**).

연간 강우량이 중간 정도나 높은 지역에서는 지하수면이 대부분의 하천보다 높아 하천으로 지하수가 지속적으로 유출되어 일 년 내내 유수가 흐르게 해 준다. 강수량이 낮은 동안에는 일반적으로 하천수면이 지하수면에 위치한다. 다시 말해 이 경우의 하천수면은 지하수면이 지표에 노출된 것이라 할 수 있다. 하천으로 유출되는 지하수의 유속은 지하수로 포화된 퇴적층이나 암석층의 지하수 투과도와 지하수면의 경사에 따라 달라진다. 태풍 시에 하천을 통해 배수되는 많은 양의 물은 지하수와 지표수가 합쳐진 것이다. 태풍으로 인한 폭우 시에 지하로 스며드는 새로운 지하수는 기존의 지하수처럼 스며드는 지점에서 지하수 포화층을 관통하여 하천수로 유출되지 않는다. 새로운 지하수는 스며드는 지점에서의 지하수면을 높이기만 할 뿐이다. 그것은 지하수의 압력을 증가시켜 '오래된 지하수'를 아래쪽의 하천으로 밀어내게 만든다. 이러한 지역의 지하수는 강우량의 변화에 느리게 응답하고, 지하수로부터 하천으로의 유출도 점진적이고 상대적으로 일정하다. 따라서 습윤기후 지역에는 일 년 내내 흐르며, 지속적인 집중 호우시기에는 홍수를 일으키는 하천이 발달하는 경향이 있다.

그러나 건조 지역이나 반건조 지역에서는 유출하천이 지하로 하천수를 배출시키며, 태풍에 의한 폭우가 발생하지 않는 시기에는 건천이 될 수 있다. 유출하천이 흐를 때, 지하수에 물이 공급되므로 지하수면이 올라간다. 연간 강우량이 낮은 지역에서는 빗방울이 떨어질 때 지표면에 가해지는 충격을 완화시켜 주거나 지하로 스며드는 속도를 늦추어 줄 식생이 거의 없거나 미약하게 발달한다. 이런 지역에서는 빗방울이 지표면에 직접 충격을 가해 지표를 다져 주는 효과를 내므로 지하로 스며드는 빗물이 적으며 표면을 통한 유출량이 증가한다. 빗방울은 지표의 퇴적물에 충격을 가해 표면유출수를 통해 운반될 수 있게 만들기도 한다. 건조한 시기에는 적은 양의 하천수가 지하수로 유출되고, 아주 드문 폭우가 내리는 동안에도 하천에서 지하수로 유출되는 물이 더 적다(**그림 11-15B**). 일 년 내내 흐르는 하천이 발달되지 않는 건조기후 지역에서는 어떤 폭우나 지속적인 강우 후에 돌발홍수(flash flood)가 발생할 수 있다.

사막의 하천은 일반적으로 폭풍우 동안과 폭풍우 직후에만 흐르지만, 다음 폭풍우가 발생할 때까지 하천은 건조되어 버린다. 줄어드는 수량에 더 많은 퇴적물이 공급되기 때문에, 퇴적물은 지표면의 골에 퇴적된다. 이렇게 퇴적이 진행되면서 골이 채워져 표면류가 주변의 낮은 쪽으로 흘러넘치게 된다. 이런 식으로 만들어진 새로운 골도 다시 퇴적물로 채워지고 그 옆에 다시 골을 만든다. 그 결과 선상지 표면은 끊임없이 퇴적물

그림 11-15 유입하천과 유출하천

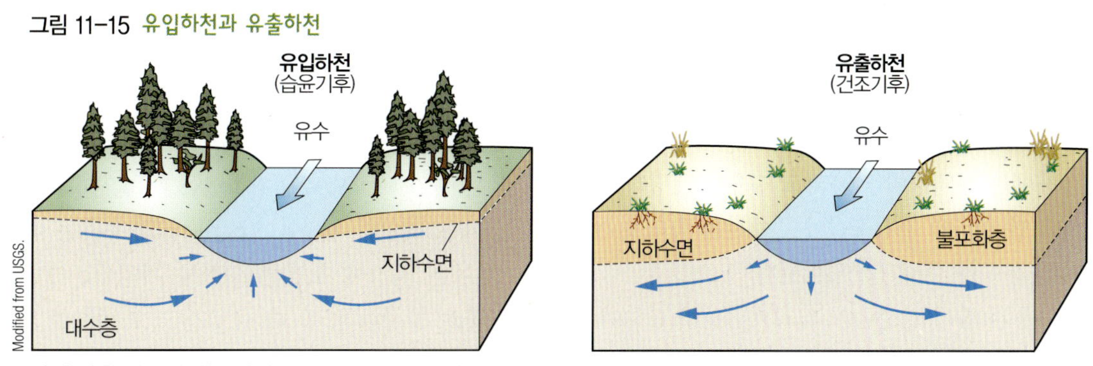

습윤기후 지역에서는 지하수가 유입하천으로 흘러 일 년 내내 유수가 흐르도록 만든다. 건조기후 지역에서는 하천으로부터 유수가 지하수로 빠져나간다. 이러한 유출하천은 폭우가 내리지 않는 시기에는 말라 버릴 수 있다.

이 집적되고 시간이 흐름에 따라 성장하는 망상하천 충적선상지가 형성된다.

강수와 표면유출

일반적으로 빗물은 천천히 지하로 스며들어 지하수를 통해 하천수를 배출된다. 그렇지만 폭우가 내리는 동안에는 일부 빗물이 **표면유출**(surface runoff)로 지표를 통해 곧장 하천으로 흘러 들어갈 수 있다. 강수 강도가 하천으로의 유출속도, 곧 홍수 발생에 큰 영향을 미친다. 약한 강수는 일반적으로 표면유출을 발생시키지 않고 토양층에 흡수될 수 있다. 폭우가 내려 토양 표층의 투수력이 감당하지 못하면 빗물이 지표면을 따라 흐르는 빠른 표면유출수가 형성된다. 이것을 **표면유수**(overland flow)라 한다. 토양의 투수성이 상당히 좋다 하더라도 오랫동안 폭우가 지속되거나 여러 차례의 폭풍이 닥치게 되면 토양의 표층이 포화되어 빗물이 지표면을 따라 빠르게 하천으로 모이게 된다. 게다가 토양층에 스며든 물의 일부는 지하수면을 상승시켜 하천 주위에서 평소보다 많은 양의 지하수가 하천으로 유출되게 만든다.

빗물을 흡수하는 지표의 능력은 또한 토양의 투수도와 토양층의 물에 포화된 정도에 따라 달라진다. 높은 투수도의 토양은 불투수성 토양이 흡수하는 아주 미미한 빗물보다 더 많은 강우량을 빠르게 흡수할 수 있다. 세립질 토양이 많거나 사막의 토양지대에서, 특히 치밀하고 단단한 점토질 토양과 거의 불투수층인 탄산칼슘이 많은 토양이 발달한 지역에서는 대규모 폭풍이 닥치면 급격하게 하천물이 불어나 홍수가 발생하곤 한다. 기반암이 얕은 곳에 위치하는 곳이나 지하수면이 낮아 빗물을 흡수할 여력이 없는 곳에서도 마찬가지로 이러한 현상이 발생한다(사례: 지표면에 가까운 기반암 지역에 내리는 폭우로 유발된 홍수—2002년 텍사스 주 뉴브라운펠스의 과달루페 강 상류). 또 다른 예외적인 경우로, 화강암이 풍화된 조립질 모래로 구성된 토양은 투수도와 투과도가 높아 빗물이 빠른 시간 안에 하천으로 흘러들게 되어 하천수위가 빨리 상승한다. 움푹 패인 곳(웅덩이)이 많은 평탄지대에서는 일시적으로 웅덩이에 많은 양의 물이 채워질 수 있으므로 빗물의 유출을 지체시켜 수문도의 상승이 완만해져 홍수가 지체되고 완화될 수 있다.

토양층의 투수도가 상대적으로 높은 곳에서도 폭우 특히 오래 지속된 폭우나 여러 차례 거듭된 태풍 때의 폭우는 지표 근처의 토양층을 지하수로 포화시켜 빗물이 지표면을 따라 하천으로 흘러 들어가게 된다. 지표가 얼어붙었을 때에도 지층은 빗물을 흡수하는 능력이 떨어진다. 이 두 경우에 지표에 내리는 빗물의 대부분이 그대로 하천으로 유입되기 때문에 홍수가 발생하기 쉽다. 그러한 사건의 예로, 1972년 6월 펜실베이니아 주에 허리케인 아그네스가 지나가면서 50~70 mm의 비가 내렸는데 지반이 이미 포화된 상태라서 커다란 홍수가 발생한 적이 있다. 1993년에는 미국 미시시피 강 상류의 넓은 지역이 계속된 강우로 지하수로 과포화되어 재앙적인 홍수가 발생했다.

어떤 지역은 다른 지역보다 폭우에 더 취약하다. 강우량은 대기층 내 수분의 양에 달려 있으므로 습윤한 열대 및 아열대 기단이 바다를 가로질러 육지로 이동하면서 해안 산맥을 따라 상승하는 지역에서 폭우는 잘 발생한다. 한편, 습윤한 기단이 한랭전선과 충돌하여 기단이 상승하면서 수분이 응결하여 비가 내리는 경우도 있다. 북아메리카 대륙에서는 멕시코 만 해안과 대서양 남부해안 지역이 그런 특성을 갖고 있다. 북아메리카의 서부해안의 캘리포니아 주 북부에서 브리티시컬럼비아의 남부에 이르는 지역에서는 서풍이 습윤한 태평양 기단을 동쪽으로 이동시켜 해안 산맥과 충돌하게 만들어 기단이 상승하게 되고 비가 내린다. 건조한 대륙으로부터 바다 쪽으로 바람이 부는 무역풍대에 속하는 캘리포니아 남부와 멕시코 인접 지역의 해안지대는 일반적으로 매우 건조하다. 그렇지만 엘니뇨가 발생하는 해에는 무역풍이 약화되고 습윤한 태평양 기단이 상륙한다. 그러면 미국의 캘리포니아 주에서는 폭우가 되풀이되고 이로 인해 홍수와 산사태가 일어난다.

폭우는 흔히 폭풍과 함께 발생한다. 허리케인을 포함하여 열대성 저기압은 무역풍대에서 서쪽으로 이동한다. 대서양에서 열대성 저기압은 서쪽으로 이동한 다음에 미국의 동쪽 가장자리를 따라 북쪽이나 동쪽으로 이동하면서 중위도 전선과 만나게 된다. 예를 들면 1969년의 허리케인 카미유와 1972년의 아그네스는 미국의 대서양 해안지대에 도달하여 엄청난 홍수를 일으켰는데 많은 지역에서 250~500 mm의 강수량을 기록했다. 폭우는 천둥번개를 동반하였는데 몇 분에서 한두 시간가량 지속되었다. 일련의 뇌우는 수시간 동안 홍수를 지속시키는 반면, 열대성 저기압은 수일 동안 넓은 지역에 비를 내릴 수 있다. 계절적인 몬순이 발생하는 동남아시아와 같은 지역에서는 수주일 또는 수개월간 폭우가 내리기도 한다.

해발고도가 높은 지역에서는 겨울철 강수의 상당 부분이 눈으로 내린다. 눈은 봄철에 녹을 때까지 지표에 물을 간직하고 있는 셈이다. 만일 설괴(snowpack)가 천천히 녹는다면 눈 녹은 물의 상당 부분이 지하에 스며들 것이다. 그런데 만일 고온이 오랫동안 지속되거나 폭우가 쏟아져 설괴가 갑자기 녹게 되면 눈 녹은 물의 대부분은 직접 하천으로 유입되어 버린다. 설괴의 온도가 섭씨 0도에 이르면 녹은 물의 대부분은 설괴의 공극 사이를 채우게 되는데 이런 상태를 가리켜 설괴가 '물 머금었다' 고 한다. 설괴에서 빠져나온 물은 설선 부근에 있는 하천으로 모인다. 이런 지역에 따뜻한 비가 내리게 되면 물 머금은 설괴의 융빙을 촉진시켜 대규모 홍수가 발생할 수 있다. 물의 열용량이 크므로 따뜻한 빗물은 결과적으로 눈을 녹이는데 아주 효과적이다. 이러한 조건이나 지반이 눈 녹은 물로 이미 포화된 상태에서 내리는 폭우는 모두 그대로 표면유수로 흐르게 된다. 1986년 2월 미국 캘리포니아 주의 시에라네바다 산맥에서 발생한 홍수가 이에 관한 좋은 예이다. 한편, 지반이 얼어붙은 경우도 설괴가 거의 다 녹은 시점의 상황과 유사한데 폭우가 내릴 때 지반이 빗물을 빨아들이지 못하기 때문에 빗물은 즉각 표면유수가 되어 하천으로 유입된다.

홍수의 발달과정

홍수는 하천으로 유입되는, 예를 들면 지하수면의 상승이나 표면유출을 통해 유입되는 수량이 하천의 하도가 운반시킬 수 있는 수위 이상으로 증가하였을 때 발생한다.

어떤 하천의 제방높이(bankfull) 수위는 유수가 제방의 가장 높은 지점에 도달한 수위를 가리키는데 1.5~3년마다 한 번꼴로 발생한다. 좀 더 규모가 크고 빈도가 낮은 홍수는 하도를 채우고 제방을 흘러넘쳐 범람원을 침수시킨다. 홍수는 단지 유수의 규모가 크다고 발생하는 것이 아니라 어떤 특정한 하도의 배수량과 비교했을 때 그 이상으로 유량이 증가했을 때 발생한다. 큰 강은 수위가 홍수위 이상으로 높아지지 않아도 많은 물을 배출할 수 있다. 작은 하천은 상당히 작은 규모의 유수로도 홍수를 일으킬 수 있다.

홍수가 진행되는 동안의 하도 형태 변화

하천 바닥의 침식 양상은 홍수가 진행되는 동안 극적으로 변화할 수 있다. 홍수가 발달하는 동안 하천의 유출량이 늘어나면 유속, 수심, 그리고 때때로 하천 폭이 증가한다. 이것은 홍수 동안 수심과 유속이 늘어나 하도 바닥에 대한 전단력 또는 마찰력이 증가하기 때문에 일어난다. 그러한 추가적인 전단력은 더 많은 퇴적물을 긁어 올림으로써 침식을 촉진시킨다(**그림 11-16**).

홍수에 의해 침식된 퇴적층의 깊이를 가리키는 **하도침식**(channel scour)은 하도의 형태와 퇴적물 분포에 영향을 미친다. 하도가 운반할 수 있는 퇴적물의 입자크기는 유속에 비례하므로 유량이 불어나면서 먼저 세립질 입자가 운반되고 다음으로 점점 더 조립질인 입자가 운반된다. 유수의 난류가 만든 와류의 상향 속도보다 어떤 입자의 침강속도가 더 느리다면 그 입자들은 뜬 짐으로 운반된다. 세립질 입자가 먼저 와류에 의해 들어 올려지고, 수위가 상승하면 잔자갈 또는 호박돌이 하천 바닥을 따라 구르게 되어 서로 부딪치는 소리를 들을 수도 있다. 이런 현상이 더 많은 침식을 일으켜 하도를 깊게 만든다.

유속이 증가함에 따라, 바닥에 대한 유수의 마찰력은 훨씬 더 커진다. 하천 바닥에 대한 마찰전단력의 증가는 하천 바닥에 있는 입자들에 더 많은 힘을 가해 더 많은 침식이 일어나게 만든다. 그러한 마찰력은 유속을 늦추기도 한다(해설 11-5: 하천 바닥에 가해지는 전단력).

홍수가 물러가면서 자갈과 뜬 짐으로 운반되던 조립질 모래가 점차적으로 퇴적되면서 하도의 바닥이 높아진다(**그림 11-17**). 이런 식으로 강물이 불어나면서 하천의 침식이 시작되고 강물

그림 11-16 유출량에 따른 하도의 단면변화

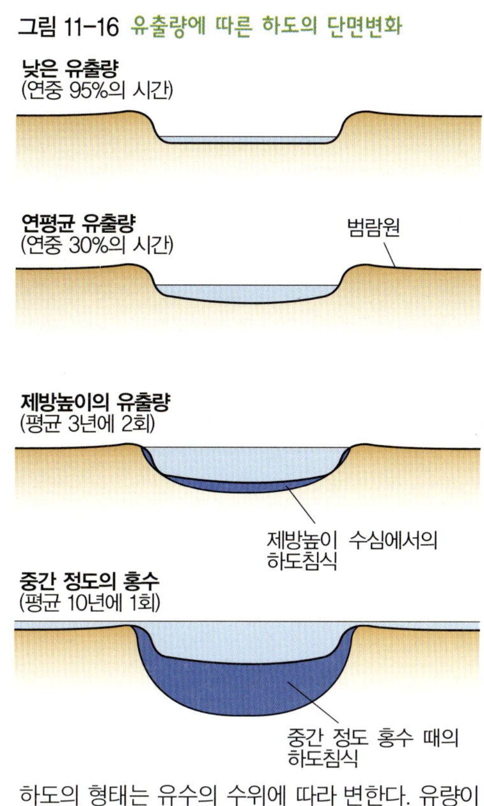

하도의 형태는 유수의 수위에 따라 변한다. 유량이 많을수록 침식이 더 많이 일어나 하도를 깊게 하고 하도의 배출능력을 증가시킨다.

그림 11-17 홍수 동안의 하도의 변화

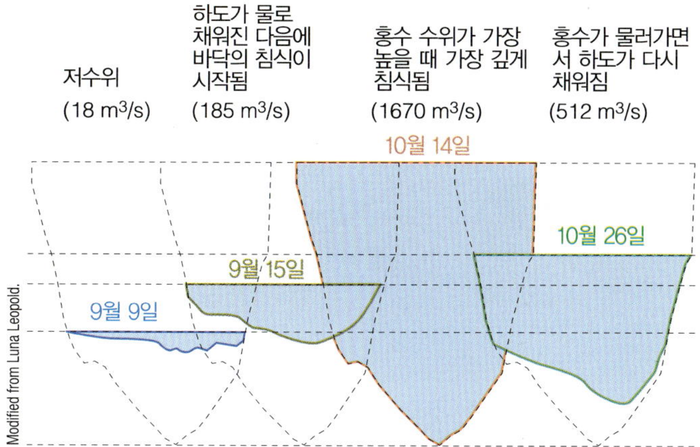

미국 유타 주 블러프 인근 산후안 강의 홍수(1941년 9월) 때 침식과 퇴적에 따른 하도의 깊이 변화. 저수위(9월 9일)에서의 하천 바닥높이를 점선으로 표시하였다. 수위 상승초기(9월 15일)에는 상류로부터 유입된 퇴적물이 집적되어 오히려 하도 바닥이 높아졌다. 수위가 더욱 상승하여 최고수위에 이르렀을 때(10월 14일) 하도는 가장 깊게 침식되었다. 홍수가 물러가면서 수위가 떨어졌을 때(10월 26일) 다시 퇴적물이 집적되면서 하도 바닥이 높아졌다.

해설 11-5

하천 바닥에 가해지는 전단력

하천 바닥에 가해지는 전단력 또는 전체 마찰력은 속도의 제곱에 비례한다.

$$\tau_0 \propto v^2$$

여기서

τ_0 = 마찰력
v = 속도

이 탁해지고 강물이 줄어들면서 운반되던 퇴적물이 집적되기 시작한다. 이 때문에 하천의 홍수 퇴적물의 단면을 보면 바닥에 조립질 퇴적물 입자들이 쌓이며 상부(표층)로 갈수록 퇴적물의 입자가 세립질로 바뀐다.

하도의 물이 제방을 넘어 범람원으로 흘러 들어갈 경우, 깊은 하도를 따라 빠르게 흐르던 강물이 얕고 넓은 범람원 쪽으로 퍼져 나가면서 유속이 떨어지게 된다. 하도에서 범람원 쪽으로 가면서 일어나는 유속저하로 하도 가장자리에 퇴적이 일어나게 되는데 이렇게 형성된 퇴적체를 **자연제방**(natural levee)이라 한다(**그림 11-18**). 이런 제방은 하도의 가장자리를 따라 길게 이어진 낮은 구릉을 이루는데 소규모 홍수에는 강물의 범람을 막아 강물이 하도 내에서만 흐를 수 있게 해 준다. 제방을 흘러넘친 유수가 비교적 천천히 흘러가는 범람원은 전체적으로 강줄기의 일부로 볼 수 있으며, 홍수 때 상당한 유량을 하류로 운반하는 통로가 된다.

하천에서 평상시의 유량이 흐를 때나 소규모의 잦은 홍수가 발생할 때 일어나는 하도의 변화들은 그다지 중요하지 않다. 하천에서 주목할 만한 변화가 일어나는 경우는 강물이 하도 바닥이나 하도 측면의 구성물질을 많이 침식, 운반시킬 수 있을 정도의 한계에 도달했을 때 뿐이다. 습윤지역의 하천은 하도를 통해 연간 배출량을 운반시킬 수 있게끔 조정된다. 반건조 지역의 하천에서는 소규모 유수가 하도의 형태에 실질적인 영향을 끼치지 않으므로 빈번하지 않은 커다란 홍수에 맞춰 하도가 조정된다.

홍수의 세기

홍수의 파괴적 영향은 일차적으로 유수의 세기에 달려 있다. 홍

그림 11-18 자연제방

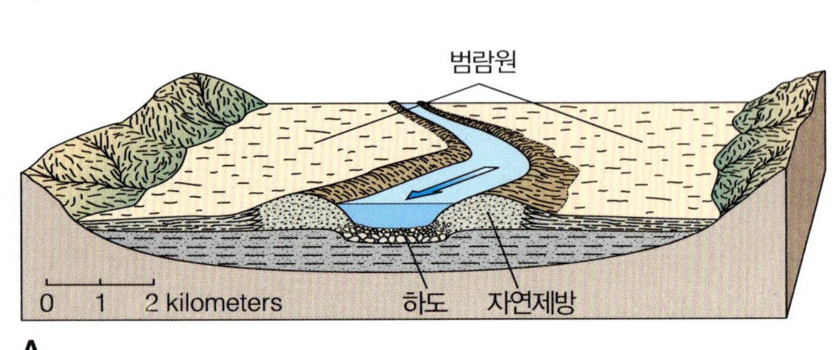

A. 강의 주하도의 바닥에 깔린 조립질 자갈은 상부로 가면서 세립질 퇴적물로 점진적으로 바뀐다. 자연제방은 저수위 동안에 가라앉은 세립질인 퇴적물로 구성되며, 범람원은 홍수 동안에 범람한 유수가 멈추면서 침전된 훨씬 세립질인 퇴적물로 구성된다. B. 미국 미시시피 강 삼각주의 하도와 범람원을 따라 발달한 자연제방 위에 건축된 집.

수의 세기는 홍수 시의 배수유량과 수위상승 속도로 측정될 수 있다. 홍수의 세기는 유수의 배출속도, 하도형태, 하류방향의 거리, 그리고 지류의 개수에 따라 시간적으로 변한다. 예를 들면 소규모의 좁은 지역에 발달한 배수분지에서의 홍수는 미시시피 강처럼 큰 강을 따라 발생하는 홍수보다 훨씬 더 격렬하다.

유출속도

홍수의 세기는 일정한 시간에 얼마나 많은 물이 하천으로 흘러 나가느냐에 달려 있다. 유출속도를 증가시키는 것이라면 무엇이든 홍수세기를 증가시킨다. 예를 들면 지층의 투과도가 낮은 곳과 지층이 얼어붙은 곳이나 이미 지하수로 포화된 곳에서는 지표 유출량이 증가할 것이다. 포장도로와 주택이 많으며 하수시설이 갖춰진 도시지역과 벌목지역에서는 빗물이 비교적 빨리 하천으로 모이게 되어 급격하게 유출량이 증가할 것이다. 숲이 파괴된 지역에서는 폭풍우 시 유출되는 강수의 양을 약 10% 정도 증가시킬 수 있다.

우리는 홍수의 세기를 **수문도**(hydrograph)로 도시해 볼 수 있다. 전형적인 홍수의 수문도를 보면 물이 차오를 때는 수위가 급격하게 상승하고 물이 빠질 때는 수위가 완만하게 낮아진다(**그림 11-19**). 빗물을 하천으로 빨리 모이게 하는 그 어떤 변화라도 수문도의 상승곡선을 더욱 가파르게 만들 것이다. 이를테면 강수에 의해 토양층이 포화된 상태에서 다시 비가 온다면 빗물은 지표면을 따라 흘러서 비교적 짧은 시간 만에 하천에 도달하게 되어 수문도가 급격하게 상승하며 최대유출량도 더욱 커질 것이다.

그림 11-19 도시화와 홍수

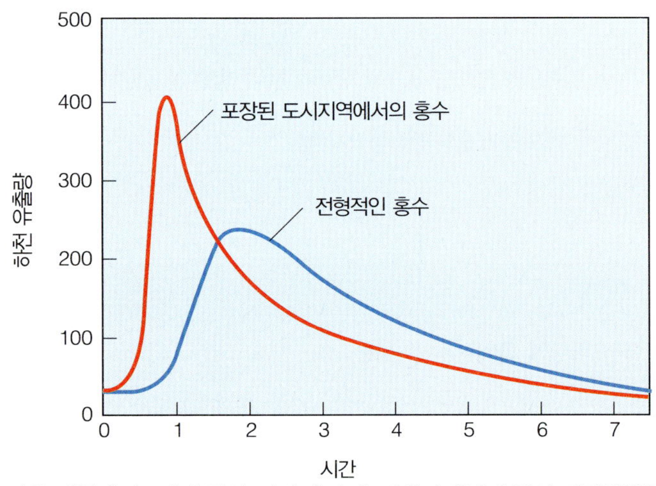

같은 지역에서 8시간 동안 비가 내린 후 하천의 유출수량의 시간변화를 도시한 수문도. 청색 선은 도시화 이전의 수문도이고 적색 선은 도시화 이후의 수문도이다. 두 곡선 아래의 면적은 거의 비슷하다. 곧 두 홍수의 총강수량은 거의 같음에 주목하라. 실제로 도시화 이후에는 빗물이 토양으로 스며드는 대신에 포장된 도로지역 등에서 곧바로 모여 하천으로 흘러들어가므로 수문도가 도시화 이전보다 단시간에 급격히 더 높게 상승하고 좀 더 빨리 낮아진다. 다시 말해 똑같은 비가 내리더라도 도시화 이후에 홍수의 규모가 좀 더 커지고 더 빨리 닥친다는 것을 의미한다.

홍수의 발생을 경고할 수 없을 정도로 급작스런 **돌발홍수**(flash flood)는 수문도에서 아주 급한 곡선으로 표현되는 홍수이다. 어떤 유형의 홍수도 위험하지만, 돌발홍수는 흔히 예기치 않게 발생하고 수위가 가파르게 상승하므로 특히 위험하다(사례: 오후의 뇌우로부터 발생한 돌발홍수—덴버 북서쪽 빅톰

그림 11-20 돌발홍수 재해 위험지역

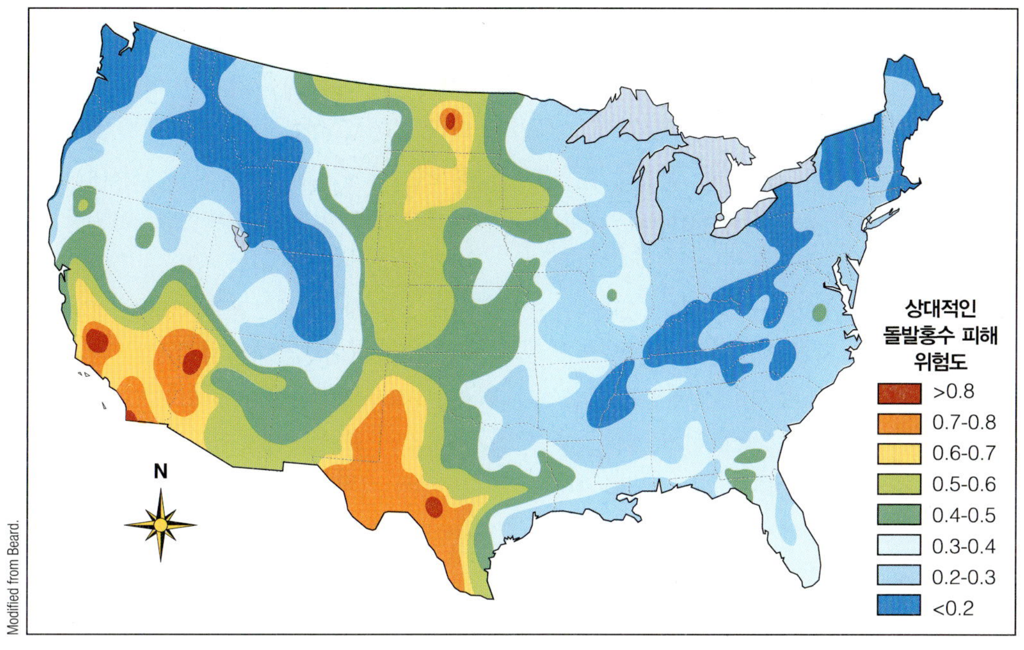

높은 등급지역(오렌지색)은 돌발홍수가 발생하기 쉽다. 돌발홍수는 건조한 지역에서 더 심각한 피해를 야기한다.

슨 계곡). 미국의 돌발홍수 재해 위험지역 지도를 보면, 고위험 지역은 남서부 반건조 지역인 캘리포니아 주 남부, 애리조나 주 서부와 텍사스 주 서부에 위치한다(**그림 11-20**). 중간 정도의 위험지역은 로키 산맥 동부, 콜로라도 주 동부, 다코타 주, 네브래스카 주 서부, 뉴멕시코 주, 텍사스 주 중부 등이다. 이것은 다른 지역이 홍수위험에 노출되지 않았다는 것이 아니라 위에 언급하지 않은 지역에서는 돌발홍수가 보통의 하천에서 발생하는 홍수보다 아주 더 위험하지는 않다는 것을 의미한다.

돌발홍수 시에는 사전에 위험을 알려 주는 징후가 거의 없으며 홍수 자체가 격렬하여 인명피해가 발생한다. 아주 맑은 날씨일지라도 먼 곳에서 발생한 폭풍에 의한 폭우가 하도를 따라 들이닥칠 수 있기 때문이다. 많은 경우에, 사람들이 좁고 건조한 골짜기에서 시간을 보내기 때문에 훨씬 상류지역에서 발생한 폭우를 알 도리가 없다. 그리고 한밤중에 돌발홍수가 닥치면 집 안에 있던 사람도 휩쓸려 사라진다.

하천의 등급

하천의 지류계수[**하천등급**(stream order)]는 폭우가 내릴 때나 그 후에 홍수가 불어나는 속도에 큰 영향을 미친다. 지류가 없는 작은 하천들을 1등급 하천이라 한다(**그림 11-21**). 1등급 하천들이 만나면 2등급 하천이 되고, 2등급 하천들이 만나면 3등급 하천이 된다. 이런 식으로 하천등급이 점차 높아진다.

낮은 등급의 하천에서는 빗물이 하도까지 도달하는 시간이

그림 11-21 하천등급

1등급 하천은 지류를 갖지 않는다. 1등급 하천들이 모여 2등급 하천이 되고 2등급 하천들이 모여 3등급 하천이 되는 식으로 하천등급이 결정된다.

얼마 걸리지 않으므로 폭우가 내리면 금방 물이 불어나서 수문도가 급격히 상승한다. 이런 하천유역에서는 하류 쪽에 사는 사람들에게 홍수를 경고할 시간이 짧다. 낮은 등급의 하천은 집수역이 좁으며 집수역의 면적에 비해 퇴적물은 조립질이고 그 양은 많은 편이다.

산마루 쪽에 내린 폭우는 여러 개의 1등급 하천에 홍수를 일으킬 수 있다. 각 1등급 하천의 **홍수 물마루**(flood crest)가 하류로 흘러내려 2등급 하천에 도달하는 데 걸리는 시간이 달라서 1등급 하천의 홍수 물마루가 2등급 하천에 도달하는 시간은 서로 다르다. 따라서 2등급 하천의 홍수 물마루는 폭우가 내린 후에 일정시간이 지난 다음에 발생하고 폭우로 생긴 홍수가 가라앉는 데 걸리는 시간도 길어진다. 여러 개의 2등급 하천이 모여서 3등급 하천이 되므로 똑같은 방식으로 3등급 하천의 홍수발생 시점은 2등급 하천에서보다 늦어지고 홍수가 잦아드는 데 더 오랜 시간이 걸린다. 지류가 많은 높은 등급의 하천은 폭우가 내리는 시점과 하류 쪽의 홍수발생 시점 간의 지체시간이 좀 더 길어진다. 이런 하천은 수문도의 홍수높이가 낮은 편이고 홍수가 가라앉는 데 걸리는 시간이 길다. 높은 등급의 하천은 유입되는 물이 여러 개의 배수역에 걸쳐 있고 범람원에 일시적으로 저장될 수 있으므로 폭우가 내린 다음 꽤 긴 시간이 지나서야 하천수위가 높아지기 시작한다.

하류 쪽으로 이동하는 홍수의 물마루

작은 집수분지에 국지적으로 내린 폭우일지라도 강우시점과 홍수 물마루의 발생시점 사이에 시간적 지체가 생긴다. 격렬한 폭우는 10여 분만 지속되지만 빗물이 표토층을 포화시키고 수하수면까지 스며드는 데 시간이 걸린다. 지표면에서 판상류(sheet flow)가 모여 조그만 골을 만드는 데도 시간이 걸리며 그런 골을 따라 흐르는 물들이 모여 하천에 도달하는 데도 시간이 걸린다. 작은 하천을 따라 흐르는 물이 모여 큰 하천에 홍수를 일으키자면 좀 더 긴 시간이 걸린다. 이런 식으로 지체되는 시간길이는 집수분지의 넓이와 형태, 집수분지의 하도의 간격, 식생, 토양 투수도, 그리고 토지 활용방식 등을 포함한 여러 요소에 따라 달라진다.

홍수의 세기도 유사한 특성에 좌우된다. 만일 분수령의 상류 쪽에서만 폭우가 쏟아진다면 수문도의 최고높이는 낮을 것이고 홍수의 지속시간은 폭우가 내린 지역에서 하류 쪽으로 멀어질수록 길어질 것이다(**그림 11-22**).

비가 쏟아진 지역의 하류 쪽 경계지역(그림 11-22B에서 A 지점)에서는 주변 경사지나 지류 그리고 상류 쪽에서 빗물이 흘러 들어오면 유량이 증가한다. 이 지점에서는 비가 그칠 때까지 유량이 계속 증가한다. 비가 그치면 상류 쪽 경사지에서 유입되는 유량이 감소하고 하천의 유량도 감소하기 시작한다. 그보다 더 하류로 내려가면, 이전에 내린 강수의 일부가 유입되어 하천의 수위를 높이기 시작한다. 강물은 계속 불어나도 하도는 상류 쪽의 모든 지류에서 내려오는 물을 흘려보낼 수 있게끔 하도형태가 조정되므로 하도의 크기가 커진다. 이리하여 홍수는 하류로 가면서(B → C) 점점 더 넓고 얕은 하도를 따라 흐르게 된다(그림 11-30에서 B, C 지점). 집수분지 전체에 걸쳐 비가 내린다면 유출되는 유량은 하류 쪽에서도 일찍부터 증가하기 시작할 것이다.

홍수에 의한 재해를 고려할 경우, 사람들은 대개 폭우에 따른 특정 지점에서의 홍수발생 시간보다는 홍수 물마루의 최대높이에 더 관심을 기울인다. 홍수 물마루는 홍수물결의 선단부보다 더 천천히 흐른다. 그림 11-22B에서 특기할 만한 사실은 폭우가 내리기 시작한 이후에 홍수가 처음 발생하는 시점은 하류 쪽으로 가면서 A → B → C 순으로 늦어진다는 점이다. 아울러 홍수의 물마루(홍수의 최고유출량)가 특정 지점을 통과하는 데 걸리는 시간도 하류 쪽으로 갈수록 점점 길어진다는 점도 주목할 만하다. 한편 홍수의 물마루가 이동하는 속도는 평균유속의 절반 정도가 된다고 한다.

홍수 빈도와 반복주기

보통 홍수의 빈도는 **반복주기**(recurrence interval), 곧 같은 규모 홍수의 발생시점들의 시간간격의 평균으로 표시된다. 특정 하천에서 홍수의 규모가 클수록 반복주기가 길어진다.

100년 만의 홍수와 범람원

반복주기 100년의 홍수, 곧 **100년 만의 홍수**(100-year flood)는 미국 연방재난관리청(FEMA: U.S. Federal Emergency Management Agency)이 하천 인근의 건축물 규제를 설정하는 기준으로 사용된다. 100년 만의 홍수는 매년 1%의 발생 가능성이 있다. 곧 지난해에 100년 만의 홍수가 발생했다 하더라도 올해 똑같은 규모의 홍수가 발생할 가능성은 여전히 1%이다.

교량과 같은 하천과 연관된 구조물들은 적어도 구조물의 기대수명과 같은 반복주기의 홍수(유출량)에도 견뎌 낼 수 있도록 설계되어야 한다. 수명이 정해진 제방, 교량, 건물과 같은 구조물을 설계하는 사람들은 일반적으로 대규모 홍수의 발생

그림 11-22 하류지역 홍수

A

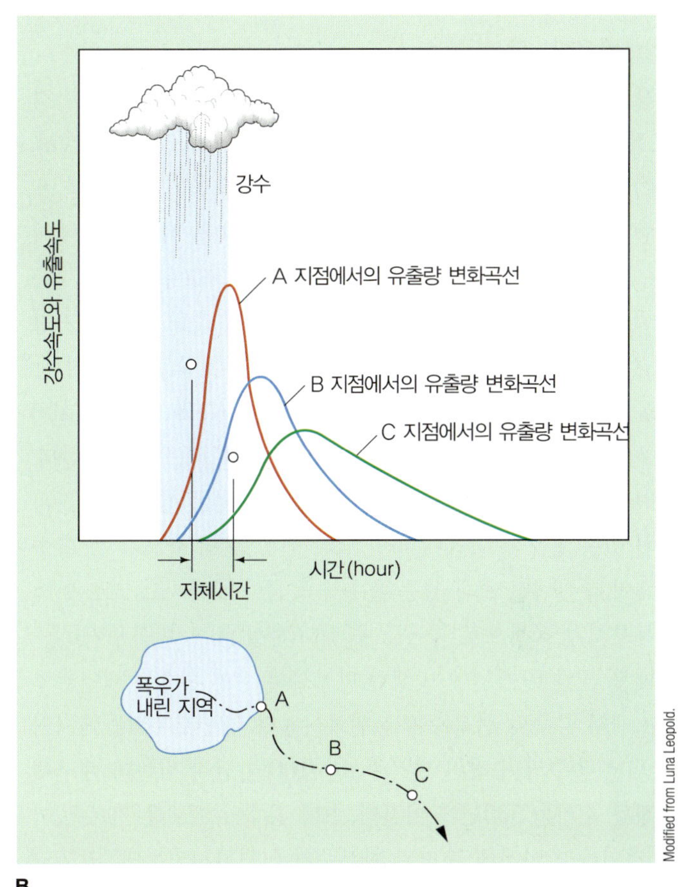

B

A. 미국 애리조나 주 투손 시에 오후에 국지적으로 내리는 비. **B.** 폭우 시의 빗물이 하천으로 모여 흘러 들어가면서 홍수의 물마루가 생긴다. 강수지역에 가장 가까운 지점의 홍수 수문도가 가장 급하고 폭이 좁다. 하류 쪽으로 내려가면서(A → B → C) 홍수 수문도의 최고높이는 점점 낮아지고, 최고점 주변의 폭(홍수 지속시간)은 점점 넓어진다.

가능성을 고려한다.

그렇지만 발생주기의 계산처럼, 100년 만에 범람하는 범람원의 넓이도 정확성은 그다지 크지 않다. 100년 만의 홍수로 침수되는 범람원은 평균적으로 100년 동안에 가장 큰 홍수에 의해 범람될 가능성이 있는 지역이다. 그러한 사건은 짧은 기간에 걸쳐 얻는 불완전한 수문학적 기록으로부터 외삽된 결과에 기초를 두고 있다. 추정된 100년 만의 홍수 수위라 할지라도 나중에 상류지역이나 집수분지에서의 변화에 따라 얼마든지 달라질 수 있음을 명심해야 한다. 미국 FEMA에서 발간한 100년 만에 침수되는 미국의 범람원지역지도는 홍수규모의 불명확한 정도를 제시하지 않고 있다. 이 지도는 수십 년 내에 개정되지 않을지도 모르고 그 지도가 제한된 자료를 바탕으로 간단히 추정한 결과를 표시한 것에 불과하므로 지도에 표시된 바가 항상 달라질 수 있음을 기억해야 한다. 앞서 살펴본 것처럼 인간의 활동에 따라 예전의 100년 만의 홍수가 비교적 자주 발생할 수 있고 그 규모도 커질 수 있다. 100년 만에 침수되는 범람원 지역에 살고 있으므로 안전하다고 믿는 사람들도 대규모 폭풍이 닥쳐 엄청난 홍수가 발생하면 속수무책일 수밖에 없다. 문제가 복잡해지는 까닭은 사람들이 제방을 높이 쌓은 다음 제방 바깥쪽의 '보호된' 지역에 집을 짓고 살아가면서 안심하는 탓도 크다.

이 문제가 간단하지 않은 까닭은 지구온난화, 주기적인 기후변동, 또는 구조물의 위치보다 상류지역에서의 변화로 인해 극심한 폭우가 자주 발생할 가능성이 커 보이기 때문이다. 예를 들면 1972년에 펜실베이니아 주의 서스퀘해나 강, 1983년에 투손 시의 산타크루스 강, 1993년의 미시시피 강 상류, 1996년 노스다코타 주의 레드 강, 그리고 1997년 캘리포니아 주의 아메리칸 강과 섄와킨 강 등에서 예전에는 예측할 수 없었던 엄청난 규모의 홍수가 발생한 적이 있다.

반복주기와 유출량

특정 하천에서 일정한 유출량이 흐르던 시점들 간의 시간간격을 통계적으로 평균한 연수가 반복주기(recurrence interval, T)이다. 반복주기에 역수를 취하면(1/T) 1년 이내에 특정한 유출량 규모 이상의 홍수가 발생할 확률이 된다. 특정 하천에서 홍수의 반복주기를 결정하려면 해마다 연 최고유출량을 기록해 두어야 한다(**그림 11-23**). 이들 연 최고유출량 가운데 가장 큰 것을 1로 하고 유출량의 순위에 따라 2, 3, 4 등과 같이 등급을 매겨 나간다. 그런 다음 와이블 공식(Weibull formula)을 사용하여 구한 반복주기와 각 유출량을 그래프에 표기한다. 알려진 홍수의 계산된 반복주기는 홍수를 기록한 전체 기간과 관심 있는 홍수의 등급에 따라 달라진다. 좀 더 규모가 큰 홍수 기록이 추가되면 관심 있는 홍수의 등급이 낮아지고 그로 인해 반복주기가 극적으로 줄어들 수 있다(해설 11-6: 반복주기).

예를 들면 1993년에 발생한 미시시피 강의 홍수는 세인트루이스에서 홍수의 반복주기를 변화시켰다. 세인트루이스에서의 1993년 홍수의 수정된 반복주기는 100년 남짓 되는데 예전에 추정된 주기는 500년에 이른다. 최대 홍수의 새로운 기록은 어떤 것이라도 이전에 추정된 반복주기를 변화시키는데 그 까닭은 예전에 가장 큰 홍수가 이제는 반복주기 계산 공식에서 두 번째로 큰 홍수가 되기 때문이다. 이런 특징이 100년 만에 침수되는 범람원 지도에 큰 영향을 미친다. 예전에 100년 만에 침수되는 지역 밖에 위치하던 부동산이 이제는 그 범위 안에 들어가고, 적절한 방호를 제공할 것으로 여겨졌던 홍수예방시설이 더 이상 그 역할을 하지 못한다.

일반적으로 좁은 배수분지에 발달한 하천의 경우 50년 만의 홍수의 유출량과 5년 만의 홍수의 유출량의 비가 크다(**표 11-1**). 스리랑카와 미국의 남서부와 같은 몬순 또는 반건조 지대의 하천이 콩고나 가이아나 같은 열대지방의 하천에 비해 위의 유출량 비가 크다. 왜냐하면 반건조 지대는 강수량의 변화폭이 크기 때문이다.

고홍수분석

미국이나 기타 지역에서 잠재적인 미래의 격변적인 홍수의 규모나 반복주기를 추정할 때 가장 문제가 되는 것은 하천의 유량을 관측한 기간이 짧다는 점이다. 홍수의 규모를 측정하기 시작한 것은 100년도 채 되지 않으며, 미국 서부에서는 그 역사가 더 짧다. 중국이나 일본 등과 같은 고대 문명지역에서는 일이천 년 전의 관측기록이 남아 있기도 하나, 유럽에서의 관측기록은 그다지 오래되지 않았다. 우리는 그래프 상에서 자주 발생하지 않는 초대형 홍수의 규모와 반복주기를 외삽하여 추정할 수 있다. 그렇지만 앞서 언급한 바와 같이, 최대 홍수 기록이 바뀌면 홍수의 반복주기의 추정치는 상당히 달라진다.

홍수 기록을 과거로 더 확장시켜 큰 규모의 홍수를 인지하기 위한 **고홍수분석**(paleoflood analysis)은 지질학적 기록에 보존된 과거의 홍수에 대한 물리적 증거를 활용하여 대규모 홍수의 규모와 반복주기를 추정하는 것이다. 이를 통해 관측기록의 시간제한을 뛰어넘어 먼 과거까지 거슬러 올라가 대

그림 11-23 홍수 빈도

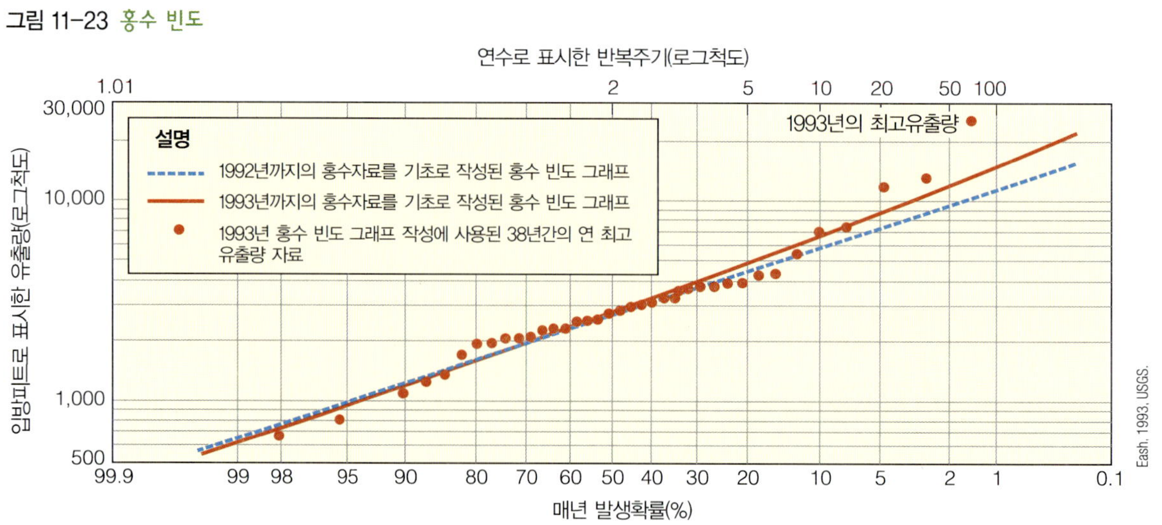

미국 아이오와 주의 에임스 시에 위치한 미시시피 강의 지류인 스쿼 하천에서의 홍수 발생빈도를 1993년 홍수 발생 전후로 나누어 표기하였다. 반복주기 또는 발생확률도 함께 표기했다.

표 11-1	일정한 기간 내에 특정한 규모의 홍수가 발생할 가능성(%)			
홍수의 반복주기	1년 이내에	10년 이내에	25년 이내에	100년 이내에
10 년	10			
50 년	2		40	86
100 년	1		22	63
1,000 년		1		9.5
10,000 년				1

해설 11-6

반복주기

알려진 규모의 홍수에 대해서, 반복주기(T)는

$$T = (n+1)/m$$

여기서

n = 홍수 기록연수

m = 유출량 등급(최대 규모의 홍수=1, 두 번째로 큰 홍수 =2, …)

예: 어떤 강의 한 지점에서 최대 규모의 홍수가 1997년에 발생했다면, $m_{1997}=1$, 그리고 만일 1910년부터 1997년까지 87년간 홍수 기록이 존재한다면 n=87, 따라서 1997년의 홍수에 대한 반복주기는

$$T_{1997}=(87+1)/1=88\text{년(평균)}$$

만일 2009년에 1997년에 발생한 홍수보다 약간 더 큰 홍수가 발생했다면, 2009년 홍수가 1등급 홍수가 되고 1997년 홍수는 2등급 홍수가 된다($m_{1997}=2$). 따라서 1997년 홍수의 수정된 반복주기는

$$T_{1997}=(99\text{년간의 기록연수}+1)/2=100/2=50\text{년(평균)}$$

또 다른 예:

만일 2014년에 1997년 또는 2009년보다 더 큰 홍수가 발생한다면, 2014년 홍수가 1등급 홍수가 되고, 1997년 홍수는 3등급 홍수가 된다($m_{1997}=3$). 따라서 1997년 홍수의 수정된 반복주기는

$$T_{1997}=(104\text{년간의 기록연수}+1)/3=105/3=35\text{년(평균)}$$

똑같은 규모의 1997년 홍수가 한때는 88년 만의 홍수였음을 주목하라. 1997년 홍수보다 큰 홍수가 두 번 발생함에 따라(그 규모는 상관없이 1997년 홍수보다 크기만 하면 됨), 똑같은 1997년 홍수가 이제는 35년 만의 홍수가 되어 평균적으로 35년마다 한 번씩 발생할 것으로 기대할 수 있다.

규모 홍수를 인지할 수 있게 된다. 증거를 바탕으로 고홍수의 규모를 제대로 결정할 수 없는 곳에서도 홍수의 수위만큼은 그런대로 쉽게 결정할 수 있는 경우가 많다. 그런 수위자료만으로도 과거 홍수가 입힌 최소한의 피해에 대한 결정적인 정보를 얻을 수 있다.

홍수의 사후증거: 고홍수 표지들 홍수의 성격과 규모는 홍수가 지나간 직후에 가장 잘 파악할 수 있다. 홍수에 의해 운반된 나뭇잎, 나뭇가지, 통나무, 그리고 개흙 등을 포함한 부스러기는 역와류 발생지역을 포함하는 유수의 가장자리에 모이는 경향이 있다. 이러한 잡동사니들은 홍수가 지난 후에 오랫동안 보존되지는 않겠지만 어쩌면 최대 홍수 수위의 가장 좋은 증거일 것이고, 떠다니다 떨어진 나뭇조각은 최대수위보다 훨씬 아래쪽에 있을 가능성이 크다. 다리 위에 쌓인 잡동사니는 홍수의 최저 높이를 알려 줄지도 모른다. 흔히 홍수는 다음번 강우 시에 씻겨 나갈 때까지 잠시 동안 홍수의 최고 수위를 가리키는 나무 부스러기가 선처럼 남게 된다(**그림 11-24**).

고홍수분석에 가장 적합한 하천 구간은 암반으로 된 좁은 골짜기를 따라 흐르는 하천의 일부로 물속에 부유 퇴적물질이 많고 흐름이 정체되는 지역이다. 고홍수분석에 유용한 속성은 다음과 같다(**그림 11-25**).

- **고수위 표지:** 강물이 가장 많이 불어났을 때의 물높이와 그 폭을 알게 해 준다.
- **단면적:** 하천의 단면적이 노출되었을 경우 측정 가능하며 하도가 최고로 침식된 이후에 더 이상의 침식이나 퇴적물의 집적이 없었다고 가정한다.
- **홍수의 평균수심:** 하도의 단면적을 수면의 폭으로 나눈 값이다.
- **추정된 유속:** 강물이 사행고리 주위를 빠르게 흘러 나갈 때 수면의 경사로부터 계산해 낼 수 있다(**그림 11-26**).

그림 11-24 홍수 후 남겨진 최고 수위 표지

A. 2001년 11월 15일에 미국 텍사스 주 오스틴에 있는 쇼올리크라는 작은 하천에 격렬한 홍수가 다리 위로 휩쓸고 지나갈 때 교량 난간에 걸려 남겨진 나뭇가지들은 홍수의 물높이를 알려 주는 증거가 된다. 이 홍수는 하도의 교각 밑부분까지 깊게 침식하여 교각이 내려앉아 다리 상판이 주저앉았다. **B.** 이 홍수와 함께 떠내려온 나무 부스러기가 주변 침수지역에 흩어져 있다.

그림 11-25 고홍수 표지

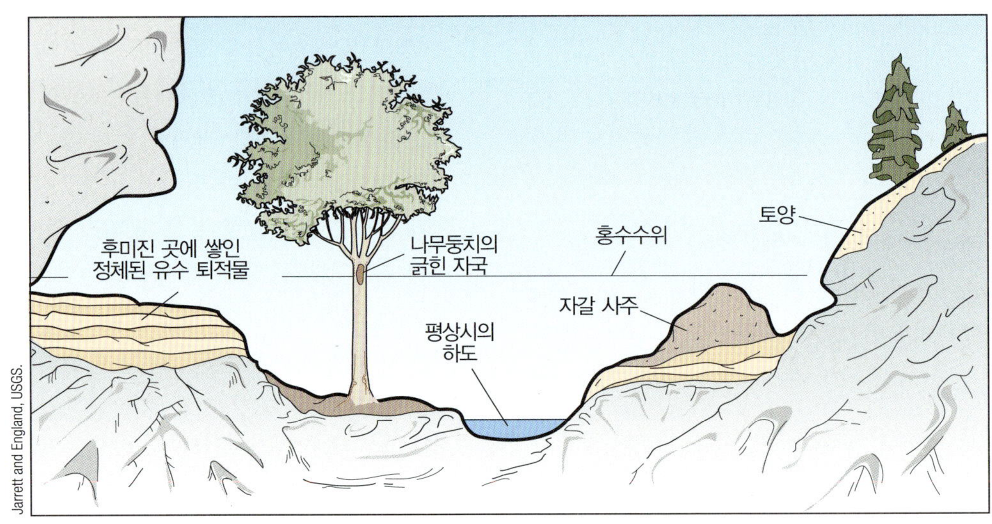

과거 홍수의 수위를 결정하는 데 활용되는 고홍수의 특성들을 나타낸 모식도. 홍수수위는 정체된 유수 퇴적물, 나무둥치의 긁힌 자국, 자갈 사주 퇴적물, 침식된 토양의 높이로 추정할 수 있다.

- **평균유속:** 홍수로 운반된 가장 큰 거력의 크기로부터 가늠해 볼 수 있다.
- 제방을 가득 채웠을 때의 **유출(수)량:** 이것은 하천의 단면적과 하도의 수면경사로부터 추정할 수 있다.

그렇지만 하천은 여러 환경과 기후에서 발달하므로 매우 다양하다. 위에 언급한 관계식들은 하천의 규모에 상관없이 상관관계에 있는 변수들 간에 유효하다. 가장 유용한 증거는 대부분 망상하천이나 곧은 하천이 아니라 사행하천에서 나온다. 이에 관한 연구는 대부분 홍수의 증거가 잘 보존된 미국 중서부와 같은 일정 지역에서 수행되었다. 불행하게도 이러한 결과는 쉽게 다른 지역에까지 확대 적용될 수 없다.

나이테의 손상 나무마다 홍수로 입은 손상흔적, 곧 홍수가 지

그림 11-26 하도의 물굽이 주변의 유속

A

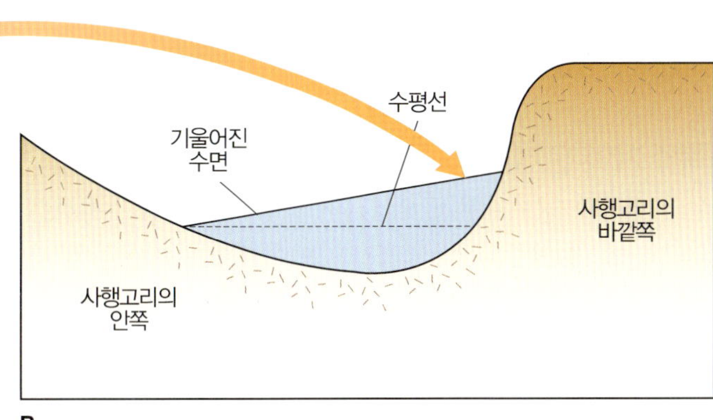

B

A. 미국 애리조나 주 그랜드캐니언의 하천 물굽이 주변에서 제방 쪽으로 표면경사를 형성하는 빠른 물살. **B.** 강물의 표면경사를 과장하여 알기 쉽게 표현한 그림.

나간 이후의 연수를 간직하고 있을 수 있다(**그림 11-27**). 나무 둥치나 가지에 생긴 생채기는 나무가 자라더라도 원래 높이에 그대로 남아 있다. 손상부위의 높이는 일반적으로 홍수의 최저 수위를 가리킨다. 나무 주위에 수풀이 쌓여 있었다면 그 높이는 실제 수위보다 약간 높을 수도 있다.

홍수를 통해 새로 집적된 모래나 자갈로 된 사주 위에서 자라는 나무의 연령은 사주를 형성한 홍수가 지난 이후의 최소 시간을 알려 준다. 홍수 퇴적물 위에 자라는 오래된 나무들의 연령이 거의 같을 경우, 그 연수는 아마도 퇴적 이후의 시간과 맞먹을 것이다.

그림 11-27 홍수의 나이테 증거

화살표가 가리키는 긁힌 자국 바깥쪽의 나이테 수가 그런 상처를 입힌 홍수가 발생한 이후의 연수를 가리킨다.

정지유수 퇴적물 홍수 시에 개흙이나 세립질 모래는 강물의 흐름이 약한 곳, 곧 범람원 가운데 외진 곳, 작은 지류의 입구, 기반암벽의 작은 동굴, 또는 기반암 돌출부 하류면 등에 쌓일 수 있다(**그림 11-28**). 이들은 홍수의 최대 수위를 알려 준다.

범람원 위에 쌓인 진흙층 내의 유기물질로 탄소연대측정을 하면 과거 홍수의 발생연대를 알 수 있다. 진흙층의 연대자료로는 홍수의 구체적인 높이를 결정할 수는 없으나 과거 홍수 때의 수위의 범위를 가늠해 볼 수는 있으며 하도의 형태 및 경

그림 11-28 정지유수 퇴적층

미줄라 호수의 정지유수 퇴적층이 조립질의 어두운 사층리 홍수퇴적층 위에 집적되었다. 미국 워싱턴주 남동부 스타벅 인근.

사 자료를 결합하여 수치모델을 통해 홍수 시 유수를 추정할 수 있다.

하도가 갑자기 넓어지거나 경사가 완만해지는 곳과 같이 유속이 줄어드는 곳에는 홍수 때 거력이 쌓이기도 한다. 이런 퇴적층은 홍수의 최소수위를 알려 준다.

반복주기의 문제점

홍수의 반복주기는 일정 규모의 홍수발생 가능성을 추정하는 좋은 수단일 수 있으나, 그 정확성은 떨어지므로 계산할 때 항상 다음과 같은 여러 가지 가정을 염두에 두어야 한다.

첫째, 반복주기가 정확하려면, 계산을 위한 자료가 반복주기를 대변할 정도로 충분히 긴 기간 동안 축적되어야 한다.(어떤 해에 약간 큰 규모의 홍수가 발생함으로써 반복주기에 커다란 차이가 생기는 경우의 예를 해설 11-6에 정량적으로 소개하였다.)

둘째, 반복주기의 계산은 배수분지 내 하천의 유수에 영향을 미치는 상류지역의 조건이 고려하는 시기 동안 유사하였다고 가정한다. 지질학적 연구를 통해 구축된 고홍수자료(paleoflood data)를 사용할 경우 기록된 기간의 전체 시간길이를 크게 늘릴 수 있으므로, 예측된 반복주기가 크게 달라질 수도 있다. 여기서 고홍수자료를 활용하고자 하면 지질기록으로 찾은 고홍수가 최근의 홍수와는 다른 요인에 의해 발생했는지 여부를 따져봐야 한다. 예를 들면 플라이스토세 빙하기의 홍수는 지금의 기후조건과 다른 보다 한랭하고 습한 기후에서 발생했다. 따라서 아마도 강수량과 폭우 빈도가 모두 지금과는 달랐을 것이다.

일반적으로 이런 가정이 현실과 동떨어진 이유는 도시화, 숲의 파괴, 과방목이나 하도, 해자, 댐 등의 건설 등을 통한 인간 활동이 집수분지 내의 큰 변화를 초래하기 때문이다. 인구증가는 틀림없이 변화를 가져오기 마련인데, 그 까닭은 거주지 확대에 따라 도로포장과 콘크리트 건물의 증가로 빗물이 스며들 수 없는 지반지역이 넓어지기 때문이다. 시애틀 시에서 워싱턴 호수를 가로질러 동쪽에 위치한 벨뷰와 같이 급격히 성장하는 도시에서는 식생이 제거되어 포장되거나 건물이 들어서는 지역이 엄청나게 늘어난다. 이에 따라 머서 하천의 100년 만의 홍수의 추정유출량이 1977년에는 420 ft^3/sec였는데, 17년 후인 1994년 홍수를 기준으로 삼으면 950 ft^3/sec로 추정되었다(**그림 11-29**). 이 지역의 도시화로 인해 홍수의 전체적인 특성이 변화하였다.

끝으로, 반복주기 또는 발생확률을 결정하기 위해 사용되는 모든 홍수 유출량 자료는 유사한 원인으로부터 발생한 홍수

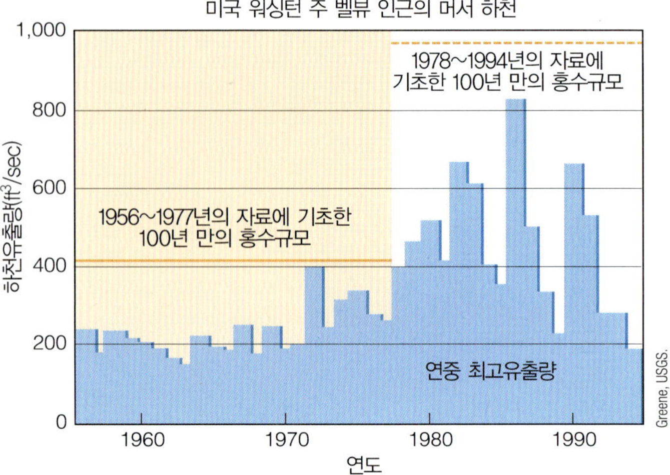

그림 11-29 도시화가 홍수 형태에 미치는 영향

미국 시애틀 인근 워싱턴 시의 머서 하천의 100년 만의 홍수의 규모는 1977년에서 1994년에 걸쳐 진행된 도시화로 급격하게 증가했다.

자료이어야 한다. 왜냐하면 홍수의 발생원인이 다르면 홍수규모와 홍수의 패턴도 달라지기 때문이다. 예를 들면 모든 홍수가 엘니뇨에 의해 야기되거나 열대성 저기압의 이동으로 야기된 경우와 같은 단일기원 홍수자료가 홍수규모의 자연적인 변화폭을 알아내는 데 의미를 부여할 수 있게 된다. 한랭전선과 만난 허리케인과 같은 복합적인 원인으로 발생한 폭우와 그에 따른 홍수는 허리케인의 영향을 파악하는 데 별로 도움이 되지 않을 수 있다. 불행하게도 어느 나라든지 유출량을 관측해 온 기간이 얼마 되지 않으므로 모든 홍수자료를 원인이나 규모별로 구별하지 않은 채 뭉뚱그려서 함께 다루고 있는 실정이다.

홍수의 반복주기가 홍수를 연구하는 유익한 도구이기는 하나, 홍수가 발생하게 되는 복잡한 상호작용을 고려하면 이러한 반복주기가 예측한 대로 맞는다고 보기는 어렵다. 한편으로 일반인들이 크게 잘못 알고 있는 부분은 100년 만의 홍수를 꼭 100년마다 한 번씩 발생하는 홍수로 생각한다는 것이다. 사실 반복주기는 그냥 평균값이므로 그러한 홍수는 대규모 홍수가 발생한 그 이듬해를 포함하여 언제든 발생할 수 있다.

이류, 암설류, 그리고 홍수와 연관된 다른 재해

쉽게 침식되는 많은 양의 퇴적물이 홍수에 의해 운반되는 하천에서는 퇴적물 운반특성도 하류로 가면서 달라진다. 홍수를 통해 운반되는 퇴적물의 양은 유수 내의 함량비로 1% 미만에

표 11-2	퇴적물과 물의 비율에 따른 홍수의 유수거동의 형태적 특성		
	홍수류	고농도 수류	암설류
퇴적물 밀도 (부피: %)	0.4–20	20–47	47–77
전체밀도(g/cm^3)는 운반되는 퇴적물의 양에 따라 달라진다.	1.01–1.33 주: 물의 밀도는 1.0 g/cm^3이다.	1.33–1.80	1.80–2.3 주: 대부분의 암석은 밀도가 약 2.7 g/cm^3
퇴적물이 만든 지형, 하도형태	사주, 선상지, 판상, 넓은 하도 (하도폭:깊이의 비가 큼)	홍수류와 유사	조립질 퇴적물로 구성된 가장자리 제방(marginal levee), 둥근 잎사귀 형태의 말단 퇴적체(terminal lobe), 사다리꼴 또는 U자형의 하도
퇴적구조	평행 또는 경사층, 비늘구조*, 깎고 메운 구조, 무구조 또는 점이층**	무구조 또는 희미한 층리, 미약한 비늘구조*, 정점이층** 또는 역점이층**	층리와 비늘구조가 없고, 밑바닥에 역점이층이 발달하고 상부에서는 정점이층이 발달하기도 함
퇴적물 조직 특성	분급이 좋고, 역에 의해 지지되며, 원마도가 좋음	분급이 나쁘고, 역에 의해 지지되며, 공극이 채워지지 않는 경우가 많으며 대부분 조립질 모래	분급이 나쁘고 기질에 의해 지지되며, 입자크기가 아주 다양하고, 때때로 거력이 포함되기도 함

* 비늘구조는 자갈들이 물고기 비늘처럼 한 방향으로 기울어지게 배열된 것을 가리킨다. 물고기 비늘이 머리 쪽(물이 흘러오는 쪽)으로 기울어진 것처럼 자갈들이 기울어진 방향이 물이 흘러오는 쪽이다.
** 정점이층은 퇴적층의 바닥에 있는 입자의 크기가 크고 층의 상부로 갈수록 입자의 크기가 작아지는 것을 가리킨다. 역점이층은 그 반대임.

서 77%에 이르기까지 다양하다(표 11-2). 퇴적물의 양이 20% 이상이 되면 홍수류는 고농도수류로 변하며 47% 이상이 되면 **암설류**(debris flow)가 된다. 암설류의 경우 유수를 삽으로 퍼 올릴 수 있을 정도로 퇴적물이 많이 포함되어 있다. 경우에 따라 처음에 암설류로 시작된 유체가 하류로 흘러가면서 더 많은 물을 포함하게 되면 고농도수류로 변하기도 하며, 고농도수류는 다시 더 많은 물을 포함한 홍수류로 바뀐다. 만일 흐르는 유체에 포함된 고체가 주로 이질퇴적물이나 진흙으로 구성되어 있으면 **이류**(mudflow)라 하며, 화산분출물이 많이 포함된 경우는 **라하르**(lahar)라 부른다. 만일 유체 내에 포함된 고체 가운데 다양한 크기의 조립질 퇴적물이 더 많으면 암설류가 된다(암설류 재해는 12장에서 설명).

아래와 같은 퇴적체의 특성으로부터 예전의 홍수 유형을 결정할 수 있다.

- 홍수류는 내부 전단응력이 거의 없으며 주로 유체(물)의 움직임에 지배된다. 퇴적물은 뜬 짐으로 운반되거나 하도 밑바닥을 따라 구르거나 도약하면서 운반된다.
- 고농도수류는 많은 양의 퇴적물을 포함하여 전체 밀도와 점성도가 크다. 물과 퇴적물 입자들은 따로따로 움직이는데, 입자들은 서로 부딪치면서 충격량을 주고받기 때문에 잘 가라앉지 않는다. 보통 맑은 물에서 퇴적물 입자들이 가라앉는 속도보다 1/3 정도의 속도로 천천히 가라앉는다.
- 암설류는 훨씬 많은 퇴적물을 포함한다. 물과 퇴적물은 한 덩어리가 되어 하나의 점성체 또는 가소성 고체처럼 움직인다. 물과 퇴적물의 이동속도는 같다. 내부 전단응력이 큰데, 전단력은 대개 암설류의 밑바닥이나 측면경계에 집중된다. 유속이 낮아져도 퇴적물 입자들이 아래로 가라앉거나 대개 그대로 굳게 된다(콘크리트 반죽과 유사하다). 퇴적물 입자들 사이의 물이 유체의 가장자리를 통해 빠져나가면 암설류가 멈추게 된다.

위에 언급한 유수 형태들은 모두 큰 피해를 입힐 수 있다. 암설류는 밀도가 높을 뿐만 아니라 거력들을 운반할 수 있기 때문에 가장 파괴적이다. 암설류는 다른 형태의 유수보다도 빠르게 이동하고 운동량이 크기 때문에 크고 튼튼한 구조물들에도 피해를 줄 수 있다.

이류와 라하르

산사태처럼, 이류는 사면에 많이 스며든 물 때문에 움직이며 종종 폭우 또는 장기간의 강우에 의해 촉발된다. 이류 내의 작은 공극과 낮은 투수도로 인해 물이 잘 배출되지 않고 이류가 유동적이 된다. 밀도가 높은 거력은 이류의 표층 가까이에서 떠서 움직이므로 이류는 콘크리트 반죽처럼 보인다. 지진은 다른 퇴적물 입자들을 흔들어 느슨하게 만든다.

화산재에는 진흙 크기의 입자가 많이 포함되어 있기 때문에,

그림 11-30 라하르

USGS.

필리핀 피나투보 산의 계곡을 따라 오른쪽에서 왼쪽으로 빠른 속도로 움직이는 여러 개의 라하르 가운데 하나의 전단부. 라하르의 표면이 자갈로 덮여 있는데, 특히 솟구치는 선단부에서 두드러진다.

활화산이 분화하는 동안 화산재를 내뿜을 때 라하르를 일으키는 것으로 악명이 높다. 그러나 라하르는 종종 자갈 크기의 입자뿐만 아니라 거력을 포함한다. 집중 호우, 또는 눈이나 얼음이 빠르게 녹는 동안 풍화가 많이 진행된 화산재로 이루어진 화산의 측면이 붕괴하면, 무너진 화산재는 밀도가 큰 이류를 형성하여 사면을 따라 아래로 흘러내리면서 흩어져 있은 화산쇄설물을 긁어 올리게 된다(**그림 11-30**). 화산이 폭발하는 동안, 뜨거운 화산재가 사면 아래에서 빗물이나 호수 또는 하천의 물과 혼합되어 인근 계곡에 쏟아질 수 있다. 뜨거운 화산재와 화산력이 눈과 얼음과 급속하게 혼합되면 뜨거운 화산쇄설물이 그냥 눈 표면에 떨어질 때보다 훨씬 빠른 용해가 일어난다. 떨어지는 화산재가 너무 차가워서 눈 또는 얼음을 녹일 수 없다 하더라도, 큰 화산폭발은 종종 거친 기상을 만들어 낸다. 화산이 분화하면서 뿜어내는 열기로 주변의 공기가 빨려 들어와 상승하게 되어 팽창하고 다시 냉각된다. 이 과정에서 공기 중의 수분이 응결되고 국지적으로 폭우가 내려 새로 퇴적된 화산재층을 사면 아래로 휩쓸어 내린다.

심지어 화산재를 많이 분출한 폭발이 오래전에 일어난 경우에도, 화산의 측면에 쌓인 많은 양의 화산재는 파국적인 라하르를 일으키기에 충분한 세립질 퇴적물을 제공한다. 이러한 라하르가 계곡을 따라 흐를 경우 종종 아주 멀리까지 흘러 내려간다. 그들은 수평거리 100미터당 1미터 낮아지는 경사 1도 정도의 거의 평탄한 사면을 따라서도 계속 이동할 수 있다.

암설류

암설류는 흔하고 매우 위험하다. 그들은 다양하고, 어떤 징후가 없이 시작되며, 빠르게 이동하여 구조물과 사람 모두에게 비극적인 결과를 안겨 준다. 암설류는 미국 남서부의 가파른 산악 지역에서 아주 잘 발생한다(**그림 11-31**). 특히 주요 활성 단층을 따라 잘 발달하는데, 그런 곳은 지구조 운동이 활발하여 미국 네바다 주의 분지와 산지, 미국 유타 주 솔트레이크시티의 워새치프론트, 그리고 남아메리카의 안데스 산맥 등과 같은 산맥을 형성하고 있다. 가파른 비탈에서 지속적으로 암설물질이 공급된다. 대부분의 암설류는 선상지로 유출되므로 선상지 위는 거주하기에 부적당하다(사례: 사막의 암석류와 선상

그림 11-31 암설류

Douglas Morton, USGS.

A

Mark Milligan, Utah Geological Survey.

B

A. 미국 캘리포니아 주의 샌버너디노 북쪽 가장자리에 있는 암설류 퇴적분지. 1980년 겨울에 발생한 암설류가 이곳을 채우고 흘러넘쳐 주변의 주택까지 침범했다. 이 사진은 복구 모습이다. **B.** 1983년에 미국 유타 주 솔트레이크시티 배후에 위치한 워새치프론트 산의 거대한 단층면으로부터 발생한 일련의 암설류가 러드크리크(사진)를 포함하여 가파른 협곡의 입구에 발달한 충적선상지 위에 건축된 주택을 침범한 모습.

지 위의 주택—2006년 애리조나 주 투손 시의 암설류).

암설류가 선상지를 가로질러 흘러 퍼지면서, 그들은 바위 자갈로 기존의 하도를 메워 버린다. 후속되는 암석류는 그런 돌무더기를 타고 넘어 침식을 일으켜 새로운 하도를 만든다. 하도의 세부적인 모습은 변하지만, 선상지 하도의 일반적인 형태는 일정하게 유지된다. 암설류는 10~15도 경사의 넓은 선상지 사면에서 계속 이동하지만 경사가 5도 내외인 사면에서 이동하는 경우는 거의 없다. 암설류는 선상지 위에서 퍼질 때 얕게 흐르므로 운동에너지가 감쇠되고, 암설류 내에 포함된 가장 큰 호박돌은 선상지 위쪽에 집적되고 사면 아래로 내려올수록 점점 작은 퇴적물이 집적된다. 암설류가 운반하던 자갈의 대부분이 퇴적된 다음에는 홍수류가 되어 사면 아래로 계속 흘러내려갈 수 있다.

암설류는 그 안에서 부유상태로 운반되는 고체 퇴적물의 양이 보통의 유수와는 다르다. 암석의 밀도는 물보다 약 2.7배 크기 때문에 퇴적물 입자 간 공극 내에 퇴적물과 암석이 채워진 암설류의 밀도는 홍수류 밀도의 두 배가 될 수 있다. 이 때문에 암설류는 커다란 바위를 들어 올려 운반시킬 수 있는데, 어떤 바위는 그 크기가 자동차 또는 대형 학교 버스만 하다. 가파른 지형에서 암설류는 높은 밀도 때문에 큰 중력의 추진동력을 받아 보통의 유수보다 높은 속도로 가속된다.

암설류는 내부적인 전단작용으로 일부분이 다른 부분보다 빠르게 이동하는 특징을 가지고 있다. 암설류는 대부분 하천 바닥을 따라 전체가 미끄러짐 사태처럼 움직이며, 암설류 내에 포함된 자갈들이 서로 부딪치며 충격량을 주고받는다. 암설류 내의 거력과 전단작용을 제외하면 암설류의 흐름은 콘크리트 운반트럭의 콘크리트 배출구로부터 흘러나오는 고화되지 않은 콘크리트 반죽과 유사하다. 암설류의 바닥에서 일어나는 미끄러짐을 통해 하도가 침식되고 침식된 하도물질이 암설류에 추가되기도 한다.

암설류는 발작적으로 이동하는 경향이 있다. 입자 크기가 다를 때, 가장 큰 입자(자갈)들은 암설류의 앞부분과 가장자리에서 부딪쳐 가며 이동한다. 사람이 눈사태에 빠졌을 때도 비슷한 현상이 벌어진다. 암설류가 흘러가면서 거력은 표면 위로 떠오르고(**그림 11-32A**), 이들은 다시 앞쪽이나 측면으로 밀려나게 되어 거력들로 구성된 자연제방을 형성하는 점이 특징적이다. 거력들 사이의 커다란 빈 공간으로 물이 잘 빠져나가지만 암설류의 이동은 입자 간 공극 내에 얼마나 많은 세립질 퇴적물과 물이 포함되느냐에 달려 있다(그림 11-32B).

입자들 사이의 물이 빠져나가면, 특히 암설류의 앞부분과 측면에서 배수되면 암설류는 느려진다(**그림 11-33**). 세립질 퇴적물은 작은 공극 사이에 들어 있어서 물이 천천히 배수되므로 세립질 퇴적물로 구성된 암설부의 일부는 계속 흐른다.

수년에 걸쳐 가끔씩 내리는 비는 사면 아래쪽과 협곡 바닥으로 이질 퇴적물과 암석 조각들을 씻어 내려 보내는 경향이 있다. 수십 년 또는 수백 년 후, 협곡에는 커다란 암설류가 발달하기에 충분한 퇴적물이 집적된다. 어쩌다가 폭우가 내려 협곡 바닥에 있는 퇴적물이 휩쓸려 내려가자마자 암설류가 발생하고 이를 통해 하류 쪽의 선상지로 퇴적물이 운반되어 집적된다. 암설류가 다시 발생할 수 있을 정도로 협곡의 측면으로

그림 11-32 **암설류 퇴적체**

A. 1996년에 미국 오리건 주 포틀랜드 동쪽 근처의 도슨 강의 지류에서 발생한 암설류가 퇴적시킨 거력으로 구성된 자연제방. 퇴적체의 상단에 모여 있는 큰 돌들을 주목하기 바람. **B.** 미세한 입자는 큰 돌 사이의 공간을 채운다. 큰 돌이 암설류의 상단으로 뜨는 것은 암설류에 세립질 퇴적물이 혼합되어 밀도가 높아지고 점성이 증가했기 때문이다. 2006년 미국 애리조나 주 투손 시의 사비노캐니언에서 발생한 암설류.

그림 11-33 암설류 내의 퇴적물 분포

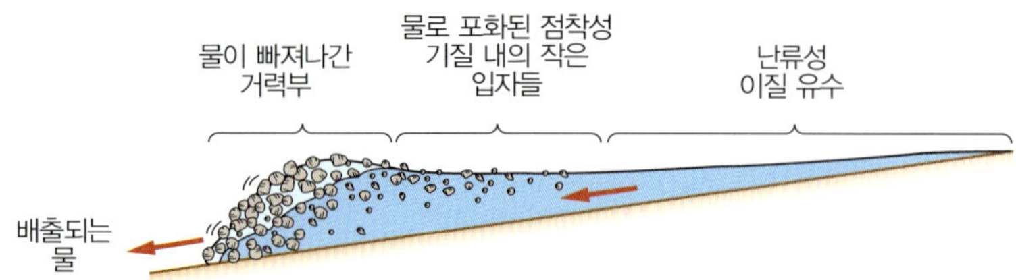

A. 암설류 내 퇴적물 입자의 크기와 물의 분포를 보여 주는 개략적인 다이어그램. B. 오른쪽에서 왼쪽으로 흐르는 암설류의 가파른 거력부 선단. 미국 애리조나 주 투손 시 동쪽. 사진 오른쪽에 있는 지질학자들과 비교해 보면 바위의 크기를 가늠할 수 있다.

부터 고화되지 않은 퇴적물이 충분하게 공급되어 협곡 내에 집적되려면 또다시 오랜 기간이 걸린다. 사막의 협곡을 잘 아는 많은 지질학자들은 협곡에서 새로운 암설류가 발생할 정도로 충분한 퇴적물이 집적되었는지 여부를 판별할 수 있다. 다른 경우에, 협곡 내의 최근 암설만 암설류로 빠져나가고, 오래된 퇴적물은 다른 폭풍이 몰려올 때 이동하도록 남아 있다. 그러한 사건은 지난 수년 이내에 산불로 식생이 사라진 배수분지에서 일어날 가능성이 크다. 식생이 사라진 맨 땅은 식물로 덮여 있을 때처럼 빗물을 잘 흡수하지 않아 사면은 지붕에서처럼 물이 곧장 흘러 내려가 버리고 많은 표면류는 협곡의 퇴적물을 운반시킨다(16장 산불의 논의를 참조).

암설류는 일반적으로 폭우나 급격하게 눈이 녹을 때 투수성이 낮은 기반암 위에 쌓인 퇴적물의 공극에 물이 차면서 시작된다(사례: 두꺼운 토양층 위의 강한 폭우—블루리지 산맥의 암설류). 이러한 공극 내의 압력 증가가 암설류를 일으키는데, 특히 넓은 사면 지역이 지진이나 강한 돌풍에 의해 교란될 경우에도 촉발된다. 때때로 암설류는 처음에 습지대에서 산사태로 시작되는 경우가 있다. 그런 곳은 토양층이 두껍고 지하수면이 높은 경향이 있다. 경우에 따라서는 사면을 따라 빠르게 흘러 내려가는 유수가 퇴적물을 긁어 올림으로써 사면 아래쪽으로 갈수록 점점 더 많은 퇴적물을 '끌어들이면서' 암설류가 시작되기도 한다. 암설류는 양의 공극수압이 유지되는 동안 계속 이동하는 경향이 있다. 2006년 11월에 미국 오리건 주의 후드 산 사면에서 6일 동안 폭풍우가 몰아쳐 34 cm의 폭우가 내리면서 산사태로 시작된 암설류가 발생하였다. 또 다른 경우에, 상류지역의 하도 윗부분에 집적되었던 느슨한 화산쇄설성 모래가 빗물로 포화되어 하류로 흘러 내려갈 때 퇴적물을 끌어들이면서 암설류로 바뀌기도 한다. 화이트 강의 유수에 운반되던 퇴적물이 35번 고속도로 위의 다리 교각에 걸려 집적되다가 강물과 함께 일시에 무너져 암설류로 흘러 내려가면서 두 곳에서 고속도로를 파괴하였다.

특히 거력이 모인 가파른 선단부가 발달된 암설류는 파동처럼 요동치며 이동하는 경향이 있다. 맨 앞의 주요 파동 다음에 종종 전체 암설류의 이동속도보다 빠른 일련의 작은 파동이 뒤따른다. 각각의 파동이 멈추거나 늦어질 수도 있는데, 뒤따라오는 파동에 의해 재활성화되기도 한다. 대부분의 암설류는 관찰하기 어렵지만, 유속과 최대 유출량은 하도 측면에 남아 있는 최고수위 진흙선과 하도가 사행하는 부분의 단면방향의 기울어진 수면을 통해 추정할 수 있다(그림 11-26 참조).

습지대의 하류 쪽 끄트머리 지점은 집을 짓기에 특히 위험한 장소이다. 조립질 붕적층(colluvium, 기반암 위에 놓인 느슨한 쇄설성 퇴적물)이 많아, 33~45도 경사의 사면 위에서 산사태가 일어나 암설류로 발전할 수 있다. 과거에 암설류가 발생했던 곳에서는 미래에 다시 암설류가 발생할 것이다. 과거에 암설류가 발생했음을 알려 주는 증거로 보면 그것은 다시 발생할 것처럼 보인다. 화재, 벌목, 주택 개발, 도로 건설, 그리고 화산 활동 등의 교란은 배수분지를 변화시켜 암설류가 더 잘 발생하게 만든다. 배수분지의 하도에 집적되는 느슨한 퇴적물의 최대 양은 미래에 그곳에서 발생할 암설류의 최대 규모를 추정하게 한다. 배수분지에 집적된 느슨한 퇴적물의 대부분을 제거하는 대규모 암설류가 발생한 뒤에는 느슨한 퇴적물이 다시 집적될 때까지 수년 동안 대형 암설류의 규모가 크지 않을 것이다. 예전에 암설류가 흘렀음을 알려 주는 증거는 다음과 같다.

- 현재의 하천이 운반했다고 보기에는 너무 큰 것처럼 보이는 거력들이 흩어져 있는 계곡 바닥. 노출된 단면을 보면, 균질하고 층을 이루고 있지 않은 세립질 퇴적체 상부에 커다란 돌이 놓여 있고, 모서리가 각이 진(원마되지 않은) 거력이 세립질 기질 속에 들어 있음(**그림 11-34**).

그림 11-34 암설류의 증거

David Hyndman.

아르헨티나 북서부의 안데스 산맥에 노출된 암설류 퇴적체. 암설류가 물을 잃고 속도가 느려져 퇴적이 일어날 때까지 암설류에는 거력과 자갈이 많이 포함되어 있었다. 물을 머금은 세립질 퇴적물(사진의 왼쪽 중간의 거력을 덮고 있는)이 빠르게 흘러내려서 유수 퇴적물을 덮어 버림. 암설류는 매년 이 하도를 통해 흘러 내려오는데, 한 번은 매설된 천연가스 파이프라인이 묻힌 지점까지 침식시켜 거대한 폭발을 일으키기도 하였다.

- 하천 옆에 조립질의 각이 진 자갈로 된 제방(그림 11-34)
- 그러한 퇴적체에 파인 깊고 좁은 하도(그림 11-34)
- 바깥쪽 가장자리에 조립질 자갈들로 구성된 나뭇잎 모양을 이루는 부채꼴 퇴적체
- 나무에 박혀 있는 돌덩이, 나뭇가지 사이에 끼여 있거나 껍질에 포함된 돌(**그림 11-35**)
- 하도보다 상류 쪽에 위치한 나무의 높은 곳에 상처 난 나무껍질(그림 11-35)
- 주변의 식물보다 연령이 낮은 똑같은 나이의 식물 잎사귀
- 커다랗게 활발히 침식되고 있는 배수분지
- 활성 단층, 이것은 사면에 쇄설성 퇴적물을 공급하는 데 도움을 준다.

빙하방출 홍수: 요클라웁

융빙수가 하천으로 공급되는 빙하의 말단부에서는 이따금 갑작스럽게 격렬한 홍수가 발생한다. 이 물은 빙하에 의해 막혔던 호수나 빙하 기저부 근처에 갇혀 있던 물이다. 전자의 경우 산골짜기를 타고 내려오던 빙하가 커다란 하천을 가로질러 막으면서 호수를 형성한 경우이다. 그런 호수에 많은 물이 고이면 빙하의 바닥 아래로 물이 새어 나오는 구멍이 갑자기 터널처럼 커져 홍수처럼 물이 쏟아져 나온다(**그림 11-36**). 만일 그 터널이 충분히 커서 그 위의 빙하가 무너져 내린다면 상당히 많은 물이 하류로 흘러 나가 피해를 낳을 수 있다. 다른 경우

그림 11-35 암설류의 높이

A. 거대한 바위가 상류 쪽에 자라는 두 나무줄기 사이에 박혀 있으며, 나무줄기의 껍질이 벗겨졌다(화살표). 미국 오리건 주 포틀랜드의 동쪽에 있는 투몰트크리크. **B.** 미국 몬태나 주 해밀턴 남쪽의 슬리핑차일드크리크에서 2001년 7월에 발생한 암설류로 인해 자갈(붉은 주머니칼의 오른쪽, 화살표)이 나뭇가지 사이에 끼였으며, 대략 그 높이에서 나무줄기의 껍질이 벗겨졌다. 이 지역은 암설류가 발생하기 일 년 전에 대규모 산불이 일어났었다.

Donald Hyndman.

그림 11-36 빙하 융빙수 방출

A. 계곡을 가로질러 막았던 지류 빙하에 의해 형성된 호수가 빙하 밑으로 뚫린 터널을 통해 배수된 모습. 캐나다 브리티시컬럼비아 주 북서부 툴스쿠아 지역. **B.** 2002년 5월초 허버드 빙하가 몰려와 러셀 호수의 수위를 높이는 모습. 이것은 8월 14일에 호숫물이 일시에 방출되어 홍수를 발생시키는 계기가 되었다.

에, 호숫물이 빙하로 된 얼음 댐을 띄워 올려서 붕괴시키고 하류지역에 홍수를 일으킬 수 있다. 그런 빙하댐의 하류에서 야영을 하는 것은 위험천만이다. 그러한 홍수를 **빙하방출 홍수**(glacial-outburst flood) 또는 요클라웁(Jökulhaup)이라 한다. 2002년 8월 14일 허버드 빙하에 의해 막혀 있던 물이 일시에 방출되어 호수로 배출되었다. 2010년 4월에는 아이슬란드의 빙하 아래에 위치한 에이야피아랴 화산이 분출되는 동안 요클라웁이 발생하여 수백 명의 사람들이 소개되었고 도로가 끊겼으며 넓은 농지가 파괴되었다.

빙하 내의 크레바스나 구멍을 통과하는 융빙수는 빙하의 바닥까지 흘러 내려가게 되고 거기서 빙하를 움직이는 윤활작용을 한다(10장의 논의를 볼 것). 그 물은 빙하 아래에서 골짜기를 타고 흘러내리고 빙하 말단부에서 융빙하천을 형성한다. 때때로 남극에서처럼 많은 양의 물이 완만하게 경사진 빙하 아래로 쏟아져 내리기도 한다. 경우에 따라, 빙하의 이동은 빙하 아래의 하도를 막아 갇히게 된 융빙수가 갑자기 터져 나와 하류지역에 홍수를 일으키는 수도 있다. 전 세계의 여러 곳에 발달된 빙하는 이처럼 야영하는 사람들이나, 하이킹하는 사람들, 관광객, 그리고 일부 현지 주민들을 위험하게 만들 수 있다. 그러한 홍수는 흔히 아주 더운 날이나 비가 오는 날 잘 발생한다. 만일 융빙수 하천의 수위가 급격히 올라가거나 골짜기 위쪽에서 굉음이 들린다면 재빨리 하천의 제방 위쪽으로 피해야 한다.

미국 워싱턴 주 레이니어 산 위의 많은 빙하가 빙하방출 홍수를 발생시켰고 그 가운데 일부는 암설류나 라하르를 유발시켰다. 아이슬란드에서는 빙하하부방출 홍수도 흔한데, 이것은 커다란 빙하 아래에 용암이 분출되어 빙하를 녹이기 때문에 발생한다. 이 경우 융빙수는 빙하 아래에서 사면 아래로 흘러내리는데 15킬로미터 아래의 빙하조차도 아래로 흐르는 물 때문에 부풀어 오르는 것처럼 보인다. 빙하 아래에 발달한 빙하호수의 물은 수년마다 한 번씩 홍수로 방출된다.

북아메리카 대륙에서 바다에 도달하는 가장 큰 빙하인 허바드 빙하는 미국 알래스카 주가 길게 뻗은 북단의 야쿠타트 근처 피오르를 가로질러 막아 러셀 호수를 만들었다. 3개월 후인 2002년 8월 14일 이 빙하댐이 붕괴하여, 막대한 양의 물이 방출되었고 전 세계 역사상 두 번째로 큰 홍수가 발생했다(그림 11-36B). 이 홍수가 최고로 발달했을 때는 폭이 100미터인 강으로 초당 54,000입방미터의 물을 내보냈는데, 이 물의 양은 미국 미시시피강 하류의 최고 홍수 배출량보다 30배나 많다. 이 빙하호는 고작 36시간 만에 모두 방출되었다. 기록상으로 가장 큰 빙하방출 홍수는 1986년에 같은 곳에서 발생했다.

마지막 빙하기에 거대한 빙하 융빙수에 의한 홍수가 캐나다 앨버타 주 남동부의 대륙빙상으로부터 남동쪽으로 퍼져 나간 것처럼 보인다. 이러한 거대한 빙하 하부 홍수 가운데 일부는 방출하는 물의 양이 수만 입방킬로미터에 이른다. 빙하시대의 빙하에 의해 형성된 거대한 빙하호의 물이 일시에 방출된 유사한 거대 홍수의 흔적이 잘 조사되어 보고되었다. 중앙 아시아 알타이 지역의 거대 홍수 흔적과 미국 워싱턴 주 남동부에 발달했던 미줄라 빙하호의 붕괴로 인해 형성된 여러 배수계가 잘 보고되었는데 이들 빙하호는 모두 사라졌으므로 지금은 아무런 위험이 되지 않는다.

얼음 댐

겨울과 초봄 사이에 얼음이 녹기 시작하면 강을 뒤덮은 얼음은 하도를 막을 수 있다. 겨울 동안 하도 위를 덮고 있던 얼음이 봄이 되면서 녹기 시작하면 부서진 얼음조각들이 하류로 운반된다. 이 시기에 유난히 따뜻한 날씨가 며칠 동안 이어지면 강의 해빙으로 부서진 얼음조각이 하류로 운반되다 교각 사이와 같이 좁은 지점에서 걸려 집적되어 하도를 막을 수도 있다(**그림 11-37**). 북쪽방향으로 흐르는 커다란 강의 경우 상류(남쪽)에서 녹은 물이 하류(북쪽)로 흘러가면서 결빙된 하도를 지날 때 또 다른 문제가 야기될 수 있다. 곧 하천의 하류(북쪽)가 결빙되어 상류(남쪽)의 녹은 물이 흘러 나가지 못하게 막는 댐 역할을 함으로써 홍수를 일으키기도 한다(사례: 북쪽으로 흐르는 강에서 봄철 남쪽으로부터의 해빙—1997년과 2009년 노스다코타 주의 레드 강).

그림 11-37 얼음 댐

New Hampshire Bureau of Emergency Management.

미국 뉴햄프셔 주의 고램에 있는 다리의 교각 사이에 집적된 얼음이 물길을 막고 있다. 포크레인을 동원하여 얼음을 제거하고 있다.

홍수와 연관된 다른 재해

1장에서 논의했듯이, 서로 다른 유형의 재해가 서로 연관되는 경우는 자주 있다. 따라서 홍수가 수많은 다른 재해와 연과되었다고 해서 그리 놀랄 만한 일은 아니다. 바다를 가로질러 이동한 습한 열대기단이 산맥과 부딪쳐 상승하면서 냉각되고 응결되는 곳에서(10장) 기습적인 폭우가 내리거나 태풍이나 폭풍으로부터도(14장, 15장) 그런 폭우가 발생한다. 해안 지역에서는 태풍이 육지에 상륙하면서 해수면을 국지적으로 상승시킬 때 홍수가 발생할 수 있다. 화산이 분출할 때 뜨거운 화산가스가 습한 공기를 빨아들여 상승시키며 높은 고도에서 응결이 일어나 폭우가 쏟아질 수도 있다(6장). 이 비가 화산재로 구성된 화산의 측면에 떨어져 이류를 발생시켜 인근의 계곡으로 흘러 들어가 점차적으로 시커면 홍수로 바뀌기도 한다. 산불은 종종 사면의 식생을 제거함으로써 폭우 시 많은 빗물이 그대로 사면을 타고 빠르게 흘러내리게 하여 홍수와 산사태 같은 다른 재해를 일으킨다. 강줄기가 굽어 있는 곳에서는 빠르게 흐르는 홍수 물이 바깥쪽으로 가속되어 하천 제방의 아래쪽을 파들어 가거나 흘러넘쳐서 제방이 무너지게 만든다(8장).

사례

지표면에 가까운 기반암 지역에 내리는 폭우로 유발된 홍수

2002년 텍사스 주 뉴브라운펠스의 과달루페 강 상류▶

미국 텍사스 주 중남부 지역 일대가 그렇듯이 오스틴 시와 샌안토니오 시 인근 지역도 멕시코 만에서 불어오는 따뜻하고 습윤한 대기에 의해 폭우가 내리는 때 이외에는 상당히 건조하다. 2002년 7월 첫째 주 내내 폭우를 내리는 비구름이 뉴브라운펠스 상류지역의 과달루페 강 인근 지역에 머물렀다. 비구름대는 전형적인 텍사스의 여름폭풍, 곧 멕시코 만에서 습기를 빨아들인 열대성 저기압으로 시작되었다. 그렇지만 비 구름대를 동쪽으로 밀어내는 평년과 같은 기상형태가 발달하지 않

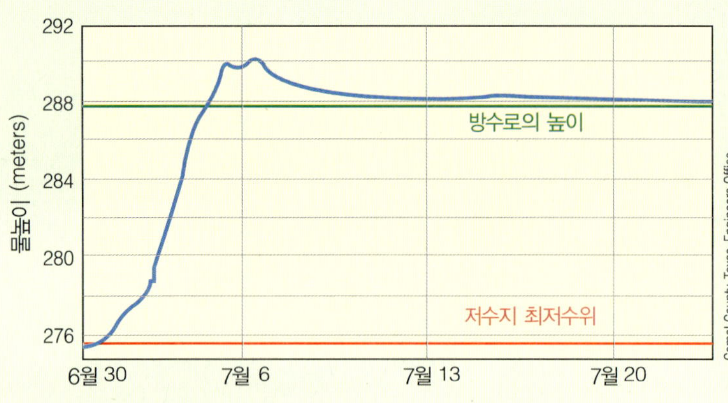

▶ **A.** 과달루페 강줄기에 건설된 댐의 저수지 수위 변화 곡선(청색 선). 홍수가 발생한 2002년 7월 초의 4일 동안에 약 40피트(12 m) 정도 상승했다. **B.** 홍수의 물마루는 댐의 방수류 높이보다 7피트(2.1 m) 높았다.

▶ **A.** 2002년 7월 4일 교량을 휩쓸고 간 다음에 과달루페 강의 홍수는 캐니언 호수의 수위보다 낮아졌다. **B.** 2002년 7월 4일에 발생한 캐니언 호수–과달루페 강의 홍수로 침수되었던 주택의 주방모습. 조리대 위에 진흙이 두껍게 퇴적되었다.

는 바람에 이 비 구름대는 거의 일주일 가까이 텍사스 중부를 뒤덮고 있었다. 이 구름대는 빗물이 잘 스며들지 않는 석회암 기반암 위에 얇게 발달한 토양층에 750 mm 이상의 폭우를 쏟아부었다. 이 지역에서 유례가 없을 정도로 많은 강수량에 지역의 기상학자들조차 놀랄 지경이었다.

뉴브라운펠스로부터 16 km 떨어진 상류지역에 위치한 과달루페 강의 댐은 홍수를 예방하고 수자원을 확보하며 레저활동 공간을 확보하기 위해 건설되었다. 불행하게도 댐 상류지역의 강수로 4일 만에 이 댐에 의해 조성된 저수지(캐니언 호수)의 수위가 12 m에 이르렀으며, 7월 4일부터 댐의 방수로가 2 m 이상 높이로 흘러넘치기 시작했다.

댐에서 흘러넘친 물은 나무로 우거진 좁은 골짜기 안에 위치한 과달루페 강으로 쏟아져 들어가 강바닥과 주변의 얇은 토양층을 침식시키고 암반을 노출시켰다. 이런 격류는 하천 주변에 건축된 가옥들을 덮쳐서 댐으로 홍수를 염려하지 않았던 주민들을 놀라게 했다.

물이 댐에서 흘러넘친 후 6시간 만에 홍수의 물마루가 뉴브라운펠스에 도착했다. 이 홍수는 7일 후에 멕시코 만으로 빠져나갔다. 그러면 애당초 이런 규모의 폭우에도 견딜 수 있을 만큼 높은 댐을 건설하지 않은 이유가 무엇인가? 대부분의 댐과 교량은 100년 만의 홍수에 견딜 수 있도록 설계된다. 그 이상의 규모로 댐이나 교량을 건설하자면 훨씬 많은 비용이 든다. 특히 댐 높이를 높일 경우 댐건설로 수몰되는 지역이 넓어져 보상비용이 대폭 늘어난다. 게다가 댐건설 이후에 댐상류 지역의 도시개발과 같은 상류지역에서의 토지이용 변화로 홍수의 세기와 빈도가 증가하여 대규모 댐의 경우 나중에 홍수조절 기능을 잃을 수도 있음을 고려해야 한다. 지구온난화와 같은 기후변화가 이 지역으로 유입되는 대기층이 멕시코 만에서 더 많은 습기를 흡수하게 하여 이 지역에서 더 큰 폭우를 불러올 수도 있다.

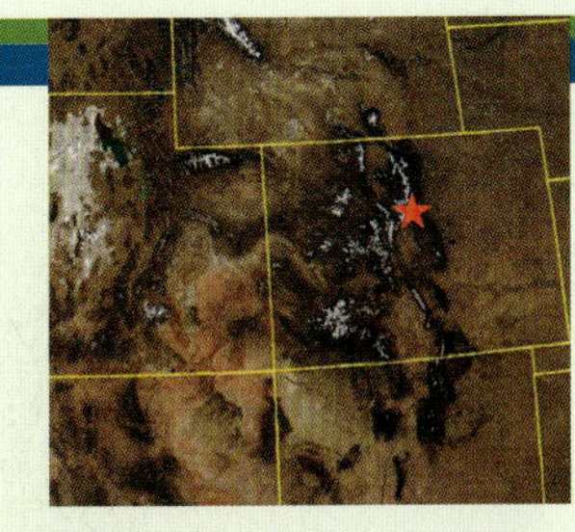

오후의 뇌우로부터 발생한 돌발홍수

덴버 북서쪽 빅톰슨 계곡 ▶

1976년 7월 31일은 미국 콜로라도 주 창설 100주년을 기념하는 3일간의 휴일의 첫날이었다. 예년 같으면 사람들을 거의 볼 수 없었던 빅 톰슨 계곡의 모텔과 캠핑장에는 연휴로 3,500명 이상의 행락객들이 모여들었다. 빅톰슨 계곡이 위치한 콜로라도 주 덴버 시 인근 서쪽의 고원지대는 곧장 높은 로키 산맥이 시작되는 산악지대와 잇닿아 있다. 이 부근은 여름철에 동쪽에서 불어오는 습한 기단이 로키 산맥을 타고 오르면서 냉각되어 천둥번개를 동반한 폭우가 쏟아지는 지역이다. 1976년 7월 31일에 차가운 캐나다 기단이 빅톰슨 분지 근처로 몰려와 이 주변에 머물던 습하고 온난한 공기와 만나면서 한랭전선을 형성하였다.

이 한랭전선이 이동하지 않고 정체되어 주변의 습하고 따뜻한 공기로부터 계속 수분을 공급받았기 때문에 콜로라도 주의 포트콜린스 서쪽의 에스테스 공원 동측에서부터 덴버 시에서 북서쪽으로 80 km 떨어진 지점까지 로키 산맥의 북쪽으로 뻗은 산악지대를 따라 뇌우를 발생시켰다. 폭우를 동반한 한랭전선이 이 지역에 머물렀던 4시간 동안 300 mm에 이르는 기록적인 비가 내렸는데, 이는 연강수량의 75%에 해당되는 엄청난 양이다. 폭우로 쏟아진 물은 곧바로 에스테스 공원 동측에 자리 잡은 빅톰슨 계곡으로 흘러 들어갔다. 빅톰슨 계곡의 상류지역은 로키 산맥 국립공원을 가로질러 34 km나 뻗어 있는데 이 구간에서 계곡의 고도가 1,524 m나 낮아지는 급사면을 이루고 있다. 이 계곡은 에스테스 공원 부근에서부터 좁은 암반 골짜기를 따라 대평원지대까지 다시 40여 km 연장되는데 이 구간을 지나면서 고도가 762 m나 낮아진다.

집중호우는 오후 6시 30분에 시작되었고 얼마 지나지 않아 큰 홍수가 닥칠 위험이 농후했기 때문에 경찰은 계곡에 머물고 있던 사람들에게 계곡을 벗어나라고 경고하고 다녔다. 그런데 불행하게도 이 지역에는 여름철에 천둥번개를 동반한 폭우가 잦았으므로 많은 사람들이 큰 홍수가 닥칠거라는 경찰의 경고를 심각하게 받아들이지 않은 채 계곡 안에 그대로 머물렀다. 급한 산사면을 타고 내려온 빗물은 계곡을 따라 급류를 동반한 홍수로 변했으며 폭우가 내리기 시작한 지 30분밖에 지나지 않은 오후 7시에 벌써 수심이 6 m 이상 되는 계곡물이 6 m/sec 정도의 속도로 계곡 아래로 돌진해 나갔다. 곧 초당 860~1,512 m^3의 물이 좁은 골짜기를 따라 말 그대로 물밀듯이 흘러내린 셈이다.

오후 8시경 격류와 다름없는 홍수는 온갖 쓰레기, 자갈, 건물 잔해, 그리고 사람이 타고 있던 차와 뒤섞여 흘렀다. 계곡을 관통하는 34번 고속도로의 대부분이 유실되었다. 그 당시 고속도로에 있던 자동차 가운데 400여 대에 타고 있던 사람들은 차를 버리고 높은 곳으로 대피하여 간신히 살아남았지만, 차를

R. J. Jarrett, USGS.

▶ **A.** 빅톰슨 계곡의 홍수로 휩쓸려 내려간 자동차들 **B.** 빅톰슨 계곡 바닥에 있던 집이 홍수로 떠내려가다 콘크리트 다리에 부딪쳐 멈춰 서 있는 황당한 모습.

▶ 미국 콜로라도 주의 에스테스 공원 동측에 위치한 빅톰슨 계곡에는 아직도 1976년 7월 홍수의 위력을 짐작케하게 하는 거력들이 바닥에 깔려 있다. 이 홍수로 수백 명이 생명을 잃었다.

타고 홍수보다 빨리 계곡을 벗어나려 애썼던 사람들은 자동차 139대와 함께 죽음을 맞이했다. 나머지 600여 대의 자동차에 타고 있던 사람들은 자동차와 함께 행방불명이 되었다. 사람들을 구조하기 위해 계곡으로 들어갔던 구급대원들에 의하면, 격류로 변한 홍수보다 먼저 들이닥친 숨을 막을 듯한 커다란 먼지 구름에 휩쓸린 구급차는 홍수에 떠내려가다 계곡 한쪽의 좁은 틈에 쳐박혀 버렸다. 이 구급대원들은 부서진 구급차에서 겨우 빠져나와 고속도로보다 15 m 위에 있던 바위턱에 기어 올라가 겨우 목숨을 구했다. 계곡물이 그 정도 높이까지 차올랐으나 이들은 다음날 아침 수백 명의 다른 사람들처럼 헬기에 의해 구조되었다. 계곡 입구의 쓰레기 더미에서 한 모텔에 묵었던 23명의 숙박자 명부가 발견되었는데, 그 명부에 들어 있던 사람들과 그 모텔은 아무런 흔적도 없이 사라져 버렸다.

이 홍수로 400여 대의 자동차, 418채의 집, 52곳의 상가가 파괴되어 총 1억1,400만 달러의 피해가 발생했다. 이 홍수의 유출량은 빅톰슨 계곡에서 112년 동안 관측했던 대규모 홍수보다 4배나 많았다. 이만한 규모의 홍수가 얼마 만에 또다시 닥칠 것인지 알 수 없지만, 이 계곡 내에 쌓인 과거의 홍수퇴적층에 대한 탄소동위원소 연대측정에 따르면 기후가 달라지지 않는다는 가정하에서 수천 년 주기로 비슷한 홍수가 발생할 수 있다. 그럼에도 불구하고 그런 엄청난 홍수가 다시 일어날 것이라고 생각하는 사람은 거의 없는 듯하다. 왜냐하면 계곡을 따라 복구된 고속도로에는 여전히 차들이 오가며, 그 중간중간에 여러 건물들이 예전처럼 들어서 있기 때문이다.

사막의 암설류와 충적선상지 위의 주택

2006년 애리조나 주 투손 시의 암설류 ▶

나흘 동안 비가 내린 후, 7월 31일 이른 아침의 대류성 폭풍이 미국 애리조나 주 투손 시 주변의 산타카탈리나와 인접한 산맥에 천둥번개를 동반한 폭우를 쏟아부었다. 북서쪽에서 불어오는 상층 바람이 서쪽에서 산맥의 사면을 따라 상승하는 하층 바람과 충돌하였다. 그로 인한 강우는 투손에 내리는 여름철의 폭우와 비슷했으나, 지난 며칠 동안 내린 비로 인해 얇은 토양층이 포화된 점이 강우 강도보다 더 중요한 것으로 나타났다.

산타카탈리나 산맥의 측면에서 500회 이상의 사면붕괴가 발생하였으며, 인접한 산맥에서는 100여 회의 추가적인 미끄럼 사태가 발생했다. 사비노캐니언에 강수량이 20~25센티미

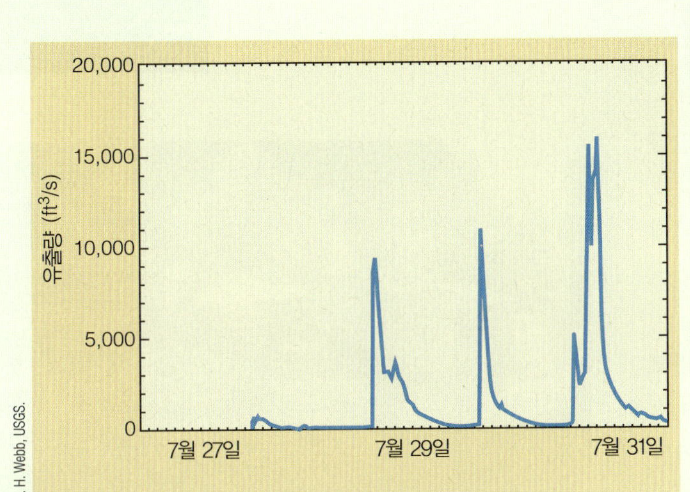

▶ **A.** 2006년 7월 27~31일 사비노캐니언의 홍수에 대한 수문도. **B.** 사비노캐니언의 급사면에서 시작된 수많은 암설류 가운데 한 암설류가 주 계곡 아래까지 거력을 운반한 모습.

▶ **A.** 사비노캐니언의 끝에 위치한 화장실의 암설류 이전의 모습. **B.** 암설류 이후의 모습. 두 화살표는 똑같은 지점을 가리킨다.

터 정도로 비가 내렸고, 초당 442입방미터의 홍수가 발생하여, 100년 만의 홍수로 새로 기록되었다.

유수는 사면 아래로 흘러가면서 합쳐지고 산타카탈리나 산맥의 서쪽에 있는 협곡의 모든 계곡에서 흘러 내려왔다. 가파른 암반질 사면 위의 토양층의 두께는 겨우 약 1 m정도 였다. 암설류는 거의 대부분 과잉의 표면류가 이미 포화된 토양층 위로 쏟아진 기반암 절벽의 아래쪽 근처에서 시작되었다. 암설류는 사면 아래로 흘러가면서 빠르게 더 많은 암석질 토양 물질을 끌어들였다. 주 협곡의 기저부의 완만한 사면에 도달하면서 암설류는 급격하게 두꺼워졌다. 곳곳에서 도로를 심하게 침식하였고 커다란 배수관을 막았으며, 도로와 작은 건물들을 묻었다.

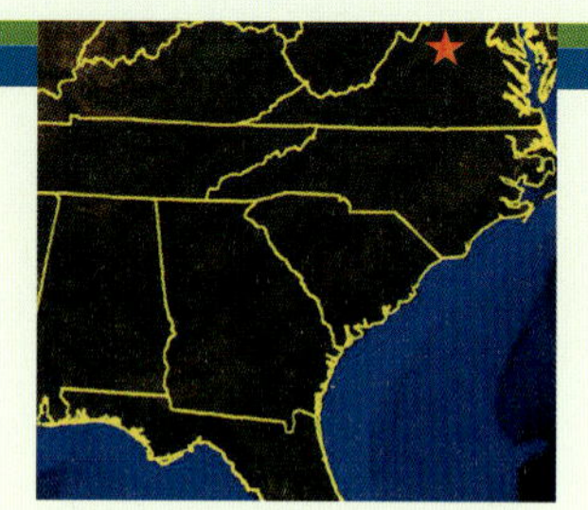

두꺼운 토양층 위의 강한 폭우

블루리지 산맥의 암설류▶

강우량이 다소 많고, 사면이 완만하고 두꺼운 토양층이 발달하였으며 상대적으로 습한 지역에서도 암설류가 발생할 수 있다. 20세기 미국을 통과한 허리케인 가운데 이제까지 세 차례밖에 발생하지 않았던 5등급 허리케인의 하나인 허리케인 카밀이 1969년 8월에 미시시피에 상륙하여 심대한 피해를 입혔다. 이 허리케인이 소멸되기 전에, 미국 버지니아 주 중부 산악지대에 머물면서 주로 암설류를 통해 훨씬 더 막대한 피해를 입혔다. 허리케인은 이 지역에 8시간 만에 71.1 cm의 강수량이라는 기록적인 비를 뿌렸으며 지반을 지하수로 포화시켰다. 이로 인해 얕은 깊이의 사태가 발생했는데 이들은 곧바로 암설류로 발달하였다.

적어도 1,100군데에서 사면사태가 일어났는데, 일반적으로 경사가 17%(10도 경사)의 등급보다 가파른 곳이었다. 대부분의 사태는 지하수가 표면에 가까운 곳, 볼록하게 솟아오른 언덕 정상부와 강의 주하도 위의 아래로 오목한 경사지의 경계부 굴곡지점 근처에서 발생하였다. 조립질의 잔자갈로 덮인 사면에서는 암설류로 기반암까지 드러났다. 미끄럼 사태에 가장 취약했던 지층은 마찰력이 거의 없고 층리가 발달하였으며 운모류가 풍부한 지층으로 경사면과 평행하게 뜯겨 미끄러져 내려갔다.

수년이 지난 후, 1995년 6월 27일, 미국 버지니아 주 매디슨 카운티의 블루리지 산맥 위에 머문 강력한 폭풍이 16시간 만에 76 cm(2.5피트)의 강수량을 기록하는 폭우를 쏟아부었다. 이 폭우로 1,000회 이상의 암설류가 발생했다. 그레이브스밀의 북서부 킨제이런에서 시작된 산사태는 2.5 km 길이의 암설류로 발달하였다. 이 암설류는 요동치듯이 초당 8~20미터씩 사면 아래로 흘러 내려가면서 0.6미터 두께의 토층을 침식하여 그 퇴적물들을 포획하였다. 위의 유속은 암설류가 하도의 구부러진 부분을 지나가면서 남긴 암설류 표면 경사로부터 계산하였다. 이 암설류의 퇴적층에는 진흙과 모래로 된 기질 내에 직경이 7 m에 이르는 거력을 갖고 있는 조립질 자갈이 포함되어 있다.

Rick Wooten, North Carolina Geological Survey.

▶ 허리케인 이반이 유발시킨 암설류가 미국 노스캐롤라이나 주 번콤카운티의 스탄스 코브에 위치한 이 집을 파괴하였다.

이 암설류는 사람에게 피해를 주지 않았지만, 블루리지 산맥의 다른 곳에 살고 있는 사람들은 암설류에 취약하다. 암설류는 이 지역에서 흔히 발생하고, 이만한 규모의 암설류는 수십 년 간격으로 발생한다.

십 년 후, 2004년 9월 16일에 미국 노스캐롤라이나 주의 블루리지 산맥에 허리케인 이반이 강수량 약 30 cm(1피트)의 비를 뿌렸다. 이로 인해 수많은 산사태와 암설류가 발생하여 많은 집을 파괴하고 5명이 목숨을 잃었다.

북쪽으로 흐르는 강에서 봄철 남쪽으로부터의 해빙

1997년과 2009년 노스다코타 주의 레드 강▶

1996년과 1997년 사이에 걸친 겨울 동안 미국북부 평원지대에 여러 차례 폭설이 내리는 바람에 설괴가 예년보다 2~3배 두께로 쌓이게 되었다. 1997년 4월 초에도 북부평원지대의 일부 지역에는 심한 눈보라를 동반한 폭설이 1 m나 내렸다. 파고 시에서는 이처럼 눈보라를 동반한 폭설이 여덟 차례나 내려 눈이 3 m나 쌓였다.

그해 겨울에 캐나다의 매니토바 주 위니펙과 미국 노스다코타 주의 파고를 관통하는 레드 강이 얼어붙었다. 봄이 되자, 레드 강의 하류지역인 북쪽은 여전히 얼어붙어 있는 상태에서 상류지역인 남쪽의 노스다코타 주에서는 눈과 얼음이 녹기 시작했다. 이런 상황은 강 주변에 사는 사람들이 손을 쓸 수 없는 홍수가 발생하기에 아주 적합한 조건을 만들어 냈다. 해빙이 계속되자 부서진 얼음덩어리들이 강줄기를 따라 북쪽으로 흘러 내려갔으며, 아직 녹지 않은 하류 쪽(북쪽) 하도에 집적되어 물줄기를 막음으로써 대규모 홍수(범람)를 일으켰다. 레드 강은, 노스다코타 주 및 인접한 캐나다의 매니토바 주에서는 빙하시대에 존재했었던 아가시 빙하호의 밑바닥인 넓은 평탄지를 포함한 저지대를 가로지르는 얕은 사행하천 골짜기를 따라 흐른다. 노스다코타 주의 그랜드포크스 시 일대는 500년 동안 홍수피해를 입지 않은 고지대였지만 하천제방 높이보다 10 m 이상 높지 않은 구릉 지대였다.

그 지역에 사는 사람들은 봄철 레드 강의 홍수에 익숙해 있었으나 1997년 봄에 발생한 대규모 홍수에는 커다란 피해를 입었다. 4월 17일에 파고 시에서 레드 강의 수위는 제방높이보다 6.9 m 높아 100년 만의 홍수기록을 깨뜨렸다. 레드 강의 평상시 유출량은 75 m^3/sec인데 1997년 4월 17일에는 3,400 m^3/sec에 이르렀다. 4월 19일에 그랜드포크스 시에서 강의 수위는 제방높이보다 7.9 m나 높아 시 전지역의 90%가 며칠 동안 홍수에 잠겨 있었다. 상하수도 시설이 침수되어 먹을 물을 구할 수 없게 되었을 뿐만 아니라 화장실도 사용할 수 없게 되었고 강물의 오염으로 사람이 살기에 부적합하게 되었다. 4월 19일에 그랜드포크스 시에 화재가 발생하였으나 소방관들이 현장에 접근하기 어려워 화재발생 지점 인근의 11개 건물이 타 버렸다.

이 홍수로 그랜드포크스 시의 주민 6,000명이 안전지대에 분산 수용되었으며, 피해액과 복구비용이 10억 달러에 이르는 극심한 피해가 발생하였으나 다행스럽게도 주민 가운데 홍수로 생명을 잃은 사람은 없었다. 4월 3일에 경작지에서 눈이 녹아 표층유수에 의한 농장 주변에 홍수가 발생하는 바람에 상황이 악화된 탓도 있다. 시 당국에서는 이 홍수의 거주지역 유

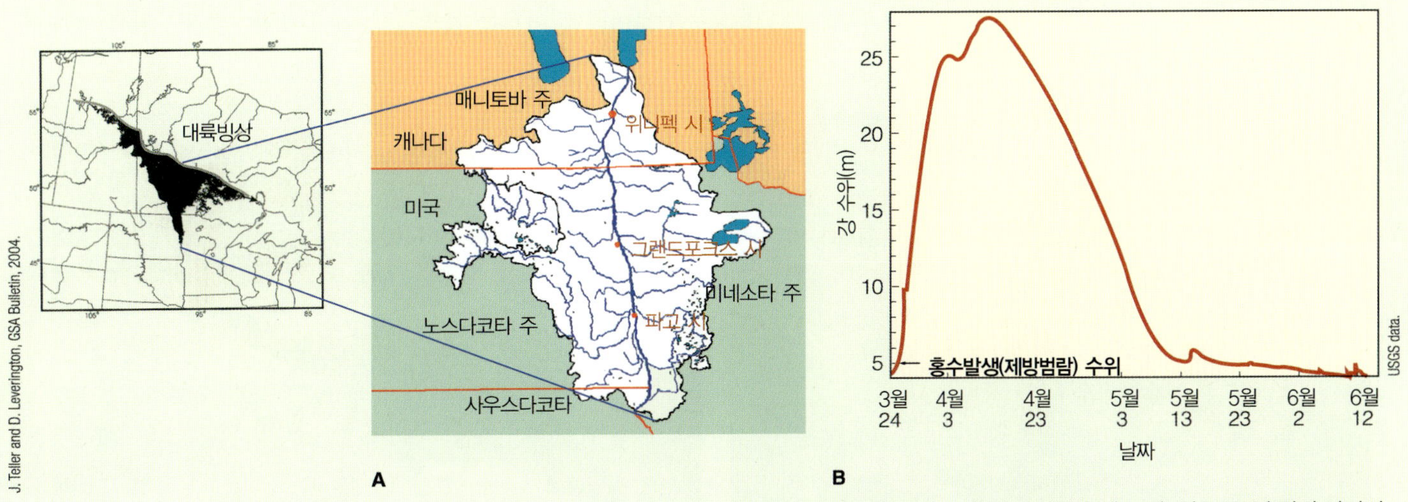

▶ **A.** 미국 노스다코타 주와 미네소타 주의 경계를 따라 캐나다 매니토바 주 남부에 위치한 위니펙 호수로 흘러 들어가는 레드 강. 약 9,800년 전의 아가시 빙하호가 위치했던 지역이 1997년 홍수 지역에 영향을 미쳤다. 아가시 빙하호는 완만한 사면을 통해 북동쪽으로 배출되는 물이 대륙빙상의 남쪽 끝에서 막혀 형성되었다. **B.** 이 수문도는 1997년 3월에서 7월까지 미국 노스다코타 주 파고 시의 레드 강의 홍수 수위변화를 보여 준다.

D. Schwert, North Dakota State University.

Dr. G. Brooks., Geological Survey of Canada.

▶ **A.** 1997년 4월에 노스다코타 주 그랜드포크스 남쪽의 레드 강의 하도를 가득 메운 얼음덩이들. **B.** 이 홍수 기간 중에 캐나다 매니토바 주의 레드 강에도 넓은 지역에 걸쳐 홍수가 발생했다.

입을 막기 위해 도시 외곽에 도랑(해자)을 팠었는데, 이 도랑 때문에 범람한 강물을 끌어들이는 꼴이 되었다. 레드 강 인근의 미네소타 강도 범람하였으나 그 피해는 레드 강의 홍수보다 적었다. 이 홍수로 노스다코타 주에서 적어도 7명의 주민이 사망하였으며 미네소타 주에서 4명이 사망하였다. 강우에 의한 대부분의 홍수와 달리 이런 홍수의 수문도는 완만한 편이다. 곧 홍수가 가라앉는 데 보다 긴 시간이 걸리는 데, 실제로 위의 홍수 시에 3월 26일부터 5월 20일까지 범람이 지속되었다. 연방정부에서는 그랜드포크스 시의 저지대에 위치한 많은 주택을 구입하여 철거함으로써 향후의 이와 유사한 홍수피해를 최소화하도록 조치했다. 그랜드포크스 시는 현재 제방을 옮겨 쌓거나 홍수가 도시를 우회하게 만드는 홍수유도를 위한 하도건설을 고려하고 있다.

그러면 이 지역에서 미래의 홍수는 어떻게 될 것인가? 기후 예측에 따르면 북부평원지대에서의 평균 강수량과 기온은 다음 세기까지 증가할 것이라 한다. 예측이 맞다면 레드 강의 홍수는 더 큰 규모로 더 자주 발생하게 될 것이다.

1997년 홍수 이후에, 전문가들은 파고 시의 강에서 멀리 떨어진 곳에 제방을 쌓을 것을 권고하였으나 강가의 사업주들이 반대하여 아무 조치도 취해지지 않았다. 2009년 3월 하순에 상류지역에서 홍수가 시작되었으며, 파고 시의 상황은 또다시 전조가 불길했다. 아주 춥고 예년과 달리 많은 눈이 내렸던 지난 겨울에 내린 눈이 아직 얼어붙은 땅 위에 남아 있었는데, 이것은 눈 녹은 물이 땅속으로 스며드는 대신 표면류로 흘러나갈 것임을 의미했다. 봄비가 내려 표면류가 증가하였고 급격히 눈을 녹임으로써 홍수를 가속하였다. 국립기상청은 레드 강의 수위가 홍수위인 6.7미터를 넘어 최고로 11~12미터에 이를 것이라고 예측하였고 실제로 1997년 홍수 시에 11.9미터를 기록하였다. 기상청은 다시 3월 27일까지 그 수위가 13.1미터에 이를 것으로 예측하였다. 시가지를 방호하기 위해, 6,000명의 자원봉사자와 1,700명의 연방경비대 병력이 약 19킬로미터에 이르는 제방을 높이기 위해 영하의 날씨 속에서

U.S. Army Corps of Engineers photo.

D. Savile, FEMA.

▶ **A.** 노스다코타 주의 파고 시 남부를 지나는 사행고리 인근에 위치한 거주지역이 범람된 모습. 이 지역의 주택들은 홍수가 덮치지 못하는 높은 구릉에 지어져 피해를 입지는 않았으나 홍수 때 고립되어 버렸다. **B.** 1997년 홍수 시의 그랜드포크스 시 동부. 수위가 상승하여 집들이 지반에서 떨어져 나왔다.

▶ **A.** 노스다코타 주의 그랜드포크스 시 레드 강의 1997년 홍수. **B.** 1997년 홍수 때 그랜드포크스 시의 도심지역이 대부분 침수되었다. 다리가 잠긴 것은 말할 것도 없고 몇몇 건물들은 지붕높이까지 물이 차올랐다. 사진의 오른쪽 윗부분에 다리의 아치가 일부 보인다.

모래주머니를 쌓았다. 모래주머니 속의 모래에 포함된 수분이 얼어붙으면서 이러한 조치를 더욱 힘들게 만들었는데 한 주민은 이런 노력을 제방 위에 얼어붙은 커다란 칠면조를 쌓아 올리는 것과 같다고 말했다. 이 말은 겹겹이 쌓아 올린 모래주머니 사이의 빈틈이 메워지지 않았음을 의미한다. 그렇지만 영하의 날씨는 눈이 더 이상 녹지 않게 하여 도움이 되기도 하였다. 파고 시와 강 건너의 미네소타 주 무어헤드 두 도시의 저지대에 사는 주민들은 소개되었다. 주민들에게는 다행스럽게도 3월 28일에 기온이 떨어져 눈이 덜 녹았고 수위가 조금 하강하였다. 그러나 새로운 눈이 더 내려 나중에 눈 녹은 물이 늘어나게 되었다. 빠르게 흐르는 강물이 제방의 약한 부분을 붕괴시킬 위험은 남아 있었기 때문에 헬기에서 취약한 부분으로 흘러가는 물길을 돌리려고 900킬로그램의 모래주머니를 강물에 투하하였다. 제방의 일부가 무너지면서 수십 채의 주택과 1997년 홍수 때 심하게 침수되었던 한 사립학교의 건물을 침수시켰다. 1997년에 그랜드포크스 시가 겪었던 심각한 피해와 강과 가까운 지리적 조건에도 불구하고 많은 사람들이 2009년에도 홍수 보험에 가입하지 않았다.

그보다 수십 년 전인 1950년 5월 8일, 하류지역인 캐나다의 매니토바 주에서 기록적인 홍수로 8개 갑문이 붕괴되어 7억9천만 달러 이상의 피해가 발생했다. 그 사건으로 캐나다 정부는 레드 강을 따라 47킬로미터 길이의 새로운 홍수 하도를 1968년에 완공하여 홍수가 위니펙 주변으로 돌아가게 만들었다.

11장 복습

요점

유수와 퇴적물 운반과정

- 하천의 유수 또는 유출량은 하도의 유수 접촉부 단면적과 평균유속에 비례한다. **그림 11-2, 해설 11-1.**
- 하천의 평형상태는 하도에 유입되는 퇴적물 입자의 크기와 양, 유입되는 물을 효율적으로 흘려 보낼 수 있게끔 저절로 조정된다. 조립질 입자가 유입되고 유수의 양이 줄어들면 하도의 경사는 급해진다. 마찬가지로 큰 퇴적물 입자들은 유속이 빠를 때만 운반될 수 있다. **그림 11-4.**

- 하천이 운반시킬 수 있는 퇴적물의 양은 전체 유출량에 달려 있다. 따라서 홍수는 하도로부터 더 많은 퇴적물을 침식시켜 운반할 수 있다. 강물이 범람원으로 흘러넘쳐 유속이 저하되면 퇴적물이 집적되어 자연제방을 형성한다.

하천의 형태

- 사행하천은 넓게 굽이치는 하도가 특징적이다. 사행하천은 습윤기후 지역에서 더 잘 발달한다. **그림 11-7.**
- 사행하천은 사행고리의 바깥쪽에서 침식되며 안쪽에서 퇴적된다. 사행고리의 침식이 계속되면 사행하천의 하도는 점차 범람원을 가로질러 수평으로 이동하게 된다. 사행고리의 파장은 제방높이 수위에서의 유출량에 좌우되며 하도 폭의 12배 정도 된다.
- 사행하천은 전체 계곡 바닥을 가로질러 이동한다. 이렇게 수평이동하는 지역이 범람원이라 부르는 홍수로 침수되는 지역이다. **그림 11-9.**
- 망상하천은 건조기후로 유량이 적거나 융빙수가 유입될 때와 같이 많은 양의 퇴적물이 하도에 공급되는 경우에 하천에 퇴적물이 많아지면 형성된다. **그림 11-10.**
- 망상하천은 충적선상지에 퇴적물을 집적시키는데, 선상지는 홍수에 취약하다. 그림 **11-12.**
- 기반암하천은 빠르게 흐르는 산지 하천으로 기반암까지 하천 바닥을 침식시킨다. 기반암하천의 홍수는 격렬하고 침식력이 크다.

지하수, 강수, 그리고 하천수

- 습윤지대에서, 하천물은 주로 지하수로부터 공급된다. 하천의 유출량은 하도의 유수 접촉부의 단면적과 유속에 비례한다. **그림 11-15.**
- 빗물이 땅속으로 스며들지 못할 때, 지표면을 타고 하천으로 곧장 흘러 들어간다. 표면 유출수는 폭우 때와 토양층이 불투수성이거나 얼어붙었을 때 또는 지하수로 포화되었을 경우에 잘 형성된다.

홍수의 발달과정

- 하천은 평균적으로 1.5~3년마다 수위가 제방높이까지 차오르며, 범람이 일어나는 경우는 그보다 약간 적다. **그림 11-16.**
- 홍수는 많은 양의 유수가 흘러야 발생하는 것은 아니다. 그보다는 하천이 감당하지 못할 정도의 평상시보다 많은 양의 물이 유입되면 홍수가 발생한다.
- 홍수 시에 수면이 상승할 뿐만 아니라 하도 바닥을 깊게 침식하기도 한다. 하도침식은 큰 피해를 입히기도 한다. **그림 11-17.**
- 홍수 시의 침식과 퇴적의 패턴은 하천의 제방을 따라 자연제방을 형성한다.

홍수의 세기

- 홍수의 세기는 일정 시간에 걸친 하천 배출량에 대한 척도이다. 홍수세기는 시간이 지남에 따라 변화한다. 홍수의 세기는 유출속도, 하도의 형태, 지류의 수, 그리고 하류방향으로의 거리에 따라 달라진다.
- 토양의 조성, 건조 기후, 식생 파괴, 또는 도시화 등으로 토양층의 투과도가 낮은 곳에서는 유출속도가 빠르다. 이러한 조건에서는 갑작스럽고 격렬한 돌발홍수가 일어나기 쉽다.
- 하천등급을 정할 때, 가장 작은 지류의 하천등급이 1이고 1등급 하천들이 모여 2등급 하천이 된다. 이런 식으로 하천등급을 정한다. 하천등급이 낮은 하천은 강우와 홍수 발생 시점 간의 지체 시간이 짧아 홍수에 취약하다. 지류가 많은 높은 등급의 하천은 홍수에 덜 취약하다. **그림 11-21.**
- 하류방향으로 가면서 발달하는 홍수는 최고수위에 도달하는 시간이 오래 걸리나 좀 더 오래 지속된다. **그림 11-22.**

홍수 빈도와 반복주기

- 홍수 빈도는 보통 반복주기, 곧 일정한 크기의 홍수가 다시 발생하기까지의 기간으로 기록된다.
- 평균적인 홍수 발생빈도와 반복주기는 하천 유량에 대한 과거의 관측기록을 기초로 계산된다. 100년 만의 홍수의 발생확률은 같은 규모의 홍수가 발생한 이후의 경과시간에 관계없이 매년 1%이다. 어떤 하천의 반복주기는 (홍수 관측기록 햇수+1)/고려 중인 하천 유출량의 등급에 따라 계산할 수 있다. 유출량의 등급은 연 최고유출량 가운데 가장 큰 값이 1등급이 되고, 그 다음 유출량은 2등급이 된다. 이런 식으로 하천의 유출량 등급을 계산한다.
- 100년 만에 침수되는 범람원은 평균적으로 100년 만에 가장 큰 규모의 홍수가 발생하면 침수되는 지역이다.
- 고홍수분석은 과거에 발생한 홍수의 규모와 시기에 대한 연구로 고수위 표지, 단면적, 사행고리의 파장과 다른 요

인들을 고찰한다. **그림 11-25.**

- 반복주기는 과거 홍수 기록의 제한과 함께 변화하는 기후 조건 그리고 인간의 영향 등으로 인해 미래에 발생할 홍수에 대해 제대로 예측하지 못할 수도 있다.

이류, 암설류, 그리고 홍수와 연관된 다른 재해

- 유체 내에 47% 이상의 퇴적물이 포함될 경우, 홍수는 암설류가 된다. 만일 진흙이나 점토가 흐르는 유체에 포함된 고체의 대부분을 차지한다면 그것은 이류가 되고 화산쇄설물이 많다면 라하르가 된다.
- 빙하방출 홍수는 하천을 가로질러 이동하는 빙하가 골짜기를 막아 호수를 형성할 때 발생한다. 그런 호수의 수위가 충분히 상승하고 빙하댐이 무너지면 호수의 물이 일시에 방출되어 홍수를 일으킨다. **그림 11-36.**
- 북쪽으로 흐르는 강에서는, 봄철에 상류 쪽(남쪽)에서 얼음이 녹는데 강의 하류 쪽(북쪽) 일부가 결빙되어 있을 수 있다. 그런 경우 하류방향으로 흐르는 강물을 막는 얼음댐이 형성되면 상류지역의 강물이 빠지지 않아 홍수가 발생한다. **그림 11-37.**

중요 단어

고홍수분석(paleoflood analysis)
구배(gradient)
기반암하천(bedrock stream)
돌발홍수(flash flood)
동적 평형상태(dynamic equilibrium)
둔치(point bar)
라하르(lahar)
망상하천(braided stream)
반복주기(recurrence interval)
배수량(discharge)
범람원(floodplain)
분수령(watershed)
빙하방출 홍수(glacial-outburst flood)
사석(riprap)
사행하천(meandering stream)
삼각주(delta)
수문도(hydrograph)
암설류(debris flow)
우각호(oxbow lake)
유입하천(gaining stream)
유출하천(losing stream)
이류(mudflow)
자연제방(natural levee)
짐(load)
충적선상지(alluvial fan)
침식기준면(base level)
평형하천/물매하천(graded stream)
표면유출(surface runoff)
하도침식(channel scour)
하천등급(stream order)
홍수 물마루(flood crest)
100년 만의 홍수(100-year flood)

복습문제

1. 사람들이 조절할 수 없는 세 가지 요인들의 변화에 맞춰 하천의 경사 또는 구배가 저절로 변화한다. 그 요인들은 무엇인가?
2. 산악지대의 하천이 빨리 흐르는가 아니면 미시시피 강과 같이 크고 조용히 흐르는 강물이 빨리 흐르는가? 그 이유는 무엇인가?
3. 다른 요소의 변화 없이 하도로 유입되는 퇴적물의 양이 많아지면 하천은 어떤 식으로 변화하게 되며, 그 이유는 무엇인가?
4. 사행하천과 망상하천에서 홍수 패턴의 차이를 설명하라.
5. 사행하천에서의 침식과 퇴적 패턴을 설명하라. 그 내용을 그림으로 표현해 보라.
6. 충적선상지는 어떻게 발달하는가? 선상지 지역이 특별히 홍수에 취약한 이유는 무엇인가?
7. 홍수 시에 수위가 상승할 때 하천바닥이 더 많이 침식되는 까닭은 무엇인가?
8. 하천의 일률 또는 파괴능력은 어떤 요소에 좌우되는가?
9. 홍수를 일으키는 기상요소는 무엇인가?('더 많은 비'가 내려야 한다는 식으로 간단히 답하지 말고 보다 구체적으로 설명해 보라.)
10. 평균적으로 얼마 만에 하천의 유량이 제방의 높이까지 차오르게 되는가?
11. 어떤 과정을 통해 식생이 제거되면 표면유수가 더 많이 생기며 더 많은 침식작용이 발생하는 이유는 무엇인가?
12. 어떤 기후대에서 돌발홍수가 가장 흔히 발생하는가?(그런 지역의 예를 들어 보라.)
13. 1등급 하천에서의 홍수는 하류지역 사람들에게 경고할 시간이 거의 없는 반면, 하천등급이 높은 하천의 홍수는 경고할 시간이 충분한 까닭은 무엇인가?
14. 홍수의 물마루는 유수와 같은 속도로 이동하는가? 그 이

유를 설명하라.

15. 1999년까지 69년간의 하천 유출량 관측기록이 있는 하천이 있다면 특정 규모 홍수의 반복주기를 계산하는 간단한 공식은 무엇인가? 구체적인 수치로 반복주기를 계산해 보라.
16. 역사시대 이전의 홍수에서 최고 유속을 추정하는 데 사용될 수 있는 구체적인 증거는 무엇인가?
17. 반복주기가 미래의 홍수에 대한 좋은 예측자료가 될 수 없는 이유는 무엇인가?
18. 암설류와 일반 홍수류의 차이를 설명해 보라.
19. 라하르를 일으키는 사건은 무엇인가?
20. 빙하방출 홍수를 일으키는 사건을 기술해 보라. 그리고 그 내용을 그림으로 표현해 보라.
21. 캐나다의 일부와 미국의 일부 지역에서 봄철에 북쪽으로 흐르는 하천에서 자주 홍수가 발생하는 이유는 무엇인가? 분명하게 설명해 보라.

홍수에 관한 토의 문제는 12장 말미에 있다.

홍수와 인간의 대응

12

Jeff Robertson, AP.

홍수로 떠내려가던 주택이 미국 아이오와 주의 시더 강을 가로지르는 철교에 걸려 겹쳐진 모습. 2008년 6월 14일.

어떤 교훈을 얻었는가?

1993년에 미시시피 강 상류 계곡에서 발생한 '대홍수' 이후에, 많은 주민들은 보강된 제방이 장래의 홍수로부터 자신들을 방호해 줄 것으로 믿고 그대로 머물러 살기로 했다. 주정부와 자치단체는 경제발전과 추가적인 세금 수입을 위해 범람원 위에서의 건축을 계속 허가하였다. 미주리 주 세인트루이스 인근에는 약 30,000채의 주택이 1993년에 침수되었던 땅 위에 지어졌다. 은행들은 더 이상 연방홍수보험을 요구하지 않았고, 주민들은 그들의 보험을 중도에 해약하였으며, 다른 사람들은 제방 뒤쪽에 새 집과 사업장을 짓는 허가를 받았다.

그러나 여러 달 동안 평균 강수량 이상의 비가 내린 후, 2008년 6월에 이 지역은 다시 큰 홍수를 경험했다(사례: 2008년 미시시피 강 상류 계곡 홍수). 약 124,000명의 시민이 사는 아이오와 주의 시더래피즈 시가 10억 달러 이상의 심한 피해를 입었다.

이처럼 파괴적인 홍수를 또 겪고 나서, 주민과 정부 관리들은 무슨 교훈을 얻었는가? 정부 공무원인 그들로서는 피해를 입은 지역의 일부에서 미래의 피해를 줄이기 위한 조치를 취하고 있다. 8월까지 시더래피즈 시는 미육군공병단으로 하여금 시더 강에서 멀리 떨어진 곳에 새로운 제방을 쌓도록 하는 계획을 세웠는데 이는 홍수 동안에 범람원의 상당 부분이 강 역할을 하도록 만드는 조치이다. 이 계획에 따라 새로운 제방과 강 사이의 부동산을 연방정부가 사들일 것이다. 192명의 주택 소유주에게 매입을 제안했으나 그들 가운데 24명은 불과 두 달 전에 큰 홍수 피해를 입었음에도 매각을 거부했다.

개발이 홍수에 미치는 영향

인간이 피해를 자초하도록 처신했을 경우에만 하천의 자연적인 과정은 재해를 야기한다. 북아메리카 대륙에 유럽 사람들이 이주하기 전, 홍수가 닥치면 그곳 원주민들은 가재도구를 챙겨 고지대로 이동하여 홍수가 물러가기를 기다렸다. 그렇지만 유럽인들은 강에서 물을 얻고 강을 운송수단으로 이용하기 위해 강을 따라 도시를 세우는 경향이 있었다. 이러한 이주 정착민들은 경작지를 얻기 위한 산림방화는 물론 도시화, 벌목, 그리고 방목 등을 통해 자연경관을 심하게 변질시켰다. 그들은 하도와 범람원에서 골재를 채취하거나 하천에 자갈을 버림으로써 강이 운반하는 퇴적물 구성을 변화시켰는데, 이것이 홍수 규모와 피해를 키웠다.

강을 따라 도시와 일자리와 농장이 집중되었기 때문에 현대 문명은 계속 강가에서 구축되고 있는 셈이다. 현대인들이 범람원 위에 건축할 때, 그들이 고른 집터는 종종 강 근처, 곧 사행고리의 바깥쪽 물굽이 위에 위치하는데 그곳은 하도보다 상당히 높아서 멋진 조망을 제공하기 때문이다. 그런데 불행하게도 그런 선택을 통해 그들은 스스로 홍수 시에 제방이 가장 심하게 침식되는 곳으로 찾아 들어간 것이다.

정착민들이 강 근처에 처음으로 도시를 세울 때, 그들은 강이 에너지 소모를 최소화하려고 끊임없이 활동한다는 점을 깨닫지 못했다. 다시 말해, 강은 강으로 유입되는 물과 퇴적물의 양을 수용하기 위해 끊임없이 강줄기의 경사와 그 경로를 바꾼다. 만일 우리가 하도에 인공적인 변화를 준다면, 강은 그런 변화를 최소화하도록 자신을 조정하려 애쓴다. 오늘날 우리는 강이 인간의 영향에 대응하여 변화하는 방식과 그러한 변화가 불러일으킬 수 있는 홍수위험의 증가를 이해한다.

그림 12-1 홍수 하도

David Gatley, FEMA.

A

New Hampshire Office of Emergency Management.

B

A. 직선화된 콘크리트 하도를 따라 흐르는 로스앤젤레스 강 양쪽의 중간 중간에 강물의 운동에너지를 감쇄시키는 장치가 강에 비스듬히 설치되어 있다. 하도는 집중호우가 내릴 때 빗물을 빨리 도시 밖으로 배출시켜 거주지의 홍수위험을 경감시킨다. **B.** 미국 뉴햄프셔 주의 홍수 하도 하천.

도시화

세계의 여러 지역에서 도시화의 증가는 돌발홍수의 발생빈도와 홍수 수위를 높여 왔다. 도시화는 벌목, 도로포장, 그리고 건축 등을 통해 자연경관을 변화시킨다. 포장된 도로나 건물의 지붕으로는 물이 스며들지 않기 때문에 도로나 건물이 들어선 지표에서는 빗물이 빠르게 인근 하천으로 유출될 수밖에 없어 홍수가 유발되므로 도시화는 홍수에 영향을 미친다. 이러한 물을 하류로 빠르게 배출시켜 홍수를 최소화하기 위해 도심지에서는 보통 인공적인 콘크리트 하도를 건설한다(**그림 12-1**).

도시인들이 홍수로 침수된 도로에서 빠져나오려고 애쓰는 경우처럼 도시 홍수는 특별한 재해를 일으킨다. 침수된 도로 위에서 운전하는 것은 위험하고 때로는 치명적일 수 있다. 도로 위의 수심이 얕아 보일지라도 자동차의 측면이나 바퀴에 가해지는 유수의 힘은 물 흐르는 쪽으로 자동차를 밀어낼 수 있을 정도이다. 도로 위에서 물이 빠르게 흐르고 있으면 30 cm에 불과한 수심이라도 자동차 운행은 지극히 위험하다(**그림 12-2**). 수심이 60 cm에 이르러 자동차 바닥보다 높아지면 자동차가 도로 바깥으로 밀려나 승차자를 익사시킬 수 있다. 여기에 위험이 가중되는 경우는 도로 위에서 빠르게 흐르는 물의 침식작용으로 도로에 파인 웅덩이가 운전자에게 보이지 않을 때이다. 이처럼 파헤쳐진 도로 위에 얕아 보이는 진흙탕

그림 12-2 도로침수 시 주행금지!

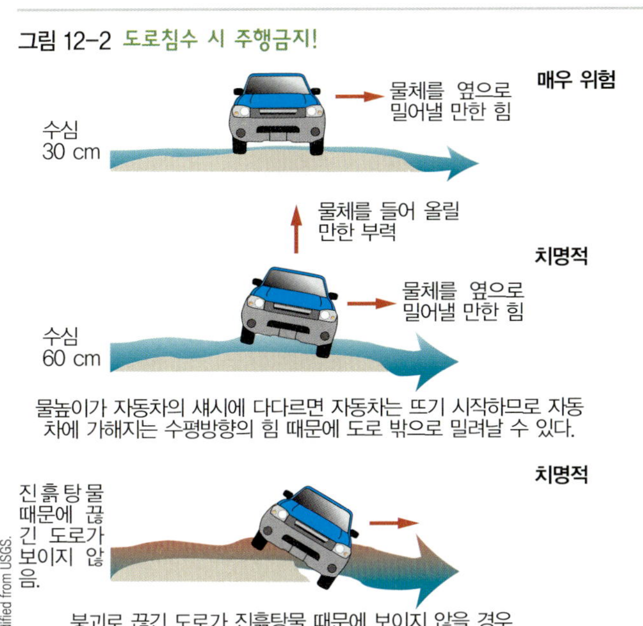

A. 도로 위의 얕은 물이라도 주행하는 자동차를 도로 밖으로 밀어내서 강물에 휩쓸려 내려가게 할 수 있다. **B.** 수심이 깊어 보이지 않아도 이처럼 침수된 도로를 주행하는 모험을 하지 말라. 미국 켄터키 주 버세일즈의 피스가 로. 2006년 9월 23일.

물이 흐르면, 물 깊이를 가늠하기 어려워 자동차가 깊은 물에 빠져 익사사고가 일어 날 수도 있다. 물이 잔잔하거나 거의 움직이지 않는 것처럼 보이는 곳도 도로의 일부가 침하되어 수심이 겉보기보다 깊을 수 있다.

자동차의 무게는 같은 부피의 물 무게보다 훨씬 작기 때문에 자동차는 대부분 처음에 물 위로 뜬다. 그렇지만 자동차 안으로 물이 스며들기 시작하면 결국 가라앉게 된다. 만일 차에 타고 있는데 차가 가라앉는 중이라면, 즉시 차창으로 기어 나오거나 앞 유리창을 부수고 빠져나와야 한다. 자동차에서 나오는 가장 좋은 방법은 차창으로 빠져나오는 것인데 그 이유는 자동차를 보면서 거기에 몸을 기댈 수 있기 때문이다. 일단 자동차가 일부라도 침수되면 자동차문을 열고 탈출하기 어렵거나 불가능해지므로 재빠르게 행동하는 것이 중요하다.

산불, 벌목, 그리고 과방목

방화에 의한 삼림파괴, 지나친 벌목, 배수분지에서의 과방목과 같은 상류지역에서의 인간 활동도 하천의 작용에 영향을 미친다. 이러한 행동은 모두 과도한 침식을 일으켜 많은 양의 퇴적물을 하천으로 유출시킴으로써 하천의 짐(load)을 증가시킨다. 11장에서 설명한 하천의 경사(구배)와 퇴적물 이동 간의 관계를 생각해 보자. 퇴적물을 과도하게 운반하는 하천은 망상하도 형태를 발달시켜 경사를 급하게 만든다.

최근의 사례를 보면, 2007년 6월 인도네시아 자카르타 주위에 많은 비가 내렸을 때 극심한 홍수가 발생하여 수십 명이 사망하고 40만 명 이상이 소개되었다. 도심의 약 절반에 전기와 수돗물이 공급되지 않아 수십만명이 고통받았다. 관계당국은 도시 인근 사면에서의 산림파괴, 부적당한 도시설계, 그리고 쓰레기에 막힌 강과 홍수로 등이 홍수를 악화시켰다고 비난했다.

산림파괴는 빗물의 유출속도와 퇴적물의 양을 증가시키므로 하천 환경에 큰 영향을 미친다. 숲 속에서는 빗방울이 땅 위로 직접 떨어지기보다는 나뭇잎에 떨어진다. 우거진 숲 속의 토양층은 스펀지처럼 빗물을 빨아들여 나중에 식물이 사용할 수 있게끔 땅속에 물을 저장할 수 있다. 산불로 숲이 파괴되면 빗물이 직접 땅에 내려 토양층을 벗겨 내 표면유수가 발생하기 쉬워진다. 산불로 숲 전체가 완전히 타 버렸을 경우, 토양층 내의 유기물이 타면서 나온 송진으로 토양입자들이 엉겨 붙기 때문에 표토층의 공극이 막힌다. 이로 인해 토양의 투수도가 낮아지므로 빗물이 토양층에 스며들지 못하고 표면을 따라 흐르게 된다. 이로 인해 급한 사면에 작은 골이 파이고 많은 양의 퇴적물이 인근의 하천에 유출된다(산불의 영향에 관한 자세한 논의는 16장을 볼 것).

산림 전체를 베어 버리는 벌목방식은 침식을 크게 촉진시킬 수 있다. 아마도 가장 파괴적인 벌목방식은 전체 벌목 후에 산사면에 쓰러뜨린 나무를 '트랙터로 끌어다' 트럭에 적재하는 지점까지 운반하는 방식일 것이다. 나무를 끌고 갈 때 생기는 산사면의 깊은 고랑들은 하천으로 연결된 지류처럼 트럭 적재 지점으로 집중될 것이다. 아울러 나무가 끌리는 자국이 나는 지점 주위의 수풀이 망가져 버리므로 나중에 비가 오면 토양 침식이 촉진되게 마련이다. 벌목작업을 위해 개설하는 임도는 비가 오면 빗물이 흘러내리는 통로역할을 하여 길 위나 옆에

그림 12-3 과방목에 의한 침식

Donald Hyndman.

뉴질랜드 급사면에 과방목으로 침식이 촉발된 모습. 사진 오른쪽 윗부분 지역은 침식으로 깊은 골이 파였다.

도랑을 만들게 하며 많은 퇴적물을 하천으로 내보내는 역할을 하게 된다.

경사지에서의 과방목도 토양층을 보호하는 수풀을 짓뭉개 버려 토양침식을 촉진시킨다. 표층이 드러난 토양층은 빗물에 쉽게 파여 많은 양의 퇴적물을 하천으로 유출하게 된다. 사면에 일단 작은 도랑이 파이면 그곳으로 모인 물이 점점 깊고 빠르게 흘러 나가게 되므로 도랑은 침식으로 그만큼 더 커진다. 이런 도랑이 깊게 파이면 그 지역은 쓸모없는 땅이 되어 버린다(**그림 12-3**).

과방목, 산림파괴, 또는 산불 등의 결과로 수풀이 소멸되면 증산발산작용, 곧 나뭇잎 세포의 증산작용과 잎사귀 표면에서의 증발작용도 사라지게 된다. 증산작용(transpiration)은 수풀이 뿌리를 통해 토양층의 수분을 뽑아 올리므로 증산작용이 멈추면 토양층의 수분이 표면으로 유출될 수도 있다. 완전벌채로 증산발산작용이 50%까지 줄어들 수 있다. 토양층에 수분이 많을 경우 산사태가 초래될 가능성이 커지는데, 이로 인해 어떤 지역에서는 하천으로 유입되는 퇴적물이 85%나 증가된 경우도 있다. 사면에서의 표면유수 및 침식의 증가는 더 많은 양의 퇴적물을 씻겨 보내게 된다. 이와 같이 퇴적물 공급이 증가하면 하상에서 퇴적물이 집적되며, 퇴적물이 쌓여 하상이 높아지면 하류지역에서는 홍수발생 가능성이 커진다.

채광

채광도 유수에 의해 운반되는 퇴적물의 양을 변화시켜 강의 평형상태를 교란시킬 수 있다. 19세기 후반 미국 캘리포니아주에서 사금채취 붐이 일었을 당시, 광부들이 사금채취 과정의 부산물로 많은 양의 모래와 자갈을 하천에 버림으로써 홍수가 유발되었다(사례: 퇴적물 투기가 일으킨 홍수—1860년대 캘리포니아 골드러시 시대의 사광상 채굴).

오늘날 도로, 교량, 건물 공사에 사용되는 골재 수요는 엄청나다. 그러한 골재의 대부분은 **하상 골재채취**(streambed mining)를 통해 하상이나 범람원에서 채취된다. 하천을 통해 배출되는 물의 양(유출량)은 변화하지 않기 때문에, 유수에 의해 운반되는 퇴적물이 감소하면 유속이 증가하여 골재채취 지점보다 하류 쪽에서 유수의 에너지가 커져 하류지역의 침식이 촉진된다. 침식으로 하도가 깊어지면 도로나 교량에 심각한 영향을 미칠 수 있다. 하도 침식으로 하상이 깊게 파이면 더 많은 지하수가 하도로 흘러 들어가므로 지하수면을 낮추게 된다. 그 결과 주변지역의 물 공급에도 영향을 준다.

범람원 내에서 골재를 파낼 경우, 채취지점 주변에 임시방벽을 설치하고 채취지점에서 나오는 지하수를 하도 쪽으로 퍼낸다(**그림 12-4**). 나중에 강물이 불어 임시방벽이 무너지면 골재채취장으로 물과 퇴적물이 유입되어 결국 메워진다.

따라서 그러한 골재채취가 재생 가능한 자원을 활용하는 것처럼 보일 수도 있지만, 홍수 시에 상류로부터 유입된 토사가 더 이상 하류 쪽으로 운반되지 않는 결과가 생긴다. 그로 인해 골재채취장보다 하류 쪽에서는 침식이 일어나기 십상이다. 골재채취를 둘러싸고 이해당사자들이 법정소송까지 벌인 예를 보면 골재채취에 따른 문제를 이해할 수 있다. 미국 캘리포니아주 힐즈버그의 하상에 발달한 사주에서 골재를 채취하자 채취

그림 12-4 침수된 골재채취장

Donald Hyndman.

미국 콜로라도 주 덴버 시 인근의 사우스플랫 강 주변의 골재채취장은 범람으로 일부가 물에 잠겼지만 임시방벽에 의해 하천의 하도와 분리되어 있다. 이 골재채취장은 강 바닥보다 낮게 깊이 채굴되어 침수되었다.

장소에서 10여 km 하류지점까지 3 m 정도 깊이로 하도침식이 일어났다(사례: 하상 골재채취가 일으키는 침식과 피해—캘리포니아 힐즈버그). 이러한 하상변화는 몇 개의 교량을 위태롭게 했으며, 기름진 포도밭을 파괴했고 지하수위를 낮추었다.

하상 골재채취는 강이 바다와 만나 퇴적물을 집적시키는 해안에까지 영향을 미치기도 한다. 대개 삼각주에 집적되는 퇴적물의 대부분은 연안류에 의해 해안선 근처로 운반된다. 모래해변의 모래와 자갈은 그런 연안류에 의해 공급된 것으로 해안선을 따라 서서히 수백 km를 이동하기도 한다. 하천의 골재채취나 댐건설로 하천으로부터의 퇴적물 공급이 줄어들 경우, 연안류에 의해 해안선을 따라 퇴적물이 운반되기는 하나 퇴적물이 보충되지는 않는다. 그런 상태가 계속되면 모래해변은 침식으로 사라져 버릴 것이다. 보통 파도는 먼저 모래해변에서 부서지고 다시 해안사주 또는 해안절벽에 부딪쳐 없어지면서 침식을 일으킨다(해안침식에 대한 자세한 설명은 13장을 볼 것).

교량

범람원의 유수가 교각 사이의 좁은 곳을 통과하면서 유속이 증가되므로 교량은 하도 내의 침식을 촉진시킨다. 일반도로 또는 철도가 교량에 진입하기 전에 통과하게 되는 교량과 인접한 범람원 위의 도로(철도)는 예상되는 홍수 수위보다 높게 건설된다. 이 진입도로는 대부분 범람원을 가로지르는 부분적인 댐처럼 시공되기 때문에 교량 아래에는 하도부만 남게 된다(**그림 12-5**). 따라서 이처럼 교량 진입부(도로)가 범람원의 일부를 막게 되므로 홍수로 강물이 불어나면 교량보다 상류 쪽에서는 강물이 지체되어 수위가 상승한다. 교량보다 하류 쪽으로는 깊은 물살이 빠르게 흘러 나가므로 교량 아래의 하도침식이 일어난다. 규모가 큰 홍수가 발생하면, 교각 아랫부분의 하도가 깊게 파여 교량이 붕괴되기도 한다(**그림 12-6**). 좀 더 신중한 공학자들이나 교량 건설비용이 충분할 경우 교량 진입도로의 아랫부분을 토사로 채우지 않고 교각형태로 시공함으로써 불어난 강물이 그대로 통과할 수 있도록 만든다.

그림 12-5 교량과 침식

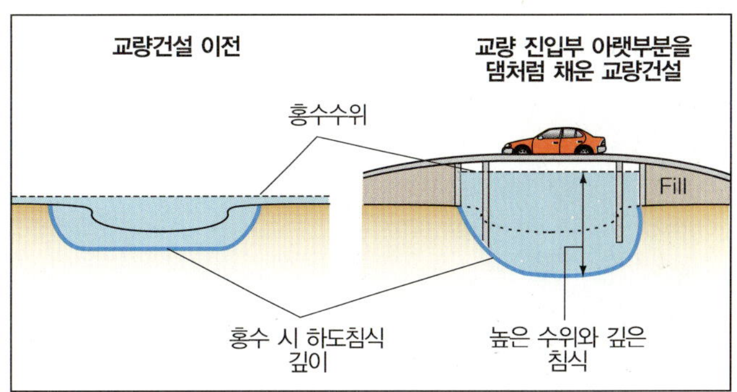

교량이 없으면 홍수 시에 강물은 주변의 범람원으로 퍼져 나간다(왼쪽 그림). 교량이 건설되면 교량 주위의 강은 좁고 깊은 하도가 되어 하상의 침식이 증가한다(오른쪽 그림).

제방

사람들은 범람원에 오래 정착해 살면서 홍수로부터 그들의 주거를 보호할 필요를 느꼈다. 홍수로부터 어떤 지역을 방호하기 위한 가장 흔한 대응방안은 **제방**(levee)의 형태로 강둑을 인

그림 12-6 교각 세굴

Ben Kennedy, USGS.

Donald Hyndman.

A. 존슨 강을 가로지르는 미국 알래스카 고속도로의 교각부분 사진. 홍수에 의해 교각 아래의 하류 쪽이 깊게 파였다. B. 수위가 높을 때 교각의 하류 쪽 아랫부분에서 발생하는 난류가 빠른 물살의 침식력을 가리킨다. 미국 몬태나 주, 클라크포크 강.

그림 12-7 오래된 자연제방 위의 인공제방

A. 인공제방은 항상 오래된 자연제방 위에 축조된다. 자연제방은 하도의 오른쪽에 있다. 미국 웨스트버지니아 주의 무어필드에 축조된 이와 같은 제방이 홍수 피해를 막아 줄 것이라는 믿음은 이러한 제방의 배후지역에 주거 및 산업시설을 세우도록 부추긴다. **B.** 미국 캘리포니아 주의 새크라멘토 강 삼각주에 위치한 이 제방을 구성하는 세립질 퇴적물이 플라스틱 필름과 모래주머니로 피복되었다. 이 제방의 강 쪽에 깔린 굵은 자갈은 유수와 바람에 의한 파도로부터 제방을 보호하고 있다.

공적으로 높이는 것이다. 개인은 말할 것도 없고, 시 당국자나 주정부의 담당자들 심지어 미육군공병단에서조차 범람원 지역을 홍수로부터 '보호하기 위해 제방을 쌓고 높이는 일에 매달린다. 그렇지만 여기서 논의하는 바와 같이, 하천과 강의 활동은 유수, 하도 경사, 퇴적물의 입자 크기, 그리고 사행고리 형태 간의 일정한 관계와 자연적인 과정에 지배된다. 다시 말해, 강을 제어하려는 인간의 노력은 강이 자연적으로 다른 경로를 따라 흘러가는 것을 막지 못한다.

11장에서 설명한 바와 같이, 홍수 기간 중에 강의 둔덕을 따라서 퇴적물이 집적되어 자연제방(natural levee)이 형성된다. 인공제방은 항상 주하도의 가장자리에 형성된 원래의 자연제방 위에 축조된다(**그림 12-7A**). 과거에는 대부분의 제방을 하도바닥이나 범람원에서 파낸 세립질 퇴적물로 쌓았다. 이러한 퇴적물은 홍수 시에 강물에 의해 운반된 퇴적물보다 세립질인 경우가 많기 때문에, 쉽게 침식되기 쉬워 빠른 물살로 인한 침식을 막지 못하였다. 연방기관에서 축조하는 보강된 인공제방은 조립질 자갈을 혼합하여 사용하고 유수와 접하는 부분은 사석(riprap)으로 마무리되어 침식에 강한 편이다. 제방 축조에 사용되는 각 재료마다 서로 다른 장점이 있다(**그림 12-7B**). 다진 점토는 잘 침식되지 않으며 물이 스며들지 않지만 사태로 무너져 내릴 수 있다. 파쇄된 자갈은 투수가 되지만 무너져 내리는 일은 드물다.

제방 붕괴

제방의 또 다른 의도하지 않은 결과는 사람들에게 안전에 관한 잘못된 생각을 갖게 하여 홍수재해지역에서의 개발을 부추긴다는 점이다. 제방이 설치되면, 홍수로부터 안전하리라고 생각하는 많은 사람들이 제방 뒤쪽에 주택과 상업시설을 짓는다(그림 12-7). 그렇지만 잘 축조된 제방조차도 큰 홍수에 맥없이 무너질 수 있다.

인공제방을 100년 만의 홍수에도 강물이 범람하지 않을 만큼 높이 쌓았다 하더라도 더 큰 홍수가 닥치면 범람(overtop)은 피할 수 없다. 11장에서 언급한 것처럼, 불행하게도 제방은 그 방호력이 제각각이며, 해당 지역의 개발이 진행될수록 홍수는 더 잦아지고 홍수 수위는 더 높아질 것이다. 따라서 공동체는 강물의 범람을 막지 못하는 낮은 제방을 높이는 문제에 직면하게 된다(**그림 12-8A**).

홍수가 제방의 벽을 무너뜨렸을 때, 제방이 끊어진 곳을 **제방균열**(breach)이라 한다(**그림 12-8B**). 큰 홍수에 의해 제방이 붕괴되기 시작할 즈음에는 제방균열을 가로질러 흘러 나가는 강물은 상대적으로 맑고 퇴적물을 많이 포함하고 있지 않아 침식력이 크다. 하도균열이 침식으로 점차 깊어지면, 홍수는 더 많은 퇴적물을 포함하며 하도와 범람원 간의 수면 경사가 감소하면서 제방균열을 통해 범람원으로 방출되는 강물이 평형상태에 이르게 되고 마침내 더 이상의 침식은 일어나지 않게 된다. 만일 흘러나온 강물이 범람원에서 더 이상 흘러갈 곳이 없어지면, 제방균열을 통해 방출되는 강물의 유속이 느려

그림 12-8 제방은 무너질 수 있다.

A. 바지선과 크레인이 주거지를 방호하는 제방을 보강하기 위해 굵은 자갈을 덧쌓고 있다. **B.** 1997년 1월 미국 캘리포니아 주의 새크라멘토 강의 주요 제방이 균열되어 주변의 시가지와 농장이 침수된 모습.

져 퇴적물을 집적시키며 결국에는 방출이 정지될 것이다. 이런 일은 보통 하루 이내에 일어난다.

때때로 제방균열은 **하도분열**(avulsion)로 이어지는데, 하도분열이란 강의 주하도가 하도균열을 통해 새로운 방향으로 발달하게 되는 것을 가리킨다. 만일 범람원으로 빠져나간 강물이 저지대의 하류 쪽으로 막힘 없이 흐를 수 있고 홍숫물이 계속 불어난다면, 범람원으로 흐르는 강물은 침식을 계속할 수 있으며 궁극적으로는 주하도 방향이 바뀌는 결과를 낳게 될 것이다. 하천은 흘러가기에 유리한 범람원의 낮은 지대로 물길을 새로 낸 셈이다. 새로운 하도의 유로경사가 가파르므로 강물은 더 이상 원래의 하도로 흘러 들어가지 않는다. 1993년 홍수 때도 미시시피 강의 일부에서 그런 일이 벌어졌다. 큰 규모의 주요 하천에서 발생하는 이러한 하도분열은 사회적, 경제적으로 큰 파장을 몰고 온다(사례: 파국적인 하도분열의 잠재적 위험—뉴올리언스, 사례: 하도분열의 오랜 역사—중국의 황하).

제방이 사태처럼 붕괴되는 일도 흔한데, 그런 붕괴는 강물이나 물결에 의한 둑의 침식, 하도 벽의 붕괴, 개공 또는 제방 밑의 구하도 자갈층을 통한 누수(seepage) 등으로 촉발된다(**그림 12-9**). 제방의 일부를 통해 강물이 충분히 빠르게 침출되면 제방의 측면이 침식되고 이런 과정이 지속되면 제방이 붕괴될 위험이 커진다. 제방 틈으로 새어 나오는 흙탕물은 제방의 토층이 **개공**(piping)이라는 과정을 통해 씻겨 나오고 있음을 가리킨다.

제방은 언제나 범람원 위에 축조되는데, 진흙으로 구성된 범람원 퇴적층 내에는 구하도에서 퇴적되었던 투수성이 좋은 자갈과 조립질 모래층이 존재한다. 현재의 하도지역 이외의 범람원에 쌓이는 진흙층은 하도지역을 흐르던 강물이 자연제방을 흘러넘쳐 범람원으로 유입되면서 유속이 감소하여 퇴적된 것이다. 하도는 강물의 침식으로 범람원 상에서 끊임없이 위치가 달라지기 때문에 수백 년 또는 수천 년에 걸쳐 범람원의 거의 모든 곳을 휩쓸고 지나간다. 진흙으로 뒤덮인 범람원 아래에는 구하도에서 퇴적되었던 모래와 자갈로 구성된 하도퇴적층이 범람원 퇴적층 내에 뒤섞여 있다(**그림 12-10**). 투수성이 좋은 구하도의 조립질 퇴적층은 홍수 때 강물이 제방 밑의 지하수층을 통해 제방 바깥쪽으로 흘러 나가는 통로역할을 한다. 만일 홍수가 오래 계속되면 제방 밑의 지층을 통해 강물이 제방 밖의 지하수층으로 스며들어 지하수면을 상승시킴으로써 제방 바깥쪽이 홍수에 취약하게 된다.

범람이나 제방의 균열이 없이도, 강물은 제방 밑의 오래된 자갈층을 통해 빠져나갈 수 있다. 홍수 때 하도에 불어난 강물은 하도 밑바닥의 지하수면에 압력을 가하게 되어 지하수를 범람원 쪽으로 밀어내게 되며, 이렇게 압력으로 지하수층을 통

그림 12-9 제방붕괴의 유형

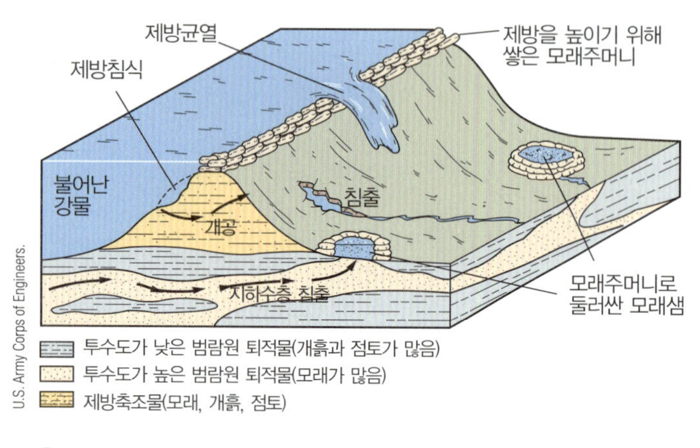

A. 제방붕괴는 강물의 범람, 침출, 또는 개공 등으로 야기된다. 제방이 범람하지 않은 곳에서도 물은 공극이 많은 지점으로 스며들어 침출되거나 제방 측면의 사태를 일으켜 결국 제방이 붕괴될 수 있다. 하도로부터 제방 밑을 지나 침출된 강물은 모래샘을 만들면서 범람원 위로 솟아나며 결국에는 범람원을 침수시킨다. **B.** 범람 위기에 있는 제방 위에 모래주머니를 쌓은 모습. 미국 미네소타 주, 그래나이폴스.

그림 12-10 사행고리의 수평이동

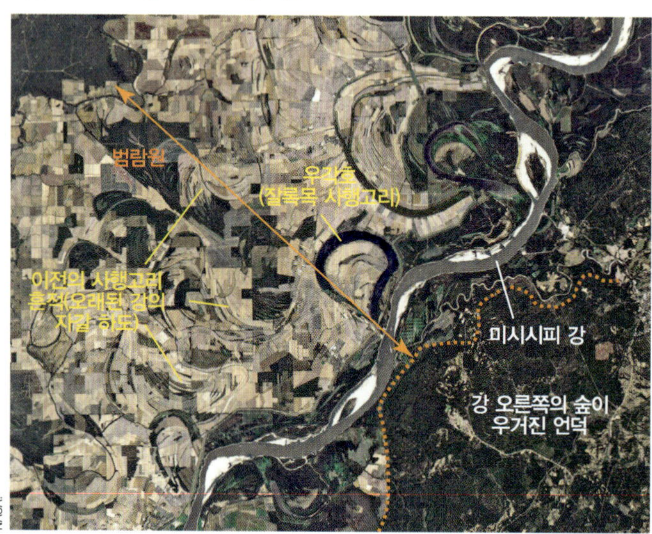

강은 범람원을 가로질러 횡적으로 이동하기 때문에 범람원 아래의 퇴적물은 이전 하도 내의 자갈과 이전 범람원의 이질 퇴적물로 구성된다. 이 사진은 미국 미시시피 강에서 원형에 가까운 사행고리가 점차적으로 수평이동하여 잘록목을 가로질러 우각호를 만든 모습을 보여 준다. 강물은 오른쪽 위에서 왼쪽 아래로 흐른다.

그림 12-11 모래샘

1997년 1월 4일에 캘리포니아의 복구대원들이 새크라멘토 시 남서부 삼각주 지대에 위치한 앤드러스 섬 북부 새크라멘토 강 인근의 모래샘 주위에 모래주머니로 둑을 쌓고 있다.

해 배출된 범람원 내 강물의 수위도 이론상 하도 내의 수위와 거의 같은 높이까지 올라갈 수 있다. 홍수가 계속되면 압력으로 밀려난 물이 액상화된 모래와 함께 지표로 솟구치게 되는데 이것을 **모래샘**(sand boil)이라 한다(**그림 12-11**). 제방 보호 작업을 하는 사람들은 모래샘에서 액상화된 상태로 솟구친 모래가 제방유실을 불러오지 않도록 모래샘 주위에 모래주머니를 둘러쌓아 모래가 다른 곳으로 빠져나가지 못하게 막는다. 모래주머니로 둘러친 둑의 일부를 터서 물만 빠져나가게 함으로써 제방 아래쪽의 지하수압은 낮아지게 만든다.

인공제방이 무너지면 주변의 주택이나 상가건물은 물론 범람원 내의 경작지도 파괴된다. 인공제방이 없는 하도가 범람하면 하도 주위에서 퇴적이 일어나 범람원 쪽으로 완만하게 경사진 구릉을 이루게 되는데 이것이 자연제방이다. 자연제방에서 멀리 떨어진 범람원에 홍수가 유입되면 진흙층이 범람원의 상부를 뒤덮어 토양을 비옥하게 만든다. 반면에 인공제방이 무너지면 인근 경작지에 흔히 침식과 퇴적으로 인한 피해가 발생한다. 제방이 무너진 곳에 가까운 경작지에는 하도에서 유입된 모래와 자갈이 퇴적되어 경작이 어려워진다. 둑이 터진 지점에서 좀 떨어진 곳에는 터진 둑 사이를 빠져나온 유수가 빠르게 흐르면서 세립질의 토양표토층을 침식하여 침식골을 만들고 토양을 유실시킨다.

제방의 의도하지 않은 결과

제방은 홍수 시에 적어도 일시적으로는 일부 시가지가 침수되지 않게 하나, 제방이 축조된 구간에서는 강물이 제방 사이로 흐르므로 의도하지 않은 부정적인 결과를 낳을 수 있다. 하도 주변의 범람원 위에 있는 중요한 건조물을 보호하기 위해서나 얕은 하도에서 배가 항해할 수 있도록 새로운 제방을 쌓을 경우, 일부 지역에서는 강폭이 좁아져 홍수 때 수위가 크게 상승할 수도 있다(해설 11-1 참조). 강이 자연적인 상태에서 범람할 경우, 빠르게 하류로 흘러가는 강물은 강둑을 넘어 범람원에서 넓게 퍼져 얕아지고 유속이 줄어든다. 그렇게 얕은 강물도 결국 하류로 계속 흘러 내려가지만, 주변의 범람원에 일시적으로 저수된 셈이므로 하류지역의 홍수 수위를 낮춰 준다. 그런데 강둑을 따라 축조된 인공제방은 그런 저수기능을 없애므로 하류지역의 홍수 수위를 높여 준다.

게다가 범람원으로 퍼져 나가야 할 홍수 시의 강물이 모두 제방 사이로 빠져나가기 때문에 제방구간의 홍수 시 강물은 깊고 빠르게 흐른다(**그림 12-12**). 인공제방 구간에서는 물길이 좁아 그 상류 쪽의 강물이 하류로 원활하게 배출되지 못하기 때문에 제방구간보다 상류지역의 수위가 높아져 홍수가 발생할 가능성이 커진다. 제방구간에서는 수심이 깊어지므로 그런 구간과 접한 하류지역 역시 수심이 깊어지게 된다. 이처럼 제방을 쌓아 인공하도를 만들 경우 그 구간과 인접한 위아래 구간이 모두 홍수에 취약해지는 게 일반적이다. 이러한 이유 때문에, 제방은 때때로 다른 지역의 홍수피해를 줄이기 위해 의도적으로 붕괴시키는 경우가 있다(사례: 제방에도 불구하고 반복되는 홍수—1993년 미시시피 강 홍수, 2008년 재발).

1995년 미 의회가 수행한 연구에 따르면, 1993년 홍수 때의 강물이 범람하지 않을 만큼 강 상류지역의 제방이 높았다면 미시시피 강의 중류지역에서는 수위가 2 m 정도 더 높아졌을 것이라고 한다. 사실 19세기와 비슷한 유출량에도 불구하고 제방을 쌓은 미시시피 강의 일부 지역에서는 홍수 때 수위가 2~4 m나 높아졌다. 이처럼 최근 홍수의 수위증가는 대부분 제방축조 때문에 발생하였다. 제방이 없는 미주리 강 상류와 메라멕 강에서의 홍수수위는 예전보다 높지 않다.

배다리 댐

제방 외에도 강에서 배의 운항을 위해 강 안에 설치한 선박운항용 둑(dike)이나 **배다리 댐**(wing dam)은 세인트루이스와 같은 지역에서는 하도를 좁히는 결과를 낳았으나 다른 지역에서는 수량이 적을 때 바지선이 운항할 수 있도록 수위를 높이는 역할을 한다(**그림 12-13**). 강 안에서 돌출한 이 구조물은 강물이 불어 물속에 완전히 잠겨 버려도 강물의 흐름을 지체시켜 부근의 유속을 감소시키고 수위를 높이게 된다. 그 결과

그림 12-12 제방이 유수에 미치는 영향

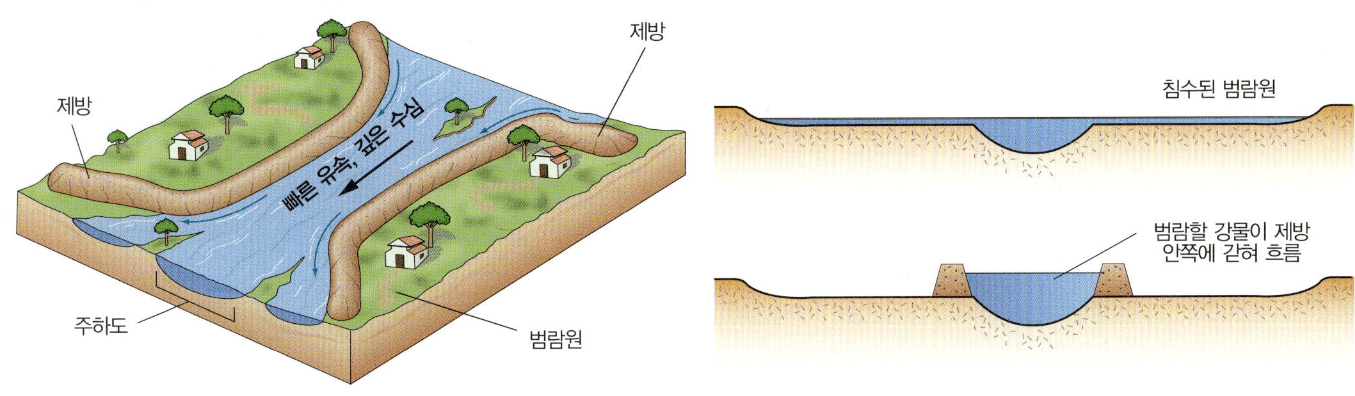

A. 제방은 하도의 물길을 좁게 만들므로 제방구간을 지날 때 강물은 유속이 빨라지고 수심이 깊어진다. 이런 현상은 제방구간과 접한 위아래 지역에서 홍수의 발생 가능성을 높여 준다. **B.** 제방은 범람원을 뒤덮을 수 있을 만큼의 강물을 제방 안쪽에 가두어 흐르게 한다.

그림 12-13 배다리 댐

미주리 강에 설치된 배다리 댐들은 수량이 적을 때는 배가 항해할 수 있도록 깊은 하도를 만들어 주지만 홍수 때는 강물의 흐름을 지체시켜 홍수 수위를 높인다.

그림 12-14 댐이 하도 침식에 미치는 영향

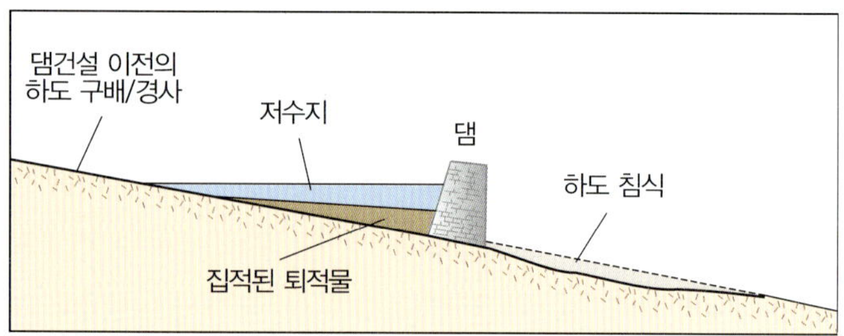

댐이 건설되면 댐 위쪽에서는 퇴적물이 집적되고 아래쪽에서는 침식이 유발된다.

똑같은 규모의 홍수가 발생해도 수위가 높아진다. 이러한 인위적인 수위상승은 미시시피 강에서의 1993년과 같은 대규모 홍수의 추정 반복주기에 영향을 미친다. 1993년 미시시피 강 홍수의 최고 수위(최대 유출량)는 배다리 댐과 같은 인공구조물이 없는 상태에서 계산된 홍수 반복주기 곡선에서 크게 벗어나 있다.

댐과 하천의 평형상태

인간이 주로 강에 개입하는 다른 형태는 하도를 가로지르는 댐 건설이다. 댐은 홍수조절, 수력발전, 관개용수 확보, 그리고 레저 등의 다양한 목적으로 건설된다. 이러한 혜택은 환경적인 영향과 홍수재해 위험 증가는 물론 납세자가 부담하게 되는 비용 측면에서 평가되어야 하는데 그 이유는 다음과 같다. 예를 들면 관개용수를 확보하기 위해 댐에 많은 물을 저수함으로써 저수지의 저수능력이 얼마 남지 않았을 때 폭우나 많은 눈이 녹아버리면 하류지역의 홍수를 피할 수 없을 수도 있기 때문이다.

홍수조절 댐(flood-control dam)은 하류지역의 홍수를 예방하기 위해 건설된다. 이러한 댐들은 예상된 규모의 홍수, 예를 들면 100년 만의 홍수에 대비하여 그에 알맞은 높이로 설계되고 건설된다. 이런 댐은 홍수가 닥치기 전에 낮은 저수량을 유지하다가 홍수 시즌에 불어나는 강물을 가두어 둠으로써 그 하류지역의 홍수를 예방한다. 이렇게 저수한 물은 나머지 건조기에 조금씩 배출된다. 그런데 시간이 지나면서 댐으로 형성된 저수지에 퇴적물이 집적되면 댐의 홍수 조절능력은 줄어들 것이며, 상류지역의 산림파괴 또는 도시화와 함께 퇴적물 집적 속도는 빨라질 것이다.

제방과 마찬가지로, 홍수예방을 위해 건설된 댐이 실제로는 홍수 위험을 증폭시킬 수 있다. 강을 가로지르는 댐이 건설되면 댐 위쪽의 저수지에서 유속이 거의 0이 되어 저수지에 퇴적물이 집적된다. 이로써 댐 아래쪽 하천으로 퇴적물이 거의 운반되지 않게 되므로 홍수 시에 하도가 더 깊게 파인다(**그림 12-14**).

댐이 의도와 다르게 강의 평형상태에 미치는 영향의 예로, 2006년 중국 양자강에 완공된 200미터 높이의 삼협댐을 들 수 있다. 중국정부는 수력발전과 홍수예방을 목적으로 댐을 건설하면서 수몰예정지역에 위치한 10개의 대도시 주민들을 이주시켰다. 그 이후에 댐은 여러 가지 중요한 문제를 야기하였다. 댐의 저수지에 물이 차면서 주변의 지하수면이 상승하였고 이로 인해 댐 주변의 사면이 불안정해져 저수지 상류지역에서 산사태가 발생했다. 댐에서 방류된 물은 개흙(silt)이 들어 있지 않은 맑은 물로 유속이 빨라 댐의 하류지역에서 제방을 침식하고 있다. 2007년 후반기에 중국정부는 강의 제방붕괴로 위험에 처한 400만 명의 주민에게 이주를 권고하였다. 댐 저수지의 상류 쪽 끝에 위치한 충칭 시의 큰 항구는 퇴적물이 쌓여 대략 2016년 경에 폐쇄될 것으로 보인다. 왜냐하면 댐 건설로 주변의 유속이 낮아져 퇴적물이 더 이상 하류로 운반되지 않고 상류지역에 집적되고 있기 때문이다.

인공 댐의 붕괴로 인한 홍수

댐의 건설 목적은 사람들에게 범람원에 건물을 짓도록 허용하려는 것이 아니지만 그런 예상치 못한 결과가 자주 나타난다. 사람들이 댐에 의해 방호된다고 느낄지도 모르나 그것은 안전에 대한 착각이다. 일부 지역에서는 댐이 적절하지 않을 수 있고,

극단적인 경우 댐이 붕괴해 버릴 수 있다. 미국에서는 연방정부나 주정부 소유의 댐이 8%이고, 지방자치단체와 공익기관 소유의 댐이 19%를 차지하며 민간기업이나 개인이 소유한 댐은 59%나 된다. 따라서 댐 설계에서 건설 및 운용에 이르기까지 그 수준은 천차만별이다. 1981년에 미국육군공병단에서 8,000개 이상의 미국 내 댐을 조사한 바에 따르면, 1/3이 안전하지 않은 것으로 밝혀졌다. 미국에는 높고 위험스런 3,300개의 댐들이 도심에서 상류 쪽으로 1.6 km 이내에 위치하고 있다. 그런 지역의 지방자치단체가 댐 하류지역의 범람원 개발을 허용하면서 상류지역 댐으로부터의 위험을 고려하는 경우는 드물다.

범람, 댐 기초부의 침식, 잘못된 설계, 부실공사나 운영미숙, 또는 지진과 같은 자연재해 등을 포함한 다양한 이유로 댐은 붕괴될 수 있다. 제방처럼 댐도 강물이 흘러넘치거나 침출되는 경우 붕괴할 수 있다. 1972년 미국 사우스다코타 주의 래피드시티의 홍수 시에는 지속적인 강우가 끝난 뒤 저수지가 흘러넘쳐 댐이 붕괴하였다. 이런 경우에 대비하여 대부분의 댐은 보강공사로 댐 높이를 높일 수 있지만, 댐의 높이가 높아지면 댐으로 막아야 할 골짜기의 폭도 넓어지므로 그 비용이 크게 증가한다. 댐 아랫부분에서 침출수로 인한 개공과 댐 기초의 침식은 재앙적인 댐붕괴로 이어질 수 있다. 1976년 6월 5일 미국 아이다호 주 동부의 티턴 댐이 붕괴하여 11명이 사망했으며 32억 달러 이상의 피해를 입혔다(사례: 댐은 붕괴할 수 있다—아이다호 주 티턴 댐의 붕괴).

엉성하게 설계되어 공학적인 기준을 충족시키지 못하고 폐석으로 쌓았던 개인 소유의 댐이었던 미국 웨스트버지니아 주의 버펄로크리크 댐이 1972년에 붕괴하여 125명이 익사하였다. 댐 주위의 수목 제거, 누출지점의 보수, 갑문과 밸브의 적시 교체 등의 댐 유지보수 작업을 소홀히 하여 댐을 적절하게 운영하지 못한 경우도 댐을 붕괴위험에 처하게 할 수 있다. 저수지의 수위가 높아지기 전에 미리 방수구문을 개방해 두지 못하는 바람에, 1966년 이탈리아 피렌체의 아르노 강에서 홍수가 발생했다(사례: 오랜 역사도시의 재앙적인 홍수—1966년 이탈리아 피렌체의 아르노 강).

다른 재해들도 댐붕괴를 유발할 수 있다. 저수지 내로 산사태 물질이 유입되면 저수지에 물결이 일고 댐이 범람하게 된다. 실제로 1963년에 이탈리아 북동부의 바이온트 댐 저수지에 산사태가 유입되어 댐이 붕괴되고 홍수가 발생하여 2,600명이 목숨을 잃었다. 댐의 저수지 물이 주변 기반암층의 공극수압을 높여 퇴적기반암의 지층 간 마찰이 적어져 산사태가 유발되었다. 산사태로 붕괴된 암체가 저수지 내로 유입되어 저수지의 물이 댐을 흘러넘쳐 하류지역에 홍수를 일으켰으며 이로 인해 2,500명 이상이 목숨을 잃었다(8장의 사례: 바이온트 산사태 참조). 지진은 토석댐을 약화시키거나 기반암 내에 균열을 만들 수 있다. 1971년 산페르난도 계곡 지진의 진앙으로부터 10 km 이내에 있었던 로스앤젤레스 시 소유의 반노먼 댐은 수천 가구의 거주지와 인접한 상류지역에 있었다. 이 토석댐이 축조된 지 30년 만에 이 지역에 지진이 발생했다. 지진은 댐의 윗부분 지역에서 사태를 일으켰고 이로 인해 댐의 두께가 급격히 줄어들어 붕괴될 상황이었다. 다행스럽게 댐 관리자들은 댐이 붕괴하지 않도록 저수지의 수위를 낮출 수 있었다. 이 당시에 시 당국에서는 저수지의 수위가 안전한 높이까지 낮아져 댐 붕괴위험이 사라질 때까지 댐 아래 거주민 8만명을 소개시켰다.

댐 하류에 사는 사람들에게 댐붕괴로 인한 잠재적인 홍수의 재난은 댐붕괴 시 방류되는 유량, 댐의 높이, 계곡의 지형, 그리고 댐으로부터의 거리에 달려 있다. 넓게 트인 계곡에 건설된 댐이 붕괴할 경우 방출되는 강물은 넓게 퍼져 유속과 에너지가 금방 줄어들지만, 좁고 가파른 골짜기에 건설된 댐이 붕괴할 경우에는 방출되는 강물이 상당히 먼 거리까지 빠른 유속으로 흘러 내려간다. 계산에 의하면 넓게 트인 계곡에 건설된 댐이 붕괴할 경우 하류 쪽으로 60 km 정도 내려가면 원래 유속의 절반 정도로 줄지만, 좁고 가파른 골짜기의 경우에는 하류방향으로 130 km를 내려가도 원래 유속의 절반 정도를 유지할 수 있다.

미국 사우스다코타 주, 블랙힐스의 래피드크리크에서의 홍수는 다목적 댐 하류에 사는 것이 얼마나 위험한지 알려 주는 좋은 예이다(**그림 12-15**). 1972년 6월에 래피드크리크 배수분지에 6시간 만에 370 mm의 비가 내렸다. 남동풍이 멕시코 만에서 온난하고 습윤한 공기를 블랙힐스 상공까지 몰고 와, 북서쪽에서 내려온 한랭전선과 마주쳤다.

이 때문에 초당 수 m^3였던 유출량이 수시간 안에 1,400 m^3로 급격히 불어났다. 하천 물이 불어나자 당국에서는 오후 10시 10분에 계곡 인근 저지대 주민들의 소개령을 발동하였으며 시장은 10시 30분에 계곡 안의 모든 주민의 대피를 명했다. 래피드시티에서 가장 가까운 댐의 방수로는 그 상류지역에서 떠내려온 자동차와 파손된 가옥의 잔해로 막혀 저수지의 수위가 3.6 m나 높아졌다. 오후 10시 45분에 댐이 붕괴했으며 엄청난 양의 강물이 일시에 래피드시티를 휩쓸고 지나갔다. 이 홍수는 자정 직후에 발생하여 238명이 목숨을 잃었고 1,335채의 가옥이 완파되었으며 5,000대의 자동차가 파손되어 총 6억9천

그림 12-15 댐 붕괴로 인한 피해

A. 1972년 미국 사우스다코타주의 래피드시티 홍수에 의한 피해는 엄청났다. 자동차가 뒤집혀 구겨지고 집의 흔적으로 남아 있는 것이라고는 사진의 오른쪽 아랫부분에 보이는 목재들뿐이다. B. 이 집은 홍수에 의해 원래 위치에서 이처럼 도로 위로 옮겨졌다.

만 달러의 피해를 입혔다. 2,800채 이상의 가옥이 심각한 피해를 입었다.

이 홍수의 경우 다음과 같은 교훈을 얻을 수 있다. 래피드시티는 홍수 이후에 2억7백만 달러의 연방재해기금으로 범람원 주변의 토지를 모두 매입하여 그린벨트, 주차장, 골프장, 축구장, 야구장, 조깅 코스, 자전거 도로, 그리고 야외 나들이 시설을 설치하였다. 그 이후 범람원에서의 건축은 금지되었다. 그렇지만 수십 년이 지난 지금 그린벨트 내에 쇼핑센터와 다른 건물들을 지으려는 압력이 커지고 있다. 그 결정은 정치적으로 견해를 달리하는 시의회가 내릴 것이다. 시의회에서는 개발론자 또는 일자리 만들기 제안자들과 장기적인 비용절감, 자연조망권, 그리고 안전을 생각하는 사람들간의 견해 차이가 좁혀지지 않고 있다.

그림 12-16 홍수 피해금액

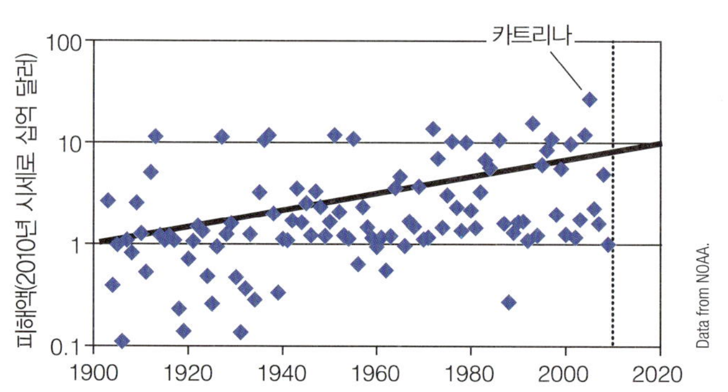

1929년부터 2003년까지 매년 미국의 홍수 피해금액은 크게 증가하고 있다. 이와 같은 현상은 부분적으로 인구증가와 함께 더 많은 사람들이 더 위험한 지역에서 살아가기 때문에 야기되었다.

홍수 피해 줄이기

범람원 개발이 증가하면서 홍수 시에 더 큰 인명 및 재산상의 피해가 초래되었다. 지난 10여 년간 매년 84명이 홍수로 목숨을 잃은 미국에서 홍수는 최악의 기상관련 재해에 속한다. 재산상의 피해로 보아도 홍수는 피해규모가 가장 큰 자연재해 가운데 하나로, 전체 지질 자연재해에 의한 연간 피해액의 1/4~1/3을 차지하고 금액으로는 연간 40억 달러의 피해를 입힌다(**그림 12-16**). 매년 피해금액이 크게 다르다. 이런 현상이 발생하게 된 주된 이유는 점점 더 많은 사람들이 홍수에 취약한 지역에서 살아가고 있기 때문이다.

범람원에서의 토지 이용

만일 사람들이 범람원 위에 집을 짓거나 개발업자가 건축을 허가하는 지방조례를 변경시키는 데 성공한다면, 폭우가 내리는 해에는 불행한 꼴을 보게 될 것이다. 멕시코 만 북부와 같은 일부 지역에서 강은 여러 해 동안 강둑 안에 머무를 것이나 비가 많이 오는 해가 되면 자주 홍수를 일으킬 것이다. 그러한 기상 변화는 빠르게 일어날 수도 있다(**그림 12-17**).

사람들은 저렴한 땅값, 비옥한 토양, 또는 멋진 풍광 등과 같은 여러 가지 이유로 범람원에서 산다. 그 결과로 미국 내의 많은 범람원은 주거지나 다름없이 되어 버렸다. 많은 사람들이 범람원이 하천 또는 강의 자연적인 통로의 일부라는 점을 모

그림 12-17 변화하는 수위

Donald Hyndman.

A

Donald Ward.

B

미국 텍사스 주 중부에서 계절적으로 수위는 빠르게 변할 수 있다. A. 2006년 12월 31일, 텍사스 주 오스틴의 트래비스 호수의 수위가 낮아져 멀리서 보면 호수가 거의 보이지 않는다. B. 6개월 후인 2007년 7월 28일에 똑같은 곳에서 찍은 사진. 똑같은 표지판(Public Notice)이 사진의 왼쪽에 거의 잠겨 있다. 똑같은 현상이 2009~2010년에도 이곳에서 벌어졌다.

르고 있다. 사람들은 종종 강 주변에서 가장 풍광이 좋다거나 나무들이 많이 자란다는 이유로 사행고리의 바깥쪽에 집을 짓는다. 불행하게도 만일 당신이 그들처럼 집을 짓는다면 아마도 다음번 홍수 때 하천이 당신 집의 거실을 관통하여 지나가는 모습을 보게 될지도 모른다. 2006년 11월 중순에 미국 워싱턴 주 북서부에 있는 스카이코미시 강에서 큰 홍수가 발생하여 강둑을 심하게 침식시켰으며 강둑을 따라 지어진 주택을 파괴하였다. 이 주택 가운데 많은 집들이 웅장한 산과 아름다운 강을 잘 볼 수 있는 위치 가운데서 신중하게 선택한 집터에 건축되었지만 강에 너무 가깝게 지어졌다(**그림 12-18**). 레이니어 산 국립공원에서 36시간 만에 약 45 cm의 강수량을 기록한 폭우가 쏟아져, 도로와 캠핑장이 유실되고 오리건 주의 후드 산 근처 고속도로가 파괴되었다. 도로폐쇄 표지판을 무시하고 주행한 어떤 사냥꾼은 홍수로 불어난 카울리츠 강물에 휩쓸려 픽업 트럭과 함께 익사하였다.

그림 12-18 하천 둑의 침식

Marvin Nauman, FEMA.

2006년 미국 워싱턴 주 시애틀 북동쪽에 위치한 스카이코미시 강의 홍수로 사진 속의 집 아래의 하천 둑이 침식되었다. 이 집은 산과 강의 조망이 좋은 곳에 자리 잡고 있었다.

1999년에 멕시코 남부의 타바스코 주에서 900명이 사망한 엄청난 홍수가 발생한 이후에, 정부는 주도인 비야에르모사 시의 50만 명 이상의 시민을 홍수로부터 방호해 줄 제방 보강공사에 착수했다. 불행하게도 그 공사는 마무리되지 않았다. 그 지역 언론의 보도에 따르면, 홍수예방 사업비가 다른 용도로 집행되었고 개발업자들에게는 고위험지역에서의 건축이 허용되었다. 2007년 10월 말과 11월 초, 이 지역에 한랭전선이 발달하여 수일 동안 폭우가 쏟아졌다. 이 주는 멕시코 만으로 유입되는 강들이 끝나는 연안의 낮은 지대를 차지하는데, 이 강들이 균열되어 주의 70% 지역이 홍수 피해를 입었고 주 시민의 절반인 100만 명이 소개되었다. 며칠 동안 수천 명의 사람들이 잡동사니로 가득찬 악취 나고 누런 물에 침수된 집의 지붕 위나 위층에서 오도 가도 못하였다. 음식물 분배, 음용수 공급, 전력, 대중교통이 모두 끊겼다. 관계당국은 열대지방인 이 지역에서 콜레라와 다른 수인성 질환이 발병하지 않을까 우려했다. 이 홍수로 적어도 50군데의 주정부 의료센터가 침수되었다. 그리고 적어도 30명의 시민이 숨졌다.

사람들은 어떤 지역을 덮친 커다란 홍수를 대부분 금방 잊고, 유사하거나 더 큰 홍수가 언제든지 곧 닥치리라고 믿지 않는다. 마찬가지로 만일 사람들이 일생 동안 또는 자신의 부모님의 일생 동안 자신의 집이나 일터가 침수된 적이 없다면 그러한 사건이 일어나기 어렵다고 믿는다. 위의 두 경우에, 사람들은 실재하는 위험을 상당히 과소평가한 셈이다.

홍수로부터의 피해를 줄이는 한 가지 방법은 범람원 위에서의 개발을 제한하는 것이다. 자연적인 강은 2년마다 한 번씩 주변의 범람원으로 흘러넘친다. 범람원은 흔히 침수되므로, 그 지역은 주거지나 사업장이 아니라 농업 또는 그와 관련 있는 일을 위해 보존되어야 한다. 공원, 운동장, 그리고 골프 코스 등이 도시 지역에서 합리적인 용도가 된다. 불행하게도 과거 정부정책은 홍수에 취약한 지역에서의 개발을 단념시키는 데 실패하였다. 연방정부는 그러한 개발을 지켜 주는 제방의 축조와 유지보수 그리고 홍수에 의한 재해 구제활동에 수백만 달러를 지출한다. 정부가 재해에 취약한 똑같은 장소에 재건축하는 데 구호자금의 집행을 허용한다면 이런 악순환은 계속될 것이다.

1993년 미시시피 강 상류지역 대홍수의 재난 이후에 연방정부정책이 변화하기 시작했다. 연방재난관리청(FEMA)은 범람원의 땅을 매입하여 그곳에 재건축할 수 없도록 하여 다시 침수피해를 입지 않도록 조치하기 시작했다. 재해구호자금은 사람들이 범람원을 떠났을 경우에만 제공되었다. 정부는 새로운 구조물의 건축이 금지된다는 조건이 붙은 범람원 위의 많은 주택을 사들였다. 불행하게도 일부 예외가 있었다. 예를 들면 세인트루이스에서 1993년에 침수된 지역에 수십억 달러의 개발이 실행되었다(사례: 홍수취약 지역에서의 홍수세기 증가 홍수규제—2008년 미시시피 강 상류 계곡 홍수).

어떤 사람들은 범람원 주위의 건물에 대한 규제가 자신의 재산을 자기 마음대로 사용할 수 있는 권리를 제한하는 것처럼 생각한다. 그렇지만 범람원 내에서의 토지 소유주의 건축행위는 다른 많은 사람들의 권리를 침해하는 경우가 흔하다. 왜냐하면 매년 홍수에 대처하기 위해, 곧 홍수조절 시설물을 건설하고 범람원에 세우지 말았어야 할 건물의 피해구조를 위해 막대한 세금이 사용되고 있기 때문이다. 하천과 강은 여러 사람들의 사유지를 지나게 된다. 한 사람이나 한 도시의 사람들이 취하는 조치들은 하천에 변화를 일으켜 상하류지역의 다른 사람들에게도 영향을 미치는 것이 보통이다. 부동산 개발업자나 건축업자들은 범람원에 건물을 지음으로써 이익을 얻을 수 있겠지만, 주택구입자와 정부는 홍수에 따른 피해를 고스란히 떠안게 될 것이다. 따라서 모든 사람들을 보호하기 위한 다각적인 대책이 필요하다. 여러 도시에서 범람원 홍수취약구역이 적절하게 설정되지 않아 범람원 상의 홍수 피해 최소화에 적절하게 대처하지 못하고 있다. 범람원 상에서의 새로운 건축은 금지시켜야 하고, 경우에 따라서는 도시 전체의 거주민을 다른 곳으로 이주시킬 필요도 있다. 이 경우 막대한 비용이 소요되겠지만 장기적으로 보면 그리 많은 비용은 아니다.

홍수보험

홍수보험은 개인의 홍수피해를 저감시키는 한 방편으로 미래의 홍수피해를 줄이는 행위에 영향을 미친다. 미국의 **국가홍수보험계획**(NFIP: National Flood Insurance Program)은 1968년에 제정된 국가홍수보험법과 1973년에 제정된 홍수재해방지법에 의해 수립되었다. 홍수에 대한 보장은 연방정부가 제공하지만 홍수보험은 민간보험회사를 통해 가입한다. 보험요율과 보장범위는 보험회계사가 정한다. 곧 홍수 위험도와 특정한 홍수방지시설의 존재여부에 따라 산정된다.

연방 홍수보험의 약관은 몇 가지 정의를 명기하고 있다(**그림 12-19**). 평균적으로 100년에 한 번꼴로 침수되기 쉬운 지역보다 낮은 범람원을 공식적으로 홍수로와 홍수 언저리로 구분하였다. **홍수로**(floodway)는 하도와 하도에 접한 둔덕을 포함한다. 홍수 때, 이 지역은 수심이 깊은 빠른 유수가 흐르게 된다. 이 지역에서는 주택, 상업용 건물, 쓰레기 처리시설, 유해물 저장소, 매립시설 등을 포함한 일체의 건축행위가 금지된다. 아울러 홍수로를 변화시키거나 홍수 시 100년 만의 홍수 유출량을 증가시킬 수 있는 성토나 절토 및 구조물 설치행위도 금지된다. **홍수 언저리**(flood fringe)는 하도에서 멀리 떨어져 있지만 100년 만의 홍수 때 침수되는 지역이다. 이 홍수 언저리는 대부분 범람원으로 홍수가 발생하면 침수되는 지역으로 이곳을 지나는 유수는 수심이 얕고 유속이 느리다.

홍수보험료는 홍수의 발생 가능성과 그 규모에 달려 있으므로 지도에 표시된 홍수 취약지역별로 지정되어 있다. 홍수피해범위지도(FHBM: flood-hazard boundary map)와 홍수보험요율지도(FHBM: flood insurance rate map)는 연방재난관리법의 정식관리계획 대상지역 공동체에 제공된다(**그림 12-20**). 홍수보험 혜택을 받으려면, 공동체는 범람원 지역을 지정하고 규제를 부과하는 데 필요한 연구를 완료해야만 한다. 정

그림 12-19 홍수보험에서의 정의

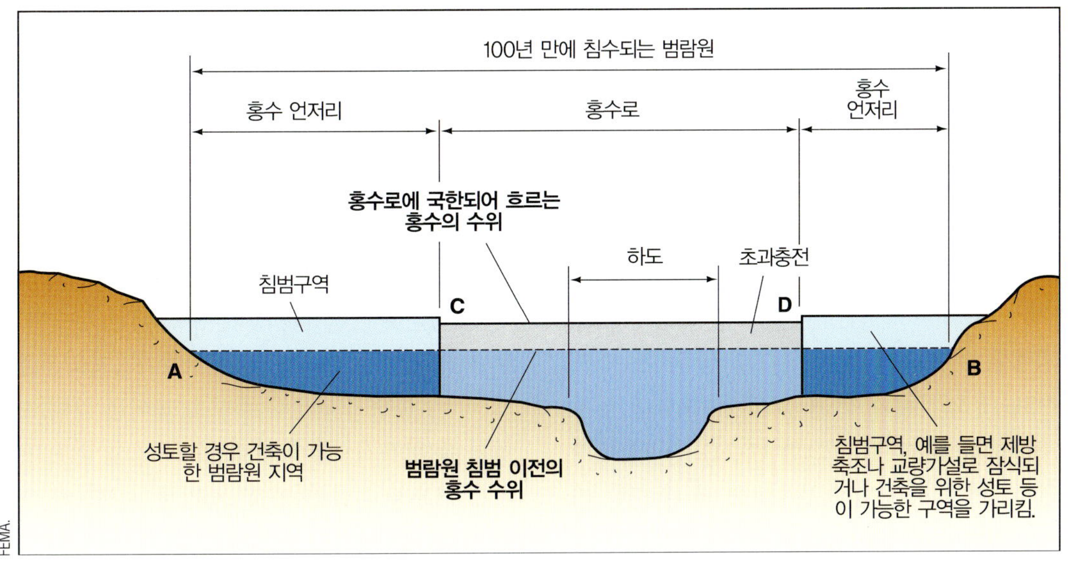

FEMA.

미국 연방재난관리청의 홍수보험계획 관련 용어 정의를 위한 강의 가상 단면도. 측선 AB가 홍수가 침범하기 전의 홍수 수위이다. 측선 CD는 홍수가 침범한 이후의 홍수 수위이다. 초과충전(surcharge)은 범람원의 인위적인 축소에 따라 홍수 때 하도 근처 수위가 상승하는 것을 가리킨다. 초과충전은 0.3미터를 넘지 않아야 하나(FIA 요구사항), 주에 따라 보다 낮게 규제하기도 한다.

그림 12-20 홍수 재해지도

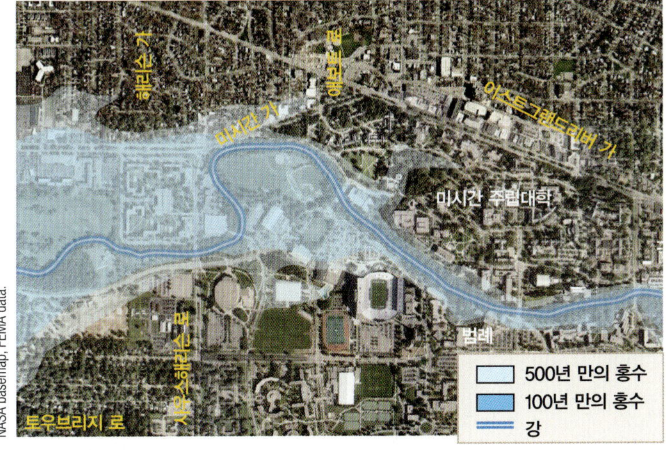

NASA basemap, FEMA data.

미국 국가홍수보험에서 작성한 미시간 주 이스트랜싱 지역의 홍수 재해지도의 일부 예.

말 위험한 경우에 보험회계사는 막대한 보험료를 제시하기도 한다.

홍수보험이 분명히 홍수에 취약한 지역에 사는 사람들에게 좋은 방안이지만, 홍수피해 비용을 부담해야 하는 미국 납세자에게는 좋은 방안이 아니다. 2006년까지 국가홍수보험계획(NFIP)은 200억 달러의 부채를 졌으며, 보험료는 그것을 상쇄시킬 정도로 높지 않다. 이 보험의 장기적인 전망은 어둡다. NFIP는 홍수 위험이 높은 지역의 주택과 사업장에 대해 8,700억 달러의 보험을 발행했다. 일부 보험계약자들은 계속해서 이의를 제기하고 있다. 손실은 눈덩이처럼 커질 것이고 그 비용의 대부분은 결국 전 미국의 납세자들이 부담하게 될 것이다.

강과 관련하여 사람들이 적절한 조치를 취할 수 있게 되려면 해당지역의 홍수보험금이 홍수로 인한 피해에 비례하여 알맞게 산정되어야 한다. 현재의 홍수보험금은 너무 낮게 책정되어 홍수보험으로 실제 피해를 감당할 수 없다. 2003년에 NFIP 가입자들은 실제위험요율의 38%만을 지불했다. 분명히 보험료를 실제 수준으로 올릴 필요가 있다.

홍수보험의 또 다른 문제는 개인에게 가입을 권유하는 일이다. 보험은 홍수 피해가 발생하기 30일 전까지 가입할 수 있으나 홍수에 의한 피해를 입은 사람들 가운데 그런 보험에 가입한 사람이 거의 없는 실정이다. 1993년 미시시피 강 대홍수 때, 홍수 위험지역의 집주인 가운데 겨우 5.2%만 홍수보험 가입자였다.

일부 사람들은 홍수 피해를 통상적인 주택소유주 보험으로 보상받을 수 있다고 가정하기 때문에 홍수보험에 가입하지 않는다. 사실 주택소유주 보험은 수도관이 터졌을 때처럼 물이 집 안에서 나왔을 때 발생한 침수피해만을 보상한다. 별도의 홍수보험에 가입하지 않은 주택소유주는 벽체, 바닥 그리고 가구의 손상과 진흙피해, 그리고 며칠 동안 집 안이 따뜻한 물로 침수되는 경우 자주 발생하는 곰팡이 번식 등의 침수피해에 책임을 져야 한다.

사람들은 보통 그들이 위험에 처했음을 깨닫지 못하므로 보험에 가입하지 않는다. 1993년 미시시피 강의 엄청난 홍수가 지나간 다음 7개월 만에 미주리 주민을 대상으로 실시한 조사에 따르면, 대략 범람원 지역 거주민 가운데 70%가량의 주민들은 자신들이 범람원 위에 살고 있지 않다고 생각하는 것으로 밝혀졌다. 1993년에 미시시피 강 홍수로 침수되었던 일부 공동체는 2001년에 다시 침수되었다(**그림 12-21**). 사람들에게 자신의 위험을 인지시키는 한 방법은 부동산을 팔 때 또는 대지나 부동산을 보수하거나 개발하기 위한 허가를 얻을 때 홍수보험을 요구하는 것이다. 보통 부동산이 범람원 내에 있을 경우 부동산 대출은 해당 부동산이 홍수보험에 들어 있어야 가능하다. 대부분의 전문가들은 부동산 중개인이 부동산을 매물로 내어 놓을 때 홍수위험을 공지하도록 의무화해야 한다고 믿는다. 겨우 2002년 이후에야 거의 모든 은행과 부동산 장기대출 금융회사에서 거주지역이 범람원에 속하는지 대출신청자가 조사하도록 요구하기 시작했다. 거주지가 범람원에 있다면 주택담보대출을 받기 전에 홍수보험에 가입해야 대출이 이루어지게 된다. 홍수보험에 가입하지 않으면 금융기관에서는 다른 재산에 대한 담보대출을 제안할 것이다.

그림 12-21 되풀이되는 홍수 피해

Andrea Booher, FEMA.

미시시피 강 범람원 위에 있는 아이오와 주 대번포트는 2001년에 다시 침수되었다.

홍수보험은 침수에 더 안전하도록 건축물을 이건하거나 축조하겠다는 사람들을 고무시키는 기회도 제공한다. 최근에 건축물을 재건하거나 축조하려고 홍수보험기금을 신청하면 NFIP의 기준을 충족시켜야 했기 때문이다. 보험에 가입한 건물의 경우, 재건할 건물의 가장 낮은 층은 다진 기초 위에 세워야 하며 100년 만의 홍수의 수위보다 적어도 2피트 이상 높아야 한다. 지난 10년 이내에 두 번의 홍수가 지난 다음에, 400 km^2 이상의 범람원에 있었던 1만여 주택과 상가건물이 철거 및 재건축금지 판정을 받았다. 2003년 홍수와 관련하여, 반복된 피해를 입은 기록이 있는 보험가입자들은 홍수지역 밖으로의 이주, 홍수 수위보다 주택을 높이는 작업, 또는 방수공사나 철거 등의 목적으로만 보험금을 지급받았다. 홍수 피해 저감대책을 거부한 사람들에게는 심각한 반복적인 부동산 손실에 대한 실제 기준비용에 근거하여 보험료를 인상하였다.

2008년에 미 상원에서 통과시킨 법안은 하도균열로 주택이 침수된 적이 있는 사람은 홍수보험에 가입할 것을 요구한다. 재해에도 불구하고 많은 주민들은 자신들이 경제적 개발 권리를 박탈당했으며 보험료가 과중하다고 주장하며 그러한 규제를 거부한다. 이 때문에 예를 들면 일리노이 주 범람원 위에 세워진 주택에 대한 2008년의 홍수보험료는 매년 400달러에 불과하다.

환경보호

자연경관을 변경시키는 인간의 행위는 앞으로 발생할 홍수의 규모에 큰 영향을 미친다. 강과 강에 물을 공급하는 배수분지를 보호함으로써 정부는 미래의 홍수 규모를 줄일 수도 있다. 홍수로 위에서 건축할 경우, 건조물은 100년 만의 홍수 수위를 1피트(30 cm) 이상으로 상승시키지 않도록 규제하고 있다. 일부 주에서는 더 엄격한 조건을 요구하여 100년 만의 홍수 수위를 0.5피트(15 cm) 이상으로 상승시키지 않도록 규제하고 있다. 그렇지만 교량진입로 가설이나 제방축조는 허용된다. 홍수로나 홍수 언저리에서는 쓰레기 처리, 유해물질 저장, 부패한 저장용 탱크 세척을 비롯한 하수처리 등의 행위가 금지되었다.

인공적인 강의 구조물에 대한 정부 정책의 변화는 강의 자연작용을 더 잘 이해하게 된 점을 반영하며 미래의 홍수피해를 줄여 줄 것이다. 1994년 연방정부의 전문가 위원회는 미시시피 강 하류지역의 제방을 600미터 정도 범람원 쪽으로 이설하여 강이 사행할 수 있는 공간을 만들어 주고 홍수 시에는 흘러넘친 강물을 일시적으로 저장할 수 있게 할 것을 건의하였다. 지금도 연방정부가 재정적으로 후원하고 있는 야생생물 서

그림 12-22 위험한 암설류

A. 1998년 5월에 이탈리아 베수비오 산 동측 시아노의 급경사면에서 발생한 이질 암설류가 이 집으로 들이닥쳐, 암설류가 오른쪽 벽을 뚫고 다른 쪽으로 빠져나갈 정도로 충분한 충격을 가했다. 발코니 위에 있는 암설(화살표)이 암설류의 두께를 가리킨다. B. 금방 알아보기 어려울지 모르나, 지질학자가 디디고 선 자동차의 지붕은 거력이 혼합된 암설류에 의해 매몰된 집의 지붕 높이에 있다(자동차 뒤쪽으로 솟아오른 지붕의 연통을 주목할 것).

식지 보호계획은 강과 인접한 범람원 675평방킬로미터를 자연상태로 회복시켰다. 이런 활동은 2000년대 초까지 계속되었던 자발적인 매도에 의존한 간헐적인 활동이었다. 그러나 이런 활동은 다른 제방을 높이는 것을 인정하기도 하였다.

암설류 피해 줄이기

암설류는 갑작스럽게 발생하는데다 유속이 빠르기 때문에 사면에서 발생하는 현상 가운데 가장 위험하다(**그림 12-22**). 암설류는 잡목이 우거지거나 큰 나무가 자라는 숲의 경사가 30도 미만일 경우에도 아주 파괴적일 수 있다.

사막의 골짜기 입구로부터 부채 모양으로 퍼진 넓은 충적선상지 표면에는 커다란 바위가 여기저기 눈에 띄는데, 그런 곳은 주거지로 안전하지 않다(**그림 12-23**). 암설류의 위험에는 암설에 의한 매몰뿐만 아니라 빠르게 움직이는 거력의 운동량에 의한 커다란 충격도 포함된다. 수십만 명의 사람들이 로스앤젤레스, 팜스프링스, 피닉스, 투손, 솔트레이크시티, 덴버 등과 다른 지역의 자갈이 깔린 충적선상지 위에서 살고 있다. 이러한 선상지의 대부분은 빠르게 움직이는 모래, 자갈, 그리고 거력의 혼합유체인 암설류로부터 형성된다. 건조지역에서도 폭우나 지속적인 강우 시기가 있을 수 있다. 그러한 선상지에 사는 사람들은 암설류의 상당한 위험에 노출되어 있다.

암설류 피해를 최소화하는 가장 좋은 방안은 암설류가 발생하기 쉬운 지역에 집을 짓지 않는 것이다(**그림 12-24**). 특별히

그림 12-23 암설류 재해

미국 캘리포니아 주 팜스프링스의 충적선상지 위에 사는 사람들은 주위에 흩어진 거력을 멋진 풍경으로 여기지만 이런 거력이 어떻게 거기에 놓이게 되었는지 모르는 것 같다.

위험한 지역은 공원, 골프 코스, 농업용지 등의 개활지로 지정되어야 한다. 암설류 선상지 위에서의 건축은 금지되어야 하고 경우에 따라서는 현존하는 건물도 매입하여 철거함으로써 앞으로 암설류가 발생할 경우 통로가 되게 만들어야 한다. 개발이 필요한 경우에도 건물과 도로의 긴 방향이 암설류가 흘러내려오는 사면 방향과 평행하게 만들어 건물이 암설류와 부딪치는 면적을 최소화해야 한다.

산사태나 다른 토층이동에 대한 보험은 판매되지 않으나 암

그림 12-24 분명한 위험

일부 암설류의 위험은 정말로 분명하다. 콜로라도 주 덴버 서쪽의 조지타운에 있는 새로운 주택들이 암설류 선상지 위에 들어서 있다. 집들 사이에 있는 거력은 예전에 암설류가 발생했음을 가리킨다.

설류와 이류는 몇몇 예외가 있을 수 있다. 보험의 보상범위에 대한 일반적인 구분에 따르면 유체에 물이 많이 포함되어 삽으로 파낼 수 없는 경우는 홍수보험으로 보상받을 수 있다. 따라서 물이 많이 포함되어 빠르게 흐르는 암설류는 홍수보험이 적용될 수 있다.

조기경보체계

어떤 지역에 재해 발생 가능성이 알려지기 전에 건물이 들어섰을 경우, 교육과 조기경보를 통해 문제를 최소화할 수 있다. 재해가 발생하기 쉬운 지역의 상태를 관측하여 특정한 사건을 일으킨다고 알려진 임계조건에 도달하였을 때는 주의하도록 조치할 수 있다. 예를 들면 지속적인 강우나 폭우 시에 재해 발생 가능성이 커졌음을 알리는 것은 도움이 될 수 있으나, 급격한 사면에서 발생하는 대부분의 암설류는 이동하기 시작하면 워낙 빠르게 사면을 타고 내려오므로 위험을 인지한 사람들이 그 지역을 벗어나기에는 시간이 부족하다. 한밤중에 천둥번개를 동반한 폭우가 내릴 때는 암설류가 흘러 내려올 때 내는 굉음이 천둥소리와 빗소리에 묻혀 버리기 때문에 이러한 위험이 특히 더 크다.

암설류가 흐르는 통로에 감지 장비를 설치해 두면 흐르기 시작한 암설류와 이류의 발생을 사람들에게 알리는 데 도움이 된다. 이런 장비 가운데 가장 좋은 것은 음향유수측정기로 암설류가 흐를 때 흔들리는 지표에서 나는 독특한 소리의 주파수를 측정한다. 이렇게 암설류의 운동이 감지되면 그 신호는 자동적으로 하류지역의 사이렌으로 전송된다. 경고가 발령되면 사람들은 즉각 암설류나 이류가 흐르는 통로를 벗어나 높은 곳으로 달려가야 한다. 그런 감지장비는 알래스카 주의 레이니어 산, 에콰도르, 그리고 필리핀 등지에서 사용 중이다. 이류는 화산재가 많이 쌓여 있는 활화산 주위에서 가장 빈번하게 발생한다. 최근에 발생한 화산 이류의 대표적인 예로는 2006년 11월 미국 오리건 주의 후드 산에서 발생한 이류, 1980년에 미국 워싱턴 주의 세인트헬렌스 화산에서 발생한 이류, 1991년에 필리핀의 피나투보 산에서 발생한 이류, 그리고 1985년 콜롬비아 네바도델루이스에서 발생한 이류를 들 수 있다.

암설류의 기원지가 되기 쉬운 곳은 상류지역에서 가깝고 하도 경사가 가파르므로 경고시간이 위험지역을 벗어나기에는 너무 짧다. 베네수엘라의 카라발레다 선상지 위에 설치된 인계철선은 인구밀집 지역으로부터 3 km 상류지점의 골짜기에 설치되었는데, 1999년 암설류가 발생했을 때 인계철선이 끊어지면서 경고가 발령되었으나 발령된 지 5분 만에 암설류가 주거지역에 도달하는 바람에 대부분의 사람이 위험지역을 벗어나지 못했다(사례: 살기에 위험한 충적선상지—1999년 베네수엘라 돌발홍수와 암설류). 값이 싼 인계철선 감지기는 많은 지역에서 사용되나, 인계철선은 쓰러지는 나무, 동물, 또는 고의적인 파괴 등에 의해 잘못된 경고를 내보낼 수 있다.

암설류 포획

암설류의 유로에 방벽을 설치함으로써 피해를 감소시킬 수 있다(**그림 12-25**). 방벽은 많은 양의 암설류를 선상지 지역 가운데 개발이 덜 된 쪽으로 흘러가도록 만든다. 상류지역의 하도에 존재하는 미고화 퇴적물은 암설류로 흘러 내려올 수 있기 때문에 암설류가 발생할 경우 이러한 퇴적물을 모두 집적시키기에 충분한 암설류 저장소를 하류지역에 만들어 두고 암설류가 이 저장소로 흘러 들어가게 만들 수도 있다. 이러한 저장소는 암설류가 발생할 때마다 암설을 제거해 두어야 한다.

충적선상지로부터 상류지역에 있는 골짜기에서 암설류를

그림 12-25 암설류 방호

A

B

C

A. 캘리포니아 주 패서디나 북쪽 루비오캐니언에 건설된 현대적인 암설류 저장소. 사진의 좌측 윗부분이 하류방향이다. B. 1978년 폭풍 때, 패서디나 인근 라크레센타에 설치된 이 암설류 댐 뒤에 암설들이 채워졌고 일부는 넘쳐 흘러 내려갔다. C. 패서디나 북쪽 끝 지역에 설치된 암설류 댐 바로 밑에 위치한 집의 주인들은 골짜기를 타고 내려올지도 모르는 모든 암설류와 홍수류를 댐이 막아 줄 것이라고 믿는 듯하다.

포획하기 위해 활용되는 구조 가운데 투과댐은 거력은 포획하고 물은 배출시키는 구조물인데, 쇠파이프, 가로로 설치한 강철 빔, 세로로 설치한 강관, 또는 강화 콘크리트 기둥 등으로 구성된 격자댐이라 할 수 있다. 이런 구조물은 캐나다, 유럽, 일본, 중국, 인도네시아, 그리고 미국 등지에서 널리 활용되고 있다. 이 구조물은 물을 배출시킴으로써 암설류의 이동속도를 크게 늦출 수 있다. 격자의 간격은 일반적으로 사람, 동물, 그리고 물고기가 통과할 수 있을 정도의 너비로 설치된다.

사례

퇴적물 투기가 일으킨 홍수

1860년대 캘리포니아 골드러시 시대의 사광상 채굴 ▶

1860년대에서 1870년대까지 캘리포니아 주에서 하천 사광상 개발에 따른 하천의 변화양상은 하천에 많은 양의 퇴적물이 유입되었을 때 일어나는 문제점을 잘 보여 준다. 금채굴업자들은 하천바닥의 모래와 자갈을 파서 사금을 골라낸 뒤 다시 강물에 내버렸다. 하천의 골재를 모두 파헤친 뒤에는 하천 주변의 테라스에 있는 모래와 자갈에서 사금을 골라내고 모래와 자갈은 근처에 산더미처럼 버려 두었다. 하상보다 높은 곳에 있는 테라스에서 사금을 골라내느라 고압펌프로 강물을 퍼 올려 테라스에 뿌렸다. 하천 옆에 버려 둔 모래와 자갈은 홍수 때 물이 불어나면 강물에 씻겨 내려갔다. 예를 들면 시에라네바다 산맥의 서부에 있는 베어 강은 이러한 사금광 개발로 하상이 5 m나 높아졌다.

1862년 1월에 시에라네바다 산악에 내린 폭우로 대규모 홍수가 발생하여 하천 근처에 쌓여 있던 모래와 자갈이 하천을 통해 유출되었다. 이 퇴적물들은 시에라네바다 계곡을 통과하여 캘리포니아 센트럴밸리 가장자리에 이르렀다. 상류에서 흘러 내려온 퇴적물이 모두 운반되지 않았으므로 하상이 높아졌고 이로 인해 홍수로 불어난 강물은 훨씬 더 넓게, 경우에 따라서는 샌프란시스코 만에 이르는 모든 유로에 퍼져 나갔다. 이 때문에 이전에는 기름졌던 경작지가 모래와 자갈로 뒤덮여 황무지로 바뀌었다. 도심도 마찬가지로 피해를 입었다. 1865년에 발생한 홍수는 센트럴밸리를 폭 30 km, 길이 360 km의

▶ 고압펌프로 하상보다 위쪽에 있는 테라스 퇴적물에 물을 뿌리는1860년대 시에라네바다 산맥 서부의 사금 채광모습.

'내해'로 만들어 수많은 마을과 농장이 물에 잠겼다. 비슷한 홍수가 그 이후 30~40년간 계속되었다. 모두 15억 입방야드의 퇴적물이 센트럴밸리로 퍼져 나갔다.

마침내 1884년에 사광상 개발은 불법화되었지만, 그때는 이미 상당한 피해가 발생한 뒤였다. 토지 소유주와 정부관계자들은 일반적인 홍수대비책을 동원하여 홍수를 막아 보려고 애썼다. 하도 주위에 제방을 쌓고, 홍수로 제방이 흘러넘치면 제방을 더 높였다. 강물을 더 빨리 배출시키기 위해 하도를 직선화하고 제방을 콘크리트로 보강하였다. 그렇지만 이러한 조치들은 오히려 하류지역에서의 상황을 악화시켰다. 제방건설로 불어난 강물이 범람원으로 흘러넘쳐 넓게 퍼져 나가지 못하고 하도를 타고 하류지역으로 빠르게 빠져나가게 되었다. 이로써 하류지역으로 한꺼번에 몰린 강물은 대규모 홍수를 일으켰다.

하류에 있는 마을 주변에도 제방이 건설되었지만 퇴적물 집적으로 높아진 하상 때문에(일부 지역에서는 하상이 마을높이보다 높았음) 홍수를 막기에는 역부족이었다. 1875년 1월에 유바 강을 따라 중간 정도의 홍수가 발생하여 새크라멘토 북쪽의 유바시티의 제방을 붕괴시켰다. 이때 자갈들이 도심으로 흘러 들어와 거의 모든 것을 파괴하였다.

사광상 개발에 따른 이러한 소동은 이제 한물간 듯하지만, 다른 지형변화도 비슷한 결과를 낳을 수 있다. 산물이나 과방목에 의한 삼림 및 수풀의 훼손은 경사지의 급속한 침식을 유발할 수 있다. 그런 침식으로 유출된 퇴적물이 하상에 집적되면 하상이 높아져 망상하천으로 바뀔 수 있다.

하상 골재채취가 일으키는 침식과 피해

캘리포니아 힐즈버그 ▶

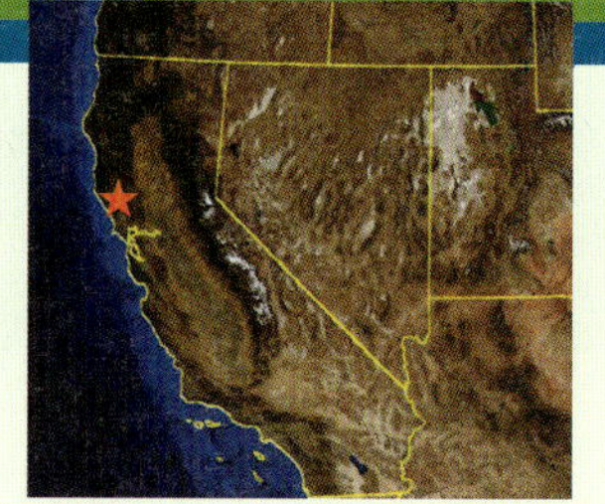

샌프란시스코 북쪽에 위치한 캘리포니아 주의 힐즈버그 인근의 러시안 강은 하천골재 채취의 결과를 잘 보여 준다. 이 지역에서의 인구증가에 따른 건설 붐이 일어 골재수요가 늘어나자 1946년부터 러시안 강에서 골재를 채취하기 시작했다. 1978년까지 채취회사는 러시안 강을 따라, 주로 드라이크리크의 합류지점보다 하류 쪽에서 매년 400만 톤의 골재를 파냈다. 이 가운데 80%는 하천의 테라스에서 채취했으며 10%는 굴착기로 하도 안에서 파 올렸다. 굴착기는 평상시에 수심이 1 m도 되지 않는 하천 에서 수면아래 18 m까지 파헤쳤다.

하천의 경사는 공급되는 퇴적물의 입자크기와 퇴적물의 양, 하도의 단면적, 그리고 하도벽의 침식용이도 등과 평형을 유지하게끔 변화된다('댐과 하천의 평형상태'를 볼 것). 이 변수들 가운데 어느 것이라도 변화하면, 다른 변수들은 하천의 평형상태를 회복시키는 데 도움이 되게끔 변화된다. 1970년대 초반에 바이런올슨과 드라이크리크 주변(힐즈버그보다 상류임)의 과수농장주들은 과수원 주변의 하천 둑이 침식되어 경사가 급해졌으며 과거보다 폭우 시에 더 빨리 무너져 내리는 것을 알게 되었다. 하천 주변의 포도밭과 과수원이 잠식될 정도로 하천 폭이 넓어졌으며 하도는 더 깊이 침식되었다.

지역의 농장주들은 침식을 촉진시킨 골재 채취업자들을 상대로 피해보상을 요구하는 소송을 제기하였다. 이에 따라 수행된 연구에서 침식과 유출량이 증가하였음을 확인하였고 그 원인 가운데 폭우, 산불이나 홍수, 토지이용변화 등은 배제시킬 수 있음을 밝혀냈다. 1972년까지 하천의 침식깊이는 드라이크리크와의 합류지점에서 2 m, 합류지점보다 5 km 상류지점에서는 5.7 m, 9 km 상류지점에서는 2 m이었다. 합류지점에서

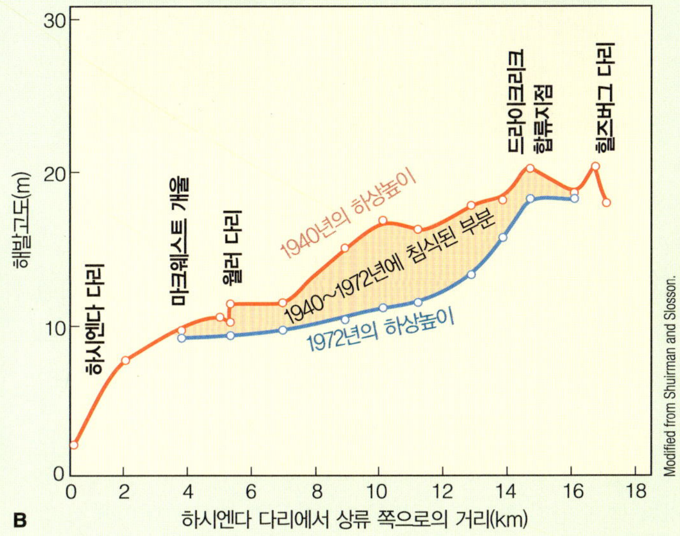

▶ **A.** 캘리포니아 주 힐즈버그 인근의 드라이크리크에서 하천 골재채취로 야기된 하상침식으로 노출된 교각의 밑받침. **B.** 미국 캘리포니아 북부의 러시안 강에서의 골재채취 결과로 야기된 하상의 침식상태. 적색 선은 골재채취 이전인 1940년의 하상높이를 나타내고 청색 선은 골재채취 이후인 1972년의 하상높이를 가리킨다.

드라이크리크 쪽으로 상류 10 km 지점에서는 침식 깊이가 3.3 m이었다. 이런 침식은 하상을 낮추어 교각 밑받침대를 위태롭게 만들기도 했다.

이처럼 많은 양의 골재를 채취하는 바람에 드라이크리크를 통해 운반되는 퇴적물이 적어졌다. 골재를 파낸 웅덩이는 국부적으로 하도 경사가 증가되어 난류가 심해졌다. 이와 같은 난류발생으로 골재채취 장소에서 드라이크리크 쪽으로 하상침식이 계속 진행되었다.

파국적인 하도분열의 잠재적 위험

뉴올리언스 ▶

1718년에 미시시피 강의 자연제방 위에서 프랑스 식민 정착지로 시작된 뉴올리언스는 해수면보다 4.5 m 높다. 뉴올리언스가 생긴 지 얼마 되지 않아 홍수를 막기 위해 낮은 인공제방을 쌓았다. 1812년까지 그런 제방은 상류 쪽으로 114 km나 연장되었다. 그 이래로 뉴올리언스는 강물과 싸웠다. 대규모 홍수가 닥칠 때마다, 도시를 보호하기 위한 제방을 점점 높이 쌓았다. 1879년에 축조된 뉴올리언스 부근의 미시시피 강 제방은 1882년 홍수에 284군데나 붕괴되었다. 1927년 홍수에는 2,900 km의 제방 가운데 225곳이 붕괴되었다. 1973년에는 기록적인 대홍수가 발생하여 5만 km^{2}의 범람원이 물에 잠겼다.

1900년 쯤에 이 도시는 범람원 내의 북쪽 소택지지역으로 확장되었는데, 운하 건설과 펌프를 이용한 배수시설이 뒷받침되었다. 범람원 내의 푸석한 토탄층이 도로와 건물 무게로 물이 빠지고 다져지기 시작하자 사람들이 정착하기 시작했다. 그런 지역의 일부는 현재 해수면보다 거의 4 m나 낮은데, 이는 뉴올리언스 도심을 지나는 미시시피 강의 수위보다 훨씬 낮다. 미시시피 강 위를 지나는 배들은 이 도시를 굽어본다. 초당 1,100 m^{3}의 물을 뽑아 올리는 대용량 펌프가 만의 지하수위를 안정시키고 있으며, 폭우가 쏟아진 다음에는 지표의 물도 이 배수시설을 통해 배출시킨다.

제방을 높여 강물을 하도 내에 가두어 둠으로써 하류지역에서 홍수발생 가능성을 더 높였다. 홍수 때 강물은 더 높이 불

▶ 미시시피 강 하류의 물류중심지인 뉴올리언스는 도심지역보다 4 m나 높은 제방으로 보호되고 있다.

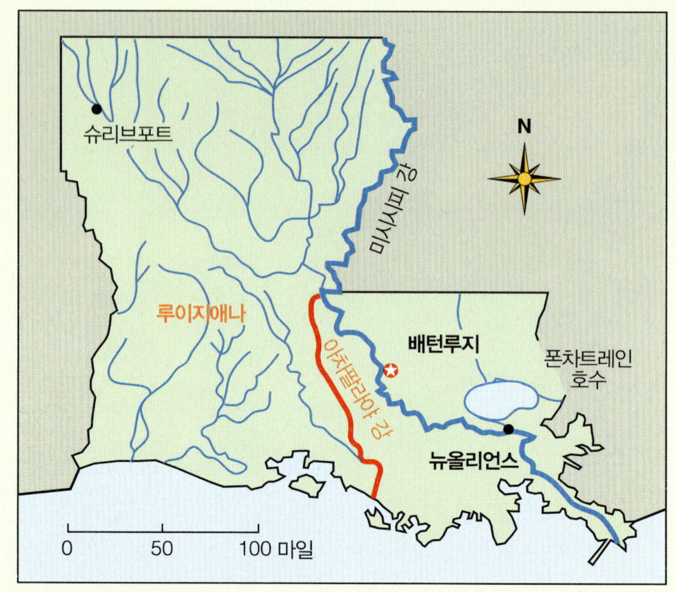

▶ 미국 루이지애나 주에서 미시시피 강은 멕시코 만에 이르기까지 완만하고 긴 유로를 따라 흐르게 된다. 아차팔라야 강은 배턴루지 북서쪽에서 미시시피 강물의 일부가 빠져나가는 유로로서 멕시코 만까지의 거리가 짧은 만큼 하도의 구배가 급하다.

어났고 더 빠르게 흘러 나갔다. 홍수 때 불어난 강물을 범람원의 저지대에 확산시키는 대신 미시시피 강과 그 지류를 따라 축조된 제방 안쪽에 가두어 둠으로써 수위가 범람원보다 훨씬 높아지는 심각한 문제가 발생하였다.

미시시피 강이 멕시코 만에 많은 양의 퇴적물을 실어 날라 바다 쪽에 삼각주를 형성하였는데, 이로써 삼각주 지역에서 강의 구배가 낮아졌다. 동시에 하상이 높아지고 하도 주변 자연제방의 높이도 높아졌다. 이런 조건 때문에 대규모 홍수가 닥치면, 자연제방이 무너져 불어난 강물은 바다에 이르는 빠른 길, 곧 바다까지의 거리가 짧으며 경사가 좀 더 급한 쪽으로 유로가 바뀐다. 왜냐하면 경사가 급하면 유속이 좀 더 빠르므로 점점 더 많은 강물이 이 방향으로 흘러나와 새로운 주하도가 된다. 60~70년 전에 새로운 지류하천인 아차팔라야 강이 형성되었고 미시시피 강의 주하도로 흐르는 강물의 일부가 이 지류하천으로 빠져나가기 시작하였다. 불행하게도 뉴올리언스는 아차팔라야 강이 분지되는 지점보다 하류의 미시시피 강 주하도 옆에 위치한다. 강물의 대부분이 아차팔라야 강을 통해 바다로 빠져나가 뉴올리언스까지 흐르는 강물이 없어진다면 미시시피 강이 닿는 내륙 지역의 물류중심지로서의 도시 위상은 사라져 버릴 것이다.

1960년대에 이 문제를 인식한 미육군공병단은 올드 강의 배수조절시설을 건설하여 유출량의 30%를 아차팔라야 강으로 흘려 보내고 나머지 70%는 뉴올리언스를 관통하는 미시시피 강 주하도 흐르게 하였다. 이 사업은 홍수로 불어난 강물을 아차팔라야 강으로 유출시킴으로써 뉴올리언스와 인근 도시들의 홍수를 막기 위한 목적도 있었다. 홍수로 운반된 퇴적물의 일부를 배출시켜 뉴올리언스를 지나는 미시시피 강의 주하도에서의 퇴적물 집적을 최소화하는 방안도 되었다. 1973년 미시시피 강의 대홍수 때 올드 강의 배수조절시설이 거의 파괴되어 배출량의 상당 부분이 아차팔라야 강으로 빠져나갔다.

뉴올리언스는 현재 미시시피 강의 홍수에 매우 취약하다. 대규모 홍수 도시 인근의 제방이 무너진다면 도시는 7 m 정도의 깊이로 물에 잠길 것이고 많은 양의 모래와 진흙이 시내를 뒤덮게 될 것이다. 그런 재난이 발생할 수 있을까? 1993년에 미시시피 강 상류유역의 홍수는 예상치 못한 재난이었다. 그리고 2005년 허리케인 카트리나가 동쪽으로부터 상륙했을 때도 예상할 수 없었던 홍수가 발생했다. 엄청난 홍수가 닥칠 경우, 올드 강의 배수조절시설이 완전히 파괴되고 미시시피 강물의 대부분이 뉴올리언스를 지나는 현재의 강줄기가 아닌 아차팔라야 강으로 빠져나가기 시작할 수도 있다. 그렇지 않다면, 미육군공병단은 뉴올리언스를 홍수로부터 구하기 위해 올드 강의 인공제방을 일부러 붕괴시킬 수도 있다. 어느 경우든 뉴올리언스는 막대한 피해를 입게 된다.

끊임없이 홍수에 노출되고 넓은 범람원 지역이 침식에 취약한데다 강줄기마저 바뀌어 버린다면 강을 통한 수송경제활동에 의존하는 도시는 치명적인 타격을 입는다. 뉴올리언스보다 상류지역에서의 미시시피 강의 하도분열은 뉴올리언스에 경제적인 재앙이 될 것이다. 1855년 황하의 하도분열은 하루 만에 발생했다. 1870년대에 서스캐처원 강의 하도분열은 500 km^2 이상의 범람원을 망상하천과 소규모 호수들로 바꾸어 버렸다. 그러면 미육군공병단은 미시시피 강의 현 상태를 얼마나 오랫동안 유지시켜 아차팔라야 강이 미시시피 강의 마지막 구간을 대신하지 못하도록 할 수 있을까?

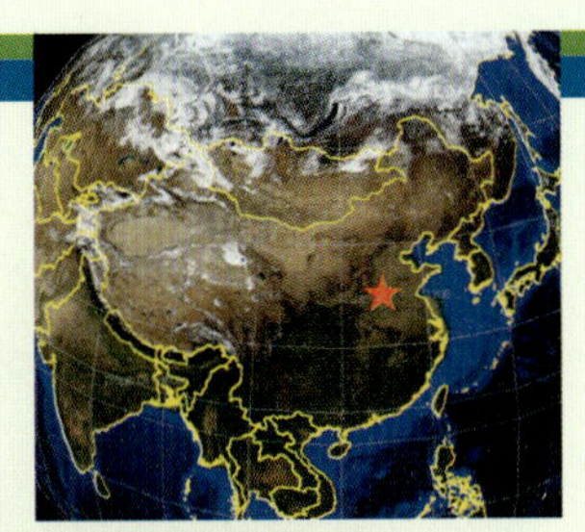

하도분열의 오랜 역사

중국의 황하▶

길이가 4,845 km인 황하의 배수지역은 중국 북부지방의 약 945,000 km^{2}에 이른다. 길이로는 미국 미시시피 강과 비슷하지만 유역면적은 1/3에 못 미친다. 티베트 고원지대에서 동쪽으로 흐르는 황하의 상류지역은 전체 길이의 절반 이상을 차지하며 산악지대와 초원지대를 통과하므로 비교적 강물이 맑다. 내몽골 사막과 평원이 끝나는 지점에 위치한 바오터우 남쪽에서부터 황하의 중류지역이 시작되는데 이 부근에는 북서쪽의 몽골 고비 사막에서 바람에 실려 온 붉은색 개흙층, 곧 황토지대가 넓게 발달되어 있다.

황토지대는 대부분 건조 또는 반건조 지대이며 침식되기 쉬운 경사지역이어서 많은 양의 퇴적물이 황하로 유입된다. 기원전 200년부터 황토지대에서 대대적인 농경이 시작되기 이전에 이 지역은 대부분 삼림지대라서 현재 황하로 유출되는 퇴적물 양의 1/10 정도만 유출되었다. 이 지역에서의 계속적인 농경활동으로 서기 10세기 이후에 자연림이 자취를 감추었다. 홍수 때는 판상류(sheetwash)와 도랑침식(gully erosion)으로 많은 양의 황토가 씻겨 나와 강물이 고농도의 흙탕물이 되는데 이로부터 황하라는 이름이 유래하였다. 홍수 때는 평균적으로 1 m^{3}의 강물에 약 500 kg 이상의 퇴적물이 섞여 있는데, 이는 중량으로는 50% 이상이며, 부피로는 20%에 이른다.

정저우에서 시작되는 황하의 하류지역은 인구가 밀집되어 있고 도시들이 들어선 충적평원으로 4,000년 이상 동안 수없이 많은 홍수가 덮친 곳이다. 이곳에서부터 하천의 유로방향 경사가 완만해져 하도의 폭이 수 km에 이를 정도로 넓어진다. 이러한 하도의 변화로 퇴적물이 집적되어 하상이 높아지는 바람에 홍수를 예방하기 위한 제방을 수시로 높일 수밖에 없었다. 정저우 근처의 하상은 퇴적물 집적으로 매년 평균 6~10 cm 정도 높아져 홍수에 취약해졌고, 댐으로 형성된 저수지는 쉽게 채워진다.

일찍이 4,000년 전에 한고조는 하도를 준설하였으며 홍수의 물줄기를 분산시키기 위한 9개의 유도하도를 파기도 하였다. 기원전 7세기에 론 기아(Rhon Gia)는 홍수와 싸우기보다는 사람들을 소개하는 편이 낫다고 제안했으나 사람들은 그의 현명한 방안을 수용하지 않았다. 엄청난 재난을 몰고 온 1344년 홍수 이후에 사람들은 강물의 분산유도, 하상준설, 그리고 댐 건설 등을 복합적으로 실시하였다. 홍수가 날 때마다, 사람들은 무너진 제방을 다시 쌓고 둑을 높였다. 퇴적물의 집적으로 하상이 높아져 제방붕괴와 함께 구하도가 제대로 기능하지 못하고 새로운 유로를 따라 강물이 바다에 이르는 하도분열이 일어났다. 불행하게도 대부분의 하천에서와 마찬가지로 황하의 제방도 하도에 집적된 침식되기 쉬운 개흙으로 축조되었으므로 황토지대가 쉽게 침식되었듯이 제방도 그처럼 쉽게 침식되었다. 하상이 주변의 범람원보다 높기 때문에 제방이 붕괴된 지점보다 하류지역은 강바닥이 말라 버려 강물을 식수로 이용하는 주민들을 곤란하게 만들었다.

▶ 중국 간쑤 성 동지유안 인근 황토지대의 급속한 침식양상. 사진 왼쪽 아랫부분에 보이는 깊은 침식 골짜기의 규모는 평지 위에 길게 뻗은 도로로 미루어 짐작할 수 있다.

1877년에 황하는 20 m 높이의 제방을 범람하여 남쪽의 저지대로 흘러 들어가 상하이 부근에서 양자강 삼각주가 위치한 동중국해로 빠져나갔다. 이 홍수로 가옥과 경작지의 침수뿐만 아니라 뒤따르는 기근으로 무려 100만 명 이상이 사망하였다. 1947년 이후 중국정부의 공식정책은 홍수 조절용 댐이나 제방을 축조하여 홍수로 불어난 강물을 하도에 가둠으로써 범람을 막는 것이다. 그렇지만 이러한 구조물들은 60년 만의 홍수 규모에 맞게 설계되므로 결코 장기적인 해결책이 될 수 없음은 분명하다. 현재 황하의 하상은 주변의 범람원보다 무려 10 m나 높다. 하상이 주변보다 훨씬 높으므로 황하 하류 600 km 구간의 하도 주변지역에서 황하로 유입되는 표면류나 지하수가 전혀 없다.

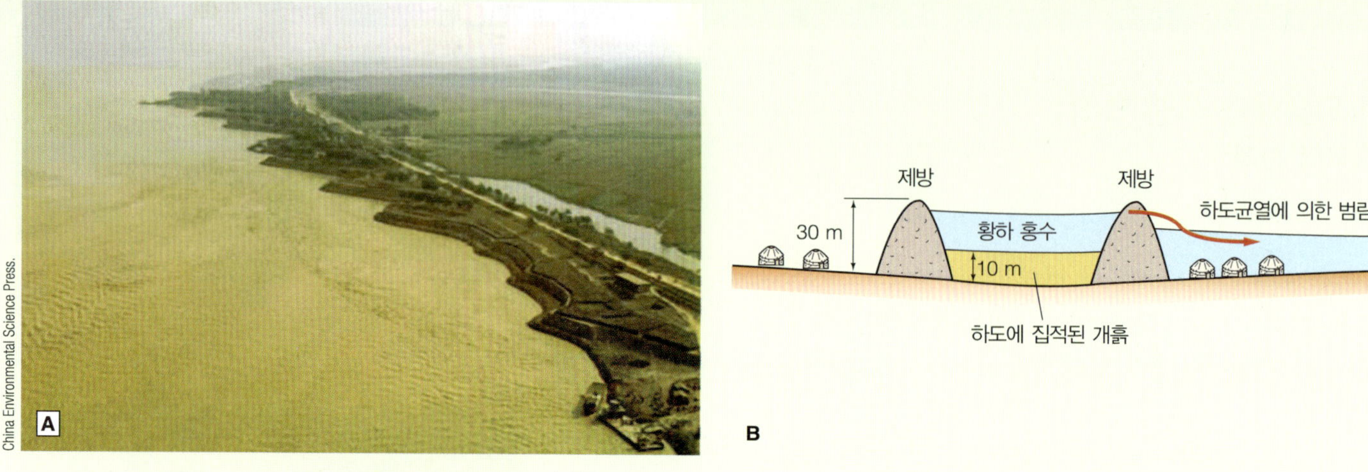

▶ A. 주변의 범람원보다 높은 황하의 제방. B. 황하는 하도에서의 퇴적물 침전(황토)으로 하상이 10 m가량 높아졌다. 제방높이가 30 m나 되므로 제방이 붕괴되면 대개 하도분열로 이어져 구하도가 버려지게 된다.

1960년에 중국정부는 높이 122 m, 폭 900 m 이상의 산멘 협곡 댐을 완공하였다. 황하의 물과 개흙을 수용하기 위해 설계된 3,100 km^{2}의 저수지는 아마도 2006년까지 퇴적물로 메꿔질 것이다. 동시에 황하로 유입되는 황토의 양을 줄이기 위해 나무를 심고 황토지대의 관개망 구축에 착수하였다. 불행하게도 식목한 나무들의 대부분이 죽었다. 댐 건설, 관개 및 물 사용 증가 등으로 1985년 이후에 황하 하류지역은 가뭄 때처럼 적은 양의 물이 흐른다. 1996년의 홍수는 1958년과 1982년 홍수 때보다 전체 유출량은 훨씬 적었지만 홍수수위는 가장 높았다.

황하 하류 800 km 구간은 유로의 위치가 수백 km씩 이동하곤 하였다. 중국은 수천 년 동안 황하와 홍수와 함께 살아왔으며, 미국사람들처럼 제방으로 홍수를 조절하려고 하였다. 그 방식은 쓸모가 없었다. 제방이 붕괴되어 수천 명의 목숨을 앗아 갔다. 하도분열은 여러 번에 걸쳐 유로를 극적으로 변화시켰다. 홍수가 발생할 때마다 제방을 높이 쌓았고, 그런 제방들이 무너져 내리기도 하였다. 여기에 시사점이 있다. 미국 하천의 제방들이 지금처럼 자주 무너진다면, 황하의 경우가 좋은 메시지가 된다.

제방에도 불구하고 반복되는 홍수

1993년 미시시피 강 홍수, 2008년 재발 ▶

1993년 대홍수

대평원 북부에서 습한 겨울과 봄철에 비가 오고 눈이 녹아서 토양층이 지하수로 포화되었고 강물은 불어나기 시작했다. 불행하게도 상류지역으로부터 홍수류가 도착할 때 심한 폭풍우가 계속되었다. 그리고 같은 지역에서 폭풍이 끊임없이 형성되어 비는 그칠 줄을 모르고 말 그대로 몇 달째 계속되었다. 미시시피 강 상류지역의 저지대에 위치한 고속도로, 일반도로, 그리고 철도 등은 주택, 상가, 병원, 상하수 처리시설, 그리고 공장 등과 함께 수주일간 내내 침수되었다.

거의 10만 km^{3}에 달하는 경작지의 대부분이 수개월 동안 물에 잠겨 있었다. 소도시와 단독주택의 우물이 침수되어 오염되는 바람에 주민들은 물을 끓여 먹을 수밖에 없었다. 어쨌든 대도시들도 제방붕괴로 인한 피해를 입었다. 아이오와 주의 디모인에서는 거의 2주 동안 식수와 전기가 공급되지 않았다. 제방으로 보호되지 않은 범람원 내의 몇몇 도시 주민들은 범람으로 수위가 높아지면 피신하는 수밖에 없었으며, 홍수가 물러간 다음에 집에 돌아가 청소하는 게 고작이었다. 일리노이 강과 미시시피 강의 합류지점에 위치한 일리노이 주의 그래프턴

▶ 1993년 7월 말에 미국 미주리 주의 미주리 강 강물이 넘쳐 범람원을 뒤덮어 제퍼슨시티 인근의 고속도로가 침수된 모습.

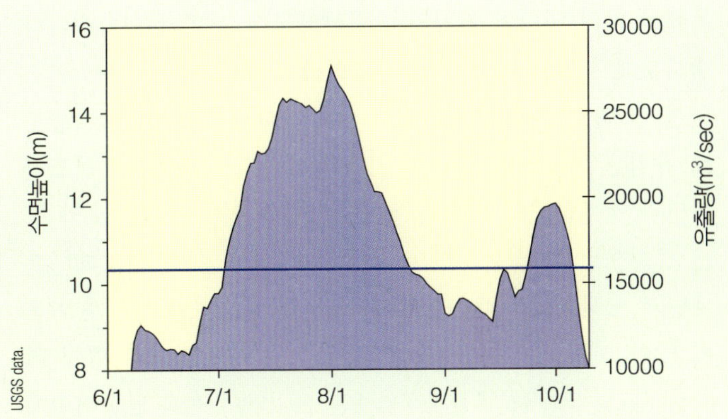

▶ 1993년 홍수 발생시점의 홍수 수문도는 미시시피 강이 한 달 이상 홍수 상태에 있었음을 알려 준다.

이 그런 도시였다. 그곳에서 20년 동안 6번의 큰 홍수를 겪고 나자 일부 주민들은 마음을 고쳐먹기 시작했다. 주민들의 계획에 따라 사람들은 여러 연방기관들로부터 기금을 지원받아 도시의 대부분을 고지대로 이전시키게 될 것이다. 미주리 주의 시더시티와 라인랜드 같은 소읍의 주민들도 정부에서 제안한 홍수로 파괴된 가옥의 매입계획을 받아들였으며 범람원에서 멀리 떨어진 지역으로 이주했다. 옛 거주지의 주택들은 철거되고 그 자리에 시민공원이 조성되었다.

강을 따라 길게 쌓은 높은 제방에도 불구하고 1993년에 미시시피 강 유역에 발생한 홍수로 7만 채 이상의 주택이 침수되었다. 침수된 주택들은 주로 가난한 사람들이 땅값이 싼 저지대의 범람원에 지은 집들이었다. 일부 주택들은 2층 중간까지 수주일 동안 물에 잠겨 있었다. 이처럼 오래 침수된 후 물이 빠지자 물에 잠겼던 바닥과 벽에는 악취 나는 진흙이 덮여 있고, 나머지 회벽과 천장에는 단열재를 따라 습기가 퍼져 곰팡이가 피어나 있었다. 홍수가 닥쳤을 때 제때 집에서 꺼내지 못한 가재도구들은 어쩔 수 없이 버려야 했다.

사망자가 50명이나 되고, 피해금액이 265억 달러(2010년 기준으로)를 초과하는 당시로는(2005년에 뉴올리언스에 허리케인 카트리나에 의한 홍수가 발생하기 전까지) 미국 역사상 최악의 홍수 재해로 기록되었다.

1993년 전반기에 평균 강수량의 두 배에 이르렀다. 6월 말이 되자, 미시시피 강 상류유역의 홍수조절용 저수지들은 거의 다 만수가 되었다. 그렇지만 이 지역에서 폭풍우는 멈출 줄 몰랐고 말 그대로 지긋지긋한 비가 계속 퍼부었다. 4월과 8월 대부분의 지역에 60 cm의 비가 내렸고, 아이오와 주 중부, 캔자스 주, 미주리 주 북부에서는 강수량이 1 m가 넘었다. 6월 17~18일 이틀 동안 미네소타 주 남부, 위스콘신 주, 아이오와 주 북부에 70~180 mm의 비가 내렸다. 6월 말이 되자 미네소타 주에서 30년 만에 최악의 홍수가 발생했다. 이 홍수로 모두 24명이 목숨을 잃었다.

기단은 일반적으로 동쪽으로 이동하지만 1993년, 특히 6월과 7월에는 상당히 달랐다. 제트기류가 예년보다 훨씬 남쪽으로 내려가는 바람에 캐나다 쪽에서 차고 건조한 기단이 북서

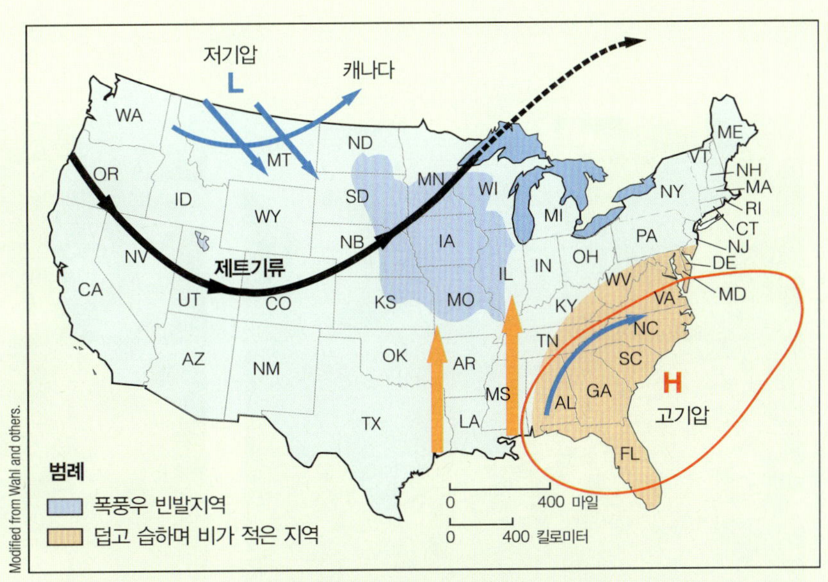

▶ 기록적인 미시시피 강 홍수를 불러온 1993년 6월과 7월의 기상패턴. 캐나다 서부지역에 자리 잡은 저기압과 미국 남동해안에 위치한 고기압이 제트기류를 사이에 두고 서로 마주쳐 미시시피 강 상류지역에서 비구름을 만들어 냈다.

쪽에서 밀려 내려와 저기압을 형성하였다. 제트기류는 캐나다 남서부에 형성된 이 저기압을 우회하여 콜로라도 주에서 위스콘신 주 쪽으로 빠져나갔다. 동시에 멕시코 만에서 미국 중부로 유입된 따뜻하고 습윤한 기단이 캐나다 쪽의 차고 건조한 기단과 충돌하면서 지속적인 저기압이 형성되어 아이오와 주를 중심으로 한 넓은 지역에 폭우를 내렸다. 이런 기상패턴은 예년과 크게 달랐다. 예년에는 남동해안에 고기압이 오래 머물지 않아 비구름을 불러온 저기압들이 대서양 쪽으로 쉽게 빠져나갔으나 1993년 6월과 7월에는 고기압이 계속 남동해안에 머물러 비구름대가 미시시피 강 상류 유역에 오래 머물면서 많은 비를 내렸다.

예를 들면 7월 5일에 폭우대는 북동방향으로 길게 형성된 정체된 전선을 따라 미주리 주 북부에서 위스콘신 주 남동부에 걸쳐 있었다. 일련의 한랭전선들이 저기압 주위로 반시계방향으로 회전하면서 아이오와 주 상공에 머무는 따뜻하고 습한 기단과 충돌하였다. 이 충돌은 따뜻한 공기를 상승시켜 수증기를 응축시켜 폭우와 번개를 불러왔다. 제트기류의 강력한 고층 대기운동은 상승하는 기류를 다른 곳으로 내보내는 굴뚝 역할을 함으로써 습한 대기층의 끊임없는 상승운동으로 폭우를 지속시켰다. 7월 4일과 24일 사이에 아이오와 주의 폭풍우는 여러 곳에서 총 82 cm의 강수량을 기록했다.

하류로 진행되는 홍수

불어난 강물의 유속은 시속 2 km 정도였으므로 하류지역에 언제쯤 홍수가 닥칠지 금방 계산할 수 있었다. 그렇지만 실제로 다른 요인들이 작용하는 바람에 계산이 그리 간단하지는 않았다. 여러 지류로부터 강물이 더 유입되는 경우도 있었고, 제방이 축조되지 않은 지역에서는 넓은 범람원으로 강물이 빠져나가기도 하였다. 범람원으로 빠져나간 강물은 홍수를 일시적으로 지체시켰다. 대부분의 지역에서 홍수의 높은 물마루가 몇 차례에 걸쳐 밀려 내려왔다. 아이오와 주의 미니애폴리스와 클린턴 시 사이에서는 강물이 좁은 범람원을 따라 흘렀다. 클린턴 시로부터 세인트루이스 시까지는 미시시피 강에 인접한 범람원이 넓으나 여러 기관에서 서로 다른 높이의 제방을 축조한 구간이기도 하다. 세인트루이스 시에서 일리노이 주의 카이로 시까지는 평균수심 7 m의 인공하도 구간이다. 이래저래 세인트루이스 시에서 최대수위는 홍수수위보다 거의 6 m나 높았다. 6월 말부터 8월까지 수위가 홍수수위보다 높았으며, 그리고 다시 9월 13일부터 10월 5일까지 수위가 홍수수위 이상으로 높았다. 미육군공병단은 7월 말에 일리노이 주 카이로 이북의 미시시피 강에서의 바지선 운행을 중지시켰는데, 그 이유는 강줄기 중간중간에 설치된 운항보조용 댐과 게이트를 작동시킬 수 없었기 때문이다.

기록상으로 미시시피 강 상류지역에서 발생한 홍수 가운데 1993년 여름 홍수가 가장 큰 홍수였는데, 이 배수분지 내의 거의 모든 지역에서 30~80년 주기의 홍수에 해당했다. 네브래스카 주, 아이오와 주와 미주리 주에 걸쳐 있는 미주리 강 하류지역의 배수분지에서의 최고 유출량은 100년 만의 홍수보다 더 큰 규모였다. 세인트루이스에서 강물은 초당 29,000 m^3씩 흘렀는데, 이는 미시시피 강 하구인 뉴올리언스 인근에서의 평균 유량의 1.6배에 달하는 막대한 양이다.

홍수로 물이 불어나자, 지역 주민, 주방위군 병사들, 그리고

▶ **A.** 1993년 미시시피 강 홍수 때 2곳의 제방 균열(왼쪽)을 통해 흘러나온 강물이 범람원(오른쪽)을 덮치는 모습. 사진의 오른쪽 끄트머리(중간)에 있는 두 번째 제방이 범람한 강물을 일시적으로 막아 주고 있다. **B.** 1993년 미시시피 홍수 때 수많은 주택이 범람한 강물에 오랫동안 침수되었다.

▶ 1993년의 미시시피 강의 범람양상은 홍수발생 이전(**A**)과 홍수발생 당시(**B**)의 위성영상을 비교해 보면 분명하게 파악할 수 있다. 하도가 보강된 세인트루이스 부근을 제외하면 강 주변의 범람원이 침수되었음을 알 수 있다.

자원봉사자 등이 범람을 막기 위해 제방 위에 파쇄된 자갈을 쌓은 다음 자갈더미 주변을 모래주머니로 막아 제방을 높였다. 수주일 동안 힘든 작업이 계속되었지만 수위가 자꾸 상승하는 바람에 제방보강작업은 끝나지 않을 듯했다. 강줄기를 따라 높아진 제방은 강물을 하도에 가두는 셈이 되므로 강의 수위가 더 상승하게 되었고, 보강된 제방 높이까지 물이 차오르자 제방이 포화되어 붕괴를 일으키게 되었다. 그나마 파쇄된 자갈을 깔았기 때문에 붕괴가 최소화되었다. 제방 관리인들은 제방에서 침출수를 발견하면 제방이 붕괴할 것이라고 경고했다. 제방 틈으로 새어 나오는 흙탕물은 제방의 토층이 개공이라는 과정을 통해 씻겨 나오고 있음을 가리켰다.

미주리 주의 조그만 도시 웨스트퀸시의 강을 가로지르는 제방은 서쪽에 있는 비옥한 농장 위로 9 m(3층 건물 높이)나 높았다. 1993년 어느 날 밤 한 젊은이가 이 제방의 꼭대기에 쌓아 놓았던 모래주머니 몇 개를 끌어내기 전까지 이 제방은 버티고 있었다. 몇 분 안에 졸졸 흘러나오던 물줄기는 폭포처럼 쏟아져 들어왔고 결국에는 커다란 제방 균열이 발생하여 웨스트퀸시뿐만 아니라 서쪽으로 10 km 정도까지 이어진 인근의 농장지대를 4.5 m나 침수시켰다. 그 젊은이는 교도소에 수감되었다. 그는 파티에 갔다가 집에 돌아가지 않을 핑계로 삼기 위해 다리가 휩쓸려 내려가기를 원했다고 말했다. 그 당시 주방위군 병사들이 밤에 순찰을 돌았고, 총을 지닌 주민들이 고의적인 파괴행위를 막기 위해 병사들을 지원하고 있었다.

미시시피 강 유역 일대는 홍수의 물마루가 하류로 지나갈 때 범람하거나 제방이 붕괴되었다. 미시시피 상류지역에서 자치단체나 주정부에서 축조한 제방 1,347개 가운데 1,043개가 붕괴했으며, 연방정부에서 축조한 214개의 제방 가운데 39개의 제방이 손상되었다. 제방 붕괴는 일리노이 주의 퀸시에서 미주리 주의 세인트루이스 남쪽에 걸쳐, 그리고 미주리 강을 따라서는 네브래스카 주의 네브래스카 시에서부터 남쪽으로 캔자스와 미주리를 거쳐 세인트루이스까지 발생했다. 일단 강물이 제방을 붕괴시키면 둑의 터진 틈으로 강물과 함께 하도에 있던 모래와 자갈이 흘러 들어와 예전의 비옥한 경작지를 망가뜨린다. 제방이 붕괴되어 범람원으로 강물이 빠져나가 하도의 수위가 낮아지므로 그 하류 지역에서는 일시적으로 제방이 보존된다. 홍수로 강물이 최대로 불어났을 때는 25,000 km^3의 범람원이 침수되었다.

개인이나 자치단체의 책임자들 그리고 연방기관들은 홍수로부터 도시를 지키기 위해 제방을 높이고 보강하느라 무진 애를 썼다. 그런데 왜 지방정부와 미육군공병단의 제방 담당자들은 1993년 홍수 때 고의적으로 미시시피 강의 제방을 터 버렸는가? 그들은 1993년 8월 1일에 프레리두로셰 시를 구하기 위해 일리노이 주 남서부에서 일부러 제방을 무너뜨렸다. 일리노이 주 발마이어 시에서 북쪽으로 15 km 지점의 제방을 붕

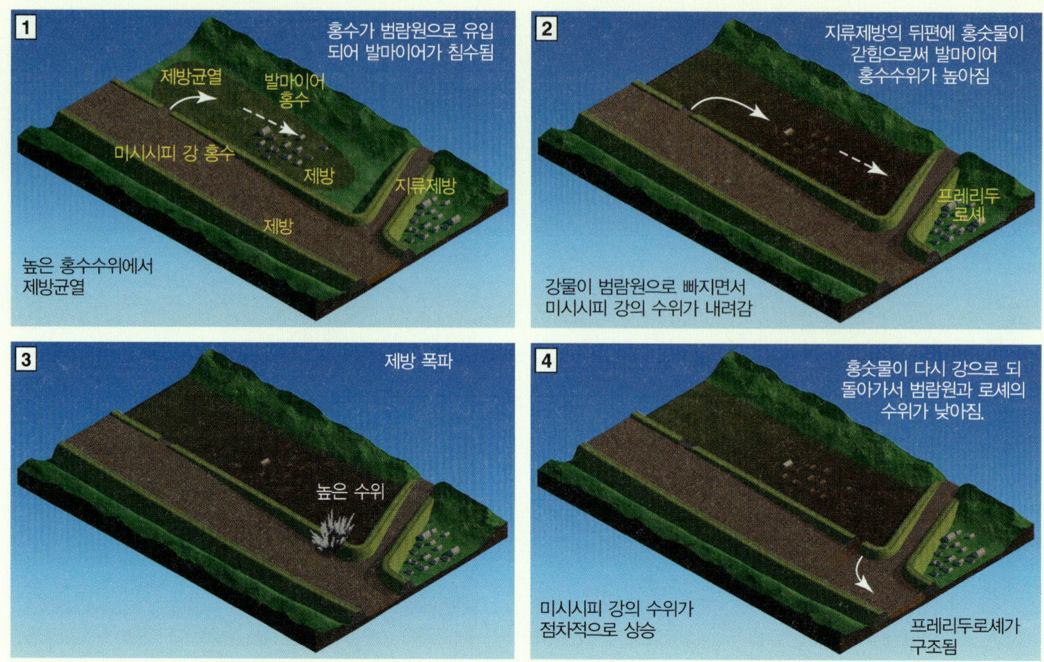

▶ 미국 일리노이 주 발마이어–프레리두로셰 지역의 미시시피 강, 제방, 그리고 범람원의 3차원 모식도. 사건의 순서는 주 제방의 붕괴, 범람원에서 홍수류의 남하, 프레리두로셰 인근의 미시시피 강으로 물길을 돌리기 위한 고의적인 제방균열 순이다. 프레리두로셰 인근 범람원 내의 물은 지류의 제방 뒤쪽에 갇혀있다. 이것은 '호숫물' 처럼 상류의 제방균열 지점의 물높이까지 점차적으로 상승할 것이다. 그렇게 갇힌 물은 인근의 미시시피 강으로 흘러 들어가는 물보다 수위가 더 높다(3번 그림). 폭약을 터뜨려 인위적으로 만든 제방균열 때문에 4번 그림에서 보는 바와 같이 갇힌 물이 다시 미시시피 강으로 흘러 들어간다. 그렇게 물이 강 쪽으로 되돌아감으로써 지류제방에 대한 압력이 낮아져서 프레리두로셰를 구하고 지류는 다시 강 쪽으로 흘러갈 수 있다.

괴시켜 홍수로 불어난 강물을 강 동측 범람원으로 흘러가게 하였다. 범람원으로 유입된 강물은 강줄기를 따라 남쪽으로 흘러 내려가다, 미시시피 강과 연결된 지류하천의 제방을 타고 넘어 범람원 내에 위치한 발마이어 시를 침수시켰다.

발마이어 시에서 남쪽으로 27 km 떨어진 또 다른 지류하천의 양쪽에 축조된 제방이 제방의 남쪽에 있는 프레리두로셰 시를 홍수로부터 막아 주고 있었다. 그렇지만 시간이 지나면서 제방으로 둘러싸인 범람원지역의 수위가 점차 상승하여 발마이어 시 북쪽 15 km 지점의 붕괴된 제방수위까지 차올랐다. 이처럼 홍수로 불어난 강물이 미시시피 강 본류 하도로부터 범람원으로 빠져 제방 안쪽 본 하도의 수심은 낮아졌다. 따라서 범람원에 위치한 프레리두로셰 시의 상황은 미시시피 강의 본류 하도제방 쪽에서는 범람의 염려가 줄어들었으나 지류하천에 축조된 제방 쪽에서는 범람위기에 몰렸다. 왜냐하면 제방으로 둘러싸인 범람원의 수위가 프레리두로셰 시 북방 42 km 지점의 수위와 같아졌기 때문이다. 다시 말해, 미시시피 강 본류하도 제방과 두 개의 지류하천 제방으로 둘러싸인 범람원지역이 거대한 '저수지' 가 되어 수위가 상승하는 바람에 프레리두로셰 시를 침수시킬 참이었다.

해결책은 미시시피 강 본류하천의 제방을 터서 범람원지역('저수지')의 강물을 도로 본류 하천으로 빼는 수밖에 없었다. 결국 공무원들과 육군공병들이 프레리두로셰 시 북방 1 km 지점의 미시시피 강 제방을 고의로 무너뜨렸다. 이로써 범람원 내의 강물은 지류의 제방을 넘어 프레리두로셰 시를 침수하지 않고 일부가 미시시피 강으로 흘러 들어갔다. 곧 범람원 내의 강물이 많아지면 미시시피 강의 하도 쪽으로 빠져나가고, 미시시피 강 하도 쪽의 강물이 불어나면 범람원 쪽으로 빠져나가게 되어 제방을 사이에 두고 서로 홍수의 완충작용을 하게 되었다.

홍수취약 지역에서의 홍수세기 증가

2008년 미시시피 강 상류 계곡 홍수 ▶

2008년 6월, 사우스다코타 주, 아이오와 주, 위스콘신 주, 일리노이 주, 인디애나 주 남부, 미주리 주, 네브래스카 주, 캔자스 주, 그리고 오클라호마 주 동부에 걸쳐 있는 미시시피 상류 및 중류 배수분지에 지속적인 폭우가 내렸다. 겨울철의 폭설과 봄철의 폭우로 토양층이 지하수로 포화되어 내리는 빗물을 더 이상 빨아들일 수 없었다. 2008년 1월부터 4월까지의 강수량은 평균치보다 33%나 높았다. 심한 홍수가 이 지역 전체 도시에 피해를 주었다. 제방이 무너지고, 도로, 철도, 그리고 시가지는 침수되었으며, 교량이 붕괴했고, 하수가 솟구쳐 나왔다. 미시시피 강의 선적장이 폐쇄되어 강 위에서의 상업적인 운송이 중지되었다. 주민들의 생활과 일이 지장을 받았으며 범람원 위의 농작물이 손실되었다. 중서부지역에서 경작지 16,000평방킬로미터가 침수된 것으로 추정되었다.

6월 17일에 일리노이 주의 걸프포트를 보호하는 제방이 무너져, 도시의 상당 부분을 3 m까지 침수시켰다. FEMA가 외부의 공학자와 맺은 공사계약으로는 그 제방은 100년 만의 홍수에 견딜 수 있었다. 불행하게도 그들이 설계 시에 활용한 범람원 지도는 20년이 지난 낡은 것으로 이미 변한 강의 조건을 반영하지 못했고 제방의 기능이 기대에 못 미쳤다. 범람원 위에 주택, 쇼핑센터, 주차장 등을 계속 건축함으로써 빗물이 더 빨리 하천으로 유입되었고 이는 홍수수위를 더 높였다. 덧붙이자면, 걸프포트의 홍수는 대략 '500년 만의 사건'으로 추정되었다.

아이오와 주의 시더 강은 1993년 홍수수위보다 3.6 m 더 높아서, 157년 된 기록을 깨뜨렸으며 아이오와 주의 약 124,000명이 사는 도시 시더래피즈에 10억 달러로 추정되는 피해를 안겨 주었다. 대략 23.8 km^2, 1,300개 도심지역이 침수되었다. 2008년 6월 12일에 시더래피즈의 시더 강의 차오르는 강물은 철교가 떠내려가지 않도록 배치했던 암석 적재 화물열차와 함께 철교를 주저앉혔다. 도시의 음용수를 공급하는 4개의 주요 우물 가운데 3개가 석유가 섞인 홍숫물로 오염되어 폐쇄되었다. 나머지 우물은 주위에 모래주머니를 쌓아 막았으며 주변의 물을 펌프로 퍼냈다. 홍수와 폭풍우로 인한 정전은 처리되지 않은 하수를 임시방편으로 다른 강에 투기하게 만들었다. 저지대의 일부 주택과 지하시설은 무너진 제방으로 야기된 강물의 유입이 아닌 제방 사이의 강물수위가 올라가 지하수위가 상승하는 바람에 침수되었다. 경우에 따라서는 하수관이 막혀 하수가 지하실을 침수시켰다. 2주 동안 침수된 후, 지하실은 독성을 지닌 검은 곰팡이의 번식으로 내부에 보관하던 물품이 대부분 손상되었다. 6월 말에도 시더래피즈 시의 침수된 1,000여 개의 상가는 여전히 문을 닫았다. 5,000여 채의 주택은 그보다 더 좋지 않았다. 아이오와 시티에서는 일주일간의 모래주머니 쌓기작업에도 불구하고 아이오와 강이 범람하여 아이오와 대학의 10여 개 건물을 침수시켰다.

수백 명의 FEMA 직원들, 주정부와 자치단체의 공무원, 방위군, 자원봉사자, 그리고 죄수들까지 모래쌓기 작업에 동원되었다. 일부 제방은 버텼으나, 나머지는 그렇지 못했다. 미주리 주에서는 수많은 제방이 무너지고, 수백 평방킬로미터의 범람원이 침수되었다. 어떤 지역에서는 밭에서 토양이 침식으로 유실되었고, 다른 지역에서는 모래가 토양을 피복하여 농토를 망쳤다. 어떤 지역에는 하나의 폭풍우가 지나가면서 15 cm 강수량의 비를 퍼부었는데, 아이오와의 한 곳에서는 한 시간 만에 7.5 cm의 비가 내리기도 했다. 옥수수와 겨울 밀의 작물피해도 극심했다. 6월 17일까지, 아이오와 주는 거의 옥수수 수확량의 10%가 손실되었으나 7월에 기상조건이 이상적으로 바뀌면서 8월 초까지 나머지 작물은 좋은 조건에서 잘 자랐다.

1993년보다 홍수수위가 높았던 곳에서는 제방이 붕괴하거나 포화된 토양층이 소규모 산사태로 무너졌다. 인근의 농장이 침수되자 몰려나온 돼지들은 지붕 위나 침수되지 않은 제방 위로 올라갔다. 돼지들이 발굽으로 모래주머니를 파손시킬 것이라는 염려 때문에 일부 돼지들은 사살되었으며 다른 돼지들은 보트에 태워 안전한 곳으로 옮겼다. 미주리 주 동부 어떤 곳에서는 개인이 쌓은 흙제방에 사향뒤쥐가 구멍을 뚫어 진흙사태를 일으켜 제방을 붕괴시켰다. 일부 지역에서는 인근의 제방이 무너지자 홍수수위가 떨어졌다가 다시 상승했다. 위스콘신 주에 있는 1 km^2 넓이의 사설 인공 호수인 델턴 호는 폭풍우로 호숫물이 흘러넘치자 6월 10일에 갑자기 방류하여 동측 댐을 침식시켰다. 그 바람에 진흙둑 위에 있던 주택 4채가 호수 속으로 들어가 버렸다.

중서부지역에 있는 제방들이 붕괴하여 주택과 상가를 수 미터나 침수시키자 사람들은 다시 FEMA에 도움을 요청했다. 6

▶ 2008년 6월 13일 아이오와 주 시더래피즈의 중심가와 시더 강의 침수된 모습.

월 25일까지 FEMA는 위스콘신 주, 아이오와 주와 인디애나 주에서 임시주거지와 주택 보수 등과 같은 긴급 구호활동에 8,800만 달러 이상을 지출하였다.

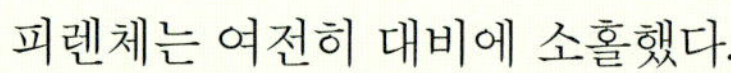

오랜 역사도시의 재앙적인 홍수

1966년 이탈리아 피렌체의 아르노 강▶

오래된 유럽의 다른 도시에서처럼 피렌체의 주요 건물들은 아르노 강의 하도 옆에 건축되었다. 아르노 강은 도심을 지나기 때문에 하도벽은 수직으로 보강되었으나 그 높이는 도로면보다 약간 더 높은 정도이다. 17세기에 제방에 거의 9 m 높이의 둑을 쌓음으로써 하도의 폭이 300 m에서 150 m로 좁아졌다. 하상의 폭이 좁아져 평상시에도 강물이 양쪽 제방 밑바닥까지 퍼져서 흐르는 지점이 여러 군데 있다. 아르노 강의 주변지역은 언덕이 많지만 구도심, 특히 유명한 박물관과 교회들은 아르노 강의 북쪽 제방에 접한 1~2 km 폭의 넓고 평탄한 범람원에 위치하고 있다.

아르노 강의 발원지역은 피렌체에서 160 km밖에 떨어져 있지 않지만, 인구의 1/10이 죽고 많은 다리들이 파괴된 1117년과 1333년의 대홍수를 포함하여 많은 홍수재앙을 겪었다. 100명 이상이 죽은 1547년의 홍수재해가 발생하기 2년 전에 베르나르도 세니(Bernardo Segni)는 상류의 산지에서 목재 생산을 위한 벌목이 지나치면 토양유실이 되어 하상이 높아지게 될 것이라고 지적했다. 따라서 사람들이 홍수를 일으킨 셈이 되었다. 평균적으로 26년에 한 번꼴로 큰 홍수를 겪는데도 피렌체는 여전히 대비에 소홀했다.

아르노 강에서 가장 큰 규모의 홍수는 1966년 11월 3일에 발생했다. 공교롭게도 예전의 최대홍수였던 1333년 홍수도 같은 날 발생했다. 예년과 달리 10월에 많은 비가 내려 토양층이 포화된 상태에서 11월 3일에 피렌체와 아르노 강 상류지역에 기록적인 480 mm의 비가 내렸는데 이는 연평균 강수량의 1/3에 해당된다. 최대유출량은 초당 2,580 m^3에 이르렀으며 주변의 저수지들이 흘러넘쳤다. 상류지역의 소도시들을 강타한 홍수는 시속 60 km로 거침없이 피렌체의 좁은 콘크리트 보강 하도로 밀어닥쳤다. 11월 4일 오전 2시 30분에 강의 수위는 6.2 m로 불어나 1333년의 홍수보다 2 m나 더 높아졌다.

오전 4시에 강물이 도심을 덮쳤고 얼마 되지 않아 두오모 광장은 1.5 m 깊이로 침수되었다. 성난 강물은 베키오 다리의 인근도로까지 차올라 로마시대 이래로 아르노 강을 가로질러 도시를 연결해 주었던 이 유명한 다리를 위협하였다. 이 다리는 1117년과 1333년 홍수에도 파괴되어 복구된 바 있다. 1966년 홍수 때는 강물에 휩쓸려 가던 버스가 다리에 부딪치는 바람에 난간에 큰 구멍이 나기도 했다. 다행스럽게도 그 당

▶ A. 1966년 피렌체 홍수의 수위. B. 상류에서 홍수로 떠내려온 거력들. C. 아르노 강과 베키오 다리의 현재 모습.

시 그 구멍 때문에 강물이 쉽게 빠져나가 다리가 완파되는 것을 피할 수 있었다. 11월 4일 오전 7시가 되자 강물은 도심지역을 1~2 m 정도로 침수시켰다. 일부 지역에서는 수심이 6 m에 달해 건물의 3층까지 침수되었다. 건물의 지하실에 있던 수천 개의 난방연료 탱크의 기름이 흘러나와 강물이 닿는 곳마다 오염시켰다. 진흙과 오염된 물은 값비싼 중세 및 르네상스기의 회화, 조각, 도서 등을 훼손시켰는데 그들의 상당수는 지하실에 보관되어 있었다. 이로써 유럽의 가장 훌륭한 문화예술 도시는 엄청난 재앙을 입었다. 그리고 29명이 사망했다.

이러한 재난의 책임은 상당 부분 주민들에게 있다. 로마시대 이전부터 이 지역에 살기 시작한 사람들은 수 세기 동안 언덕의 나무를 베어 냈다. 그 결과 겨울철의 홍수와 여름철의 가뭄이 주기적으로 반복되었다. 1966년 홍수는 10월의 집중호우 때 피렌체 상류지역에 설치된 2개의 수력발전용 댐에서 적절하게 방류하지 못해 더욱 악화되었다. 11월 3일 늦게야 최상류댐 관리인은 댐의 붕괴 가능성을 깨닫고 많은 양의 물을 한꺼번에 방류하였고, 곧이어 하류의 댐도 수문을 열지 않을 수 없었다.

지난 수십 년간, 아르노 강의 하상에서 건축공사 및 댐공사를 위한 골재를 채취하는 바람에 하상의 침식을 촉진시켰다. 현재까지 이러한 근본적인 원인을 바로잡기 위한 조치는 별로 취해지지 않았지만, 귀중한 예술작품들은 대부분 미래의 홍수가 미치지 않을 위치, 곧 건물의 위층에 보관되어 있다.

살기에 위험한 충적선상지

1999년 베네수엘라 돌발홍수와 암설류 ▶

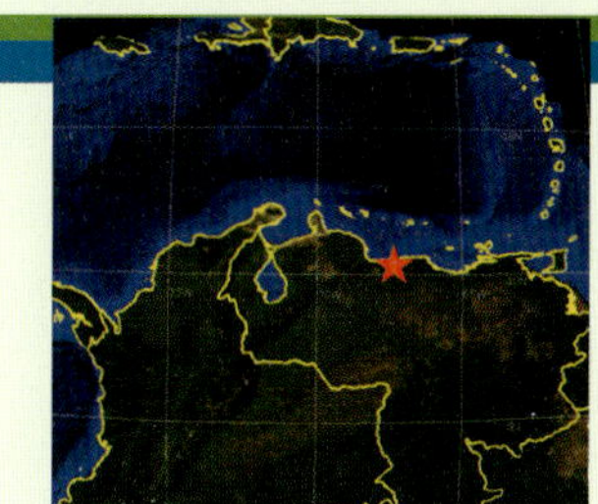

베네수엘라의 연안지방에서 우기는 보통 5월부터 10월까지이므로, 12월 들어 2주 이내에 발생하는 폭풍우는 예외적이다. 그런데 1999년 12월 초에 태평양으로부터 불어오는 습한 남서풍이 한랭전선과 충돌하면서 29 cm의 비를 뿌렸다. 이로 인해 토양층이 축축이 젖어 있을 때, 마이퀘티아 국제공항의 해안 근처에서 12월 14일부터 16일까지 52시간 만에 92 cm의 강수량을 기록한 엄청난 폭우가 쏟아졌다! 이틀 조금 더 되는 시간 안에 어디서나 거의 1미터 가까운 물이 모두 사면을 타고 아래쪽으로 쏟아져 내린다고 상상해 보라. 게다가 고지대에는 연안지역보다 두 배 이상의 비가 내렸다. 이것은 이 지역에서 50년 만에 가장 큰 폭풍우였다.

베네수엘라의 수도인 카라카스에서 북쪽으로 56 km 떨어진 해안도시 마이퀘티아와 라구아이라에 돌발홍수와 암설류가 들이닥쳤다. 이 지역에 있던 주택과 빌딩은 대부분 엄청나게 가파르고 불안정한 산사면 아래쪽의 좁은 골짜기와 커다란 충적선상지에 몰려있었다. 12월 15일 오후 8시가 지나자 홍수가 발생했다. 강가에서 도망쳐 가까운 집의 지붕으로 올라가 홍수를 지켜본 목격자의 말에 따르면 부딪치는 암석들이 격렬하게 흐르는 암설류가 밀어닥쳤다. 엄청난 진흙사태와 홍수 때문에 3만 명으로 추정되는 사람들이 목숨을 잃었고, 40만 명

▶ **A.** 베네수엘라에서의 암설류와 돌발홍수가 골짜기 입구의 저지대를 형성하는 카라발레다 선상지 위에 지은 주택의 대부분을 파괴했다. **B.** 암설류의 거력이 이 아파트 빌딩을 지지하는 주기둥을 여러 개 부수는 바람에 이 빌딩의 한쪽 끝 부분이 완전히 주저앉았다. 가장 큰 거력은 직경이 2 m 이상이었다.

Matt Larsen, USGS.

A

B

이상의 사람들이 집을 잃었다. 정확한 피해자 수를 확인하기 어려운 이유는 진흙사태로 많은 사람들이 매몰되거나 바다로 휩쓸려 나갔기 때문이다. 아주 가파른 산사면 위에 철판과 콘크리트 벽돌로 지은 판잣집이 밀집한 달동네를 이류와 암설류가 휩쓸어 버리거나 매몰시켰다. 이런 마을의 재산 피해액은 얼마 되지 않았을 것이나 사망자는 많았을 것이다.

주택, 아파트 빌딩, 도로, 전화선 및 전력선, 수도 및 하수시설 등이 커다란 피해를 입어 전체 피해액은 2010년 달러 가치로 23억1천만 달러에 달했다. 베네수엘라의 연안지역을 따라서 산사면이 아닌 곳은 충적산상지 지대가 유일하므로, 카라발레다에 있는 커다란 선상지에는 대규모 고층빌딩과 초고층 아파트들이 빽빽이 지어졌다. 선상지의 상류 끝 부분에서 홍수류의 규모가 하도의 배수 가능수량보다 컸으므로, 홍수물결이 선상지에 도달하자 여러 가닥으로 나뉘어 흘러 퍼지면서 홍수가 도시 전체를 휩쓸고 지나가면서 암설을 집적시켰는데 곳에 따라서는 그 두께가 6 m에 이르렀다. 주하도의 바깥쪽은 홍수류가 이층집들을 많이 파괴했다. 그리고 여러 채의 아파트 빌딩이 3층까지 손괴되었으며 직경이 1 m 이상인 거력들이 그 주위에 남았다. 몇몇 빌딩은 건물의 한쪽 끝이 주저앉아 버렸다. 주민들에 의하면 여러 차례의 홍수류와 암설류가 12월 15일 밤부터 발생하기 시작하여 다음 달 오후까지 계속되었다.

이것은 이 지역에서 발생한 가장 강력한 암설류는 아니다. 1798년과 1951년 사이의 역사 기록을 보면 이와 유사한 사건은 8번이나 발생했다. 과거의 암설류층을 조사해 보면 일부 암설류는 1999년에 발생한 것보다 더 크고 강력하여 더 큰 거력을 운반시켰다.

음식, 식수, 의류, 그리고 항생제 등이 부족했다. 주민 소개와 재해 복구가 특히 어려웠던 이유는 피해를 입은 여러 도시로 들어갈 수조차 없었기 때문이다. 해안을 따라 건설된 유일한 고속도로가 암설류와 홍수로 끊기거나 퇴적물로 막혔기 때문이다.

댐은 붕괴할 수 있다

아이다호 주 티턴 댐의 붕괴 ▶

아이다호 주 동부 렉스버그 인근에 위치한 티턴 댐은 아이다호 동중부지역의 관개 및 전기 공급뿐만 아니라 휴양지와 홍수조절을 목적으로 미국 연방개발국(Bureau of Reclamation)이 건설하였다. 환경론자들과의 법정소송 끝에 건설공사는 1972년 2월에 시작되었다. 댐이 완공된 후 담수는 1975년 10월에 시작되었다. 이 댐은 흙으로 쌓은 높이 93 m, 폭 945 m의 흙

댐으로 저수지 물의 누출을 막기 위해 댐의 중심부에 콘크리트로 얇은 '차단 벽(grout curtain)'을 설치하였다. 이 지역의 기반암을 이루는 유문암에는 균열이 잘 발달되었으며 유문암의 하부에는 용암이 식을 때 가스가 빠져나간 통로가 커다란 빈 파이프처럼 존재했다. 이 빈 공간 가운데 큰 것들을 콘크리트로 메웠는데 콘크리트 양이 예상보다 많이 필요하여 한 번씩만 부어 넣었다. 게다가 댐 뒤쪽의 저수지에 너무 빨리 물을 채우는 바람에 댐 하부를 채운 물질이 충분히 다져지지 않았다. 5월 중순경, 저수지의 수위가 하루에 1 m씩 높아졌는데 이러한 담수속도는 일반적으로 허용되는 담수속도(수위상승속도)보다 세 배나 빠른 것이다.

1976년 6월 3일 댐관리인들이 댐의 아래쪽에서 두 개의 작은 우물을 발견했다. 6월 5일 오전 7시 30분에 하류 쪽으로 보았을 때 댐의 오른쪽 돌출부에서 진흙탕물이 흘러나오는 것을 발견하였다. 진흙탕물에 퇴적물이 섞인 것이 분명하였지만 담당기술자는 문제가 될 것이라고 믿지 않았다. 오전 9시 30분에 댐의 아래쪽에 젖은 부분이 발견되었고 곧이어 댐의 아래쪽 일부가 씻겨 나가기 시작했다. 댐에 생긴 구멍이 워낙 빨리 커졌으므로 두 대의 불도저로는 구멍을 메울 수도 없었을 뿐만 아니라 불도저마저 씻겨 내려가 버렸다. 오전 11시 15분에 관리책임자는 지역경찰서에 하류지역 주민들의 소개를 요청하였다. 오전 11시 55분에 침식된 구멍이 점점 커져 댐의 정상부에 이르렀고 2분 후에 댐이 붕괴되어 물과 흙이 하류로 한꺼번에 쏟아져 내려갔다. 이 홍수로 2개의 작은 마을이 사라졌으며 강물은 13 km 폭으로 인구 14,000명의 소도시 렉스버그를 덮쳤고 16~24 km/hr의 속도로 흘러 하류로 나아갔다.

이 홍수로 11명이 목숨을 잃었고 가축 13,000마리가 죽었다. 연방정부는 피해 배상으로 5억3천만 달러(2002년 기준) 이상을 지불해야 했다. 댐붕괴의 원인은 명확하게 밝혀지지 않았으나 수많은 잘못이 드러났다. 댐건설이 시작되었을 때 미국 연방지질조사소의 지질학자들은 댐에 물이 채워지면 댐 주위의 수압이 증가하고 내부 응력이 가해져 댐을 위태롭게 만들 수 있다고 우려하였다. 이것은 이제까지 붕괴된 댐 가운데 가장 높은 댐이었고 미국에서 대형 댐 건설에 종지부를 찍은 댐이었다.

U.S. Army Corps of Engineers and U.S. Bureau of Reclamation.

▶ 1976년 6월 5일에 발생한 미국 아이다호 주 동부의 티턴 댐의 연속적인 붕괴과정. **A.** 오전 11시 20분, 댐의 오른쪽 돌출부 옆에서 진흙탕물이 쏟아져 나옴. **B.** 오전 11시 55분, 오른쪽 돌출부 옆의 댐 상단부까지 붕괴되어 진흙탕물이 댐으로부터 유출되기 시작함. **C**와 **D.** 정오 직후, 무너진 댐을 통해 저수지의 물이 그대로 쏟아져 내리는 모습.

고찰

홍수와 인간의 대응과 관련된 아래 장면들의 해석과정에서 관찰능력을 점검해 보라.

A 이곳은 미국 몬태나 주 서부의 건조기후지역이다. 조그만 간헐천이 흘러나오는 골짜기 바로 아래에 현대적인 주택과 창고가 건축되었다.

Donald Hyndman.

1. 집을 짓기 전에 고려했어야만 하는 자연재해는 무엇인가?
2. 이 사진에서 보이는 지역 가운데 집을 짓기에 더 적합한 장소는 어디인가?
3. 발생할 가능성이 있는 다른 재해로는 무엇이 있는가? 이전 장들에서 논의된 주제들을 고려해 보라.

B 이 트럭은 미국 캘리포니아 주 데스밸리 내의 자갈로 뒤덮인 지역에서 밤새 야영했다.

D. Steensen, National Park Service.

1. 어떤 작용이 이 자동차를 파괴했는가?
2. 이 피해를 입힌 파괴적인 작용의 규모와 특성을 적절하게 추정하여 기술해 보라.
3. 건조 하도가 홍수를 일으킬 수 있음을 알려 주는 증거로 사진 속에는 무엇이 있는가?

C 거력으로 구성된 퇴적층이 서부 콜로라도에 있는 이 집에 큰 피해를 입혔다.

1. 어떤 작용이 이 퇴적물을 집적시켰는가?
2. 이 퇴적물이 퇴적되기 약 1년 전에 어떤 광범위한 사건이 이 숲에 영향을 미쳤다. 어떤 유형의 사건 또는 사건들이 거력의 운반과 퇴적의 단초가 되었는가?
3. 큰 거력일수록 바닥에 가라앉기보다는 퇴적층의 상부에 있는 이유가 무엇인가?

S. Cannon, USGS.

D 빙하 국립공원 내의 맥도널드 크리크를 가로지르는 도보교가 2006년 11월 이 홍수로 파괴되었다.

Shaun Bessinger, National Park Service.

1. 이 다리를 건설한 사람은 이 다리가 이러한 홍수를 견뎌 낼 수 있도록 하기 위해 무엇을 할 수 있었을까?
2. 습윤한 봄이 지난 후 그리고 건조한 여름이 지난 후에 무엇이 이처럼 예외적인 홍수를 일으킬 수 있는가?

E 미국 켄터키 주 레바논 인근의 솔트 강 범람원 위에 있는 주택이 침수되었다.

K. Crawford, USACE.

1. 보통의 주택소유자 보험은 이런 형태의 피해를 보상해 줄 것인가? 보상해 준다면 그 이유는 무엇인가? 또는 보상해 줄 수 없다면 그 이유는 무엇인가?
2. 주택소유자는 이 주택의 피해를 물어 주기 위해 홍수보험에 가입할 수 있는가?
3. 이런 환경에서 어떤 유형의 피해가 발생할 수 있는가?
4. 매물로 나온 이 집을 할인가격에 사더라도 좋은 투자가 아닌 이유는 무엇인가?

F 워싱턴 주 북서부의 한 강 옆의 전망 좋은 곳에 자리 잡고 있는 이 새 주택은 아직 완공되지 않은 상태에서 하부의 침식으로 심한 피해를 입었다.

M. Nauman, FEMA.

1. 이 집의 밑에 있는 강둑을 붕괴시킨 일반적인 하천의 작용은 무엇인가?
2. 이 강둑의 붕괴를 촉진시킬 수 있는 조건은 무엇인가?
3. 강 옆에 집을 지을 때 더 나은 선택은 무엇인가?

12장 복습

요점

개발이 홍수에 미치는 영향

- 도시화는 강우가 짧은 시간 안에 하천으로 유입되게 만들므로 돌발홍수의 발생 가능성을 높여 준다.
- 침수된 도로에서 물이 자동차의 밑바닥보다 위로 차올랐을 때 자동차를 주행하는 경우, 자동차가 도로 밖으로 밀려나 강물에 휩쓸려 익사하기 쉽다. 대부분의 차량은 내부에 물이 차서 가라앉기 전까지 물 위에 뜬다. **그림 12-2.**
- 산림파괴와 과방목은 침식을 촉진하여 퇴적물을 하상으로 내보내게 되므로 하천의 유로 방향 경사를 급하게 하고 홍수에 취약하게 만든다.
- 하천 자갈의 채취는 퇴적물을 제거하는 셈이므로 유수의 운동에너지를 증가시켜 하류지역에서의 침식을 유발한다.
- 범람원 위에 건설된 진입도로와 연결된 교량은 강물이 범람원을 넘쳐흐르지 못하게 한다. 이로 인해 교량 하부의 강물은 빠르고 깊게 흐른다. 교각 부근의 침식 증가는 교량을 붕괴 위험에 처하게 한다.

제방

- 제방 주변에 사는 사람들은 홍수로부터 보호된다고 느끼지만, 강물이 제방을 흘러넘칠 수도 있으며, 제방 자체도 침식이나 사태 또는 개공 등의 원인으로 붕괴할 수 있고, 제방 아래의 구하도 자갈층을 통해 범람원으로 강물이 유입될 수도 있는 만큼 제방과 인접한 범람원은 그다지 안전하지 않다. **그림 12-9.**
- 하도분열은 터진 제방으로 빠져나가는 유수가 낮은 지대 쪽으로 계속 흘러 나감으로써 원래 하도의 기능이 없어지는 경우에 발생한다. 뉴올리언스와 같이 강을 통한 물류활동에 의존하는 도시들의 경우, 상류지역에서의 하도분열은 재앙이나 다름없다.
- 제방은 강물을 주하도에서 벗어나지 못하게 하고 범람원으로 넓게 퍼지지 못하게 하므로 홍수 시에 강물의 수위를 상승시키게 되며 제방 설치구간의 상하류지역에서 홍수를 유발한다. **그림 12-12.**

댐과 하천의 평형상태

- 발전, 홍수조절, 관개용수 확보, 그리고 레저공간 조성 등의 목적으로 강 위에 댐이 건설된다.
- 댐은 저수지에 유입되는 물의 유속을 늦추므로, 댐이 없다면 하류 쪽으로 운반되었을 퇴적물을 집적시킨다.
- 댐은 침출수, 댐 밑의 침식, 잘못된 설계와 시공, 상류지역에서 저수지로 유입되는 커다란 산사태 등의 원인으로 붕괴할 수 있다.
- 좁고 가파른 골짜기에 건설된 인공댐의 붕괴는 최악의 홍수를 발생시킨다.

홍수 피해 줄이기

- 미국에서 전체 자연재해로 인한 금전적인 피해액의 1/4~1/3이 홍수에 의해 발생하며, 전체 사망인원 가운데 90%가 홍수 시에 사고를 당했다.
- 홍수피해는 범람원에서의 개발을 제한함으로써 줄일 수 있다.
- 범람원에 사는 많은 사람들은 국가홍수보험에 가입할 수 있지만 그들이 범람원에 살고 있다는 사실조차도 깨닫지 못한다. 범람원에 산다는 사실을 알고 있다 하더라도 강 가장자리에 건설된 제방이 있으므로 거주지가 침수되리라고 생각하지 않는다.

암설류 피해 줄이기

- 합리적인 토지이용계획, 조기경보체계, 또는 암설류 포획이나 암설류 유로변경을 위한 구조물 설치 등을 통해 암설류 피해를 줄일 수 있다.

중요 단어

개공(piping)
국가홍수보험계획(NFIP: National Flood Insurance Program)
모래샘(sand boil)
배다리 댐(wing dam)
제방(levee)
제방균열(breach)
하도분열(avulsion)
하상 골재채취(streambed mining)
홍수로(floodway)
홍수 언저리(flood fringe)

복습 문제

1. 하천에 가해지는 인공적인 변화 가운데 침수지역을 확대시키고 더 많은 침식을 일으키는 것은 무엇인가?
2. 상류지역에서 도시화가 진행된다면 배수분지의 수문도(시간별 유출량 변화곡선)는 어떻게 변화하는가? 간단한 그림을 그려 설명해 보라.
3. 하상 골재채취의 부정적인 영향은 무엇인가?
4. 홍수 때 자동차 주행이 위험한 도로에는 대강 어느 정도 깊이의 물이 흐르는가?
5. 만일 홍수 시에 당신이 탄 차가 물에 뜬다면 무엇을 해야 하는가?
6. 하천을 가로지르는 대부분의 교량이 지닌 부정적인 물리적 영향은 무엇인가?
7. 하도 인근지역을 홍수로부터 보호하는 기능 외에 제방이 하천에 미치는 영향은 무엇인가?
8. 하천 제방을 붕괴시키는 요인은 무엇인가?
9. 제방이 붕괴되지 않았는데도 인접한 범람원으로 강물이 유입되는 과정은 무엇인가?
10. 제방 아랫부분에서의 누출발생을 지시하는 현상은 무엇인가?
11. 어떤 조건(또는 목적)에서 제방을 고의적으로 붕괴시키는가?
12. 댐이 지닌 부정적인 물리적 영향은 무엇인가?
13. 댐붕괴를 일으킬 수 있는 세 가지 원인을 나열해 보라.
14. 넓게 열린 골짜기에 있는 댐의 붕괴와 좁게 닫힌 골짜기에 있는 댐의 붕괴는 어떻게 다른가?

토의 문제

1. 홍수의 위험 때문에 범람원 위에 집을 짓지 말아야 한다. 그러면 범람원을 더 잘 활용하기 위한 방안은 무엇인가?
2. 지난 수십 년간 여러 차례 홍수를 겪은 지역에서 홍수 예방대책은 어떻게 보조되어야만 하는가? 그리고 그런 보조대책을 위한 자금은 누가 지불해야 하는가?
3. 홍수 피해 저감대책으로 사람들을 홍수 피해지역 밖으로 이주시키는 것보다 제방과 댐 같은 공학적 구조물이 훨씬 더 인기 있는 이유는 무엇인가?

파도, 해빈, 그리고 해안침식

13

캘리포니아 퍼시피카 근처 로커웨이비치에서 부서지는 파도.

해식애 붕괴

샌프란시스코 바로 남쪽 작은 해안도시인 캘리포니아 퍼시피카는 시내 근처 해안단구 위에 건축된 최신 주택가 열을 엘니뇨와 태풍이 강타하면서 1997년 말에 새로 조성되었다. 해안을 따라 분포하는 수직 절벽을 이루는 암석들은 간헐적으로 붕괴되어 절벽 기저부에 모래와 자갈을 쌓아 놓는다. 한편, 대다수의 좁은 해안 사빈은 해안을 따라 남쪽으로 표류하는 모래에 의해 공급받는다. 그러나 최근 수십 년간 시에라네바다와 인접한 산맥에서 흘러내리는 하천이 더 이상 모래를 해안으로 공급하지 않으므로 해식애의 침식과 붕괴가 가속화되고 있다. 홍수방지, 관개, 그리고 하천으로의 물공급을 위해 세워진 댐 속에는 원래 해안에 일단 운반되었다가 파도에 의해 재분배되어야 하는 하천 퇴적물을 가두어 버린다. 샌프란시스코 만에 종종 퇴적물이 공급되더라도 준설공사로 제거되어 썰물 시 태평양으로 운반될 물질이 없다.

해식애를 보호하기 위하여 무거운 암석이나 **사석**(riprap)이 해빈을 따라 일시적으로 배치되었지만, 1972년 결국 해안에 맞닿은 주택들은 해안붕괴로 파괴되었다(육상 쪽은 남아 있었지만). 사석으로 보호된 절벽은 보호되지 않은 부분보다 실제로 더욱 빠른 속도로 붕괴되었다(**그림 13-1**). 1980년대 초기 사석을 절벽 아래에 새로 공급하였지만 100 m 거리를 두고 더 많은 사석이 남쪽으로 이동되었다. 2002년에 다시 주택지 아래에 사석을 배치하였다.

1997~1998년의 대규모 겨울 폭풍은 해식애 붕괴를 촉진시켜 육지 쪽으로 건축된 주택들 아래 지역에서는 원래 해안을 30 m 이상 파먹었다. 1998년 3월 주택지 남쪽 끝에 있는 주택지 아래 조립질 사석이 있는 해안절벽은 육지 쪽으로 후퇴하였다. 이 집들은 마당과 데크를 잃었으며 나머지도 절벽 아래에 흩어졌다(그림 13-1). 한 주택의 모퉁이는 해안에 반쯤 걸친 상태로 불

안정하게 버려졌다. 절벽의 침식은 2003년까지 계속되어 수십 채 가운데 단 2채만이 남겨졌다. 한 채가 2004년에 새로운 주인에게 팔렸다! 2010년에 두 채는 여전히 남았으나 마당은 사라졌다. 모두 사라지는 데 얼마나 긴 시간이 남아 있을까?

위험한 해안에서의 생활

사람들은 언제나 해안의 내만이나 하구를 따라 살면서 하천가에서 고기를 잡았는데, 광활한 바닷가에 있던 그들의 집이나 구조물은 일시적인 주거지였으며, 허름하고 금방 무너질 듯한 여름 오두막은 폭풍 후에 사라지기도 했다. 북아메리카의 유럽인들이 정착한 초기에 해안은 지역적인 태풍이나 말라리아와 같은 사건이 나면 접근성이 나빠서 중요한 관광지가 아니었다. 1700년대에 와서 고가의 영구적인 구조물이 일부 제번도의 육상 쪽으로 방벽 위에 세워졌다. 그들은 해안형성 과정을 이해했으므로 해빈에 임시 건물이 있는 안쪽으로 지주를 박고 그 위에 집을 지었다.

1800년대에는 증기기관차가 발명되어 내륙으로 철길이 놓이고 인구가 증가하면서 삼림파괴, 토지경작, 대규모 방목이 동반되었다. 내부연소 엔진도 발명되었다. 이와 같이 육상에서 보호할 방벽이 사라지면서 심한 지표면 침식과 대량의 토사가 해안으로 공급되었다. 가파른 태평양 해안을 따라 이러한 퇴적물의 해안표류는 광활한 대규모 해빈을 형성했다.

1850년대에는 작업시간의 단축, 돈 많은 도시중산층의 형성, 철도와 항만을 이용한 확대된 수송수단 등이 육상의 규칙을 바꾸었다. 특히 1940년대 이후 해안관광과 휴양지가 확대되었다. 인구가 증가하고 부가 축적되면서 거주용으로뿐 아니라 휴양을 위하여 더 많은 사람들이 이주하였다. 사람들은 편의시설을 만들고 도로를 포장하고 더 많은 고가의 주택, 호텔, 그리고 리조트를 건설하며 해빈을 따라 섬으로 가는 길에 다리를 놓았다. 더욱 최근에는 여름 별장을 건축하는 것이 유행이 되어 일부 사람들은 연중 몇 주만 사용하기도 한다. 또 다른 도시연금 생활자들은 연중 거주하기도 한다. 2004년 미국 주(county) 인구의 대략 42%가 해안에 살았다. 해안인구는 계속 늘어났다. 예를 들면 플로리다의 인구가 1980년에서 2003년까지 75%가 증가했다.

해빈과 해안절벽은 지속적으로 계절에 따라 그리고 때때로

그림 13-1 해식애 붕괴

Donald Hyndman.

David Hyndman.

A. 1998년 3월 퍼시피카 해안에서 해빈침식과 해식애 붕괴로 위험에 처한 주택들. 주택이 있던 곳이 붕괴되어 잔해들이 해식애 기저부에 쌓여 있다. **B.** 해식애 기저부에 쌓은 거대한 사석은 상부의 주택을 재차 보호할 목적을 갖는다. 2003년 12월 동일 지점에서 촬영된 이 사진은 카메라 부근 7채의 집이 사라졌음을 보여 준다. 원래 10채 가운데 2채만이 남아 있고, 그중 한 채는 2004년 45만 달러에 팔렸다.

변하기도 한다. 사람들이 해안가에 영구적인 구조물을 설치할 때에도 해안형성 과정들은 멈추지 않는다. 이러한 과정들은 상호 영향을 끼치며 새로운 구조물들에 의해 영향을 받는다. 사람들은 바다나 변화하는 해안선과 함께 사는 대신 자연의 변화를 저지하며 해빈이나 해식애 침식을 방지하려 한다.

폭풍, 허리케인, 그들의 격렬한 후폭풍은 종종 비정상적으로 또는 '광란의 자연'의 형태로 나타나기도 한다. 사실 그것은 경관을 진화시키는 정상적인 과정이다. 비정상적인 것이란 인간의 활동이나 구조물이 자연상태에 어떤 바람직하지 않은 피해를 주는가 하는 것이다. 해안재해를 이해하기 위해서 해안의 파랑과 해식애의 형성작용에 대해 이해할 필요가 있다. 또한 인간 활동이 파랑의 작용, 해빈의 반응, 해식애 붕괴에 어떻게 영향을 미치는지도 알아야 한다.

파랑과 퇴적물 운반

바다를 가로질러 부는 바람은 공기와 물 사이의 마찰 때문에 수면을 밀어서 파랑을 만든다. 바람이 만든 파랑은 **파고**(wave height), **파장**(wavelength), **주기**(period)라는 용어로 설명된다(**그림 13-2**). 미풍은 작은 물결을 만든다. 풍속이 증가함에 따라서 물결은 파랑으로 변하며 더 큰 바람에너지를 얻어서 항해를 할 수 있다. 파고를 높이는 또 다른 두 가지 인자는 바람이 부는 수면 위 길이인 **합주거리**(fetch)와 취송시간(amount of time)이다. 바다의 파랑은 작은 연못 위에 부는 것보다 훨씬 크며 지속적인 폭풍은 종종 파괴적인 파랑을 만든다. 멀리 외해에서 폭풍이 유발한 큰 파도는 수천 km를 이동할 수 있으므로, 바람이 전혀 없는 해안에서조차 나타날 수 있다. 파랑은 폭풍이 이동함에 따라 폭풍의 중심에서 바깥으로 이동하여 상이한 시간에 나타날 수 있으므로, 파랑은 상이한 규모와 상이한 속도로 이동한다. 보다 빠른 파랑이 느린 것을 따라잡으면, 조합의 규모를 증가시키거나 감소시키는 쪽으로 간섭한다(그림 1-9와 비교). 그렇게 조합된 파랑은 대단히 클 수 있으며 거대한 로그파(rogue wave)를 형성할 수 있다.

해안에 도달하는 파랑의 시기와 규모는 장소와 외해에 부는 폭풍의 규모에 달려 있다. 파랑은 폭풍의 중심에서 퍼져 나가므로 폭넓고 큰 파장을 갖는 스웰(swell)을 만든다(**그림 13-3**). 지속적이고 잔잔하게 육상으로 불어오는 바람은 보다 작고 짧은 파장을 갖는 파랑을 만들 것이다.

외해에서 파랑 속의 물 자체는 파랑이 이동함에 따라 육상으로 진입하지 않는다. 단지 파랑 내에서 원운동을 하거나, 그 자리에 머물러 있다(그림 13-3). 우리는 막대기나 갈매기가 해수에 떠 있을 때에도 물분자 운동을 볼 수 있다. 이 운동은 바람이 불거나 파랑이 부서지는 얕은 물이 아니라면 해안에 도달하지 않고 단지 위, 아래로 또 앞, 뒤로 움직인다. 따라서 이 원운동을 하는 파랑은 해수가 앞으로 전진하지 않기 때문에 아무런 피해도 입히지 않는다. 방파제나 깊은 해수에서 수직적인 어떠한 구조물에 부딪치는 파도를 보라. 그 파도들은 거의 전진하지 않고, 수직면에 대하여 부서지지도 않는다. 이들은 단지 구조물에 대해 위, 아래로 움직이기만 한다. 열대 섬 앞바다에 있는 산호초의 가파른 암초의 '벽'도 유사한 효과를 가지며 풍파의 영향으로부터 섬들을 보호한다.

파도들이 해안에 도달하면 해저 바닥의 영향을 받기 시작한다. 이것은 잠재적으로 심각한 피해를 줄 수 있다. 파랑은 물의 깊이가 파장의 절반 이하가 되면 해저 바닥의 영향을 받기 시

그림 13-2 파랑의 특성

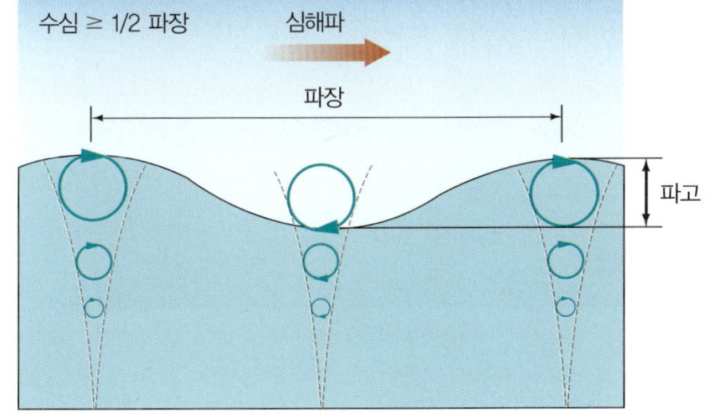

파장은 연속된 파정 간의 거리이다. 파고는 파정과 파저 간의 거리이다. 그리고 주기는 두 개의 파정이 한 지점을 통과하는 시간이다.

그림 13-3 풍파

연안 피해에 더하여 거대한 풍파는 보트를 전복시킬 수 있다.

그림 13-4 연안에 인접하는 파랑의 변화 특성

파장의 1/2 이하의 깊이에서 파랑의 원운동은 편평해지면서 파정이 부서진다. 파랑이 해안에 접근하면 바닥에 끌리고 파정이 앞으로 구부러지고 부서진다. 휘저은 모래로 인하여 물은 갈색을 띤다.

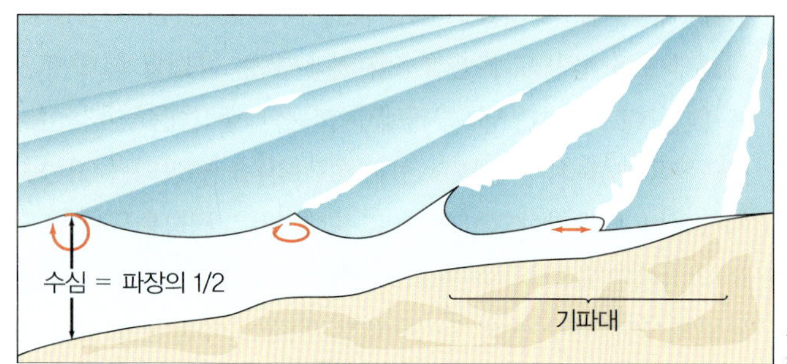

작한다(**그림 13-4**). 원운동의 크기는 파랑의 크기에 지배되기 때문에 파랑의 작용이 사라지는 깊이는 파장에 영향을 받는다. 얕은 물에서 파정은 바닥을 끄는 것처럼 앞으로 전진한다. 파랑은 얕은 물에서는 느리지만 높게 솟아오른다(그림 13-4, 해설 13-1: 파속 참조). 이 엄청난 수괴의 상층부는 앞으로 전진하면서 해안을 침식한다.

파랑에너지(wave energy)는 움직이는 물의 양에 비례하므로, 큰 파랑은 보다 역동적이고 보다 많은 정도의 침식을 유발한다. 파랑 속에서는 물의 양에 의해 물의 밀도가 기하급수적으로 증대되는데, 파고(H)는 대략 파장의 자승이다(해설 13-2: 파랑에너지). 파고의 자승이란 사실은 네 배의 에너지를 말하며, 파고가 4배이면 16배의 에너지를 갖는 것이다.

파랑의 굴절과 연안표류

파랑은 종종 모서리에서 해안으로 접근한다. 해안가보다 수심이 얕은 곳의 파랑은 먼저 해저바닥을 끌기 시작하여 점차 속도가 느려진다. 깊은 바다일수록 파랑이 더욱 빨리 움직여서 파정부가 해안 쪽으로 커브를 이루며 굽어진다. 파랑이 굽거나 굴절하면서 해안으로 전진하기 때문에 이를 **파랑의 굴절**(wave refraction)이라 부른다.

파정이 모서리에서 해빈에 접근할 때, 부서지는 파랑은 모서리에서 해안으로 모래입자를 밀어 올린다. 파랑이 다시 바다 쪽으로 배수됨에 따라, 물은 가장자리에서 직각으로 해빈 아래로 이동한다. 이렇게 하여 모래입자들은 해빈을 따라 올라갔다가 바다 쪽으로 돌아가며 만곡한다. 만곡함에 따라 각각의 모래입자는 해안을 따라 좀 더 멀리 이동한다(**그림 13-5**). 모서

그림 13-5 연안표류

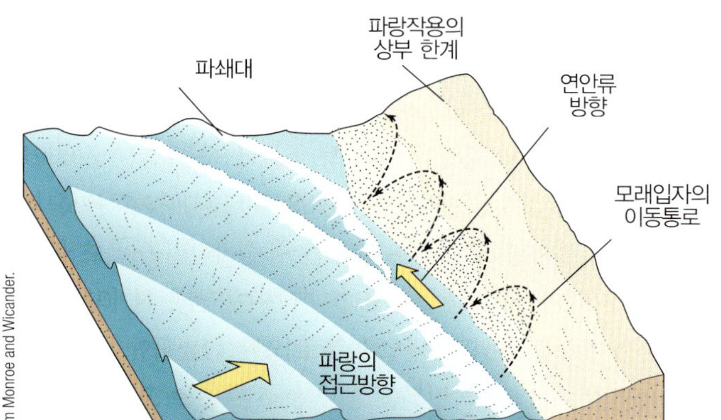

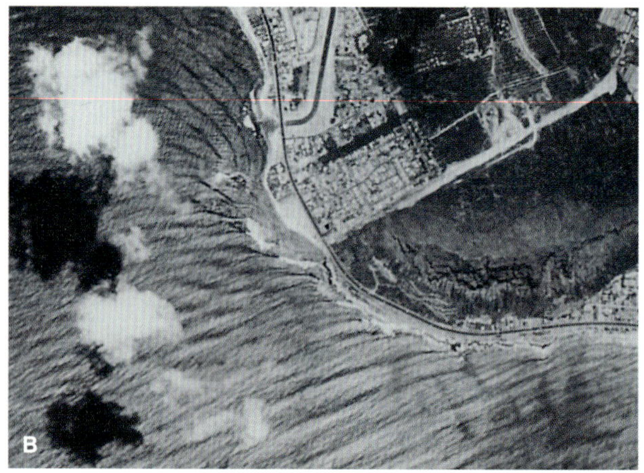

A. 모래입자는 파랑의 진행방향을 따라 해빈 위로 밀려 올라간다. 모래입자는 중력으로 인하여 해빈 경사면 바로 아래로 돌아온다. 이러한 조합으로 파랑이 들어올 때 연안을 따라 이동하는 모래입자들은 고리(loop)모양이다. **B.** 천해파는 바닥을 끌고 느려지면서, 파정의 커브가 해안에 나란하게 접근하도록 굽는다.

리에 부딪치는 파랑은 해빈 근처 해안을 따라 모래의 흐름을 밀어내며 **연안표류**(longshore drift)를 한다. 일 년 또는 그 이상의 기간에 걸쳐 조수의 고조, 크고 작은 파랑, 폭풍과 함께 해빈의 대부분 모래들이 해안을 따라 더 멀리 이동한다.

미국의 동, 서해를 따라 남쪽 방향으로의 연안표류가 탁월하다. 캘리포니아 해안의 연안표류는 연간 평균 750,000 m^3, 하루에 20,000 m^3 이상의 양이 일정 지점을 지난다. 만약 큰 덤프트럭이 10 m^3를 싣는다면 이것은 하루에 2,000 트럭분에 해당한다. 미국의 동해안을 따라서 표류하는 양은 훨씬 적지만 일 년에 여전히 75,000 m^3의 양이, 하루에는 2,000 m^3 이상이다.

해설 13-1

파속

심해에서의 파도의 속도는 파장의 제곱근에 비례한다.

여기서

v = 속도(m/sec)
L = 파장(m)
g = 중력가속도(9.8 m/sec^2)
$\pi = 3.1416$

이렇게 하여 5 m의 파장을 갖는 파도는 1.25 × 2.24=2.8 m/sec 또는 10.1 km/hr로 이동한다. 100 m의 파장을 갖는 파도는 1.25 × 10=12.5 m/sec 또는 45 km/hr이 된다. 이러한 관계는 또한 아래와 같은 그래프로 그릴 수 있다. 우리가 주기(파정 간의 시간)를 측정할 수 있다면 그래프를 이용해서 쉽게 파장과 파속을 결정할 수 있다.

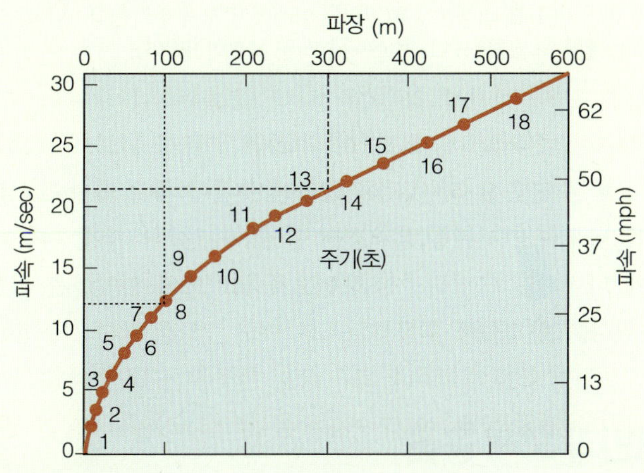

천해파에서 파속은 수심의 제곱에 비례한다.

여기서

V = 속도(m/sec)
D = 수심(m)

해설 13-2

파랑에너지

파고의 제곱은 에너지를 네 배로 증대시킨다.

$$E_w = 0.125\, r\, gH^2\, L$$

여기서:

E_w = **파랑에너지**
r = 물밀도(g/cm^3, 1에 가까움)
g = 중력가속도 = 9.8 m/sec^2
H = 파고(m)
L = 파장(m)

불규칙한 해안에서의 파랑작용

미국 북부의 태평양 해안이나 뉴잉글랜드의 해안 또는 캐나다 동해를 따라 가파른 해안에 도달하는 파랑은 얕은 모래해안인 만을 사이에 두고 보다 깊은 수심에 이르는 암석해안인 **헤드랜드**(headland)에 도달하게 된다. 파랑은 헤드랜드에 부딪치며 파랑에너지를 야기시켜 암석의 돌출부 쪽으로 굽게 된다(**그림 13-6**). 이렇듯 파랑의 굴절은, 그렇지 않으면 모래질 만에도 영향을 미칠 수 있는 상당량의 파랑에너지를 분산시킨다. 암석 돌출부를 타격하여 만들어진 모래는 해안을 따라 이동하고, 양쪽의 해류가 만 중앙부로 이동시키기 때문에 만어귀 해빈에 퇴적된다. 시간이 지나면서 파랑의 작용은 돌출부를 침식하면서 해안으로 이동시켜 해안선을 직선화한다(**그림 13-7**).

이안류

파랑이 해안에 물을 쌓아올리면서 흐름이 외해로 돌아갈 때 **이안류**(rip current)가 만들어진다. 그러한 일부 높은 에너지의 해빈은 5~10 m 간격으로 뚜렷한 가리비 모양으로 첨형의 해

그림 13-6 파랑은 헤드랜드와 암초와 만나 부서진다

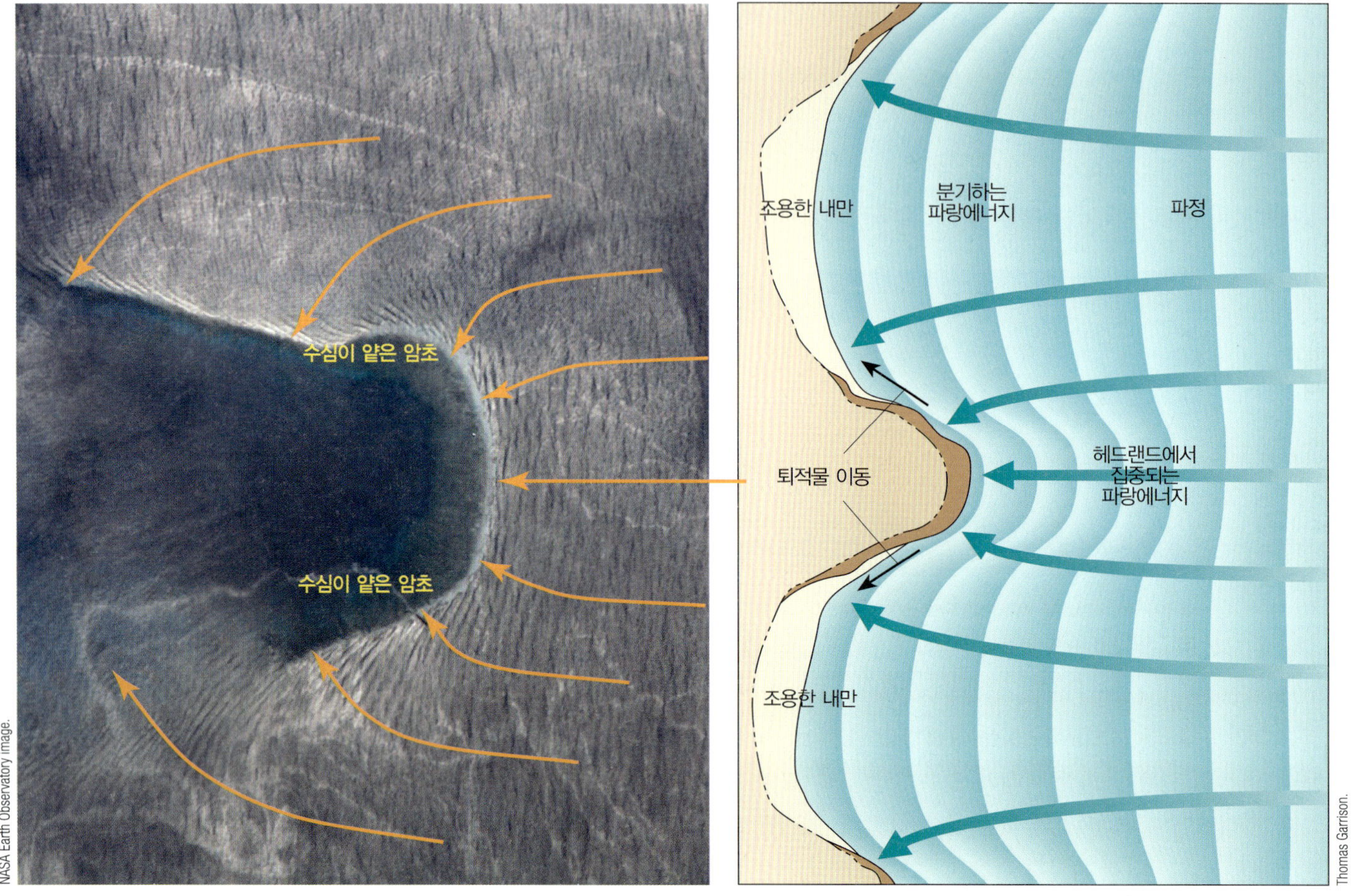

A. 오른쪽으로부터 카리브 해 얕은 수심의 암초로 접근하는 파랑은 수심과 평행하게 만곡한다. B. 파정선은 해안선의 형태에 맞게 구부러진다. 파랑의 방향은 해안선을 보다 직접 공격하기 위하여 구부러진다. 이렇게 하여 암석질 헤드랜드는 활발하게 침식되고, 만에는 침식된 물질이 모인다.

안선을 만든다(**그림 13-8**). 이러한 이안류는 상당 기간 지속될 수 있다. 영구적인 이안류는 그로인, 제티, 또는 암석노두에서 발달할 수 있다. 이러한 구조물로 밀어 올려진 물은 구조물을 따라 외해로 강하게 밀려 나가기 때문이다. 가리비 모양의 해빈은 외해로 흐르면서 해빈 모래를 침식하기 때문에 이안류지역에서 형성될 것이다. 그 외에는 먼 바다에서 형성된 폭풍으로부터 나온 큰 스웰이 해빈으로 물을 밀어 올린 후 10분도 안 되는 짧은 기간 동안 이안류가 예상치 못하게 나타날 수도 있다.

이러한 흙탕물 같은 물의 흐름은 너무 빨라 바로 해안으로 돌아올 수 없으므로 수영을 즐기는 사람들에게조차 매우 위험하고 낯선 일이다. 많은 사람들이 해안에서 이안류에 갇혔을 때 익사했으며, 그것은 강력한 해안풍이나 큰 파도 시기에 특히 강력하고 위험하다. 이안류는 가끔 역류로 불리기도 하지만 이러한 흐름들이 사람을 수면 아래로 끌어내리지는 않으므로 이 표현은 잘못된 것이다. 물에 빠진 사람이 바로 해안으로 헤엄쳐 나오려고 사투를 벌이면서 지칠 때 위험이 발생한다. 해안에 나란하게 수영하면서 해빈으로 돌아와야 이안류를 피할 수 있다(그림 13-8C 참조).

해빈과 모래 공급

해빈은 해식애의 침식에 의해 그리고 하천이 운반한 모래와 자갈의 퇴적물로 되어 있다. 해식애의 침식작용으로 공급된 입자들의 크기나 양은 파랑의 침식에너지, 해식애를 이루는 구성 암석의 침식에 대한 저항력, 부서질 때의 입자의 크기 등에 달려 있다. 파랑은 종종 해식애의 기저부를 깎아서 쇄파로 부서지며(**그림 13-9**), 더욱 작은 입자로 쪼개진다. 하천에 의해 공급된 물질의 크기와 양이 하천 흐름의 정도나 하도로 공급된

그림 13-7 헤드랜드의 침식

David Hyndman.

파랑의 굴절작용은 캘리포니아 포인트러예 국립공원의 드레이크스 만을 따라 일련의 헤드랜드를 침식하여 직선의 해안선을 형성하였다.

그림 13-8 이안류

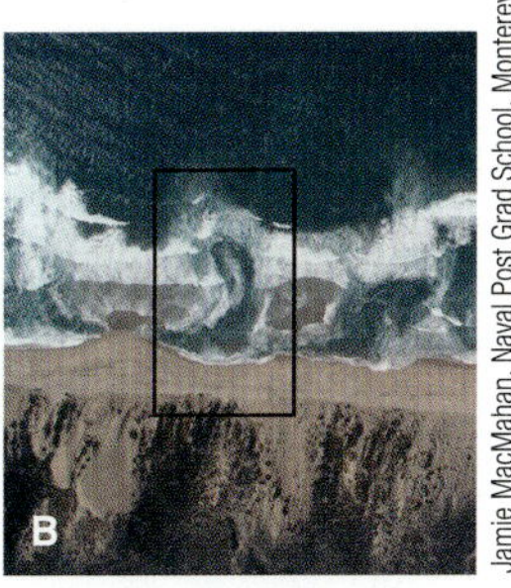

Donald Hyndman. Jamie MacMahan, Naval Post Grad School, Monterey.

Dave Brenner/Michigan Sea Grant.

A. 뚜렷한 가리비 모양의 해빈 모래는 위험한 이안류의 표시이다. 페루의 리마. **B.** 캘리포니아 몬터레이 만에서 이안류가 뚜렷하게 흙탕물을 이동시킨다. **C.** 이안류에서 벗어나려면 해안과 나란하게 수영하라. 이안류와 맞서 해빈 쪽으로 헤엄치지 말라.

그림 13-9 파랑은 절벽의 기저부를 굴식한다

Hyndman.

멕시코 푸에르토바야르타의 남부 해식애는 파랑에 의해 기저부가 굴식되었다. 암벽 기저부의 굴식부는 파랑에 의해 타격받고 있다.

입자의 크기와 관련되는 것과 마찬가지이다.

해안으로 공급되는 대부분의 모래와 자갈은 부서지는 파도에 의해 해안으로 밀어 올려진다. 그 다음 백워시가 되어 쇄파 속으로 돌아간다. 겨울 폭풍 동안 큰 파도는 모래를 외해에서 더 깊은 바다로 운반하고 단지 운반할 수 없는 거력들을 남겨둔다. 미풍이나 여름의 작은 파랑은 모래를 천천히 움직여 해빈으로 다시 가져온다. 그 결과 해식애를 타격하는 일부 해빈에서는 물과 역빈의 경계부 사면 상부에 모래가 나타난다. 이러한 곳에서 해빈은 여름에는 주로 모래사장이지만 겨울에는 자갈이나 거력들로 이루어지고 더욱 가파른 경사를 이룬다(**그림 13-10**). 활동적인 해빈의 범위는 고조위 수십 m 아래까지 확장된다.

해빈 경사: 평형종단면

입자크기는 **해안종단면**(shore profile)인 해빈의 경사를 뚜렷하게 결정짓는다. 마치 하천처럼 세립질 모래는 완만한 경사에서, 조립질 모래나 자갈은 보다 가파른 경사에서만 움직일 수 있다. 퇴적물이 해안가로 이동하는지 아닌지는 해안에서 파랑

그림 13-10 암석질 겨울 해빈

Donald Hyndman.

오리건 뉴포트 북부에서 겨울파도에 의해 남겨진 사력질 상부 해빈 아래를 여름철 모래 해빈이 피복한다.

그림 13-11 입자 크기와 해빈 경사

쇄파가 상부 한계에 도달하는 곳에서 해빈 경사는 더욱 가팔라진다. 그 결과 이탈리아 포지타노에서처럼 리지와 둔덕이 형성된다.

에 의해 바닥을 끄는 작용, 그때 입자의 크기, 그리고 중력에 의해 아래쪽으로 당기는 힘 간의 균형(평형)에 달려 있다. 이러한 균형상태를 소위 **평형종단면**(eqilibrium profile)이라 부른다. 이렇듯 바닥의 경사는 수심, 파고나 입경과 관련되어 입자 이동 시 필요한 에너지에 의해 통제된다(**그림 13-11**). 보다 얕은 수심, 작은 파랑, 보다 굵은 입자들은 마치 하천처럼 연안의 경사를 더욱 가파르게 한다. 연안 쇄파대에서는 파랑이 모래들을 쉽게 이동시키고 해빈의 경사는 완만해진다. 쇄파가 해안으로 밀고 올라갈 때, 수심은 보다 얕아지고, 가용 에너지는 감소하면서 해안종단면이 가팔라진다. 그곳의 모래들은 가파른 경사면 위에서만 해안의 앞쪽, 뒤쪽으로 움직일 수 있다.

파랑이 얕은 수심 쪽으로 움직여 바닥에 닿기 시작하면, 파랑은 바닥의 퇴적물을 움직여 휘젓고 그것을 해안으로 이동시킨다. 대부분의 퇴적물은 수심 10 m 이내에서 움직인다. 20초 이상의 주기를 갖는 긴 파장의 풍파는 더 깊은 수심에 도달한다. 대륙붕에서는 300 m 깊이까지 바닥에 이르러 퇴적물을 이동시킨다. 그렇게 큰 파랑은 입자들을 완만한 경사면에 펼칠 정도의 에너지를 가진다. 그것들은 수면 위에서 입자들을 침식하여 해저 먼바다에 퇴적시킨다.

미국의 남동부 대부분 해안은 얕고 완만한 경사의 해안선을 따라 내해와 외해 모두 육지 쪽으로 경사가 보다 가팔라진다. 이것은 파랑이 해빈으로 천천히 오를 수 있도록 해저바닥을 휘젓는 에너지를 사용하기 때문이다. 대부분의 파랑에너지는 파도가 부서져서 물과 모래를 상부 사면으로 이동시키는 데 이용된다. 활동 중인 해빈의 경사면은 이동하는 입자의 크기, 입자를 이동하는 물에 의해 영향을 받는다. 다시 말하면, 큰 입자나 적은 물은 입자를 이동시키는 데 보다 가파른 경사를 필요로 한다.

보다 조립질인 모래 해빈에서는 상당량의 물이 지면 위를 흘러 외해로 되돌아가기보다 지면 아래로 흡수된다. 이렇게 해빈에서 침식량은 상대적으로 적다. 해빈에서 흘러내리는 물은 보다 세립질인 모래와 함께 이동한다. 그 효과는 대부분의 물이 여전히 외해로 흐르며 모래를 운반해 가는 거대한 폭풍파에서 상당히 중요하다. 그리하여 작은 파도는 내해에 보다 많은 모래를 남기게 된다. 저조위에는 바람이 마른 모래를 집어 올리고 육지 쪽으로 불어 올려 사구를 형성한다. 다음에 오는 강력한 폭풍은 해빈과 사구면을 침식하고 모래를 외해로 가져갈 것이다.

해빈으로부터 모래의 유실

기파대(surf zone)에서 모래는 파랑과 함께 이동하지만 조수나 파고에 따라 변화한다. 큰 파랑 특히 고조위나 큰 폭풍은 얕은 수심의 해빈 모래를 침식시켜, 덜 요동치는 보다 깊은 수심의 외해로 상당량을 운반해 간다. 침식 물질의 상당량은 해빈의 표층에서 기원하므로 해빈종단면은 평탄해진다. 보다 많은 부분은 파랑이 사구를 직접 파괴하거나 기저부를 깎으므로 해안에 면한 사구 전면에서 운반된다.

폭풍은 파고를 더욱 높일 뿐 아니라 국지적인 해수면 상승을 가져온다—이것을 **폭풍서지**(storm surge)라고 부른다. 맑은 날 해수면 상의 고기압은 수면을 낮추지만, 태풍의 눈에서의 저기압은 1 m 혹은 그 이상까지 해수면을 높인다. 또한 보다 강한 풍파는 폭풍의 전면으로 물을 밀어 수 km를 가로질러 넓게 물 언덕을 만든다. 허리케인의 큰 파랑이나 풍파의 높은 해수면은 이런 효과를 극대화한다. 그것들은 대량 침식을 일으켜 제빈도의 해빈 경사를 감소시킨다(14장 참조).

걸프 해안이나 미국의 남동해안을 따라 발생하는 폭풍이나 심한 침식작용은 늦여름이나 가을의 허리케인 시기에 대개 발생한다. 미국에서 해안침식이 가장 심각한 곳은 연간 5 m 이상의 미시시피 하구 삼각주에서 발생한다. 이곳에는 상류부에 댐이 건설되어 퇴적물을 포획하면서 삼각주는 더욱 다져져 지면 고도가 낮아지고 있다. 매사추세츠 주에서 버지니아, 사우스캐롤라이나까지 그리고 그 밖에 부분적으로 해안을 따라 매년 1~5 m씩 침식이 일어나고 있다. 미국 북동부를 강타한 강력한 겨울폭풍인 **노리스터**(Nor'easter)는 그에 걸맞은 파괴력으로 큰 피해를 입힌다.

어쩌면 해안 절벽을 침식하고 하천은 지속적으로 침식을 일으켜 보다 많은 모래를 해빈으로 이동시킴으로써 해빈을 더욱 확대시켜 나갈 것이라고 생각된다. 이러한 현상이 몇몇 지역에서는 일어난다. 워싱턴과 오리건 사이의 컬럼비아 강 하구, 로스앤젤레스와 샌디에이고 사이, 조지아와 노스캐롤라이나를 따라서, 플로리다 일부 지역들, 기타 멕시코 만 지역에서 퇴적물이 실제로 퇴적되고 있다.

그러나 많은 해안선들은 지속적으로 침식되고 있다. 모래에 무슨 일이 일어나는가? 자연은 모래의 일부를 제거한다. 몇몇 경우는 내륙으로 불려 가서 사구를 형성하고 특히 해식애가 없는 지역에서 그러하다. 또 다른 프로세스는 시스템적으로 영구히 모래를 제거할 수 있다. 어떤 경우 기파대에 있는 세립질까지도 쳐서 깊은 바다로 제거해 버린다. 이안류는 파랑이 스워시로 밀려오는 것보다 해안을 따라 보다 많은 물을 공급할 때 발생한다. 이러한 흐름은 간헐적인 흐름으로서 해빈사의 일부를 보다 깊은 바다로 되돌리며 외해 쪽으로 흐른다. 허리케인과 같은 큰 폭풍은 엄청난 양의 모래를 외해 쪽으로 이동시킨다.

제빈도에서 뱃길로 개방하기 위해 포구가 준설되고 있는데,

그림 13-12 연안표류와 퇴적물 유실

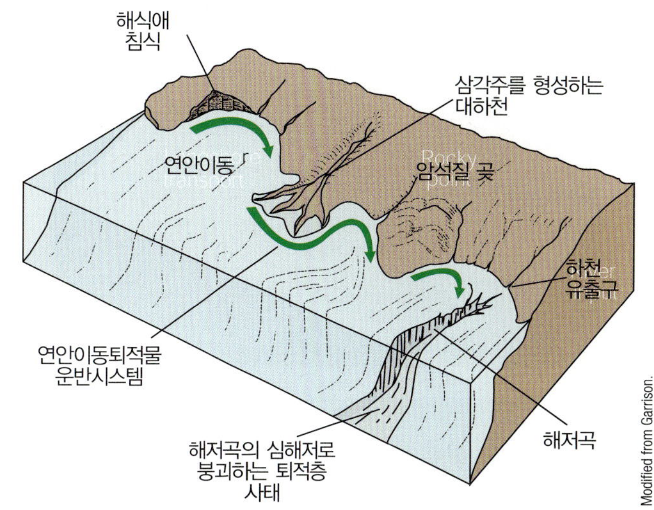

해빈 퇴적물의 연안표류는 해저곡으로 퇴적물의 유실을 가져온다.

일부 모래들은 제빈도를 가로질러 항포구 안으로 이동해 들어온다. 또한 일부는 육지 쪽의 협곡으로부터 외해로 확장하는 **해저곡**(submarine canyon)의 깊은 수심에 닿을 때까지 수백 km 해안을 따라 움직인다(**그림 13-12**). 해저곡 중 두드러진 한 예는 중부 캘리포니아의 몬터레이 연안의 경우이다. 이러한 해저곡은 혼탁류가 심해저 쪽으로 흐름에 따라 퇴적물이 간헐적으로 대륙사면 아래로 미끄러지는 대륙붕을 가로질러 확대된다. 이렇게 해서 해빈의 연안류를 흐르는 모래의 상당량이 영구히 소실되는 해빈환경으로 변한다.

모래 공급

북아메리카의 유럽 이주민들이 지난 400년간 자연을 통제하려는 시도가 오히려 자연의 퇴적물 균형을 깨뜨렸다. 하천이 해안으로 공급하는 양은 퇴적물을 가두는 댐과 하천에서의 골재 채취로 심각하게 감소하였다. 줄어든 사력공급으로 해빈은 축소되고 파랑은 더욱 가까이에서 부서지며 더욱 빈번하게 해식애를 강타한다. 파도는 해안절벽을 깎아 내어 결국 붕괴시키고 쇄파 속으로 사라지게 한다(**그림 13-13**).

하천 상류에서 해안으로의 모래 공급이 부족하거나, 연안류에 의해 해빈 모래가 제거되는 현상은 해빈을 침식시키고, 해안의 모래를 감소시키는 원인이 된다. 많은 장소에서의 모래 채취가 현재 18~25 m 이하의 해저에서만 허용되고 있지만 그런 행위의 감시가 종종 소홀하다. 그리고 일부 공동체는 도로에 사용할 목적으로 해빈 모래를 구매하므로 채취 행위는

그림 13-13 폭풍 시의 침식작용

A. 풍파는 미국 동해안의 주차장 기저부를 굴식하며 해양 쪽으로 붕괴시킨다. B. 2008년 허리케인 아이크 동안 갤버스턴 남서부 해빈 모래층이 2 m 이상 침식되었다. 저자 머리 쪽의 콘크리트 기단은 해빈 모래에 떨어진 콘크리트 간이 차고 바닥이며 현재는 해빈이 침식된 후 유실되었다.

암암리에 용인되고 있다. 강가의 댐은 바다에 도달하는 모래를 가두고 해안에 도달하는 것을 막으며, 건축을 위해 해안이나 강 하구에서 행하는 모래 채취도 유사한 결과를 가져온다. 많은 산업국가에서는 전기를 생산하기 위해 1940년대에 대규모 댐건설을 시작해 전력공급, 관개를 위한 물을 저장하고 홍수를 조절했다. 보다 개발된 토지이용으로 이러한 댐이나 강 또는 해빈으로 공급되는 퇴적물의 양이 엄청나게 줄어들었다. 해빈 침식은 다시 가속화되어, 1년에 5~10 m의 해안선 후퇴는 보통이고, 나일 강 하구에서는 200 m에 달하기도 한다. 해빈과 해식애의 침식은 캘리포니아에서 분명하게 볼 수 있다.

완만한 경사 해안과 제빈도의 침식

완만한 경사의 해빈은 육지 쪽으로 가면서 경사가 더욱 급하여 **제빈도**(barrier island)나 해안사주 위에 빌딩이 건설된다. 더욱 육지 쪽으로 가면 해수면 아래에 있는 석호도 있다(**그림 13-14**). 외해의 제빈도와 배후의 석호는 역동적 해안선 형성과

그림 13-14 제빈도

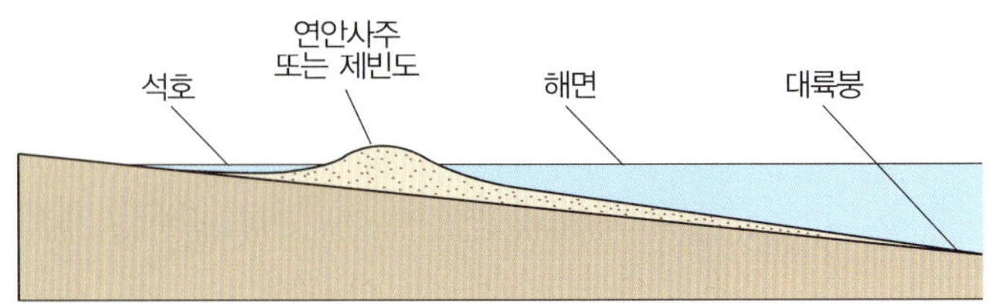

이 횡단면은 배후에 석호가 있는 외해의 연안사주를 보여 준다. 파랑은 전반적인 해안선 경사면보다 더 가파른 종단면을 만들어 낸다.

정의 산물이다: 침식, 퇴적, 연안표류, 그리고 풍성퇴적. 제빈도 주민 공동체는 이렇게 지속적으로 변화하는 환경 속에서 살아가고 있다.

제빈도는 지속적인 해수면 상승과 함께 이동한다. 평형상태의 해빈경사와 제빈도의 위치는 파도의 규모 및 수심과 관련되기 때문에 해빈과 제빈도는 해수면 상승으로 인해 육지 쪽으로 이동한다(**그림 13-15**). 현재 해수면 상승률은 대략 100년에 30 cm 정도이다. 특히 미국의 남동해안과 같은 완만한 경사의 해빈에서 30 cm 상승으로 해빈과 제빈도의 모래를 100~150 m 또는 그 이상 이동시킬 수 있다. **제빈도 이동**은 수십 년을 주기로 일어나지만 심각한 이동은 허리케인과 기타 큰 폭풍 시기에 일어난다.

제빈도는 미국 동해안과 걸프 해안처럼 일차적으로 완만한 경사의 해안선을 따라 형성되지만, 미국 서해안의 얕은 만이나 삼각강을 따라 형성되기도 한다. 지난 빙기 이후 해수면 상승은 이러한 강의 하구부를 익곡시켰다.

12,000년 전 홍적세 빙하기에는 물이 대륙 빙상(ice sheet)에 얼어붙으면서 해수면이 낮아졌고, 해안선은 멀리 대륙붕까지 밀려났다. 사실 대륙붕을 형성한 파도의 침식과 퇴적작용은 현재보다 해수면이 100 m 낮았던 수천 년 전과 관계 깊다. 마지막 빙하기를 지나면서, 12,000~15,000년 전 대륙의 빙판이 녹고 해수면이 높아짐에 따라 전진하는 파도의 전면에 대륙붕의 모래를 육지 쪽으로 움직여 쌓아 나갔다. 대서양과 멕시코만 해빈은 완만하게 경사져 있다. 파랑에 의해 만들어져 완만하게 상부층이 굽은 모래 바닥의 평형종단면은 해안 충적평야에 비해 경사가 급하기 때문에 꼭대기가 육지 쪽으로 리지를 이루며 돌출하는데 이것을 제빈도라고 한다.

연안의 제빈도 또는 연안사주는 활동적인 해빈의 일부로서 파랑에 의해 형성되고 파랑과 폭풍에 의해 지속적으로 이동한다. 제빈도는 폭 0.4~4 km, 해발고도 3 m 이하를 유지한다.

그림 13-15 제빈도 이동

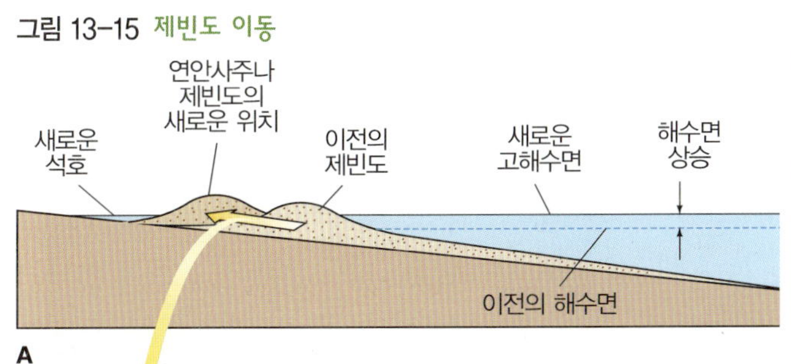

A

Program for the Study of Developed Shorelines.

B

© Martin Heitner / Jupiter Images.

C

A. 제빈도는 해수면이 상승하면서 육지 쪽으로 이동한다. **B.** 사우스캐롤라이나 찰스턴 근처 모리스 섬 등대는 1940년대에 해빈 위에 있었다. 현재는 제빈도 모래가 점차 육지 쪽으로 이동하면서 400 m 외해 쪽에 위치한다. **C.** 뉴욕 웨스트 햄프턴에서 한 번의 폭풍에 해빈 고도를 거의 4 m 낮추었다. 이 집을 외해에 남긴 채 제빈도는 육지 쪽으로 이동했다.

바람은 건조한 해빈 모래를 집어 올려 국지적으로는 해발고도 15 m 정도로 높은 모래언덕을 쌓는다. 고조위나 폭풍 시에는 바닷물이 제빈도나 연안사주의 저지대를 통과하여 사주를 침식하고 열린 출구(inlet)를 통과하여 석호에서 바다로 되돌아간다(**그림 13-16A**). 제빈도를 관통하는 인렛(inlet)이 폐쇄되거나 다른 입구가 열리면서 시간이 지나면서 위치가 달라진다(그림 13-16b). 연안표류사가 운반되면서 종종 간격을 두고 폐쇄되는데 폭풍시 열리며 수시로 바뀐다.

굴은 제빈도 해안의 잔잔한 내만에서 자란다. 만약 해빈 앞 모래에서 굴 껍데기를 발견한다면 한 가지 가능성은 일반적으로 연안사주가 점차 육지 쪽으로 이동한 결과 석호의 세립질 진흙 위에 운반되었다는 것이다. 해빈의 파랑은 석호의 세립질 진흙을 날려 보내고 해빈 모래 속에 더 무거운 굴 껍데기를 쌓는다. 연안사주가 이동하면서 또한 석호를 따라 자라는 나무들을 덮친다. 나무 그루터기는 사주가 폭풍 이후에 점차 육지 쪽으로 이동할 때 해안 위쪽의 가장자리를 따라서 나중에 드러난다.

제빈도의 발달

연안사주나 제빈도가 저지의 해안지역을 폭풍파나 홍수로부터 보호할지라도 제빈도 자체는 거주지로 부적합한 재해지역이다. 많은 제빈도는 인구밀도가 높아서 거의 자연상태를 유지하지 못한다. 현재 많은 제빈도는 자연상태와는 거의 닮지 않은 빌딩으로 인해 너무나 복잡하다. 가장 분명한 것은 과거에 형성된 넓은 해빈은 빌딩의 전면에 위치하므로 특히 허리케인 통과 시 침식된다는 점이다(**그림 13-17**).

미국 서부 해안을 따라 침수된 강어귀에 몇 개의 연안사주가 있다. 사람들은 동해안에서 그랬던 것처럼 제빈도 위에 건물을 짓는다. 남부 캘리포니아와 같이, 사람들은 서해안의 몇몇 완만한 경사의 해빈 일대에 건물을 지었다. 아마도 그들은 겨울의 큰 파도가 바로 집을 덮친다는 것을 깨닫지 못한 채 좋은 날씨에 집을 구입하거나 집을 지을 것이다. 어떤 소유주들은 집 전면에 있는 해빈에 무거운 거력과 파일을 박고 자신들을 보호해 주기를 기대한다. 큰 파랑은 거력들에 부딪쳐 전면의 해빈 모래를 쓸어 가 버리고 남은 해빈의 경사를 높이기 때문에 그러한 보호는 일시적이다. 결국 그 거력들도 침식하는 파도에 의해 쓸려 내려갈 것이고 집들은 더욱 취약해질 것이다. 그때 해빈은 사라진다.

기존의 항 포구를 막는 이동 모래는 사주 뒤에 보호된 항구에 접근하는 것을 막고 보트 항로를 방해한다. 그것은 또한 육지에서 해안산업지구로의 접근을 막는다. 그리하여 기존의 항

그림 13-16 제빈도 사이의 항포구

A. 노스캐롤라이나 윌밍턴 부근의 톱세일 항포구의 수직 항공사진은 만조 시 넘치고 간조 시 드러나는 조수로 운반된 모래 삼각주를 보여 준다. B. 2003년 허리케인 이사벨에 의해 만들어진 브리치가 항포구에 새롭게 형성되었다.

그림 13-17 해빈 이동

몇 개의 허리케인이 노스캐롤라이나 톱세일비치 북부 해빈을 해안 쪽으로 이동시켰다. 해빈의 집들이 하나씩 파괴되면서 해빈과 제빈도 모두 육지 쪽으로 이동하였다. A. 1996년 허리케인 버사 이후 찍은 사진의 중앙부에서 이곳 왼쪽 상단의 다채로운 콘도미니엄과 비교하라. B. 이것은 1996년 9월 7일 허리케인 프랜 이후의 같은 위치이다. C. 1998년 8월 28일 허리케인 보니 이후 동일한 위치를 보여 준다. 일련의 세 개 사진이 단 2년 간격으로 촬영되었다.

포구는 가장자리를 준설하거나 방파제를 건설함으로써 열려 있도록 유지한다. 많은 산업시설들이 영향을 받는 곳에서는 미 공병대가 항 포구를 건설하거나 유지하는 일에 참여하기도 한다. 연안사주 위에나 뒤에 밀집한 주거지역이 있는 곳에서는 항 포구를 유지함으로써 연안사주와 해빈의 자연적인 변화를 심하게 억제한다.

폭풍으로 범람한 오버워시 해안과 나란한 도로를 침수시키고 새로운 제빈도의 입구를 자르면 몇몇 집들과 상점들은 연안사주에서 고립된다(**그림 13-18**). 일반적으로 사람들은 새로 난 항 포구를 메우고 도로를 다시 건설한다. 즉시 조치하지 않으면 조수의 흐름으로 모래는 석호 안으로 또는 밖으로 이동하므로 다음 몇 주 또는 몇 달에 걸쳐 항 포구가 빠르게 넓어진다. 그리하여 보수 계획의 규모는 걷잡을 수 없이 빨리 커진다. 예를 들어 1992년 12월에 뉴욕 웨스트햄프턴의 폭풍은 30.5 m 폭의 입구를 열었다. 8개월 만에 입구는 1.5 km나 넓어졌다.

그림 13-18 제빈도 브리치

A. 노스캐롤라이나 아우터뱅크스 해터러스 섬의 브리치는 2003년 허리케인 이사벨 이후 나타났다. 해양이 오른쪽이다. **B.** 이 브리치가 허리케인 아이크 동안에는 본토로 가는 갤버스턴 서쪽의 유일한 도로를 단절시켰다. A의 화살표와 B의 황색 선은 도로의 중앙선을 가리킨다.

제빈도의 사람들은 허리케인이나 기타 큰 폭풍 등과 같은 과거 경험을 통하여 해수면보다 더 높게, 폭풍에 의한 큰 파도보다 더 높은 지점에 집을 짓는 것을 배운다. 많은 지역에서 건축 규정은 그러한 것을 요구한다. 규정은 또한 건축물을 파도의 위협에서 보호해 줄 해안사구의 보존을 요구한다. 1980년대에 플로리다 환경보호국에 의해 설립된 해안 건축물 통제라인(CCCL)은 해안재난지역에서의 토지이용 및 건축 시 엄격한 기준을 적용한다. 그것은 표준 건축물 규정에 의해 지배되는 국가적인 홍수보험 프로그램을 채택하여 시행하는 공동체에 대하여 홍수보험의 구매를 제한한다. CCCL의 해안에서의 규정은 기초공사, 건물 높이, 바람의 저항력에 대해 더욱더 엄격해졌다.

사구

저조위에 바람은 마른 모래를 집어 올리고 육지 쪽으로 불어 올려 **사구**(sand dune)를 형성하고, 제빈도가 유지되는 것을 돕는다. 그러나 다음에 오는 강력한 폭풍은 해빈과 사구면을 침식하고 모래를 외해로 가져갈 것이다. 큰 폭풍이나 허리케인은 내만을 넘어 육지 쪽으로 그리고 연안사주 밖의 바다 쪽으로 모래를 씻어 낸다. 모래 바람은 온화한 날씨에는 보다 높은 고도의 해빈까지 이동하고 다시 다소 건조한 모래를 사구 쪽으로 불어 올린다.

불행히도 미국 남동부나 걸프 해안을 따라 분포하는 대부분의 사구는 개발로 인하여 사라졌다. 사람들은 사구를 평탄하게 하여 도로를 건설하고, 주차장과 집을 짓고, 바다 쪽으로 난 전망을 선호한다. 사실 그들은 멋진 경관을 보기 위하여, 또한 해안에 도달하려고 발 아래의 식생을 마구 짓밟거나, 교통수단을 이용하면서 신중하지 못하게 식생을 제거한다. 또한 그들은 주택이나 항만 건설을 위하여 석호 주변의 습지에 모래를 가져온다. 건축용이나 어느 다른 곳의 침식에 의한 해빈 피해를 개선하려고 사구의 모래를 제거한다.

해빈에 세우는 구조물은 사구의 형성에 영향을 미친다. 바람에 의해 불려 온 모래는 해빈 배후에 사구를 형성하는 것이 아니라, 집 주변에 모래더미를 쌓는다. 그것은 집이나 보도, 차도, 오솔길을 덮친다(**그림 13-19**). 폭풍 후 모래는 주민이나 지방 공무원에 의해 여전히 늘 그런 것처럼 도로에서 제거된다. 일부 북부 지역에서 눈을 제거하 일은 매우 힘들지만, 모래를 삽질한다고 생각하면 그 무게는 훨씬 더 무겁고 녹일 수도 없다. 모래는 종종 해빈 상부층을 넘어 빈 주차장을 덮치는데 이곳도 원래 해

그림 13-19 사주와 성장

거대한 주택단지가 캘리포니아 남부 옥스나드 해안에서 전사구 라인을 따라 해빈 오른쪽에 조성되었다. (사진 오른쪽에서) 해빈에서 불려 온 모래가 집 주위에 쌓여 길, 인도, 차도를 덮쳐 버렸다. 북쪽 지방에서 눈을 삽으로 퍼내는 일은 힘들지만, 위 사진은 가관이다. 해변도로를 따라 "팝니다"라고 쓰인 간판을 자주 볼 수 있다.

빈의 일부였다. 모래 공급이 보다 적은 지역에서는 바람이 국지적으로 침식을 일으켜 집 사이에 좁은 통로가 생기기도 한다.

사람들이 사구를 변형하면 모래이동의 자연적인 평형상태가 무너진다. 그들은 더 좋은 경관을 원하면서 폭풍이 올 때마다 해빈에 더 가까워지고 경관은 지나치게 좋아진다(**그림 13-20**). 다음으로 주택이 사라진다. 더욱 큰 폭풍이 오면 이제 어떤 보호막이 될 사구들도 사라진 지 오래되어 구조물에 막대한 영향을 미칠 것이다.

그림 13-20 사구가 없는 곳의 심각한 해안침식작용

방지할 사구 라인이 없어서 노스캐롤라이나의 홀턴비치의 보도 아래 해빈은 허리케인 플로이드에 의해 심각하게 침식되었고, 해빈 전면의 사구는 완전히 씻겨 나갔다.

주민공동체는 해빈을 유지하는 데 있어서 사구의 중요성을 매우 잘 알기 때문에 많은 경우 이를 보호하기 위한 방법을 추구한다. 보통 남동부 해안 또는 걸프 해안의 경우에, 빌딩이 4 m 이상 고도에 또는 그 정도의 모래더미 위에 있다면 바람에 불려 가는 모래퇴적의 효과는 훨씬 감소된다. 많은 곳에서 사구 위를 걷거나 사구 식생에 피해를 주는 것을 금하고 있다. 집소유주는 종종 사구를 가로지르는 고도를 놓인 데크를 만들어 해빈에 접근한다. 관광객도 도로나 사구 위에 높인 데크를 사용한다(**그림 13-21**). 통로가 없다면 해빈에 난 도로는 심각하게 침식될 수 있다. 불행히 토지소유주로부터 지원받는 지방단체에서 사구를 관리하는 경우 바다까지 직접 접근할 수 없거나 전망을 확보하기 어렵다. 이와 같이 고도가 낮은 사구는 최소의 보호만 받으며, 폭풍으로 인하여 쉽게 모래가 제거되어 집이 드러나면 직접 파랑의 공격을 받을 수 있다(**그림 13-22**).

모래는 바람방향을 가로질러 모래 펜스를 설치해 풍속을 줄이고 바람이 불어 가는 쪽에 모래의 퇴적을 증진시킬 수 있다. 펜스는 해빈 상부나 사구에 모래가 유지되도록 도와줄 수 있다. 펜스는 또한 길이나 도로를 만듦으로써 문제가 발생할 수 있는 곳에서 모래 이동을 막는 데 사용될 수 있다. 양빈 프로젝트는 또한 해빈이 침식됨으로써 발생하는 사구의 모래 보충 계획도 포함한다. 해빈에서 제거된 모래나 오버워시 퇴적물은 인공적으로 사구를 재생하거나 기존의 사구 간에 벌어진 틈을 메우는 데 이용될 것이다.

비록 모래가 염성이고 이동 중이라 새로운 식생이 정착하기 어렵겠지만, 식생이 제거된 곳에는 모래를 고정시키기 위하여

그림 13-21 사구를 통과하는 도로

Hyndman.

A. 노스캐롤라이나 선셋비치의 보행로는 보호된 해빈 전사구 위로 이어진다. 이 해빈은 한때 허리케인에 의한 파랑에 침식되었다. B. 차도와 보행로는 뉴저지 애틀랜틱시티 남쪽 해안사구를 침식했다. 그러한 도로는 폭풍시기 동안 극적으로 증가한다.

그림 13-22 사구 관리

Hyndman.

뉴저지 애틀랜틱시티 남부에서 저지의 해빈사구는 모래 펜스와 사초로 일부 안정되어 있다.

다시 식생을 조성할 수 있을 것이다. 해안사구의 자생식물은 사구사의 유실을 감소시키고 사구를 안정시키는 데 효과적이다. 해안 덤불이나 관목림에서 나온 잎이나 가지들이 모래의 이동을 완화시키고, 초본의 성장이 정착되도록 모래 표면에 뿌려질 수 있다.

그 지역에 자생하는 다양한 사구 식생은 생존 가능성이 가장 높다. 자연스러운 사구 식생을 정착시키기 위하여 근처의 이동 사구로부터 꺾꽂이해서 조림할 수도 있다. 이러한 식생은 서서히 정착될 것이다. 미국의 태평양 해안에 도입된 유럽 해빈 초지는 자생식물보다 모래를 포획하는 데 보다 성공적이지만 사구 고도를 부자연스럽게 원래보다 더 높게 만든다. 그 초지식물은 현재 워싱턴 주 해안이나 오리건의 일부지역 사구에서 우점하고 있다. 외형적인 모습 때문에 주민들은 자주 외래식물을 심지만 종종 인공적인 급수를 필요로 한다. 결과적으로 지하수면의 상승이 표면 우곡지형을 형성할 수 있고, 해안 절벽이 산사태를 일으킬 가능성도 커졌다.

해식애의 침식

미국 서해안은 상존하는 해식애를 제외하면 대부분 후퇴하고 있다. 해식애가 연약한 제3기 퇴적암층으로 구성되어 있는 곳에는 하단부가 굴식되어 산사태나 절벽 붕괴를 유발하고 있다. 붕적토의 풍화는 해빈에 모래를 공급하여 바다로 운반한다. 이 사실이 해빈으로는 잘된 일이지만, 당신이 절벽 위의 주택구매자라면 그렇지 않을 것이다. 절벽이 침식함에 따라 당신 집은 절벽모서리에 가까워지고, 경관은 점차 장관을 이루지만 결국 절벽과 함께 붕괴되어 버린다. 2007년 매사추세츠의 마사 포도원의 해식애의 심각한 침식으로, 일대의 집 소유주들은 해빈에 모래를 공급하고, 절벽 위의 집을 내륙 쪽으로 이동시켜 재산을 보호하려고 시도하였다. 불행히도 그 노력은 순간만 지속되었다.

단단하고, 침식에 강한 암석—화강암, 현무암, 단단한 변성암, 잘 고결된 퇴적암—은 일부 경사가 급한 해안선의 특징을 보인다. 이런 해안선은 종종 작은 굴이나 해빈 등을 갖는 것과 구분되는 암석질 헤드랜드로 이루어진다. 뉴잉글랜드의 대부분 해안, 캘리포니아 북쪽 지역, 오리건, 워싱턴, 그리고 캐나다 서부가 이런 모습을 띠고 있다. 암석 헤드랜드는 파랑에 의해 격렬한 침식을 받아 깊은 수심을 갖는다. 헤드랜드에서 떨어져 나온 사력들은 인접한 작은 만으로 쓸려 가 작은 해빈을 만든다(그림 13-6, 13-7 참조).

오리건 해안의 상당 부분과 중부 캘리포니아 해안은 1,500만~2,000만 년 전에는 부드러운 진흙과 모래 퇴적물이었으나, 융기한 해안 단구는 이질적인 해안 특징을 나타낸다. 기파대 위 수 미터 내지 수십 미터의 고도에 있는 이 단구들은 연약하여 쉽게 침식된다. 그 해안단구들은 바로 얼마 전까지 해빈이었고, 근처 해안 퇴적물이었다. 섭입대에서 해분이 연안 해구 쪽으로 충돌함에 따라 지진이 발생하고 지반은 융기하였다. 그 밖의 지역에서 해안단구는 캘리포니아의 샌앤드레이어스 단층 운동과 관련되어 융기하였을 것이다.

이 해안지대를 따라 해식애는 대부분 해안 곡저평야의 곡구부를 제외하고는 해빈의 돌출부를 이루고 있다. 해빈은 모래로 이루어지는데, 일부는 부드러운 절벽에서 침식된 물질에서 기원하며, 일부는 연안표류에 의해 운반되었다. 파랑은 해빈 모래의 침식작용과 퇴적작용 간의 균형을 깬다. 큰 파랑은 외해 쪽으로 멀리 모래를 운반해 해빈을 평탄하게 만들고, 보다 작은 파랑은 해빈의 경사를 급하게 한다. 하천들이 모래를 적게 가져오거나 특히 해식애의 침식이 강한 곳에서는 해빈이 좁아질 것이고, 큰 강이 많은 모래를 제공하거나 해식애가 쉽게 침식되는 곳에서는 해빈이 넓어질 것이다. 넓은 사질 해빈은 대부분 파랑에너지가 모래를 휘젓고 주변을 움직이면서 퍼지기 때문에 해식애의 침식을 막아 준다.

암석 강도와 함께 해식애 침식에 영향을 미치는 주요인은 파고, 해수면과 강우이다. 세 가지 요인 모두가 엘니뇨에서 허리케인까지 간헐적인 사건에 영향을 받는다. 폭풍이 해양에 도달하면 그 빈도와 규모는 침식률에 강하게 영향을 미친다. 캘리포니아 남부 해안을 따라 침식작용은 1982~1983년과 1997~1998년의 엘니뇨 시기에 심해졌다(**그림 13-23**). 워싱턴과 오리건 주보다 북쪽해안을 따라서 엘니뇨가 약했을 때 폭풍은 더 많이 발생했다.

불행히도 사람들은 그 장소가 얼마나 위험한지 모르고 좋은 경치를 보기 위해 그 같은 절벽에 집을 짓는다. 개발업자들은 몇 년, 몇십 년 후에 사라질지 모르는 땅에 프리미엄을 붙여 경관이 좋은 이런 지역의 건설을 조장한다. 부드러운 다공성의 퇴적물로 된 수직의 해식애는 산사태의 원인이 되어, 결국 절벽이 붕괴되고 만다. 집 소유주들은 파랑의 힘을 분산시키는 해빈의 부목들(driftwood)을 제거함으로써 그들 스스로 문제를 악화시킨다. 그들은 길을 닦아서 가파른 경사를 만들고, 계단을 내고, 절벽 옆에 건축물의 기초공사를 하여 무의식중에 침식작용을 부추긴다. 그들은 식물재배를 위해 관개하고, 지붕 꼭대기, 도로, 가정용 폐수 및 하수시설로부터 지하로 물을 배수한다. 지하로 물이 공급되면서 지반을 약화시키고 산사태를 유발한다.

이런 절벽 꼭대기에 사는 사람들이 그들의 재산이 사라져 가는 것을 보고 절벽 아래를 침식하는 파랑이 원인이라는 사실을 인식할 때 나타나는 전형적인 반응은 절벽 기저부에 사석과 같은 거친 거력들을 퍼붓거나(**그림 13-24**), 나무나 철 혹

그림 13-23 엘니뇨 동안의 침식증가

USGS.

캘리포니아 포인트레예스의 북부 해빈은 1997년 엘니뇨 동안 파랑에 의해 침식되었다. 1998년 4월에는 오른쪽 사진처럼 해빈이 자연적으로 재생되었다.

그림 13-24 절벽에 쌓아 올린 사석

A B

A. 1998년 1월 다음에 닥칠 고조위 이전에, 빠르게 침식된 절벽 기저부에 육중한 사석 자갈들을 쌓고 있다. 그림 13-1과 동일 사진. B. 1998년 3월, 샌디에이고 근처 오션비치의 무너진 해식애는 여러 채의 집을 파괴하고 나머지도 위협하고 있다. 육중한 자갈들이 침식방지를 위하여 절벽 기저부에 놓여 있다.

은 콘크리트로 방어벽을 만드는 것이다. 이렇게 함으로써 침식에 강한 방어벽에 도달한 파랑은 부서져, 주변의 모래를 휘저어 외해 쪽으로 쓸어 간다. 방어벽 뒤에 새로 생긴 보다 깊은 수심의 물은 방어막을 침식하고 결국 붕괴되어 깊은 바닷속으로 사라진다. 이 방어막은 해식애를 단기간은 보호하지만 몇 년 후에는 그러한 '처방(cure)'이 아무것도 안 한 것보다 더 나빠진다. 다음번 더 큰 폭풍에는 보다 큰 판상의 조각들이 절벽에서 떨어져 깊은 물속으로 무너져 내린다. 사람들은 절벽 표면적의 손실을 최소화하기 위해서 그 위에 시멘트를 코팅한 **숏크리트**(shotcrete)를 바른다(**그림 13-25**). 이것은 수년간은 효과적이겠지만, 파랑은 결국 코팅의 기저부를 절단할 것이다.

일부 지역에서 사람들은 심지어 절벽의 기저부, 해빈 바로 위에 집을 짓기도 한다(**그림 13-26**). 그들은 왜 우리가 그렇게 하지 않는지에 관해 알아야 한다! 캘리포니아 교통국인 칼트랜스(CalTrans)는 고조위보다 6 m 높게 해안 고속도로를 짓는 충분한 감각을 가졌다. 집들은 고속도로의 해빈을 끼고 파묻힌 파일 위에 세워졌지만, 고속도로보다 3 m 이상 낮은 층도 있다.

해안 변화에 대한 인간의 간섭과 저감

해안지대나 절벽 위에 사는 사람들은 대부분 해빈침식이나 자신들의 재산파괴를 위협하는 폭풍의 영향을 받는다. 그러나 해빈이나 해식애, 또는 집 등에 나쁜 일이 생길 때까지 많은 이들은 풍파에 의해 모래가 이동하며, 폭풍으로 인해 외해 쪽으로 모래가 끊임없이 움직이는 것을 깨닫지 못한다. 절벽 아래 해식애의 기저부가 침식되고 붕괴하여, 바다 쪽으로 미끄러져 감에 따라 해식애가 육지 쪽으로 천천히 후퇴하지만, 사람들은 비극적인 피해가 자신의 집에 영향을 미치기 전까지는 깨닫지 못한다.

자신의 재산에 이러한 위협을 당할 때의 전형적인 반응은 **경성호안기법**(beach hardening)이라고 불리는 과정으로서 공동체를 보호할 구조물을 건축하는 것이다. 해빈보호구조물 건설의 극단적인 예는 뉴저지 해안을 따라 나타나는 것이 분명하다(사례: 극단적인 경성호안기법—뉴저지 해안). 불행히도 실제로 미래의 침식을 방지하도록 공동체를 보호하는 구조물이 건설되었으나, 장기적으로 공동체를 더욱 불안하게 만들었다. 최근에는 해안모래 보충과 구획화 정책을 펼치고 있다.

공학적인 해빈보호구조물

대규모 관광 이전에도 파랑에 부딪혀 해빈이 내륙 쪽으로 이동하게 되면 해안의 거주지나 소규모 마을 공동체가 내륙 쪽으로 이동했다. 1900년대에는 텍사스 갤버스턴의 위협적인 허리케인 이후 해안 방지계획이 잇따랐다. 여기에는 거대한 **방파제**(seawall) 축조가 포함된다(**그림 13-27**). 이 기간 동안 개개인은 해빈 뒤에 콘크리트나 목재로 자갈기둥이나 방파벽 등을 축조하여 침식을 막아 보고자 대응했다(**그림 13-28**). 종종 산책로나 보행로가 주요 접근로나 국지적인 업무지구 가까이에 있는 해빈과 면하게 될 것이다. 방파제와 해빈 보호를 위한 해빈보호구조물은 도로와 면해 있거나 그곳으로부터 해빈을 따

그림 13-25 해식애의 숏크리트

California Coastal Records Project.

캘리포니아 피스모비치에 대단지 주택이 해빈 없이 절벽 위에 세워져 있다. 오른쪽을 보면 기존 주택은 마당 대부분을 잃었고 침식을 지연시키기 위해 시멘트 스프레이로 숏크리트를 하였지만 새 주택이 건축되고 있다.

라 확장되는 경향이 있다. 그렇게 함으로써 파랑이 자신의 소유물을 침식하기보다 기둥이나 방파제를 때리게 될 것으로 생각했다.

그림 13-26 해빈 형성

Donald Hyndman.

캘리포니아 말리부 서부의 이 집들은 해빈 위에 파일을 박고 건축되었다.

1960년대에 이르기까지 제방의 건설이 가속화되었고, 그때야 과학자들과 정부는 이러한 행위들이 대부분 장기적으로는 불리하다는 것을 인식하기 시작했다. 그 구조물이 비록 직접적인 파랑의 침식이나 해식애의 침식을 잠시 늦출 수 있을지 모르지만 그 파랑은 방파제에 부딪쳐 보다 깊은 수심까지 모래를 휘젓고 해빈 근처의 모래를 보다 먼 외해로 옮겨 간다(**그림 13-29**). 완만하게 경사진 해빈에서는 파랑이 해빈을 따라 쓸려오고 또 같은 경사사면으로 되돌아간다. 그러나 방파제를 공격하는 파도는 급격하게 위쪽으로 스워시를 밀어 올려서 가파르게 백워시가 되고, 보다 큰 힘으로 방파제 전면의 모래를 침식한다. 해빈은 보다 좁아지고 가팔라지며, 방파제 앞의 수심은 깊어지고 파랑이 부서지기 전에 해안에 접근한다. 이렇게 해서 해빈을 보호하기보다는 더 큰 파도가 해빈에 접근하게 된다. 그 결과는 종종 해빈의 침식과 제거를 가속화한다. 방파제 앞의 수심이 충분히 깊어지면 해빈은 완전히 제거되고, 파랑은 방파제를 무너뜨릴 것이고, 파랑이 넘쳐 들어오게 될 것이다(**그림 13-30**). 해빈이 해식애 기저부에 놓여 있다면 보호될 것

그림 13-27 갤버스턴의 해빈보호구조물 건설

U.S. Army Corps of Engineers. Hyndman.

A. 거대한 갤버스턴 방파제가 1900년의 재앙적인 허리케인 이후 세워졌다. 폭풍으로 유실된 모래를 대체할 모래를 해안사구로부터 트럭으로 규칙적으로 공급하고 있다. B. 풍파가 텍사스 갤버스턴의 방파제를 강타한다. C. 과거에 육중한 사석을 덮은 모래는 2008년 허리케인 아이크 동안 풍파로 침식되었다.

그림 13-28 파랑 보호벽

Donald Hyndman. David Hyndman.

A. 캘리포니아 옥스나드에서 이와 같은 해빈 전면의 집들은 비록 일시적이지만 육중한 사석으로 보호된다. B. 오만의 무스카트에서 거대한 콘크리트 테트라콘이 파랑에너지를 줄이고 도로를 보호하기 위해 고안되었다.

으로 생각되었던 해식애 역시 빠르게 파괴된다.

해빈에 있는 모래입자가 해안을 따라 이동한다는 것을 아는 사람들은 또 다른 접근 방법으로 이동하는 모래를 붙잡으려고 노력해 왔다. 기파대에서 이동하는 모래를 잡아 해빈에 가두려는 목적으로 만들어진 **그로인**(groin)은 훌륭한 역할을 한다. 이들은 상류 쪽에 있는 모래를 모아 둔다(**그림 13-31**).

사석벽이나 **제티**(jetty) 등은 만이나 석호, 항만으로 접근하는 배들의 항해로를 유지하는데 이용된다. 그러한 수로 가장자리에 있는 제티는 해빈을 통과하면서 넓어지지만, 전형적으로 수로를 유지하는 데에는 간헐적인 준설이 요구된다(**그림 13-32**). 이것들 역시 해빈을 따른 모래의 이동을 막는다. 해안과 평행하게 외해에 지어진 **파수대**(breakwater) 역시 방파제 뒤의 보호지역에는 퇴적을 일으키는 유사한 효과가 있다(**그림 13-33**).

이 모든 방법들이 모래를 붙잡지만 의도하지 않게 해빈을 따라 아래쪽으로는 침식을 유발할 수 있다. 모래는 침식지점을 인접한 곳으로 효과적으로 대체시킨다.

지속적인 모래의 공급이 없다면 해빈은 모래가 부족하고 결국 침식되어 버린다. 그렇게 해서 그로인이나 제티가 만들어지면 하류 쪽에 있는 사람들은 해빈이 보다 더 침식되는 것을 보고, 자신들의 구역을 보호하기 위해 또 축조하는 경향이 있다. 뉴저지는 이러한 현상이 극에 달했음을 보여 준다. 해빈모래가 보충되지 않아 해빈은 현재 좁아지고 존재하지 않게 되었으며, 그로인이나 방파제가 줄지어 있다(그림 13-30, 13-31). 이러한 강 포구에서의 영향은 플로리다 주의 오션시티, 메릴랜드와 세인트루시에서 극단적이다.

대부분의 지식인들은 그로인을 기본적으로 나쁜 선택으로

그림 13-29 방파제는 침식을 증가시킨다

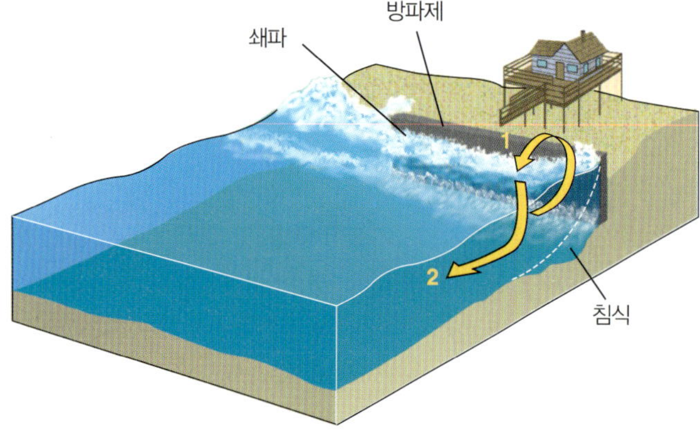

C

A. 1994년 12월 29일 노리스터는 사진 오른쪽 목재와 강철 방파제의 기저부를 굴식하여 서지 속에 무너졌다. 버지니아 주 버지니아비치 시의 샌드브리지비치. B. 파도가 멕시코 푸에르토바야르타의 방파제를 강타한다. C. 버지니아비치에서의 이 모식도는 파랑이 어떻게 방파제를 부수고 결국 붕괴시키는지를 보여 준다.

그림 13-30 침식해빈

뉴저지 케이프메이의 북쪽, 잘못 취급된 해빈의 말로. 사석으로 보호받으며 해안도로가 건설되면서 해빈의 침식은 가속화되었다. 콘크리트와 암석 방파제가 과거 '해빈'의 잔재임을 나타내며 현재 줄지어 있다.

그림 13-31 그로인

A. 뉴저지 주 케이프메이의 그로인이 모래를 붙잡는다. 연안표류는 우측 하단에서 좌측으로 진행된다. B. 뉴저지 주 매너스콴에서 집들이 좁은 연안사주에 밀집해 있다. 해빈 전면의 그로인이 왼쪽에서 오른쪽으로 이동하는 모래를 포집하고 있다. 오른쪽 하류부는 해빈이 완전히 유실되어 임시로 암석 방파제로 보호된다.

그림 13-32 제티

연안표류가 그로인에서와 마찬가지로 제티에서 막힌다. 왼쪽에서 오른쪽으로 흐르는 연안표류에 의해 제티의 우측에서 해빈이 침식되고 있다.

그림 13-33 방파제

2002년 6월 버지니아 노퍽카운티의 체서피크 만의 방파제는 퇴적작용을 가져와 배후의 해빈을 보호한다.

바라보며 많은 경우 실제로 그러하다. 현재 플로리다 주는 해빈에 역효과를 미치거나 단순히 제 기능을 하지 못하는 그로인의 제거를 요구하고 있다. 그로인은 모래의 이동을 영구적으로 막지 못한다. 이것은 단지 모래가 상류 쪽에 완벽하게 퇴적될 때까지 임시 처방책에 불과할 것이다. 물론 이 효과는 여전히 문제가 남아 있다.

그러나 몇몇 경우 하류 쪽으로 모래가 이동되는 것을 원하지 않는 곳에서는 그로인이 역할을 할 수 있다. 예를 들어 항포구를 개방하기 위해서는 이곳의 모래를 제거하도록 준설작업이 이루어져야만 한다. 해저곡으로 이동하는 모래는 보통 외해로 이동되어 영구히 해안에서 사라진다(그림 13-12 참조). 이러한 경우에 잘 축조된 그로인은 유용한 목적으로 사용될 수 있다. 이것은 목적에 따라 크기와 형태가 다양하다. 어떤 것은 인공적인 헤드랜드를 이루기도 한다.

양빈

해안을 보호하고, 손실된 모래를 보상할 더 좋은 방법이 있는가? 1950년대 초반 미국에서는 해안에 모래를 보충하는 것이 유행이 되었는데 이 과정을 **양빈**(beach replenishment 또는 beach nourishment)이라고 한다(사례: 반복된 양빈—뉴욕 롱아일랜드). 심각하게 침식당한 해안의 모래를 보충하기 위해서 때때로 개인이 덤프트럭 기준으로 계약을 하기도 했다(**그림 13-34**). 1950~1993년에 56개의 거대한 연방 양빈 프로젝트에서 미공병대가 144,000,000 m^2의 모래를 364 km 길이의 해안에 보충했다. 캘리포니아 산타모니카 만의 다소 작은 해안에 24,000,000 m^3의 엄청난 모래가 공급되었다.

연방정부가 해빈모래 보충 계획에 많은 비용을 지불하기로 합의한 경우 미공병대가 대표책임기관이 된다. 해빈 형성과정에 대한 전문가인 기술자, 공학자, 지질학자, 수문학자들이 모래보충 프로젝트를 제안하고 실제로 작업을 맡을 개인적인 작업자들을 물색한다. 보통 모래의 공급원은 파랑의 기저부와 외해에 모래가 잘 퇴적되는 연안이다. 때때로 모래는 바다까지

그림 13-34 해빈 모래보충을 위한 사주모래 채굴

2001년 3월 작은 폭풍이 온 후 노스캐롤라이나 홀던비치에서 덤프트럭이 내만의 연안사주 세립사를 채굴하고 있다. 이 모래는 해빈의 자연 모래보다 작은 폭풍에 보다 쉽게 침식된다.

그림 13-35 양빈

A. 해빈을 보충하기 위하여 미공병대가 30인치 파이프로 퍼 올린 상당량의 모래－물 슬러리를 해안에 붓고 있다. 2001년 3월 노스캐롤라이나, 오션아일 비치 모래를 폭 1 m 이상 가로질러 중장비가 늘어서 있다. B. 1999년 3월, 뉴욕 주 이스트로커웨이의 대규모 양빈 작업의 일부로 축조된 왼쪽 그로인이 연안표류에 의한 모래 손실을 최소화한다.

그림 13-36 양빈 이전과 이후

미공병대에 의해 해빈모래가 보충되기 이전과 이후 플로리다 마이애미비치의 경관.

준설되어 큰 바지선으로 해안지역에 운송된다. 또 다른 곳에서는 공급원을 흡입하거나 모래와 물을 함께 거대한 파이프로 채취한다. 이런 곳에서는 거대한 중장비를 사용함으로써 해안을 가로지르면서 모래의 이동이 전체 해빈으로 확대된다(**그림 13-35, 13-36**).

어떤 경우 양빈 계획이 해안의 모래 퇴적을 고양하고, 연안을 따라 필요한 지역으로 모래가 확대되도록 꾀함으로써 가격을 최소화하는 방법을 선택한다. 예를 들어 곶에서 모래를 파서 그것을 필요로 하는 인근의 만으로 이동시킬 수 있다. 마찬가지로 항 포구로 이동하는 모래를 준설하여 먼 외해에 이러한 시스템으로 인해 종종 모래가 유실되어 버릴 수 있다. 플로리다와 같은 몇몇 지역들은 지금 준설하는 모래를 다음에 유실될 해빈에 보충할 필요가 있다(**그림 13-37**). 이렇게 해서 모래가 항 포구를 지나치도록 한다. 그 밖에 가장 일반적인 재래식 준설기와 함께, 고정식 또는 이동식 제트 펌프를 사용하여 항 포구를 준설한다.

해식애가 있는 해안을 따라 모래, 퇴적물, 풍화물질들이 단순히 가파른 절벽에 퍼부어져 파랑에 의해 분산되기도 한다. 파랑은 해식애 기저부를 급속히 침식하는 대신 퇴적물들을 서서히 깎아 내어 해빈에 새롭게 공급하기도 한다.

그림 13-37 모래를 굴착하고 있는 파이프

강 하구에 들어선 제티는 해빈모래가 남쪽으로 이동하는 것을 막는다. 그것은 남쪽으로 가는 해빈의 모래를 차단하여 침식을 가져온다. 강 하구 남쪽 해빈에서는 직선의 해안선보다 훨씬 더 후퇴했음을 주목하라. 플로리다 주 폼파노비치의 라이트하우스포인트. 화살표는 파이프의 위치를 보여 준다. 라이트하우스포인트의 제티 사이에 쌓인 강 포구에서 오는 모래 준설. 준설된 모래는 사구 전면에 있는 해빈모래를 보충하려고 파이프를 통해 제티의 하류부로 운반된다.

양빈의 한 가지 문제는 자연스러운 해안 프로세스가 해빈의 모래를 침식하는 경우도 있다는 점이다. 불행하게도 한 지점의 해빈에 공급된 모래가 다른 곳으로 빠르게 이동해 가는 것이다. 내달이나 내년에 평범한 폭풍에 보충한 모래가 제거될 수도 있다. 많은 경우 1, 2년 만에 크고 작은 폭풍으로 보충 모래가 제거된다. 연달아 부는 폭풍으로 해빈의 모래가 제거되기 때문에 양빈은 그 간격이 2~6년 주기로 짧지만 꾸준히 증가한다. 작은 트럭으로 하는 경우, 특히 양빈 모래가 원래 해빈보다 더 세립질이라면 매년 반복해서 작업할 필요가 있다. 0.5 mm 이하의 모래는 너무 세립질이다. 작은 파랑이라도 쉽게 외해로 씻겨 간다. 예를 들면 주택이 줄지어 들어선 노스캐롤라이나의 캐롤라이나비치에는 1965~1991년의 26년간 8번의 양빈이 이루어졌다.

또 다른 관심사는 모래보충이 해빈종단면(해빈에 직각인 경사면)을 바꾸어 실제로 침식을 증가시킨다는 점이다. 대부분의 사람들은 외해 쪽보다는 해빈의 상부 쪽 마른 부분에 있는 모래에 돈을 지불하고자 한다. 높은 상부에 쌓인 모래 부피를 계산하거나 적절한 가격을 매기기가 보다 쉽다. 그러나 활동적인 해빈은 얕은 수심의 해저로 쉽게 이동한다. 만약 해빈이 융기하지 않는다면 파랑이 해안모래의 상당량을 옮겨서 해빈의 경사를 완만하게 만든다. 다음의 폭풍 시 외해에 상당량의 새 모래가 이동되어 갈 것이고, 거기에서 사람들은 해빈이 사라지는 것을 보게 되며, 양빈 작업이 돈 낭비임을 알게 된다. 만약 자연스러운 평형종단면을 갖는 보다 얕은 외해에 보충된 모래의 절반 정도가 남아 있다면, 그 모래들이 낭비되지 않았다고 이해하지만 이것은 보통 어려운 일이 아니다. 어떤 시나리오로도 해빈 침식에 대한 실행 가능한 해결책으로 제시된 해빈모래 보충작업은 비판받을 수 있다. 이러한 문제점의 결과로서 몇몇 해빈 전문가들은 얕은 수심의 해저의 해빈이 마찬가지로 중요하다는 사실을 강조하기 위하여 해빈모래 보충보다 연안모래 보충(shore nourishment)이란 표현을 쓰는 것을 제안한다.

모래 공급원을 확인하는 일은 양빈 계획의 또 다른 장애물이다. 분명한 이유 때문에 일반적으로 다른 해빈으로부터 모래를 채취하는 것은 허용되지 않는다. 몇몇 지역에서는 상당량의 모래가 항로의 모래를 지속적으로 채굴함으로써 얻어질 수 있다. 해빈의 배후에 자리 잡은 개인이 소유한 사구에서 모래를 채취하는 일이나 내만이나 제빈도 배후에 있는 모래를 준설하는 일은 비싸지만 종종 가능하다. 그러한 과정에서 얻어지는 심각한 문제는 사구나 석호 자체 내에 있는 모래가 일반적으로 해빈을 침식한 모래보다 세립질이라는 것이다. 풍파는 해빈의 조립질 모래도 운반할 수 있기 때문에 세립질의 모래는 작은 파랑에 의해서도 제거될 수 있다.

특히 미국 남동해안을 따라서 많은 지역에서 이용되는 또 다른 해결책들은 외해에 있는 상당량의 모래를 채굴해서 해빈에 뿌리는 것이다. 훨씬 더 큰 대형장비가 요구되기 때문에 지역이나 연방정부, 미공병대의 지시 아래 그러한 계획들이 보통 진행된다. 이러한 모래들이 해안 가까이에서부터 얻어진다면, 해안 가까이에 있는 수심은 깊어지고 해빈은 점점 가파르게 될 것이다. 파랑은 평형상태의 사면경사를 유지시키기 위해 모래를 이동시키기 때문에 그러한 일은 특히 모래입자의 크기나 파랑의 규모에 관계된다. 인공적으로 가파르게 된 해빈은 평형상태가 될 때까지 깎여질 것이다. 만약 모래가 외해로부터 쉽게 공급된다면, 적어도 다음에 올 폭풍 때까지는 소위 양빈 작업은 잘 작동될 수 있을 것이다.

많은 지역에서 사용 가능한 모래의 공급원이 급속히 고갈되어 가고 있다. 플로리다 주에서 경제적으로 재생 가능한 공급원들은 1995년까지 거의 고갈되었다. 그들은 지금 그레이트 바하마뱅크스로부터 사용 가능한 모래를 수백억 톤으로 보고 있다.

양빈의 규모와 가격은 엄청나다. 한 대의 큰 트럭은 10 m^3의 모래를 운반한다. 만약 한 사람이 담당한 구획이 폭 30 m이고, 중조위 시에 집에서 해안선까지 65 m 뻗쳐 있다면(대략 2,000 m^2이다), 덤프트럭 한 대의 양은 0.5 cm 정도의 깊이까지만 덮을 수 있을 것이다. 집 앞에 있는 해빈까지 1 m 두께의 모래를 채우려면 트럭 200대 분량의 모래가 필요할 것이다. 이렇듯 만약 1 m^3당 모래 값이 30달러라면 보통 폭풍으로 제거된 모래를 한 번 보충하려면 각 가정당 대략 60,000달러의 비용이 든다. 다른 문제점은 생성 중인 해빈은 실제로 외해에서 천해 쪽으로 확대되어 간다는 것이다. 28,000 km 이상의 해안이 계속 침식되고 있다.

때때로 제빈도의 주민들, 읍(town) 또는 군(county)의 단체들은 지방, 주, 연방정부에 심각하게 침식된 해변에 모래를 보충해 줄 것을 로비한다. 왜냐하면 거대한 양빈 사업에 보통 수백만 달러가 투입되지만 사람들은 세금이 오르는 것을 원치 않기 때문에 지방정부는 주나 연방정부가 대부분 혹은 전체 비용을 지불하기를 요구한다. 정치인들은 재선을 원하며, 더불어 지역사회로 가능한 한 많은 투자를 끌어오기 위해 힘들여 로비하게 된다. 이것이 의미하는 것은 물론 해빈 전면에 살고 있는 소수의 사람들에게 이익이 되는 모래보충 비용이 그러한 작업에서 어떤 이익도 가질 수 없는 많은 사람들에게 주 또는 국가적 규모로 부과된다는 것이다. 예를 들면 연방정부는 1970~1991년 플로리다 브로워드카운티의 양빈 사업에 50% 비용을 부담한 반면 지역사회는 단지 4%만을 부담했다. 설상가상으로 해안 지역 주민들은 종종 더운 여름에 해변으로 모여드는 여러 사람들의 접근을 막으려 한다. 비록 고조위 해안 지역은 법적으로 공공지역이지만 접근로가 잘 표시되어 있지 않거나 불법으로 접근이 통제되고 있다. 어떤 지역사회는 주변 도로에 주차를 통제하여 접근을 어렵게 하고 있다.

1990년대 이래 연방과 주정부의 양빈 기금은 축소되고 있다. 환경주의자, 육상의 납세자, 그리고 정부관리들은 다음의 심각한 폭풍 시 모래가 사라진다고 하여 소수의 해빈 거주민 주택에 유리한 주요 정책에 수백만 달러를 지불하는 데에 종종 불만을 갖는다. 주 또는 연방정부의 지원이 부족하면 지방정부는 자체 계획으로 기금을 마련하고자 하지만, 해빈에 사는 사람들조차 연간예산에서 부과된 세금을 낼 능력이 없기 때문에 종종 실패한다. 해빈의 주택소유자 가운데 많은 사람들은 다른 곳에 살기 때문에 지방주민들은 높은 세금부과에 반대하기도 한다. 지방주민들의 기금이 성공적으로 이루어진 곳에서조차 수년 이후 새로 공급한 모래의 침식현상을 발견하게 된다.

해안토지 이용을 위한 구획화

해안 전문가들은 해빈보호구조물 건설이나 양빈을 보다 저렴하고 영구적으로 할 수 있는 대안을 추천한다. 그들은 심각한 피해를 준 폭풍 이후, 보다 안전한 장소인 육지 쪽의 완만하게 경사진 해안에 건물과 도로를 옮길 것을 제안한다. 해빈 배후의 모래 사구는 장래 배후지역을 보호하기 위해서 식생으로 정착시킬 수 있다. 건물을 이동시키는 가격은 높겠지만, 이후 폭풍에 의해서 해빈이 파괴되어 수천 톤의 모래를 지속적으로 가져오게 하는 해빈보호구조물을 장기적으로 유지시키는 비용보다는 적다. 그리고 영원히 그것과 싸우려고 하는 것보다는 활동적인 해빈 환경과 함께 사는 방법을 제공한다.

해식애가 침식되는 해안에서는 건축물을 가까이 세워서는 안 된다. 너무 가까이에 있는 건축물들은 절벽에서 상당한 거리를 두고 배후로 이동시켜야 하며, 통행이나 기타 활동들은 절벽 꼭대기나 절벽 전면과 충분히 떨어진 지역으로 제한해야 한다. 해빈에서는 부목과 같은 자연상태의 암설을 말끔히 제거해서는 안 된다. 해빈과 하천으로부터의 모래와 자갈채취는 금지되어야 한다. 침식 문제를 갖는 해안지역에 부담을 주는 더 이상의 댐은 강 위에 세워져서는 안 된다. 오래된 댐을 제거하는 것은 해빈으로 보다 많은 퇴적물을 가져오므로 해식애를 보호할 수 있다.

사례

극단적인 경성호안기법

뉴저지 해안 ▶

해빈보호구조물 건설과 심각한 해안침식의 가장 극단적인 사례 중 하나는 뉴저지 해안이다. 초기의 도시 성장으로 1880년대 중반까지 뉴저지 해안의 절반 이상 길이에 철도가 깔렸다. 철도기지 주변에는 일단 빌딩이 밀집하였고, 사구는 공사로 인하여 평탄해지고 자연상태로 밀생하던 관목 덤불이 제거되었으며 습지 지역이 메워졌다. 그리고 자가용수가 비약적으로 증가하였다. 외해의 배후 가장자리를 따라 기존의 습지가 메워지고, 1900년대 초기에는 항로를 위하여 준설되었다. 연안사주를 횡단하는 출구가 닫히고 1911년 이후 들어선 제티가 정착되었다. 그 당시 사람들은 제빈도는 지속적으로 성장하는 해빈의 일부이며, 이를 통제하는 사람들의 시도에 저항하리라는 것을 몰랐다.

대규모 인구와 관광수요로 인하여 애틀랜틱시티에 고층 호텔과 콘도미니엄 빌딩 건축을 부추겼다. 이제는 대단위 빌딩이 해빈마다 밀집하여 바람의 흐름과 모래이동에도 강력하게 영향을 미친다. 해빈의 대규모 양빈 사업은 군데군데 확대되었다. 그렇지 않은 지역에는 연안사주가 침식을 보호하듯이 좁고 낮은 인공사구가 산재한 집들 전면에 들어서고 있다. 눈에 띄게 많아진 방파제와 끝없이 들어선 그로인은 사람들이 일순간에 해빈에 매력을 느끼던 원래의 제빈도 환경과는 전혀 닮지 않았다.

Hyndman.

▶ **A.** 뉴저지는 애틀랜틱시티 남부의 인공으로 모래를 보충한 해빈에 콘도미니엄과 거대한 주택 단지 건축을 허용하였다. 사구는 사라졌다. 유일한 보호막은 사석과 철제 방파제이다. **B.** 거대한 모래주머니가 인공사구 속에 묻혀 보충된 모래가 2006년 10월 작은 폭풍에 더욱 경사가 낮게 침식되면서 노출되었다.

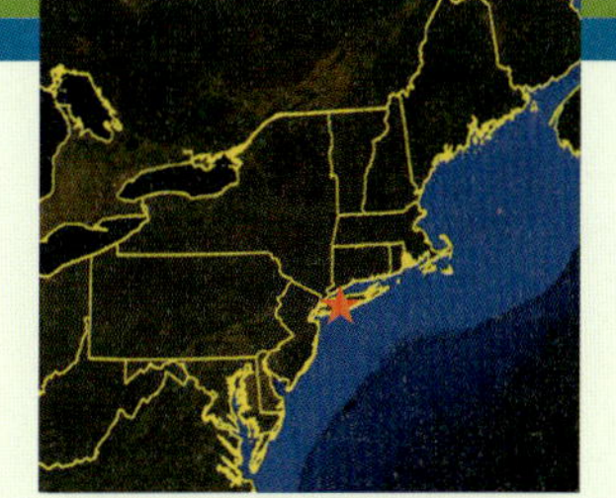

반복된 양빈

뉴욕 롱아일랜드 ▶

미국 북동부의 가장 취약한 해안선의 하나는 강력한 대서양 폭풍의 진입로에 있는 뉴욕의 롱아일랜드 남부 해안이다. 큰 파랑과 직면한 어떤 저지대 해안처럼 남부해안은 연속적인 연안사주와 제빈도가 특징적이었다. 제빈도 동쪽 웨스트햄프턴 사구의 부조화한 공동체는 '포스터 차일드(문제 아동들에 대한 도움을 구하는 포스터에 나오는 아동)' 처럼 양빈의 문제아가 되어 지속적으로 변형되는 제빈도를 유지하려고 시도한다. 사건들의 일대기는 문제의 진화상태를 보여 준다.

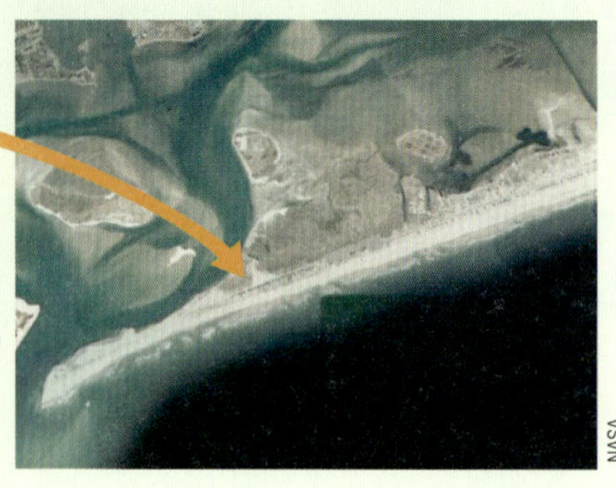

▶ **A.** 1992년 후반 폭풍이 기파대에서 웨스트 햄프턴 사구의 연안사주를 붕괴시켰다. 그림 13–15에서 동일한 주택들이 확인된다. **B.** 주요한 붕괴는 서쪽 끝의 그로인에서 일어났다. **C.** 웨스트 햄프턴 사구의 최근 위성사진(영상의 오른쪽 반)에서 조수가 석호에 밀려드는 북쪽으로 난 모리치 인렛을 보여준다. 이전 그로인 필드의 서쪽 끝은 영상의 오른쪽 거의 끝에서 볼 수 있다. 비록 좁은 연구사주가 최근 큰 폭풍이 없어서 심각한 피해에서 벗어났다 할지라도 많은 경우 재앙적인 붕괴나 오버워시에 매우 취약한 지역으로 남아있다.

1950년대: 해빈침식은 웨스트햄프턴 해빈 도시를 위협한다. 미공병대는 해빈모래 보충과 '필요하다면' 23개의 그로인 축조를 제안한다.

1962년: 폭풍이 제빈도의 하천제방을 붕괴하면서 정치적, 법적 압박으로 11개의 그로인이 급히 축조되었고 동서 방향의 연안표류를 제한했다. 웨스트햄프턴 사구 서쪽 4 km 길이에 걸쳐 들어선 공동체로 인하여 연간 0.5~4.5 m까지 해빈이 침식되었다.

1970년: 추가로 4개의 그로인이 저택과 콘도미니엄을 보호하기 위해 축조되었고, 1970년대 후기에는 더 많은 주택이 들어섰으나 노리스터의 심각한 침식으로 유실되었다.

1973년과 1984년: 그로인이 해빈 침식을 가속화하지만 보상받지 못한 데 대해 정부에 대한 주민의 고소가 밀려들었다. 지방, 연방, 주정부가 해안침식 프로젝트를 위한 예산집행에 관심을 보이면서 그로인필드를 완성하려는 다양한 노력이 모아졌다.

1988년: 뉴욕의 시그랜트 프로그램으로 일련의 유용한 옵션을 살펴, 그로인에 브리치 조성을 예측하는 해안 전문가를 소집하였으나 변호사가 거부하면서 아무런 진척이 없었다.

1991년과 1992년 11월의 노리스터: 폭풍이 주택을 다수 붕괴시키고 제빈도 여러 곳에서는 브리치가 터졌다. 하나의 브리치 폭이 거의 1 km나 넓어지며 수십 채의 집이 무너졌다. 총 190~246채의 집이 유실되었다.

1993년: 예견된 곳에서 터진 브리치는 880만 달러를 들여 1993년에 막았으며, 그로인은 더 많은 모래가 브리치를 따라 흘러가도록 짧게 했다.

1994년: 주민들은 시기에 맞추어 다시 고소를 하였다. 미공병대와 주, 지방정부는 다음 30년간 해빈을 유지하기로 동의했다.

1997년: 양빈으로 5300만 달러(2007년)가 소요되었고, 340만 m^3의 모래가 보충되었다. 다음 5년간은 어떤 폭풍도 없었으므로 그 효과는 매우 성공적이었다.

누적되는 예산은 대부분 뉴욕주의 납세자 몫이었다. 대신 그들에게는 7개 지점을 통하여 해빈으로 입구가 나 있는, 3 km 길이의 해안을 따라 두 곳에 200대까지 주차를 허용했다. 이러한 짧은 길이의 사주에 대한 역사는 해빈의 경사를 낮추는 자연적인 프로세스를 통제하려는 것의 위험과 재해를 강조하고 있다.

고찰

파랑, 해빈, 그리고 해안침식과 관련된 다음의 장면을 해석하여 관찰력을 검증하라.

A 이 해빈은 로키 북부 대규모 호수에 있다.

Donald Hyndman.

1. 왜 해빈 전면의 경사가 더 급한가?
2. 왜 상부 경사가 더 급한가?
3. 왜 해빈 상부가 기저부보다 더 조립질의 잔자갈로 되어 있는가?

B 이 해빈은 캘리포니아 중부 해안을 따라 고속도로까지 이어진다.

USACE.

1. 왜 거력들이 멋진 모래해빈의 배후에 쌓여 있는가?
2. 여기에 쌓은 거력들이 해빈에 미치는 영향은 무엇인가? 왜 쌓는가?

C 이 집들은 캘리포니아 해안을 따라 해빈 오른쪽에 위치한다.

D. Krohn, USGS.

1. 이 사진에서 어떤 재해를 확인할 수 있는가?
2. 이곳의 해빈 전면의 집소유주들이 재산을 더 잘 보호하려면 어떤 방법이 있겠는가?
3. 연안표류의 방향을 지시하라. 어떻게 알 수 있는가?

D 이곳의 펜스는 뉴저지 애틀랜틱시티의 롱비치아일랜드의 집들과 해빈 사이에 들어서 있다.

Hyndman.

1. 왜 전면의 해빈모래에는 가파른 벼랑이 있는가?
2. 나무 펜스는 해빈의 모래 분포에 어떤 효과가 있는가?
3. 이 펜스는 폭풍 시 집들의 재해를 줄여 줄 것인가?

E 이 집들은 애틀랜틱시티 남쪽의 뉴저지 해안 근처에 있다. 바다는 사진 왼쪽 하단 쪽으로 100 m 떨어져 있다.

Hyndman.

1. 왜 이 집들은 파일 위에 세워져 있는가?
2. 기둥은 어떻게 집을 보호해 줄 것인가?

F 이 해빈은 시카고 근처의 미시간 호수를 따라 위치한다.

Donald Hyndman.

1. 해빈에서 수면 쪽으로 위치하는 어두운 선은 무엇인가?
2. 왜 해빈은 거대한 톱날 같은가?
3. 파랑에 의해 어느 방향으로 해빈모래가 이동하는가?

G 이 해빈은 캘리포니아 중부 해안을 따라 위치한다.

David Hyndman.

1. 어떤 위험한 수영 조건이 존재하는가?
2. 해빈 상부의 젖은 모래 상태에서 어떤 증거가 그러한 상황을 확인해 주는가?
3. 외해의 수면에서는 위험한 수영 조건에 대한 어떤 증거가 있는가?
4. 이곳 바다에서 수영한다면 어떤 행동이 당신을 안전하게 할 것인가?

H 캘리포니아 중부 해안을 따라 이처럼 가파른 해안선이 있다. 주택은 바닥 전면에서 불과 4 m 오른쪽에 세워졌다.

Hyndman.

1. 사진에서 어떤 재해가 확인되는가?
2. 소유주는 재앙을 최소화하기 위해 무엇을, 왜 하는가?
3. 사진 뒤쪽 멀리 있는 아파트 건물을 보호하려면 무엇을, 왜 해야 하는가?

13장 복습

요점

위험한 해안의 생활

- 해빈과 해식애는 계절이 바뀌고 시간이 지나면서 끊임없이 변화한다. 사람들이 해빈에 영구주택을 지을 때에도 해안 프로세스는 멈추지 않는다. 프로세스는 상호작용을 하여 새로운 구조물에 영향을 미친다.

파랑과 퇴적물 운반

- 대개의 파랑은 수면을 가로지르는 바람에 의해 발생한다. 파고는 힘, 시간, 수면 위의 취송거리에 지배된다.
- 파랑 속의 물은 파랑 방향을 따르기보다는 원운동을 하면서 움직인다. 원운동은 파장의 절반 이하의 거리에서 감소하며 사라진다. 그 깊이보다 얕은 물에서는 해안의 바닥을 끌기 시작한다. **그림 13-2, 13-4.**
- 파랑에너지는 파장과 파고의 제곱에 비례하므로 파고가 두 배가 되면 파랑에너지는 네 배가 된다. **해설 13-2.**
- 비스듬히 해빈에 접근하는 파랑은 모래를 내륙 쪽으로 밀어 해안을 따라 연안표류시킨다. **그림 13-5.**

해빈과 모래 공급

- 해빈 모래의 입경과 양은 파랑에너지, 해식애의 침식력, 그때 생산되는 입경, 하천이 운반한 물질의 입경 및 양과 관련된다. 보다 큰 겨울 파랑은 보통보다 조립질을 생산하고, 급경사의 해안을 만든다. 더 큰 겨울 파랑은 통상 더 조립질이고 가파른 해빈을 형성한다.
- 평형종단면을 보이는 해빈은 육상 쪽으로 가팔라진다. 더 큰 파랑은 해빈을 침식하고 모래를 펼쳐 더욱 완만한 경사면을 만든다. **그림 13-11.**
- 해빈의 모래는 특히 폭풍 시 침식작용으로 유실된다. 예를 들면 댐 하류부에서 침식은 더욱 심해지면서 해빈의 모래 공급이 줄어든다.

완만한 경사 해안과 제빈도의 침식

- 외해의 제빈도는 육상으로 가파른 해빈 종단면이 일반적인 해안종단면보다 가파르다. 바람은 모래를 육지 쪽으로 불어 올려 사구를 만든다.
- 제빈도는 상승하는 해수면과 함께 육지 쪽으로 이동하여 평형종단면을 유지한다. 많은 제빈도는 현재 빌딩으로 덮여 제빈도는 육지 쪽으로 이동할 수 없고 계속 침식된다. **그림 13-15.**
- 조류는 사주 뒤에 내만으로 이어지는 삼각강과 항포구를 열리게 한다. 폭풍서지와 파랑이 열리거나 닫히게 하고 항포구의 위치를 이동시킨다.
- 사구 모래는 해빈 위에 펼쳐져 폭풍 시 침식을 방지하지만, 대부분의 사구는 굴식, 답압이나 파랑 침식으로 사라졌다.

해식애의 침식

- 해식애 침식은 바위, 파고, 해면, 그리고 강수량의 세기에 의해 결정된다. 그 결과 침식은 폭풍 시 증가한다.
- 주택 소유주는 해식애라는 재산을 그 기저부에 사석을 깔거나 콘크리트로 덮어서 침식으로부터 보호하려고 시도한다.

해안 변화에 대한 인간의 간섭과 저감

- 연안표류 모래의 침식을 방지하거나 멈추게 하는 해안보호 구조물에는 방파제, 그로인, 제티, 그리고 파수대가 포함된다. 모두 해안을 따라 일시적인 저감효과가 있다. 어떤 경우에는 철저하게 해빈 손실을 가져온다. **그림 13-7~13-33.**
- 해빈모래 보충은 해빈에 모래를 도로 공급하는 것인데 수시로 보수할 필요가 있다. **그림 13-34~13-37.**
- 해빈침식을 막는 덜 비싸고 더 지속적인 해결책은 해빈으로부터 위협을 주는 구조물을 옮기고 환경보호 전략을 시행하는 것이다.

중요 단어

경성호안기법(beach hardening)
그로인(groin)
노리스터(Nor'easter)방파제(seawall)
사구(sand dune)
사석(riprap)
숏크리트(shotcrete)
연안표류(longshore drift)
이안류(rip current)
제빈도(barrier island)
제티(jetty)
주기(period)
파고(wave height)
파랑에너지(wave energy)
파랑의 굴절(wave refraction)
파수대(breakwater)
파장(wavelength)
평형종단면(equilibrium profile)
폭풍서지(storm surge)
합주거리(fetch)
해빈모래 보충(beach replenishment)
해안종단면(shore profile)
해저곡(submarine canyon)
헤드랜드(headland)

복습 문제

1. 심해 파랑에서 발생하는 막대기의 운동(또는 물분자 운동)을 개략적으로 설명하라.
2. 어떤 힘이 대부분의 파랑을 만드는가?
3. 바람이 잔잔할 때 발생하는 해안가의 큰 파랑들은 어떻게 해석해야 하는가?
4. 어떤 요인이 풍파를 성장시키는가?
5. 일반적으로 대양의 파랑은 왜 호수의 그것보다 더 큰가?
6. 폭풍 시에 해빈에서 침식된 모래는 어디로 이동하는가?
7. 사취는 제빈도에서 연안표류의 방향과 관련하여 어디에 형성되는가? 대답을 그려 보라.
8. 심각한 해수면 상승 이전과 이후의 제빈도의 모습을 그려 보라.
9. 사구는 해빈의 안정성에 어떤 영향을 미치는가?
10. 해빈 그로인의 어느 쪽에 모래가 모이는가?
11. 사석이나 방파제가 설치되면 파랑에너지와 침식작용에 어떤 일이 발생하는가?
12. 해안지역 재해지구에 빌딩건축을 방지하기 위해 무엇을 할 수 있는가?
13. 해안침식을 최소화하는 방법은 무엇이며, 그 가운데 긍정적이거나 부정적인 방법은 무엇인가?

토의 문제

1. 해빈모래 보충의 비용은 누가 지불해야 하는가(지방거주민, 국가납세자)? 해빈 이용자는 이 프로젝트에 재정적인 의무를 져야 하는가?
2. 캘리포니아 오리건 해안 해식애에 집을 소유하고 있다면 당신은 무엇을 할 것인가? 도덕적, 법적으로 집에 영향을 미칠 손해나 피해를 구매자에게 알릴 의무가 있음을 유의하라.
3. 당신이 FEMA 관리라면, 그리고 제빈도에 사는 사람들의 집이 허리케인 브리치에 의해 절단되어 그들을 도와야 한다면 무엇을, 왜 할 것인가?
4. 해빈모래 보충는 어디에서 가져와야 할 것인가? 그 위치의 모래를 가져오면 어떤 결과가 올 것인가?

허리케인과 노리스터

14

텍사스 주 볼리바 반도의 크리스털비치 북동쪽 해변에 수 m 깊이로 가라앉고 있는 집 기둥. 이들은 허리케인 아이크가 이 집을 무너뜨리는 것을 막는 데 충분하지 않았다.

허리케인 아이크는 허리케인의 눈에서부터 믿을 수 없을 정도로 반경 190 km나 확장한 허리케인급 바람인 카테고리 2의 폭풍으로서, 2008년 9월 13일 자정 직후에 텍사스 주 갤버스턴에 상륙했다. 매우 심각한 경고하에서 대부분의 사람들이 대피했지만, 많은 사람들은 과거 허위경보와 그들 건축물(집)에 대한 자신감으로 허리케인을 이겨 내기 위해서 머물렀다. 1900년 참혹한 허리케인 이후, 파도로부터 도시를 보호하고자 5.2 m 높이의 콘크리트 방파제를 갤버스턴에 만들었다. 그러나 아주 강한 연안풍이 해안을 따라 볼리바 반도 북동쪽을 향하면서 그곳에 있던 대부분의 집들이 사라졌다. 텍사스 및 멕시코 연안에 있는 대부분의 구조물들은 높게 세워져 튼튼한 기둥으로 지탱하여 폭풍파를 그 밑으로 통과시킬지라도, 큰 파도와 서지가 발생하면서 기둥 아래의 모래를 침식시킨다.

그러나 갤버스턴 남서쪽 갤버스턴 섬에서 거센 바람과 서지는 처음 동쪽에 상륙하면서 섬 뒤편 석호의 물 수위를 극단적으로 높였다. 상륙 시 바람은 남풍에서 남동풍으로 바뀌었고, 석호로 밀어 올린 서지는 외해까지 밀려갔고, 해빈의 모래를 수 m 이동시켜 외해로 이동시켰다. 여기에서 거의 완벽하게 파괴되었고, 특히 해빈 가까운 앞쪽 두 열의 집들에서 피해가 컸다. 지붕들과 벽들은 바람에 의해 잘게 조각났고, 해빈에 가까운 모든 집들이 쓸려 갔으며, 기둥이 부러지거나 기저부 모래가 유실되어 해빈의 집들은 거의 다 무너지고 파도에 쓸려 갔다.

여파는 충격적이었다. 해풍과 서지가 매우 강했던 갤버스턴 북동쪽 해빈의 앞쪽 열의 집들이 거의 모두 없어졌다. 해빈에서 100 m 앞까지 남아 있는 것들은 뒤엉킨 판자더미, 합판, 지붕재료, 가구, 차, 가전제품, 전신주들이었다. 수시간 동안 3~4 m 높이의 거대한 서지가 해빈의 모래를 내륙 쪽으로 2 m 이상 침식하여 이동시켰는데, 이는 기둥들이 모래 속에 충분히 깊게 고정되지 않았거나, 바람과 파도에 견딜 만큼 충분히 강하지 못했기 때문이다. 대부분의 집들은 바람, 날아다니는 파편, 들어 올려진 집 기둥에 의해 떨어져 나갔거나, 기둥이 부러지거나 노출되면서 파도에 의해 넘어지고 부서졌다. 또한 모래가 유실되면서 도로, 차도, 인도, 야자나무들을 들어 올려서 산산조각이 났다. 예전에 모래에 매몰된 오수 정화조는 뒤집히고 쏟아졌다.

전기선과 전신주가 쓰러지거나 넘어지며 정전이 되었으며, 상수도는 하수도를 막을 수 없는 상태였기 때문에 심각하게 오염되었고, 도로들은 모래와 파편들에 의해 파헤쳐졌거나 매몰되었다. 갤버스턴의 북동부와 남서부 거의 200 km 길이에 이르는 해안은 몇 주간 사람이 살 수 없을 정도였다. 대피를 거부하고 살아남은 일부 사람들은 폭풍이 지나간 후에 음식, 물, 전기, 전화, 또는 도피처가 없었다. 냉장고와 냉동고는 늦더위에 냉기를 유지할 수 없었고 음식이 부패했다. 상륙했을 당시 중간 정도인 카테고리 2 허리케인이었지만, 해안에서 아이크로 인한 피해액은 270억 달러가 넘었고, 지금까지 세 번째로 큰 열대저기압으로 기록되었다.

허리케인

열대저기압(tropical cyclone)은 강하게 회전하는 바람들로 둘러싸인 저기압 중심을 갖는 폭풍 시스템이다. 이 폭풍들은 시간당 120 km 이상의 풍속을 가지며, 시간당 260 km를 넘을 수 있다. 또한 폭우, 천둥, 토네이도, 해안을 따라 바다로부터의 큰 서지를 동반할 수 있다.

거대한 열대저기압이 북대서양과 동태평양 지역에서 일어날 때, 이를 **허리케인**(hurricane)이라고 하며, 이 단어는 카리브 해의 원주민 인디언 언어인 큰 바람(big wind)에서 유래하였다. 폭풍의 동일한 유형으로 서태평양, 일본, 남동아시아에서는 **태풍**(typhoon)이라고 부른다. 인도양에서는 이들 폭풍을 단순히 사이클론이라고 부른다. 이 장에서 우리는 허리케인과 같은 모든 폭풍에 대해서 토의한다.

역사적으로 열대저기압은 세계의 일부 지역에서 가장 최악의 재앙을 만든다. 최악의 재앙은 남동아시아의 인구밀도가 높은 후진국에서 일어나며, 단일 폭풍은 수십만 명에 이르는 사망자를 발생시킬 수 있다.

허리케인의 형성

허리케인은 일반적으로 북위 5~20°의 최소한 25°C(77°F)의 따뜻한 바닷물에서 발달하기 시작한다. 이들 열대지방인 저위도에서, 온도가 높고 기압 경도는 약하다. 공기가 국지적으로 가열되어 상승하면 잦은 천둥을 동반하는 대류성 '굴뚝(chimney)'을 만드는 응결작용이 일어난다. 강한 바람은 대류성 굴뚝의 꼭대기를 잘라 낼 수 있고, 허리케인은 소멸될 수 있다.

바람이 없다면, 기류가 높은 고도로 상승할 때 대류 현상이 강해질 수 있다. 따뜻하고 습윤한 공기가 대양 위로 상승하여 '굴뚝'의 꼭대기에서 발산한다. 따뜻한 공기는 팽창하고, 시원해지고, 잠열을 방출한다. 공기는 폭풍이 강해짐에 따라 더 빠르게 상승한다.

폭풍의 중심에 있는 저기압대는 **태풍의 눈**(eye)으로 불리며, 많은 위성사진에서 작고 검은색으로 분명하게 확인된다(**그림 14-1**). 허리케인의 눈은 주변 공기보다 20°C 이상 따뜻하다. 눈 부근의 공기는 상승하며 폭풍 주변의 낮은 고도에서 눈 쪽으로 보다 습윤한 공기를 흡입한다. 최고 풍속의 바람과 최저기압이 폭풍의 중심을 향해 집중되면서 코리올리 힘은 상승하는 공기 속에서 회전을 일으킨다. 바람은 북반구에서 시계반대방향으로 돌고, 남반구에서는 시계방향으로 회전하며, 최고 풍속은 눈 벽(eye wall)의 가장자리를 따라 나타난다.

대부분의 폭풍은 160~800 km의 직경을 가질 수 있다. 일단 형성되면, 폭풍은 평균 시속 25 km로 전진하면서 무역풍과 함께 대양을 가로질러 이동한다.

허리케인의 분류

허리케인은 풍속에 따라 분류된다. 허리케인급 바람은 시간당

그림 14-1 허리케인의 형성

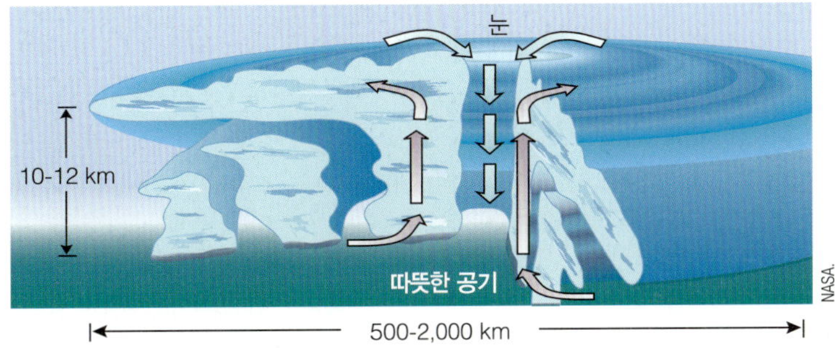

500-2,000 km

A. 상륙하기 전 북쪽에 위치한 타원형의 허리케인 카트리나의 위성사진. 뒷바람은 더 먼 곳으로 퍼져 나가며 폭풍은 시계반대방향으로 회전한다. B. 측면에서 바라본 허리케인의 이상적인 모식도. 그림의 꼭대기는 왼쪽의 위성사진과 일치한다. 태풍 밖으로부터 해수면에서의 공기 상승은 눈 근처에서 일어나고 확산된다. 차고 건조한 공기는 눈에서 가라앉는다.

119 km(74 mph) 이상으로 지속되는 속도를 갖는다. 허리케인 내에서 가장 거센 바람은 눈 벽의 가장자리를 따라 존재한다. 눈 내부는 일반적으로 직경이 20~50 km이고 '벽(wall)' 주변에서 풍속은 시속 200 km에서 시간당 15 km의 속도로 갑자기 떨어진다(**그림 14-2**). 기압은 대기압인 약 1,000 mb(1 bar)에서 눈에서는 960~970 mb로 감소한다. 눈과 급경사로 만나는 공기는 하강하는데, 상부의 건조한 공기는 하늘을 맑게 하고, 더운 상태에서 더 많은 습기를 포함할 수 있다.

사피어-심슨 허리케인 등급(Saffir-Simpson Hurricane Scale)은 허리케인을 기압과 평균 풍속을 기초로 5개 카테고리로 나누는데, 카테고리 1 폭풍은 매우 약하고 카테고리 5 폭풍은 매우 강하다. 낮은 기압과 빠른 풍속일수록 허리케인은 강력해진다(**표 14-1**). 허리케인은 전형적으로 강해지든지 혹은 약해지든지 발달하면서 변화한다. 예를 들면 허리케인 카트리나는 바다에서 카테고리 5 폭풍이었지만, 육지에 접근하면서 카테고리 3 폭풍으로 약해져 바람이 느려졌다.

그림 14-2 풍속과 기압

눈 속으로 하강하는 건조한 공기
풍속 = 250 km/hr
기압 = 1,000 mb
상승하는 기류
풍속 = 20 km/hr
기압 = 960 mb
20-30 km
±200 km
Modified from Simpson and Riehl.

전형적인 허리케인의 모식도로서 기압(황갈색 파선), 풍속(굵은 흑색 선), 그리고 기류의 흐름을 보여 준다. 이들은 허리케인의 중심을 관통하는 비행기에서 측정할 수 있다.

사피어-심슨 등급이 허리케인의 강도를 나타내기 위해 고안되었다고 하더라도, 예상되는 피해 범위에 대한 지표로서 오해의 소지를 불러일으킬 수 있다. 사람들은 종종 카테고리 4와 5 같은 매우 강한 허리케인에 관심을 두고 있지만, 낮은 등급 카테고리의 폭풍은 때때로 훨씬 큰 피해를 줄 수 있고, 어떤 경우에는 더 많은 목숨을 잃게 한다(**표 14-2**). 풍속을 비롯하여, 허리케인으로 인한 피해 정도는 폭풍서지로 인한 수위 상승 높이, 얼마나 넓은 면적이 피해를 받는지, 최고 수위와 폭풍 기간, 최근에 다른 폭풍이 그 지역에 어떻게 영향을 미쳤는지에 따라 결정된다(보다 상세한 내용은 다음 장에서 토의한다).

위험지역

북반구 해분에서 열대저기압은 시계반대방향으로 회전하지만, 해류 흐름과 같이 시계방향으로 이동한다(**그림 14-3**). 남반구에서 저기압들은 시계방향으로 돌고 시계반대방향으로 이동한다. 북반구 열대폭풍은 아프리카 서부 해안의 따뜻한 물에서 시작되며, 무역풍을 따라 대서양을 가로질러 서쪽으로 이동한다. 그들은 데워지면서, 풍속과 에너지가 강해지고, 보통 미국에 도착하기 전에 허리케인으로 발달한다. 일반적으로 서쪽, 남서쪽, 북쪽의 경로로 이동하고, 미국의 남동부 해안에서 끝나거나 대륙으로 침투한다. 서태평양의 태풍과 인도양 북쪽의

표 14-1 사피어-심슨 허리케인 등급

카테고리**	EXAMPLE	기압*		폭풍서지		평균 풍속		피해***
		Mbar	In.	M	Ft	Kph	Mph	
보통(폭풍이 아님)		1,000	29.92	0	0	0	0	
열대성폭풍				<1.2	<4	62–119	39–74	
1	Danny, 1997	>980	>28.94	1.2–1.7	4–5	120–153	75–95	나무, 고정되지 않은 이동식 가옥에 적은 피해
2	Bertha, 1996; Isabel, 2003; Ike, 2008	965–979	28.5–28.93	1.8–2.6	6–8	154–177	96–110	나무, 이동식 가옥, 창문, 문, 지붕에 중간 또는 심한 피해. 허리케인 눈이 도달하기 전 2~4시간 동안 낮은 해안도로 침수
3	Alicia, 1983; Fran, 1996; Katrina, 2005	945–964	27.91–28.49	2.7–3.3	9–12	178–209	111–130	심한 피해: 큰 나무 전복, 작은 건물 손상, 이동식가옥 파손. 저지대 대피로 허리케인 눈이 도달하기 전 3~5시간 동안 침수. 해발고도 1.5 m 이하 지대는 내륙 쪽 13 km까지 범람
4	Hugo, 1989	920–944	27.17–27.9	3.4–5.5	13–18	210–249	131–155	심각한 피해: 창문, 문, 지붕, 해안의 건물에 심한 피해. 내륙으로 수 km까지 범람. 해발고도 3 m 이하 지대는 내륙 쪽 10 km까지 범람
5	Camille, 1969; Gilbert, 1988; Andrew, 1992; Mitch, 1998	<920	<27.17	>5.5	>18	>249	>155	극심한 피해: 해발고도 4.5 m 이하, 해안에서 500 m 이내의 모든 건물들에 심한 피해. 모든 나무와 간판이 바람에 날려 감. 저지대 대피로가 허리케인 도달하기 전 3~5시간 동안 침수

* 해양의 표준 기압 = 29.92인치(inHg) = 1,000밀리바(mb) = 1바 또는 1기압.
** 바람은 허리케인을 분류하는 데 사용되는 일차적인 요소이다—기압과 폭풍서지 고도는 예전에 사용되었고, 지금은 단지 참조자료이다.
*** 이것은 매우 가변적이고 본문에서 살펴본 것처럼 많은 요인에 지배된다.

표 14-2	허리케인 카테고리 5와 2의 비교	
	허리케인	
특징	카테고리 5	카테고리 2
서지	높다	보다 낮다
바람	세다	보다 약하다
직경	보다 작다(좁은 지역에 영향)	보다 크다(넓은 지역에 영향)
속도	빠른 해안선 횡단(단기간, 보다 좁은 지역에 적은 양의 강우, 소규모 범람)	느린 해안선 횡단(장기간, 보다 넓은 지역에 대량의 강우, 대규모 범람)
예	길버트(1988), 앤드류(1992), 카밀(1969)	아그네스(1972), 이사벨(2003), 프랜시스(2004)

그림 14-3 허리케인 경로

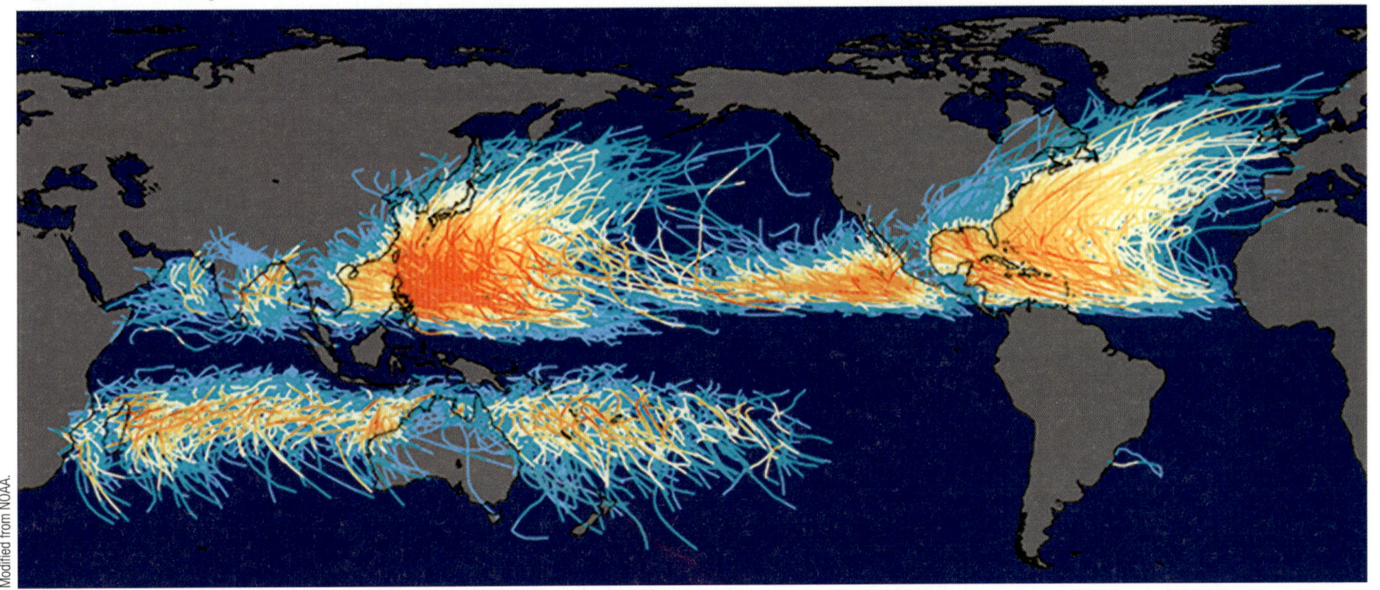

컬러 실선은 허리케인과 열대성 폭풍의 모든 경로를 나타낸다. 폭풍 강도는 색깔로 나타냈는데, 약한 폭풍은 파란색, 카테고리 5의 허리케인은 붉은색으로 보인다.

사이클론도 비슷한 경로를 가진다.

세계적으로 매년 80~90개의 열대성폭풍과 45개의 허리케인이 발생한다(지난 천 년 동안 130,000개의 폭풍). 연평균 6개의 유명한 허리케인이 대서양과 멕시코 만에서 형성된다. 따라서 지질학적으로 짧은 시간에, 저기압은 침식, 퇴적, 그리고 전반적인 경관변화 특히 제빈도와 같이 해안에 노출된 지역에 중요한 영향을 미친다.

미국에서는 아열대성 저기압 또는 허리케인이 멕시코 만과 대서양 남쪽 해안을 따라 주로 나타난다. 미국 전체 인구의 약 15%인 4,400만 명 이상의 사람들은 폭풍의 영향을 받는 해안지역에 거주한다. 이러한 지역이 급속하게 증가하기 때문에, 대부분의 사람들은 허리케인을 직접적으로 경험한 적이 없고, 위험에 대한 정보도 부족하다. 이곳의 주민들과 마찬가지로 경험이 없는 개발업자와 건축업자들도 해빈의 사구와 연안사주와 같은 위험한 지역에서 살며 일하려 한다. 자산가치가 오를수록 큰 폭풍이 오면 금전적인 피해도 커진다.

허리케인은 일반적으로 코리올리 힘에 의해 미국 남동해안에 접근하면서 북쪽으로 방향이 꺾어진다. 일부 경로는 매우 직선적이다. 불규칙한 경로를 갖는 경우도 있다(**그림 14-4**). 허리케인은 보통 플로리다의 동해안을 따라 북동쪽으로 흘러서 캐나다 동부해안까지 계속되는 멕시코 만류의 따뜻한 물 위에 오래 머무르는 동안 강해진다. 그러므로 서쪽으로 이동하

그림 14-4 허리케인 진로와 해양의 기온

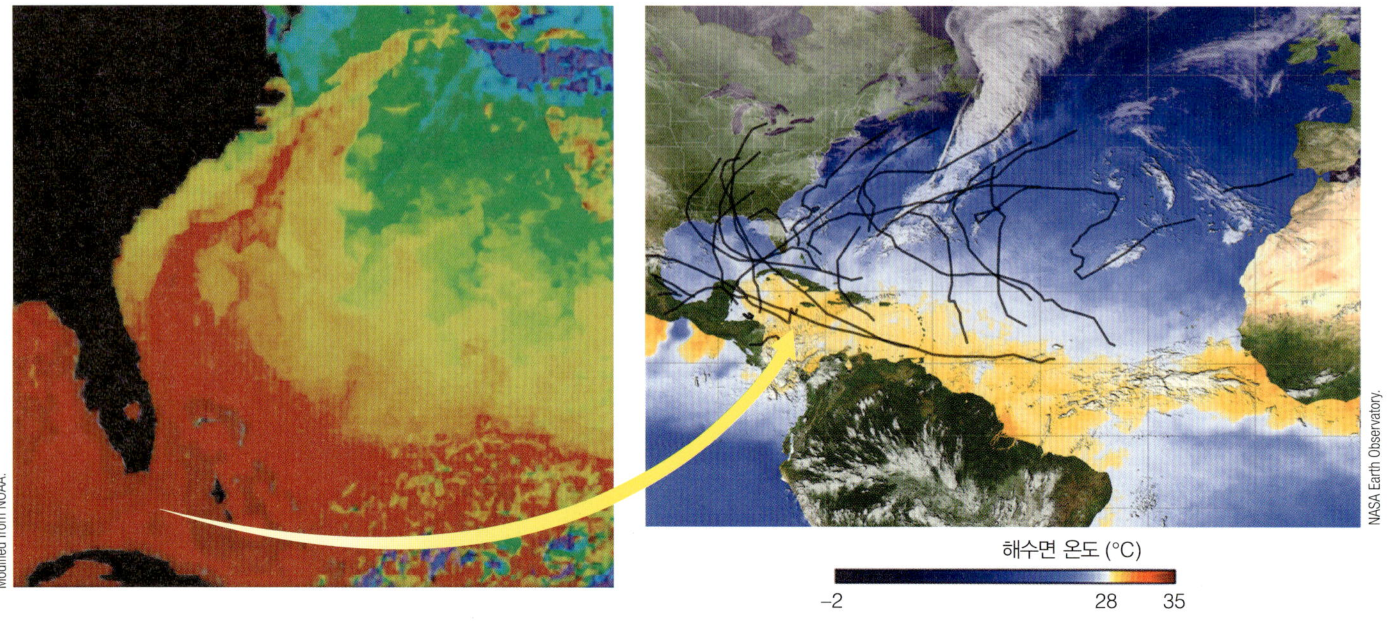

2005년 대서양의 해수면 온도는 아프리카 서부해안에서 따뜻한 물(오렌지색)을 보여 주고, 무역풍과 함께 서쪽으로 이동하면서 허리케인이 강력해져 미국 남동부지역에 영향을 미친다(검은색 진로는 2005년 허리케인을 나타낸다). 흰색으로 얼룩진 구름이 매우 선명하다.

는 폭풍은 해안에 도달함에 따라 북서쪽과 북쪽으로 호를 그리면서 경로를 취하는 경향이 있다. 만약 허리케인이 따뜻한 해양 회오리(ocean eddy) 위를 지나면, 2005년 멕시코 만의 허리케인 카트리나 경우와 같이 매우 강해질 수 있다(**그림 14-5**).

그림 14-5 허리케인 강도와 해양 온도

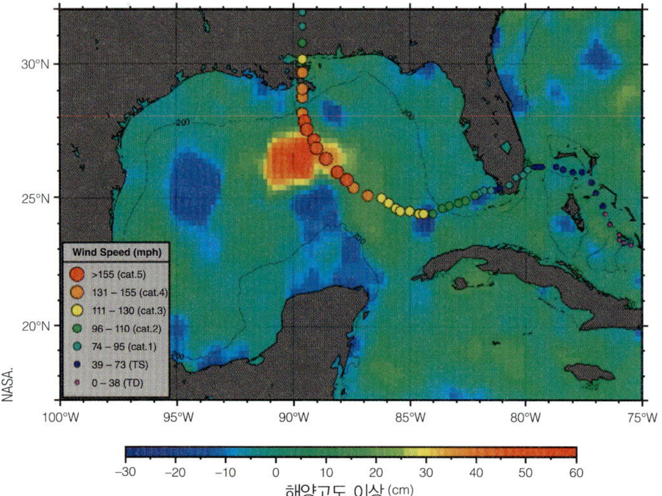

2005년 8월 멕시코 만의 해수면 온도는 따뜻한 물의 회오리를 보여 준다(물의 열적인 팽창을 나타내는 해수면 고도로 측정됨). 바람세기로 나타낸 허리케인 카트리나의 강도는 따뜻한 물의 회오리(붉은색) 위를 통과할 때 급격하게 증가한다.

허리케인이 냉랭한 바다 위를 지나거나 육지 위를 계속 움직이면, 점차 에너지를 잃어 소멸하게 된다.

미국의 허리케인 대부분이 저위도 지역에 영향을 미치지만, 그중 많은 경우는 뉴잉글랜드 같은 북쪽지역까지 이동하여 영향을 미친다. 이 중에서 일부만 카테고리 3 이상의 강도를 가지지만 대단히 파괴적일 수 있다. 롱아일랜드, 로드아일랜드, 매사추세츠 동부지역은 대서양 쪽으로 돌출되어 허리케인 경로를 가로막고 있어 특히 그렇다. 토탄층을 덮고 있는 선사시대의 모래질 홍수퇴적물과 역사적 기록을 기초로 볼 때, 적어도 카테고리 1, 2의 27개 허리케인이 지난 400년간 평균 15년에 한 번씩 같은 지역을 공격했다.

카테고리 3과 5의 큰 허리케인은 플로리다에서 텍사스 주 걸프 해안에 이르는 모든 지역을 평균 15~35년 주기로 강타한다. 특히 취약한 곳은 플로리다 남부, 캐롤라이나, 걸프 해안이다(**그림 14-6**). 특히 허리케인은 6월 말이나 7월~11월에 걸쳐 나타나지만, 대부분의 허리케인은 태양이 해양의 표면온도를 데우는 전 여름기간에 해당하는 8월이나 9월에 발달한다. 평균적으로 9개의 허리케인이 매년 태평양 동부지역에서 나타나는데 그중 4개는 강력하다.

그림 14-6 허리케인 위험지역

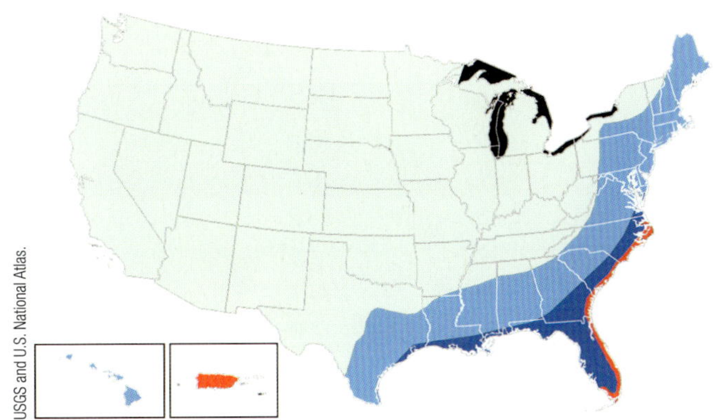

역사 데이터를 기초로 한 100년간 허리케인 발생(그리고 허리케인으로 인한 홍수)의 잠재적인 횟수. 붉은색 560 이상, 남색 540~60, 하늘색 20~40.

폭풍 피해

지난 100년 동안 미국에서 허리케인 관련 비용이 급격하게 증가한 반면 사망자수는 감소했다(**그림 14-7**). 사실 피해가 큰 허리케인 10개 중 6개는 2004년과 2005년에 발생했다(**표 14-3**). 증가하는 비용은 해안을 따라 급속하게 증가한 인구, 부적절한 위치에 들어선 많은 건물들, 매우 비싼 건물들을 반영하고 있다. 허리케인으로 인한 사망자수는 최근 허리케인 카트리나가 일어나기 전까지 1920년대에 최고점을 기록한 후 상당히 감소했다. 초기의 감소는 적어도 부분적으로 상륙 시 허리케인의 위치를 예측하는 과학자들의 능력 향상과 위험할 때 사람들을 대피시킬 수 있는 조정 능력 때문이다.

허리케인으로 인한 사망과 피해는 폭풍서지, 날아다니는 파편을 갖는 거센 바람, 파도, 폭우, 홍수에 의해 발생할 수 있다.

폭풍서지

해안지역은 폭풍 조수라고도 불리는 **폭풍서지**(storm surge)를 경험하는데, 저기압과 거센 바람의 결과로 나타나는 허리케인을 따라 해수면이 상승할 때 발생한다. 정상적인 상태에서 기압은 해수면을 내려 누르고, 바다는 평상시 고도를 유지한다. 저기압 시스템이 해양지역 위를 지나갈 때, 폭풍서지의 고도는 기압이 낮을수록 상승한다(해설 14-1: 기압은 서지 고도에 영향을 미친다).

폭풍서지로 인한 계속되는 거센 바람이 해수를 밀어 올려 7.3 m의 고도에서 폭 80~160 km의 높은 언덕을 만든다. 폭풍파도는 폭풍의 전면을 밀어 올리기 때문에 거의 폭풍의 속도에 따라 움직인다(**그림 14-8**). 바람 앞의 물기둥 높이는 풍속이 빠를수록, 수면 위로 바람이 대양을 가로지르는 **합주거리**(fetch)가 길수록, 그리고 수심이 얕을수록 커진다(해설 14-2: 서지 고도는 풍속, 합주거리, 수심에 따라 결정된다).

폭풍 전면의 물기둥 고도는 낮아지다가, 해안의 얕은 수심으로 들어오면서 높아진다. 대륙붕 천해의 물을 외해의 보다 작

그림 14-7 허리케인으로 인한 비용과 사망자수

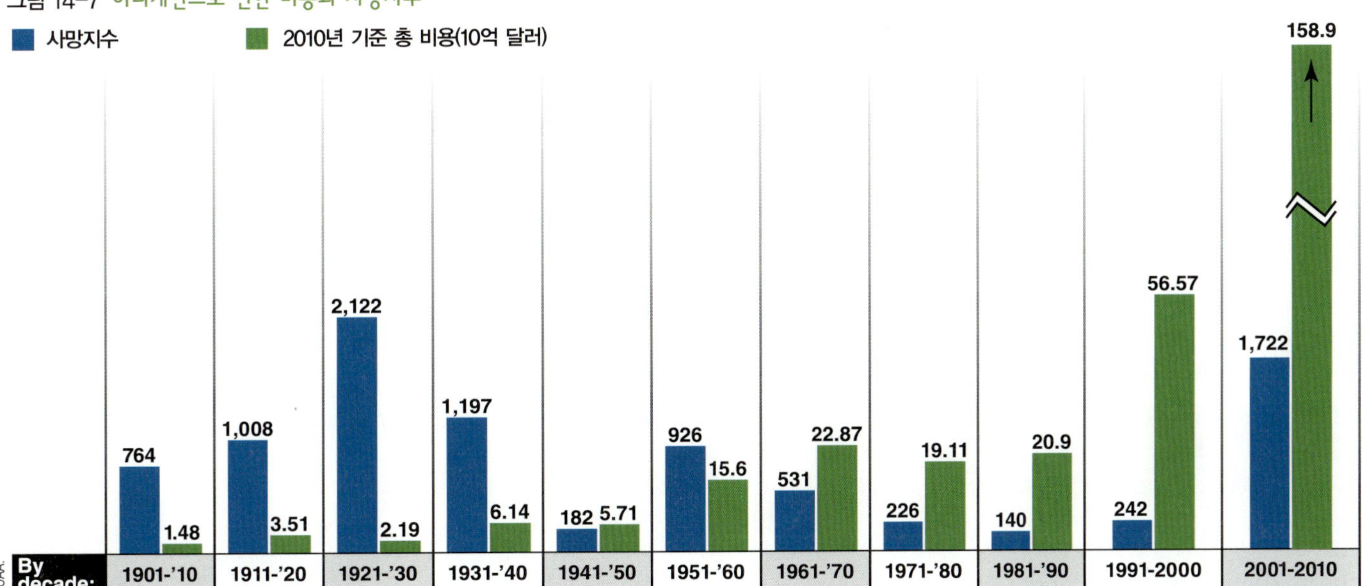

미국 허리케인으로 인한 사망자수는 최근 발생한 카트리나를 제외하면, 1920년대에 최고점이었다가 꾸준히 감소했다. 그에 비해, 허리케인으로 인한 피해 금액은 같은 기간 동안 빠르게 증가했다.

표 14-3 미국의 허리케인 피해비용 목록, 1900~2010

순위	허리케인	날짜	위치	카테고리	전체 추정 손실*
1	카트리나	2005년 8월	뉴올리언스, 걸프 해안	3	91.4
2	앤드류	1992년 8월	플로리다, 루이지애나	5	51.9
3	아이크	2008년 10월	갤버스턴, 텍사스 걸프 해안	2	29.2
4	윌마	2005년 10월	플로리다 남부	3	23.2
5	찰리	2004년 8월	플로리다, 캐롤라이나	4	17.6
6	이반	2004년 9월	앨라배마, 플로리다	3	16.7
7	휴고	1989년 9월	조지아, 캐롤라이나, 푸에르토리코, 버진 제도	4	14.6
8	아그네스	1972년 6월	플로리다, 미국 북동부	1	13.4
9	베시	1965년 9월	플로리다, 루이지애나	3	12.8
10	리타	2005년 9월	루이지애나, 텍사스, 플로리다	3	12.8
11	카밀	1969년 8월	미시시피, 루이지애나	5	10.6
12	프랜시스	2004년 9월	플로리다, 조지아, 캐롤라이나, 뉴욕, 버지니아	2	10.5
13	다이앤	1995년 8월	미국 북동부	1	8.3
14	진	2004년 9월	플로리다, 펜실베이니아, 조지아, 사우스캐롤라이나, 푸에르토리코, 버지니아	3	8.1
15	프레더릭	1979년 9월	미국 동부연안, 미국 북동부	3	7.5
17**	앨리슨	2001년 6월	텍사스 북부	TS	6.9
18**	플로이드	1999년 9월	캐롤라이나, 뉴저지	2	6.8
24**	이사벨	2003년 9월	노스캐롤라이나, 버지니아	2	4.3

* 2010년 달러. NOAA와 스위스 Re 보험사 통계.
** 잘 알려진 허리케인 플로이드와 이사벨과 열대성 폭풍 앨리슨은 이 장에서 주로 다루었기 때문에 여기에 포함시켰다. TS=열대성 폭풍.

해설 14-1

기압은 서지 고도에 영향을 미친다

$$h = 43.3 - 0.0433P$$

여기서

h = 서지의 고도(m)

P = 허리케인 눈의 기압(mb=지구 지표면의 수천 기압)

해설 14-2

서지 고도는 풍속, 합주거리, 수심에 따라 결정된다

$$(\text{높이})^2 \propto \text{풍속} \times (\text{합주거리} - \text{수심})$$

은 공간으로 밀어 넣으면서 해수면을 상승시킨다. 해안에서 물의 흐름이 좁아지는 만, 항 포구(inlet)나 항구, 또는 하천 수로 역시 서지의 고도를 높인다. 심지어 오대호조차도 1~2 m의

그림 14-8 폭풍서지

A. 허리케인 엘로이즈 동안 5 m 높이의 폭풍서지는 1975년 9월 플로리다 팬핸들 서쪽 끝을 강타했다. **B.** I-510 다리에서 미수드 발전소로 돌진하는 카트리나 폭풍서지.

NOAA.

Don McClosky.

그림 14-9 풍향과 폭풍서지

A. 북동쪽(NE) 해안은 폭풍과 직접 부닥쳐 매우 큰 피해를 입었다. 남서쪽 해안에서 바람은 외해로 바로 향하므로 최소한의 피해를 주었다. 사진은 노스캐롤라이나 해안지역에 상륙한 2003년 허리케인 이사벨이다. 2003년 9월 18일 오전 11시 50분(동부 서머타임)에 찍은 천연색 사진 위에 주 경계선들을 중첩시켰다. B. 텍사스 갤버스턴에 태풍의 눈이 상륙한 2008년 허리케인 아이크의 폭풍서지는 폭풍경로의 오른쪽이 가장 컸고, 검은색 점선으로 나타냈다. 상단 좌측의 오렌지색 지역은 서지가 없거나 정보가 없는 지역이다.

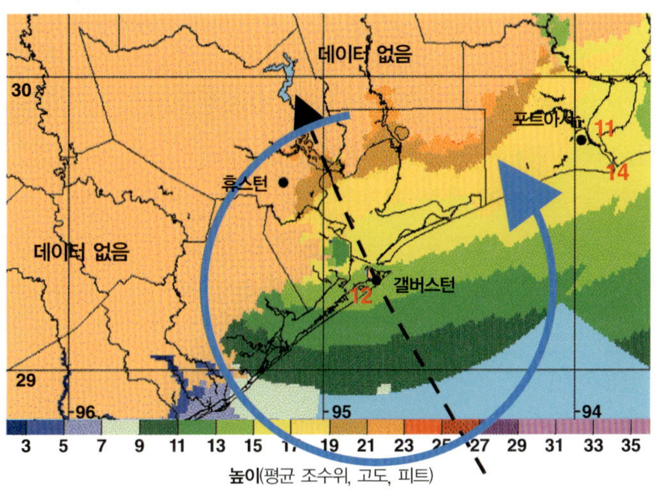

폭풍서지를 만들 수 있을 만큼 크다.

서지 재해의 정도는 다양한 인자에 의해 결정된다. 폭풍서지가 들어오는 동안 해수면이 갑자기 상승하기 때문에 해안의 저지대는 범람하고 사람들은 익사한다. 실제로 열대저기압에서 사망자의 약 90%는 폭풍서지로 인한 범람이 원인이었다.

사람들의 예상과는 달리, 가장 높은 서지는 허리케인의 중심이 아니라 허리케인 중심의 북쪽~북동쪽이다(**그림 14-9**). 허리케인은 시계반대방향으로 회전하기 때문에, 해안의 '오른쪽 전면(right-front)'은 허리케인과 직접 만나면서, 아주 큰 서지와 파도 효과를 일으킨다. 폭풍이 이동하는 방향과 거의 같은 방향으로 바람이 불기 때문에 폭풍의 전진은 이들 바람을 극대화한다. 허리케인 눈의 남쪽 바람은 외해 쪽으로 움직이므로 내륙으로는 서지 또는 파도 효과가 없다.

해안의 방향과 관련된 허리케인의 경로는 또한 해안선의 형태에 영향을 미친다. 해안에 직각으로 도달하는 허리케인은 전체 서지 언덕이 해안의 최단 길이에 영향을 미치기 때문에 보다 큰 폭풍서지를 가지고 올 수 있다. 해안에 예각으로 도달하는 서지는 해안선을 따라 보다 넓은 지역으로 확산되지만, 해안을 따라 오랫동안 흔적이 남을 수 있다. 비록 사람들이 열린 해안보다는 항 포구 주변에서 사는 것을 더욱 안전하다고 느낄지 모르지만, 그곳에서 서지 고도는 실제로 더 높아질 수 있다.

폭풍 중심의 전면 속도는 복합적인 효과를 가질 수 있다. 보다 빠른 폭풍의 이동은 폭풍서지를 보다 높은 언덕으로 밀어 올려서 심해저로 이어지는 해안을 침수시키지만, 천천히 움직이는 허리케인은 한 지역에서 장기간 머물면서 더 많은 강우를 내리고 육지 쪽으로 범람을 일으키기 때문에 전반적으로 더 많은 피해를 입힌다. 이와 유사하게, 직경이 큰(종종 낮은 카테고리) 허리케인은 넓은 지역에 영향을 주기 때문에 일반적으로 많은 양의 비를 내리게 한다. 또한 긴 합주거리 때문에 높은 파도를 만들 수 있고, 넓은 지역에 걸쳐 물을 밀어내기 때문에 보다 넓은 서지 언덕을 형성할 수 있다.

폭풍서지가 내륙에 도달하는 데는 다양한 인자가 관여한다. 미국 남동부와 멕시코 만의 대부분 해안지역은 해수면 가까이에 위치하므로 내륙 쪽 서지 범람을 막기 어렵다. 하지만 폭풍서지가 육지 쪽으로 진행하면, 현재 식생과 사구에 의해 속도는 극적으로 느려진다. 서지의 물은 폭이 넓은 강처럼 내륙으로 흐르기 때문에 덤불로 피복된 해안사구의 높이와 해안 근처의 맹그로브 나무 또는 삼림에 의해 느려진다.

사구가 낮거나 없거나 식생이 제거된 지역은 서지의 물이 육지 쪽으로 잘 통과하게 한다. 그러므로 전망을 위해서나 해안으로의 접근을 쉽게 하려고 사구를 낮추거나 식생을 제거한 사람들은 폭풍서지에 접근이 쉬워지는 동시에 쉽게 노출된다. 많은 경우, 사구를 가로지르는 보행자 통로는 침식과 침수를 촉진시킨다. 사구가 낮거나 거의 없는 지역 또는 식생이 없는 지역에서 폭풍서지는 사구를 더 깊게 침식하고 더 많은 피해를 일으키며 사구 사이를 관통하며 매우 빠르게 흐를 수 있다. 이러한 것에는 건물, 도로, 다리, 부두의 파괴와 오염된 지하수와 농업 및 산업 화학공장, 하수시설로 염수가 공급되는 피해 등이 포함된다. 염수는 대수층을 해칠 수 있고 매설된 구리 전기선을 부식시킬 수 있다.

건물, 다리, 부두는 서지 흐름과 파도에 의해 유실될 수 있다. 또한 잘 고정되지 못한 기저부 또는 그것이 파도에 의해 약해져 있다면 떠내려갈 수 있다. 큰 파도는 기저부를 더 깊게 만들어 바닥의 모래를 휘저어 매우 깊게 침식시키며, 말뚝과 기초를 약하게 만들기 때문이다. 이러한 이유로, 대부분 저지대의 해안가 집들은 일반적으로 지역의 건축 규정에서 결정된 가장 최근의 폭풍서지 고도 위에 말뚝을 세워 더욱 높게 하였다(**그림 14-10**, 14-17). 해안가 집들은 종종 폭풍서지와 파도 높이 위에 말뚝을 세워 지표면보다 4 m 높게 짓는다. 불행하게도 폭풍서지는 평상시보다 더 높게 일어날 수 있고, 말뚝이 모래 속 깊은 곳까지 설치되지 않았다면, 파도에 의한 침식은 말뚝을 약하게 하고 집을 무너지게 할지도 모른다.

폭풍서지는 국지적으로 해수면을 상승시키고, 해류처럼 내륙으로 빠르게 움직이며, 파식 고도를 높이기 때문에 폭풍의 침식양상, 모래나 퇴적물뿐만 아니라 보트, 자동차, 집들의 이동을 극대화한다(**그림 14-11**). 물에 뜨는 모든 것들은 서지의 방향에 따라 쉽게 이동할 수 있고, 만이나 석호에 퇴적된다. 집은 기본적으로 공기로 가득 찬 큰 박스이고, 따라서 집 전체는 기초가 무너져 떠내려갈 수도 있고 내륙 쪽으로 운반되거나 그 과정 중에 파괴될 수도 있다. 건물의 특성은 피해를 최소화하는 데 중요하다. 건물의 기초는 튼튼한 말뚝을 깊게 박아 땅에 잘 고정시켜야 한다. 바닥과 벽은 기초에 잘 고정되어야 하며 지붕은 '허리케인 클립'으로 벽에 단단히 고정시켜야 한다.

그림 14-10 불안정한 지지 기둥

Hyndman.

이 집은 텍사스 갤버스턴의 북동쪽 해변에 위치하며 허리케인 아이크 동안에 지지 기둥이 소실되었다.

서지가 고조위에 밀려오면, 해수면은 계속 높아지고(**그림 14-12**), 상대적으로 내륙 쪽으로 보다 큰 피해를 줄 수 있다(**그림 14-13**). 드물게 발생하는 상황이지만, 지구의 지각 위로 부가되는 큰 서지 더미의 하중으로 상당한 응력을 받아 변형(strain)이 일어나게 되어, 1923년 143,000명이 사망한 도쿄 대지진처럼 충분히 지진을 일으킬 수 있다—이 지진은 가스선의 폭발에 이어 저기압으로 인한 화재도 가져왔다.

서지와 제빈도 제빈도는 특히 허리케인 동안의 폭풍서지에 취약하다. 13장에서 논의된 바와 같이, 폭풍 동안의 강한 침식으로 제빈도가 만들어지고 점차 이동하는 것은 자연적인 과정의 일부이다. 폭풍서지는 저지대의 해안을 거쳐 내륙 쪽으로 이동할 때, 석호와 내륙에 인접한 지역에서는 해수면이 상승하고, 많은 양의 물이 폭풍이 지나간 후에 해양으로 반드시 되돌아간다. 대부분의 물은 침식된 사구나 제빈도 사이의 조수 통로(tidal inlet)를 통해 내륙 쪽에 도달한다. 제빈도를 가로지르는 범람수(overwash)는 모래를 운반하며, 제빈도의 고도를 높이는 데 도움을 줌으로써 폭풍 후에 침식에 덜 민감하게 만든다. 육지 쪽으로 운반된 모래는 또한 섬의 육지 말단부를 이루지만, 폭풍은 이 모래를 제거하므로 제빈도는 육지 쪽으로 이동한다.

폭풍 후에 해수면이 낮아지면, 높은 수위는 넓어진 항포구와 브리치를 통해 이미 침식된 해빈을 가로질러 외해로 되돌아간다. 새로운 브리치는 폭풍서지의 고도, 파도 크기와 방향, 전면에 부는 폭풍의 속도와 다른 요인들에 따라 제빈도의 낮고 좁은 지역에서 형성될 수 있다. 기존의 다른 브리치들은 메워질 수 있다.

제빈도가 발달하면서, 그 위의 건축물들은 이를 통제하는 침식과 퇴적작용이란 자연적인 순환을 방해한다. 폭풍서지에 의해 형성된 브리치들은 다리와 접근 도로를 파괴할 수 있고, 본토에 접근하는 도로를 없애거나 가정과 도시를 격리시킬 수 있다(**그림 14-14**).

그림 14-11 폭풍서지로 이동된 무거운 물건들

A. 허리케인 휴고 이후, 제빈도 뒤의 석호에 정박하고 있던 유람선이 그물 안의 물고기처럼 쌓여 있다. **B.** 허리케인 카밀의 서지는 이 항해용 보트를 들어 올려 내륙의 집과 충돌시켰다. 외관상으로 보트는 집보다 적게 피해를 입었다. **C.** 노스캐롤라이나의 캐롤라이나비치에 위치한 이 집은 석판에 잘 고정되어 있지 않았다. 1996년에 서지를 동반한 허리케인 프랜(카테고리 3)으로 석판이 뜯긴 채 도로 위로 옮겨졌다. **D.** 벽이 잘 고정되어 있지 않은 지붕은 2008년 9월 허리케인 아이크의 폭풍서지에 의해 텍사스의 크리스털비치에 위치한 집에서 떨어져 나왔다.

그림 14-12 조수에 의한 폭풍서지 극대화

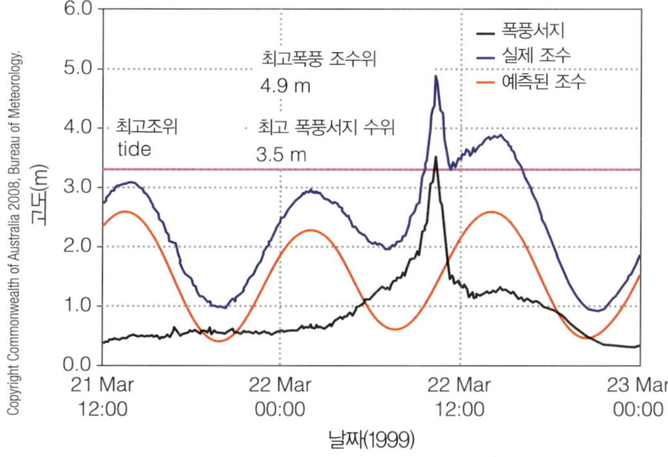

1999년 3월 오스트레일리아를 공격한 저기압 밴스 동안 폭풍서지는 고조위 전에 막 도달하였다. 그 결과 서지는 매우 높았고 장기간 지속되었다.

그림 14-13 고조위 때의 서지

뉴올리언스에 밀물 시 들이닥친 허리케인 카트리나로 오염수와 함께 심각한 범람이 일어나 폭풍서지 수위가 0.6 m 상승하였다.

그림 14-14 육지 쪽 제빈도의 단절

Cynthia Hunter, FEMA.

허리케인 이사벨은 노스캐롤라이나 해터러스 섬에 있는 12번 고속도로에서 심했다. 전신주 오른쪽으로 브리치를 가로지르는 일련의 고속도로 라인을 직접 볼 수 있다.

새로운 브리치가 유일한 도로를 절단하게 되므로, 정책적으로 브리치를 메우려고 한다. 그러나 그런 브리치를 막게 되면 제빈도-석호 시스템의 자연적인 평형상태가 전복되어, 제빈도의 조수 브리치는 줄어든다. 브리치의 폐쇄는 다양한 부정적인 결과와 함께 석호와 바다 사이의 조수 순환을 감소시킬 수 있다. 허리케인 후에 우리가 보는 침식의 대부분은 서지 방출(surge outwash) 또는 '썰물(ebb tide)' 동안에 일어난다. 외해로 운반된 모래는 결국 해빈 시스템이 없는 파랑이 작용하지 않는 매우 깊은 바다로 이동한다.

허리케인 카트리나 동안에 제빈도는 심하게 침식되었다. 예를 들면 허리케인의 눈 동쪽인 앨라배마 더핀 섬을 따라 나 있는 도로의 해빈 쪽의 집 대부분이 사라져 기둥만 남아 있다(**그림 14-15**). 어떤 경우에는 심지어 말뚝들도 무너졌다. 해빈에서 침식된 많은 양의 모래는 폭풍서지가 휩쓸었던 결과이다.

더핀 섬은 연방정부의 납세자 달러로 보호받는 비싼 집들이 섞여 있는 황량한 사주 외해에 있다. 해결책은 보통 일시적이다. 1998년 허리케인 조지에 의해 파괴된 둔덕은 2000년도에 백만 달러를 들여서 재건했다. 하지만 2년 후 열대성 폭풍 이시도르에 의해 쓸려 나갔다. 다시 재건되었고, 2005년 허리케인 카트리나는 둔덕뿐 아니라 많은 집들도 휩쓸어 갔다. 새로운 둔덕은 높이 3 m, 길이 5.7 km로 2007년 5월 4백만 달러를 들여 완성했다. 이 둔덕은 고조위의 파도로 2주일 만에 파괴되었다.

파랑과 파랑의 피해

허리케인에 의해 더 높아진 파랑은 훨씬 더 큰 에너지로 해안에 충격을 준다. 그것은 완만하게 경사진 곳으로 모래를 이동시킬 수 있다. 또한 높은 파랑은 외해와 내해의 모래를 더 깊은 수심까지 휘저으며, 해빈을 침식시켜 이동하는 모래는 완만하게 경사진 해빈을 만들고 외해 쪽으로 더 멀리 이동시킨다(**그림 14-16**). 사구는 파랑에너지를 약화시키기 때문에 사구 뒤에 위치한 집들을 보호하고, 해빈과 사구에서 모래가 침식되

그림 14-15 심각한 제빈도 침식

NOAA.

Marvin Nauman, FEMA.

허리케인 카트리나 동안에 앨라배마 더핀 섬의 해빈 전면의 셋째 줄까지 집들의 대부분 없어졌다. 남아 있는 것들은 집들이 서 있던 곳의 기둥 일부이다. 섬에서 침식된 모래의 일부는 미시시피사운드의 오른쪽으로 운반되었다.

그림 14-16 폭풍 시 해빈 침식

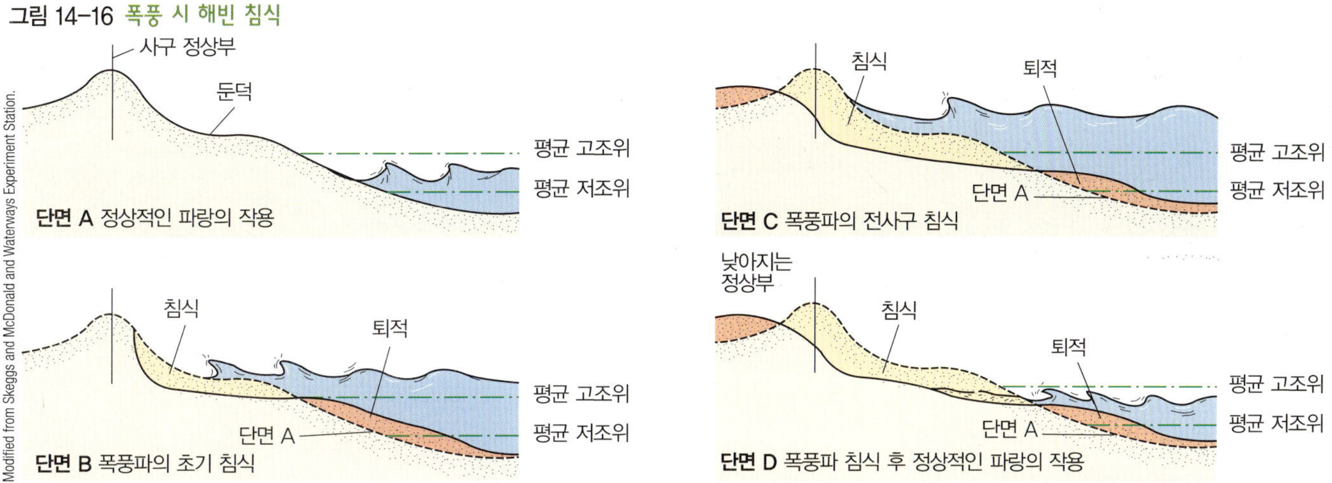

일련의 그림들은 폭풍파가 해빈과 사구에 미치는 영향을 보여 준다. 최초의 해안단면 A가 고조위 시 폭풍서지 때문에 점진적으로 침식되는 과정에 주목하라.

면 모든 구조물을 약화시킨다(**그림 14-17**). 울타리, 나뭇가지, 통나무, 프로판 가스탱크와 같은 엉성한 쓰레기더미가 파도에 의해 운반되며, 건물에 부딪치고 피해를 확대시킨다.

특정 지역의 피해 정도는 허리케인의 전후 사진에서 보여지는 것처럼 아주 극단적일 수 있다(**그림 14-18**). 많은 해안지대 집들은 집 아래의 모래가 외해에 씻겨 가면서 완전히 파괴되었다. 주변의 다른 집들은 큰 바람과 파랑의 피해를 계속 받고 있다(**그림 14-19**)

대륙붕의 폭과 경사는 파랑의 피해에 중요한 영향을 미칠 수 있다. 완만한 경사를 갖는 대륙붕의 외해에서 파랑이 바닥을 긁고 모래를 휘젓는다. 파랑이 육지에 도착하기 전에 파랑 에너지를 보다 많이 사용하면 피해가 줄어든다. 얕은 외해의 바닥을 움직이는 대량의 모래는 해안침식에 사용할 수 있는 파랑에너지를 감소시킨다. 노스캐롤라이나의 아우터뱅크스와 같은 좁은 대륙붕 또는 경사가 급한 외해에서는 큰 파랑이 해안으로 가까이 접근할 때 그 에너지가 유지되므로 큰 피해를 유발한다(사례: 바람, 파도, 해안침식, 홍수—노스캐롤라이나 아우터뱅크스).

그림 14-17 기둥 위의 집들

A. 1999년 9월 1일에 허리케인 데니스는 노스캐롤라이나의 키티호크 해빈 전면에 위치한 집 아래 해빈을 침식시켰다. **B.** 폭풍서지 고도 위의 기둥 위에 높게 지은 집들은 허리케인 바람에 의해 약해질 수 있고, 해빈모래를 심각하게 침식시킬 수 있다. 이 집은 텍사스 갤버스턴 남서부를 강타한 2008년 허리케인 아이크 동안에 피해를 입었다.

그림 14-18 허리케인 전후 모습

USGS.

이 사진은 노스캐롤라이나 톱세일비치의 일부를 보여 준다. **A.** 1996년 7월 16일 허리케인 버사 이후 **B.** 1996년 9월 7일 허리케인 프랜 이후. 이 지역은 상당히 달라졌다. 사진의 두 번째 쌍의 집들을 비교해 보라. **1.** 기초가 사라지고 오른쪽의 집들은 무너졌다. **2.** 기초가 무너지고 왼쪽으로 새롭게 생긴 인렛. **3.** 현재 사라졌음.

그림 14-19 집들의 파랑 피해

U.S. Army Corps of Engineers. Hyndman.

A. 1983년 10월 허리케인 알리시아(카테고리 3)는 텍사스 걸프 해안 집 아래의 콘크리트 주차장 밑의 해빈모래를 제거하여, 서지 높이로 집을 높게 올려놓은 말뚝만이 남아 있다. 또한 지붕과 집 앞쪽 절반이 뜯겨져 나갔다. **B.** 2008년 9월 허리케인 아이크(높은 카테고리 2)는 텍사스 걸프 해안을 따라 인접한 대부분의 집들을 파괴했다. 중앙의 집 상부는 네 방향으로 난 경사면과 창문이 거의 없으며, 크고 튼튼한 기둥 때문에 잘 남아 있다.

카리브 해의 그랜드케이맨과 서태평양 괌과 같은 아열대 섬들은 특히 폭풍서지와 파랑의 피해에 취약할 것이다. 그러나 산호초는 폭풍파를 외해에서 잘 부수며 파랑의 효과를 최소화할 수 있다. 외해에 자라는 산호초의 수심은 대체로 깊어서, 넓은 대륙붕이 없을 때 폭풍서지가 높게 상승하지 않도록 막아 준다. 그러나 이러한 특성들이 섬을 안전하게 하는 것은 아니다. 섬의 대부분은 저지대에 위치하여 강풍 피해와 폭풍서지에 매우 취약하다.

바람과 바람 피해

폭풍서지로 인한 범람이 치명적일 수 있지만, 바람에 의한 피해가 보통 10배 이상 크다. 풍속은 파랑 높이에 중요한 영향을 미친다. 바람은 또한 약한 건물들을 쓰러뜨릴 수 있고 나무, 전기선, 표지판을 날려 버릴 수 있다. 산불을 부추길 수 있고, 농작물을 파괴시킬 수 있다. 창문, 문, 벽들이 날아갈 수 있고, 집에서 지붕이 떨어져 나간다. 바람에 의한 피해는 파편들이 날아가면서 매우 심해진다(**그림 14-20**). 중요한 피해는 또한 바

그림 14-20 바람에 의해 운반된 파편

Evelyn Shanahan, NOAA.

FEMA.

A. 허리케인 바람은 매우 강력하다. 1992년 8월 허리케인 앤드류 동안에 한 장의 합판이 마이애미 근처 야자나무를 관통하면서 바람에 운반된 파편의 위험성이 생생하게 설명된다. 이것은 아마도 동반한 토네이도가 원인일 수도 있다. B. 2004년 8월 허리케인 찰리 동안에 푼타고르다아일즈에서 직경 14 cm의 나뭇가지가 집의 한쪽을 찔렀다.

람의 피해를 입은 구조물에 빗물이 들어가는 경우에도 생긴다.

일부 허리케인의 바람은 홍수범람보다 건물에 큰 피해를 줄 수 있다. 바람의 힘을 이해하자면, 시속 119 km의 매우 낮은 수준의 허리케인의 바람은 건물 벽에 약 1 m^2당 73 kg(15 lb/ft^2)의 압력을 가할 수 있다. 따라서 1,360 kg(3,000 lbs)의 힘은 높이 2.4 m, 길이 7.6 m 벽에 압력을 가할 수 있다. 만약 풍속이 2배가 되면, 그 힘은 4배 강해진다. 따라서 시속 240 km의 카테고리 4 허리케인에서 벽에 5,400 kg과 같은 힘이 가해질 것이다. 같은 바람이라도 건물의 아래쪽에서 불어서 감소된 기압은 바람이 벽면을 잡아당기는 효과 때문에 문제를 더 증대시킨다(**그림 14-21**).

지붕은 종종 추가적인 요인들 때문에 벽보다 먼저 약해진다. 가장 큰 바람의 힘은 흡입으로 야기된다. 지붕이 바람 부는 쪽으로 경사져 있는 곳에서는 바람이 힘을 받아 지붕 위로 불어오면 아치형의 비행기 날개 위를 흐르는 공기가 비행기를 들어 올리는 것과 같은 식으로 지붕을 들어 올린다(그림 14-21 참조). 비행기 날개보다 더 경사가 가파른 지붕은 강풍을 만든다. 처마 아래에서 밀어 올리는 힘이 최초로 파괴를 가져올 수 있다. 모든 측면으로 경사진 처마가 없는 지붕은 바람이 세지는 것을 막는다. 큰 지붕일수록 피해가 크다.

지붕의 재료 또한 차이를 가져온다. 널빤지 지붕은 바람이 세게 불 때 쉽게 날아가 버릴 수 있기 때문에 불량하다. 금속, 슬레이트(slate) 지붕 또는 타일 지붕은 좋다. 한 장으로 덮인 지붕도 좋지만, 평평한 콘크리트로 덮인 타일 지붕은 더욱 좋다. 콘크리트나 철재로 된 지붕은 나무보다 좋다. 널빤지 지붕에 박힌 한두 개의 못은 지붕을 안전하게 할 수 있다.

건물, 측면 벽, 창문, 지붕의 내부와 외부와의 압력 차이 때문에 일반적으로 안쪽으로 불어 나가기보다는 빨려 나간다. 예를 들면 폭풍이 치는 동안 날아다니는 파편에 의해 집이 부서졌을 때, 압력은 건물 내부에서 증가하여 창문, 벽, 지붕에 외부로 힘이 가해진다. 만약 차고의 문이 부서진다면, 바람은 집을 부풀게 하고, 지붕을 날아가게 하며, 창문을 날려 버린다.

그림 14-21 건물에 가해지는 바람의 힘

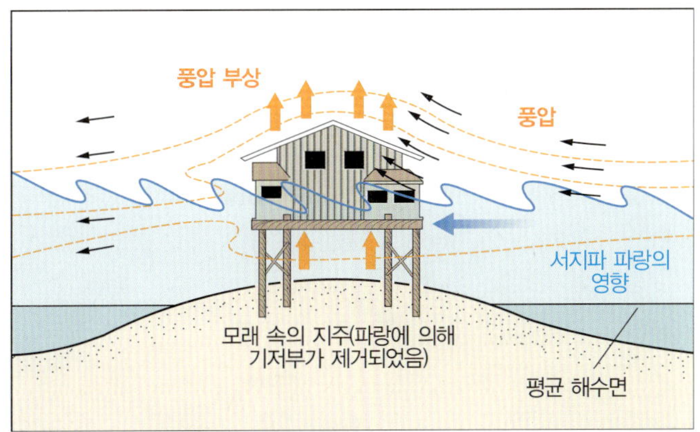

바람의 압력은 건물의 바람받이에 힘을 가하며, 지붕의 위쪽으로 밀어 올린다. 동시에, 바람이 들어오지 않는 쪽에서 감소한 압력은 또한 집을 파고든다. 파랑과 서지 효과를 보여 준다.

창문과 대문에 잘 고정된 셔터나 합판은 입구로서의 취약점 때문에 다른 것보다 집을 온전한 상태로 보호할 수 있다. 충격에 대한 방어 능력 또한 창문과 문에 중요하다. 강화유리창과 합판유리창은 보통의 유리창보다 더 좋다. 창문이나 대문이 벽면의 50% 이상이 될 때 그 벽은 특히 취약하다. 채광창은 특히 침투에 취약하다. 보통 2배 넓은 차고 문이 특히 위쪽으로 열리면, 트랙에 달려 있는 문이 떨어지거나 바람은 트랙에 달려 있는 문에 힘을 가하기 때문에 상당히 취약하다.

허리케인, 토네이도, 지진으로 인한 집들 대부분의 피해는 목조 건물들에 고정된 못이 느슨해진 데 기인한다. 못이 빠져 나오거나 못의 머리가 벽 또는 지붕 덮개를 통과해 나오면 잘라 낸다. 못 디자인에 대한 최근 변화는 이러한 결점을 명확하게 다루고 있다. 못 자루 주변의 가시못, 보다 큰 못대가리(nail head), 매우 강력한 탄소강 합금 자루 등은 강풍 피해에 2배로 저항할 수 있고 허리케인 피해에 50% 정도 저항을 더 할 수 있다.

보강되지 않은 벽돌 굴뚝은 벽에 잘 부착되지 않으면서 심지어 대부분 떨어진다. 그러나 벽돌, 돌, 또는 강화 콘크리트 블록 벽들은 나무로 둘러싸인 벽보다 더 단단하다. 대부분의 피해가 날아오는 파편에서 나오기 때문에, 자갈이나 지붕 위로 올라갈 수 있는 물건들은 위험할 수 있다.

강우와 범람

허리케인은 폭우뿐만 아니라 폭풍서지 때문에 범람이 심각하다. 허리케인 동안에 폭우와 범람은 건축물을 물에 잠기게 하고, 익사자를 발생시키며, 상수도를 오염시키거나 산사태를 유발할 수 있다.

국지적인 지형뿐만 아니라 특정 폭풍의 특성이 범람의 강도를 결정한다. 앞에서 말한 바와 같이, 카테고리 1과 2 허리케인 또는 심지어 더 작은 열대성 폭풍은 실제로 큰 폭풍보다 더 큰 범람 피해를 일으킬 수 있다. 낮은 카테고리, 큰 직경, 또는 느리게 움직이는 허리케인은 한 지역에 훨씬 많은 시간을 소비하며, 일반적으로 넓은 유역분지에 많은 양의 비를 장기간 내리게 하여, 아주 넓은 지역에 훨씬 장기적인 범람을 유발한다. 허리케인 아그네스는 열대지역의 폭풍으로 1972년 펜실베이니아와 뉴욕에 상륙했을 때, 그 직경이 1,600 km이었고 많은 양의 비를 내리게 한 것으로 기록되어 있다.

다른 예로 2001년 6월 5일 오후, 열대성 폭풍 앨리슨은 36시간 동안 텍사스 남동부와 루이지애나 인접지역에 폭우를 내리면서 휴스턴 북부 200 km까지 내륙으로 느리게 이동하였다. 뉴멕시코 상에 발생한 강력한 고기압으로 앨리슨은 동쪽으로 돌아서, 남서쪽으로 향하여 다시 휴스턴에 도착하였다. 전체적으로 폭풍은 배수가 불량하기로 악명이 높은 휴스턴 항구에 1주일도 못 되어 거의 1 m의 비를 내렸다(**그림 14-22**). 휴스턴 인근지역의 피해만으로도 48억8천만 달러에 이르렀다. 텍사스 메디컬센터는 특히 심한 피해를 입었고, 지하 바닥은 침수되었다. 예비 발전기는 지상에 있었지만, 불행하게도 두 시스템 사이의 스위치가 지하에 있었고 범람으로 파괴되었다.

최근 2008년 허리케인 아이크는 미국에 가장 큰 피해를 준 세 번째 폭풍으로 강한 카테고리 2 폭풍이었으며 292억 달러의 피해를 주었다(사례: 제빈도에 미치는 중간 세기 허리케인의 극심한 영향—2008년 9월 13일 텍사스 갤버스턴: 허리케인 아이크).

국지적인 지형 또한 범람의 강도에 영향을 미친다. 몇 시간

그림 14-22 범람 피해

A. 휴스턴에서 범람을 일으킨 열대성 폭풍 앨리슨. B. 지하상가로 물이 흐르고 있다.

동안 내린 수 cm의 비는 빠른 속도로 모이며 해안 평야의 완만한 경사 때문에 천천히 유출된다. 사면 아래로 배수된 물은 수심 깊은 곳에 축적되어 저지대에서 대규모 범람을 일으킬 수 있다. 좋은 예는 1999년에 나타난 허리케인 플로이드로 이미 땅이 침수된 허리케인 데니스 이후에 발생했다(사례: 연속되는 허리케인이 홍수를 증폭시켰다—1999년 허리케인 데니스와 플로이드).

사망

허리케인으로 인한 사망은 허리케인의 강도—즉 풍속과 서지 높이—뿐만 아니라 크기의 발달 패턴과 지역 인구의 교육과 관련된다. 명백한 문제는 해안가와 해수면에 가까운 건물들과 매우 부실하게 지어진 이동식 가옥과 같은 건물들을 포함한다. 분명하지 않은 것은 그와 관련된 광범위한 재해의 위험 정도에 대한 사람들의 인식 부족이다. 결국 폭풍의 경로에 있는 대도시의 사람들은 특히 사고로 고속도로가 정체된다면, 빠르고 효율적으로 대피할 수 없다.

허리케인으로 인한 사망률은 카리브 해와 중앙아메리카 같은 가난한 나라에서 매우 높다. 가난, 문화, 재해를 일으키는 토지이용 관례는 허리케인과 관련된 피해의 위험성을 높인다. 중앙아메리카의 대부분은 산지이고, 대규모 협동농장에 의해 통제되는 비옥한 곡저평야가 있다. 많은 사람들은 대가족을 거느리고 조악한 주거지에서 부족한 식량으로 살아간다. 곡저평야에 땅을 소유할 능력이 없고, 집을 짓기 위한 목재와 요리를 위한 연료로서 숲을 파괴하고, 많은 경우 산사태에 취약한 경사지를 떠난다. 다른 사람들은 침식사면으로부터 단기 홍수와 급류성 이류의 영향을 받는 하천 근처 범람원의 극한 상황에 살면서 사람들이 밀집해 있는 곡저평야의 소도시로 일자리를 찾아 이주한다. 외해에서 카테고리 5였으나 연안으로 오면서 갑자기 열대성 폭풍의 상태로 약해진 허리케인 미치는 극단적이고 비극적인 예이다(사례: 가난한 나라에서의 홍수, 산사태, 엄청난 사망자수—니카라과와 온두라스의 허리케인 미치).

저지대 해안 지역에 위치하고 대규모 인구에 식량을 공급하는 가난한 나라들은 또한 심각한 문제들을 가지고 있다. 동남아시아의 큰 강 하구 삼각주 지역들은 하천이 빈번하게 범람하여 땅이 비옥한 상태로 유지되기 때문에 많은 사람들을 부양한다. 그러한 지역에서 인구는 계속 증가하고, 유역분지의 심각한 토지이용으로 인하여 하천의 홍수범람과 열대성 폭풍 서지는 더욱 빈번해진다(사례: 매우 가난한 나라의 홍수, 해외원조 거부, 그리고 비극적인 사망자수—2008년 5월 2~3일 미얀마 사이클론).

가장 치명적인 대서양 허리케인은 카리브 해의 섬들에 영향을 주었고, 총 손실의 64%를 기록했다. 1998년 허리케인 미치 이전에, 멕시코와 중앙아메리카는 폭풍 때문에 총 사망자의 15%, 미국 본토에서는 20% 혹은 21%를 기록했다. 중앙아메리카의 대참사는 많은 사망자수를 기록했다.

- 니카라과와 온두라스에서 1998년 10월 22일부터 11월 5일까지 허리케인 미치로 약 10,000명 사망
- 온두라스에서 1974년 9월 15일부터 19일까지 허리케인 피피(Fifi)로 약 8,000명 사망
- 아이티와 쿠바에서 1963년 9월 30일부터 10월 8일까지 허리케인 플로라로 약 7,192명 사망
- 아이티의 푸앵타피틀(Pointe-a-Pitre) 만에서 1776년 11월 6일 6,000명 이상 사망

1990년부터 2009년까지 미국에서 허리케인으로 인한 최대 사망자수가 **표 14-4**에 제시되어 있다. 카트리나는 표에 포함된 유일한 최근의 허리케인이라는 점에 유의하라. 그것은 잘 발달된 교통시설과 개선된 기상예보 및 경보시스템 덕분이고, 또한 1970~1995년에 허리케인 활동이 약화되었기 때문일 것이다.

사회 및 경제력 영향

허리케인 피해는 넓은 지역으로 퍼질 수 있기 때문에 사회적, 경제적 영향이 중요할 수 있다. 카트리나로 인한 파괴로 가장 큰 지역자원인 멕시코 만 석유생산량의 95%가 정지되었다. 이 지역에서 내륙으로 들어가 있던 파이프라인은 전력부족으로 작동되지 않았다. 카트리나의 경로에 있었던 주요한 몇몇 정유공장은 문을 닫았고, 해양굴착 플랫폼에서 일하는 거의 모든 직원은 대피하였으며 29개의 플랫폼이 파괴되었다(**그림 14-23**). 정착된 몇몇의 플랫폼을 잡고 있는 큰 닻이 풀어졌을 때, 플랫폼은 끌리고 비틀리며, 때때로 본토로 원유를 운반하는 해저의 파이프라인을 이동시켰다. 이러한 사건은 허리케인 이반이 상륙했을 때도 발생하였다. 그 결과 휘발유 가격은 미국 여기저기에서 급등하였다.

예상하지 못한 대피 과정에서 극단적인 파괴가 일어나면 종종 이러한 상황에서 서로를 찾아야 하는 만일의 사태에 대한 준비가 되어 있지 않은 친척들을 헤어지게 한다. 다른 주에 있는 가족들은 폭풍으로 인한 파괴 때문에 전화, 이메일 심지어 재래식 우편물도 불가능하고 피해지역에 있는 그들의 친척들

표 14-4 1900~2009년 미국에서 허리케인으로 인한 사망자수

순위	허리케인 위치	연도	카테고리	사망자수
1	텍사스 갤버스턴	1900	4	>8,000–12,000
2	플로리다 남동부	1928	4	2,500–3,000
3	걸프 해안 뉴올리언스(카트리나)	2005	3	1,500
4	루이지애나	1893	4	1,100–1,400
5	조지아 노스캐롤라이나	1893	3	1,000–2,000
6	조지아 사우스캐롤라이나	1881	2	700
7	루이지애나 남서부, 텍사스 북부 (오드리)	1957	4	416
8	플로리다키스 제도	1935	5	408
9	루이지애나	1856	4	400
10	미국 북동부	1944	3	390
11	플로리다	1926	4	372
12	루이지애나 그랜드아일	1909	3	350
13	텍사스 남부 플로리다키스 제도	1919	4	287
14	루이지애나 뉴올리언스	1915	4	275
15	텍사스 갤버스턴	1915	4	275

그림 14-23 허리케인의 경로에 있는 석유굴착용 플랫폼

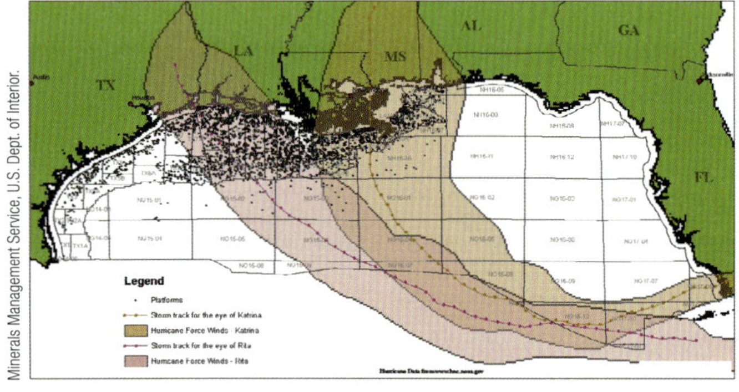

미국 해안 230 km 이내의 멕시코 만에는 6,357개의 석유굴착 플랫폼이 위치한다. 2005년 허리케인의 경로는 분홍색과 주황색 선으로 표시되어 있다. 카트리나(갈색), 리타(분홍색)로 나타낸 음영은 경험하였던 허리케인급 바람을 가리킨다. 허리케인이 경로를 바꾸어 시계방향으로 이동하는 것에 주목하라.

과 연락할 방법이 없으므로 그들 스스로 방법을 찾을 수 있다. 다른 주에 연락할 친척이 있다면 구체적인 계획을 큰 폭풍이 도착하기 전에 알려야 한다. 그렇지 않으면 미국적십자사를 통해 제공되는 지방정부와 국가서비스는 사람들 서로를 연결하는 데 도움을 줄 수 없을 것이다.

허리케인과 그와 관련된 홍수피해를 입기 쉬운 지역에 살고 있는 사람들은 홍수보험에 가입되어 있지 않았다. 주요한 사건의 재정적인 큰 부분은 영구적이지는 않지만 장기간 영향을 미친다. 실업자는 널리 확대되었다. 회사들은 수도, 전기와 같은 공공서비스시설이 몇 주에서 몇 달 동안 손상을 입어 제공되지 않았기 때문에 다시 문을 열 수 없었다. 일이 없었으므로 회사들은 수입이 없어서 정규직 근로자들에게 임금을 지급할 여유도 없었다. 근로자들은 그날그날 필요한 경비뿐만 아니라 건강보험과 주택과 같이 지속적인 비용들에 대한 소득이 필요했다. 많은 사람들이 일자리를 위해 다른 지역으로 이동하였고, 끝내 돌아오지 않을지도 모르는 일이었다.

카트리나 이후 1년이 지난 2006년 9월 1일, 440억 달러의 연방예산이 홍수보험에 지불되었고, 폭풍 이후 바로 거주지가 필요한 사람들에게 제공되었다—연방근로자, 희생자들을 위해 일시적으로 거주지를 제공하고 지방정부의 자금이 사용되었다. 금액의 일부는 수도, 하수관, 전력배전관을 수리하기 위해 사용되었다. 이것은 심각한 딜레마를 야기했다—사람들은 물과 하수도 전력을 사용할 수 있기 전까지 돌아올 수 없었으나, 정부는 사람들이 되돌아가기 전까지 공공기반시설에 투자하지 않았다.

폭풍 1년 후, 뉴올리언스의 수천 명 주민들은 비록 그들의 재산이 홍수지역에 남아 있다 해도 새롭게 집을 재건하려고 했다. 또 다른 수천 명의 사람들은 돌아오는 것에 확신이 없거나 돌아오지 않기로 결정했다. 2009년 후반에 도시의 인구는 천천히 본래 인구 462,000명의 72%로 다시 증가했다. 하지만 가장 가난하고 가장 심각하게 영향을 받은 지역 중 하나인 로

우어나인스워드에서는 2,000명이 적은 13,000명 이상의 사람들이 돌아왔다. 2006년 9월 1일, 뉴올리언스 시의회는 건물을 재건축할 때 지상고도 3피트(거의 1 m)로 올려야 한다고 규칙을 제정했지만 불행히 대부분 지역에서는 범람 수위가 5~6 m였다. 뉴올리언스주변의 제방을 500 km 이상 건설하는 데 소요되는 60억 달러로는 적어도 2010년 전까지 완성되지 않을 것이다. 제방 시스템은 2005년보다 더 보호되지 못할 것이다. 뉴올리언스에서 허리케인 카트리나로 인한 영향은 이 점과 관련하여 많은 교훈을 제공한다(사례: 도시는 제방에도 불구하고 침수되었다—2005년 허리케인 카트리나).

기후변화와 허리케인 피해

허리케인에 의한 피해는 날씨와 기후상태에 의해 증폭될 수 있다. 허리케인은 높은 해양온도나 따뜻한 날씨로 에너지를 얻는다. 폭풍우는 다른 날씨 시스템에 의해 지연될 수 있고, 그 때문에 한 지역에서는 더 많은 비가 내린다. 둘 또는 그 이상의 허리케인은 동일한 지역을 강타하며 잇따라 피해를 증가시킨다.

허리케인의 숫자와 격렬함의 빈도는 증가하는 것으로 보인다. 평균 5개의 허리케인이 매년 대서양에서 발달하는데 그중 2개는 심각하다(카테고리 3 혹은 그 이상). 개수는 당연히 상황에 따라 다르지만, 북대서양진동(10장에서 논의된)과 연간 해수면온도(SST)의 연관성에서 볼 때 앞으로 몇십 년은 허리케인이 더 많이 올 뿐만 아니라 심각해질 수 있다고 암시한다. 비록 2004년에는 허리케인이 1개만 기록됐지만, 2005년에는 역대 최고비용인 카트리나와 가장 강력했던 윌마를 포함하여 다수의 허리케인이 기록되었다(**그림 14-24**). 150년이 넘는 기록 가운데 1960년, 1961년, 2005년, 2007년은 카테고리 5 이상이다. 2007년 8월 21일 멕시코의 유카탄 반도를 강타한 딘과 2007년 9월 4일 온두라스의 동부를 강타한 허리케인 펠릭스는 상륙 당시에도 여전히 카테고리 5였다.

허리케인의 강도는 기후변화 때문에 해수온도가 상승하여 증가하는 것으로 보인다(**그림 14-25**). 따뜻한 해수면 온도는 대기에 더 많은 에너지를 제공하고, 따라서 카트리나처럼 비극적인 허리케인이 발생할 가능성이 높아진다.

날씨와 기후변화가 미래 허리케인 피해에 어떤 영향을 미칠까? 만약 이러한 날씨와 기후영향이 동시에 중첩된다면(그림 1-4 참조), 만약 폭풍 같은 것이 서배너, 마이애미, 혹은 뉴올리언스와 같은 주요 도시를 강타한다면 우리는 정말로 믿을 수 없는 피해를 겪게 될 것이다. 2005년 8월 말, 허리케인 카트리나는 뉴올리언스에서 수많은 사람들의 생명을 앗으며 북아메리카 지역에서 금전적 손실이 가장 큰 자연재해가 되었다.

그림 14-24 허리케인 윌마

Hyndman.

허리케인 윌마는 2005년 멕시코 칸쿤의 해안가에 있는 부동산의 상당수를 파괴시켰다. 만약 큰 허리케인이 뉴저지 해안가에 영향을 미쳤다면 그 결과는 어떠했을까?

그림 14-25 허리케인의 강도와 해수온도의 연관성

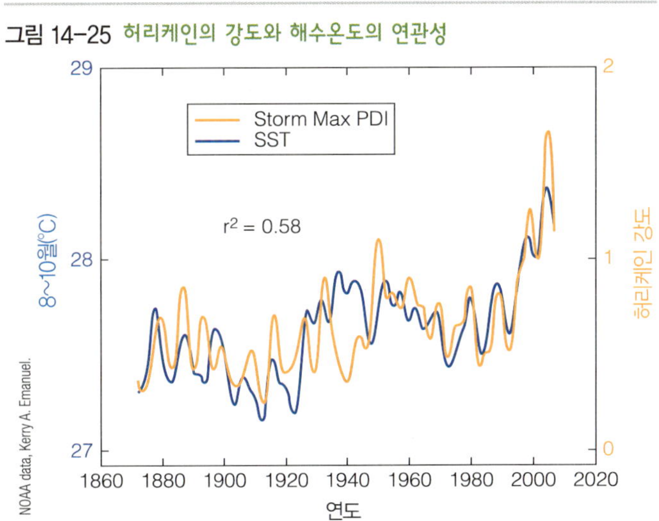

NOAA data, Kerry A. Emanuel.

특정 해에는 허리케인의 강도와 대서양 해수면 온도의 연관성이 매우 높은 것 같다. 두 가지 모두 시간과 함께 증가하며, 지구온난화로 해수가 따뜻해지는 동안 허리케인의 강도도 증가하는 것을 보여 준다. PDI=태풍활동지수 혹은 세력소산지수.

허리케인 예보와 계획

시간이 흐르면서 허리케인에 의한 사망자가 감소한 한 가지 이유는 허리케인에 대한 예보와 계획이 크게 성공했기 때문이다.

허리케인 주의보와 경보

기상위성에 의해 폭풍이 관측되면서 '허리케인 헌터'는 바람과 기압의 데이터를 수집하기 위해 폭풍 안에서 매일 비행을 한다. 상륙이 예상되는 2~4일 이내에 비행기는 9~12 km 고도에서 폭풍 안으로 낙하존데감지기구를 떨어뜨리고, 기구는 작은 낙하산에 의해 천천히 낙하한다. 이것은 바람, 압력, 습도 정보를 전송한다. 폭풍의 경로는 일반적으로 근처의 고기압과 저기압 시스템에 의해 지배된다.

허리케인 예보에는 사건의 규모와 위치, 도착시간이 포함된다. 국립허리케인경고센터는 허리케인 경로를 따라 12시간 동안 경고하게 된다. 경고는 두 단계로 시행되는데, **허리케인 주의보**(hurricane watch)는 '허리케인이 36시간 이내에 해당 지역에 발생할 수 있다'는 것이고, **허리케인 경보**(hurricane warning)는 '허리케인이 24시간 이내에 경고 지역에서 발생할 것이다'라는 것이다. 평균적으로 해안선에서 640 km(400마일) 이내 지역은 24시간 이내에 허리케인이 상륙할 것으로 경고된다. 그중 200 km(125마일) 지역은 실제로 폭풍의 영향을 강하게 받을 수도 있다. 따라서 2억7천5백만 달러의 비용은 결국 폭풍의 경로에 있지 않은 사람들이 부담하게 된다. 보다 정확한 예보는 분명히 인명과 중요한 피해비용을 절약할 수 있다.

허리케인 행태를 예측하는 향후 한 가지 전망은 위성 센서와 함께 바다에서 열적 이상(thermal anomaly)을 모니터링하는 것이다. 우리는 허리케인의 에너지는 열대 해양에서의 열을 빼앗은 것임을 알고 있다. 허리케인의 강도에 대하여 새롭게 알려진 효과는 따뜻한 물 100 km 이상을 횡단하는 큰 소용돌이가 대양의 해류를 확실하게 회전시켜서 허리케인이 그 위를 지날 때 종종 극단적으로 에너지를 증폭시킬 수 있다는 것이다.

허리케인 예측의 불확실성

기상 예측과 같이 허리케인 예측은 불확실성이 크다. 허리케인의 경로와 강도는 빠르게 변화하고 증가한다. 비록 예보관이 허리케인의 예상 도착시간을 제공할 수는 있지만 정확한 상륙 위치와 폭풍강도는 예측하기 어렵다(사례: 예측할 수 없는 허리케인의 움직임—2004년 플로리다 허리케인).

국립 허리케인 센터의 허리케인 경로에 대한 현재 24시간 외측 예보 오차는 80 km이다. 허리케인의 경로에서는 작은 거동조차 해안마을에 극적인 영향을 미칠 수 있다. 1900년 갤버스턴에서 80 km 정도의 짧은 거리를 이동한 허리케인에서는 사망자가 상당히 적었다. 마이애미 근처의 북쪽으로 단지 32 km 이동한 1992년 허리케인 앤드류는 2~3배의 큰 피해를 일으켰다. 훨씬 적은 금전적 손실은 아주 적은 인구가 거주하고 있는 플로리다키스 남쪽 64 km를 강타한 것에 기인한다.

또한 작은 폭풍은 에너지를 얻으면 빨라질 수 있고 강력한 허리케인이 된다. 허리케인 앤드류는 아프리카 해안의 따뜻한 물에서 뇌우로 발달하였으며, 무역풍에 의해 서쪽으로 이동하면서 점차 강력해졌고, 육지로 상륙하며 몇 개 되지 않는 카테고리 5 폭풍 중의 하나가 되었다.

허리케인을 위한 계획

허리케인을 위한 계획은 허리케인이 발생하기 쉬운 해안에서 사람들이 해야 할 첫 번째 일이다. 사람들은 이 장에서 논의된 잠재적인 재난의 모든 것에 대해서 예측해야 한다. 그들의 주택을 보호할 준비를 해야 하고 경고가 거의 없더라도 미리 그렇게 해야 한다. 이들 준비의 대부분은 여러 날이 소요되며 노력이 필요하다. 만약 어떤 것도 오래 걸리지 않는다면 구체적인 계획을 빠르게 준비해야 한다. 허리케인이 관측되거나 경고되고 난 후, 상점이나 인부들을 이용할 수 있다고 생각하지 말라.

'허리케인 주의보'가 방송된 직후 해야 할 일

- 바람은 매우 큰 피해를 일으킬 수 있기 때문에 심한 바람에 피해를 줄 물건은 무엇이든지 실내로 가져와야 한다. 바람이 불 때 피해를 줄 수 있는 약한 나뭇가지들을 제거하라. 외부의 안테나도 제거하라.
- 폭풍에 안전하도록 합판으로 창문을 막고 차고의 문을 보강해야 한다. 폭풍으로부터 안전하게 셔터 문을 닫는다.
- 싱크대, 욕조, 플라스틱 병에 깨끗한 음료수를 가능한 한 많이 저장하라. 상수도와 우물은 종종 오염될 수 있고, 양수기는 전기 없이 작동할 수 없다. 충분한 연료가 있다면 소형 발전기가 도움이 될 수 있지만 위급한 경우 상점에서 빨리 품절된다.
- 가급적이면 폭풍서지의 고도 위에 있는 안전한 장소로 보트를 이동시켜라. 밧줄이나 체인으로 보트를 트레일러에 고정시켜라. 안전장치를 사용하여 땅이나 집에 트레일러를 고정시킨다.
- 처방약, 음식, 물을 비축하라—1주일 동안 집에서 사용할 양을 비축해 두고, 대피 시 추가적으로 사용할 3일치의 양도 준비해야 한다.
- 차량에 기름을 가득 채워라. 주유소 직원이 당신보다 미리 대피할 수 있고, 기름이 바닥날 수도 있다.

떠나기 직전에 해야 할 일

- 냉장고를 최저온도로 작동시켜라. 장시간 정전이 될지도 모른다.
- 가정용 기구들을 꺼라. 전기가 복구되는 동안 강력한 서지가 그것들을 손상시킬지 모른다.
- 실내의 주요 천연가스관이나 프로판 가스탱크를 끄고 안전하게 고정시켜라.
- 정부당국이 대피하라고 할 때 대피하라.

대피

기상위성을 사용하는 미국에서 마이애미비치의 초기경보에서는 사람들을 도로나 철근으로 된 고층 건물에서 대피하도록 하였다. 기상예보관은 폭풍이 해안에서의 일정 거리 구간을 강타한다는 통계수치에 기초하지만 폭풍 경로 추정이 상당히 불확실하기 때문에, 가능한 한 많은 사람들이 폭풍의 마지막 경로에 있기보다는 대피할 것을 경고한다. 대피비용 또한 매우 엄청나다. 보통 허리케인으로 인한 특별한 피해를 제외하면 해안 1마일당 대략 100만 달러가 추정된다. 이것은 유감스럽지만 해안 인구의 안전을 위해서 필요한 비용이다.

한 가지 문제는 지체 없이 사람을 대피하도록 설득하는 것이다. 최근 연안 지역의 과도한 개발과 함께 허리케인의 피해를 입기 쉬운 지역에 살고 있는 4천만의 인구는 대피를 경험한 적이 없다. 성수기의 관광 인구는 문제를 더욱 악화시킨다. 지방자치 단체는 허리케인을 공표하는 것이 관광과 부동산투자에 나쁜 영향을 준다고 생각하여 때때로 경고를 지연하거나 위험성을 최소화하여 발표한다.

허리케인을 겪었던 사람들은 이전에 그들이 했던 일을 다시 할 것으로 믿고 떠나지 않는다. 대부분은 불편한데다 폭풍으로부터 그들의 집을 보호하는 데 도움을 주는 도구를 구입하고 설치하는 데 많은 비용과 시간을 들였기 때문에 대피를 미룬다. 어떤 사람들은 그들의 집이 살아남는 데 아주 충분하다고 생각하기 때문에 계속 머무른다. 여전히 다른 사람들은 내륙으로 이동하는 시간이 1~2시간 이내일 것이라 생각하고, 임시숙박비용을 적게 부담하기 위해서 또는 폭풍이 해안에 오면서 세력을 잃기를 희망하면서 마지막 순간까지 대피시간을 지체한다.

대부분의 사람들은 대피에 걸리는 시간이 하루 이내일 것이라고 믿지만 연구에 따르면 교통체증과 이와 관련된 문제 때문에 대부분의 경우 30시간까지 걸릴 수 있다고 한다. 단지 내륙으로 연결되는 단 하나의 2차선 다리만이 본토와 연결된다. 그러한 다리와 도로들은 교통을 혼잡하게 만들고, 사고 발생시 더 위험한 상태까지 지연될 수 있다.

최근에 해안을 따라 인구가 급속히 증가하면서 고속도로 용량을 초과하였다. 도로는 대피하는 인구에 대처할 수 없게 되었다. 해안에서 벗어나 고속도로에서 일방통행으로 운행하면서 내륙으로 가는 도로에 병목현상을 가져온다. 또한 임시숙소나 주유를 위해서 정상적인 방향의 반대로 이동하는 사람들로 인해 출구 차선에 심각한 안전 문제가 발생한다(**그림 14-26A**).

만약 사람들이 폭풍 상륙 이전에 대피하는 데 실패한다면, 높은 서지는 탈출을 불가능하게 하고 1 m 아래의 도로와 고속도로를 범람시킬 수 있다(그림 14-26 B,C). 나무가 쓰러지고, 송전선과 다른 파편들이 길을 막거나, 서지가 탈출을 불가능하게 하고 구조를 어렵게 만들면서 도로를 뒤덮을 수 있다(사례: 데자뷰?—2008년 8월 29일~9월 2일 걸프 해안의 허리케인 구스타브).

대피로 인한 어느 정도의 문제를 방지하기 위한 최근의 접근방법은 사람들의 임시 보호를 위해 과거처럼 해안가에서 수백 킬로미터가 아닌 서지의 경계 너머 해안에서 32 km(20마일) 거리로 이동시키는 것이다. 하지만 주민들이 성공적으로 대피했다 하더라도 임시 숙소가 해안인구 전부를 수용하기에는 매우 부족하다.

미국에서 대피가 어려운 지역은 해수면 위 해발고도 몇 m, 총 200 km 길이 미만인 플로리다 반도인데, 이 지역에서 허리케인은 세력이 약화되지 않고 주 전체를 쉽게 지나갈 수 있기 때문이다. 특히 해안을 따라 인구가 급속히 증가하였으므로 허리케인의 정확한 이동경로를 예측하기 어렵다.

당신이 허리케인 경보를 받을 때, 미국 적십자사는 다음의 내용을 추천한다.

- 만약 해안, 외해의 섬, 범람원, 혹은 이동 가옥에 살고 있다면 대피할 계획을 세워라. 당신이 가고자 하는 폭풍 밖의 지역에 있는 친척에게 알려라.
- 만약 대피하고자 한다면 중요한 품목들- 신분증명서, 중요한 문서(여권, 보험증서), 처방약, 담요, 손전등, 작동되는 라디오와 여분의 배터리, 구급상자, 유아식, 기저귀, 그리고 대피소에서 1~2주 동안 필요한 다른 품목들—을 챙겨라. 집 문단속을 하라.
- 새로운 소식을 위해 라디오를 들어라. 비상시에만 전화를 사용하라.
- 홍수로 불어난 물을 뚫고 운전하지 말라. 도로가 쓸려 내려갔을지도 모르고, 2피트의 물은 대부분의 차를 휩쓸어 갈

그림 14-26 대피

Patsy Lynch, FEMA.

Don Hyndman.

Texas Department of Transportation.

A. 구스타브 강타 전, 텍사스 보몬트 주변의 일반통행에서의 대피. **B.** 서지는 빠르게 탈출경로를 뒤덮는다. 이 경고 표지판은 사우스캐롤라이나의 제빈도에 있는 선셋비치의 도로에 있다. **C.** 어떤 차량들은 1999년 열대성 폭풍 프랜시스가 움직이기 시작한 뒤에도 여전히 대피하려고 한다.

수 있다. 전선이 떨어져 있거나 엉켜 있는 곳에서 떨어져라. 그리고 그것을 당국에 보고하라.

- 만약 당신이 집에서 안전하게 대피하기 전 집에 갇혔다면, 떠다니는 파편이 치명적일 수 있고 허리케인이 토네이도를 포함하거나 발생시킬 수 있다는 것을 인식하라. 창문이 없는 작고 강한 문 안에 머무르고, 창문이 닫혀 있더라도 창문에서 멀리 떨어져 있어야 한다. 외부와 내부의 문을 보강하고 닫아라. 양초나 석유램프는 불을 낼 수 있으므로 긴급 상황에는 손전등을 사용하라.
- 만약 허리케인의 눈이 당신 위를 지나가고 있더라도 폭풍이 끝난 것은 아니다. 강한 바람은 반대쪽으로부터 불어올 것이고 종종 가장 처음 부는 바람에 의해 나무와 건물이 피해를 입는다.

미래의 피해 관리

정부, 지역사회, 그리고 보험회사는 허리케인으로부터의 피해와 비용에 대한 보상을 시작했다. 그들은 해안의 위험 비용이 적고 덜 취약한 '재난에 저항하는 지역사회'를 계속 요구하기 시작했다. 정책에는 토지사용계획, 건축법규, 인센티브, 조세, 보험이 포함되었다. 그러나 대부분의 해안지역에서 관광이 가장 큰 수입원이었기 때문에 관리기관들은 취약성을 알리려고 하지 않거나 관광수입과 관련된 부분을 제한하는 것을 주저하였다.

자연보호

해안지대의 사구는 파랑이나 돌진하는 폭풍서지의 에너지를 흡수하고 해안 주민들의 피해를 감소시켜 줄 수 있다. 사이프러스 숲과 맹그로브 덤불은 파도가 내륙으로 전진하는 것을 제한하고 극단적으로 서지가 내륙으로 전진하는 것을 느리게

그림 14-27 해안 숲은 폭풍으로부터 보호하는 기능이 있다

A. 뉴올리언스 근처의 사이프러스 숲. B. 남동해안의 맹그로브는 전진하는 폭풍서지를 막는 엄청난 장벽을 제공한다.

한다(**그림 14-27**). 불행하게도 대부분의 지역은 개발을 통해서 해마다 변화하며 피해를 입게 된다. 어떤 마을은 이러한 지역의 중요성을 이제야 깨닫고 보호하거나 이전의 상태로 되돌리는 작업을 하고 있다.

홍수 피해를 증가시킬 수 있는 사구와 맹그로브에 대한 인위적인 변형은 금지된다. 심지어 사구 위를 걷는 것도 사구와 사구 위를 덮는 식생들을 파괴하여 바람과 파도에 의해 사구를 더 침식시킬 수 있기 때문에 일반적으로 금지된다. 사구를 보호하기 위하여, 사람들은 해빈에 이르는 사구를 가로지르는 보도를 높게 짓는다(그림 13-21 참조).

허리케인 카트리나에 의해 뉴올리언스에 가해진 피해는 증가된 것 같다. 왜냐하면 선박활동을 위해 수로를 수십 년간 준설하였고, 석유채굴 입지에 바닷물이 들어오면서 과거 폭풍서지와 파랑으로부터 보호해 주던 인근 사이프러스 숲과 습지가 죽어 나갔기 때문이다. 동시에 미시시피 강 자연제방과 강의 지류들에 의해 매년 보충되는 퇴적물을 빼앗기기 때문에 삼각주가 가라앉고 있었다. 해안습지를 복원하기 위해 2005년 6월에 지급된 4년간 5억짜리의 연방보조금은 미래에 어느 정도 도움이 될 수 있을 것이다.

건축물 규제

엄청났던 허리케인들이 해안에서 과거의 흔적을 없앤 이후, 당신은 사람들이 이전에 취약했던 장소에 또다시 건물을 짓지는 않을 것이라고 생각할 것이다. 불행하게도 사실은 이와 반대이다(**그림 14-28**). 부동산 개발업자들은 재해지역에 즉시 몰려들고 해안의 건축부지를 손쉽게 매입하며, 종종 파괴 이전의 부동산 가격보다 더 비싸게 구매한다. 대부분 큰 호텔이나 공동주택단지를 건설하려고 한다. 어떤 사람은 해변에 집을 짓는 꿈을 가지고 건축을 기다리고, 단지 빠른 재건에 내기를 거는 부동산 투기자도 있다. 예를 들어 플로리다 펜핸들의 해안가 부지는 백만 달러를 넘어가며, 이전에는 불황지역이었던 해변 뒤쪽의 몇몇 단지도 10만 달러가 넘는다.

대부분의 사람은 허리케인의 피해를 입기 쉬운 지역에 건축물이 활발하게 들어서야 한다는 것에 동의하고, 어떤 지역에서 법률 제정 시 개발과 같은 규제를 통과시켰다. 전국주택건축업자협회(NAHB) 리서치 센터의 연구는 부동산의 총 판매가격에서 1.8~3.7%만을 증액하면 허리케인 피해를 방지하는 데 경쟁력이 있다고 주장한다.

1980년대, 플로리다에서는 해안에 지어질 건축물은 토지 이용과 건물 축조 시 규정을 따를 때만 허용이 된다는 해안건설통제라인(CCCL)을 지정했다. CCCL에서는 100년 동안 폭풍으로 일어날 수 있는 홍수, 침식과 그와 관련된 충격을 받을 수 있는 구역을 지정한다. 이 기준은 국립홍수보험프로그램과 표준건축규정보다 더 엄격하다. 1995년 10월 4일 허리케인 오팔이 왔을 때 시스템의 카테고리 3 테스트를 제공했다. 576개의 주요한 건축물 중에 어떤 것도 CCCL 규정에 따라 지어지지 않았으므로 CCCL의 해안 쪽에 지어진 건물은 실제로 큰 피해를 겪었다. 이 지대에서는 기존의 1,366개 건물 중 56%인 768개가 상당한 피해를 입었다.

불행하게도 개발업자, 건축업자, 지방정부와 일반적인 사회 구성원들은 특히 바람에 대한 기준이 높아지는 것에 대해 종종 반대한다. 그들은 규제가 주거비와 경제적인 개발 제한을

그림 14-28 해안 개발

Hyndman.

Hyndman.

A. 텍사스 갤버스턴 북동쪽에 위치한 볼리바 반도에 있는 주택의 대부분은 허리케인 아이크의 피해를 입은 후 수개월 뒤 완전히 파괴되었다. 새로운 주택은 보호해 주는 사구 없이 동일한 해변에 건설되었다. B. 칸쿤의 주요 해변 사이에 있는 호텔의 대부분은 허리케인 윌마의 강타 이후 대파되었지만 허리케인이 지나간 이후 전 지역이 재건되었다.

불필요하게 증대시킨다고 주장한다. 종종 강화된 기준은 큰 재난과 손실을 모든 사람들이 분명히 느낄 때까지 정부에서 모든 단계를 통과하는 데 실패한다. 게다가 주나 지방 단체는 종종 새로운 법을 반대하고 새로운 규정에 따른 비용이 지불될 것을 요구한다. 충분한 건축기준이 제정되지 않고 집행되지 않으면 일반 대중은 결국 어쩔 수 없이 불필요한 피해에 대한 대가를 치르게 된다. 연방과 지방단체들은 만약 불필요한 비용이 없으면 세금을 더 낮출 수 있다.

국가적 건축규제가 없다면, 주나 지방정부는 그들의 자체 규제에 의존해야 한다. 1989년 사우스캘리포니아의 해안지역 일부를 포함하여 주의 절반 지역에 허리케인 휴고가 강타했을 때, 이 지역은 건축규제와 강제적인 시행이 전혀 없었다. 이러한 건축규제의 부재는 재산의 더욱 광범위하고 심각한 파괴의 결과를 가져왔다.

홍수보험

홍수보험은 허리케인으로부터 금전적인 피해를 감소시키고 잠재적으로 부적합한 지역에 거주하고 있는 사람들의 행동에 영향을 줄 수 있는 한 가지 방법이다. 역사적인 허리케인으로 인해 주택과 다른 건축물들의 심각한 피해로 노스캐롤라이나와 같은 몇몇 주들은 범람의 가능성에 기초하여 후퇴 라인을 지정하게 되었다. 보험회사들은 이 라인에서 바다 쪽 건물의 파도로 인한 손해보험 가입을 받지 않으려 한다. 도전에도 불구하고 법원은 지금까지 건축 금지를 지지하고 있다.

국립홍수보험프로그램(NFIP: National Flood Insurance Program)은 하천과 해안 범람의 위협을 받는 지역을 대상으로 연방지도제작을 요구했다. 그 목적은 미국연방재난관리청(FEMA: Federal Emergency Management Agency)에 의해 제공된 홍수보험률지도(FIRM: Flood Insurance Rate Map)의 시행이다. 어떤 해에도 홍수범람의 피해가 1%가 되도록 고안된 홍수 위험지역은 100년에 한 번꼴로 홍수 가능성이 있다. 이 프로그램에 참여하고자 하는 해안주민들은 개발을 결정할 때 홍수위험지역의 지도를 사용해야만 한다. 범람뿐만 아니라 큰 파랑활동에 영향을 받는 해안지역은 피해에 더 취약하다. 아주 큰 파도는 1 m보다 더 높음을 고려해야 한다. 그러므로 건설기준은 해안지역과 같은 곳에서 더 엄격하게 적용되어야 한다. 국가홍수보험의 보험료는 취약한 지역에 사는 사람들에게 더 높게 책정되어야 한다.

1981년 이후에 건설된 지하실이 없는 단독가구 주택에서 2007년 홍수보험비용은 일반적으로 대체가치 25만 달러에 대하여 연간 1,520달러가 책정되었다. 위험성이 큰 해안의 범람 위험지역에서 주택에 대한 보험료는 3,275달러로 인상되었다. 주택 안의 기구들까지 포함하려면 2,000달러를 추가해야 하고, 보험금은 건물에 대하여 25만 달러로 한도가 정해졌다. 토지에 대한 손실액은 보상받을 수 없다. 하천이 범람하였을 때, 보험효력이 발생하려면 가입 후 30일이 지나야 한다. 허리케인을 하루 혹은 이틀 이상 사전에 예측할 수 없는 특별한 지역에 있거나, 당신이 폭풍서지나 해안지역의 하천범람의 가능성이 있는 지역에 살고 있다면 홍수보험을 유지하도록 해야 할 것이다.

일부 개발되지 않은 지역은 1982년 연안사주자원법(Coastal Barrier Resources Act)에 의해 보호받아 왔는데, 이것은 최근 홍수보험보상의 발급과 연방차원의 인센티브를 금지한다. 그러나 이러한 법에 적용받지 않는 지역에서의 홍수보험은 국지적 침식률과 관계없이 평균고조위와 같이 해안에서 멀고 높은 구조물에 대해서는 여전히 유효하다.

국립홍수보험프로그램(NFIP)에 따른 해안지역 건축기준은 다음을 요구한다.

- 새로운 모든 건축물은 평균 고조위의 육지 쪽에 짓는다.
- 새로운 모든 건축과 주요 개발은 어떤 해에도 최저층이 침수될 가능성을 1%로 하고, 최저층은 기저부 위에 지주를 세워 고도를 높여야 한다.
- 최저층보다 낮은 지역은 벽을 열어 두거나 분리할 수 있어야 한다. 구조적인 지지를 위해서 성토는 금지된다.

물론 100년 단위 홍수위 이상으로 최저층을 높인다면 침식을 막는 것은 아무것도 아니다. 부두는 기저부를 침식할 것이고, 해빈을 침식하던 것은 결국 건물 기저부를 육지 쪽으로 이동하며 건물을 붕괴시킬 수 있다.

지구온난화와 해수면상승과 함께, 해빈과 제빈도를 포함한 해안지형은 육지 쪽으로 계속 이동할 것이므로 해안의 주택, 도로, 철도는 해안 배후에 두는 것이 좋을 것이다. 대안은 해안을 따라 피해와 파괴가 커지고 보충한 모래가 사라지는 것을 보면서 아주 비싼 양빈을 요청하는 것이다.

주택소유자 보험

2004년에 4개의 처참한 허리케인으로 피해를 입은 이후, 일부 작은 보험회사들은 플로리다를 완전히 떠났고, 몇몇 큰 회사들은 새로운 보험증권 발행을 멈추거나 일부 보험계약자들과의 계약을 파기했다. 거의 모든 보험회사는 폭풍 후 보상비용을 크게 높였다. 최근 아이반, 카트리나, 리타, 아이크를 포함한 주요 허리케인의 경우 보험회사들이 민감한 지역에 살고 있는 사람들에 대해서 보험료를 극단적으로 인상하여 2만 달러 이상이 되도록 법을 도입하고(회사가 지불하지 않으면), 대체한도를 정했으며 비용을 다시 개정하도록 했다. 현재 대부분은 보험증권에서 바람에 의한 피해를 제외했으며 바람에 의한 범위에 대해서는 추가적인 보험료를 요구한다. 사우스플로리다의 일부 지역에서 보험률은 2005년보다 2007년에 3~4배가량 증가했으며, 사우스캘리포니아에서는 7배 더 증가하였다.

미국 대서양 연안에 위치한 동부 중앙의 주들과 뉴잉글랜드의 보험회사는 2004년 이후 100만의 주택소유자 보험증서를 무효화했다. 비록 대부분은 다른 보험을 찾았지만 이것은 높은 보험률과 함께 세금공제가 있다. 어떤 회사는 허리케인 위험 때문에 뉴욕시티와 롱아일랜드에서 더 이상 보험가입을 받지 않았다. 2007년 평균가격 180만 달러이며 해안 절벽의 경계에 위치한 매사추세츠의 낸터컷 섬 남동부 외딴곳에 있는 고가의 여름별장은 건물이 위태로워질 정도로 빠르게 침식되고 있다. 침식속도를 늦추기 위해 부유한 주택소유자들은 연안의 2.5 km로부터 준설된 모래를 이용하여 해빈을 보충하려고 그들 자신의 2,300만 달러를 내놓았다.

몇 년 전 플로리다, 미시시피, 루이지애나와 같은 주의 정부에서는 민간보험회사로부터 보험료를 받을 수 없는 주택소유자를 보험으로 보장하기 위하여 국영보험프로그램을 만들었다. 민영보험회사는 비용의 일부를 주에 청구했고 이것은 보험계약자들에게 전달되었다. 현재 2004년과 2005년의 허리케인에 의해 심각한 피해를 받은 주는 거주자의 강력한 불만 때문에 보험료가 극적으로 증가할 것이다. 다행스럽게도 플로리다의 국영보험풀(state-run pool)은 최근 허리케인에 의해 파괴된 현장에서 비싸게 건설된 해안주택 거주자들에게 여전히 보상을 제공하고 있다. 최근 보험통계(실제 원가)분석에 의하면 국영의 비율은 평균 80%로 증가하였고 어떤 지역에서는 2배 이상 증가하였다고 지적한다. 그러나 정치가들은 유권자인 보험계약자들과 멀어지는 것을 피하기 위하여 국영보험의 보험료 증가를 회피하고 있다. 만약 주가 손실을 회복하는 데 자금이 부족하다면 보험계약자들에게 손실액을 보상하지 않거나 의회를 압박해야 하며, 나머지는 연방자금으로 제공해야 한다. 즉 지역주민들로부터 세금을 걷어야 하는 것이다. 전반적인 문제는 너무 많은 사람들이 위험한 해안지역에 살고 있다는 것이다.

일반적으로 주택소유자 보험에 의해 지불된 비용은 풍해가 발생한 이후 바람, 날아다니는 파편, 쓰러진 나무, 빗물 침투에 의해 직접적으로 주택에 야기된 물리적인 피해를 포함한다. 폭풍서지의 주변지역에서 보험회사는 종종 서지로부터 강우에 이은 바람 때문이라기보다는 물이 어떻게 유입되는지에 대해서 논쟁하며 그것에 대한 보상은 하지 않는다.

홍수보험에는 주택소유자 보험의 일부가 포함되지 않지만 국립홍수보험프로그램(NFIP)을 통해서 이용 가능하다. 저지대지역의 홍수보험은 보험료가 비싸고 집 한 채당 25만 달러만을 보장한다. 뉴올리언스와 인근지역에서는 주택소유자의 절반이 넘는 사람들이 추가적인 비용을 부담할 형편이 되지 않거나 그들의 집이 홍수피해를 입지 않을 것이라고 믿기 때문에 홍수에 대비한 보험에 가입하지 않는다. 미시시피에서는 주택소유자의 20% 미만이 홍수보험에 가입했다. 폭풍서지로부터 저지대지역에서 대부분 피해를 입은 이후, 주택소유자 보험에서는 홍수피해를 보장하지 않았다. 내륙으로 3 km까지 홍수피해를 입은 집들은 홍수보험에 가입하지 않았다. 1969년 허리케인 카밀 이후, 범람원지대로 지정된 지역에서 홍수보험이 없었고, 카테고리 5 폭풍이 미시시피에 상륙했을 때 7 m의 서지가 발생했다.

카트리나 이후, 일부 사람들이 화재보험으로 재건에 대해 보상 받기를 희망하면서 범람으로 인해 피해를 입은 그들 소유의 집에 불을 지르는 일이 많은 지역에서 발생했다.

온대저기압과 노리스터

온대저기압(extratropical cyclone)은 냉량성 폭풍이고 허리케인처럼 보다 많은 피해를 발생시킬 수 있다. **노리스터**(Nor'easter)는 미국의 북동부를 강타한 온대저기압이다. 가장 강력한 노리스터는 1723년, 1888년, 1944년, 1953년, 1962년, 1978년, 1991년, 그리고 1993년에 발생했다. 노리스터는 여러 면에서 허리케인과 구별된다.

1. 바람이 불어오는 방향에 의해 명명되는 노리스터는 엄청난 양의 비와 폭설을 종종 가져온다. 벤저민 프랭클린(Benjamin Franklin)은 강수는 남쪽에서 시작되어 해안을 따라 북쪽으로 확대된다고 생각했다.
2. 허리케인은 늦여름에 나타나는데, 이와 달리 노리스터는 10월에서 4월까지, 특히 2월에 가장 일반적이다.
3. 노리스터는 수평적인 기온경도는 크고, 공기가 불안정한 전선에서 형성된다. 이것은 종종 콜로라도 또는 앨버타에서 제트기류가 겨울에 남쪽으로 이동할 때처럼 로키 산맥의 동 사면에 온대저기압의 형태를 갖는다. 이와 유사한 폭풍들은 멕시코 만, 케이프해터러스 근처, 노스캐롤라이나, 바하마 근처, 플로리다의 동해안 근처에서 일어날 수 있다.
4. 노리스터는 뚜렷하게 조용한 폭풍의 눈이 없으며, 원형은 아니지만 미국의 북동부 대부분에 확대될 수 있다. 1700년대 후반 벤저민 프랭클린에 의해 알려진 것처럼, 보다 소규모이고 반시계방향으로 회전하는 저기압성 기후 시스템이 보다 넓은 지역의 전체 흐름을 지배하고 있다.
5. 노리스터는 고도에 따라 힘을 잃지 않는 한랭한 핵 시스템(cold-core system)이다. 만약 제트기류가 폭풍의 중심에서 바깥쪽으로 움직이면, 이것은 표면 압력을 떨어뜨리고, 폭풍의 힘을 키운다.
6. 허리케인에 의한 피해는 대부분 내륙 쪽에 나타나는 데 반하여 노리스터의 피해는 해안에 집중된다. 북동쪽에서 강력한 바람이 불면 노리스터는 전형적으로 북동쪽에 면한 해안을 강타한다.

노리스터는 편서풍이 대서양 너머로 폭풍을 가져올 때나, 제트기류가 폭풍을 더 강화시키는 상황에서 형성될 수 있다. 노리스터의 수는 연간 20~40회에 이르며, 한두 번은 확실히 강력하거나 극단적이다.

게다가 노리스터는 강풍을 발생시켜 직접적인 피해를 줄 뿐 아니라 높은 파랑을 일으키고, 얕은 대륙붕을 가로질러 거대한 수괴를 밀어 올려서 해안 쪽으로 폭풍서지를 형성한다. 폭풍 시 저기압은 높은 폭풍서지를 만들면서 수면을 솟아오르게 만든다. 특히 만이 만조이거나 만의 안으로 서지가 이동하면 홍수고도를 더욱 높일 수 있다. 서지가 허리케인을 동반함에 따라 서지는 저지대의 해안평야를 범람시키고 해빈, 제빈도와 사구를 휩쓸어 간다. 허리케인과 마찬가지로 가장 큰 피해는 큰 폭풍이 서서히 해안으로 이동해 올 때나 이전에 발생했던 폭풍에 의해서 이미 피해를 받은 해안을 강타할 때 발생한다.

돌란과 데이비스(Dolan and Davis, 1993)에 의해 분류된 노리스터의 규모는 풍속과 서지의 고도보다는 사빈과 사구의 영향을 받는다고 강조한 것을 제외하면 5개의 카테고리를 갖는 사피어-심슨 허리케인 등급과 대체로 유사하다. 최대 수심의 파고(최고 파도의 1/3의 평균)의 제곱에 폭풍의 지속기간을 곱한 '폭풍파워지수'를 의미한다(**표 14-5**).

해안에 미치는 에너지는 파고의 제곱에 비례하는데, 노리스터의 파고는 보통 1.5~10 m이다. 따라서 4 m의 파랑은 2 m의 파랑보다 4배 더 많은 에너지가 소모된다. 파고는 합주거리 또는 파랑이 이동해 온 거리에 의존한다. 긴 합주거리를 갖고, 천천히 이동하는 폭풍 속에서 항상 일정한 방향을 갖는 파랑은 가변적인 풍향을 가지며, 보다 강력하고, 빨리 움직이는 폭풍보다 더욱 파괴적일 수 있다. 폭풍의 중심이 외해에 있는 경우, 가장 높은 파도는 구름이나 파랑이 지나간 후에 해안에 바로 도달하게 될 것이다. 높은 파도가 폭풍서지의 꼭대기에 이르렀을 때 그 효과는 극대화된다. 심각한 노리스터는 며칠 동

표 14-5 돌란-데이비스(1993) 노리스터 등급

등급	큰 파고를 보이는 최대 수심(m)	평균 지속시간 (시간)	가장 일반적인 형성 지역	폭풍의 예
I (약함)	2	10		
II	2.5	20		
III	3	35		
IV	5	60	(바하마 또는 플로리다)	1992년 12월, 1993년 3월 ('세기의 폭풍')
V (강함)	6.5	95	(바하마 또는 플로리다)	1962년 3월 7일 (재의 수요일), 1991년 핼러윈('완벽한 폭풍')

안 여러 번의 조수 운동을 통하여 한 장소에 머무를 수 있다. 높은 폭풍서지에 놓인 고조위 때 극히 파괴적일 수 있다. 5등급 폭풍의 예로는 1962년의 재의 수요일(Ash Wednesday) 폭풍과 1991년의 핼러윈(Halloween) 폭풍이 있다.

1962년 3월 7일에 있었던 재의 수요일이라 불리는 이 폭풍은 미국의 대서양 해안을 따라 일어난 고위도의 노리스터였다. 그것은 해안과 나란하게 약 100 km 거리의 외해에 4일간 머물렀다. 그 폭풍은 사우스캐롤라이나 동쪽에서 시작해서 천천히 북쪽으로 뉴저지에서 외해 밖으로 이동하기 전까지 해안과 나란하게 이동했다. 북쪽으로의 느린 진행은 캐나다 남동부를 지나 시계방향으로 부는 강력한 고기압에 의해서 저지되었다. 이것은 1,000 km의 해안에 영향을 미쳤고, 22억 달러(2010년 달러 기준)가 넘는 피해를 입혔다. 광활한 바다에 지속된 바람은 시속 72~125 km였고, 10 m 정도의 높은 파도를 만들었다. 1~2 m의 폭풍서지 꼭대기에 몰아친 4 m의 폭풍파가 수년 동안 퇴적된 연안 사주를 덮쳤다. 연속적으로 5번의 고조위가 서지의 고도를 더욱 증폭시켰다. 그러한 피해가 해빈과 사구의 침식에 광범위하게 영향을 미쳤고, 수십 개의 조수 통로를 만들었다. 극도로 도시화된 델라웨어 펜윅아일랜드의 대부분은 파랑에 의해 반복적으로 침식되었다. 해안선은 내륙으로 10~100 m 이동했다.

'완벽한 폭풍'이라 불리는 1991년 10월의 대형 핼러윈 노리스터 또한 10.7 m 높이의 높은 파고의 심해파였으며 거의 5일 동안 지속되었다. 파장은 특히 길었는데, 파정 간의 주기가 10~18초에 이르렀으므로 대부분의 풍파보다 훨씬 더 빨리 이동했다. 주로 폭풍서지를 동반하면서 남부 플로리다에서 메인까지, 특히 뉴잉글랜드에 큰 피해를 유발했다(**그림 14-29**).

2007년 4월 중순, 거대한 노리스터는 미동부의 여러 주들과 캐나다 해안에 위치한 주들을 황폐화했다. 이것은 텍사스 북부 지역에서 더 먼 사우스캐롤라이나 동쪽지역까지 가로지르며 6개의 토네이도를 만들어 냈다. 이것은 동부해안으로 이동하면서 더욱 강력해졌다. 시속 100 km의 돌풍은 뉴저지에서 메인까지 이어졌고, 강풍으로 악명 높은 지역인 마운트워싱턴, 뉴햄프셔에서는 시속 250 km에 도달했다. 폭풍은 비와 진눈깨비를 22 cm까지 퍼부었고 캐롤라이나와 웨스트버지니아, 뉴햄프셔, 노바스코샤에 돌발홍수를 발생시켰다. 바람은 높은 파랑을 일으켰고 뉴욕, 뉴저지, 뉴잉글랜드는 침수되었다.

적설량은 눈의 하중으로 건물의 붕괴를 가져올 수 있기 때문에 겨울폭풍의 심각성을 측정할 수 있는 한 방법이다. 때때로 메인, 미시간 북부, 위스콘신, 뉴욕 서부에서는 1 m를 초과

그림 14-29 노리스터

Peter Shugert, U.S. Army Corps of Engineers.

1991년 핼러윈 노리스터의 폭풍파는 뉴저지 시브라이트에 있는 방파제를 파괴했다.

하는 엄청난 적설량이 발생한다. 폭설은 앨라배마와 조지아뿐만 아니라 남부의 주에서 종종 내린다. 열대저기압과 온대성 폭풍에 의해 시작되는 재해는 다음 내용을 포함한다.

- 폭풍서지는 평균 조수위에 잘 형성되고 해안 범람, 육지와 지하수의 염류화, 해안침식을 일으키며, 작물과 건축물에 피해를 입히고 익사를 야기한다.
- 큰 폭풍은 사구를 침식하고, 해안 구조물에 충격을 줄 수 있다.
- 폭우는 강의 범람, 갑작스러운 홍수, 산사태, 구조물 파괴, 빗물배수통로와 하수시스템의 범람을 일으킨다. 허리케인으로 인해 익사자의 60%는 해안 가까이의 담수 범람에 의해 익사했다. 허리케인 사망자의 1/4은 범람하는 동안 차 안에서 침수되거나 차를 버리려고 하는 동안 익사했다. 가장 강력한 폭우는 천천히 이동하고 보다 직경이 크다. 국제 허리케인 센터는 100을 시간당 마일인 폭풍의 속도로 나누어 인치로 총 우량을 예측한다. 예를 들어 시속 20마일의 폭풍으로 접근한다면 5인치의 강우가 예측된다(100/20=5인치).
- 토네이도를 포함한 강풍은 창문, 지붕, 건물전체에 피해를 입힌다. 강풍은 대중교통과 수도, 전기, 가스와 같은 공익사업을 방해하며 많은 양의 파편을 만들었다. 강풍으로 많은 허리케인을 동반하는 토네이도는 지표면 마찰로 지상풍은 느리게 지나간다. 이러한 조합에 의해 수직의 축을 갖고 회전하면서 수평은 기울어진 채 회전하는 움직임이 된다(15장에서 논의). 토네이도는 허리케인의 눈벽에 가까운 곳이나 조금 떨어진 곳에서 형성된다. 그러나 토네이도는 허리케인 바람이 토네이도와 유사한 속도를 가질 수 있기 때문에 확인하기 어렵다.
- 폭풍이 발생하자마자 통신선은 유실되고, 전력선이 차단되며, 도로가 유실되고, 광범위 지역에서의 긴급한 구호는 지방정부를 압박한다. 염수, 하수시설, 다양한 화학품, 박테리아들은 지표수와 지하수를 오염시켰다. 많은 공무원들은 대규모 재난의 경험이 없었고 이용할 수 있는 구조 프로그램을 다루는 데 서툴렀다. 정부와 협력관계에 있는 모든 조직은 재난을 회복시키는 데 비관적이다.

사례

도시는 제방에도 불구하고 침수되었다

2005년 허리케인 카트리나 ▶

허리케인 카트리나는 피해정도와 홍수서지, 해안 개발 패턴의 잠재적인 영향에 대한 의문을 제기하면서 이에 대한 새로운 기준을 설정했고, 훨씬 나은 재난대비 필요성의 기준을 만들었다. 그 결과 다음과 같은 표현이 강조되었다. "잘못될 가능성이 있는 모든 것은 잘못될 것이다."

허리케인 카트리나가 루이지애나와 미시시피 해안을 향해 돌진하였을 때, 많은 사람들은 이주명령에 따랐지만 대부분의 아프리카계 미국인과 뉴올리언스 동부의 몹시 가난한 수천 명의 거주자들은 이주하지 못했다. 이 지역 거주자들의 대부분은 차나 다른 이동방법을 가지고 있지 않았고, 대중교통을 이용할 수 있었지만 그에 필요한 돈이 없었다. 많은 사람들은 폭풍이 강타하지 않을 지역만을 찾느라 대피의 비용과 시간을 소비했다. 그들은 뉴올리언스와 인근 지역, 특히 해안과 바로 접해 있지 않은 지역의 경우 과거 허리케인으로부터 생존했고 이후에도 그럴 것이라고 생각한다. 다른 사람들은 일 년 전에 허리케인 이반이 앨라배마의 걸프 해안과 인근 플로리다에 큰 피해를 입혔지만 뉴올리언스를 피해 간 것처럼 폭풍의 공격이 그들을 피해 갈 것이라고 생각했다.

그러나 대부분의 사람들은 그곳에 없었거나 아마도 다른 폭풍이 그 지역을 강타할 것이라는 사실을 몰랐다. 1965년 카테고리 3인 허리케인 베시는 어떤 지역에서는 7 m 높이까지 침수되어 뉴올리언스의 거의 절반이 사라졌다. 1992년 8월에 허리케인 앤드류는 뉴올리언스의 서부를 지나갔다. 1969년 카테고리 5 폭풍으로 상륙한 허리케인 카밀은 미시시피와 루이지

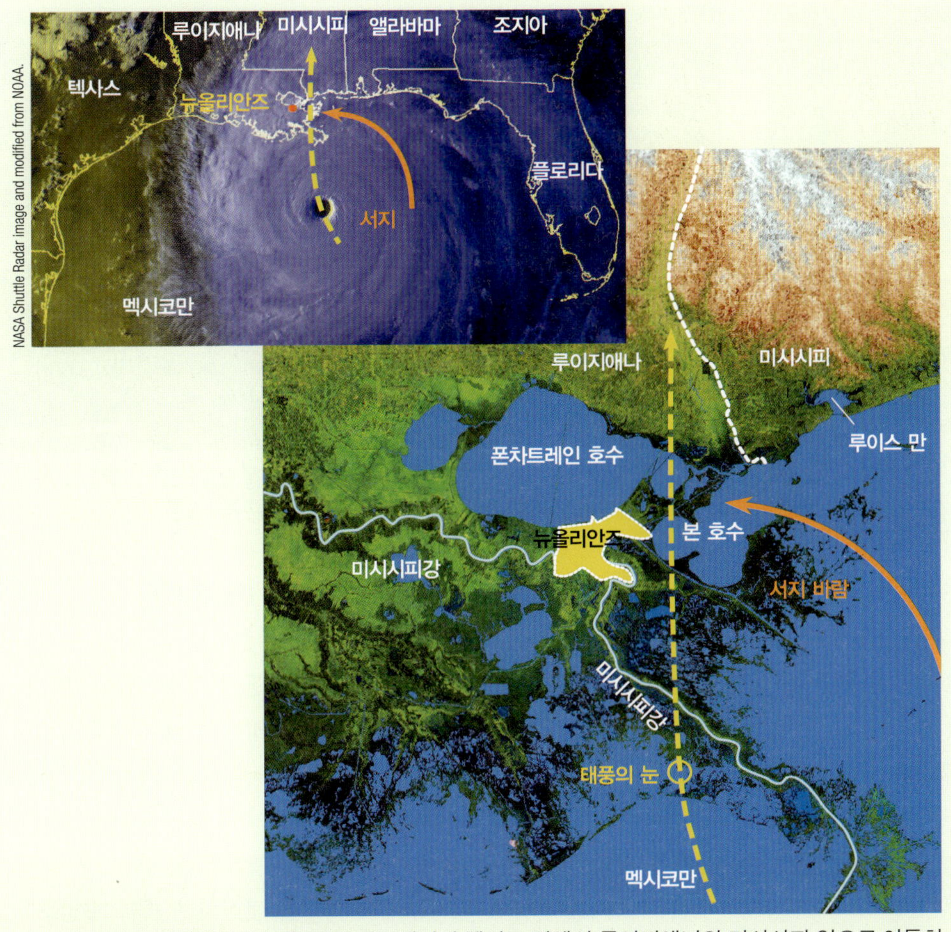

NASA Shuttle Radar image and modified from NOAA.

▶ 잘 발달된 허리케인의 눈을 가진 카트리나가 멕시코 만에서 루이지애나와 미시시피 안으로 이동하고 있다. 허리케인 카트리나의 경로와 남동부 루이지애나와 미시시피 강 삼각주 및 서지와 바람 방향.

애나에 큰 피해를 입혔다.

비록 카트리나 상륙 전 계획에서는 적어도 10만 명의 거주자는 이동 방법이 없을 것이라 예측했지만, 버스가 그들을 거의 지역 밖으로 내보내지 못했다. 수백 대의 스쿨버스는 운전자를 찾을 수 없었기 때문에 사용할 수 없었으며, 미국 연방재난관리청(FEMA)에서는 냉난방장치가 되어 있지 않은 버스 때문에 대피자들이 열사병에 걸릴 수 있다는 이유로 대피활동에 버스를 이용하지 못하게 하였다. FEMA는 이용할 버스를 제공했지만, 사람들이 주 밖에 머물며 당장 이용하지 않았기 때문에 주지사에게 알리지 못했다.

음식, 물, 쉴 곳을 찾는 많은 주민들은 엄청나게 큰 루이지애나 슈퍼돔 스타디움과 뉴올리언스 컨벤션센터에 그들만의 쉼터를 세웠고 구조자들이 머물게 되었다. 다음날 아침, 폭풍이 상륙할 때까지 9,000명의 주민과 550명의 주방위군 병력은 슈퍼돔에서 지냈다. FEMA는 수색구조팀, 의약용품, 장비뿐만 아니라 18개의 의료재난팀을 마련했지만 대부분의 난민구호품은 폭풍 후 4일이 되기 전까지 도착하지 않았다.

폭풍 후, 1만 명의 주방위군 병력은 마침내 구출작업, 치안, 청소작업을 돕기 위해 배치되었다. 그들은 물, 얼음, 방수포와 수백만 개의 인스턴트 식품을 준비했지만 그것들로는 부족했다. 허리케인급 바람은 누수를 발생시키며 슈퍼돔 지붕 내부 일부를 날려 버렸다. 전력은 중단되고 냉난방장치는 꺼졌으며 수압은 점점 약해져서 결국 화장실을 사용할 수 없게 되었다. 사람들은 물과 하루 두 끼의 식량을 받았다. 일부 사람들(특히 노인들과 아주 어린 아이들)은 아프거나 처방된 약 없이 견뎠고, 어떤 사람들은 열사병에 시달렸으며 몇몇은 사망했다. 결국 2만 명이 넘는 사람들이 슈퍼돔에서 머물렀다.

접근과 상륙

미국기상청은 허리케인이 비극적인 피해를 야기하고 "현대적 기준에서 사람들이 믿기 어려울 정도의 고통을 겪게 될 것"이라고 예측했는데 그것은 완전히 들어맞았다. 멕시코 만에서 카트리나는 중심기압 902 mb, 시속 280 km의 지속적인 바람을 가진 최고영향력의 카테고리 5 허리케인으로 강력해졌다. 8월 29일 월요일 오전 7시, 미시시피 해안에 상륙하기 전, 천해에서 카테고리 3으로 약화되었고 사빈의 수백 미터 안에 있는 거의 모든 것들은 제거되었다.

바람, 폭풍서지, 그리고 홍수

그러나 카트리나는 반시계방향으로 회전하면서 루이지애나-미시시피 라인 가까이에 상륙하였고, 카트리나 북쪽에 형성된 고기압의 연안풍이 뉴올리언스 방향인 서쪽으로 향했다. 나무는 쓰러지고 전기는 차단되었으며 바람은 병원, 공공건물, 호텔을 포함한 건물의 창문을 깨뜨렸다. 다른 허리케인과 마찬가지로 토네이도는 매우 심각한 풍해를 일으켰다. 도시의 대부분은 물에 잠겼고 구조대원들은 사람들을 찾기 위해 작은 보트와 헬리콥터를 사용해야만 했다.

뉴올리언스의 피해 대부분은 폰차트레인 호수, 저조위의 석

NOAA

▶ 물이 빠져나간 뒤, 루이지애나 설퍼 항구의 버려진 버스.

Jeremy Grisham, U.S. Navy.

▶ 8월 31일, 슈퍼돔은 물로 둘러싸여 있고 지붕을 덮고 있던 일부는 날아갔다. 이 사진은 북동방향이며 미시시피 강은 오른쪽에 있다.

호, 그리고 도시에서 호수로 통상 흘러드는 큰 운하의 수위가 폭풍서지로 인하여 상승한 결과이므로, 운하를 이용하여 도시로부터 거대한 양이 배수되었다. 강한 바람에 의해 서지는 미시시피 강 포구로 밀려오며 북서쪽으로 이동했다. 평범한 날에도, 폰차트레인 호수는 뉴올리언스의 저지대보다 수위가 높았다. 두 경우 모두, 뉴올리언스의 동부 교외 마을은 3분에 1 m씩 수위가 상승하며 급격하게 침수되었다. 주민들은 2 m의 파도와 함께 '강(river)'이 돌진했다고 표현했다.

서지는 도시의 동쪽 변두리에 있는 다수의 제방까지 도달했지만 피해를 입지는 않았다. 그러나 운하벽은 상륙 후 18시간이 지나면서 뉴올리언스를 침수시켰고, 여러 곳을 파괴하였다. 운하벽은 일반적으로 콘크리트와 두께 30 cm, 높이 5 m의 강철 제방 위에 얹어진 흙과 바위로 구성된다. 2개의 긴 구간에서 제방이 약해졌고, 제방과 홍수방벽 뒤에 조성되어 침수된 거주지의 사람들은 높은 수위에도 안전하다고 여겼다. 물은 바로 도시가 있는 유역에 쏟아졌고 4미터 수위의 물에 잠겼다. 미시시피 강을 따라 제방 둑이 높았던 지대의 집들만이 피해를 면했다. 엔지니어들은 폰차트레인 호수로 브리치를 통해 도시로 더 많은 물이 흘러 들어오는 것을 막기 위해 붕괴된 17번가 운하를 15미터 높이의 금속판으로 막았다. 브리치를 메우는 이 작업은 헬리콥터를 사용하여 거대한 모래주머니를 떨어뜨렸는데 2주가 걸렸다. 한 가지 계획은 사용 가능한 최소의 대체 펌프를 사용하여 의도적으로 몇 개의 낮은 제방에 구멍을 뚫어 물이 빠져나가도록 하는 것이다. 운하의 제방은 보통(카테고리 3)의 허리케인을 견뎌 내는 데 충분하며 5 m 높이 이상도 가능하다고 하지만 종종 침수된다. 경우에 따라서 제방벽을 넘는 서지로 모래와 건물 뼈대가 쉽게 침식되고, 제방을 쌓는 데 이용된 토양과 토대를 약화시키기도 한다.

서지로 인해 물, 자동차, 주택, 파편과 수초로 가득 찬 도시는 낯선 곳에 멈추면 때때로 집들이 자동차 위에 얹혀 있다. 40 cm 두께의 콘크리트 조각으로 잘 고정되어 있는 벽돌집도 떠다니고 거리를 휩쓴다.

배수 실패

해수면 아래에 있는 도시 대부분에서는 전력의 부족과 과열로 인해 물을 퍼 올리는 작업에 실패했다. 전력은 뉴올리언스와 미시시피 동쪽 해안, 앨라배마, 플로리다 팬핸들 지역 등에서 공급되지 않았다. 정전, 기지국의 파괴, 전선의 단선 때문에 전화와 휴대전화는 사용할 수 없었다. 통신수단의 부재는 구조활동을 심하게 어렵게 했다. 인근 도시에서 기자들의 방송과 인터넷을 통한 통신이 중요하게 되었다. 10개의 주요 병원은 예비전력을 준비하도록 하게 했다.

수위는 이내 빠르게 사람들의 무릎을 넘어섰고 2층과 다락이나 지붕까지 물이 차올랐다. 다락으로 도망친 사람들 중 일부는 물이 계속 차오르면서 지붕으로 대피했으므로 도끼나 톱을 준비했다. 그들은 거기에서 며칠을 기다렸지만 당국이나 구조자와 연락할 수 없었다. 수색대는 적어도 1,500명의 사람들을 옥상과 내부의 다락방에서 발생한 소리를 듣고 구출했다. 집집마다 수색을 했던 구조자들은 약간의 시신을 찾았지만 많지 않아 다행이었다.

오염, 질병, 그리고 곰팡이

홍수로 불어난 물에는 건물의 조각, 고목, 쓰레기통, 온갖 종류의 쓰레기, 오물, 파열된 탱크로부터 발생한 기름과 휘발유 코

● 배수장 ⇨ 브리치 방향 △ 주요 수력발전소

▶ **A.** 2005년 9월 2일 뉴올리언스의 지도는 도시보다 높은 3 혹은 3.5 m로 증가하는 미시시피 강 북쪽 둑의 자연제방 지역에 얕은 범람의 깊이를 보여 준다. 범람지역은 17번가 운하에서 서쪽에서 갑자기 끝났고 제방은 동쪽으로 브리치되었다. **B.** 거의 전 도시가 강의 연평균 고수위와 폰차트레인 호수의 수위 아래에 있다. 거대한 펌프는 도시의 물을 빼내기 위해 사용되었다.

팅, 심지어 사체들이 포함되어 있었다. 몇몇 사람들은 운이 좋게도 큰 쓰레기 조각이나 표류하는 보트를 붙잡고 떠 있으려 했다. 구조된 대부분의 사람들은 오염된 물로 인하여 위장질병, 탈수, 피부전염병 같은 큰 문제를 겪었다. 항공기는 말라리아의 위험, 웨스트나일 바이러스, 세인트루이스뇌염 때문에 모기를 죽이려고 살충제를 살포했다. 9월 16일 이후에도 몇몇 지역은 여전히 물에 잠겨 있었다.

따뜻한 물과 접해 있던 대부분의 건물에서는 곰팡이가 증가하여 물이 오염되었다. 튼튼한 구조였음에도 불구하고 많은 건물은 곰팡이에 크게 영향을 받아서 불도저로 밀어 버렸다. 수위가 낮아지면서 어두운 회색의 흙이 모든 것을 뒤덮었다. 미시시피 제방 위에 건축된 프렌치쿼터(French Quarter) 빌딩은 침수되지 않았으나, 한 달 후에는 공기순환이 잘 되지 않는 실내에서 곰팡이가 자라고 있었다. 벽판, 단열재, 양탄자, 침구를 포함한 대부분이 젖었고 폐기되어야 했다. 남은 벽기둥은 모래로 닦고 표백제로 소독하고 팬으로 건조시킬 필요가 있었다. 2~3주 동안 물 안에 서 있었던 나무구조물은 나무 속 깊은 곳에서부터 곰팡이를 제거하는 것이 불가능하므로 철거시켜야만 했다. 알레르기, 천식, 약한 면역체계를 가진 사람들에게 곰팡이는 심각한 영향을 미칠 수 있다.

구조는 느렸고, 많은 희생자가 죽어 나갔다

카트리나 이후, 사람들은 음식, 물, 의약용품이나 대피를 위한 차량의 구조가 오기까지 4일을 기다렸다. 참사로 인한 비상사태는 분명히 실패했다. 매일같이 연방의 국토안보부와 FEMA의 공무원들은 주방위군병력, 필수품, 대피를 위한 차량 등을

▶ **A.** 17번가 운하는 폰차트레인 호수로부터 뉴올리언스 남쪽의 대부분을 가로질렀다(사진 아래의 가장자리). 브리치와 홍수피해를 입은 주택은 다리 오른쪽에서 운하의 먼 쪽에 있다. 공병대는 거대한 모래주머니를 브리치 안으로 던지는 동안 동시에 호수에서 운하로 흘러나오는 물을 막기 위해 다리에 널말뚝을 만들었다. **B.** 뉴올리언스 젠틸리 지역에서 운하벽은 운하 밖으로 붕괴되었다. 공병대는 계속되는 홍수를 막기 위해 일시적인 장벽으로 파형강판벽(corrugated steel wall)을 세웠다.

▶ A. 로우어나인스워드에 있는 초현대 주택이 떠올라 자동차와 다른 집에 내려앉았다. B. 뉴올리언스 동쪽 변두리 섈멧 지역에서 40~50 cm 두께의 콘크리트 바닥을 가진 벽돌집이 서지에 의해 떠서 다섯 블럭을 이동한 후 주택가의 중심부에 내려앉았다.

약속했지만 구조는 거의 실현되지 않았다.

재난에 대한 구조용품의 분배는 복잡하였으나, 거대 자재 회사와 식료품 회사는 전체 규모의 분배를 효율적으로 하였다. 2003년 이란의 밤 시에서 발생한 지진 재해 이후, 국제 적십자사와 같은 구조단체는 큰 재앙을 맞은 피해자들을 위한 발빠른 지원과 분배 능력을 갖게 되었다. 미국 연방재난관리청 역시 그러한 회사나 단체의 절차를 이용하였던 것 같다.

확인된 사망자는 루이지애나에서 1,464명, 미시시피에서 234명을 포함하여 총 1,810명이었다. 사망자의 39%는 75세 이상이었다. 수위가 빠르게 상승하여 사람들은 서지 흐름에 휩쓸렸고, 수영을 할 수 없어 익사했다. 또는 그들은 고층이나 다락으로 피하였으나 이후 자신들의 집에서 익사하거나 갇혀 버렸다. 보도에 따르면, 5명은 콜레라와 관련된 박테리아에 의한 질병에 걸려 사망했다고 한다.

병원에 있는 몇몇 환자들은 산소호흡기와 투석기 같은 동력 공급시설이 작동하지 않았고 여분의 발전기 연료가 떨어져 사망했다. 의사와 간호사들은 자력으로 숨을 쉴 수 없는 환자들을 위해 소형 산소호흡기를 작동시켰다. 수도시설이나 환기장치가 없었으므로 중증의 환자들은 41°C(106°F)의 더위로 인해 사망했다. 34개 요양소의 환자들은 홍수로 사망했는데, 요양소의 대표는 의무인 대피 지시를 받지 못했으므로 노쇠한 환자를 이동시키는 일이 사망의 원인이라고 지목했다. 몇몇 병원에서는 범람과 곰팡이에 의한 피해를 너무 많이 입어서 다시 문을 열 수 없을 것이다. 사실상 잘못될 수 있는 모든 일은 잘못되는 것이다. 이것은 미래의 잠재적인 재난에 대한 중요한 가르침이 될 수 있다.

남쪽과 북쪽 너머까지 미친 영향: 허리케인 바람, 서지, 그리고 파랑

방송 매체들은 뉴올리언스 폭풍피해의 범람과 파괴가 극단적이고 비극적이었으므로 이 지역에 초점을 맞추었다. 그러나 기타 강 하류와 동쪽 해안을 따라서도 폭풍의 영향은 처참했다. 미시시피에 선박이 다니는 주요 수로 가까이의 뉴올리언스 남동부에서 높은 파도와 거대한 서지, 파랑이 집이나 도로를 무너뜨리고 성냥갑처럼 물에 뜨게 했다. 어떤 건물은 콘크리트 바닥이 붙은 채로 이동했다. 서지는 모든 크기의 새우잡이배를 들어 올려 인근의 제방이나 도로까지 이동시켰다. 독이 있는 물뱀과 다른 뱀들의 서식처는 위험해졌고 늪지대에서 이동해 왔다. 썩어 가는 동물의 사체들이 도로 주변에 흩어졌다. 뉴올리언스의 북동부 지역은 카트리나의 높은 서지와 파랑 때문에 주와 주 사이에 있는 10 km 길이로 된 10개의 둑길이 일부 들어 올려졌고 폰차트레인 호수로 떨어졌다. 미시시피 빌럭시 내만의 동쪽 끝과 세인트루이스 만을 가로지르는 미국의 90개 둑길은 기울어진 도로와 함께 붕괴되었다.

카트리나의 눈은 루이지애나와 미시시피의 경계부에 8월 29일 오전 7시에 상륙하면서 수십 명의 사망자를 내고 아파트 단지를 붕괴시키면서 거의 정확하게 북쪽으로 이동했다. 대부분의 사람들은 나무꼭대기로 올라가 빠르게 밀려 올라오는 서지로부터 살아남았다. 반시계방향으로 돌면서, 눈벽의 동쪽 가장자리에서 시속 224 km에 이르며 매우 강하게 이동하면서 미시시피 해안과 세인트루이스의 만 근처를 크게 파괴하였는데, 당시 이곳의 서지는 건물 3층 높이인 약 9 m의 높은 수위까지 도달했다.

Donald Hyndman.

▶ 뉴올리언스의 동쪽 변두리 샐멧 지역의 집이 카트리나에 의해 쓰레기가 되었다.

본토에서, 서지와 극단적인 바람과 높은 파랑은 주택들을 부수었고 나무를 쓰러뜨렸으며 송전선을 단절시켰다. 변압기는 폭발했고 요트는 항구를 벗어났으며 배들은 해안고속도로로 던져졌다. 차는 장난감처럼 흩어졌다. 몇몇 주택은 특별히 큰 폭풍에 견뎌 낼 수 있게 건설되었는데 인접한 주택들이 사라졌음에도 위기를 넘겼다.

미시시피에서부터 루이지애나의 경계 지점까지, 세인트루이스의 만과 걸프포트, 빌럭시에서부터 패스커굴라까지 이르는 해안의 건물은 완전히 무너져, 높은 말뚝과 콘크리트 패드만이 남게 되었다. 많은 해안지대의 주택은 바다 밖으로 쓸려 내려갔거나 기초가 약해지며 넘어졌다. 해변 2 km 거리의 넓은 지역이 대부분 화재로 사라져 축소되었다. 2년 뒤, 세인트루이스 만의 주민 3분의 1은 돌아오지 않았는데, 너무 위험한 곳이라 다시는 돌아가지 않을 것 이라고 했다.

걸프포트에서 30분 이내에 서지를 3 m로 상승시킨 맹렬한 바람은 대피처로 사용되고 있는 8개의 학교 지붕에 구멍을 냈고, 두 개의 거대한 카지노와 함께 병원은 심각한 피해를 입었다. 빌럭시 연안의 7개의 큰 수상 카지노는 내륙으로 1 km 보다 더 이동하면서 파손되어 주에서 가장 크게 피해를 입었다.

폭풍서지의 영향은 걸프포트에 있는 주택에서 확실하게 나타났는데, 한때 집 재목으로 쓰였던 나무들이 휩쓸려 와서 나머지 가옥에 부딪치고 잔해로 쌓였다. 기초가 들어 올려진 건물이 인접한 건물의 한쪽 벽에 부딪치고 그로 인해 쌓인 잔해는 폭풍서지의 명확한 피해이다.

앨라배마의 거대한 석유채굴 플랫폼은 모빌강에 있는 현수교와 충돌했다. 모빌 시는 서지뿐만 아니라 북쪽으로 이동하는 폭풍으로 인한 폭우까지 발생해 심각한 홍수를 겪었다. 개발자들은 미시시피 해안과 앨라배마에서 이전에 각각 겪었던 폭풍의 피해를 기억하며 해안 오른쪽 끝에 크고 더 비싼 건물을 짓기 위해 건물의 파괴를 기회로 삼았다. 비록 고층호텔들의 대부분이 폭풍을 견뎌 냈지만 매력적인 일부 해변과 건물들은 배후의 대부분의 집들과 함께 사라졌다.

Marvin Nauman, FEMA.

▶ 어떤 지역은 폭풍 후 일주일이 지나서도 여전히 물에 떠 있다. 이미 많은 피해를 입은 주택은 기초에서 떨어져 떠서 다른 집에 부딪쳤다. 어디에서나 물에서는 악취가 진동했다.

예측, 준비, 그리고 대응

2004년 FEMA는 뉴올리언스에서 주요 홍수에 대한 모의실험을 준비했다. 끝나지는 않았지만 결과는 실망스러웠다. 모의실험 결과 수면의 3.5 m 아래에 도시가 잠길 것이며, 운송수단에 큰 문제가 생길 것이라고 생각되었다.

시장의 직원들, 경찰, 소방관들이 비상시에 사용할 통신 배터리는 빠르게 고갈될 것이고 정전 때문에 충전을 할 수 없을 것으로 예측되었다. 이것은 산불 진화

▶ 미시시피 강 항로에서 온 100피트 길이의 유조선 한 쌍이 23번 고속도로에 멈춰 있다. 미시시피 해안 서쪽 끝의 세인트루이스 만을 가로지르는 미국의 90번 다리는 카트리나가 상륙했을 때 대규모 서지와 거대한 파랑에 의해 붕괴되었다. 서지와 파랑은 다리 데크 부분을 들어서 지지대와 내만에 떨어뜨렸다.

U.S. Army Corps of Engineers. A

John Fleck, FEMA. B

용과 달리 일회용 배터리에 의해 전력을 공급받을 수 있다.

이러한 재난에 대한 형편없는 반응의 원인은 각각 다른 책임을 가진 정부 사이의 협조가 부족했던 탓이다. 명확한 지휘권과 의사소통이 부재했다. 대개의 경우, 정부기관의 책임자는 계획을 계속 진행시키도록 하지만 하위직들은 뒤늦은 비난에서 자신들을 보호하기 위하여 문서에 서명하기를 원한다. 어떤 정부조직은 그들의 권한 이상이거나 실수로 고소를 당할까 봐 두려워한다.

FEMA처럼 기타 연방기구들은 독자적인 책임을 지며 상호 의사소통이 부족하다. 어떤 때는 그들의 관할구역이 아니기 때문에 아무것도 하지 않는다. 정부기관은 연방정부와 다투기도 하고, 연방정부와 주 사이에서 언쟁을 벌이며, 지역 정부는 자신들의 지역을 보호하는 것처럼 보였다. 미국 연방재난관리청의 대부분 문제는 연방정부가 재정지원을 감소하고, 재난에 대한 예방이나 보호 및 준비에 대한 역할을 축소시킬 때 비롯된다. FEMA는 그것조차 할 수 없었다. 폭풍 이후 충분한 식수, 식량, 의약용품과 인근지역으로의 운송수단과 같은 준비가 없었다. 각각의 의료기관과 응급단체들은 준비가 아주 불충분했다.

재난에 대한 대처를 하는 FEMA가 준비가 부족하고 서투르다는 것이 드러났다. 허리케인 상륙 5시간 후, FEMA의 책임자는 폭풍피해를 처리하기 위해 1,000명의 연방직원들을 파견하기로 결정했지만 공급물품들은 너무 느리게 도착했다. 컨벤션센터에서 적십자사에 의해 보호받고 있는 수천 명의 사람들과 함께 FEMA는 9월 1일 이전까지 대피 장소에 대한 '실질적인 지식'이 없었다고 말했다.

카트리나로 인한 여파로 30만 명으로 추정되는 난민들을 위해 마련된 임시주택은 즉각적이고 거대한 작업이었다. 9월 4일, 22만 명의 난민들은 휴스턴, 샌안토니오, 댈러스와 다른 도시에 쉴 곳을 제공받았다. FEMA는 뉴올리언스 지역 밖에 군용텐트, 여행용 이동주택, 이동식주택을 제공하려고 했지만, 그전에 수만 명이 물, 하수관, 전력 연결, 공공서비스를 요구하면서 몇 개월이 늦어졌다. 대부분의 도시에서 허리케인 이후, 한 달 가량은 여전히 송전선이 매달려 있었고 나뭇가지와 다른 파편이 거리를 막고 있었으며, 상점이나 주유소는 문을 열지 않았다.

뉴올리언스의 미래는?

기본적으로 뉴올리언스가 이전의 상태로 복원될지는 중요한 문제이다. 2년 뒤에도 도시의 대부분은 재건되지 않았다. 해수면과 미시시피 강의 수 미터 아래에 있는 거대한 함몰지에 다시 복구되어야 할 것인가? 아니면 새로운 집에 대한 요구에 따라 재건을 위한 목적으로 범람원의 바깥쪽과 해수면 위에 위치하도록 도움을 줄 것인가? FEMA의 사람들과 회사를 위한

▶ **A.** 미시시피 걸프포트 해안 지역은 아직 내륙 쪽으로 부서진 집들이 쌓여 있는데, 거의 최근에 서지에 의해 가로망이 구획되었다. **B.** 2층으로 된 아파트 건물은 건물 기초부터 들어 올려졌고 근처의 다른 건물과 충돌했다.

주요 요구사항 중 마지막은 강 사이의 재건축을 위한 기금을 갖는 것이다. 이 규정은 처참했던 1993년 미시시피 강 상류의 범람 이후 실행되었다.

미시시피 강 제방에 있는 뉴올리언스의 가장 높은 지역은 당연히 복구되어야 한다. 이 지역은 미시시피 강 분지뿐만 아니라 도심 속 휴식 장소로 대개 유용하고 해상 및 산업시설을 제공한다. 몇몇 항구시설은 배턴루지 상류 쪽으로 약 150 km 이동하였고, 또한 심해의 항구를 준설하였다. 뉴올리언스 인구 대부분을 배턴루지로 영구 재이동하는 사업에 대해, 사람들은 1900년 갤버스턴 허리케인 대재앙 이후 갤버스턴에서 휴스턴 작은 마을로 주민 및 사업체가 이주한 것을 기억했다. 대부분은 갤버스턴으로 돌아오지 않았다.

피해가 적은 뉴올리언스의 제방 지역인 유명한 프렌치쿼터는 도시 수입에 큰 부분을 차지하는 관광객들이 자주 드나드는 도시로서 문화적인 장소와 역사적인 장소가 있다. 이 지역을 재건한다면 당신은 어디에서 시작하겠는가? 폭풍 이후, 광범위하고 완전히 파괴된 지역에 주유소도 없고, 식료품점과 철물점이나 건축자재점도 문을 열지 않았다. 학교도 없었고 도로나 공공시설을 수리하기 위해 필요한 사람도 없고 도시에 세금을 낼 사람도 없었으며 재산으로부터의 자금도 없었다. 재개되는 정유공장에서 혹은 재건을 위한 직업을 가진 사람들은 어디에서 살아야 하며, 어디에서 식료품과 가스를 얻고, 어디에서 그들의 아이들을 위한 학교를 찾아야 하는가? 지역에 사람이 없다면 일자리도 없으며, 사람들도 돌아오지 않을 것이다.

카트리나는 지금까지 북아메리카를 강타한 자연재해 중에 가장 큰 금전적 손실을 입혔다. 보험금은 2006년 9월 현재, 600억 달러에 이르며, 연방정부의 예산은 폭풍 이후 3달 동안 710억 달러에 달했다. 몇 달 뒤, FEMA는 연방제로 책정된 자금의 대부분을 할당하지 못했고 연방정부는 초기의 약속을 그치는 것 같았다. 할당된 자금의 1,140억 달러 중 총 80%는 폭풍 이후 2년이 지나서야 지출되었다. 몇몇 추정치에서는 기업과 개인에게 지불한 것을 포함하여 총 비용이 2,000억 달러를 넘어섰을 것이라고 한다. 폭풍 후 4년 뒤, 인구는 355,000명으로 추정되었지만 폭풍 이전에 비하면 여전히 10만 명이 적었다.

미공병대는 카테고리 3의 폭풍을 이겨 낸 480 km 제방 중에서 60 km를 수리하기로 했다. 개선된 부분은 이전 3.8 m의 높이보다 5.2 m 더 높아진 것이다. 카테고리 5의 허리케인을 견디기 위한 축조에는 320억 달러 이상의 많은 비용이 들었다 - 이 비용은 원래의 주민 485,000명에서 각각 66,000달러, 4명의 가족당 265,000달러의 금액으로 보상받기를 예상한 많은 소수를 위한 액수보다 훨씬 많은 것이다!

허리케인은 이전에도 뉴올리언스에 영향을 미쳤다. 카테고리 3의 베시는 1965년 뉴올리언스 거의 절반을 물에 잠기게 하였고 대부분의 집은 수면 6 m보다 더 아래에 있었다. 폭풍은 6만 명의 사람을 노숙자로 만들었다. 당시의 의회는 제방을 높이기 위해 거대한 건축계획을 허락하였고 홍수를 예방하기 위해 미시시피 강을 건축계획에 연결시켰다. 도시와 제방이 계속 가라앉는 것처럼 다음에 더 큰 홍수가 일어나는 일은 시간문제일 것이다.

지역정부나 민간단체에 의해 폰차트레인 호수를 따라 일부 구간의 제방은 부실하게 축조되었다. 1927년 처참한 미시시피 강 홍수 이후, 제방은 더 높고 강하게 세워졌다. 추가로 제방이 1940년대와 1950년대에 건설되었고, 대형선박용 운하는 1960년대에 축조되었다. 불행하게도 범람원에 있는 도시는 계속 가라앉았고, 지하수위는 도시민과 공업적인 사용으로 하강하고 있었으며, 건물은 지속적으로 기저부의 토탄층을 압박하였다. 총 148개의 거대한 펌프는 스펀지처럼 퇴적물에서 물을 빨아들였다. 도시 대부분은 현재 폰차트레인 호수 위 3 m 아래에 있고, 미시시피 강의 4 m 아래에 있으므로 다수의 사람들이 살기에 적합하지 않은 곳이다.

뉴올리언스에서 계속 가라앉고 있는 레이크뷰와 케너 지역은 향후 10년간 총 25 cm 침강할 것이며, 로우어나인스워드는 향후 50~100년에 해수면 약 3 m 아래로 가라앉을 것이다.

데자뷰?

2008년 8월 29일~9월 2일 걸프 해안의 허리케인 구스타브▶

뉴올리언스를 황폐하게 만들었던 허리케인 카트리나 이후 거의 3년째, 유사한 정도의 허리케인 구스타브(Gustav)가 걸프 해안 주민에게 해안은 위험한 지역의 하나임을 다시 한 번 상기시켰다. 여름 내내 열대 대서양의 따뜻한 온도는 마침내 서쪽으로 세차게 이동하며, 2008년 말 강력한 폭풍이 되었다. 허리케인 구스타브는 아이티를 지나면서 8월 27일 일시적 열대폭풍으로 약해졌지만, 산사태로 인해 51명의 사망자를 내고 남서부 반도의 산림을 파괴하였으며, 30 cm의 강우를 내리게 했다.

카트리나 이후, 350 km를 넘는 홍수 방벽과 홍수에 대비한 배수장, 기타 보수에 20억 달러가 사용되었지만, 공병단은 전체 홍수보호시스템이 100년 만의 폭풍 시 요구되는 수준의 1/3이라고 예측했다. 그러나 연방정부가 허락한 비용 120억8천만 달러 중 1/4만이 사용되었다. 이 시스템에서 가장 약한 연결고리를 동쪽의 미시시피 강 항포구가 있는 내만을 가로지르는 축대로 바꿀 것을 시도하였으나 그것은 2011년에 비로소 시행된다. 운하 부근 일대는 2002년과 2005년 사이에 약 6 cm 가라앉았고 지속되고 있다. 제방이 무너진 곳은 가장 심하게 침하되었다. FEMA는 허리케인에 대한 대비를 추가하고, 주민들도 대피를 대비하였다. 사실상 약 190만 명이 8월 30일 루이지애나 남부를 떠났다. 폭풍은 만으로 들어오면서 24시간 만에 열대폭풍에서 카테고리 4의 허리케인으로 강력해졌다. 거주자들은 뉴올리언스에서 루이지애나 북쪽의 대피소로 가기 위해 1마일이 넘는 줄을 서서 버스를 기다렸다.

석유회사가 연안의 공장 지지대를 보다 강력한 규정에 맞추어 강한 폭풍에도 견디며 피해를 줄이도록 안전하게 재건했다. 그러나 주택의 약 80%는 구스타브가 상륙한 동안 송전탑과 송전선이 넘어져 전력이 끊겼다. 나무는 쓰러졌고 어떤 집은 지붕이 날아갔다. 9월 4일 폭풍이 지나간 이후, 주민들이 집으로 돌아가고자 했지만, 전기가 나가서 하수처리장도 작동하지 않았으며, 주유소는 기름을 퍼 올릴 수도 없었고, 병원발전기에 동력을 공급할 수 없었다. 미국 걸프 해안 부근에서 18명이 사망했다.

Ronnie Simpson, FEMA.

▶ 뉴올리언스의 산업용 운하에 홍수 시 축대를 넘어 물이 넘치기 시작했다.

제빈도에 미치는 중간 세기 허리케인의 극심한 영향

2008년 9월 13일 텍사스 갤버스턴: 허리케인 아이크▶

허리케인 아이크는 중간급 카테고리 허리케인에 의한 제빈도의 파괴를 생생하게 상기시킨다. 대서양에서 카테고리 4였던 허리케인 아이크는 아이티와 쿠바를 황폐화하고, 멕시코 만에서 카테고리 1로 약화되었다. 이후 북서-북쪽으로 굽어 진행하면서 카테고리 4로 강화되었으나, 결국 텍사스 갤버스턴의 대륙에 상륙한 후 카테고리 2로 약해졌다. 2005년 8월 카테고리 5인 허리케인 리타는 갤버스턴 동쪽 경계부의 루이지애나 내륙에 상륙하면서 카테고리 3으로 약해졌다. 갤버스턴에 대피 명령을 내렸지만 휴스턴 대부분의 지역이 피해를 입었다. 아이크 이전에 정부당국은 대략 백만의 주민에게 대피를 지시했으나 저기압풍에 의해 수천 명이 휩쓸려 갔다.

대략 8,000명이 사망한 1900년의 비극적인 허리케인이 지나간 후 갤버스턴은 미래의 허리케인으로부터 보호하기 위해 도시의 고도를 높이고 높은 방파제를 쌓았다. 그러나 이것으로 인해 부작용이 발생했다. 방파제 전면에서의 공격적인 파랑은 한때 성수기에 많은 사람들이 첫 번째 방문지로 꼽던 훌륭한 해빈 모래를 파괴하고 제거하였다. 오랫동안 그들은 휴양지를 위해 좁은 해빈을 만들었고, 방파제의 기반이 약해지는 것을 막기 위해 해빈 근처 사구로부터 방파제 위로 트럭으로 모래를 쏟아 부었다. 그러나 계속된 침식과 모래의 부족으로 장래에 발생할 침식을 최소화하기 위해 화강암의 큰 블록으로 만든 남은 모래를 바닥에 깔아야 했다. 사실 방파제는 상륙하는 아이크의 폭풍서지와 파도로부터 도시를 보호했지만 방파제 너머의 지역은 보호할 수 없었다.

많은 해안지역에서 가장 취약한 집은 연안의 제빈도 위에 건축된 집이다. 특히 방어할 사구가 없는 해빈 전면의 집들은 더욱 취약하다. 갤버스턴의 북동부과 남서부에 원래 있었던 자연적 사구는 과거 허리케인과 폭풍으로 내륙으로 옮겨졌다. 해안가의 집들은 내륙에 건축되었지만 모래가 점점 더 내륙 안쪽으로 이동함으로써 집들은 해빈에 서 있게 되었다. 불행하게도 해빈 위에 서 있던 많은 집들과 건축제한지역, 그리고 보호역할을 하던 해안사구는 건축을 위해, 또는 해빈과의 접근성과 경관을 높이기 위해 제거되었다.

상륙할 때 아이크의 저기압과 시속 약 160 km 바람(대략 시속 100마일)은 볼리바 반도를 넘어 주택과 인구가 밀집한 갤버스턴의 북동부 연안의 제빈도에 3.6 m 높이의 서지를 일으켰다. 대부분 홍수 관련 보험과 해안 건축법이 요구되므로 폭풍파로부터 보호하기 위해 집들은 모래 위 3~4 m, 견고한 기둥 위 꼭대기에 건축되었다. 아이크가 상륙했을 때 일부 장소에 비록 낮은 인공사구가 해빈 위에 존재했지만 해빈 전면의 집들은 보호될 수 없었다. 아이크는 193 km(120마일) 태풍의 눈으로부터 확장되는 허리케인급 바람이 442 km까지 확장되는 거대한 열대폭풍이었다. 이는 현재 측정이 이루어진 이래로 기록된 어떤 대서양 허리케인보다 더 큰 운동에너지를 갖는 엄청난 것이었다. 태풍의 눈벽의 사나운 강풍이 상륙하기 전 몇 시간 동안 바람과 파랑이 텍사스 전 해안을 덮쳤다. 폭풍은 카테고리 3에 가까운 카테고리 2, 시속 176 km 바람으로, 마침내 갤버스턴 해안에 상륙했다.

상륙하기 24시간 전인 9월 12일 아침, 거대한 크기의 허리케인 아이크는 2피트 높이의 고조위로 태풍의 눈 북동쪽에서 3.6 m(12피트) 높이의 서지를 일으켰다. 그리고 낮은 제빈도 위에 높은 파도와 해수면 고도를 높였다. 폭풍이 반시계방향으로 회전하기 때문에, 전면의 바람과 파도는 서쪽으로 불며 갤버스턴 남서부를 향하였고, 해안으로 향한 바람은 높은 서지와 폭풍 조수를 일으켜 식호를 넘어 갤버스틴 섬의 육지 쪽으로 예각을 이루었다. 이렇게 폭풍의 눈 북동부 해빈 주변 대부분은 파괴되었고, 태풍의 눈 남서부 또한 혹독한 피해를 입었다. 약 오후 4시에 폭풍서지는 5.2 m 방파제를 넘어 밀려 올라왔다. 비록 도시의 고도는 1900년 허리케인 이후 1 m 높아졌지만, 석호 쪽의 해빈 후면은 침강하여 수위는 빠르게 높아졌다.

아이크는 내륙에서 카테고리 2의 폭풍이지만 멕시코 만의 대부분을 덮는 거대한 크기로 해안 내륙 지역을 파괴했다. 태풍의 눈 북동부 대략 190 km 폭풍은 거대한 크기의 해수 덩어리를 폭풍서지로서 연안에 밀고 왔다. 내륙에 상륙하기 24시간 전 서지는 갤버스턴에서 조수위를 거의 3 m까지 높였다. 서지는 약 50 km 내륙까지 휩쓸었고 갤버스턴 만의 서안을 따라 약 3.6 m(거의 12피트) 높이에 이르렀다. 서지는 또한 동부 루이지애나 경계부에서 내륙 32 km, 서지가 집중되는 만

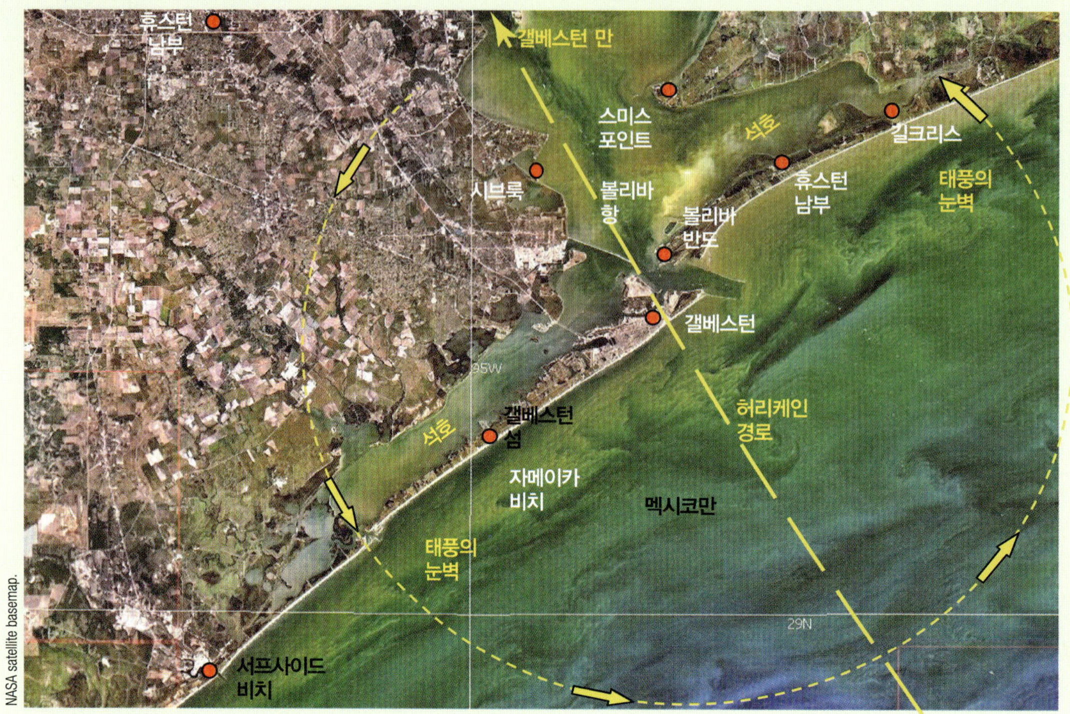

▶ 아이크가 내륙에 상륙했을 때, 허리케인 아이크 태풍 주위 고기압풍이 휴스턴 동부와 갤버스턴 바로 위 북서쪽 경로를 밟았다. 갤버스턴의 북동부에서 바람과 바람을 동반한 파도 그리고 폭풍서지는 내륙을 향해 곧장 이동했지만 남서부의 마을에서는 해안을 향해 이동하였다. 허리케인이 남동진하면서 폭풍서지는 텍사스 해변에 상륙했다.

주변에서는 약 3 m 높이에 다다랐다. 1 m 깊이 이상의 해수 파랑은 대부분의 장소에서 산지와 농경지를 가로질러, 인터스테이트 10을 넘어서 50 km 이상 육상을 휩쓸었다. 이는 낮은 제빈도를 침식하고 내륙의 자동차, 배를 이동시키거나, 뒤집고, 파괴하였으며 때때로 모래 속에 파묻었다.

제빈도 주변부 대부분은 특히 강한 몇 개의 건물만 남겨 둔 채 파괴되었다. 바람은 엄청난 악영향을 가져왔다. 시속 176 km 허리케인은 널빤지 지붕을 들어 올렸고 지붕은 이동식 집 위로 불려 갔으며, 산산조각 나서 납작해진 표지판과 바람에 날리는 모든 부서진 파편들은 다른 건물을 부수는 미사일의 역할을 하였다. 강한 바람은 부실공사로 세워진 집의 벽을 그야말로 간단하게 날려 버렸다. 땅에 충분히 깊게 박히지 않은, 들어 올려진 기둥 위에 세워진 집은 날아가거나 산산조각 났다. 약해지거나 부분적으로 썩은 지지 기둥은 부서졌다. 강한 바람과 파도는 해안부의 석유굴착 플랫폼을 망가뜨렸으며 저장탱크를 파괴하고 연료 파이프를 파열했다. 갤버스턴 내륙의 석유화학공장과 정유공장 단지는 폭풍이 도착하기 전 모든 공장들이 문을 닫아 구조되었으므로 멀쩡했다. 그러나 화학공장과 대부분의 정유공장은 전력의 부족으로 몇 주 동안 다시 문을 열 수 없었다.

대부분의 피해는 거대한 파도와 폭풍서지가 내륙을 휩쓸면서 일어났다. 얕은 수심을 갖는 내륙과 해안 모두에서 해빈의 모래는 침식되었는데, 제빈도를 가로질러 석호의 내륙 쪽으로 휩쓸려 갔다. 거대한 양의 해수는 배, 집, 망가진 빌딩의 조각을 쓸어 갔을 뿐 아니라 염수에서 살 수 없는 잔디, 작물, 덤불을 죽였다. 갤버스턴의 남서부에서 바람은 남쪽으로 경사져 불면서 평균해수면 수 m 높이로 엄청난 양의 바닷물이 제빈도와 연안을 가로질러 밀려 올라왔다. 그 동안 빠르게 움직이는 해수는 해빈에 있는 것보다 2 m 이상 더 많은 해안의 모래를 이동시키고, 남아 있는 집의 기둥을 약화시키면서 해빈을 깊게 침식했다. 대부분 결함이 있는 구조물이 집의 붕괴에 기여한다. 어떤 경우에 기둥은 거센 바람, 파도, 서지를 맞아 집을 지지하기에 충분히 강하지 않다. 수리 없이 방치된 일부 기둥은 썩어서 약해진다. 많은 경우에 기둥은 집의 중심부 바닥에 잘 뿌리박지 않고, 벽 또한 바닥에 잘 박혀 있지 않으며, 지붕도 벽에 잘 고정되어 있지 않다. 많은 경우에 집 전체구조에서 중요한 한두 개의 구조가 잘 연결되지 않을 때 전체 구조물을 불안정하게 만들기 충분하며 집 붕괴의 원인이 된다.

대부분의 제빈도 위의 집들은 시의 하수도관으로 연결되어 있지 않기 때문에 하수는 보통 암갈색의 탱크로 흘러간다. 탱크에서 하계망으로 흐르는 유출 때문에, 이러한 경우 해빈의

NOAA.

▶ 볼리바 반도 서부 끝의 대부분의 집들은 1층 바닥의 일부만을 남기고 대부분 초토화되었다.

모래, 유출은 하계망보다 높은 수준에 있음이 틀림없다. 더욱이 해빈에 들어선 주택의 암갈색 탱크는 얇게 파묻혀 있다. 아이크 동안 수많은 암갈색 탱크의 덮개가 벗겨졌고 탱크의 배관은 절단되었으며 뚜껑이 열리고 탱크의 물들이 흘러나와 퍼졌다. 탱크는 뒤집어지고 표면 위에서 떠 흘러갔다.

이는 엄청난 경고에도 불구하고 왜 연안의 13,000명 사람들이 대피하지 않았는지에 대한 알 수 없는 의문을 남긴다. 일부 사람들은 2005년 내륙에서 카테고리 3인 허리케인 리타가 상륙하면서 불안감으로 혼란스러운 대피소에 갇혀 있었다. 대피소는 비용이 너무 많이 들었고 대부분은 이와 같은 위험한 서지를 경험하지 못했다. 어떤 또 다른 사람들은 폭풍이 그들을 휩쓸지 않고 지나갈 것이며, 높은 기둥 위에 세워진 그들의 집에서 안전할 것이라고 생각했다. 마지막으로 그 외의 일부 사람들은 정부에 대한 극심한 불신감을 가지며 정부에게 요구하는 것을 거부했다. 2009년 9월 1일부터 적용되는 새로운 텍사스 법령은 그들이 대피소에서 피하는 데 도움을 주었다. 경찰은 지금 의무적인 법령을 어기는 사람을 체포할 수 있으며, 게다가 폭풍이 상륙해 있는 동안 또는 그 후 어떠한 구조에 대한 비용도 지불해야 한다.

아이크가 상륙하기 전에 의무적인 대피에도 불구하고 텍사스에서 48명, 루이지애나에서 8명이 사망했고, 3,500명의 사람들은 구조를 필요로 했다. 연안의 피해는 270억 달러에 달했고 1992년 허리케인 앤드류가 519억 달러, 2005년 카트리나가 914억 달러의 피해를 입혔다(2010년 달러). 휴스턴에서 폭풍 이후 피해복구 기간 동안 일산화탄소의 중독, 발전기, 화재로 인해 9명이 사망했다. 몇 달이 지나도 연안을 따라 실종된 202명은 발견되지 않았다.

FEMA는 얼음, 물, 고기를 휴스턴의 몇십 개의 배급센터에 나누어 주었다. 또한 일시적인 대피소를 위한 숙박시설의 대략 11,000개 방을 제공했다. 3년 전 허리케인 카트리나 이후 피해 복구가 실패한 것과 달리 그들은 아이크 이후 노력에 대한 찬사를 받았다. 게다가 미국 적십자는 수만 명의 사람들에게 대피처와 긴급 식량을 제공했다. 폭풍 며칠 후 많은 주유소는 기름이 동이 나거나, 정전 때문에 기름을 제공할 수 없었다. 어떤 사람들은 기름을 사기 위해 3시간 줄을 서서 기다려야 했

Hyndman. A

Hyndman. B

▶ **A.** 지지 기둥은 집 아래에서 역할을 다하지 못했다. 지지대는 무너지고 부서졌다. 갤버스턴 북동부의 크리스털비치. **B.** 이 집의 지지 기둥은 서지 흐름의 힘을 견뎌 내기에 충분히 강하지 않았다. 일부 기둥은 모래 아래에서 썩어 버렸다.

▶ **A.** 폭풍서지는 이 집의 기초를 뽑아 물에 띄워 다른 집 잔해물과 함께 근처 덤불에 버렸다. 볼리바 반도 크리스털비치의 북동부. **B.** 1.5~2 m의 모래가 갤버스턴 남서부 이 해안으로부터 침식되었다.

다. 사람들은 화장실 변기의 물을 내리기 위해서 수족관이나 수영장의 물을 사용했다. 대부분의 가게, 회사, 식당들은 문을 닫았고, 사람들은 일을 할 수도 음식이나 저장품을 살 수도 없었다. 폭풍 몇 주 후 대부분의 도로는 파편과 물에 씻겨 내려온 잔해로 여전히 통제되어 있었고, 갤버스턴에서 유일하게 하나의 기름 펌프만이 가동되었는데, 웅덩이로 인해 모기들이 걷잡을 수 없게 만연했다.

▶ 극심한 해안침식은 많은 암갈색의 탱크를 뿌리째 뽑았고 탱크 안의 물을 쏟아 내면서 연안지대의 고도를 낮추었다. 갤버스턴 북동부 볼리바 반도 위의 길크리스트 부근.

바람, 파도, 해안침식, 홍수

노스캐롤라이나 아우터뱅크스 ▶

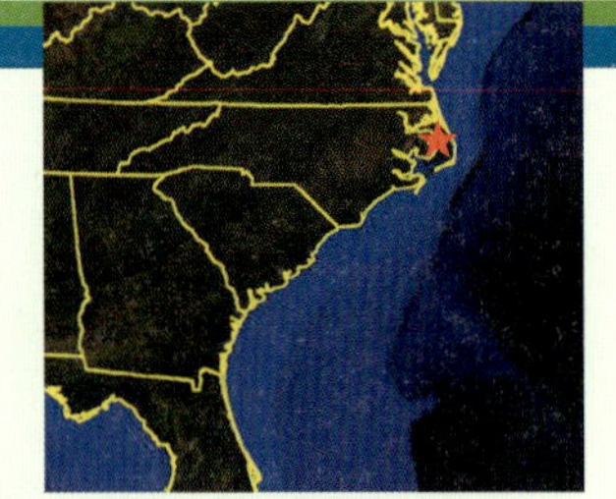

여름마다 수많은 사람들을 끌어들이는 노스캐롤라이나 아우터뱅크스의 백사장은 발길이 끊이지 않는다. 해빈은 실제로 대서양의 동쪽으로 돌출된 완만한 경사의 대륙붕 천해에 있는 연안사주이다. 사빈은 이 지역을 플로리다와 뉴욕 사이 동부해안의 다른 어떤 곳보다 대서양 허리케인 경로에서 멀리 있게 한다(잠재적인 허리케인 상륙 지역을 비교하라. 그림 14-6). 비록 아우터뱅크스 대부분은 국립해안공원으로 보호되지만, 북부의 3분의 2 지역은 도로로 접근이 가능하다. 특히 북부 지역 키티호크와 낵스헤드는 비싼 해안의 집들이 아주 많이 건축되어 있다.

아우터뱅크스를 황폐화한 허리케인 지도는 이곳이 살기에 위험한 장소라는 것을 알 필요가 있기 때문에 명료하게 만들어졌다. 전체 지도는 대부분 허리케인의 지름보다 작다(허리케인-이사벨 삽화와 비교하라). 그래서 바람, 파도, 많은 허리케인의 서

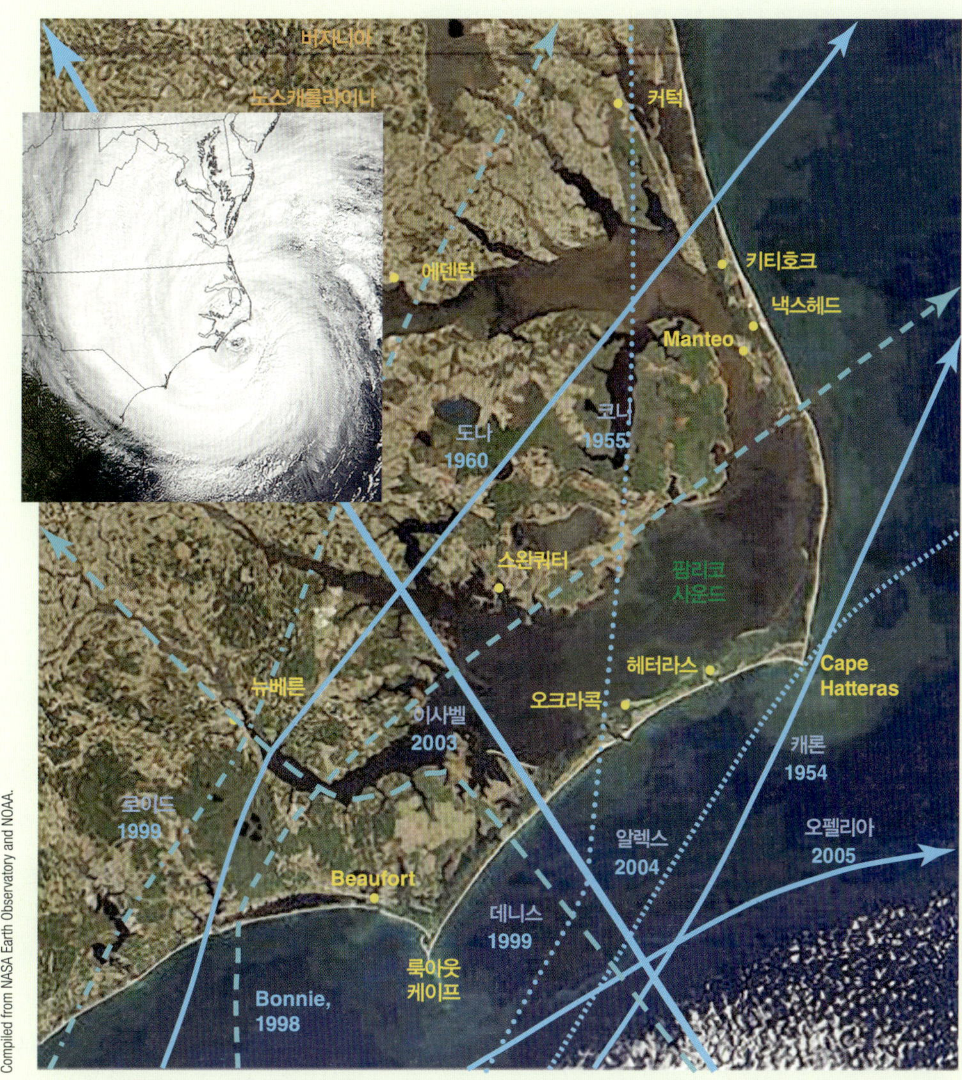

▶ 노스캐롤라이나 아우터뱅크스를 강타한 많은 허리케인. 사진의 전체 너비는 대략 210 km이다. 사진은 비교를 위해 허리케인 이사벨을 보여 준다. 이사벨의 크기는 지도의 모든 지역을 덮는다. 지도의 해안선 모양을 비교하라.

▶ 허리케인 이사벨에 의해 황폐화된 후 무너진 키티호크의 해안 정면의 집

▶ 2003년 허리케인 이사벨 이후 노스캐롤라이나 낵스헤드에서 기둥 위 해안 정면의 집은 왼쪽으로 좌초되었고 해안 쪽으로 무너졌다.

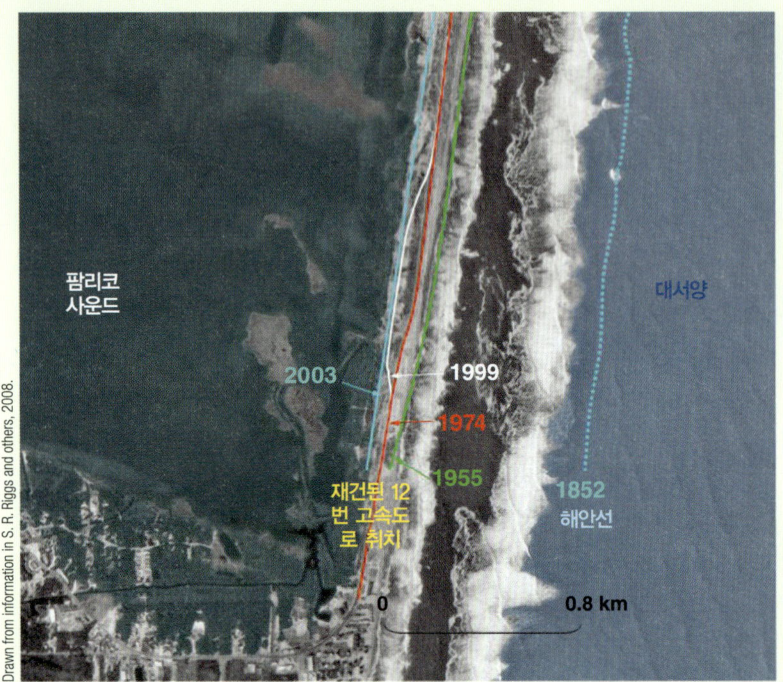

▶ 노스캐롤라이나 아우터뱅크스의 케이프해터러스의 북부에서 내륙으로 이동. 지난 50년 동안 12번 고속도로는 내륙으로 몇 번 옮겨져야 했다. 해빈이 거의 1955년의 12번 고속도로를 따라 있었을 때(초록색 선) 1993년 USGS 항공사진에 의해 찍힌 사진이다. 지난 150년 동안 평균 침식률은 매년 5 m이다.

지는 여기에 구획된 경로의 지도 너비 반 이상 더 확장되어야 한다. 또한 폭풍서지 영향은 폭풍 사분면의 정면 오른편에 집중된다는 것을 상기하라(그림 14-9 참조). 예를 들어 연안의 제빈도에서 2003년 허리케인 이사벨에 의한 서지 영향력의 대부분은 아래 그림에 보이는 것과 같이 폭풍의 눈의 경로의 북동쪽에 놓여졌다. 그러나 2004년 허리케인 알렉스는 사분면 오른편의 서지 영향력이 케이프룩아웃에서 케이프해터러스까지 강타했다. 그 후 태풍의 눈이 북동 진하면서 반대편인 사분면 뒤 왼쪽 팜리코사운드 뒤에서 바람과 파도가 제빈도를 강타했다.

몇 개의 심각한 폭풍이 지나가면서 해빈은 침식되었고 모래는 외해로 휩쓸려 나갔다. 폭풍서지와 파도가 연안사주보다 높게 솟는 주요 폭풍에서 모래는 연안사주를 가로질러 배후의 석호로 쓸려 갔다. 이러한 경우에 제빈도는 말 그대로 내륙으로 이동한다. 몇몇 집과 해빈 보호구조물을 가지는 노스캐롤라이나 아우터뱅크스의 북부 케이프해터러스 해안을 향해 이동한 기록을 보면, 과거 150년 동안 제빈도는 대략 800 m 서쪽 내륙으로 이동하였다. 평균 1년 동안 5 m 이상 이동하는 일은 좁은 연안사주 상의 건축물에 좋은 징조가 아니다. 보다 북부의 해빈 앞에 건축된 사우스낵스헤드에서도 주요 폭풍이 대부분의 집들을 잇달아 파괴되면서 해빈이 이동하였다. 이 지역은 현재 느리지만 점진적으로 해수면이 세기당 약 42 cm 상승하며 제빈도 이동의 문제점을 부각시키고 있다. 100년 전에 해수면 상승률은 현재의 절반 정도였다.

▶ 낵스헤드의 기둥 위 집은 이사벨 상륙 후 현재 해빈 밖으로 밀려났다.

▶ 노스캐롤라이나 해터러스에서 공학자들은 허리케인 이사벨 후 침식된 해빈을 복구했다. 브리치를 채우기 위해 파이프로 해저모래를 가져온다.

연속되는 허리케인이 홍수를 증폭시켰다

1999년 허리케인 데니스와 플로이드 ▶

카테고리 3인 허리케인 데니스는 8월 30일을 시작으로 동해안으로 이동하며 며칠간 변덕스럽게 돌다가 9월 4일 훨씬 약한 열대 폭풍으로 상륙했다. 해안선을 빠르게 가로질러 이동하는 다른 많은 허리케인과 달리, 파도 피해를 일으킬 수 있는 시간을 최소로 하면서, 데니스는 노스캐롤라이나 해안에서 125 km 떨어진 곳에 수일간 머물렀다. 십수일 간의 고조위를 통해서 점차 해안을 침식하는 큰 파도를 일으켰다. 노스캐롤라이나 아우터뱅크스에는 여러 곳에서 모래가 유실되어 그 침식 정도는 카테고리 4의 허리케인과 거의 유사했다. 150 km의 해빈 전면을 따라 1930년대에 침식을 막기 위해 세워진 대규모 해안사구로 유실되는 모래를 내륙 쪽으로 상당량 되돌렸지만, 지난 10년간의 폭풍으로 점차 침식되었다. 폭풍의 공격에 직접적으로 노출되는, 바다 쪽으로 경사진 해빈 전면에는 현재 수백만 채의 건물이 있지만, 과거의 사구를 다시 회복하려면 제거되어야 할 것이다. 허리케인 데니스는 일부 건물 기저의 모래를 제거하였고 고조위에는 다른 건물까지 붕괴시켰다.

열흘 뒤, 9월 14일에서 18일까지 허리케인 플로이드가 사우스캐롤라이나에서 뉴저지에 이르는 해안을 강타했다. 그러나 9월 노스캐롤라이나의 아우터뱅크스 남쪽 케이프피어 근처에서 미국 본토에 도달할 때까지는 카테고리 2에 속하는 단순히 강한 허리케인이있다. 1954년 허리케인에 의해 파괴되어 원래 자리에 재건된 오크아일랜드의 건물들은 해안에서 충분히 들어간 위치에 있었다. 그러나 약 45년이 지난 후 해빈은 총 20~45 m까지 육지 쪽으로 이동하였고 절반이 플로이드에 의해 다시 파괴되었다. 플로이드는 1.5~2.5 m 파고를 갖는 폭풍서지였다.

적어도 77명이 사망하였고, 대부분은 범람에 기인한다. 군용 헬리콥터와 배를 탄 긴급구조대원들은 범람한 집, 지붕, 심지어 나무에 매달린 수천의 사람들을 구조했다. 손실은 수십억 달러에 달했다. 약 260만 명은 플로리다에서 캐롤라이나로 대피하였고, 이는 미국 역사상 최대의 인원이었다. 대피의 절정기에는 거의 모든 동-서 간 고속도로가 차량들로 막혀 거의 정체 상태였다. 일부 사람들은 15마일 가는 데 1시간 30분 내지 2시간이 걸렸다. 대부분의 주유소와 식당들은 문을 닫았다.

허리케인 플로이드는 넓은 지역을 덮쳤으며, 대부분의 기타 대규모 허리케인보다 더 오래 지속되어 호우 기간도 길었다. 폭풍은 노스캐롤라이나 해안에 50 cm 이상의 강우를 쏟아 부었는데 이곳은 허리케인 데니스가 바로 2주 전에 땅을 흠뻑 적신 곳이다. 플로이드의 폭우는 지표로 유출되어, 노스캐롤라이나 동쪽 뉴저지에서 홍수위는 100년 만의 그것보다 높게 상승했다. 24시간의 강우량은 노스캐롤라이나의 윌밍턴에서 총 34 cm에 이르렀다. 일부 해안을 따라 전체 강우량은 53.3 cm

USGS.

▶ 9월 초 허리케인 데니스가 상륙하여 높은 폭풍서지의 꼭대기에서 거대한 파도를 일으켜 노스캐롤라이나 아우터뱅크스를 무자비하게 강타하였다.

Dave Gatley, FEMA.

▶ 허리케인 플로이드 이후 이 가족은 거의 완전히 침수된 노스캐롤라이나 그린빌 바로 북쪽에 있는 타르 강 근처 집으로 돌아가고 있다.

Dave Gatley, FEMA.

▶ 1999년 9월 17일 허리케인 플로이드가 닥쳤을 때 노스캐롤라이나 오크 아일랜드의 롱비치에서 얕게 고정된 기둥 때문에 모래가 침식되고 집이 전복되었다.

에 달했다. 마치 이것이 충분하지 않은 것처럼 하천의 수위는 여전히 높았고, 심각한 지표 유출로 퇴적물, 유기물 쓰레기, 농장에서의 농약 및 살충제, 산업지역의 위험한 화학물질, 정화되지 않은 오수들이 해안의 석호와 만, 해빈 위로 운반되었다.

FEMA에 따르면 이것은 남동부 주에서 최악의 홍수 재해로 기록되었다. 많은 사람들에게 폭풍에 의한 외상과 곤경은 시작에 불과했다. 수천 달러의 전기제품, 컴퓨터, 오디오 시설, 의류, 기타 소지품들은 수리할 수 없을 만큼 파괴되었다. 홍수로 집을 잃은 사람들의 절반 이상은 홍수 관련 보험에 가입하지 않았다. 일반 사람들의 반응은 "어느 누구도 내가 홍수지역에 있다고 말하지 않았다." 또는 "나는 내 보험이 홍수를 포함하지 않는다는 것을 몰랐다."라는 것이다.

매우 가난한 나라의 홍수, 해외 원조 거부, 그리고 비극적인 사망자수

2008년 5월 2~3일 미얀마(버마) 사이클론 ▶

대서양 허리케인은 대개 동쪽에서 서쪽으로 부는 무역풍대 위에 놓여 있는데, 태평양에서는 동남아시아 내륙, 즉 필리핀, 베트남, 타이완, 일본 남부, 중국 남동부에 상륙한다. 때때로 사이클론의 남쪽 경계는 캄보디아, 태국, 미얀마(1989년 군부정치로 이름이 바뀐 버마)를 가로질러 지나거나, 심지어 인도양의 북동부 벵골 만에서 폭풍이 시작된다. 4월 27일에 사이클론이 확장되어 미얀마를 지나 북서진하기 시작했다. 건조한 공기를 만나서 사이클론이 약해졌다. 그 후 북쪽과 남쪽으로 날씨 기압마루 사이로 치우쳐 북동진하며 강해졌다. 2008년 5월 2일 사이클론 나르기스는 미얀마 남부 연안에 상륙했을 때 최대 시속 215 km로 카테고리 4 폭풍이었다. 내륙에서 나르기스는 북동부로 굽어 돌아 풍속이 시속 130 km로 약해져 미얀마의 최대도시 양곤(랑군)의 북동부에 상륙했다. 비록 인도의 기상학자들이 상륙하기 2일 전에 미얀마 정부에게 경고했지만 모든 사람들이 대피하는 데 7일이 걸리기 때문에 시간이 턱없이 부족했다.

남부로 미얀마에서 가장 강한 공격을 받은 지역은 이라와디강의 광활한 삼각주(약 200 km)였다. 불행하게도 이곳은 인구

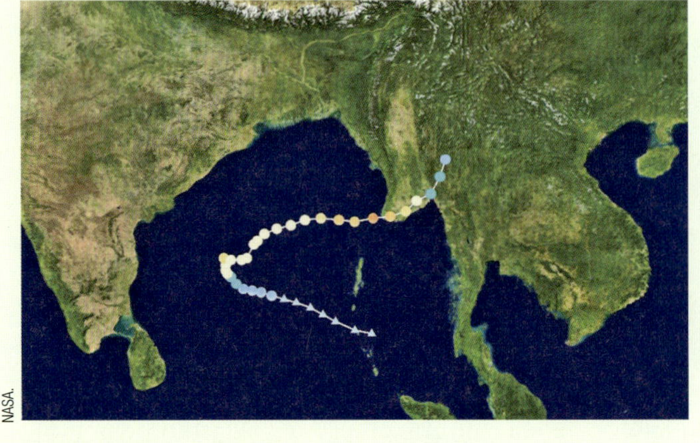
NASA.

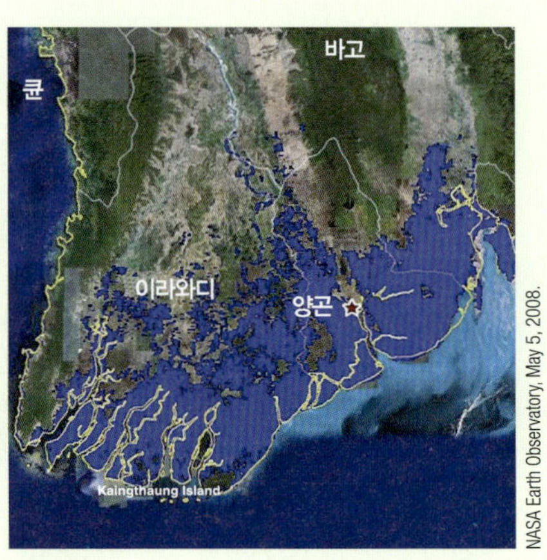

NASA Earth Observatory, May 5, 2008.

▶ **A.** 사이클론 나르기스의 경로, **B.** 홍수피해를 입은 지역.

▶ 파괴된 집 안에 있는 미얀마 여성.

가 가장 밀집된 곳이었다. 사나운 바람에 더해서 앞이 안 보일 정도로 내리는 비, 그리고 5 m 높이(13피트)의 폭풍서지, 2 m 높이의 폭풍 파도는 삼각주의 대부분에 홍수를 일으켰다. 서지는 내륙으로 50 km 이동했다. 피해는 가난한 나라에서 절망적으로 극심했다. 하수 오물은 상수도를 오염시켰고, 경작지의 반 이상이 빠르게 오염되었다. 양곤 대부분의 회사, 시장은 문을 닫았고 음식 가격은 두 배, 세 배로 올랐다. 138,000명 이상이 사망했다. 이는 1970년 이래로 폭풍과 관련된 최고의 사망률이었다. 대략 150만 명이 집을 잃었다.

피해와 사망률은 땔감과 농지를 개간하기 위해 제거되었던 맹그로브가 사라지면서 더 심각해졌다. 사람들은 그들의 삶에서 이렇게 큰 폭풍을 경험해 본 적이 없었다. 그래서 아무도 대피 계획을 세우지 않았다. 국토의 대부분이 해수면 고도와 거의 같았기 때문에 최소의 인원만이 대피할 수 있었고 대부분의 사람들은 탈출할 수 없었다.

폭풍 직후 음식, 약, 물 정화시스템, 그리고 임시 거주지를 많은 나라들이 제공하였지만, 외부의 영향, 특히 미국에 의심이 많은 미얀마 군정은 처음에 도움을 거부했다. 마침내 5월 7~8일 인도의 텐트, 담요, 약과 같은 136톤의 구호물품 제공이 허용되었지만, 인도의 수색대원과 구조대원은 거부했다. 그리고 기자들이 접근하는 것이 굉장히 어려웠다. 며칠 후 많은 다른 나라에서 특히 미국, 영국, 오스트레일리아에서 대량의 구호 물품을 보냈다. 폭풍 후 집을 잃은 사람들(질병에 노출되어 있고 음식을 필요로 하는) 중 질병을 얻은 사람들의 10분의 1만이 도움을 받을 수 있었다. 한 달 후에도 겨우 50%의 사람만이 도움을 받을 수 있었다. 설사병이 퍼지고 웅덩이로 인해 사람들은 뎅기열 바이러스에 걸릴 것에 대해 걱정했다. 삼각주 지역의 구호만이 종종 현지인 양곤 봉사자들과 스님에 의해 제공되었다. 집을 잃은 많은 사람들은 지속적이고 끊임없는 폭우로부터 대피할 곳이 없었다. 몇몇 사람들은 운 좋게 적은 양의 음식과 수도원 지붕의 대피처 아래 잠을 자기 위한 공간을 제공받았다. 삼각주 마을에서 가능한 음식은 군사정부와 상관없이 현지 회사원이나 봉사자에 의해 종종 제공되었다. 지속되는 비는 한편으로는 축복이었다. 비는 마실 깨끗한 물을 제공하였다.

지역 운동가는 비극에 대해 최저 수준의 정부 대응을 비판했다. 국가는 정부의 구호 활동이 널리 진행되고 있으며 원조와 구호가 거의 완료되었다는 긍정적인 메시지를 전달하도록 언론을 통제했다. 이와 반대로 몰래 촬영된 삼각주의 사진은 원조를 받지 못하는 수많은 사람들과 병에 걸린 사람들, 몸이 퉁퉁 부은 사람들, 여전히 웅덩이나 강 위에 떠다니는 동물들을 보여 준다. 구호 대원들은 국제적 구호물품을 압수하고, 구호물품들을 필요로 하는 사람들에게 되파는 군대를 고발했다. 쌀의 가격은 제일 큰 도시인 양곤에서 50% 올랐으며 지붕 재료인 기와의 가격은 10배 올랐다. 군인은 도로를 청소하고 음식과 물을 제공하면서 신뢰를 얻었지만, 이러한 활동들은 사실 현지 봉사자, 스님에 의해 이루어졌고 공급물품들은 해외 정부에 의해 제공되었다.

사이클론 3주 후 마침내 5월 23일, 군정이 지속적으로 원조를 거부하자 비난이 확산되었고, 유엔사무총장과 미얀마 참모는 미얀마 국민에 상관없이 원조 팀원들이 미얀마에 입국하도록 허용하는 협상을 이끌어 냈다. 그러나 군 헬리콥터와 군인들은 물품이 분배되는 것을 허용하지 않았다. 해외 원조의 대부분을 몰수했고 물품이 미얀마 정부에 의해 제공되는 것처럼 라벨을 바꿔 붙였다. 공급물의 일부분은 암시장에서 팔렸고 나머지는 부풀려진 가격으로 현지 시장에서 팔렸다. 오월 말쯤, 대부분의 동남아시아 그리고 미국에서 온 특정한 해외 원조 봉사자는 허리케인의 극심한 피해를 받은 삼각주 지역에 접근하도록 허용되었다. 도로문제, 턱없이 부족한 트럭과 배로 인해 접근조차 힘들었다. 삼각주에 접근하는 것에 대한 군부의 걱정은 다음과 같은 사실 때문이다. 많은 거주자들이 군대와 대립하고 있는 소수민족이며, 구조를 위한 해군함은 반란군을 지원하는 데 사용될 수 있기 때문이다. 몇 년 동안 미국은 미얀마에 대해 무역제한과 제재를 가하여 미얀마 군정을 불안하게 만들었다. 미얀마의 군대는 2007년 9월 스님들에 의한 친

민주주의 시위를 제압했다. 군사 정부는 증가하는 외국인의 저항을 두려워했다.

해외 원조에 대한 정부의 저항이 완화되면서 UN 식량프로그램 그리고 다른 원조 조직은 과거 국제 재해지역에 분배 유통망의 중심이 되었던 FedEx와 UPS 같은 조직에서 교훈을 얻어 활동하였다. 그들은 현지 봉사자로 하여금 허리케인 피해지역의 임대빌딩 다섯 군데에 급히 분배 센터를 만들게 했고, 양곤과 접촉하기 위해 라디오를, 태국 방콕에서 해외 원조 분배를 위해 인터넷을 활용하도록 했다. 2004년 수마트라 지진과 쓰나미의 혼란스럽고, 경쟁적이고, 비효율적인 복구 활동 후, 미국은 새로운 시스템을 조직했다. 세계식량계획기구(WFP)는 실행 계획에 책임을 지고, 유니세프(유엔 아동기금)는 물과 위생시설을 공급하게 하였다. 미얀마의 현지인들은 미얀마 내에서 물품을 분배하도록 했다.

7월 22일까지 양곤과 이라와디 삼각주에서 손해액은 사회공공 기반시설에서 17억 달러, 분실소득에서 23억 달러로 측정되었다. 일 년 후 손해액은 대략 100억 달러로 측정되었다. 총 손해액은 서양의 기준에 비해 높지 않지만, 미얀마는 매우 가난한 나라이므로 피해가 극심했다.

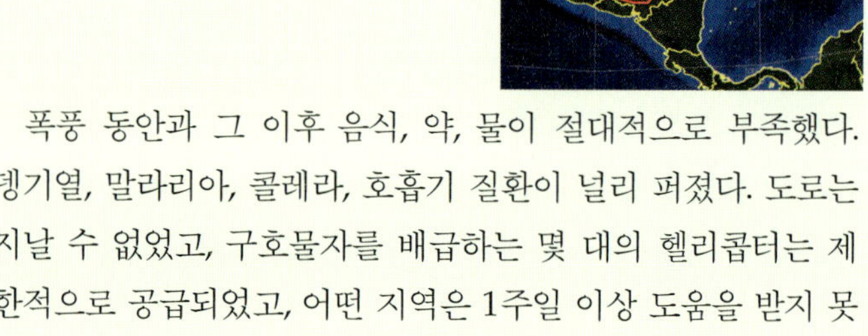

가난한 나라에서의 홍수, 산사태, 엄청난 사망자수

니카라과와 온두라스의 허리케인 미치 ▶

미치는 1998년 10월 21일 카리브 해안에 저기압으로 형성되었다. 그 후 10월 26일부터 28일까지 카테고리 5로 급속히 강해졌다. 지표면에 유지된 최대 바람은 시속 290 km였다. 다소 약해졌던 미치는 온두라스 북쪽 연안을 배회한 후, 10월 29일 열대폭풍으로서 남서부와 내륙으로 이동했다. 온두라스의 북쪽 파도는 13 m 이상의 파고를 보였던 것 같다. 다음 이틀 동안 폭풍은 온두라스, 니카라과 그리고 과테말라의 서쪽으로 계속 진행하여 폭우와 범람을 가져왔다. 일부 산간 지역은 1.9 m 이상의 총 우량에 하루 30~60 cm의 비가 내렸다. 며칠 후 약해진 미치는 북동쪽으로 방향을 돌려 유카탄을 횡단하고 멕시코 만에서 열대폭풍의 형태로 강해져 11월 4~5일 플로리다키스 제도 서부를 강타했다.

중앙아메리카의 대도시들은 강 근처 계곡에 밀집되어 있는데, 그곳의 사무실과 집들이 침수되고 이류에 묻히거나 쓸려 갔다. 미치는 1780년 이래로 서반구에 있어서 가장 치명적인 허리케인이다. 대부분 홍수와 이류로 중앙아메리카에서 11,000명 이상의 사람이 죽어 나갔다. 전체 마을이 범람수와 이류로 사라졌고, 18,000명의 사람들이 실종되었다. 기타 3백만 명 이상이 집을 잃거나 심각한 피해를 입었다.

폭풍 동안과 그 이후 음식, 약, 물이 절대적으로 부족했다. 뎅기열, 말라리아, 콜레라, 호흡기 질환이 널리 퍼졌다. 도로는 지날 수 없었고, 구호물자를 배급하는 몇 대의 헬리콥터는 제한적으로 공급되었고, 어떤 지역은 1주일 이상 도움을 받지 못했다. 이류로 둘러싸인 생존자들은 말라서 충분히 걸어 나올 수 있을 때까지 진흙 속에서 여러 날을 기다려야 했다.

온두라스의 새우 농장과 마찬가지로, 바나나와 멜론 대부분

▶ 1998년 10월 26일 시속 289 km(시속 180마일)의 바람을 가진 온두라스 근처 허리케인 미치. 구름이 없어 태풍의 눈이 잘 확인된다. 폭풍의 경로는 녹색의 선으로 나타나며, 우측 하단에서 시작하여 우측 상단으로 2주간 진행되었다.

USGS.

▶ 온두라스의 많은 집들이 이류에 묻혀 버렸다.

을 포함하여 모든 곡식의 상당량이 파괴되었다. 니카라과, 과테말라, 엘살바도르의 커피와 기타 작물들은 심한 피해를 입었다. 많은 사람들을 고용한 큰 농업회사들은 농장의 거대한 농장을 잃어버려 많은 직원들을 해고시켰다. 전 세계에서 가장 가난한 온두라스와 니카라과에서 2010년 달러로 약 66억 달러 이상의 손해를 입었다. 이들 나라가 허리케인 미치 이전으로 회복되려면 약 10년이 걸릴 것이다.

많은 사람들은 큰 강의 범람원에서 살며 일하므로, 거의 매년 허리케인 시즌이 되면 침수된다. 강의 수위가 올라가면 그들은 가구들을 지붕 위로 올려놓고, 집을 떠나 물이 물러갈 때까지 2주일 정도, 높은 고속도로 주변에 일시적인 주거지를 정하였다. 이곳에서 미치는 거의 모든 것을 휩쓸었고 수 피트 두께의 진흙만 남겨 놓았다.

허리케인 미치의 놀라운 효과가 하나 있다. 이전에 궁핍한 지역이었던, 온두라스의 태평양 연안에서 허리케인의 바람과 범람으로 파괴되거나 피해를 입은 도로, 다리, 어도비(adobe) 점토 오두막, 사탕수수 밭, 그리고 낙농장이 재건축되거나 개선되었다. 이 지역은 재건된 지 채 십 년이 지나지 않아서 멜론 농장, 현대적인 해산물 농장을 계획하는 사업가들의 관심을 얻어 새로운 콘크리트 단층집들, 숙박시설, 그리고 섬유공장이 지어졌다. 그러나 수익은 몇 년 동안 최저임금을 유지해 온 정부와 미국노동조합이 유치한 외국인 자본가들에게 돌아갔다. 가난한 사람들은 여전히 살아남기 위해 투쟁하고 있다.

허리케인 미치의 참상은 반복될 것 같지 않은 변덕스런 사건이었던가? 불행하게도 급속한 인구증가, 가난의 확대, 가용토지의 부족 등이 혼합되어 중앙아메리카의 자연재해 피해를 점차 증가시켰다. 1995년 과테말라 인구 75%와 니카라과 인구 50%는 1985년의 시가로 하루 1달러 이하로 가난 속에서 살았다. 이 수준은 허리케인 미치 이후 더 나빠졌다. 1974년 온두라스 농부의 63%는 가용토지의 6%에서만 경작할 수 있었다. 큰 협동농장들은 면화, 바나나, 목축, 관개 작물들을 재배하면서 완경사지와 비옥한 곡저평야를 차지했다. 농부들을 농경, 건축자재, 장작을 위해서 숲을 제거하여, 가파른 경사지에 억지로 경작하였다. 이는 토양 침식 및 하천으로 운반되는 토사를 증대시켰다. 그런 경사지조차 경작할 수 없었던 사람들은 일자리를 찾아 도시로 이주하였다. 그곳은 안전한 건물 부지가 부족하여, 사람들은 사태나 홍수가 일어나기 쉬운 가파른 경사지나 하천 제방에 집을 지었다.

허리케인의 예보가 개선되었더라도 이런 가난에 찌든 사람들의 이용은 제한된다. 심지어 임박한 폭풍을 경고하더라도 대부분은 자신이 가진 것이 아무리 보잘 것 없어도 남겨 두고 떠나려 하지 않는다. 게다가 그들이 대피할 자원도 부족하고, 그곳에 도착했을 때 살아남을 방안도 없다. 그 결과 그들은 자연재해에 매우 취약하다.

예측할 수 없는 허리케인의 움직임

2004년 플로리다 허리케인 ▶

2004년 허리케인 시기에서 보듯이 상당히 발전된 우리의 예보 능력으로도 허리케인은 여전히 예측하기 어렵다. 1886년 한 주에 4개의 허리케인이 해안을 강타한 최초의 불행한 희생자가 된 텍사스가 그 사례이다. 첫 번째 폭풍 찰리는 카테고리 2로 플로리다 만 해안에 접근하였고, 심한 피해를 줄 것으로 예상되지 않았다. 찰리는 8월 13일 육상한 지 몇 시간이 지난 후 카테

NCDC-NOAA.

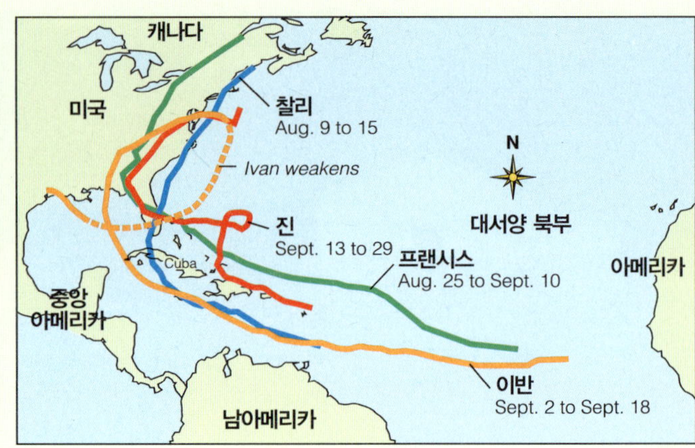

▶ **A.** 허리케인 이반이 2004년 9월 15일 걸프 해안으로 요란스럽게 접근함으로써, 허리케인의 가장 강한 바람, 파도, 폭풍서지가 태풍의 눈의 동쪽에서 휘몰아치는 동안, 내륙에서 태풍의 눈은 플로리다 팬핸들 지역의 서쪽 끝을 가로질러 갔다(오른쪽의 지도에서 이반의 오렌지색 경로와 비교하라). **B.** 4개의 주요 허리케인은 많은 지역을 한 번 이상 강타하면서 2004년 8월과 9월 플로리다를 모조리 휩쓸었다.

고리 4 폭풍으로 성장하여 기상예보관을 크게 당혹하게 만들었다. 프랜시스가 9월 5일 카테고리 2로 도착했고, 이반은 9월 15일 카테고리 4로 육지에 접근하였고, 진은 카테고리 3으로 불어왔는데 프랜시스가 플로리다를 통과하여 같은 경로로 마지막에 뒤따랐다. 한 달 반 만에 이들 폭풍은 플로리다를 가로질러 심각한 피해를 입혔다. 이후 어떤 곳에서 폭풍은 이전 폭풍에 의해 이미 파괴되고 피해복구 중인 거주지를 강타했다. 이것은 기록에서 두 번째로 고비용을 치른 허리케인 시기이다. 찰리는 175억5천만 달러의 손해를 주었고, 프랜시스는 104억1천만 달러, 이반은 166억1천만 달러, 진은 80억7천만 달러의 손해를 주었다(2010년 달러 기준). 이러한 허리케인들은 각각 4번째, 11번째, 5번째, 13번째로 피해비용이 많이 든 폭풍이다.

첫 번째 폭풍 찰리는 허리케인이 서쪽에서 북쪽으로 방향을 바꿔 이동함으로써 남아메리카의 북부에서 열대 폭풍이 점진적으로 강해지면서 8월 9일 시작되었다. 이는 플로리다의 카테고리 2 폭풍으로서 걸프 해안에 접근했고 심각한 피해를 줄 것이라 예상하지 못했다. 8월 13일 플로리다 포트마이어스 북부에 상륙한 후 기상예보관들을 놀라게 하면서 시속 232 km의 지표면 풍속 카테고리 3 허리케인으로 빠르게 강해졌다. 플로리다에서 22명이 사망했고, 12,000채의 빌딩이 파괴되었으며, 2백만 소비자들은 전력을 잃었다. 이는 플로리다를 넘어 대서양으로 건너감으로써 카테고리 1로 약해졌고 사우스캐롤라이나 찰스턴의 북쪽에 다시 상륙했다. 이는 열대성 폭풍우로 내륙 위에서 약해졌고 해안으로 북동진했다.

허리케인 프랜시스는 바하마를 강타한 후에 카테고리 4로 강해졌고, 플로리다에서 250만~300백만 명의 사람들이 대피할 수 있을 만큼 충분한 시간인 하루 동안 정체했다. 프랜시스는 9월 5일 플로리다를 가로지른 후 카테고리 2로 약해졌다. 후에 조지아를 통해 북쪽으로 방향을 돌려 다소 약해졌고, 대

FEMA.

▶ 폭풍의 대피처로 사용하기 위해 세워진 조립식의 긴 폭을 가진 금속 빌딩은 플로리다의 찰리의 대피처로 역할을 다하지 못했다.

FEMA.

▶ 파인아일랜드에 지어진 이 집은 쓰러진 나무로부터 보호되지 못했다.

J. Augustino, FEMA.

▶ 집주인들의 관심을 받아 온 앨라배마 오렌지 해빈 정면의 해안가를 따라 세워진 많은 집들은 2004년 9월 허리케인 이반에 의해 사라졌다. 이 전후의 사진에서 지상고도의 집과 커다란 빌딩 뒤를 유심히 살펴보라.

략 37 cm의 비를 뿌리면서 엄청난 홍수를 일으켰다. 이는 137개의 토네이도를 파생시켜 미국에서 6명이 사망했다.

허리케인 이반은 국지적으로 '테러블' 이라는 별명을 갖고 있으며, 대서양의 온난한 해수에서 커져 카테고리 4로 강해졌다. 남아메리카의 북부 해안을 떠돈 후 수증기압 910 mb 그리고 시속 260 km의 카테고리 5로 강해졌다. 이반은 카테고리 3 폭풍으로서 9월 16일 새벽 2시 앨라배마 걸프 해안을 강타하기 전에 그레나다, 자메이카, 그리고 쿠바 서부에 엄청난 피해를 주었다.

허리케인이 뉴올리언스를 강타할 것이라는 경고에 대응하여 도시 주민들의 반 이상이 대피했다. 앨라배마 모빌 거주자의 약 3분의 1이 대피했지만, 많은 사람들은 고속도로의 교통 혼잡으로 최대 12시간 대피가 지체되었다. 그곳에서 허리케인이 북동부로 경로를 바꿔 이동하기 전에 엄청난 비를 뿌리고 약해지면서 주요한 피해의 원인이 되었다. 동쪽으로 이동하여 내서양으로 향하던 허리케인은 남쪽으로 틀어서 플로리다 남부를 가로질러 서진하여 멕시코 만으로 이동하였고, 다시 루이지애나-텍사스 경계 근처에서 약해진 열대 폭풍으로 상륙했다. 토네이도는 허리케인의 선두적인 가장자리에서 파생되었으며 미국의 모든 지역에서 100개가 넘는 토네이도는 북서부(대부분 플로리다)에 국한된 심각한 피해를 일으킨다. 허리케인으로 인해 39명은 그레나다에서 사망했고, 자메이카에서 17명, 플로리다에서 14명, 노스캐롤라이나에서 8명이 사망했다. 카리브 해에서 피해는 30억 달러에 달했다. 플로리다 펜서콜라 부근 넓은 만을 가로지르며 주와 주 사이를 연결하는 10개 다리의 동부 경계부 도로 대부분이 파괴되었다. 폭우는 펜실베이니아 그리고 서부 캐롤라이나, 조지아에 엄청난 홍수를 일으켰다.

진은 프랜시스가 지나간 뒤 단 3주 만에 같은 지역을 강타했다. 아이티에서 진으로 인해 적어도 3,132명이 사망했다.

USGS.

▶ 이반은 플로리다 펜서콜라의 해빈 정면의 집을 파괴했다.

고찰

A 이 빌딩은 2004년 허리케인 찰리에 의해 손상되었다.

FEMA.

1. 이 빌딩의 파괴를 이끈 프로세스(들)는 무엇인가?
2. 어떻게 폭풍서지가 주요 요인이 아니라는 것을 말할 수 있는가?
3. 이러한 유형의 파괴에서 건물을 취약하게 만드는 것은 무엇인가?

C 이 빌딩은 2004년 플로리다 푼타고르다에서 허리케인 찰리에 의해 파괴되었다.

Andrea Booher, FEMA.

1. 해안 정면의 이 커다란 빌딩에서 무슨 일이 일어났는가?
2. 무엇이 파괴를 막을 수 있었는가?

B 허리케인 아이크 이후 텍사스 걸프 해안의 피해.

Hyndman.

1. 이 콘크리트 구조물 아래로부터 모래를 제거한 프로세스는 무엇인가?
2. 이 집의 파괴를 이끈 프로세스(들)는 무엇인가?
3. 어떻게 이 집을 파괴에 덜 민감하도록 만들 수 있는가?

D 뉴올리언스에 있는 이 집은 2005년 허리케인 카트리나에 의해 파괴되었다.

Andrea Booher, FEMA.

1. 해변의 잡초와 다른 잔해물들이 이 지붕 끝에 쌓여 있는 이유는 무엇인가? 이것이 의미하는 것은 무엇인가?
2. 바람에 의해 그곳에 운반된 것이 아니라는 사실이 의미하는 것은 무엇인가?

E 2003년 노스캐롤라이나 낵스헤드의 허리케인 이사벨.

U.S. Army Corps of Engineers.

1. 이 보도와 계단이 해안 위로 상승한 이유는 무엇인가?
2. 어떤 사건이 이 보도를 이곳에 남겨 놓았는가?
3. 이 집의 미래 위험에 대해 이 해안의 현재 상태가 의미하는 것은 무엇인가?

F 허리케인 카트리나 직후, 이 집은 뉴올리언스의 10 km 남부에 위치해 있다.

Donald Hyndman.

1. 이 집의 주요 손상부분과 원인은 무엇인가?
2. 이 집은 멕시코 만에 훨씬 더 가까울지라도 뉴올리언스의 대부분의 지역보다 훨씬 더 적게 파괴되었다. 그 이유를 설명하라.

G 이 사진은 허리케인 아이크 후 텍사스 걸프 해안에서 찍은 것이다.

Hyndman.

1. 이 판자들은 왜 이곳에 길게 쌓인 채 남겨져 있는가?
2. 커다란 회색 표면은 집의 지붕이다. 왜 이것이 그곳에 있는가?
3. 이 집이 의미하는 것은 무엇인가?

H 2004년 플로리다 푼타고르다의 허리케인 찰리.

Florida Division of Emergency Management.

1. 이 빌딩의 파괴를 이끈 프로세스(들)는 무엇인가?
2. 어떻게 폭풍서지가 주요 요인이 아니라는 것을 말할 수 있는가?
3. 이러한 유형의 파괴에서 건물을 취약하게 만드는 것은 무엇인가?

14장 복습

요점

허리케인

- 허리케인, 폭풍, 사이클론은 모두 시속 120~260 km 이상의 바람이 저기압을 둘러싸고 순환하는 중요한 폭풍이다.
- 저기압 태풍의 눈의 맑고 고요한 공기는 세찬 바람과 악천후에 둘러싸여 있다. **그림 14-1, 14-2.**
- 미국의 남동부에 영향을 미친 허리케인은 아열대의 따뜻한 물 위에 기압골과 함께 형성되었다. 아프리카의 서부에서 성장해 나와 무역풍과 함께 서쪽으로 이동한다. 대부분의 허리케인은 늦여름 해양이 충분히 따뜻해질 때까지 시간이 걸리기 때문에 8월부터 10월까지에 발생한다. 허리케인은 따뜻한 물 위에서 강해지고, 찬물이나 육지 위에서는 약해진다.
- 사피어-심슨 허리케인 등급에서 가장 강한 허리케인은 카테고리 5로 중심 기압이 920 mb 이하로 가장 낮고, 풍속은 시속 249 km로 가장 세다. **표 14-1.**
- 허리케인으로 인한 최대 충격은 노스캐롤라이나에서부터 플로리다, 텍사스에서 감지된다. 해마다 피해는 수억 달러 내지 수십억 달러에 달한다.

폭풍 피해

- 허리케인과 다른 주요 폭풍들은 심각한 해안 피해를 일으킨다. 해빈과 사구는 침식되고, 건물들은 바람, 파도, 홍수에 의해 심하게 손상된다. 건물과 다리의 피해에 더하여 농장 동물의 죽음, 농업 손실, 오염된 음료수, 사태를 포함한다.
- 허리케인으로 인한 피해는 해안선의 방향, 만의 존재, 허리케인 전방의 속도, 사구의 높이, 해안식생에 달려 있다.
- 7.3 m로 높고, 160 km만큼 넓은 폭풍서지는 해면의 상승과 지속적인 바람이 바닷물을 밀어 올려 넓게 물 언덕을 만들게 하는 저기압과 결합하여 일어난다. **해설 14-1, 14-2.**
- 서지의 재해는 심각한 해면 상승과 높은 해면으로 생긴 파도를 포함한다. 서지 및 이와 관련된 바람은 바람 방향 때문에 허리케인의 북동쪽 전면과 연관되어 있다. **그림 14-9.**
- 특히 파도가 외해의 천해에서 느려지지 않는다면, 거센 파도는 훨씬 많은 에너지를 갖고, 사구를 침식할 뿐 아니라, 해빈을 침식하여 고도를 낮추며 평탄하게 한다. **그림 14-16.**
- 바람의 피해는 창문과 문과 벽이 바람에 날리는 것, 지붕이 들리는 것, 나무와 전력선이 불려 넘어지는 것, 그리고 날아다니는 파편들을 포함한다. **그림 14-20, 14-21.**
- 허리케인으로 인한 강우와 홍수는 큰 반경과 느리게 이동하는 폭풍에 의해서 더 커질 수 있다.
- 중앙아메리카처럼 가난한 산간 지역에 사는 수천의 사람들은 불량하게 지어진 범람원 상의 집과 불안정한 급경사지에 살기 때문에, 언제라도 허리케인에 의한 홍수와 사태로 사망할 수 있다.
- 주요 강 저지 삼각주에 사는 수천의 사람들은 홍수와 폭풍서지로 사망한다.

허리케인 예보와 계획

- 허리케인 예보와 경보는 사건의 도착시간, 위치, 그리고 크기를 포함한다. 국립 허리케인 경보센터는 12시간 경보를 시도하고 있으나 대피는 30시간이나 걸릴 수 있다.
- 많은 사람들은 너무 늦은 시간에 그들이 빨리 대피하고 떠날 수 있다고 생각한다. 폭풍서지, 넘어진 나무와 전력선들은 종종 도로와 가깝다.

미래의 피해 관리

- 국가홍수보험 프로그램은 저지대 해안지역 건축물이 평균고조위보다 육지 쪽으로 또는 100년 주기의 홍수로 영향받을 수 있는 고도보다 높게 올라가기를 요구한다.
- 자연과 건축물의 특성은 피해에 중요한 영향을 끼친다. 층, 벽, 지붕은 서로 잘 고정될 필요가 있고, 건물들은 고정장치가 기둥에 잘 부착되어 있어야 한다.

온대저기압과 노리스터

- 노리스터와 다른 온대저기압은 겨울에 형성되며, 뚜렷한 핵이 없고, 원형이 아니며 또한 넓은 지역으로 퍼지는 것을 제외하면, 허리케인과 비슷하다. 허리케인과 마찬가지로 세찬 바람, 파도, 폭풍서지로 특징지어진다.

중요 단어

노리스터(Nor'Easter)
사피어-심슨 허리케인 등급(Saffir-Simpson Hurricane Scale)
열대저기압(tropical cyclone)
온대저기압(extratropical cyclone)
태풍(typhoon)
태풍의 눈(eye)
폭풍서지(storm surge)
합주거리(fetch)
허리케인(hurricane)
허리케인 경보(hurricane warning)
허리케인 주의보(hurricane watch)

복습 문제

1. 무엇이 열대저기압이나 허리케인을 일으키는가? 허리케인은 어디에서 에너지의 전부를 얻는가?
2. 북아메리카를 공격하는 허리케인은 어디에서 왔는가? 왜 그곳인가? 왜 허리케인은 북아메리카를 향하는 경로를 취하는가?
3. 해안 인구는 왜 심각한 피해를 입는가(해안에 살고 있다는 이 사실 이외에)?
4. 허리케인의 어디에서 최저 기압이 되고, 대략 얼마나 낮은가?
5. 허리케인 시즌은 언제인가(어느 달)? 왜 그때인가?
6. 폭풍서지의 고도를 증가시키는 2가지 요인은 무엇인가?
7. 허리케인 동안 바람은 건물에 어떤 영향을 끼치는가?
8. 허리케인의 높은 파도는 해안에 무슨 영향을 끼치는가?
9. 허리케인의 전방 속도가 빠르면, 무슨 부정적인 영향을 주는가? 그것이 갖는 긍정적인 영향은 무엇인가?
10. 서쪽으로 움직이는 태풍의 눈이 사우스캐롤라이나 찰스턴 오른쪽으로 간다면 어느 지역의 피해가 가장 커지는가?
11. 한 허리케인에 근접하여 다른 허리케인이 따라온다면(예를 들면 1주일 정도) 피해의 차이는 무엇인가? 그 이유는 무엇인가?
12. 사구 고도가 낮아지면 왜 해안의 피해는 더 커지는가?
13. 허리케인에 의해 들려지기 가장 쉬운 지붕의 형태는 무엇인가? 그 이유는 무엇인가?
14. 왜 합판과 셔터를 창문과 문에 덮는 것이 중요한가?
15. 허리케인 예측의 불확실성에 일조하는 요인은 무엇인가?
16. 허리케인에 대처하기 위해 어떤 단계를 취해야 하는가?
17. 허리케인과 노리스터의 차이점을 설명하라.

토의 문제

1. 기후변화가 어떻게 허리케인 파괴에 영향을 미치는가? 탄소배출을 줄이기 위한 비용 논의에서 이것이 어떻게 역할을 수행할 수 있는가?
2. 그림 14-4B와 14-6을 실명하라. 그리고 조지아와 북부 플로리다의 대서양이 더 북쪽 그리고 남쪽 해안지역보다 더 적은 허리케인의 공격을 받는 이유를 설명하라.
3. 개발업자, 건축가, 지역정부, 그리고 많은 사람들이 튼튼한 집을 위한 강화된 기준에 반내하는 이유는 무엇인가?

뇌우와 토네이도 15

Michael Raphael, FEMA.

2007년 캔자스 주 그린스버그를 강타한 EF-5급 토네이도가 모든 것을 파괴했다.

캔자스 마을을 파괴한 회오리바람

남서부 캔자스 주의 작은 마을 그린스버그는 2007년 5월 4일 오전 10시 직전 강력한 토네이도에 의해 지도 상에서 사실상 사라져 버렸다. 그 토네이도는 가장 강력한 토네이도 등급인 EF-5였으며, 1999년 5월 3일 오클라호마에서 발생한 이후 처음이었다. 미국 기상청은 대형 토네이도가 그린스버그를 향하고 있다는 경고를 30분 전에야 간신히 발표하였으며, 그 후 보다 자세한 추적 끝에 그것이 강타하기 10~15분 전에, 사람들이 대피소를 즉각 피할 수 있도록 토네이도 사이렌과 비상경보를 발동시켰다. 그럼에도 불구하고 그린스버그에서 9명이 사망하였다. 2.7 km 너비의 토네이도가 15~20분 동안 그 마을을 파손시킨 후(**그림 15-1**), 북동쪽으로 약 35 km를 지상으로 더 나아갔다. 거의 한 시간 이후, 그 회오리바람은 북동쪽으로 46 km를 더 휩쓸어, 순찰차를 타고 있던 한 보안관에게 중상을 입혔다. 풍속은 시속 320~335 km로 추정되었다. 폭풍은 북부 네바다 주와 유타 주로부터 동쪽으로 이동하는 대규모 저기압계가 멕시코 만으로부터 오클라호마 주와 캔자스 주로 북쪽으로 이동하는 습한 기류와 충돌하여 발생하였다. 그 결과 발생한 한랭전선이 수일 동안의 엄청난 폭풍을 생성시켰다.

5월 4일의 토네이도는 1,600명이 사는 마을인 그린스버그의 중심가에 있는 모든 건물을 파괴했다. 그 토네이도는 나무의 가지를 뜯어내고, 대부분의 집과 교회, 그리고 다른 건물들을 넘어뜨렸다. 고등학교를 포함한 견고한 건물들조차도 파괴되었는데, 이 건물은 내부에는 콘크리트 블록과 모르타르를, 외부에는 두 겹의 벽돌과 모르타르를 사용하여 지어졌다. 그린스버그의 비상 차량은 파괴된 건물 아래에 묻혀 버렸다(**그림 15-2**). 구조대는 지하에 갇힌 사람들을 찾기 위해 건물 파편들을 뚫었다. 이틀 후 돌무더기 아래에서 한 생존자를 끌어내었다. 비료에 사용되는 무수 암모니아의 탱크가 청소 도중 파손되어, 마을의 일부는 추가적으로 대피를 해야만 했다. 많은 주민들은 마을 자체가 유지되지 못할 것이라고 주장했다.

일차적인 재건에는 전봇대, 전선과 계량기, 그리고 상하수도관의 수리가 필요하였다. 우선 그것들을 건물 파편 아래로부터 파내야만 했다. 추정 피해액은 1.53억 달러에 달하였다.

그림 15-1 토네이도 피해

Greg Henshall, FEMA.

치명적인 토네이도가 캔자스 주 그린스버그의 거의 모든 것을 휩쓸고 파괴하였다.

그림 15-2 주요 건물 파괴

Greg Rudl, U.S. Air Force.

그린스버그의 비상 차량이 2007년 5월 4일의 토네이도에 의해 돌무더기에 묻혀 버렸다.

뇌우

벼락 치는 횟수로 측정되는 **뇌우**(thunderstorm)는 중앙아프리카와 브라질의 우림과 같은 적도 부근의 위도 지역에 가장 흔하다(**그림 15-3**). 위도를 감안하면, 미국에서 이상할 정도로 많은 횟수의 벼락과 극심한 뇌우가 발생한다. 이러한 폭풍은 플로리다와 미국 남동부 지역으로부터 중서부에 이르는 지역에 가장 흔한데, 그 이유는 멕시코 만의 난류로부터 북쪽으로 흐르는 대기에 습기가 많기 때문이다.

폭풍은 불안정하고, 따뜻하고 습한 공기가 보다 차가운 공기 속으로 급상승하여 응결됨에 따라 발생된다. 수증기가 응결될 때, 열을 방출한다. 따뜻한 공기는 차가운 공기보다 밀도가 낮기 때문에, 이 더해진 열은 상승하는 공기가 상승기류 속으로 계속 상승하도록 만든다. 물방울이 충돌하여 충분히 크게 되면, 이것은 결국 폭풍의 유출 지역에 비가 내리는 지역을 생성시킨다. 만약 상승기류가 공기를 대기 속으로 충분히 높게 밀어 올리면, 물방울은 **적란운**(cumulonimbus cloud) 상부에서 응결되게 되는데, 이 물방울들이 높은 고도로 상승하고 넓게 퍼져 넓고, 평평하고, 꼭대기가 모루 모양이 되는 키가 큰 구름이 된다(**그림 15-4**). 이것이 번개와 벼락이 흔히 발생하는 지역이다.

한랭전선을 따라 따뜻하고 습한 공기 아래에서 미는 차가운 공기가 이러한 폭풍 시스템을 가장 흔히 발생시키는 메커니즘인데, 그 이유는 따뜻하고 습한 공기는 앞서 가는 찬 공기 위로 급속히 상승해야 되기 때문이다. 국지적인 오후의 열기로부터 상승하는 습한 공기의 고립된 부분, 혹은 산을 타고 상승하는, 또는 지표면 부근의 찬 공기 위로 미는 따뜻하고 습한 공기의 고립된 부분도 유사한 효과를 나타낼 수 있다. 각 뇌우의 크기는 가로지른 길이가 평균 24 km 정도이지만, 뇌우 시스템의 경계선은 1,000 km 이상에 걸칠 수도 있다. 뇌우의 경계선은 주로 텍사스 주에서 오하이오 강 계곡에 이르는 북동쪽으

그림 15-3 토네이도 위험 지역

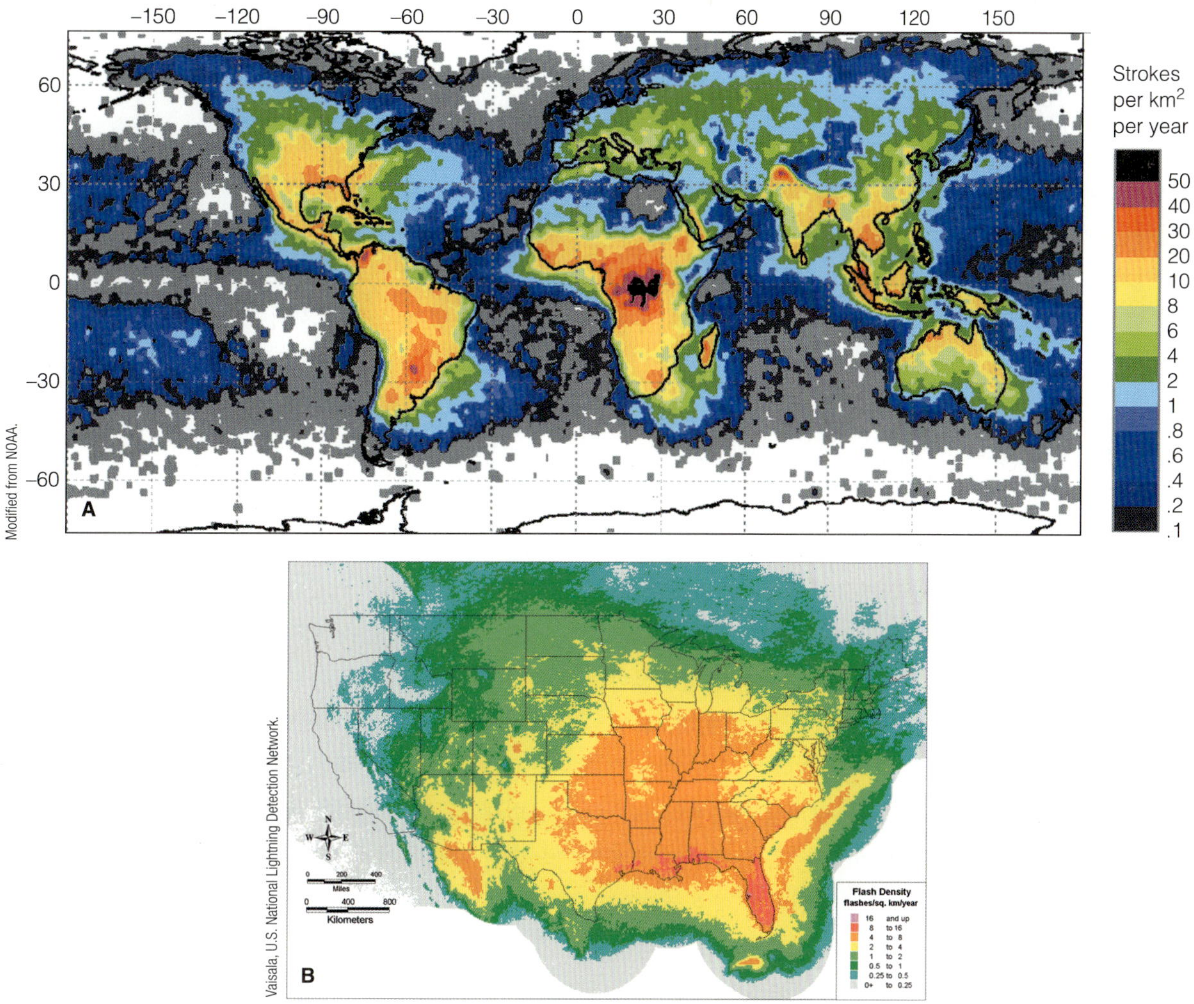

Modified from NOAA.

Vaisala, U.S. National Lightning Detection Network.

A. 평방 km당 연간 번개 치는 횟수의 평균 밀도를 보여 주는 세계 지도. B. 1996~2005년의 북아메리카 지역 번개 분포도.

그림 15-4 적란운

Eric Helgeson, NWS.

2004년 8월 26일 유타 주에서 형성된 이런 종류의 전형적인 모루 모양의 적란운이 뇌우와 번개가 일반적으로 발생하는 지역이다.

로 추세를 나타내는 벨트 모양을 띤다. 북쪽의 평원으로 이루어진 주로부터 발생한 한랭전선은 멕시코 만으로부터 발생한 따뜻하고 다습한 공기와 함께 그 경계선을 따라 상호작용을 일으켜서, 폭풍의 전면과 선은 서서히 동쪽으로 이동한다.

뇌우는 번개, 강풍 및 우박을 포함한 여러 다른 위험을 생성한다. 강풍은 나무와 전신주 및 건물을 넘어뜨릴 수 있다. 강력한 뇌우는 수많은 산불과, 때로는 대규모 피해를 주는 우박과 토네이도를 생성시킨다. 매년 미국에서 발생하는 10만 건이 넘는 뇌우 중에서, 미국 기상청은 약 1만 건을 대형으로 분류한다. 그런 대형 폭풍은 매년 1천 건의 토네이도를 만들어 낸다. 기상청은 풍속이 시속 93 km 이상이거나, 토네이도를 생성시키거나, 직경이 1.9 cm 이상인 우박을 동반하면 대형으로 분류한다. 뇌우로부터 번쩍이는 번개로 인해 연간 140명 이상이 사망한다 (11장 참조).

번개

번개(lightning)는 적란운 상층부와 하층부 사이에 생성되는 전하의 강력한 분리로부터 생성된다. 기상학자들은 대체적으로 상승기류가 하강하는 얼음입자 또는 우박과 충돌하는 적란운의 상층부로 물방울과 얼음입자를 운반할 때 이 **전하분리**(charge separation)가 증가한다고 믿고 있다. 보다 작고 상승하는 입자들은 양전하를 띠는 경향이 있는 반면, 보다 크고 하강하는 입자들은 음전하를 띠고 있다. 따라서 구름의 상층부는 강력한 양전하를 띠는 경향이 있고, 하층부는 강력한 음전하를 띠고 있다(**그림 15-5**). 이 과정은 비록 규모는 훨씬 더 크지만, 사람이 건조한 날 카펫 위에서 발을 끌 때 생성시킬 수 있는 정전기 효과—이 행동은 그 사람이 전도체에 접근할 때 스파크의 형태로 방출하는 전하를 생성한다—와 비슷하다.

이러한 구름의 하층부 부근의 강력한 음전하는 강력한 양전하를, 대전 구름 밑의 지표로, 특히 건물이나 나무, 송신탑 등으로 끌어당긴다. 따라서 구름의 서로 다른 부분 사이에 그리고 구름과 땅 사이에 거대한 전기적 분리 또는 전기 퍼텐셜이 생기게 된다. 이것은 수백만 볼트에까지 이를 수 있고, 결국 공기 속의 전기 저항은 이러한 상반된 전하를 분리시키지만, 양전하 지역과 음전하 지역은 전기와 같은 번개로 결합한다.

음전하와 양전하는 서로 끌어당기기 때문에, 음전하는 구름 상층부의 양전하로 뛰어오를 수도 있고, 양전하의 땅으로 뛰어내릴 수도 있다. 공기는 성능이 좋지 않은 전도체이지만, 반대 전하가 충분히 강력하면, 그것들은 결국 연결된다. 구름에서 땅으로 치는 번개는 뇌운 속의 대전 이온이 지상의 최고 도체 지역—큰 나무, 전신주, 예를 들어 공지에 서 있는 사람과 같은 부분—에 방전할 때 생성된다. 음전기를 띤 **스텝리더**(step leader)는 전하분리가 원자로부터 전자를 끌어당기기에 충분히 커지면 땅으로 향한다. 이 경우, 이번에는 하향 전자의 연쇄반응을 생성하는 전도 경로가 생성된다. 이러한 리더는 지상으로의 다른 경로를 발견하면 포크처럼 갈라지게 된다(**그림 15-6**). 구름과 지상의 음전하와 양전하의 위치와 강도에 따라, 번개는 뇌우로부터 엄청나게 먼 지역에도 칠 수 있다.

만약 뇌우가 오는 동안 정전기처럼 느껴지는 것에 의해 당신의 머리카락이 들어 올려진다면, 당신은 번개를 맞을 위험이 높다. 여러 쌍의 리더 중 한 개가 연결되면, 강력한 음전하가 구름에서 지상으로 향하는 리더 스트로크의 전도 경로를 따른다. 이후 구름과 지상 사이에 연결이 구축된 경로를 따라, 거꾸로 위로 이동하는 밝은 리턴 스트로크(return stroke)가 생성된다. 번개의 어마어마한 힘이 경로 주위의 공기를 약 28,000°C(50,000°F)라는 극단적인 온도로 가열시킨다. 대기 중에서 초음속으로 뒤따르는 팽창은 우리가 **천둥**(thunder)이라고 듣는, 우르릉 하는 소리를 낸다.

번개 경로 그 자체는 유리섬유 스크린에서 생성되는 구멍과 느슨한 모래에서 융해되는 길고 좁은 튜브를 기준으로, 직경이 단지 2~3 cm 정도이다. 드물게 번개가 지상에서 구름의 하층부로 치는데, 이것은 구름에서 지상으로 치는 것으로 관측되는 보다 흔한 아래로 갈라지는 번개가 아니라, 위로 갈라지는 번개라고 인정되었다(**그림 15-7**). 번개는 또한 전하를 동일하게

그림 15-5 번개를 생성시키는 반대 전하

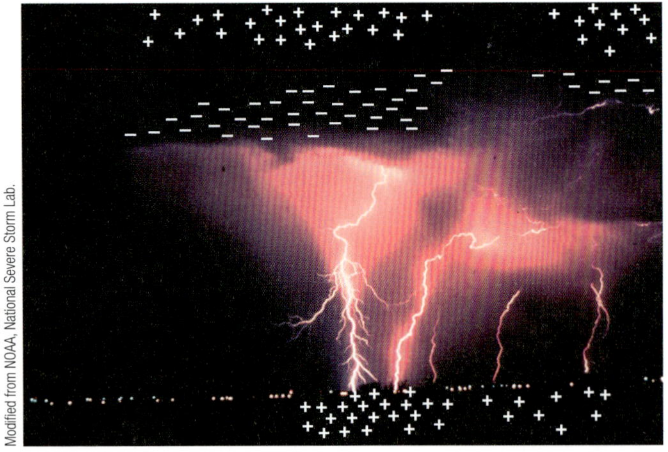

Modified from NOAA, National Severe Storm Lab.

뇌우 시, 보다 가볍고 양전하를 띤 물방울과 얼음입자들은 구름 상층부로 상승하는 반면, 보다 무겁고 음전하를 띤 입자들은 구름의 하층부로 하강한다. 땅은 양전하를 띠고 있다. 번개가 칠 때, 구름 하층부의 음전하는 지상의 양전하와 결합하기 위해 점프한다.

그림 15-6 포크처럼 갈라진 리더

NOAA.

번개는 종종 애리조나 주 투손에서의 번개에서 나타나는 것처럼, 매우 불규칙한 경로를 따르기도 한다.

그림 15-7 지상에서 구름을 향한 번개

David Hyndman.

지상에서 구름으로 향한 이 번개는 2004년 봄 미시간 주 이스트랜싱 부근에서 관측되었다.

하기 위해 구름에서 구름을 칠 수도 있는데, 이러한 번개와 관련된 위험은 거의 없다.

2007년에 주요 보험사들은 이전 6년간 번개 관련 청구가 77% 증가하였다고 발표하였다. 사람들이 가정에서 사용하는 전자제품의 증가로 인해 금액이 급증하였다. 번개가 칠 때 가정의 배선 내 순간 전압은 컴퓨터, HD TV, DVD, 게임 장비, 기타 장비 및 온수 시스템을 파괴할 수 있다. 미국에서의 번개는 매년 약 1.44억 달러의 직접적인 재산 손실과 6,100건의 주택 화재의 원인이 된다. 전체 가정을 위한 번개 보호 시스템과 자동 차단기에 설치된 서지 보호기는 과전압을 감소시켜 줄 수 있다. 전기 콘센트에 연결하는 개별적인 서지 보호기의 정격전압은 300 이하가 좋다.

다운버스트

번개뿐만 아니라, 뇌우는 파괴적인 바람도 동반할 수 있다. **다운버스트**(downburst) 또는 마이크로버스트(microburst)라고도 불리는, 좁은 지역의 급속하게 하강하는 바람은 강력한 뇌우 속에서 만들어질 수 있다(**그림 15-8**). 뇌우와 관련된 다운버스트는 습기가 있을 수도 있고, 건조할 수도 있다. 폭우에 의해 생성되는 하강 공기 기둥은 지상에 이르러, 다운버스트의 중심으로부터 외부로 방사상으로 직선 이동하는 시속 240 km에 이르는 바람으로 펼쳐진다. 시속 200 km나 되는 다운버스트와 마이크로버스트(반경 4 km 이하의 다운버스트)는 때로 비를 동반하는 대규모의 하강하는 찬 공기에 의해 생성된다.

이러한 심각한 하강기류는 **윈드시어**(wind shear)를 야기하기 때문에 항공기의 이착륙 시 심각한 위협이 되는데, 이 윈드시어는 비행기의 양력을 떨어뜨려 비행기가 땅에 곤두박질치게 만든다. 다운버스트 끝의 수직적인 윈드시어로 날아가는 비행기는 맞바람이 증가하고 날개의 양력이 갑자기 증가하게 된다. 만약 조종사가 그 원인이 윈드시어인지 모르면, 일반적인 반응은 엔진의 힘과 속도를 감소시키는 것이다. 그 후 윈드시어층을 지나게 되면, 그 비행기는 하강기류 및 감소된 양력과 마주치게 된다. 비행기가 이륙 또는 착륙하는 동안 비행기가 지상과 가깝고 그 비행속도가 낮을 경우, 하강기류를 벗어날 만큼 충분히 속도를 증가시킬 시간이 없을 수도 있으므로 비행기는 추락할 수 있다.

치명적인 마이크로버스트 비행기 추락 사고에는 1982년 7

그림 15-8 다운버스트

A. 눈에 보이지 않는 건조한 마이크로버스트가 대규모의 하강기류가 땅에 부딪치고 외부로 방사상으로 흩어짐에 따라 먼지를 일으킨다(하강기류 궤적은 붉은색으로 표시). **B.** 마이크로버스트 속으로 날아가는 비행기는 공항으로 접근할 때 급작스런 양력에 반응하여 속도를 늦출 수 있고, 이것은 추락으로 이어질 가능성이 있다.

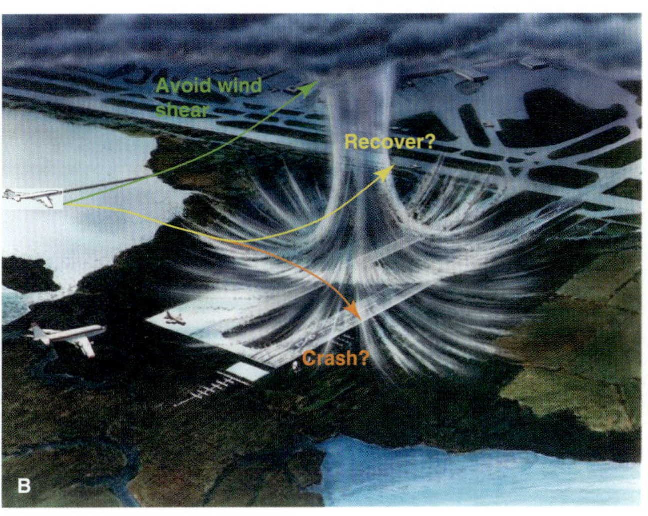

NASA diagram.

월 9일 뉴올리언스에서의 판 아메리카 비행기 사고, 1985년 8월 2일 댈러스에서의 델타항공 비행기 사고, 1994년 7월 2일 노스캐롤라이나의 샬럿에서의 유에스에어 비행기 사고, 2007년 9월 16일 태국 푸켓에서의 원-투-고 비행기 사고 등이 포함된다. 테츠야 후지타[Testuya(Ted) Fujita] 박사가 이 현상을 증명해 보였고, 이 정보를 조종사와 기상학자들에게 통보한 이후, 비행기 추락을 야기하는 다운버스트의 가능성이 완전히 없어지지는 않았지만, 현격하게 감소되었다.

이 거대한 하강기류가 지상에 도달하면, 피해를 입은 사람들이 토네이도 때문인 것으로 때로는 착각하게 만든다. 면밀한 검토 결과, 다운버스트 피해는 직선형이라는 증거가 나타났는데, 나무와 기타 물체가 다운버스트가 지상을 때린 곳으로부터 부챗살처럼 펴진 직선으로 누워 있게 된다(**그림 15-9**). 이것은 토네이도 이후 관찰되는 회전형 피해와는 다른데, 토네이도의 경우 잔해가 내부를 향한 회전형 바람으로 인해 여러 각도로 누워 있게 된다.

다른 '직선형 바람'은 뇌우의 돌풍전선, 또는 산맥 때문에 바람이 보다 좁은 지역으로 축소되고 가속되는 안정된 공기층을 거슬러 바람이 불도록 만드는 돌풍전선을 동반할 수 있다. 뉴햄프셔 북부의 프레지덴셜 산맥에 있는 워싱턴 산이 그런 지역이다. 11월에서 4월까지 중 2/3에 해당하는 날 동안 허리케인과 같은 세기의 바람이 생길 가능성이 있다. 그것의 속도 기록은 시속 372 km이었는데, 이것은 5등급 허리케인보다 높고 강력한 EF5 등급 토네이도의 돌풍과 맞먹는 것이다. 그런 바람은 부분적으로는 멕시코 만, 북서 태평양 및 대서양으로부터 수렴되는 폭풍 경로에 반응한 결과이다.

그림 15-9 다운버스트 피해

Dr. Tetsuya T. Fujita; courtesy of Dr. Kazuya Fujita.

1977년 7월 30일 위스콘신 주 블루머에서 다운버스트가 세 그루의 나무를 쓰러뜨렸다.

우박

우박은 뇌우와 관련된 또 하나의 기상 현상이다. 우박은 차량, 지붕, 곡물 및 가축에게 연간 29억 달러의 손해를 끼친다(**그림 15-10**). **우박**(hailstone)은 뇌우의 따뜻하고 습한 공기가 대기 상층부로 급속하게 상승하여 응결될 때 생성된다. 자그마한 얼

그림 15-10 우박

Fred Phillips

Fred Phillips.

A. 2004년 10월 5일 뉴멕시코 주의 소코로에서의 강력한 폭풍이 우박을 쏟아부었는데, 상당 부분은 골프공보다 더 컸고 어떤 것은 직경이 7 cm나 되었다. **B.** 지붕이 없는 곳에 주차되어 있던 대부분의 차들은 심하게 파였고 유리창이 깨어졌다. 어떤 경우, 우박이 차 지붕과 흙받이를 관통하기도 하였다.

음 결정체가 강력한 상승기류 속에서 상하로 퍼지며, 상승 기류를 이겨 내고 지상으로 떨어지기에 충분히 무거워질 때까지 더 많은 얼음을 모은다. 최고로 큰 우박은 야구공보다 더 클 수 있고, 가장 강력한 폭풍 속에서 생성될 수 있다. 우박은 제트기류가 대평원 지역을 지나 북쪽으로 이동하는 늦은 봄과 초여름, 특히 4월에서 7월까지 가장 빈번하게 발생된다. 지표면에서 제트기류로의 극단적인 기온 하강은 강력한 상승기류를 촉진시킨다. 우박은 북부 캐롤라이나와 남동부 와이오밍의 평원지역에서 가장 흔하고, 해안지역에서는 드물다. 옥화은 핵을 함유한 초냉각수를 사용한 우박 억제 방법이 곡물 피해를 줄이기 위해 성공적으로 사용되어 왔지만, 이 방법은 환경 문제로 인해 1970년대 초에 미국에서 중단되었다.

폭풍 시의 안전

뇌우는 치명적일 수 있다. 날씨 관련사고 중에서는, 단지 더위와 홍수만이 사상자가 더 많을 뿐이다. 1940년에 미국에서 번개가 연간 400명 가량의 사상자를 내었다. 이 숫자는 1997년에서 2006년까지 연평균 44명으로 계속 감소하였는데, 부분적으로는 위험에 대한 인식 증가와 예측 때문일 것이다. 다른 어떤 주보다 플로리다에서 두 배나 되는 사망자가 발생하였다. 번개로 인한 사망자수의 최대치는 오후 4시경에 발생하고, 일요일에 급증하는데, 아마도 골퍼와 같은 사람들이 더 많이 야외로 나가서 여가활동을 즐기기 때문일 것이다.

누군가가 불운하게 번개를 맞았을 때 즉각적인 사망 원인은 심장마비이고, 번개가 들어오고 나간 부위에는 심한 화상이 생긴다. 번개를 맞고도 생존한 사람의 70%에게 신경, 뇌, 시각 및 청각 손상을 포함한 잔류효과가 생긴다.

번개를 맞을 위험을 감소시키기 위해서는 번개로부터의 거리를 측정하라. 번개는 천둥소리를 듣기 전에 볼 수 있다. 빛의 속도는 거의 순간적인 반면, 소리가 1 km를 가기 위해서는 약 3초가 걸린다. 3초는 당신과 번개 사이가 1 km라는 것을 의미하므로, 만약 시간 차이가 12초라면, 번개는 약 4 km 떨어져 있는 것이 된다. 비록 위의 하늘이 맑고, 위협적인 구름이 수 킬로 멀리 있을지라도, 번개는 번개가 생성되는 검은 구름으로부터 멀리 떨어진 당신 쪽으로 활을 그릴 수 있다. 미국 기상청은 번개가 친 후 30초 이내에 천둥소리를 들으면 숨는 것이 좋고, 적어도 30분 동안 번개가 보이지 않을 때까지 안전한 곳에 머무르기를 권고한다—이것이 '30-30 규칙'이다.

번개로부터의 위험은 폭풍이 치는 동안 다음의 사전 주의조치를 준수하면 최소화될 수 있다.

- 폐쇄된 건물 속으로 대피하라. 금속 배관과 전선이 당신 주위의 전하를 땅속으로 유도할 것이다. 피크닉 대피소는 안전하지 않다.
- 비디오 게임기를 포함한 플러그가 끼워져 있는 것은 어떤 것도 만지지 말라. 선이 달린 전화기는 사용하지 말라. 하지만 무선 전화기와 휴대폰은 괜찮다. 우리들 중 한 명이 전화선을 통해 번개 전하를 맞았다—이건 당신이 경험하고 싶은 일이 아닐 것이다.
- 물은 전기를 전달한다. 샤워나 목욕을 하지 말고 그릇을 씻지 말라. 막혀 있지 않은 물 가까이에 가지 말라.
- 노지에 가까이 가지 말라. 번개는 땅을 통해 약 20 m가량 이동하여, 당신을 사망하게 하거나 심각한 화상을 입힐 수 있다.
- 동굴 속으로 피신하지 말라. 폭풍이 치는 동안 산봉우리에 오르는 사람들은 때때로 동굴 안이나 깊은 바위 아래로 피신하는데, 나쁜 쪽으로 움직이는 것이다. 비나 우박을 피하게는 해 주지만, 번개의 전하는 동굴 내부를 둘러쌀 수 있어, 동굴 속의 사람은 열려 있는 경사면 밖에 있는 것보다 더 위험할 수 있다.
- 나무나 전신주 또는 기타 높은 물체에 접근하지 말라. 키 큰 나무 옆에 있다면, 그 나무에서 충분히 먼 낮은 덤불 아래에 있는 것이 더 나은 방법이다.
- 철조망, 골프 클럽, 골프 카트, 우산, 농기구 및 차와 트럭의 외부와 같은 금속 물체에 가까이 가지 말라(**그림 15-11**). 머리 위의 전선을 조심하라. 사람들은 긴 스프링클러 파이프를 옮기거나 농기구를 이동할 때 감전되기도 한다.

그림 15-11 치명적인 번개

NOAA

실상은 섬뜩하다. 이 소들은 아마도 천둥에 겁을 먹고 뾰족한 철조망으로 돌진하였을 것인데, 나중에 철조망에서 번개에 의해 감전되었을 것이다. 그들은 언덕 아래에 있었지만, 공지 밖에 있었다는 것에 유념하라.

- 만약 운전 중이라면, 차를 안전한 곳에 세워라. 창문을 올린 채 차 속에 있되, 핸들, 기어, 또는 라디오를 포함한 어떠한 금속도 만지지 말라. 차의 안전은 타이어의 절연이 아니라 당신을 둘러싼 금속 방패에 있다. 오토바이나 자전거의 고무 타이어는 당신을 땅으로부터 절연시켜 주지는 않는다. 그것들 위의 물이 전기를 전달한다.

당신이 번개에 의한 급박한 위험에 처해 있을지도 모른다는 신호가 있다. 하늘은 올리브 그레이 색의 이상한 그림자를 드리울 수 있다. 수 킬로 떨어진 폭풍 구름은 당신 가까이에 번개가 곧 치리라는 것을 나타낸다. 번개가 치기 직전에는 당신이 팽팽한 줄 밑에 섰을 때에 당신이 들을 수 있는 소리처럼, 주위의 공기가 쉬익 소리를 내고, 윙윙거리고, 때로는 탁탁 소리를 낸다고 사람들은 말한다. 이상한 푸른 스파크가 바위나 사람의 머리로부터 튀어 오를 수 있다. 머리끝이 설 수도 있다. 번개가 몇 미터 멀리 떨어져 치고, 당신을 죽이지는 않더라도 땅을 관통한 전하가 심각한 손상을 야기할 수 있다. 하늘이 눈부신 백색으로 변하면서 귀가 터질 듯한 굉음과, 그들이 기절할 때 가슴을 통과하며 폭발하는 강한 에너지에 대해 사람들은 이야기한다.

만약 당신이 공지에 노출되어 있다면, 그리고 당신의 피부가 따끔거리거나 당신의 머리카락 끝이 곤두선다면, 당신은 번개를 맞을 급박한 위험에 처해 있다. 전기가 통하는 지표와의 접촉을 최소화하기 위해 발꿈치를 모으고, 발의 복사뼈 쪽으로 즉시 낮게 숙여라. 당신의 발로 들어오는 땅으로부터의 전하의 대부분은 당신의 몸을 관통하지 않고, 한쪽 발꿈치에서 다른 쪽 발꿈치로 그리고 다시 땅속으로 지나갈 것이다. 눕지 말라. 그렇게 하면 지표면과의 접촉면이 넓어지기 때문이다.

대부분의 번개 피해자들은 CPR 활용과 같은 의학적인 도움으로 생존 가능하다. 번개 피해자들은 전하를 전달하거나 다른 사람을 위험하게 하지 않는다. 하지만 구조자들은 또 다른 번개의 위험에 스스로 처해서는 안 된다.

토네이도

뇌우와 기타 폭풍 시스템은 때로 **토네이도**(tornado)—좁은 깔때기처럼 생긴 빠르게 회전하는 강력한 바람—를 생성시킨다. 토네이도는 미국 중서부의 대부분 지역에서 자연의 가장 난폭한 폭풍이자 가장 중요한 자연재해이다. 윈드시어가 가장 심각한 지역에서 토네이도는 허리케인의 오른쪽으로 전진하는 사분면에 형성된다. 약한 허리케인도 토네이도를 생성하는데, 때로는 수십 개를 만들어 내기도 한다.

미국에는 연평균 1천 개가 넘는, 다른 지역보다 예외적으로 숫자가 많고 피해가 큰 토네이도가 발생한다. 캐나다가 두 번째인데, 연간 약 100개 정도이고, 일부는 강력하며, 2007년에 매니토바 주 위니펙 서부에 F4급 토네이도가 상륙하였다.

토네이도로 이어지는 폭풍은 멕시코 만으로부터 북쪽으로 이동하는 따뜻하고 습한 공기와 캐나다에서 남쪽으로 이동하는 차가운 공기가 충돌하여 발생된다. 동서로 뻗은 대형 산맥이 없어 이들 기단을 분리시켜 놓을 수 없기 때문에, 이것들은 미국의 남동부 및 중서부에서 충돌한다. 서로 다른 이러한 기단의 충돌은 때로는 치명적인 토네이도로 돌변하는 강력한 뇌우를 발생시킨다

평균 토네이도 수는 텍사스 주가 가장 많고, 그 다음이 오클라호마, 캔자스, 플로리다 및 네브래스카이다. 텍사스, 오클라호마, 아칸소, 미주리와 캔자스의 일부를 포함하는 **토네이도 통로**(Tornado Alley)는, 북부로부터의 차가운 공기가 멕시코만으로부터의 따뜻하고 습한 공기와 봄에 자주 충돌하여 강력한 뇌우와 토네이도를 생성하는 벨트 지역을 말한다(**그림 15-12**). 토네이도는 서부와 북동부 주에서는 드물다. 개별적인 **토네이도 생성**(tornado outbreak)—즉 한 그룹의 폭풍에 의해 생성된 일련의 토네이도—으로 인해 수백 명이 사망하였고, 13개 주에 걸쳐 발생하였다(**표 15-1**).

현재까지 알려진 최대 토네이도 발생은 1974년 4월 3일 오후에 시작되었다. 이 **초대형 토네이도 발생**(superoutbreak)은 17시간이나 지속되었으며, 315명의 사망자가 발생하였고, 또 다른 5,484명의 부상자가 발생하였다. 폭풍 경로 지도(**그림 15-13**)는 이들 토네이도 중 여러 개는 다운버스트로 끝이 났다는 것을 보여 준다.

최근의 가장 강력한 토네이도 중 하나는 1999년 5월 3일 오클라호마 중부에서 발생하였다(**그림 15-14**). 58개의 토네이도를 생성한 8개의 폭풍이 오클라호마 시를 관통하여 북동쪽으로 110 km 너비의 통로를 따라 이동하였다. 18개의 토네이도가 캔자스를 관통하며 계속되었다. 개별적인 토네이도는 북동쪽으로 돌진하며 강도가 변했다. 95명이 사망하였고, 피해액은 8억 달러에 달했다.

토네이도의 시기는 장소에 따라 다르다. 미시시피 주에서의 토네이도 숫자는 4월에 최대에 이르고, 11월에 두 번째가 된다(**그림 15-15**). 2008년 5월 5~6일의 예외적인 토네이도 발생으로 남부 주에서 최소 55명이 사망하였다(표 15-1 참조). 더 북쪽에서는 5월에 가장 많이 발생하고, 미네소타에서는 6

그림 15-12 북아메리카에서의 토네이도 위험

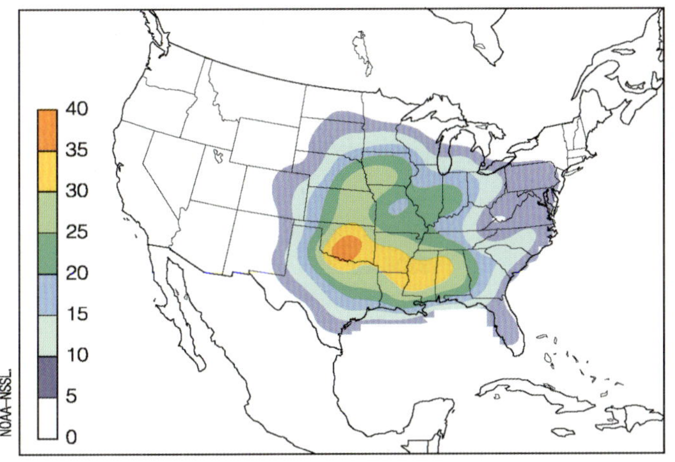

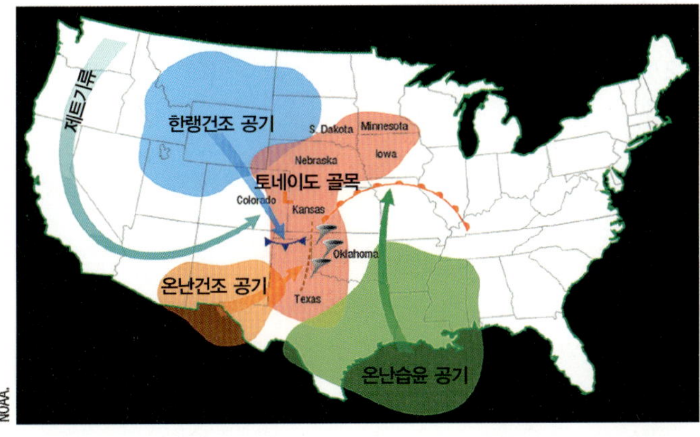

A. 토네이도의 위험이 가장 높은 지역에 미국의 동쪽 절반이 포함된다(F2급 이상, 1921~1995년 자료). 숫자는 연간 중대한 토네이도 발생일수를 나타낸다. **B.** 토네이도 통로는 서쪽에서 따뜻하고 건조한 공기가 북서쪽에서 차고 건조한 공기와 충돌하는 멕시코 만으로부터의 따뜻하고 습한 공기에 의해 영향을 받는다.

그림 15-13 1974년의 초대형 토네이도

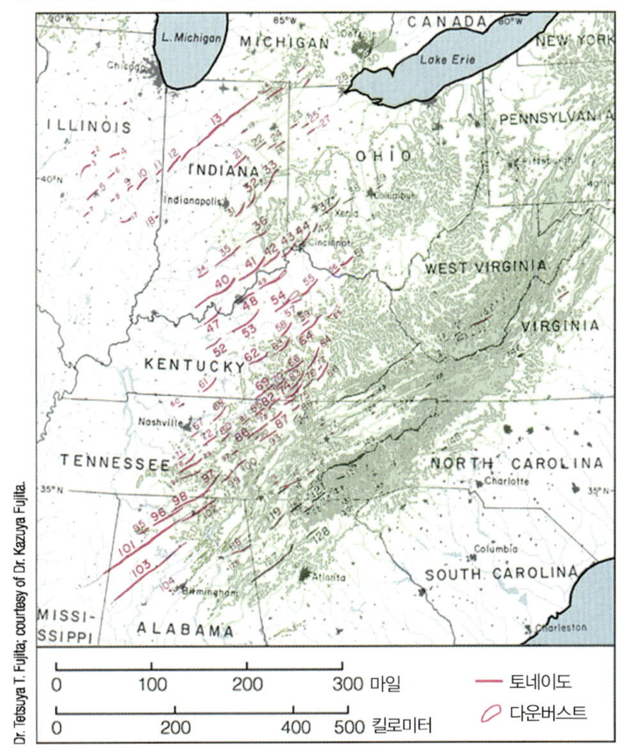

총 148개의 토네이도가 발생하였는데, 경로는 미시시피에서 온타리오와 뉴욕까지 쭉 이르렀고, 총 폭풍 경로는 4,180 km에 달했다.

월에 그러하다. 이 시기는 사람들이 특별히 토네이도를 경계해야 할 시기이다. 이 북쪽 위도 위치에서는 11~2월 사이에 토네이도가 사실상 발생하지 않는다.

시즌 후반부의 토네이도도 치명적일 수 있으며, 이동 주택의

그림 15-14 오클라호마 시의 토네이도 발생

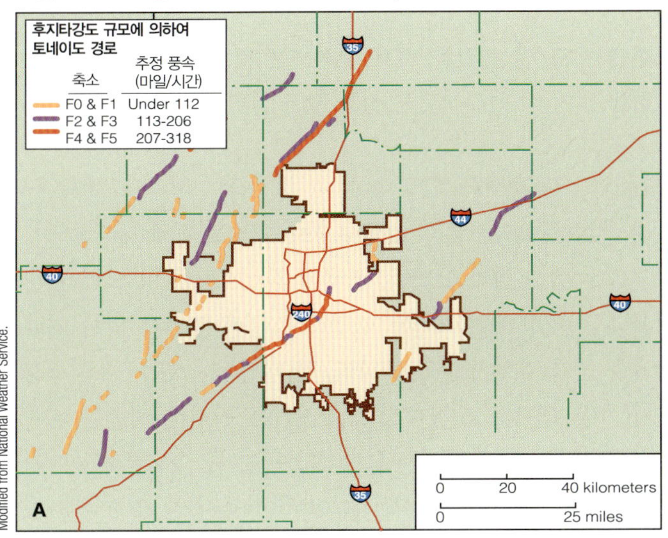

A. 1999년 5월 3일 토네이도의 이 지도는 오클라호마 시 주위에서의 경로와 강도를 보여 준다. **B.** 이들 토네이도 중 하나가 이들 차량을 내동댕이쳐 박살 내어 버렸다.

표 15-1	기록상 가장 치명적인 미국 토네이도 발생*			
이름 또는 위치	날짜	토네이도 수 (영향받은 주 수)	사망자	추정 피해액 (단위: 백만 달러, 2007년 기준)
Tristate: MO, IL, IN	March 18, 1925	7 (6)	695	196
Tupelo-Gainesville (MS, GA)	April 5–6, 1936	17 (5)	419	242
Northern Alabama	March 21–22,1932	33 (7)	334	49
Superoutbreak, E. US and Ontario	April 3–4, 1974	148 (13)	330	1,860
LA, MS, AL, GA	April 24–25,1908	18 (5)	310	53
St. Louis, MO	May 27, 1896	18 (3)	306	380
Palm Sunday	April 11–12,1965	51 (6)	256	695
Flint: MI; MA, OH, NE	June 8-9, 1953	10 (4)	247	554
AR, TN	March 21-22, 1952	28 (4)	204	57
Easter Sunday	March 23, 1913	8 (3)	181	105
PA, OH, NY, Ontario	May 31, 1985	41 (3)	75	1,142
Carolinas	March 28, 1984	22 (2)	57	507
AL, AR, KY, MS, TN	Feb. 5–6, 2008	62 (5)	59	Unknown
OK-KS (F5)	May 3–4, 1999	76 (2)	49	1,600
Southeastern United States	March 27, 1994	2 (2)	42	271
Jarrell, TX (F5)	May 27, 1997	1 (1)	30	203
KS, MO, AL, GA	Feb. 28-March 1 2007	57 (4)	20	520

* FEMA, NoAA, 기타 출처에서 발췌.

그림 15-15 토네이도 시즌

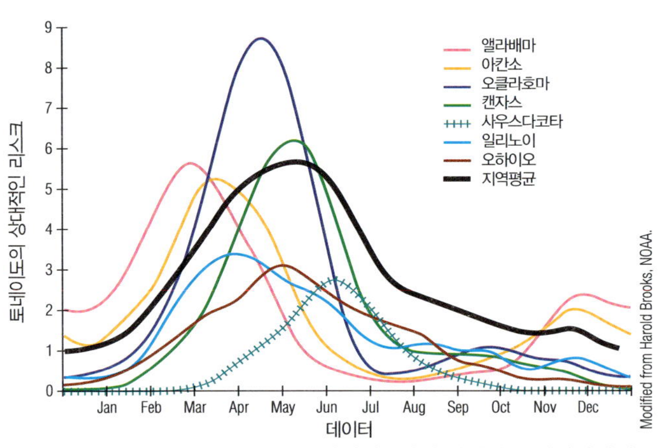

토네이도 발생은 봄에 급속도로 증가하여 5월에 정점에 도달하였다가, 초겨울까지 서서히 감소한다(1980~1999년 자료). 굵은 검정선은 미국 평균이다.

경우는 더욱 그러하다. 2006년 11월 16일 오전 6:30 직후 경고도 없이, 폭풍이 토네이도를 발생시켰는데 노스캐롤라이나 윌밍턴에서 이동용 주택에 있던 8명이 사망하였다. 2007년 10월 19일 오후 10:30경에 미시간 주 랜싱의 바로 동쪽에서 토네이도가 이동용 주택을 인근 연못으로 날려 버려, 안에 있던 두 사람이 사망하였다. 2006년 12월 29일, 텍사스 주 와코 동부에 일련의 강력한 폭풍이 토네이도를 발생시켜, 한 사람이 사망하였고, 2007년 2월 1일에는 플로리다 주 올랜도 북서부에서 토네이도가 불어 19명이 사망하였다.

전부는 아니지만 대부분의 토네이도는 북동쪽으로 이동한다. 폭풍에 접근하여 데이터를 수집하도록 훈련받은 사람들인 폭풍 추적자들은 폭풍 경로에 들어가지 않도록 남쪽에서 남서쪽 방향으로 토네이도에 접근하는 방법을 알고 있다. 그들은 또한 멕시코 만 연안을 따라 추적하는 것보다는 평원에서 추적하는 것이 더 안전하다는 것도 알고 있다.

토네이도의 발생

토네이도는 대체로 높은 대기에서의 서풍과 함께 남동쪽에서 접근하는 지표 바람과 같이, 풍향에 윈드시어가 있을 때에 형성된다. 이러한 윈드시어는 따뜻하고 습한 공기가 앞서 가는 차가운 공기 위로 올라탐에 따라, 한 다발의 수평 기류를 생성한다(**그림 15-16**). 수평축으로 회전하는 이러한 기류는 뇌우 속의 상승기류에 의해 수직으로 회전하는 축으로 끌려 들어가게 되어 10 km 너비의 회전셀(rotation cell)을 형성하게 된

그림 15-16 윈드시어

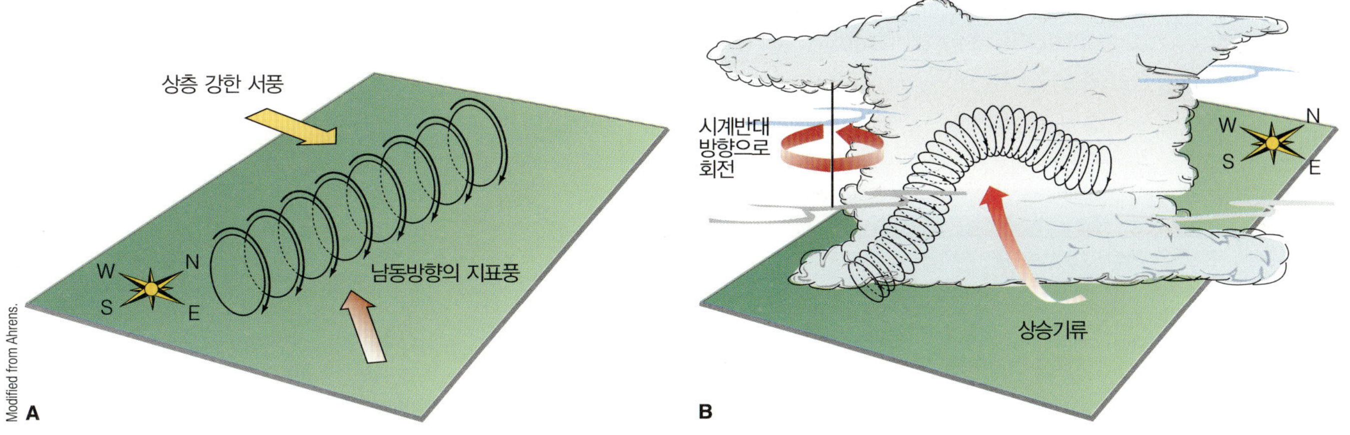

A. 남동쪽으로부터의 지표 바람과 서쪽으로부터의 높은 바람을 가진 윈드시어. B. 느리게 회전하는 이 소용돌이는 뇌우 속으로 끌어당겨질 수 있는데, 이것이 토네이도를 야기한다.

다. 이 셀이 구름 하단부 아래에서 약화되어, 임박한 토네이도의 발생에 대해 가장 분명하게 위험을 표시해 주는 불길한 징조인, 확연히 느리게 회전하는 **월클라우드**(wall cloud)를 형성하게 된다(**그림 15-17A**). **유방운**(mammatus cloud)은 또 하나의 잠재적인 위험 표시인데, 일군의 둥근 주머니가 구름 하단부에서 축 처진다(**그림 15-17B**).

꼭대기가 거대한 버섯처럼 퍼져 있는, 급속하게 상승하며 회전하는 따뜻한 기단에 의해 특징지어지는 거대한 뇌운인 슈퍼셀(supercell)은 강력한 뇌우, 폭우, 토네이도를 생성할 수 있다(**그림 15-18**). 느리게 회전하는 측면이 가파른 월클라우드는 중심 구름의 거의 수평 하단부로부터 내려올 수 있다. 더 작고 더 빠르게 회전하는 깔때기 구름, 혹은 메조사이클론(mesocyclone)은 월클라우드 안에서, 혹은 드물게는 그 부근에서 형성될 수 있다. 가장 심한 비와 우박이 지나간 후, 메조사이클론 내부의 회전은 가속되고 급격해질 수 있고, 일반적으로 시계 반대방향으로 회전한다. 깔때기 구름이 지표에 닿으면, 그것이 토네이도가 된다. 슈퍼셀은 흔하지는 않지만, 종종 더 오래 그곳에 머물고 가장 강력한 폭풍을 생성한다.

토네이도는 대기 속의 수증기가 응결되어 빗방울을 형성할 때 방출된 **잠열**(latent heat)로부터 에너지를 얻는다. 잠열은 고체를 액체로 또는 액체를 기체로(예를 들면 끓는 물을 증기로) 물질을 변화시키는 데에 필요한 열의 양이기 때문에, 기체

그림 15-17 토네이도 조건을 나타내는 구름 형성

A. 느리게 회전하는 월클라우드가 주요 구름 둑의 하단부로부터 내려온다. 이것은 1980년 7월 19일 오클라호마 주 노먼 부근에서의 토네이도 형성의 징조였다. B. 유방운은 심각한 뇌우와 잠재적인 토네이도로 이어질 수 있는 불안정한 날씨의 신호이다. 이것은 1973년 6월 2일 오클라호마 털사에서 형성되었다.

그림 15-18 **슈퍼셀과 토네이도**

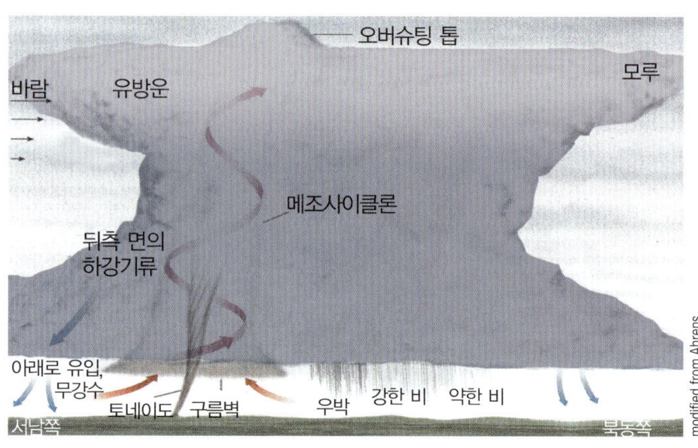

유타에서의 슈퍼셀 동안, 월클라우드가 주요 모루구름으로부터 내려온다. 구름 중심부에서 메조사이클론의 회전이 급격해져 토네이도를 형성한다.

를 액체로 거꾸로 변화시키는 데에는 동일한 열의 양이 필요하다. 방출된 열은 응결 지역에 국한되기 때문에, 그것은 대기를 불안정하게 만들고, 때로는 토네이도에 연료를 제공한다. 그림 15-17A에서, 폭풍이 우측으로 이동하고, 폭풍우는 토네이도가 도달하기 이전에 지상의 한 지역을 넘어간다는 것에 유의하라.

토네이도는 일반적으로 강력한 뇌우의 끝 부분 쪽으로 형성되는데, 이 시기는 사람들이 경계를 해제하는 시간이다. 토네이도 경로에 있는 사람들은 처음에는 비와 함께 폭풍 셀 전면에서 부는 바람을 경험하고, 그 다음에 폭풍이 부는 날씨가 진정되기 전에 우박을 경험할 가능성이 있다. 그러나 그때 토네이도가 불어닥친다. 라디오, TV, 또는 심각한 토네이도 위험이 있는 많은 도시 지역에 설치된 토네이도 사이렌의 경고를 듣지 못할 경우, 폭우와 우박이 지나가고 하늘이 개기 시작하면 사람들은 때로 폭풍의 최악의 상태가 끝이 난 것으로 느낀다. 토네이도가 땅을 쳐서 잔해를 날려 올리기 전까지 어떤 토네이도는 보이지 않는다. 당신의 지역에 토네이도 사이렌이 없다 해도 당신은 토네이도가 접근하는 소리를 들을 수 있는데, 처음에는 쉬익 소리가 나고 그 다음에는 많은 사람들이 화물 기차가 다가오는 시끄러운 소리에 비유하는 강렬한 굉음으로 변한다.

두 개의 전선이 강력한 저기압 중심에서 충돌할 때 토네이도 생성의 좋은 조건이 된다(**그림 15-19**). 이것은 종종 기상 관측 레이더에 **후크에코**(hook echo), 또는 갈고리 모양의 폭우 띠로 나타난다. 이것이 종종 기상 전문가들이 토네이도에 주의하도록 폭풍 지점을 표시하도록 하는 신호이다.

강력한 토네이도는 1분 정도 내에 순식간에 형성될 수 있고, 십 분에서 한 시간 이상 지속될 수 있다. 토네이도는 30분 이상 지상에 머무는 경우는 드물고, 일반적으로 너비 1 km 길이 30 km의 궤적을 남긴다. 지표에서 전형적인 토네이도의 속도는 시속 50~80 km이지만, 내부 속도는 시속 515 km나 되며, 이것은 지구상에서 가장 강한 바람이다. 2009년 5월 대평원에서의 주요 연구 프로젝트 VORTEX2에서, 과학자들은 운좋게도 토네이도가 거의 수평으로 회전할 때 토네이도의 내부를 들여다볼 수 있었다. 깔때기의 최고 속도 바람은 고요한 태풍의 눈을 연상시키는 열린 핵 주위로 회전하였다.

토네이도의 바람을 허리케인과 비교한 것(표 15-2와 표 14-1 비교)에 의하면, 토네이도의 최대 풍속은 허리케인의 두 배인 것으로 나타난다. 바람의 세기는 풍속의 제곱에 비례하므로, 가장 강력한 바람의 힘에 의해 분출되는 힘은 가장 강한 허리케인 바람의 네 배에 해당된다. 많은 경우, 허리케인의 국지적인 바람으로 인한 피해의 대부분은 내포된 토네이도에 의해 야기된다.

토네이도는 성숙해짐에 따라, 더 넓어지고 더 강렬해진다. 하강할 때 희고 맑은 토네이도는 내부의 수증기가 상승기류에서 응결될 때 어두운 색깔이 되는데, 이 상승기류가 지표의 잔해를 끌어올린다(**그림 15-20**). 경보 단계에서는 토네이도가 좁아지고 때로는 로프처럼 된 후, 최종적으로 끝이 나고 소멸된다(**그림 15-21**). 경보 단계에서 깔때기가 조여지면 더 빨리 회전하게 되고, 토네이도는 여전히 극도로 파괴적일 수 있다.

토네이도의 분류

토네이도의 극심함은 내부 풍속과 가해진 피해를 근거로 한다. 시카고 대학의 테드 후지타 박사는 추정 토네이도 풍속을 F0에서 F5까지 6등급 비선형 척도로 구분하였다. F0는 최소한의

그림 15-19 한랭전선과 온난전선의 충돌

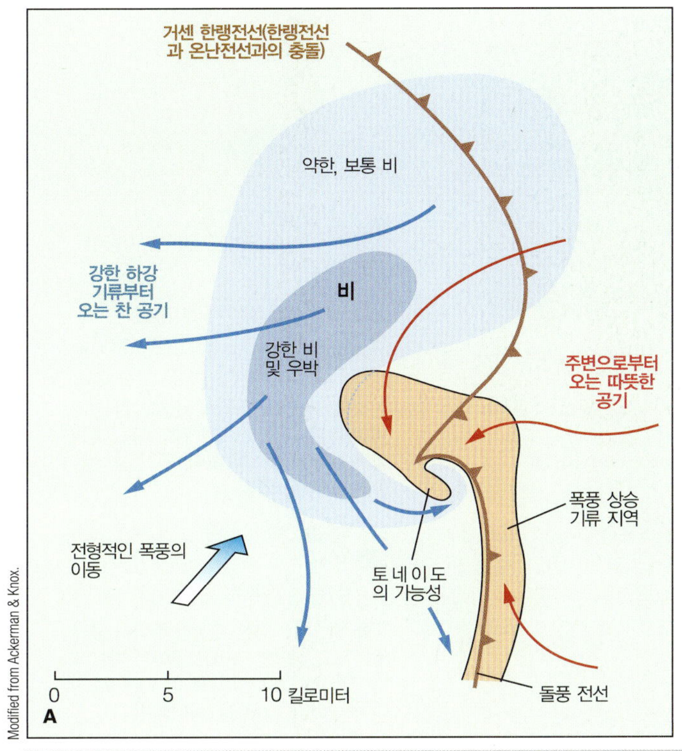

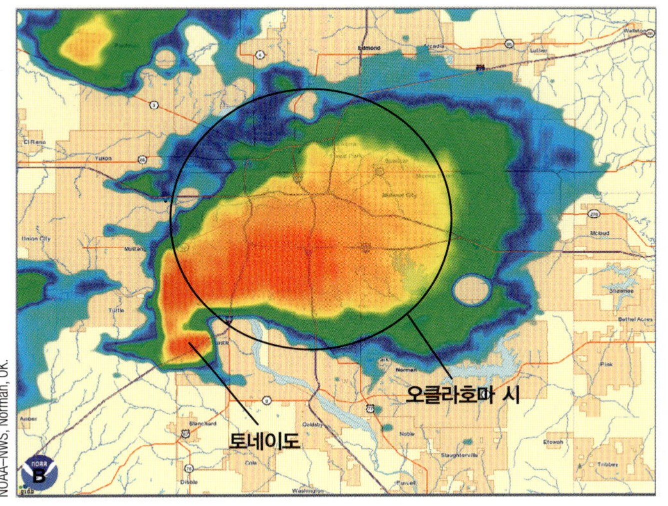

A. 토네이도 발달의 흔한 현상은 폭풍우의 '후크에코'에서 흔히 발견되는 두 전선의 충돌 지역이다. 한 쌍의 굽은 화살은 대기권 하층부에서의 바람의 수평적 회전을 가리킨다. B. 1999년 오클라호마 시의 토네이도 발생 동안의 토네이도를 내포한 고전적인 슈퍼셀의 레이더 후크에코 영상.

피해를 야기하고 F5는 굳건한 프레임을 사용한 주택도 날려 버린다. 2007년 초반에, 이 척도는 세부적인 바람 측정과 피해의 장기적인 기록을 근거로 하여 EF(Enhanced Fujita) 척도로 갱신되었다. 새로운 척도는 피해 지역에서의 3초간의 돌풍 추정치를 사용하고, 이전 것보다 신뢰성이 더 높은 것으로 간주된다. 두 척도 간의 주요 차이점은 새로운 EF 척도가 특정 피해가 훨씬 낮은 풍속에서 발생한다는 것을 보여 준다는 점이다.

게다가 후지타 박사는 이들 풍속에 따른 F 척도 피해 차트 및 사진[**후지타 척도**(Fujita Scale)라고 알려진]을 편집하였다(**표 15-2**). 피해의 참조 사진은 폭풍 강도를 평가하는 데 도움을 주기 위해 미국 기상청에 보내졌다(**그림 15-22**).

그림 15-20 잔해를 끌어올리는 토네이도

1995년 6월 2일 텍사스 주 디미트 남부의 대형 토네이도는 땅과의 접촉으로부터의 잔해를 흩뿌린다. 이 토네이도는 300피트의 고속도로를 파손시켰다. 잔해는 토네이도의 소용돌이 속으로 빨려 들어가, 공중으로 치솟고, 흩뿌려진다.

표 15-2	사망자와 피해액에 대한 후지타 척도				
후지타 척도	강화된 풍속 [ENHANCED mi. / hr.]	토네이도 개수 (1985–1993)	연간 %	사망자 %	피해
F0	104–137 kph [65-85 mph]	478	51	0.7	가벼움: 나뭇가지, 굴뚝, 표지판에 약간의 손상
F1	138–177 kph [86–110 mph]	318	34	7.5	중간: 지붕 표면 벗겨짐. 이동식 주택 뒤집어짐. 달리는 차량이 길을 벗어남
F2	178–217 kph [111–135 mph]	101	10.8	18.4	상당함: 지붕이 찢어지고, 이동식 주택 파괴됨. 나무가 부러짐. 가벼운 물체는 미사일처럼 날아감
F3	218–265 kph [136–165 mph]	28	3	20.5	심각함: 잘 건축된 집의 지붕과 일부 벽이 뜯겨 나감. 기차가 뒤집어짐. 대부분 숲의 나무가 뿌리째 뽑힘. 무거운 차량이 들려지거나 날아감
F4	267–322 kph [166–200 mph]	7	0.8	36.7	충격적: 잘 건축된 주택. 자동차 날아감. 큰 미사일이 생성됨
F5	323–374 kph [over 200 mph]	1	0.1	16.2	믿을 수 없음: 강한 프레임 주택이 들려 올려지고 상당한 거리로 날아가 박살이 남. 자동차 크기의 미사일이 100야드 이상 날아감. 나무 껍질이 벗겨짐

그림 15-21 토네이도의 소멸

NOAA-NSSL.

이 얇고 로프같은 토네이도는 1981년 5월 22일 오클라호마 코델에서 소멸되기 직전에 촬영되었다. 강력한 토네이도가 구름의 하단부에서 내려와, 느슨하고 부수어지는 모든 것을 빨아올려 거칠게 토해 내었다. 구름과 토네이도의 머리 부분이 왼쪽으로 이동하면서, 지상의 발 부분은 뒤처졌다. 마침내 약해지는 토네이도는 좁은 로프처럼 얇아졌고 들려 올려졌다. 지상의 토네이도의 발 부분은 구름 하단부의 그 위치로부터 잘 휩쓸어 갈 수 있다는 것을 유념하라.

표 15-2를 보면, 다른 재해의 경우와 마찬가지로, 중간 정도의 토네이도가 대형 토네이도보다 더 빈번하게 발생한다는 것을 알 수 있다. EF5 토네이도가 가장 강력하고 가장 파괴적이지만 사망자수는 적은데 그 이유는 발생 빈도가 낮기 때문이다. EF5 토네이도가 드문 것은 아니지만, 2007년 5월 4일 캔자스 중남부의 그린스버그를 관통한 토네이도는 그 도시의 95%를 쑥대밭으로 만들었다. 20분 전에 경보가 울렸지만, 바람이 시속 328 km에 달하여 10명이 사망하였다(이 장 시작부분 사진 참조).

토네이도 피해

토네이도에 관한 연구에서, 후지타 박사는 피해 패턴에 대해 조사를 하였다. 그는 일반적으로 심각한 피해 지역과 경미한 피해 지역이 인접해 나타난다는 것을 발견하였다(**그림 15-23**). 그는 도시 지역과 옥수수 밭에서의 피해 패턴에 대해서도 조사를 하였는데, 이곳에서는 잔해 구역이 굽어진 경로 모양으로 남겨졌다. 이것을 통해 그는 더 작은 소용돌이가 토네이도 주위를 회전하고, 이것은 경로를 따라 격심한 피해를 주지만, 그것을 비껴가는 구조물은 사실상 피해를 입지 않는다는 가설을 만들어 내었다. 그런 소용돌이는 이후 많은 경우에 사진으로 찍혀져서 이 가설을 지지하였다. 가장 강력한 바람은 이러한 내포된 소용돌이 내부에 있고, 따라서 아주 짧은 거리에서도

그림 15-22 토네이도 피해에 대한 후지타 척도

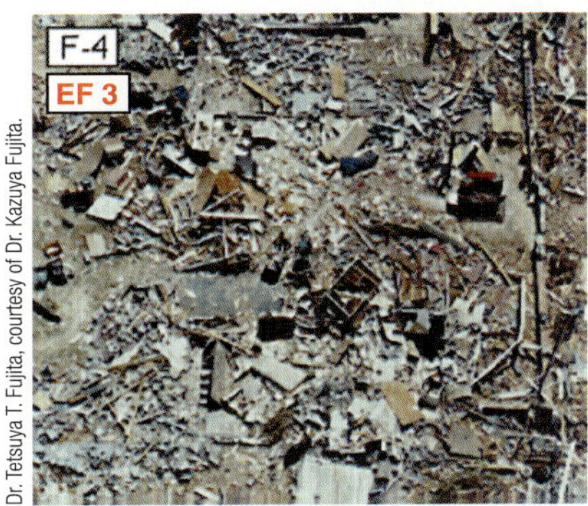

Dr. Tetsuya T. Fujita, courtesy of Dr. Kazuya Fujita.

테드 후지타 박사는 피해를 조사하고 그것을 야기한 풍속의 평가를 통해 토네이도에 대한 'F 척도'를 개발하였다. 그는 이 조합의 사진을 비교 기준으로 사용하였다. 그의 피해를 EF 척도로 전환한 것의 근사치가 빨간색 숫자로 나타나 있다. EF5는 가장 강력하게 보강된 건물을 제외하고는 모든 것을 사실상 파괴시킨다.

그림 15-23 토네이도의 피해 패턴

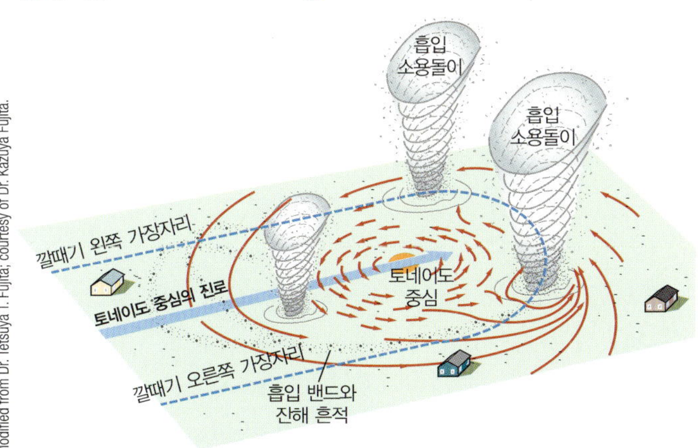

Modified from Dr. Tetsuya T. Fujita; courtesy of Dr. Kazuya Fujita.

Mark Wolfe, FEMA.

A. 토네이도는 자기 중심을 축으로 도는 다수의 소용돌이로 구성되어 있다. **B.** 2007년 2월 3일의 플로리다 주 레이크카운티 토네이도는 토네이도의 피해가 얼마나 선택적일 수 있는지를 보여 준다. 이 경우에는 시계방향으로 갈고리 모양의 잔해 분포가 사진에서 선명하다.

피해의 패턴은 크게 달라질 수 있다.

만약 어떤 건물이 이러한 파괴적인 소용돌이 중 하나의 경로에 재수 없게 포함되면, 결과적인 피해는 토네이도의 극심함과 건물 구조에 따른다. 풍속과 서로 다른 강도를 가진 건물에서 예상되는 피해는 **표 15-3**에 나타나 있다. 강력하게 건축된 프레임 주택에서조차 F3 토네이도가 불면 벽이 파손될 수 있다. 그리고 F4가 불면 집 자체가 날아가 버릴 가능성이 있다는 사실을 유념하라. 벽돌 건축물은 더 잘 견딘다. F5 토네이도의 경우, 콘크리트 벽조차도 파손될 가능성이 있다.

주택 피해는 일반적으로 지붕 자재가 점진적으로 날아가 버

표 15-3	토네이도 강도에 따른 여러 가지 종류의 건물의 예상 피해*					
	EF 척도 토네이도에 의한 예상 피해					
건물 종류	EF0	EF1	EF2	EF3	EF4	EF5
약한 외벽	벽 붕괴	쓰러짐	날려 감			
강한 외벽	지붕 날아감	벽 붕괴	쓰러짐	날려 감		
약한 프레임 주택	약간의 손상	지붕 날아감	벽 붕괴	쓰러짐	날려 감	
강한 프레임 주택	손상 거의 없음	약간의 손상	지붕 날아감	벽 붕괴	쓰러짐	날려 감
	OK	손상 거의 없음	약간의 손상	지붕 날아감	벽 붕괴	쓰러짐
콘크리트 구조	OK	OK	손상 거의 없음	약간의 손상	지붕 날아감	벽 붕괴

* 1992년 후지타 자료.

림으로써 시작되고, 그 후 날아다니는 잔해에 의해 유리창이 파손된다. 그 다음에는 지붕이 날아가 버리고 차고 문이 떨어져 나갈 수 있다. 내부 벽이 파손된 후, 내부 벽이 위층에서 시작하여 파손된다. 작은 내실, 홀, 벽장 등이 마지막으로 떨어져 나간다. 쉽게 파괴되고 되지 않고는, 지붕이 벽과 또 벽이 바닥과 얼마나 잘 부착되어 있는지에 따라 다르다. 수평 구조와 수직 구조를 연결하는 금속 '허리케인 스트랩'은 많은 차이가 있다. 다른 많은 경우와 마찬가지로, 피해와 파괴는 가장 약한 연결에 의해서도 조절될 수 있다.

피해와 파괴에 가장 우려되는 것은 농장과 별채이고, 그 다음이 이동식 주택, 아파트 및 콘도 건물이며, 그 다음이 가정집이다. 시속 225 km의 바람은 일반적인 가정과 아파트에 심각한 피해를 주고 사람을 위험에 처하게 만든다. 시속 260 km는 그런 구조물을 사실상 박살 내어 버린다. 시속 145~160 km의 바람은 일반적인 이동식 주택에 심각한 피해를 주고 거주자를 위험에 빠뜨린다. 시속 169 km는 이동식 주택을 파괴시켜 버리고 거주자는 사망할 가능성이 높다. 강화된 토네이도 피난처 외에, 내부 벽이 있는 지하실은 가장 안전한 장소가 될 수 있지만, 소용돌이 바람의 예측할 수 없는 방향 앞에서는 더 좋은 곳은 아무 데도 없다. 지하실의 남서쪽이 한때에는 가장 안전한 곳으로 생각되었지만, 연구 결과 집이 기초와 함께 날려 갈 수 있고, 지하실 그 구석으로 집이 내려앉을 수도 있는 것으로 나타났다.

강철 구조 프레임이 달린 고층 사무실과 호텔은 구조적 피해의 우려가 덜 하지만, 외벽이 날아갈 수도 있다. 고층 건물이 있는 도심 지역이라고 토네이도 피해에 예외는 아니다. 예를 들면 2008년 3월 14일 오후 9시38분에 EF2 토네이도가 건물들 사이의 난기류로부터 소멸되지 않고 조지아 주 애틀랜타로 이동하였고, 2.5억 달러에 해당하는 피해를 발생시켰다(**그림 15-24**). 그 강도는 대도시의 열섬효과로 인해 더 강렬해졌을지도 모른다.

그림 15-24 도시 토네이도 피해

Goingstuckey.

2008년 3월 14일 애틀랜타 도심에서의 토네이도 피해. 왼쪽의 고층 빌딩에 주목하라.

토네이도 내부의 저기압이 소와 자동차, 사람들을 빨아들이고, 건물이 저기압 깔때기 속에서 폭파된다고 많은 사람들이 믿고 있지만, 이것은 과장인 것처럼 보인다. 대부분의 전문가들은 극단적인 바람과 날아다니는 잔해가 파괴의 거의 모든 것을 야기한다고 믿고 있다. 토네이도 하단부 근처의 지표로부터 내뿜어지는 잔해의 사진이 이것을 암시해 준다(**그림 15-25**). 하지만 크고 무거운 물체조차도 꽤 멀리 옮겨질 수 있다. 루이지애나 주 보시어 시에서 토네이도가 700파운드 I 빔을 초등학교로부터 떼어 내어 60~370미터 멀리 날려 보냈다. 또 다른 I 빔은 남쪽으로 날아가 어떤 집의 뒷미당에 떨어졌다(**그림 15-26**).

그림 15-25 파괴적 잔해

© Eric Nguyen/CORBIS.

2004년 6월 12일 캔자스 주 멀베인에서 잔해가 조여진 토네이도 외부로 흩뿌려지고 있다.

문서로 정리된 다른 경우에서, 여러 대의 학교 버스가 토네이도에 의해 울타리 너머로 날아가 땅바닥에 처박혔다.

토네이도 발생 시의 안전

다른 재해와 마찬가지로, 토네이도도 제법 성공적으로 예측될 수 있다. 미주리 주 캔자스 시에 있는 미국 기상청 폭풍 예측 센터에 의한 토네이도의 예측 및 식별은 도플러 레이더, 윈드 프로파일러 및 자동 지표 관찰 시스템을 사용한다. **토네이도 주의보**(tornado watch)는 뇌우가 토네이도를 생성할 능력이 있는 것으로 나타날 때 그리고 숨길 수 없는 징조가 레이더에 나타날 때 발령된다. **토네이도 경보**(tornado warning)는 도플러 레이더가 소용돌이에 대한 강력한 표시, 또는 회전을 나타낼 때, 또는 토네이도가 목격될 때 발령된다. 경보는 라디오와 TV로 방송되고, 토네이도 사이렌이 있을 경우 잠재적인 토네이도 경로에 있는 토네이도 사이렌이 울린다. 허리케인이 상륙하기 이전에 종종 사용할 수 있는 12~24시간 경보와는 대조적으로, 특정 지역의 토네이도 경보 시간은 15분이고, 어떤 동부 지역에서는 더 짧고, 중부 주 지역에서는 다소 더 길다.

토네이도 경보가 발령되면, 사람들은 지하나, 가능한 경우 특별히 설치된 피난처로 피신하도록 권유된다(사례: 토네이도 발생 시의 안전—1997년 텍사스 주 재럴 토네이도). 그런 지역이 없을 경우, 사람들은 적어도 튼튼한 벽이 있는 내부 공간으로 가야 하고 창문을 피해야 한다. 주요 위험은 날아다니는 잔해로부터 온다. 내부 벽장에 숨은 사람, 심지어 매트리스나 소파의 쿠션을 덮고 욕조에 웅크린 사람들은 구조되었다. 불행하게도 어떤 경우 강력한 토네이도는 주택과 그 속에 있는 모든 것을 완전히 파손시켰다(**그림 15-27**).

이동 주택은 가볍게 지어져서 쉽게 찢어져 분리된다—토네이도 발생 시 숨을 장소는 분명 아니다. 자동차나 집 유리창—심지어는 자동차 문도—은 해체되는 집으로부터의 2×4인치 재목과 같이 고속으로 날아오는 잔해로부터 거의 보호해 주지 못한다. 안전하지 못한 장소에 있는 사람들은 폭풍이 도착하기

그림 15-26 무거운 물체도 이동시키는 토네이도

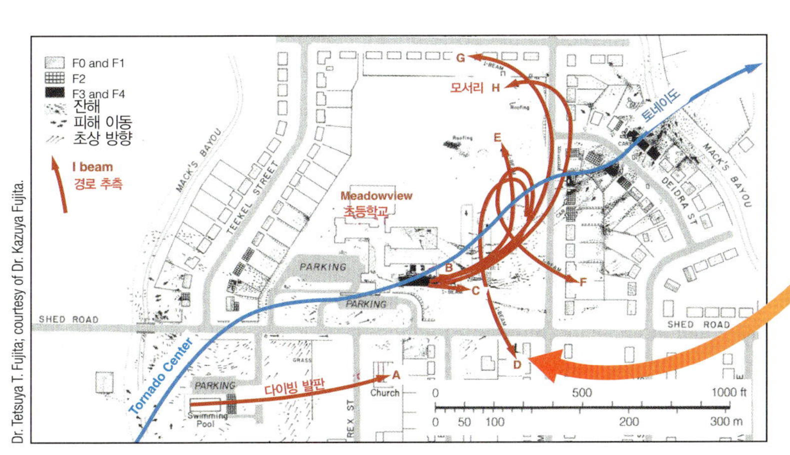

Dr. Tetsuya T. Fujita; courtesy of Dr. Kazuya Fujita.

Dr. Tetsuya T. Fujita; courtesy of Dr. Kazuya Fujita.

6개의 700파운드 I 빔이 루이지애나 주 보시어의 초등학교에서 뽑혀 이 경로를 통해 토네이도에 의해 운반되었다. 다이빙 발판과 차와 같은 다른 물체도 상당히 멀리 옮겨졌다. 'D' 라는 라벨이 부착된 빔은 땅에 내리꽂혔다.

그림 15-27 토네이도 피해

강철 빔 창고는 토네이도 발생 시 안전한 장소가 아니다. 학교 버스도 마찬가지이다. **A.** 2004년 일리노이 주 로어노크. **B.** 2008년 1월 10일 미시시피 주 잭슨.

NOAA. NOAA.

전에 갈 수만 있다면 튼튼한 건물이나 폭풍 대피소로 대피하도록 권유된다. 안전한 건물에 도착할 수 없다면, FEMA는 날아다니는 잔해로부터 어떻게든 보호하기 위해 도랑이나 배수로에 엎드려 머리를 덮으라고 권고한다.

자동차가 이동식 주택이나 도랑에 엎드리는 것보다 더 좋은 보호를 제공해 주는지 여부는 아직 명확하지 않다. 자동차는 충돌 시 탑승자를 보호해 주도록 설계되어 있지만, 차는 굴러가거나 날아갈 수 있고, 날아다니는 잔해에 의해 관통될 수 있다. 만약 당신이 널따란 땅에 있고, 토네이도는 충분히 멀리 있으며 당신은 그것이 어느 방향으로 이동하는지 알 수 있다면, 토네이도의 경로를 피해 올바른 각도로 안전한 곳으로 운전할 수도 있다. 토네이도의 경로는 대부분 남서에서 북동으로 이동한다는 것과 폭풍의 북쪽에서 동쪽에 있는 것은 대체적으로 가장 위험한 지역이라는 것을 상기하라. 하지만 F5 재렬 토네이도와 같은 어떤 회오리바람은 남서부로 이동하였다. 토네이도와 관련된 주요 위험은 날아다니는 잔해라는 것도 기억하라. 그리고 사람들에게는 매우 이상하겠지만, 고가도로는 토네이도와 관련된 바람을 감소시켜주지 않는 것처럼 보인다. 고가도로 아래에서는 차 밖으로 나오지 말고, 당신이 안전하다고 생각하지 말라. 사실 고가도로는 바람을 집중시켜 주는 바람의 터널과 같은 작용을 할 수 있고, 당신은 바람이 더 빠른 지표 위에 높이 위치하여 있다. 대부분의 고가도로는 극단적인 바람이 불 때 잡을 수 있는 행잉 거더가 없다. 한 번은 몇몇 사람들이 고가도로 아래에 주차를 하였는데, 이로 인해 교통체증이라는 부수적인 문제를 야기함으로써 다른 사람들을 위험에 처하게 하였다.

NOAA의 기상 라디오와 TV 네트워크는 극심한 기상 경보를 제공해 준다. 일반적으로 이런 경보는 토네이도 도착 전 10분까지의 리드 타임을 제공해 줄 수 있다. 일반적인 가이드라인에는 다음과 같은 것들이 포함된다.

- 토네이도 대피소, 지하실, 또는 창문이 없는 내실로 이동하라. 덴버 국제공항과 같은 어떤 공항에서 대피소는 화장실이다.
- 날아다니는 잔해는 극도로 위험하다. 따라서 당신의 위치가 무척 취약하다면, 자전거 헬멧이나 오토바이 헬멧으로 머리를 보호하라.
- 차가 뒤집힐 수 있고, 날아다니는 잔해가 차창과 차의 문을 관통할 수 있지만, 그래도 약간의 보호는 제공해 준다—특히 창문 라인 아래에는.

사례

토네이도 발생 시의 안전

1997년 텍사스 주 재럴 토네이도

1997년 5월 27일 오후 1시쯤, 텍사스 주 오스틴에서 65 km 북쪽에 있는 시더 공원 지역과 재럴에 토네이도 주의보가 발령되었다. 많은 사람들이 라디오와 TV의 발표를 들었지만, 대부분은 일상생활을 계속하였다. 폭풍은 구릉지에서는 흔하였다. 이런 경우에는 익숙하였다: 북쪽으로부터의 한랭전선이 멕시코 만 연안으로부터의 따뜻하고 수분이 포화상태인 공기와 충돌하여, 뇌우 전선을 생성하고 있다. 토네이도 경보가 오후 3:25에 발령되었다.

오후 4시 직전, 조여진 깔때기 구름이 약 450명이 사는 마을인 재럴에서 8 km 서쪽에 있는 먹구름으로부터 소용돌이치며 내려왔다. 이 토네이도는 보다 흔한 동쪽 방향으로 이동하지 않고, 남남서 방향으로 35번 고속도로를 따라 시속 32 km로 이동하였다.

훈련받은 관측자들은 그 깔때기가 땅을 치기 10~12분 전에 지상에서 토네이도를 보자마자 경보를 발하였고, 모든 사람들은 피신할 수 있었다. 어떤 사람들은 내실이나 벽장에 피신하였는데, 지표면 가까이에 석회석 기반이 있었기 때문에 지하실이 있는 집이 거의 없었기 때문이었다. 이 지역에 있는 사람들은 벽장 속이나 매트리스를 덮고 욕조로 피하도록 권고받았지만, 이 경우 소용이 없었다. 수분 후, F5 토네이도가 재럴에 있는 50채의 주택을 기초 슬래브로부터 완전히 쓸어버렸다. 골프공 크기의 우박과 폭우가 그 지역을 두들겼다. 소용돌이가 지상에 도달하였을 때에 풍속은 시속 400~435 km이었다. 최소 30명이 사망하였다.

한 여성은 담요를 덮고 욕조에 숨었다. 그녀의 집은 바람에 날아갔고, 그녀와 욕조는 100 m 이상을 날아갔다. 그녀는 다리에 깊은 상처만 생겼을 뿐 생존하였다. 어떤 사람들은 토네이도가 접근하는 것을 목격하였고, 차로 더 빨리 달리기로 결심하였다. 그들은 살아남았지만, 다른 토네이도의 경우 사람들이 집에 있었으면 살아남았을 수도 있었는데, 이렇게 달아나다 사망하였다. 재럴 토네이도가 차를 최소 100 m나 들어 올렸다가 내동댕이쳐 알아볼 수도 없이 산산조각을 냈다고 목격자들이 전하였다.

이것은 재럴을 덮친 두 번째 토네이도였다. 첫 번째는 겨우 8년 전인 1989년 5월 17일이었다. 동일한 사건에서 발생한 여러 토네이도 중 하나는 시더 공원 마을을 관통하여 남쪽으로 이동하였고, 대형 앨버트슨스 슈퍼를 박살 내었고, 여기에서 20명의 종업원과 손님들이 상점의 냉장고에 옹기종기 모여 있었다. 저자 중 한 사람이 우연히 수 킬로미터 떨어진 곳에서 그 덥고 다습한 텍사스의 아침에 골프를 치고 있었다. 뇌우가 수평선에 형성되기 시작하였고, 하늘은 푸르스름한 회색빛을 드리우고 있었다. 이른 오후, 골프 코스 직원들이 신속하게 차를 코스를 따라 운전하며 이 지역에 두 개의 토네이도가 발견되었다고 선수들에게 경고를 하였다. 뇌우와 토네이도는 그 지역에 꽤 흔하였으므로, 많은 사람들이 별반 신경을 쓰지 않았고, 몇몇은 그들의 라운딩을 마치는 것만 신경을 썼다. 퍼붓는 폭우 속에서 차에 도착하였을 때, 우리들은 피할 수 있는 안전한 곳이 없다는 것을 깨달았다. 휴대폰은 소용이 없었다. 모든 회선이 통화 중이었기 때문이다. 다행히 토네이도는 우리의 북쪽에 있었다. 그래서 우리는 폭풍으로부터 벗어나기 위해 오스틴을 향해 남쪽으로 차를 몰았다.

AP Images/Ron Heflin.

▶ F5 재럴 토네이도가 더블크릭 택지에 있는 많은 주택들을 콘크리트 슬래브부터 송두리째 파괴시켜 버렸다.

고찰

A 탑 구름 형성

D. Bradford, NOAA.

1. 이것은 무슨 종류의 구름이며 무엇을 나타내는가?
2. 이것과 종종 관련되는 다른 기상 현상은 무엇인가?

C 이 파손은 테네시 주 다이어스버그에서 발생하였다.

L. Skoogfors, FEMA.

1. 무엇이 이런 종류의 피해를 야기하였는가?
2. 이 피해는 무슨 카테고리의 폭풍을 암시하는가?
3. 이러한 종류의 사건에서 생존하기 위해 무엇을 해야 하는가?

B 이 폭풍은 오클라호마 주 노먼에서 발생하였다.

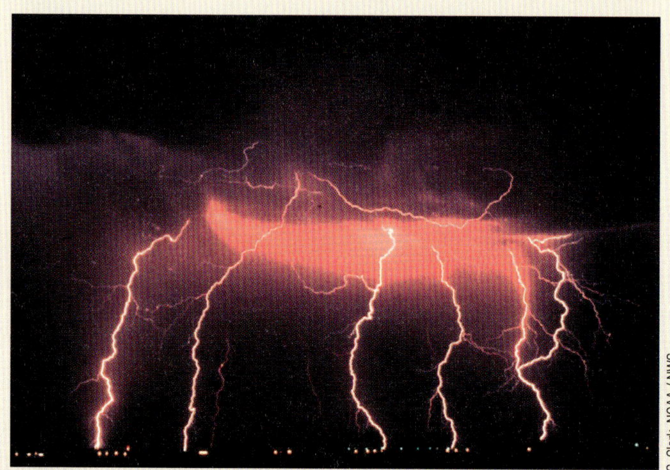

C. Clark, NOAA / NWS.

1. 번개로 이어지는 양전하와 음전하의 상대적인 위치를 표시하라.
2. 왜 오클라호마는 뇌우 가능성이 있는 장소인가?
3. 이러한 종류의 폭풍이 발생할 때 당신이 외부에 있다면, 안전을 위해 무엇을 해야 하는가?

D 이 구름이 미주리 주 세인트조셉 상공에 형성되었다.

NOAA

1. 이런 종류의 구름 형성은 무엇이라 부르는가?
2. 이런 종류의 구름 형성은 무엇을 암시하는가?

E 이 피해는 미주리 주 패리스에서의 토네이도의 결과였다.

NWS, Memphis.

1. 이러한 피해를 야기한 토네이도의 등급은 무엇일 수 있는가?
2. 이 주택의 건설업자는 이런 종류의 사건에서 생존할 가능성을 높이기 위해 무엇을 할 수 있었는가?
3. 만약 당신이 이런 종류의 집에 살고 있고, 이런 종류의 경보가 발령되면, 살아남기 위해 무엇을 해야 하는가?

G 2010년 4월 24일 서부 미시시피 주 야주 시 인근의 기둥에 박힌 플라스틱 시트

NOAA.

1. 이 플라스틱 조각이 사람에게 무슨 일을 할 수 있었는지를 상상해 보라. 토네이도 피신처가 없는 주택에 살고 있다면 이러한 날아다니는 잔해로부터 어떻게 당신을 보호하겠는가?
2. 토네이도 피난처에 도달할 수 없는 외부에 갇혔고, 토네이도가 오고 있는 것을 본다면, 어떻게 하겠는가?

F 이 차는 앨라배마 주 버밍햄에 있었다.

A. Lannare, USACE.

1. 무엇이 이런 종류의 피해를 야기하였는가?
2. 당신은 차 안에 있고, 이런 종류의 폭풍이 접근하고 있는 것을 본다면, 무엇을 해야 하는가?
3. 좋고 곧은길이 많이 있는 널따란 땅에 있다면, 이러한 폭풍의 경로를 피하기 위해 어느 방향으로 운전을 해야 하는가?

H 2010년 4월 24일 서부 미시시피 주 야주 시 인근의 한때 집 밑에 있었던 콘크리트 슬래브

NOAA.

1. 무슨 강도의 토네이도(무슨 EF 레벨)가 이 정도의 피해를 가했을 것인가?
2. 수개월 이전에 혹은 수년 이전에, 이런 토네이도를 위해 어떻게 준비할 수 있겠는가?
3. 2~3명이 그 속에서 생존할 수 있도록, 이런 슬래브 위에 집을 어떻게 개조하겠는가?

15장 복습

요점

뇌우

- 뇌우는 위도상 적도 지역이 가장 흔하지만, 미국은 위도를 감안하였을 경우 예외적으로 많다.
- 폭풍은 불안정하고 따뜻하고 습한 공기가 차가운 공기 속으로 급속하게 상승하고, 응결하여 비나 우박을 형성할 때 한랭전선에서 가장 흔하다. 북부 평원 주로부터의 한랭전선은 종종 멕시코 만으로부터의 따뜻하고 습한 공기와 상호작용을 하여 폭풍의 북동쪽으로 추세를 이루는 라인을 형성한다. **그림 15-3.**
- 상승기류에 포함된 물방울이 아래로 움직이는 얼음입자와 충돌할 때 구름 속에서 상승하는 양전하가 생성되고, 하강하는 음전하가 생성된다.
- 음전하와 양전하는 서로 끌어당기기 때문에, 대형 전하분리가 구름의 부분들 사이에 그리고 구름과 지표 사이에 전기방전—번개—을 야기한다. 뇌우 시 정전기로 인해 머리끝이 쭈뼛 서면, 번개에 맞을 위험이 높다. **그림 15-5.**
- 번개는 번개 전압을 동반하는 높은 온도에 의해 초음속으로 팽창하는 공기의 소리이다. 번개는 거의 순식간에 당신에게로 오지만, 천둥소리는 약 3초에 1 km를 이동하므로, 번개를 보는 때와 천둥소리를 듣는 때 사이의 시간이 3초이면, 번개는 단지 1 km 떨어져 있을 뿐이다.
- 폐쇄된 빌딩이나 차에 피신하고, 물이나 아무 금속을 만지지 않으면, 그리고 높은 장소, 큰 나무, 공지에서 멀리 떨어져 있으면 위험을 최소화할 수 있다. 공지에 갇히게 되면, 발꿈치 위로 웅크려 지면과의 접촉을 최소화하라.
- 큰 우박은 가장 강력한 뇌우에서 형성되고, 연평균 26억 달러의 피해를 발생시킨다.

토네이도

- 토네이도는 뇌우의 끝 부분 부근에 하강하는 강력한 바람의 작은 깔때기이다. 바람은 시속 515 km이나 된다. 토네이도는 멕시코 만으로부터의 따뜻하고 습한 공기가 북쪽으로 차가운 공기와 충돌할 때 가장 흔히 형성된다. 토네이도는 미국 중서부 대부분의 지역에서 가장 큰 자연재해이다. 토네이도의 최고 밀집지역은 오클라호마인데 동쪽이나 북쪽에는 더 적다. **그림 15-12.**
- 후지타 토네이도 척도는 범위가 F0~F5인데, F2 척도는 잘 건축된 주택의 지붕을 날려 버리고, F4 토네이도는 집을 파괴해 버린다. **표 15-2, 15-3.**
- 토네이도는 따뜻하고 습한 공기가 강력한 뇌우 속에서 차가운 공기 위로 시어를 형성할 때 형성된다. 수평으로 회전하는 바람은 위쪽으로 방향을 틀어 10 km 너비의 회전셀을 형성한다. 주요 구름 하단부 아래에서 주머니처럼 처지는 월클라우드는 토네이도 발생의 분명한 위험 신호이다. **그림 15-16~15-18.**
- 레이더 상에서, 두 전선의 교차점을 에워싸는 후크에코는 토네이도 생성의 분명한 신호이다. **그림 15-19.**

토네이도 발생 시의 안전

- 토네이도가 발생하였을 경우 가장 안전한 장소는 지하 대피소 또는 지하실의 내실 안이다. 견고하게 지어진 벽장 안이나 욕조에 엎드리는 것도 도움이 될 수 있다. 차를 운전할 때 공지에 갇혔을 때, 폭풍의 경로에 직각 방향으로 운전할 수 있다. 토네이도로부터 벗어날 수 없다면, 차가 보호를 해 줄 수도 있다. 아니면 도랑에 엎드려 머리를 덮는 것도 머리 위로 날아오는 잔해로부터 당신을 보호하는 데에 도움이 될 수 있다.

중요 단어

뇌우(thunderstorm)
다운버스트(downburst)
번개(lightning)
스텝리더(step leader)
우박(hailstone)
월클라우드(wall cloud)
윈드시어(wind shear)
유방운(mammatus cloud)
잠열(latent heat)

적란운(cumulonimbus cloud)
전하분리(charge separation)
천둥(thunder)
초대형 토네이도 발생(superoutbreak)
토네이도(tornado)
토네이도 경보(tornado warning)
토네이도 생성(tornado outbreak)
토네이도 주의보(tornado watch)
토네이도 통로(Tornado Alley)
후지타 척도(Fujita scale)
후크에코(hook echo)

복습 문제

1. 토네이도가 주로 발생하는 계절은 언제인가?
2. 폭풍우 구름 내에서 전하는 어떻게 분포하며 왜 그런지 설명하라. 지표 부근의 전하는 무엇인가?
3. 큰 우박은 어떠한 과정을 거쳐 생성되는가?
4. 왜 천둥소리를 듣기 전에 번개를 보게 되는지 이유를 설명하라.
5. 번개 칠 때 가장 위험한 장소들을 열거하라.
6. 만약에 당신이 공지에 노출되어 있을 경우 번개를 맞지 않기 위해서 해야 할 일은 무엇인가?
7. 대륙의 중앙부에서 토네이도는 대부분 어느 방향으로 이동하는가?
8. 토네이도는 지표면에서 얼마나 빠르게 이동하는가?
9. 월클라우드는 무엇이고, 그것이 의미하는 것은 무엇인가?
10. 왜 도랑에 엎드리는 것이 토네이도로부터 안전하게 피하는 방법인지 이유를 설명하라.
11. 기상예보 전문가들이 기상 관측 레이더의 어떠한 자료를 이용하여 토네이도 발생을 구분하는가?
12. 토네이도가 발생했을 때 가장 위험한 것(죽음에 이르게 하는 가장 큰 이유)은 무엇인가?

토의 문제

1. 미국이 다른 나라에 비하여 토네이도 발생이 많은 이유를 설명하라. 토네이도가 발생되는 기상조건이 어떠한 것인지 상세히 설명하고 그 이유를 써라.
2. 토네이도 전문가들은 우리가 차에 타고 있을 때 토네이도를 만나게 되면 차에서 내려 도랑에 엎드리라고 말한다. 당신의 위험성이라는 관점으로 볼 때 두 가지 상황(위치)의 장단점에 대하여 논하라.
3. 당신이 토네이도로부터 안전한 집을 짓는다면 어떻게 설계할 것인가? 여기에서 비용은 최소로 하고 전형적인 주택가 지역이 아닌 곳에 설계하는 경우를 가정한다.

산불

16

Sonny Archuleta, USFS.

스톰킹 산의 산불이 산 위로 대피하는 소방대원들을 뒤쫓아 가고 있다. 11명의 대원이 불길에 휩싸여 순직하였다.

죽음의 산불

스톰킹 산불이 소방관들 아래쪽과 서쪽으로 번지면서 그들은 위험을 직감하였다. 8명의 산림소방대원들은 '안전지대'인 불탄 곳으로 올라갔다. 대원들은 산불 소화용의 전기톱도 버리고 신속하게 산불 앞쪽의 언덕 위로 올라갔다. 그곳에 대피소를 구축하고 주위에 산불 지연제를 살포해서 살아남을 수 있었다.

다른 그룹의 소방대원들은 산마루를 향해 방화선을 거슬러 올라갔는데 일부 대원만 안전하게 대피할 수 있었다. 산불은 초속 1 m의 속도로 협곡 위로 올라가다가 산마루에서는 초속 2 m로 빨라졌다. 일부 대원들은 능선을 지나 급경사 배수로를 타고 남동쪽으로 내려와 고속도로로 나왔다. 살아남은 일부 대원들은 등, 목 및 팔꿈치에 1~2도의 화상을 입었다.

방화선 앞에서 산 위로 대피하던 11명의 대원들은 결국 능선을 60~85 m 앞두고 불길에 휩싸였고, 다른 한 대원은 능선을 35 m 앞에 두고 사망하였다. 두 대원은 능선에 도달하여 북서쪽 암벽에 갇혔다가 불행하게도 산불의 뜨거운 열기와 연기에 휩싸여 깊은 계곡 아래로 추락하여 사망하였다(사례: 참혹한 산불 후의 산사태—1994년 콜로라도의 스톰킹 산불).

산불의 진행과 거동

산불은 산림진화의 자연스런 한 부분이다. 산불은 울창한 숲을 제거하고 쌓여 있는 가연재료를 감소시키고, 종과 수령이 서로 다른 나무가 자랄 수 있도록 하면서 생태계에 이익을 주기도 한다. 그러나 산불이 인간생활권을 침범하면 재해가 된다.

산불거동의 영향인자는 연료, 날씨, 지형 등인데, 연료와 조건에 따라 소방관들의 진화가 사실상 불가능할 수도 있다.

연료

불이 붙기 위해서는 연료, 산소 및 열이라는 3원소가 필요한데 이들 모두가 있어야 산불 발생이 가능하다(**그림 16-1**). 연료의 형태, 분포 및 수분함유 정도에 따라서 불의 점화와 확산 속도뿐만 아니라 얼마나 많은 에너지가 방출되는지가 결정된다.

연료부하(fuel loading)란 가연성 재료의 양을 말하는데, 나무와 건조한 식물은 산불연료의 기본이다. 이들은 공기 중의 산소와 작용하여 높은 온도에서 연소된다. 목재의 주요 연소부분은 셀룰로오스인데 이는 탄소, 수소 및 산소의 화합물이다. 셀룰로오스는 연소되면 이산화탄소, 물 및 열로 변환된다. 관목과 나무들은 자연 유지나 수액을 가지고 있어서 가연성을 높인다.

지표면산불(surface fire)은 풀이나 낮은 관목을 태우면서 지면을 따라서 번져 간다. 표면적이 넓은 식생은 밖에서 점화되어 속으로 타 들어가기 때문에 점화와 연소가 가속된다. 마른 풀이나 솔가리는 상대적으로 넓은 표면적을 가지고 있고 관목은 다소 적지만 넓은 표면적을 가지고 있어서 나무보다 훨씬 더 잘 연소된다. 마른 풀에서 산불은 빠르게 확산된다.

그림 16-1 불의 3요소

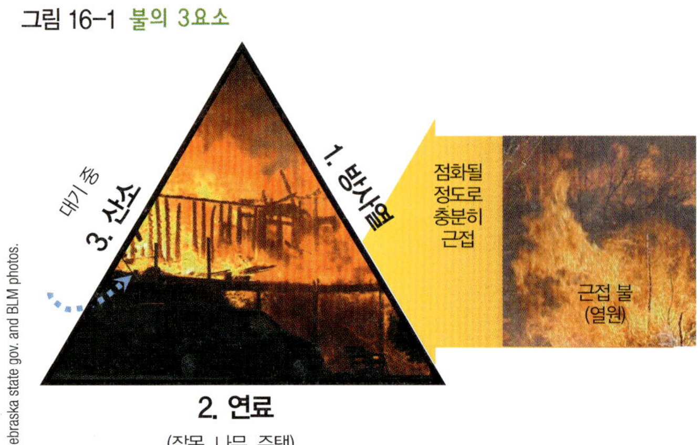

불은 연료, 산소 및 열을 필요로 한다. 이 중 어느 하나라도 부족하면 불은 나지 않는다.

풀, 가랑잎, 잡목 및 나무부스러기 등의 가연성 물질이 지면에 적은 양뿐이면, 지표면산불은 상당히 빠르게 이들과 관목을 태우면서 지나가지만 키 큰 나무를 태우기는 어렵다. 나무 등걸과 같은 큰 연료들은 무게에 비하여 표면적이 작아서 점화도 더디고 타는 것도 느리다. 폰데로사 소나무와 같은 일부 나무는 지표면의 식생을 태우는 산불에도 생존하도록 진화되었다.

낮은 덤불과 잔가지는 점화 후에 나무 꼭대기로 불을 전달하기 때문에 **사다리연료**(ladder fuel)라고 한다(**그림 16-2**). 지표면의 불이 나무 꼭대기에 도달하는 힘은 산불의 확산속도와 세기를 좌우한다. 불꽃이 나무로 번져서 꼭대기에 다다르면 잔가지와 침엽수 잎들이 쉽게 점화되어 10미터 이상의 불꽃을 내는 **수관화**(crown fire)를 형성한다. 이런 큰 수관화가 밀집된 나무들을 전소시키는 데 1분도 걸리지 않는다.

산불의 세기는 식생의 종류에 크게 영향을 받는다. 마른 풀이나 가랑잎 같은 가벼운 가연재료는 쉽게 점화되어 큰 열을 내지 않고 빨리 연소되는 반면, 나무 등걸 같은 무거운 가연재료는 어렵게 불이 붙지만 오랫동안 큰 열을 발생시킨다. 무거운 침엽수(연한 목재) 숲은 높은 열을 발생시키나, 활엽수(단단한 목재) 숲의 불은 열이 상대적으로 낮다.

발화와 확산

산불은 번개에 의해 자연적으로 발생하거나 계획적인 방화 혹은 실화나 고의적인 방화로 발생한다. 2001~2009년에 미국에서 발생한 산불의 1.7%만이 번개에 의한 것이고 방화와 실수를 포함한 사람들에 의한 산불이 9.5%이었다. 같은 기간 동안 캘리포니아의 산불원인은 번개 5%, 방화 7%, 쓰레기 소각 10%, 자동차 14%, 캠프파이어와 전선 3%, 흡연 2%, 동력장비의 부적절한 사용 약 30%이고, 나머지는 다양한 형태의 고의적이지 않은 원인의 실화로 조사되었다. 2007년 여름 남유럽의 폭염으로 갑작스런 산불이 발생하였다. 그리스와 이탈리아의 일부 산불은 건설공사 부지확보를 위하여 보호수림 내에서 저질러진 방화범들의 방화가 원인이었다. 2000년 이탈리아에서는 산불 후 10년 동안 불탄 지역에서의 건설을 금지하는 법이 통과되었지만 그 법이 항상 지켜지는 것은 아니다.

화재원인 조사자는 캠프파이어, 성냥, 담배 및 가솔린 등의 남겨진 단서를 찾는다. 또한 낙뢰 시에 도화선 역할을 하는 광물(섬전암)의 유리질 잔류물이나 늘어지거나 지푸라기 모양의 흔적을 찾는다. 그들은 발화시점의 풍향과 불길 이동 경로를 고려하여 산불을 재구성한다. 발화지점의 지시자를 통해 산불 후의 항공사진과 위성영상에 의한 소실된 지역의 분포, 화재

그림 16-2 사다리연료

A. 몬태나 주의 글레이셔 국립공원의 울창한 사다리연료들. **B.** 1988년 옐로스톤 공원의 사다리연료를 타고 나무 위로 치솟는 불길.

시의 기상기록과 바람의 패턴, 언덕과 계곡 등 지형정보, 발화지점 쪽 나무들의 더 심한 연소상태, 발화지점으로 갈수록 나무 높이가 낮아지고 잎이 더 많이 떨어지는 현상, 발화지점 쪽의 나무 주간의 더 심한 소실과 나무의 탄화현상(**그림 16-3**) 등을 알 수 있다. 발화지점에 더 가까운 산불 배후지역은 오히려 심각하게 소실되지 않는 경향이 있다. 불타지 않은 풀 잎사귀들이 가끔 발화지점 뒤쪽에 떨어지고 타고 난 재들은 산불 진행방향으로 떨어진다. 금속 간판이나 암석 같은 큰 불연 물질들은 산불 이동방향에 타지 않고 그대로 남게 된다.

산불은 주로 복사, 대류 및 잉걸불 등 3가지 메커니즘으로 발화하고 진행한다. 복사에너지는 열원거리의 자승으로 감소하는데, 거리가 2배로 되면 에너지는 4배로 감소한다(**그림 16-4**). 단순히 복사열, 즉 열복사 에너지의 전달만으로 공기이동이나 불꽃의 접촉 없이도 강한 화관 불꽃에 50초만 노출되면 20~25미터 떨어진 마른 나무들은 충분히 점화된다. 열대류는 뜨거운 공기나 불꽃이 직접 이동하여 나무들을 태우는 등 더 직접적이고 효과적으로 산불을 진파한다. 산불은 또 **잉걸불**(firebrand)이 바람에 날리어 산불 앞쪽의 불타지 않은 곳에 떨어져서 **점산불**(spot fire)이 시작되어 더 빨리 확산된다(**그림 16-5**).

지형

협곡과 같은 국지적 지형은 굴뚝 역할을 하여 불을 가속화하고 빨리 확산시킨다. 협곡에서 가끔 부주의한 캠프파이어로 촉발된 산불은 이러한 굴뚝효과 때문에 계곡을 타고 위로 급상승한다. 열팽창으로 가벼워진 공기 때문에 불꽃은 위로 솟구친다. 그래서 산불은 빠른 속도로 산 위쪽으로 올라가는 반면 산 아래로는 천천히 진행한다(**그림 16-6**). 특히 급경사 언덕에서 불꽃과 불똥은 열기와 함께 급상승하여 산 위쪽의 수목으로 산불을 번지게 한다. 비록 불타는 가지나 나무들이 산 아래로 굴러떨어지기는 하지만 산불이 산 아래로 번지는 것은 더디다.

그림 16-3 산불 경로의 결정

나무의 더 심하게 탄 흰색 측면이 산불 진행방향을 말하는데 불은 그림의 오른쪽 위로 진행되었다.

그림 16-4 복사열과 거리

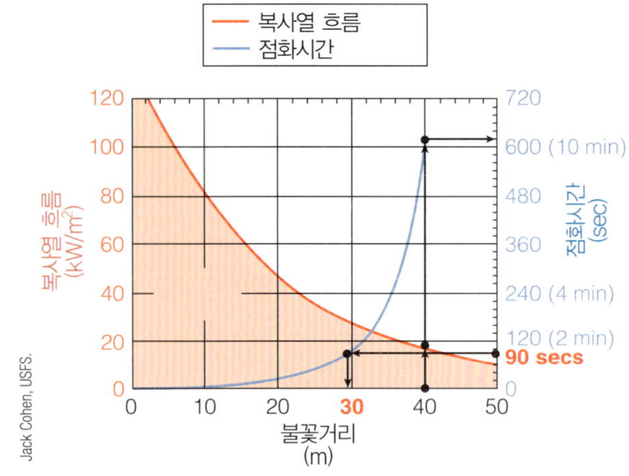

복사열(붉은 선)은 불꽃(높이 20 m, 폭 50 m)에서 멀어지면 급하게 감소하며, 나무와 같은 가연물질의 점화시간(푸른 선)은 불꽃에서 멀어지면 증가한다.

이 장에서 언급한 소방관들의 이야기와 같이 산불 위쪽에 있는 것은 아주 위험한 상태에 노출되는 것이라 할 수 있다.

산불은 산마루 정상에서 연료를 다 소진함으로써 갑작스레 느려진다. 산마루에 도달한 산불은 불꽃을 부추겨서 먼 곳으로부터의 상승기류를 만들기도 하지만 그 상승기류로 인하여

그림 16-5 잉걸불

2009년 8월 바람에 날리는 잉걸불이 앤젤레스크레스트 고속도로 건너편으로 불을 옮기고 있다.

그림 16-6 산불은 산 위로 이동한다

산불의 열기는 산 위쪽으로 상승하며 앞에 있는 수목을 공격한다. 1988년 옐로스톤 국립공원.

다른 쪽 아래로 산불이 확산되는 것을 막기도 한다.

기상조건

기상조건은 산불발화와 확산속도에 영향을 준다. 낙뢰로 인한 산불은 특히 건기 이후 기상전선의 뇌우로 촉발된다(**그림 16-7**). 저지대 혹은 바람이 심한 날 우거진 숲이 있는 지역에서의 낙뢰로 발화된 산불은 급속도로 확산될 수 있다. 반면에 암석이 많은 산 정상부에서는 낙뢰로 산불이 발화되더라도 산 아래로의 산불 확산이 더디고 수목도 적기 때문에 그 영향은 제한적일 것이다.

산불은 **연료수분**(fuel moisture)이 낮은 건조한 기후에서 쉽게 발화되고 빨리 확산된다. 높은 온도와 바람으로 수분이

그림 16-7 낙뢰 발화 산불

Mark S. Moak USFS.

2005년 8월 9일, 로키 산맥 북쪽의 셀웨이-비터루트 자연보호구역에서 낙뢰로 산불이 발생하였다.

낮아져서 산불위험이 증가되지 않는 한, 높은 습도는 산불발화와 연소를 어렵게 한다. 수년의 평년강수 이하의 한발이 지속되면 토양 탈수와 지하수위 하강이 초래되고 식생성장에 필요한 수분공급이 부족하게 된다. 이런 경우 지하의 물부족을 채우기 위해 몇 번의 우기를 거쳐야 할지도 모른다. 따라서 가뭄 시기 동안 지표의 식생은 우기 동안에 푸르게 자라지만 건기가 돌아오면 토양을 빠르게 탈수시키게 된다.

바람상태는 산불의 확산과 진행방향에 극적으로 영향을 미친다. 극단적인 한 예는 남캘리포니아의 산타아나 바람인데, 가을에 네바다에서 남서쪽으로 부는 강한 무역풍이다. 캘리포니아 산을 지나서 내려오는 이 바람은 압축되어 온도는 상승하고 습도는 낮아져서 불 타기 좋은 조건을 만든다. 바람은 불꽃을 수목으로 몰아가고 또 산소를 공급함으로써 산불을 가속시킨다. 불이 나무 꼭대기에 다다르면 불타는 나무꼭대기에서 잉걸불이 바람에 날리어 1 km 정도의 거리까지 날아다니며 산불을 옮긴다. 강한 바람이나 매우 풍부한 마른 수목연료는 **산불폭풍**(firestorm)을 유발하기도 한다. 산불폭풍은 주변 공기를 끌어들여 불꽃을 크게 하며 열적 **대류 상승기류**(convective updraft)를 형성하며 스스로 바람을 일으키기에 충분한 세기가 된다. 유칼립투스와 같은 나무는 크고 높은 불꽃을 만들 수 있는 기름을 함유하고 있어서 산불폭풍을 초래할 수도 있다.

기후변화와 더불어 잦고 큰 산불 때문에 많은 양의 탄소—주로 일산화탄소와 이산화탄소—가 대기로 방출된다. 길고 건조한 여름이 가연식물을 가중시키고 산불을 증가시킨다. 봄에 눈이 일찍 녹아서 토양의 수분이 감소되고, 식생이 빨리 자람으로써 더 완전하게 토양을 탈수시키고 산불을 촉진한다. 약해지는 숲은 또한 해충들의 공격(소나무 좀 감염 등)을 쉽게 받아 나무가 죽게 되어 숲은 산불에 더 취약하게 된다.

산불을 이용한 계획적인 벌목도 있다. 최근 인도네시아에서는 야자유 등 상업적 경작지 확보를 위하여 넓은 지역을 소각하였다. 그런데 불은 숲의 식생뿐만 아니라 수백 년 동안 땅속에 묻혀 있던 탄소인 역청도 태웠다. 연구에 의하면 13~40%의 화석연료가 이런 불로 인해 소실된 것으로 알려졌다.

산불의 2차적 영향

큰 산불은 산불 그 자체보다 더 처참한 홍수나 산사태와 같은 다른 재해를 초래하기도 하며, 또 공기를 오염시킨다.

산불 후의 침식

대형 산불은 수년 후에 종종 심각한 사면침식을 초래한다. 일반적으로 소실되지 않은 지역의 식생은 강우나 융설 후의 표면수를 감소시키는 효과가 있다. 지표면의 나뭇잎이나 잔가지 등 여러 부스러기들이 물을 흡수하여 표면수를 땅속으로 서서히 스며들게 한다. 나무나 다른 식생에 의한 증산작용도 흙 속으로 물이 깊게 스며드는 것을 감소시킨다.

강한 산불은 지면의 낙엽 부스러기들을 포함하여 모든 식생을 태워 버린다(**그림 16-8A**). 이런 유기물들이 타고 나면 **탄화수소 잔류물**(hydrocarbon residue)이 땅속으로 스며든다. 이 물질은 표면의 수 cm의 작은 흙 입자 사이의 간극을 메우며 서로 엉겨 붙게 되는데(**그림 16-8B**), 이것들 때문에 가끔 물이 더 이상 땅속으로 스며들지 못하고 표면으로 흘러내린다. 이런 불투수성 흙을 **소수토**(hydrophobic soil)라 한다. 물을 싫어하는 흙의 성질은 심하게 연소된 결과이지만 화재와의 관계는 완전히 규명되지는 않았다. 분명한 것은 까맣게 타 버린 흙의 표면으로 지표수 흐름이 훨씬 좋다는 것이다.

큰 빗방울이 산불로 노출된 지표면을 바로 때린다. 산불로 지표면 낙엽 부스러기들이 제거된 경우에는 호우 시의 물이 흙 속으로 빠르게 스며들 수 없다. 빗방울은 지표면의 세립토를 흩어 버리고 표층수와 함께 하류로 쓸어내리며 지상류로 흐르면서 지표면 흙을 침식시켜 우곡과 하천을 만든다(**그림 16-9**). 이런 표면수는 하류의 큰 우곡과 작은 계곡에 급하게 모여든다. 유역면적이 큰 계곡에 모여든 물은 돌발 홍수나 토석류로 변하기에 충분하다. 이 파괴적이고 위험한 홍수는 수년

그림 16-8 산불 후 흙의 상태

A. 몬태나 주 미줄라 서단의 오브라이언 계류분지의 급경사 사면이 한 달 전의 산불로 황폐화되어 침식에 취약한 상태가 되었다. **B.** 1993년 남캘리포니아 배닝 산불로 형성된 소수토에서 흙과 재로 구성된 짙은 회색의 소수토층 아래에 건조한 층이 놓여 있다. 그림의 폭이 약 20 cm이다.

그림 16-9 산불 후의 홍수

파의 속도는 수심이 **A.** 몬태나 주 비터루트 계곡 남쪽의 2000년 산불 1년 후에 잠시 내린 폭우로 침식된 우곡. **B.** 이 이류는 2002년 7월 5일 콜로라도 하이만 산불 후에 발생하였다.빨라지고 얕아질수록 느려진다.

간 쌓인 낙엽 부스러기, 흙, 느슨한 암석 등 모든 것을 하류의 물이 많은 계류로 쓸어내린다(사례: 참혹한 산불 후의 산사태—1994년 콜로라도 의 스톰킹 산불).

산불에 뒤이은 지상류로 물이 빠르게 모이면 하천 수위가 단시간에 급격하게 높아진다. 이로 인하여 돌발홍수가 발생하여 교량, 도로 및 건물을 쓸어버릴 수도 있다. 어떤 지역이 소실된 후 폭우 시에 작은 계곡 아래를 운전하거나 걸어 다니는 것은 상류 쪽에 내린 강수가 급격하게 하류로 내려올 수도 있기 때문에 안전하지 않다. 폭우가 비록 수 km 떨어진 상류라 하더라도 맑은 하늘의 하류에서 돌발홍수의 피해를 당할 수도 있다. 계곡 바닥에 있는 가옥들은 비록 산불피해는 피하였다 하더라도 뒤이은 강우로 인한 토석류에 취약할 수 있다.

침식의 방지

산불 이후의 침식은 방지할 수는 없어도 완화시킬 수는 있다. 중앙 및 주 정부관련 부처나 개인들이 빗방울에 직접 노출된 맨땅을 보호하기 위하여 나무나 풀을 심기도 하고, 넓은 지역에는 산불 직후 가끔 씨앗을 파종하기도 한다. 짚이나 거적으로 표면 침식을 저감하기도 하며 벌채한 나무를 사면에 가로질러 놓아서 침식방지 효과를 얻기도 한다. 배수로를 옆으로 만들어 물을 바로 계곡으로 보냄으로써 우곡형성을 감소시키거나 특히 취약한 곳에는 비닐 등으로 지표수가 흙으로 스며드는 것을 막기도 한다.

산불 후의 공기오염

대형 산불은 연기, 그을음, 재를 1,000 km 이상 멀리까지 간혹은 지구 전체로 확산시킨다. 오염물질은 일산화탄소, 탄화수소 및 질소산화물 등을 포함한다. 햇빛이 이들과 반응하여 저지대에 오존이 유발될 수 있다. 성층권에서 오존은 자외선 방사를 차단하지만 지상에서는 생체조직을 파괴하고 일부 사람들에게는 호흡기관에 문제를 일으킨다. 남캘리포니아 주 산불은 지상의 오존을 건강 위험수준까지 증가시켰다.

산불 관리와 방지

산불은 숲의 생태계 진화를 위하여 필요하지만 통제되지 않으면 인간에게 해를 준다. 미국 대부분 지역에서 산불이 발생하며 자연 산림과 교외 혹은 주거지역까지 영향을 미친다(**그림 16-10**). 1985년에서 1994년까지 매년 평균 73,000건의 산불이 국유림에서 발생하여 121,000 km^{2}가 소실되고 산불진화에 4억1천1백만 달러의 비용이 들었다. 2000년과 2007년 사이의 7년 중 4년은 매년 산불진화에 13억 달러가 소요되었고, 추가로 목재 소실에 수백만 달러가 들었으며 산사태와 홍수에 의한 간접비용은 알 수도 없는 형편이다.

주민들이 숲이나 산지 및 다른 자연지역으로 이주해 갈수록 산불재해는 증가한다. 남캘리포니아 주에서는 2003년 10월에 10일 이상 지속된 갑작스런 산불로 3,452채의 주택이 소실되었다(사례: 대도시를 위협하는 산불—2003년~2009년의 남캘리포니아 산불). 1993년 10월 25일에서 11월 3일까지 산타아나 바람으로 촉진된 남캘리포니아의 21건의 대형 산불로 76,500에이크(309.6 km^2)와 1,171채의 건물이 소실되고 3명의 인명피해를 초래하였다.

모든 재해와 마찬가지로 산불거동의 자연과정에 대한 분명한 이해가 있어야 정부나 개인이 생명과 재산을 보전할 수 있을 것이다.

그림 16-10 미국의 산불

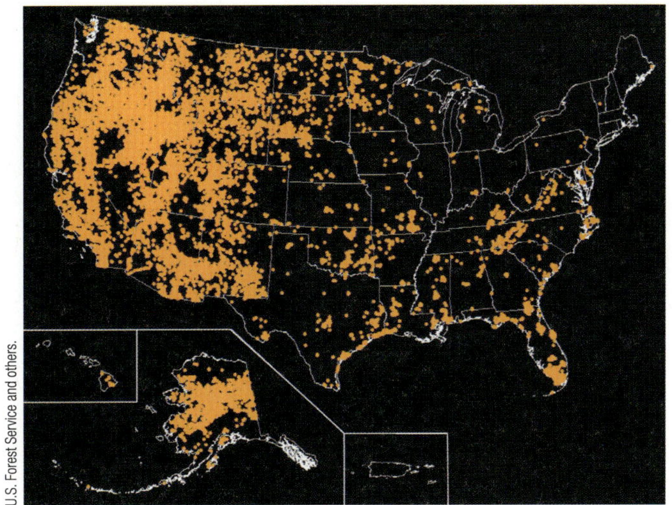

1980년과 2003년 사이에 발생한 대형 산불의 위치도.

산림관리 정책

미국 산림청은 1910년 북부 아이다호와 서부 몬태나 주에 걸쳐서 수천 평방킬로미터를 대운 갑작스런 대형 산불 후에 설립되었다. 20세기 대부분의 산림청 정책은 적극적으로 산불을 진화하는 것이었다. 불과 수년 전까지만 해도 산림청과 스모키베어 마스코트는 산불은 나쁜 것이고 모든 산불은 가능한 한 신속하게 진화되어야 하는 것이었다.

미국은 매년 10억 달러 이상을 산불 대응에 투입하기 때문에 우리는 무언가 장기적인 이익을 기대하게 된다. 그러나 많은 전문가들은 산불 진화로 인한 장기적인 실익이 없다고 주장한다. 사실 산불방지는 숲에 가연성 연료를 축적시키는 결과를 가져오고 결국에는 더 심한 산불을 초래하게 된다는 것이다. 숲의 나무 밀도와 연료 축적이 한계에 달하게 되면 산불 발화의 이상적인 조건이 만들어진다. 많은 개방공원 같은 숲은 밀식된 작은 나무와 촘촘한 덤불로 채워져서 2000년 서부 몬태나 주 비터루트 계곡 산불의 경우와 같이 재해성 산불로 발

그림 16-11 비터루트 계곡의 산불

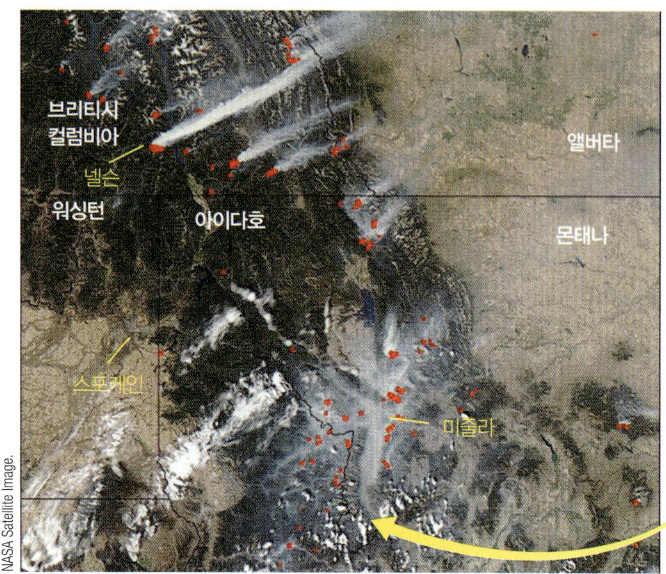

A. 2003년 7월 15일 사진에 붉은 점으로 표시한 바와 같이 산불이 로키 산맥 북부 전역으로 확산되었다. 글레이셔 국립공원의 산불은 앨버타–몬태나 경계의 바로 남쪽을 소실했다. 더 남쪽의 산불은 몬태나 미줄라를 에워싸고 있다. 청회색 지역으로 뚜렷이 보이는 연무는 그 지역의 흰 구름과 구분된다. **B.** 2000년 8월 6일 서부 몬태나의 산불은 사슴 두 마리를 상대적으로 안전한 비터루트 강 상류 지역으로 몰아내었다.

전하기 쉽다(**그림 16-11**). 이는 수십 년 동안의 산불을 억제하여 숲에 많은 연료가 축적된 결과이다. 400 km^2 이상을 소실시킨 최근의 아주 큰 산불의 예는 다음과 같다: 1988년 3,200 km^{2}를 소실한 옐로스톤 산불, 2002년 오리건의 비스킷 산불, 2002년 애리조나의 로데오-체디스키 산불, 2006년 서부 몬태나의 다비 산불, 2007년 유타의 밀포드플랫 산불.

이제 정부기관에서는 산불도 산림진화의 자연적인 한 부분이고 산림 건강을 위하여 필요한 과정이라고 인식하고 있다. 그래서 특정 지역에 의도적으로 **계획방화**(prescribed burn)를 일으켜 산불을 완화하고 관리하는 쪽으로 정책을 전환하고 있다. 지금 산림청에서는 건물이나 주요 자원에 위험을 주지 않는 경우, 산불을 진화하지 않고 방치하여 숲의 연료를 소진시키도록 하고 있다.

산불진화

산불이 인간개발지역으로 접근하면 산불진화를 위하여 여러 가지 방법이 적용된다. **스모크점퍼**(smokejumper)라 불리는 고도로 훈련된 소방관들은 산불이 확산되어 통제불능이 되기 전 초기 진화를 위하여 낙뢰 발화지점에서 어느 정도 떨어진 곳에 공중 투입된다. 다른 소방관들은 가장 근접한 도로에서 산불지역으로 올라가 산불확산을 지연시키거나 억제하도록 손으로 1미터 폭의 **방화선**(fireline)을 구축한다. 많은 약한 산불은 주로 지면을 따라서 확산되기 때문에 좁은 방화선이라도 효과적일 수 있다. 산불확산을 지연시키고 산불 전방의 연료를 제거하기 위하여 불도저를 사용하기도 하는데, 지형적인 이유로 산불이 약해지는 산마루에 불도저를 배치한다. 산불 전방에는 항공기에서 막대한 양의 물이나 방화재를 쏟아부어 산불의 진행방향을 돌리거나 억제시킨다(**그림 16-12**). 방화재에는 황산암모늄, 인산암모늄, 붕산염, 혹은 팽창성 점토 등이 있다. 소방헬기는 근처 호수나 하천에서 대형 물통에 물을 담아 산불 선단에 쏟아붓는다.

대형 산불이 도시나 주요 시설을 위협하면 소방관들은 간혹 맞불을 놓기도 한다(**그림 16-13**). **맞불**(burnout) 작전은 대형 산불 전방에 통제된 상태와 적절한 기후에서 수행하는데 주로 도로나 하천을 끼고 시작한다. 맞불로 산불 진행방향의 연료를 소진시켜 산불을 진화한다. 맞불 시작 전에 맞불 놓을 지역과 보호대상 시설 사이의 숲은 비행기나 소방헬기로 물을 흠뻑 뿌려 준다. 맞불은 기술적으로 복잡하고 어렵지만, 뚜렷한 효과는 있다. 2003년 7월 글레이셔 국립공원에서 소방관들은 맞불을 놓아서 웨스트글레이셔 마을을 보호한 적이 있다.

그림 16-12 산불진화

A. 캘리포니아 소노마 계곡의 저수지에서 소방헬기가 물을 담고 있다. **B.** 산불 방화재 투하. 오렌지색 연기는 방화재 투하 위치를 알려 준다.

그림 16-13 맞불

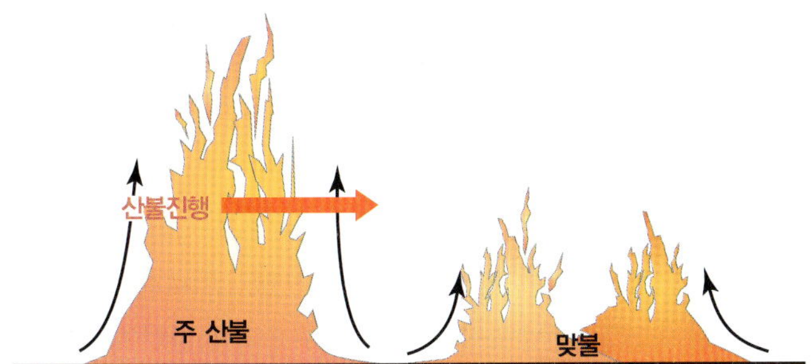

맞불에서는 소방관들이 의도적으로 주 산불 전방에 불을 놓는다. 의도적인 맞불이 주 산불방향으로 타 들어가면서 연료를 소진하여 산불진행을 막는다.

위험평가와 경고

여러 정부기관에서 시기별로 미국의 지역적인 산불위험을 평가하기 위하여 산불의 발생과 확산 패턴을 연구한다. 위험수준을 세심하게 관찰함으로써 관련자들은 산불재해를 감소시키고 비상대책을 수립한다.

식생과 일부 지역의 지형은 산불위험을 증가시킨다(**그림 16-14**). 이에는 로키 산맥 동편의 초지와 중서부 경작지 등이 포함된다. 북서부, 로키 산맥 인근 주, 뉴잉글랜드 북부 및 캐나다 동부의 울창한 침엽수림(연한 나무)은 점화는 더디지만 화재의 강도는 크다. 반대로 남동부 주의 낙엽수림(단단한 나무)은 좀 더 약한 강도로 연소된다.

지역적인 풍향이나 습도에 영향을 주는 기후패턴도 화재위험에 영향을 미친다. 산불은 바람이 주로 부는 쪽으로 진행하

그림 16-14 산불재해지역

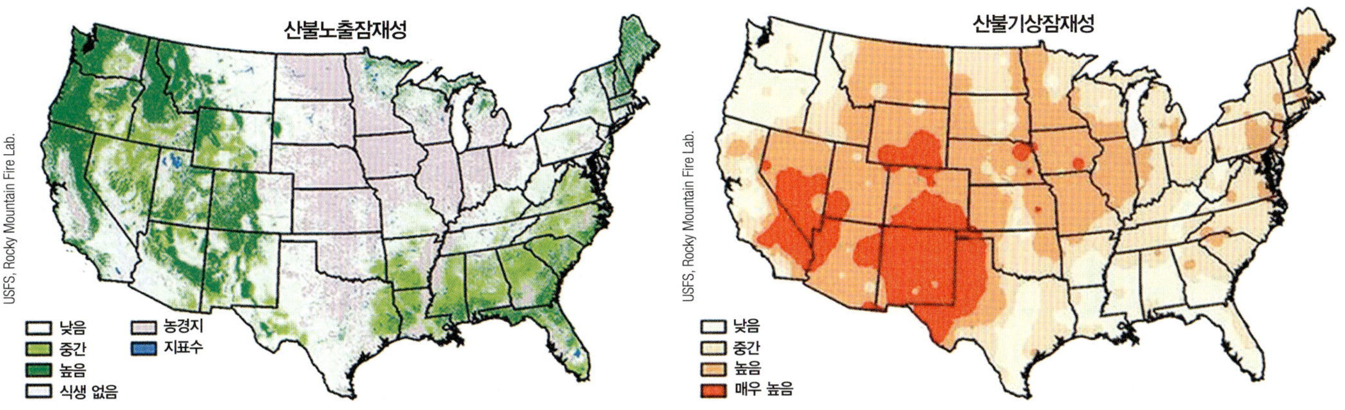

A. 산불노출의 잠재성은 식생종류, 산불 확산속도 및 산불강도에 의존한다. **B.** 16년 이상의 평균치로 미국의 극단적인 산불기상잠재성 지도.

는데 미국 북부와 캐나다 남부에서의 산불은 서풍에 의해서 북동방향으로 진행하고, 미국 남부와 멕시코 북부의 무역풍 지대에서는 남서방향으로 진행하는 경향이 있다. 북부 텍사스에서 남부 캘리포니아와 남와이오밍 북부에 이르는 남서부의 사막지대는 습도가 낮기 때문에 위험성이 높으며, 태평양 습기를 머금은 서풍이 주로 부는 서부 해안과 걸프 만의 습한 바람이 부는 남동부 주 등 습도가 높은 지역은 위험성이 낮다.

소방청은 단기 날씨상태를 관측하고 산불 위험성의 증가를 알려 준다. 기후조건이 산불발생에 미치는 영향 정도는 산불기상잠재성(그림 16-14B 참조)으로 나타낸다. 미국 산림청과 토지관리국에서는 **산불기상잠재성**(fire weather potential)을 도로변에 화재위험수준으로 게시한다. 산불기상잠재성은 국지적으로는 고온 지속일수, 공기의 상대습도, 연료의 수분정도, 풍속 등에 주로 의존하며, 광역적으로는 같은 요인의 수주일 혹은 수개월 동안의 변화에 의존한다.

가뭄지도에서 장기적인 수분결핍 기록을 알 수 있는데, 고정밀 적외선 센서를 이용하여 식생의 녹색정도와 연료의 수분상태를 측정한다. 이 녹색은 각 지도구역의 전형적인 값과 비교하여 화재위험을 추론하고 보도매체나 도로 표지판을 이용하여 대중에게 알린다.

화재감지 방법은 수십 년간 이용하던 산 정상에 설치된 감시초소에서 발전하였지만 여전히 외딴 지역에서는 이 방법이 사용되고 있다. 현재의 감지전략으로 번개가 친 후 가능한 지역을 기상레이더로 조사하거나, 경비행기를 연기 발생 지점에 보내기도 한다. 경비행기는 대형 산불 후 바람에 날린 불똥으로 인한 새로운 산불을 감지하는 데도 이용된다. 다른 방법으로 높은 나무에 설치한 자동연기감지장치와 여러 대의 카메라가 있는데, 태양전지로 작동하며 위성이나 단파를 이용하여 기지국과 교신할 수 있다. 거짓 경보가 자동화 장치의 문제이다.

경비행기에 장착된 고정밀 적외선 열감지 카메라와 GPS 위치정보장치가 있는 일반 카메라는 밝은 낮에도 직경 30 cm 정도의 소규모 화재까지 감지할 수 있다. NOAA는 지구관측위성의 자동영상을 이용하지만 결과는 산불의 온도, 대형 산불의 크기 및 화재분석가의 주관적 분석에 의존하고 있다.

산불로부터의 주택보호

숲에 사는 많은 사람들은 도시지역의 혼잡함을 피하고 자연의 아름다움을 얻고자 한다(**그림 16-15**). 그들은 나무와 관목으로 에워싸인 주택을 좋아하지만 산불발생 시 숲은 연료가 된다. 숲 속 거주자들은 자신의 생명과 재산을 위험에 처하게 할 뿐만 아니라 소방관들을 위험에 빠뜨리고 산불관리자들이 모두를 위한 산불 관리가 아닌 개인 재산을 보호하는 데 제한된 자원을 사용하도록 한다.

그림 16-15 울창한 나무가 주택의 화재 위험성을 높인다

1990년 6월 25일 듀드 산불로 애리조나, 페이슨 북서쪽의 울창한 숲에 둘러싸인 주택이 소실되었다.

연소 가능 구조물 특히 민가 주택의 위험성은 산불기상잠재성, 산불 확산속도와 연소열기가 어떠한가 하는 지역의 식생형태 및 주택의 밀집정도에 달려 있다. 극단적으로 원시림이나 사람이 살지 않는 사막에서의 산불은 주택에 위험하지 않지만, 대도시의 산불은 많은 주택과 사람들에게 영향을 미치기 때문에 참사를 일으킬 수 있다.

비록 숲에 흩어져 있는 개인주택들이 대체로 위험성이 낮은 지역에 있다고 하더라도 외딴 집들이 연소성 재료로 건축되고 집 주변에 지상 가연성재료가 많은 경우에는 심각한 위험에 처할 수 있다. 건조하고 더운 기후에서는 숲 가까운 도시지역도 바람이 불티를 운반할 수 있기 때문에 위험에 처할 수 있다.

나무 꼭대기 수관화에서 날아온 잉걸불은 연소성 지붕이나 마루에 떨어져 쉽게 점화된다(**그림 16-16**). 자연스러움 때문에 많은 사람들이 선호하는 너와지붕은 산불에 특별히 근접하지 않더라도 또 주변에 식생이 없더라도 날아온 잉걸불에 쉽게 점화될 수 있다. 한번 불이 붙으면 불길은 쉽게 지붕을 뚫고 주택 내부를 태운다. 잉걸불이 목재 벽체에는 떨어지더라도 잘 점화되지 않는다. 충분한 열이 가해지면 비록 연소되기는 하지만 불길이 더디게 번지는 합판이 너와지붕보다 더 유리하다.

숲에 사는 경우 방염재료로 집을 지으면 위험을 줄일 수 있다. 불연소성 지붕과 마루를 사용하고 주변 30 m 이내에 잡목을 정리한다면 비록 잉걸불이 떨어진다 하더라도 주택의 연소

그림 16-16 지붕의 불길

지붕에 떨어진 잉걸불로 불타는 지붕. 집 주변의 수목 화재가 약하였기 때문에 방염 지붕주택이었다면 화재를 피할 수 있었을 것이다.

가능성은 매우 낮다. 잉걸불이 금속지붕에 떨어진다 해도 발화되지는 않을 것이다. 물론 금속재 지붕이 충분히 가열되면 열전도에 의해서 서까래에 불이 붙을 수는 있다. 자연스럽지는 않지만 금속지붕은 방염재료이다.

주택 주변의 나무나 지표면 연소물질도 잉걸불이 떨어지거나 산불의 표면 확산 때문에 위험하다. 화재 강도가 약한 경우 표면의 솔가리, 낙엽, 잔가지 등을 태우며 나무 꼭대기에는 불길이 닫지 않아서 주변 나무들은 멀쩡한데도 주택이 소실되는 경우가 있다. 많은 산불을 조사한 바에 의하면 주택이 전소하였는데도 주변 나무들이 초록을 유지하는 경우가 자주 있었다(**그림 16-17**). 숲 속의 주택을 보호하는 가장 좋은 방법은 미리 주변의 연소물질을 제거하는 것이다. 주변의 잡풀이나 잔가지 특히 지표면의 마른 풀들을 제거하여야 한다(**그림 16-18**).

비록 지표면 연료를 제거하였다 하더라도 근처의 불타는 수목의 방사열로 주택에 불이 붙을 수 있다. 방사열은 불길에서 멀어지면 급격하게 감소하므로 주택 주변 약 30 m 정도를 정리한다면 방사열로 인한 주택 발화는 방지할 수 있다. 사실 마른 목재구조물은 사람에게 심각한 화상을 입히는 정도로 불길이 근접하지 않다면 점화되지 않는다(**그림 16-19**). 5초 만에 2

그림 16-18 사다리연료의 제거

불길이 쉽게 나무 위로 번지는 것을 막기 위하여 사다리연료는 제거하였지만, 지표면의 마른 풀들 때문에 불길은 여전히 집으로 번질 수 있다.

그림 16-17 지표면산불

A. 2002년 6월 콜로라도 두랑고 미셔너리 산불. 지표면산불이 솔가리를 통하여 확산되어 주택으로 옮겨 붙었지만, 나무 울타리 일부, 플라스틱 쓰레기통, 폰데로사 소나무 및 일부 낮은 관목은 타지 않았다. B. 2000년 5월 뉴멕시코 로스앨러모스의 세로그란데 산불에서 숲 속 마을 거리의 한쪽 주택들이 지표면산불로 소실되었지만, 건너편 주택은 멀쩡하였다. 지표면산불이 도로 때문에 차단되었는데 이는 지표면의 연료가 산불을 확산시킨다는 것을 말한다.

그림 16-19 산불에 견디는 목조구조

Rick Trembath, USFS.

Rick Trembath, USFS.

몬테나 주, 플래디드 강, 노스포크를 따라 발생한 2003년 웨지케넌 산불에서 숲 주변을 정리하여 화염방벽이 형성된 곳은 심각한 사람 피부 손상을 시키기에 충분한 방사열이 발생하겠지만 주택의 목재기둥이나 외벽은 타지 않았다. 산불화염(왼쪽)과 진화 후(오른쪽).

도 화상을 입힐 정도의 열에 노출되는 경우 목재에 불이 붙는데 27분 이상이 걸린다!

많은 경우 건축자재에 대한 정부 규정은 화재 위험을 방지하는 데 기여한다. 1991년 10월 20일, 캘리포니아 오클랜드 언덕의 산불로 3,354채의 단독주택과 456채의 아파트가 파괴되거나 손상되었다(사례: 대도시 주변의 산불—1991년 10월 19일 캘리포니아 산불, 오클랜드-버클리 언덕). 이 화재로 25명이 희생되었고 22억 달러의 재산 손실을 초래하였다. 샌프란시스코 만과 금문교를 내려다보는 좋은 전망 때문에 위험한 그 언덕에 80%의 주택들이 다시 건축되었다. 그러나 방화 재료의 지붕과 빨리 타지 않는 중량재료의 누마루를 의무화하였고 또 조경수도 불에 강한 식물로 제한하였다.

산불 전 대피

산불이 접근할 때에는 시간이 거의 없기 때문에 산불 다발지역에서는 대피준비가 매우 중요하다. 산림청 지침서는 재산을 정리하는 데 불필요한 모든 가족과 동물을 미리 연락책을 지정해서 안전한 만남 장소로 대피시키라고 말한다. 쉽게 타지 않는 소매와 가랑이가 긴 면이나 모직 옷을 입고 얼굴은 수건으로 가려야 한다. 라디오를 켜서 안내방송을 들어야 하며 차량은 차고에 두고 문을 닫아 두는데 전력 차단 시 손으로 열 수 있도록 전원 장치를 단절시켜 둔다. 다른 급박한 재해와 마찬가지로 차에는 주요 문서 등 필수품을 넣어 둔다. 주요 품목에는 은행과 보험기록, 출생기록, 신용카드, 치료기록, 운전면허와 여권, 컴퓨터 백업파일, 주택의 사진과 재산목록, 휴대전화와 충전기, 가보 등이 있다. 집 안의 문은 모두 닫고 창문 가까이의 타기 쉬운 것들을 치우고 각 방마다 한 등만 남기고 모든 전등은 끄고 무거운 가구는 방 가운데로 옮긴다. 가스관을 잠그고 외부 창과 환기구는 닫고 소방관들을 위해 사다리는 지붕에 걸쳐 두고 출입문은 열어 둔다. 정원용 호스는 연결해 두고 쓰레기통과 물통에 물을 채워 둔다. 시간이 좀 있다면 창문과 환기구를 5 cm 두께의 합판으로 덮고 목재 지붕에는 물을 뿌려 적셔 준다.

강제 대피

주민들의 생명이 위험하다고 판단되는 상황에서는 관계 당국자가 강제적으로 한 지역에 대피명령을 내린다. 미국의 경우 연방정부의 정책이 각 주의 법률과 다르며, 주 정부 관련자들은 주 법률에 따른다. 연방 방재청(FEMA)과 미국 적십자회는 주민 대피소를 운영한다. 캘리포니아 법률은 재해지역의 접근을 제한하지만, 자신의 주택에서 강제 대피시키도록 판결한 사례가 없으므로 '위임대피'란 주민의 안전을 위하여 반드시 대피할 필요가 있다고 관계자가 믿는 경우에 내려진다고 볼 수 있다.

불길에 갇혔다면 무엇을 해야 하는가?

물론 산불에 갇히기를 원하는 사람은 없지만 있을 수 있는 일이기에 불길이 어떻게 움직이며 그에 따른 행동요령을 명심할 필요가 있다. 마른 검불이나 덩굴 같은 가벼운 연료는 특히 산 오르막 방향과 바람 부는 방향으로 아주 빨리 탄다. 오르막 쪽 연료가 빠르게 타므로 바람 반대방향 혹은 불길 아래쪽으로 대피해야 한다. 여러분은 초당 1 m 이상의 속도로 진행하는 불길보다 빠르게 언덕 위로 도망칠 수는 없다. 만일 아래의 산불 크기를 볼 수 있다면 여러분은 옆으로 이동해서 산불 진행을 피하여 아래로 내려갈 수 있다. 평지라 하더라도 산불은 분당 100~150 m 정도 이동한다. **대류 상승기류**는 비탈면에 있는 저지대나 계곡으로 모여들기 때문에 피하여야 하며 언덕 쪽의 돌출부에 머무는 것이 좋다.

식생이 낮고 젖은 곳, 상승기류가 없는 평탄하고 습기 찬 목장지대, 연못, 냇가 등으로 대피하라. 만일 불길에 갇힌다면 도랑에 누워서 젖은 옷이나 젖은 흙과 같은 불타지 않는 것으로 자신을 덮고 불길이 지나가기를 기다려라. 만일 여러분이 차에 갈 수 있다면 주변에 풀이 없는 곳에 정차하라. 창은 닫고 방사열을 최소화하도록 불투명한 것들로 창을 덮고 낮게 누워라. 차에 불이 붙더라도 나오기 전에 강한 불길이 지나도록 기다려라. 영화에서와 달리 연료탱크는 쉽게 폭발하지 않는다. 불길 가까이로 운전하거나 두꺼운 연기를 뚫고 운전하지 마라. 성공하기 어렵다. 통제되지 않은 산불지역에서 가장 안전한 장소는 산불로 이미 타 버린 곳이다. 잔디와 같은 짧은 연료의 불탄 자리는 오솔길이나 도로로 연결되어 있어 접근할 수 있을 것이다. 연구에 의하면 높이 3 m 불 속을 20 m를 가로질러 초속 4 m 속도로 달리는 경우 살아남을 수 있다. 이때 호흡기관 계통의 손상을 방지하기 위해서 숨을 참아야 한다. 이 장 첫머리의 "죽음의 산불"과 사례: 참혹한 산불 후의 산사태—1994년 콜로라도의 스톰킹 산불을 참조하라.

공공정책과 산불

모든 재해와 마찬가지로 산불 손상을 방지하는 가장 좋은 방법은 산불 위험성이 높은 지역에 건축을 제한하는 것이다. 불행하게도 많은 교외지역 주민들의 개별성향은 제한지구 지정은 받아들일 수 없는 자유침해로 생각하고 있다. 그들은 자기 재산에 자신이 원하는 것을 할 권리가 있다고 주장한다. 일부는 좁은 협곡과 같이 소방관들에게 너무나 위험한 산불 **방어 불가능 지역**(indefensible location)에 주택을 짓기도 한다.

화재위험지대에 사는 사람들의 주택을 보호하기 위하여 지출하는 산불대응 경비는 누가 지불해야 하는가? 보험회사는 위험과 보상비에 근거하여 보험금을 결정한다. 그러나 화재보험금은 비록 오르고는 있지만 일부에 지나지 않고 화재진압과 정리 등에 필요한 대부분의 비용과 일부 재건축 비용을 연방 및 주정부가 부담하고 있다. 산불진압에 정부기관이 사용하는 수백만 달러와 주택보호를 위해 들이는 노력에 드는 대부분의 경비는 숲 속에 사는 사람들이 아니라 일반 국민들이 부담하고 있다는 의미이다.

비록 교외 숲 근처 주택의 화재보험 요율이 예상되는 재해 정도에 비하여 높지는 않지만, 일부 보험사들은 가입자들에게 주변 관목을 정리하고 큰 나무는 제거하여 방호공간을 확보하고 방화지붕을 설치하도록 요구하고 있으며, 또 보험납입금을 대폭 증액하고 있다. 미국에서 두 번째로 큰 보험사는 2007년 5월에 산불과 지진위험 때문에 캘리포니아에서는 신규 주택보험 청약을 중지한다고 발표하였다.

공공기금을 산불 및 관련 산사태나 침식이 빈번한 지역에 주택을 재건축하는 사람들을 돕는 데 사용해야 하는가 따져 볼 필요가 있다. 우리의 양심은 도움이 필요한 그들을 도우라고 말하지만 그런 도움은 단순히 그들과 위험지역에 다른 사람들이 살도록 조장하는 데 지나지 않는다. 연방 방재청에서도 인식하고 있듯이, 그들보다는 위험이 적은 지역으로 이주하는 사람들에게 더 큰 도움을 주어야 한다.

사람들은 자신의 안전과 재산에 대하여 좀 더 책임감을 가져야 하는가? 2009년까지 심각한 재해성 산불의 문제가 있는 오스트레일리아는 책임의 대부분을 개인에게 돌리고 있다. 오스트레일리아 정부는 사유지 재산을 보호하는 데 초점을 두지 않고 주민들에게 산불이 덮치기 전에 대피하는 법을 교육하고 산불에 덜 취약한 건축법을 가르치는 프로그램을 제공한다. 정부정책은 조기에 대피하거나 집에 머물면서 산불로부터 집을 지키도록 지시한다.

오스트레일리아의 여름은 건조하고 덥다. 특히 열풍이 오면 온도는 48°C로 올라가고 습도는 5%까지 떨어진다. 2009년 2월 7일, 무더운 여름날에 시속 100 km의 바람에 편승한 고온으로 빅토리아 주 멜버른 근처에 산불이 발생하였다. 이 대형 산불은 빠르게 이동하면서 도시 전체를 태우고 173명을 희생시켰는데 당일에만도 120명이 희생되었다. 대부분의 화재는 전깃줄의 단선으로 발생하며 번개, 담뱃불, 공구의 스파크 및 방화도 한몫 한다. 오랜 가뭄이나 인간 활동에 의한 기후변화에 기인한 고온에 이어서 화재가 발생한다. 그 참사 이후 오스트레일리아 정부는 입장을 바꿔서 전화와 문자 메시지를 포함하는 전국적인 화재경보시스템을 구축하였다.

위험지역에 집을 지으면 위기에 공공지원을 받을 수 없다는 것을 명기하는 것도 구역설정의 한 방법이다. 그런 사람들은 참사 후 화재진화, 홍수전후에 하천이나 사면의 안정화 혹은 재건축에서 공공지원을 받을 수 없다. 그래도 사람들이 산불 위험지역에 살고자 한다면 그들은 매년 수천 달러에 달하는 자신들만의 세금으로 특별히 화재방호구역을 만들고, 화재로부터 집을 지키기 위하여 돈을 들여 연못도 만들어야 할 것이다.

사례

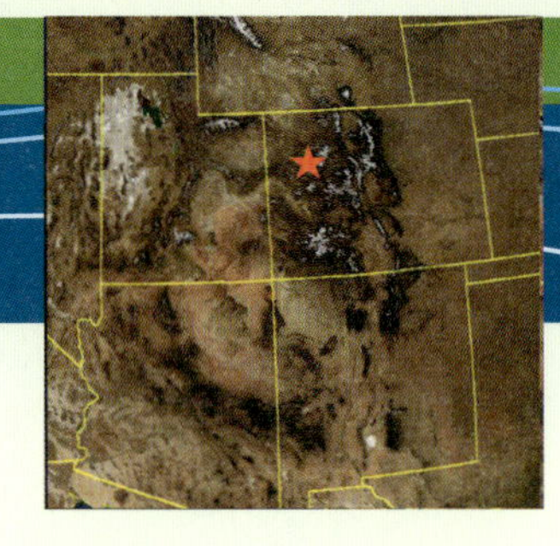

참혹한 산불 후의 산사태
1994년 콜로라도의 스톰킹 산불 ▶

1994년 7월 2일, 콜로라도 글렌우드 스프링스 서쪽 7마일 떨어진 스톰킹 산기슭에 낙뢰로 산불이 발생하였다. 이틀 전에도 마른번개로 인근 지역 40여 곳에서 발화되었는데 산불대응 팀은 인명, 주택과 건물 및 송전선을 보호하기 위하여 투입되었다. 소방관들은 이틀 후 산불이 확산될 즈음에 스톰킹 산불진화에 배정되었다. 산불은 노간주나무와 상수리나무 숲 아래의 가랑잎과 잔가지 및 풀잎을 태우며 서서히 산 아래로 진행하였다. 공중 살수의 도움을 받아서 특공진화대원을 위시하여 토지관리국과 산림청 소속 소방관들은 산불확산을 저지하고 있었다.

7월 6일 한랭전선이 서쪽에서 밀려와서 습도가 낮아지고 아래쪽의 콜로라도 강 협곡에서 측면으로 불던 바람의 일부가 북쪽으로 방향을 바꾸었다. 시속 65~80 km의 바람이 합쳐지면서 소용돌이를 일으키며 잉걸불을 산불 방화선 훨씬 뒤쪽까지 날려 보냈다. 지표면 불길이 나무로 옮겨 붙으면서 나무들이 횃불같이 타올랐다. 변덕스런 강한 바람과 짙은 연기가 헬기의 살수작업을 방해하였다. 산불 한 측면과 능선 위의 방화선에서 진화하던 소방관들이 빨라진 풍속과 변화무쌍한 풍향 때문에 위험에 처하였다. 빠르게 확산되는 산불을 피하여 산 위로 도망치던 14명이 순직하였다(이 장 첫머리 사진 참조).

▶ 스톰킹 산불 당시의 바람의 흐름. 지역적인 서풍(옅은 청색)과 콜로라도 강 협곡의 강한 곡풍(짙은 청색)이 일부 방향을 바꾸어 계곡을 타고 상승하였다. 회오리치는 불꽃이 불 붙은 불티를 소방관 뒤쪽까지 날려 보냈다.

산불 수주일 후에 강우로 인하여 재와 토사가 강으로 쓸려 내렸다. 1 m 이상의 느슨한 모래와 재가 하천 측면에 쌓였고 큰 부스러기가 누적되어 수년간 서서히 하류로 이동하였다. 이것은 산불 후의 침식단계를 보여 준다.

1994년 9월 1일 밤, 엄청난 폭우가 쏟아져서 대부분의 이 느슨한 토사를 하류의 큰 계곡으로 씻어 내려 토석류 사태를 만들었다. 지표면에 빗물을 천천히 유출시킬 식생이 타버려서 폭우로 빠른 유출이 일어났었다. 헐벗은 산등성이에 우곡이 만들어져서 빠른 표면류가 형성되었음을 시사한다. 이렇게 하여 토사가 더 큰 하천으로 운반되었다. 진흙과 자갈 등이 포함된 토석류는 70번 고속도로를 가로질러 30대의 자동차를 덮쳐서 일부를 인접한 콜로라도 강까지 밀어 내렸다. 다행히 이 토석류로 희생자는 없었다. 일부 토석류 선상지가 강의 절반을 막았으며, 상류측이 불에 탄 대부분의 수계가 협곡 입구까지 도달한 토석류를 공급하였다. 토석류의 이동속도는 초당 4.6~8.5 m로 산정되었으며 유출량은 초당 73~113 m^3으로 추산되었다.

대도시를 위협하는 산불

2003~2009년의 남캘리포니아 산불 ▶

남캘리포니아에서 2003년 건기 중 발생한 11건의 대형 산불 중 첫 번째는 10월 21일에 발생하였다. 동쪽의 고원사막에서 서쪽으로 부는 뜨겁고 건조한 산타아나 바람은 시속 100 km로 거세었다. 공기는 태평양으로 내려가면서 압축되고 가열되어 상승하면서 빠르게 식물과 토양을 건조시킨다. 전선의 스파크, 부주의한 야영, 바비큐, 담뱃불 및 고의적 방화로 산불이 발생한다. 열흘 후 빠르게 확산된 산불은 대략 로드아일랜드 면적의 30만 헥타르(3천 평방킬로미터) 이상을 태웠다. 3,600채의 주택이 완전히 소실되고 24명이 희생되었다. 10월 25일, LA 동쪽의 샌버너디노 산맥의 900채의 주택이 방화에 의한 것과 유사하게 불에 탔다. 샌디에이고카운티에서는 대형 삼나무 화재로 2,207채의 주택이 소실되고 15명이 희생되었다. 길 잃은 사냥꾼이 구조요청을 위하여 지핀 불이 원인이었다.

2009년 5월 샌타바버라 뒤쪽 샌타이네즈 산맥 기슭에서 한 사람이 전동기로 잡목을 정리하다가 스파크가 튀어 발생한 산불로 33평방킬로미터와 77채의 주택이 소실되었다. 이 경우 산불은 저녁 무렵 산맥 높은 곳에서 차가워진 공기가 점차 무거워져서 산 아래로 내려오는 '황혼의 술꾼'이라 불리는 국지적 바람으로 거세게 확산되었다. 30,000명이 대피하였다.

2003년에 희생된 대다수는 대피명령을 무시하고 마지막까지 남았던 사람들이다. 그때 빠르게 번지던 산불이 그들의 탈출로를 덮쳐서 모든 길을 막아 버렸다. 최악의 산불은 비싼 땅값 때문에 잡목 산불에 취약한 곳에 주택을 지었던 샌디에이고카운티에서 발생하였다. 일부는 이웃과 가까이 소나무로 에워싸인 목재 주택에 거주하였는데, 소나무 가지가 불에 약한 지붕과 목재 테라스에 드리워져 있기도 하였다. 이제는 캘리포

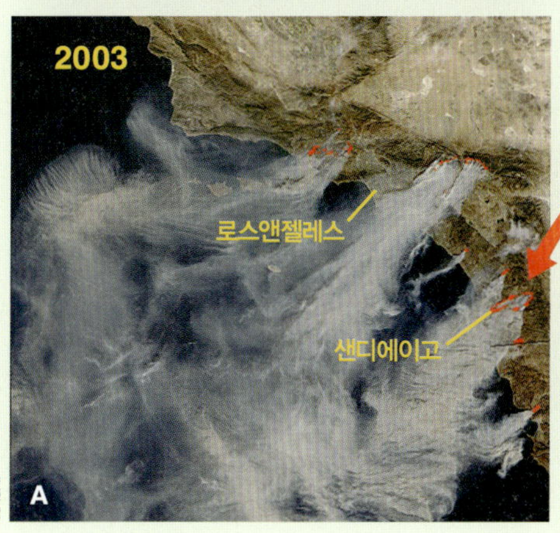

NASA.

▶ A. 2003년과 2007년의 남캘리포니아 산불의 위성영상이다. 두 사진에서 오른쪽의 넓은 지역이 샌디에이고 동쪽 교외이고, 북-중앙 부분은 LA 교외지역이다. 산타아나 바람은 불길과 연기를 남서쪽 바다로 몰아갔다. B. 2003년 산불이 샌디에이고로 향하고 있다.

© John Gibbons / San Diego Union-Tribune / ZUMA Press.

니아 주 법률에서 내화재 건축과 또 집 주변 잡목정리를 엄격하게 규정하고 있다. 그러나 수많은 사람들이 법을 위반하고 있으며 처벌하는 것도 한계가 있다.

LA 북동쪽 샌버너디노 산맥에서는 4년간의 가뭄으로 나무들이 나무좀의 침입으로 약해져 서 상당수가 죽었다. 비록 내화건물과 주변 잡목제거를 엄격하게 통제하지만, 나무제거에 본당 850달러가 소요되기 때문에 사람들의 불만이 높다. 한 주민은 "죽은 소나무는 기름 장작과 같다."고 한다. 나무좀벌레로 죽은 나무는 통제 불가능한 수관화를 일으킨다. 15,000명의 소방관들이 대형 물통과 공기탱크로 무장하여 엄청난 물을 뿌리며 산불을 지연시키는 헬기의 도움으로 산불과 싸웠다. 이 산불로 인한 보험손실은 12억5천만 달러 이상이었다. 11월 1일 날씨가 변하여 산타아나 바람이 잠잠해졌고 태평양에서 습기가 공급되었다. 2~3센티미터의 흰 가루눈이 샌버너디노 근처의 빅베어 호반 휴양지에 내려서 소방관들이 방화선을 구축할 수 있었다. 다만 강우와 강설로 인한 이류가 발생하여 고속도로가 막힌 것이 문제였었다.

두 달 후 12월 25일, 샌버너디노 산맥에 112 mm, 샌가브리엘 산맥에 218 mm의 폭우가 쏟아졌다. 주간고속도로 15번이 통과하는 두 산맥 사이의 카혼패스 남측에서 불탄 지역의 흙이 대규모 이류를 만들어 협곡 아래로 쏟아져서 야영지와 휴양지를 덮쳤다. 15명이 4~5미터 깊이의 흙더미에 깔려서 희생되었다.

산불진화와 사후 처리비용은 20억 달러에 달하였다. 화재보험은 여전히 가입 가능하지만, 보험사들은 높은 위험성을 보험료에 반영하였다. 일부 지역에서는 보험사들이 화재보상 가입을 달가워하지 않으며, 다른 곳에서는 화재보험 조건으로 주택 소유주에게 내화지붕과 주변 정리를 요구하기도 한다.

애로헤드 호수 남동쪽의 후크 협곡에서는 35채의 주택이 소실되었다. 샌버너디노 산맥 지역과 마찬가지로 일부 전망 좋은 지역의 주택주인 협회에서는 사유지의 벌목을 금하였었는데 산불 일 년 전에 해제하였다. 그러나 그때는 이미 나무를 제거하고 싶어 하는 사람들조차도 많은 일을 하기에 너무 늦었던 것이다.

교외지역의 인구증가는 문제를 더 심화시킨다. 최근 시에라네바다의 인구는 거의 두 배로 증가하였고 그에 따라 2007년 큰 산불을 포함해서 산불발생 수와 면적도 두 배로 증가하였다. 같은 기간 동안 재산 손실은 5,000% 증가하였다.

이 지역은 지중해성 기후로 강수량의 90% 이상이 겨울과 초봄에 집중된다. 남부 캘리포니아의 언덕을 덮고 있는 넝쿨과 관목 덤불들은 송진이 많아서 산불이 잘 붙고 또 쉽게 확산된다. 이 덤불은 35~65년마다 주로 뜨겁고 건조한 산타아나 바람이 동쪽 사막에서 바다 쪽으로 부는 늦여름 혹은 초가을에 불탄다. 산불로 헐벗은 맨 땅에 형성된 소수토층(그림 16-18B)은 더 많은 지표면 월류를 초래하여 하천 수위를 상승시킨다. 연구에 의하면 덤불이 연소될 경우 지표면의 침식이 10배 정도 증가한다. 화재의 빈도와 발생한 손실은 사람들이 숲으로 이주해 가면 갈수록 급격하게 증가하는 것 같다.

정확히 4년 뒤 2007년 10월 21일 뜨겁고 건조한 산타아나 바람이 불 때에 2003년과 거의 같은 지역에 다시 비극적인 산불이 발화하였다. 2004~2005년의 습한 겨울 동안 나무와 덤불이 충분히 성장하였고 2006년 겨울의 가뭄과 평년의 1/5 수준의 강수량이었던 2007년 겨울의 극심한 가뭄으로 언덕

Carol Jandrall, California Department of Forestry.

▶ 샌디에이고 동쪽의 삼나무 산불 당시 많은 주택이 나무와 덤불로 둘려 있어 소방관들의 진화가 불가능하였다.

Donald Hyndman.

▶ 브리티시컬럼비아 북서쪽의 소나무 좀벌레 때문에 고사한 폰데로사 소나무.

을 덮고 있던 덤불들은 바싹 마른 상태였다. 일부는 강한 바람으로 전선이 처지면서 스파크로 발화하였고 일부는 방화로 인한 것이었다. LA 근처의 한 산불은 성냥을 가지고 놀던 아이 때문이었다. 일단 산불이 나면 시속 110 km 이상의 거센 돌풍에 편승하여 강한 불꽃으로 습기 없는 지역을 빠르게 연소시킨다. 풍부한 마른 덤불, 울창한 유칼립투스 숲, 가뭄이나 병충해로 죽은 나무 등의 충분한 연료가 있었다. 공중에서 물과 소화액을 집중적으로 투하하여도 땅에 닿기도 전에 증발하여 효과가 적었다. 불길이 3 m 이상일 때 산불은 걷잡을 수 없는 것으로 간주되는데 소방관들은 후퇴하여 불길이 잦아들기를 기다려야 한다.

바람이 잦아들 때까지 4일 동안 2,000평방킬로미터가 불타고 80만 명 이상이 대피하였으며 2,300채 이상의 주택과 건물이 파괴되었다. 샌디에이고카운티에서의 손실만 10억 달러 이상이었다. 단지 9명만이 사망하였는데 위험한 산불의 접근을 911에서 알려 주고 적극적으로 대피를 유도한 결과이다. 샌디에이고 북동쪽 교외에서 있었던 최악의 산불은 '마녀산불' 로 별명이 붙었다. 마녀산불과 남캘리포니아 산불의 다른 7건의 큰 불은 강한 바람으로 고압전선 간의 접선에 의한 스파크로 발생한 것 같다. 캘리포니아 공공전력위원회는 전력회사를 상대로 수백만 달러의 소송을 제기하였다. 한 예는 나무 전주가 부러져서 산불이 났다. 이런 바람으로 불붙은 불티가 날아서 이 화재로 소실된 74채 중 2/3의 주택에 발화하였다. 이 중 여러 건이 나무 테라스에 떨어진 불티로 점화되었다.

LA 서부 산타모니카 산맥 훨씬 북쪽에서는 협곡산불이 말리부의 중심부까지 태웠다. 휘몰아치는 바람이 잉걸불을 500 m 이상 날려서 다른 곳에 점화되었다. 짙은 연기와 함께 날아다니는 잉걸불이 지상 소방관과 항공 소방대원들을 극히 힘들게 하였다. 11월 초까지 바람이 좀 약해지기는 했지만 소방관들은 여전히 두 곳의 극심한 불길을 잡을 수 없었다.

2009년 8월 26일 방화범의 방화로 캘리포니아 버뱅크와 패서디나 위 샌가브리엘 산맥의 스테이션 산불이 시작되었다. 10월 16일 완전히 진화될 때까지 앤젤레스 국유림의 산불로 숲이 우거진 급경사의 남쪽 산맥의 650평방킬로미터를 검게 태웠고, 소방관 2명이 순직하였다. 9월 23일까지 8천7백만 달러의 산불진압 경비가 들었다. 그 후에도 수주일 동안 헬기로 뜨거운 지점에 물을 쏟아부었다. 2010년 1월 중순, 그 지역에 강제 대피명령이 내려졌는데, 이는 불탄 지역에서 호우로 인한 이류와 토석류 사태의 위험성이 높았기 때문이었다.

남캘리포니아와 같이 지역에서 문제를 악화시키는 두 가지 요인이 있다: 많은 사람들이 숲 속 언덕과 좁고 바람 심한 협곡에 살기를 원하며, 연방 정책은 소방관들에게 비록 고위험성의 접근이 어려운 곳에 있는 건물도 보호하라고 명령한다. 소방관들은 만일 안전이 최우선이라면 타도록 방치해야 할 이런 지역의 주택을 보호하는 데 엄청난 부담을 가진다. 1970, 1993, 2003, 2007 및 2009년의 대형 산불에도 불구하고 더 많은 사람들이 불탄 지역에 다시 집을 지어서 여전히 많은 주택이 있다. 무언가 변화가 필요하다.

대도시 주변의 산불

1991년 10월 19일 캘리포니아 산불, 오클랜드-버클리 언덕 ▶

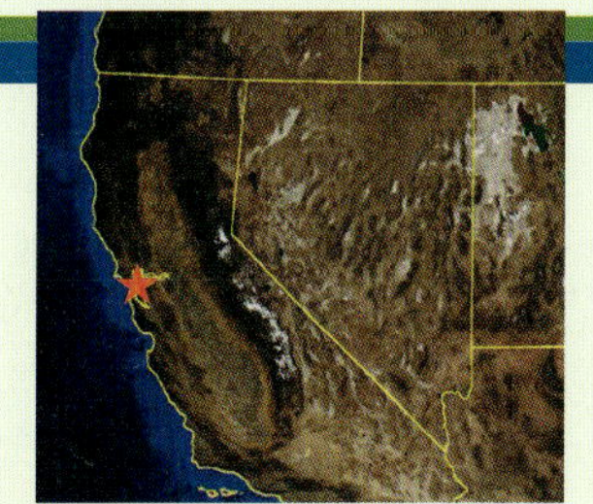

캘리포니아 버클리 오클랜드 뒤쪽의 급경사 언덕은 도시와 금문교가 있는 샌프란시스코 만을 서쪽으로 조망할 수 있는 멋진 곳이다. 도심 근처의 그런 멋진 전망과 출퇴근의 편의성으로 토지가격이 비싸고 고급주택들이 밀집되어 있다. 급경사 지역이라서 도로는 좁고 바람이 많은 곳이다. 이 지중해성 무역풍 기후에서 여름과 초가을은 바다에서 부는 바람이 있지만 덥고 건조한 날씨이다. 주택들은 편백나무와 울창한 유칼립투스 숲의 그늘 속에 있으며, 덤불 관목이 많아서 사생활이 잘 보호되었다. 대부분의 주민들은 자연과의 조화를 위하여 자연스런 목재지붕의 목재주택을 지었다. 불행하게도 이 모든 것이 대형 산불에 취약한 환경이었다.

이런 산불 취약성에 더하여 5년에 걸친 가뭄으로 식물들은 대부분 12월의 건조와 동결로 탈수현상이 심화되었다.

산불 직전: 토요일과 일요일인 10월 19일과 20일, 보통의 10월 기온인 33°C 이상이었고 습도는 낮았다. 소방관들은 100× 200 m 규모의 작은 풀밭 산불을 진화하고 있었다. 그 불은 토요

일에 발화되었고 그날 밤에 완전히 진화되었지만 밤새 감시하였다. 다음날 아침 소화 장비와 호스 등이 그 자리에 있는 상태로 소방관들은 뜨거운 지점이 있나 확인하고 장비를 철수하였다.

바람: 오전 11시경 바람에 잉걸불이 날려서 불탄 곳 밖의 나무로 옮겨 붙어서 사방으로 잉걸불을 날려 보냈다. 10월에는 가끔 동풍이 불기도 하는데, 동쪽의 디아블로 산에서 불기 때문에 디아블로 바람이라고 하며 이것은 남캘리포니아의 산타아나 바람과 비슷하다. 이 바람은 시속 80~100 km의 돌풍이었다. 몇 분 이내에 산불은 주변 숲과 주택들로 번졌으며 한 시간 만에 790채의 주택을 태웠고 소방관들은 완전히 넋을 놓았다. 바람은 산불을 서쪽 산 아래로 몰아가서 산등성이를 가로질렀지만, **산불폭풍**으로 불길의 열기가 바람을 일으키기 시작하였다. 산불의 열기로 회오리바람이 불어서 잉걸불을 산 위쪽으로 날렸다.

산불진화: 소방당국은 즉각적인 화재진압 지원군을 요청하였는데 오리건 및 네바다 접경과 남캘리포니아 베이커스필드의 소방헬기가 동원되었다. 370대 소방차와 1,500명 이상의 소방관들이 산불과 싸웠다. 30분도 되기 전에 산불은 오클랜드-버클리 언덕 아래의 8차선 고속도로 24번의 콜더컷 터널 옆의 파크우즈 아파트에 다다랐다. 산불은 소방관들을 지나쳐서 매우 빠르게 이동하여 소방관들이 방화선을 구축할 틈을 주지 않았다. 뜨거운 바람이 불길 앞쪽의 모든 것을 가열하고 건조시켜서 불길이 닿았을 때 건물은 바로 불길 속으로 빨려 들어갔다. 지상 소방관들은 빠른 불길에 속수무책이었다. 소방 호스를 신속하게 설치할 수도 없었고, 더구나 오클랜드 소화전은 지방 소방시설과 같은 규격도 아니었고, 또 호스가 불길에 타 버렸다.

지붕과 주변 잡목이 불타는 것을 막기 위하여 주민들이 대피하기 전에 물 호스와 스프링클러를 켜 두었기 때문에 불길이 높아졌을 때에는 저수조와 저수지 물이 바닥났었다. 더구나 오클랜드에서 물을 퍼 올리는 펌프장 17곳의 전력설비가 화재로 파손되었다. 산림청 헬기 조종사는 대형 물통으로 물을 쏟

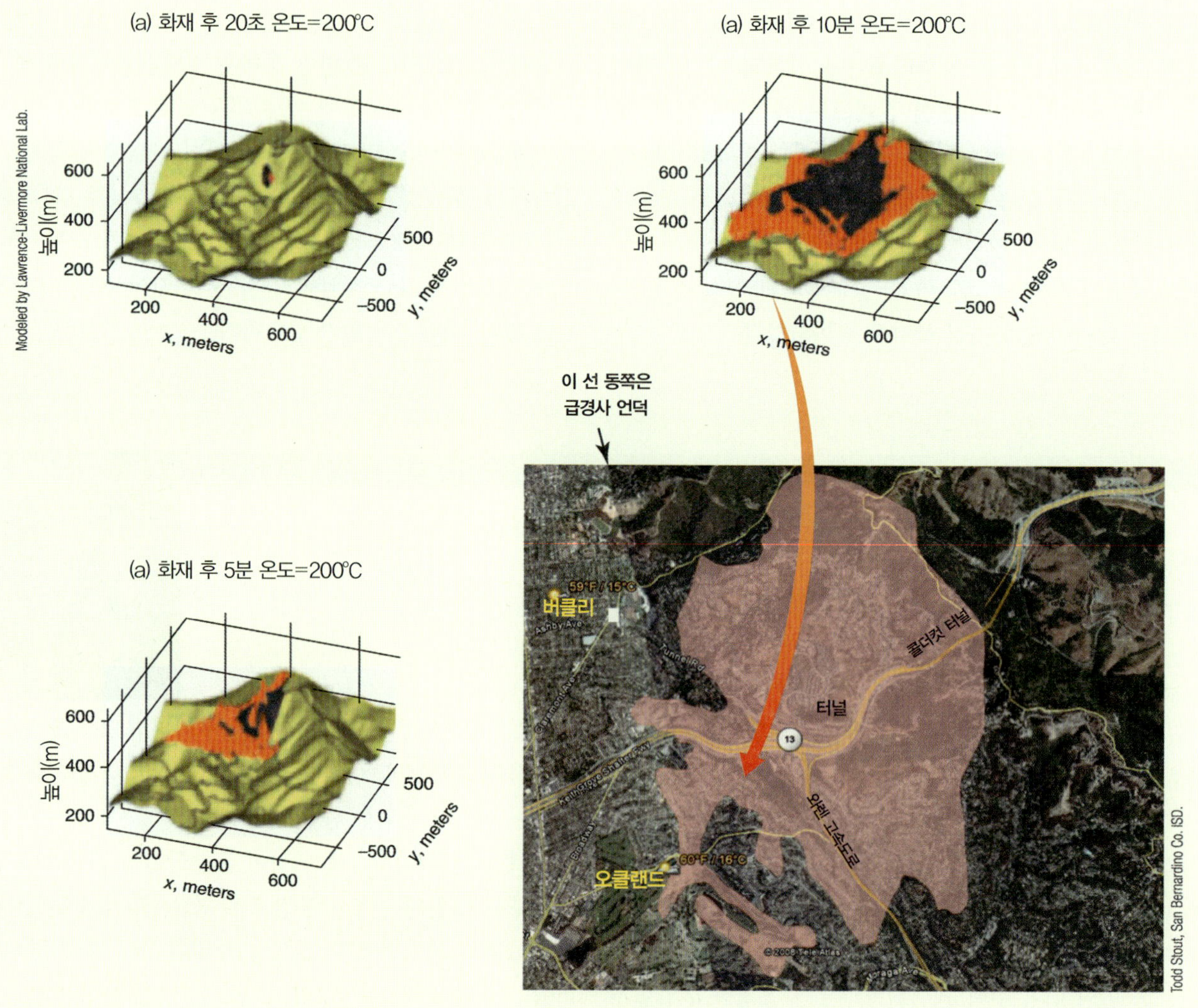

▶ A. 초기 단계에서 동풍으로 산불은 계곡 아래와 산등성이로 빠르게 번져 갔다. 10분 이내에 언덕 아래로 1,500 m나 번졌다. B. 1991년 오클랜드-버클리 산불의 범위.

아부어도 바람으로 물이 이슬비처럼 날아가 버린다고 하소연하였다. 대형 헬기에서 수백 포의 소화분말을 살포하였다. 오후 중반 무렵에 바람이 약해지고 서쪽에서 불어왔다. 저녁에 바람이 시속 8 km로 잦아들어 소방관들이 산불을 진압하고 불길을 잡을 수 있었다.

대피: 30도 경사의 좁고 바람 심한 도로는 대피하려는 공황 상태의 주민과 불길을 잡으려고 뛰어드는 소방관들에게 심각한 문제를 안겨 주었다. 관광객도 방해되었으며, 고립된 사람들은 차를 버리고 걸어서 도망쳤다. 10,000명 이상이 대피하였는데, 연기와 부스러기가 난무하는 급경사의 좁은 길은 차량으로 대피하였다. 물 공급의 부족 문제뿐만 아니라 산불감독관과 소방관 사이의 연락체계와 타 지역에서 지원 나온 소방서 사이의 연락체계에도 문제가 많았다. 무전기 주파수는 과다사용으로 먹통이었고 또 험준한 지형으로 사각지대도 있었다.

후유증: 그 날까지의 캘리포니아 역사상 최악의 산불이었다. 25명이 사망하고 150명이 부상당하였으며 3,810채의 가옥과 아파트가 파괴되었다. 사망자의 반 이상은 차에 갇혀서 죽었으며 전체 면적 13.6 km^2 중 약 610헥타르(6.1 km^2)가 불탔고, 2010년 당시 전체 23억 달러의 손실이 있었다.

이것은 그곳의 첫 번째 대형화재도 아니고 더구나 마지막 화재도 아니다. 같은 지역에서 1923년 큰 산불로 550채의 주택이 소실된 적이 있고 1970년에는 좀 적었지만 또 한 건의 산불이 있었다.

지금은 화재안전규정이 강화되었고 소화전 연결부의 규격도 표준화되었다. 물탱크도 보충되었고 무전기도 개선되고 표준화되었다. 지금은 오클랜드 소방국에서 건물 주변 9~30 m의 덤불 정리와 굴뚝 피뢰침 설치 및 3 m 이내의 식생세거를 요구하고 있다. 원목 벽, 나무 지붕, 작은 통나무 누마루, 집 옆의 장작 쌓기 등의 연소성이 강한 재료의 사용을 금지하고 있다. 마른 솔가리와 작은 가지 등 땅의 부스러기들은 불쏘시개와 같이 빨리 점화된다. 불길은 주로 언덕 위쪽으로 이동하기 때문에 누마루 판 아래쪽을 내화재로 덮어야 한다. 불길이 집 안으로 번지면 외벽의 내화재 사용유무와 관계없이 집 안에서부터 타기 시작한다. 이중 판유리는 불길이 천천히 집 안으로 번지도록 한다.

2008년 6월 20, 21일에 캘리포니아 북부에 심한 마른번개로 8,000번의 낙뢰가 있었고 2,100곳 이상의 산불이 발생하였다. 기록적인 두 달의 가뭄에 연이어서 서쪽 먼 바다에서 밀려온 이 마른번개는 예보도 없었다. 한 달도 지나지 않아 약 4,450 km^{2}의 면적이 소실되었다. 이틀 후, 낙뢰로 내퍼 남서쪽 마른 잔디와 덤불에서 시작된 산불이 북서쪽의 코스트 산맥까지 16 km를 태운 것을 포함하여 500곳에 추가로 산불이 발생하였다. 샌프란시스코 북쪽의 대부분 주를 덮은 연기 때문에 오렌지색 하늘로 질식할 지경이었다. 주정부, 연방 산림청, 지방정부 소방서, 캘리포니아 방위군, 캐나다, 멕시코 및 오스트레일리아의 지원팀을 포함한 21,000명의 소방관이 화재와 싸웠다. 그들은 주로 인명과 건물을 위협하는 산불에 주력하였는데, 20,000채의 건물이 화재에 직면하였고 주민 한 사람과 소방관 한 명이 희생되었다.

계속되는 낙뢰로 더 많은 산불이 발화되었다. 산불은 특히 레딩 서쪽과 서북쪽의 북부 캘리포니아 전역과 레딩 남동쪽 시에라네바다 산맥에서 극심하였다. 7월 8일, 기온이 갑자기 상승하고 습도가 낮아져서 산불이 저지선을 넘었을 때, 캘리포니아 오로빌 북쪽의 작은 마을의 3,800채의 주택과 10,000명의 주민에게 대피령이 내려졌다. 집에 남아 있던 한 사람은 불탄 집 안에서 주검으로 발견되었다.

Lawrence Berkeley Lab.

NASA; Brad Horak, Santa Clara CDF VIP group.

▶ 1991년 오클랜드–버클리 산불로 급경사 언덕 위의 주택들은 타 버린 승용차 골조, 굴뚝과 기초 외에 남은 것이 거의 없었다.

고찰

A 애리조나 카이바브 국립공원의 2006년 산불

Jackie Denk, USFS.

1. 왜 이 산불은 표면으로만 확산되었는가?
2. 좀 더 강력한 산불로 나무를 태웠다면 어떤 일이 일어났겠는가?

B 언덕의 산불

National Park Service.

1. 이 산불은 왜 불꽃이 많은가?
2. 어느 방향으로 산불이 이동하는지 어떻게 설명하겠는가?
3. 이 지역의 지형이 어떻게 산불 진행방향에 영향을 미치는가?

C 뉴멕시코 로스앨러모스 국립공원의 산불

Andrea Booher, FEMA.

1. 무엇이 소실되었고 또 무엇이 가장 연소에 약한지 설명하라.
2. 한 지역의 산불이 다른 지역으로 옮겨 가는 데 무엇이 관여하는가?
3. 어떻게 산불이 포장된 도로를 건너가는가?

D 2006년 7월 라스파드레스 국립공원의 산불

USFS.

1. 이 산불은 녹색의 나무들을 태우는 것 같다. 어떻게 그럴 수 있는가?
2. 왜 산불이 거센 듯 보이는가?

16장 복습

요점

산불의 진행과 거동

- 불은 연료, 산소 및 열을 필요로 한다. 이 중 하나라도 결핍되면 불이 붙을 수 없다. **그림 16-1**.
- 지표면산불은 잔디나 낮은 관목과 같은 키 작은 식생을 태운다. 마른 잔디와 솔가리 같은 표면적이 넓은 연료가 더 빨리 또 더 쉽게 불탄다. 나무의 낮은 가지 등 사다리연료를 타고 불이 나무 꼭대기로 올라가서 수관화가 된다. **그림 16-2**.
- 산불은 자연적인 낙뢰나 의도적 산불, 또는 사고나 방화로 시작된다.
- 산불은 복사, 대류, 또는 잉걸불이 바람에 날려서 확산된다.
- 산불의 확산은 국지적인 지형에 영향을 받는다. 협곡과 같은 곳은 공기 깔때기 효과로 산불이 더 세지며 산 위쪽으로 열이 몰리는 경향이 있다.
- 산불은 건기나 가뭄으로 연료의 수분이 낮을 때 더 쉽게 또 더 빨리 확산된다. 바람은 불길을 연료로 인도하고 산소를 공급함으로써 불길을 더 세게 한다.

산불의 2차적 영향

- 산불로 형성되는 탄화수소는 토양을 덮어서 흙을 소수성으로 만든다. 소수토는 강수 시에 물이 흙 속으로 스며들지 못하고 지표면으로 흐르게 하여 돌발홍수나 이류를 만든다. **그림 16-8, 16-9**.
- 산불로 만들어진 백회는 물에 젖으면 팽창하는 칼슘, 나트륨 수화물을 만든다. 이것이 흙의 간극을 막아서 표면류와 돌발홍수의 원인이 된다.
- 지표면에 널려 있는 검은 재는 표면류를 촉진한다.
- 산불 후 식생의 증산작용 감소로 땅속의 수분이 증가하고 그로 인해 산사태가 발생한다.

산불 관리와 방지

- 미국 산림관리정책은 산불이 통제 가능한 경우 마른 연료가 소진될 때까지 타도록 방치하는 것으로 바뀌었다.
- 산불 억제기술로는 방화벽 구축을 위한 나무제거, 공중살수, 소화제 살포 등이 있다. 주요시설을 위협하는 통제 불능 산불에서는 가끔 소방대원을 투입하여 맞불을 놓아 연료를 제거하는 방법을 쓰기도 한다. **그림 16-12, 16-13.**
- 숲에 사는 주민들은 산불 연료에 에워싸여 있다. 많은 집들이 나무로 지어져서 산불에 연료를 제공하는 실정이다.
- 장기간의 건기 연료의 수분을 감소시켜서 산불 위험을 가중한다. 식생의 녹색정도를 위성영상으로 비교하여 지역적인 산불 위험성을 분석한다. **그림 16-14**.
- 위험한 지역에 살고 싶어 하는 소수를 보호하는 비용의 대부분은 그렇지 않은 대부분이 부담한다. 제한구역 설정이나 나른 정책으로 산불위험 지역의 건축을 제한할 필요가 있을 것 같다. **그림 16-15, 16-17**.

중요 단어

계획방화(prescribed burn)
대류 상승기류(convective updraft)
맞불(burnout)
방어 불가능 지역(indefensible location)
방화선(fireline)
사다리연료(ladder fuel)
산불기상잠재성(fire weather potential)
산불폭풍(firestorm)
소수토(hydrophobic soil)
수관화(crown fire)
연료부하(fuel loading)
연료수분(fuel moisture)
잉걸불(firebrand)
점산불(spot fire)
지표면산불(surface fire)
탄화수소 잔류물(hydrocarbon residue)

복습 문제

1. 산불이 숲에 주는 2가지 이익은 무엇인가?
2. 산불의 주요 2가지 원인은 무엇인가?
3. 어떤 2가지 조건이 산불나기 쉬운 숲을 만드는가?
4. 왜 바람은 산불을 더 세게 하는가? 2가지 구체적인 이유를 말하라.
5. 왜 산불은 산 아래로보다 위로 더 빨리 번지는가?
6. 큰 산불지역에서 멀리 떨어진 곳에 새 산불이 번지는 자연적인 조건과 과정은 무엇인가?
7. 왜 언덕 사면이 심한 산불 후에 더 쉽게 침식되는가? 구체적으로 설명하라.
8. 산불 후의 침식 최소화를 위한 주요한 기술은 무엇인가? 명확한 2가지 서로 다른 기술을 설명하라.
9. 큰 산불 후의 하천 수위기록계의 큰 차이는 무엇인가?
10. 산불진화 방법으로 산불에 물이나 소화제를 살포하는 것 외에 어떤 방법이 있는가? 2가지 명확한 기술을 말하라.
11. 숲의 어느 쪽에 있는 주택이 가장 위험한가? 그 이유는 무엇인가?
12. 숲에 사는 사람들은 주택의 산불위험을 최소화하기 위하여 무엇을 할 수 있는가?

토의 문제

1. 대부분의 산불에서 손실과 진압 비용은 개인이 부담하기에는 너무나 많다. 주정부 혹은 연방정부에서 소방관 경비를 지불하기 때문에 개인의 주택화재보험 납입금은 실제비용보다 훨씬 적다. 전체 산불진화와 손실 비용을 누가 부담해야 하는가? 그 이유는 무엇인가?
2. 많은 사람들이 자연을 즐길 수 있는 숲 속과 같은 자연림에 살고 있다. 이런 곳을 주택건축 제한구역으로 설정해야 하는가? 이런 제한구역이 개인의 권리를 박탈하는 것인가? 그것이 불가피한가 또는 적법한가?
3. 소방관들은 비록 입주자들이 모두 대피하였는데도 산불의 전체적인 진행을 무시하고 개인주택을 우선적으로 산불로부터 보호하도록 지시받는다. 이것이 적절한가? 산불위험성이 큰 곳에 살기를 원하는 주민들이 자신의 집을 보호할 책임이 있는가 또는 공공기관이 그들의 집을 보호할 의무가 있는가?
4. 미국 산림청과 같은 공공기관이 교외지역에 사는 사람들의 화재위험을 줄이기 위하여 숲을 제거하는 데 예산을 사용해야 하는가? 공공기관 혹은 개인이 그런 작업을 해야 하는가 ? 누가 그 경비를 부담해야 하는가?

소행성과 혜성의 충돌

17

NASA.

거대 소행성이 지구와 충돌하는 가상 장면.

지구 최후의 재난인가?

6500만 년 전 직경 10 내지 15 km의 소행성이 멕시코 동부 유카탄 반도에 충돌하면서, 일차적으로 직경 80 내지 110 km로 추산되는 크레이터가 형성되었다. 이때 발생한 에너지는 TNT 100조 톤 또는 1980년에 발생한 세인트헬렌스 화산 폭발의 백만 배에 해당하는 위력이었을 것으로 추정되며, 이 충돌로 인해 다음과 같은 결과가 초래되었을 것이다. 즉 대규모의 쓰나미가 해안을 덮쳤을 것이며, 산성비가 광역적으로 내렸고, 대규모의 화재가 발생하였을 것이다. 이 사건으로 인해 암흑의 시대가 상당 기간 지속되었고, 이에 따라 기온이 하강하였으며, 결과적으로 많은 동식물이 멸종되었을 것이다. 이 충돌로 인해 공룡을 비롯한 많은 생물종이 멸종되었다. 이와 같은 규모의 충돌이 오늘날의 지구에 일어난다면 과연 어느 정도의 재해가 있을 것이며 우리들의 생애 중 이러한 충돌이 일어날 확률은 과연 어느 정도일까?

우주로부터의 방문객

지구궤도로 유입되는 우주 물체들에는 소행성과 혜성, 그리고 작은 암석편들이 포함된다.

소행성

소행성(asteroid)이란 지구처럼 태양 주위를 도는 우주암석조각들로 태양계 행성들이 형성될 때 행성으로 발전되지 못하고 남은 잔존물로 여겨진다. 이러한 추정은 대부분의 소행성들이 화성과 목성 사이의 **소행성대**(asteroid belt)에서 발견되는 사실에 바탕을 둔다. 소생성들의 대부분은 이 소행성대에 잔류하므로 지구에 위험을 초래하지는 않는다.

소행성들끼리의 충돌과 태양 및 행성들의 중력에 의해 일부 소행성들은 이들의 정상적인 궤도로부터 이탈되어 지구궤도를 지나게 된다. 이 중 관측 이후 수일 만에 지구에 위험을 초래할 수 있는 극히 일부 소행성은 이들의 움직임이 밤하늘에서는 거의 정지되어 있는 것처럼 보이기 때문에 관측하기가 어렵다. 따라서 이들 소행성의 궤적은 위상차망원경에 의한 관측에 의해 산출된다. 일반적으로 소행성들의 직경은 2 km 이하이며, 대부분 직경 100 m 내지 1 km 정도이다(**그림 17-1**).

그림 17-1 소행성

Bill Arnett, NASA.

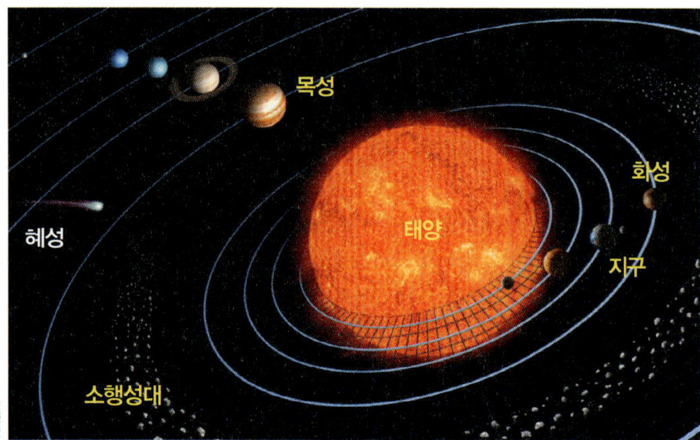

NASA.

A. 네 개의 서로 다른 방향에서 촬영한 소행성 이다(Ida)의 사진. **B.** 소행성들은 지구와 목성 사이에 존재하며, 태양 주위를 공전하는 행성들과 같은 궤도면에 있다.

혜성

혜성(comet)은 소행성과 유사하나 얼음과 암석으로 구성되어 있는 것이 차이점이며, '더러운 눈덩어리(dirty snowball)' 라 부르기도 한다(**그림 17-2**). 혜성은 소행성대에서 기원된 것이 아니라 오르트 구름(Oort cloud)이 형성된 태양계 바깥쪽까

그림 17-2 혜성의 구조

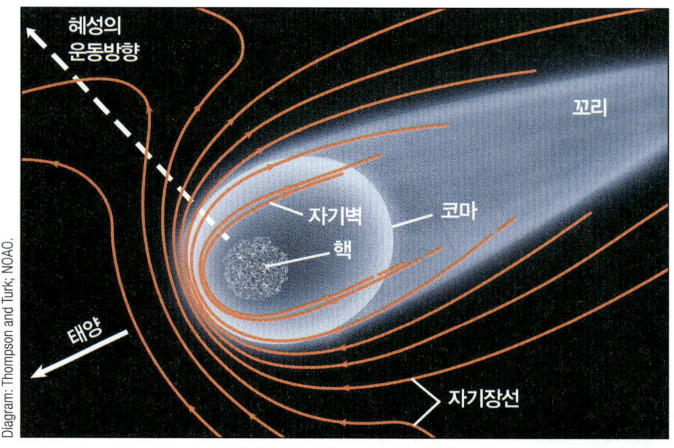

Diagram: Thompson and Turk; NOAO.

NASA.

혜성의 내부는 암석과 얼음의 혼합물로 이루어져 있으며, 그 주위는 '코마(coma)'라 부르는 먼지와 가스의 혼합물이 둘러싸여 있다. 혜성의 꼬리는 수분, 휘발성 물질, 먼지 등으로 이루어져 있으며, 이 물질들은 태양풍에 의해 태양의 반대 방향으로 퍼져 나간다. 2004년에 촬영된 혜성 와일드 2(Wild 2)의 근접사진은 혜성의 표면에서 분산되는 빛을 발하는 먼지와 가스에 의해 뜨거워진 표면의 모습을 보여 준다.

지의 기원을 가진다. 오르트 구름은 혜성들로 이루어진 구상체의 구름으로 태양에서 지구까지 거리의 100,000배 이상의 거리에 위치해 있다. 이 영역에는 수십억 개의 혜성이 존재한다. 태양계 내에는 수조 개의 혜성들로 이루어진 도넛 형태의 카이퍼(Kuiper) 혜성대가 형성되어 있으며, 이 혜성대의 내부 지역은 지구와 태양 사이 거리의 55배에 달한다.

혜성이 태양풍의 영향권 안에 들어오게 되면 혜성은 물, 휘발성 물질, 먼지 등을 흩뿌리면서 발광하는 꼬리를 형성한다(그림 17-2). 혜성의 꼬리는 혜성의 운행 방향을 지시하지는 않으며, 태양으로부터 먼 방향을 향하여 발달되어 있다. 혜성의 수분이 점차 없어지면서, 궁극적으로 모든 수분이 사라지게 되고 혜성은 암석상태로 남게 된다. 이 상태에 이르게 되면, 소행성과의 구분이 어렵게 된다. 실제로 이 상태의 혜성은 암석질 혜성과 빙질 소행성 사이의 점이적인 성질을 띠게 된다.

대부분의 혜성은 직경이 15 km 이하이지만 최고 초속 60 내지 70 km의 빠른 속도로 운행한다. 이러한 속도로 혜성이 지구와 충돌하게 되면 큰 재앙이 일어날 것이다. 일부 혜성들은 10년에 한 번꼴로 태양계를 가로질러 지나간다. 모든 우주 이동체들 중 혜성들이 지구에 접근하거나 충돌할 수 있는 확률이 가장 높다.

유성 및 운석

우주로부터 작은 암석조각들이 대기권 안으로 고속으로 들어오게 되면, 대기와의 마찰로 인해 열이 발생하여 백열현상이 나타나는데, 이를 **유성**(meteor)이라 부른다. 지구의 대기권으로 유입되는 대부분의 우주암석들은 화성과 목성 사이에 존재하는 소행성대로부터 기원한다(그림 17-1B).

크기가 작은 운석들은 대기권 상부에서 연소되기 때문에, 결과적으로 지구의 대기권은 대부분의 운석충돌로부터 우리들을 보호해 준다. 규모가 큰 암석조각이 지구 대기권으로 유입될 경우에는 대기와의 마찰열에 의해 이 암석이 분해되거나 충돌될 때까지 상당 시간 동안 빛나는 화구(fireball)를 형성한다. 이들 암석이 완전히 연소되지 않고 지구와 충돌하게 되면, 이를 **운석**(meteorite)이라 부른다.

우주 물질이 지구 대기권으로 들어오게 되면 크기가 큰 운석의 주변 공기는 백열현상을 일으키나, 운석의 중심부는 대기권으로 진입할 때 가열되지 않는다. 이처럼 가열되지 않은 운석의 많은 것들이 화재를 발생시키지 않으면서 건물이나 건조한 초원지대에 떨어진다. 1917년 7월 14일 미국 위스콘신 주 콜비에 떨어진 운석은 공기 중의 수분을 응결시킬 정도로 차가운 상태로 낙하되어 운석 주위에 서리가 덮여 있었다.

운석은 음속보다 빠른 속도로 떨어지기 때문에 우리들이 운석이 떨어지는 소리를 들을 수 있는 경우는 비교적 가까운 곳에서 떨어지는 때이다. 100 km보다 먼 곳에서 운석이 떨어지게 되면, 운석이 떨어지는 소리를 들을 수 없다.

운석이 떨어지는 것을 하늘에서 목격할 수 없다면 일반 암석과 구분하기가 어렵게 된다. 따라서 암석파편을 지상에서 찾아내기가 쉽지 않은 것이다. 미국의 경우 지금까지 1,000회 미만의 운석낙하 장면이 목격되었다. 전 세계적으로 운석파편이 채집되는 운석낙하의 경우는 1년에 20 내지 30회 정도이다. 때때로 큰 운석이 지구대기권 안에서 분열되어 그 파편들이 흩뿌려진 공간, 즉 분산장(strewn field)처럼 지구에 낙하되는 경우도 있다. 1968년 멕시코의 치와와에 떨어진 알렌드 운석은 길이 50 km, 폭 10 km에 이르는 타원상의 지역에 파편을 떨어뜨렸다.

운석의 식별

운석의 성분은 지구 내부 물질과 유사한 것으로 여겨지며 여러 유형이 있다. **철질운석**(iron meteorite)은 전체 운석 중 6%를 차지한다(**그림 17-3**). 금속질운석은 니켈과 철의 합금으로 이루어져 있기 때문에 자성을 띠며, 석질운석 또한 부분적으로 철성분을 함유하여 종종 자성을 띤다. 대부분의 운석들은 얇은 유리막으로 이루어진 융합각(fusion coating)을 가지고 있으며, 이 각은 대기와의 마찰열이 운석의 용융점보다 높아져

그림 17-3 철질운석

Dave Hyndman, at Smithsonian.

오스트레일리아 북부에서 발견된 헨버리 철질운석은 표면에 작은 요철구조가 형성되어 있음이 특징으로, 이 요철은 약 10,000년 전 이 운석이 지구 대기권으로 유입될 때의 부분적인 용융에 의한 것이다.

을 때 형성된다. 일반 암석의 풍화각 경계가 뚜렷하지 않은 것과는 달리 이 각은 내부와 뚜렷한 경계면을 가진다. 운석이 풍화를 받게 되면 녹이 슬면서 이 각은 적갈색을 띠게 된다. 금속질운석은 태양계 내 거대한 소행성의 심부에서 서서히 결정화된 것으로 여겨진다. 이들 거대 물체 간의 충돌과 이에 따른 분열은 때때로 지구와의 충돌을 일으킨다. 철질운석은 밀도가 7.7 내지 8 g/cm^3 정도로 매우 무겁다. 이러한 무거운 성질은 2.6 내지 3.3 g/cm^{3}의 밀도를 가지는 대부분의 지각물질과 밀도 1 g/cm^{3}을 가지는 물과 대조를 이룬다.

석철운석(stony-iron meteorite)은 전체 운석의 1% 이하이며(**그림 17-4**), 감람석이나 휘석 같은 마그네슘과 철 성분이 풍부한 고철질 규산염광물과 니켈-철 합금이 거의 같은 양으로 함유되어 있다. 이 운석은 거대 소행성의 철질로 이루어진 심부와 석질로 이루어진 천부 사이의 물질에서 기원된 것으로 여겨진다.

콘드라이트(chondrite)는 전체 운석의 93%를 차지하는 석질운석으로, 지구 맨틀의 성분과 유사하게 주로 감람석과 휘석 등의 고철질 규산염광물과 소량의 장석 및 유리질로 이루어져 있다. 석질운석의 밀도는 약 3.3 g/cm^{3}으로, 콘드룰(chondrule)이라 부르는 mm 크기의 구형 규산염 입자가 포함되어 있으며, 이 내부에는 니켈-철 합금이 포획물로 들어 있다. **에이콘드라이트**(achondrite)는 현무암과 유사한 성분을 가지는 석질운석으로, 감람석, 휘석, 사장석 등이 다양한 양으로 함유되어 있다.

철질운석은 일반적인 암석보다 거의 세 배나 무거우며, 주변 암석과 다른 성질을 띠므로 비교적 쉽게 식별될 수 있다. 철질운석은 수년간 대기 중에 노출되어 산화작용을 받아 표면이 갈색으로 변하지 않았다면 일반적으로 흑색을 띤다. 철질운석은 매우 단단하여 망치로는 깨뜨릴 수 없다. 철질운석이 풍화를 받게 되면 산화철의 녹이 형성된다. 제련에 의해 만들어진 쇳조각과 철질운석이 유사하게 나타날 수 있으나, 이 경우 표면을 연마하여 보면 구별할 수 있다. 철질운석은 니켈-철 합금의 내부구조를 보여 주는 교차된 평행선 구조가 나타난다. 이 선구조는 산으로 용식시켰을 때 더욱 뚜렷하게 나타나는데, 바로 이러한 특성이 철질운석을 일반적인 쇳덩어리와 구별되게 한다.

석질운석 또한 무거운 것이 특징이다. 석질운석은 일반적인 지각물질보다 15 내지 20% 더 무거운 감람암으로 이루어져 있으며, 대부분 금속성의 철 이온을 다량 함유하고 있다. 석질운석은 때로 부서지면서 운석 내부의 신선한 부분이 노출될 수 있다. 이때 부서진 표면이 변질되지 않을 경우, 운석의 대표적 특징인 작은 크기의 은회색 니켈-철 합금 포획물을 관찰할 수 있다.

일부 운석들은 대기권을 통과하면서 표면이 마모된다. 철질운석은 비교적 각질이며, 부분적으로 뒤틀린 형태를 보이기도 한다. 일부 운석에서는 엄지손가락 크기의 원형 요철구조가 관찰되며, 떨어지는 방향을 따라 형성된 길게 늘어진 형태의 운석이 관찰되기도 한다. 길게 늘어진 운석의 경우, 앞쪽은 매끄러운 표면을 가지며, 뒤쪽 표면에는 많은 요철이 형성되어 있다(그림 17-4).

그림 17-4 석철운석

Meteorite Magazine / Grant Christie.

2004년에 뉴질랜드 오클랜드의 한 가옥의 지붕을 뚫고 떨어진 직경 약 13 cm의 운석.

충돌의 과거 흔적

소행성의 충돌은 지금까지 전 세계 여러 지역에서 확인되었으며(**그림 17-5**), 이 중 많은 경우가 지표의 2/3 이상을 차지하는 바다에 떨어진 것으로 추정된다. 매우 상세한 해저지형의 자료가 아직은 부족한 관계로 바다에 떨어진 소행성 충돌기록의 대부분은 확인되지 않은 상태로 남아 있다. 오래된 나이를 갖는 해저지각은 이미 해구 밑으로 섭입되었기 때문에 오래된 충돌기록은 영원히 확인될 수 없다. 육지에 남겨진 충돌기록은 광범위한 지역에 분포되어 있다. 그러나 이들 지역의 대부분은 인구밀집 지역이 아니거나 식생이 발달되지 않아 사람들이 소행성의 낙하를 발견할 수 있는 노두의 발달이 매우 양호한 지역에 집중되어 있다. 다른 모든 자연재해와 마찬가지로 과거의 충돌흔적을 찾아내고 이를 분석하는 것은 운석의 충돌확률과 영향을 파악하는 데에 유용한 자료가 된다.

충돌 에너지

우주물체들의 지구와의 충돌흔적을 알아낼 수 있는 것은 충돌에너지가 막대하였기 때문이다. 대부분의 소행성이 초속 15

그림 17-5 **지구상에서 확인된 운석충돌 지역의 분포**

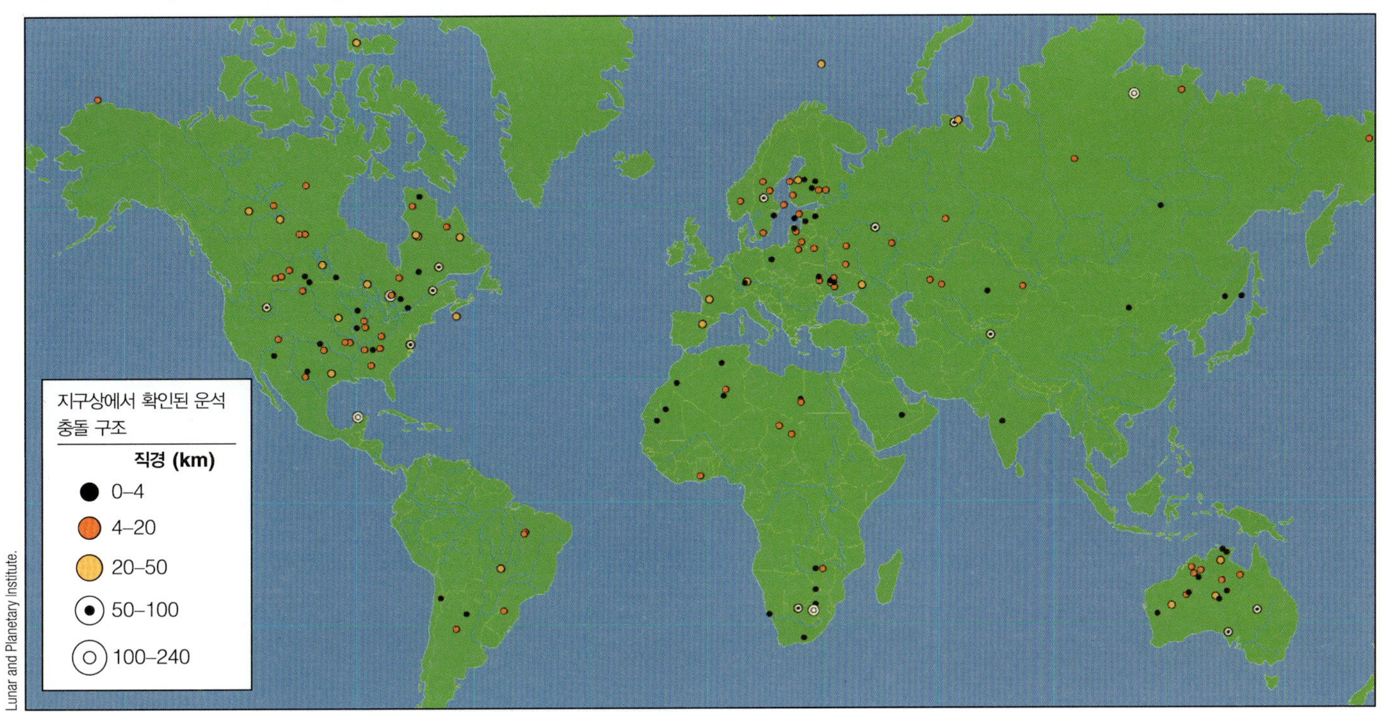

수십억 년의 세월을 통해 지구에는 여러 크기의 운석들이 넓은 범위에 걸쳐 떨어졌다. 대체적으로 인구밀집 지역 및 식생이 우거진 지역에서는 이들 충돌 지점의 발견이 어려운 관계로 충돌지점의 분포가 불균일하게 나타난다.

Lunar and Planetary Institute.

해설 17-1

에너지와 질량 및 속도의 상관관계

$$ke = 0.5\ mv^2$$

여기서

ke = 운동에너지
m = 질량
v = 속도

내지 25 km로 운행하기 때문에, 충돌할 때에는 엄청난 에너지가 발생하게 된다. 움직이는 물체의 에너지는 물체의 질량에 속도제곱을 곱한 것임을 상기할 필요가 있다(해설 17-1: 에너지와 질량 및 속도의 상관관계). 따라서 소행성의 질량이 2배가 되면 충돌 에너지도 2배가 되지만, 속도가 2배로 증가하게 되면 충돌 에너지는 4배 증가하게 된다. 혜성들은 대부분 밀도 0.9 g/cm^{3}인 얼음으로 이루어져 있기 때문에, 암석을 포함한 전체 밀도는 물의 밀도인 1 g/cm^{3}과 거의 같다. 그러나 혜성은 소행성보다 훨씬 빠른 속도로 운행한다(초속 60 내지 70 km). 속도가 2배로 늘어나면 에너지는 4배로 증가하기 때문에, 혜성은 낮은 밀도에도 불구하고 소행성보다 큰 에너지를 갖는다.

충돌 직후, 충돌체의 운동에너지는 열에너지로 전환되며, 충돌한 소행성 및 충돌된 기반암의 기화현상이 일어난다. 이 작용에 의해 암석이 용융되고, 크레이터가 더욱 커지며, 암석편과 용융된 유리편들이 비산된다. 그 결과 거대한 불덩어리가 만들어지며, 이 열은 암석을 용융시키고, 탈 수 있는 모든 것들을 연소시킨다.

운석충돌 크레이터

지구와 충돌하는 소행성은 충돌각도에 따라 모양이 좌우되는 큰 웅덩이를 지표에 형성시킬 것으로 예상할 수 있다. 그러나 소행성의 상상을 초월하는 속도와 그에 따른 충돌 에너지는 충돌과 동시에 폭발을 일으킨다. 이 효과는 미사일이 모래의 표면에 충돌할 때 나타나는 결과와 유사하다. 이 경우 충돌각도와 관계없이 거의 원형에 가까운 웅덩이가 만들어진다(**그림 17-6,** 사례: 사막의 원형 구덩—애리조나 주 미티어 크레이터). 이와 같은 열린 형 크레이터 중 가장 대형인 것은 직경이 100 km인 시베리아의 포피가이 크레이터이다.

그림 17-6 열린 형의 운석충돌 크레이터

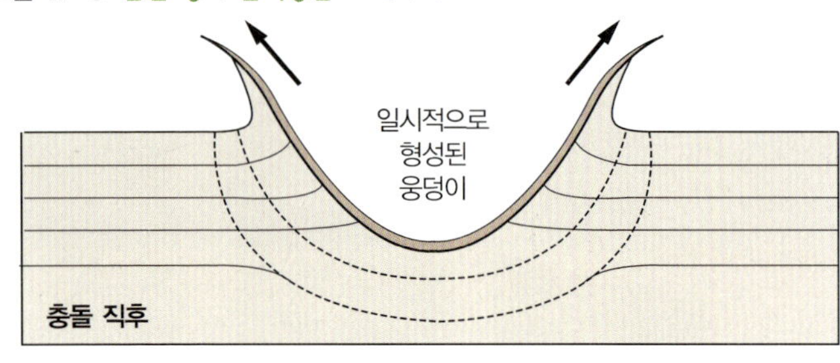

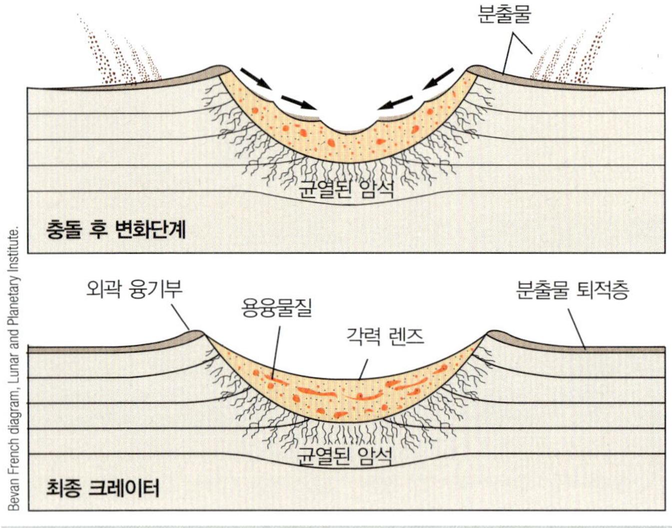

애리조나 주 미티어 크레이터는 비교적 작은 크기의 운석충돌 크레이터로 직경이 1.2km이며, 형성과정은 다음과 같다. 충돌 직후 크레이터가 형성되고, 기반암이 압축작용을 받게 되며, 이로 인해 균열이 나타난다. 크레이터의 기저부가 용융되면서 크레이터의 외곽에 융기부가 형성된다. 이후 크레이터로부터 비산된 분출물이 크레이터 주위에 쌓이고, 외곽에 형성되었던 융기부는 크레이터 안쪽으로 붕괴된다. 이후 이 붕괴된 물질들과 용융되었던 물질들이 부분적으로 크레이터를 채운다.

만일 충돌체가 매우 크다면, 이때의 폭발은 크레이터 바닥의 물질을 강하게 압축시킨 후, 폭발된 물질들을 초고속으로 비산시킨다. 이후 크레이터의 중심부는 급속히 솟아오르면서 중앙에 원추형의 융기부가 형성된다. 이 현상이 일어난 직후에는 원추형 융기부와 외곽부가 크레이터 안쪽으로 내려앉으면서 충돌 직후보다 넓고 얕은 크레이터가 마지막으로 형성된다(**그림 17-7**). 이보다 오래된 캐나다 동부의 마니쿠아강 크레이터의 흔적은 캐나다 순상지의 기반암 내에 고리형태의 호수로 잔존되어 있다(**그림 17-8**).

운석충돌 크레이터들은 과거에 일어났던 운석충돌의 시기와 규모에 대한 단서를 제공해 주며, 이로부터 발생할 수 있는 피해를 상상하는 데에 도움을 준다. 예를 들면 이 장의 첫머리에서 언급한 멕시코의 칙술룹 크레이터 분지의 형성시기와 크기는 당시의 충돌이 공룡을 멸종시킨 대량멸종의 원인이었음을 증명해 준다. 이 크레이터의 직경은 195 km에 이르며 중앙부에 돌기부가 형성되어 있다(**그림 17-9**). 이 정도의 결과를 가져올 정도의 대규모 충돌은 이론적으로 충돌 초기에는 직경 200 km, 이후에는 더 큰 크레이터를 형성시킬 수 있다. 칙술룹 크레이터는 지금까지 발견된 이 시기의 나이를 갖는 크레이터 중 가장 큰 것으로 확인되었다. 이 크레이터는 이후 대륙붕 환경에서 석회질 퇴적물에 의해 서서히 덮이게 되었으며, 이에 따라 지표에 노출되지 않았다. 그러나 오히려 이러한 매몰작용이 침식되어 사라질 수 있었던 충돌의 흔적들을 보존시킬 수 있었다. 이 지역은 시추와 지구물리탐사를 통해 지속적으로 연구되어 왔다.

최종적으로 형성된 크레이터의 형태와는 관계없이 이 충돌의 결과로 이 시기에 형성된 퇴적암 내에 특정한 성질의 미세입자들과 미량성분들이 남게 되었다. 아울러 이 충돌에 의해 당시의 멕시코 만에는 거대한 쓰나미가 발생하였으며, 그 결과 텍사스의 브라조스 강에는 이 파도에 의해 해발 50 내지 100 m 위에 퇴적물이 쌓이게 되었다. 또한 멕시코 만과 북아메리카 동해안을 따라서는 이 시기에 대형 해저사태가 발생하였다.

아이오와 중부의 맨슨 충돌구조는 한때 6,500만 년 전에 형성된 크레이터로 여겨졌으나, 최근에 7,400만 년 전의 것으로 밝혀졌다. 이 크레이터는 직경이 35 km로 백악기 말 대량멸종을 일으킨 운석충돌의 결과물로 보기에는 매우 소규모이다. 다른 시기에 일어난 충돌에서 동시다발적인 충돌이 확인된 바 있으므로, 소행성의 분열이 다수의 충돌을 일으켰을 것으로 여

그림 17-7 대형 운석의 충돌에 의해 생성되는 크레이터의 발달과정 충돌 직후 크레이터가 형성되고, 기반암이 압축작용을 받게 되며, 크레이터의 기저부가 용융된다. 이후 충돌 직후 형성된 크레이터의 중심 기저부가 융기된다. 이후 크레이터 외곽의 융기부 및 중앙 융기부가 붕락되면서 충돌 직후보다 크고 깊이가 얕은 크레이터가 만들어지며, 이 크레이터 내부의 일부는 암괴, 암석파편, 용융되었던 물질 등으로 채워진다. 이와 함께 크레이터의 안쪽에는 절벽이 형성된다. 최종적으로 형성된 크레이터는 충돌 직후에 이루어진 크레이터보다 넓고 얕은 지형을 이룬다.

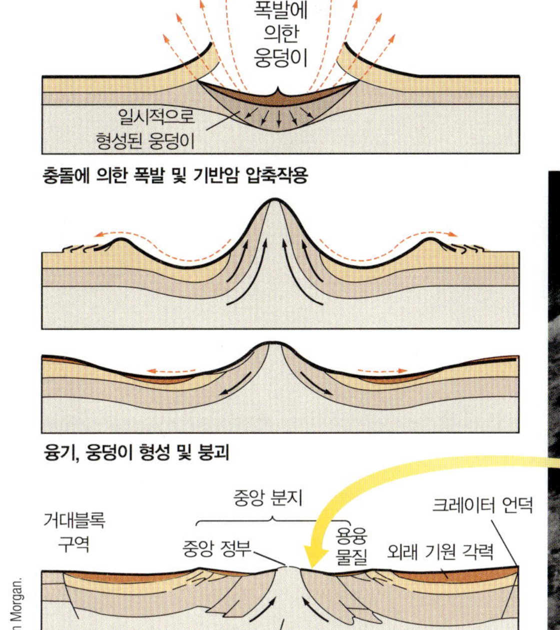

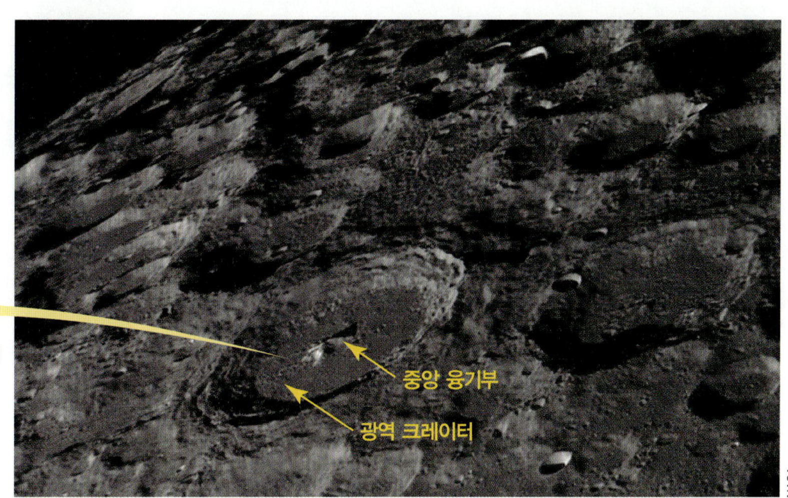

겨진다. 이 충돌구조는 빙하기 퇴적층에 의해 매몰되어 있었으나, 시추와 지구물리탐사에 의해 조사되었다. 이 크레이터의 기반암인 화강암과 편마암은 원래 깊이에서 최소 4 km 융기

그림 17-8 대형 운석충돌 크레이터

캐나다 순상지 동부지역에 발달되어 있는 마니쿠아강 크레이터는 지구 표면에서 관찰되는 운석충돌 크레이터 중 가장 크다. 인공위성 사진에서 이 크레이터는 호수로 이루어진 환상의 어두운 부분에 의해 나타나며, 직경이 65 km에 달한다.

하였다. 대부분의 다른 충돌지역과 마찬가지로, 이 지역의 기반암석에서도 충격광물입자가 산출된다.

또 다른 운석충돌 크레이터 구조는 버지니아 주 체서피크 만 하구 부근의 대륙 주변부에 남아 있다. 이 크레이터는 3,500만 년 전의 것으로 직경 약 3 km의 소행성 또는 혜성이 시속 110,000 km로 충돌한 결과물로 알려져 있다(**그림 17-10**). 이 충돌의 초기에는 직경 35 km의 웅덩이가 형성되었으며, 이후에 외벽에서 수직에 가까운 붕괴가 일어나 직경 약 85 km의 얕고 넓은 크레이터가 형성되었다. 이 크레이터의 바닥은 해수면 아래 2 km에 이른다. 이 충돌로 수백만 톤의 파편과 먼지가 대기권 수십 km 높이까지 비산되었을 것으로 추정된다. 이 때 퇴적된 파편 및 충돌로부터 기원된 결정편들이 2004년과 2006년에 이루어진 시추에 의해 이 크레이터에서 발견되었다. 이 충돌에 의해 극적인 결과가 나타났을 것이다. 즉 거대 쓰나미가 대륙 연변부를 덮쳤을 것이며, 산성비가 광범위하게 발생하고 야생화재가 발생했을 것이다. 이로부터 장기간의 암흑기가 이루어지고, 이로 인해 상당 기간 한랭한 기후가 형성되었을 것이며, 많은 동식물이 멸종하였을 것이다.

원추형 파쇄구조와 충돌에 의한 용융

크레이터를 형성시킨 에너지는 주변 지표의 암석들에도 같은

그림 17-9 칙술룹 운석충돌 지역

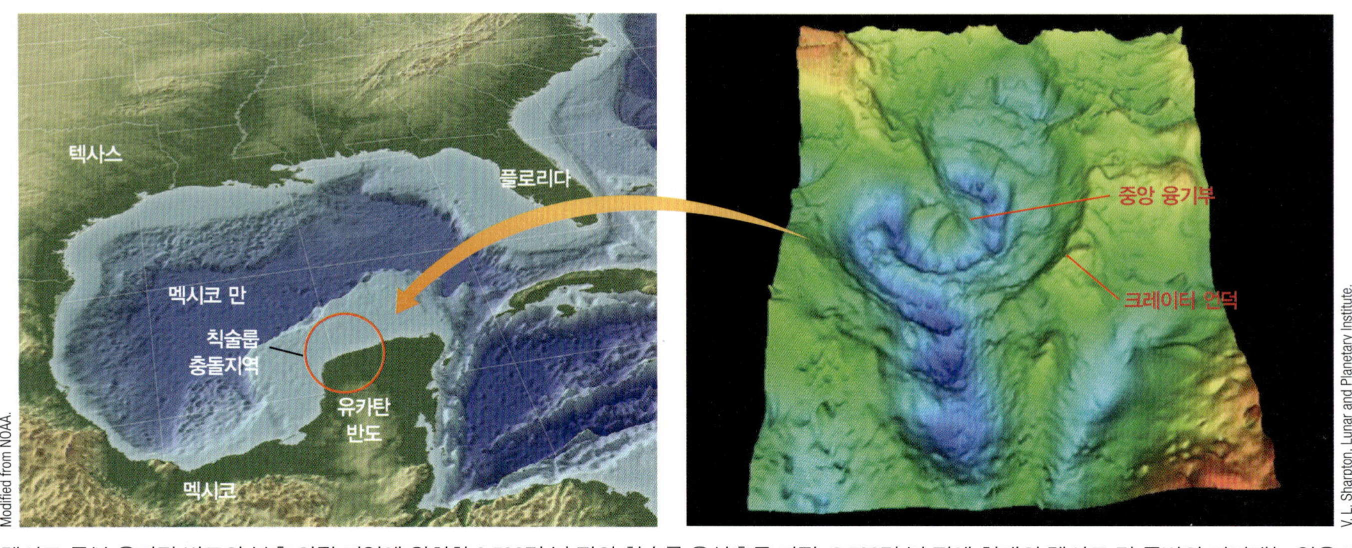

멕시코 동부 유카탄 반도의 북측 외곽 지역에 위치한 6,500만 년 전의 칙술룹 운석충돌 지점. 6,500만 년 전에 현재의 멕시코 만 주변의 저지대는 얕은 대륙붕 지대였다. 칙술룹 크레이터는 해저에 매몰되어 있기 때문에, 지구물리탐사 자료의 영상분석에 의해 전체적인 지형특성이 나타날 수 있다.

그림 17-10 체서피크 만의 운석충돌 지역

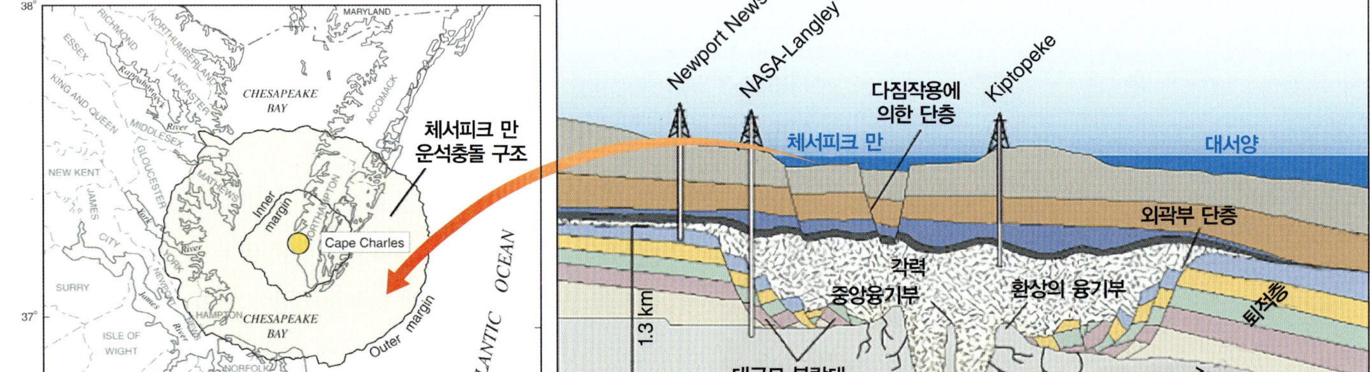

3,500만 년 전에 형성된 체서피크 만 운석충돌 지역은 수천 피트 두께의 퇴적층과 물로 덮여 있다.

영향을 미친다. 운석에 의해 충돌된 기반암석에는 **원추형 파쇄구조**(shatter cone)와 같은 특징적인 구조가 나타난다. 충격이 일어난 부분에서 하부 및 바깥쪽으로 방사상의 선구조가 형성되어 있는 이 원추형 파쇄구조는 길이가 10 cm 내지 1 m 이상으로, 운석충돌 산물의 대표적인 특징이다(**그림 17-11**). 이 구조는 세립질 암석에 더 잘 나타나며, 파쇄구조의 꼭대기는 충돌지점으로 향해 있다. 즉 충돌지점 바로 밑에 형성된 원추형 파쇄구조는 일반적으로 수직상으로 나타나며, 충돌지점에서 멀어지면서 점차 기울어진 양상을 띤다. 따라서 원추형 파쇄구조의 분포방향은 충돌의 중심부를 지시하는 척도가 된다. 이 원추형 파쇄작용의 시작점은 때로 암석 내에 들어 있는 잔자갈과 같은 불균질 성분이다(그림 17-11B). 온타리오의 토론토 북부에 위치한 서드베리 크레이터 복합체에는 전형적인 형태의 원추형 파쇄구조가 나타난다(사례: 운석 충돌지역에 형성된 니켈

그림 17-11 원추형 파쇄구조

Donald Hyndman.

Donald Hyndman.

A. 미국 몬태나 주 딜런의 서남부 지역에 위치한 메디신로지밸리의 비버헤드 충돌지를 발견한 로버트 하그레이브스(Robert Hargraves). 이 지역에서는 원추형 파쇄구조들이 집단으로 관찰되며, 이 파쇄구조의 뾰족한 부위는 모두 위를 향하여 있는 것이 특징이다. **B.** 비버헤드 충돌지에서 관찰되는 원추형 파쇄구조의 근접사진. 원추형 구조의 꼭대기 부분에 작은 자갈(화살표)이 들어 있다.

광산 온타리오 주 서드베리). 이 복합체는 관입체 주변의 가로세로 각각 50 km 및 70 km의 범위에 발달되어 있다.

소행성 및 소행성과 충돌이 된 기반암석의 용융에 의해 때때로 유리질 광물이 만들어진다. 이 유리질 물질은 비산되어 구멍이 발달된 미세한 구상체(spherule)를 형성한다(**그림 17-12**). 이 구상체는 보통 직경이 1 내지 2 mm로서 종종 녹색의 점토 입자로 변질된 상태로 나타나며, 퇴적물에서 발견되는 운석충돌의 명백한 증거가 된다. 충돌된 기반암석이 규산질일 경우, 충돌에 의한 용융작용에 의해 암상이나 암맥, 분출파편, 각력 등이 생성된다. 이러한 용융작용은 초고압의 조건에서 일어나며, 용융물질의 성분은 기반암 성분으로 이루어진 혼합물이다. 충돌체인 운석 또한 용융되는 경우가 많기 때문에, 충돌에 의한 용융물질에는 철질운석에 풍부하게 함유되어 있는 니켈, 이리듐, 백금 등의 성분이 평균 이상으로 들어 있는 경우도 있다.

그림 17-12 구상체

NASA.

아폴로 15호에 의해 달 표면에서 채취된 녹색의 유리질 구상체.

운석충돌 분진의 낙하

운석충돌 증거의 가장 좋은 원천자료는 운석충돌 지역이지만, 충돌 지역에서 먼 거리에 위치한 지역에서도 이와 관련한 또 다른 증거들이 발견될 수 있다. 거대한 충돌구로부터 비산된 암석 파편과 분진들은 대기권을 따라 지구 주위를 이동할 수 있다. 칙술룹 지역에서 일어난 대규모 운석충돌은 **백악기-고근기 경계부[K-P경계**(K-P boundary)] 점토층이라 부르는 얇은 두께의 어두운 색을 띠는 퇴적층을 형성시킬 정도의 많은 퇴적물을 비산시켰다(**그림 17-13**). 6,500만 년 전, 이 비산된 분진과 충돌열에 따른 화재로부터 기원된 검댕들의 퇴적 두께는 1 cm 정도이며, 암갈색 내지 흑색을 띤다. 이 층으로부터 막대한 양의 검댕이 산출됨은 상당한 부분의 식생이 전 지구적인 화재에 의해 연소되었음을 시사해 준다.

이 층에 들어 있는 점토에는 충격현상이 나타나는 석영입자를 비롯하여 유리질 구상체들과 같은 여러 광물입자들이 함유되어 있다. 이 경계부 점토층에서 석영입자가 풍부하게 산출됨은 공룡을 멸종시킨 충돌이 화강암, 편마암, 사암 등이 풍부한 지역의 석영이 풍부한 대륙지각 암석에서 일어났을 가능성이 있음을 시사해 준다.

1,500만 년 전에 형성된 직경 24 km의 리스 크레이터는 결정질 기반암 위에 놓인 석회암과 셰일 및 사암 내에 발달되어 있다. 당시의 충돌에 의해 크레이터 동측 260~400 km에 이르는 지역에는 충돌로부터 분출된 퇴적암 파편들이 얇은 층을 이루며 퇴적되었다. 이 파편들에는 기반의 결정질 암석이 용융되었다가 냉각되면서 만들어진 물질, 즉 텍타이트(tektite)가 함유되어 있다. 이때 대기 중으로 날아간 유리질 입자들은 기체에 저항을 덜 받는 모양을 이루면서 냉각된 상태로 낙하되었다. 이때의 충격현상은 광범위하게 나타났다. 당시의 충돌은 고속의 충격파 및 지표면으로부터 저각도로 분사된 기화작용으로 이어졌으며, 그 직후 충돌받은 기반암의 용융물 및 파쇄물의 분출이 이어졌다. 기반암의 용융에 의해 텍타이트가 생성되었으며, 이 입자들은 대기 중으로 비산된 후 지표에 낙하되었다. 이 크레이터의 형태가 원형상을 보이지만, 텍타이트의 동측부를 향한 낙하현상은 충돌체의 진입이 서측으로부터 있었음을 시사해 준다.

그림 17-13 K-P 경계

미국 몬태나 주의 동북지역에 노출되어 있는 백악기와 고근기의 경계부(K-P 경계). 사진의 하부에 희미하게 나타나는 어두운 지층(화살표)이 바로 지질학적으로 매우 중요한 이 경계부이다.

Donald Hyndman.

6,500만 년 전의 운석충돌 때에 형성된 점토층에서도 이리듐과 여러 백금족 원소의 성분들이 일반적인 경우보다 높은 비율로 함유되어 있음이 확인되었으며, 이러한 현상을 **이리듐 이상**(iridium anomaly)이라 부른다. 이들 성분의 양은 10억 분의 0.5 내지 10 정도의 극미량이지만, 이러한 원소들은 감람암이나 멘트에서 직접 기원된 암석과 운석을 제외하고는 지각을 구성하는 대부분의 암석에는 함유되어 있지 않다. 하와이의 현무암질 화산분출에서 약간의 이리듐이 기화되는 경우가 있으나, 그 양은 K-P 경계의 점토층에서 측정된 것에 비해 극히 적다. K-P 경계 점토층에서 처음으로 이리듐의 함유가 확인되었을 때, 그 양은 지구상에 매일 떨어지는 일반적인 운석 분진에서 나타날 수 있는 양의 30배 정도로 측정되었다. 이후 덴마크의 경계 점토층에서 측정된 양은 340배 정도로 나타났다. 이 경계는 공룡이 멸종하고 지구상 생물의 60 내지 75%가 절멸하였던 시기에 해당된다. 당시의 운석충돌에 의한 이리듐의 기화가 전 지구에 이 성분을 확산시킨 원인으로 여겨진다. 지금까지 이러한 특성을 가지는 경계 퇴적층이 지구상의 100여 장소에서 확인되었다. 이 경계에는 공룡을 포함하여 60 내지 75%의 생물종 멸종이 기록되어 있다.

다중 충돌

소행성들은 대기 중에서 쉽게 분쇄되기 때문에, 그 결과 여러 개의 운석들이 동시다발적으로 충돌할 수 있다. 대부분의 충돌은 지표에 비스듬한 방향으로 이루어지며, 주요 충돌은 보통 5 내지 15도 각도로 이루어진다. 이렇게 충돌한 물체는 지표를 스치듯이 날아가 대기 중에서 5 내지 10개의 파편으로 부서지는데, 이때의 날아가는 속도는 초기 충돌속도의 50% 정도를 유지한다.

이러한 현상의 대표적인 사례가 목성에서 목격되었다. 1992년에 슈메이커-레비(Shoemaker-Levy) 9호 혜성은 거대 행

그림 17-14 다중 충돌

NASA

목성에 접근하면서 파괴된 슈메이커-레비 9 혜성의 파편들에 의해 목성의 위성인 가니메드(Ganymede) 표면에 만들어진 연쇄적 충돌흔적.

성인 목성의 중력에 의해 목성으로 접근해 가는 과정에 21개의 파편으로 분열되었다. 이후 1994년, 직경 1 km 미만의 이 파편들은 목성의 표면에 활모양을 그리며 6일간에 걸쳐 연속적으로 충돌하였다(**그림 17-14**). 일반적으로 혜성들은 소행성보다 운행속도가 빠르다. 목성에 충돌한 혜성은 초속 약 60 km로 운행하였다. 이 예는 지구상의 여러 장소에서 거의 동시에 일어난 충돌은 이들 충돌이 대규모 소행성이나 혜성의 여러 파편에 의한 것임을 시사해 준다. 동시다발적인 충돌의 또 다른 원인은 충돌체가 지표에서 폭발한 후 대기 중으로 비산된 파편들에 의한 것일 수도 있다.

소행성 충돌의 결과

직경 1.5 내지 2 km의 중형 소행성이 지구에 충돌하게 되면, 인류의 1/4 정도가 사망하고 지구상의 모든 문명이 파괴될 것이다. 소행성 충돌은 지구상의 생명체에 치명적인 결과를 가져올 것이며, 그 피해는 어떤 자연재해와도 비교할 수 없을 것이다.

충돌의 즉각적인 결과

충돌에 의해 발생한 불덩어리 또는 분출물들에 의해 충돌지점 주변의 반경 수백 km 지역에서는 화재가 발생할 것이며, 짙은 연기가 대기권을 수년간 맴돌 것이다. 이와 함께 황산염 에어로졸이 생성되어 대기권에 유입됨에 따라, 태양의 자외선을 막아 주는 오존층의 상당한 부분이 파괴될 것이다.

소행성이 충돌하면서 형성된 수많은 파편들은 초고속으로 움직이면서 대기 중의 질소와 산소가 반응하여 산화질소를 생성한다. 이 질산염과 대기 중의 수분이 결합하여 질산염이 형성되고, 그에 따라 산성비가 내리게 되며, 이로 인해 건물, 농작물, 식생 등에 피해가 발생할 수 있다.

동시에 성층권까지 올라간 분진들은 태양빛을 차단하여, 지구상의 거의 모든 지역을 구름 낀 날씨로 만들 것이다. 충돌에 의해 비산되었던 입자들 중 비교적 큰 입자들은 바로 지표에 떨어질 것이나, 0.001 mm보다 작은 입자들은 수개월 동안 성층권에 남아 있을 것이다. 광역적인 화재에 의해 일시적으로 기온이 상승하지만, 성층권으로 올라간 분진에 의해 태양빛이 차단되면서, 바로 기온이 떨어질 것이다. 비산된 분진이 대기권을 따라 이동하면서 전 지구적으로 확산될 것이며, 그에 따라 모든 경작활동이 수년간 중단될 것이다. 이로 인해 식량획득을 위한 전면적인 국가 간 전쟁이 불가피하게 될 것이다. 이와 같은 절망적인 상황에 의해 지구인구의 상당한 비율이 죽게 될 것이다. 일부 학자들은 인류가 이러한 재앙에 대비할 수 있을 만큼 지혜로울 수 있을 것이라고 주장한다. 만일 이러한 재앙이 일어나기 10년 전에 이에 대한 경고가 이루어질 수 있다면, 이를 대비하기 위해 충분한 식량을 비축하여 암흑의 시대가 끝날 때까지 버틸 수 있을 것이다. 그러나 이는 그야말로 '만일' 일 뿐이다.

충돌에 의한 또 다른 재해 발생

대규모 소행성의 충돌은 여러 가지 또 다른 재해를 발생시킬 수 있다. 충돌 지점으로부터 수백 km 반경 안에서는 지진이 발생할 수 있으며, 소행성이 바다에 떨어지면 쓰나미가 발생할 수 있다. 이 쓰나미 중 일부는 매우 강력할 것이다. 이때 발생한 파도는 해안을 덮쳐 수십 km 내륙의 인구가 밀집한 지역으로까지 피해를 입힐 수 있다. 그 예로 칙술룹 충돌에 의해 생성된 파도는 200 m 정도의 높이로 움직였을 것으로 추산되었다. 이 파도의 평균 높이는 150 m 이상이며, 최고 300 m에 달하였을 것으로 여겨진다.

운석충돌은 화산분출을 유발할 수 있다. 어두운 밤하늘에서 우리들이 보게 되는 달 표면의 대부분을 덮고 있는 거대한 원형의 형상이 바로 '루나 마리아', 즉 '달의 바다' 이다. 루나 마리아의 대부분 지역은 현무암으로 이루어져 있으며, 이 지형이 지구와 달의 생성과정 초기에 일어난 운석충돌들에 의해 이루어졌음은 널리 알려져 있는 사실이다. 이 지역의 운석충돌 크레이터들 중 많은 것들은 지구상에서 알려진 운석 크레이터들보다 상당히 큰 크기를 가지고 있다. 달보다 큰 지구의 중력이 달에 비해 더 많은 소행성들을 끌어당길 수 있음에도 불구하고, 달에서보다 더 큰 운석 크레이터가 지구상에서 발견되지 않는 이유는 무엇일까?

지구상에 분포되어 있는 대규모 분출현무암의 발달시기와 대규모 생물멸종 시기가 거의 일치하는 사실은 이 두 사건 사이에 어떤 관계가 있을 가능성이 있음을 시사해 준다. 예를 들어 인도 서부에 발달되어 있는 대규모 현무암체인 데칸현무암은 공룡의 멸종시기와 유사한 6,570만 년 전에 분출되었다. 만일 이들 사이에 원인과 결과의 관계가 있다면, 그것은 무엇일까? 이 외의 다른 대규모 현무암의 분출시기도 대규모 동물멸종의 시기와 거의 일치한다. 이에 대한 한 가지 가능한 상상은 대규모 소행성의 충돌이 대규모 멸종뿐만 아니라, 지구 맨틀에 갑작스러운 압력변화와 이로 인한 맨틀 용융에 의해 현무암의 대규모 분출을 일으켰다는 것이다. 이 가설의 한 가지 문제점은 최근 인도의 데칸현무암 지대에서 발견된 충격석영입자가 6,500만 년의 나이를 가지는 데칸현무암의 기저에서가 아니라, 이 시기에 일어난 두 번의 대규모 분출기록 사이에서 발견된 사실이다.

대량멸종

6,500만 년 전 직경 10 내지 15 km의 소행성 충돌은 공룡의 멸종과 당시 지구생물종의 40 내지 70%의 멸종을 초래하였다. 만일 이러한 크기의 소행성이 오늘날 지구에 충돌한다면 지구상 모든 사람들과 수많은 생물종을 죽음에 이르게 할 것이다. 충돌 직후에 화재가 발생하고 이와 함께 대규모 쓰나미가 발생할 것이다. 6,500만 년 전의 직경 10 km 소행성의 충돌은 대량멸종의 일차 요인이 될 수 있는 질산비를 형성하였을 것이다.

충돌 시에 멸종을 피할 수 있었던 생물들의 대량멸종이 여러 간접적인 요인에 의해 충돌 이후에 일어날 수 있다. 충돌 이후에 야기된 산성비에 의해 육상의 식생과 해양생물의 생존이 영향을 받을 것이다. 이와 함께 화재에 의해 생성된 분진, 검댕, 이산화질소 등이 태양을 가리게 되어, 화재에서 살아남은 동물들이 얼어 죽거나 굶어 죽게 되었을 것이다. 기온하강과 태양빛의 감소로 인해 식물들 또한 죽게 되었을 것이다. 10 km 직경 운석의 충돌에 의해, 충돌 이후 일주일 내지 두 달 이내에 육상기온이 전 지구적으로 영하로 떨어졌을 것이다. 해양의 경우에는 열용량이 크기 때문에, 해수면 부근에서의 온도하강은 미약하였을 것이다. 상당량의 식생이 기온하강과 유독가스에 의해 절멸된 후에, 번개에 의해 광역적인 화재가 다시 발생하였을 것이다.

지구에 충돌한 직경 10 km의 콘드라이트 운석의 기화에 의해 강한 산성비가 나타났을 것이다. 이와 함께, 충돌된 기반암에 의해 10 내지 100배가 희석되었다 하더라도, 130 내지 1,300 ppm의 니켈농축현상이 기화작용에 의해 일어났을 것이다. 니켈-철 충돌체의 경우에는 이보다 더 많은 양의 산성비와 니켈농축현상을 일으킬 것이다. 이 농축 양은 식물의 엽록소 생산에 필요한 독성성분의 양보다 몇 배 많은 양에 해당한다. 이 과다한 독성에 노출되었던 식물의 씨와 뿌리가 정상적으로 회복되기까지에는 오랜 기간이 걸릴 것이다.

대량멸종은 백악기 말 외에도 트라이아스기 말, 페름기 말, 데본기 후반, 오르도비스기 말(온라인 부록 1) 등에도 있었다. 2억5천만 년 전 페름기 말에는 지구생물종의 약 90%가 멸종하였다. 이 멸종 시기는 약 백만 년의 분출활동 기간을 가지는 시베리아의 대규모 현무암 분출시기와 대비된다.

이와 같은 대규모의 현무암 분출로부터 발생한 막대한 양의 이산화탄소와 메탄가스를 포함한 각종 유독가스가 대량멸종의 원인일 수도 있다는 가설이 제시된 바 있다. 이러한 특성의 현무암 분출은 일반적인 판구조운동과는 성격이 다른 심부 맨틀로부터의 열기둥 상승과 관련이 있을 것이다(2장 참조). 비록 논란이 있지만, 또 다른 가설은 페름기 멸종과 현무암 분출은 모두 대규모 소행성 충돌에 의한 것이라는 가설이다. 이와 같은 대규모 소행성의 충돌이 수많은 생물종의 멸종을 가져올 수 있지만, 이러한 사건이 발생할 수 있는 확률은 극히 미미하다.

운석충돌 위험의 확률

비록 할리우드 영화에서 우주물체의 충돌이 매우 위험한 것처럼 과장되게 표현되었지만, 우주로부터 날아오는 물체들이 사람들에게 미칠 수 있는 직접적 피해는 크지 않으며, 현실적으로 끔찍한 물리적 피해가 발생할 확률은 매우 낮다. 그러나 비록 이와 같은 충돌의 확률이 매우 낮지만, 이와 같은 충돌이 일으킬 수 있는 재해가 대재앙일 수 있음은 분명한 사실이다. 충돌이 일어나지 않더라도 단지 큰 운석이 스쳐 지나가기만 해도 큰 재해가 발생할 수 있다(사례: 지표를 스쳐 지나간 소행성—시베리아 퉁구스카). 따라서 대규모 충돌은 지구문명의 파괴를 가져올 수 있다.

다른 재해들과 마찬가지로, 크기가 작은 운석들의 충돌은 비교적 흔한 현상이나, 거대 소행성이 충돌하는 경우는 드물다(**그림 17-15**). 평균적으로 직경 6 m의 충돌체(석질운석이나 빙질 석질의 혜성)가 지구와 충돌하는 일은 매년 한 번꼴로 일

그림 17-15 소행성 충돌의 위험성

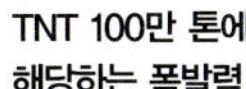

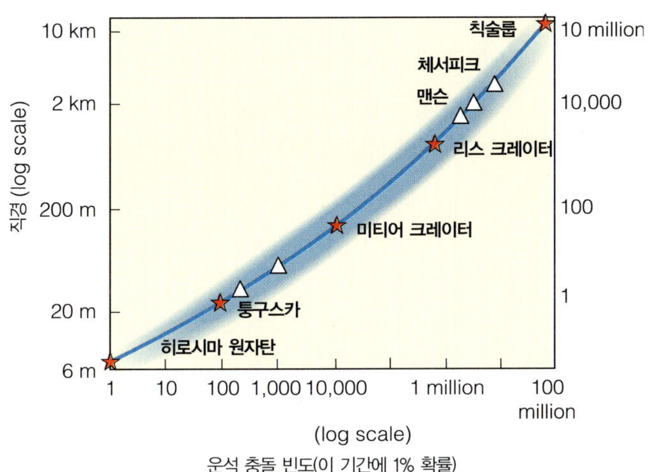

로그 그래프로 나타낸 소행성의 크기에 따른 지구와의 충돌확률.

어나며, 직경 200 m의 충돌체가 지구와 충돌하는 일은 평균 10,000년에 한 번꼴로 일어난다. 지구 옆을 지나가는 직경이 1 km 이상인 소행성은 1,500개 정도에 불과한 것으로 알려져 있으며, 이 중 가장 큰 것은 직경이 41 km이다. 이 소행성들은 지구궤도를 매우 긴 시간 간격으로 지나간다. 따라서 이들이 지구와 충돌할 확률은 다행히도 극히 낮다. 일부 소행성의 궤도는 주변 행성의 중력에 의해 가끔씩 변화한다. 수없이 많은 작은 크기의 소행성들이 지구궤도를 통과해 간다. 우리들의 지구가 우주에서 발사되는 탄환에 의해 언제 명중될지를 전혀 예측할 수 없는 우주사격장 안에서 우리는 살고 있는 셈이다. 우리가 할 수 있는 일은 단지 확률만을 추산하는 것이다.

당신이 운석에 맞을 확률

운석은 하늘에서 매일 떨어진다. 그렇다면 지금까지 사람이 이 운석에 맞은 일이 있었을까? 1954년 11월 30일, 미국 앨라배마 주의 실라코가에서 실제로 이러한 일이 발생하였다. 3.8 kg의 운석이 지붕을 뚫고 떨어져 라디오와 충돌한 후 튀면서 소파에서 잠자고 있던 헐릿 호지(Hulitt Hodge) 부인에게 떨어진 일이 상세히 기록되어 있다. 운석에 맞은 이 부인은 심한 타박상을 입은 것 외에는 별다른 문제가 없었다.

이보다 더 직접적인 충돌의 예가 있다. 1971년 4월 8일 코네티컷 주 웨더스필드에는 0.3 kg의 운석이 한밤에 집 지붕을 뚫고 떨어진 일이 있었는데, 다행히 부상자는 발생하지 않았다. 믿을 수 없는 일은 1982년에도 이곳에서 불과 3 km 떨어진 집에 2.7 kg의 운석이 다시 떨어졌다는 것이다. 또 하나의 보기 드문 기록은 1992년 10월 9일에 미국 동부에서 발생한 사건이다. 뉴욕 주의 픽스킬에 밝은 빛을 내는 불덩어리가 낙하되었는데, 이 상황은 켄터키에서 뉴저지에 이르는 지역의 수천 명에 의해 목격되었다. 이 불덩어리는 미셸 나프(Michelle Knapp) 씨의 자동차 트렁크에 떨어졌는데, 이 충돌 소리를 들은 그녀는 밖으로 나가 확인한 결과 자동차 밑의 얕은 구덩이에 11.8 kg의 운석이 떨어져 있음을 발견하였다. 이 운석은 발견 당시에 아직도 따뜻한 상태였으며 유황 냄새가 났다고 한다. 1997년 6월 8일에는 24 kg의 운석이 모스크바 동북부 90 km에 위치한 한 정원에 떨어져 1 m 깊이의 크레이터를 만든 일이 있었다. 2003년 3월 26일 밤 시카고 인근의 파크포레스트에서는 어느 집의 천장을 뚫고 10 cm 정도의 석질운석이 떨어졌었다. 2004년 6월 12일 9시 30분경, 1.3 kg의 석질운석이 뉴질랜드의 한 가옥의 지붕을 뚫고 떨어진 일이 있었다. 이 암석은 가로세로 각각 7 cm 및 13 cm의 크기였으며, 내부는 회색이고 표면은 검은색을 띠었으며, 원마도가 매우 양호한 암석이었다(그림 17-4 참조). 이 운석이 아처(Archer) 가족 거실의 소파에 떨어졌을 때 뜨거운 상태였으나 다친 사람은 없었다.

2008년 11월 20일 서스캐처원의 로이드민스터 남쪽의 한 농장에는 13 kg의 운석이 떨어졌다. 이때 주변에서는 1,000개 이상의 파편들이 발견되었는데, 이 중 비교적 큰 운석 세 개가 떨어지는 장면이 촬영되었다. 이 운석들의 추정 무게가 45 내지 200 kg 정도인 것을 감안할 때, 이들 운석의 충돌에 의해 지표에 구덩이가 만들어졌을 것으로 추정된다. 최근에는 2010년 1월 18일 주먹 정도 크기의(0.3 kg) 철질운석이 워싱턴 D.C 교외 로턴의 병원 지붕을 뚫고 떨어졌으며, 이 충돌에 의해 운석은 여러 조각으로 부서졌다.

1860년 오하이오 주의 뉴콘코드 부근의 들판에 떨어진 운석에 의해 당나귀 한 마리가 죽었으며, 1911년 이집트의 나키아에 떨어진 운석에 의해 개 한 마리가 죽었다. 운석충돌에 의해 사람이 사망한 경우는 지금까지 알려진 바가 없다. 따라서 운석에 맞을 것을 염려하면서 밤을 지새울 필요는 없는 것이다.

지구상에 거대한 소행성이 충돌할 확률

지구의 중력장은 우주에서 떠도는 소행성들을 끊임없이 제거시키고 있다. 따라서 소행성의 수는 시간이 가면서 점차 줄어들고 있다. 그러나 소행성대에서 일어나는 소행성 간의 충돌에 의해 새로운 소행성이 만들어지며, 이들 중 일부는 지구궤도를 통과하게 된다.

소행성뿐만 아니라 태양계 밖의 운행궤도를 가지고 있는 얼음과 암석으로 이루어진 혜성 또한 우리들에게는 위험한 존재이다. 그러나 혜성은 이들이 태양이나 지구에 접근할 때에 지구에서 관측이 가능하다. 지구와 달에 충돌하는 우주물체의 10 내지 12%가 혜성기원의 물질이다. 운석충돌의 시기와 은하계 내에서의 천체 간 상호운동 특성을 바탕으로 대규모 충돌은 평균 3,300만 년의 주기를 갖는 것으로 추산되었다. 이와 함께 화석자료에 따르면 속 수준의 멸종이 2,600만 년 내지 3,100만 년의 주기로 발생함이 제시되었다. 그러나 일부 학자들은 이 주장에 대해 동의하지 않고 있다. 비록 우주물체가 지구와 충돌하는 횟수가 약 35억 년 전에 줄어들었다고는 하나, 5억 년 전 이후에 충돌횟수가 이전의 높은 비율로 다시 증가하였음이 달의 토양에서 추출된 유리질 구상체에 대한 최근의 연구에 의해 제시되었다.

직경이 약 40 km에 달하는 헤일-밥 혜성은 1997년 1월과 5월 사이에 지구에서 많은 사람들에 의해 관측되었다. 이 혜성은 태양계의 다른 편에서 태양 주위의 지구궤도로 들어왔다. 이 혜성이 지구에 가장 근접했던 3월 22일에는 지구로부터 3억2천 km 떨어져 있었다(태양과 지구 사이의 거리는 약 3억5천 km). 만일 이 혜성이 지구와 충돌하였다면, 그 충격은 6,500만 년 전 공룡을 멸종시켰던 소행성의 수십 내지 수백 배에 달하였을 것이다. 이 혜성은 태양계로 들어오기 전 태양계 바깥쪽에서 대부분의 운행을 보내는 장기간 운행하는 혜성이다. 이 혜성의 일부가 지구를 궤멸시킬지의 여부는 이 혜성의 일부가 지구궤도를 통과할 때 지구가 충돌궤적에 포함되는지의 여부에 달려 있다.

1997년 12월 6일, 애리조나 대학교 우주관측계획의 천문학자들은 직경 약 1.5 km에 이르는 거대한 소행성이 지구와 거의 충돌할 위치에 있음을 관측하였다. 이 소행성들의 궤적은 이들이 지구에 얼마나 가깝게 근접할 수 있는지가 확인될 수 있을 때까지 추적되었다. 1998년 3월 1일, 이 소행성을 추적하던 한 천문학자는 소행성 1997 XF11이 지구와 충돌할 위험성이 있음을 제시하였으며, 가장 근접할 때의 시기는 2028년 10월 26일이라고 예측하였다. 그러나 그의 발표는 이 소행성의 궤적에 대한 이전의 계측결과를 무시한 것이었다. 수정된 계측결과에 따르면 이 소행성이 지구에 가장 근접하는 위치는 지구와 달 사이의 거리보다 2.5배 이상 먼 것으로 확인되었다.

만일 1997 XF11과 유사한 크기의 소행성이 지구에 충돌하였다면, 이때 발생한 충격에너지는 히로시마에 투하된 원자탄보다 200만 배 큰 것이 투하된 결과와 같았을 것이다. 로스앨러모스 국립 연구소의 잭 G. 힐스(Jack G. Hills)는 만일 이 소행성이 대서양에 떨어졌다면 대서양 연안 대부분의 도시를 파괴시킬 수 있는 100 m 이상 높이의 쓰나미가 발생하였을 것이라 설명하였다. 만일 이 소행성이 육상에 떨어졌다면, 직경 30 km 정도의 운석구가 형성되었을 것이며, 이 충돌로 인한 분진과 수증기에 의해 수주 내지 수개월 동안 암흑의 시간이 초래되었을 것이다. 참조로 공룡과 지구상 75%의 생물종을 멸종시킨 6,500만 년 전 충돌사건의 소행성의 크기는 직경 10 내지 15 km였다.

최근에는 소행성 2004 MN4(소행성 아포피스)가 2029년 4월 13일에 지구에 근접하여 지나갈 것으로 예측되었으며, 충돌확률은 37분의 1로 추산되었다. 이에 대한 나사의 후속 측정에 의해 이 소행성은 지구로부터 30,000 km(지구 직경의 2.8배) 옆으로 지나갈 것으로 계산되었으며, 지구와의 충돌 확률은 100,000분의 1로 추정되었다.

소형의 소행성이 지구에 충돌할 확률은 수천 년에 한 번 정도로 추산되며(그림 17-15), 이는 거의 무시할 정도의 미미한 확률처럼 여겨질지도 모른다. 실제로 사람들은 이 확률이 포커에서 로열 플러시가 나올 확률(1/649,739)이나 수십억 원의 복권에 당첨될 확률(1천만 내지 1억 분의 1)과 마찬가지인 것으로 믿고 있다. 그러나 지구상의 모든 문명을 파괴시킬 소행성의 충돌이 내년에 지구에 발생할 확률은 이보다 크다. 다른 자연재해의 경우와 마찬가지로, 발생확률이 낮다는 것이 이 재해가 지금부터 오랜 기간이 지난 후에 일어난다는 것을 의미하지는 않는다. 재앙이라는 것은 언제 발생할지 아무도 예측할 수 없는 것이다.

지구를 향하여 다가오는 소행성에 우리는 무엇을 할 수 있을 것인가?

만일 천문학자들이 공룡을 멸종시켰던 소행성과 같은 대규모의 소행성이나 혜성을 발견하고, 이 물체가 지구와 충돌할 것임이 확인된다면 어떤 일이 일어날 것인가(이 장의 첫머리 사진 참조)? 이 상황에서 망원경 없이 우리는 무엇을 볼 수 있으며, 이 물체를 처음으로 볼 수 있는 것은 언제일까? 이 물체가 달의 공전궤도 안으로 진입하는 것은 충돌 세 시간 전이 될 것이다. 이 물체는 처음에 빛나는 별처럼 보이다가 수분마다 점차 더 밝아질 것이다. 충돌 1시간 전에 이 물체는 금성처럼 빛날 것이며, 충돌 15분 전에는 급속히 크기가 커져 가는 불규칙한 모양의 물체로 나타날 것이다. 충돌 3초 전에 이 물체는 초속 30 km의 속도로 눈부신 빛을 발하면서 지구 대기권 안으로 진입될 것이다. 마침내 충돌이 일어나게 되면, 모든 것이 파괴될 것이며, 이 충돌은 6,500만 년 전의 멸종과 같은 대규모 멸종사건으로 기록될 것이다.

위에서와 같은 시나리오에서 우리 인류는 절대 살아남을 수 없다. 그렇다면 이러한 상황에서 모래에 머리를 숨기고 기다리는 것 외에 우리는 무엇을 할 수 있을 것인가? 이에 대해서는 핵폭탄으로 이 소행성을 폭발시키자는 것과 이 소행성에 로켓 엔진을 부착하여 지구로 향하는 이 물체의 운행방향을 변경시키자는 방안 등이 제시되었다. 수일 내지 수개월 전에 충돌이 예측된 소행성의 경우, 소행성의 폭발에 의해 생성된 수많은 작은 조각들이 지구에 떨어지는 결과가 초래되므로 이는 그리 좋은 방안이 못된다. 수년 전에 충돌이 예측된 소행성의 경우, 이 소행성을 핵폭탄으로 폭파시키면 이로부터 산출된 수많은 파편들은 지구를 벗어날 수 있을 것이다. 소행성의 한쪽 면에 폭발물을 부착하여 폭발시킬 경우, 이 폭발에 의해 소행성이 부서지기보다는 소행성의 운행방향이 변경되는 효과가 나타날 것으로 예상된다. 또 하나의 방안은 소행성의 한쪽 면에서 복사되는 열의 양을 변화시켜 운행방향을 변경시키는 것이다. 예를 들면 소행성의 한쪽 면을 백색 페인트로 칠하는 것이다. 이 방법에 의한 효과는 미미할 것이나, 장시간에 걸쳐 작용한다면 소행성의 운행궤도가 지구와의 충돌을 가까스로 벗어날 정도의 효과가 있을 수 있다.

미항공우주국(NASA)에서는 **직경 1 km 이상의 지구에 근접하는 외계물체**(near-Earth object)**에 대한 목록을 작성하였다.** 캘리포니아 패서디나의 제트추진연구소에서는 직경 10 내지 20 m 정도까지의 외계물체를 탐지할 수 있다. 일반적으로 작은 충돌체들은 대부분이 지표에 도달하기 전에 연소되기 때문에 그리 위험하지 않다. 그러나 전술한 바와 같이 큰 충돌체들은 앞에서 설명된 것처럼 엄청난 재앙을 일으킨다. 소행성을 추적하는 과학자들이 소행성이 근접하는 것에 대한 경고를 때로는 놓칠 수 있다. 2001년 12월 26일, 과학자들은 0.3 km 직경의 물체를 관측하였다. 이로부터 12일 후, 지구와 달 사이 거리의 2배 정도에 해당하는 800,000 km 정도로 이 물체는 매우 가깝게 접근하였다. 만일 이 물체가 지구와 충돌하였다면, 텍사스 주 정도의 지역 또는 미국 동북부의 모든 주와 캐나다 온타리오 남부 지역이 모두 파괴되었을 것이다. 2002년 3월 12일에는 직경 60 m 정도의 소행성이 지구로부터 460,000 km 이내에 또 접근하였다. 이 물체가 태양 쪽에서 지구로 접근하였기 때문에, 천문학자들이 이 물체를 탐지한 것은 이 물체가 지구를 비껴 나간 지 4일이 지난 다음이었다. 2002년 6월에는 직경 100 m의 소행성이 관측되었는데, 이를 알게 된 것은 이 물체가 지구로부터 120,000 km의 거리에서 통과한 지 3일 후였다.

인류의 역사를 통해 소행성과 혜성이 지구와 충돌하여 많은 인명피해를 일으킨 일은 알려진 바 없으며, 일부 개인적인 피해도 매우 드문 일이다. 이처럼 인간의 수명에 비해 매우 오랜 세월 동안에 이러한 사건이 전혀 일어나지 않은 사실은 앞으로도 이러한 일이 결코 일어나지 않을 것이라는 믿음을 가지게 한다. 그러나 지구궤도에 진입하여 지구와 충돌하면서 상상을 초월할 정도의 피해를 입힐 수 있는 외계물체들이 있다는 것을 우리는 지금 잘 알고 있다. 오늘날 과학자들은 지구에 재앙을 일으킬 수 있는 이와 같은 소행성들의 반 정도에 대한 정보를 가지고 있다. 향후 200년 내에 관측되지 못한 소행성이 지구와 충돌할 확률은 매우 낮다. 그러나 충돌이 언젠가 일어날 것이라는 것은 분명하며, 우리는 그때가 언제인지를 모를 뿐이다.

그렇다면 이 피할 수 없는 자연현상에 과연 우리는 대비하고 있는가? 이 질문에 대한 짧은 대답은 '절대 아니요'이다. 우주를 떠도는 암석에 의해 맞아 죽는 것을 걱정하면서 밤을 지새우는 것은 분명히 어리석은 일이다. 사람이 일생을 통해 운석에 맞을 확률이 극히 낮다는 것은 틀림없는 사실이며, 따라서 이를 걱정하는 것은 바람직한 일이 아니다. 치명적인 피해를 입힐 수 있는 작은 소행성이 지구와 충돌하는 것을 우리들은 예측할 수 없을 뿐만 아니라, 이 소행성이 충돌하기 전에 우리는 이를 볼 수도 없다. 비교적 큰 소행성이 충돌하는 경우에도 상황은 마찬가지이며, 지구로 돌진하는 큰 소행성이라 하더라도 이를 제때에 추적하기는 매우 어려운 일이다. 지구의 최후를 가져올 정도로 큰 소행성이 지구와 접근할 때에 이를 관측할 수 있다 하더라도, 이미 그때에는 국가적 또는 국제적으로 어떠한 계획이나 기술적인 조치를 취할 수 없는 상황이 된다. 단지 우리는 이러한 일이 일어나지 않기를 바랄 뿐이다.

당신이 만일 국가적인 영향력을 가진 위치에 있다면, 당신은 이 상황에 대비하여 무엇을 할 수 있을 것인가?

사례

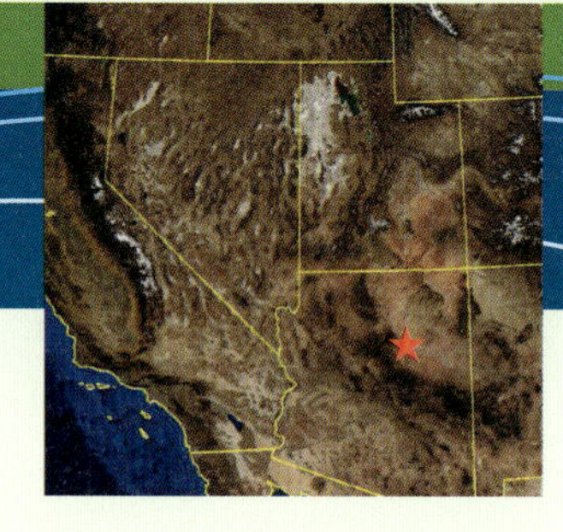

사막의 원형 구덩이

애리조나 주 미티어 크레이터▶

이 크레이터는 애리조나의 플래그스태프에서 65 km 떨어져 있는 전형적인 열린 형의 크레이터로서, 일반인들에게도 잘 알려져 있다(그림 17-6). 이 크레이터는 1.2 km의 직경과 180 m의 깊이를 갖는 소형 크레이터이지만, 원형의 형상과 외곽 융기부가 잘 발달되어 있다(그림 17-7). 이처럼 크레이터의 형태가 잘 보존된 것은 생성된 지 불과 50,000년밖에 안 되었기 때문이다. 이 크레이터에 충돌된 운석은 직경 약 60 m의 철질 운석이었다. 이 운석은 초속 15 km로 충돌하였으며, 그때의 폭발력은 TNT 20톤 정도로, 인류가 보유하고 있는 핵폭탄 중 가장 큰 것의 위력에 해당한다. 운석이 충돌된 암석은 코코니노 사암으로, 갑작스러운 충격에 의해 깨짐현상을 보이는 충격석영(shocked quartz)과 용융된 규산질유리인 레차텔리어라이트(lechatelierite) 등의 충격현상이 잘 나타난다. 한 목동이 1886년에 이 철질운석의 파편을 발견하였으며, 1891년에는 탐사자들에 의해 더 많은 파편이 발견되었다. 이 중 한 파편은 필라델피아의 광물판매상에게 넘겨져 철질운석으로 판명되었다. 이 판매상은 발견된 장소에 대한 탐사를 펼쳐 많은 철질운석 파편을 추가로 발견하였다. 그러나 불행하게도 당시는 운석충돌에 의한 크레이터에 대한 인식이 없었을 때였다. 당시에 유명한 지질학자였던 미국 지질조사소의 책임지질학자인 길버트(G. K. Gilbert)조차도 운석충돌에 의한 크레이터를 화산분화구나 석회암 함몰지로 잘못 해석하였었다.

철광석에 관심을 가지고 있었던 광산기술자인 다니엘 배링거(Daniel Barringer)는 1903년에 이 지역의 광권을 구입하여 많은 시추를 통해 본격적인 탐사활동을 벌였다. 그는 크레이터 외곽 융기부 밑의 암설과 크레이터 중심부에서 걷어 낸 자갈들로부터 운석파편들을 찾아내었다. 배링거는 탐사결과를 바탕으로 이 크레이터가 운석에 의해 만들어졌음을 밝히는 학술논문을 발표하였다. 그러나 그의 주장에 동의하는 학자들은 거의 없었다. 몇 년이 지난 후, 이 크레이터를 각각 따로 방문한 두 명의 천문학자들은 이 크레이터가 운석충돌에 의해 만들어진 것으로 결론지었다. 그러나 이 크레이터의 크기와 운석의 충돌속도를 고려할 때, 떨어진 운석은 기화하였거나 모두 분해되었을 것으로 판단하였다. 이 크레이터의 기원에 대한 논란은 당시 대학원생이었던 유진 슈메이커(Eugene Shoemaker)가 이 크레이터와 주변 암석들에 대한 정밀한 조사를 실시하여, 충격에 의한 용융으로부터 기원한 운석기원의 방울구조가 들어 있는 유리질 물질과 초고압 광물인 코사이트(coesite) 및 스티쇼바이트(stishovite)를 발견함으로써 운석충돌에 의한 것으로 최종 결론이 내려졌다. 스티쇼바이트가 형성되기 위해서는 초고압뿐만 아니라 섭씨 750도 이상의 초고온이 필요하다.

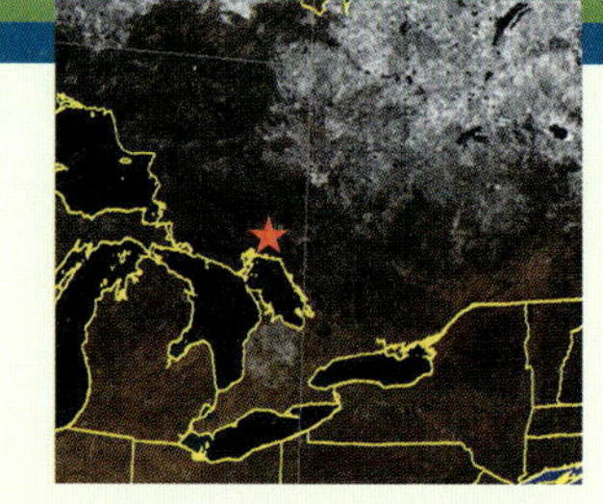

운석 충돌지역에 형성된 니켈 광산

온타리오 주 서드베리▶

선캄브리아대의 서드베리 충돌흔적은 직경이 140 km이다. 비록 이 흔적이 열린 형의 크레이터는 아니지만, 이 지역에 넓게 발달되어 있는 원추형 파쇄구조는 이 흔적이 운석충돌에 의한 것임을 보여 준다. 서드베리 지역에는 지구상에서 가장 규모가 큰 니켈 광상이 발달되어 있다. 이 니켈 광상의 기원에 대해서는 운석충돌에 의한 것이라는 의견도 있으나, 이에 대한 반론

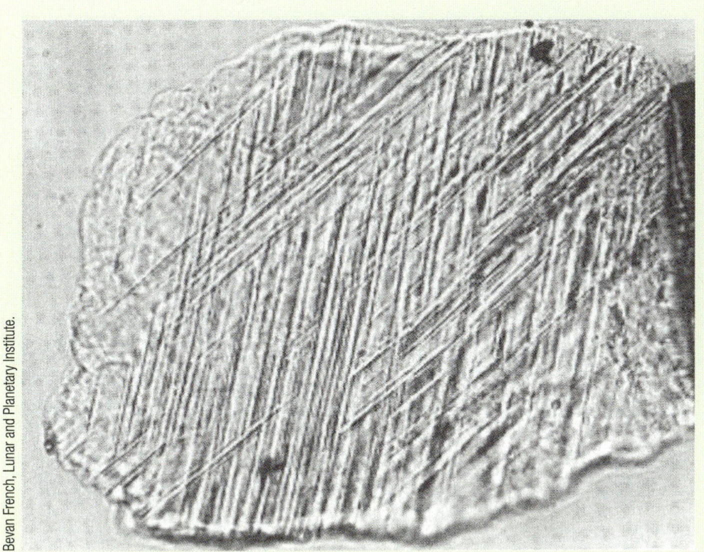

▶ A. 직경 1 mm 이하의 충격석영입자. 초고압의 충격에너지에 의해 여러 겹의 변형엽리가 조밀하게 형성되어 있다. B. 이와 유사한 충격석영입자의 편광사진. 변형면이 관찰되며, 사진에서 나타나는 색은 입자의 두께에 따라 변화한다.

도 상당히 있다.

만일 충돌이 된 암석이 석영을 함유하고 있다면, 이때의 강한 충격압력에 의해석영입자가 변형되어 소위 충격석영입자(shocked quartz grain)라 부르는 특징적인 성분이 나타나게 된다. 이 충격석영입자에는 60,000대기압 이상의 압력에 의해 형성된 엽리구조가 여러 겹으로 형성되어 있다(그림 17-13). 이와 같은 초고압은 지하 200 km의 맨틀에서 나타나는 압력이다. 1984년 미국 지질조사소의 브루스 보호(Bruce Bohor)와 또 다른 사람들은 6,500만 년 된 K-T 경계 점토층에서 이 충격석영입자를 발견하였다. 이 충격석영입자가 매우 강력한 화산폭발에 의해 생성될 수도 있음이 일부 학자들에 의해 제시되었으나, 화산폭발 기원의 입자에는 비교적 저압에서 형성되는 단일 방향의 엽리구조만이 발달된다.

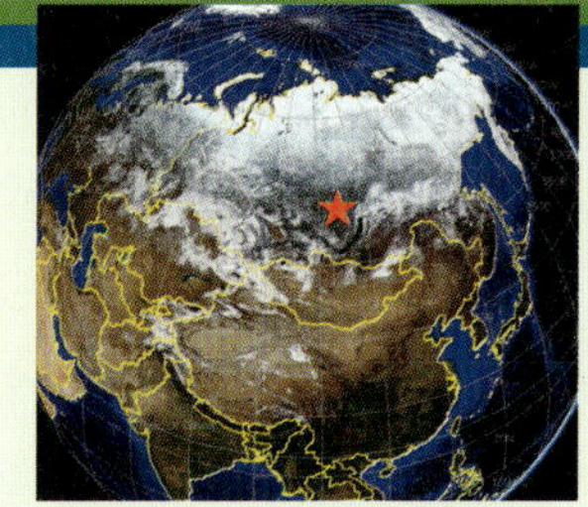

지표를 스쳐 지나간 소행성

시베리아 퉁구스카 ▶

직경 50 m로 추정되는 소행성이 이 지역 위를 스쳐 날아가면서, 1,000 km^2의 면적에 달하는 숲이 연소되었는데, 이때 크레이터는 만들어지지 않았다. 이 피해를 입힌 소행성은 공중에서 폭발하여 분해되기 전에, 지상 약 8 km의 높이에서 초속 15 km 정도로 지표면을 스쳐 지나간 것으로 여겨진다. 대기권에 진입한 소행성은 이 정도 고도에서의 대기권과의 충돌에 의해서도, 소행성의 빠른 속도로 인한 대기권과의 큰 마찰이 소행성을 분해시킬 수 있다. 이때의 에너지는 히로시마에 떨어진 원자폭탄의 1,000배에 해당한다. 이 사건이 일어날 당시, 중앙시베리아의 오지인 이 지역의 북측을 향하여 날아가는 거대한 불덩어리를 많은 사람들이 목격하였다. 크라스노야르스크에서 북동쪽으로 670 km 떨어진 지역에서 이 소행성이 폭발할 때, 사람들은 밝은 섬광을 보았으며 폭발에 의한 굉음을 들을 수 있었다. 이 폭발에 의해 땅이 흔들렸으며, 유리창이 깨졌고, 사람들은 뜨거운 바람이 불어오는 것을 느낄 수 있었다. 폭발 지점에서 남동쪽으로 58 km 떨어진 지점에 있는 한 남자는 피부에 상처를 줄 정도의 뜨거운 열을 느꼈으며, 이 열풍에 의해 그의 집 현관에서 6 m 정도의 거리로 나가떨어졌었

F. Allen.

▶ 1908년 퉁구스카 소행성이 지표면을 스쳐 지나감으로써 쓰러진 나무들.

다. 이 외에도 폭발 지점 부근의 원주민이 사육하던 사슴과 개들이 이 폭발에 의해 죽는 피해가 발생하였다.

1921년에 이루어진 이 지역에 대한 첫 번째 탐사활동에 의해 당시의 폭발 지점으로부터 방사상으로 쓰러진 나무들이 발견되었다. 이후에 이루어진 여러 번의 탐사에 의해 트렌치작업과 시추가 실시되었으나, 운석의 파편은 발견되지 않았다. 그러나 1957년에 이루어진 폭발 지점에서 채취한 토양에 대한 현미경 분석 결과, 철산화물 성분으로 이루어진 미세한 구상의 운석파편 입자가 확인되었으며, 현재 이 소행성은 석질운석이었던 것으로 여겨지고 있다.

17장 복습

요점

우주로부터의 방문객

- 소행성이란 지구와 마찬가지로 태양 주위를 도는 우주의 암석을 말하며, 혜성은 암석과 얼음이 혼합된 물질로 때때로 태양계 궤도 안으로 진입한다. **그림 17-1.**
- 우주암석들이 지구 궤도로 진입하면서 만들어지는 운석은 빛을 발하며 지구의 하늘을 가로질러 지표에 떨어지는 우주기원의 암석이다. **그림 17-2.**
- 운석의 종류에는 철질운석, 감람석과 휘석 등의 성분으로 이루어진 콘드라이트 및 지각물질인 현무암과 유사한 성분을 가지는 에이콘드라이트 등이 있다. 이 세 가지 운석 유형의 상대적인 산출비율은 지구 내부의 이와 유사한 성분을 가지는 암석들의 구성비와 유사하다. **그림 17-3, 17-4.**

충돌의 과거 흔적

- 움직이는 물체의 에너지는 질량과 속도에 비례한다. 지구로 유입되는 소행성의 에너지는 소행성 질량이 2배로 증가하면 그 에너지 또한 2배로 증가하며, 속도가 2배로 증가하면 그 에너지는 4배로 증가한다. **해설 17-1.**
- 우주물질의 충돌은 원형의 깊은 크레이터를 만들며, 충돌부 지하에 분포하는 암석을 압축시키고 용융시켜 이로부터 형성된 물질들을 전 방향으로 퍼지게 한다. 중규모의 충돌은 테두리가 발달된 열린 모양의 크레이터를 이루며, 대규모의 충돌은 중앙부에 융기부가 발달하는 얕고 넓은 형태의 크레이터를 형성한다. **그림 17-6, 17-7.**
- 6,500만 년 전에 공룡을 비롯한 대다수의 생물들을 멸종시킨 소행성의 직경은 10 내지 15 km 정도로 추산되며, 이 소행성이 떨어진 곳은 멕시코의 유카탄 반도였던 것으로 여겨진다. **그림 17-9.**
- 충돌지점 및 주변 지역의 대표적인 충돌흔적에는 원추형 파쇄구조, 기반암의 급격한 용융 및 냉각에 의해 형성된 유리질입자, 충격석영입자 등이 있으며, 대형 충돌일 경우에는 이리듐 성분이 풍부히 함유된 탄질층이 발달된다. **그림 17-11, 17-12, 17-13.**

소행성 충돌의 결과

- 소행성의 충돌은 지구문명을 전멸시킬 수 있다.
- 대규모 운석충돌에 의해 발생하는 재해에는 쓰나미, 화재에 의한 열풍, 태양빛을 차단시켜 지구기온을 하강시키고 이로 인해 식물의 멸종을 가져오는 검댕, 독성이 강한 산성비, 니켈 성분에 의한 식물의 독성화 등이 있다.

운석충돌 위험의 확률

- 지구와 충돌할 수 있는 소형 운석들은 무수히 많으나, 대형 운석은 많지 않으며 거대한 운석은 극히 드물다.
- 200 m 직경의 소행성이 지구와 충돌할 확률은 10,000년에 한 번이며, 모든 문명이 파괴될 수 있는 10 km 직경의 거대한 소행성이 지구와 충돌할 확률은 1억 년에 한 번이다(**그림 17-15**).

지구를 향하여 다가오는 소행성에 우리는 무엇을 할 수 있을 것인가?

- 나사는 지구에 충돌할 수 있는 우주물체들(NEO)을 추적하고 이들의 목록을 작성한다. 그러나 이 물체들은 때로 관측되지 못할 수도 있다.
- 지구로 향하는 소행성들의 일부는 작은 파편들로 부서지고 흩어질 수도 있다.

중요 단어

분산장(strewn field)
석철운석(stony-iron meteorite)
소행성(asteroid)
소행성대(asteroid belt)
에이콘드라이트(achondrite)
운석(meteorite)
원추형 파쇄구조(shatter cone)
유성(meteor)
이리듐 이상(iridium anomaly)
지구에 근접하는 외계물체(near-Earth object)
철질운석(iron meteorite)
콘드라이트(chondrite)
혜성(comet)
K-P 경계(K-P boundary)

복습 문제

1. 소행성이 만들어지는 곳은 어디인가?
2. 태양 주위에서 움직이는 혜성의 운행경로를 써라.
3. 혜성 꼬리의 기원은 무엇이며, 이 꼬리의 방향은 어디인가?
4. 일반적인 운석의 두 종류를 말하고, 각각의 성분을 써라.
5. 우주에서의 소행성의 이동속도는 얼마인가?
6. 소행성이 지표에 떨어지는 각도에 관계없이 대체적으로 원형의 크레이터가 만들어지는 이유는 무엇인가?
7. 대형 소행성이 지표와 충돌한 직후에 이어지는 현상들을 순서대로 설명하라.
8. 대형 소행성이나 혜성이 행성과 가까이 접근하여 붕괴되는 현상에 대해서는 어떤 증거들이 있는가?
9. 크레이터 이외에, 대형 소행성이 지구와 충돌하였을 때 직접적으로 나타나는 물리적 변화 또는 환경변화의 결과 5가지를 열거하라.
10. 직경 1 내지 1.5 km의 소행성이 지구와 충돌하였을 때, 대략 인류의 몇 %가 사망하겠는가?
11. 6,500만 년 전에 지구와 충돌한 대형 소행성이 떨어진 장소는 어디인가?
12. 운석의 크기와 개수는 어떤 관계가 있는가?
13. 지구를 향하여 움직여 오는 대형 소행성을 천문학자들이 관측하기 어려운 이유는 무엇인가?

토의 문제

1. 만일 직경 15 km의 소행성이 지구와 충돌할 경우, 당신이 나사의 책임자라면 대통령이 이 문제를 완벽히 해결하라고 지시하였을 때 당신은 어떻게 할 것인가? 그리고 그 이유는 무엇인가?

미래: 우리들은 어디로 갈 것인가? 18

Hyndman.

해변 지역은 가옥들이 자연재해에 가장 취약한 곳 중 하나이지만, 이러한 위험에도 불구하고 이 지역으로 이주하는 사람들은 계속해서 증가하고 있다. 2008년 9월 허리케인 아이크가 텍사스 갤버스턴 해안가에 위치한 주택들을 완파시킨 이후 나타난 이곳 주민들의 선택에서 이러한 현상은 뚜렷이 나타났다.

과거의 잘못을 기억하지 못하는 사람들은 그 과오를 다시 반복하게 된다.

—조지 산타야나, 1905

문제는 우리들이다

자연현상이 인명이나 재산의 피해를 일으킬 수 있는 곳에 재해의 위험은 언제나 존재함을 이 책의 서언에서 강조한 바 있으며, 재앙이란 바로 인명과 재산에 피해를 주는 재해를 말한다. 오지에서 발생하는 지진, 화산분출, 산사태, 홍수, 태풍, 돌풍 등과 같은 현상들은 단지 진행 중인 자연현상의 일부일 뿐이다. 문제는 우리 인간들이 이와 같은 자연현상에 의해 재해를 입을 수 있는 곳에 살고 있을 때에 발생한다. 지난 수억 년 동안 지구상에서 늘 일어났던 이 자연현상은 아무런 죄가 없으며, 문제는 이 자연현상에 노출되어 있는 우리들인 것이다.

이 문제의 해결방법은 간단하다. 즉 자연재해의 위험이 있는 지역에서 사람들이 살지 않으면 되는 것이다. 그러나 이는 말처럼 그리 쉽지가 않다. 인류는 유목생활을 통해서 자연의 흐름대로 살아가는 방법을 터득하였다. 유목민들은 자연과 싸우기보다는 자연과 더불어 살아가는 방법을 배운 것이다. 재해를 입을 수 있는 자연현상이 일어나면 그들은 보다 안전한 곳으로 이동하였다. 즉 강물의 수위가 올라가면 그들은 살고 있던 범람원 지역을 떠나 다른 곳으로 이동하였으며, 화산이 끓는 소리가 들리면 화산으로부터 멀리 이동하였다.

현재 우리가 당면하고 있는 문제의 하나는 지구상에 살고 있는 인구가 거의 칠십 억에 이른다는 것이다. 문명이 점차 발달해 감에 따라, 사람들은 음식, 물, 에너지, 주거, 수송 등의 문제가 해결될 수 있는 보다 안락하게 살 수 있는 곳으로 이동해 갔다.

사람들은 물을 얻을 수 있고, 농작물이 잘 자라며, 기후가 적당하고, 물물의 교환이 편리한 해안과 강가에 정착하였다. 한편으로 사람들은 비옥한 토양이 발달한 화산 주변에 정착하였다. 세월이 흐르면서, 사람들은 외적으로부터의 방어를 위해 점차 밀집하여 생활을 하게 되었으며, 그에 따라 마을은 점차 커져 갔다. 그러나 근본적인 생활문제가 해결될 수 있는 장소에서 벗어나지는 못하여, 결국 같은 장소에서 계속 살게 되었다.

도시의 규모가 점차 커짐에 따라, 사람들의 생활기반 구조는 고착화되었다. 주거, 수송체계, 통신망 등이 구축되었으며, 이 외에도 주택, 상가, 공장, 도로, 교량, 댐, 상수도 등의 체계가 갖추어졌다. 이러한 상황에서 자연재해가 엄습한다면, 우리들은 자연과 싸워야 할 것이다. 사람들은 자신들이 강물이 범람할 수 있는 범람원 위에 살고 있다는 사실도 모른 채, 홍수에 의한 범람을 막기 위해 제방을 쌓는다. 우리들은 애당초 이와 같은 범람원 위에 주거지를 형성해서는 안 되었던 것이나, 다시 과거의 상태로 돌아갈 수는 없다. 우리들은 범람수위보다는 높은 지대에 주거지를 형성했어야 했다. 우리들은 농작물을 경작하기 위하여 지금도 범람원을 이용할 수는 있으나, 범람이 있을 때에는 매번 이 지역을 포기해야만 한다. 이는 마치 '소 잃고 외양간 고치기' 식이다. 도시의 규모는 돌이킬 수 없을 정도로 이미 비대해져 있으며, 우리들은 결국 이 틀 안에서 살아가야만 한다.

우리들은 과거에 위와 같은 잘못된 선택의 결과를 경험하였음에도 불구하고, 이와 같은 잘못된 선택을 반복하고 있다. 산업화된 국가의 인구 증가, 사람들의 여유시간 증가, 운송시스템의 효율 향상 등은 여가활동이나 건강을 위한 운동에 우리들이 보다 많은 생활의 비중을 두게끔 하였다. 우리들은 강가(**그림 18-1**), 해안절벽 끝, 바다 가운데의 모래섬, 전망이 멋진 절벽과 화산 지역 등에 집을 지었다. 이러한 지역에 커다란 자연재해가 일어나면, 우리들은 자연을 통제할 수 없다고 불평을 한다. 그러나 자연에는 전혀 문제가 없으며, 바로 우리들이 문제인 것이다. 이러한 재해를 입지 않기 위해서 우리들은 보다 안전한 곳으로 주거지를 옮겨야 하는 것이다.

멋진 자연환경을 갖춘 곳에 집을 새로 짓거나 이러한 곳에 위치한 집을 구입할 때에도 우리들의 위와 같은 막연한 생각은 판단을 흐리게 한다. 멋진 바다를 바라볼 수 있는 곳, 아름다운 모래 해변, 풍광이 수려한 조용한 강가 등은 우리 모두가 살고 싶은 장소이다. 그러나 이들 멋진 장소는 모두가 인명과 가옥에 피해를 줄 수도 있는 **자연재해**(natural hazard)에 우선적으로 노출될 수 있는 위험을 안고 있다.

사람들은 이곳에 삶과 관련한 모든 측면에서 위험이 상존한다는 것을 알면서도 이곳을 삶의 터로 선택하고 있다. 우주를 떠다니는 운석에 맞지 않기 위해 우리들이 할 수 있는 일은 거의 없으며, 이러한 일이 일어날 확률이 매우 낮다는 것도 우리들은 알고 있다. 우리가 숲 속을 거닐 때에 때로는 나무들이 쓰러질 수도 있다는 것을 알고 있다. 그러나 쓰러지는 나무에 의해 사람이 맞을 수 있는 확률 또한 낮다는 것도 우리들은 알고 있다. 우리들이 차를 타고 도로 위에서 운전을 할 때에 다른 운전자의 음주운전, 졸음운전, 신호위반, 또는 단순한 실수 등에 의해 이 운전자의 차가 자신의 차에 충돌할 수도 있다는 것을 알고 있다. 그러나 우리들은 이러한 위험이 있다는 것을 알면서도 이러한 사고가 자신에게는 일어나지 않을 것이라고 생각하기 때문에 이러한 위험을 감수하면서 하루하루를 생활하고 있는 것이다.

자연재해에 관한 전문적인 지식을 가지고 있는 사람들조차도 위와 같은 멋진 장소의 유혹 앞에서 때로는 넘어가게 된다. 그들은 재앙은 다른 사람들에게만 일어나는 것이며, 나에게는 일어나지 않는 것이라고 믿고 있다. 바로 이와 같은 '자신만은 특별하다'라는 생각이 지혜로운 판단을 흐리게 한다. 한편 재해에 관한 지식을 가지고 있으면서도 물리적 및 경제적 손해를 기꺼이 감수하면서 살아가는 방식을 택하는 사람들도 있다. 즉 지진발생의 위험이 있는 지역일 경우, 이들은 내진설계가 되어 있는 집의 건축비용을 기꺼이 부담하며, 고액의 지진보험에도 가입한다. 산사태의 위험이 있는 지역일 경우, 이들은 고액의 배수시설 비용을 부담하며, 가옥의 지반을 강화하는 비용까지도 부담한다. 그러나 일반적으로 산사태 관련 보험은 아직 없기 때문에, 산사태가 일어날 경우 이들은 자신의 가옥이 완전히 파괴되어도 보상받을 수 없는 위험을 감수해야만 한다. 우리들 대부분에게 주택은 가장 큰 재산이며, 이 주택을 구입하기 위해 대출을 받고, 이를 15년 내지 30년에 걸쳐 갚고 있다. 그러나 산사태에 의해 집이 사라질 경우에도 우리들은 이 빚을 계속 갚아나가야만 하는 것이 현실이다.

그림 18-1 범람

Washington State DOT.

Master Sgt. Paul Dorman, U.S. Air Force.

A. 2009년 1월에 범람이 발생한 워싱턴 주 린든 부근의 눅색 강. **B.** 위스콘신 주 중남부 델턴 호수의 지방도로가 강우량 30 cm에 의해 일어난 범람으로 인해 붕괴된 모습.

재해환경평가 및 저감방안

이 책의 여러 곳에서 언급되는 기본적인 문제는 우리들이 자연을 제어할 수 있다고 믿는 것이다. 우리들은 재해를 막기 위해 제방을 쌓고 사석을 쌓는다. 이 방법은 일견 논리적인 것처럼 보였다. 우리들은 이러한 행위들이 문제를 악화시킨다는 것을 인식하지 못하였다. 정부는 이와 같은 단기적 방안이 **자연에 의한 피해**(nature's rampage)에 대한 해결방안이라는 믿음을 가지게 하였다. 일반 국민들과 정부 관리들은 자연을 제어할 수 있다는 시각을 가지고 있다. 자연현상에 대한 우리들의 해결방안은 모두 그 현상이 일어난 후에 대응을 하는 것이나. 만일 뉴올리언스가 또 다른 허리케인으로부터 살아남을 수 있을 것인가라는 질문에 미육군공병단의 책임자는 5등급의 허리케인이 오더라도 제방을 더 높이 쌓는다면 문제가 없다고 답할 것이다. 그러나 불행하게도 그들이 미시시피 강의 제방을 지난 수십 년간 올려 왔음에도 결국 일부 제방은 무너지고 범람하게 되었다.

제방이 붕괴되거나 바닷가 모래톱에 건조된 가옥과 도로가 범람에 의해 유실되었을 때, 사람들은 이러한 피해의 원인이 제방을 충분히 높이 쌓지 않거나 폭풍에 대한 대비책이 부족했기 때문이라고 생각한다. 우리들이 대규모 자연현상을 막기 위해 노력할수록 그에 따른 반대효과는 더욱더 악화된다는 것을 사람들은 인식하지 못하고 있다. 재해를 일으키는 자연의 변화는 피할 수 없는 현상이며, 그 현상이 언제 일어나는가 하는 것은 단지 시간의 문제인 것이다. 우리는 미리 대책을 세워야 한다. 우리들이 자연현상을 제대로 이해한다면, 우리들은 자연과 함께 살아갈 수 있는 방법을 배울 수 있게 될 것이다.

뉴올리언스의 경우 비상대책관들은 대형 허리케인에 의해 범람이 발생하고 도시에 재앙을 초래할 수 있으리라는 것을 오래전부터 인식하고 있었다. 허리케인 카트리나는 대형 허리케인에 의한 영향을 생생히 입증하였다. 이와는 별개로 미시시피 강 하류에서 발생한 대규모 범람은 높은 제방을 넘쳐흘렀는데, 이 제방은 100년 주기 홍수에 견딜 정도의 규모로 축조된 것이었다. 11장과 12장에서 하천과 범람에 관해 언급한 바와 같이, 100년 주기 홍수는 언제든지 발생할 수 있다. 이와 함께 상류에서의 퇴적에 의해 미시시피 강의 범람이 연속적으로 발생하는 복잡한 문제가 발생한다. 도시가 점차 커지고 상류에서의 제방 축조가 증가함에 따라 대규모 범람은 점점 증가하게 된다. 뉴올리언스 상류 지역에서의 제방 붕괴는 강물이 북측 제방을 넘어 저지대로의 범람으로 이어지며, 그 결과 도시 북단에 위치한 폰차트레인 호수의 수위가 상승한다. 만일 제방이 범람으로부터 보호할 수 있다는 믿음을 가지는 사람들이 피하지 않는다면, 탈출을 위한 도로에 강물이 넘쳐 수십 만의 사람들이 위험에 처하게 될 것이다. 비록 뉴올리언스에서의 경험이 다수의 지식인과 공공기관들에게 경고를 주었지만, 대규모의 개선은 이루어지지 않았다. 정부 기관과 관변단체들은 보다 적극적인 대비방안을 마련하려고 노력하지 않는다. 오로지 재난이 닥친 후에야 사람들은 비상대응을 한다.

재해위험지역에 대한 방재의 해결책으로는 비용이 비교적 저렴한 제도적인 방안과 높은 비용이 소요되는 기술적인 방안이 있다. **제도적인 방안**(soft solution, 소프트웨어적 방안)은 일종의 제도적 장치를 구축하는 것으로, 특정 지역에서의 건축을 규제하는 건축금지구역 설정이나 건물과 인명의 피해를 최소화할 수 있는 엄격한 건축규정을 제정하는 방안이다. **기술적인 방안**(hard solution, 하드웨어적 방안)은 제방구축, 콘크리트 구조물에 의한 방파제 구축, 배수망 구축 등이다.

자연재해에 대한 사회적 책임의식의 부족

자연재해로 인해 인명피해가 있는 경우에도 이에 대한 사람들의 기억은 불과 몇 년도 가지 않으며, 이와 같은 재해가 다시 일어날 수 있다는 사실을 사람들은 빨리 잊어버리게 된다. 자연재해에 의해 심각한 피해를 입은 가옥들은 폐기 또는 철거처분을 받게 된다. 그런데 이곳에 거주하는 개인이나 부동산업자들은 재난위험도가 높게 판정된 가옥이라도 재건축이나 재거주를 허가받기 위해 소송을 제기한다. 때로 그들이 승소하며, 이 경우 문제는 더욱 악화된다.

건물주들은 그들이 구입하였던 가옥이 피해를 입은 것에 대해 다른 사람들을 비난하거나, 때로는 피해보상을 위한 소송을 제기한다. 이러한 경우에 과연 누구에게 책임이 있는가—집을 판 사람인가, 구입한 사람인가, 토지개발업자인가, 부동산업자인가, 아니면 정부인가? 이 질문에 대한 가장 현실적인 답변은 "**위험부담은 매수인에게 있다**(buyer beware)."는 격언에 따르는 것이다. 그러나 여러 가지 사회적인 관점에서 볼 때, 만일 가옥을 매도한 사람이 매도 당시에 그 가옥의 하자에 대해서 어느 정도 알고 있었다면 매도인에게 책임이 있다고 할 수 있다. 그러나 이 경우에도 문제는 결코 간단하지 않다. 이와 같은 책임공방에 있어서의 주요 쟁점사항으로는 지붕의 누수 여부, 지반의 균열 여부, 가옥 내부에서의 높은 방사능 누출량, 이전의 침수피해 여부, 사태위험지역 위의 건축 여부 등을 들 수 있다. 가옥에 하자가 있는 사실을 매수인이 모르고 구입한 경우에는 일반적으로 매수인의 책임은 없다. 만일 토지개발업자나 부동산업자가 "가옥에 하자가 없다."고 말을 하고 이를 매도한 것이라면, 책임은 토지개발업자나 부동산업자에게 있다. 토지개발업자가 가옥을 구입한 후에 이 가옥이 사태위험지역에 위치한 것을 알게 되었다면, 그들은 이 사실을 구매자에게 말해야 한다.

자신이 소유한 가옥이 피해를 입었을 경우, 가옥주는 그 피해에 대한 책임을 다른 사람, 특히 돈이 많은 사람에게 부과하려고 노력하게 된다. 만일 개발업자가 도피하였거나 파산선고를 하였을 경우, 그 다음에는 정부에게 책임을 부과하려고 할 것이다. 정부는 개발업자에게 해당 가옥에 대한 건축허가를 과연 내주었는가? 지방자치단체가 침수피해나 사태의 위험이 있는 지역에 건축허가를 내준 것에 대한 책임이 과연 있는가? 실질적으로 재해위험지역에서의 건축을 금지하는 지방자치단체는 그리 많지 않다. 일부 지방자치단체에서는 건축을 하기 전에 지질전문가나 지반공학 기술자에 의해 사태 및 침수피해에 대한 안전진단을 받도록 조례에 의해 의무화하고 있다. 그러나 어느 전문 분야이든 전문성이 부족하거나 윤리의식이 부족한 전문가들이 있는 현실이 위와 같은 제도의 효과를 약화시킨다. 실제로 캘리포니아 남부에서는 제안된 설계에 의해서는 건축허가가 나올 수 없다는 평가를 내린 어느 지역의 전문가가 개발업자에 의해 해고당하고, 대신 긍정적인 평가를 내릴 수 있는 전문가가 새로 고용된 일도 있다. 시애틀을 비롯한 서해안 지역의 사면지대가 발달한 많은 도시들의 경우, 부동산업자가 가옥을 매매할 때에 매매 대상 지역이 지난 수십 년간 사태가 일어났던 지역이라는 사실을 매수인에게 반드시 알려 주어야 하는 규정이 없다.

자연재해의 위험이 있는 지역에 대한 **건축금지규정**(zoning restriction)을 운용하는 지방자치단체는 그리 많지 않다. 그 예로 미국의 사우스캐롤라이나 주의 경우, 퇴적물의 활동성이 높아 지반이 불안정한 제빈도 위의 건축금지규정이나(**그림 18-2**) 허리케인에 의한 바람의 피해를 최소화할 수 있는 건축규정을 운용하는 지방자치단체는 거의 없다. 2008년 허리케인 아이크가 텍사스 갤버스턴의 동측과 서측 해안에 있던 주택들을 파괴시킨 후 수개월도 못 되어 해변에 위치한 주택들을 판

그림 18-2 해변 개발

사우스캐롤라이나 주 폴리스아일랜드의 제빈도 위에 위치한 가옥들이 허리케인 휴고에 의해 파괴된 지 9개월 후에, 이전보다 더 큰 규모의 고급 주택들이 해변 바로 위에 건축되기 시작했다. 여기에 설치된 지그재그형 울타리가 불어오는 모래를 부분적으로 막아 주는 역할을 할 수 있지만, 여기에 방재의 역할을 할 수 있는 해안사구는 발달되어 있지 않다.

매하는 많은 광고가 나타났으며, 사람들은 똑같은 장소, 심지어 이전보다 더 바다에 가까운 장소에 집을 짓기 시작하였다. 오늘날 허리케인 예보기술의 놀라운 발전에도 불구하고, 해안지역의 인구증가로 인해 대피 시에는 심각한 교통체증이 일어남에 따라 안전한 지대로 대피할 때까지의 시간이 부족한 상황에 놓이게 된다.

재난 이후

한편 가옥의 피해가 매도인이 아닌 가옥주 자신의 책임에 의해 일어나는 경우도 많이 있다. 풍광이 좋은 장소는 겨울철에 눈이 많이 쌓이는 가파른 사면 바로 밑이거나, 산의 풍경을 바라보기 좋은 수직 절벽 밑일 수가 있다(**그림 18-3**). 사태가 서서히 진행되고 있는 지역 위에 위치한 가옥에 점차 균열현상이 발생하기 시작할 경우, 이로 인한 수도관의 파열에 의해 다량의 물이 사면지역으로 유입될 수 있다. 이 경우, 수도관의 누수현상이 사태가 있기 전부터 진행되어 이로 인해 이 지역의 사태를 유발시켰는가? 아니면 사태가 먼저 발생하고 이로 인해 수도관의 파열 및 누수가 일어났는가? 또는 해당 가옥의 지붕 및 배수시설의 하자와 높은 강수량으로 인해 지하로 물이 스며들어 사면이 더욱 불안정해진 것인가? 아니면 대지 조성을 위한 사면 절개작업에 의해 사면이 불안정해진 것인가? 등과 같은 원인규명의 문제가 발생하게 된다.

하천의 제방 구축이 제방이 없을 때보다 오히려 범람의 수위를 높인 것은 아닌가? 저지대에 위치한 가옥들의 안전을 위해 구축된 산사태 방지 댐이나 기타 시설들이 제 역할을 하지 못한 것은 아닌가? 아니면 애당초 이와 같은 재해의 위험이 있는 지역에 가옥들이 건축되지 말았어야 하는 것은 아닌가?

과연 정부가 토지소유자들의 토지활용을 아무 조건 없이 허가해 주어야만 하는가? **재산권**(property right) 옹호론자들은 이를 찬성한다. 정부가 어느 지역에 건축허가를 내주었을 경우, 만일 이 지역에 재해가 발생한다면 과연 해당 지역 주민들이 이 재해에 대한 책임을 공유하여야 하는가? 주택이 재해 위험 지역 내에 위치해 있으며, 어떤 재해가 발생할 수 있을 것인지에 대해 정부가 구매자에게 반드시 알려 주어야 하는가? 재해를 유발시킬 수 있는 토지개발을 한 지주에게 책임을 부과하지 말아야 하는가? 만일 그렇다면, 과연 정부가 지주의 재산 개발이익에 대한 세금을 효과적으로 징수한다고 말할 수 있을 것인가?

우리들 사회는 우리들이 빚은 실수를 잘 깨닫지 못하고 있다. 캘리포니아 남부 지역에서 발생한 야생화재로 인해 많은 가옥들이 소실된 지 불과 몇 달 후에 사람들은 이곳에 다시 집을 짓는다(**그림 18-4**). 불행히도 지방정부에서 이 개발을 주도하고 있으나 화재에 대한 대응 책임은 지방정부가 거의 지지 않으며, 결국 이에 대한 책임과 소요경비는 국가가 맡게 된다. 캘리포니아 대학의 1999년 보고서에 따르면, 캘리포니아 인구의 97%가 증가된 1970년과 1985년 사이에 이 지역에서 화재에 의해 없어진 면적은 95%가 증가한 데 비해 화재에 의한 피해복구 비용은 5,000%가 증가한 것으로 나타났다.

지난 수십 년간 자연재해 복구의 비용을 연방기금에서 충당함에 따라, 주정부나 자치단체, 또는 국민들은 자연재해에 의

그림 18-3 눈사태

David Saville, FEMA.

알래스카 주 코도바에서 2000년 3월 1일에 발생한 눈사태에 의해 비탈면 아래에 있던 집들이 완파되었다.

그림 18-4 야생화재

M. Raphael, FEMA.

2003년 샌버너디노에서의 화재에 의해 숲 속 계곡부에 위치했던 주택이 소실된 모습.

한 피해복구 비용은 마땅히 연방정부가 부담하는 것으로 믿고 있다. 그러나 1988년 이후, 연방정부의 정책은 **피해저감대책**(matigation)을 마련하는 데에 보다 많은 예산을 투자하는 쪽으로 변화되고 있다. 그렇지만 이 또한 지속적으로 이루어지지 못하고 있다. 피해복구를 위한 연방기금의 지원은 아직도 가능하나, 이 경우 보다 안전한 방법과 안전한 장소에 복구를 하는 쪽에 지원이 된다. 이러한 정책변화에는 보험회사의 보상비 부담 증가가 중요한 역할을 하였다. 1992년 허리케인 앤드류와 2005년 카트리나에 의한 피해와 1993년 미시시피 강의 범람에 의한 피해가 발생한 후에, 많은 보험회사들이 재해보험의 갱신을 거부하거나 재해보험료를 대폭 인상하였다. 큰 재앙을 일으킨 2004년과 2005년의 허리케인 이후, 대형 허리케인의 엄습이 예상되는 미국 동남부 지역에서는 보험률이 크게 증가하였다. 이러한 변화들은 토지이용규제의 강화, 건축규제의 강화, 벌금제도, 새로운 재정적 인센티브제도 도입 등과 함께 향후 자연재해에 의한 피해를 줄이는 데에 중요한 영향을 미칠 것이다.

과연 누가 재해경감비용을 부담하여야 할 것인가? 자신이 소유한 토지에 건물을 건축하려는 토지개발업자 또는 지주인가? 아니면 세금을 내는 일반 시민인가? 어느 사람이 그의 재산을 홍수나 허리케인에 의한 피해로부터 보호할 수 있는 권리를 부여받았다고 해서, 과연 이웃 지역에 있는 사람들에게 그 피해를 전가시킬 수 있는 것인가?

위에서 열거한 여러 문제들은 단지 가상이 결코 아니다. 이러한 문제들은 늘 발생하여 왔고 앞으로도 발생할 것이다. 이에 대한 해결책은 결코 간단하지 않으며, 모든 경우에 법적인 소송의 쟁점이 된다.

계몽활동

자연재해에 대한 사회적 책임의식이 위에서와 같다면, 우리들은 자연재해의 위험을 줄이기 위해 별로 할 수 있는 것이 없다고 스스로 단념하는 것이 쉬울 것이다. 사람들은 다른 사람들의 탐욕이나 오판으로 인해 발생한 피해 때문에 자신의 세금이 사용되는 것을 원치 않는다. 사람들은 가능한 한 세금을 덜 내길 원하므로, 대부분의 사람들은 방재를 위해 투자되는 비용을 절감시키는 데에 동의할 것이다. 재해위험이 원천적으로 존재하는 지역의 재산을 보호하기 위해서는 수십억 달러의 비용이 소요된다. 특정 집단의 재산을 보호하기 위해 많은 비용이 투자되면서도 그 혜택이 다수에게 돌아가지 않고 특정 소수에게만 돌아가는 사업이 많이 있다는 것을 사람들이 알게 된다면, 이와 같은 사업은 축소될 것이 분명하다. 만일 그렇게 된다면, 이에 대한 해결책은 자연재해와 자연재해를 일으키는 과정에 대해 일반 대중을 대상으로 계몽활동을 실시하는 것이다.

방재대책 수립과 관련한 문제들 중 많은 부분들이 정치적인 문제이다. 정치인들은 자신의 지역구민들에 대한 봉사를 조건으로 선출된다. 정치인들의 정책적 결정은 지역구민의 삶의 질 향상이나 재당선의 목적하에서 이루어진다. 유권자들의 관심과 결정은 사회적인 측면보다는 개인적 이익에 따르게 된다. 대규모 국민사업에 소요되는 예산책정에는 모든 계층의 사람들이 직접적인 영향을 미치게 되며, 이에 따라 일반 국민들을 대상으로 해당 사업의 중요성과 효과에 대한 계몽이 필요하다. 그러나 행정관료들은 지역구민이 원하는 방향에 따라 정책을 수행하여야 하기 때문에, 궁극적인 결정권은 국민에게 있다.

자연재해와 관련된 사회적 이슈가 특정 지역에 경제적인 이익이나 고용창출의 단기적인 효과를 가져올 수 있다. 즉 자연재해 문제가 제기된 해당 지역의 주민들은 국가 또는 주정부가 부담하는 수백만 달러에 달하는 방재사업비의 혜택을 누릴 수 있다. 이 방재사업비에 의해 지역주민 전체가 단기간의 경제적인 혜택을 받을 수 있다. 그러나 이러한 혜택을 받는 지역주민들은 이 사업으로 나타날 수 있는 장기적인 영향이 무엇인지 제대로 모르는 경우가 있다. 때로는 방재사업으로 인해, 애초에 지역주민들이 예상했던 것과는 다른, 해빈침식과 같은 부정적인 결과가 나타날 수도 있다.

2008년 허리케인 아이크 발생 이후, 많은 주민들과 지역관리들, 심지어 주지사까지 아이크 방파제라는 명칭이 붙여진 구조물 건설에 회의적인 의견을 제시하였다. 아이크 방파제와 유사한 경우로 갤버스턴 한 지역의 방파제를 예로 들 수 있는데, 이 방파제는 주거 지역을 파도로부터 보호하기 위해 해안에 수십 km의 길이로 축조되었으며, 건설 비용은 주정부와 연방정부가 함께 부담하였다. 문제는 이 지역을 사람들이 거의 찾지 않는다는 것이다. 그 이유는 사람들이 이곳을 찾는 첫 번째 이유인 모래들이 방파제 건설에 따른 파고의 증가에 따라 사라져 버렸기 때문이다.

따라서 일반 시민을 비롯하여, 토지개발업자, 부동산사업자, 상공인, 금융인, 관료 등 다양한 계층의 사람들을 대상으로 자연재해의 특성에 대한 계몽활동이 절대적으로 필요하다. 일반적으로 사람들은 자기가 원하는 곳에 살지 말라는 말을 듣기 싫어하므로, 이러한 계몽활동은 매우 어려운 일이다. 이러한 계몽활동이 효과를 거둘 수 있는 최적의 시기는 대규모 자연재해 발생 후 1년 내외의 기간으로, 이 시기에는 자연재해의 원인과 결과가 사람들에게 뚜렷이 각인될 수 있다. 이 기간에 우리들은 자연재해의 원인과 결과를 사람들에게 보다 분명하게 이해시킬 수 있으며, 앞으로도 예상되는 이와 유사한 자연재해를 방지하기 위해서는 어떠한 분야의 전문가가 필요하다는 것을 제시할 수 있다. 그러나 안타깝게도, 자연재해의 피해에 대한 사람들의 기억은 너무도 빨리 사라져버린다. 사람들은 시간이 흐르면서 그들이 겪었던 자연재해가 앞으로 일어나기 어려운 매우 드문 현상이라고 생각하게 된다.

사람들의 이러한 어리석음에 대해 책임을 물을 수만 있다면, 자연재해에 의한 재산과 인명피해는 줄일 수 있을 것이다. 자연재해에 관해서는 일반 시민뿐만 아니라 특정 단체나 기관 등에 속한 사람들 모두에게도 개인적인 책임이 부과되어야 한다. 사람들이 재해위험지역에 살지 않게 된다면, 그 이익은 우리들 모두에게 돌아오게 된다. 우리들은 자연재해의 결과를 인정하는 사람들이 자연재해의 과정과 방재의 효과에 대해서도 잘 이해할 수 있도록 도움을 주어야 한다.

결론적으로 자연재해의 단기적인 득실을 논하기보다는, 장기적인 측면에서 자연재해를 이해하고 방재대책을 수립하여야 할 것이다.

자연재해에 상대적으로 취약한 빈곤계층에 대한 정책적 배려의 필요성

빈곤계층이 많은 국가의 사람들이 거주지를 선택할 때의 기준은 부유한 국가와는 차이가 있다. 예를 들어 중앙아메리카의 대다수 국가와 동남아시아 일부 국가의 경우, 수백만의 사람들이 자신들의 희망과는 관계없이 거주 지역을 선택하게 된다. 그들은 먹을 것과 살 수 있는 공간만 해결되면 그곳에 거주하게 된다. 과테말라와 니카라과의 경우, 비옥한 평야지대에는 대규모 협동농장이 운영되고 있기 때문에, 저임금으로 연명하고 있는 이 지역의 농부들은 어쩔 수 없이 산사태의 위험이 도사리고 있는 사면지대에 거주하게 된다. 이 지역에서 일거리를 찾지 못한 사람들은 일자리를 찾기 위해 도시로 나가게 되며, 이들 또한 위험한 사면지대에 살게 된다. 이들 두 부류의 사람들은 모두 집과 먹거리 해결을 위해 삼림을 파괴하게 되며, 이로 인해 그들이 거주하는 지역은 재해위험지역이 되어 버린다. 이들 빈곤계층의 삶을 더욱 어렵게 만드는 것은 이들 국가의 높은 출산율 및 인구증가율로, 이로 인해 재해위험지역에 거주하는 인구의 수가 점점 증가하는 것이다. 이들 대다수 빈곤계층에서는 종교적 또는 문화적 이유로 인해 가족의 수를 인위적으로 줄일 수 없는 또 하나의 문제가 있다.

이와 같은 빈곤 국가에서는 재해위험지역에서의 거주제한 규정이나 경고제도를 강화하는 정책만으로 재해의 위험을 줄일 수는 없으며, 자연재해에 대한 계몽활동이 뒷받침되어야 한다. 이와 함께 문화적, 경제적 및 정치적 요인에 따라 해당 국가의 재해위험도가 좌우되기 때문에, 일반적으로 부유한 계층과 집단이 이 요소들을 좌우하는 현 실정에서 빈곤층의 사람들은 그들 스스로 문제를 해결해야만 한다. 2010년의 아이티 지진과 같은 대형 재해가 발생한 이후, 국제 구호단체들이 구조와 재건을 위해 투입되었다(**그림 18-5**). 그러나 궁극적으로는 이들 빈곤 국가에서의 교육의 결핍과 심한 빈곤이 이들 국가 국민들의 미래가 어두움을 말해 준다.

경제적으로 다소 풍요로운 국가와 빈곤 국가 간의 자연재해 피해의 차이는 2010년 초 아이티와 칠레에서 발생한 지진의 사례에서 뚜렷이 나타났다. 아이티의 수도 포르토프랭스 부근에서 발생한 진도 7의 지진에 의해 220,000명 이상의 사망자가 발생하였으며, 1,300,000명이 집을 잃게 되었다. 그에 반해 칠레에서 일어난 진도 8.8의 지진에 의해서는 약 800명이 사망하였다. 진앙 기준으로 칠레의 지진이 아이티 지진보다 500배 강한 것이었지만 아이티 지진에 비해 사망자수는 매우 적었다. 이 두 국가 간에 가장 큰 차이는 아이티에는 건축규정이 없으며, 있다 하더라도 국민들이 이 규정을 준수할 만한 경제적 여유가 없다. 아이티의 1인당 국민소득은 연 1,340달러에

그림 18-5 건물 붕괴

Joshua Kelsey, U.S. Navy; Justin Stumberg, U.S. Navy.

2010년 아이티 지진에 의한 건물 붕괴 현장에서 구조대원들이 희생자들을 찾고 있는 모습. 부실한 건축에 의해 아이티에서 가장 큰 도시의 대부분 건물들이 붕괴되었다. 지지력이 약한 무거운 콘크리트 바닥들과 기둥들이 붕괴되어 수천 명이 사망하였다.

불과하며, 전체 인구의 3/4이 하루에 2달러 미만의 수입으로 생활하고 있다. 아이티 국민의 대부분이 교육을 받지 못하였으며 문맹이다. 이에 비해 칠레는 라틴아메리카 국가 중에서 가장 부유한 국가이며, 국민 1인당 연소득은 14,299달러이다. 지구상에서 가장 활발한 섭입대를 따라 위치한 칠레는 지진에 익숙해 있기 때문에, 세계에서 가장 큰 규모였던 1960년 지진 발생 이후, 건축규정을 강화하였으며, 이 규정은 세계에서 가장 엄격한 기준을 가지고 있다.

2004년 12월에 수마트라 및 인접 지역에서 발생한 지진과 쓰나미를 동반한 재앙은 열대지방의 저지대에 거주하는 빈민들이 안고 있는 문제를 부각시키는 계기가 되었다. 대부분 대가족인 이 지역의 빈민들은 고기를 잡거나, 다국적 기업에서 낮은 임금으로 일을 하거나, 주변 리조트에서 관광객들을 위하여 직원으로 일을 하거나, 이와 관련된 여러 직종에 종사하면서 살아 나간다. 이들 중 많은 사람들이 만조선에 가까운 해변 근처에 진흙이나 약한 통나무와 플라스틱 등으로 집을 짓고 산다. 이들의 집 지붕은 부식된 철판으로 되어 있기 때문에, 큰 지진이나 쓰나미가 일어나지 않더라도, 큰 폭풍만 일어나면 지붕, 벽, 그리고 얼마 안 되는 그들의 살림살이마저도 날아가 버린다. 진도 9.15의 지진에 의해 수마트라 해안가에 위치한 많은 가옥이 파괴되었으며, 이 지역의 많은 사람이 목숨을 잃었다. 지진발생 후 몇 분 후에 들이닥친 대형 쓰나미는 해안에서부터 수백 미터 이내의 남아 있는 가옥들을 마저 파괴시켰으며, 지진으로부터 살아남은 사람들과 각종 건물잔해들을 함께 쓸어버렸다. 당시에 이를 피하여 살아남은 사람들은 극히 적은 숫자에 불과하다. 지진이 발생한 수마트라에서 수백 km 떨어져 있는 태국, 스리랑카, 인도 및 주변 국가에서도 해안지역에 거주하는 수천 명의 사람들이 미처 쓰나미가 밀려오는 것을 알지 못하여 피하지 못하고 사망하였다.

미국령 사모아의 파고파고에서는 2009년 9월 29일 통가 해구 근처에서 발생한 진도 8.1의 지진에 의해 발생한 쓰나미로 이 지역 인구의 1/10 정도가 사망하였다. 이 당시 파고파고 앞의 긴 만 안으로 밀려온 파도의 파고가 증폭됨에 따라 큰 피해가 발생하였다. 당시에 대부분의 사람들이 지진이 일어났음을 느꼈지만, 라디오 방송국은 음악방송을 계속하고 있었으며, 공식적인 경고 방송도 하지 않았기 때문에 사람들은 별다른 문제가 없을 것으로 생각했었다. 이때 언덕으로 재빨리 대피한 사람들은 살아남을 수 있었으나, 그렇지 못한 수십 명이 사망하였다(**그림 18-6**). 따라서 만 입구 부근에 거주하는 사람들은 큰 지진이 쓰나미를 동반할 수 있으며, 작은 쓰나미라 하더라도 파도가 만을 따라 올라오면서 파고가 높아질 수 있음을 반드시 알아야 한다.

그렇다면 과연 이와 같은 재앙을 막을 수 있었거나 그 피해를 최소화시킬 수 있었던 방법이 있었을까? 이 재해에 의해 희생된 사람들의 대부분은 해안지역에 거주하는 사람들이다. 이들은 생활거점이 해안지역이거나 주변의 험준한 산악지역에는 건물을 짓기가 어려운 이유로 인해 해안지역에 거주지를 정할 수밖에 없었다. 지진과 쓰나미를 견디고 남은 소수의 건

그림 18-6 쓰나미

Gordon Yamasaki, USGS.

미국령 사모아의 파고파고에서 2009년 9월에 발생한 쓰나미에 의한 피해 현장.

물들은 대부분 내진설계가 된 2층 콘크리트 건물이었으며, 이 건물들의 소유주는 이러한 안전한 건물을 짓는 데 소요되는 많은 비용을 부담할 수 있는 부유층의 사람들이었다. 현실적으로 거주 지역을 자신의 희망대로 선택할 수 있는 사람들은 그리 많지 않다. 이 재난이 있은 후에, 인명피해를 줄일 수 있는 쓰나미에 대한 보다 효과적인 경보시스템의 구축문제가 제시되었다. 일반적으로 이와 같은 재난은 장기적인 간격을 두고 발생하기 때문에, 재난발생의 가능성을 사람들에게 반복하여 주지시키고, 경고가 발령되었을 때에 어떤 행동을 하여야 할지에 대해서도 반복하여 인식시킬 필요가 있다. 지진의 특성과 쓰나미와의 연관성 및 이러한 현상이 발생하였을 때의 행동요령 등에 대한 교육이 사전에 잘 이루어져 있었다면, 수천 명의 인명을 구할 수 있었을 것이다.

2005년 뉴올리언스에서 발생한 허리케인 카트리나 사례는 빈곤층이 겪는 재해에 의한 피해를 이해할 수 있는 또 하나의 예이다(**그림 18-7**). 위험도가 높은 폭풍이 접근해 오고 있다는 확실한 예보가 있었음에도 불구하고, 많은 주민들이 대피할 수 있는 수단도 없었고, 대피할 장소도 없었다. 폭풍 발생 10일 이후, 10,000명 정도의 주민들은 심각하게 오염되고 범람이 된 그들의 주거지를 떠나기를 거부했었다. 이 도시 동부에 거주하는 빈민들은 폭풍이 몰아닥치기 전에 이곳을 떠날 수가 없었으며, 그들의 대부분은 슈퍼돔과 컨벤션센터로 몸을 옮겨 살아남을 수 있었다. 카트리나가 엄습하기 전, 뉴올리언스 주민의 23%는 빈곤층이었다. 많은 사람들이 하루하루 연명하는 정도였으며, 저축도 없고 자동차도 없었으며, 집 또한 임차하여 살고 있었다. 뉴올리언스 주민의 절반 이하만이 홍수보험에 가입한 상태였다.

많은 가구들, 특히 빈곤 계층이 겪었던 문제는 대피 중에 가족과 헤어지게 된 것이었다. 예를 들면 부모와 아이들은 대피하였지만, 거동이 불편한 노인들은 남게 된 것이었다. 부모들과 아이들이 헤어지게 된 경우도 있었으며, 부모 중 한 명은 친척이나 친구, 이웃 주민 등을 도와주기 위해 남았다가 돌아오지 못한 경우도 있었다. 이들이 남게 된 집들은 더 이상 안전한 곳이 아니었기 때문에 이들과의 연락이 어렵거나 두절된 경우도 있었다.

허리케인 카트리나의 경우, 피난민들의 의료적인 문제는 폭풍으로 인해 더욱 복잡해졌었다. 환자들은 의료진을 만날 수 없었으며, 의료진 또한 환자들을 찾을 수 없었다. 처방이나 특별 처치가 필요한 환자들이 처방약의 이름이나 처치 방법에 대해 기억할 수 없는 경우도 있었다. 수년간의 의료기록이 없어져 버렸다.

그림 18-7 대피를 하지 못해 일어난 일

Jocelyn Augustino, FEMA.

허리케인 카트리나로부터의 생존자들이 지붕 위에서 구조를 기다리는 모습. 대피 경고에도 불구하고 이들은 왜 피하지 않았을까? 이동 수단이 없어서? 아니면 과거의 오보 경험 때문에?

다가올 더욱 악화된 문제들

앞으로 일어날 수 있는 기후변화는 또 다른 차원의 문제를 발생시킬 수 있으며, 이 문제는 인류가 직면하는 가장 큰 도전 중의 하나이다. 과학자들은 지구의 기온이 상승하고 있다는 것에 동의하고 있다. 세계 인구의 증가, 부유한 계층의 증가, 자원 소비의 증가 등은 온실가스의 증가를 급격히 상승시키는 결과를 가져온다. 현 세대에서의 온실가스 증가는 자연재해에 취약한 빈곤 지역에서의 인구 급감의 결과를 가져올 수 있다. 이와 함께 삶의 질이 심각하게 훼손될 수 있다. 폭풍과 해안 범람, 기온 상승, 가뭄, 기근, 질병, 물 부족, 식량 부족, 연료 등의 자원 부족 등 여러 요인에 의해 수백만 명이 죽게 될 수 있다. 따라서 자연적인 인구증가와 자연재해에 의한 인구감소는 서로 간에 영향을 미치게 된다. 이와 같은 변화들에 적응하기는 쉽지 않다. 우리들은 온실가스를 감축시켜 악영향을 최소화할 수 있다. 그러나 이 행동을 계속 미루게 되면 우리들의 후손들은 지금보다 몇 배의 피해를 입을 수 있다.

기후변화는 해안의 빠른 침식을 가져올 것이며, 기상 이변에 의해 산사태, 홍수, 허리케인, 야생화재 등이 증가할 것이다. 2004년에 일어난 지진의 진앙으로부터 멀리 떨어져 있는 인도양의 한 작은 섬이 쓰나미에 의해 완전히 잠긴 일도 발생하였다. 해수면이 점차 상승함에 따라 해발 고도가 낮은 섬들은 돌발적인 자연재해 없이도 점점 침수가 될 것이다. 동남아시아

그림 18-8 재해의 위험에 처해 있는 가옥들

Donald Hyndman.

베트남 남부 메콩 강 삼각주를 따라 흐르는 하천변에 위치한 가옥들은 평상시에도 대부분 물속에 있는 상태이다. 강력한 사이클론이 발생할 경우, 이 가옥들은 쓸려 나가게 될 것이다.

지역의 삼각주 연안에 위치한 저지대 지역들은 이 지역 수백만 빈민들의 삶의 터전이다. 방글라데시의 갠지스 강과 브라마푸트라 강, 미얀마의 이라와디 강, 베트남과 캄보디아의 메콩 강 등지에 발달한 삼각주들은 200 km나 되는 이들 강보다도 단지 2m 높이를 가지는 조수에 보다 더 영향을 받는다(**그림 18-8**). 큰 폭풍들에 의해 이 지역 삼각주의 대부분이 잠길 수 있으며, 이로 인해 이 지역 논과 가옥들이 2 m 이상의 깊이로 잠기게 된다. 기후변화에 의한 해수면의 상승이 이 지역의 환경을 더욱 악화시킬 것으로 예상되며, 이 지역에 태풍이 발생할 경우 수천 명이 사망할 수 있다.

허리케인의 발생 횟수가 크게 증가하지는 않았지만, 1990년 이후 등급 4와 5에 해당하는 강력 태풍의 연간 발생 횟수가 2005년에는 거의 두 배 증가한 18회였다. 허리케인의 발생과 그 강도는 해수면 온도의 상승에 의해 생성된 에너지에 좌우된다. 지난 12년간에 나타난 약 섭씨 0.6도 이상의 해수면 온도 상승이 큰 것은 아니지만, 따뜻하고 습윤한 공기로 이루어지는 태풍의 에너지에 변화를 일으킬 수 있다. 강력 태풍에 수증기가 더욱 많이 함유될수록 강우량이 증가하고, 이에 따라 홍수가 발생하게 된다. 허리케인 강도의 증가가 기후변화와 관련이 있는지에 대해서는 아직 논란이 되고 있지만, 이와 같은 강도의 증가가 '대서양 수십 년 주기'라 부르고 있는 60년 내지 70년 간격의 냉각과 온도 상승의 반복에 따른 것으로 여겨지고 있다. 1995년 이후, 대서양의 해수면 온도는 상승하였으며, 허리케인의 활동 또한 크게 증가하였다. 2005년에 카리브해와 멕시코 만에서는 수온의 이상 고온 현상이 발생하였었다. 허리케인은 미국에서 발생하는 치명적인 자연재해의 하나로 이미 자리 잡았다. 불행히도 우리들은 이 문제가 얼마나 더 악화될는지를 모르고 있다(**그림 18-9A**).

우리들이 예측하고 있는 것처럼 여러 유형의 재해들이 세계 여러 곳에서 일어나고 있다. 지구조운동이 활발한 곳에서는 지진이 발생하고, 판의 경계부, 확장대, 열점 등의 지역에서는 화산이 활동을 한다. 많은 지역에서 산사태가 발생하며, 산사태는 경사 지형에서뿐만 아니라 물이 흡수되면서 토양의 안정도가 약화되는 지역에서도 발생한다. 지반을 이루는 암석의 유형과 용해도, 함수율, 토양 조성 등에 따라 싱크홀, 지반 침하, 토양 팽창 등에 의한 재해가 발생할 수 있다.

기상과 관련한 재해의 유형은 지역에 따라 다르게 나타난다(**그림 18-9B**). 따라서 특정 유형의 재해 위험 지역에 거주하는 사람들은 해당 재해의 특성과 이 재해를 피하는 방법을 평소에 알고 있어야 한다. 피해규모가 가장 큰 재해들 중 허리케인의 발생은 온수대의 형성에 좌우되며, 멕시코 만과 미국 동남부에 집중되어 있다. 강력한 폭풍우와 토네이도는 온난습윤한 멕시코 만의 공기와 북서측의 한랭건조한 공기가 서로 만나면서 발생한다. 온난습윤한 공기가 산악 지형과 만나거나, 찬 공기를 만났을 때 홍수가 발생한다. 이때 범람원이나 협곡에 거주하는 사람들은 심각한 피해를 입을 수 있다. 치명적인 기온 상승과 가뭄은 주로 미국의 중부 내지 동남부 지역에서 일어나며, 이는 여름철의 고온과 체온을 증가시키는 높은 습도에 의한 것이다. 야생화재는 번개나 부주의한 불의 사용에 의해 발화될 수 있을 정도로 마른 나무나 관목, 풀 등이 충분히 존재할 때 발생한다. 집 주위에 마른 식물들이 풍부한 곳에 거주하는 사람들은 야생화재의 위험에 처해 있으며, 특히 그들이

그림 18-9 수십억 달러의 피해를 입힌 미국의 기상재해

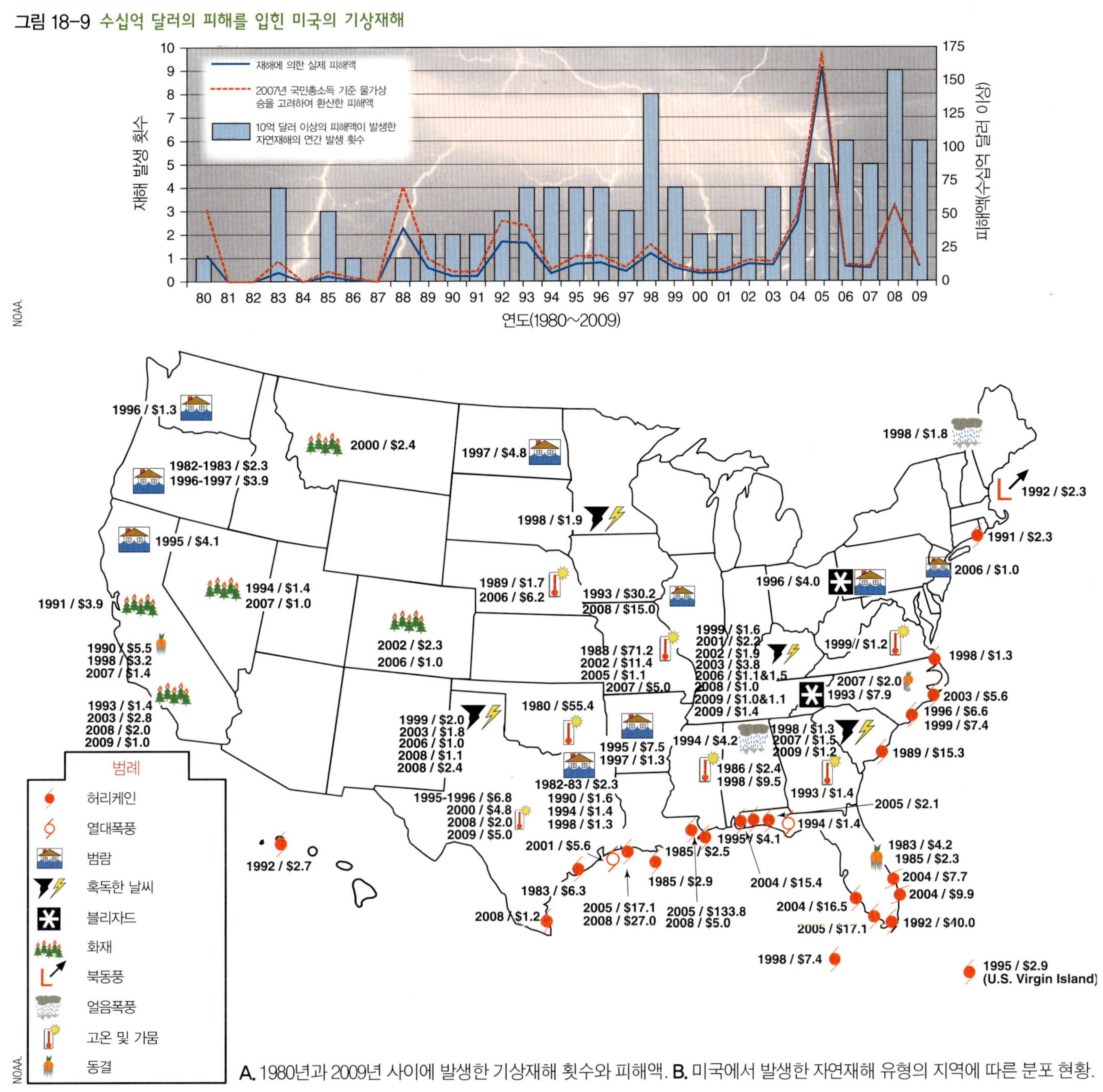

A. 1980년과 2009년 사이에 발생한 기상재해 횟수와 피해액. B. 미국에서 발생한 자연재해 유형의 지역에 따른 분포 현황.

언덕면이나 협곡에 거주할 경우, 이들 지형은 화염의 통로가 되어 더욱 위험하다.

마지막으로 강조하고 싶은 것은, 자연재해에 의해 개발도상 국가와 선진국들이 모두 경제적인 피해를 입을 것이지만, 이때의 전체 경제적 피해는 빈곤 국가가 더 크다는 것이다. 아울러 후진국이나 빈곤 국가에서는 자연재해를 극복할 수 있는 삶의 질이나 환경이 열악하기 때문에 자연재해에 의한 인명피해 또한 더욱 크다. 대규모 재해가 발생한 이후에, 이들 국가에서는 피해 복구를 위해 국가 자원의 상당한 부분이 투자됨에 따라 국민들의 삶의 질이나 경제를 개선시키는 데에 어려움이 따르게 된다. 재해가 닥칠 때마다 이와 똑같은 현상이 반복되며, 결국 이들 국가는 빈곤 속으로 빠져들게 된다. 이와 같은 결과를 우리들이 결코 원하는 것은 아니지만, 가까운 미래에 이러한 상황이 변화될 것 같지는 않다. 이러한 상황이 호전될 수 있는

지의 여부는 오로지 자연재해에 대한 사람들의 의식변화에 달려 있다. 자연재해의 극복은 바로 이 의식변화로부터 시작되어야만 한다.

자연과 싸우기보다는 자연의 다양성을 이해하여, 자연과 더불어 살아가는 지혜를 찾아야 한다. 비록 이 방법이 대규모 자연재해에 의한 피해를 크게 바꾸지는 못할지라도, 재난이나 재앙 규모로 일어나는 피해의 수를 줄일 수는 있을 것이다.

몇 가지 지속적인 문제들

- 우리들은 자연을 제어하려고 노력하기보다는 자연에 적응하려는 노력이 필요하다.
- 우리들은 사회적으로 과거에 일어났던 재해를 빨리 망각한다.
- 우리들은 자연현상의 장기적인 변화를 잘못 이해하고 있다. 우리들은 100년 주기 자연현상의 통계적 의미를 오해하고 있다. 100년 주기 자연현상이란 100년에 한 번 정도의 확률로 이 현상이 일어날 수 있다는 의미이지만, 실질적으로는 2년에 한 번도 발생할 수 있다. 평균 100년 주기 자연현상은 제어 환경이 변화하거나 이보다 더 큰 규모의 현상이 일어나게 될 경우, 발생주기가 단축될 수 있다.
- 우리들은 미래에 일어날 수 있는 자연재해의 발생확률을 저감시킬 필요성이 있다. 이는 우리들이 지금까지 반복해 온 피해가 발생한 후에 피해를 복구하는 방법보다 나을 것이다.
- 지역사회의 성장, 세금, 관광 등을 다루는 사업자들(예: 개발업자, 부동산 중개인, 시민 지도자)은 종종 자연재해의 위험이나 중요성을 의도적으로 최소화하거나 부정하려고 한다. 자연재해에 의해 피해가 발생하고 나면 이들은 관광사업의 위축을 우려하여 피해 규모를 최소화하려고 한다.
- 많은 사람들이 자연재해 위험 지역을 지정하는 것에 대해 반대를 한다. 그 이유는 이러한 지정이 사람들의 사유권을 제한하기 때문이다. 우리들은 우리들의 행위가 타인에게 악영향을 미칠 수도 있음을 무시하거나 부정한다. 시민 지도자들은 종종 지역사회나 주정부에 장기적으로는 최선의 것을 선택하기보다는 선거권자들의 요구를 따르게 된다.
- 자연재해 보험률이 보험계리 원칙에 의해 제대로 산출이 되어야 하나 실제로는 그렇지가 않다. 보험계리사들은 실제로 발생할 수 있는 전체 비용을 고려하지 않는다. 그 이유는 주정부나 연방정부가 실제 비용의 상당 부분을 보상해 주기 때문이다. 대표적인 예는 허리케인과 강력 폭풍에 취약한 해안가에 거주하는 사람들과 화재에 취약한 숲에 거주하는 사람들에 대한 보험률이다.
- 빈곤 국가, 특히 억압받거나 독재가 이루어지는 국가 또는 내전 중인 국가들은 때로 국제 구호를 받아들이려고 하지 않는다. 이 국가들은 특히 미국과 같은 강대국이나 영국과 프랑스와 같은 과거 식민지를 지배했던 국가로부터의 도움받기를 꺼려 한다. 이들 국가에서는 구호활동이 집권정부에 피해를 입힐 수 있는 반정부 세력들에게 무기를 제공하거나 또 다른 도움을 줄 가능성을 두려워한다. 또한 이 국가들은 외부로부터의 구호활동에 의해 이들 정부의 취약점이 노출될 것을 두려워한다. 2007년 5월에 미얀마에서 발생한 사이클론은 이러한 반응의 극단적인 사례이다. 미국의 경우 2005년 뉴올리언스를 초토화한 허리케인 카트리나에 의한 피해가 발생한 이후, 미국 정부는 다른 국가로부터의 도움을 거절하였다. 아마도 그 이유는 다른 나라의 도움을 받는다는 사실이 미국이 자연재해 대처능력이 부족함을 강조하는 꼴이 되어 버릴까 하는 우려에서였을 것이다.

18장 복습

요점

재해환경평가 및 저감방안

- 재앙이란 인명과 재산의 피해를 일으키는 재해현상을 말하며, 이와 같은 재앙은 바로 우리들 자신에 의해 일어난다. 즉 문제는 재해를 유발하는 자연현상이 아니라 이에

대한 인식이 부족한 우리 인간에게 있는 것이다.

- 제도적인 방안은 일종의 제도적 장치를 구축하는 것으로, 특정 지역에서의 건축을 규제하는 건축금지구역 설정이나 건물과 인명의 피해를 최소화할 수 있는 엄격한 건축규정을 제정하는 방안이다. 제방구축, 콘크리트 구조물에 의한 방파제 구축, 배수망 구축 등을 포함하는 비용도 비싸지만 또 다른 문제를 초래할 수 있다.

자연재해에 대한 사회적 책임의식의 부족

- 사람들은 인위적인 방법에 의해 자연재해를 막을 수 있다고 믿고 있다. 그러나 대부분의 방재대책은 또 다른 문제를 초래하는 단기적인 방안들이다.
- 연방정부의 정책은 피해저감대책을 마련하는 데에 보다 많은 예산을 투자하는 쪽으로 변화되고 있다.
- 여러 가지 사회적인 관점에서 볼 때, 가옥을 매도한 사람이 매도 당시에 그 가옥의 하자에 대해서 어느 정도 알고 있었다면 그 책임은 매도인에게 있다. 한편 건물주들은 그들이 구입하였던 가옥이 피해를 입은 것에 대해 다른 사람들을 비난하거나, 때로는 피해보상을 위한 소송을 제기한다. 그러나 그들은 "위험부담은 매수인에게 있다."라는 격언을 명심해야만 한다.
- 자연재해의 위험이 있는 지역에 대한 건축금지 규정을 운용하는 지방자치단체는 그리 많지 않다.
- 가옥의 피해가 매도인이 아닌 가옥주 자신의 책임에 의해 일어나는 경우도 있다.
- 과연 누가 재해경감비용을 부담하여야 할 것인가? 자신이 소유한 토지에 건물을 건축하려는 토지개발업자인가 아니면 지주인가? 아니면 세금을 내는 일반 시민인가?
- 일반 시민을 비롯하여, 토지개발업자, 부동산사업자, 상공인, 금융인, 관료, 정치인 등 다양한 계층의 사람들을 대상으로 자연재해의 특성에 대한 계몽활동이 절대적으로 필요하다.
- 사람들의 자연재해에 대한 잘못된 의식과 행동에 대해 책임을 물을 수만 있다면, 자연재해에 의한 재산과 인명피해를 최소화할 수 있을 것이다.

자연재해에 상대적으로 취약한 빈곤계층에 대한 정책적 배려의 필요성

- 빈곤 국가에서는 재해위험지역에서의 거주제한 규정이나 경고제도를 강화하는 정책만으로 재해의 위험을 줄일 수는 없으며, 문화적, 경제적 및 정치적 요인이 중요한 요소가 된다.
- 일반적으로 부유한 계층과 집단이 이 요소들을 좌우하는 현 실정에서 빈곤층의 사람들은 그들 스스로 문제를 해결해야만 한다.
- 자연재해가 발생하면 개발도상국가와 선진국들은 경제적인 피해를 입을 것이며 후진국은 인명피해를 입게 된다.

다가올 더욱 악화된 문제들

- 지구 여러 곳에서의 기후변화와 장기적인 온난화는 기상이변에 의한 재해를 더욱 악화시킬 가능성이 높다.

중요 단어

건축금지규정(zoning restriction)
기술적인 방안(hard solution)
위험부담은 매수인에게 있다(buyer beware)
자연에 의한 피해(nature's rampage)
자연재해(natural hazard)
재산권(property right)
제도적인 방안(soft solution)
피해저감대책(mitigation)

복습 문제

1. 범람원 위에 건축된 가옥이 홍수에 의해 피해를 입었을 경우 그 책임은 누구한테 있으며, 그 이유는 무엇인가?
2. 바다 위에 있는 제빈도와 같은 위험한 장소에 사람들이 거주하는 이유는 무엇인가?
3. 방재를 위한 제도적인 방안과 기술적인 방안의 차이점은 무엇인지 예를 들어 설명하라.
4. 재해저감을 위한 정책방향이 의미하는 것은 무엇인가?
5. 산사태에 의해 피해를 입게 된 가옥을 팔았을 경우, 그 책임은 누구에게 있으며, 이 책임을 부과할 때 가장 고려해야 될 사항은 무엇인가?
6. 연방정부가 홍수 또는 자연발생화재로부터 특정 지역의 가옥을 보호하기 위해 국민세금을 지원한다면, 이 혜택은

해당 가옥의 소유자들에게 돌아가게 된다. 그렇다면 자연재해 복구에 들어가는 국민세금에 의한 경비를 줄일 수 있는 가장 주요한 두 가지 대안은 무엇인지 설명하라.

7. "과거를 망각하는 사람들은 똑같은 과오를 반복하게 된다."라는 말의 의미는 무엇인지 자연재해와 관련한 사례를 들어 설명하라.

8. 재해위험이 있는 환경에서의 거주를 스스로 선택한 사람들은 그 결과에 대한 책임을 질 필요성이 있다. 그렇다면 재해의 위험이 있는 것을 알고 있음에도 불구하고 할 수 없이 그 지역에 거주할 수밖에 없는 후진국의 빈곤계층에 대해서는 어떠한 대책이 필요한가?

용어 해설

100년 만의 홍수(100-year flood) 평균 100년마다 오는 홍수.

K-T 경계(K-T boundary) 약 6,500만 년 전 백악기와 제3기 사이의 지질시대 경계. 이 경계는 이리듐(Ir)을 다량 함유한 얇은 점토층으로 대표된다.

P파(P wave) 파의 진행방향을 따라 전후 운동을 하는 압축형 지진파.

S파(S wave) 파의 진행방향에 수직적으로 진동하는 지진파. S파는 액체를 통과하지 못한다.

가뭄(drought) 인간이나 동물, 식생이 평상시에 사용하던 수량이 갑자기 적어진 특정한 지역에 발생하는 연속적인 건조 기후 현상.

가설(hypothesis) 데이터나 정보를 해석하는 제안. 이 가설은 계속된 연구로 확정될 수도 있고 확정되지 않을 수도 있다.

가속도(acceleration) 속도가 증가하는 비율. 지진 발생 시 지반이 전이되고 정지되기 전까지 정지 상태에서 최대 속도까지 가속된다.

개공(piping) 물이 댐에서 누수되는 것. 자연제방은 모래를 운반하고 침식을 일으키기 시작할 수 있다.

개량(retrofitting) 강진 활동 동안에 피해를 최소화하기 위해 기존 건물을 변형시키는 것.

건축금지규징(zoning restriction) 특정 지역에 건축을 세한하는 법.

경사각(slope angle) 수평에서 경사진 각도.

경사도(gradient) 유로를 따른 하상면의 경사. m/km, ft/mil로 표기.

계획산불(prescribed burn) 장래의 산불을 예방할 목적으로 통제하에서 연료를 태우기 위한 고의적인 산불.

고령토(kaolinite) 비팽창 알루미늄이 많은 점토광물.

고압계(high pressure system) 하강냉각 건조기단과 맑은 하늘로 특징지어지는 지역. 고압계(북반구)에서 바람은 시계방향이다. 오른손 법칙 참조.

고지진학(paleoseismology) 지하 지층의 전이를 조사하여 과거의 지진을 연구하는 것.

고홍수분석(paleoflood analysis) 홍수 후에 잔존하는 침식과 퇴적 현상을 수집한 과거 홍수정보.

고화산학(paleovolcanology) 지하 지층의 전이를 조사하여 과거의 화산활동을 연구하는 것.

과학적 방법론(scientific method) 과학자들이 문제를 풀기 위해 사용하는 방법. 과학자들은 현상과 사실을 분석, 관찰하고 가설을 설정하며 실험과 추가 관찰을 통하여 가설의 타당성을 검증한다.

교토 의정서(Kyoto Protocol) 대기로 온실가스 방출을 감소시키기 위해 세계 각국들 사이에 1997년 교토에서 체결한 협약.

그로인(groin) 연안류에서 모래이동을 방지하고 강한 파도를 서프로 변화시키기 위해 만든 나무, 콘크리트, 바위벽. 해빈의 모래 유실을 방지하기 위한 것.

기반암천(bedrock stream) 하천 바닥 기반암을 침식한 하천.

기술적인 방안(hard solution) 사석, 제방과 같이 건축보강 구조물이나 산사태가 일어나기 쉬운 사면에서 물을 계속 퍼내는 것 같은 문제의 해결책.

기준면(base level) 호수나 하천에서 더 이상 침식이 일어날 수 없는 지면.

기후(climate) 장기간에 걸친 지역 평균 기상.

날씨(weather) 특정 지역, 특정 시간에 대기의 온도, 습도, 대기의 운동, 압력 등의 기상조건.

노리스터(Nor'easter) 강한 바람과 높은 파도를 수반하는 북아메리카 동부해안에 상륙하는 강한 극지방의 겨울 폭풍.

노출지층(daylighted bed) 산 사면보다 덜 경사진 지층으로 사면 아래 표면에 노출된다.

뇌우(thunderstorm) 천둥과 번개 강우를 일으키는 구름을 동반하는 폭풍.

눈보라(blizzard) 미국에서 풍속 56 km/hr, 캐나다에서는 풍속 40 km/hr보다 빠른 눈바람.

눈사태(snow avalanche) 눈이 경사면으로 흘러내리는 현상.

다운버스트(downburst) 강한 폭풍 시 지역적으로 격렬한 하향 바람.

단열감률(건조와 습윤단열)[adiabatic lapse rate(dry and wet)] 기단이 고도에 따라 변화할 때 온도 변화 속도.

단열냉각(adiabatic cooling) 총 열함량은 변화 없이 체적과 온도만 변화하는 것.

단층(fault) 지층이나 암석의 한쪽 면이 다른 면에 대해 상대적으로 이동한 구조. 주향이동단층(주로 수직층임)은 양면이 측면을 따라 상대적으로 이동한 것이고, 정단층(보통 급경사임)은 상반이 하반보다 상대적으로 아래로 이동한 것이며, 역단층(보통 급경사)과 스러스트 단층(보통 완만한 경사)은 상반이 하반보다 상대적으로 위로 이동한 것이다.

대류상승기류(convective updraft) 저밀도로 인하여 뜨겁고 팽창된 공기의 빠른 상승. 아래에서 유입된 외부 공기가 상승하는 연통형 대기 속으로 유입되어 공기가 제거됨.

대륙 칼데라(continental caldera) 높은 점성과 휘발성분을 가지며 사면이 완만한 유문암 화산.

대륙표이(continental drift) 해양이 확장되어 갈라질 때 대륙이 점점 이동하는 것.

대서양 주기성 해수온변동(AMO: Atlantic Multidecadal Oscillation) 수십 년, 특히 70년에 걸쳐 북대서양 해수 표면 온도가 약 0.8°C씩 변동.

돌발홍수(flash flood) 상류 홍수에서 일어나며 건조 기후지역에서 갑자기 발생하는 지속시간이 짧은 홍수.

동상(frostbite) 신체조직이 대단히 추운 온도나 바람에 노출되어 얼게 되는 것.

동적 평형(dynamic equilibrium) 물질의 유입과 유출이 평형에 있는 시스템의 조건.

뜬 짐(load) (1) 산사태 시 사면 위에 있는 물질, (2) 홍수 시에 하천에 운반되고 있는 퇴적물.

라니냐(La Niña) 엘니뇨의 반대현상.

라하르(lahar) 화산성 이류(mudflow).

리히터 규모단위(Richter Magnitude Scale) 찰스 리히터에 의해 고안된 지진 규모 척도.

마그마(magma) 용융된 암석. 지표로 분출했을 때 용암이라 부른다.

마그마방(magma chamber) 대량의 용융된 마그마가 존재하고 있는 곳으로 마그마가 지각을 통하여 상승하여 지표로 분출해 화산을 만든다.

마찰저항(frictional resistance) 흐름이나 사태 시에 아래로의 이동에 대한 저항.

망상하천(braided stream) 하천유로가 갈라져 다른 장소에서 합쳐져 서로 엉켜 있는 형태의 하천. 하천의 퇴적물이 운반될 수 있는 양보다 많아 일부는 운반되지 못하고 그 자리에 퇴적되기도 한다.

맞불(burnout) 큰 산불이 더 이상 확산되는 것을 막기 위해 산불 앞쪽에서 고의적으로 지르는 산불.

매연물질배출제한시스템(cap-and-trade) 공장에서 배출되는 매연을 배출을 금지시키거나 추가오염을 감소시키도록 회사에 효과적인 설계를 하도록 하여 추가오염물 배출에 대하여 배출권을 주거나 협상하는 매연배출 제한 시스템.

맨틀(mantle) 얇은 지각과 핵 사이에 있는 물질의 두꺼운 층. 주로 상부는 페리도타이트 성분으로 되어 있다. 상부의 밀도는 3.2, 3.3 g/cm^{3}이며 하부의 밀도는 4.5 g/cm^{3}이다.

먼 지역 쓰나미(far-field tsunami) 파도의 영향이 미치지 않는 지진에 의해 발생한 쓰나미.

먼지폭풍(dust storm) 마른 먼지와 토양을 포함한 바람이 불 때 발생하는 자연재해.

메탄 하이드레이트(methane hydrate) 대륙사면 해양저 얕은 깊이에서나 대륙 만년설 1 km 이상 심도의 빙하층에 포획되어 있는 얼어 있는 메탄-얼음덩어리. 온실가스의 잠재적 기원이 되고 있다.

모래샘(sand boil) 만조 수위 이상의 상부 해빈을 따라 바람에 의해 운반된 모래가 퇴적된 곳.

모멘트 규모(moment magnitude, M_W) 지진 모멘트에 기초한 지진의 강도. 암석의 강도, 파쇄된 암석의 면적, 단층이 전이량에 따라 다르다.

무역풍(trade wind) 남북위 30° 위도와 적도 사이에 동북에서 서남방향으로 부는 바람. 남북 15°로 모인다.

물의 순환(hydrologic cycle) 해양의 증발에서 대륙으로의 점진적인 물의 순환. 대륙에서는 비나 눈의 형태로 지표에 떨어지고 지하수로 유입되어 식생에 이용되며 지하수, 하천수를 만든다. 일부의 물은 증발되어 다시 바다로 되돌아온다.

미연방 홍수보험프로그램(National Flood Insurance Program) 미국 정부가 부분적으로 투자한 홍수보험 프로그램.

바닥분리(base isolation) 지반이 지진 진동으로부터 구조적으로 독립시키기 위해 설치한 기구. 보통 건물과 지반 사이에 유연한 패드를 들 수 있다.

발부리(toe) 산사태의 아랫사면의 바깥지역.

발산형 경계(divergent boundary) 중앙 해령과 같이 갈라지는 판의 경계.

방어불능지역(indefensible location) 산불에 특히 취약한 가옥이나 건축물의 위치. 특히 중요한 것은 건조기후 식생지역과 건물 주위에 연료의 존재와 화재가 쉽게 윗사면으로 번질 수 있는 언덕의 높이이다.

방파제(seawall) 해빈을 따라 설치된 바위, 콘크리트, 나무로 된 인공 구조물. 해안 구조물을 파도로부터 보호하기 위한 것임.

방화선(fireline) 화재의 확산을 막거나 지연시키기 위해 표면 토양을 파 놓은 통로. 수작업이나 불도저로 1미터나 수십 미터 폭으로 판다.

배다리댐(wing dam) 사태로 인해 발생한 물질이 아래로 이동한 매몰지역의 상단.

번개(lightning) 구름 사이나 구름과 지면 사이에 양전기와 음전기가 방전된 가시적인 전기 방전.

범람원(floodplain) 수년마다 홍수를 맞는 보통 물이 없는 마른 하천변의 평탄한 저지대.

베개 현무암(pillow basalt) 현무암 용암이 수중에서 분출하거나 외부 표면에 젖은 진흙을 끼얹거나 해서 1 m 정도 길쭉한 손가락 모양(베개모양)이 표면에 만들어진 현무암.

베이스서지(base surge) 화산분출 초기단계 동안 수평적으로 뿜어 나오는 고에너지의 수증기와 화산재.

변형(strain) 응력이 주어졌을 때 물체의 크기와 형태의 변화.

변환단층경계(transform boundary) 변환단층에 만들어진 경계.

병진운동 슬라이드(translational slide) 지면의 경사에 평행하게 이동한 사태.

보그(vog) 화산가스가 대기 중의 수분이나 산소와 반응하여 생성된 산성화산 스모그. 태양은 에어로졸을 만든다.

보험(insurance) 감당할 수 없는 재산상 손실을 방지하기 위해 매년 사람들에게 프리미엄을 지불하는 서비스. 손실을 보상하기 위해 보험회사가 프리미엄 지불액을 모은다.

북대서양 진동(NAO: North Atlantic Oscillation) 수년마다 주요한 폭풍을 가져오는 북대서양에 형성된 겨울 대기압 패턴.

분석구(cinder cone) 현무암질 분석(cinder)으로 이루어진 작은 콘모양의 화산지형.

분수계(watershed) 표류수가 하천의 한 지역으로 유입되는 지형. 표류수가 유입되는 한 유역과 인접 유역 간의 경계.

분화열극(eruptive rift) 용암이 분출한 지반의 갈라진 부분.

분화화도(eruptive vent) 화산으로부터 물질이 분화한 지점.

브리치(breach) 하천 제방의 붕괴. 주 하천 유로 밖으로 물이 흘러나옴.

블라인드스러스트(blind thrust) 지표에 노출되어 있지 않은 충상(스러스트)단층. 지표에는 단층의 증거가 없다.

빈도(frequency) 초당 전후로 움직이는 지진운동 수와 같이 주어진 시간에 일어난 사건의 수.

빙하기(ice age) 수천 년 동안 지속되고 있는 저온기간으로 북반구에 광범위하게 덮여 있는 빙하로 대표된다. 네 빙하기 중 두 빙하기는 북아메리카에서 기록되었으며 20회 이상의 빙하기가 지난 200만 년의 심해저 퇴적물에 기록되어 있다.

빙하방출 홍수(glacial-outburst flood) 빙하 터널이나 댐이 붕괴되었을 때 빙하 녹은 물의 홍수.

사구(sand dune) 해빈을 따라 모래가 바람에 의해 운반되어 퇴적된 퇴적지.

사다리연료(ladder fuel) 지상연료에서 잡목, 낮은 나뭇가지를 거쳐 나무 꼭대기까지 점진적으로 불을 번지게 하는 상이한 높이에 존재하는 가연성 물질.

사막화 작용(desertification) 가뭄이 목초 재성장을 방해하거나 인구와 경작지 증가로 관목을 벌채해서 새로운 사막환경이 만들어지는 것.

사석(riprap) 해안의 파도에 의한 침식을 막기 위해 해안선에 설치한 바윗덩어리.

사피어-심슨 허리케인 등급(Saffir-Simpson Hurricane Scale) 풍속과 해수 피해를 기준으로 정한 5단계 허리케인 강도를 나타낸 척도.

사행천(meandering stream) 하천의 유로가 전후로 두드러지게 휘어진 구불구불한 하천의 한 유형.

산악효과(orographic effect) 습기를 가진 바람이 산맥에 부딪쳐 상승할 때 생기는 효과. 응축하여 구름이나 비를 형성한다.

산타아나 바람(Santa Ana wind) 서남풍으로 부는 남부 캘리포니아 무역풍. 내륙에서 건조공기를 불러온다.

삼각주(delta) 하천이 호수나 해양의 바닥 기준면에 도달하는 지역에 퇴적된 퇴적지.

상대습도(relative humidity) 주어진 온도와 압력하에 포화될 수 있는 수분의 최대량에 대한 공기 중의 수분의 백분율.

서지(surge) 베이스서지 참조.

석철운석(stony-iron meteorite) 소량의 니켈과 철을 함유한 콘드라이트.

선상지(alluvial fan) 주 계곡 하상에 하천의 구배가 완만하고 평탄한 곳인 협곡산지 입구에 부채꼴 모양으로 퇴적된 모래와 자갈 퇴적물.

섭입대(subduction zone) 암석권 판들이 수렴하여 한 지판이 다른 한 지판 아래로 스며 들어가는 곳. 보통 해양 암석권 지판이 대륙 암석권 지판 아래로 섭입된다.

소수토(hydrophobic soil) 산불로 인하여 탄화수소 레진으로 덮인 토양으로 물이 스며들지 못한다.

소유권(property right) 어떤 사람이 개인소유를 원할 때 행사하는 권리.

소행성(asteroid) 지구가 태양 주위를 궤도운동하고 있는 것과 같은 식으로 태양 주위를 궤도운동하는 암석 덩어리.

소행성대(asteroid belt) 태양 주위를 돌고 있는 원반모양의 소행성 분포대.

숏크리트(shotcrete) 경사면에 물이나 수분 침투를 막기 위해 뿌린 액상 시멘트 물질.

수관화(crown fire) 나뭇가지 끝에서 타는 불.

수렴형 경계(convergent boundary) 판이 섭입되거나 대륙-대륙이 서로 충돌함으로써 두 판이 서로 마주치는 판의 경계.

수문도(hydrograph) 시간에 따른 유량과 하천 수위의 변화를 나타낸 그래프.

수정 메르칼리 지진강도(Modified Mercalli Intensity Scale) 인명이나 구조물 피해 규모를 기준으로 정한 수치로 로마자로 I에서 XII까지로 표기한다.

스멕타이트(smectite) 점토광물로 층간에 열린 공간층구조를 가지고 있어 물이 채워져 점토가 부풀어 팽윤하게 된다.

스텝리더(step leader) 뇌운으로부터 발생한 전자. 지표까지는 도달하지 않는다.

싱크홀(sinkhole) 지하공동으로 함몰되어 형성된 지표면의 구덩이.

쓰나미(tsunami) 해저에서 지진이나 갑작스런 단층운동으로 해수의 갑작스런 이동 때문에 생긴 파장이 대단히 긴 파도. 화산, 사태, 소행성 충돌 등으로도 발생할 수 있다.

쓰나미 경보(tsunami warning) 거대한 쓰나미가 발생하였을 때 안전한 해안 지역으로 대피시키기 위해 발령하는 예보.

쓰나미 주의보(tsunami watch) 태평양이나 기타 해양에서 지진규모 7이나 그 이상 위험한 쓰나미로 볼 수 있는 것이 관측되었을 때 발령하는 쓰나미 예보.

아아용암(aa) 표면이 거칠고 요철이 많은 현무암 용암 암괴 덩어리.

안산암(andesite) 유색 세립질 화산암, SiO_2 함량은 약 60%이고 점성이 보통이며 천천히 이동한 용암편과 화산재.

안식각(angle of repose) 모래와 같은 고결되지 않은 물질의 최대 안정경사도. 건조한 모래의 경우 30~35도.

알베도(albedo) 지표에서 반사되는 에너지의 강도비.

암석권(lithosphere) 지구 내부구조에서 60~100 km 또는 수 km의 지구의 외측 부분.

암설류, 토석류(debris flow) 암편, 모래, 물이 섞인 현탁액.

암설사태(debris avalanche) 기원지에서 아주 먼 거리까지 빠른 속도로 이동하는 미고결 암설.

액상화 작용(fluidization) 토양이 물로 포화되어 사면 아래로 흘러내리는 유체로 변화시키는 작용.

액상화 작용(liquefaction) 지진으로 물로 포화된 모래가 저절로 밀착, 재배열구조로 되는 과정. 추출된 물은 모래 부스러기(sand boil)를 만든다.

에이콘드라이트(achondrite) 현무암 성분과 유사한 석질 운석, 콘드룰을 가지지 않는 운석.

엘니뇨(El Niño) 수년마다 어떤 지역에 기상의 극적 변화를 일으키는 상승된 해수 표면 온도. 예를 들면 페루 해안지역의 강수나 서부 멕시코와 서남 캘리포니아 지역에서의 강수 현상(라니냐 참조).

여진(aftershock) 단층이나 단층 주변에 일어난 본 지진(본진) 발생 후에 일어나는 소규모의 지진. 본진 후에 수주간이나 수개월간에 걸쳐 일어날 수도 있다.

역단층(reverse fault) 단층 상반이 하반에 비해 위로 급경사로 전이된 단층.

연료습도(fuel moisture) 연료 중의 수분함량. 수분이 적으면 적을수록 연료가 고온으로 더 빨리 연소되기 쉽다.

연료장전(fuel load) 나무와 건초 같은 연소 가능한 물질이 쌓이는 것.

연안표류(longshore drift) 파도가 반복적으로 퇴적물 입자를 해안에 대각선으로 운반하는 결과로 해안선을 따라 모래나 자갈이 점진적으로 이동하는 것.

연약권(암류권)(asthenosphere) 지구 암석권 아래에 플라스틱 물성을 띠는 지구 맨틀의 한 부분. 딱딱한 암석권이 그 위를 이동하고 있다.

열곡(rift) 화산 사면에서 용암이 분출하는 벌러진 부분.

열곡대(rift zone) 지구 암석권의 길죽하게 갈라진 지역.

열극(fissure) 지표면에 갈라진 구조. 열극(rift) 참조.

열대저기압(tropical cyclone) 열대성 해수에서 유래한 대규모 회전형 저기압대.

열섬효과(heat-island effect) 건축물과 포장된 지역이 더 많은 열을 흡수하고 자동차와 공장에서 열을 배출하기 때문에 도시지역이 온도가 증가하는 현상.

열점형 화산(hotspot volcano) 암석권 판 경계 위가 아니라 지구 맨틀 내의 뜨거운 암석 기둥이나 플룸 위에 위치한 독립적인 화산.

영구동토(permafrost) 땅속의 물이 항상 얼어 있는 상태인 지역.

예보(forecast) 주어진 시간(보통 수십 년)에 특정 지역에서 확률적으로 일어날 수 있는 미래의 사건을 예측하는 것.

오른손 법칙(right-hand rule) 북반구의 저기압 또는 고기압대에서 바람이 회전하는 방향을 기억하기 위해 사용하는 규칙. 오른손 엄지손가락 방향이 모든 공기의 이동방향을 가리킨다면 손가락은 바람이 회전하는 방향을 가리킨다.

온난전선(warm front) 대규모의 온기단과 대규모의 냉기단 사이의 경계.

온대성 저기압(extratropical cyclone) 적도 외 지역에서 형성되는 저기압으로 보통 전선을 수반한다. 노리스터가 그 실례이다.

온실가스(greenhouse gas) CO_2, CH_4와 같은 대기 중의 가스로 온실처럼 열을 보존시킨다. 태양에너지를 받아들이나 열을 쉽게 방출시키지 않는다.

온실효과(greenhouse effect) 이산화탄소나 메탄 같은 대기 중의 가스가 지구대기의 열을 흡수할 때 대기의 온도가 증가하는 현상.

완화(mitigation) 재난으로부터 손실을 최소화하는 환경의 변화.

용암(lava) 지표로 흘러나온 마그마.

용암돔(lava dome) 점성이 아주 크거나 외부가 고체로 된 위로 불룩한 대규모 지형으로 마그마가 밀어 올려서 만들어진 것이다.

용암류(lava flow) 화산에서 흘러내리는 녹은 암석.

용융온도(melting temperature) 암석이 녹는 온도. 화강암은 700~900°C에 녹고 현무암은 1200~1400°C 부근에서 녹는다.

용해(dissolution) 광물이나 암석이 물에 녹는 것.

용해성(soluble) 물에 용해되는 능력.

우박(hailstone) 지상에 떨어지기 전에 물방울이 얼어서 만들어진 것.

운석(meteorite) 대기권을 거쳐 지구에 도달한 소행성 조각.

운석분화구주변지역(strewn field) 대규모의 운석덩어리가 산재하고 있는 운석충돌 분화구 주변지역.

원추형 파쇄구조(shatter cone) 화산분출 시 충격영향으로 방사상으로 흘러내린 원추형 화산지형으로 분화구의 증거.

월클라우드(wall cloud) 비구름 본체 기저에 처져 있는 구름의 회전지역으로 그곳에서 토네이도가 발달할 수 있다.

위험(risk) 어떤 사건으로 발생한 손실을 배가시킬 수 있는 사건의 기회.

위험부담은 매수인에게 있다(buyer beware) 구매하고자 하는 상품이 실제보다 나쁠 때 구매자에게 경고하는 옛말. 구매자는 위험부담을 감수한다.

위험지도(risk map) 위험수위나 분포를 나타낸 지도.

윈드시어(wind shear) 풍향이나 풍속의 상하층 간의 단거리 변화.

유량(discharge) 주어진 시간에 과거 하천 단면을 흐른 물의 (측정된) 양.

유방운(mammatus cloud) 뇌운기저에서 뚫고 나온 하향의 둥근 주머니형 구름.

유성(meteor) 외계의 암편으로 지구대기로 유입될 때 가열되어 뜨거운 백색 섬광을 발한다.

유입하천(gaining stream) 특히 강우량이 많은 지역의 하천. 이 하천은 지하수면 아래에 있어 지하수로부터 물이 하천에 유입된다.

유출하천(losing stream) 건조기후지역의 지하수면 위에 놓여 있는 하천으로 하천수의 물을 대수층으로 빼앗기게 된다.

응력(stress) 물체에 가해지는 힘. 압축응력, 인장응력, 전단응력이 있다.

응회암(tuff) 화산재가 굳어진 암석.

이동거리(runout) 기원지(발생지)에서부터 이동해 간 거리.

이동성 지진(migrating earthquake) 단층을 따라 오랜 시간에 걸쳐 주기적으로 일어나는 지진.

이류(mud flow) 점토와 진흙 입자가 많이 포함된 진흙, 암석, 물이 섞여서 흐르는 산사태.

이리듐 이상(iridium anomaly) 이상적으로 높은 농도의 백금족 금속 이리듐이 포함된 6,500만 년 전 얇은 점토 퇴적층.

이산화탄소 저감(sequestration) 이산화탄소의 장기 저장과 물리적 저감.

이안류(rip current) 해빈 파도 파쇄대에서 바다 쪽으로 이동하는 단기성 표면해류. 이안류는 해수를 바다 쪽으로 이동시킨다.

잉걸불(firebrand) 잠재적으로 새로운 발화를 일으킬 수 있는 바람에 의해 날려 온 불씨.

자연재난(natural disaster) 우리생활이나 재산상에 큰 손해를 주는 자연현상.

자연재해(natural hazard) 우리의 재산이나 생활에 위험을 주는 자연에서 발생하는 재해.

자연제방(natural levee) 홍수가 주변 범람원으로 천천히 확장될 때 퇴적물이 퇴적되어 만들어진 하천 가장자리에 퇴적물로 된 자연제방.

자장(magnetic field) 자성이 남아 있는 자기 주변지역.

잠열(latent heat) 1 g의 고체를 녹이거나 액체를 증발시키는 데 가해지는 열. 열은 상태의 반전에 의해 생성된다.

재발주기(recurrence interval) 특정 지역에 임의 규모의 사건들, 예를들면 홍수, 폭우서지, 지진 발생 간의 평균 연수.

재산사용제한조치(reverse condemnation) 어떤 사용 목적으로 개인소유 재산 사용을 정부가 행사하는 제한 조치.

저압계(low pressure system) 따뜻하고 습한 공기의 상승과 흐린 하늘로 특징지어지는 저기압 지역. 바람은 북반구에서 저기압 주위로 반시계 방향으로 회전한다.

저체온증(hypothermia) 사람의 중심체온이 35°C/95°F로 떨어질 때. 몸이 비틀거림, 졸림, 방향감각이 없거나 말이 뚝뚝 끊지지 않고, 탈진의 증상이 나타남.

적란운(cumulonimbus cloud) 윗부분이 평탄한 모루형을 한 뇌운. 폭풍이 가까운 징후이다.

전선(weather front) 한랭전선, 온난전선 참조.

전이(offset) 지진 발생 시 단층선 양쪽 블록이 서로 이동한 거리.

전조현상(precursor event) 임박한 재난을 경고해 줄 수 있는 본격적인 자연현상이 일어나기 이전의 작은 현상.

전진(foreshock) 단층이나 단층 주변에서 발생한 대규모 지진 전에 일어난 소규모 지진. 최후의 파쇄가 일어나기 전 응력의 초기변화.

전하분리(charge separation) 뇌운 속의 양전하와 음전하 사이의 이격거리. 이격거리가 멀면 멀수록 양전하와 음전하가 부딪칠 때 그 강도가 크게 된다.

점산불(spot fire) 본격적인 화재에 앞서 잉걸불로 점화된 산불.

점착력(cohesion) 흙 입자들 사이에 존재하는 물의 표면장력과 전기화학적 인력에 의해 작은 흙 입자들을 서로 끌어당기는 힘.

정단층(normal fault) 단층 상반이 하반 아래로 급경사로 이동한 단층.

제도적인 방향(soft solution) 건축물에 붕괴나 손상을 최소화하기 위해 제한적인 분대로 나누거나 코드화하여 문제를 피하는 문제해결법.

제방(levee) 자연제방(natural levee) 참조.

제빈도(barrier island) 파도에 의해 만들어진 해안 부근에 해안과 평행하게 발달하고 있는 모래섬. 연안사주(barrier bar)라고도함.

제트기류(jet stream) 약 10~12 km 고도에서 북아메리카 대륙을 서쪽에서 동쪽으로 횡단하는 고속의 대기 기류.

제티(jetty) 항구나 하구 가장자리에 해안에 수직으로 구축된 나무, 콘크리트, 바위 덩어리 구조물의 방파제 벽. 퇴적물의 유실을 막는다.

주기(period) 지진파 간의 시간, 또는 지진기록계에 기록된 최대값들 사이의 시간.

주기적 사건(cyclic event) 매시간 또는 매년처럼 일정 시간 간격으로 일어나는 사건.

주향이동단층(strike-slip fault) 지층의 주향 방향으로 전이된 수직으로 발달한 단층.

준설(streambed mining) 하상에서 모래나 자갈을 채취하는 것.

중앙해령(mid-oceanic ridge) 해양에서 갈라지는 확장대에 높이 솟은 열곡. 예를 들면 대서양 중앙해령, 동태평양 해령.

증발산(evapotranspiration) 토양과 잎으로부터 일어나는 증발과 잎에서의 증산에 의하여 수분이 대기로 되돌아옴.

지각평형설(isostacy) 저밀도 지각이 고밀도 맨틀 위에 떠 있는 것.

지구온난화(global warming) 지난 100년에 걸친 지표온도의 온난화. 최근의 온난화는 온실가스의 증가 때문이다.

지구이웃물체(near-Earth object) 좁게 지구를 빗맞히는 소행성이나 혜성 같은 우주 물체.

지반침강(land subsidence) 지하의 토양이나 퇴적층에서 지하수나 원유를 채취하거나 토탄의 건조, 석회암지역에 싱크홀이 형성되어 지반이 내려앉은 것.

지진계(seismograph) 지진파를 기록하고 감지하는 데 사용되는 기구.

지진공백(seismic gap) 최근에 지진이 발생한 적이 없는 활단층대 지역. 지진공백 지역은 미래에 지진발생 가능성이 높다.

지진규모(magnitude) 지진기록계에 진동 강도로 기록되는 지진의 상대적 크기. 강도가 큰 수이기 때문에 강도를 10 미만의 지수 함수로 기록한다. 상이한 규모는 상이한 지진파의 강도에 기초한 것이다. M_L=리히터 또는 지역적 규모, M_S=표면파 규모, M_b=실체파(P파, S파) 규모, M_w=모멘트 규모(대규모 지진 시 가장 중요).

지진동도(seismogram) 지진기록계에 기록된 지진이나 지반의 운동으로 발생한 지진파의 기록.

지진파(seismic wave) 단층에서 갑작스런 지반이동으로 발생한 파(P파, S파, 표면파 참조).

지표면수(surface runoff) 지표면을 따라 흐르는 물.

지표면화재(surface fire) 잡초나 관목에 발화되어 지면을 따라 확산되는 불.

지표파쇄대길이(surface rupture length) 지진발생 시 발달한 파쇄단층의 길이.

지하수(groundwater) 지표면 아래 포화대의 물.

지하수개발(groundwater mining) 지역사회의 수요가 강수로 대수층에 유입되는 물의 양을 초과하는 경우 대수층에서 물을 채수하는 것.

진동도(ShakeMap) 지진발생 시 지반운동 최대속도와 가속도의 분포를 나타낸 지반운동 컴퓨터 지도.

진앙(epicenter) 진원에서의 수직적 지표 상의 지점. 단층의 최초 파괴 지점.

진원(focus) 단층 상의 초기 파쇄지점. 진원의 수직적 지표의 지점을 진앙(epicenter)이라 한다. hypocenter라고도 부른다.

진폭(amplitude) 지진 기록지 위 지진기록의 전후 이동폭.

착빙성 폭풍우(ice storm) 금방 얼음으로 변하고 사물을 덮는 얼어 있는 비.

천장붕괴(cover collapse) 석회암 동굴과 같은 지하동굴의 지붕 지반의 붕락 현상.

천장함몰(cover subsidence) 지하 동굴 위의 천장 지반이 점점 침강되는 것.

천지개벽(nature's rampage) 많은 사람들이 믿는 자연 지구종말과 같은 천재지변 발생설. 그러나 실제로 수백 년 동안 자연에는 아무 일도 일어나지 않았다. 우리 인간은 단지 우리들 스스로를 나쁜 쪽으로 유도하고 있다.

철운석(iron meteorite) 니켈과 철합금으로 구성된 운석.

체감온도(wind chill) 바람이 표면 수분을 증발시킬 때 열손실을 일으킴.

초대형토네이도(superoutbreak) 폭풍전선을 따라 발달한 대규모의 토네이도.

충돌대(collision zone) 두 지판 사이에 수렴하는 대.

충상단층(thrust fault) 단층의 상반이 하반 위로 완경사로 전이된 단층.

치누크바람(Chinook wind) 바람이 높은 고도의 산맥에서 저고도지역 평원 동쪽으로 내려올 때 단열압축에 의해 따뜻해진 바람.

카르스트(karst) 산성비나 지하수에 의해 녹아서 생긴 지표에 노출된 석회암의 불규칙하게 파인 표면지형. 지표에 나타난 싱크홀과 석회암동굴로 대표된다.

칼데라(caldera) 화산정상에 형성된 직경 1 km 이상의 넓은 함몰지역. 화산체 하부의 마그마 방의 붕락에 의해 형성.

코리올리 효과(Coriolis effect) 대기나 해양과 같이 유체는 서에서 동으로 지구 자전으로 그 유체가 지구회전을 늦추게 한다. 유체는 이 효과 때문에 북반구에서는 오른쪽으로 전이(shift)되고 남반구에서는 왼쪽으로 전이된다. 이리하여 남쪽으로 이동하는 유체가 북반구에서 서쪽으로 휘어져 나타난다.

콘드라이트(chondrite) 감람석과 휘석 광물로 구성된 콘드룰을 가지는 석질 운석. 운석 중에 가장 시원적이며 흔한 종류이다.

퀵클레이(quick clay) 점토 입자 사이에 큰 간극을 가지는 방향성 없는 구조를 가지는 해수에서 퇴적된 포화된 점토. 입자 사이의 염류가 씻겨 나가면 불안정하게 되어 거의 물처럼 붕괴되는 성질이 있다.

크레이터(crater) 화산에서 화산재나 화산 쇄설물의 분출로 만들어진 함몰지형.

탄성반발이론(elastic rebound theory) 대부분의 지진에 적용되는 학설로 단층의 양측 위의 이동은 암석을 계속 휘게 하며 지진발생 동안에 휘어진 변형이 되돌아가게 된다. 즉 휘어진 지판이 원형으로 돌아갈 때 지진이 발생하게 된다.

탄소순환(carbon cycle) 지구 대기권, 수권, 생물권, 암석권에서 일어나는 탄소의 주기적인 상호 교환.

태풍(typhoon) 북반구에서는 반시계방향, 남반구에서는 시계방향으로 도는 대규모 저기압 기상시스템. 허리케인이 여기에 해당함.

태풍의 눈(eye) 허리케인의 작은 직경의 핵. 구름이 없고 바람이 없거나 적은 것이 특징이다.

테일러스(talus) 산 절벽 암석이 파괴되어 산 사면에 떨어져 원추형으로 쌓여 있는 암석 조각들.

토네이도(tornado) 강한 뇌우를 동반한 직경 1 km 내외의 회오리바람의 좁고 수직적인 바람기둥.

토네이도 경보(tornado warning) 도플러 레이더로 소용돌이와 회전의 감지나 징조가 나타났을 때 토네이도를 경보한다.

토네이도 생성(tornado outbreak) 대규모 폭풍으로 생긴 일련의 토네이도.

토네이도 주의보(tornado watch) 뇌우의 토네이도 발생 가능성이 보일 때와 레이더에서 징조가 나타날 때 실시하는 토네이도 예보.

토네이도 통로(Tornado Alley) 미국 텍사스와 캔자스 주 사이 토네이도가 빈번한 중미지역.

토양포행(soil creep) 지표면의 토양이 가열, 냉각, 동결 등으로 지표면을 따라 서서히 흘러 내려가는 현상.

토지이용계획(land-use planning) 자연재해 리스크를 포함한 실용적, 윤리적 관점에서 개발을 제한하는 것.

트림라인(trimline) 키 큰 나무 삼림지역과 키가 작은 나무 삼림지역 경계를 따라 산사면에 만들어진 선 모양.

파고(run-up) 파도가 해안으로 밀려올 때 해안 가장자리에서 그 물의 높이. 또는 쓰나미가 해안에 밀려왔을 때 그 높이.

파고(wave height) 파도의 정점과 인접 정점 간의 수직거리.

파도에너지(wave energy) 해안을 침식시키는 일 같은 파도가 하는 일. 파도에너지는 파고의 제곱에 비례하므로 높은 파도가 주로 해안을 침식시킨다.

파수대(breakwater) 해빈에 물을 잠잠하게 하고 보트를 정박시키기 위해 인공적으로 건축한 충빈 방호벽.

파장(wavelength) 파도의 한 정점과 인접 정점 간의 거리. 예를 들면 지진파나 해파에서처럼.

파장의 굴절(wave refraction) 파도의 한 끝이 바닥면에 끌리는 곳과 얕은 수심으로 느려지는 곳에서 파고점이 구부러짐.

파호이호이(pahoehoe) 새끼줄 모양이거나 표면이 밋밋한 현무암 용암.

판게아(Pangaea) 2억2천5백만 년 전 현재 대륙으로 분리되기 전에 존재하였던 초대륙.

판구조론(plate tectonics) 서로 상대적으로 이동하는 암석권 판들이 어떤 곳에서는 충돌하고 또 다른 지역에서는 서로 갈라지고 또 다른 곳에서는 서로 미끄러진다는 판운동의 학설. 이 판운동은 지진, 화산분화, 조산운동 등을 일으킨다. 이 학설은 현재 많은 자료들이 지지해 주고 있다.

팽창성 흙(swelling soil) 물을 흡수하면 팽창하는 흙으로 보통 팽창성 점토광물인 스멕타이트를 함유하고 있다.

편서풍(westerly wind) 서남에서 동북 방향으로 부는 지역풍으로 적도에서 남북위 45°로 모인다.

평형단면(equilibrium profile) (1) 평형하천의 경사 또는 장축 단면. (2) 해빈의 해양 쪽으로의 경사—이 경사가 파도에 의해 해빈으로 이동해 오는 퇴적물의 양과 파도가 충빈(offshore)으로 운반하는 퇴적물의 양을 서로 조절한다.

평형하천(graded stream) 주변 환경과 평형 상태에 있는 하천. 하천 사면의 경사는 하천에 유입되는 물의 양, 퇴적물의 양, 입자의 크기에 따라 달라진다.

포인트바(퇴적층)(point bar) 하천이 구부러진 사행천의 구부러진 내부에 퇴적된 모래와 자갈 퇴적층.

포행(creep) (1) 사면에서 토양의 표층이 하부 토양층보다 빠른 속도로 이동하는 현상. (2) 단층 상의 느리고 연속적인 이동. 크리프형 단층에서는 지진이 발생하지 않는다. 발생하더라도 그 규모가 작다.

폭풍서지(storm surge) 폭우 저기압과 폭우를 수반한 강풍 때문에 생긴 급속한 해수면의 상승.

표면장력(surface tension) 모래입자 사이에 충전된 물이 모래입자를 응결시키는 효과.

표면파(surface wave) 지표면을 따라 전파하는 지진파. 레일리파(수직 타원으로 전파), 러브파(파의 진행방향에 수직적으로 전파)가 있다.

프랙털(fractal) 크기에 관계없이 기본적으로 유사하게 보이는 현상. 예를 들면 노르웨이의 해안은 세계 지도 상에 서로 톱니모양을 나타내며 해안의 일부를 나타내는 지도 상에도 톱니모양을 나타낸다.

플레식 분화(Peléan eruption) 화산재류를 주로 생산한 대규모 화산재가 풍부한 화산분출의 한 형식.

플리니식 분화(Plinian eruption) 계속적으로 화산재 분출을 하는 격렬한 대규모 분화의 한 양식. 예를 들면 AD 79년에 분화한 베수비오 화산과 1980년의 세인트헬렌스 화산이 있다.

하도분열(avulsion) 하천수가 자연제방을 넘쳐 대부분의 물이 유로 밖으로 흐르게 되는 홍수 동안에 하천유로의 영속적인 변화.

하상침식심도(channel scour) 홍수 시 하상 퇴적물의 침식 심도.

하와이형 용암(Hawaiian-type lava) 하와이 화산에서 분출한 유형의 유동성이 큰 현무암 용암.

하천의 등급(stream order) 하천의 상류에서 아직 서로 합류되기 전을 1차 하천, 다음에 합쳐진 하천을 2차 하천 등으로 표기한 숫자.

학설(theory) 광범위한 시험과 관찰을 통하여 확인 검증된 사실을 과학적으로 설명한 것.

한랭전선(cold front) 대규모 온난기단에 접근한 한랭기단 사이의 경계선.

합주거리(fetch) 바람이 물 위를 부는 거리. 합주거리가 길면 길수록 그로 인하여 발달하는 파도세기는 더 커지게 된다.

해구(trench) 판구조운동에서 두 지판 사이 섭입대 지역에 길쭉하게 함몰된 해저지형. 활동성 대륙 연변부 끝자락 지역과 태평양 연변부에 발달한다.

해빈모래 보충(beach replenishment) 파도에 의해 유실된 부분에 모래를 채워 넣음. beach nourishment라고도 함.

해빈보호구조물 건설(beach hardening) 해빈을 보호하기 위한 구조물, 즉 사석, 그로인, 방파제 등을 설치.

해안단면(shore profile) 해빈의 경사.

해안팽창(coastal bulge) 대륙지판이 섭입되어 지진을 일으키기 전 섭입대 위에 놓인 대륙지판의 위로 해양퇴적물들이 미끄러져 올라가게 되는 섭입대의 상부지역.

해양저확장(seafloor spreading) 판구조운동에서 지판이 갈라질 때 해양지각이 점점 확장되는 것.

해저곡(submarine canyon) 대륙붕과 대륙사면에 형성된 심해 협곡.

해저사태(submarine landslide) 하와이나 카나리아 섬에서처럼 해양화산 저변에서 발생한 해저 사면의 붕락현상.

허리케인 경보(hurricane warning) 허리케인이 24시간 내에 특정 지역을 강타할 위험한 상황에 있을 때 경고하는 허리케인 감시 제도.

허리케인 주의보(harricane watch) 36시간 내에 허리케인 영향권에 들 지역에 알리는 예보.

허리케인(hurricane) 북대서양 또는 동태평양에 발달한 대규모 열대성 저기압. 풍속은 118 km/hr 이상이다. 태풍, 열대성 저기압도 이와 유사하다.

헤드랜드(headland) 바다(또는 넓은 호수)와 고지에 돌출한 침식에 강한 지점.

현무암(basalt) 검은색의 세립질 화산암. SiO_2 함량은 약 50%이며 점성이 낮고 용암이 빠른 속도로 경사지역을 흘러내린다.

혜성(comet) 태양의 중력장에서 빠른 속도로 이동하는 얼음이나 암석 덩어리로 태양계를 통과하기 전에 갑자기 태양계 밖으로 이동하는 것.

호수성 눈(lake-effect snow) 따뜻한 호수 위를 횡단하는 차가운 극지방 대기로 호수에서 증발한 수분을 포착하여 상승, 냉각, 응축해 미세한 얼음결정을 형성해 눈이 된다.

홍수 물마루(flood crest) 홍수 시 최대 유량인 지점.

홍수 언저리(flood fringe) 홍수 시 물로 채워져 있던 홍수 주변 지역으로 홍수 후에 점차 하류로 흘러 내려간다.

홍수로(floodway) 미연방 홍수보험을 위해 FEMA가 규정한 범람원 지역.

화산기상(volcanic weather) 화산분출 동안에 생성된 기상. 화산분출 분화구 상부 고온이 상승 냉각된 주변 대기를 끌어들인다. 대기 중의 수분이 응축 비를 만들고 폭우를 일으킨다.

화산쇄설류(pyroclastic flow) 화산 사면 점성이 높은 지역 위에 흘러내리는 뜨거운 화산재, 조립질 암편과 수증기의 혼합물질.

화산쇄설성 물질(pyroclastic material) 화산에서 분출한 조각물질. 예를 들어 화산재, 분석, 화산탄.

화산재(volcanic ash) 지름 2 mm 미만의 입자로 구성된 화산성 물질.

화성암(igneous rock) 지구 내부에서 식은 심성암(예: 화강암과 반려암)이나 지표에서 식은 화산암(예: 유문암, 안산암, 현무암)과 같이 용융 마그마가 결정화된 암석.

화재폭풍(firestorm) 주변으로부터 대량의 공기를 끌어들여 화염을 키우는 대규모의 대단히 뜨거운 화염을 만드는 상향 화염(불기둥).

후지타 척도(Fujita scale) 테쯔야 후지타 박사가 고안한 토네이도 풍속과 재해의 척도.

후크에코(hook echo) 기상 레이더 상에 나타나는 뇌우의 초구조를 암시하는 구부러진 갈고리 모양의 패턴.

단위 환산표

길이

1밀리미터(mm)	**= 0.03937인치**
1센티미터(cm)	**=0.3937인치**
1미터(m)	**=3.281피트**
1킬로미터(km)	**=0.6214마일**
1인치	=2.540센티미터
1피트	=30.48센티미터
1마일	=1,609미터=1.609킬로미터

면적

1평방센티미터(cm^2)	**=0.1550평방인치(in^2)**
1평방미터(m^2)	**=10.76평방피트(ft^2)**
1평방킬로미터(km^2)	**=0.3861평방마일**
1헥타르(510,000 m^2)	**=2.471에이커**
1평방인치	=6.452평방센티미터
1평방피트	=929.0평방센티미터
1평방마일	=2.590평방킬로미터

체적

1입방센티미터(cm^3)	**=0.06102입방인치(in^3)**
1입방미터(m^3)	**=35.31입방피트(ft^3)**
	=1.308입방야드(yd^3)
1리터	**=61.02입방인치=1.057쿼트**
	= 0.2642갤런
1입방피트	=0.02832입방미터
1입방야드	=0.7646입방미터
1갤런(미국계량식)	=3.785리터=0.1337입방피트

질량

1그램(gm)	**=0.03527온스(oz)**
	=0.002205파운드(lb)
1킬로그램(kg)	**=2.205파운드**
1온스	=28.35그램
1파운드(=16온스)	=453.6그램=0.4536킬로그램

속도

초속 1미터	**=초속 3.281피트=시속 3.6킬로미터**
시속 1마일	=시속 1.609킬로미터

온도

섭씨온도(°C)	**$=5/9 \times (°F-32)$**
화씨온도(°F)	$=9/5 \times °C + 32$

국제단위계의 단위 접두어

기가(giga)	$=10^9$=10억 배
메가(mega)	$=10^6$=100만 배
킬로(kilo)	$=10^3$=1,000배
헥토(hecto)	$=10^2$=100배
센티(centi)	$=10^{-2}$=0.01배=1/100의
밀리(milli)	$=10^{-3}$=0.001배=1/1,000의
마이크로(micro)	$=10^{-6}$=백만분의 1
나노(nano)	$=10^{-9}$=10억분의 1
피코(pico)	$=10^{-12}$=1조분의 1

찾아보기

라

마

바

사

아

자

차

카

타

파

하

대표역자 윤성효

길영우 김교원 김규한 김영석

김지수 김진규 백인성 윤순옥

이철우 장은숙 (가나다 순)

인간과 자연재해

-전조현상과 대비책-

2013년 12월 1일 인쇄
2013년 12월 5일 발행

원 저 자 ◎ Donald Hyndman, David Hyndman
역 자 ◎ 윤 성 효 외
발 행 자 ◎ 조 승 식
발 행 처 ◎ (주) 도서출판 북스힐
서울시 강북구 한천로 153길 17
등 록 ◎ 제 22-457 호

(02) 994-0071(代)

(02) 994-0073

www.bookshill.com

잘못된 책은 교환해 드립니다.

값 35,000원

ISBN 978-89-5526-792-1